제3판

기계안전공학

최정영(崔正永) 지음

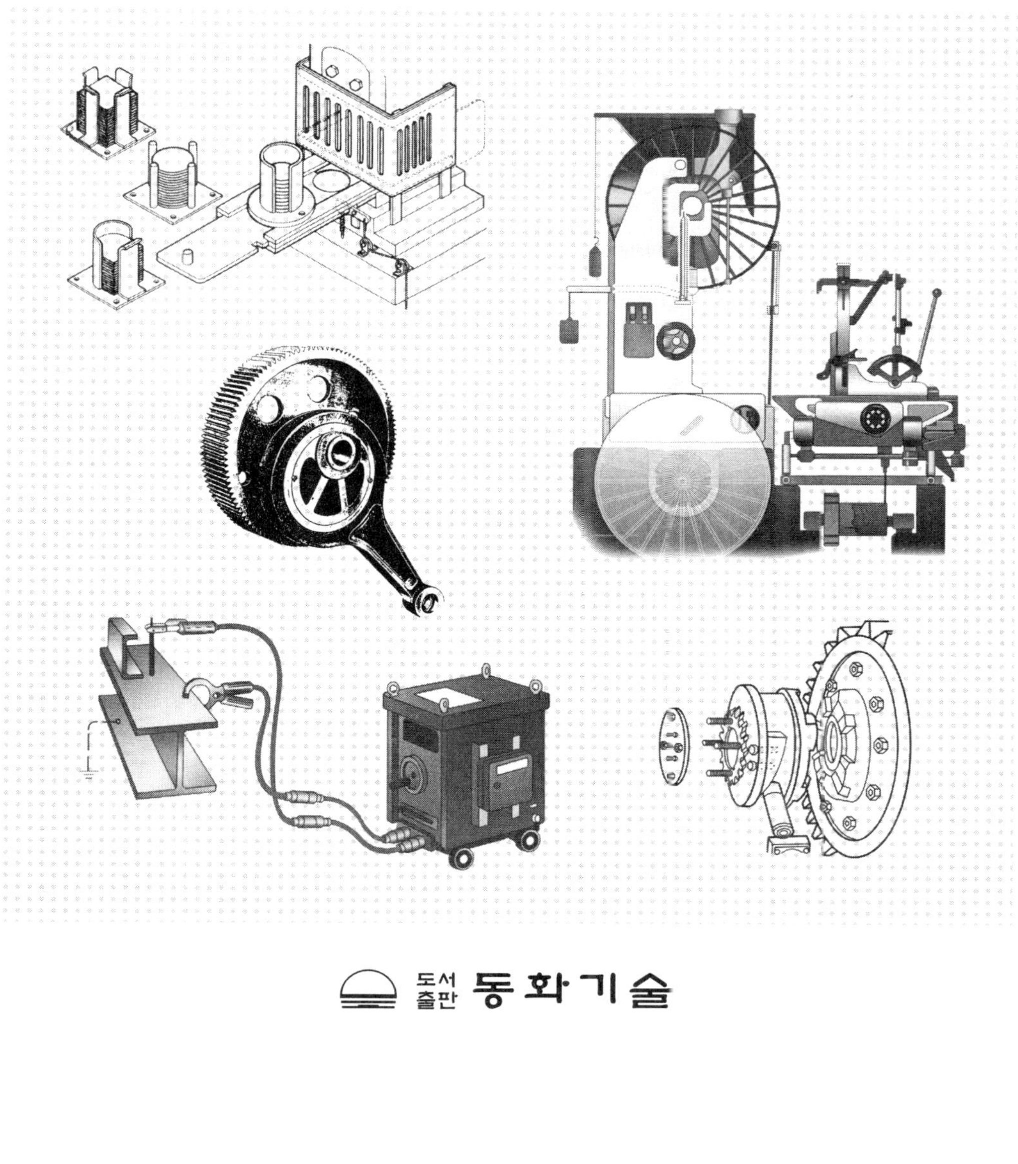

도서출판 동화기술

기계안전공학(機械安全工學)을 펴내면서

산업현장(産業現場)의 재해예방이 목표이고 숙원(宿願)인 안전확보(安全確保) 뿌리를 위한 기계안전공학(機械安全工學)이 학문의 한 분야로써 다루어야 하는 절실한 시대적 요구(要求)임에도 불구하고 후학들을 위해 책 하나 만들어지기에는 너무나 인색해왔고 소홀했던 것이 사실이었다. 혹자는 왜 안전관리(安全管理) 업무에 공학(工學)이라는 것이 필요하냐고 저에게 반문하기도 한 그 시절 1992년이었다. 그러나 현장 적응의 어려움과 안전업무능력이 떨어지는 소외감과 현실을 필자가 지나온 업무경력(1979～2015)과 경험은 오직 하나라는 것을 인지(認知) 했습니다.

제조현장의 모든 기계설비가 가지는 독특한 기계기구의 특성, 작업방법, 운전과 조작, 가공(加工)과 공정(工程)상 위험(危險) 이해가 소외되는 무정(無情)의 지식에서 찾을 수 있었다는 것을 가슴깊이 느꼈습니다.「이것이다」라는 스스로 답을 가지고 제조현장(製造現場)과 대화를 이어주는 작품, 안전기술도서 기계안전공학(機械安全工學)을 누군가가 펴내주기를 학수고대 했었다.

그러나 무용 25년이 된 지금의 현실은 준비된 도서 하나 없이 지도하고 가르친다는 것은 가슴 아픈 일이 아닐 수 없었다. 이즈음 28년 전 출간 경험을 가지고 있는 산업안전기술도서 출판사 거목인 도서출판 동화기술(東和技術) 정우용(鄭愚用) 회장님이 저의 마음을 이해하셨는지 잊지 않고 찾아주셔서 교수님의 오랜 경험 있는 지도력과 자료를 보유하고 있다는 것을 알고 좋은 작품(도서)을 만들어 보자고 권하기에 저는 흔쾌히 약속하였습니다. 그러나 그 고마움을 잊지 않고 돌아서서 막상 펜을 드니까 기계안전공학의 배움영역은 넓고 또한 기종별(기계종류별) 작업안전(作業安全)을 요구하는 어려움이 따른다는 사실을 인지하고 있었기에 조금은 머뭇거림이 있었다. 그러나 남(他人)을 위하는 길이라고 특히 산업안전을 공부하려는 후학도(後學徒)들을 위한다는 자부심이 불쑥 솟아주는 그 무엇「고희(古稀)의 용기」때문에 마지막 기회라 믿고 시작했다. 새롭게 원고를 쓴다기 보다는 수집 모음의 자료(1979/2015)를 더하여 전(前) 현장과 직장에서 준비하고 지도하고 가르쳤던 보람된 보물인 자료를 모아 정리된 것이 더더욱 큰 힘이 되었다고 생각된다. 그러나 기계안전공학(機械安全工學)이라는 도서를 펴내려고 하니 부족함을 느끼고 인정한다. 부족하고 더 완벽한 책을 만드는 것은 후학들의 몫이라고 믿는다. 그래도 펴내는 경험과 함께 「시작이 반(半)이다」 라는 선배들의 고언처럼 용기를 내었다.

첫 째, 오랜 경험과 간직하고 있는 보물의 자료들을 공유하고
둘 째, 기계설비의 특성을 살리기 위해 원어 그대로 사용했으며
셋 째, 기종별 범위가 있어 산업안전보건법에 준한 기계기구를 범주 순으로 정하였다.
넷 째, 제조현장(製造現場)을 이해하기 위하여 적재적소에 개선능력과 작업안전기법(技法)도 수록하였다.
다섯째, 교과 내용 이외의 기계설비에는 보충자료를 더하여 안전(安全)학습효과를 높였으며
여섯째, 잠재된 위험을 기계자체에서만 찾지 말고 재료, 가공, 공정, 운반, 주변기기, 인간공학적 환경 등에 찾아 예방하는 안전기술도 수록하였다.
일곱째, 본 도서의 잘못을 나무라기 전에 후학들을 위해 좀 더 보충하는 안전공학(安全工學) 도서로서 원하는 마음과 함께 마지막으로 남기는 보물이 되기를 기원하면서…

붉은 단풍이 쌓이는 치악골에서
저자 崔正永 올림

차 례

Chapter 1

기계 등의 일반 안전기준

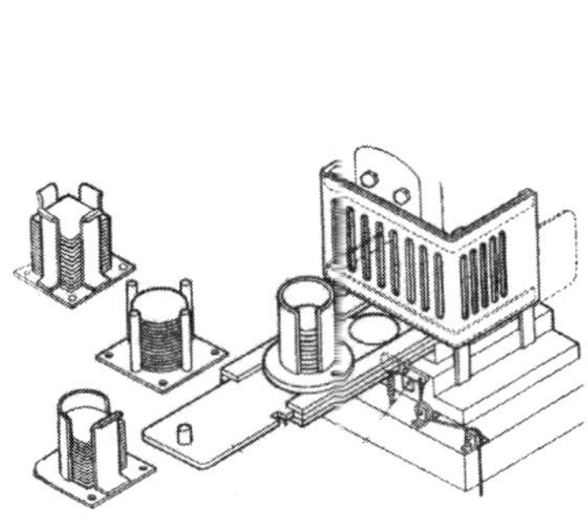

1-1 기계 및 기계설비

1 정의

기계(機械, Machinery)란 서로 다른 2개 이상의 부품이 조립되어 외부에서 동력을 일으킬 수 있는 에너지(energy)를 전달 받아 유용한 일을 하는 것을 의미하며 작업을 하기 위해 필요한 기계 및 기타 부대시설 장치 즉 국소배기장치, 조명 및 절삭유 공급장치 등이 모두 합해진 기계작동을 위한 하나의 시스템(system) 전체를 기계설비라고 정의한다. 여기서

- 설비(Equipment) : 압력용기, 배관, 국소배기장치 등 생산 공정에 필수이지만 그 자체로만 일은 하지 못한다.
- 기구(Instrument) : 측정기구와 같이 그 자체로는 일을 하지 못하나 생산에는 필수 보조하는 것을 말한다.
- 시설(Facility) : 사무실, 창고, 외곽철조망 등 직접 생산 공정에 해당되는 것이 아니고 보조기능을 의미한다.

(1) 힘을 확대하는 기계의 기본적 원리 5 Type

① 1 Type : Lever의 응용

<그림 1-1>에서 위치 a, b라고 한다면 레버(lever) 원리는 $P \times a = Q \times b$로 나타낼 수 있다. 즉 a를 b의 10배로 했다면 P의 힘은 10배의 힘을 얻을 수 있다. 즉 Q는 $10 \times P$가 된다. Lever 응용한 도구 : 가위, 못뽑이, 플라이어(plier), 펜치 등이 있다.

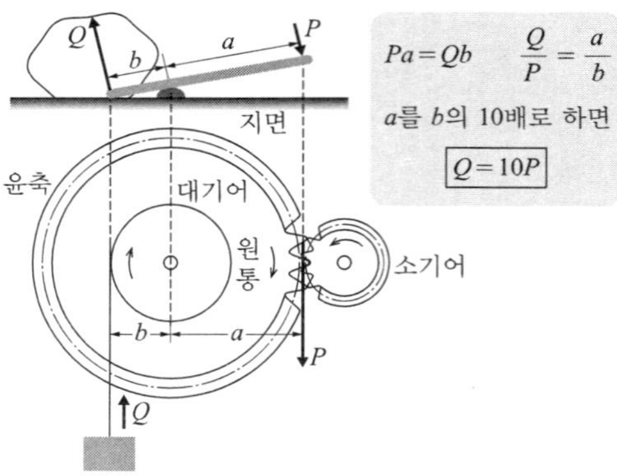

그림 1-1 • 레버와 그 응용

② 2 Type : 나사(thread)의 응용

나사의 응용나사는 두 부분을 체결하여 떨어지지 않도록 하거나 운동을 전달할 때 무거운 것을 들어 올리거나 기계 각

부에 여러 가지로 사용되고 있다. 나사는 사면의 응용이다. 수평면과 각 α를 이루는 경사면을 생각해 보자. 이 사면에 각 $\alpha = 0.2$라디안(radian)이 12°라고 한다면 <그림 1-2> $W \sin \alpha = W\alpha = 0.2\,W$, 즉 W의 것을 사면에 잇대어 당겨 올리는 힘은 W의 1/5로 족하다. 즉 <그림 1-3>처럼 삼각형 종이를 원통에 감아 붙이면 그 사변(斜邊)은 원통상에 나선형을 그린다. 이 나선을 따라 홈을 파면 나사가 생긴다. 홈을 팠을 때 가장 외측이 산이고 내측이 골이다. 이것을 수나사(external screw thread or bolt)라고 한다. 통의 내부에 홈을 판 것이 암나사(inter screw thread)이며 서로 쌍을 이루어진다.

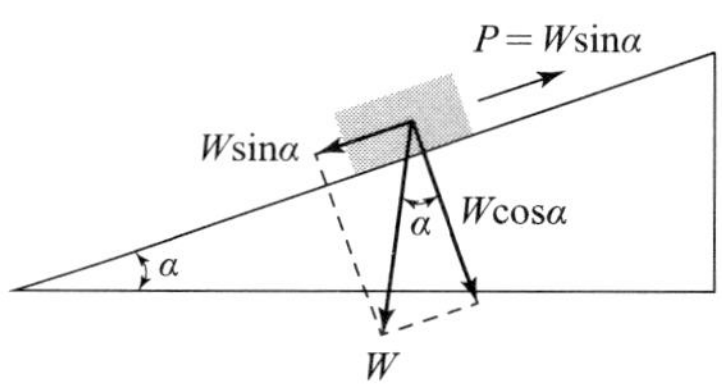

그림 1-2 ◦ 사면

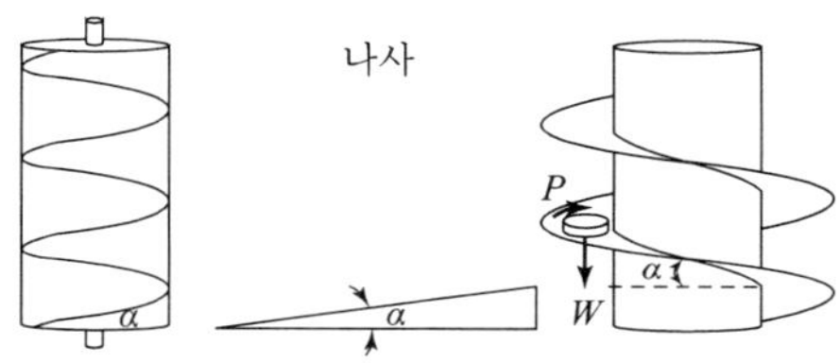

그림 1-3 ◦ 사면의 응용

나사의 응용의 예 : <그림 1-4> 쇄기도 사면 응용
<그림 1-5> 나사회전 직선운동
<그림 1-6> 바이스의 고정

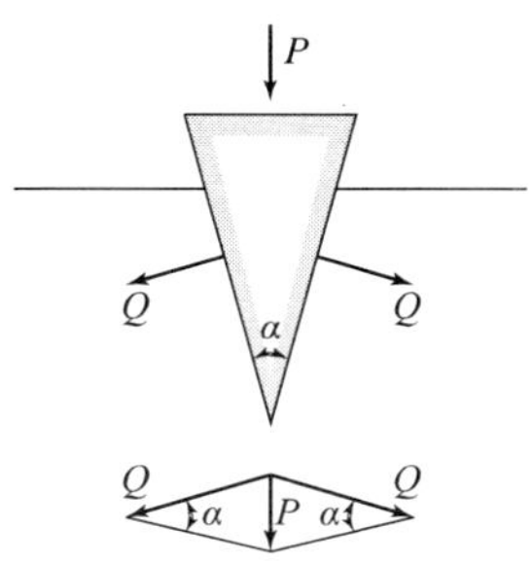

$Q\sin\frac{\alpha}{2} = \frac{P}{2}$

$P = Q\alpha$

$\alpha = 0.2$라디안(11°30′) 이라고 하면,

$Q = \frac{1}{0.2}P = 5P$

Q는 P의 5배이다.

그림 1-4 ◦ 쇄기(wedge)

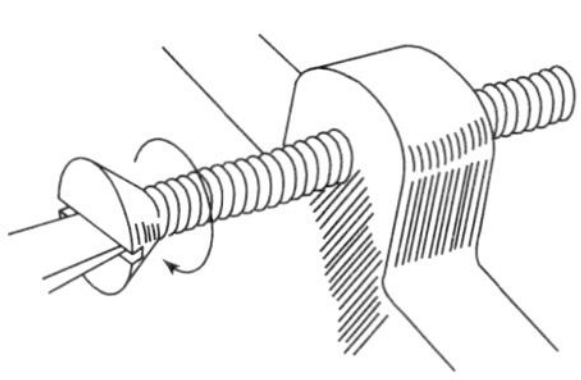

그림 1-5 ◦ 나사회전 직선운동

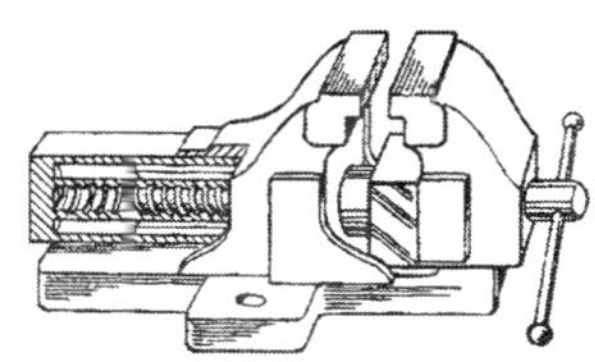

그림 1-6 ◦ 바이스(vice)

③ 3 Type : 도르래 발상의 힘

금속의 박판을 비틀어 나사를 만들고 같은 박판으로 만든 프로펠러(propeller)의 중앙에 가늘고 긴 구멍을 뚫고 나사를 삽입하여 수나사를 회전 시키지 않고 급히 아래방향으로 당기면 프로펠러는 회전하고 수나사를 떠나 하늘 높이 날아 올라간다. 이것도 나사를 이용한 원리다.

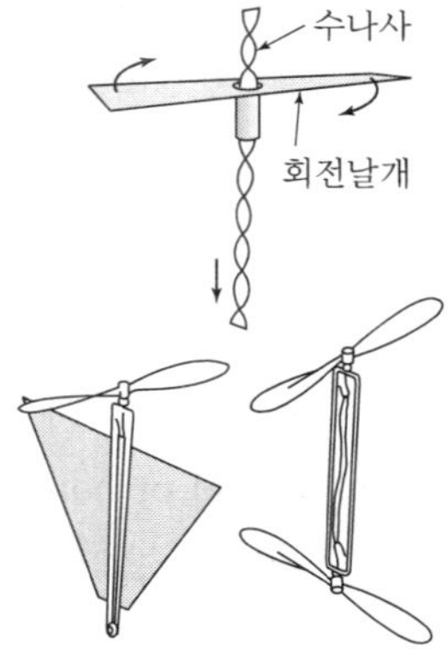

그림 1-7 ● 도르래도 나사의 응용

④ 4 Type : 활차의 응용

바퀴에 로프를 걸고 무거운 것을 들어 올리는 목적에 사용된다.

힘의 방향을 바꿀 수 있다는 데서 이점을 추구하며 고정축의 활차를 정활차(定滑車), 활차축을 고정하지 않는 것을 동활차(動滑車)라고 한다. <그림 1-8>처럼 조합하면 물건 중량에 대하여 절반의 힘으로 당겨 올릴 수 있으며 힘의 방향도 바꿀 수 있다. <그림 1-9>처럼 동활차 3개와 정활차 1개를 조합하면 들어 올리는 힘이 1/8로 줄일 수 있다. 또한 같은 축(동축, 同軸)인 정활차 3개와 동축의 동활차 3개에 로프(rope)를 걸었을 때 <그림 1-9>의 힘은 1/6과 같이 활차를 잘 조합하면 무거운 것을 적은 힘으로 들어 올릴 수 있는 것이다. 이 활차의 발견은 사람이 중력(重力)과 투쟁에 있어서 빛나는 성과의 하나라고 볼 수 있다.

> 작업안전 Point :
>
> $4P + 4P = Q$
>
> $\therefore P = \frac{1}{8}Q$
>
> $6P = Q$
>
> $\therefore P = \frac{1}{6}Q$가 된다.

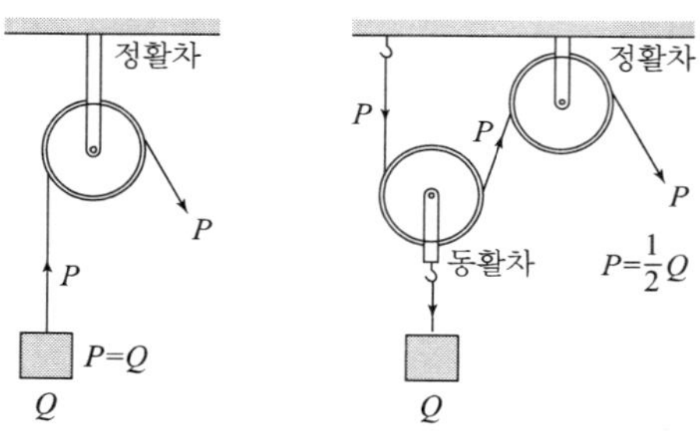

그림 1-8 ● 정활차와 동활차 관계

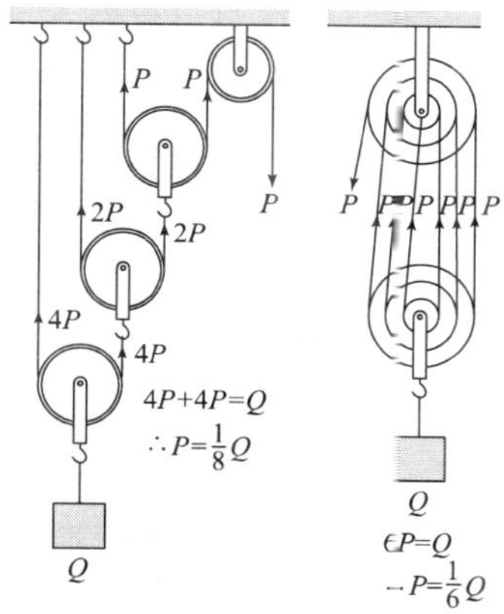

그림 1-9 ◦ 활차조합으로 적은 힘으로 큰 힘을 낼 수 있다.

⑤ 5 Type : 토글조인트(toggle joint)의 힘

토글스위치 또는 배력장치(倍力裝置)라고도 한다. 이것은 큰 힘을 내는 장치이며 프레스(press)작업에서 금형 등을 고정하는 보조용구인 지그(jig) 등을 체결하는데 사용되는 안전용구이기도 하다. <그림 1-10>은 AB, BC의 두 링크(link)가 일직선이 되도록 힘 F를 가했다고 생각한다. 이때 C단은 우측방향으로 약간 움직이는데 C의 우측방향으로 작용하는 힘 P는 F에 비하여 상당히 큰 힘이 되므로 이 단에 타발용 펀치(금형 · punch) 설치하면 철판 등에 구멍작업 할 수 있는 원리이다.

실제로 기계에서는 B를 회전운동하는 크랭크(crank)를 움직이게 하고 있다. 크랭크가 돌면 B는 왕복운동을 하며 B의 운동에 의해 슬라이더(sliders) C는 좌우로 움직인다. <그림 1-10>에서 제시한 C에 작용하는 힘 P의 식에서 l의 값은 거의 변하지 않는 일정한 값이다. 여기서 B가 움직여 AB와 BC가 일직선으로 근접함에 따라 링크(link) BC에서 A점까지 거리 s는 적어진다. 또 BC와 AC가 이루는 각 $\alpha°$도 동시에 적어진다. 따라서 α가 적어지면 $\cos\alpha$는 커진다. 따라서 F에 곱하는 $\frac{\cos\alpha}{s}$는 큰 값이 된다. s가 적어지고 거의 0이 되는 부근에서 P는 매우 큰 힘이 되는 원리이다.

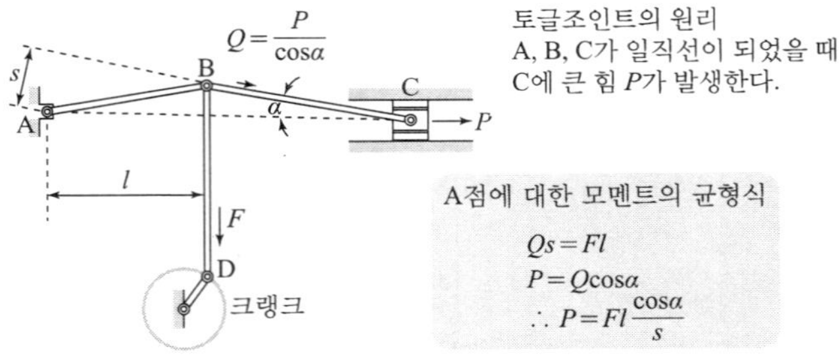

그림 1-10 ◦ 조인트의 원리

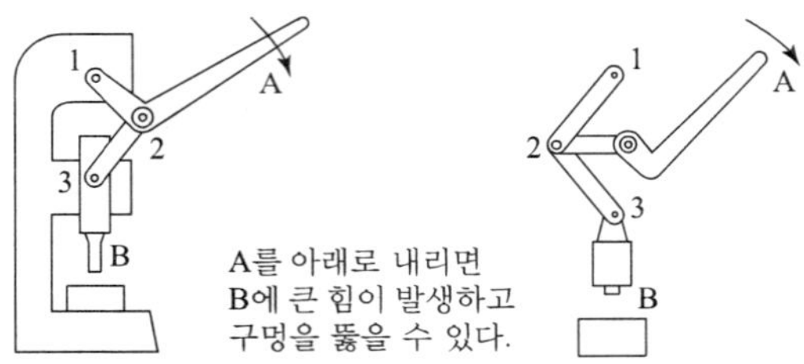

그림 1-11 ◦ 토글조인트의 예

2 기계의 분류

기계의 종류를 대별하면 동력기계(動力機械)와 작업기계(作業機械)로 구분할 수 있다. 동력기계로는 자동차 등 원동기류를 들 수 있으며 작업기계(공작기계)로는 선반(lathe), 프레스(press machine), 밀링(milling machine) 등과 같은 생산기계와 컨베이어(conveyor), 크레인(crane), 호이스트(hoist)와 같은 운반하역기계, 불도저(bulldozer), 믹서(mixer) 등과 같은 건설용 기계 및 이앙기(移秧期), 탈곡기(threshing machine) 등의 농업용 기계 등으로 나눌 수 있으나 기계사용목적과 구조 에너지(energy) 변환 등에 따라 다양하게 구분 지을 수 있다. 예를 들면 산업안전보건법의 위험기계기구로 분류되는 공작기계 및 금속가공기계들은 작업안전이 크게 강조되는 반면 원동기(原動機) 및 화학기계류는 화재, 폭발의 위험성이 강조된다. 또한 운반하역기계(運搬荷役機械)들은 와이어로프(wire-rope)의 절단 등 구조적이며 요소(要素) 안전이 요구되며, 제철(製鐵), 제강(製鋼)기계들은 고온(高溫)의 용융 금속으로부터의 방호가 문제시되며 또한 건설기계류는 전도, 붕괴 등이 전기기계는 감전, 누전이 중요시 된다. 따라서 안전측면에서 기계구분은 용도별로 분류하여 관리하는 것이 처음부터 안전 확보를 위한 첫걸음으로 강조하고 싶다. 따라서 주요 용도별 대표적인 기계들을 분류하면 다음과 같다.

- 분류
  - (1) 공작기계(工作機械)
    - ① 선반(lathe) 드릴링머신(drilling machine)
    - ② 밀링머신(milling machine)
    - ③ 연삭기(grinding machine)
    - ④ 플레이너(planer machine)
    - ⑤ 세이퍼머신(shaping machine) 등
  - (2) 금속가공기계(金屬加功機械)
    - ① 프레스(press machine)
    - ② 전단기(shearing machine)
    - ③ 용접기(welding machine)
  - (3) 제철제강기계(製鐵製鋼機械)
    - ① 압연기(rolling machine)
    - ② 인발기(drawing machine)
    - ③ 제강로(steel manufacture furnace)
    - ④ 열처리로(heat treatment furnace) 등
  - (4) 목공기계(木工機械)
    - ① 목공선반(pattern maker's lathe)
    - ② 띠톱기계(band sawing machine)
    - ③ 기계대패(wood planing machine)
    - ④ 둥근톱기계(circular sawing machine) 등
  - (5) 운반하역기계(運搬荷役機械)
    - ① 양중기(crane gondola lift 등)
    - ② 컨베이어(conveyor)
    - ③ 엘리베이터(elevator)
    - ④ 에스컬레이터(escalator)
  - (6) 섬유기계(纖維機械)
    - ① 제면기(scutching wheel)
    - ② 제사기(reeling machine)
    - ③ 방적기(spinning machine)
  - (7) 화학기계(化學機械)
    - ① 증류탑(column still)
    - ② 열교환기(heat exchanger)
    - ③ 저장탱크(storing tank) 등
  - (8) 열·유체원동기
    - ① 내연기관(internal combustion engine)
    - ② 보일러(boiler)
    - ③ 펌프(pump)
    - ④ 공기기계(pneumatic machine)
    - ⑤ 터빈(turbine) 등
  - (9) 전기기계
    - ① 모터(motor)
    - ② 발전기
    - ③ 차단기 등
  - (10) 건설기계
    - ① 불도저(bulldozer)
    - ② 해머기(hammer machine)
    - ③ 포장기계
    - ④ 준설선 등

이외에도 광산기계, 제지기계, 수송기계, 인쇄기계, 식품기계 등 많은 분류가 가능하며 분류하기 어려운 각종 전용기계 등과 원자력 발전소, 반도체 제조기계 등 새로운 산업에 부응한 신형기계설비 등이 계속 생산발명 되고 있다. 따라서 기계안전확보는 기계의 용도에 따라 그 기계설비의 안전 확보는 물론 안전장치 및 방호장치 등과 함께 안전작업 구축을 위한 노력은 부단히 연구되고 지속되어야 하는 어려움이 있어 그 기계가 설계제작 및 생산 시에 안전이 확보가 되어야 하는 중차대한 과제가 있다는 것을 인지하여야 한다.

1-2 기계 안전 일반

1 기계는 왜 위험한가?

기계에는 금속의 절삭, 절단, 또는 목재의 절삭 등에 사용하는 가공용 기계, 중량물에 사용하는 하역운반기계, 건설현장에서 토지의 굴착이나 정지 등에 사용하는 건설용 기계 등 많은 종류가 있지만 여기에서는 주로 제조업에서 사용하는 기계와 운반기계에 대해서 기술하고자 한다. 한편 가공용 기계는 가공물의 종류, 가공능력의 차이 등에 따라서 많은 형식으로 나누어지기 때문에 이들의 위험성에 대하여 일률적으로 나열하는 것은 분류에 들어가서 나누기로 하고 불가능하므로 공통된 위험성만을 우선 기술하고자 한다.

(1) 기계는 운동하고 있는 작업점을 가진다.

가공용 기계는 주어진 가공물을 가공하기 위하여 공구가 회전운동이나 왕복운동을 함으로써 이루어지는 작업점을 가지고 있다. 가공(加工)작업의 대부분은 작업자가 직접 가공물을 작업점에 공급하기 때문에 잘못하여 작업점에 손이 들어가거나 신체의 균형을 잃어서 작업점(위험점)에 접촉하기도 하여 공구나 날 등에 의하여 손 및 손가락 등이 협착되는 등의 재해가 발생한다. 따라서 기계의 운전 중 이들의 위험에 대해서는 손 및 손가락 등의 신체와 작업점을 어떠한 방법으로든지 격리시키지 않으면 재해를 방지할 수 없다.

(2) 작업점이 큰 힘을 가진다.

기계의 작업점은 일반적으로 전동(motor)을 동력원(動力源)으로 하고 있다. 전체의 스위치(switch)를 넣으면 작업점은 항상 운동을 하고 그것에 의해 큰 에너지를 가진다. 또 작업점은 전동기에 직결되어 있는 것은 거의 없고 대부분의 경우 전동기의 속도를 도중에서 2단 또는 3단 등으로 증감하여 사용하고 있다. 그것은 작업점의 속도를 작업하기 쉬운 속도로 하거나 작업점에 큰 힘을 걷기 위한 목적도 있지만 감속에 의해서 작업점은 전동기의 회전에 비하여 2배 또는 3배 이상의 큰 회전력을 가질 수 있다. 이와 같이 큰 에너지나 큰 회전을 가지고 있는 작업점에 만약 작업자의 손이 접촉되거나 회전하고 있는 작업점에 손이나 신체일부가 말려드는 경우, 작업자의 힘으로 작업점의 운동을 정지시키는 것은 불가능하다. 따라서 손이나 손가락이 절단되기도 하고 말려들어서 으스러지기도 하는 영구장해를 일으키기도 한다. 기계는 이러한 위험성에 대하여 작업점을 순간적으로 정지시키는 것은 거의 불가능하다고 본다. 이 경우도 가장 효과적인 대책은 손과 신체일부 작업점을 격리시키는 것이다.

(3) 동력전달부분이 있다.

기계는 대부분 전동기에서 작업점까지 풀리(pulley), 기어(gear), 벨트(belt), 축(shaft) 등의 동력전달부분이 있고 이들은 일반적으로 회전운동을 하고 있다. 따라서 이러한 부분도 항상 작업자의 손과 의복, 장갑들이 말려들 위험성을 가지고 있다. 한편 조용히 회전하고 있는 풀리나 축(shaft) 등에 의복 등이 말려들면 강한 힘으로 작업자를 끌어당긴다. 이러한 위험성에 대해서는 이들 동력전달부분을 가드(guard), 덮개(cover) 등을 사용하여 작업자와 접촉되지 않도록 해야 한다.

(4) 부품(部品, Element or part)의 고장은 반드시 있다.

기계는 대단히 많은 부품과 요소로 구성되어 있으며 상호간의 운동에 의하여 기계의 기능을 발휘한다. 그러나 운동부분은 부품의 마멸을 반드시 수반하며 가공물을 가공할 때 진동이나 충격 등에 의해 부품의 균열과 파손이 발생한다. 기계에는 전기부품이 많이 사용되고 있지만 이들도 수명이 있다.

이러한 기계부품이나 전기부품의 결함과 고장으로 기계의 비정상적인 운동(작동)을 시작하기도 한다. 이러한 이상(異常)운동에 의해서 재해가 발생한다. 따라서 규칙적인 안전점검과 검사로 인하여 보수하지 않으면 안 된다.

2 기계 재해 발생 요인

(1) 사고의 흐름도(Accident flow chart)

<그림 1-12>는 사고의 분석을 도식적으로 나타낸 흐름도이다. 흐름도의 윗부분은 사고 발생에 기여하는 요인과 불안전한 행위와 그리고 불안전한 상태에 놓이는 원인들을 보여주고 있다. 여기서 관리적인 의무와 불안전한 행위와 불안전한 상태가 주된 근원적 3가지 사고 방지대책에서 고려해야 한다는 내용이다. 또한 사고를 분석하는데 중요한 점은 사고에 관련된 많은 구성요소들의 규명과 평가이다. 특히 기계안전에서 사고(accident)는 사고 동인(動因)을 분석하기 위하여 기계의 위험부를 나타내려는 노력은 끊임없이 이루어져 왔다. 그 중 자주 사용되는 것은 헨리 헵번(Henry Hepburn)에 의해서 분류하는 영국표준협회(British Standard)가 있다. 이것이 사고체인의 구성요소이다. 또한 이들의 단점을 보완하기 위하여 OSHA(Occupational Safety & Health Administration; 세계직업안전보건기구) 기계방호가이드(OSHA machinery guarding guide)는 기계의 운전형태(회전, 왕복)와 기계의 작동(절단, 펀칭, 전단, 굽힘…)에 의해 분류하는 방법을 제시하였으나 기계의 위험부를 결정하는 가장 좋은 방법은 아마 기계작동요소에 의해서 사람이 어떻게 상해를 입느냐를 기준으로 분류하는 방법인 것이다.

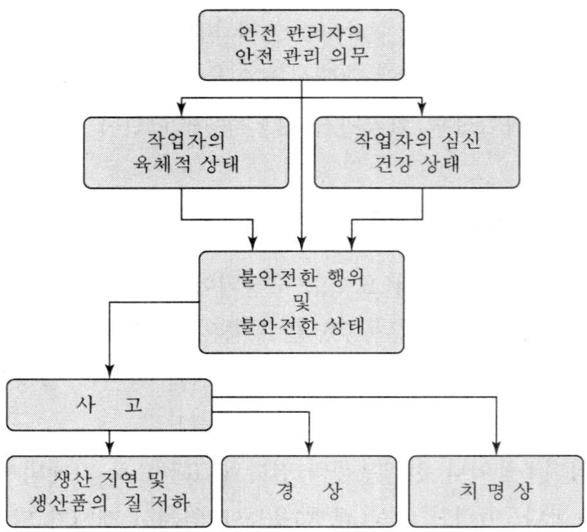

그림 1-12 ● 사고의 흐름도

(2) 기계의 운동형태로 나눈 위험분류 <그림 1-13>

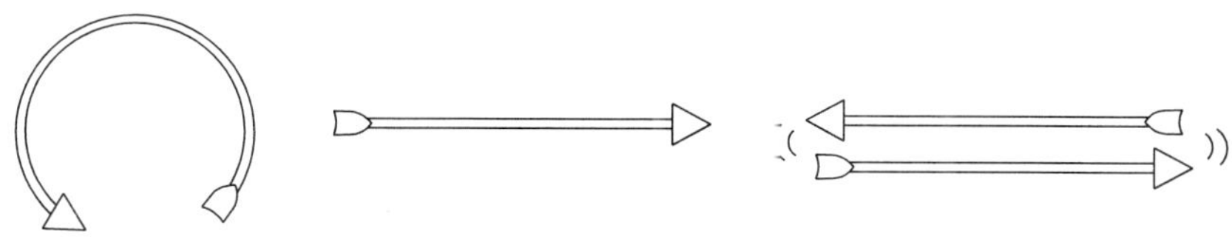

(a) 회전운동 및 동작 (b) 횡축운동 및 동작 (c) 왕복운동 및 동작

그림 1-13 ◦ 운동의 형태 - 참고(OSHA pamphlet 2057호)

① 회전운동(回轉運動, Rotating motion) 및 동작

플라이휠(fly wheel), 팬(fan), 풀리(pulley), 축(shaft) 등과 같이 회전운동을 하는 부위는 다음과 같은 위험이 상존한다.

(ㄱ) 접촉 및 말려듦.

(ㄴ) 고정부와 회전부 사이에 끼임. 협착, 함정이 형성

(ㄷ) 회전체 자제위험

② 횡축운동(橫軸運動, Rectilinear motion) 및 동작

움직이는 기계의 운동부와 고정부 사이에 위험이 형성되며 작업점과 기계적 결합부분에 위험이 상존

③ 왕복운동(往復運動, Reciprocating motion) 및 동작

왕복동부와 고정부 사이에 위험이 형성되며 운동부 전후좌우 등에 적절한 안전조치가 필요한 기계이다. 즉 프레스 및 셰이퍼 등을 들 수 있다. 이것을 상대운동이라고도 한다.

④ 기타 운동 및 동작 및 작업의 위험

(ㄱ) 진동

가공품이나 기계부품에 의해 진동에 위한 위험

(ㄴ) 가공중인 소재

특히 회전소재 가공접촉 위험

(ㄷ) 부착공구 및 지그(Jig) 등의 이탈

작동중인 기계에 부착공구, 지그(jig) 등의 이탈에 의한 위험

(ㄹ) 가공(加功) 결함

열처리, 용접불량, 가공불량 등에 의한 기계 파손의 위험

(ㅁ) 비(非)기계적 위험

X선 등의 방사선, 자외선, 압력, 고온, 소음 등에 의한 위험이 상존한 기계설비는 많은 유해위험 요소를 갖고 있다. 따라서 생산을 위한 절대 필요한 기계설비라 하지만 각 운동부분에 대한 작업점 방호는 불안정한 행동에 기인한 재해방지가 가장 기본적인 대책 중의 하나이다. 따라서 기계에 의해 발생되는 재해는 강도율이 높으며 원동기, 회전축, 치차, 풀리, 키(key), 벨트(belt) 등의 동력전달장치, 재료의 송·배급장치 및 부속주변기기 등 위험점에 작업자가 노출되는 경우가 많아 이에 대한 체계적인 방호대책수립 시행이 반드시 필요하다. 따라서 기계설비에 의해 형성되는 위험점을 찾아보면 다음과 같다.

(3) 기계설비의 위험점 6 Type

여기서 "점(point)"은 작업점과 동일어로서 의도적으로 붙인 점을 이해 바랍니다.

① 1 Type : 협착점(狹窄點, squeeze point)

왕복운동 하는 운동부위와 공정부위상이에 형성되는 위험점을 말한다. <그림 1-14> 사업장의 기계설비에서 많이 볼 수 있으며 이러한 위험점이 곧 작업점(作業點)이라 지칭한다.

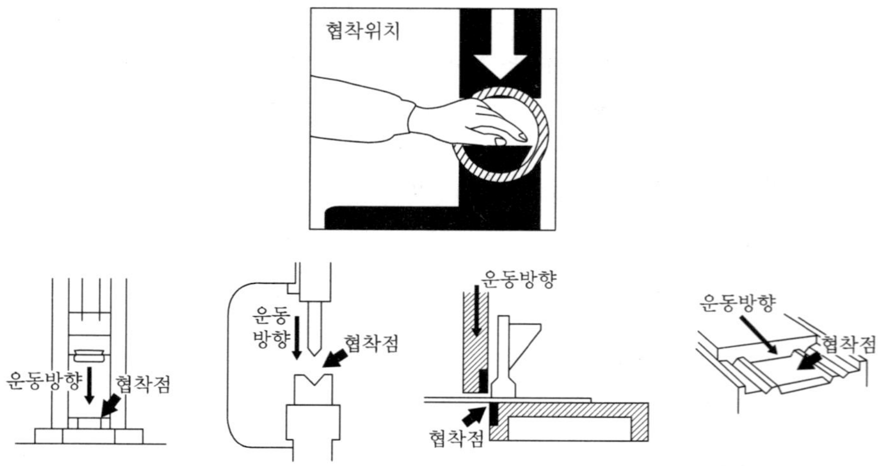

(a) 프레스 금형 조립부위 (b) 프레스브레이크 금형 조립부위 (c) 전단기 누름판 및 칼날부위 (d) 선반 및 평삭기의 bed end부위

그림 1-14 • 협착점 형성과 예

㈀ 프레스 금형 조립부위
㈁ 프레스브레이크 금형 조립부위
㈂ 전단기 누름판 및 칼날부위
㈃ 선반 및 평삭기의 bed end부위 등

② 2 Type : 끼임점(shear point)

기계설비의 비고정부분과 회전 또는 직선운동부분이 함께 형성하는 위험점을 말한다. <그림 1-15>

㈀ 회전 pulley와 베드 사이
㈁ 연삭숫돌과 작업대 사이
㈂ 탈수기 회전체와 몸체 사이
㈃ 반복 동작되는 링크(link)기구
㈄ 교반기의 날개와 몸체 사이

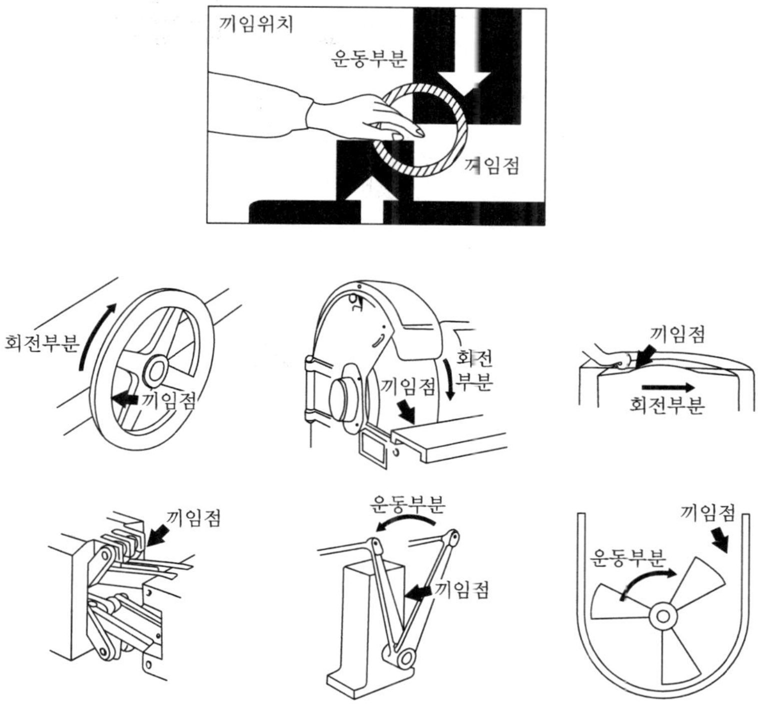

그림 1-15 ● 끼임점 형성과 예

③ 3 Type : 절단점(cutting point)

절단점은 회전 또는 운동하는 부분과 기계자체와 위험이 형성되는 점을 말한다. <그림 1-16>

(ㄱ) 회전 대팻날 부분

(ㄴ) 작동하는 밀링 커터 부분

(ㄷ) 둥근 톱날 부분

(ㄹ) 목공용 띠톱작업 부분

(ㅁ) 컨베이어 호퍼 부분

(ㅂ) 평벨트 레싱 부분

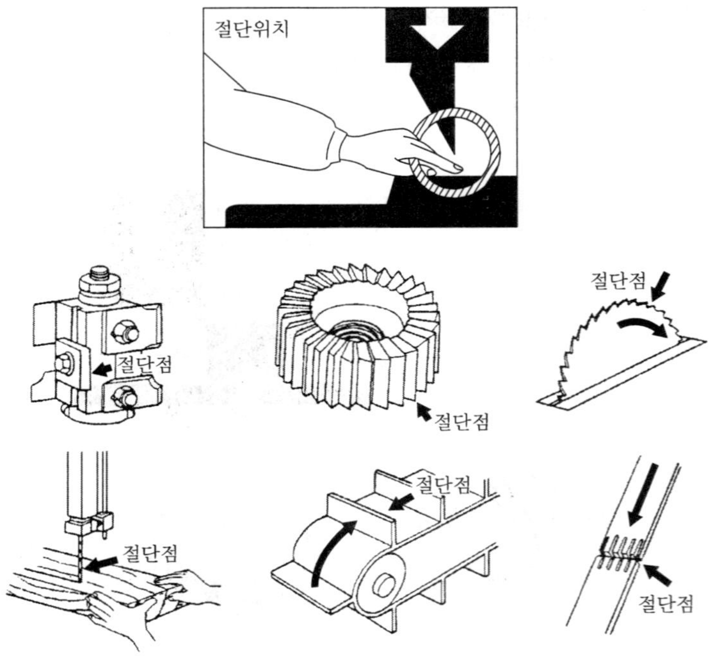

그림 1-16 • **절단점 형성과 예**

④ 4 Type : 물림점(nip point)

회전(回轉)하는 두 개의 회전축에 물려 들어갈 위험성이 형성되는 것을 말한다. <그림 1-17> 이때 위험점이 발생되는 조건을 회전체가 서로 반대방향으로 맞물려 회전되는 경우이며 그 예로써 기어(gear)의 물림(a)과 롤러(roller) 회전(b) 등이 있다. <그림 1-17>

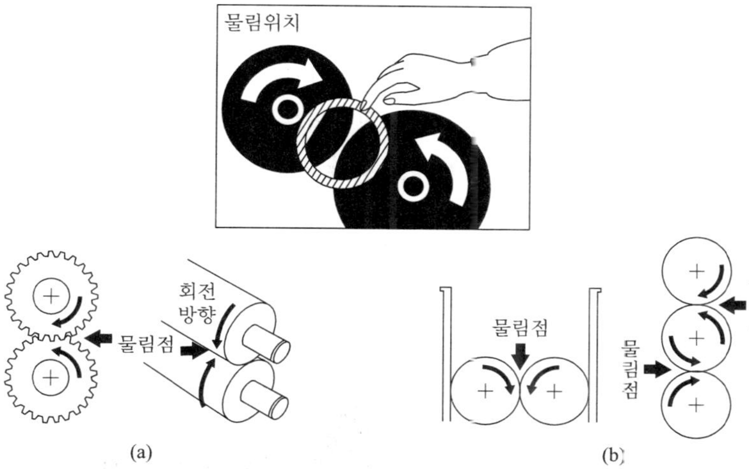

그림 1-17 ● 물림점 형성과 예

⑤ 5 Type : 접선 물림점(tangential nip point)

회전(回轉)하는 부분이 접선방향 부위에 물려 들어갈 위험이 형성되는 점을 말한다. <그림 1-18>

예를 들면, ㈀ V-pulley와 V-벨트(belt)

㈁ Chain과 스프로킷(sprocket)

㈂ Gear와 랙(rack)

㈃ Roller와 평벨트

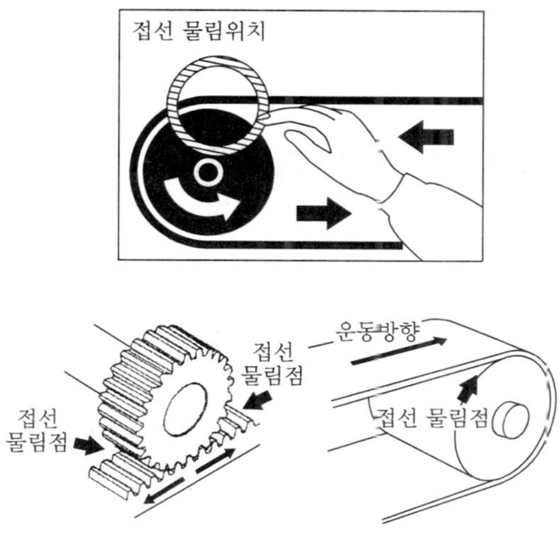

그림 1-18 ● 접선 물림점 형성과 예

⑥ 6 Type : 회전 말림점(trapping point)

회전하는 물체의 길이 지름 등의 불규칙부위와 돌기 회전부위에 의해 장갑 및 작업복의 옷소매 말려들 위험이 형성되는 점을 말한다. <그림 1-19> 예를 들면 (a) 회전하는 나사부위 (b) 돌기등 기타 회전부 (c) 드릴링 시 드릴(drill) 가공부 등이 있다. 이외에도 기계설비의 위험이 발생하고 상존되는 점은 기록을 다하지 못할 만큼 너무 많이 있다는 것을 인지하여야 한다.

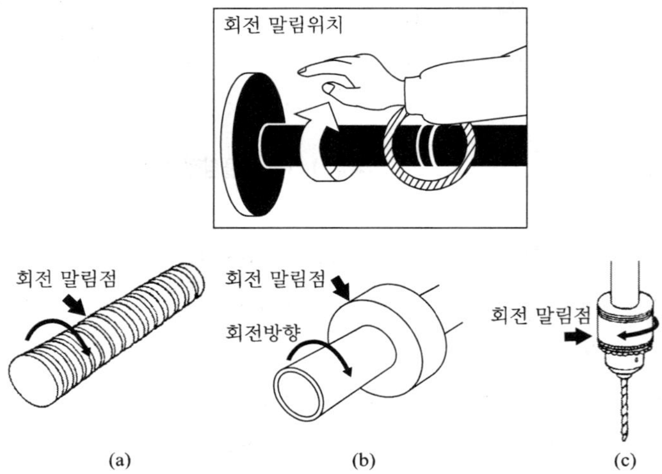

그림 1-19 ◦ 회전 말림점 형성과 예

1-3 기계설비의 안전화 기본원칙

여기서 먼저 이해를 돕기 위해 안전화는 안전측면에서 추상적 특질을 구체화시키는 것을 말하는데 기계설비의 안전확보를 위해 설계, 재료, 가공, 제작, 안전장치 등에서 사실적으로 구축하고 추구해 가는 일련의 필요성 과정을 말하고 있다.

1 외관상의 안전화

기계설비에 있어서 회전이나 왕복운동 등 운동부위나 날카로운 돌출부분 등이 외관에 노출되지 않도록 하여야 한다. 더욱이 사용 중에 발생되는 미미한 위험성이라도 노출된 위험부위에 덮개(cover)를 설치하거나 인터록(interlock)장치를 부착하여 차단하고 가공중(加工中) 발생된 예리한 모서리 버(burr) 등도 핸드그라인더(hand grinding) 및 연삭기로 모서리 따기(rounding)로 처리하여 수리 보수 및 청소 시에 손을 다칠 염려가 없도록 조치하여야 한다. 또한 작업장의 통로나 틍로에 근접 설치된 기계에 의해 재해를 입지 않도록 하고 타작업자들의 불의에 의한 접촉 및 오동작이 발생되지 않도록 하여야 한다. 아울러 감전의 위험이 있는 전기 배선 및 전기기구에 덮개 등을 설치하여 차단하고 작업장내의 벽 등의 채색, 기동, 정지 및 급정지 스위치의 명확한 채색구분 등도 이들의 오조작을 예방하기 위한 외관상 안전조치의 일환이라 하겠다.

2 기능상의 안전화

기계 및 설비는 전기, 액압, 공압에 의해 반자동이나 자동제어 기능을 가지고 있는 기계 및 설비가 많이 있다. 자동화된 기계설비는 능률적이고 효과적으로 생산 이용되고 있으나 재해측면으로는 불리한 조건도 포함된다. 예를 들면 전압의 강하, 정전 시의 기계오작동, 단락스위치(switch)나 릴레이(relay) 고장시의 오작동, 사용압력 변동 시의 오작동 밸브(valve)계통의 고장에 따른 오동작 등을 예상할 수 있으며 이상사태 발생에 대비하여 미리 적절한 대책을 강구해 두지 않으면 엄청난 재해를 입게 된다. 이러한 기계설비에 대해 이상 시에 기계를 급정지 시키거나 안정장치가 작동되도록 하는 소극적인 대책과 전기회로를 개선하여 오동작을 방지하거나 별도의 완전한 회로에 의해 정상기능을 찾을 수 있도록 하는 것이 기능상의 안전화를 이룰 수 있다.

기계설비의 고장에는 초기고장과 마모고장이 있다. 초기고장은 일정기간 연속사용에 의해서 배제할 수 있으며 초기고장 이후의 우발고장을 방지하기 위하여서는 기계, 설비의 신뢰성의 평가가 필요하다.

기계고장률의 기본 모형 <다음 그림> 기계고장률은 시간의 함수이며 고장률의 기본모형 3가지가 있다.

- 초기고장 : 감소형(DFR, Decreasing Failure Rate)

  디버깅(debugging)기간, 번인(burn in)기간이라고도 하며 예방대책으로는 위험분석을 하여 결함을 찾아내는 것이다.

- 고장원인 : 불충분한 품질관리, 부적절한 설치·오염
- 대책 : 보전예방(MP), 디버깅 test, 번인기간
- 디버깅기간 : 기계의 결함을 찾아내 고장률을 안정시키는 기간
- 번인기간 : 물품을 실제로 장시간 움직여보고 그 동안에 고장난 것을 제거하는 기간

• 우발고장 : 일정형(CFR, Constant Failure Rate)

사용조건상의 고장을 말하며 고장률은 가장 낮다. 특히 CFR기간의 길이를 내용수명(耐用壽命)이라 한다.

- 고장원인 : 안전계수가 낮음, stress 높음, 탐지되지 않는 고장
- 대책 : 사후보전

• 마모고장 : 증가형(IFR, Increasing Failure Rate)

장기진단(검사)이 필요하며 설비의 피로에 의해 생기는 고장을 말한다.

따라서 n개의 요소로 구성되는 기계설비 시스템에서 요소별 배치형태에 따라 분류하면 직렬계(series structure)와 병렬계(parallel structure)로 나눌 수 있다.

- 고장원인 : 부식, 산화, 마모, 피로, 노화, 퇴화, 불충분한 장비
- 대책 : 예방보전

고장유형 3가지

구분	척도모수	확률밀도 $f(x)$	고장률 함수 $\lambda(t)$	표기법
초기고장	$m<1$	와이블	감소형	DFR
우발고장	$m=1$	지수분포	일정형	CFR
마모고장	$m>1$	정규분포	증가형	IFR

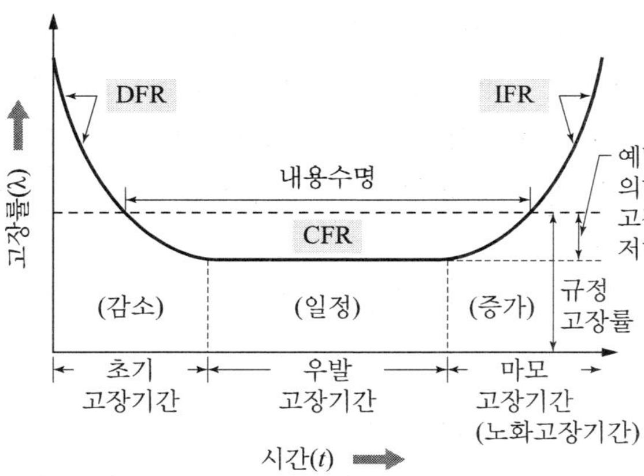

배스터브곡선(bathtube curve)

* 용장성(redundance) : 규정의 기능을 수행하기 위한 구성요소 또는 수단을 여유 있게 부가하고 그 일부가 고장이 나도 시스템(system) 전체는 고장이 나지 않는 성질을 용장성이라고 부르고 그 용장성을 얻을 수 있는 구성상태를 용장이라고 한다.

(1) 직렬계 <그림 1-20>

이때 시스템(system)의 신뢰도는 $R = R_1 \cdot R_2 \cdots R_n$

그림 1-20 ◦ 직렬계

(2) 병렬계 <그림 1-21>

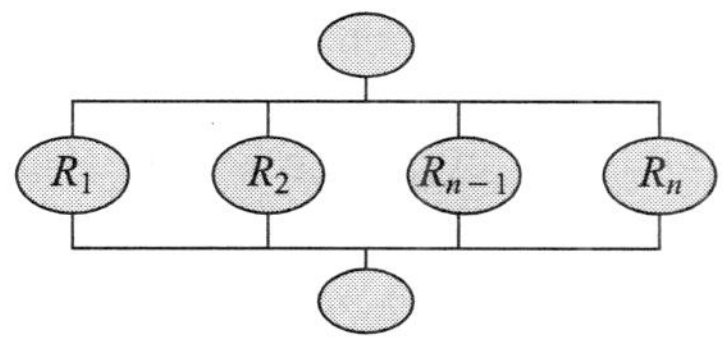

그림 1-21 ◦ 병렬계

$$R = 1-(1-R_1)(1-R_2)\cdots\cdots(1-R_n)$$

$R_1 = R_2 = \cdots\cdots R_n$ 이라고 하면

$$R = 1-(1-R)^n$$

$n=2$ 일 때

$$R = R(2-R)$$

병렬방식은 1개의 구성요소가 고장이 나도 다른 요소에 직결되지 않지만 직렬방식에서는 1개의 요소 고장이 시스템 전체의 고장으로 된다. 그러므로 위험성이 높은 기계에는 비용이 높아지더라도 위험부위에는 병렬방식이나 대기여분시스템(stand by redundancy system)을 채택하는 것이 바람직하다. 시스템의 고장률은 각 요소의 배열에 따라서 개개의 고장률의 곱과 합(合)으로 표시된다. 즉 예를 들면 <그림 1-22>의 시스템은 구성단위가 No.1에서 No.7까지 있고 각각의 고장이 있을 때 종합시스템의 고장률이 산정된다.

다음 그림에서 +는 OR회로를 가리키며 ×는 AND회로를 의미한다.

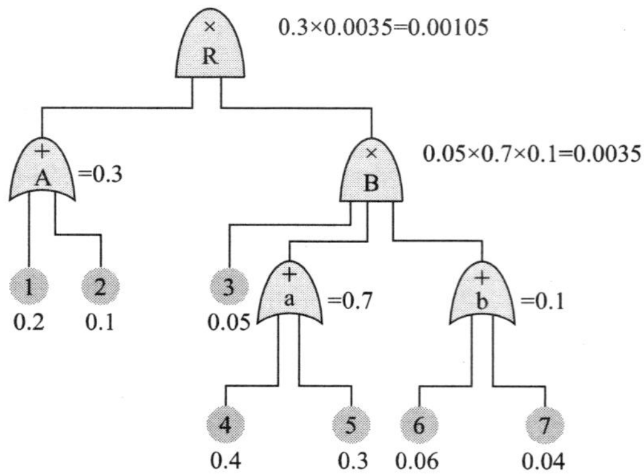

그림 1-22 ◦ 신뢰성과 고장률

3 구조(構造)부문의 안전화

(1) 재료의 결함

재료의 조직이나 성분에 결함이 내재(內在)되어 있는 경우 필요한 재료의 강도를 얻을 수 없다. 또 가공 중 발생된 미세한 균열(crack)은 사용과정에서 성장되어 파괴를 일으키는 원인이 된다. 특히 가공 시 가공조건이나 사용조건에 맞지 않아 사고가 일어나는 경우가 많기 때문에 사고방지를 위하여 양질(良質)의 재료를 선정하여야 한다.

(2) 설계(設計)의 결함

설계의 결함에서 오는 위험은 대부분 소재의 강도계산이 적정치 못한 결함에 있다. 설계 시 기계나 설비부재에 가해지는 국부적인 최대하중을 예측하여 소재의 굵기, 두께 등을 치수로 결정한다. 그러나 현실적으로 최대하중의 추정이 용이하지 않는 경우가 많고 사용 중에도 부재의 강도가 변화되므로 반드시 적정한 안전율(safety factor)을 고려하여야 한다. 즉,

① **안전율** $F_1 = \dfrac{\text{극한강도}}{\text{최대설계응력}} = \dfrac{\text{파단하중}}{\text{최대허용하중}} = \dfrac{S}{L}$

② **안전율** $F_2 = \dfrac{S - K\sigma_S}{L + K\sigma_L}$

③ 안전율 $F_3 = \dfrac{S_{min}}{L_{max}}$

여기서, S : 재료의 평균 강도(kg/mm²)

S_{min} : S의 최소값(kg/mm²)

σ_S : S의 표준편차

K : 1～3의 정수

L : 부하의 평균 응력

L_{max} : L의 최대값(kg/mm²)

σ_L : L의 표준편차

④ Cardullo 경험적 안전율

안전율 $F = a \times b \times c \times d$

여기서, a : $\dfrac{\text{사용재료의 극한강도}}{\text{사용재료의 탄성한도}} = \dfrac{\text{극한강드}}{\text{허용하증}}$

b : 하중의 종류(정하중 $b = 1$, 교번하중 $b = \dfrac{\text{극한강도}}{\text{피로한도}}$)

c : 하중의 속도(정하중 $c = 1$, 충격하중 $c = 2$)

d : 재료의 조건(응력 추정 확실도≦ 2)

따라서 기계설비의 설계시 안전율은 적정한 값을 취해야 하며 너무 큰 값을 취하게 되면 기계장치가 커지고 오히려 안정성이 저하되며 비용도 높아진다는 것을 염두에 두어야 한다.

표 1-1 안전율 참고

구분	족장 및 지주	보일러	냉각 장치	수압 파이프	승용 승강기	크레인				
						훅 (hook)	셔클	로프	마모 부분	주물 F/W
안전율	4	4.5～6	5	8	7.5	5	5	8	5	10

구분	이동식 크레인					데릭	
	운전실 승강로프	권상용 로프	고리걸이용 로프	지브 기복용	지브 지지용	권상 및 기복용	선회용 붐지지 가이드로프
안전율	≧9	≧5	≧6	≧5	≧4	≧6	≧4

(3) 가공상(加工上)의 결함

기계설비에 사용되는 재료의 부품들은 열처리를 하여 강도와 인성 등을 부여하여 가공하는 경우가 많다. 따라서 열처리가 불량이 되면 목적한 재질을 얻기 힘들고 이로 인하여 얘기치 못했던 파괴를 초래하는 경우가 있다.

또 용접구조물의 경우 용접부위에 개재된 미세균열(微細龜裂)이나 잔류응력 등에 의해 쉽게 파괴를 일으키기도 한다. 이와 같은 현상들을 방지하기 위하여 정해진 작업방법의 준수와 철저한 품질관리가 뒤따라야 한다. 또한 기계 가공 시 각(角)진 부분이나 노치(notch) 등에 의해 응력이 집중되는 것을 방지하기 위하여 설계 시부터 적절한 고려가 있어야 하겠지만 가공 시에도 불필요한 노치 등을 개재시켜서는 안 되며 모서리의 각진 부위 등에도 응력을 분산시킬 수 있는 구조로 제작되어야 한다.

4 근원적 안전화

(1) 풀프루프(Fool proof) 및 페일세이프(Fail safe)

① 풀프루프(fool proof)화 개념

Fool proof를 직역하면 “실패가 없다”는 의미입니다. 간단명료화하면서 지식이 없어도 보증된다. 즉 바보라도 취급한다고 하는 의미가 포함되어 있고 이것을 요약하면

㈀ 정해진 순서대로 조작을 하지 않으면 기계가 작동하지 않는다.

㈁ 오조작을 하여도 사고가 나지 않는다는 뜻과 함께 다음과 같은 내용으로 해석할 수 있다. 즉,

㉮ 지식이 없는 자가 취급해도 다치지 않는 구조

㉯ 어느 누구라도 작업을 해도 위험이나 실수가 일어나지 않는 구조

㉰ 실수를 일으키기 전에 미연에 방지·방호되는 구조이다.

이러한 구조의 개념은 생산저해 요소를 극소화 시키면서 미숙련자가 업무에 종사하여도 재해를 당하지 않는다는 개념을 풀프루프(fool proof)이다.

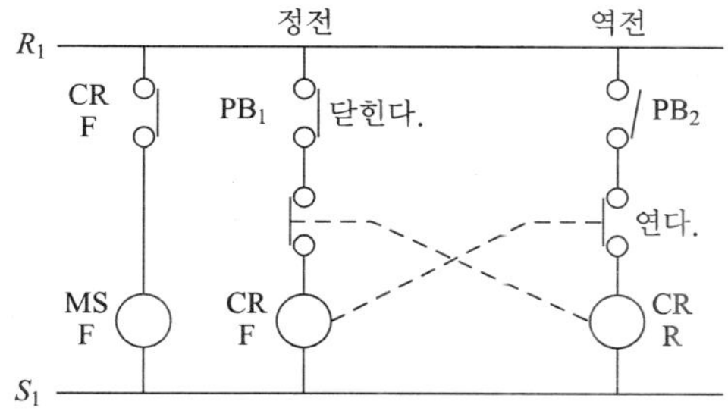

그림 1-23 ◈ 인터록 회로의 예

즉 풀프루프는 확고한 안전을 말하며 기계 등에서 작업자가 기계조작을 잘못하거나 <그림 1-23>과 같이 이상이 발생하거나 고장이 있어도 위험한 상태가 되지 않도록 기계 설계단계에서 안전화를 도모하려는 기본적(근원적) 개념이며 구조개선 등에 의해서 가급적 목적하는 의도에 근접시켜야 한다. 이렇게 하려면 위험부분을 방호하는 덮개나 울 이동식 가드의 인터록(interlock)이 전제조건이며 그 예로써는 다음 <표 1-2>와 같다. 즉, 전제조건은

(ㄱ) 동력전달장치의 덮개를 열면(open) 운전이 정지된다.
(ㄴ) 프레스의 경우 실수하여 손이 금형 사이로 들어갔을 때 슬라이드의 하강이 자동적으로 정지된다.
(ㄷ) 승강기의 경우 과부화가 되면 경보가 울리고 작동이 되지 않는다.
(ㄹ) 크레인의 와이어로프가 무한정 감기지 않도륵 권과방지장치를 설치한다.
(ㅁ) 로봇(robot)이 설치된 작업장의 방책문을 닫지 않으면 로봇이 가동되지 않는다.
(ㅂ) 전기세탁기의 탈수기가 돌아가는 도중에 뚜껑을 열면 탈수기가 정지된다.
(ㅅ) 탈수기의 정지스위치를 누른 후 정지가 될 대까지는 뚜껑이 열리지 않는다.

• 표 1-2 가공기계에 사용되는 주된 풀프루프(fool proof)

종류	형식	기능
가드 (Guard)	고정가드 (Fixed guard)	개구부로부터 가공물과 공구 등을 넣어도 손은 위험영역에 머무르지 않는다.
	조절가드 (Adjustable guard)	가공물과 공구에 맞도록 형상과 크기를 조절한다.
	경고가드 (Warning guard)	손이 위험영역에 들어가기 전에 경고한다.
	인터록가드 (Interlock guard)	기계가 작동 중에 개폐되는 경우 기계가 정지한다.
록 (Lock) 기구	인터록 (Interlock)	기계식, 전기식, 유공압입식 또는 이들의 조합으로 2개 이상의 부분이 상호 구속된다.
	키식 인터록 (Key type interlock)	열쇠를 사용하여 한쪽을 잠그지 않으면 다른 쪽이 열리지 않는다.
	키록 (Key lock)	1개 또는 상호 다른 여러 개의 열쇠를 사용한다. 전체의 열쇠가 열리지 않으면 기계가 조작되지 않는다.
트립 (Trip) 기구	접촉 시 (Contact type)	접촉판, 접촉봉 등으로 신체의 일부가 위험영역에 접근하면 기계가 정지 또는 역전 복귀한다. 신체의 일부가 위험영역에 들어가면 기계는 기동하지 않는다.
	비접촉 시 (No-contact type)	광선식, 정전용량식 등으로 신체의 일부가 위험영역에 접근하면 기계가 정지 또는 역전 복귀한다. 신체의 일부가 위험영역에 들어가면 기계가 기동하지 않는다.
오버런 (Overrun) 기구	검출식 (Detecting)	스위치를 끈 후 관성운동과 잔류전하를 검지하여 위험이 있는 동안은 가드가 열리지 않는다.
	타이밍식 (Timing)	기계식 또는 타이머 등을 이용하여 스위치를 끈 후 일정시간이 지나지 않으면 가드가 열리지 않는다.
밀어내기 (Push & Pull) 기구	자동가드	가드의 가동부문이 열렸을 때 자동적으로 위험영역으로부터 신체를 밀어낸다.
	손을 밀어냄 손을 끌어당김	위험한 상태가 되기 전에 손을 위험지역으로부터 밀어내거나 끌어당겨 제자리로 온다.
기동방지 기구	안전블록	기계의 기동을 기계적으로 방해하는 스토퍼 등으로써 통상 안전블록과 같이 쓴다.
	안전플러그	제어회로 등으로 설계된 접점을 차단하는 것으로 불의의 기동을 방지한다.
	레버 록	조작레버를 중립위치에 놓으면 자동적으로 잠긴다.

② 페일세이프(fail safe)

페일세이프(fail safe)는 기계설비 안전화 구축 대책 가운데에서는 가장 많이 이용되고 있다. 대체로 안전설계 법에는 여러 가지가 있으나 요약하면 다음의 <표 1-3>과 같다. 이중에서도 페일세이프는 풀프루프(fool proof)와 함께 가장 많이 사용되고 있다.

표 1-3 안전한 설계방법 분류

1	Fail safe	설비, 또는 장치의 일부가 고장이라도 안전한 방향으로 동작하는 방법
2	Back up	주된 기능의 뒤편에 대기하다가 주기능의 고장 시 그의 기능을 대신하는 방법
3	Fail soft	설비 및 장치의 일부가 고장이 난 경우 기능의 저하를 가져오더라도 전체기능은 정지하지 않는 방법
4	다중계화(多重系化)	단일 또는 동일한 기능을 다중(多重)으로 설치하여 선택적으로 바꾸기도 하고 병렬로도 사용하는 방법
5	고장진단 및 회복설비	설비 및 장치가 고장이 난 경우 고장을 찾아 가능한 한 빨리 기능을 회복하는 방법
6	Fool proof	사람이 작업하는 시스템에서 작업자 실수를 하거나 오조작을 하여도 안전하게 유지되게 하는 방법
7	안전율 적용	정격치보다 낮은 값으로 사용하는 등 안전여유를 갖고 설계하여 사용하는 방법
8	위험부위 고장의 감소	위험한 부위의 출력에 직결되는 고장빈도율을 적게 하는 방법

페일세이프(Fail safe)는 기능면에서 다음 3단계로 분류한다.

1단계 : Fail passive

부품이 고장 나면 통상 기계는 정지하는 방향으르 이동한다.

2단계 : Fail active

부품이 고장 나면 기계는 경보를 울리는 가운데 짧은 시간 동안의 운전이 가능하다.

3단계 : Fail operational

부품이 고장이 있어도 기계는 추후 보수가 될 때까지 안전한 기능을 유지한다. 이것은 병렬 계통 또는 대기여분(stand by redundancy) 계통으로 한 것이다.

위 단계 중에서 3단계 기능을 운전상 제일 선호하는 방법이고 산업기계에서는 일반적으로 1단계를 채택하고 있다.

Fail safe 기구는 강도와 안전성을 유지할 목적으로 구조적 fail safe와 기능유지를 목적으로 하는 기능적 fail safe가 있으며 후자는 다시 기계적 fail safe와 전기적 fail safe로 나누어진다.

- Fail safe 기구
  - 구조적 fail safe
  - 기능적 fail safe
    - 기계적(기구적) fail safe
    - 전기적(회로적) fail safe

■ 구조적 fail safe

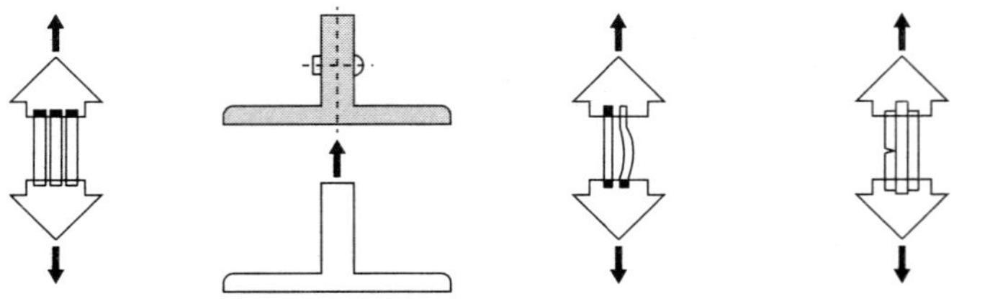

(a) 다경로하중구조 (b) 분할구조 (c) 교대구조 (d) 하중경감구조

그림 1-24 ◦ Fail safe 설계사고(設計思考)

구조적 fail safe의 대표적인 예는 항공기이다. 항공기의 fail safe 대책은 <그림 1-24>에서 보는 바와 같이 구조상으로 검토를 해보면

(a) 다경로하중구조 또는 중복구조 또는 병렬구조 등으로 불리어지는 것으로 여러 개의 unit으로 병렬구조와 M out of N 구조를 만들어서 첫 번째가 파손되더라도 두 번째가 안전하다면 파괴되는 일이 없도록 되어 있는 구조이다.

(b) 분할구조 또는 조합구조하고 하는 것으로 1개의 T자(字) 부재를 그림에 나타난 것처럼 2개 이상 분할하여 두고 그들 분할 부재가 결합하여 T자 부재의 역할을 하도록 되어 있는 것으로 파괴가 발생하여도 그것은 분할 부재 한 쪽만으로 그치고 전체의 파괴가 없도록 한 구조를 의미한다.

(c) 교대구조 또는 대기병렬구조 또는 지원구조라고도 하며 최초는 왼쪽 부재가 하중에 견디고 있으나 이것이 절단되면 그때까지 하중에 없던 오른쪽 부재가 당겨져서 하중을 담당하게 되는 구조이다.

(d) 하중경감구조로서 좌측을 우측에 비교해서 고의로 강도를 약하게 하여두고 좌측이 파손하여도 하중이 우측으로 옮겨가서 치명적인 파괴가 되지 않도록 하는 구조를 의미한다.

■ 기능적 fail safe

기능적 fail safe의 대표적인 예는 "철도신호"이다. 철도신호는 고장이 발생했을 때 청색신호가 반드시 적색신호로 되어 열차가 정지하는 것으로 끝나지만 만일 적색신호로 있어야 할 신호가 청색으로 된다면 중대재해가 발생된다. 이처럼 철도신호는 고장이 났을 때는 반드시 적색신호로 되는 것이 fail safe이다.

산업안전 목적으로 기능적 fail safe가 여러 곳에 사용되고 있으며 특히 기계적 fail safe는 대기여분(stand by redundancy) 개념이 전제되어야 한다.

기계적 fail safe 6 Type의 예

① 증기보일러는 안전밸브와 급수탱크를 복수설치
② 프레스 제어용으로 설치된 복식전자밸브 중 한 쪽의 밸브가 고장이 나면 클러치 브레이크의 압축공기를 배기시켜 프레스 슬라이드 급정지시키도록 한 것
③ 화학설비에 안전밸브 또는 긴급차단 장치를 설치하여 이상 시에는 이들이 작동하여 설비를 보호하는 것
④ 석유난로를 일정각도 이상으로 기울어지면 자동으로 불이 꺼지도록 소화기구를 내장시킨 것
⑤ 승강기의 정전 시 마그네틱 브레이크가 작동하여 운전을 정지시키는 것과 정격속도 이상의 주행 시 조속기(governor)가 작동하여 긴급 정지시키는 예이다.
⑥ 크레인의 하중계와 같이 직접하중을 받는 스프링과 프레스의 카운터 밸런스용의 스프링을 압축스프링으로 한 것 기능적 fail safe에서 전기적 fail safe로는 개폐기의 예비회로를 예로 들 수가 있다. 예비회로는 보통 때에는 작동을 하지 않다가 주회로가 고장이 났을 때만 작동하는 것은 앞에서 말했지만 이것이 대기여분회로라고 한다.

(2) 인터록(Interlock)장치의 이용

가드(guard)를 자주 움직이거나 열 필요가 있는 곳에서는 그것을 고정시키는 것이 매우 불편하며 이때 가드들은 기계적, 전기적, 공압식 등의 방법으로 전체 기계시스템 제어의 일부로 연동시킨다.

다음은 가드의 2가지 기본 연동시스템 요건이다.

첫째, 가드가 닫히기 전까지는 기계의 작동이 시작되어서 안 된다.

둘째, 가드가 열리는 순간 기계의 작동은 반드시 멈추어져야 한다.

여기서 완전정지까지 시간이 걸리는 경우는 지연 릴레이장치(delay relay mechanism)를 설치할 필요가 있으며 예기치 않은 오동작을 막기 위해서는 시동제어(start control)와 결합되어 있어야 한다. 또한 인터록(interlock)된 가드는 미끄럼운동을 하게 설치되며 가끔 제거할 수 있어야 한다.

이 메커니즘은 신뢰성이 있어야 하며 어떤 충돌하중 등에 견딜 수 있는 구조이어야 하며 특히 시스템은 페일세이프(fail safe) 개념으로 설계되어야 한다.

인터록가드(interlock guard)는 작업자의 안전을 확신할 수 있어야 하며 또한 쉽게 접근할 수 있게 설치되어야 한다. 그러나 때로는 가드(guard)가 열렸을 때 기계가 움직이는 상황이 필요할 때도 있다. 예를 들면 기계의 설치, 청소, 고장수리 등이며 이 때 기계의 수리시간 등이 엄격히 지켜지는 상황에서만 허용되어야 한다.

연결방법(interlocking method)은 동력공급방식, 기계의 운전배열, 보호되어야 하는 위험의 정도 그리고 안전장치의 작동불량에 따른 결과 등에 따라 선택된다. 선택된 시스템은 가능한 안전장치의 작동불량에 따른 결과 등에 따라 선택된다. 선택된 시스템은 가능한 단순하며 직접적인 것이 좋다. 복잡한 시스템은 잠재적인 위험요인을 가지고 있어 눈에 보이지 않는 작동불량의 위험성을 가지고 있으며 이에 대한 이해와 보수 유지가 매우 어렵다. 따라서 연결기구(interlocking mechanism)는 동력에 의해 가드를 닫는 경우와 그 자체운동으로 가드를 닫는 것으로 나눌 수 있다. 다음에 설명하는 방법들은 각각 사용될 수도 있으나 효과적인 연결시스템을 얻기 위해서는 조합하여 사용할 수 있다. 그 여섯 가지로 분류하여 본다.

① 직접 수동스위치 인터록(direct manual switch interlock)

가드가 닫힐 때까지 동력원(power source)인 스위치나 밸브가 작동될 수 없다. 또한 스위치가 "실행" 위치에 있을 때 가드는 열리지 않는다. <그림 1-25>는 그 예이며 스위치문은 기계가 작동하지 않을 경우에만 열려진다.

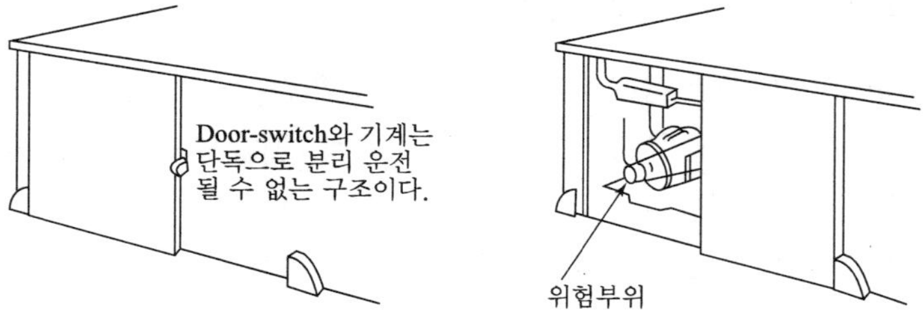

그림 1-25 ∘ 직접 수동스위치 인터록

② 기계적인 인터록(mechanical interlock)

가드로부터 동력이나 동력전달조절까지 직접적으로 연결되는 것으로 가장 일반적인 작용에는 기계프레스이다. 프레스브레이크(press brake) 가드가 크랭크샤프트는(crank shaft)에 직접 연결되어 있는 경우이다.

③ 캠 구동 제한스위치 인터록(cam-operated limit switch interlock)

이것은 다양하게 사용되고 있는 인터록시스템이더 매우 효과적이고 잘 파손되지 않는다. 회전식<그림 1-26> 또는 왕복식<그림 1-27> 등이 사용되며 이러한 경우 안전작동위치에서 스위치는 느슨해지는 것이 특징이다.

즉 스위치 플런저(plunger)는 눌려져 있지 않는다. 안전위치로부터 가드가 움직이게 되면 스위치 플런저가 눌려지며 제어기능을 작동시켜 기계를 멈추게 한다.

인터록스위치는 포지티브모드(positive mode)에서 작동해야 하며<그림 1-26 (b)>, 네거티브모드(negative mode)에서는 작동되지 않는다<그림 1-26 (a)>. 그런데 어떤 위험한 영역에서는 포지티브모드와 네거티브모드의 조합이 추천된다<그림 1-27>. 예를 들면 <그림 1-28>에서 같은 스위치 파손 검사회로(switch failure monitoring circuit)로 사용할 수 있다. 인터록장치에 사용되는 전기스위치의 형태는 매우 중요하다. 안전장치를 갖고 있어야 하며 회로에 최대전류를 흐르게 할 수 있는 점검을 갖고 있는 포지티브모드에서 작동하는 제한스위치가 적격이다. 접촉에 의한 판스프링(板spring)의 변위에 의존하는 마이크로스위치(micro-switch)는 사용치 않는 것이 좋다.

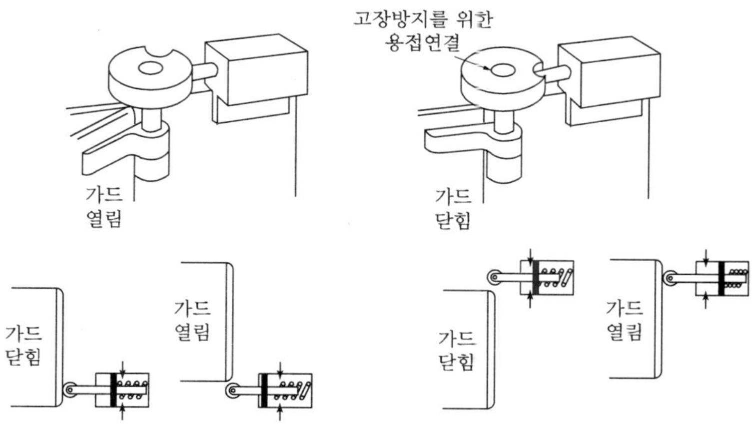

(a) 네거티브모드에서 스위치 작동 (b) 포지티브모드에서 스위치 작동

그림 1-26 ● 회전식 캠 구동 제한스위치 인터록

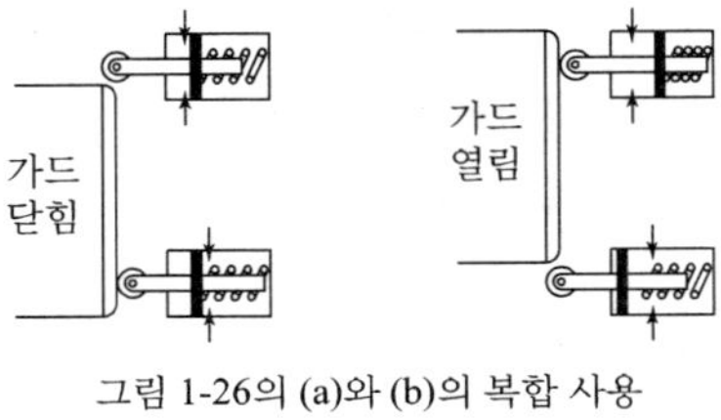

그림 1-27 ● 왕복식 캠 구동 제한스위치 인터록

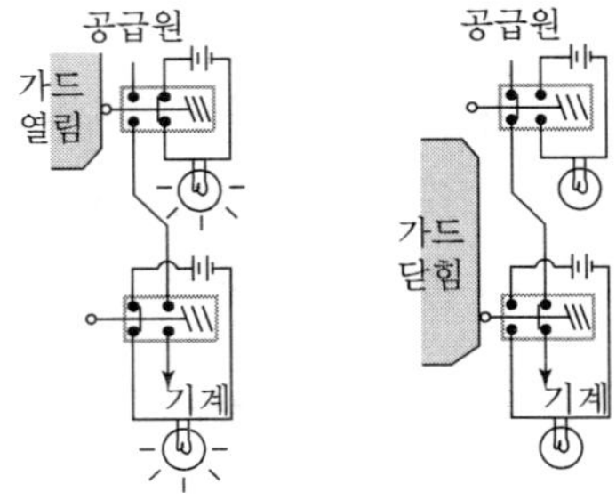

그림 1-28 ● 스위치 파손 검사회로

④ 열쇠교환시스템(key exchange system or trapped key interlock)

마스터 열쇠상자에서 스위치를 통해서 기계류에 동력의 전달을 제어하는 마스터 열쇠가 개개의 가드에 대한 열쇠를 제거하기 전에 OFF위치에 있어야 하는 원리로 작동한다. 마스터 상자에서 개개의 열쇠들이 잠겨야 마스트 스위치가 비로소 ON이 된다. 개개의 열쇠는 각각 해당하는 방호문을 열 수 있으며 작업자가 기계 안에 들어갈 때 각각의 열쇠로 해당 방호문을 연다. 개개의 열쇠는 가드를 다시 닫을 때까지 방호문의 가드 자물쇠에 물려 있게 된다. <그림 1-29>

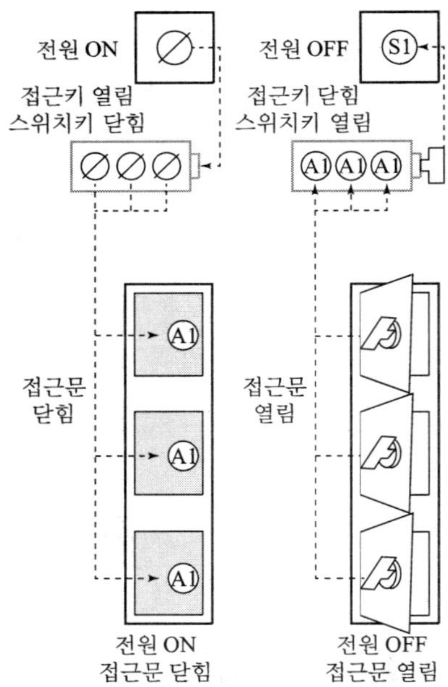

그림 1-29 ● 열쇠교환시스템

⑤ 캡티브 키 인터록(captive key interlock)

전기스위치와 기계적인 잠금장치가 조합된 형태로 보통 이동형 가드에 부착된다. 가드가 닫혀 있을 때 열쇠는 스위치스핀들(switch spindle)에 위치한다. 열쇠를 돌리면 처음에 기계적으로 가드를 닫게 하고 계속 돌면 전기스위치를 작동시켜 안전회로가 구성된다. <그림 1-30>

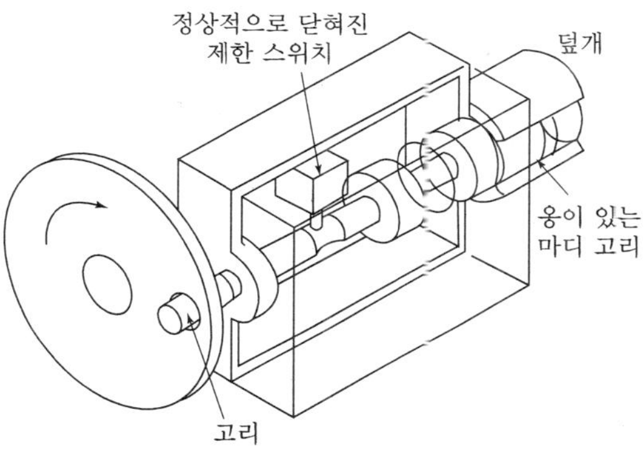

그림 1-30 ◉ 캡티브 키 인터록

⑥ 시간지연장치(time delay arrangement)

방호되어야 할 기계가 큰 관성력을 가진 기계가 있어 정지하는데 오랜 시간이 필요할 때 사용되는 인터록시스템(interlock system)이다. <그림 1-31>에서 볼트의 첫 번째 움직임이 기계의 회로를 차단시키며 계속해서 상당한 거리동안 풀려져야 비로소 가드가 열려진다. 이때 솔레노이드(solenoid)에 의해서 작동하는 볼트(bolt) 나사를 시간지연장치와 함께 사용할 수도 있다.

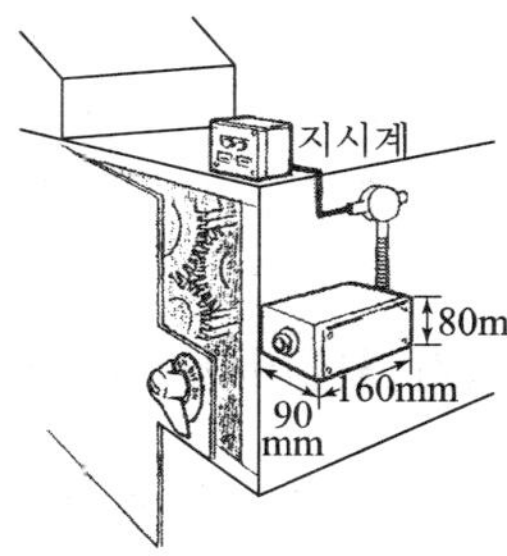

그림 1-31 ◉ 시간지연장치

가공기계의 방호 한정

㉮ 동력전도부분

㉯ 작업점 → 직접목적

㉰ 부속장치 → 이송, 제어

1-4 기계설비의 방호

1 방호원리

(1) 위험제거(exclusion)

위험한 잠재요인이 원칙적으로 발생할 수 없게 하는 것을 위험제거라 한다. 예를 들면 신호표시장치 등에서 쓰는 전압을 낮추어 저전압으로 대체한다든지 건설작업에 접착물질이나 나사 등을 사용해서 끝이 뾰족한 못의 사용을 피하는 방법 등이 있다. 위험의 제거방법 외에도 재해 예방방법을 위한 기본원칙은 위의 위험제거와 함께 다음 <표 1-4>와 같은 원리원칙이 있다.

◦ 표 1-4 재해 예방 원칙

이동상태	예방방법
위험 ⟶ 사람	위험의 제거
위험 ⟶ 사람	차단(위험해지는 상태의 제거)
위험 ⟶ 사람	덮개(위험해지는 상태의 삭감)
위험 ⇄ 사람	덮개(위험해지는 상태의 삭감)

(2) 차단(interception)

이것을 위험해지는 상태의 제거이다. 즉 위험성은 존재하고 있지만 재해의 발생은 불가능하다. 왜냐하면 위험으로부터 작업자가 격리되어 있기 때문이다. 다시 말하면 작업을 수행하는 사람과 재해를 유발시키는 기인물이 서로 마주치지 않고 떨어져 있음을 말한다. 예로써는 위험한 작업과정의 자동화이다.

(3) 덮개(cover or shield)

이것은 위험해지는 상태의 삭감이다. 위험은 여전히 존재하지만 재해발생가능성은 희박해진다. 위험해지는 상태를 제거하는 차단방법과 같이 사람과 기인물이 겹쳐지는 재해가능 영역의 한쪽을 안전하게 덮어씌운다. 예를 들면 위험한 작업점에 대한 방호덮개 전기설비를 차폐가 가능한 문을 사용하여 외부접근자와 격리하는 등 위험요소를 덮어씌우는 방법, 벙커를 이용하여 발파작업을 수행하는 사람을 보호하는 방법, 작업자에게 개인보호구를 착용시키는 방법 등 사람을 덮어씌우는 방법이 있다.

(4) 위험에 적응(adaptation)

제어시스템 글자판을 쉽게 읽을 수 있도록 개선한다든지 위험에 대한 정보제공, 안전한 행위를 위한 동기부여, 교육훈련 등이 이에 해당된다. 산업재해의 예방방법에서 가장 중요한 원칙은 사람에 대한 격리나 차단보다 그 대책은 기대하는 효과를 얻기 힘들다는 것을 통상 경험에서 잘 알 수 있다. 예를 들면 재해 예방방법 중의 하나인 인간과 기인물의 영향영역을 덮어씌우는 방법은 사람의 불안전행위로 인해 전혀 무용화될 수 있다.

2 방호장치 및 분류

기계설비의 방호는 위험장소에 대한 방호와 위험원에 대한 방호로 분류할 수 있다. <그림 1-32>

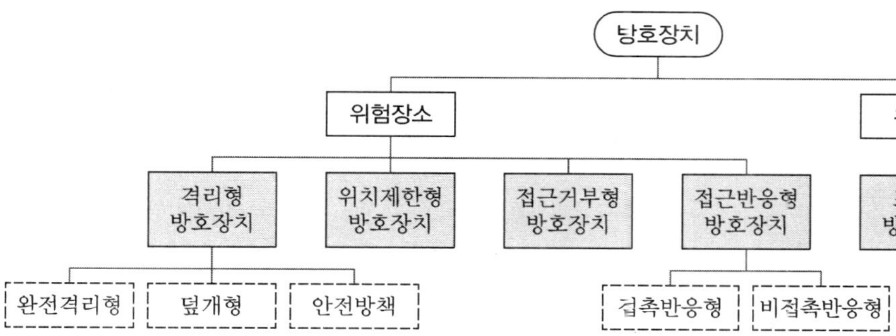

그림 1-32 ◈ 방호장치 분류

위험장소에 대한 방호방법으로 차단에 의한 격리형 방호와 작업자가 위험구역에 접근할 수 없도록 위치를 제한하는 위치제한형 방호 및 위험구역에의 접근을 감지하여 기계기구의 동작을 정지하게 하는 접근반응형 방호 등이 있으며 위험원에 대한 방호방법으로는 위험원의 파괴 또는 위치 이탈시 자동으로 동작하도록 설치된 포집형 방호 등이 있다. 방호장치를 기계설비에 설치할 때는 다음 사항들을 사전에 철저하게 조사하여 설치된 방호장치가 제 성능을 확보, 유지할 수 있도록 하여야 한다.

- 방호정도 : 위험발생을 경고하는 것인지?
  위험을 방지하기 위한 것인지?
- 적용범위 : 기계설비의 성능, 기능에 부합될 수 있는 것인가?
- 유지관리 : 유지, 보수의 편의성은?
- 신뢰도 : 방호능력의 신뢰도는 어느 정도인가?
- 작업성 : 작업을 저해하는 요인은 없는가?
- 경비 : 경비는 어느 정도로 잡아야 하는가?

(1) 방호방법

① 격리형 방호장치

위험한 작업점과 작업자 사이에 서로 접근되어 일어날 수 있는 재해를 방지하기 위해 차단벽이나 망(網)을 설치하는 원리이다.

㈀ 덮개형 방호장치 <그림 1-33>

(a) 상부방호덮개

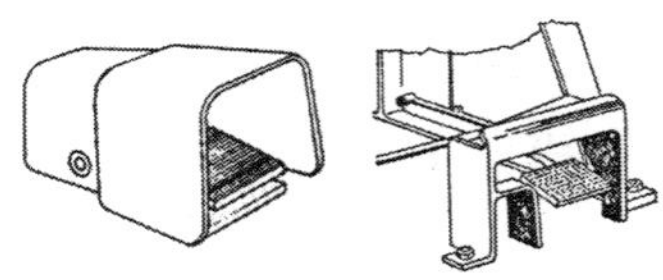

(b) 상부 및 슬라이드 덮개

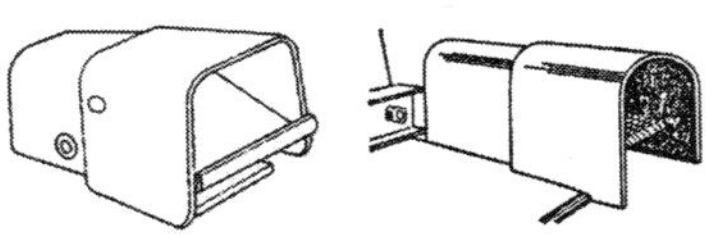

(c) 상부 경첩 전면플립

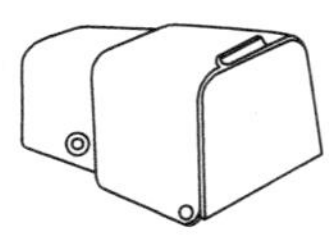

(d) 바닥 경첩 플립

그림 1-33 ◦ 덮개형 방호장치

㈁ 완전차단형 방호장치 <그림 1-34>

㈂ 안전방책 <그림 1-35>

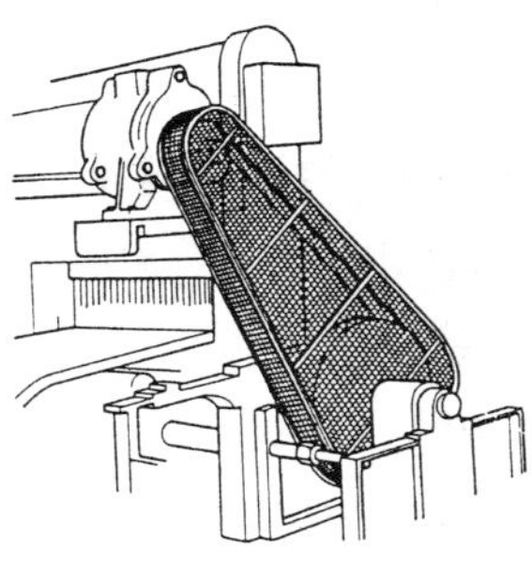

그림 1-34 ◦ 완전차단형 방호장치

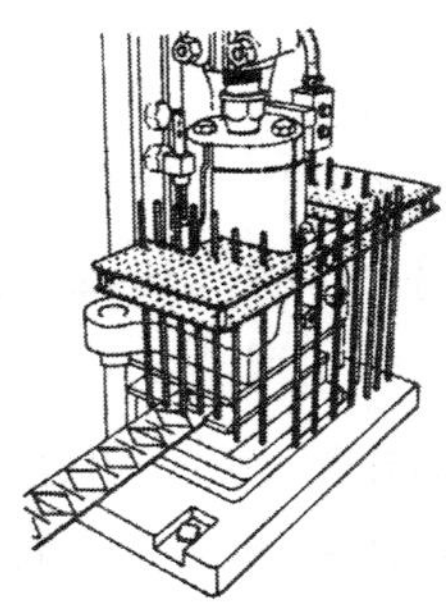

그림 1-35 ◦ 안전방책

② 위치제한형 방호장치

위험을 초래할 가능성이 있는 기계에서 작업자나 직접 그 기계와 관련되어 있는 조작자의 신체부위가 위험한계 밖에 있도록 의도적으로 기계의 조작장치를 기계에서 일정 거리 이상 떨어지게 설치해 놓고 조작하는 두 손 중에서 어느 하나 떨어져도 기계의 동작을 멈추게 하는 장치이다. 대표적인 예는 프레스의 양수 조작식 방호장치가 있다.

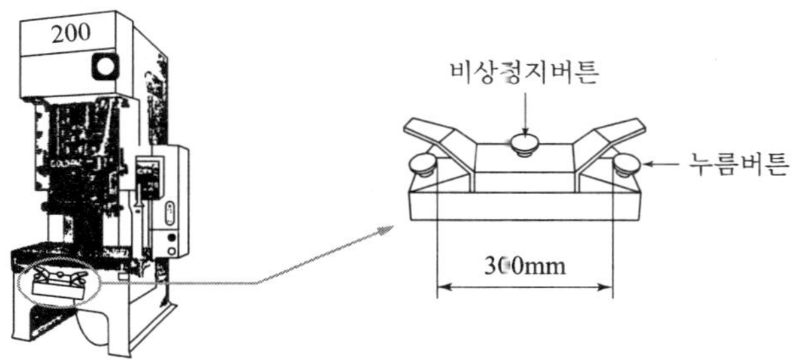

그림 1-36 ◦ 프레스의 양수 조작식 방호장치

③ 접근거부형 방호장치

작업자나 그의 신체부위가 위험한계 내로 접근하면 기계동작 위치에 설치해 놓은 기계적 장치가 접근하는 손이나 팔등(신체일부)의 신체부위를 안전한 위치로 밀거나 당겨내는 안전장치이다. 그 예로써는 책 제본기에서 손을 쳐내는 장치, 프레스의 수인식 및 손쳐내기식 등이 있다.

그림 1-37 ◦ 접근거부형 재단기의 방호장치와 프레스에 설치된 접근거부형 방호장치

④ 접근반응형 방호장치

작업자의 신체일부가 위험한계 또는 인접한 거리내로 들어오면 이를 감지하여 그 즉시 동작하던 기계를 정지시키거나 스위치가 꺼지도록 하는 기능을 가진 방호장치이다. 프레스의 광전자식, 압력감지방식 등이 있다.

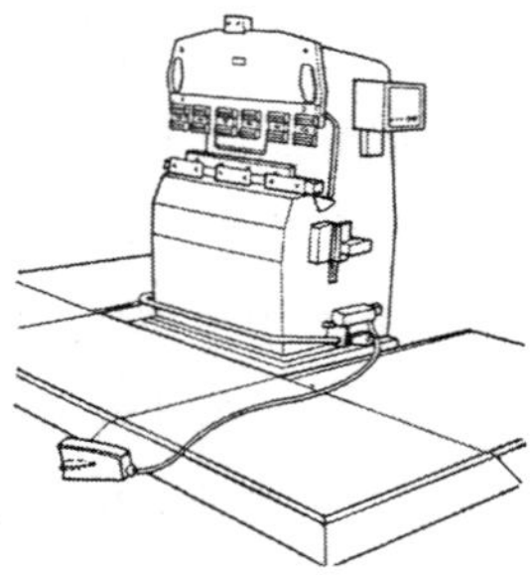

그림 1-38 ● 유압브레이크 프레스의 접근반응형 방호장치

⑤ 포집형 방호장치

이 방법은 위험원에 대한 방호장치이다. 여기서 한 예로는 연삭숫돌의 파괴가 되어 비산될 때 회전방향(접선방향)으로 튀어나오는 비산물질을 포집하거나 막아주는 장치 즉 덮개(cover)이다.

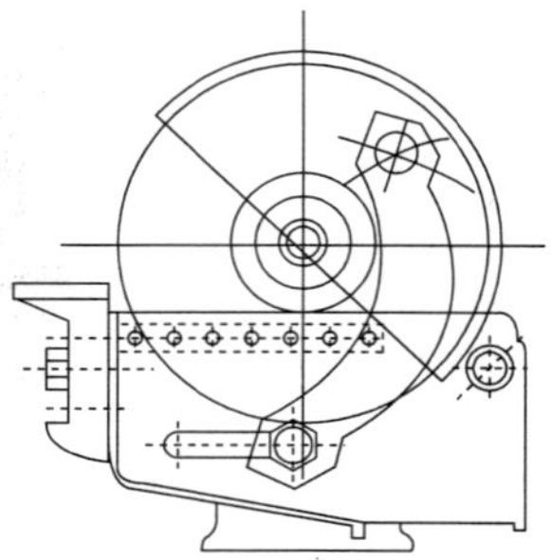

그림 1-39 ● 연삭기의 포집형 방호장치

3 가드 설치

(1) 가드 분류

구조상 가드	고정형 가드(fixes guard)	: 완전밀폐형 작업점용
	자동형 가드(auto guard)	: 이동형 기계, 전기, 유공압적(guard) 가동형
	조절형 가드(adjustable guard)	: 작업여건에 따라 근절하여 사용하는 가드

(2) 가드 설치

① 재료

강도가 좋은 철망, 환봉, 타공망, 투명플라스틱, 목재 등

② 가드 설치 조건

(ㄱ) 충분한 강도를 유지할 것.

(ㄴ) 구조가 단순하고 조정이 용이 할 것

(ㄷ) 작업, 점검, 윤활 등에 장해가 없을 것

(ㄹ) 위험점 방호가 확실할 것

(ㅁ) 개구부(開口部) 등 간격(틈새)이 규격에 준할 것

③ 설치

(ㄱ) 개구부 간격 (ILO 및 BS5304 권장규격)

<그림 1-40>과 같은 재료를 사용하여 가드를 설치할 때 개구부의 간격 y는 다음 수식을 이용하여 결정한다.

$$y = 6 + 0.15x \quad (x < 160\ \mathrm{mm})$$

(단, $x \geqq 160\ \mathrm{mm}$일 때 $y = 30\ \mathrm{mm}$)

여기서, x : 개구면에서 위험까지의 최단거리(mm)

y : x에 대한 개구부 간격(mm)

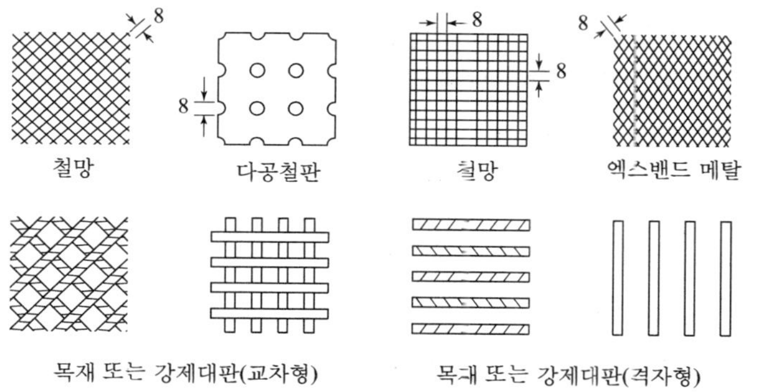

그림 1-40 ● 안전울의 사용재료

위에 수식에 의해 계산된 결과를 정리하면 <그림 1-41>과 <표 1-5>와 같이 표준수치가 산출된다. <ANSI B11.1～1988 참고>

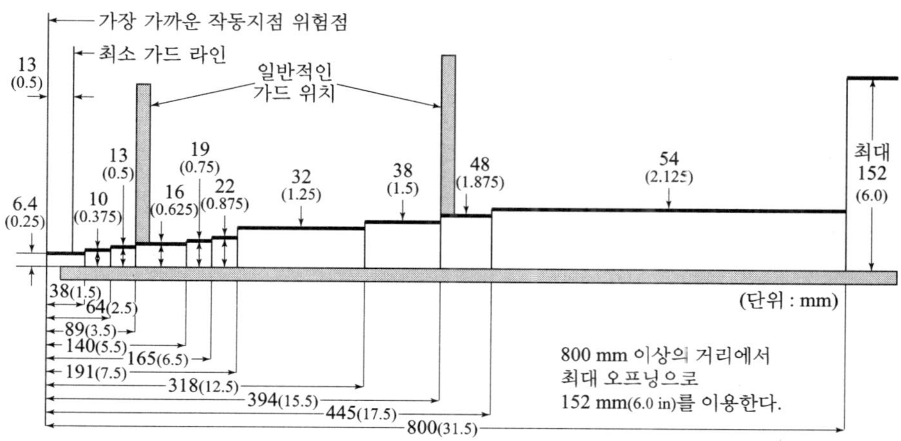

그림 1-41 ● 위험한계 거리에 따른 최대 개방틈새 [( )숫자는 inch 표시]

■ **표 1-5 개구부의 치수**

위험부위 점검으로부터 개구부까지의 거리(mm)	13 ~ 38	38 ~ 64	64 ~ 89	89 ~ 140	140 ~ 165	165 ~ 190	190 ~ 318	318 ~ 394	394 ~ 445	445 ~ 800	800 이상
최대개구부(mm)	6	9	13	16	19	22	32	38	47	54	150

또한 x가 760 mm 이상일 때 적용공식은 $y = 6 + 0.1x$ 적용해서 개구부 "y"을 정하기도 한다.

예제 1

롤러기의 롤러가 고속으로 회전하고 있는 방호가드를 설치하고자 한다. 손이 들어가는 간격을 정하고자 한다. 〈그림 1-42〉 이때 x =80 mm일 간격 y는?

적용식 : $y = 6 + 0.15x$

$= 6 + 0.15 \times 80 = 6 + 12$

$= 18\ \text{mm}$ 이내이어야 한다.

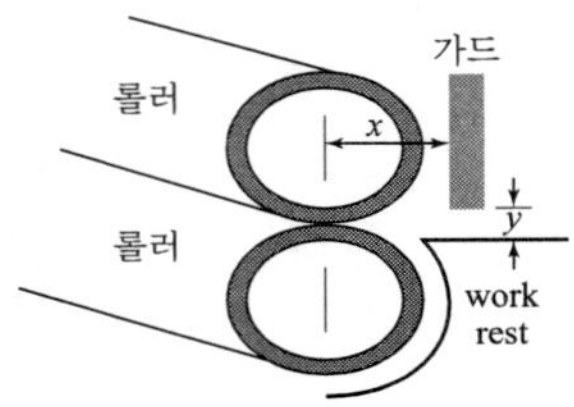

그림 1-42

예제 2

가드가 들어갈 곳의 방호울을 설치하고자 한다. 시중에서 구입된 철망(방호울) mesh간격이 25 mm일 때 위험점과 방호울과의 거리는? 〈그림 1-43〉

적용식 : $y = 6 + 0.15x$

여기서 간격 y가 25 mm → $25 = 6 + 0.15x$

$x = \dfrac{25 - 6}{0.15} = \dfrac{19}{0.15} = 126.6\ \text{mm}$

∴ 위험점까지의 거리는 최소 127 mm가 확보되어야 한다는 뜻이다.

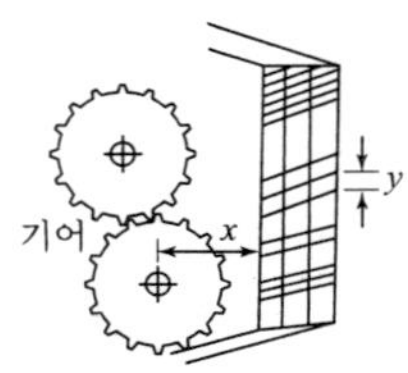

그림 1-43

(ㄴ) 방호필요거리 계산 (외국규격 BS5304 및 DIN31000)

작업자가 위험지역내의 접근을 방지하기 위하여 고정방벽을 설치하는 경우 일반적으로 방벽의 높이는 2,500 mm 정도가 되어야 한다. 그러나 사정상 방벽의 높이가 2,500 mm 정도로 설치할 수 없을 경우 위험점의 높이와 방벽의 높이 그리고 위험점으로부터 수평거리 c 사이에 <표 1-6>과 같이 설치 기준표를 만들 수 있었다.

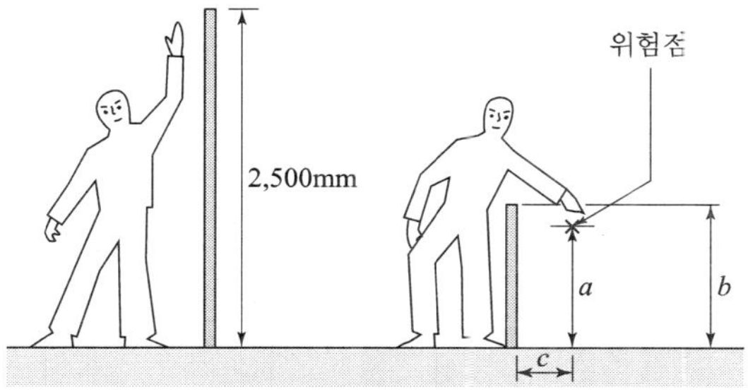

그림 1-44 ◦ 수직방호 높이 계산

◦ 표 1-6 보호방벽의 설치 기준

위험부의 높이 a (mm)	보호 구조물의 높이 b(mm)							
	2400	2200	2000	1800	1600	1400	1200	1000
	위험점으로부터의 거리 c(mm)							
2400	–	100	100	100	100	100	100	100
2200	–	250	350	400	500	500	600	600
2000	–	–	350	500	600	700	900	1100
1800	–	–	–	600	900	900	1000	1000
1600	–	–	–	500	900	900	1000	1300
1400	–	–	–	100	800	900	1000	1300
1200	–	–	–	–	500	900	1000	1400
1000	–	–	–	–	300	900	1000	1400
800	–	–	–	–	–	600	900	1300
600	–	–	–	–	–	–	500	1200
400	–	–	–	–	–	–	300	1200
200	–	–	–	–	–	–	200	1100

예제 3

사업장의 설치된 위험기계의 위험부위까지의 높이가 800 mm이고 위험기계로부터 600 mm 거리에 위험방지를 위한 가드의 높이는 얼마로 하면 안전이 확보될 수 있는가? 〈표 1–6〉을 이용하여라.

a의 항 800을 찾아 우측 가로항 c점과 만나는 600을 찾아 세로의 위쪽으로 보호 구조물의 숫자를 읽으면 된다. 따라서 가드 구조물 높이는 최소한 1,400 mm 높이가 되어야 한다는 것을 알 수 있다.

(ㄷ) 가드에 필요한 공간

작업 중 작업자는 신체의 일부분이 가드의 기계 사이에 들어가 상해를 입는 적절하지 못한 공간인 함정(trap)을 많이 볼 수가 있다. <BS5304 및 DIN31000>

신체부위	몸(body)	다리(leg)	발(foot)	팔(arm)	손목(wrist)	손가락(finger)
최소틈새	500 mm	180 mm	120 mm	120 mm	100 mm	25 mm
트랩			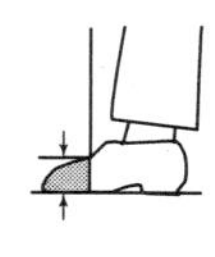	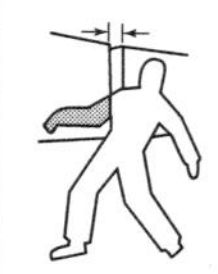	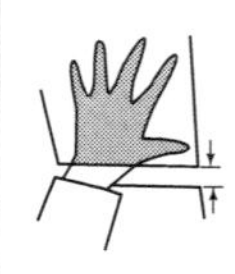	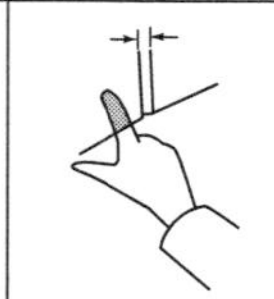

그림 1-45 ● 가드에 필요한 최소공간

특히 안전한 작업공간이라고 주어지는 것이 사고를 불러일으키는 공간이 함정(trap)이 형성되는 것을 막고 지도하고자 외국규격(영국과 독일규격)이지만 안전확보상 최소틈새를 유지하여야 하는 자료이다.

(ㄹ) 방호망의 간격규격 (BS5304 및 DIN31000)

㉮ 가로형 방호 높이(간격) <그림 1-46>

손끝	손가락
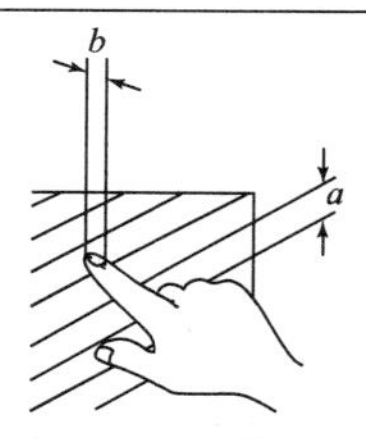	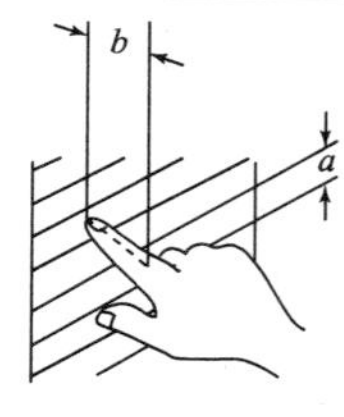
$4\text{ mm} < a \leq 8\text{ mm}$ $b \geq 15\text{ mm}$	$8\text{ mm} < a \leq 12\text{ mm}$, $b \geq 80\text{ mm}$ $12\text{ mm} < a \leq 20\text{ mm}$, $b \geq 120\text{ mm}$

손두께 → 손끝	겨드랑이 → 손끝
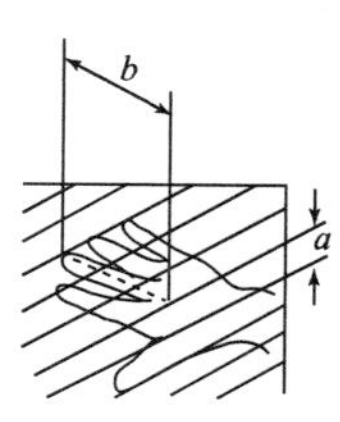	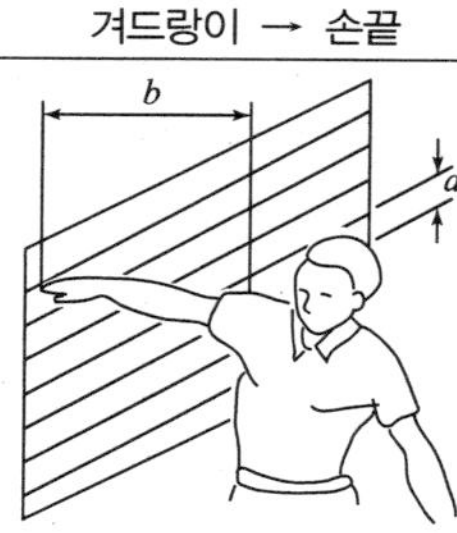
$20\text{ mm} < a \leq 30\text{ mm}$ $b \geq 200\text{ mm}$	$30\text{ mm} < a \leq 150\text{ mm}$ $b \geq 850\text{ mm}$

그림 1-46 ●

㉯ 가로·세로형(mesh type) 방호(간격) <그림 1-47>
우리는 철망(mesh type) 또는 울이라고도 한다.

손끝	손가락
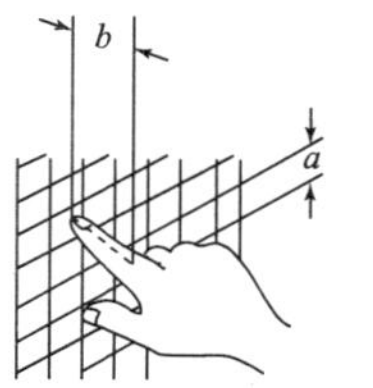	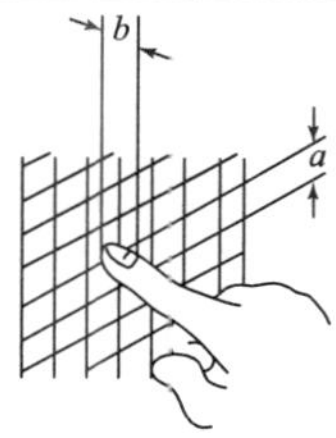
$4\text{ mm} < a \le 8\text{ mm}$ $b \ge 15\text{ mm}$	$8\text{ mm} < a \le 12\text{ mm}$ $12\text{ mm} < a \le 25\text{ mm}$ $b \ge 80\text{ mm}$ $b \ge 120\text{ mm}$

손두께 → 손끝	겨드랑이 → 손끝
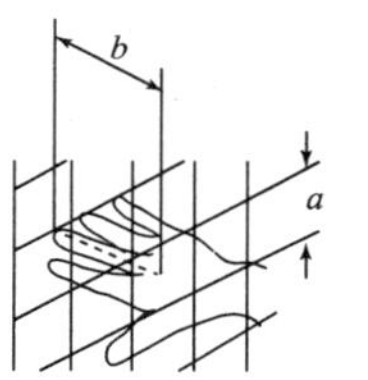	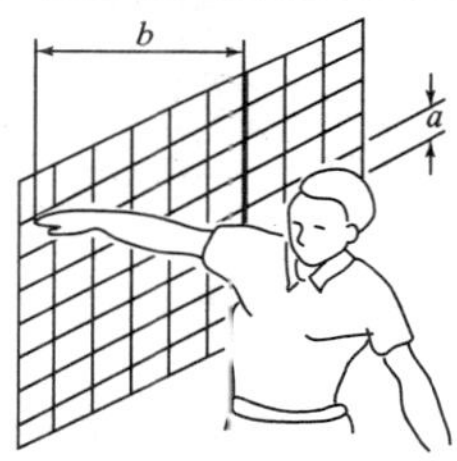
$25\text{ mm} < a \le 40\text{ mm}$ $b \ge 200\text{ mm}$	$40\text{ mm} < a \le 150\text{ mm}$ $b \ge 850\text{ mm}$

그림 1-47

㉰ 수평방호 거리 계산(round) <그림 1-48>

신체	안전거리	예시
손가락끝 → 손끝	$R \ge 120\text{ mm}$	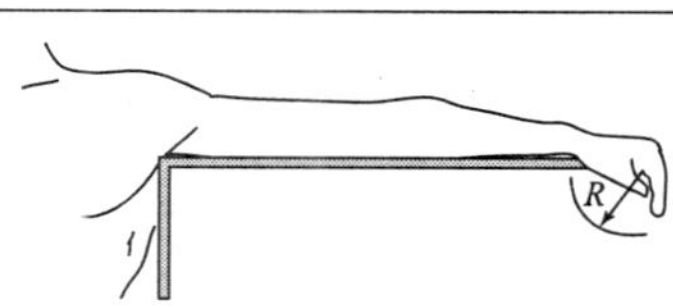
손목 → 손끝	$R \ge 230\text{ mm}$	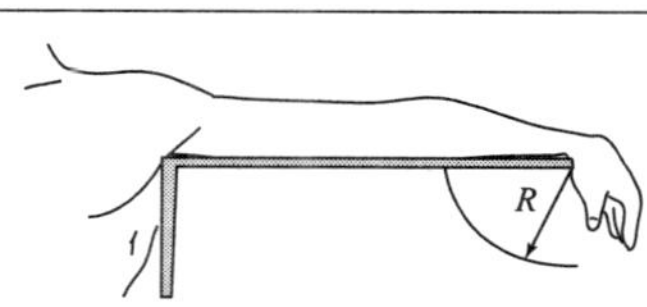

팔꿈치 → 손끝	$R \geq 550$ mm	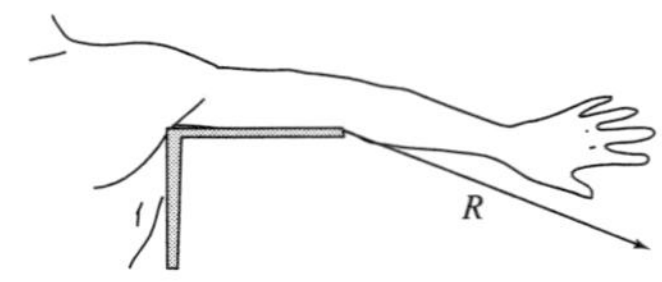
겨드랑이 → 손끝	$R \geq 850$ mm	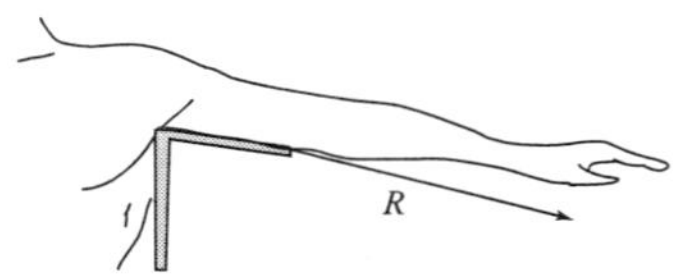

그림 1-48

가드(guard) 설치사례		
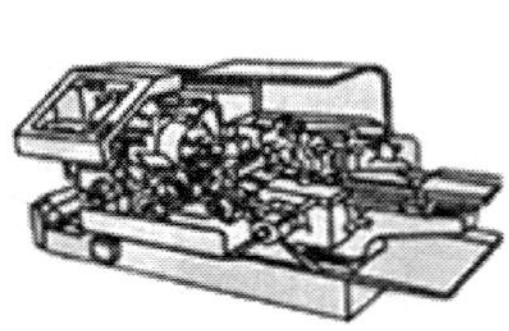 선반 뒷면의 고정가드	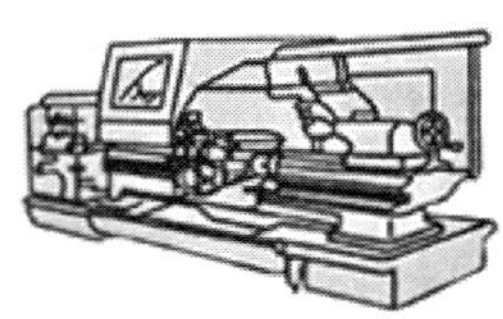 공작 영역의 유지가드	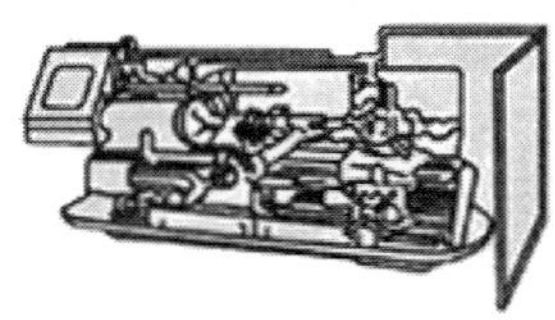 새들에 부착한 유지가드
 주축대 부착 유지가드	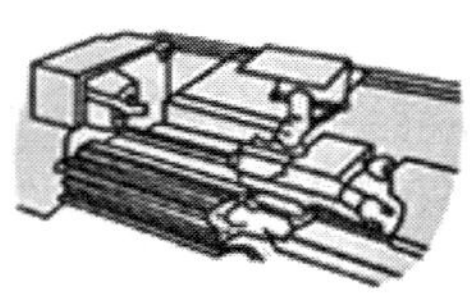 방책형 가드	 탈착식 가드

(3) 가드(Guard) 종류별 특징

① 고정형 가드(fixed guard)

(ㄱ) 완전밀폐형 가드

덮개나 울 등을 고정 설치하여 동력전달부 및 돌출회전물을 격리차단함으로써 위험물을 방호하는 방법으로 <그림 1-49>와 <그림 1-50>의 설치 예와 같은 방식이 이용된다.

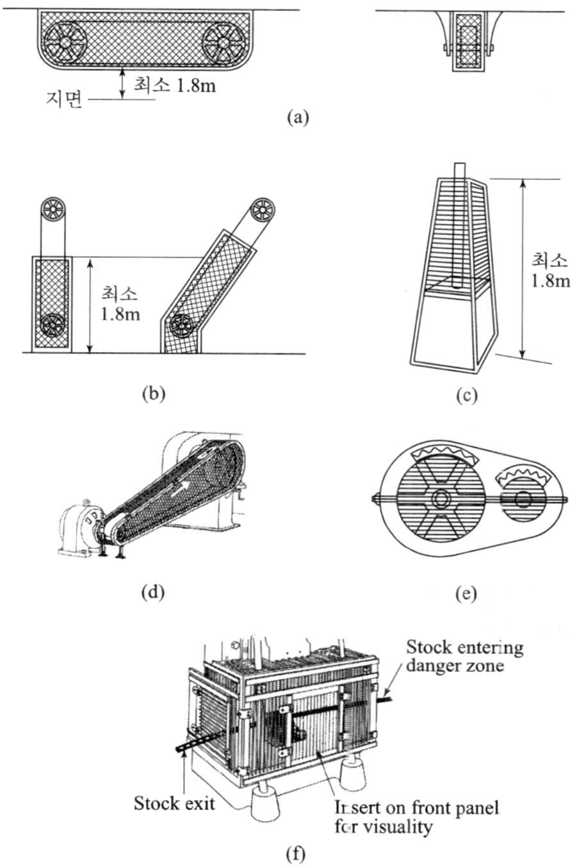

(a) 천장에 설치된 벨트와 벨트풀리에 대한 울의 설치(지상공간 1.8 m 확보)
(b) 천장과 바닥 위의 벨트와 벨트풀리에 대한 울의 설치(지상공간 1.8 m까지 설치)
(c) 수직축에 대한 울의 설치
(d) 벨트에 대한 울의 설치
(e) 치차의 덮개 설치
(f) press 기계에 설치된 고정가드(fixed barrier guard)

그림 1-49 ◈ 동력전도부분 고정형 가드 설치 예

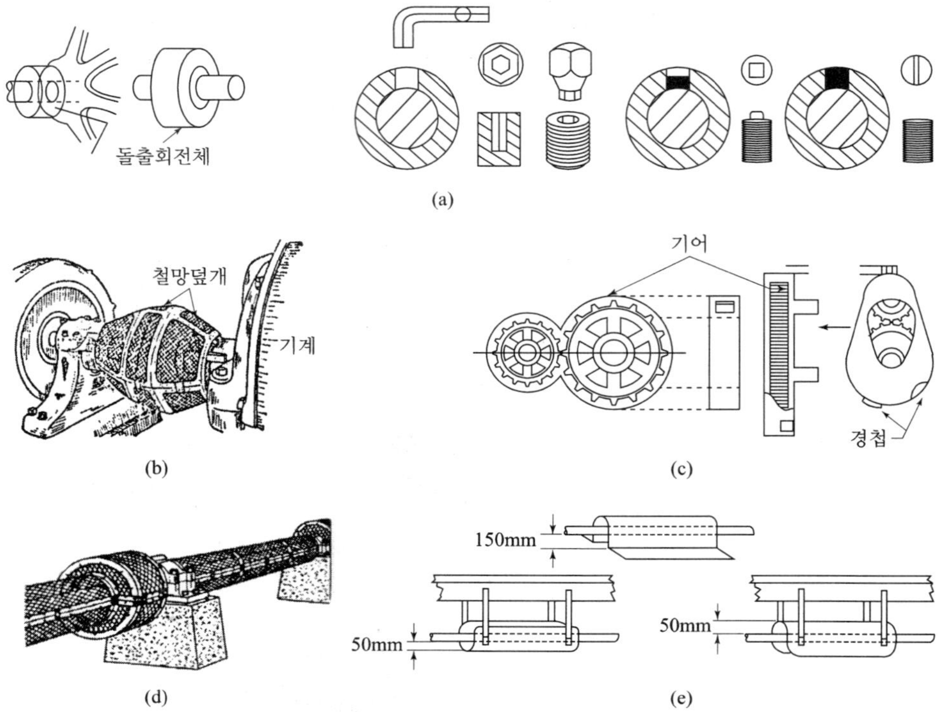

(a) 돌출회전체에 설치된 덮개(set-screw)
(b) 커플링(coupling)에 설치된 덮개
(c) 치차(gear)에 설치된 덮개
(d) 수평축에 설치된 울
(e) 축(shaft) 및 슬리브(sleeve)의 덮개

그림 1-50 • 덮개 및 울의 설치 예

(ㄴ) 작업점용 가드

재료나 부품의 송급·배출 시 등 작업상 장해요인이 없으면서 작업자가 위험점(작업점)에 접근하지 못하도록 하는 구조로 되어 있으며 주로 1차 가공작업 등에 적용된다.

㉮ 상하 겹침구조의 금형울

㉯ 슈트피더(chute feeder)가 있는 금형의 안전울

㉰ 탁상 연삭기의 덮개

예 프레스의 블랭킹 작업 및 탁상 연삭기 작업에 예이다. <그림 1-51>

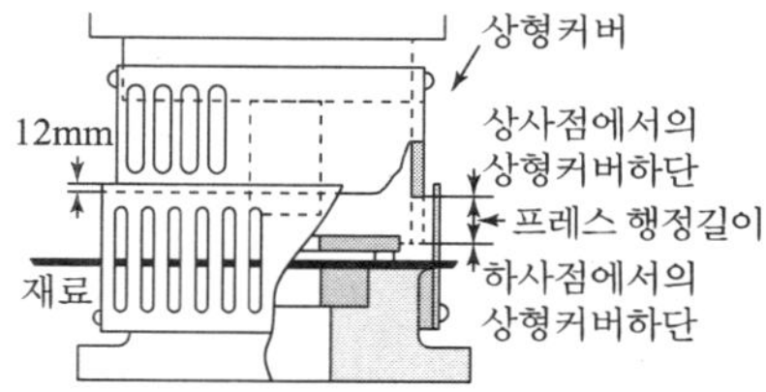

(a) 상하 겹침구조의 금형물

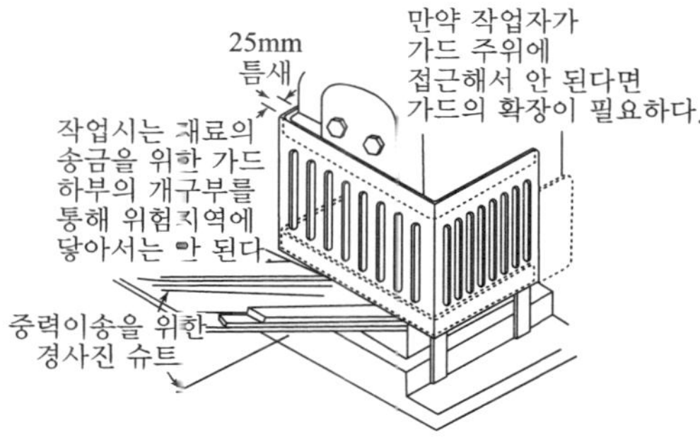

(b) 슈트피더(chute feeder)가 있는 금형의 안전울

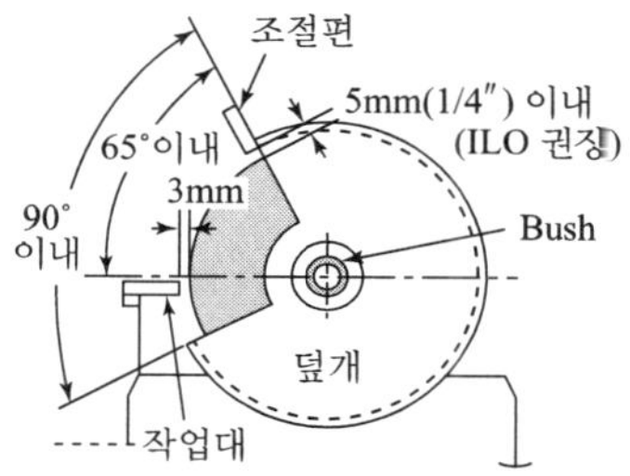

(c) 탁상 연삭기의 덮개

그림 1-51 ◉ 작업점용 가드의 설치 예

② 연동형 가드(interlock guard)

이것은 자동형 가드(automatic guard type)라고도 한다. 재료의 송급·배출 시와 기계의 점검 수리 시 등에 가드를 개방하지 않으면 안 되는 경우가 있다. 이때 기계를 작동시킨 상태로 가드를 개방하거나 가드를 개방한 상태에서 기계를 작동시키는 등의 위험을 배제하기 위하여 기계적, 전기적, 유공압적 방법에 의한 인터록기구를 부착한 가드를 설치한다. <그림 1-52>는 핀(pin), 캠(cam), 레버(lever) 등을 이용한 연동형 가드 또는 자동형 가드 설치 예이다.

(a) 록핀(lock pin) 이용

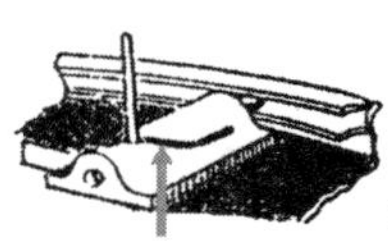

(b) 홈 캠(cam) 이용

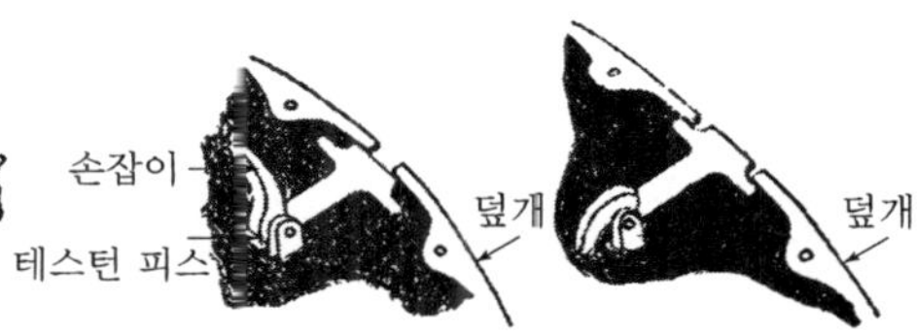

(c) 레버(lever) 이용

그림 1-52 ◉ 기계적 인터록

③ **조절형 가드**(adjustable guard)

방호하고자 하는 위험구역에 맞추어 적당한 모양으로 조절하는 것이며 기계에 사용하는 공구를 바꿀 때 이에 맞추어 조정하는 가드를 말한다. 예를 들면 동력 시 수동 대패 기계의 날 접촉예방장치와 프레스의 안전울 등을 들 수 있다.

Chapter 2

공작기계 및 목가공기계 등의 작업안전

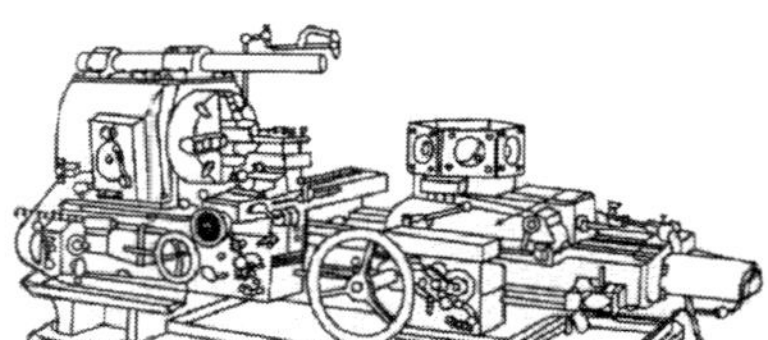

2-1 선반(旋盤, Lathe)의 작업안전

선반은 이송량(feed per revolution)을 조절할 수 있는 절삭공구(cutting-tool 일명 바이트 bite) 등을 사용해서 주축(main shaft)과 심압대(tail stock)에 고정되어 회전하는 가공물에 선삭(lathe turning), 보링(boring), 절단(cutting-off), 정면절삭(surfacing), 나사절삭(screw cutting) 등의 가공을 실시하는 기계를 말한다. 금속가공용과 목공용이 있으며 금속가공용에는 보통선반(engine lathe), 탁상선반(bench lathe), 고속도선반(high speed lathe), 정면선반(face lathe), 터릿선반(turret lathe), 수직선반 및 NC선반 등이 있다. 선반가공은 최근에 제조 생산되는 선반<그림 2-1>은 옛날과는 달리 치차(gear) 등 위험점의 대부분이 프레임(frame) 내에 내장되어 있어 위험성이 많이 줄었으나 가공재료의 칩(chip)이나 냉각유등이 비산되어 나오는 위험으로부터 보호하기 위해 전후좌우 위쪽으로 이동되는 플라스틱제의 덮개를 설치하는 것이 바람직하며 칩 비산 방지하는 커버 즉 실드(shield)장치이다.

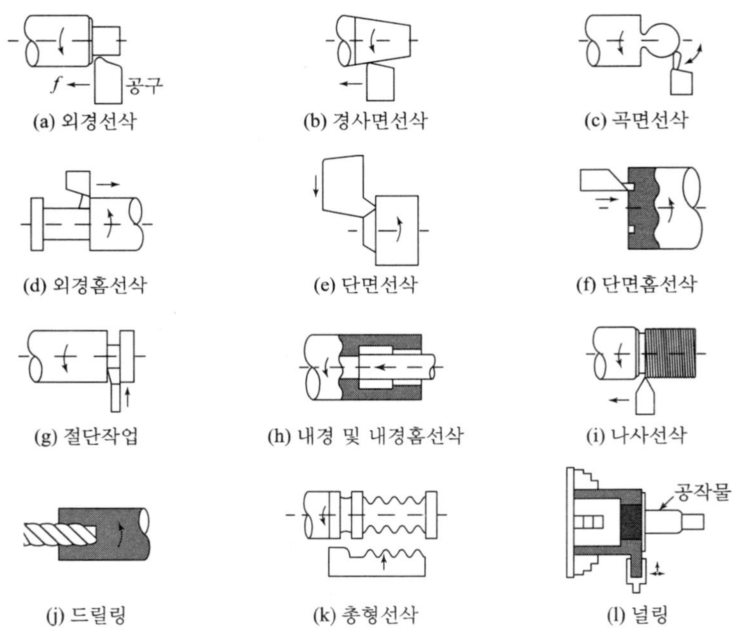

그림 2-1 ● 선반가공의 구분

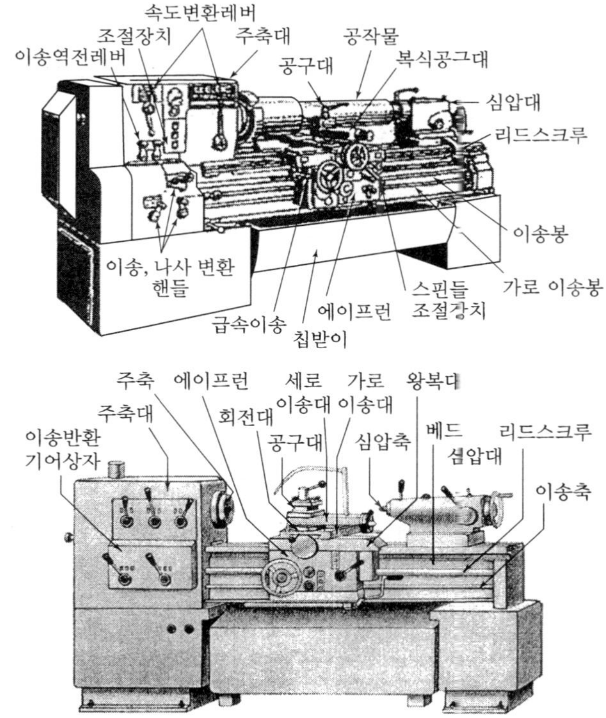

선반 각 부의 명칭

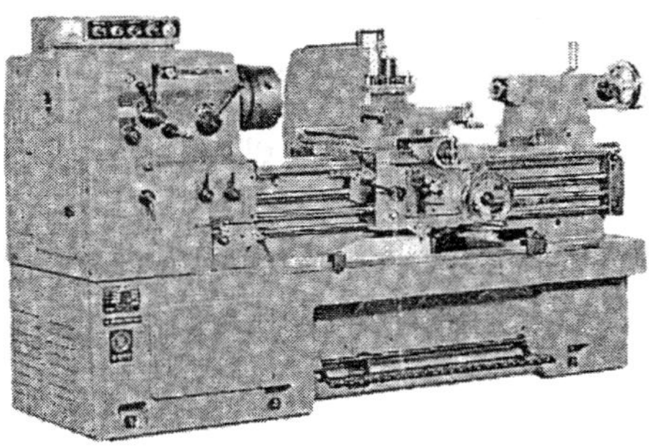

터릿선반

수직선반

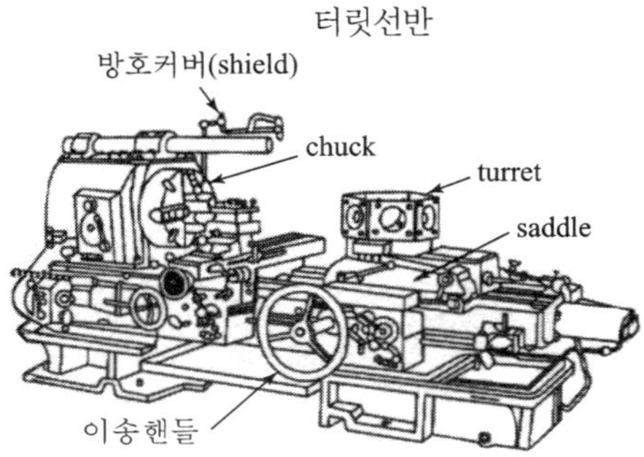

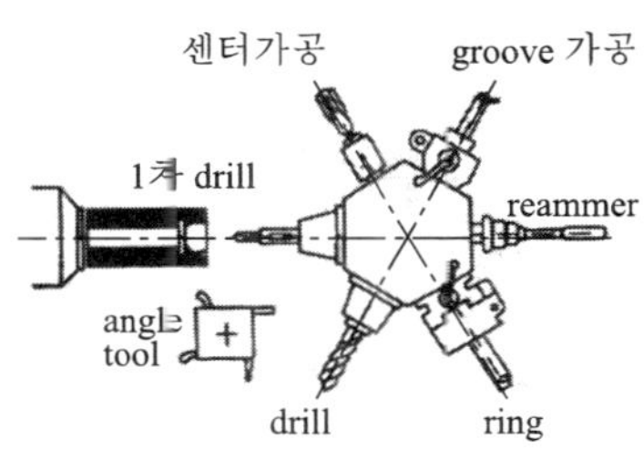

그림 2-2 ● 선반 중 절삭 보통선반과 터릿선반(turret lath)의 공구배치

척(chuck)이나 척에 물린 가공물의 돌출부가 긴 것은 대단히 위험하다. 만약에 긴 돌출부를 가진 가공물의 경우는 덮개를 부착하여 작업자의 접촉이나 작업복 등이 말려 들어가는 재해를 방지해야 한다. 다음 <그림 2-4>는 긴 건물의 가공 시 사용하는 덮개이다.

<그림 2-3> 또한 척의 덮개가 닫히지 않으면 동력이 연결되지 않도록 되어 있다. 그리고 <그림 2-5>에서처럼 핸들은 OFF위치로 옮기면 덮개의 솔레노이드록(solenoid lock)을 벗어나 열리게 된다. 그러나 <그림 2-5>와 같이 덮개를 닫지 않으면 주제어 회로가 작동하지 않고 기계는 정지상태에 있게 된다. 이외에도 안전작업에서 반드시 취해야 할 안전작업에서 길이가 긴 척물의 가공에 척과 지지해주는 센터 간의 길이가 길 때에는 가공물 지름의 12배 이상 길이를 가공할 때, 진동 및 흔들림으로 가공물의 이탈방지용으로 <그림 2-6>처럼 방진구(work rest)를 사용하여야 한다. 선반작업에서 바이트(bite)는 가공물을 가공할 절삭공구<그림 2-7>로써 없어서 안 되는 공구이다. 그러나 가공상 발생되는 칩으로 인해 손, 손가락, 팔 및 목과 얼굴에까지 상처를 주기도 하는 재해를 입기도 한다. 이럴 때의 작업안전은 계속 이음칩을 짧게 끊어주는 칩브레이커 인서트바이트(bite)를 사용하는 것이 <그림 2-8> 작업안전기법이다. 또한 칩을 취급처리 할 때는 브러시(brush) 등을 사용하거나 포집 슈트 또는 와인딩(winding) 등을 사용하는 것도 작업안전을 확보하는 것이라 하겠다. 안전작업을 도와주는 칩브레이커(chip breaker) 바이트팁(bite tip)의 공구면에 경사를 주어 홈을 형성시키는 홈형 칩브레이커(groove type)와 공구의 경사면에 별도의 바이트팁을 부착하거나 돌기를 만드는 방식인 장애물형(obstruction type)이 있다. <그림 2-9>

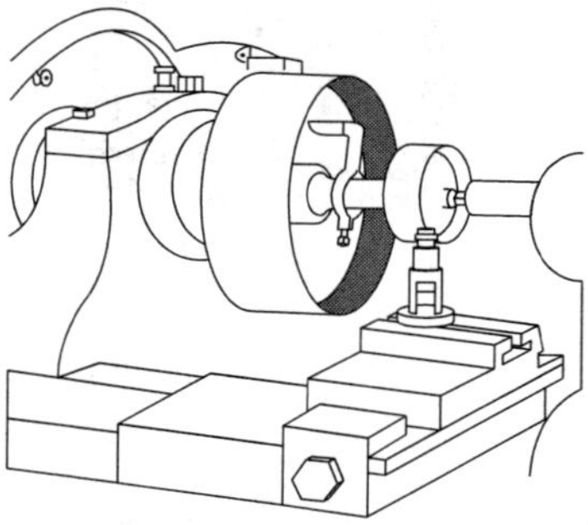

그림 2-3 ● 실드 방호장치

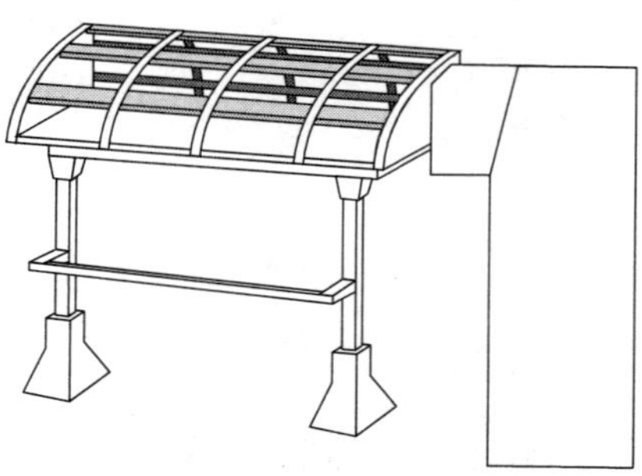

그림 2-4 ● 긴 물건 가공 시의 덮개

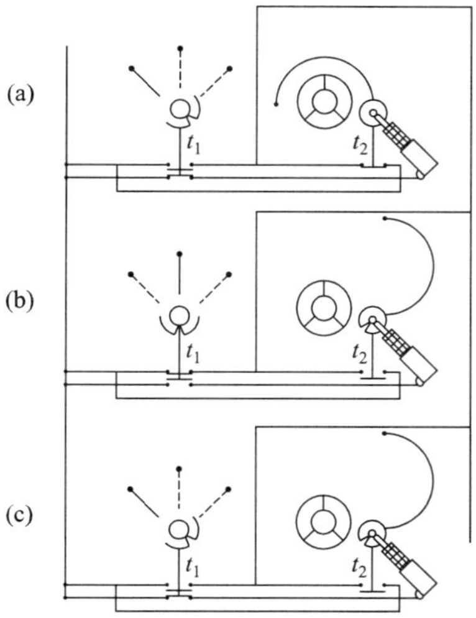

그림 2-5 ◦ 척의 덮개 변동

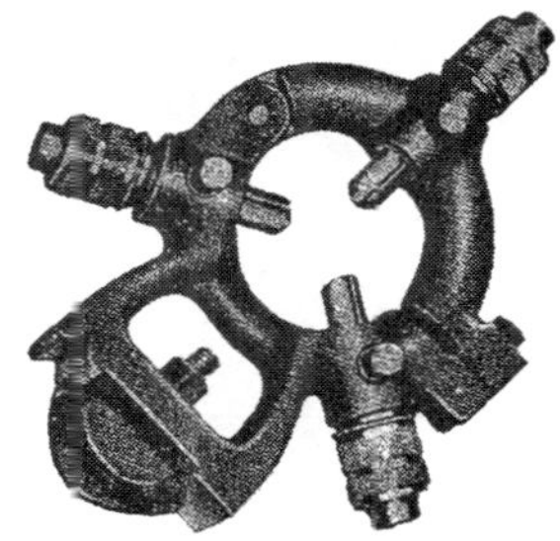

그림 2-6 ◦ 고정식 방진구

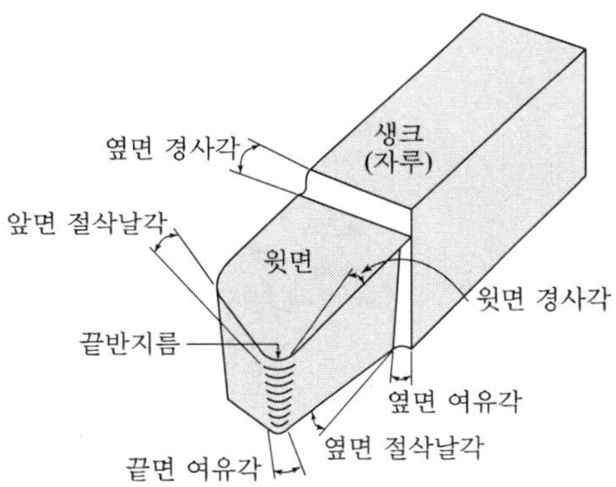

그림 2-7 ◦ 바이트(bite)

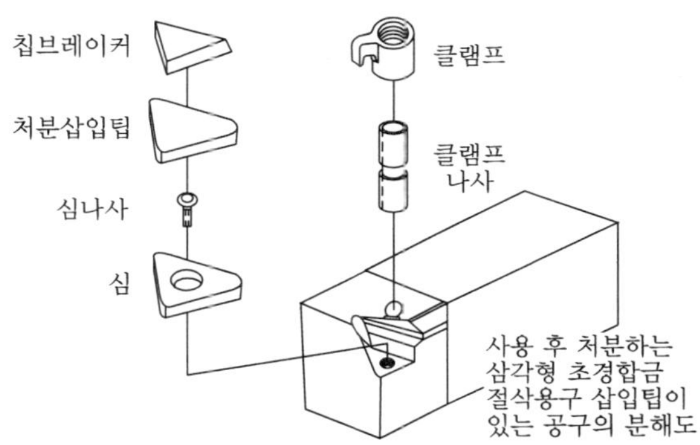

그림 2-8 ◦ 칩브레이커(chip breaker)

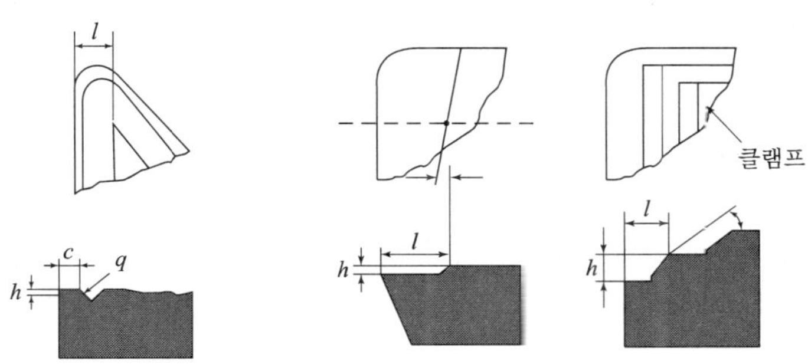

(a) 홈형 칩브레이커

(b) 장애물형 칩브레이커

그림 2-9 ◦ 칩브레이커 구분

선반의 안전장치

	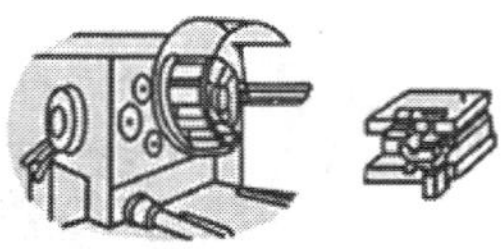	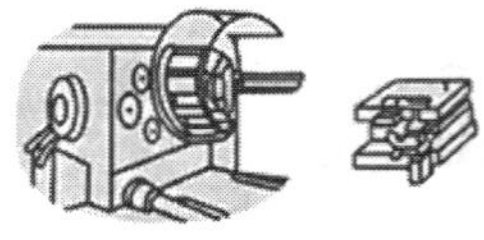	
보호 guard	Chuck 보호	Chip brake	Chip 비산방지장치

Chip brake에 사용되는 tip (bite)

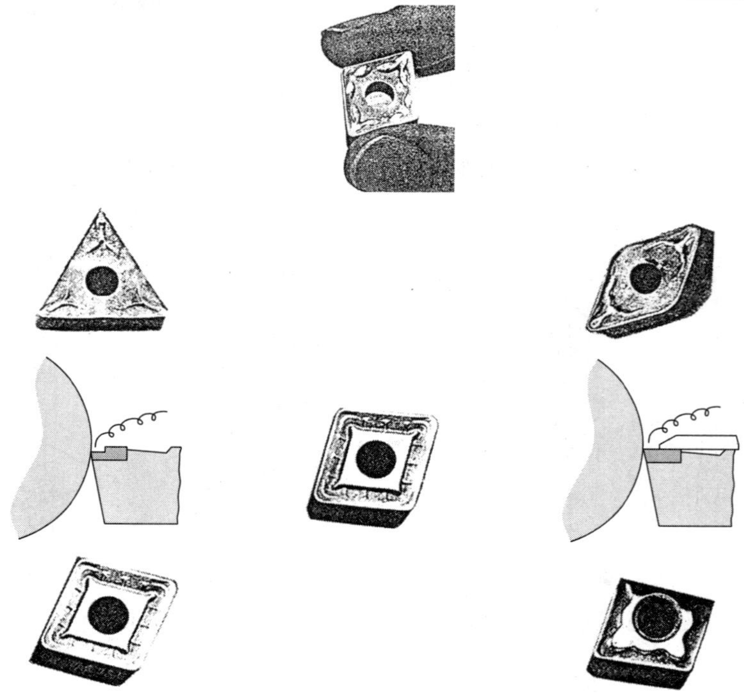

1 선반 방호장치

① 칩브레이크(chip break) 바이트 사용
② 덮개(shield) 설치
③ 제동장치(brake) 등

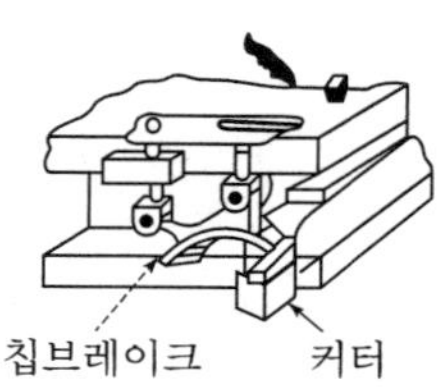

2 선반 작업안전수칙

① 공구(바이트)나 일감(공작물) 확실하게 고정할 것
② 절삭 중에 손을 대지 말고 면장갑 착용금지
③ 칩 비산 시 눈 보호용 보안경 착용
④ 칩브레이커(chip breaker)를 설치
⑤ 칩 제거 시 반드시 솔(brush)을 사용할 것
⑥ 가공물 착탈 시에 반드시 주전원을 끄고 바이트를 충분히 연 다음 한다.
⑦ 기계운전 중에는 백기어(back gear)를 금할 것
⑧ 공작물 장착한 후 척(chuck) 민 렌치(wrench) 제거
⑨ 센터 작업 시에 심압센터에 자주 절삭유 주어 열 발생을 막는다.
⑩ 선반의 바이트(bite)는 끝을 짧게 장치한다.
⑪ 긴 공작물 방진구(지름의 4배의 길이)를 사용할 것

2-2 밀링가공의 작업안전

밀링가공(milling machines)은 밀링커터(milling cutter)라고 하는 다인(多刃)으로 구성된 회전 절삭공구로 공작물을 이송하여 원하는 형식으로 절삭하는 기계가공을 말한다 <그림 2-10>. 공작물은 테이블에 고정되며 테이블이 세로, 가로 방향 및 상하 방향으로 이동된다. 밀링기계가 할 수 있는 가공은 사용범위가 매우 넓다는 것을 알 수 있다. <그림 2-11>

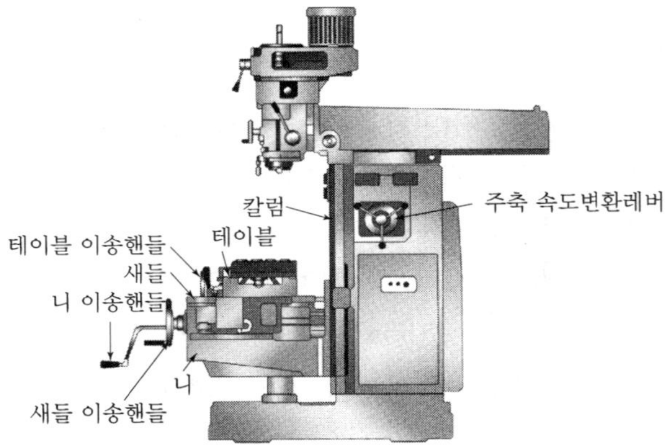

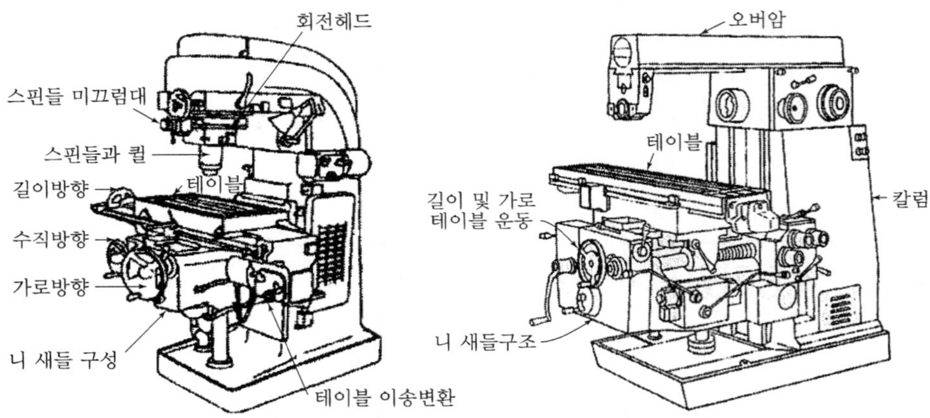

(a) 회전헤드 수직(vertical) 밀링머신 (b) 니(knee) 칼럼 밀링머신

그림 2-10 • 밀링기계의 예

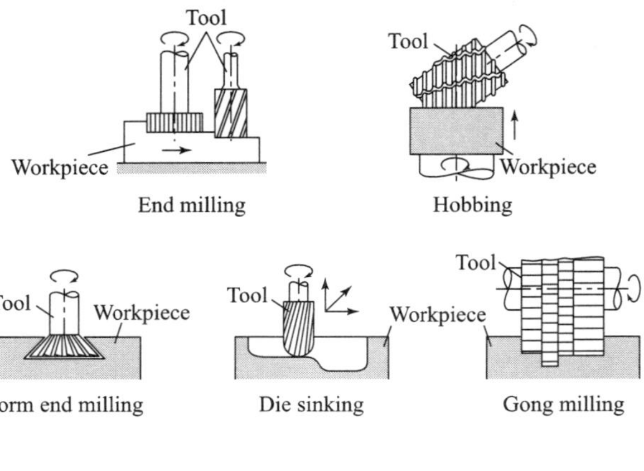

그림 2-11 • 밀링가공의 분류

1 밀링커터의 가공형태

커터에서 배출되는 칩(chip)이 작업안전과 깊은 관계가 있으므로 가공형태를 이해하여야 한다. 여기에는 상향절삭(up cutting)과 하향절삭(cown cutting)이 있다. <그림 2-12>

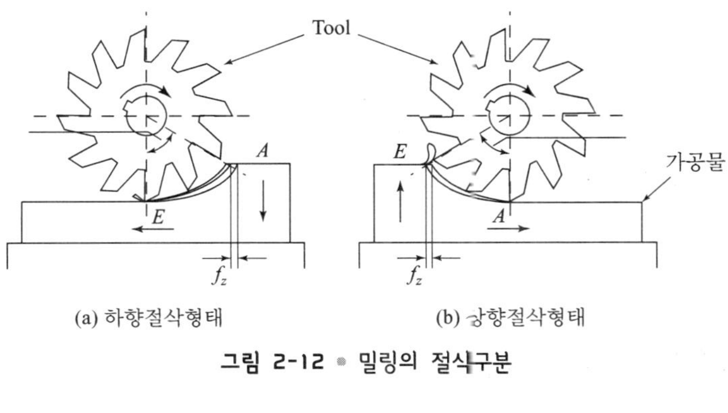

그림 2-12 • 밀링의 절삭구분

상향절삭은 테이블 이송과 커터 회전방향이 반대이므로 칩이 절삭날의 진행을 방해하지 않는다. 따라서 공구마모가 심하다. 하향절삭은 테이블 이송(feed)과 커터의 회전방향이 일치한다. 여기서 발생되는 칩의 두께는 일정하다. 따라서 가공물의 고정이 쉽고 커터의 마모가 적다. 따라서 밀링커터가 회전하고 있을 때 작업자의 옷소매가 커터에 감겨들거나 칩이 비래하여 눈에 들어가는 재해가 자주 일어나고 있으므로 커터를 조립하는 암(arm)에 가공물에 알맞은 덮개를 설치하면 칩의 비산, 위험을 막을 수가 있는 방호방법이다. <그림 2-13> 또한 칩의 제거 및 청소는 반드시 솔(brush)을 사용하고 절삭유는 가공부분에서 떨어진 커터의 상부에서 주유되도록 하여야 한다.

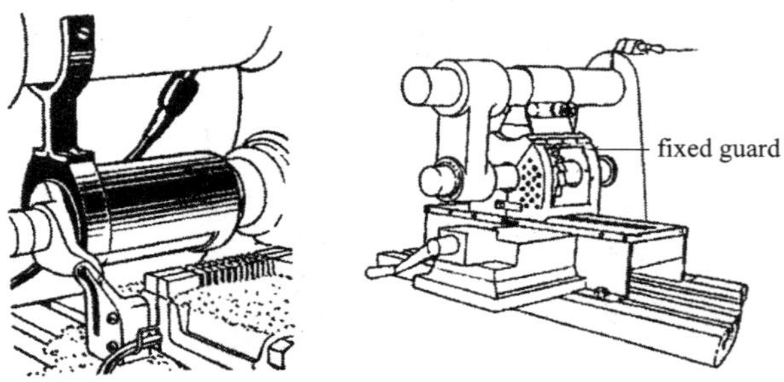

그림 2-13 • 칩 비산 방지덮개

2 밀링머신 작업안전수칙

① 작업복의 작업모나 소매가 말려들지 않도록 할 것
② 칩(chip)은 기계가 완전 정지된 후에 솔(brush)로 제거한다.
③ 공작물 설치 시 절삭공구의 회전을 정지시킨다.
④ 보안경 착용
⑤ 면장갑 착용금지
⑥ 커터를 교환 시에는 목재받침을 한다.
⑦ 커터, 일감 등을 제거 시에 시동레버 접촉금지
⑧ 커터는 될 수 있는 한 컬럼에 가깝게 설치할 것

2-3 드릴기계의 작업안전

드릴기계(drilling machine)에서 가공은 공구인 드릴(drill)을 회전시키며 축(shaft)방향으로 이동을 주어 신속하고 경제적인 구멍을 뚫는 기계이다. 그 외에도 드릴 이외의 적당한 공구를 사용하면 <그림 2-14>와 같은 가공작업을 할 수 있어 공작기계에서는 의외로 재해가 높은 위험기계로 구분되기도 한다.

드릴가공의 분류 <그림 2-14>

(a) 드릴링(drilling)
(b) 스폿 페이싱(spot facing)
(c) 카운터 싱킹(counter sinking)
(d) 카운터 보링(counter boring)
(e) 리밍(reaming)
(f) 태핑(tapping)
(g) 보링(boring)

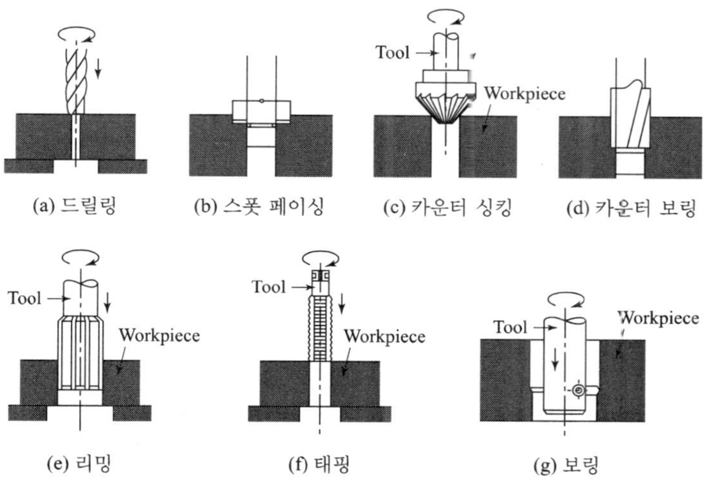

그림 2-14 ◎ 드릴기계의 가공 예

1 드릴의 종류 및 명칭

드릴(drill)은 일반적으로 고속도강(HSS)으로 만든 것이 가장 많이 사용되며 전체를 초경합금(WC)으로 만들거나 날부분에서만 초경합금을 붙여 사용되기도 한다. 따라서 드릴부분이 작업과 함께 작동될 때 위험을 수반하는 곳이기에 작업안전을 확보하기에 전력을 다해야 한다.

(1) 드릴의 종류

① 트위스트드릴(twist drill)

나선형 홈이 파여 있어 절삭성이 좋고 칩(chip) 배출이 원활하다.

② 직선홈드릴(straight flute drill)

홈이 직선으로 된 드릴로 선단 끝각이 0°이므로 절삭성은 떨어지나 얇은 판의 구멍 가공에는 적합하다.

③ 평드릴(flat drill)

구멍 속이나 황동박판 구멍 뚫기에 적합한 드릴이다.

④ 센터드릴(center drill)

재료의 양 끝단에 센터 가공 시 사용하는 드릴이다.

⑤ 건드릴(gun drill)

지름이 작은 깊은 구멍 가공에 사용하는 드릴이다.

⑥ 기름구멍드릴(oil hole drill)

절삭유 공급용 드릴이다. (몸체 중앙에 구멍이 있다.)

(2) 드릴(drill)의 각부 명칭 <그림 2-15>

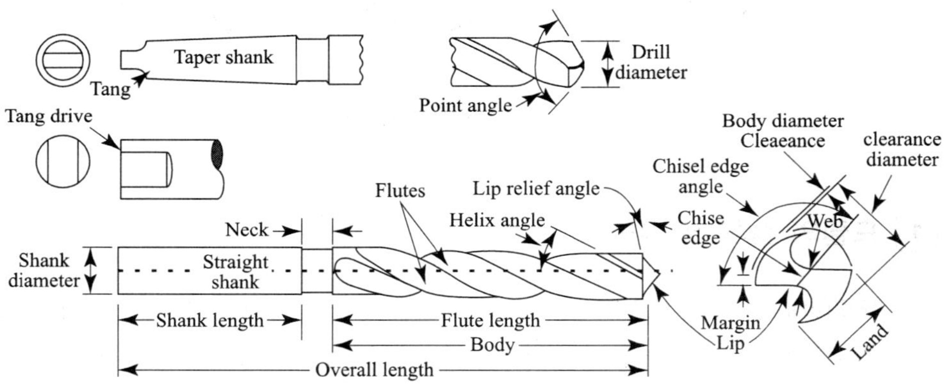

그림 2-15 ◦ 드릴의 각부 명칭과 작업

① 생크(shank)

(ㄱ) straight shank : 드릴 지름 13 mm 이하에 사용

(ㄴ) taper shank : 드릴 지름이 큰 직경(기본테이퍼) 사용

② 몸체(body)

직선의 홈(flute) 또는 나선으로 되어 있어 절삭 칩의 원활한 배출 및 절삭유 주입 통로이기도 하다. 또한 날끝 부분에서 생크쪽으로 보통 1000 m당 0.04～0.1 mm 점도테이퍼로 되어 있다. 이것을 백테이퍼(back taper)라 부른다.

③ 절삭날끝(cutting edge)

㈀ 날끝 - 치즐에지(chisel edge)
- 마진(margin)
- 웨브(web)로 구성되어 있다.

Chisel edge	: 드릴의 선단 절삭날
Margin	: • 드릴이 구멍의 내면에 접하는 랜드의 가장자리 • 리벳이음에서 판의 가장자리
Web	: 드릴의 2개의 홈 사이에 끼워진 부분 즉 심후부(深厚部)

㈁ 절삭날이 이루는 각을 선단각(point angle)이라 한다.
일반적으로 선단각 - 표준드릴 : 118°
- 연결가공 : 60～90°
- 경질 재료가공 : 135～150°로 사용되고 있다.

(3) 드릴링머신(drilling machine) 종류

① 직립 드릴링머신(upright drilling machine) <그림 2-16>

대형물의 드릴가공. 주축역회전 장치가 있어 태핑(tapping) 가능.

② 탁상 드릴링머신(Bench type drilling machine) <그림 2-17>

현장 및 각 연구실 등에 있는 것이며 사고도 빈번히 소형드릴(중 13 mm 이하) 작업으로 많이 사용하는 드릴링머신이다.

③ 레이디얼 드릴링머신(Radial drilling machine) <그림 2-18>
④ 다축 드릴링머신(Multi spindle drilling machine) <그림 2-19>
⑤ 다축헤드 드릴링머신(Multi head drilling machine)

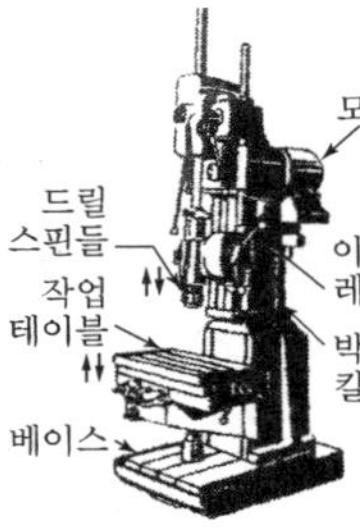

그림 2-16 ◦ 직립 드릴링머신

그림 2-17 ◦ 탁상 드릴링머신

그림 2-18 ◦ 레이디얼 드릴링머신

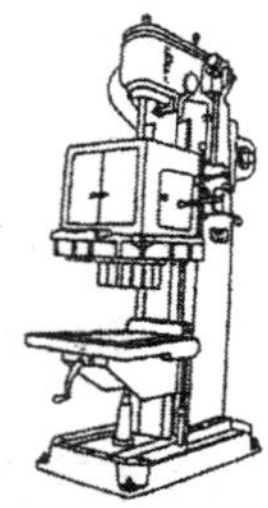

그림 2-19 ◦ 다축 드릴링머신

(4) 드릴의 절삭속도

드릴작업 안전에서 중요한 절삭속도는 드릴날의 원주속도로 나타낸다.

$$v = \frac{\pi d n}{1000} \quad \text{(m/min)}$$

여기서, v : 절삭속도(m/min)
d : 드릴의 지름(mm)
n : 드릴의 회전수(rpm)

2 드릴기계(Drill machine)의 방호

① 드릴 척(chuck)이 트위스트드릴 등이 회전하고 있으면 거기에 접촉되지 않도록 하거나 칩 비산 방지를 할 수 있도록 하는 커버(cover) 및 실드(shield) 설치가 필수이다. <그림 2-20, 2-21>

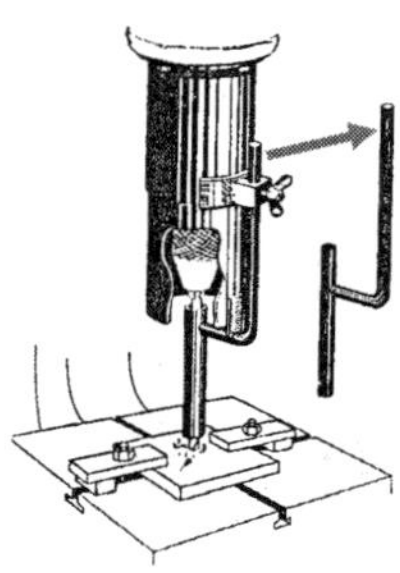

그림 2-20 ◦ 드릴 회전접촉 방지가이드

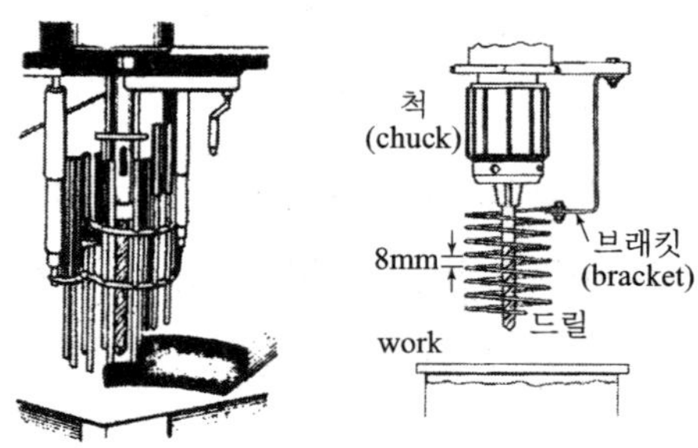

그림 2-21 ◦ 실드 및 스프링가드

② 공작물의 고정에서 안전확보

드릴링머신(drilling machine)에 위험을 초래하는 원인은 기계가 지닌 위험보다 공작물의 고정과 관계된다. 공작물의 소물(小物)인 경우는 바이스(vice) 고정이 용이하며 따라서 공작물이 대형인 경우에는 볼트(bolt) 및 클램프(clamp)를 사용하고 공작물의 수량이 많고 이를 신속하게 정확하게 가공하기 위해서는 드릴지그(jig) <그림 2-22a, b>를 사용하여 작업안전을 확보하여야 한다.

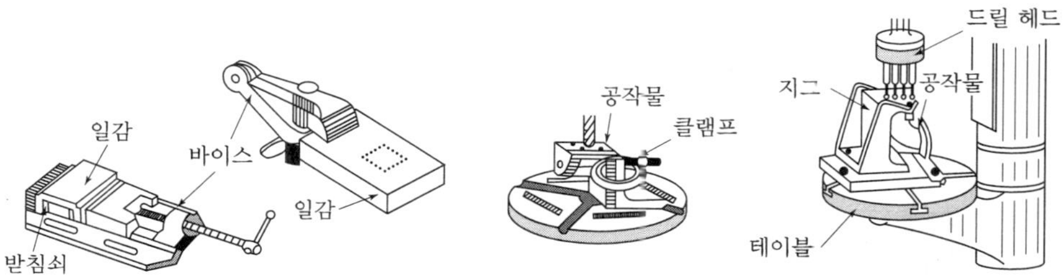

(a) 바이스로 일감고정 (b) 클램프로 일감고정 (c) 지그로 일감고정

그림 2-22a ● **일감고정 예**

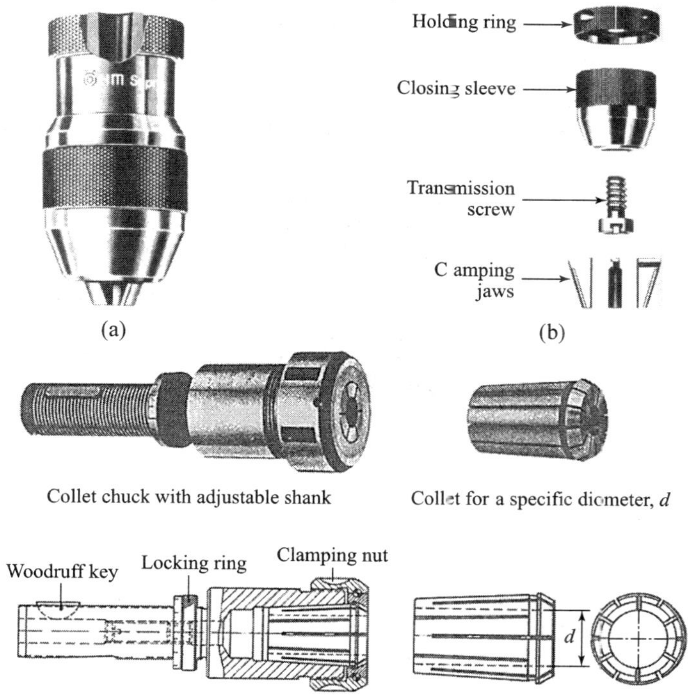

(a) (b)

Collet chuck with adjustable shank

Collet for a specific diameter, *d*

(c) Ortlieb

그림 2-22b ● **드릴작업에서 안전한 지그**

3 절삭속도 구하기〈예〉

공작물 지름 150 mm를 밀링컷터 220회전(rpm)시켜 절삭하고자 한다. 절삭속도는?

$$v = \frac{\pi DN}{1{,}000} = \frac{\pi \times 150 \times 220}{1{,}000} = 103.62 \fallingdotseq 104\ \text{m/min}$$

여기서, π : 3.14

D : 가공물의 지름

N : Cutter 또는 축회전속도(rpm)

v : 절삭(가공)속도

보충 I

작업안전교육 사례

다축드릴링머신 안전작업 Multiple drilling machine

1. 다축드릴링머신이란?

① 여러 개의 구멍을 동시에 가공하기 위한 설비이다. 드릴을 장착하는 여러 개의 스핀들이 있어 같은 평면상에 다수의 구멍을 동시에 드릴 가공할 수 있으며 주축의 위치를 조절할 수 있는 구조로 된 것도 있다.

② 종류가 다른 드릴로 드릴링, 리밍, 태핑 등 차례로 일련의 가공을 할 수 있으며, 같은 종류의 드릴로 동시에 여러 개의 구멍을 뚫는 것이 있다.

다축드릴링머신 전경 및 헤드부

2. 드릴링머신의 가공 방법

가공 방법에는 드릴링, 리밍, 보링, 태핑, 스폿 페이싱 등의 가공 방법이 있다.

① 드릴링(Drilling) : 드릴로 구멍을 뚫는 작업

② 보링(Boring) : 뚫린 구멍이나 주조한 구멍을 넓히는 작업

③ 리밍(Reaming) : 뚫린 구멍을 리머로 정밀하게 다듬는 작업

④ 태핑(Tapping) : 탭을 사용하여 암나사를 가공하는 작업

⑤ 스폿 페이싱(Spot facing) : 너트가 닿는 부분을 절삭하여 평평하게 자리를 만드는 작업

⑥ 카운터 보링(Counter boring) : 작은 나사가 둥근 머리 볼트의 머리가 묻히게 깊은 자리를 파는 작업

⑦ 카운터 싱킹(Counter sinking) : 접시머리 볼트의 머리가 묻히도록 원뿔자리를 파는 작업

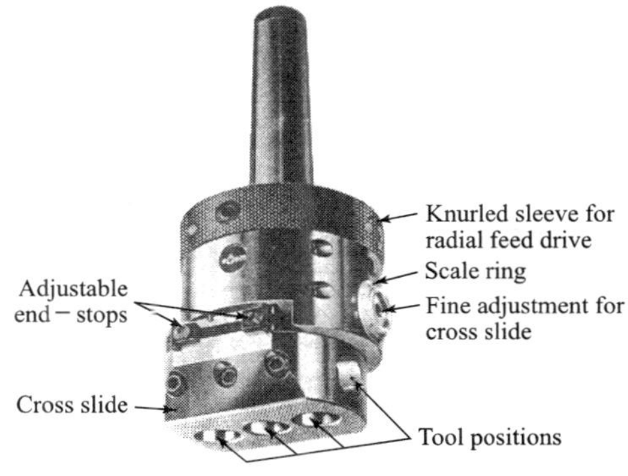

Boring and facing head(Röhm)

3. 주요 위험요인

① 면장갑을 착용하고 작업 중 드릴날에 감기는 위험(가장 많이 발생)

② 작업 중 드릴날이 파손되어 비래 위험

③ 절삭유에 의한 직업성질환 위험

④ 보안경을 착용하지 않은 상태에서 작업 중 칩이 작업자의 눈으로 튐

⑤ 쇳가루를 걸레로 제거중 손가락을 베임

4. 안전대책

① 고정가드나 연동된 유지가드로 공작영역 전체를 방호

② 다축드릴 부위에 투명판 등의 재질로 가드 설치
필요한 경우 망원경식의 가드를 추가로 설치하여 드릴날이 노출되지 않도록 함

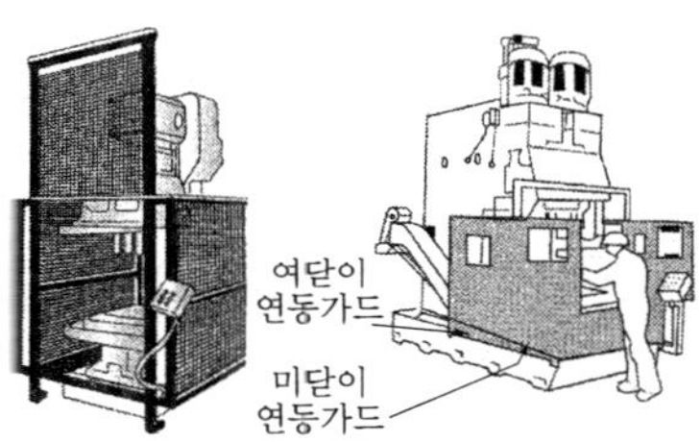

다축드릴 가드 설치방법

③ 드릴날의 선택
드릴날은 날카롭고 규격에 맞는 것을 선택하며 발생되는 칩의 길이가 짧도록 날끝을 적합하게 손질 또한 드릴날을 주기적으로 점검

④ 드릴날의 장착과 공작물의 고정
- 드릴날을 장착할 때는 드릴날과 척 또는 소켓의 장착면이 정확히 접촉되도록 주의하여 장착
- 드릴링이나 리밍작업 시작하기 전에 가공될 재료가 확실하게 고정되어 있는가를 확인
- 지그를 이용하는 경우 확실하게 볼트 체결 또는 클램프 등으로 고정되어 있어야 함

⑤ 구동부 및 동력 전달부의 방호
구동부 및 동력전달부의 풀리, 벨트, 체인 등에는 고정 방호덮개를 설치하고, 방호 덮개를 개방하면, 주전원이 차단될 수 있도록 연동장치 설치

⑥ 드릴날에 대한 방호
- 방호덮개의 앞부분은 근로자가 작업사항을 잘 볼 수 있도록 투명판(예 : 아크릴 재질) 등 설치

• 드릴 날 교체 시의 편리성을 위해 180° 위 열림이 가능하도록 스프링 형태로 설치

⑦ 바이스 고정대 설치

보충 2

작업안전교육 사례

연속주조기

1. 연속주조기(Continuous Casting)란?

제강공정을 거친 쇳물(용강)을 주형(mold)에 주입하여 일정한 모양을 만들고 연속주조기를 통과하면서 냉각, 응고시켜 연속적으로 슬래브(slab)나 블룸(bloom), 빌릿(billet) 등의 중간 소재를 제조하는 기계장치를 말한다.

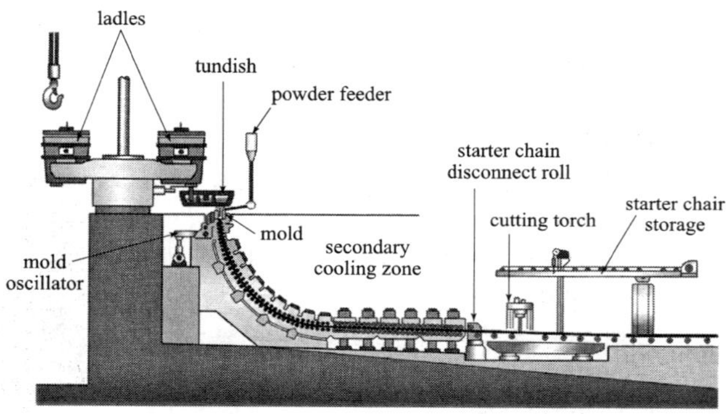

2. 연속주조기 공정

용강 → 레이들 이송 → 연주기 주상 → 턴디쉬 주입 → 게재물 부상 분리 → 몰드 내 주입(1차 냉각) → 주형 주입[강제진동(오실레이션), 용착방지] → 주편 → 2차 냉각 → 롤러가이드 통과 → 인발작업 → 교정기 → 절단 → 반제품

3. 주요설비 특징

① 레이들(Ladles) : 용탕을 넣어 운반 혹은 주입하기 위해 연강으로 된 외판의 내측에 내화물로 안을 댄 용기

② 턴디쉬(Tundish) : 레이들에서 용강류를 안정화 후 주형으로 내보내는 용기

③ 몰드(Mold) : 용강을 주편으로 1차 응고, 냉각수에 의한 냉각

④ 2차 냉각대 : 주형을 빠져나온 주편은 연주기 말단까지 통과하면서 고속의 수냉 분사장치에 의해 급냉하는 설비

⑤ 스트랜드 가이드 : 주편을 지지하는 롤들로 부풀음 발생을 방지

⑥ 절단기 : 주편을 일정 길이로 절단(산소 및 가스 절단)

⑦ 더미바(Dummy bar) : 주조 초기 주형에 용강을 주입할 때 용강의 누출을 막아주는 역할

4. 주요 위험요인

① 고온 접촉

- 주조 중 몰드로부터 용탕이 넘쳐흘러 작업자에 화상 위험이나, 고온의 주조설비 또는 반제품 접촉에 의한 화상위험
- 운전 중인 자동주형기의 정비 및 수리 시 화상 및 추락 위험과 설비의 청소 작업, 교체 작업 중 추락 또는 고온 접촉

② 폭발

용해·주탕작업 시 물기 또는 기름 접촉에 의한 수증기 폭발 위험과 주조기 턴디쉬 예열에 필요한 연료가스의 누출에 의한 화재, 폭발 위험

③ 건강장해

작업장 내 분진·흄 비산에 따른 직업병 발생 위험과 몰드 탈착 또는 용탕 표면 이물질 제거 시 근골격계 질환 발생

5. 안전대책

① 연속주조기 냉각수 관리

- 주형을 교체하였을 때는 냉각수 누출여부를 수시로 확인
- 냉각수의 온도, 압력 및 연속주조 속도는 반드시 규정된 온도, 압력 및 속도를 유지

② 용탕 및 고열물 취급 안전조치 철저

- 작업시작 전 턴디쉬, 몰드 등 균열여부 점검 철저
- 용탄 운반용 레이들, 턴디쉬, 몰드 등 고열물 근접작업을 최대한 줄임
- 근접작업 시 방열복, 안전화, 안전모, 얼굴가리개 등 안전장구 착용 철저

③ 작업장 내 분진·흄, 비산 저감대책 수립

- 분진·흄 및 기타 분진 발생원 등을 파악하고 전체적인 오염원을 분석하여 전체환기장치 및 국소배기장치를 설치
- 작업자는 지급된 안전장구(안전모, 안전화, 방진 마스크 등)를 철저히 착용함

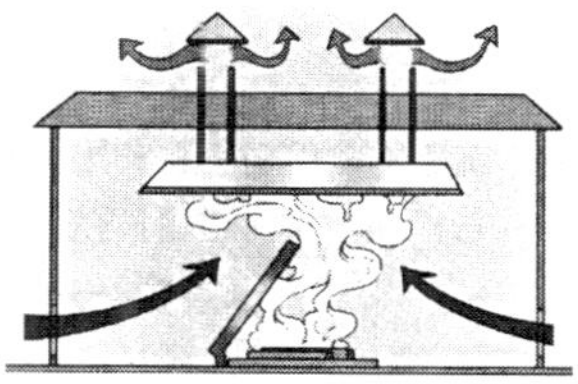

전체환기장치 설치

국소배기장치 설치

보충 3 작업안전교육 사례

전동 드릴 안전작업 Electric drill

1. 전동 드릴이란?

전기모터를 이용하여 가공물에 구멍을 뚫는 기계로써, 가공물에 뚫을 구멍의 크기에 따라 드릴날의 크기를 바꿔서 작업할 수 있다.

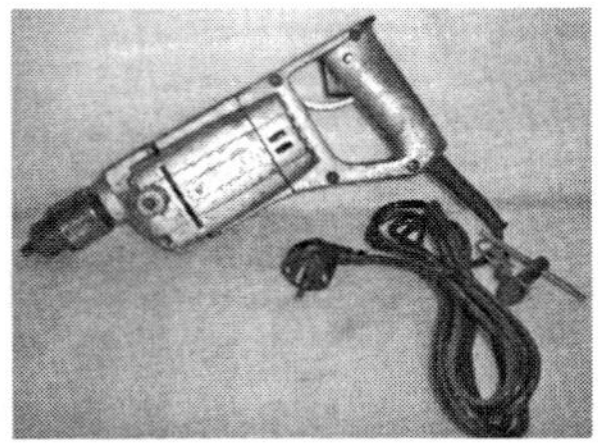

전동 드릴 전경

2. 전동 드릴 유해위험 요인

① 회전하는 드릴날에 손이 접촉되거나 옷 등이 감기는 재해발생 위험

② 케이블 피복의 벗겨짐으로 노출된 충전부에 신체접촉에 의한 감전사고 발생의 위험이 있음

3. 주요 위험 요인

① 인력으로 가공재 고정 작업으로 충돌
가공재를 고정 작업 시 가공재의 회전으로 인한 충돌

② 이동전선 절연파괴로 인한 감전 위험성
이동전선의 절연이 파괴되어 작업 시 감전의 위험이 있음

③ 소음, 분진 등 유해인자에 노출
작업 시 개인용 보호구 미착용으로 인한 소음, 분진 등 유해인자에 노출 위험성이 있음

④ 중량물 취급 작업 시의 위험
원자재 운반 시 무리한 동작 및 부적합한 작업자세로 인한 근골격계 질환 발생 위험이 있음

4. 안전대책

① 절삭 가공 시 원자재를 클램프 등을 이용고정
작업 시 원자재의 고정 불량으로 흔들림, 비래 등을 예방하기 위하여 고정장치를 이용할 것

② 접지, 누전차단기 등 감전방지조치 실시
- 전동 드릴은 이동용 전기기계기구로써 습윤 지역에서 사용할 가능성이 있으며 하절기 작업자 손에서 발생한 땀이 스며들어 감전 등을 유발할 수 있으므로 접지를 실시하거나 누전차단기를 설치하여 감전을 예방하여야 함
  또한 이중절연구조의 제품을 구입하면 접지 또는 누전차단기를 설치하지 않아도 되므로 향후 설치 구입 시 고려하여야 함
- 전동 드릴의 본체와 케이블 접속부 절연상태에 대한 주기적인 점검

③ 보호구 착용
작업 시에는 방진마스크, 귀마개 등 개인보호구 착용 후 작업 실시

④ 중량물 취급 작업 시의 안전·보건 조치

5 kg 이상의 중량물을 들어 올리는 경우 다음의 조치를 하여 근골격계 질환을 예방

- 주로 취급하는 물품에 대하여 근로자가 쉽게 알 수 있도록 물품의 중량과 무게 중심에 대하여 작업장 주변에 안내 표시
- 취급하기 곤란한 물품에 대하여 손잡이를 붙이거나 갈고리, 진공빨판 등 적절한 보조도구를 활용

2-4 보링기계(Boring machine)의 작업안전

보링(boring) 작업은 단조 및 구조에 의해 이미 뚫려진 구멍이나 드릴(drill) 작업 되어 있는 구멍내부(內部)를 확대하여 진원도, 진직도, 원통도 등이 양호하도록 가공하는 작업이다. <그림 2-23>

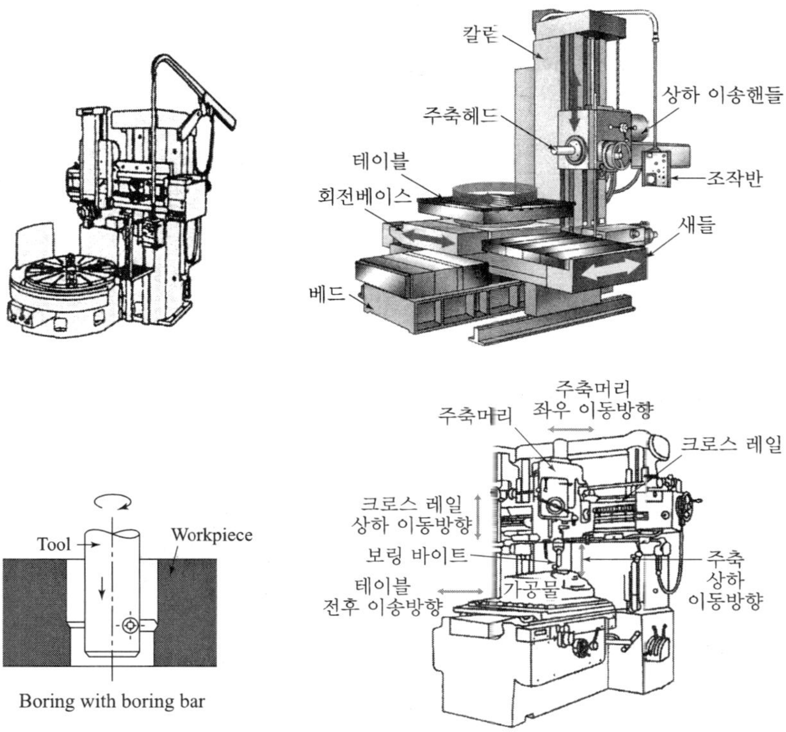

그림 2-23 • 쌍주형 지그보링머신

1 보링머신(Boring machine) 분류

① 수평보링머신 ─ 테이블형(table type)
　　　　　　　 ─ 플로어형(floor type)
　　　　　　　 ─ 플레이너형(planer type)
　　　　　　　 ─ 이동형(portable type)

② 수직보링머신(vertical B/M)

③ 지그보링머신(jig B/M)

④ CNC보링머신(CNC B/M)

2 보링머신에서 가공분류 〈그림 2-24〉

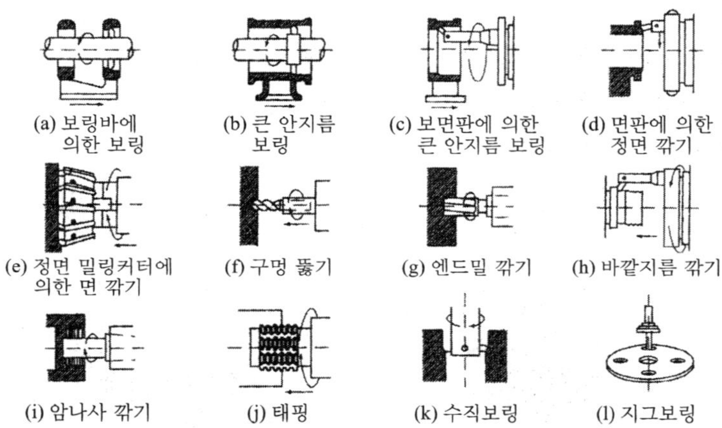

(a) 보링바에 의한 보링　(b) 큰 안지름 보링　(c) 보면판에 의한 큰 안지름 보링　(d) 면판에 의한 정면 깎기
(e) 정면 밀링커터에 의한 면 깎기　(f) 구멍 뚫기　(g) 엔드밀 깎기　(h) 바깥지름 깎기
(i) 암나사 깎기　(j) 태핑　(k) 수직보링　(l) 지그보링

그림 2-24 ● 보링 가공의 분류

3 보링작업에서 안전확보

① 보링용 절삭공구에는 여러 가지 형태의 보링바(boring bar)를 사용한다. 작은 구멍 가공 시 정밀고정용 보링바(adjustable micro boring bar)로써 1/100 mm까지 조절되는 것을 사용하는 것이 바람직하다. <그림 2-25>

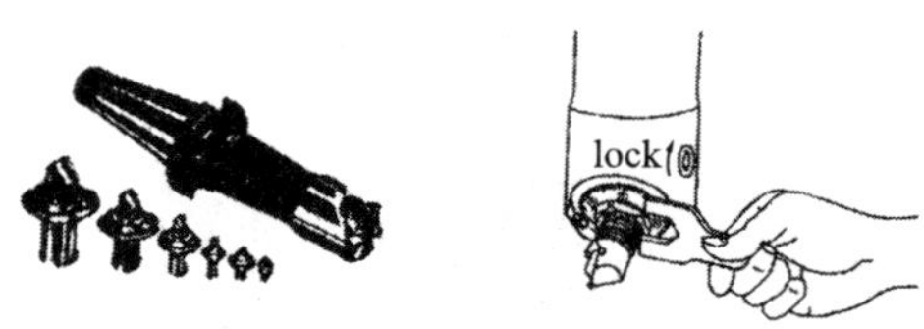

(a) 정밀조정 보링바　(b) 정밀조정 방법

그림 2-25 ●

② 가공물이 대형 즉 중량물이기 때문

기계적 운반 체계화(crane 설치 등)를 갖추어야 한다.

③ 고정은 앞의 드릴에서 언급한 바와 같이 볼트(bolt) 및 클램프(clamp)로 고정되어야 한다.

④ CNC보링머신(CNC boring machine)에는 CNC장치를 수동에서 해결하기 어려운 위치 결정 제어를 해결하고 자동공구 교환장치(ATC : automatic tool change)에 의해 필요공구를 신속하고 정확하게 교환할 수 있다.

⑤ 보링 가공 후 구멍속의 칩(chip)을 청소하는 것은 갈려들 위험이 매우 크므로 정지시켜 놓고 하며 구멍 뚫렸는지 여부등도 빛을 비추어 본다거나 막대 등을 넣어 보는 방법도 작업 안전확보이다.

2-5 평삭기(平削機, Planer machine)의 작업안전

플레이너(planer) 테이블(table)이 왕복운동을 하고 공구가 절입 및 이송을 하며 가공하는 기계이다. 플레이너 가공법은 테이블이 왕복운동을 하며 주로 대형물은 가공하는 반면 셰이퍼(shaper)는 공구가 왕복운동을 하며 주로 소형물을 가공한다는 점이 서로 다르다. 플레이너 크기는 테이블의 크기(길이 × 폭), 공구대의 이동거리 테이블 윗면부터 공구대까지 최대 높이로 표시한다.

1 플레이너의 종류

플레이너는 플레이너(planer) 칼럼(column)의 수와 구조에 따라 쌍주식 플레이너와 단주식 플레이너, 특수 플레이너로 분류한다.

(1) 쌍주식 플레이너(Double housing planer)

칼럼(column)이 베드(bed) 양쪽에 배치되어 있으며 양 칼럼 사이의 거리에 따라 공작물의 크기가 제한된다. <그림 2-26>

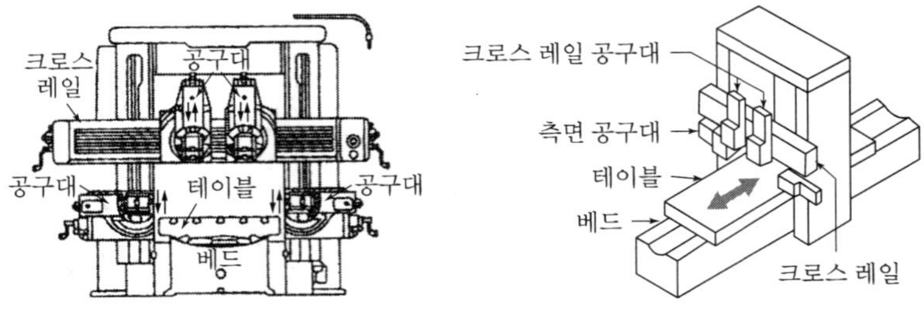

그림 2-26 ● 쌍주식 플레이너

(2) 단주식 플레이너(Single housing planer)

칼럼(column)이 베드(bed)의 한쪽 옆면에 위치하고 크로스레일(cross rail)이 외팔보 구조이다. 쌍주식에 비해 폭이 넓은 공작물을 가공할 수 있는 이점이 있으나 강력절삭에는 위험이 따른다는 것이 작업안전 유의점이다. <그림 2-27>

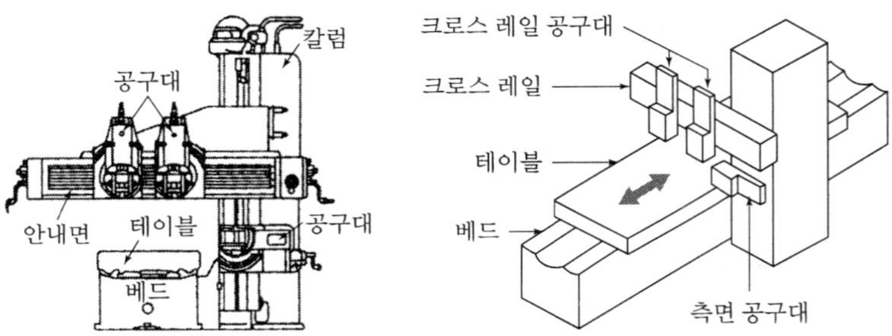

그림 2-27 ● 단주식 플레이너

(3) 특수 플레이너

초대형 공작물이나 테이블 위에 장착하기 불가능한 공작물을 가공하도록 제작된 특수한 플레이너이다. <그림 2-28>에서는 피트 플레이너(pit planer)로 표시하고 있으며 바닥에는 피트를 만들어 공작물의 일부를 피트 안에 삽입시켜 가공하는 형태이다. 여기서 피트는 플레이너의 베드 사이에 형성되는 U자형 홈을 말한다. 작업 안정상 이러한 피트는 위험 장소이기 때문 안전을 확보하는데 조치되어야 하는 것 덮개(cover)이다.

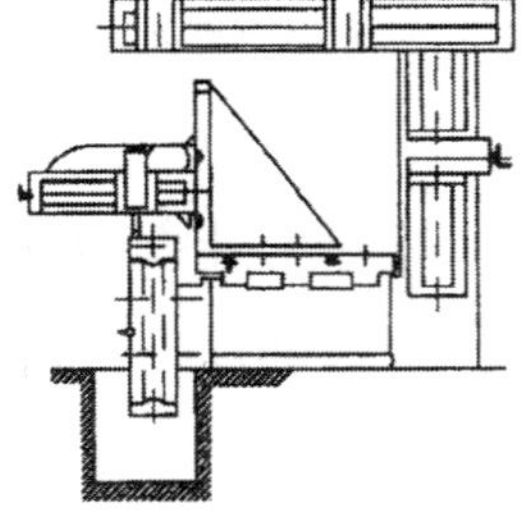

그림 2-28 ● 피트 플레이너

2 플레이너(Planer) 가공 및 바이트(Bite) 형상

플레이너용 바이트(bite)는 가공면의 형상과 형태에 따라 사용이 용이하도록 <그림 2-29>와 같이 제작하여 사용한다. 특히 바이트(bite) 제작에는 작업안전상 유의사항은 다음과 같다.

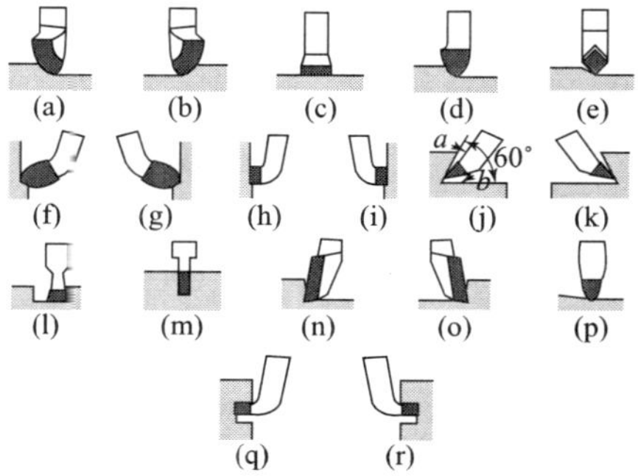

그림 2-29 • 플레이너형 바이트 형상과 가공면

<그림 2-30>에서처럼 곧은 바이트(bite)를 사용하면 B의 작업점 부분에 절삭 반력이 작용하여 AB를 반지름으로 하는 반원 형상으로 휘어져(R 형성) 공작물을 파고들어 깊게 절삭된다. 그림 2-30(a) 따라서 그림 2-30(b)와 같이 바이트(bite)를 사용하면 B의 작업점 부분에 절삭 반력이 작용하여 AB를 반지름으로 하는 반원 형상으로 휘어져(R 형성) 공작물을 파고들어 깊게 절삭된다. 그림 2-30(a)를 그림 2-30(b)와 같이 바이트(bite) 날끝을 고정면까지 후퇴시켜 제작하면 절삭 반력이 작용하더라도 절삭 기준면 이상의 가공이 나타나지 않는 작업안전 기법이다.

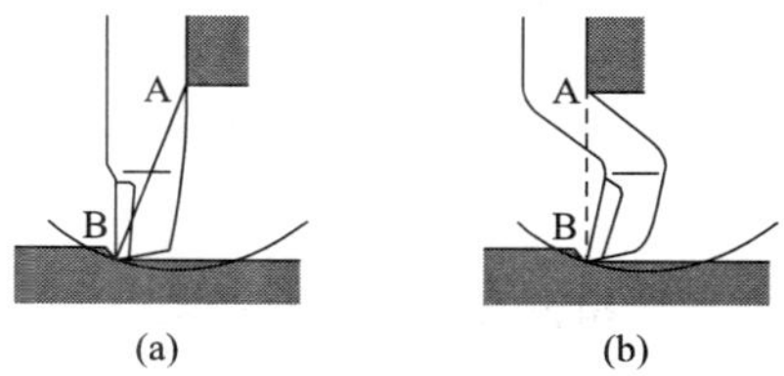

그림 2-30 • 절삭 반력에 의한 가공현상

3 공작물의 고정

플레이너 작업은 주로 가공물(加工物)의 표면과 측면 길이 방향을 깎는 것이 기본작업이며 공작 가공물을 테이블에 고정은 작업안전에 매우 중요한 공정이다.

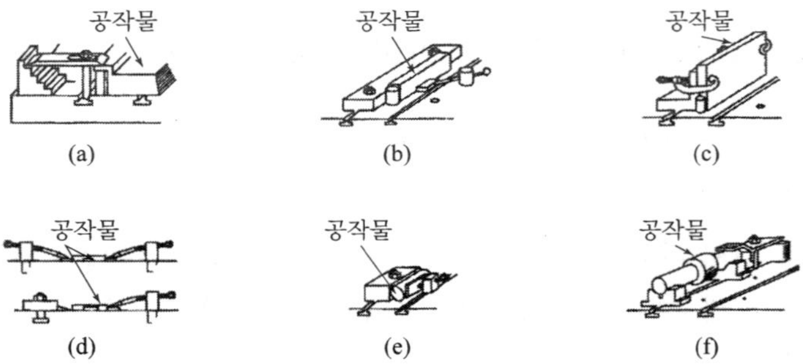

그림 2-31 ◦ 플레이너 공작 가공물의 고정방식

4 플레이너 가공시간

플레이너 작업 시 총가공시간 계산식은 참고로 수록한다.

$$총가공시간\ \ T=\left(\frac{L}{V_A\times1000}+\frac{L}{V_R\times1000}\right)\times\frac{b\times i}{s}$$

여기서, T : 총가공시간(min)
L : 총행정길이($l+l_a+l_u$) (mm)
b : 가공폭(mm)
s : 이송길이(mm)
V_A : 절삭행정속도(m/min)
V_R : 귀환행정속도(m/min)
i : 가공회수

5 플레이너기계의 작업의 안전기법

비산하는 칩(chip)이나 가공물에 말려들어서 파괴되어 비산하는 공구의 파편으로부터 작업자를 보호하려면 경첩이 달린 가드를 적용하면 좋다. 이동테이블(왕복운동) 제3자 또는 작업자가 부딪치지 않도록 운동범위를 명시하는 방책<그림 2-32>을 설치하여야 한다.

그림 2-32 ◦ 플레이너의 방책

또한 기계가 정지된 상태에서는 베드와 베드사

이의 피트(pit)는 덮개로 방호되어야 한다. 이외에도 (1) 테이블과 고정벽 또는 다른 기계와 거리를 400 mm 이상 유지하는 것이 작업상 안전확보이다. (2) 플레이너는 넓은 평면을 가공하는 절삭기계이므로 절대로 탑승해서는 안 된다.

① 프레임 내의 피트(pit)에 덮개(뚜껑)를 설치할 것
② 공작물은 견고하게 장치한다.
③ 절삭 중에 공작물에 손대지 않는다.
④ 공작물 고정 작업 시 동력 스위치를 반드시 끈다.
⑤ 작업 중 테이블에 발을 올려놓지 않는다.
⑥ 테이블 행정에 따라서 사전 안전방책을 배치한다
⑦ 탑승금지
⑧ 테이블과 고정벽 및 다른 기계와 최소거리가 400 mm 이상

2-6 형삭기(形削機, Shaping machine) 가공에서 작업안전

셰이퍼는 <그림 2-33>과 같이 바이트(bite)가 고정된 램(ram)이 왕복운동(절삭운동과 귀환동작)을 하여 평면(T홈, V홈, U홈) 가공을 하는 기계이며 구조가 간단하고 취급이 용이한 장점이 있다. 그러나 높은 정밀도의 가공이 어렵고 작업능률이 좋지 않아 현재는 특수한 경우를 제외하고 사용이 뜸한 것 같지만 없어서 안 되는 공작기계로써 셰이퍼의 크기는 주로 램의 최대행정으로 표시되는 경우가 많으며 400, 500, 600, 700 mm 등의 것들이 있다. 때로는 테이블의 크기와 이송거리를 표시할 때도 있다.

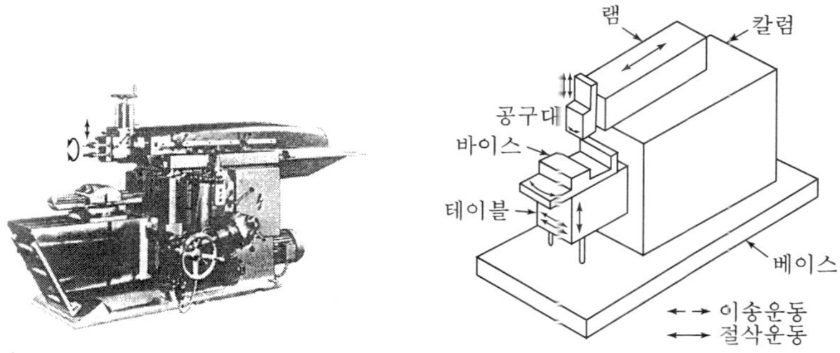

그림 2-33 • 셰이퍼의 작동구조

1 셰이퍼의 구조 이해

셰이퍼는 베이스, 칼럼(column), 램, 공구대, 테이블(table)로 구성되며 상자형으로 된 칼럼(column)은 베이스와 함께 램 및 테이블을 지지하고 있다. 램은 칼럼 상부의 안내면을 따라 절삭 귀환행정(작동)을 한다. 램의 구동장치는 크랭크(crank)식과 유압식 등이 있으며 절삭행정의 속도보다 귀환행정의 속도를 빠르게 할 수 있는 급속귀환장치(일종의 안전장치가 된 내장품)로 되어 있다. 공구대는 램의 끝단에 설치되어 있으며 선회대(swivel)가 부착되어 공구대를 수평축에 대하여 임의각도로 경사시킬 수 있다. 테이블은 칼럼 전면의 안내면에 따라 상하로 이동되며 가로 이송레일(cross rail)에 의하여 가로방향 이송이 가능하다.

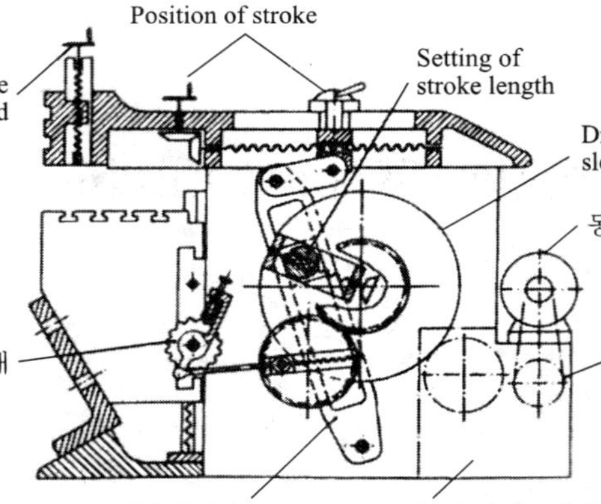

● 셰이퍼 구조도 (자료: KLopp사, Machine tools, 그림 7-7, v-1·2, p.81)

2 램(Ram)의 구동장치

램의 구동장치는 <그림 2-34>와 같이 크랭크 기어(crank gear)와 같이 로커 암(rocker arm)에 의한 것이 널리 사용된다. 이 기구는 절삭행정에 비하여 귀환행정의 속도를 빠르게 하며 급속 귀환행정으로 속도를 단축시킨다(작업안전 확보에서 내장된 장치). 램 행정(ram stroke)의 조절은 크랭크핀의 회전 반경을 조정함으로써 이루어지며 공구의 절삭 위치는 램 상단의 베벨기어축을 회전하여 정한다.

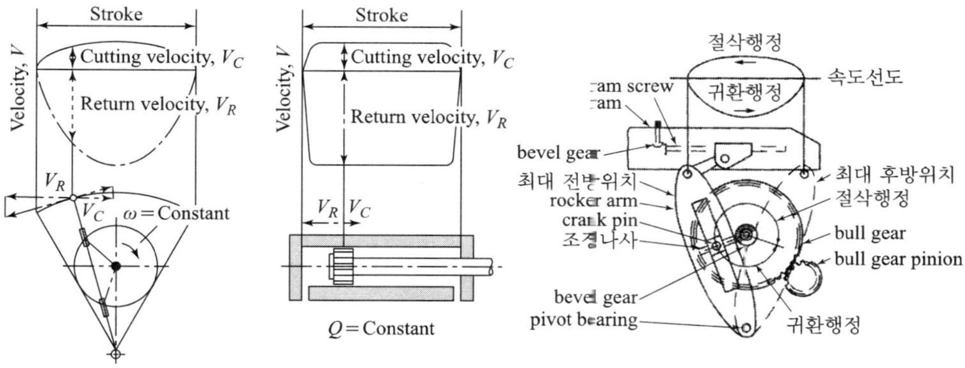

그림 2-34 • 램 구동장치

3 공구대

공구대는 <그림 2-35>와 같으며 공구대 위의 이송 핸들로 절삭 깊이를 조절하며 에이프런을 경사시키려면 <그림 2-36>과 같이 에이프런 고정너트를 풀어 요구하고 원하는 대로 경사시킬 수 있다. 따라서 작업편의성 안전을 확보하는 기본이라 하겠다.

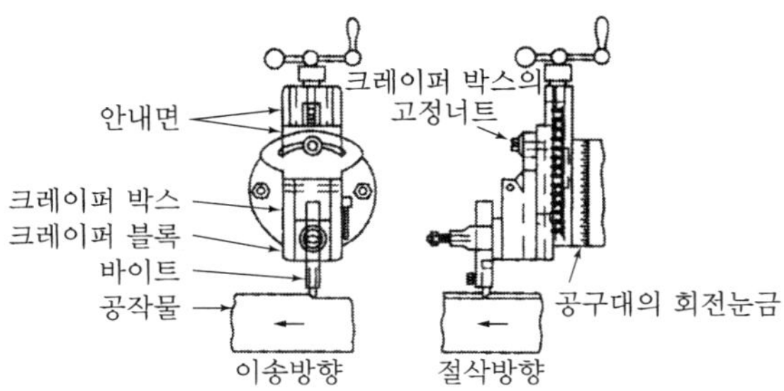

그림 2-35 • 셰이퍼의 공구대

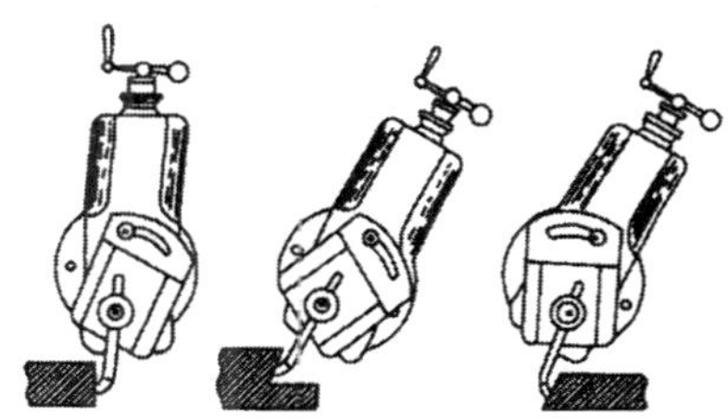

그림 2-36 • 에이프런 공구대 경사

4 공작 가공물의 고정에서 작업안전

셰이퍼 가공에서 공작물의 고정은 무엇보다도 램의 이송과 평행하도록 고정시키는 것이 무엇보다도 중요하다. 그것은 작업상 일어나는 고정된 공작물이 가공상 이탈, 비산(날아감 현상) 등의 위험을 방지하는 기법이다. <그림 2-37>

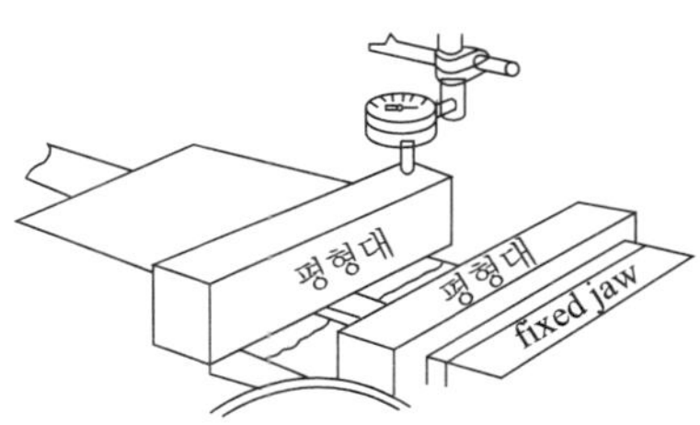

그림 2-37 • 바이스의 평행도 check

가공 공작물을 고정방법에는

① 바이스(vice) 고정
② 앵글 플레이트<그림 2-38(a)>와 C-클램프(clamp) 고정법
③ 얇은 플레이트(plate)로 얇은 공작물 고정기법 <그림 2-38(b)>
④ 고정판과 지지대를 이용 볼트로 고정하는 방법 <그림 2-38(c)>
⑤ <그림 2-38(c)>에서와 같이 지지대로 공작물을 고정 시에는 볼트의 고정위치에 따라 고정효과의 차이가 생긴다. 볼트에 고정력 F를 작용시킬 경우 공작물측의 반력을 f_1, 지지대측의 반력을 f_2라 할 때 다음과 같은 관계식이 성립된다.
즉, 정역학적 평형조건에 의하면
$\sum M = 0$에서

$$f_1 \times (l_1 + l_2) - F \times l_2 = 0 \qquad f_1(l_1 + l_2) = F \times l_2$$

$$\therefore\ f_1 = \frac{F \times l_2}{(l_1 + l_2)}$$

따라서 공작물에 고정되는 반력 f_1은 l_2가 커질수록 또는 l_1이 작아질수록 커지게 된다.

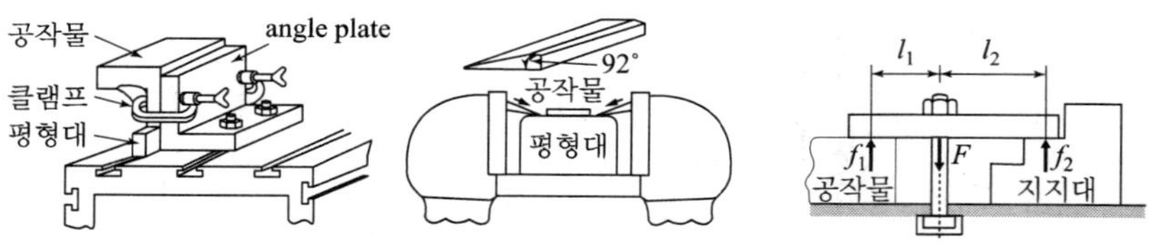

(a) angle plate에 의한 고정　(b) 얇은 공작물의 고정　(c) 고정판과 지지대에 의한 고정

그림 2-38 • 셰이퍼의 공작물 고정 안전기법

5 셰이퍼 절삭가공에서 안전조건

<그림 2-39>와 같이 셰이퍼 작업 시에 절삭속도와 이송값은 공구와 공작물의 재질에 따라 차이가 있으며 표준절삭속도에 의해 작업하는 것이 안전확보이다. 공구와 기계의 수명에 관계가 있기 때문이다. 표준값에 의하여 절삭속도의 범위가 정해지면 이것에 의하여 램의 매분 왕복횟수를 다음 식으로 계산한다.

$$V = \frac{n \times L}{1000R} \text{일 때} \quad n = \frac{1000RV}{L}$$

여기서, V : 절삭속도(m/min)

n : 램(바이트)의 1분간 왕복횟수(stroke/min)

L : 행정길이(mm)

V_c : 절삭행정속도(m/min)

V_r : 귀환행정속도(m/min)

R : 귀환속도비

이때 $R\left(=\frac{V_c}{V_r}\right)$ = 3/5～2/3 가장 적합한 안전 귀환속도비(比)이다.

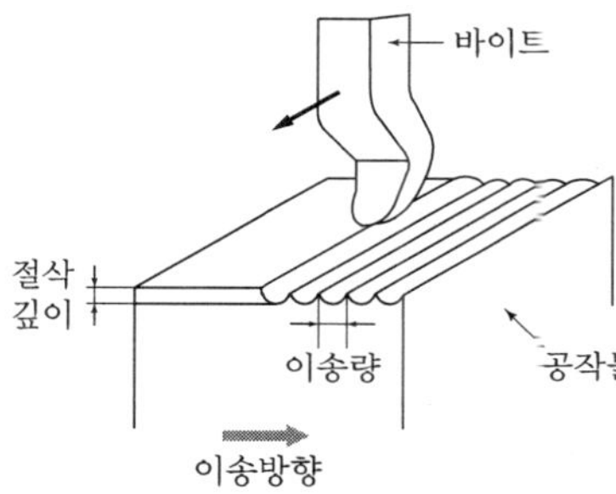

그림 2-39 ● 셰이퍼의 작업 예

2-7 슬로터(Slotter)기계의 작업안전

슬로터(slotter)기계는 셰이퍼(shaper)를 수직으로 세워 놓은 것과 같은 유사한 구조이며 램(ram)이 상하로 운동하는 기계이다. 슬로터기계에서는 주로 키홈(key way) 내부 스플라인(spline) 등을 가공하며 공구가 장착된 램이 왼쪽으로 이동하기 때문에 중절삭이 가능하다. 따라서 작업안전을 확보하기 위해서 ① 공구의 물림상태가 확실할 것 ② 공구의 칩(chip) 제거는 반드시 솔(brush) 등으로 할 것 ③ 공구(broach)를 운반 및 취급 시 가죽장갑을 착용한 후 취급할 것 ④ 기계가 수직형의 높은 곳의 작업이므로 전도 및 전락 방지가드 설치가 필요하다. ⑤ 작업자의 이동 통로 및 계단은 기름등에 의한 미끄럼방지를 하여야 한다. ⑥ 공작물 및 부품 등이 중량물인 경우 운반수단을 기계적 조치를 하여야 한다.

1 슬로터 크기 표시

① Ram의 최대행정
② Table의 크기
③ Table의 이동거리 및 원형의 지름

2 구조

① Ram의 적당한 각도 가능
② 경사면 절삭
③ 이송 테이블 행정
④ 내접 기어 등의 분할절삭 가능
⑤ 베이스 위에 전후좌우 이동

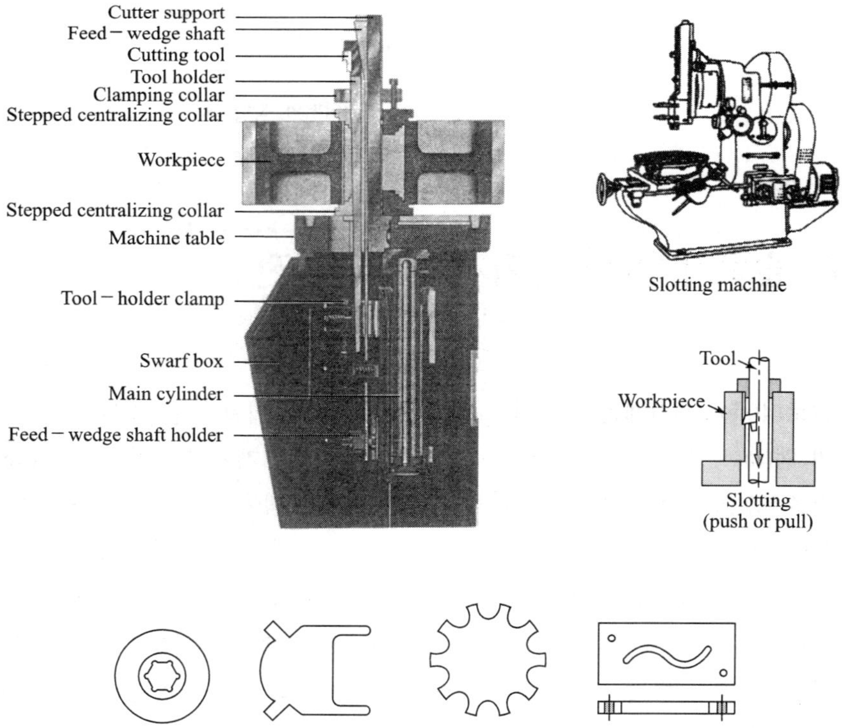

그림 2-40 • 슬로팅 머신과 가공의 예

2-8 목재 가공용 기계(木材 加工用 機械)

1 재해분석

목공기계는 다음과 같은 이유에 의해서 재해가 다발하고 있다.

(1) 취급하는 재료가 길고, 이송하는데 힘이 필요하다.
(2) 하나의 기계에서 다목적 작업을 한다.
(3) 기계가 고속회전인 반면 가공재에 옹이나 나뭇결이 있어서 질이 고르지 않다.
(4) 작업자가 기계에 무관심하다.
(5) 다른 기계에 비해서 차력회전이 길다.
(6) 기계작업 중 다량의 목분이 발생한다.

이상의 요인에 의한 재해는 대부분 가공재를 송급하고 있을 때에 발생하고 있으며, 이 원인을 제거하려면 수동가공을 지양하고 완전히 자동송급방식으로 전환하는 것이 바람직하다. 그러나 다품종 소량생산들의 문제가 겹쳐서 완전한 실시는 곤란하며, 그 기계에 적합한 방호 조치를 강구하지 않으면 안 된다. <그림 2-41>

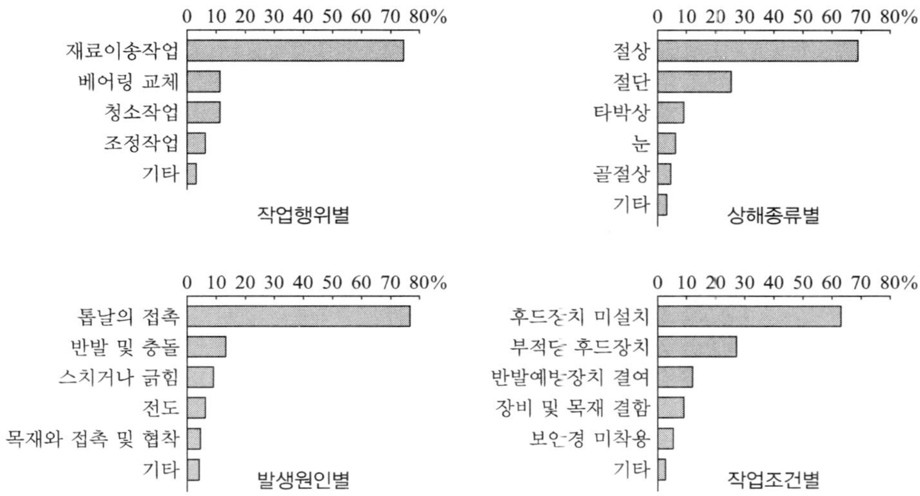

그림 2-41 ● 목재 가공용 기계 재해분석

2 목재(木材)의 물리적 성질 이해

(1) 목재의 수축(shrink)과 팽윤(swelling)

목재 중 결합수(結合水)의 증감은 입자(micelle)상호간의 간격을 변화시키므로 세포막의 용적 증감이 수축(shrink age)과 팽윤(swelling)의 현상으로 치수변화 등을 일으키며 수축이 과도하거나 고르지 못하면 함열(check)과 스플리트(split), 비틀림 등이 생기고 가공처리에 있어 내부응력 등이 생기는 원인이 목재의 잠재된 위험이라고 할 수 있다.

(2) 수축 및 팽윤에 비하는 인자

① 수종(樹種)

추재(秋材)의 비중이 춘재(春材)에 비하여 크므로 수축률 및 팽윤율도 추재가 크다.

② 구조방향

목재는 일반적으로 3가지 방향에 따라 수축률과 팽윤율이 다르다. 즉 접선방향>반경방향≫축방향이 되며 그 비율은 100 : 60 : 4이다. <그림 2-42> 종단면의 수축이방도(收縮異方道)는 5～50이고 횡단면의 경우 평균 1.65～1.79이다. 마이크로피브릴(미소섬유 microfibril)의 배열방향 및 춘재와 추재의 배열 막공(膜孔)의 유무와 막두께의 차이 등의 요인에 따라서 달라진다. 여기서 수축이방도(degree anisotropic swelling or shrinkage)란 종단면에서 추방향의 수축률 및 팽윤율에 대하여 그 직각방향의 수축률 및 팽윤율과의 비(比) 또한 횡단면에서 반경방향의 수축률 및 팽윤율에 대하여 그 접선방향의 수축률 및 팽윤율과의 비(比)를 말한다.

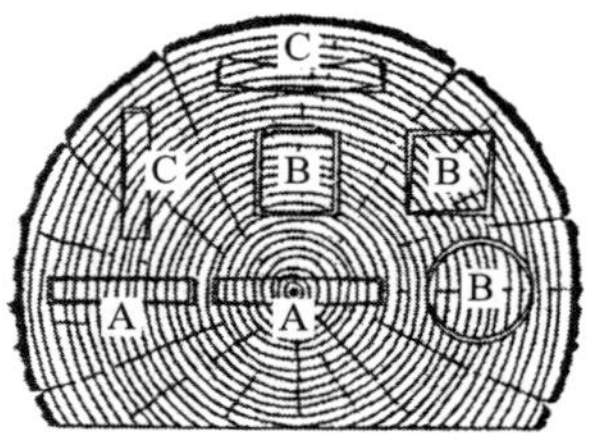

방향	그림 기호	휨률	
접선	C	100	大
반경	B	60	中
축	A	4	小

그림 2-42 ■ 생재에서 채취한 목재 변형 모식도

③ 비중

비중에 비례하여 수축률 및 팽윤율이 증가한다.

④ 화학성분

목재의 화학성분은 펙틴(pectin), 펜토산(pentosan), 헥소산(Hexosan), 셀룰로오스(cellulose 52%), 리그닌(lignin 4%)

⑤ 목재의 함유수분

(ㄱ) 저함수율 < 6%

(ㄴ) 고함수율 > 25%

(3) 팽윤압(澎潤壓, swelling)

목재가 수분을 흡수 또는 흡수하여 팽윤되는 경우에 외압에 대한 변형을 팽윤압이라 한다.

(4) 목재의 결점(defects)

목재의 결점은 목재의 품질을 저하시키고 가공 마무리 작업, 외관 등에 불량을 일으키는 이상조직을 말한다.

① 옹이(knot)

줄기나 가지의 목부(xylem)에 파묻힌 크거나 작은 뿌리부분이며 목재의 피할 수 없는 결점 중의 하나이다.

형성층이 줄기와 연결되어 살아있는 산옹(山翁)이 가지가 말라 떨어져서 형성층이 연결되지 않고 내부에 파묻힌 죽은 옹이(死翁)가 있으며 절단면의 형태에 따라 둥근 옹이, 타원 옹이, 길쭉한 옹이 등으로 구분한다.

② 이상재(異常材)

평지에서 생장하더라도 기울게 자란 편심생장(eccentric growth)을 한 부분을 말한다. 침엽수 이상재를 압축이상재(compression wood)라 하고<그림 2-43>, 활엽수 이상재를 인장이상재(tension wood)<그림 2-44>라고 한다. 이러한 이상재는 구조용재로서는 적합하지 않다.

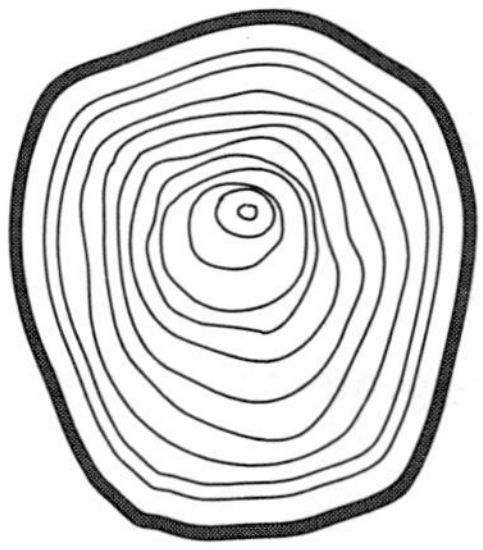

그림 2-43 ● 압축이상재의 형성 부위

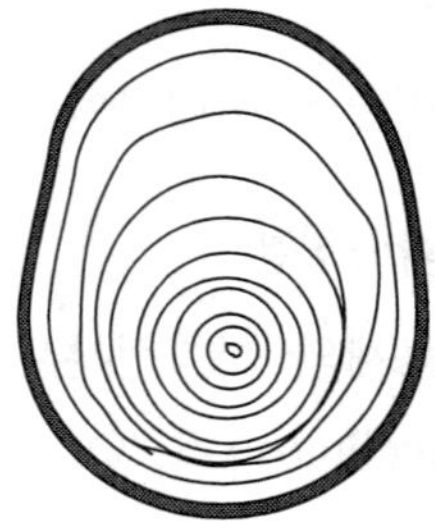

그림 2-44 ● 인장이상재의 형성 부위

③ 압축이상재의 결함(compression failure)

벌채 시 충격이나 그 밖의 생리적 원인으로 인하여 세로축에 직각으로 섬유가 절단된 형태를 말한다.

④ 수지낭(resin pocket)

목부(木部)에 수지가 비정상적으로 부분 집적 되어 가공했을 때 얼룩으로 나타나는 부분을 말한다.

⑤ 수반점(pith fleck)

곤충 등의 침해로 형성층에 상처가 생겨 이상력이 발달된 부분을 말한다.

⑥ 입피(入皮, bark seam)

줄기표면에 상처를 받아 그 부분의 형성층이 죽고 다른 부분이 활동한 결과 수피의 일부가 목부속으로 포입(包入)된 것을 말한다.

3 목재운반기계의 종류 및 분류

(1) 운반기계장치

- 운반기계장치
  - 반송기계장치
    - 체인 주체
      - 로그홀(log hole)
      - 로그체인(log chain)
      - 체인라이브데크(chain live deck)
      - 횡상 체인컨베이어(chain conveyor)
      - 선별 체인컨베이어
      - 폐재 체인컨베이어
    - 롤러 주체
      - 데드롤러(dead roller)
      - 라이브롤러(live roller)
      - 롤러컨베이어(roller conveyor)
    - 벨트 주체
      - 세로이송 벨트컨베이어
      - 가로이송 벨트컨베이어
    - 기타
      - 권상기
  - 적재기계장치
    - 로그스토퍼(log stopper)
    - 럼버스토퍼(lumber stopper)
    - 로그로더(log loader)
    - 럼버로더(lumber loader)
    - 데크프리퍼(deck fripper)
    - 체인로더(chain loader)
    - 회전로더(turning loader)
  - 전송기계장치
    - 로그키커(log kicker)
    - 로그프리퍼(log fripper)
    - 럼버프리퍼(lumber fripper)
    - 산륜스키드(산륜 skid)
    - 체인스키드(chain skid)
    - 체인트리퍼(chain tripper)
    - 선별 스키드(skid)
  - 기타
    - 턴테이블(turn table)
    - 로그소터(log sorter)
    - 럼버소터(lumber sorter)
    - 스택(stack)

① 반송기계 및 장치

(ㄱ) 체인구동

㉮ 로그홀(log hole) : 부속장치를 갖춘 체인운반기로의 원목을 저장하는 저장조에서 가로로 올리거나 세로로 올리는 것.

㉯ 로그체인(log chain) : 수열의 체인으로 원목을 동력에 의해 세로로 이송하는 운반기.

㉰ 체인라이브데크(chain live deck) : 원목을 동력에 의해 가로 이송할 체인 컨베이어

㉱ 횡상 체인컨베이어(chain conveyor)

㉲ 선별 체인컨베이어

㉳ 폐재 체인컨베이어

(ㄴ) 롤러구동

㉮ 데드롤러(dead roller) : 원통 또는 북형의 롤러에 의해 가공재를 수동으로 이송하는 롤러 컨베이어이다.

㉯ 라이브롤러(live roller)

㉰ 롤러컨베이어(roller conveyor)

(ㄷ) 벨트구동

㉮ 세로이송 벨트컨베이어

㉯ 가로이송 벨트컨베이어

(ㄹ) 기타

권상기

② 적재기계 및 장치

(ㄱ) 로그스토퍼(log stopper) : 여러 개의 암(arm)을 유·공압에 의해서 작동시키며 제재품을 노정의 위치에 밀어올리는 장치

(ㄴ) 럼버스토퍼(lumber stopper) : 여러 개의 암(arm)을 공기압, 유압 등에 의해 움직여서 제재(製材)품을 정지 또는 전동(轉動)하는 장치이다.

(ㄷ) 로그로더(log loader) : 여러 개의 암(arm)을 공기압, 유압 등에 의해서 작동시키고 제재품을 소정의 위치에 밀어올리는 장치이다.

(ㄹ) 럼버로더(lumber loader)

(ㅁ) 데크프리퍼(deck fripper) : 데크 위의 암(arm)을 유·공압에 의해 작동시키고 가공재를 밀어내는 장치

(ㅂ) 체인로더(chain loader) : 체인을 갖춘 여러 개의 암(arm)을 공기압, 유압 등에 의해 소정의 위치에 밀어올리고 동력에 의하여 체인을 회전시켜 반입측(搬入側)의 공작물을 이동시키는 장치이다.

(ㅅ) 회전로더(turning loader) : 체인을 갖춘 여러 개의 암(arm)을 공기압, 유압 등에 의해 소정의 위치에 밀어올리고 동력에 의하여 체인을 회전시켜 반출측(搬出側)의 공작물을 이동시키는 장치이다.

③ 전송기계 및 장치

㈀ 로그키커(log kicker) : 컨베이어에 의해 세로로 이송되는 원목을 유·공압 등에 세로로 튕겨내는 장치

㈁ 로그프리퍼(log fripper)

㈂ 럼버프리퍼(lumber fripper)

㈃ 산륜스키드(산륜 skid)

㈄ 체인스키드(chain skid) : 밀어올리고, 회전시키고 라이브롤상의 가공재를 횡으로 이동하는 장치

㈅ 체인트리퍼(chain tripper)

㈆ 선별 스키드(skid)

④ 기타

㈀ 턴테이블(turn table)

㈁ 로그소터(log sorter)

㈂ 럼버소터(lumber sorter)

㈃ 스택(stack)

(2) 제재기계

① 테이블식 띠톱기계

② 자동롤러식 띠톱기계

③ 자동롤러식 횡형 띠톱기계

④ 양날 띠톱기계

⑤ 수동송재차식 띠톱기계

⑥ 자동송재차식 띠톱기계

⑦ 원격조작식 자동띠톱기계

⑧ 송재차식 횡형 띠톱기계

(3) 목재가공기계

① 둥근톱기계

㈀ 목공간이 둥근톱기계

㈁ 승강 ┌ 테이블 경사만능 둥근톱기계
└ 축 경사만능 둥근톱기계

㈂ 톱축 이동횡 절삭 둥근톱기계

㈃ 주행 둥근톱기계

㈄ 레디얼 둥근톱기계

㈅ 립 소(lip saw)

㈆ 갱 립 소(gang lip saw)

㈇ 목공 양단 절단기

② 대패기계

㈀ 수압식 대패기계

㈁ 직각 절삭식 수압 대패기계

㈂ 다듬질용 수압 대패기계

㈃ 자동1면(一面) 대패기계: 반발예방장치

㈄ 자동3면(三面) 대패기계

㈅ 자동4면(四面) 대패기계

㈆ 원판 대패기계

㈇ 다듬질 대패기계

③ 모떼기기계

(ㄱ) 단축 모떼기기계 (ㄴ) 복축 모떼기기계
(ㄷ) 자동 모떼기기계

(4) 합판기계

① 로그차저(log charger) ② 베니어 선반(veneer lathe)
③ 클리퍼(clipper) ④ 단판 건조기(veneer dryer)
⑤ 베니어 조인터(veneer jointer) ⑥ 베니어 탭핑 머신(veneer tapping machine)
⑦ 베니어 에지글루어(veneer edge gluer) ⑧ 피어싱 머신(piercing machine)
⑨ 텐더 라이저(tender riser) ⑩ 글루어 스프레더(gluer spreader)
⑪ 콜드 프레스(cold press) ⑫ 핫 프레스(hot press)
⑬ 더블 사이저(double sizer) ⑭ 와이드 벨트 샌더(wide belt sander)

(5) 기타 목공기계

① 루터기(router plane)
② 돌기제거기(tenoning machine)
③ 목공보링기계(wood boring machine)
④ 목공밀링기계(wood milling machine)
⑤ 목공선반(wood working lathe)
⑥ 만능 목공기계(universal wood working machine)
⑦ 각 끌 기계(hollow chisel machine)

4 목재가공기의 방호장치

(1) 둥근톱기계

앞에서 분류에 의한 목재가공기의 대표적인 기계이며 제재용의 대형기계를 비롯하여 휴대용에 이르기까지 다양하다. 둥근톱기계는 통산 주속 2000 mm/min 전후 120 km/hr로 주행하는 자동차의 속도와 비슷한 위험이 항상 잠재하고 있으며 작업간에 일어나는 재해는 가공재의 송급 시 비탈날(후면날)에서 반발된 가공재가 작업자를 가해하여 가공재의 송급 중 또는 톱니 근처에서 톱밥을 청소하다가 톱니에 접촉되어 일어나며 재해 강도가 높다. 둥근톱기계의 안전대책은 「도재가공용 둥근톱기계의 안전기본에 관한 기술지침」에 따라서 대책을 강구하지 않으면 안 된다. <그림 2-45>

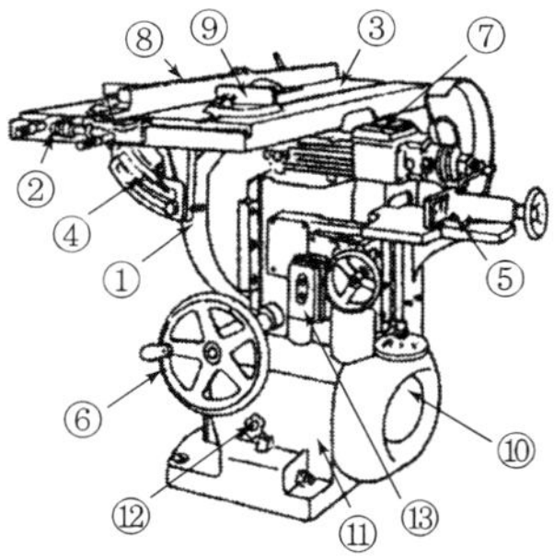

① 테이블 받침 암	② 미동장치
③ 테이블	④ 각도눈금
⑤ 테넌(tenon)장치	⑥ 테이블 상하승강핸들
⑦ 주축	⑧ 종절삭 정규
⑨ 횡절삭 정규	⑩ 모터
⑪ 프레임	⑫ 모터 베이스 조절볼트
⑬ 스위치	

그림 2-45 ● 테이블 경사 만능 둥근톱기계

① 반발예방장치

목재를 가공하기 위하여 송급해서 둥근톱으로 서로켜기를 할 때 절삭의 진행과 동시에 목재의 내부입력의 균형이 무너져 둥근톱날의 부분이 조여지며 또한 작게 절단된 나뭇조각이 비탈날(후면날)에 걸려 송급하는 목재나 나무가공조각이 반발할 것을 말한다. 따라서 가공재가 톱의 후면날(비탈날) 부분이란 톱의 회전에 의해서 가공재를 밀어올리는 힘이 작용하는 부분을 말한다. <그림 2-46>
따라서 반발에 의한 재해를 예방하기 위한 방호조치로서는 분할날, 톱날 접촉예방장치, 반발방지롤(反發防止roll), 반발방지발톱(反發防止jaw) 등을 설치하여야 한다.

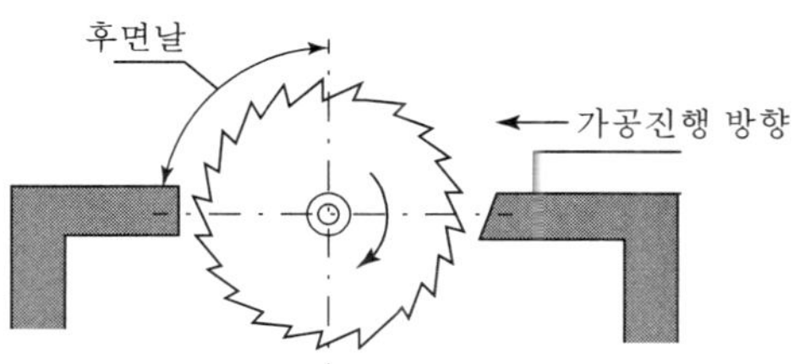

그림 2-46 ● 후면날

(ㄱ) 분할날(分割날, spreader)

분할날은 톱 후면날(back) 바로 가까이에 설치되고 절삭된 가공재의 홈 사이로 들어가면서 가공재의 모든 두께에 걸쳐서 쇠기 작용을 하여 가공재가 톱날을 조이지 않게 하는 것을 말한다. 분할날에는 겸형식(鎌型式) 분할날<그림 2-47>

과 현수식(弦守式) 분할날<그림 2-48>이 있다. 조절도 상하 및 좌우조절식과 각도 좌우로 조절식이 있다<그림 2-49>. 특히 조악한 통나무 작업등에서도 작업안전을 확보하기 위하여 겸형식 분할날을 탄소공구강등 양질의 재료를 사용하여 적당한 열처리를 한 것이며 분할날의 두께는 사용하는 톱니 두께의 1.1배 이상으로 되어 있다. 또한 폭도 둥근톱의 직경에 따라 다르다. <그림 2-50>

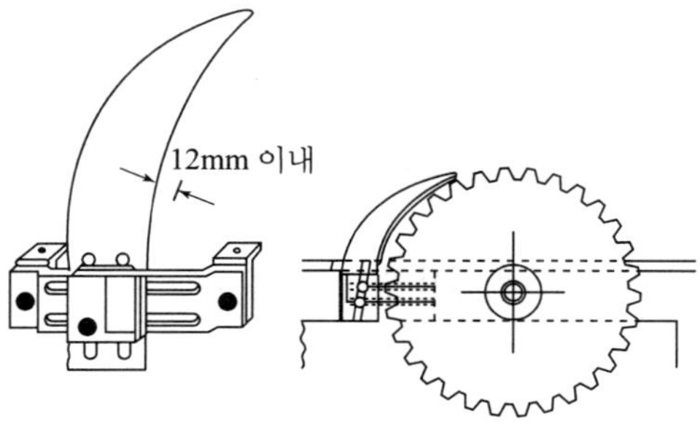

그림 2-47 • 겸형식 분할날
(sickle type spreader)

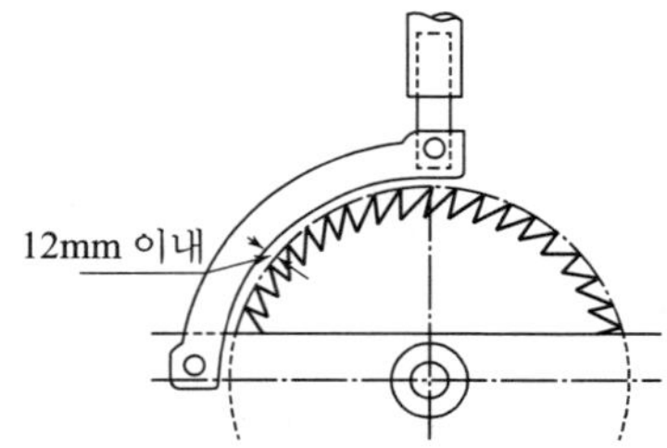

그림 2-48 • 현수식 분할날
(suspensory spreader)

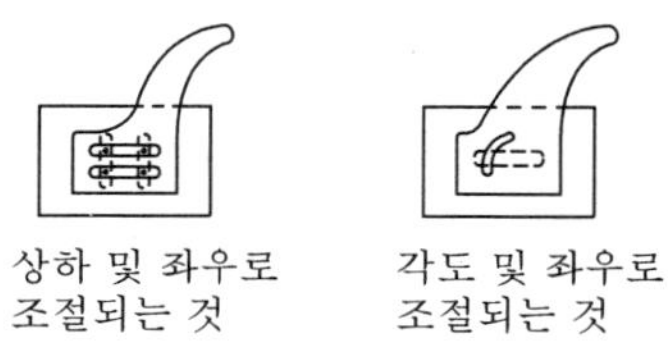

그림 2-49 • 분할날 부착 구조 부문

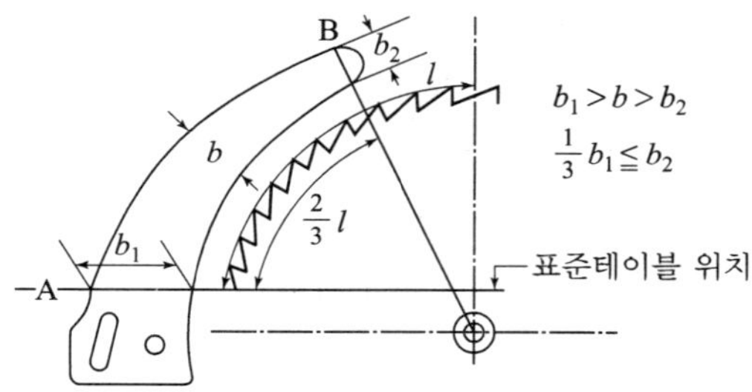

그림 2-50 • 겸형식 분할날의 폭

분할날의 부착 위치는 표준테이블에서 후면날의 2/3를 덮어야 하며 톱니와의 간격은 12 mm 이내가 되어야 한다. 부착부위가 조절되는 것은 사용하는 둥근톱이나 치수가 변하여도 그 간격(틈) 10 mm 이상이 되면 바람직하지 못하다. 다음 표와 <그림 2-51>은 둥근톱의 직경과 분할날의 폭 및 톱의 두께·폭과 분할날의 두께와의 관계를 나타낸다.

둥근톱의 직경(mm)	152 이하	203	255	305	355	405	455	510	560	610	비고
분할날의 폭(mm)	30	35	45	50	55	60	70	75	80	85	둥근톱의 직경이 이 표 치수의 중간인 경우의 값은 비례법에 의해 구하는 것으로 한다.

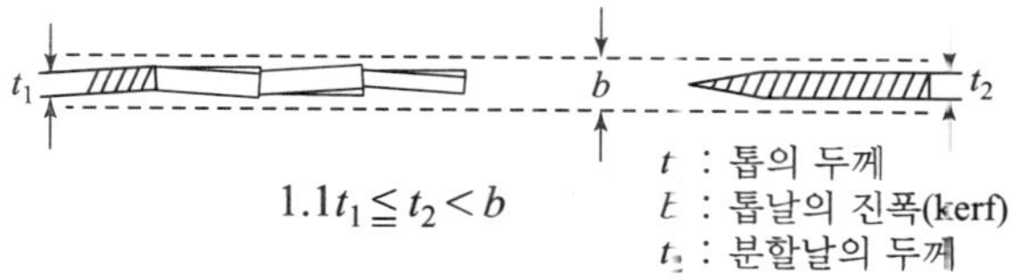

그림 2-51 ● 둥근톱 직경과 분할날의 폭

(ㄴ) 톱날 접촉예방장치

둥근톱날의 주속 2000 m/min의 속도로 회전하는 톱날은 작업자 또는 청소 등의 작업 시 작업자의 신체일부가 접촉되지 않게 위험부를 덮는 덮개를 말한다. 이 장치는 가동식과 고정식이 있으며 가동식은 다품종을 한 대의 기계에서 작업할 때 적용되며 고정식은 주로 라인연속작업에서 사용된다. <그림 2-52>는 자동적으로 움직이는 가동식 톱날 접촉예방장치이며 소형 둥근톱기계 등에 용도가 한정되지만 재료를 송급하면 필요한 높이만큼 올라가 작업이 가능하며 송재가 끝나면 덮개는 표준테이블에 맞닿아 위험구역(영역)을 완전히 덮는 구조이다.

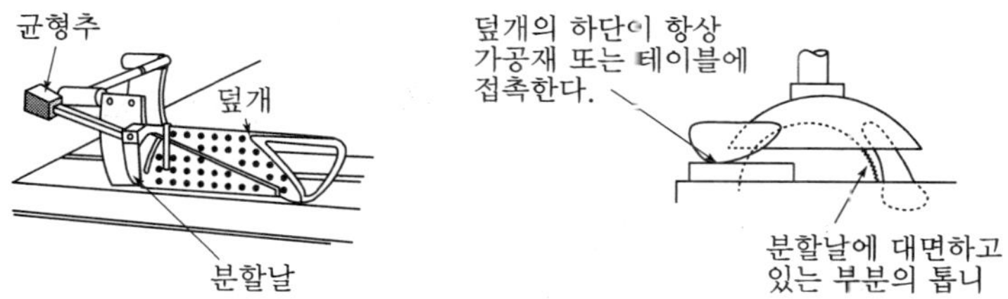

그림 2-52 ● 가동식 톱날 접촉예방장치

<그림 2-53>은 고정식 톱날 접촉예방장치이며 라인에서 연속 가공에 적용하고 있다. 테이블과 덮개 하단은 최대가 25 mm이며 가공재 상단에서 덮개의 하단은 8 mm 이내로 규정하고 있다. 이 그림은 래칫(rachet)기구의 손잡이를 움직이면 덮개C를 한정된 범위내로 고정할 수 있다. 또 가공재를 송습하는 작업자가 톱날의 절단을 쉽게 볼 수 있도록 덮개의 선단부에 홈을 설치하여야 한다. 절단용의 현수톱이나 이동식의 둥근톱기계에는 반드시 덮개를 부착한 것을 사용하여야 한다.

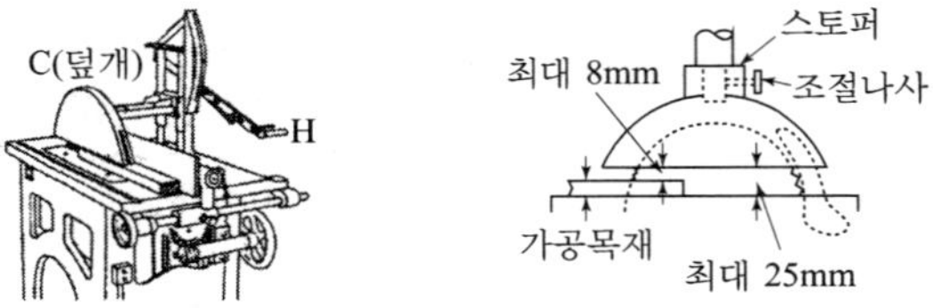

그림 2-53 ● 고정식 톱날 접촉예방장치

(ㄷ) 반발방지롤(反撥防止roll)

반발방지롤은 항상 가공재가 톱 후면에 있어서 들뜨는 것을 누르고 반발을 방지하는 것이므로 가공재 윗면을 항상 일정한 힘으로 누르고 있다. 또, 이것들은 반발을 방지하는 힘에 제약되기 때문에 톱 직경이 405 mm를 넘는 둥근톱기계에는 사용하지 않는다. <그림 2-54>

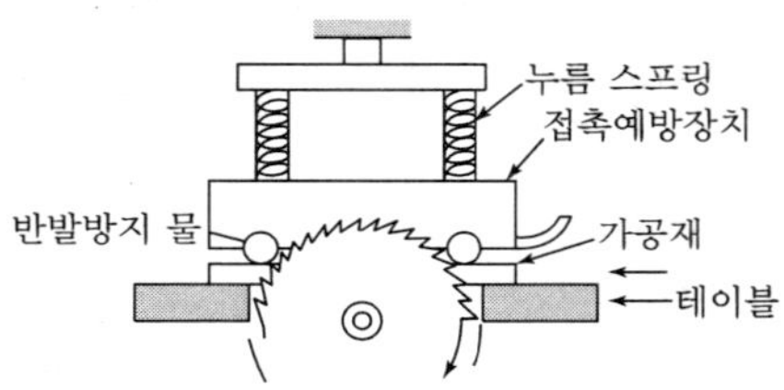

그림 2-54 ● 반발방지롤 방호장치

(ㄹ) 반발방지발톱(反撥防止jaw)

반발방지발톱은 가공재 후면(back)날 측에 대해서 조금 들뜨고 역행하려고 할 때 발톱이 가공재에 파고들어 반발을 방지하는 것이다. 따라서 반발방지발톱이 실제 작용했을 때 발톱에는 상당한 충격하중이 걸리므로 사용재료는 이것을 고려해서 일반구조용 압연강재(SS41) 2종 이상으로 해야 한다. 또 발톱의 형상은 가공재가 반발했을 때 파고들기 쉽게 해야 하며 반발방지발톱은 보통 접촉예방장치의 본체에 설치되어 있으므로 이러한 것도 포함해서 가공재의 반발에 견디는 강도를 보유할 필요가 있다. <그림 2-55>

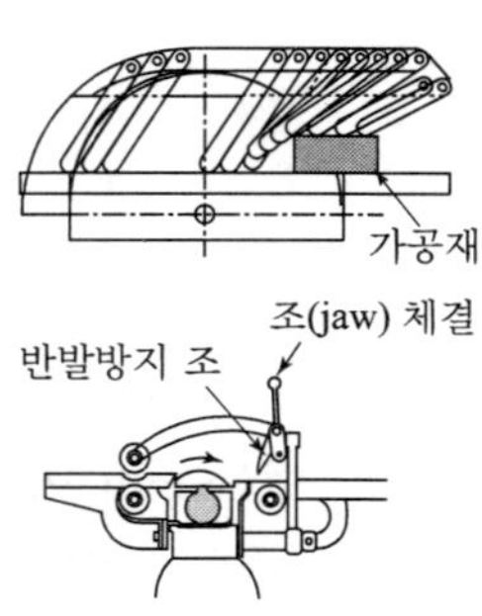

그림 2-55 ● 반발장치발톱(jaw)

(2) 이동식 둥근톱(절단용 현수톱), 진자톱 접촉예방장치 설치 사례

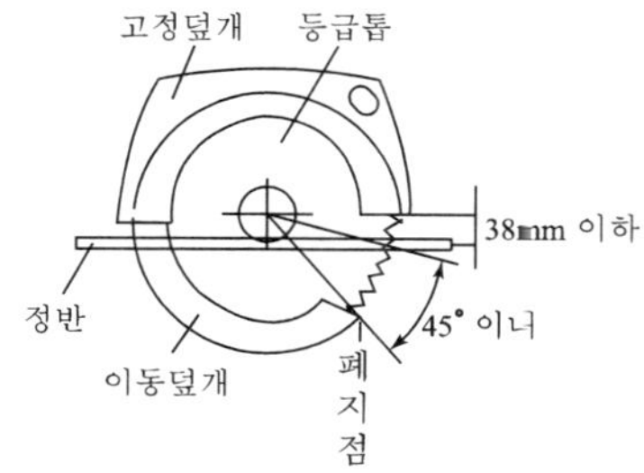

그림 2-56 ◉ 이동식 둥근톱 방호장치

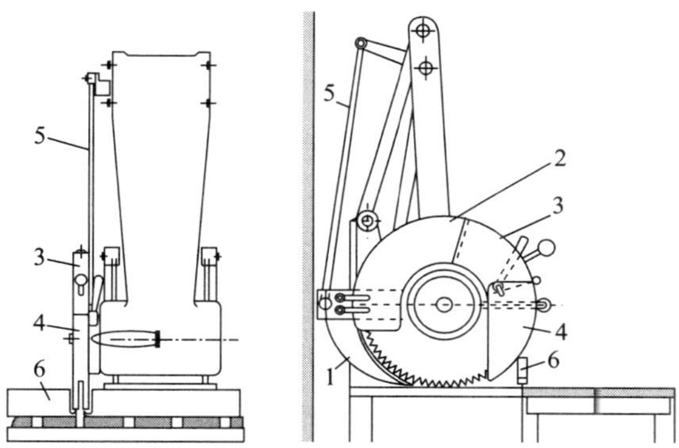

그림 2-57 ◉ 진자톱 접촉예방장치 설치 예

(3) 둥근톱에서 기타 안전화 구축

① 스프링백(spring back)장치

<그림 2-58>의 스프링백(spring back)장치는 송급되는 재료가 스프링백 되는 것을 방지한다. 스프링백으로 인하여 일어나는 재해는 예상보다 치명적이므로 특히 발톱의 작용에 유의해서 점검 장비를 강화하여야 한다.

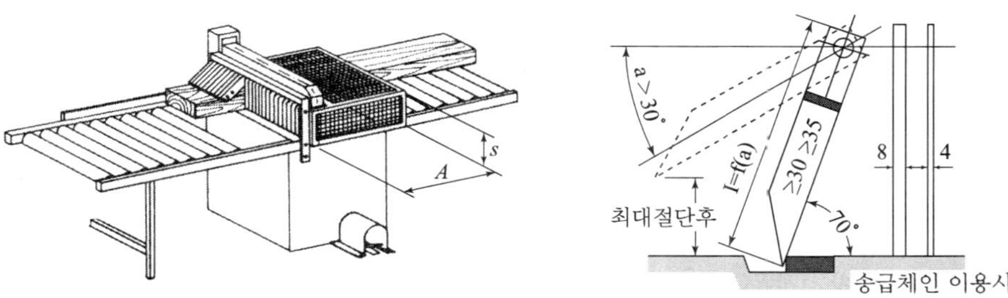

그림 2-58 ◉ 스프링방지장치

② 톱의 회전속도 제어장치

<그림 2-59>는 둥근톱이 대형인 경우 회전을 과다하게 높여서 주속도가 커질 위험이 있기 때문에 분할날 부착 브래킷(bracket)에 캠(cam)을 설치하고 분할날 부착 시 캠 위치에 따라서 과속이 될 때는 전기회로가 차단하도록 한 장치이다. <그림 2-59>에서 ① 비상정지스위치 ② 분할날 ③ a는 시동, b는 정지스위치 ④ 속도조정스위치를 표시한다. 둥근톱도 과속으로 사용하면 당연히 파손될 위험이 있으므로 작업에 필요한 규정된 사용주속도이어야 한다. 모든 톱 기계는 동일하지만 가공재의 결함, <못이나 돌이 목재 박힌 경우 등>에 의해서 톱이 파손될 위험이 있으므로 작업 전 점검을 반드시 실시하여야 한다.

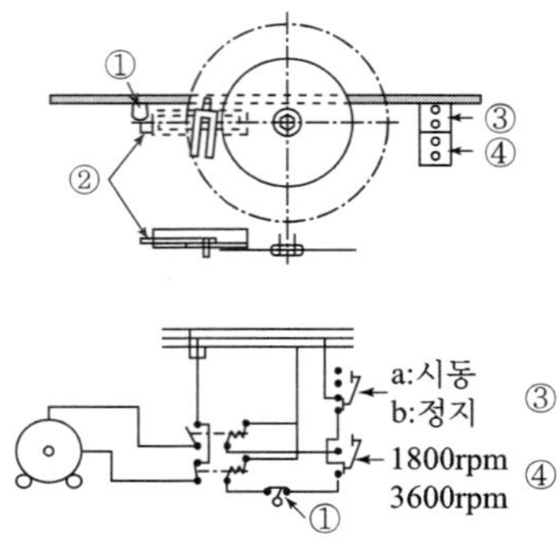

그림 2-59 • 둥근톱의 회전속도 제어장치

③ 반발에 대한 안전화

목가공에서 목재(가공품 포함) 반발(反撥)은 톱날에 물리거나 안내판 톱 사이에 재료가 물리거나 미숙한 취급의 결과로 톱 잇날과 제재목 사이의 접촉으로 일어난다. 이러한 반발을 예방하기 위해 나뭇조각 등이 톱날에 물리거나 튕기는 일이 없도록 조치되고 연구되어야 한다. 연구과제는 반발 예방장치(분할날)는 쐐기 역할을 하며 제재목이 톱날을 조이지 않게 함을 목적으로 한다. <그림 2-60～2-61>

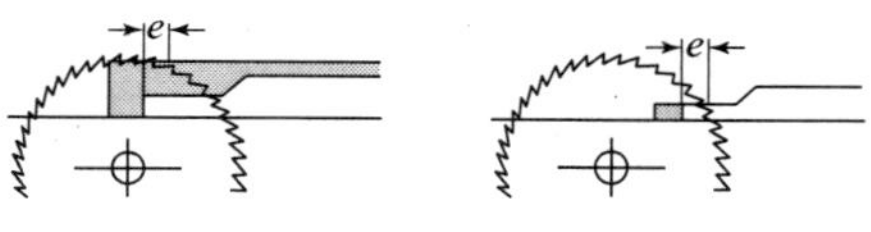

그림 2-60 • 조정가능 보조안내판 올바른 위치 사례

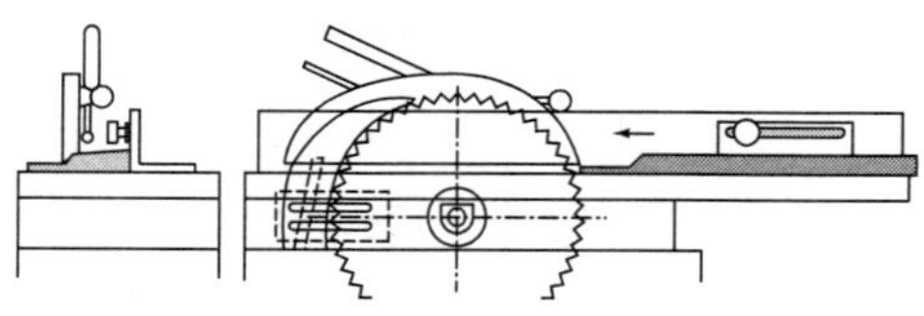

그림 2-61 • 기계에 설치된 나무로 된 보조안내판 사례

<그림 2-62～2-63>을 연구하다보면 보조안내판 사용방법은 톱날이 절단을 시작하는 점과 안내판 끝과의 수평거리 e는 30 cm(1.25 inch)가 되어야 한다. 이것으로 주안내판과 톱날 사이의 공간에서 나무가 퍼질 수 있게 하여 죄임으로 인한 반발을 방지하는 개선 사례이다. <그림 2-62>

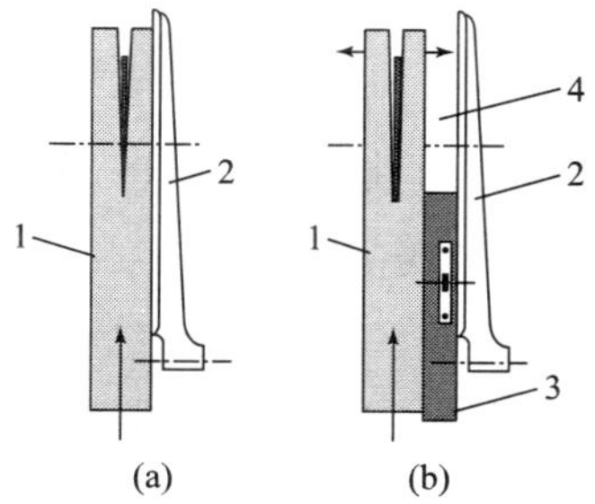

(a) 보조안내판이 없을 때 톱날과 주안내판 사이의 나무의 조임
(b) 보조안내판이 조립되었을 때 목재는 물리지 않음
1 : 가공목
2 : 주안내판
3 : 보조안내판
4 : 제재목이 벌어질 수 있는 허용영역

그림 2-62 ● 개선된 보조안내판 설치 예

④ 톱날의 설계

(ㄱ) 세로제재작업에 사용하는 톱날

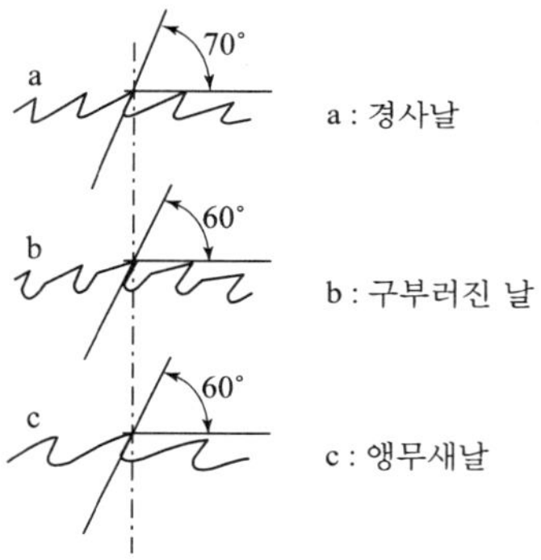

그림 2-63 ● 개선 안전화된 세로제재 톱날의 유형

(ㄴ) 가로제재작업에 사용하는 톱날

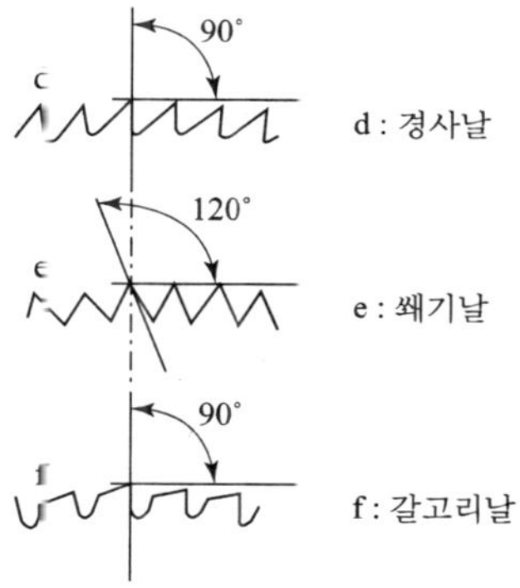

그림 2-64 ● 개선화된 가로제재 톱날의 유형

⑤ 톱날의 진폭(kerf) 개선

<그림 2-65>는 톱날의 두께보다 더 큰 절단자리를 만들므로 마찰로 인한 과열이나 톱과 제재목 사이의 물림 방지를 할 수 있다.

목재가 연질인 경우 톱날 두께(t_1)의 1.9배, 경질인 경우 톱날 두께(t_1)의 1.5배로 조치하는 것이 작업안전 기법이다.

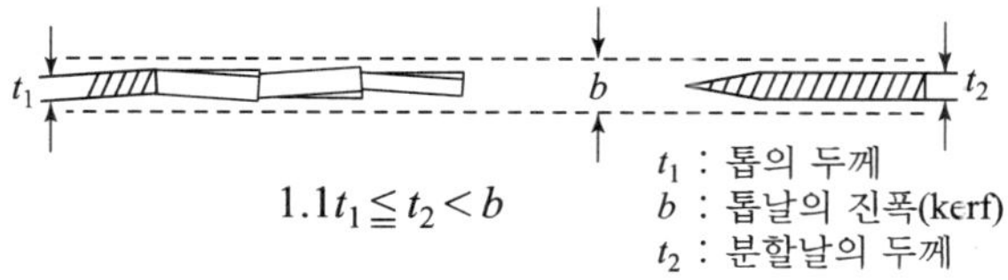

그림 2-65 ● 톱날의 진폭

(4) 띠톱기계(Band sawing machine)

목재를 제재하는 방법은 모두 톱질작업이다. 제재에 사용되는 톱은 주로 띠톱이 사용되며 체인소(chain saw)는 원목 절단 등에 사용된다.

띠톱은 상하 또는 좌우 2개의 톱차에 띠톱을 걸어 긴장시키고 한쪽의 톱에 의해 구동하고 목재에 세로켜기, 가로켜기 등의 가공을 행하는 기계이며 가공재는 수동이나 동력에 의해 이송된다.

① 구조

(ㄱ) 본체

베드와 프레임(frame)이 일체형과 분리형이 있다. 베드(bed) 하면은 하부차가 설치되므로 기초에서 돌출된 부분은 상당히 불안정하게 되는 경향이 있다. 프레임에는 상부 톱차 및 안내롤의 승강장치, 띠톱 긴장장치 등이 설치된다. <그림 2-66>

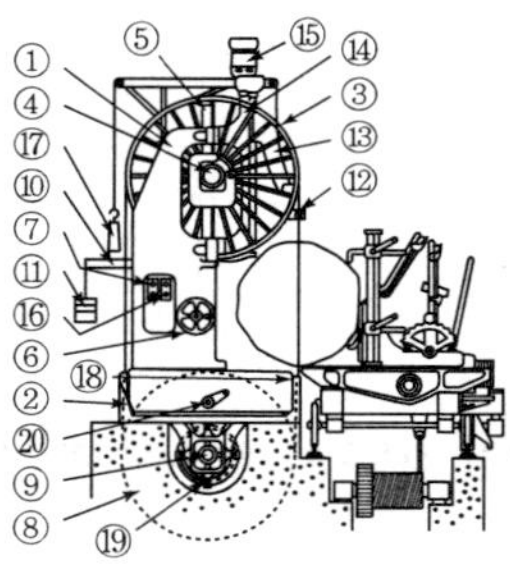

① 프레임 ② 베드
③ 상부 톱차 ④ 상부 톱차 베어링
⑤ 상부 톱차 지지부 ⑥ 상부 톱차 승강핸들
⑦ 상부 톱차 승강누름버튼 ⑧ 하부 톱차
⑨ 하부 톱차 베어링 ⑩ 띠톱 긴장 레버
⑪ 띠톱 긴장 분동 ⑫ 상부 안내롤
⑬ 상부 안내롤 암 ⑭ 상부 안내롤 가이드
⑮ 상부 안내롤 승강전동기 ⑯ 상부 안내롤 승강누름버튼
⑰ 상부 안내롤 분동 ⑱ 하부 안내롤
⑲ 하부 톱차 구동풀리 ⑳ 브레이크 바

그림 2-66 • 띠톱 본체의 구조

(ㄴ) 톱차(saw wheel)

띠톱기계에서 상하 톱차는 극히 중요한 부분이다. 하부 톱차는 원동륜(原動輪)으로 플라이휠(fly wheel)의 역할을 하므로 어느 정도의 중량을 갖는 주철로 되어 있고 측부에 제동륜(制動輪)이 있다. 상부 톱차는 종(從)동륜으로 띠톱에 의해 회전된다. 톱차 원주속도는 2,500～3,000 rpm으로 고속 회전을 한다.

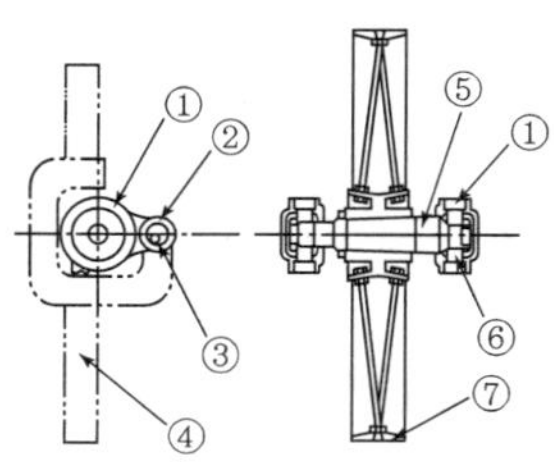

① 베어링 케이스 ② 편심부시
③ 편심축 ④ 상부 톱차 지지대
⑤ 상부 톱차 축 ⑥ 자동 롤러 베어링
⑦ 상부 톱차

그림 2-67 • 상부 톱차

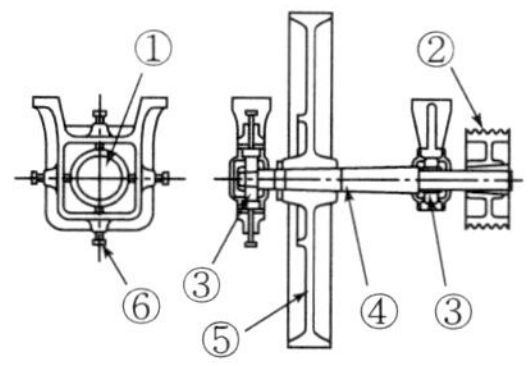

① 베어링 케이스 ② 구동풀리
③ 자동 조심형 볼 베어링 ④ 하부 톱차 축
⑤ 하부 톱차 ⑥ 조정볼트

그림 2-68 • 하부 톱차

(ㄷ) 톱차 축(shaft) 및 베어링(bearing)

상하의 톱차 축은 톱차의 데이터 구멍에 맞추어 넣는다. 하부 톱차는 한쪽의 베어링케이스가 누름볼트이며 수직, 수평으로 이동한다. 상부 톱차 축도 전후 양쪽의 베어링케이스가 수평으로 작동하고 또 후부 베어링케이스만을 상하 이동시킬 수 있다.

(ㄹ) 상부 톱차 승강장치

상부 톱차는 누름버튼(button) 조작에 의해 전동으로 승강한다. 클러치(clutch)를 떼면 둥근 핸들 조작이 수동으로 되고 미세한 조정 승강을 행한다. 다른 클러치에 의해서 후방의 톱차 지지부만을 승강시킬 수 있다.

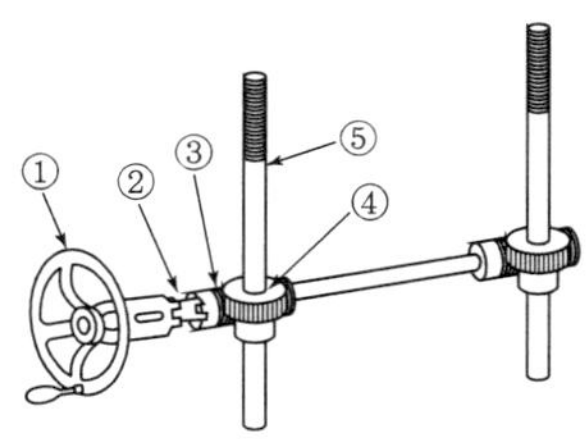

① 톱차 승강핸들 ② 클러치
③ 웜 ④ 웜 휠
⑤ 톱차 승강나사

그림 2-69 • 수동 상부 톱차 승강장치

(ㅁ) 띠톱 긴장장치

제재작업 중 띠톱은 상·하 톱차 사이에 항상 적정한 힘으로 긴장되어야 하며 긴장 균형추는 대소 수개로 나누어져 있으므로 띠톱 폭, 두께 제재되는 재목의 재질 등의 절삭조건에 적정하도록 소균형추를 증감해서 긴장력을 조정하는 중요한 작업안전 장치이다. <그림 2-70>

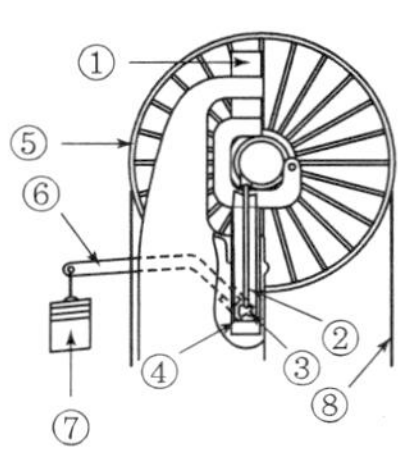

① 상부 톱차 지지부 ② 나이프 에지 로드
③ 나이프 에지 ④ 나이프 에지
⑤ 상부 톱차 ⑥ 띠톱 긴장 레버
⑦ 띠톱 균형추 ⑧ 띠톱

그림 2-70 • 띠톱의 긴장장치

(ㅂ) 띠톱 진동 방지장치

제재작업 중에 띠톱의 가로진동을 방지하기 위해 가공제재의 톱 안내롤(guide roll)을 설치한다. 하부 안내롤<그림 2-72>은 베드에 고정되어 있지만 상부 안내롤<그림 2-71>은 수직가이드에 따라서 전동 또는 수동으로 상하 이동할 수 있는 구조로 되어 있고 가능한 가공재의 크기에 따라서 수직으로 상하 구동시킨다. 작업안전상 톱날의 파손의 위험을 잡아준다는 매우 중요한 구조이며 장치이다.

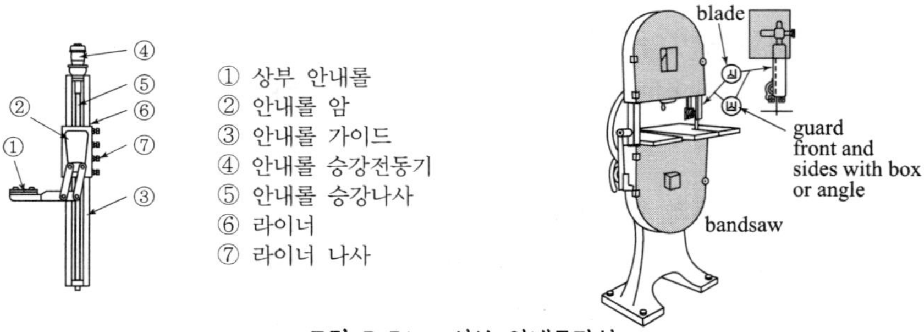

그림 2-71 ◦ 상부 안내롤장치

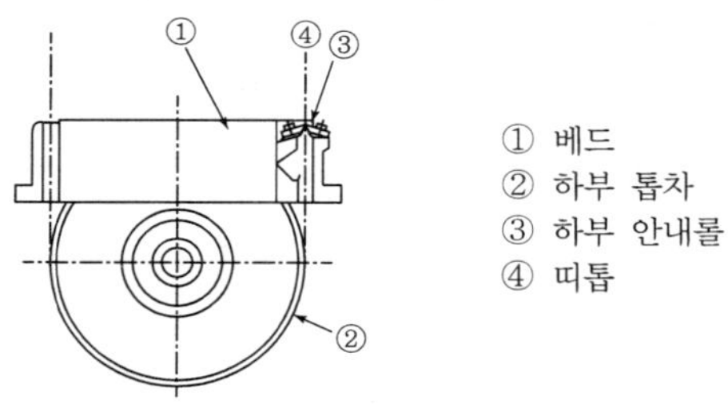

그림 2-72 ◦ 하부 안내롤장치

(ㅅ) 톱차(saw wheel) 구동장치

하부 톱차축에 풀리(pulley)를 갖추고 V-벨트로 전동기에서 직접 구동한다. 전동기에는 이동용 베이스를 갖추어 V-벨트(V-belt) 인장상태로 조정한다.

(ㅇ) 제동장치

제동장치(brake장치)는 상부 톱차측면의 제동륜을 브레이크 슈(shoe) 또는 브레이크 밴드로 제동하는 구조마다 제동레버(lever)는 수동식과 족답식이었다. 회전중인 하부 톱차는 큰 관성을 갖고 있으므로 너무 급격한 제동(braking)을 하면 띠톱이 파단되는 위험을 초래하기 때문에 서서히 정지시키는 것이 작업안전이다.

② 띠톱기계의 방호장치

띠톱기계는 가공재(加工材)의 송급 시 톱날에 접촉되거나 송급용 롤러(roller)에 옷소매 등 작업복이 감겨드는 등의 재해가 일어나고 있다. 이러한 재해를 방지하려면 작업점 이외의 톱날 및 톱차나 그 중간 부분에 있는 톱날 전부를 방호하는 것이 바람직하다.

(ㄱ) 작업점 방호

띠톱기계의 작업점에 대해서는 톱날과의 접촉을 방지하기 위해 상부(上部) 고정덮개를 상하로 움직여서 가공재의 절단에 필요한 부분만 노출시키는 덮개 즉, 톱날 접촉예방장치<그림 2-74>를 부착하여야 하며 톱차 등의 덮개는 개폐식으로 하고 동력과 연동(interlock)시키는 것이 이상적이다. 또한 작업점 방호물로 투명 플라스틱판(板)을 사용할 때는 두께가 두꺼운 5 mm 이상의 것을 사용하여 예상되는 띠톱 파손에 대처하여야 한다. 송재차가 있는 기계는 조작하기 용이하고 기동, 정지가 확실한 래칫(ratchet)기구를 구비하여야 한다.

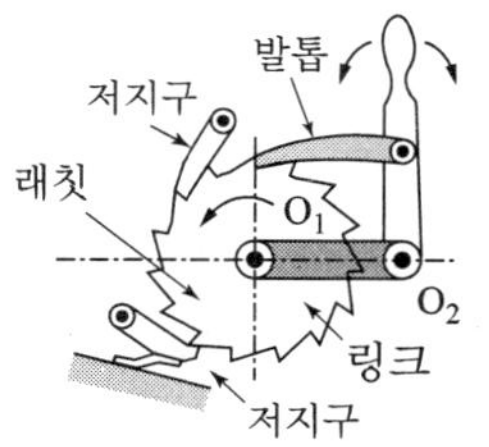

그림 2-73 ● 래칫기구

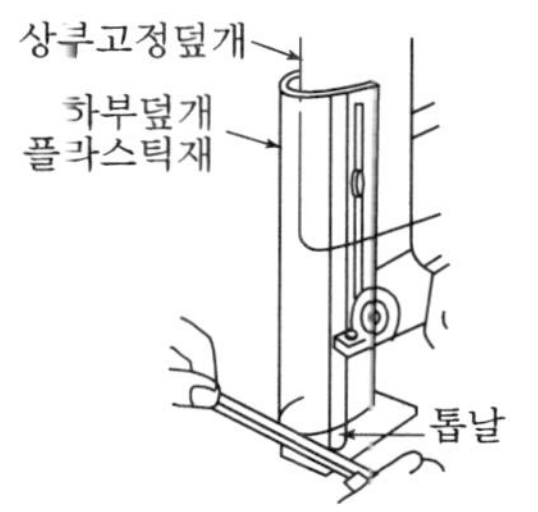

그림 2-74 ● 작업점 톱날 접촉예방장치

작업안전에서 기동과 정지를 확실하게 하는 래칫(ratchet)기구로 발톱(jaw)을 구동체로 하여 이것에 맞물려 간헐적인 회전운동이나 저지(정지)용으로 사용하는 일종의 안전한 기어(gear) 래칫(ratchet)기구 형태이다<그림 2-73>. 톱날 접촉예방장치의 구조<그림 2-74>는 다음과 같은 작업안전을 위한 조건이어야 한다.

㉮ 덮개의 재료는 두께 1 mm 이상의 강판 또는 이와 동등이상의 강도를 가질 것
㉯ 절단에 필요한 부분 이외의 부분은 항상 덮을 수 있는 구조일 것
㉰ 덮개의 길이는 안내롤(roll)을 내리는 경우에 있어서 덮개 상부의 날이 노출되지 않는 길이를 가질 것.
㉱ 톱날의 조정은 <그림 2-75>에 나타난 것처럼 조정에 유의하여야 한다.

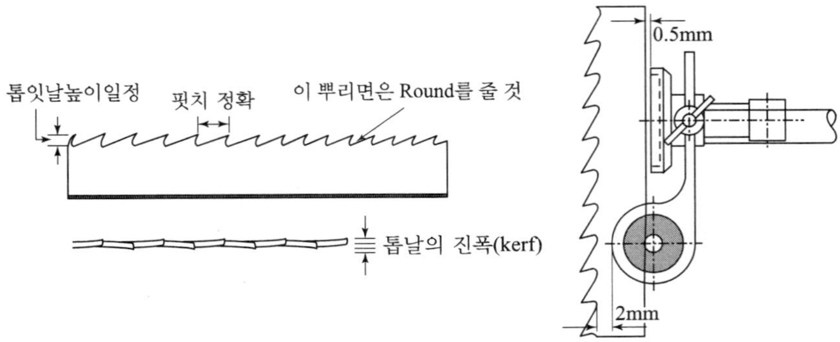

그림 2-75 • 작업 시 톱날의 조정

(ㄴ) 이송롤러(roller)의 방호

스파이크(spike)를 적용한 이송롤러 또는 톱날형 이송롤러는 가공재(加工材)의 송급자가 실수하여 조금이라도 접촉(contact)되면 롤러의 발톱(jaw)에 걸려 들어갈 위험이 상존하는 곳이므로 발톱이 노출되지 않는 구조로 하던가, 송급자 쪽의 롤러에 덮개(cover)를 설치하도록 하여야 한다<그림 2-76>. 이러한 방호장치는 동력 전원과 연동(interlock)을 시켜 작업안전을 확보하는 열쇠이다.

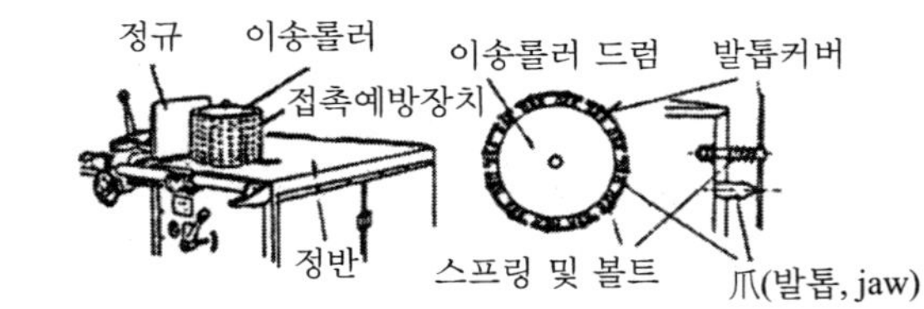

(a) 이송롤러의 접촉예방장치

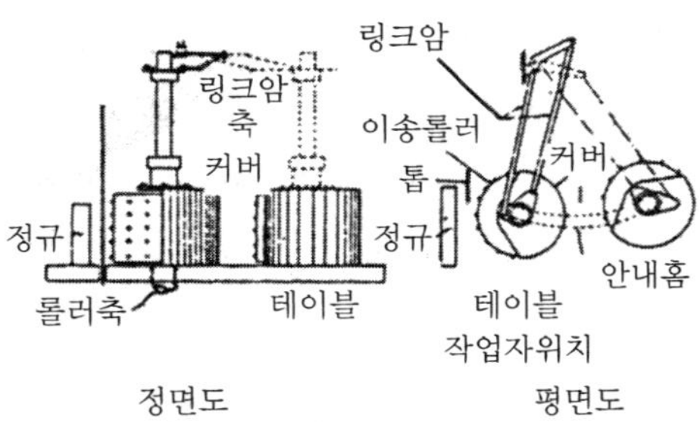

(b) 이송롤러의 덮개

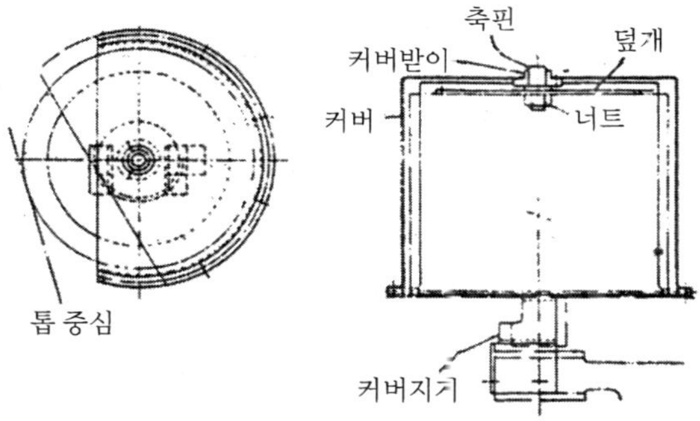

(c) 이송롤러의 덮개

그림 2-76 ◦ 이송롤러의 접촉예방장치 및 덮개

(ㄷ) 톱차(saw wheel)의 방호

㉮ 덮개의 재료는 두께 1 mm 이상의 강판 또는 이와 동등 이상의 강도를 가질 것.

㉯ 톱차의 양측면을 덮는 구조일 것.

㉰ 톱차 주위 ring 하단까지 덮을 것.

㉱ 톱차의 외주변 진동은 0.10～0.15 mm, 횡진동은 0.15～0.2 mm 이내이고 외주면 앞테두리 마모는 0.2～0.3 mm 이상의 변형이 나타나면 수정연삭을 하여 작업안전을 확보할 것.

보충 4 **현장 작업안전교육 사례**

송재차식 띠톱제재기 안전작업

1. 송재차식 띠톱제재기란?

① 띠톱은 얇은 띠의 강철 양끝을 결합시켜 윤상으로 만들어 한쪽 측면에 톱니를 새긴 것이며, 이 톱을 상·하 2개의 톱바퀴에 걸고 상부 톱바퀴를 지렛대의 원리를 응용하여 띠톱에 일정한 장력을 주면서 회전시켜 목재를 절단하는 설비를 띠톱제재기라고 한다.

② 띠톱제재기 전면에 원목이 탑재되는 송재차를 설치하여 송재차에 탑재된 원목이 송재차와 함께 톱날을 향해 전·후 이동하면서 원목을 1차 제재하는 제재기를 송재차식 띠톱제재기라 한다.

③ 작업방법

제재대상 원목을 송재차의 원목 지지장치 위에 올려놓음 → 송재차의 원목 밀착장치의 핸들을 조작하여 원목을 헤드에 밀착 → 수직 서포트상에 설치된 꺽쇠를 수동으로 조작하여 송재차 위의 원목을 고정 → 헤드 이송장치를 구동시켜 제재할 송판의 두께를 조정 → 송재차를 이동시켜 제재

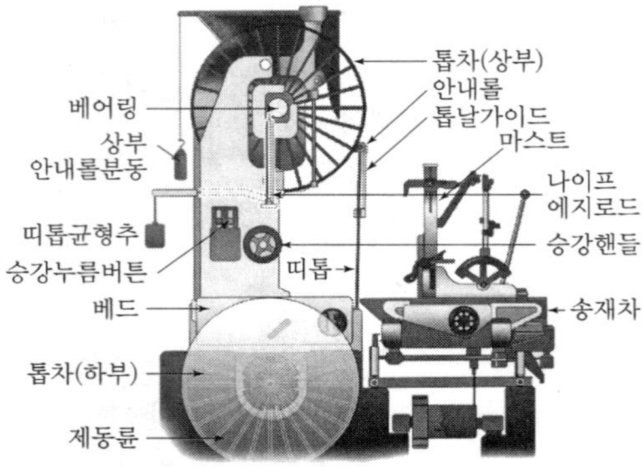

송재차식 띠톱제재기 구조

2. 주요 위험요인

① 작업 중 띠톱 톱날부에 협착
- 띠톱 덮개 미설치 또는 송재차 운전 중 넘어지거나 원목에 충돌함으로서 회전하고 있는 톱날부에 접촉하여 절상의 위험
- 원목의 옹이 부분 등에 의한 목재 반발로 톱날 절단 비래 위험

② 제재작업 시 발생하는 고소음 및 목분진에 의한 건강장해 위험

③ 설비 접지 미실시로 누전에 의한 감전 위험

3. 안전대책

① 띠톱날 방호덮개 설치
- 절단에 필요한 톱날 외의 부위에는 톱날 덮개를 설치
- 상·하 톱차 양측면에 톱차(톱바퀴) 덮개 설치
- 요철형 이송롤러기 또는 스파이크가 부착되어 있는 이송롤러기에는 톱날 접촉 예방을 위해 덮개 부착

② 조작스위치 안전조치
- 시동스위치는 작업자가 작업위치를 이탈하지 않고 조작할 수 있는 위치에 설치하고, 접촉·진동 등에 의해 불시에 작동하지 않아야 함
- 띠톱기계에는 정전이 복원된 후, 자동적으로 띠톱기계, 송재차가 재시동하는 것을 방지하기 위한 장치를 갖추어야 함
- 송재차 주행레버는 중립위치에 놓았을 때 불의에 작동되는 일이 없도록 멈춤기구를 부착하여야 함

③ 안전화, 방진마스크 등 개인보호구 착용

④ 전동기 등 본체 외함에 접지 실시

송재차식 띠톱제재기 조업

(5) 대패기계(wood planing machine)

회전축에 폭을 가진 대팻날을 고정시켜 이것을 동력에 의해 고속으로 회전시키면서 작업자가 가공재(加工材)를 수동(手動)으로 송급시켜 평면 측면 경사면 등을 깎는 동력식 수동 대패기계<그림 2-77>를 대표적인 작업안건 측면에서 기고하고자 한다.

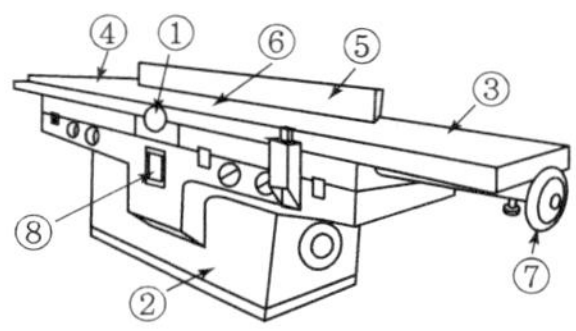

① 대패 축 베어링 ② 프레임
③ 전면 테이블 ④ 후면 테이블
⑤ 정규 ⑥ 날 접촉예방장치
⑦ 테이블 승강핸들 ⑧ 누름버튼스위치

그림 2-77 ● 동력식 수동 대패기계

① 구조

(ㄱ) 대패 동체

대패 동체는 다종(多種)·다양한 것이 사용되고 있지만 2매(枚)날, 3매날, 혹은 4매날형의 동체 것이 사용되고 있다. <그림 2-78>

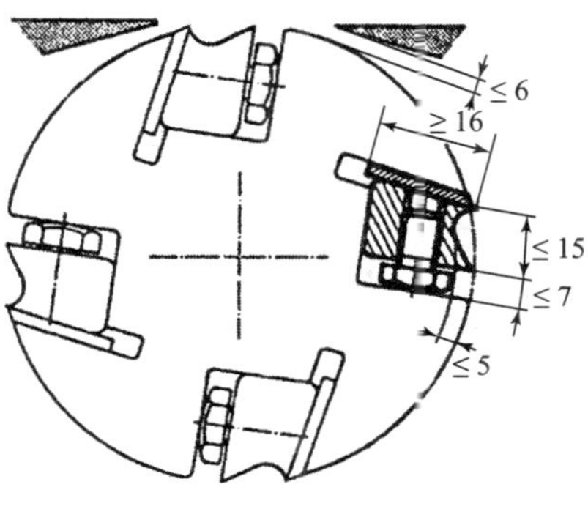

그림 2-78 ● 4매날형 대패 동체 (단위 : mm)

(ㄴ) 테이블(table)

표면을 정밀하게 다듬질한 주철제의 전-테이블과 후-테이블로 구성하고 대패 동체(動體)는 이 전후 테이블 사이에 고정되어 있다. <그림 2-79>

승강기구
- ㉮ 테이블 슬라이드(table slide) 타입
- ㉯ 쐐기(wedge) 타입
- ㉰ 링크(link) 타입

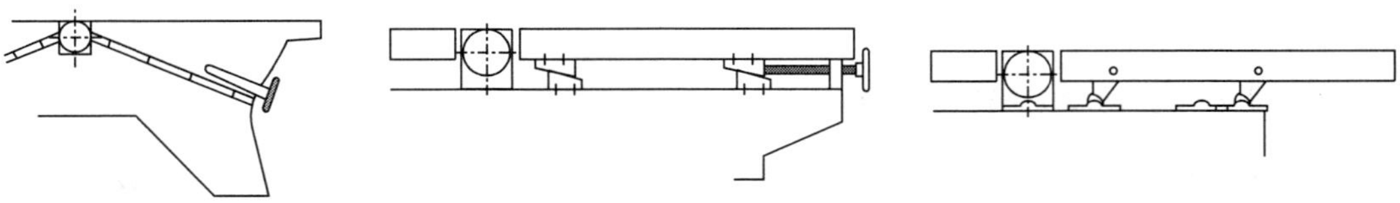

(a) 테이블 슬라이드 타입 (b) 쐐기(wedge) 타입 (c) 링크(link) 타입

그림 2-79 • 테이블

(ㄷ) 정규(正規)

직각면 절삭을 하기 위한 것이며 정규면 진직도에 높은 정밀도가 요구된다.

(ㄹ) 프레임(Frame)

기계를 지지하고 동력 및 동체를 지지하는 구조이다.

② 대패기계의 종류

(ㄱ) 수동 대패기계

산업현장에 가장 많이 보급되어 있는 목공기계의 하나로 가공재를 테이블면에 가볍게 밀어 붙이고 회전하는 대팻날을 위로 수동·이동에 의해 슬라이드(slide) 시켜 가공재의 거칠음을 제거해서 평활한 기준물을 만들거나 또는 이 기준면에 직각의 얇은 면을 만들기 위한 기계이며 크기는 유효절삭폭으로 표시한다.

(ㄴ) 직각 절삭식 수동 대패기계

횡대패 동체와 종대패 동체에 의해 2면을 동시에 직각으로 절삭하는 수동 대패기계이다. 이 기계의 크기는 횡 및 종의 유효절삭폭으로 표시한다. 위험 영역이 그만큼 많이 있다는 기계이다.

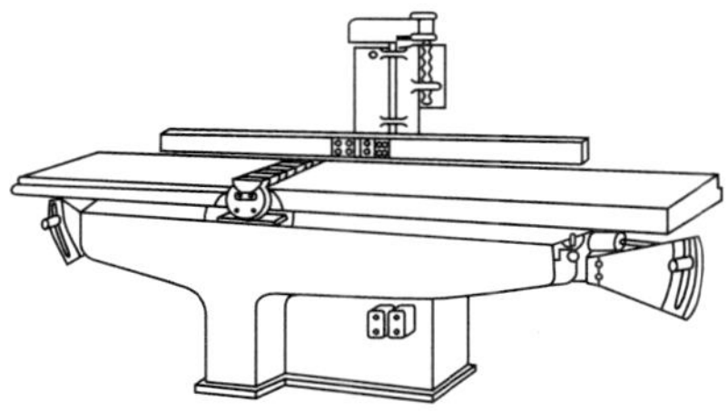

그림 2-80 ■ 직각 절삭식 수동 대패기계 외형

(ㄷ) 다듬질용 수동 대패기계

거친 면을 제거하기 위한 이송장치를 구비하고 있으며 거친 가공면을 다듬기 위한 대패기계로서 기계의 크기는 유효절삭폭으로 표시한다.

(ㄹ) 자동1면 대패기계

목공기계의 대표적인 기종이며 거칠음이 제거된 면을 기준으로 해서 어느 정도의 다듬질면에서 가공재 두께를 결정하는 것이 주된 용도이다. 기계의 크기는 유효절삭폭으로 표시한다.

(ㅁ) 자동3면 대패기계

회전하는 횡대패 동체 승강하는 테이블에 설치된 좌우의 종대패 동체 및 이송장치로 구성되어 주로 가공재의 상면 양측면을 동시에 절삭하는 기계로서, 기계의 크기는 유효절삭폭으로 표시한다.

(ㅂ) 자동4면 대패기계

회전하는 상하 2개 이상의 횡대패 동체 승강하는 테이블에 설치하고 좌우의 종대패 동체 및 이송장치로 구성되어 가공재의 4면을 동시에 절삭하는 기계로서 기계의 크기는 유효절삭폭, 가공 가능한 최대 두께 및 대패 동체의 수로 표시한다.

(ㅅ) 원판 대패기계

회전하는 원판에 절삭공구를 방사상으로 설치하여 가공재를 원판면에 압축해서 절삭하는 기계로서, 기계의 크기는 원판의 직경 및 절삭 공구의 길이로 표시한다.

(ㅇ) 다듬질 대패기계

승강 가능한 테이블에 고정된 대팻날 및 이송장치로 구성되어 가공재의 표면을 다듬질 절삭하는 기계로서 기계의 크기는 유효절삭폭 및 가공할 수 있는 최대 두께로 표시한다.

③ 대패기계의 방호장치

(ㄱ) 날 접촉예방장치

가공재(加工材)의 절삭작업 중 대패기계 날 바로 위에서 재료를 손으로 누르고 있기 때문에 반발할 경우 또는 재료가 너무 작은 경우에 손이 미끄러져 노출되어 회전하고 있는 날에 접촉되는 것을 방지하기 위하여 사용되는 방호장치이다.

㉮ 가동식(可動式) 접촉예방장치

가공재의 절삭에 필요치 않는 날부분을 항상 덮을 수 있는 구조의 것이어야 한다<그림 2-81, 2-82>. 그 대표적인 것이지만 복귀용 스프링이 강하면 치수를 중시하는 목재업에서는 정규를 미동시켜 치수를 어긋나게 한다. 경험으로 보아 거부현상이 뚜렷하다. 그러나 항상 위험범위를 덮고 있으므로 작업자의 교육이나 점검 정비가 철저하다면 안전장치의 효과를 향상시킬 수 있다.

<그림 2-82>의 수동 대패기계의 가동식 날 접촉예방장치는 덮개가 회전날 주변에 따라서 개폐되는 방호장치이다.

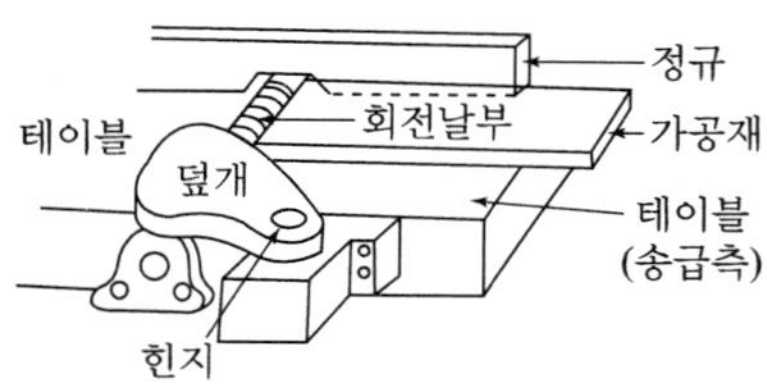

그림 2-81 ◦ 수동 대패기계의 가동식 날 접촉예방장치(덮개의 수평이동)

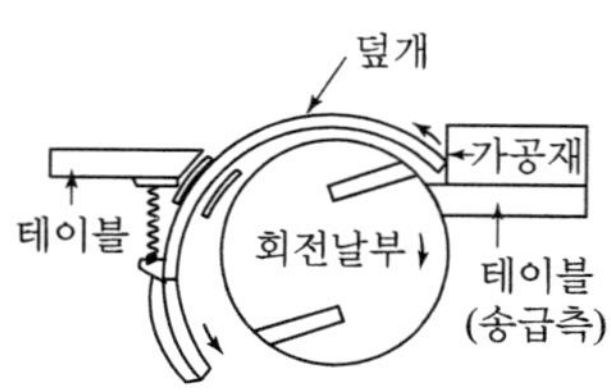

그림 2-82 ◦ 수동 대패기계의 가동식 날 접촉예방장치

㉯ 고정식(固定式) 접촉예방장치

가공재의 폭에 따라서 그때마다 덮개의 위치를 조절하여 절삭에 필요한 대

팻날만을 남기고 덮는 구조를 말한다. 따라서 덮개의 부착부는 조절이 용이하게 되도록 조절나사를 설치하여야 한다. 또 가공재를 송급하지 않을 때는 대팻날 전부를 덮도록 덮개의 길이는 대팻날을 기준으로 하여야 한다. 덮개와 가공재 송급쪽 테이블면과의 사이에 손이 들어가지 않도록 8 mm 이하의 틈새로 부착하여야 한다. <그림 2-83, 2-85>

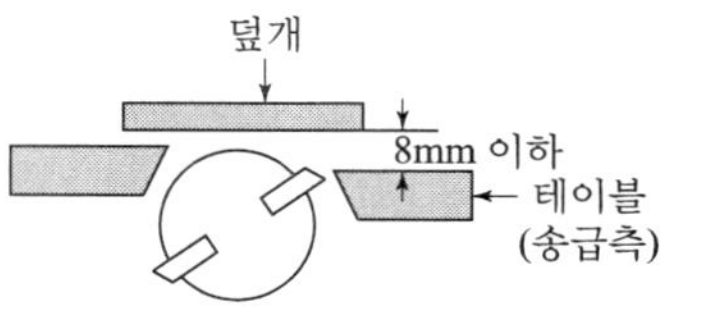

그림 2-83 ● 덮개와 테이블과의 간격

그림 2-84 ● 수공구의 예

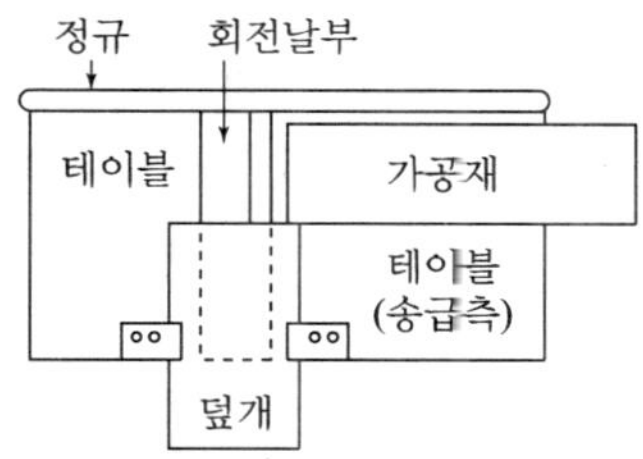

그림 2-85 ● 고정식 접촉예방장치

㉰ 기타 안전작업 기법

- 날이 지나치게 돌출되지 않도록 할 것. 즉 1 mm 이하로 조절할 것.
- 날 접촉예방장치의 기능에 이상이 없을 것.
- 대패 동체의 회전수가 지나치게 낮지 않도록 할 것.
- 재료의 이송속도는 적정속도일 것.
- 장갑 착용을 금할 것.
- 나무의 마디, 옹이 부분은 천천히 가공하고 무리하게 힘을 가하여 누르지 말 것.
- 작업자 자세는 발을 편안할 만큼 벌리고 자세를 낮출 것.
- 가공 시 끝날 무렵의 재료에서는 빠질 우려가 있으므로 단단히 누를 것.
- 얇은 박판이나 작은 재료(길이 400 mm 이하) 가공작업에는 보조기구를 사용할 것. <그림 2-84>

(6) 모떼기기계(chamfering machine)

회전하는 한 개의 수직 주축과 테이블로 구성되며 주로 측면절삭을 한다. 주축의 회전은 경쾌한 절삭과 양호한 다듬질면을 얻기 위해 5000~10,000 rpm의 고속회전을 하며 주축이 승강(昇降)하는 것과 테이블이 승강하는 것이 있다. 또한 가공물(加工物)의 고정이 나쁜 관계로 목 가공기계에서 매우 위험이 많은 기계 분류에 속한다.

재해원인은 가공작업 중 커터(cutter)에 가까운 위치에서 작업을 하게 되므로 회전하는 커터에 접촉하게 된다. 모떼기기계의 크기는 테이블 크기 및 유효절삭 높이로 표시한다.

① 구조

(ㄱ) 프레임 및 테이블

프레임은 일체의 상자형으로 슬라이딩 베어링에 지지된 종주축 장치 및 주축 구동용 전동기를 내장하고 프레임 측면에는 눈금을 장착한 주축 승강 핸들차가 있다.

(ㄴ) 주축장치

주축은 직경이 큰 강재로서 정밀 다듬질을 하여 높은 정밀도를 유지함과 동시에 진동이나 축방향의 하중을 완전히 배제하도록 하며 주축장치는 기계 전면의 핸들차 조작에 의해 상하 작동이 행해진다.

(ㄷ) 정규(定規) 및 누름장치

주축의 양측에 배치하고 가공재의 직경에 따라 이동되고 절삭여유에 맞춰서 조정하는 것이 가능하다. 또 날 끝에 근접한 날이 노출되는 부분의 간격을 좁게 할 수 있는 구조로 되어 있다.

(ㄹ) 안내링

주축 중심을 기준으로 해서 테이블에 끼워 넣고 치구를 사용할 때 모방면으로 한다.

(ㅁ) 진동방지(振動防止)장치

테이블 위에 원통 스탠드를 설치하고 상하 작동이 자유로운 암(arm) 선단에 부싱(bushing)을 부착, 볼베어링을 삽입한 장치로 절삭공구의 교환 시는 간단히 주축에서 분리할 수 있는 구조로 되어 있다.

② 모떼기기계의 분류

(ㄱ) 단축 모떼기기계

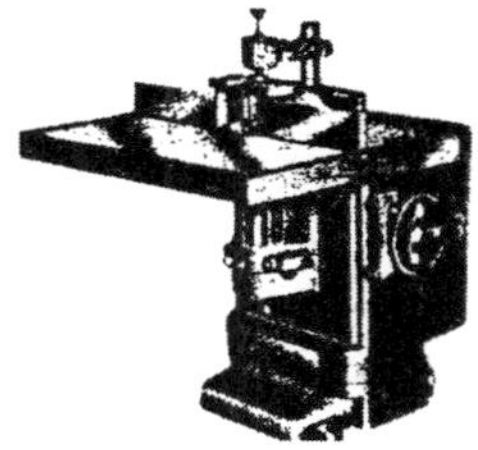

그림 2-86 ◦ 단축 모떼기기계

회전하는 한 개의 수직 주축과 테이블로 구성되고 주로 측면 절삭을 한다.

기계의 크기는 테이블(table) 크기 및 유효절삭 높이로 표시한다. <그림 2-86>

(ㄴ) 복축(複軸) 모떼기기계

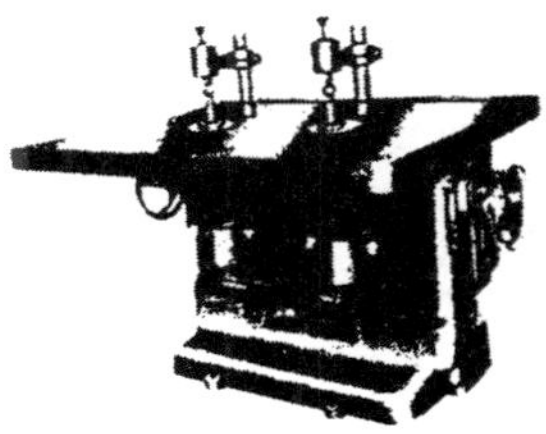

그림 2-87 ◦ 복축 모떼기기계

단축 모떼기의 주축장치를 2개 병행한 기계로 주축의 회전방향은 각각 상반된 방향으로 회전한다. 기계의 크기는 주축센터간의 거리, 테이블의 크기 및 유효절삭 높이로 표시한다. <그림 2-87>

(ㄷ) 자동(自動) 모떼기기계

일반적으로 자동 모방(模倣)기구 및 송재기구를 보유하고 주로 측면 절삭을 하는 기계이다. 따라서 능률적이고 작업의 안정성이 높다.

③ 모떼기기계의 방호장치

(ㄱ) 날 접촉예방장치

모떼기·홈파기·곡선절삭 등의 작업을 하므로 그때마다 작업에 적합한 커터로 교체해서 사용한다. 따라서 위험부분에 대처하려면 커터의 크기에 따라서 자동적으로 조절되는 것이 이상적이지만 실제는 그렇지 못하다. 사용 시<그림 2-88>에는 노출되는 날부분을 작게 하여야 한다. 또 모떼기기계는 대패기계에 비해서 커터가 깊게 물려 반발의 위험도 크므로 반발방지장치의 기능을 갖게 하여야 한다.

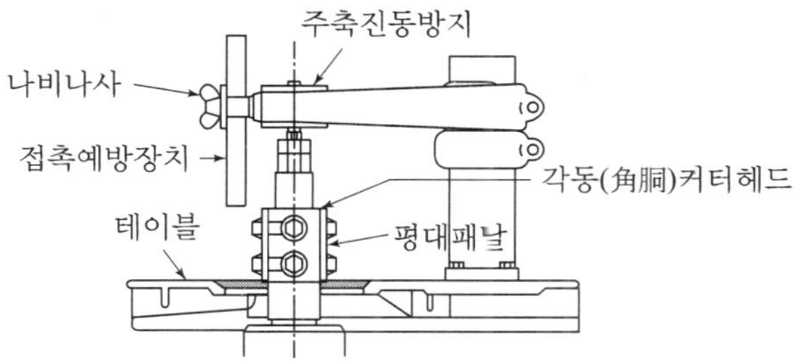

그림 2-88 ◦ 모떼기기계의 날 접촉예방장치(1)

<그림 2-89> 날의 접촉예방장치를 사용할 때는 커터부분만 남기고 다른 부분은 완전히 덮도록 조절하여야 한다. 모떼기기계의 위험성이 많다는 것은 앞에서 기술한 바로 작업안전을 확보하기 위한 날 접촉예방장치가 개선되고 있음을 보여 주고 있다. <그림 2-90～2-92>

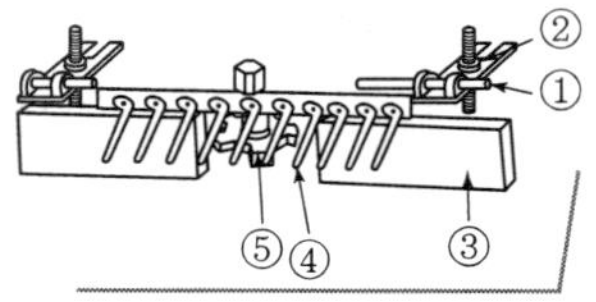

① 고정나사　② 높이 조정나사
③ 정규　④ 반발방지 침
⑤ 커터(cutter)

그림 2-89 ● 모떼기기계의 반발예방장치

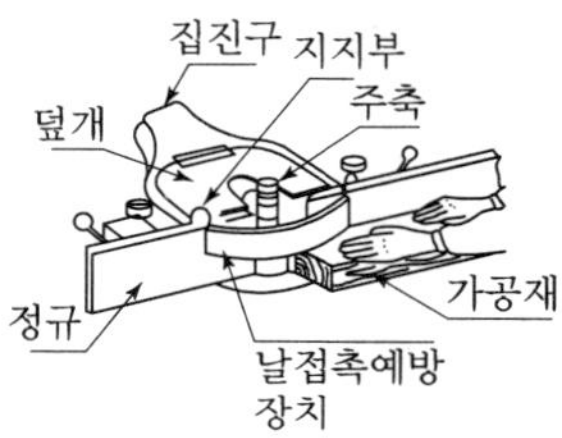

그림 2-90 ● 모떼기기계의 날 접촉예방장치(2)

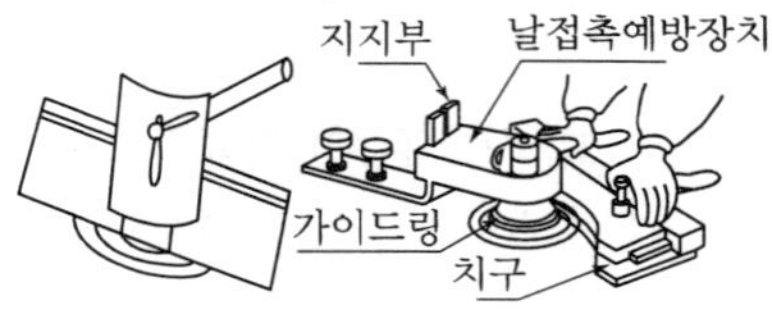

그림 2-91 ● 모떼기기계의 날 접촉예방장치(3)

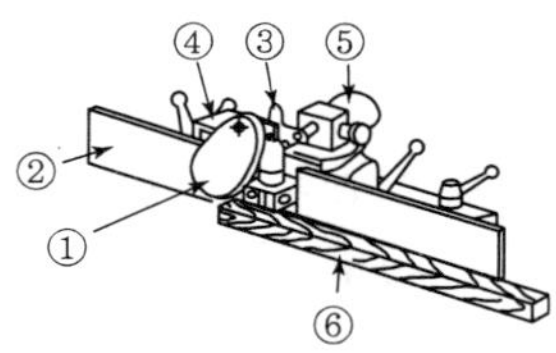

① 날 접촉예방장치　② 정규
③ 주축　④ 덮개
⑤ 집진구　⑥ 가공재

그림 2-92 ● 모떼기기계의 날 접촉예방 정리

(ㄴ) 지그(jig)와 날 접촉예방장치의 병용

생산라인에서 소품종 대량 생산인 경우<그림 2-93>와 같은 지그를 대량 생산인 송급용으로 사용한다. 가공재를 지그(jig)에 고정한 뒤에 축에 따라서 지그를 사용해서 송급하면 필요한 가공이 용이하게 되면서 작업안전이 확보되는 병용 방호장치이다.

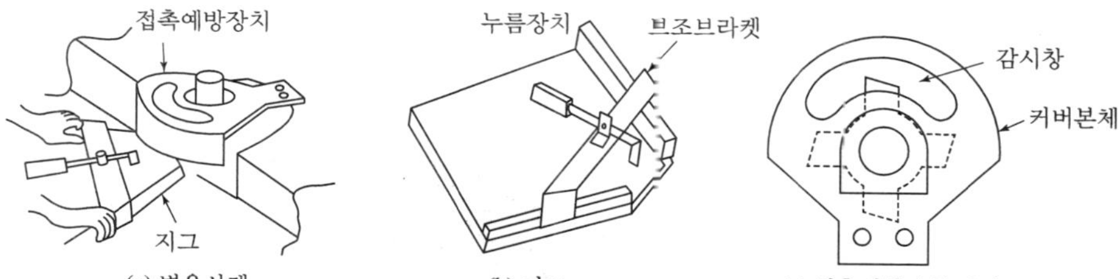

(a) 병용사례 (b) 지그 (c) 접촉예방장치 평면도

그림 2-93 ■ 모떼기기계작업에서 날 접촉예방장치와 지그의 병용 사례

(ㄷ) 기타 작업안전 기법

㉮ 주축장치에 축(shaft)의 진동이 0.03 mm 이내, 트러스트(thrust) 진동이 0.05 mm 이내일 것.

㉯ 대팻날의 중량, 형상, 치수가 정확할 것.

㉰ 중량의 불균형이 발생되지 않도록 할 것.

㉱ 커팅서클(cutting circle)이 큰 것은 저속 호전 시킬 것.

㉲ 절삭량이 많을 때는 진동방지장치를 할 것.

2-9 원심기(Centrifugal machine) 안전

원심기계는 고속(4000 rpm)으로 회전하는 드럼(drum) 또는 바스켓(basket)을 세워 축에 부착된 기계로 농도가 균등하지 않은 액체를 분리하거나 고체원료에서 액체를 분리하거나 추출기 또는 입상, 결이 거친 결정성 물질에서 액체를 분리하는 것(건조기)을 말한다. <그림 2-94>는 원심분리기 일종이며 이것을 기준으로 하여 구조를 이해하면 작업안전에 도움이 되리라 믿는다.

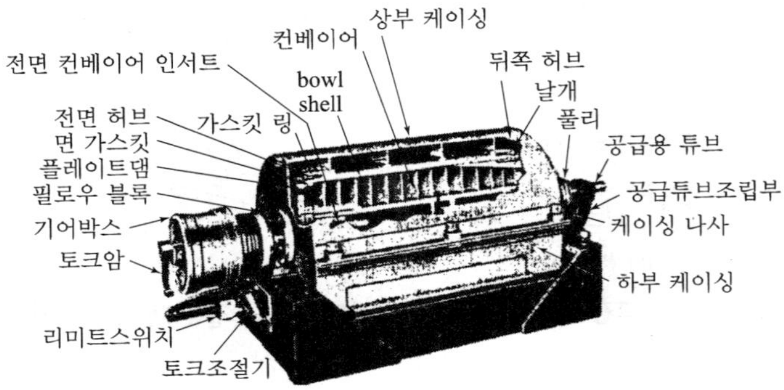

그림 2-94 ◉ 원심분리기 구조

1 구조

① 보울(bowl)

수평축에 4000 rpm으로 고속회전하여 주입 물질에 원심력을 주는 회전체를 말한다.

② 컨베이어(conveyor)

보울과 같은 축에서 보울에 의해 24～77 rpm으로 저속회전하며 보울 내에서 분리된 고형물(固形物)을 고체 배출구 방향으로 연속적으로 끌어올리는 회전체를 말한다. 일종의 나사 컨베이어(conveyor)이다.

③ 케이싱(casing)

연속적으로 배출되는 분리액과 분리 고형물의 내부수용과 수직 배출하는 커버를 말한다.

④ 프레임(frame)

회전체, 케이싱 등을 지지하는 기계몸체를 말한다.

⑤ 서브베이스(sub-base)

프레임 하부에 붙은 기계본체 및 전동기의 공통 베이스를 말한다.

⑥ 방진구(vibration isolation)

회전체 및 전동기의 진동을 흡수하는 장치를 말한다.

⑦ 구동부

전동기 부착 부위

⑧ 스페셜 기어박스(special gearbox)

보울과 컨베이어의 회전차를 주는 특수자동 기어장치이다.

2 기능

보울(bowl)의 회전을 전동기 V-벨트와 풀리(pulley)에 의해 동력이 전달되며 고속으로 회전한다. 컨베이어는 동력 전도기구의 반대쪽에 설치된 기어박스에서 보울과 같이 회전하면서 특수 자동기어장치에 의해 변속되어 스플라인 샤프트(spline shaft)에 의해 전달된다. 보울과 기어박스 V-풀리와 같이 프레임에 고정된 굴림대받이 블록에 의해 지지되어 보울 컨베이어 사이로 베어링(bearing)에 의해 회전이 원활하게 되어 있다. 이러한 회전상의 안전을 도모하기 위해 기어박스(gearbox)의 끝에 있는 토크암(torque arm) 및 프레임(frame)에 장치된 리미트스위치(limit switch), 링크(link) 토크레버(torque lever)의 컨베이어가 과부화가 되어도 기계에 무리를 제어하는 안전장치이다. 리미트스위치는 부속된 특수 피드밸브(feed valve)와 연동되어 과부하로 되었을 때 안전을 도모하도록 작동한다.

3 원심분리기, 추출기, 건조기 등의 작업안전 조건

(1) 원심분리기

① 두께 1 mm 이상의 금속재 뚜껑을 설치할 것.

② 드럼(drum) 또는 바스켓(basket)의 회전 중에 뚜껑을 열 수 없어야 하며 덮개가 개방되어 있으면 작동이 불가능 하도록 연동(interlock)장치를 구비할 것.

③ 동력으로 운전되는 원심기계는 최고 사용 원주속도 제한용 거버너(governor)를 설치할 것.

④ 원심기계에는 작동이 정확한 브레이크를 설치할 것.

⑤ 바스켓 내측 및 기계 외측의 보기 쉬운 곳에 속도를 표시하고 정해진 운전속도를 초과하지 말 것.

⑥ 원심기계는 필요한 공급 및 배출관에는 유체의 누출을 방지하여야 한다. <그림 2-95>

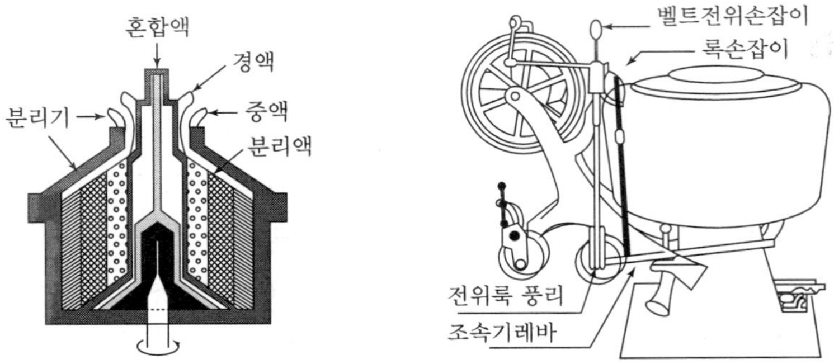

그림 2-95 ● 원심분리기

(2) 추출기(Extractors)

세탁 및 염색할 때 섬유직물에서 휘발성의 인화성 액체를 분리하기 위하여 사용되는 추출기의 작업안전 조건은 다음과 같다.

① 철금속재의 뚜껑 및 드럼 또는 바스켓의 림(rim)을 설치할 것.
② 금속부 및 관에는 접지할 것.
③ 지하 저장탱크로 통하는 드레인(drain) 관을 설치할 것.
④ 하수관에 연결하지 말 것.
⑤ 과열을 방지하는 베어링을 사용할 것.
⑥ 휘발성 및 인화성 액체에 사용되는 추출기의 전기장치는 방폭형 구조로 할 것.

(3) 세탁기 및 회전식 건조기

① 세탁기(laundry washing machine) 및 이중 실린더를 구비한 회전식 건조기(tumble dryer)에는 다음 요건을 구비한 인터록장치를 하여야 한다.
(ㄱ) 내측 실린더가 회전하고 있는 동안에는 외측 실린더의 커버 또는 문(door)이 열리지 않을 것.
(ㄴ) 외측 실린더 커버 또는 문이 개방된 상태에서 손으로 조작하는 웜 휠(worm wheel) 또는 양손을 사용하여야 하는 미동장치에 의하지 않으면 내측 실린더가 움직이지 않아야 한다.
② 세탁기 및 이중실린더의 회전식 건조기에는 물품의 출입작업 중 내측 및 외측 실린더의 커버 또는 문을 개방하므로 적절한 조치를 강구하여야 한다. (덮개 위치, 커버와 기계작동의 인터록 등)

③ 세탁기와 단실린더의 회전식 건조기는 다음 안전조치를 하여야 한다.

(ㄱ) 운전 중에 작업자가 감겨들지 않도록 충분한 높이까지 덮개를 설치해야 한다.

(ㄴ) 커버 또는 문이 개방되었을 때 실린더를 회전시키지 못하도록 인터록장치를 설치해야 한다.

(ㄷ) 커버 또는 문이 아래쪽으로 열리지 않을 경우에는 물품출입 작업 중 실린더의 문 또는 커버를 개방해두기 위해 안전조치를 해야 한다.

④ 휘발성인 인화성 액체를 사용하는 세탁기계 및 회전식 건조기는 다음 안전조건을 구비하여야 한다.

(ㄱ) 내부에서 폭발할 경우에 유효하게 작용하는 압력방산용문(pressure relief door)을 구비할 것. 이러한 문은 작업자로부터 격리된 곳에서 열고 폭발 후 자동적으로 닫히도록 설치되어야 한다.

(ㄴ) 접지는 금속부품 및 파이프 등에 접지할 것.

(ㄷ) 지하의 저장탱크 또는 침전조까지 액체가 새지 않는 구조의 드럼이 붙은 배수관을 설치할 것.

(ㄹ) 하수장치에 연결하지 말 것.

(ㅁ) 방폭성의 전기기구를 구비할 것.

⑤ 피혁제조에서 짐승가죽 세척기(washing drum or reel), 전분제조기, 감자세척기(껍질 벗기기), 생선비늘 벗기는 기계(scaling reel), 펄프제조에서 나무껍질 및 흙을 제거하는 목피제거기(barking drum) 및 이와 유사한 기계는 앞의 ②와 같이 안전한 조치를 강구해야 한다.

⑥ 원심 주물기

관 및 중공(中空)의 원통체를 구조하기 위해 횡형 원심구조기의 주탕장치 및 경사로 또는 경사대(tilting platform)는 방호 덮개를 설치하여야 한다.

2-10 분쇄기(Crusher)

분쇄기란 고형 건조재료 또는 습한 재료 등을 압력, 충격 또는 마찰에 의해서 일정한 크기로 분쇄하고 또 분쇄된 재료를 체(mesh)에 통과시켜서 가루로 만드는데 사용하는 기계를 말한다. <그림 2-96>

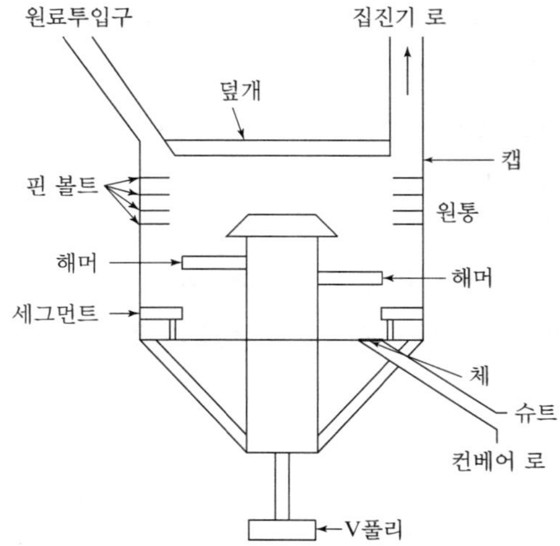

그림 2-96 ● 분쇄기 약도

1 분쇄기의 방호장치

① 분쇄기의 가동(동력 전달부분 포함)부분에는 전부 덮개(cover)를 설치하고 덮개로 덮을 수 없는 경우에는 상면에서 1,500 mm 미만의 높이로 방책을 설치하여야 한다.

② 분쇄기에는 기계적 이송장치를 구비하고 호퍼가 작업자의 전락을 유발할 위험한 위치에 설치되어 있는 개구부는 덮개로 덮어야 하며, 분쇄기의 덮개는 인터록장치를 하여 기내(機內)의 점검, 수리, 이상처리 등 작업자가 들어갔을 때 제3자의 불안전행위에 의한 재해를 방지하도록 하여야 한다.

③ 마쇄챔버 및 챔버(chamber) 내에 있는 건조가연성 물질을 분쇄하는 장치의 재료는 가급적 황동(brass) 및 청동(bronze) 기타 불꽃을 발생하지 않는 재료로 제작하고 송급하는 가연성 재료는 자동 자기 분리기를 통과시켜야 한다.

④ 분쇄작용에 사용되는 자기 분리기가 작용하지 않을 때는 원료의 흐름을 정리시키도록 인터록(interlock)장치 또는 자동으로 작동하는 경보장치를 설치하여야 한다.

2 파쇄기의 방호장치

일반적으로 분쇄기와 파쇄기는 동일 개념의 기계이지만 좀 더 자세하게 구분하면 분쇄되는 크기의 차이가 있다는 것을 이해하면 쉽다. 따라서 파쇄기는 직경 1.5 m 이상의 고형 건조재료를 압력, 충격 또는 마찰에 의해서 50～150 mm의 크기로 파쇄하기 위해 사용되는 기계를 말한다.

① 원료가 비산되는 경우에는 작업자에게 위험이 미치지 않도록 덮개를 설치하고 반드시 인터록(interlock)장치가 구비되어야 한다.
② 선회 파쇄기(gyratory crusher)의 상부 개구부 위에서 작업할 경우에는 견고한 지지물에 고정된 구명로프 및 안전대를 구비하여 작업자가 이것을 반드시 사용할 수 있도록 하여야 한다.
③ 선회 파쇄기에 고여 있는 원료를 제거할 필요가 발생한 경우에는 다음 사항의 안전 조치를 하여야 한다.
   (ㄱ) 파쇄기를 정지한다.
   (ㄴ) 원료를 움직일 필요가 있을 때는 길고 가벼운 막대를 사용한다.
④ 선회 파쇄기의 이송용 호퍼 속에 덩어리 또는 응고된 원료의 방향을 동력 및 체인 체질(fist)에 의해서 변경할 경우에는 대상물 아래 체인(chain)을 당겨야 하므로 갈고리가 달린 길고 가벼운 막대를 사용하여야 한다.

3 에지러너(Edge runner), 건식 및 습식 팬(pan)의 방호장치

① 에지러너, 건식 및 습식 팬은 작업자가 마쇄용 휠(grinding wheel), 스크레이퍼(scraper), 분쇄팬(grinding pan) 또는 패드에 감겨들지 않도록 방호덮개로 덮어야 한다.
② 작업자는 운전 중 에지러너, 건식 팬(pan) 및 습식 팬(pan) 속에 손을 집어넣지 못하도록 풀 프루프 시스템(fool proof system)으로 하여야 한다.
③ 배출구는 기계가 작동 중에는 완전히 방호되도록 덮개를 설치하여야 한다.

4 보울 밀(Bowl mill), 튜브 밀(tube mill) 및 컴파트먼트 밀(compartment mill) 방호장치

① 밑변이 상면에서 2.6 m 미만의 높이에 있는 보울 밀(bowl mill), 튜브 밀(tube mill) 및 컴파트먼트 밀(compartment mill) 양측에는 방호덮개로 덮어야 한다.
② 동력을 차단하고, 기계가 우연작동이 되지 않도록 조치하기 전까지 문이나 맨홀덮개를 제거해서는 안 된다.
③ 보울 밀의 문을 열 때 사용하는 쐐기가 튀어나오지 않도록 와이어로프(wire rope)

또는 체인(chain)으로 커버에 고정부착하고 조작 중에는 반드시 집게를 잡고 있어야 한다.

5 펄프용 분쇄기 방호장치

① 펄프제조용의 분쇄기를 수차(水車)로 운전하는 경우에는 그라인딩 휠(grinding wheel)의 속도를 제작사가 지정한 회전속도로 제한하는 거버너(governor)나 속도조절장치를 설치하여야 한다.

② 3～4개의 포켓이 있는 분쇄기의 센터 포켓의 문에는 포켓에 이송 중 작업자의 손에 문이 낙하하지 않도록 핀 또는 균형추를 부착하여야 한다.

6 기타 마쇄기 및 미분기 방호장치

① 기계적 송급장치가 없는 기계인 경우

(ㄱ) 수피 마쇄기(bark grinder)
(ㄴ) 케이지 디스인테그라인더(cage-disinteg-grinder)
(ㄷ) 원심식 롤밀(worm type roll mill)
(ㄹ) 콜로이드 분쇄기(colloid crusher, 膠質 분쇄기)
(ㅁ) 원추 마쇄기(con roll mill) 해머밀
(ㅂ) 얼음 마쇄기
(ㅅ) 링 롤밀(ring roll mill) 호퍼

등에는 작업자가 회전부분에 손가락 등 신체일부가 접촉되지 않도록 접촉예방장치를 부착하여야 한다.

② 손으로 송급하고 동력으로 운전하는 곡물류, 기타 식료품용 웜식(worm type) 고속분쇄기(food grinder)에는 웜(worm)이 적어도 150 mm 높이로 50 mm 이하의 개구부를 가진 이송구를 웜 케이싱(worm casing)에 부착하여야 한다.

7 스컬크래커(Skull crackers) 방호장치

주물 또는 스크랩(scrap)을 분쇄하는 기계이다.

① 사업장 내부에 설치하여서는 안 된다.
② 스컬크래커(skull cracker)의 드롭피드(drop feed)는 금속조각 비래에 의하여 부근이나 그곳을 통행하는 작업자들에게 안전이 확보되도록 충분한 높이로 콘크리트, 철재, 도는 견고한 목재 등으로 방책을 설치하여야 한다.
③ 스컬크래커(skull cracker)를 운전하는 작업자는 파쇄장소에서 격리되도록 적절한 조치가 강구되어야 한다.

보충 5 현장 작업안전교육 사례

1. 분쇄기

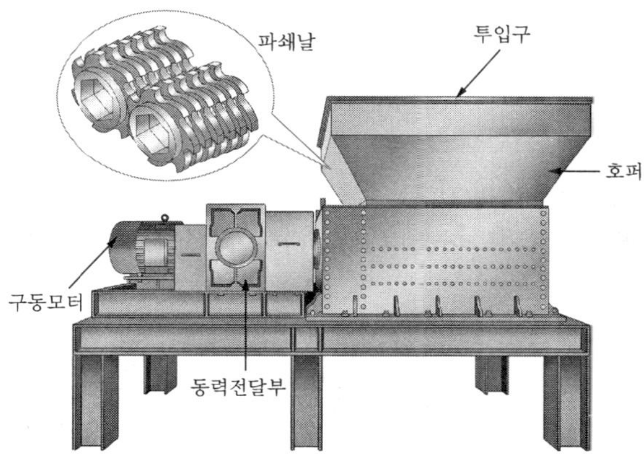

2. 분쇄기의 종류

① 볼밀(ball mill) : 원통 속에 강으로 만든 볼(강구)을 여러 개 자료와 함께 넣어 회전시켜 강구운동에 의한 충격으로 재료를 분쇄하는 장치
② 로드밀(rod mill) : 기체 내면의 길이보다 약간 짧은 강봉을 분쇄매체로 사용하는 회전식 분쇄기
③ 롤러밀(roller mill) : 볼밀과 같은 원리의 분쇄기로 시멘트원료를 분쇄할 때나 석탄을 분쇄할 때 사용
④ 조크러셔(jaw crusher) : 전·후로 조금씩 진동하는 강철제의 철판과 이와 마주 보는 고정판 사이에 암석 등의 덩어리를 물려 넣고 짓씹어 부수게 하는 구조
⑤ 임팩트크러셔(impact crusher) : 매초 수십m의 주속도(周速度)로 고속회전하는 원통에 장치된 충격판에 의해 분쇄하는 장치
⑥ 휠러밀(wheeler mill) : 수μm 이하의 미분쇄를 필요로 하는 분야에서 널리 사용
⑦ 이외에도 전단력에 의한 분쇄기 등이 있다.

2-11 혼합기(Mixer)

회전축(回轉軸)에 고정한 날개를 가지고 내용물을 휘젓거나 혼합하는 기계로서 위험성이 높은 기계 중의 하나이다.

혼합기에는 도우(dough)믹서와 드럼(drum)믹서가 있으며 동력으로 작동되는 암(arm), 패들 휠(paddle wheel) 등 기타장치가 있으며 액체, 고체 또는 이들의 혼합물을 혼합하는 장치이며 드럼믹서는 동력에 의해서 수평 또는 수직으로 회전하는 원통으로 각종 물건을 혼합하는 장치이다.

이러한 혼합기는 분진, 흄(fume), 가스(gas), 미스트(mist) 또는 증기(steam)를 발산하는 환경보건상의 문제가 있으므로 가급적 밀폐된 장치 속에서 하도록 하여야 한다. 이러한 장치의 위험성은 내용물질의 변경 시 내부청소 중에 발생되고 있으므로 뚜껑에 반드시 인터록(interlock)장치를 하여 뚜껑을 개방하면 전동기가 급정지 되도록 마그넷 브레이크 등도 아울러 보강하여야 한다. <그림 2-97>

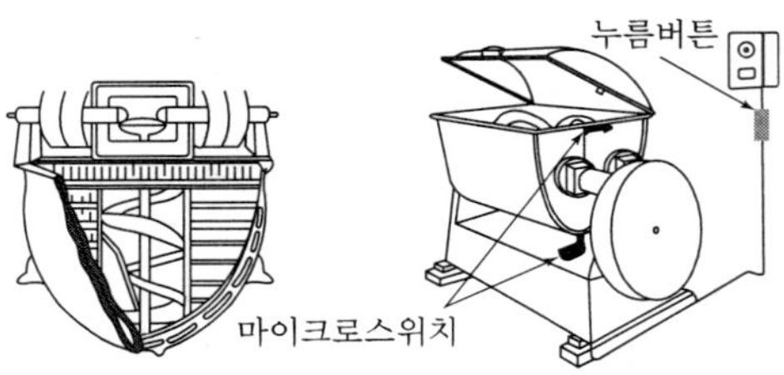

그림 2-97 ● 가루반죽기의 안전장치

1 캔디풀러(Candy puller)

식품 가공기계는 위험점의 방호로서 방호가드와 인터록(interlock)장치를 사용한 사례가 많다. <그림 2-98>의 커피믹서 기계는 재료를 송급할 때 덮개를 개방하면 드럼스위치의 핸들을 돌리거나 덮개의 록(lock)이 벗겨져 전원을 차단하게 된다. 캔디풀러(candy puller)에는 기계 위에 돌출되어 있는 회전 혼합용 암에 접촉예방장치를 부착하고 이 장치에 가볍게 접촉되어도 정지스위치가 작동하도록 하여야 한다.

그림 2-98 ◦ 커피믹서

2 식료품 공업용 도우믹서(Dough mixers)

<그림 2-98>과 같이 뚜껑을 열면 날개회전이 정지되도록 전기적으로 인터록(interlock)되어야 한다.

① 도우믹서에는 믹싱보울(mixing bowl)의 전부를 밀폐한 뚜껑에 부착하여야 한다.

② 고정뚜껑을 부착한 수평의 비경사식 도우믹서에는 혼합기에 공급 및 배출을 조절하는 밸브장치를 설치하여야 한다.

③ 비경사식 도우믹서에 다음과 같이 조절이 가능한 인터록장치를 설치하여야 한다.
 (ㄱ) 블레이드(blade) 구동장치가 정지하지 않으면 뚜껑을 개방할 수 없는 구조일 것.
 (ㄴ) 믹싱보울(mixing bowl)에 뚜껑을 덮지 않으면 블레이드(blade)가 구동되지 않을 것.

④ 회전용 날개가 제거된 수평경사식의 도우믹서에는 인터록(interlock)장치 또는 자동 차단장치를 설치한다.
 (ㄱ) 보울이 기울어지기 시작하면 혼합용 날개의 동력을 차단하는 구조일 것.
 (ㄴ) 보울이 운동위치에 돌아올 때까지 동력을 공급하지 못하는 구조일 것.

⑤ 보울이 경사위치, 즉 무부하위치에 있는 사이 블레이드를 회전시켜 내부를 청소하는 수평경사식 도우믹서는 보울이 수직위치에 있을 때 회전블레이드에 작업자가 근접하는 것을 방지하고 보울이 경사되어 있을 대 반죽을 끄집어내기 위해서 필요 정도만큼 뚜껑을 열 수 있는 인터록(interlock)장치가 뚜껑에 부착되어야 한다.

⑥ 케이크믹서(cake mixers), 크림 비터(cream beater), 마시멜로 비터(marshmallow beater), 초콜릿 페이스크 믹서, 기타 도우믹서 형식의 방호장치는 ①~⑤에 상응하는 안전장치를 하여야 한다.

3 기타 산업용 도우믹서형 혼합기계

① 래커, 페인트, 플라스틱 원료조합기계

② 생고무와 유황, 기타 배합제와 배합용 기계

③ 루핑페이퍼 또는 루핑벨트의 피복에 사용되는 아스팔트 원료의 혼합용 기계

④ 주물사 혼합기계 등의 2의 방호장치 ①~⑤에 상응하는 방호장치를 하여야 한다.

⑤ 도우믹서형의 공업용 기계의 조작 시 분진, 흄 또는 가스가 발생되는 경우에는 믹서에 커버를 설치하여야 한다.

4 모래 혼합기

① 주물용 모래 또는 이와 유사한 재료의 혼합용 휠 또는 에지러너 밀(edge-runners mill)은 완전히 방호되어야 한다. 내부에 작업자가 출입하는 경우 뚜껑 또는 인터록(interlock)장치를 설치하여야 한다.

② 모래 혼합기는 자동 배출식으로 하여야 한다. 운전 중 작업자가 삽으로 기계에서 모래를 퍼내는 행위를 할 수 없게 풀프루프(fool-proof)화 한다.

③ 모래의 시료를 채취하는 금속판재의 시료채취기를 구비하고 이것을 사용하게 한다. 이때 채취구는 손이 들어갈 수 없는 구조일 것.

5 피그 밀(Pig mill)

벽돌 및 도자기의 형성 시에 점토를 균질되게 사용하는 피그 밀(pig mill)에는 방호장치 설비조건은 다음과 같다.

① 측면 개구부에서 최소한 100 mm 돌출하므로 기계 또는 상면으로부터 200 mm 이하인 곳에 설치한 커버일 것.

② 가로의 간격이 100 mm 이내이면 개구부에 모두 덮을 수 있는 덮개를 설치할 것.

③ 기계에 재료를 공급하는 개구부를 완전히 덮고 또 개구부에 상면에서 위로 900 mm 돌출되어 있는 호퍼일 것.

6 비터(Beaters)

펄프 및 제지공업에서 펄프를 수화(水化)하고 그것을 약품과 혼합시키기 위해 또는 화학공업에서 폭발물, 래커 또는 플라스틱으로 사용하고 있는 질산섬유소를 펄프화하기 위해 사용하는 기계로 이 비터(beaters)의 엔진에는 바(bar) 또는 나이프(knife)가 롤(roll)에서 빠져 나왔을 때 충격에 충분히 견딜 수 있는 커버(cover)를 비터롤(beater roll) 위에 설치하여야 한다.

7 패들배트(Paddle vats)

피혁 제조공장의 패들배트(paddle vats) 및 혼합용 드럼 피혁을 무두질하기 위해 사용되는 패들배트(paddle vats) 및 수평 운전드럼에는 방책 또는 덮개를 설치하고 인터록 및 시건장치를 설치하여야 한다.

8 기타 사업에서의 혼합용 드럼

아래와 같은 작업에서 사용되는 회전식 수평 혼합용 드럼에는 방책, 방호덮개, 인터록 장치 및 시건장치를 설치하여야 한다.

① 섬유소, 크산토겐산(xanthate), 알칼리염 또는 같은 종류의 원료제조용의 발래트 또는 텀블러(tumbler)
② 축전지의 그릿에 사용되는 산화염 페이스트(paste) 제조용의 페이스트 혼합제
③ 맥아주를 제조할 때 보리의 기계적 발아(發芽)에 사용하는 발아 드럼
④ 염색용 배트(vats) 또는 염색조 중에서 회전하는 수공 수평 드럼이 있는 회전원통식 염색기계

기타 세탁용 텀블러(tumbler)도 문(door)을 개방하면 <그림 2-99>와 같이 문에 붙어 있는 쐐기모양의 작동핀이 스위치를 움직여 전원을 차단하도록 되어 있다. 이와 같은 텀블러(tumbler)의 어느 경우라도 날개의 미동은 반드시 격리된 장소에서 이동조정용 누름버튼을 이용해서 할 수 있도록 해야 한다.

에지러너 등의 혼합기에 대해서는 철망(wire mesh)을 설치하고, 시료를 취급할 때는 원뿔꼴의 기구를 사용하게 되어 있다.

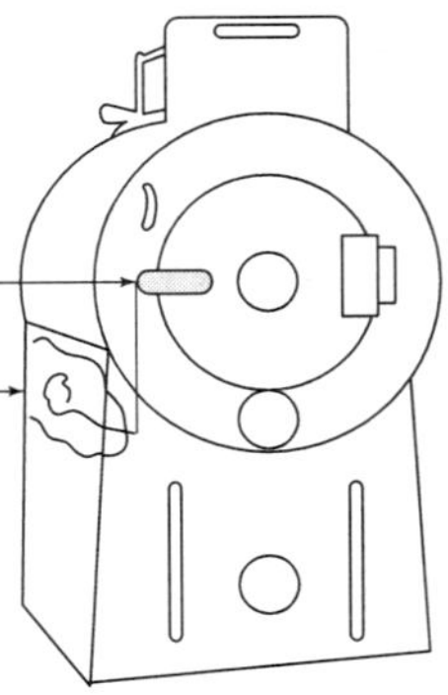

그림 2-99 ● 세탁용 텀블러(tumbler)의 안전장치

2-12 교류아크 용접 및 가스 용접 작업의 안전

용접(welding)은 접합하고자 하는 두 개 이상의 금속재료를 용융 또는 반용융 상태에서 용가재(용접봉)를 첨가하여 접합하거나 접합하고자 하는 부분을 적당한 온도로 가열한 후 압력을 가하여 서로 접합시키는 기술이다. 따라서 용접의 종류에는 가열하는 열원과 접합하는 방법에 따라서 융접(fusion welding), 압접(pressure welding), 납땜(brazing and soldering)의 크게 3가지로 분류할 수 있다. 이것을 접합하는 분류로는 기계적 접합과 야금적 접합으로 분류하기도 한다.

교류아크 용접은 어디에 속하는가? 기계적 접합 : 볼트이음(bolt joint), 리벳이음(rivet joint), 접어 잇기(seam), 키 및 코터이음(key&cotter joint)

야금적 접합금속과 금속을 충분히 접근시키면서 금속 원자 사이에 인력이 작용하며 그 인력에 의하여 금속을 영구 결합시키는 것으로 융접, 압접, 납땜 등이 있다. 따라서 교류아크 용접기능 야금적 접합에 융접에 속한 아크 용접에 속하고 있다. 여기서 독자 여러분에게 전달하고 싶은 것은 제목과 같이 교류아크 용접 작업에서 너무나 많은 재해를 일으키고 있는 것을 감안 집중적인 지면이 필요하고 작업안전을 확보하고자 기고한다는 것을 따뜻한 가슴으로 이해를 바랍니다(「산업안전보건법」에 위험작업 명칭 수록됨). 따라서 용접 기술은 산업현장의 철강, 비철, 비금속에 이르기까지 다양하게 사용되고 있으며 용접의 중요도는 날이 갈수록 높아가고 있다. 용접에 의해 제조·제작되는 중요함은 작업을 보면 알 수 있다.

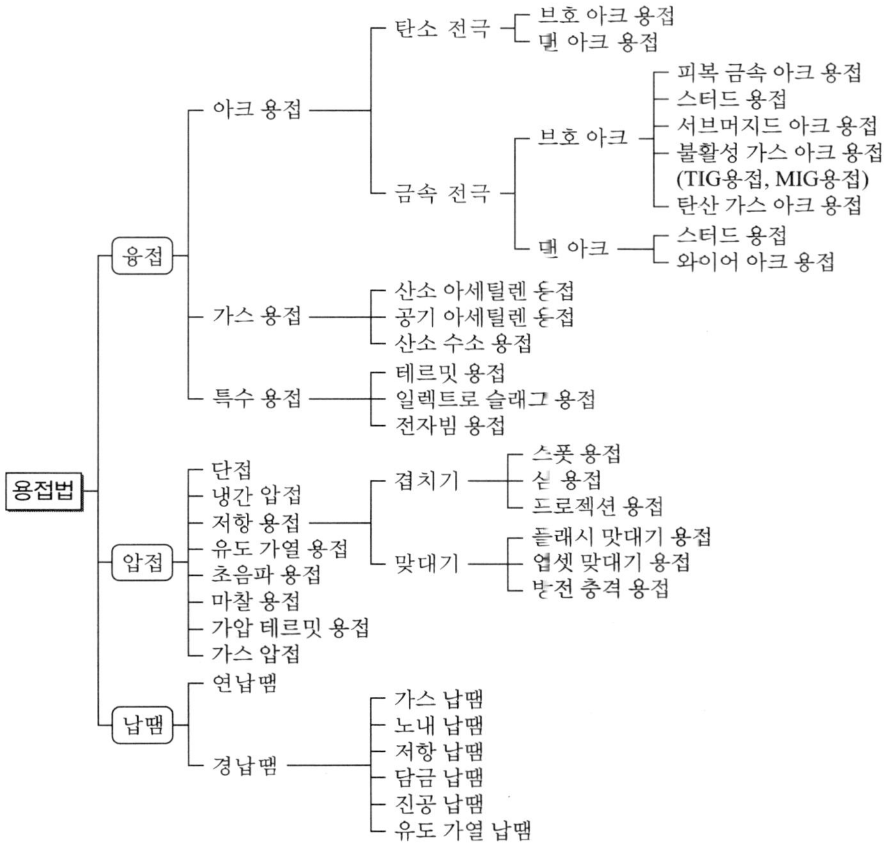

- 각종 구조물 : 철탑, 교량, 석유화학 및 탱크, 건물 및 테라스
- 운반기계 : 선박, 자동차, 탱크, 장갑차, 항공기, 중장비, 철도차량 등
- 기계장치류 : 보일러, 압력용기, 프레스 및 기계부품, 배관, 기계설비 등
- 가정용품 : 난로, 주방기기, 가전제품
- 기타 : 원자로, 로켓, 우주선 등에 꼭 필요한 기술이며 따라서 더욱더 “작업 안전”을 요구하는 부분이다.

1 용접 자세

용접하는 자세는 4가지 기본자세가 있으며 작업 요소에 따라 알맞은 자세를 선택하여 가장 편안하게 작업 자세를 취하는 것이 안전확보이다. <그림 2-100>

① 아래보기 자세(F : flat position) : 용접하려는 재료를 수평으로 놓고 용접봉을 아

래로 향하는 자세

② 수직 자세(V : vertical position) : 모재가 수평면과 90° 또는 45° 이상의 경사로 상·하 진행으로 용접하는 자세

③ 수평 자세(H : horizontal position) : 모재가 수평면과 90° 또는 45° 이상의 경사를 가지며 용접선이 수평이 되게 하는 용접 자세

④ 위보기 자세(O : overhead position) : 모재가 눈 위로 들려 있는 수평면의 아래쪽에서 용접봉을 위로 향하는 용접 자세

⑤ 전 자세(AP : all position) : ①~④ 자세 중 2가지 이상을 조합하여 용접하거나 4가지 전부를 응용하는 자세를 말한다.

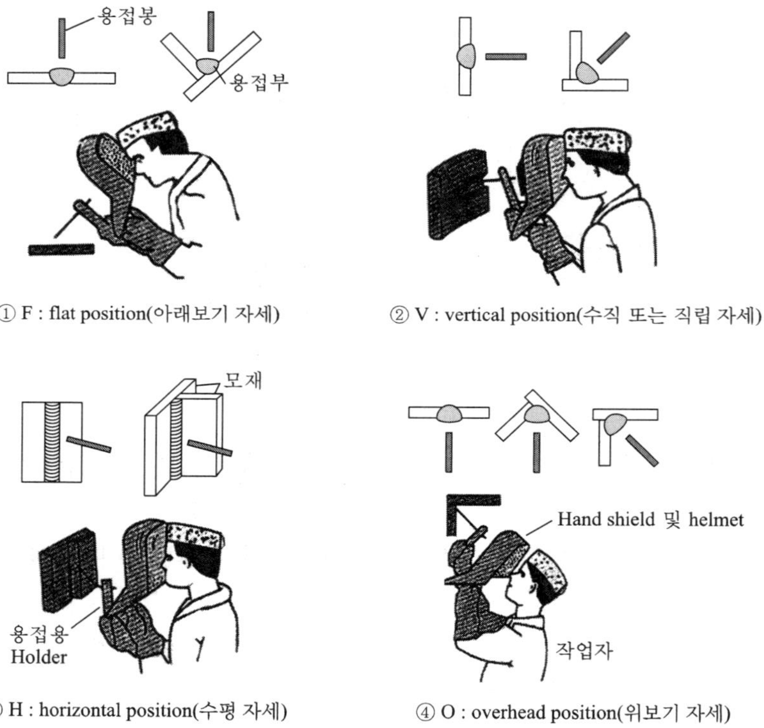

① F : flat position(아래보기 자세)

② V : vertical position(수직 또는 직립 자세)

③ H : horizontal position(수평 자세)

④ O : overhead position(위보기 자세)

그림 2-100 • 용접 자세

2 기초적인 용접이음

용접 구조물의 제작에 사용되는 대표적인 용접이음의 종류에는 맞대기이음(butt joint), 필릿이음(fillet joint), 모서리이음(conner joint) <그림 2-101>

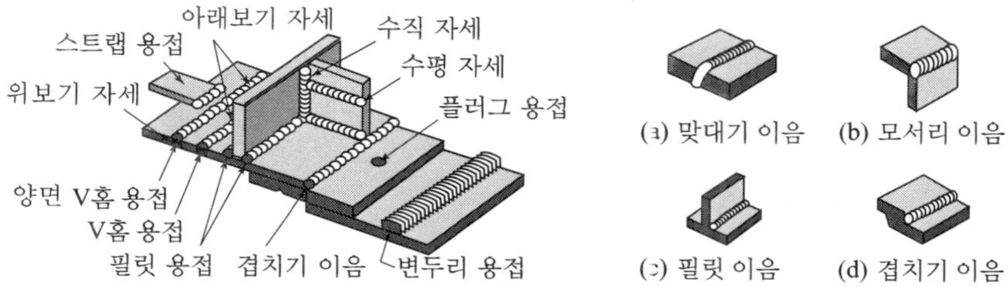

그림 2-101 ● 용접이음의 구분

3 아크(Arc) 용접의 원리

(1) 피복아크 용접원리(Shield metal arc welding)

피복아크 용접은 피복금속아크 용접(SMAW)이라고 하는 것이 정확한 내용이다. 이것은 피복재를 빠른 용접봉과 모재(母材) 사이에 발생하는 아크(arc) 열을 이용하여(4,500～5000℃) 모재와 용접봉(교류아크 용접기)을 녹여서 접합하는 용극식 방법(consumable electrode method)으로 일반적으로 전기용접이라고 한다. 이번 기회에 전기용접으로 인한 재해가 왜 일어나며 어떻게 방호하는지 작업기법을 이해하시길 바란다.

또한 전원에서 아크 용접기를 통하여 모재와 용접봉 사이에 아크를 발생시켜 그 열로써 모재와 용접봉을 녹여서 모재를 용접하는 것이라 한다. 용접봉과 모재 사이에 교류(AC) 또는 직류(DC) 전압을 걸고 아크(arc)를 발생시키면 <그림 2-102(b)>와 같이 아크의 열에 의하여 모재와 용접봉에 녹아서 금속증기와 용적(globule, 작은 물방울)이 되어서 아크 속을 지나 용융지(molten weld pool)로 옮아가서 용착 금속을 만든다. 이때 모재가 녹아 들어간 깊이를 용입(penetration)이라 한다. <그림 2-102(a)>

여기서 전기용접에서 불씨, 열원의 원천인 "Arc" 원리를 알아보자.

전극을 수평으로 놓고 아크를 발생시키면 아크를 형성하는 가스는 4,000～5,000℃의 고온을 띠게 된다. 그 결과 주위의 가스보다 가벼워 위로 떠오른다. 그 모양이 호(弧)로 나타나므로 호(弧)의 영단어 "아크(arc)"라 한다. 즉 음극(－)의 전자는 양극으로, 양극(＋) 이온은 음극으로 전기 입자가 공간을 유도함으로써 흐르는 전류를 플라스마(plasma)현상이라고 한다.

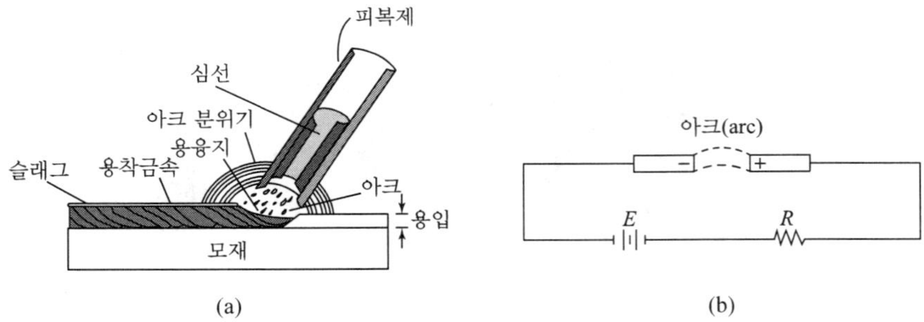

그림 2-102 • 아크 발생 원리

(2) 피복아크(Arc) 용접회로

피복아크 용접회로는 <그림 2-103>과 같이 용접기(welding machine), 전극케이블(electro de cable), 아크(arc), 피용접물 또는 모재, 접지케이블 등으로 이루어져 있으며 용접기에서 발생한 전류가 전극 케이블을 지나 다시 용접기로 되돌아 오는 한 바퀴를 용접회로(welding circuit)라 한다.

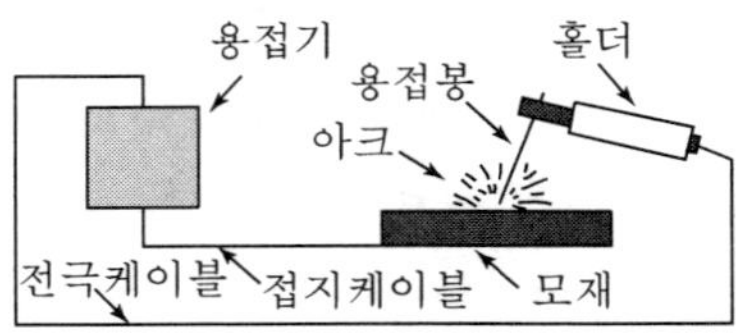

그림 2-103 • 아크 용접회로

(3) 용접기의 종류 그 특성

- 교류(AC, Alternating Current) : 시간에 따라서 전기가 흐르는 방향이 변하는 전원
- 직류(DC, Direct Current) : 전기가 흐르는 방향이 항상 일정하게 흐르는 전원

따라서 용접기에도 교류 용접기와 직류 용접기로 나누어진다. 교류는 전류를 쉽게 얻을 수 있는 장소, 최근 많이 쓰고 있는 용접이다. 직류는 전류를 손쉽게 얻을 수 없는 장소, 산간벽지, 선박 등에서 작업할 때 엔진 등으로 자가 발전시켜 용접하는 용접을 말한다.

직류아크 용접기에는 다음 2가지 종류가 있다.

① 정극성(DC straight polarity, DCSP) : 모재 (+)극, 용접봉 (−)극에 연결하여 시공하는 방법. 주로 후판(두꺼운 판)의 용접에 용이한 작업기법이다. <그림 2-104>

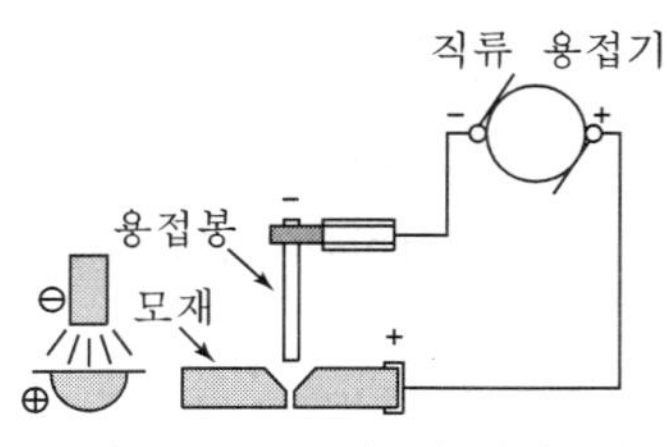

그림 2-104 • 정극성 연결기법

② 역극성(DC reverse polarity, DCRP) : 용접봉에 (+)극을 연결하고 모재에 (−)극을 연결하여 시공하는 방법. 주로 박판(얇은 판) 또는 비철금속의 용접에 용이한 작업기법이다. <그림 2-105>

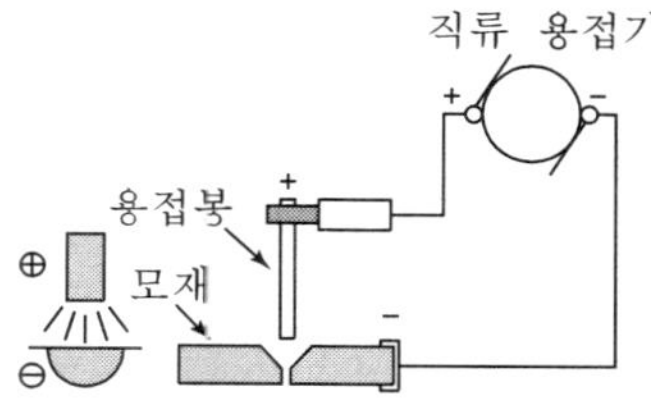

그림 2-105 • 역극성 연결기법

③ 정극성과 역극성의 용접 특성

극 성	용입상태	열분해	특 성
정극성 (DCSP)	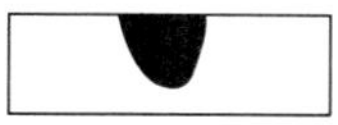	용접봉 (−)극 30% 모재 (+)극 70%	① 모재의 용입이 깊다. ② 용접봉의 녹음이 느리다. ③ 비드 폭이 좁다. ④ 일반적으로 많이 쓰인다.
역극성 (DCRP)		모재 (−)극 30% 용접봉 (+)극 70%	① 용입이 얕다. ② 용접봉의 녹음이 빠르다. ③ 비드 폭이 넓다. ④ 박판, 주철, 고탄소강, 합금강, 비철금속의 용접에 쓰인다.
교류 (AC)	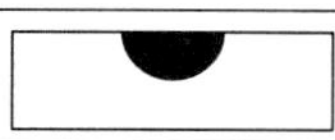	−	직류 정극성과 직류 역극성의 중간 상태

④ 직·교류 용접기 종류

교류아크 용접기

㈀ 가동 철심형 교류아크 용접기(moving core AC-arc welder)
가장 널리 사용되고 있는 교류아크 용접기로 <그림 2-106>과 같이 변압기 철심 이외에 상하 또는 좌우로 이동할 수 있는 가동 철심을 설치하여 철심의 위치에 의하여 누설 자속을 가감할 수 있도록 되어 있다.

㈁ 가동 코일형 교류아크 용접기(moving coil AC-arc welder) <그림 2-107>
용접기 내에 1차 코일과 2차 코일이 있어서, 그 중에서 하나를 이동시켜 두 코일 사이의 거리를 자유로이 조절해서 누설 자속에 의해서 전류를 세밀하게 연속적으로 조절하는 형식이다.

㈂ 가포화 리액터형 교류아크 용접기(saturable reactor AC-arc welder) <그림 2-108>
변압기와 가포화 리액터를 조합한 것으로, 직류 여자코일을 가포화 리액터 철심에 감아서 직류 여자전류를 조정하는 것에 의해서 용접전류를 조정한다.

㈃ 탭 전환형 교류아크 용접기
<그림 2-109>와 같이 1차 코일과 2차 코일을 철심에 각각 감은 것으로, 용접

전류는 1차 코일과 2차 코일과의 감김 수의 비율을 변경시켜 조정한다.

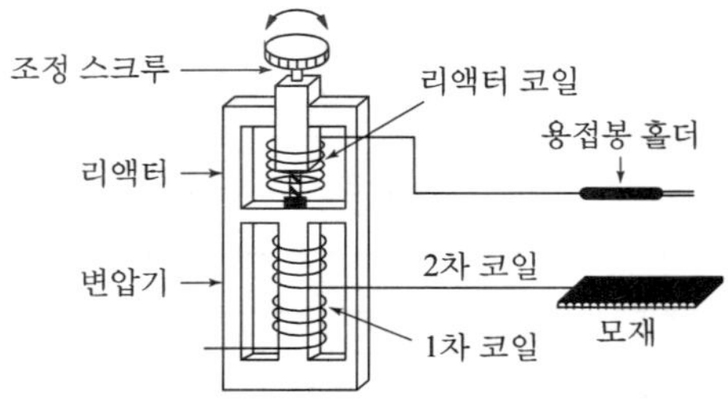

그림 2-106 ◦ 가동 철심형 교류아크 용접기

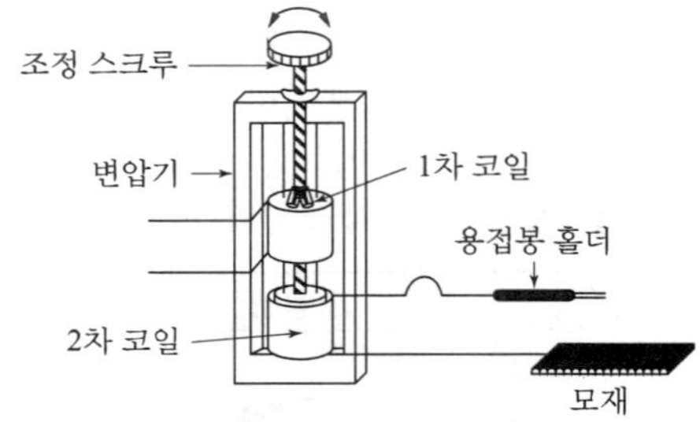

그림 2-107 ◦ 가동 코일형 교류아크 용접기

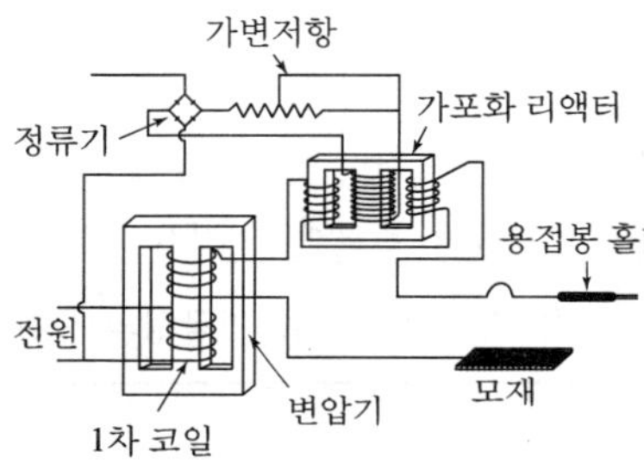

그림 2-108 ◦ 가포화 리액터형 교류아크 용접기

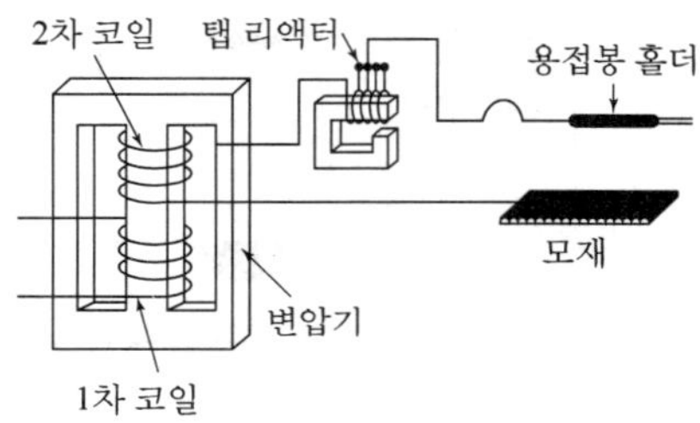

그림 2-109 ◦ 탭 전환형 교류아크 용접기

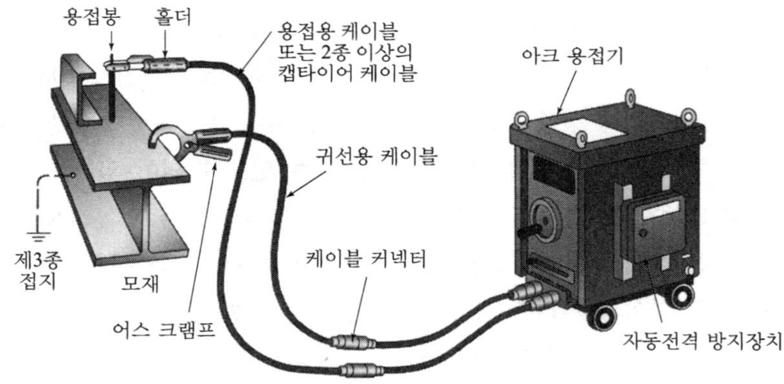

교류아크 용접설치의 예

직류아크 용접기

㈀ 권동발전식 직류아크 용접기 : 상상교류의 유도전기를 사용 직류발전기 구동

㈁ 엔진구동식 직류아크 용접기 : 가솔린이나 디젤엔진으로 직류발전기 구동

㈂ 정류식 직류아크 용접기 : 셀렌(selenium) 정류기 또는 기타 정류기로 교류에서 직류를 얻는 것

⑤ 직류·교류아크 용접기의 특성

직류아크 용접기	교류아크 용접기
아크가 매우 안정적이다.	피복제가 있어야 아크가 안정적이다.
박판 용접에 적당하다.	후판 용접에 적당하다.
고장이 잦은 편이다.	고장이 적은 편이다.
용접기가 비싼 편이다.	용접기 가격이 직류에 비해 싼 가격이다.
전격 위험성이 적다.	전격 위험성이 크다.

4 교류아크(Arc) 용접에서의 잠재위험

① 전원스위치 개폐 시 접촉 불량으로 인한 아크 등으로 감전의 위험

② 자외선, 적외선으로 인하여(아크광선 등) 전기 안염이라는 장해를 유발할 수 있다.

③ 홀더(holder)의 통전부분이 노출되어 용접봉에 신체일부가 접촉했을 때 감전 위험

④ 케이블 일부가 노출되어 신체에 접촉했을 때 감전 위험

⑤ 피복 용접봉 등에서 유해가스, 흄(fume) 등이 발생하여 이를 흡입함에 의한 중독 위험

⑥ 용접 중 와이어 용접기의 리드 단자, 용접기 케이스 등의 접촉감전 위험

5 교류아크(Arc) 용접기의 방호장치

(1) 자동전격 방지장치 설치

교류아크 용접기는 무부하 전압이 높으므로 전격 위험성이 크기 때문에 자동전격 방지장치를 필히 부착하여 작업 안전성 확보를 하여야 한다. 여기서 자동전격 방지장치란 교류아크 용접기의 아크 발생을 중단시킬 때 1±0.3초 이내에 당해 교류아크 용접기의 2차 무부하 전압을 자동적으로 25V 이하로 바꿀 수 있는 작업 안전을 확보하는 방호장치를 말한다. <그림 2-110>은 자동전격 장비장치의 작동원리를 나타낸 것으로 아크를 멈추었을 때(무부하 시)는 아크 용접기 1차 회로에 설치한 두 접점 S_1은 개방되고 보조 변압기(1차측 : 200V, 2차측 : 25V) 2차 회로의 접점 S_2가 열리게 되므로 홀더에 가해지는 전압은 25V 이하로 바뀌진다. 따라서 자동전격 방지장치의 조건은

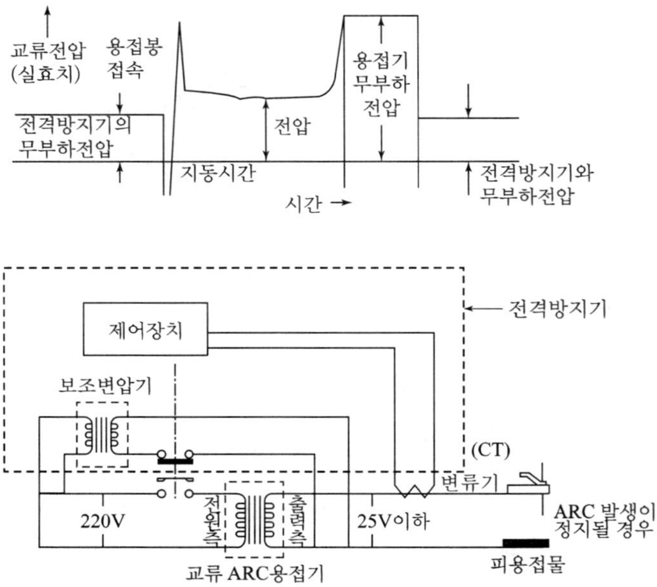

그림 2-110 ◉ 자동전격 방지장치 작동 및 구조

① 전원전압의 변동 허용범위는 정격전류 전압의 85～110% 이내일 것.

② 자동전격 방지장치의 내충격성 시험은 30 cm의 높이에서 콘크리트 위 또는 강판 위에 3회 낙하시켜서 이상이 없을 것.

③ 자동전격 방지장치를 의무적으로 설치하고 작업을 해야 할 장소는

(ㄱ) 선박의 이중 선체 내부, 밸러스트(ballast) 탱크, 보일러 내부 등도 전체에 둘러 싸인 장소

(ㄴ) 추락할 위험이 있는 높이 2 m 이상의 장소로 철골 등 도전성이 높은 물체에 근로자가 접촉할 우려가 있는 장소

(ㄷ) 근로자가 물·땀 등으로 인하여 도전성이 높은 습윤 상태에서 작업하는 장소

(2) 자동전격 방지장치 사용 전 점검사항

① 전격 방지장치 외함의 접지상태 이상 유무

② 전격 방지장치의 외함의 변형, 파손, 결함 상태 이상 유무

③ 전격 방지장치 용접기의 배선 및 접속부분의 피복의 손상 유무

④ 전자 접촉기의 작동상태 이상 유무

⑤ 소음 발생 유무 등

(3) 작업안전 확보를 위한 보호구

① 눈을 보호할 수 있는 보안경 차광도 6～10호가 적당

차광 NO.	사 용
6 ～ 7호	中정도 가스 용접 및 절단 30A 미만 아크
8 ～ 9호	고도의 가스 용접 100A 미만 아크
10 ～ 12호	100～300A 미만 아크 용접 및 절단
13 ～ 14호	300A 이상 아크 용접 및 절단

② 보안경의 차광유리(착색유리) 앞에 보통유리를 놓을 것. 단, 차광유리 파손 등 보호

③ 아크 용접기 케이스 : 제3종 접지공사(ϕ1.6 mm, 저항 100 Ω 이하)

④ 1 mm 두께의 보통유리에 의해 차단될 수 있는 차광

(ㄱ) 300 m/mμ 이하 적외선

(ㄴ) 4,000 m/mμ 이상 적외선

⑤ 아크 용접 시 아크 열의 온도 : 3,500～6,000℃

⑥ 아크 길이는 전압에 비례하며 약 2～3 mm 정도가 된다.

⑦ 헬멧 <그림 2-111>

⑧ 앞치마 및 와이어 브러시

⑨ 발, 팔의 커버 및 조끼

⑩ 피장갑 및 슬래그(slag) 제거용 해머

⑪ 스패터 수집 박스

⑫ 홀더의 상태 등 <그림 2-112>

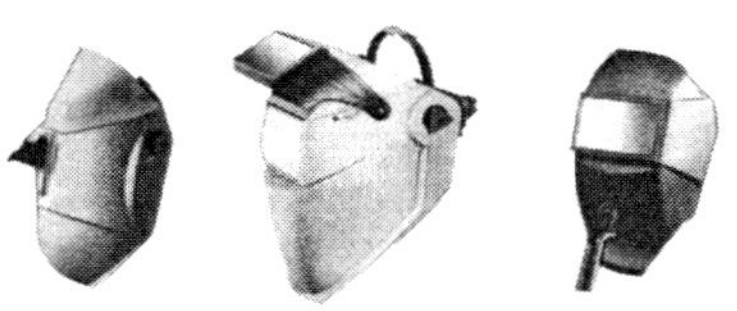

(a) 헬멧　(b) hand shield

그림 2-111 ● 헬멧류

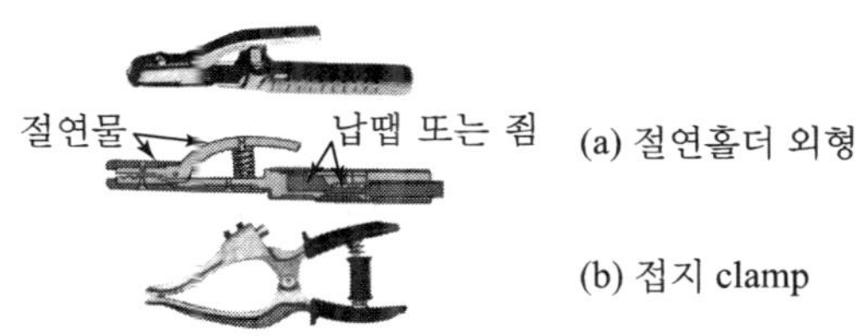

그림 2-112 ● 용접용 절연홀더와 접지 clamp

(4) 교류아크 용접기 점검사례

교류아크 용접기의 검사 주기는 연 1회 이상이다.

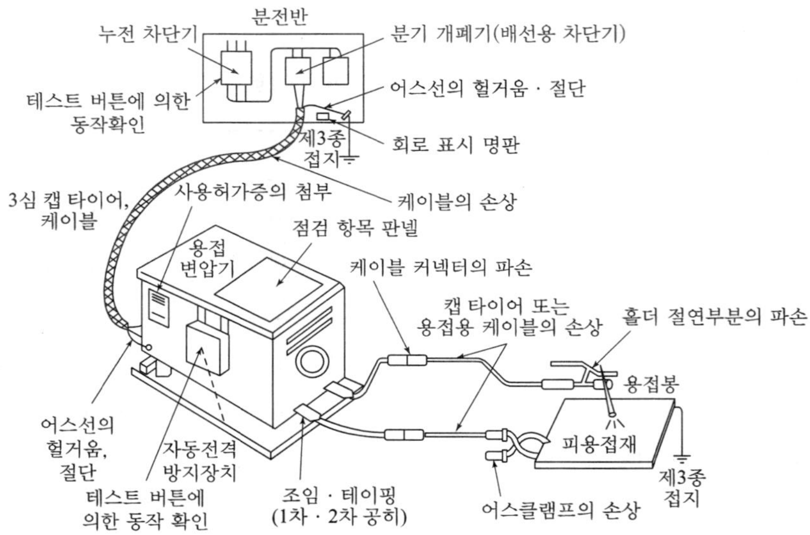

그림 2-113 • 교류아크 용접기의 점검

(5) 용접점검 point cycle

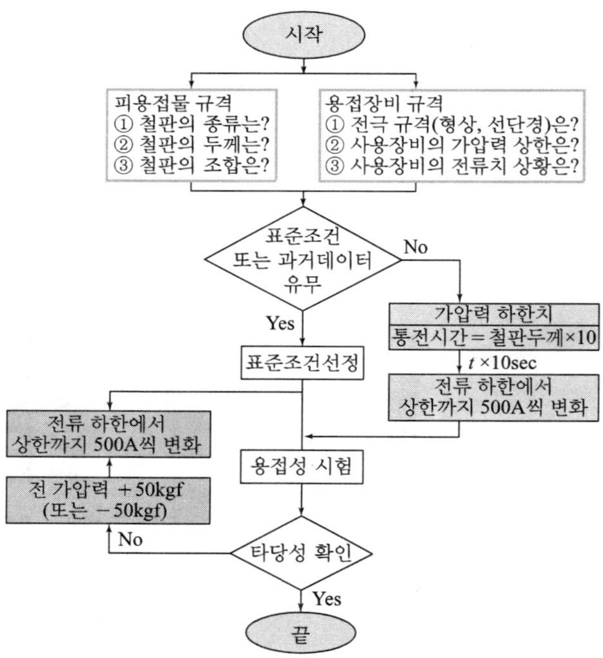

그림 2-114 • 용접점검 포인트 사이클

(6) 교류아크 용접기 선택기준 및 사용상 안전 확보 우의사항

순번	구분		선택기준 및 사용상의 유의사항
1	용접기의 종류		콘덴서내장형, B, O, C형, 일반형 등
2	시동감도 [시동시간(0.06초 이하)이 짧고 표준 시동감도(저항)가 높을수록 시동감도는 좋은 제품임]	저 저항 시동형 0～25Ω	저 저항시동형은 시동감도가 안 좋은 것으로 박판용접이나 용접상태를 가지고 품질을 고려하는 곳에는 전혀 적합하지 않으며, 단지 용접 횟수가 별로 많지 않고 구조물 응력(힘의 지탱)을 유지시키기 위한 단순한 용접에 사용이 가능하나 용도의 다양성으로 보아 사용하는 것은 바람직하지 못함. 표준시동저항 2 이상을 고 저항시동형(H)이라고 하나 최소한 200 이상은 되어야 용접상태도 양호함. 다만 저항이 조금 낮더라도 시동시간을 짧게 하면 시동감도는 양호해짐.
3	오동작 시험	고 저항 시동형 25～500Ω	표준시동저항이 높을수록 시동감도는 좋으나 너무 예민하면 감전의 위험 등 부작용이 다르므로 인체저항을 고려 500 이하로 제한한 것이며 현 규정으로는 시동시간이 짧고 표준시동저항이 500에 가까운 것일수록 시동감도가 좋은 것으로서 제품선택에 참고하여 신중을 기해야 할 것임. 위와 같은 경우는 똑같은 조건일 경우이고 2차 전압, 용접조건 등에 따라 약간의 차이가 나타나므로 규격에 반드시 표시하도록 되어 있는 여러 가지 기준치를 참조하여 용접기에 적합한 제품을 선택하여야 함.
4	회로구성		용접케이블이 절연 파괴되어 누설전류가 흐를 경우 용접상태와 유사하게 되어 전격방지기가 동작, 폐(閉)로 되므로 2차 전압이 인가되어 감전될 우려가 있으므로 용접전류와 누설전류를 구별할 수 있어야 하며 케이블 등에 누설전류가 발생할 경우는 전격방지가 아무런 영향을 받지 않고 계속 개(開)로 되어 2차 전압이 25V 이하르 유지되어야 하고 용접할 때만 전격방지기가 폐(閉)로 되어 용접전류가 흐를 수 있게 하여야 한다. 그러나 표준시동저항을 낮게 하면 오동작은 하지 않으나 표준시동저항을 높게 하면 오동작이 될 우려가 있으므로 용접상태(미분성분이 많음)와 누설전류(적분성분이 많음) 상태를 확실히 구분, 작동시킬 수 있는 회로구성이 필수적이다.
5	전격방지 용량		용접기의 용량이 20 kVA, 40 kVA, 60 kVA 등이 있듯이 전격방지기의 용량도 합격품 도델에 따라 다르게 표시되어 있으므로 용량을 반드시 선택, 사용하여야 함.

6 전기 용접봉

(1) 분류

① 비피복 용접봉
② 피복 용접봉
 (ㄱ) 박(薄) 피복
 (ㄴ) 후(厚) 피복
  ㉮ 슬래그(slag) 생성식 용접봉
  ㉯ 가스(gas) 발생식 용접봉 – 반 가스 발생식 용접봉

(2) 심선 피복재 구성

① 금속심선은 피복, 후 끝은 2.5 mm 노출
② 심선 직경 : 1.0～10 mm
③ 길이 : 350～600 mm
④ 심선 : 전기로, 평로, 순 산소전로에 얻어진 강괴로부터 열간·냉간으로 압연.

(3) 피복통의 생성

피복재는 심선보다 약간 늦게 녹는다.

아크의 집중 및 지향성과 열효율이 향상되고 용착률과 용입이 향상되고 비드(bead) 표면이 아름답게 한다.

(4) 슬래그(slag)작용

용융금속보호 용융 풀(pool)로 이행하고 풀 내에 부상하면서 탈산반응이나 불순물 제거하는 플럭스작용을 하여 용융금속의 정련, 고온금속을 보호하면서 급냉을 완화시키는 작용을 한다.

7 심선과 피복제의 편심

심선이 피복제 중앙에 있지 않고 한쪽으로 치우쳐 있는 것. 한쪽으로 치우쳐 있으면 한쪽만 먼저 녹아 아크가 불안정하고 용접결과 불량이 일어난다.

편심률 $e = \dfrac{D' - D}{D} \times 100$일 때, 30%를 초과해서는 안 된다.

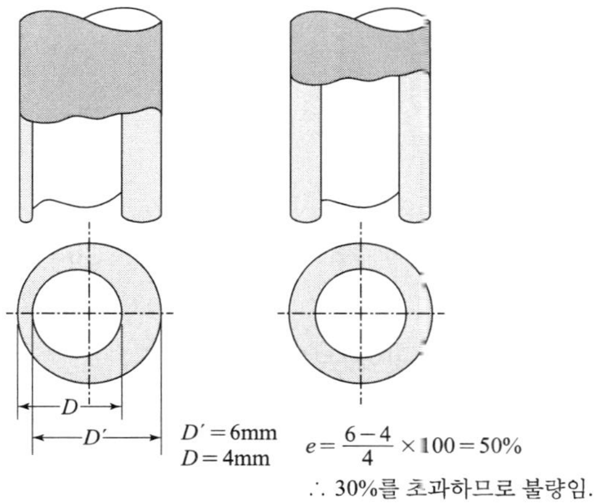

그림 2-115 • 심선과 피복제의 편심

8 용접 자세의 기초

(1) 자세

명칭		기호	영문표기
1	아래보기 자세	F	Flat position
2	수직 자세	V	Vertical position
3	위보기 자세	OH	Overhead position
4	수평 자세	H	Horizontal position
5	수평 필릿	H-Fil	Horizontal fillet position

(2) 기호

E－43 △ □

E → 전극봉의 머리글자
43 → 전용착금속의 인장강도 최소값 kg/mm^2
△ → 자세 0 : 자세규정 없음
1 : 전 자세
2 : 아래보기 수평 필릿
3 : 아래보기 자세
4 : 전 자세 또는 특정자세
□ → 피복제의 종류

(3) 용접봉 보관

① 습기가 없는 곳에 보관 할 것.
(ㄱ) 기공이나 균열 원인
(ㄴ) 스패터링(spattering) 현상
(ㄷ) 내균열 성과 강도저하
(ㄹ) 피복이 떨어짐
(ㅁ) 습기가 있을 때 － 저수소계 300～350℃ 30분～1시간 건조
70～100℃ 30분～1시간 건조
② 지면보다 높고 건조한 곳에 보관
③ 정상적인 용접봉은 바작바작 하면서 타는 소리가 연속적으로 리듬을 탄다.

9 전기용접의 현장 특성

(1) 스패터링(Spattering)이란

용융된 쇠붙이의 적은 입자가 튀어나와 모재에 묻어 있는 것. 이러한 현상이 발생되는 사유는 다음과 같다.

① 용접봉에 수분이 많을 때
② 전류가 과다할 때
③ 긴 아크일 때
④ 운봉각도가 부적당할 때
⑤ 모재의 온도가 너무 차가울 때

일어난다. 또한 spatter-loss는 용접에서 용접봉 소비량과 융착한 양(量)과의 중량(重量) 차이.

(2) 언더컷(Undercut)

용접된 경계부분에 아크로 긁힌 것과 같이 움푹 파여 들어간 홈이 생긴 것을 말한다. 용접전류가 너무 과다하거나, 용융부를 채우는 용융량이 따르지 못할 때와 용접봉 선택이 잘못되었을 경우이다.

(3) 오버랩(Overlap)

용융된 금속이 모재와 잘 용융되지 않고 표면에 덮여 있는 상태 즉 모재를 녹이는 열이 부족하여 언더컷의 반대현상이라고도 한다.

(4) 크레이터(Crater)

아크를 급히 끊으면 끝부분에 오목하게 들어가는 것을 말한다. 운봉에서 끝날 무렵 끝을 천천히 한 바퀴 정도 돌리고 나서 끊으면 된다. 이러한 크레이터(crater)는 불순물이 남기 쉽고 냉각 중 균열이 생기는 원인이 된다

10 용접부위의 결함과 그 대책

(1) 결함의 종류

- ① size의 결함
  - 치수 불량
  - 응력에 의한 변형
  - 형상 불량
- ② 구조상의 결함
  - 기공(blowhole)
  - 슬래그(slag) 장입
  - 접합 및 융착 불량
  - 언더컷(undercut)
  - 크랙(crack)
  - 오버랩(overlap)
- ③ 성질상의 결함
  - 기계적 결함
  - 화학적 결함

(2) 용접 결함과 대책

결함의 종류	결함의 모양	원인	방지대책
① 용입 불량	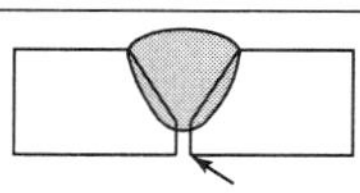	(ㄱ) 이음 설계의 결함 (ㄴ) 용접 속도가 너무 빠를 때 (ㄷ) 용접 전류가 낮을 때 (ㄹ) 용접봉 선택 불량	(ㄱ) 루트 간격 및 치수를 크게 한다. (ㄴ) 용접 속도를 빠르지 않게 한다. (ㄷ) 슬래그가 벗겨지지 않는 한도 내로 전류를 높인다. (ㄹ) 용접봉의 선택을 잘한다.
② 언더컷 (undercut)	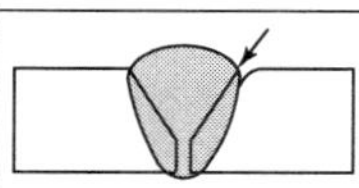	(ㄱ) 전류가 너무 높을 때 (ㄴ) 아크 길이가 너무 길 때 (ㄷ) 부적당한 용접봉을 사용했을 때 (ㄹ) 용접 속도가 적당하지 않을 때 (ㅁ) 용접봉 선택 불량	(ㄱ) 낮은 전류를 사용한다. (ㄴ) 짧은 아크 길이를 유지한다. (ㄷ) 유지 각도를 바꾼다. (ㄹ) 용접 속도를 늦춘다. (ㅁ) 적정봉을 선택한다.

③ 오버랩	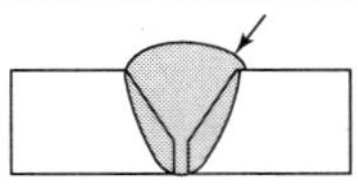	(ㄱ) 용접 전류가 너무 낮을 때 (ㄴ) 운봉 및 봉의 유지 각도 불량 (ㄷ) 용접봉의 선택 불량	(ㄱ) 적정 전류를 선택한다. (ㄴ) 수평 필릿의 경우는 봉의 각도를 잘 선택한다. (ㄷ) 적정봉을 선택한다.
④ 선상조직	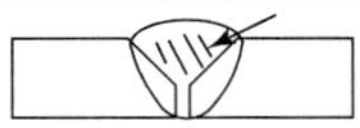	(ㄱ) 용착 금속의 냉각 속도가 빠를 때 (ㄴ) 모재 재질 불량	(ㄱ) 급랭을 피한다. (ㄴ) 모재의 재질에 맞는 적정봉을 선택한다.
⑤ 균열	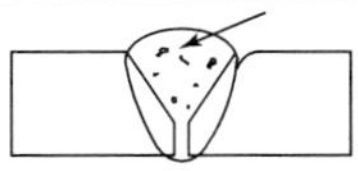	(ㄱ) 이음의 강성이 큰 경우 (ㄴ) 부적당한 용접봉 사용 (ㄷ) 모재의 탄소, 망간 등의 합금 원소 함량이 많을 때 (ㄹ) 과대 전류, 과대 속도 (ㅁ) 모재의 유황 함량이 많을 때	(ㄱ) 예열, 피닝 작업을 하거나 용접 비드 배치법 변경, 비드 단면적을 넓힌다. (ㄴ) 적정봉을 선택한다. (ㄷ) 예열, 후열을 한다. (ㄹ) 적절한 속도로 운봉한다. (ㅁ) 저수소계봉을 쓴다.
⑥ 기공 (blow hole)	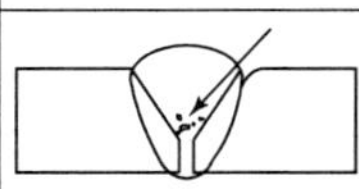	(ㄱ) 용접 분위기 가운데 수소 또는 일산화탄소의 과잉 (ㄴ) 용접부의 급속한 응고 (ㄷ) 모재 가운데 유황 함유량 과대 (ㄹ) 강재에 부착되어 있는 기름, 페인트, 녹 등 (ㅁ) 아크 길이, 전류 조작의 부적당 (ㅂ) 과대 전류의 사용 (ㅅ) 용접 속도가 빠르다.	(ㄱ) 용접봉을 바꾼다. (ㄴ) 위빙을 하여 열량을 늘리거나 예열을 한다. (ㄷ) 충분히 건조한 저수소계 용접봉을 사용한다. (ㄹ) 이음의 표면을 깨끗이 한다. (ㅁ) 정해진 범위 안의 전류로 좀 긴 아크를 사용하거나 용접법을 조절한다. (ㅂ) 적당한 전류로 조절한다. (ㅅ) 용접 속도를 늦춘다.
⑦ 슬래그 (slag) 섞임	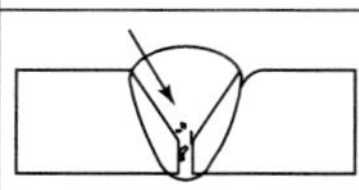	(ㄱ) 전층의 슬래그 제거 불완전 (ㄴ) 전류 과소, 운봉 조작 불완전 (ㄷ) 용접 이음의 부적당 (ㄹ) 슬래그 유동성이 좋고 냉각하기 쉬울 때 (ㅁ) 봉의 각도 부적당 (ㅂ) 운봉 속도가 느릴 때	(ㄱ) 슬래그를 깨끗이 제거한다. (ㄴ) 전류를 약간 세게, 운봉 조작을 적절히 한다. (ㄷ) 루트 간격이 넓은 설계로 한다. (ㄹ) 용접부 예열을 한다. (ㅁ) 봉의 유지 각도가 용접 방향에 적절하게 한다. (ㅂ) 슬래그가 앞지르지 않도록 운봉 속도를 유지한다.
⑧ 피트	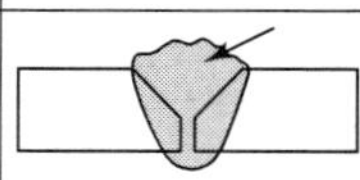	(ㄱ) 모재 가운데 탄소, 망간 등의 합금 원소가 많을 때 (ㄴ) 습기가 많거나 기름, 녹, 페인트가 묻었을 때 (ㄷ) 후판 또는 급랭되는 용접의 경우 (ㄹ) 모재 가운데 황 함유량이 많을 때	(ㄱ) 염기도가 높은 봉을 선택한다. (ㄴ) 이음부를 청소한다. (ㄷ) 봉을 건조시킨다. (ㄹ) 예열을 한다. (ㅁ) 저수소계봉을 사용한다.

⑨ 스패터	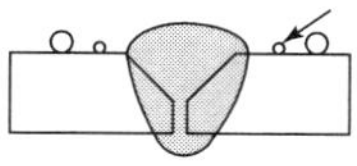	(ㄱ) 전류가 높을 때 (ㄴ) 건조되지 않은 용접봉을 사용했을 때 (ㄷ) 아크 길이가 너무 길 때	(ㄱ) 모재의 두께 봉 지름에 맞는 최소 전류로 용접 (ㄴ) 건조된 용접봉 사용 (ㄷ) 위빙을 크게 하지 말고 적당한 아크 길이로 한다.

(3) 용접 시공상의 주요점

① 가접에 대한 주요점

(ㄱ) 외관미가 좋을 것

(ㄴ) 힘을 가장 많이 받는 부분을 피할 것

(ㄷ) 중앙부에서 좌우대칭으로 가접

(ㄹ) 루트 유지 정확

(ㅁ) 가접 후 해머(hammer)로 치핑한다.

② 잔류응력 방지

(ㄱ) 억제법 : Jig 클램프

(ㄴ) Peening법 : 용접중의 해머로 배제

(ㄷ) 열 소둔 냉각법

(ㄹ) 역 응력법 : 변형을 미리주고 용접하는 방법

(4) 용접이음의 안전율

하중의 종류	정하중	동하중		충격하중
		단진 응력	교번 응력	
안전율	3	5	8	12

※ 현장 작업안전 사례

사례 1 용접 Trouble - 10 Style에 대한 원인과 대책

1. 기공(Porous Welds)

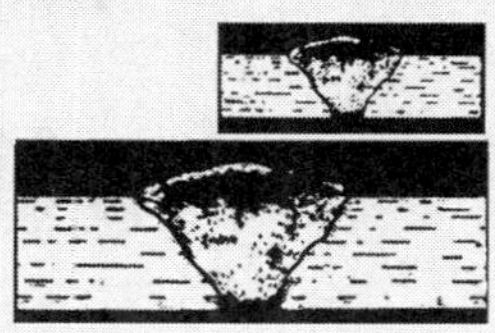

① 원인

- 아크가 과도하게 길거나 짧은 경우
- 용접전류가 지나치게 높은 경우
- 보호가스가 불충분한 경우
- 용접속도가 지나치게 빠른 경우
- 모재 표면에 오일, 그리스, 습기, 녹 등이 있을 경우

- 용접봉이 젖어있거나 오손, 손상된 것을 사용할 경우

② 조치
- 적정한 아크길이를 유지할 것
- 적정한 용접전류를 사용할 것
- 가스 유량 및 가스 순도 점검
- 용접속도를 줄일 것
- 모재를 깨끗하게 할 것
- 용접봉의 적당한 건조와 보관·유지할 것

2. 용접균열(Cracked Welds)

① 원인
- 부적당한 용접크기
- 용접부의 과다한 구속
- 적정한 용접이음 설계가 잘못된 경우
- 용접재료가 모재와 맞지 않을 때
- 냉각속도가 너무 빠른 경우
- 모재 표면에 오일, 그리스, 습기, 녹 등이 있을 경우

② 조치
- 재료 두께에 따른 적당한 용접크기 조정
- 적당한 설계를 통한 접속부 구속경감
- 적당한 용접이음 선택
- 연성이 큰 용접재료 사용
- 예열을 통한 냉각속도 지연
- 모재의 표면이 깨끗할 것

3. 언더커팅(Undercutting)

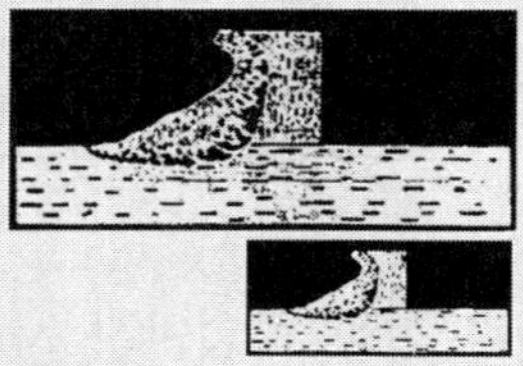

① 원인
- 용접봉의 운봉조작이 나쁜 경우
- 용접전류가 너무 높은 경우
- 아크길이가 너무 긴 경우
- 운봉속도가 너무 빠른 경우
- 아크 블로우(arc-blow)가 있을 경우

② 조치
- 위빙 시 용접 비드 각 부의 끝에서 멈출 것
- 적정한 용접각도로 사용할 것
- 용접봉의 크기와 위치에 따른 적정한 용접전류 사용
- 아크의 길이를 조절할 것
- 용접속도를 조절할 것
- 아크 블로우의 영향을 줄일 것

4. 변형(Distortion)

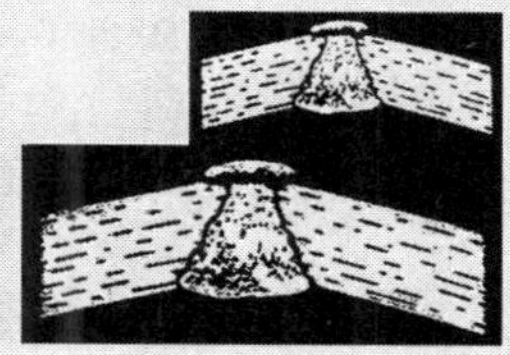

① 원인
- 부적당한 가접과 접합부 준비 잘못
- 부적당한 적층순서로 용접한 경우
- 부적당한 설치와 고정
- 과도한 용접크기

② 조치
- 용접부 변형에 대비한 고정작업을 할 것
- 올바른 다층순서 작업일 것
- 접합부분을 안전하게 고정할 것
- 용접크기는 규정에 맞도록 할 것

5. 스패터(Spatter)

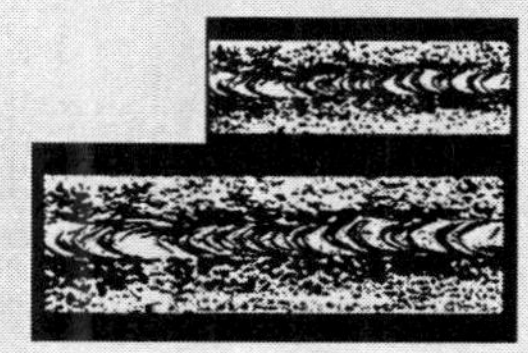

① 원인
- 아크 블로우(arc-blow)가 심한 경우
- 용접전류가 너무 높을 때
- 아크길이가 너무 길 때
- 젖거나 오손되었거나 터진 용접봉 사용

② 조치
- 아크 블로우의 효과를 줄이기 위한 작업준비
- 용접전류를 줄일 것
- 아크길이를 조절할 것
- 용접봉의 적당한 건조와 보관·유지할 것

6. 용융불량(Lack of Fusion)

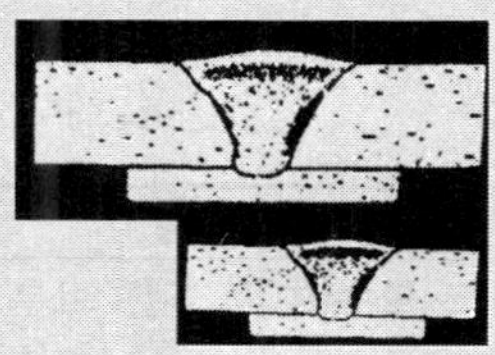

① 원인
- 부적당한 이동속도일 경우
- 지나치게 낮은 용접속도일 경우
- 접합부 준비가 잘못된 경우
- 지나치게 지름이 큰 용접봉 사용
- 마그네틱 아크 블로우가 일어난 경우
- 잘못된 용접각도로 용접할 경우

② 조치
- 이동속도를 줄일 것
- 용접전류를 줄일 것
- 용접설계는 접합부내의 모든 표면에 용접봉 접근이 용이하도록 할 것
- 용접봉의 지름을 줄일 것
- 마그네틱 아크 블로우 효과를 줄일 것
- 적정한 용접각도로 용접할 것

7. 오버랩(Overlapping)

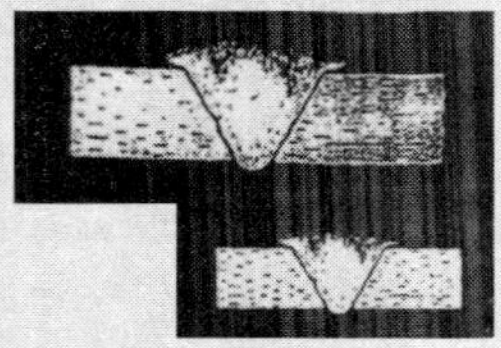

① 원인
- 용접속도가 너무 낮은 경우
- 부적당한 용접봉 각도일 경우
- 직경이 너무 큰 용접봉을 사용할 경우

② 조치
- 이동속도를 높임
- 적당한 용접각도 사용

8. 용입부족(Poor penetration)

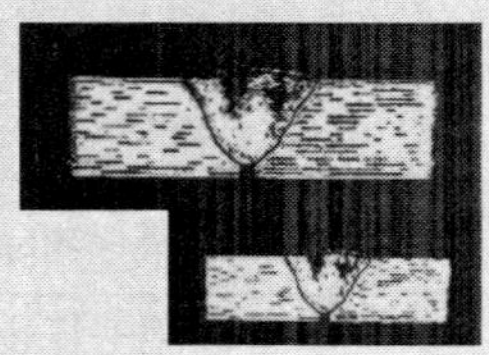

① 원인
- 이동속도가 너무 빠를 때
- 용접전류가 너무 낮을 경우
- 접합부 설계가 잘못된 경우
- 직경이 너무 큰 용접봉 사용
- 부적합한 용접봉 사용
- 아크길이가 너무 길 때

② 조치
- 이동속도를 줄임
- 용접전류를 크게
- 루트갭 증가 또는 루트면 감소
- 더 작은 용접봉 사용
- 깊은 용입특성을 가진 용접봉 사용
- 아크길이 조절

9. 마그네틱 아크 블로우(Magnetic Arc Blow)

① 원인
- 용접 중 자기장 불평형인 경우
- 용접중의 자기가 초과되는 경우

② 조치
- 교류 사용
- 용접전류와 아크길이를 줄일 것
- 모재의 용접전원 연결부 위치변화

10. 혼입(Inclusion)

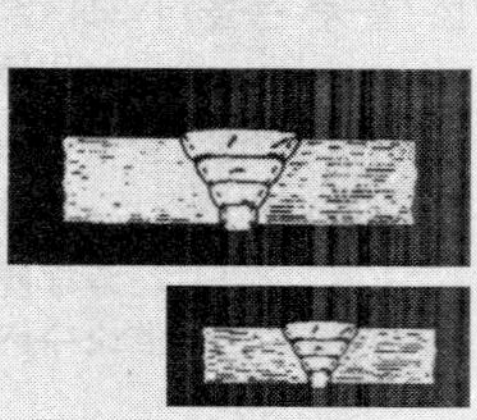

① 원인
- 부재사이 슬래그의 미제거
- 산만한 이동속도
- 지나치게 넓은 위빙(weaving)
- 지나치게 큰 용접봉

- 아크 앞에 슬래그 선행
- 모재와 텅스텐 전극의 접촉

② 조치

- 슬래그를 완벽하게 제거할 것
- 일정한 용접속도를 유지할 것
- 위빙폭 감소시킬 것
- 접합부의 접근을 쉽게 하기 위하여 직경이 더 작은 용접봉을 사용할 것
- 용접속도 증가, 용접각도 변경 또는 아크길이 줄일 것
- 적당한 전류 사용 및 적절한 텅스텐 전극 사용

사례 2

Crack 및 crack 형상

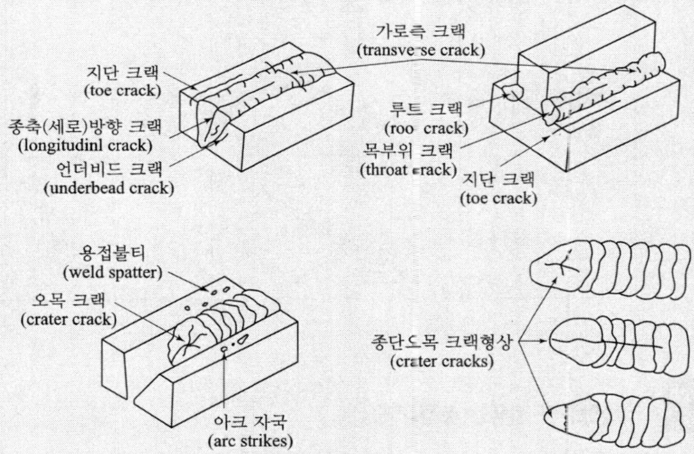

사례 3

여러 가지 운봉(Weaving)법

아래보기 용접	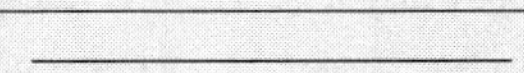	수평 용접	대파형	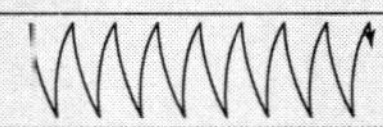
	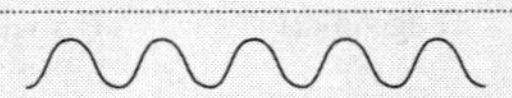		원형	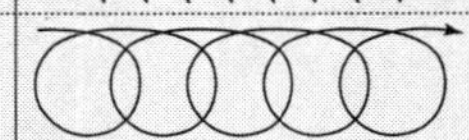
	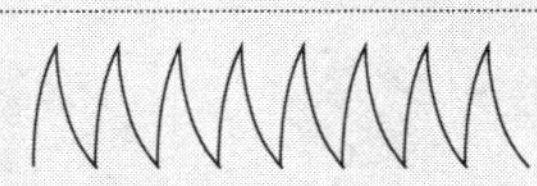		타원형	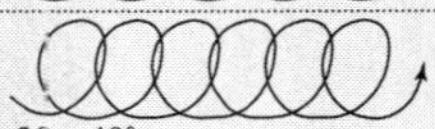 30~40°
	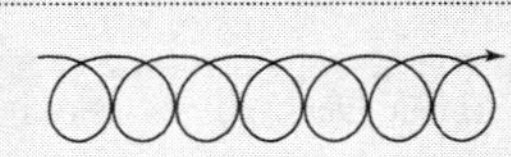	위보기 용접	삼각형	60° 
			반월형	

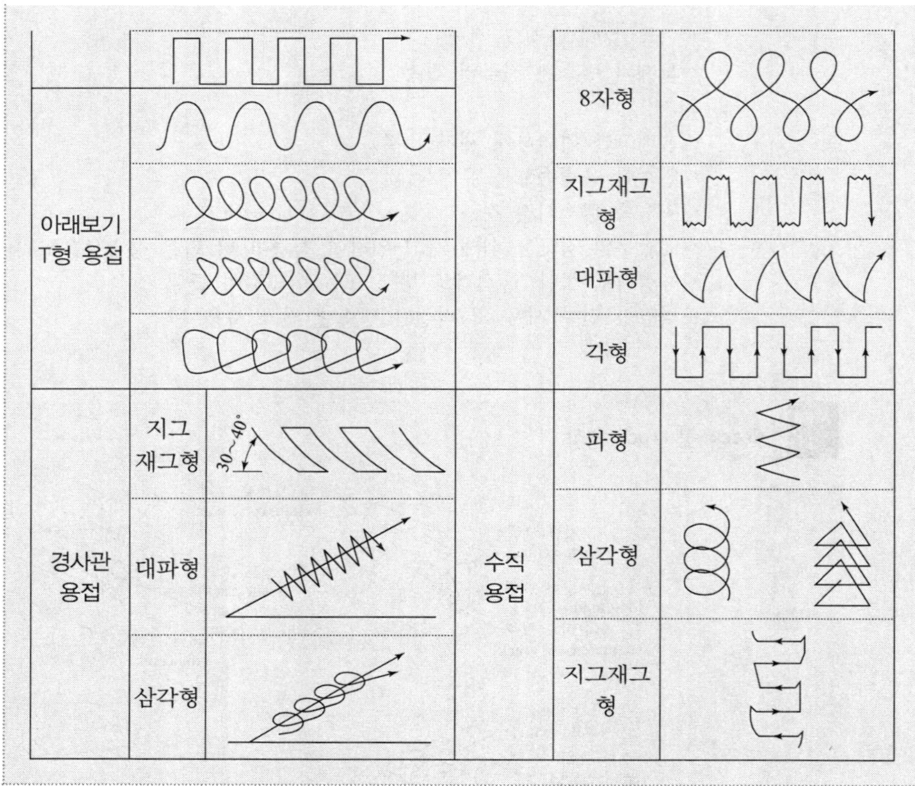

사례 4

작업안전에 필요한 용접 기술

1. 용접이음 <KS B 산업규격 및 ISO 2553-1992>

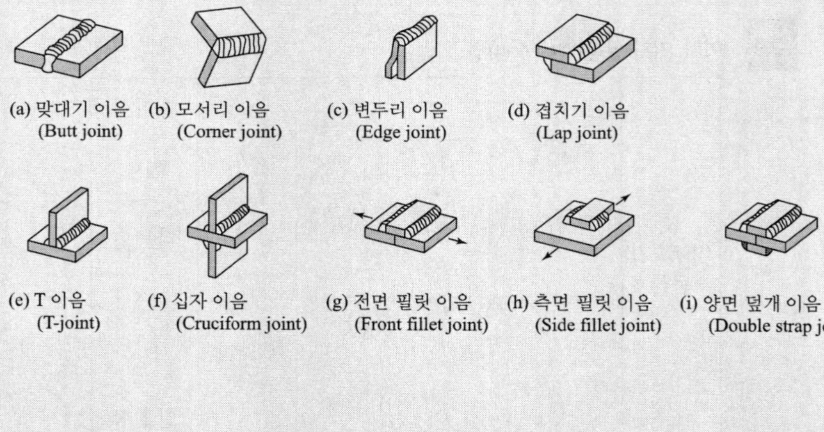

(a) 맞대기 이음 (Butt joint) (b) 모서리 이음 (Corner joint) (c) 변두리 이음 (Edge joint) (d) 겹치기 이음 (Lap joint)

(e) T 이음 (T-joint) (f) 십자 이음 (Cruciform joint) (g) 전면 필릿 이음 (Front fillet joint) (h) 측면 필릿 이음 (Side fillet joint) (i) 양면 덮개 이음 (Double strap joint)

2. 이음부의 홈(groove) 형상과 깊이 표시와 요점

① 형상(groove)

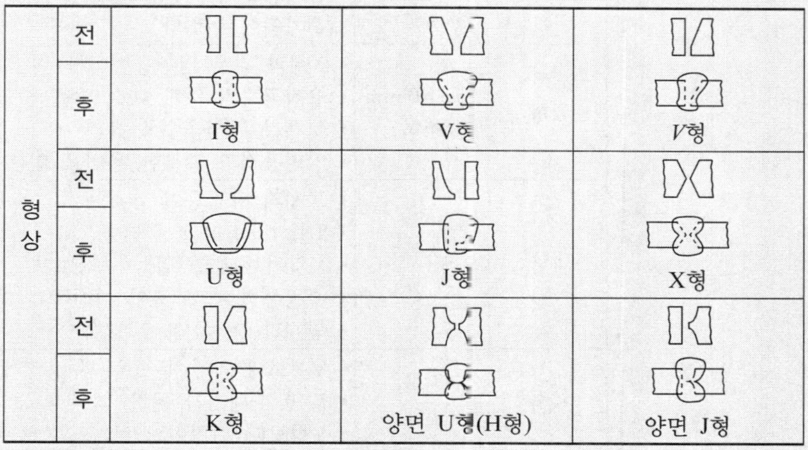

② 용접 깊이(groove depth) 표시는?

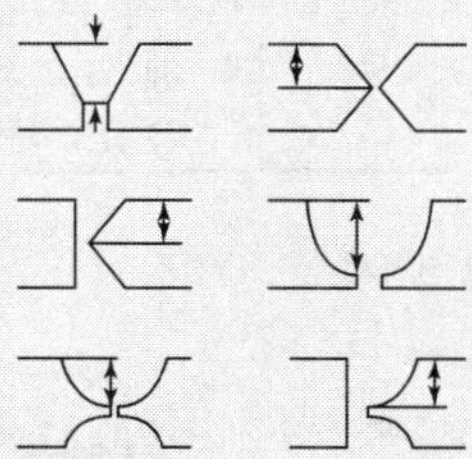

③ 형상(groove)별 작업요점

Groove	모재두께	작업 안전 특색
I형	6.0 mm 이하	• 홈(groove) 가공용이 • 루트간격(root opening)이 좁다. • 용입이 적어 경제적이다. • 모재 t가 두꺼울수록 완전용이 어렵다.
V형	20 mm 이하	• 한쪽 용접과 용입을 얻고자 할 때 적용 • Groove 각도는 54～70° 이내 적당 • t가 두꺼울수록 용착금속 증가 • 각 변형 발생 위험 • 모재 t에 따라 홈의 선택에 신중
X형	15～40 mm 이하	• 양면용접에 용입 가능 • 후판에 적합 • 용접 변형이 적다.
U형		• 후판의 양면용접 불가시 한쪽 충분한 용입을 얻고자 할 때 적용 • V형에 비해 홈의 폭이 좁아도 가능

		• 루트간격 "0"이라도 작업 가능 • 용착금속이 적은 이점 • 홈가공이 어렵다.
H형	15～40 mm 이하	• X형과 같은 양면용접 가능 • 용착금속의 양과 패스 수를 줄일 목적 사용 • 모재가 두꺼울수록 유리 • 양면용접과 충분한 용입을 얻는 목적시 적용
V형		• 모서리 용접용이 • T형 fillet 용접 홈가공 • V형에 비해 작업성이 나쁘다. • 수평용접 경우 홈이 아래쪽 되지 않도록 할 것 • 덮개판 용접이음에 양호
K형		• V형보다 약간 두꺼운 판 용접에 사용 • 밑면 따내기가 곤란 • V형보다 변형이 적다.
J형 및 양면 J형		• V형 및 K형보다 두꺼운 판에 적용 • 용착금속양이나 용접 패스 수를 줄일 목적에 사용 ※ 패스(pass) : 용접의 운행방법에 따라 하는 1회의 용접조작

3. 필릿(fillet) 용접 형상 3가지

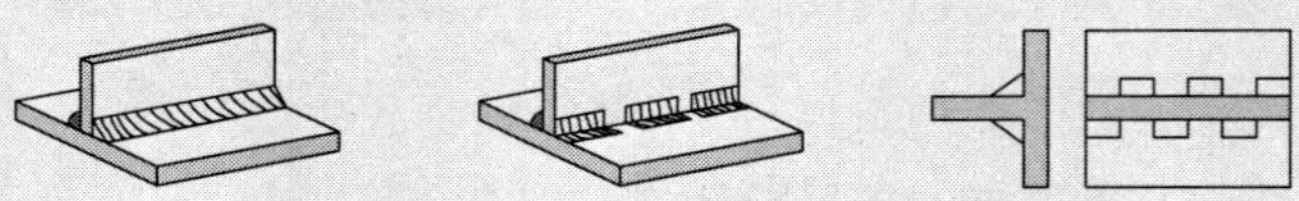

연속필릿 (Continuous fillet) 단속필릿 (Intermittence fillet) 단속 지그재그 필릿 (Intermittence zigzag fillet)

4. 플레어(flare) 용접부 형상 (예 4가지)

※ Flare groove weld : 휨홈용접이라고도 함

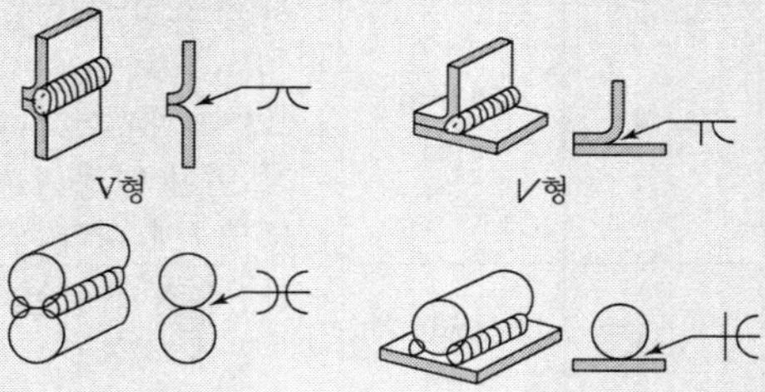

5. 용접부의 결함은?

원인 : 기공(氣空), 슬래그 혼입(slag 混入) 및 섞임, 융합불량, 용입(penetration)부

족, 언더컷(undercut), 오버랩(overlap), 균열(crack) 등 결함이 이음강도에 영향을 주어 붕괴, 파단, 파괴로 구조적 사고를 일으키는 잠재적 기인이 되기도 한다.

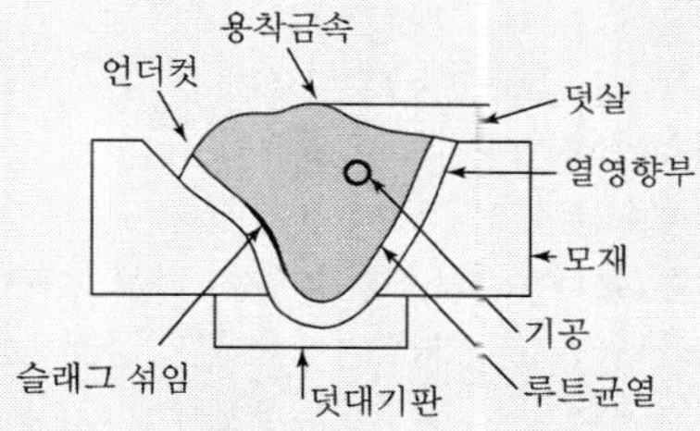

① 언더컷(undercut)
용접의 변 끝을 따라 모재(母材)가 파여지고 용착금속이 채워지지 않고 홈으로 남아 있는 부분

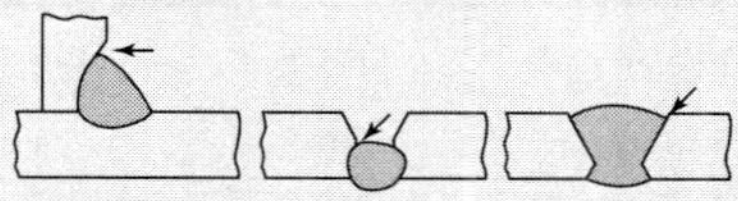

② 오버랩(overlap)
용착금속이 변 끝에서 모재에 융합하지 않고 겹친 부분

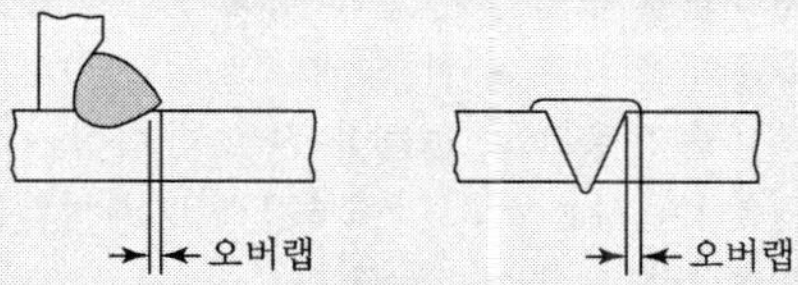

③ 슬래그 혼입
용착부에 나타난 비금속물질

④ 기공(blow hole or gas pocket)
용착금속 중에 가스에 의하여 나타난 변 빈 공간(자리)

⑤ 스패터(spatter)
Arc용접, 가스용접에 있어서 용접 중에 비산하는 슬래그 및 금속입자

⑥ 은점(fisheye)
용착금속의 파단면에 나타나는 은백색을 한 고기눈모양의 결함부

⑦ 용입(penetration)
모재의 용융된 부분의 가장 높은 점과 용접하는 면의 표면과의 거리. 용입이 다 채워지지 않는 것이 불량이다.

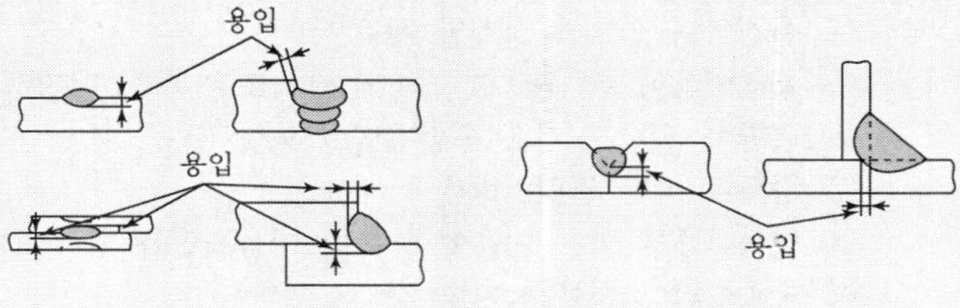

6. 용접이음의 안전율(safety factor)

① 안전율 $S_f = \dfrac{\text{허용응력}}{\text{사용응력}} = \dfrac{\text{인장강도(극한강도)}}{\text{허용응력}}$

② 안전율에 미치는 영향
- 모재 및 용착금속의 기계적 성질
- 재료의 용접성
- 시공조건
- 용접기사의 기능, 방법(수동·자동·아크·가스용접 등), 용접자세
- 이음의 종류와 형상
- 작업장소(공장 및 현장 구분)
- 용접 후의 처리와 비파괴 시험 등
- 하중의 종류(정하중, 동하중, 진동하중)와 온도 및 분위기

③ 용접이음(welding joint)의 안전율

하중의 종류	정하중	동하중		충격하중
		단진 응력	교번 응력	
안전율	3	5	8	12

7. 용접에서 고려해야 할 경제적 절감기법

① 용접봉의 적절한 선정과 경제적 사용방법
② 재료의 절약을 위한 방법
③ 고정구 사용으로 능률적 작업성 향상
④ 용접 jig 사용으로 아래보기자세 최적활용
⑤ 용접기사의 작업능률 향상
⑥ 적정 품질 관리와 검사방법 선택
⑦ 적당한 용접방법의 사용 등
⑧ 용접설계의 적부
⑨ 홈(groove) 가공의 적부
⑩ 용접 전의 부재상태
※ 용접 경제적 검토 : 용접길이 1 m당 자료에 의한 산출하는 경우가 많다.

8. 용접 설계상의 check - 9 point

① 용접에 적합한 구조의 설계를 할 것
② 용접길이는 될 수 있는 대로 짧게 또한 금속량도 강도상 최소한으로 할 것
③ 용접이음의 특성을 고려하여 선택할 것
④ 용접하기 쉽도록 설계할 것
⑤ 용접이음이 한 곳으로 집중되거나 또는 너무 근접하지 않도록 할 것
⑥ 결함이 생기기 쉬운 용접방법을 피할 것
⑦ 강도가 약한 필릿(fillet)
⑧ 반복하중을 받는 이음에서 특히 이음표면을 평평하게 할 것
⑨ 구조상의 노치부를 피할 것

9. 용접부의 기호

산업규격 용접기호 <KS B 0052> 참고

기본기호·보조기호 및 ISO 1302 기호에 준함

① 기본기호

번호	명칭	도시	기호
1	양면 플랜지형 맞대기 이음 용접[1)]		
2	평면형 평행 맞대기 이음 용접	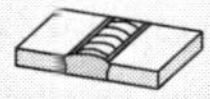	
3	한쪽 면 V형 맞대기 이음 용접	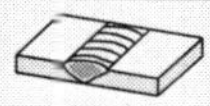	
4	한쪽 면 K형 맞대기 이음 용접	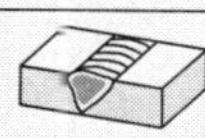	
5	부분 용입 한쪽 면 V형 맞대기 이음 용접	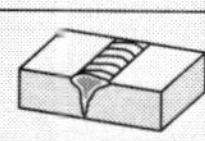	
6	부분 용입 한쪽 면 K형 맞대기 이음 용접		
7	한쪽 면 U형 홈 맞대기 이음 용접(평행면 또는 경사면)	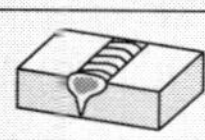	
8	한쪽 면 J형 맞대기 이음 용접	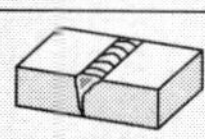	
9	뒷면 용접	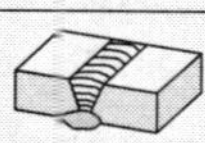	
10	필릿 용접	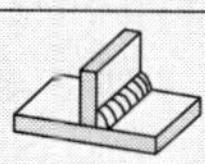	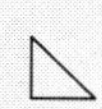
11	플러그 용접 : 플러그 또는 슬롯 용접	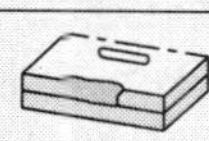	
12	스폿 용접		
13	심 용접	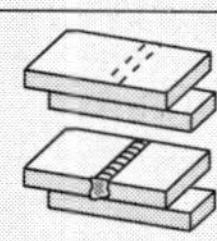	
14	급경사면(스팁 플랭크) 한쪽 면 V형 홈 맞대기 이음 용접	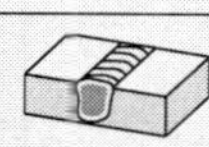	
15	급경사면 한쪽 면 K형 맞대기 이음 용접	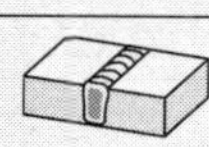	
16	가장자리 용접		

17	서페이싱		
18	서페이싱 이음	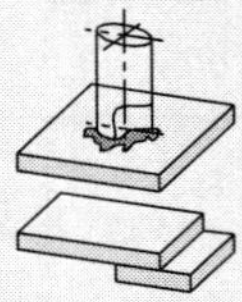	=
19	경사 이음	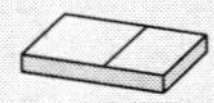	//
20	겹침 이음	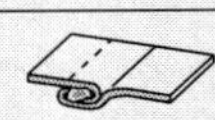	

② 대칭적인 용접부의 조합기호(예)

명칭	도시	기호
양면 V형 맞대기 용접 (X형 이음)	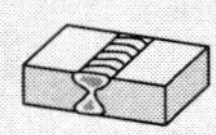	X
양면 K형 맞대기 용접	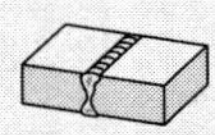	K
부분 용입 양면 V형 맞대기 용접 (부분 용입 X형 이음)	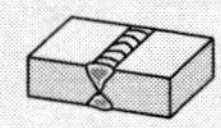	
부분 용입 양면 K형 맞대기 용접 (부분 용입 K형 이음)	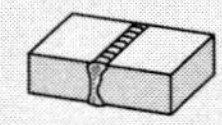	
양면 U형 맞대기 용접 (H형 이음)	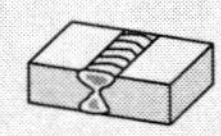	

③ 보조기호

용접부 및 용접부 표면의 형상	기호
평면(동일 평면으로 다듬질)	—
凸형	⌒
凹형	◡
끝단부를 매끄럽게 함	
영구적인 덮개 판을 사용	[M]
제거 가능한 덮개 판을 사용	[MR]

④ 보조기호의 적용 예

명칭	도시	기호
한쪽 면 V형 맞대기 용접 – 평면(동일면) 다듬질		
양면 V형 용접 ⊥형 다듬질		
필릿 용접 – ⊔형 다듬질	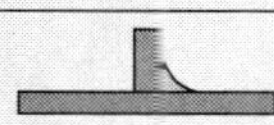	
뒤쪽 면 용접을 하는 한쪽 면 V형 맞대기 용접 – 양면 평면(동일면) 다듬질		
뒤쪽 면 용접과 넓은 루트 면을 가진 한쪽 면 V형(Y 이음) 맞대기 용접 – 용접한 대로		
한쪽 면 V형 다듬질 맞대기 용접 – 동일면 다듬질		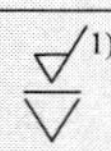
필릿 용접 끝단부를 매끄럽게 다듬질		

1) 기호는 ISO 1302에 따름 : 이 기호 대신 √ 기호를 사용할 수 있음.

사례 5 **용접부 기호 표시 방법 <KS B 0052>**

1. 설명선

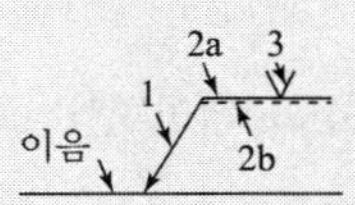

1=화살표(지시선)
2a=기준선(실선)
2b=동일선(피선)
3=용접 기호(이음 용접)

2. 기준선에 따른 기호위치

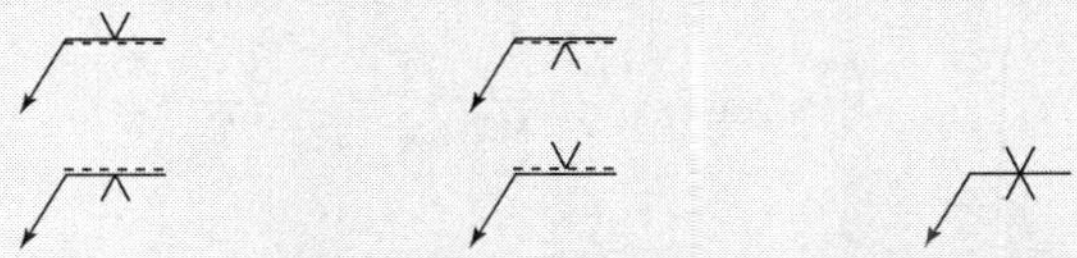

(a) 화살표쪽 용접 (b) 화살표 반대쪽 용접 (c) 양면 대칭 용접

3. 치수 숫자 표시

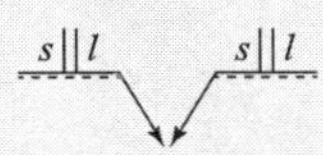

기호 앞쪽 s (가로)
기호 뒤쪽 l (세로)

4. 필릿 용접의 치수 표시

(a) 목길이와 목두께 (b) 보조기호 표시방법

5. 보조 작업지시 <특성지시. ISO 4063>

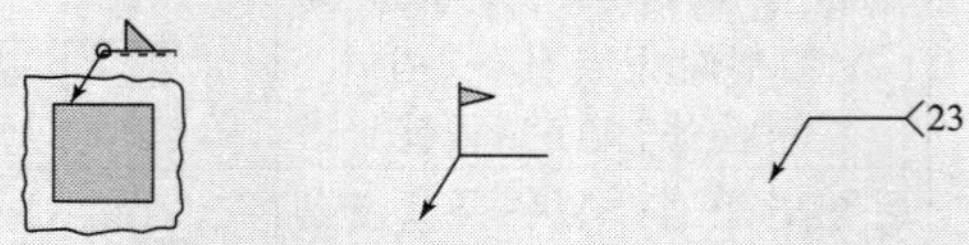

일주 용접표시 현장 용접표시 용접방법 표시

일주 = 원주용접이라고도 한다.

6. 비파괴 시험 기호 기재 기법

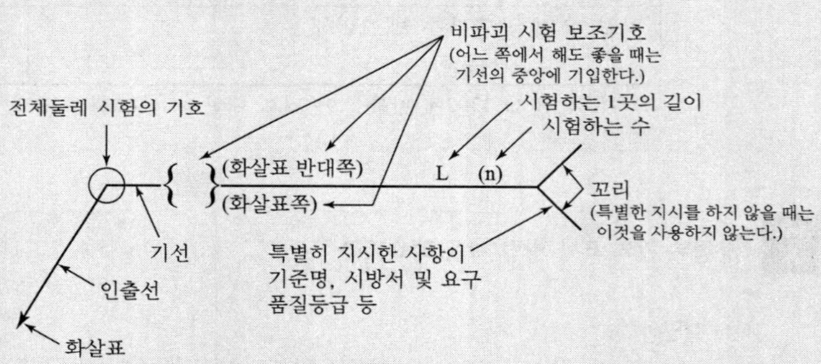

- 시험부지시선(60°의 직선과 꺾인 선)

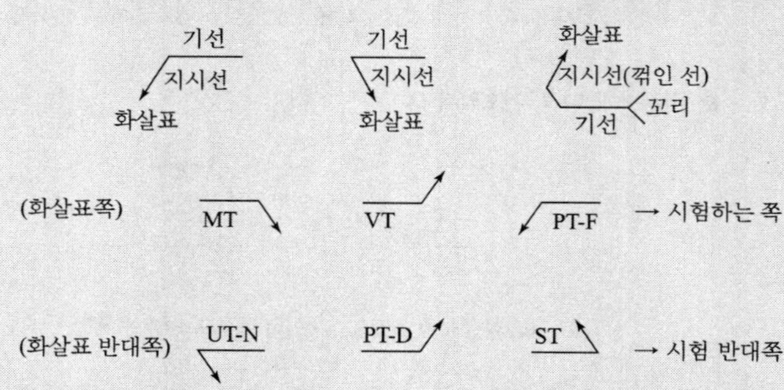

- 시험 양쪽 실시

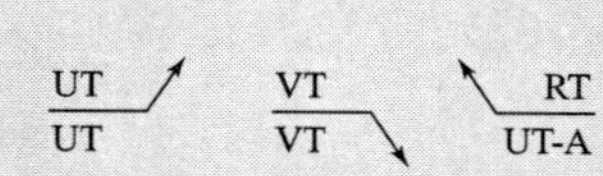

• 어느 쪽 好

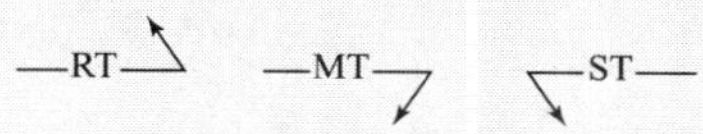

• 2개 이상 시험 요구 기호

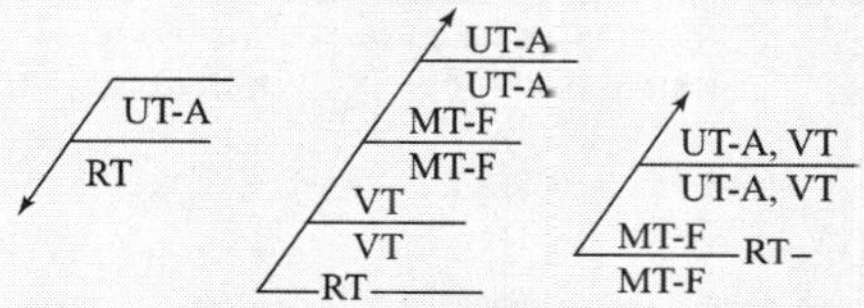

• 특별지시 (기준명, 요구 spec, 품질등급) 꼬리부 기재

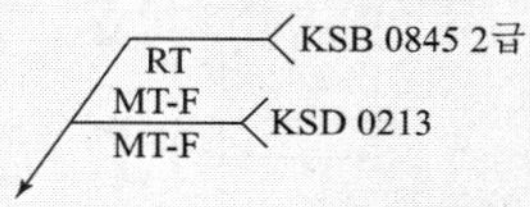

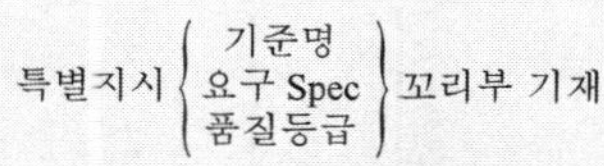

• 시험부분 길이 및 수량 기재

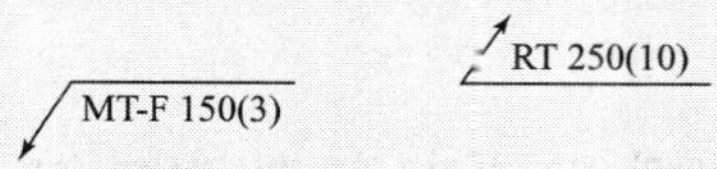

• 시험부 특별지시 및 지정 표시기호

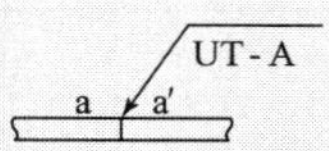

윗면의 용접선 양방향(a, a′)에서의
초음파 경사각 탐상시험
(a, a′는 표시하지 않는다.)

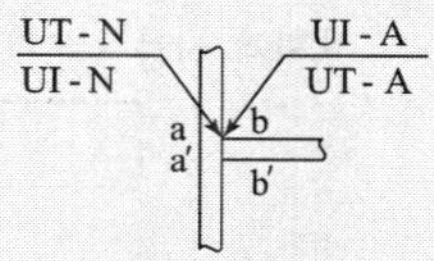

T 이음 용접의 초음파 탐상시험
a, a′ 점에서의 수직탐상
b, b′ 점에서의 경사각 탐상
(a, a′, b, b′는 표시하지 않는다.)

• 전체둘레 시험 기호

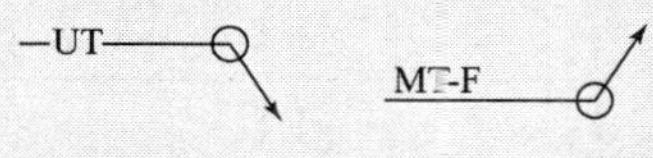

• 시험부 면적 표시(○으로 점선 연결)

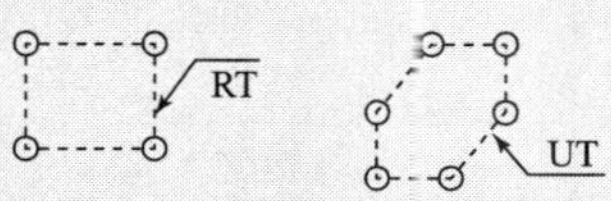

• 시험 위치 지시의 예

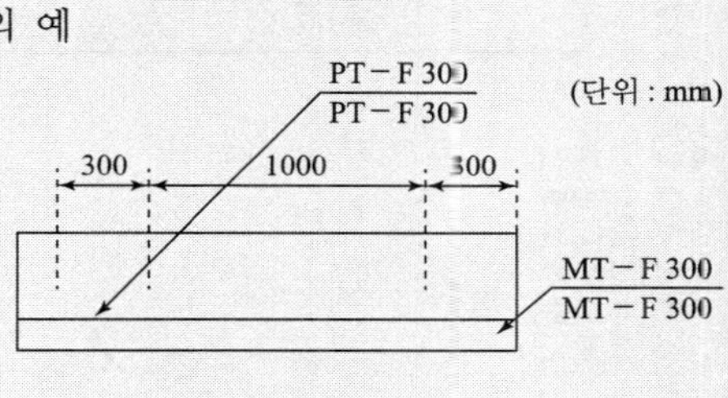

• 관(管) 촬영 방법 보기

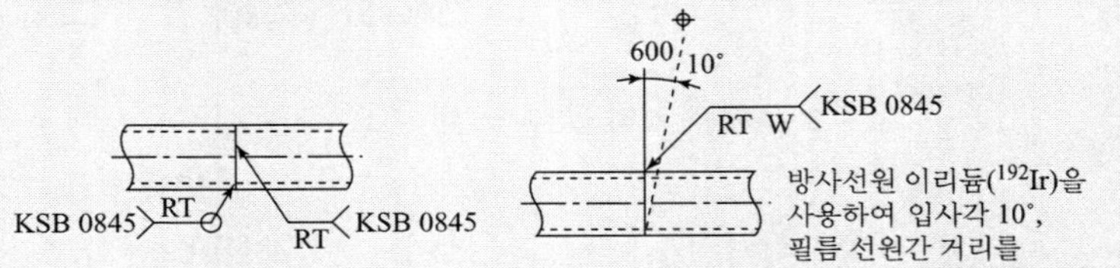

내부선원 촬영방법 내부필름 촬영방법 2중벽 촬영방법

• 전체둘레 시험의 보기

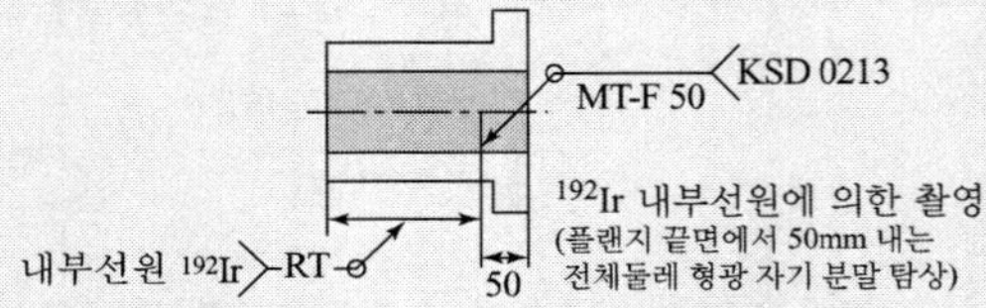

사례 6

용접부 비파괴 시험의 기본기호 및 검사법 분류

1. 비파괴 시험 기본기호

기호	시험의 종류
RT	방사선 투과 시험
UT	초음파 탐상 시험
MT	자분 탐상 시험
PT	침투 탐상 시험
ET	와류 탐상 시험
LT	누설 시험
ST	변형도 측정 시험
VT	육안 시험
PRT	내압 시험
AET	어코스틱 에밋신 시험

2. 용접부 시험 검사 분류

- 용접부의 시험
  - 파괴 시험
    - 기계적 시험
      - 인장 시험(tensile test)
      - 굽힘 시험(bending test)
      - 경도 시험(hardness test)
      - 충격 시험(impact test)
      - 피로 시험(fatigue test)
      - 그 밖의 시험(고온 및 저온 시험)
    - 물리적 시험
      - 물성 시험(비중, 점성, 표면장력, 탄성 등)
      - 열특성 시험(팽창, 비열, 열전도 등)
      - 전기, 자기 특성 시험(저항, 기전력, 투자율 등)
      - 그 밖의 시험
    - 화학적 시험
      - 화학 분석 시험
      - 부식 시험(corrosion test)
      - 함유 수소 시험(hydrogen test)
    - 야금학적 시험
      - 육안 조직 시험(macrography test)
      - 현미경 조직 시험(micrography test)
      - 파면 시험(fracture test)
      - 설퍼 프린트 시험(sulfur test)
    - 용접성 시험
      - 노치 취성 시험(notch brittleness test)
      - 용접 경화성 시험
      - 용접 연성 시험(weld ductility test)
      - 용접 균열 시험(weld crackin test)
    - 그 밖의 시험
      - 내압 시험
      - 낙하 시험
  - 비파괴 시험
    - 외관 시험 — 비드모양, 언더컷, 오버랩, 용입불량, 표면균열, 기공 등의 검사
    - 누설 시험(누수검사)
    - 침투 시험
      - 형광 침투 시험
      - 염료 침투 시험
    - 형광 시험
    - 음향 시험
    - 초음파 시험
    - 자기적 시험
    - 와류 시험(맴돌이 검사)
    - 방사선 투과 시험
      - X선 투과 시험
      - γ선 투과 시험
    - 천공 시험

사례 7

용착법 (deposited metal(bead))

1. 용접작업에서 비드(bead)를 만들어가는 용접기법이다.

2. 용착법의 예

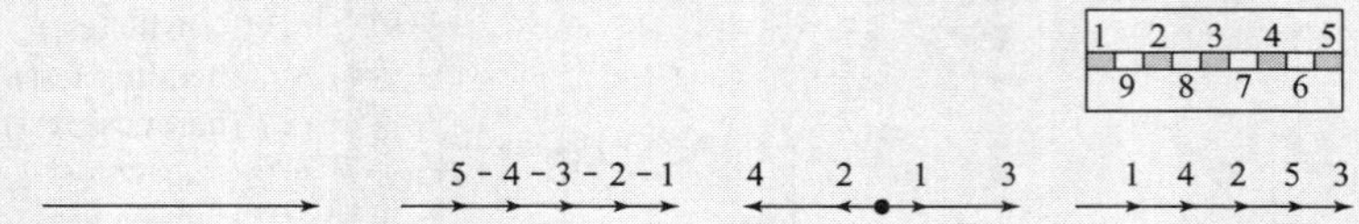

(a) 전진법 (moving foreward method) (b) 후진법 (retreat method) (c) 대칭법 (symmetry method) (d) 스킵법 (skip method)

[Note] 스킵법(skip) : 간격을 두어 띄엄띄엄 용접함으로써 변형을 적게 하는 작업 기법.

3. 다층 쌓기 및 순서의 예

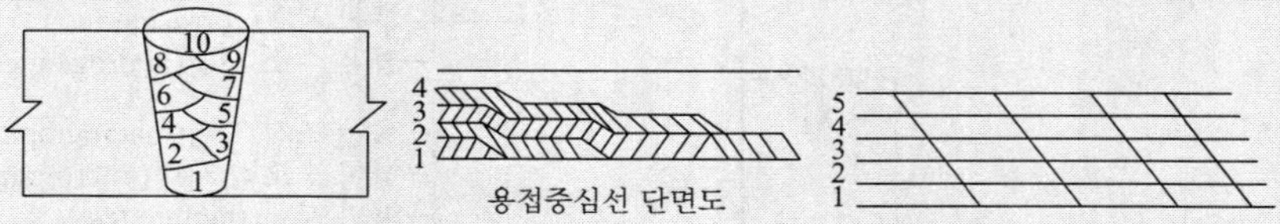

(a) 덧살 올림법 (build up method) (b) 케스케이드법 (cascade method) (c) 전진블록법 (moving foreward block method)

[Note] 케스케이드 용접법 : 한 부분에 대해 덧층을 용접하다가 다음 부분으로 연속시켜 용접하는 기법.

사례 8

용접(welding) 후처리

1. 잔류 응력 제거기법

① 노내(爐內) 풀림법(annealing furnace)

- 300℃ 이내
- 300℃ 넘을 경우 가열 및 냉각속도(R)

$$R \leqq 200 \times \frac{25}{t} \text{ [deg/h]}$$

t : 가열부에서 용접부 최대두께

- 구조용 압연강재, 일반구조용 강재, 탄소강 경우 625±25℃ ⇒ 1 hr
- 600℃에서 10℃ 온도가 내려갈 때는 20분씩 지연시킨다.

② 국부(局部) 풀림법

- 대형제품 노내 투입불가 적용
- 용접선 좌우양측을 각각 250 mm 범위
- 판(板) 두께의 12배 범위 가스불꽃 등으로 노내 풀림과 같은 온도 시간을 유지한 후 ⇒ 서냉한다.

③ 기타 잔류 응력 제거법

- 저온 응력 완화법
  용접선 방향의 응력을 완화시키는 기법

폭 150 mm 정도를 150～200℃ 가열한 다음 수냉

- 기계적 응력 완화법
  잔류 응력이 있는 제품에 하중을 주고 용접부 약간의 소성변형을 일으킨 다음 하중을 제거하는 기법
- 피닝(peening)법
  끝이 구면(球面)인 특수한 피닝(peening) 해머로써 용접부를 연속적으로 투하 용접 표면상에 소성변형을 주는 기법.
  인장 응력을 완화하는데 효과 매우 크다.

2. 결함 보수

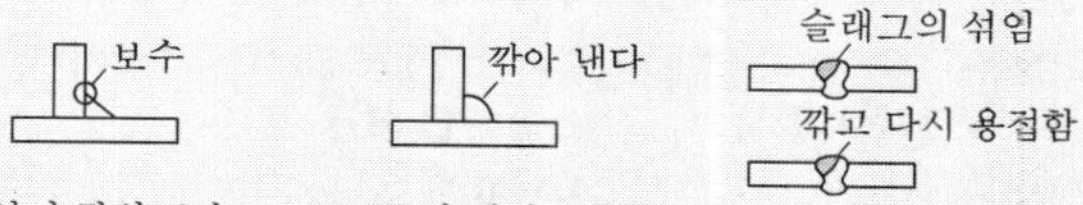

(a) 언더 컷의 보수 (b) 오버 랩의 보수 (c) 슬래그의 보수

(d) 수평 균열때의 보수 (e) 수직 균열때의 보수

사례 9 변형의 방지와 교정

1. 변형의 원인

용접 시 가해지는 입열량에 의하여 구조물은 수축과 팽창을 거듭하게 되는데 이것으로 인하여 구조물은 변형을 일으키게 된다.

2. 변형과 잔류 응력을 경감시키는 방법 4가지

① 용접 전 변형 방지책으로는 억제법(抑制法)과 역변형법(逆變形法)

② 용접시공에 의한 경감법
대칭법, 후진법, skip-block법, skip법 등으로 시공한다.

③ 모재(母材)의 열전도를 억제하여 변형 방지하는 방법
도열법 ⇒ 냉각법(cooling method)

④ 용접금속부의 변형과 잔류 응력 경감방법
피닝법(peening method)

3. 변형 교정 7가지

제품의 종류와 변형의 형식과 양에 따라 다음과 같은 방법

① 박판(薄板)에 대한 점 수축법

② 형재(形材)에 대한 직선 수축법(收縮法)
③ 가열 후 해머링(hammering)하는 방법
④ 두꺼운 판(板)에 대하여 가열 후 압력을 가하고 수냉(水冷)하는 방법
⑤ 롤러(roller)에 거는 방법
⑥ 피닝(peening)법
⑦ 절단(切斷)에 의하여 성형하고 재용접하는 기법

즉, ①~④항은 변형부분을 가열하여 소성변형 일으킨 후 수정할 때의 가열온도는 600℃ 이내
③, ④항은 소성변형을 일으키는데 외력을 가한다.
⑤, ⑥항은 외력만으로 소성변형을 일어나게 한다.

[Note] 점수축시공법 (가열온도 500~600℃, 가열시간 30초, 가열점지름 20~30 mm) 가열 후 즉시 수냉(水冷)시킨다.

[Note] 도열법에서 냉각법은 용접 진행시 용접부 부근을 냉각시켜 모재(母材)의 열 영향 부위를 축소시킴으로써 변형을 방지하는 방법이다.

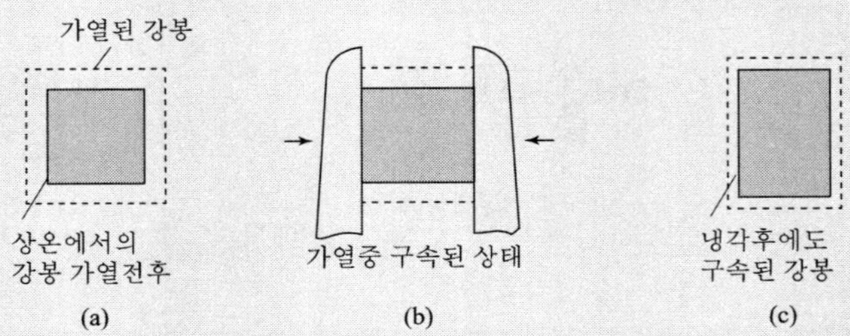

수축과 팽창 방지의 예

사례 10 Arc 용접작업안전

1. 아크(arc) 광선에 의한 재해

① 아크에는 다량의 자외선과 소량의 적외선이 있다.
② 헬멧(helmet), 핸드실드(hand shield) 미사용 시 : 전광성 안염 눈병
③ TIG 및 MIG, 탄산가스 아크용접 ⇒ 차광렌즈(No 12~13) 사용
④ CO_2가 아크열에 의해 CO+O 해리 ⇒ 일산화탄소 발생
⑤ 배기 및 회수 장치 및 시설 필요

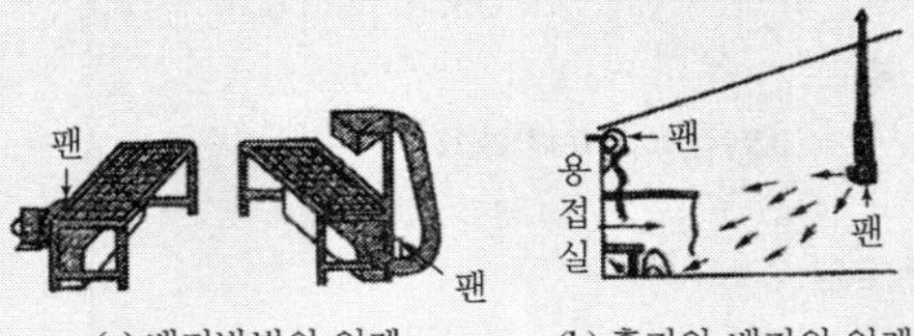

(a) 배기방법의 일례 (b) 흡기와 배기의 일례

보충 6

Arc-welding에서 전문용어 (자료제공 : The Harttord steam boiler inspection-technical data-book 96/7-4권)

1. Fillet Weld Terminology

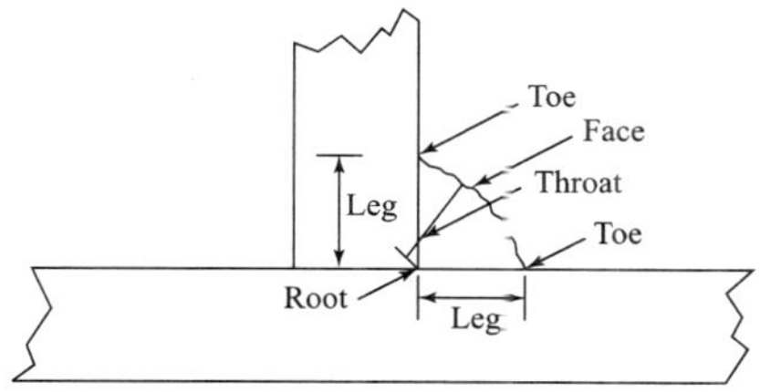

2. Fillet Weld Terminology

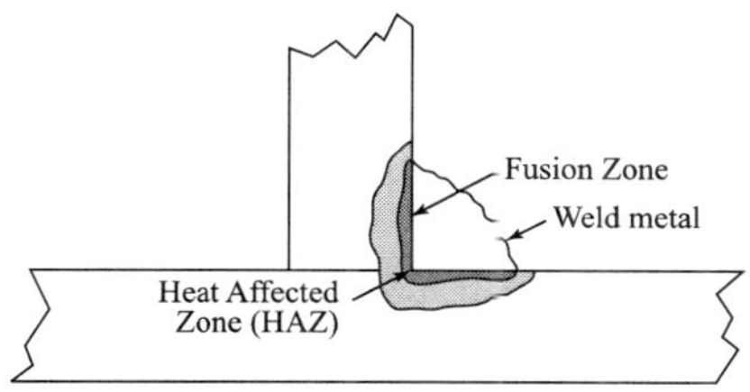

3. Groove Weld Terminology (Post Weld)

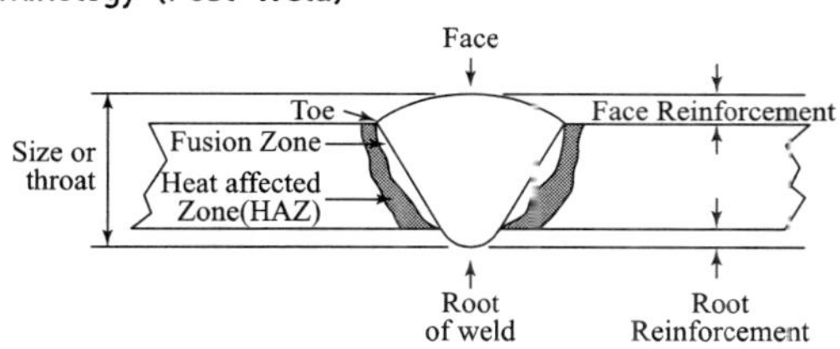

4. Groove Weld Terminology

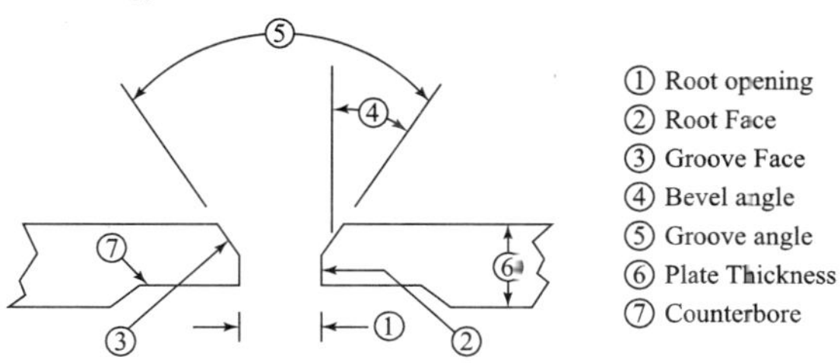

5. Underfill and Internal Concavity

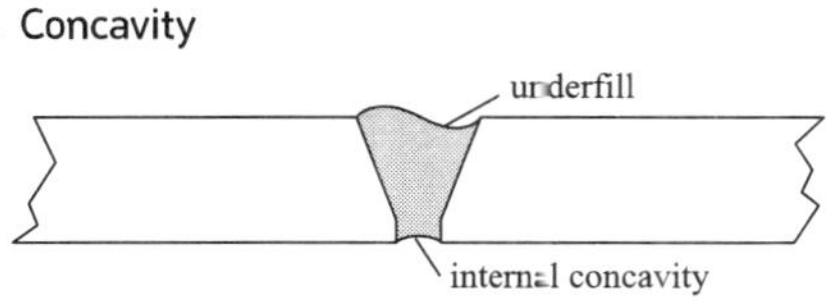

6. Multipass Stringer Bead Weld

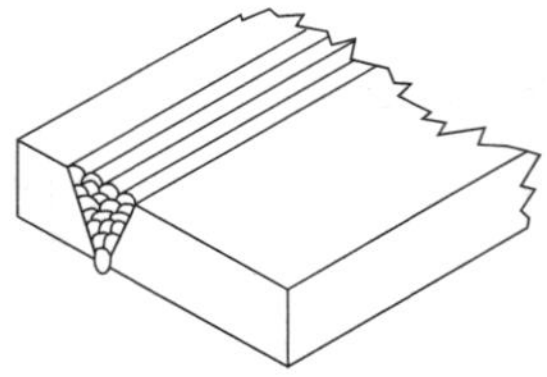

7. Incomplete Fusion

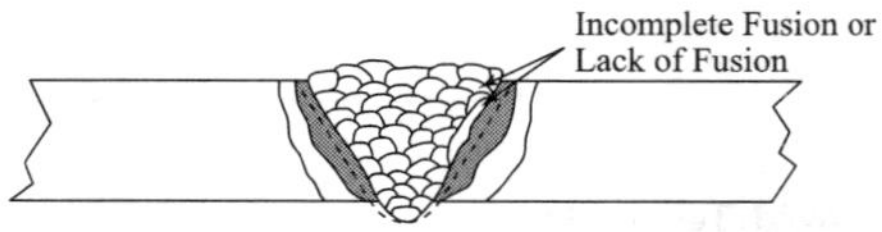

8. Lack of Fusion and Penetration

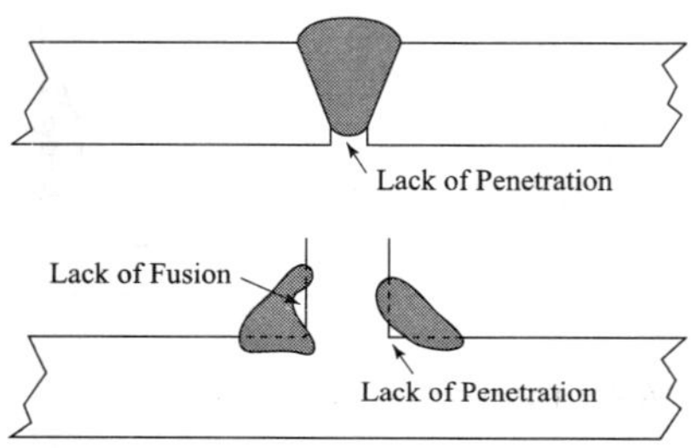

9. Base Metal Discontinuities

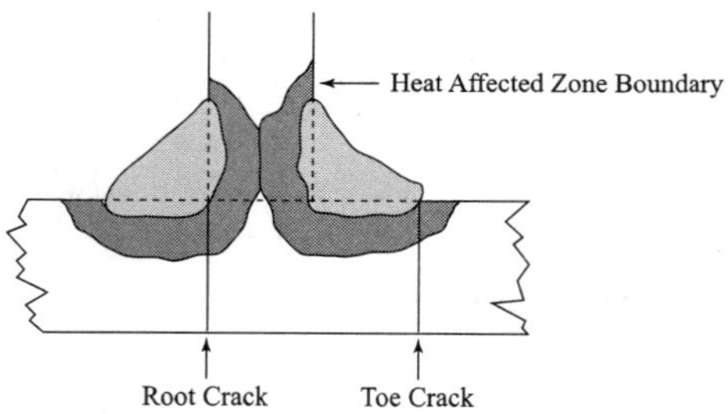

10. Base Metal Discontinuities

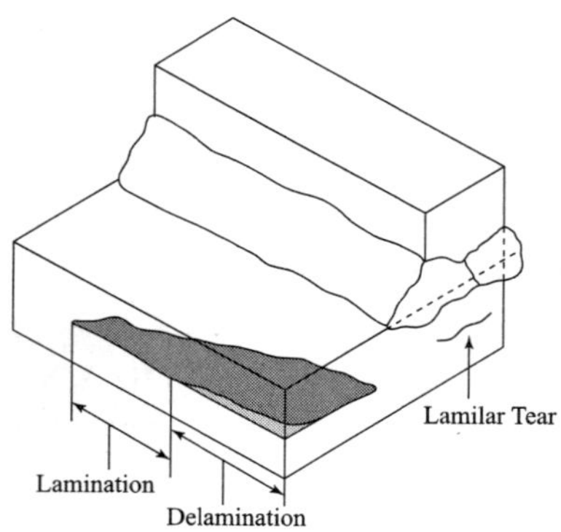

2-13 아세틸렌가스(Acetylene gas) 용접장치 및 가스집합장치의 방호장치

1 아세틸렌(Acetylene, C_2H_2)

아세틸렌은 가스용접으로 많이 사용되는 가스이며 카바이드(carbide)로부터 제조된다. 아세틸렌가스는 불포화 탄화수소의 일종(탄소와 수소의 화합물)으로서 불안전한 상태의 가스이며 1836년 영국의 데이비경(sir. H. Davy)에 최초로 발견되었다.

(1) 카바이드(Calcium Carbide, CaC_2)

카바이드는 석회석(CaO)과 석탄 또는 코크스를 56 : 36의 무게비로 혼합하여 이것을 전기로에서 3000℃ 고온으로 가열하여 용융 화합시켜 공업적으로 대량 제조되고 있다. 비중 2.2～2.3이고 이 카바이드를 물과 접촉시키면 아세틸렌가스가 발생하고 백색의 소석회[$Ca(OH)_2$] 가루가 남는다. 즉

$$CaC_2 + H_2O \rightarrow C_2H_2 + CaO$$

카바이드	물	아세틸렌	생석회
64 g	18 g	26 g	56 g

따라서 64 g의 카바이드와 18 g의 물에서 56 g의 생석회와 26 g의 가스(gas)가 발생된다. 그러나 실제로는 발생기 내에 물이 많으므로 생석회는 다시 물을 흡수하여 소석회가 된다. <그림 2-116>

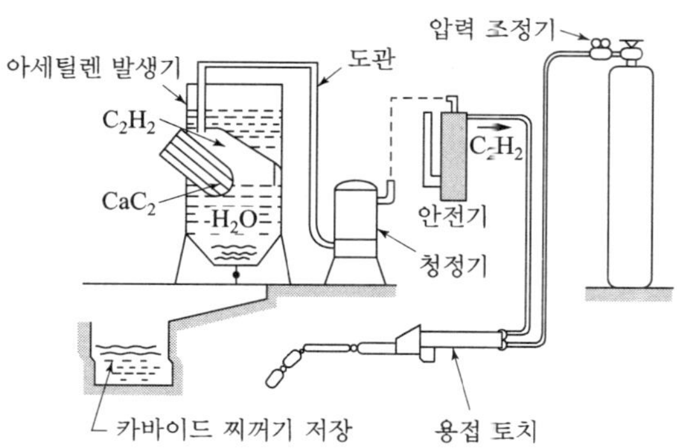

그림 2-116 ● 아세틸렌가스 발생원리

2 아세틸렌가스의 성질

① 아세틸렌가스는 무색무취의 기체이나 인화수소 등 황화수소(H_2S) 등이 있어 악취가 있다.

② 비중은 0.96 공기보다 가볍다.
15℃ 1 kg/cm^{2}에서 아세틸렌 1 L(리터)의 무게는 1.176 g의 산소보다 가볍다.

③ 각종 액체 잘 용해된다.
물: 1배, 석유: 2배, 벤젠: 4배, 알코올: 6배, 아세톤(acetone): 25배가 용해된다.

④ 산소와 적정 혼합하여 연소시키면 약 3,000～3,500℃ 열을 낸다.

⑤ 매우 타기 쉬운 기체이므로 화기에는 잠재성 위험이다.

⑥ 406～408℃ 자연발화
505～515℃ 폭발
708℃ 이상 산소가 없는 상태 자연폭발 위험

⑦ 아세틸렌가스는 구리 또는 구리합금(62% 이상 구리), 은(Ag), 수은(Hg) 등과 접촉하면 이들과 화합하여 120℃부터 폭발성이 있는 화합물을 생성하므로 가스의 연결구나 배관에 사용해서는 안 된다.

3 아세틸렌 용접장치의 방호장치

아세틸렌 용접장치에는 가스의 역화 역류를 방지하기 위하여 방호장치의 외관은 다음과 같은 조건이 우선 구비되어야 한다.

(1) 수봉식 안전기인 경우

① 용도

㈀ 저압식 : 아세틸렌 발생압력 0.07 kg/cm^2

㈁ 중압식 : 아세틸렌 발생압력 0.07～1.3 kg/cm^2 미만 등 사용종류에 적합한 것인가

② 수봉식 안전기의 구조 및 성능

㈀ 주요부분은 두께 2 mm 이상의 강판 또는 강관 구조일 것(내부폭발대응)

㈁ 도입부는 수봉식으로 하고 수봉 배기관을 비치할 것

(ㄷ) 수봉 배기관은 가스가 역류하고 역화에 위험을 막을 수 있을 것

(ㄹ) 유효수주는 25 mm 이상일 것

(ㅁ) 물의 보충이 용이하고 수위를 점검하기 쉬울 것

(ㅂ) 아세틸렌과 접촉 우려가 있는 곳의 동 및 동합금 등 사용을 금할 것.

③ 저압용 수봉식 안전기 작동원리

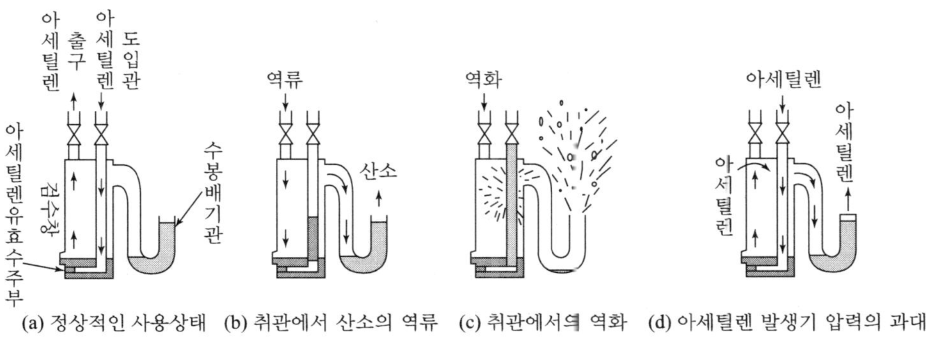

그림 2-117 ◦ 저압용 수봉식 안전기 작동원리

④ 중압용 수봉식 안전기인 경우

(ㄱ) 안전기의 내경에 따른 주요부분의 두께는 다음 표와 같다.

안전기의 내경(cm)	강판 및 강판두께(mm)
10 미만	2.0
10 이상～15 미만	3.0
15 이상～20 미만	4.0
20 이상～30 미만	6.0
30 이상～50 미만	10
50 이상	16

(ㄴ) 도입관은 역지밸브 또는 콕(cock)을 갖출 것

(ㄷ) 도입부를 수봉식으로 할 때 유효수주는 50 mm 이상으로 할 것

(ㄹ) 수위를 용이하게 점검할 수 있고 5.5 kg/cm^2 압력에 견딜 수 있는 강도를 가지는 수면계, 들여다보는 창, 시험용 콕을 비치하고 있을 것

(ㅁ) 물의 보급 및 교환이 용이한 구조일 것

(ㅂ) 아세틸렌과 접촉우려가 있는 부분은 동 또는 동을 70% 이상 함유한 합금을 사용하지 않을 것

(2) 건식 안전기인 역화방지기 경우

건식 안전기는 소결 금속과 우회로식 2가지 형식이 있다. <그림 2-118>

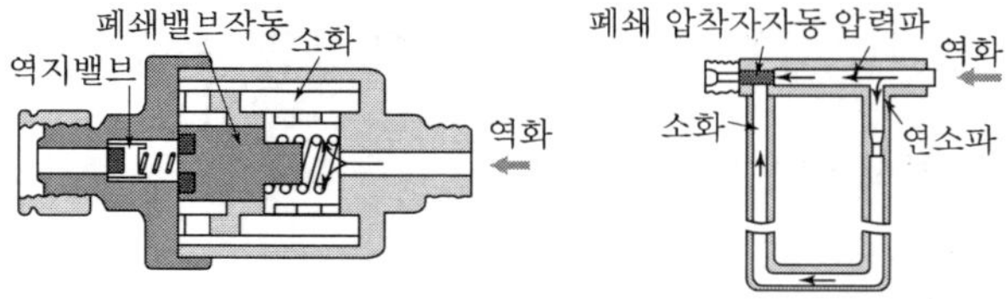

그림 2-118 ◈ 소결 금속식 건식 안전기 역화방지기의 구조 및 작동원리

(3) 수봉식 및 건식 안전기 취급기법

① 수봉식 안전기는 1회/day 이상 점검하고 항상 지정된 수위를 유지해둘 것

② 수봉부의 물이 얼었을 때는 더운물로 용해할 것. 동절기에 자주 결빙될 경우에는 에틸렌글리콜(ethylene glycol)이나 글리세린(glycerin) 등과 같은 부동액을 첨가해도 좋다.

③ 중압용 안전기의 파열판은 적어도 연 1회 이상 정기적으로 교환할 것. 이 작업은 휴일 또는 작업 중지 시에 행하고 완전히 공기 빼기를 하고나서 수행할 것

④ 수봉식 안전기는 지면에 대해 수직으로 설치할 것

⑤ 건식 안전기는 아무나 함부로 분해하거나 수리하지 말 것

⑥ 수봉식 안전기는 사용 시 가장 유의할 것은 수위확인이다.

(4) 방호장치 설치 기준

① 아세틸렌 용접장치 : 매취관마다 1개 이상

② 가스집합 용접장치 : 주관에 1개 이상
취관에 1개 이상 } 도합 2개 이상

(5) 방호장치의 성능검사

① 내압성능은 수압시험기에 역화 방지기를 부착하여 밀폐시키고, 50 kg/cm^2 이상의 수압을 가했을 때 균열(crack), 변형 등이 없어야 한다.

② 기밀성능은 최고사용압력의 1.5배의 공기를 밀폐시킨 역화방지기에 연결한 후 물 속에서 공기누설 상태를 검사한다.

③ 역류방지 성능은 가스의 흐름 반대방향으로 시험품을 부착한 후 0.1 kg/cm^2 이하

의 공기를 보냈을 때 공기의 역류현상이 없어야 한다.

④ 역화방지 성능은 산소아세틸렌 불꽃이 정상상태를 유지할 수 있는 조성의 혼합 가스를 시험품에 보낸 다음 강제점화시켜 역화방지상태를 검사하고 연속 3회 이상 실시하여 역화현상이 없어야 한다.

4 가스(Gas) 용단 시의 스패터(Spatter) 불씨 비산

(1) 수평작업의 경우 (t = 25 mm)

2.1 m 높이에서 가스압력 7.5 bar로 용단작업 시 1차 스패터(spatter)가 낙하 후 10 m까지 불씨가 이동한다는 뜻이다. 즉 화재가 발생할 수가 있다. (1 bar = 1.019 kg/cm²) <그림 2-119>

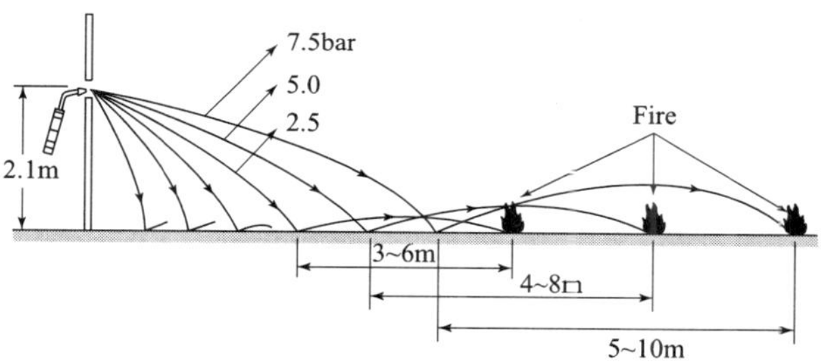

그림 2-119 • 수평작업 시의 스패터 불씨 이동

(2) 수직작업의 경우 (t = 25 mm)

2.0 m 높이에서 가스압력 5 bar로 용단작업 시 1차 스패터(spatter)가 낙하 후 5 m 이상 불씨를 이동한다. <그림 2-120>

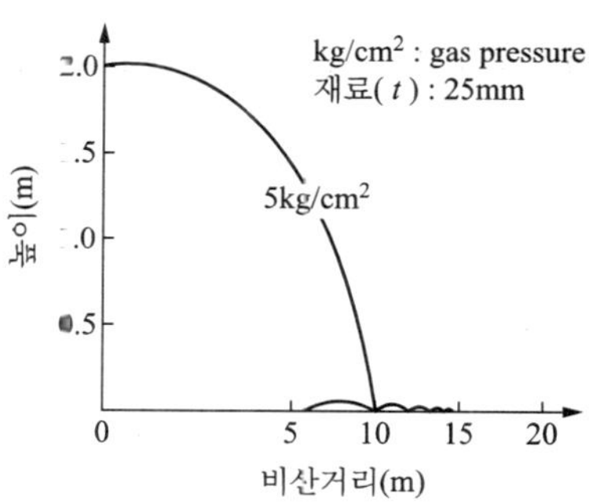

그림 2-120 • 수직작업 시의 스패터 불씨 이동

5 가스 용기(Bombe)의 Marking

우리가 흔히 산소가 들어있는 병을 말한다.

즉 산소를 많이 사용하기 때문에 그렇게 부르고 있다. 사실 자세히 보면 여러 가지의 "가스(gas)"와 충전량(充塡量)과 나사의 방향, 도색 등이 작업안전을 지켜주는 안내가 되고 있다. <그림 2-121>

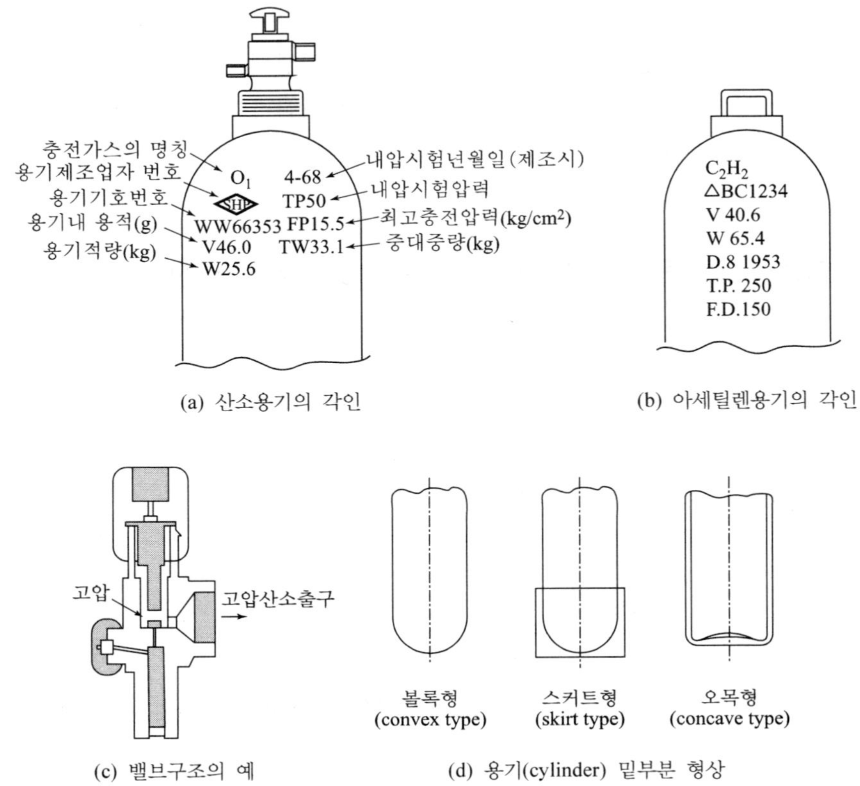

그림 2-121 ● 용기의 각인과 밑부분 형상

6 용기(Bombe) 검사 압력

가스 종류	가스명	내압시험압력(kg/cm^2)
압축가스	산소	충전압력(35℃→150 kg/cm^2)의 3(3/5)배 이상(내압시험압력 250 kg/cm^2)
용해가스	아세틸렌	충전압력(15℃→15 kg/cm^2)의 3배 이상(내압시험압력 50 kg/cm^2)
액화가스	프로판	30 kg/cm^2 이상 내압시험압력 실시

7 충전(充塡) 가스 용기(Bombe)의 도색

가스(gas)명		도색(color)	충전 hole에 있는 나사의 좌우
※ 산소	O_2	녹색(green)	우(R)
수소	H	주황색(orange)	좌(L)
탄산가스	CO_2	청색(blue)	우(R)
염소	Cl	갈색(brown)	우(R)
암모니아	NH_3	백색(white)	우(R)
아세틸렌	C_2H_2	황색(yellow)	우(R)
※ 프로판	C_3H_8	회색(gray)	좌(L)
아르곤	Ar	회색(gray)	우(R)

8 의료용 가스 용기(Bombe)의 도색

가스(gas)명		도색(color)
사이클로 프로판(cyclopropan, C_3H_6)		주황색(orange)
이산화질소(nitrogen dioxide)		청색(blue)
액화	CO_2	회색(gray)
에틸렌	C_2H_4	자색(purple)
질소	N	흑색(black)
헬륨	He	갈색(brown)
기타 가스		회색(gray)

Chapter 3

프레스 작업안전

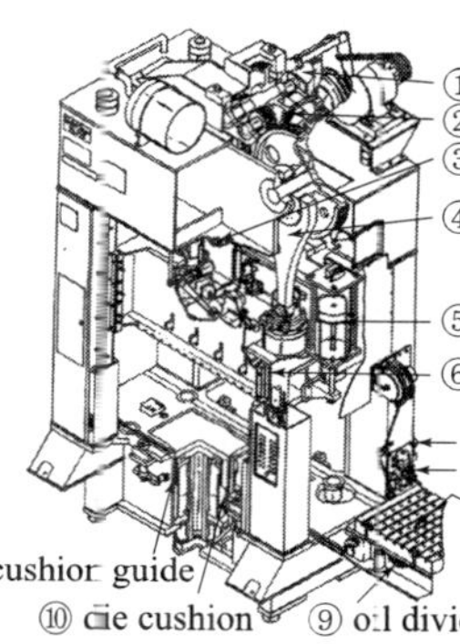

3-1 프레스 및 전단기

1 프레스 종류

(1) 프레스란?

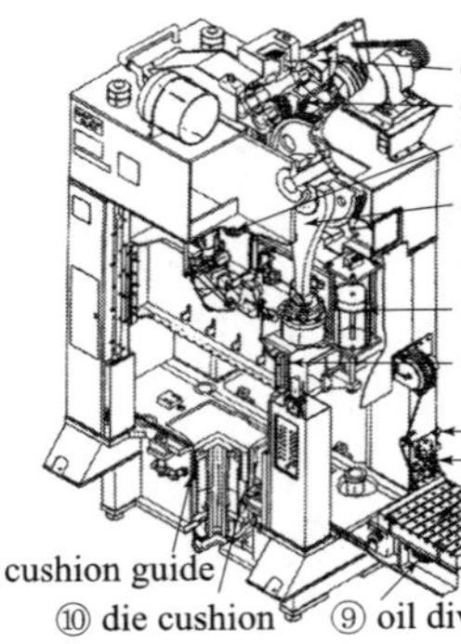

프레스란 「2개 이상의 대상물이 이루는 금형 및 공구를 사용해서 그 금형 및 공구 사이에 가공재를 두고 금형 및 공구를 가공재에 강한 힘을 가하여 성형가공을 하는 기계」를 말한다. 이때 가공재에 가해지는 힘의 반력(反力)은 기계 자체에서 지탱하도록 설계되어 있다. <그림 3-1>은 프레스 기계와 해머(hammer)기의 힘의 분산을 표시한 것이다.

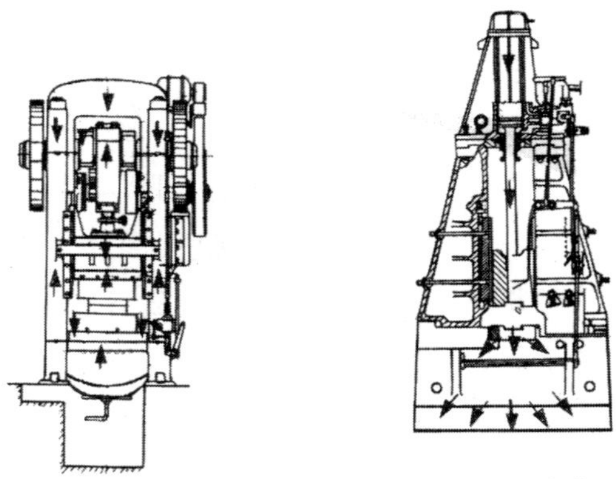

그림 3-1 ● 프레스와 해머의 차이

(2) 프레스의 종류

프레스의 형식 및 종류는 대단히 많다. 그 이유는 프레스의 기능에 크게 영향을 가진 구성 요소가 많으며 그 구성요소가 복합조립되어 있다.

① 슬라이드(slide) 구동 동력원에 의한 종류

구동 동력

(ㄱ) 인력 프레스 : 인력의 힘
(ㄴ) 기계 프레스 : 기계의 힘
(ㄷ) 액압 프레스
　㉮ 기름 : 유압 프레스
　㉯ 물 : 수압 프레스
(ㄹ) 공압 프레스 : 공기의 힘

일반적으로 기계의 힘과 액압의 힘을 이용한 기계프레스와 액압 프레스 2종을 주로 하여 다루고자 한다.

② 슬라이드 수

(ㄱ) 단동 프레스 : 슬라이드가 1 EA
(ㄴ) 복동 프레스 : 슬라이드가 2 EA
　㉮ 크랭크 복동
　㉯ 토글 복동
　㉰ 캠 복동
　㉱ 보텀 복동
(ㄷ) 3동 프레스 : 슬라이드가 3 EA
(ㄹ) 4동 프레스 : 슬라이드가 4 EA

슬라이드가 2개 이상인 것을 멀티프레스(multi-slide press)라고도 한다. 복동 프레스가 점차 줄어드는 현상은 교축가공(drawing)이 다이쿠션(die-cushion)의 발달로 인해 대부분 단동 프레스에서 할 수 있기 때문이라 하겠다. 여기서 이해를 돕기 위해 복동 프레스를 세분하여 보면 <그림 3-2>와 같이 4가지로 분류할 수 있다.

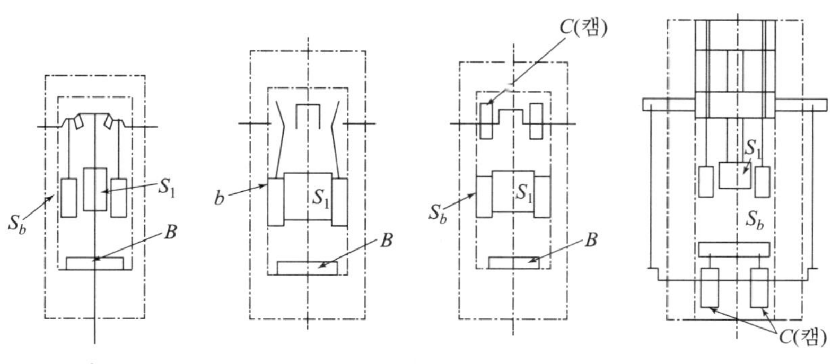

(a) 크랭크 복동 (b) 토글 복동 (c) 캠 복동 (d) 보텀 복동

그림 3-2 ◦ 복동 프레스 분류

③ 슬라이드 운동기구 변화에 의한 종류 <그림 3-3>

슬라이드 운동곡선에 의한 특성으로 슬라이드 운동기구에 의한 종류는 8가지가 있다.

①	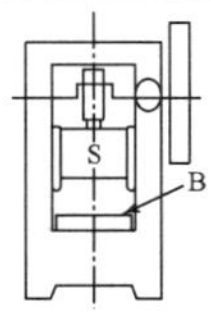	크랭크 프레스 (crank press) S : 슬라이드(slide) B : 볼스터(bolster)	②	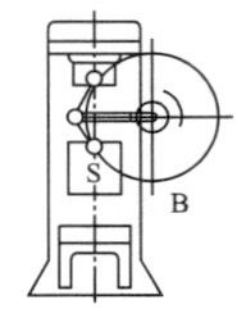	크랭크리스 프레스 (crankless press) S : 슬라이드 B : 볼스터
③	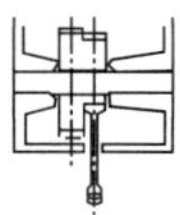	너클 프레스 (knuckle press)	④	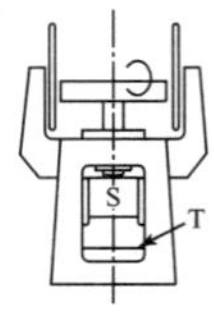	마찰 프레스 (friction press) S : 슬라이드 T : 테이블(table)
⑤	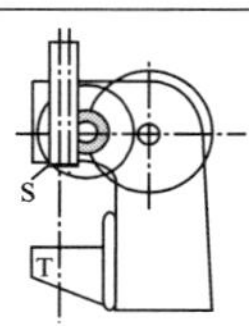	랙 프레스 (rack press) S : 슬라이드 T : 테이블	⑥	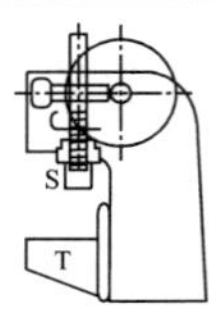	스크루 프레스 (screw press) S : 슬라이드 T : 테이블
⑦	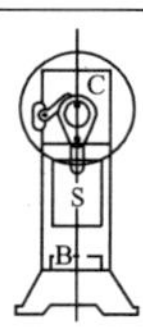	링크 프레스 (link press) S : 슬라이드 B : 볼스터	⑧	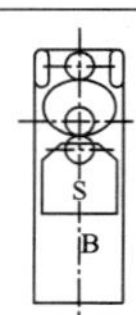	캠 프레스 (cam press) S : 슬라이드 B : 볼스터

그림 3-3 ● 슬라이드 운동기구변화에 의한 종류

④ 슬라이드 구동 유닛(unit) 수와 배치에 의한 분류 <그림 3-4>

크랭크(crank) 및 크랭크리스(crankless) 프레스에는 슬라이드면의 형상과 압력 능력에 따라서 슬라이드 구동 유닛을 2조(組) 이상 사용하도록 구조설계가 되어 있다. 이것을 분류하면 다음과 같다.

종횡 / 구동 / 유닛	종형	횡형		구조단면
	상부구동	상부구동	하부구동	
1점식	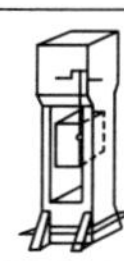	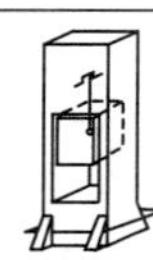		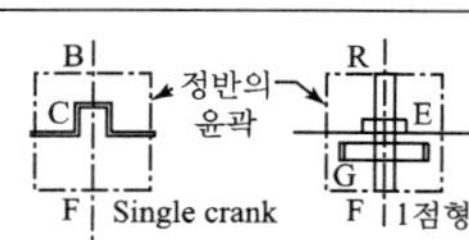

2점식	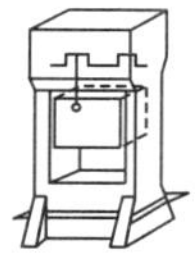	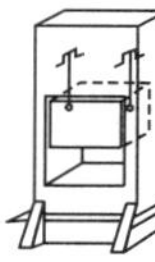	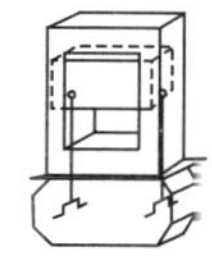	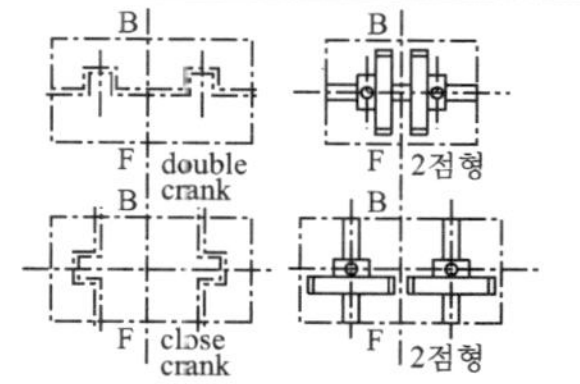
4점식		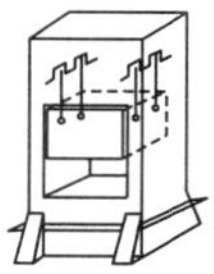	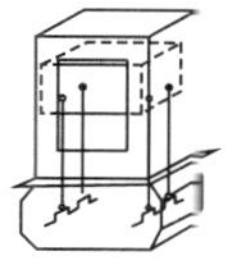	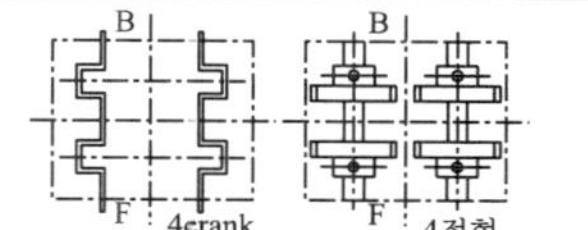

그림 3-4 ● 슬라이드 유닛(unit) 수의 배치에 의한 종류

⑤ 슬라이드 유닛 수 및 배치에 의한 종류

- 1점식
  - 종형 상부구동
  - 횡형 상부구동
- 2점식
  - 종형 상부구동
  - 횡형 상부구동
  - 횡형 하부구동
- 4점식
  - 종형 상부구동
  - 횡형 상부구동

구분 \ 형식	C-프레임		O-프레임	
구분 \ 기둥별	단주형	양주형	양주형	4주형
형상	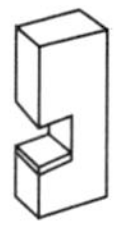	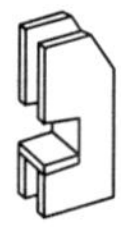	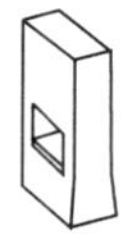	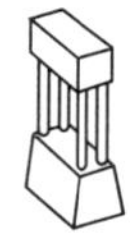

그림 3-5 ● 프레임 형상에 따른 분류

구분 \ 형식	기본형	수직 와이드형	조절 베드형	가경식	경사형	수평형
형상		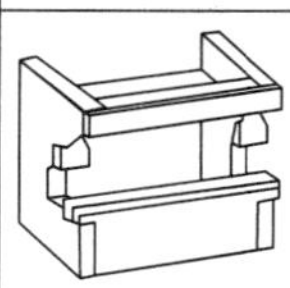	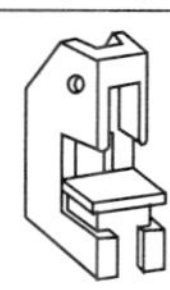		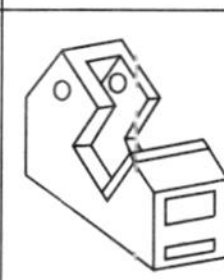	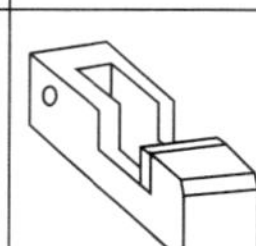

그림 3-6 ● 양주형 프레임 형상에 따른 분류

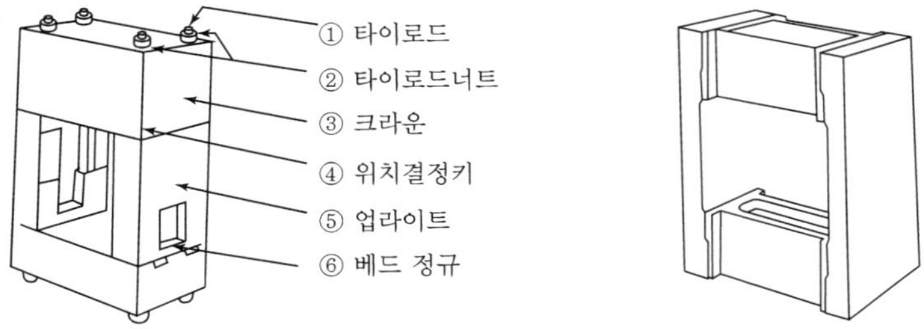

(a) 타이로드 용접구조 프레임 (b) 타이로드리스 용접구조 프레임

그림 3-7 ● 타이로드(tie rod) 및 타이로드리스(tie rodless) 프레임 형식

⑥ 유압 프레스

그림 3-8 ● 스트레이트 사이드 단동 유압 프레스 외형도(straight side single oil hydraulic press)

그림 3-9 ● 유압 복동 프레스(하측 블랭크 홀더형) 조립도

⑦ 수압 프레스

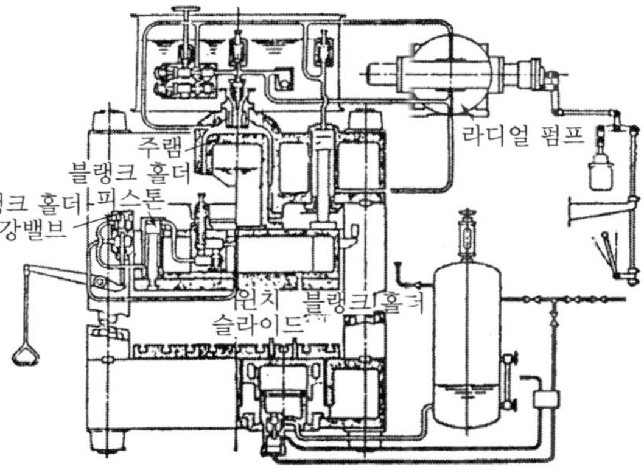

그림 3-10 ◦ 4주형 수압 프레스

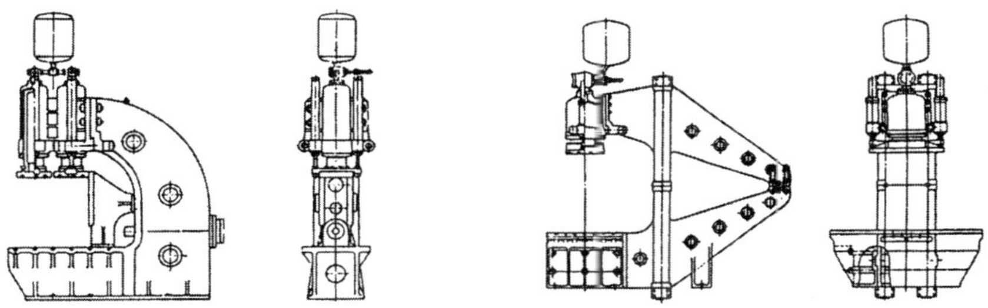

(a) 일체프레임 캔틸레버형 수압 성형 프레스 (b) 분할프레임 캔틸레버형 수압 성형 프레스

그림 3-11 ◦ 캔틸레버(cantilever)형 수압 성형 프레스

⑧ 특수 프레스

(ㄱ) 게이링법 프레스(Guerin lows-press)

(ㄴ) 스트레처(stretcher) 분류

세로형, 가로형, 곡선형

(ㄷ) 교정 프레스

판 교정 프레스, 형재(型材) 교정 프레스

(ㄹ) 세코 스탬프

⑨ 프레스 기기의 종류별 분류표

(ㄱ) 인력 프레스

(ㄴ) 기계 프레스

- 슬라이드 수에 의한 분류
  - 단동 프레스
  - 복동 프레스
    - 크랭크 복동 프레스
    - 토글 복동 프레스
    - 캠 복동 프레스
    - 보텀 복동 프레스
  - 3동 프레스
  - 4동 프레스
- 슬라이드 운동 기구별 분류
  - C-프레임 마찰 프레스
  - 테프레임 마찰 프레스
    - 원판구동형 마찰 프레스
    - 롤구동형 마찰 프레스
    - 하이젠크레버형 프레스
    - 빈센트형 마찰 프레스
  - 4주프레임 마찰 프레스
- 프레임 형식별 분류
  - Open-back C형 프레임 프레스
  - 일체식 straight side 프레임 프레스
  - 조립식 straight side 프레임 프레스
    - Tie rodless 조립 프레임 프레스
  - Solid-back C형 프레임 프레스
  - Horn형 프레임 프레스
  - Adjustable-bed형 프레임 프레스
  - Arch형 프레임 프레스
- 슬라이드 구동 유닛 수와 배치별 분류
  - 1점식 종형 상부구동 싱글 크랭크 프레스
  - 1점식 횡형 상부구동 싱글 크랭크 프레스
  - 2점식 종형 상부구동 더블 크랭크 프레스
  - 2점식 횡형 상부구동 더블 크랭크 프레스
  - 2점식 횡형 하부구동 더블 크랭크 프레스
  - 4점식 횡형 상부구동 4 크랭크 프레스
  - 4점식 횡형 하부구동 4 크랭크 프레스
- 프레임 기둥 형상별 분류
  - C-프레임 단주형
  - C-프레임 양주형
  - Straight 프레임 양주형
  - Straight 프레임 4주형
    - 기본형
    - 수직와이드형
    - 조절베드형
    - 가경식
    - 경사형
    - 수평형

(ㄷ) 액압 프레스

- Oil
  - 유압 프레스
    - Side 프레임 전자동 유압 단동 프레스
    - 유압 복동 프레스
    - C-프레임 유압 프레스
      - Inner out형
      - 하측 블랭크 홀더형
- 물
  - 수압 프레스
    - 4주형 수압 프레스
    - 켄틸레버형 수압 성형 프레스
      - 일체프레임 켄틸레버형 수압 성형 프레스
      - 분할프레임 켄틸레버형 수압 성형 프레스
- 공기
  - 공압 프레스

(ㄹ) 특수 프레스

- 특수 공정 및 공구에 의한 분류
  - 게이링법 프레스
  - 스트레처
    - 세로형
    - 가로형
    - 곡선형
  - 교정 프레스
    - 판 교정 프레스
    - 형재 교정 프레스
  - 세코 스탬프

3-2 프레스 안전

1 특성

프레스 및 전단기로 금형 또는 전단날을 이용하여 금속, 비금속재료를 굽힘, 전단, 드로잉 등, 소성가공을 하는 기계이다. 주로 크랭크 기구를 이용하여 슬라이드를 왕복운동시키고 금형 등을 슬라이드 부위에 장착하여 강한 압축력으로 제품을 가공한다. 이와 같은 프레스, 전단기로 작업속도가 매우 빠르며 큰 에너지를 충격적으로 이용하고 안전과 밀접한 연관을 갖고 있는 금형을 이용한다는 등의 특징을 가지고 있다. 이와 같은 특징에서 알 수 있듯이 신체 일부가 작업점에 노출되면 절단, 협착 되는 등의 재해를 입는 위험성이 높은 기계이다. <그림 3-12 참조>

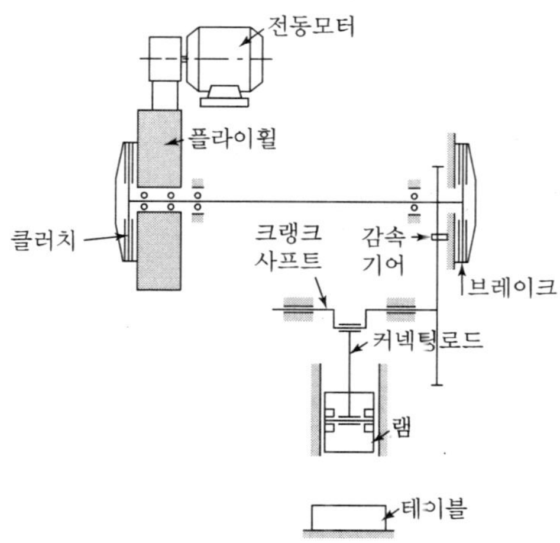

그림 3-12 ◦ 크랭크 프레스의 원리

3-3 작업 위험성과 대책

프레스, 전단기에 대한 재해의 발생요인은 다음과 같다. <그림 3-13>

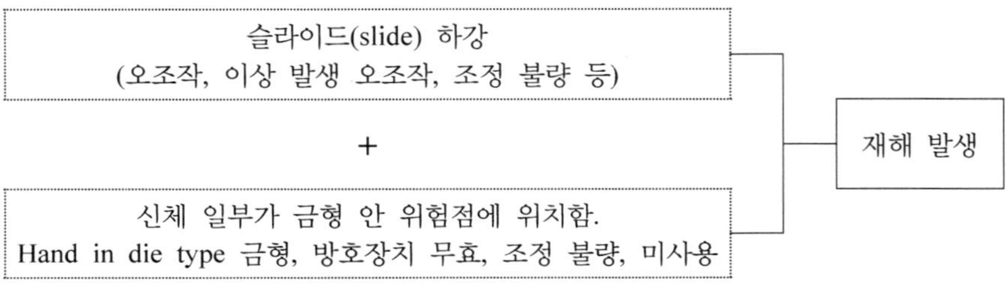

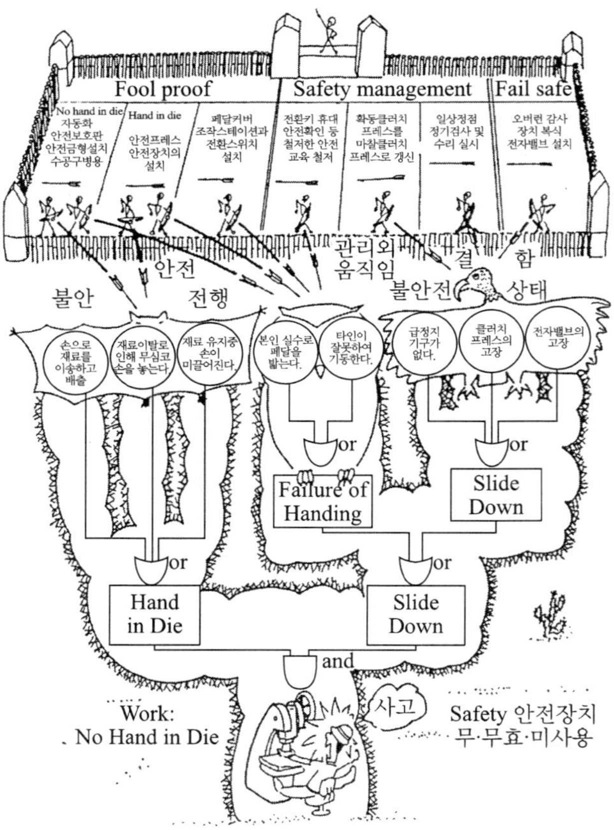

그림 3-13 ● 프레스 재해요인 FTA도

이러한 요인의 발생과 안전대책의 추진을 저해하는 문제점으로 다음과 같은 사항 등을 지적할 수 있다.

1 프레스 · 전단기의 위험성

(1) 작업의 위험성

재료나 부품의 송급, 배출작업이 대부분 위험점인 금형사이에서 이루어지는 손이 반드시 들어가는 형(hand-in-die type)이 많아 위험성이 높다.

(2) 기계 자체의 위험성

클러치 및 브레이크 관련 부품들이 받는 충격마모 등이 심하여 이상행정 등, 고장 발생 빈도가 높으며, 확동식 클러치인 경우 하강행정 중에는 정지시킬 수 없는 등 기능상의 위험성을 내포하고 있다.

(3) 범용성(凡用性)에 뒤따르지 못하는 안전조치

프레스 · 전단기는 전환키스위치(key switch)로 행정형태를 변환하여 다양한 가공작업을 할 수 있는 범용성이 우수한 기계이다. 그러나 이러한 범용성에 대응할 수 있는 안전조치가 미비한 경우가 많다.

(4) 비정상작업(금형 및 재료의 운반, 금형의 취부 · 조정 · 해체 등)

재료의 송금과 금형의 취부 · 조정 작업 시 등 비정상적인 형태의 작업이 많아 이를 부수 작업 시에 수반되는 위험성이 높다.

(5) 소규모 영세기업이 대부분이며 다품종 소량생산

프레스 제품 생산업체는 대부분 상시 근로자 50명 미만의 영세기업으로 기술 재정적인 제약이 많으며 또한 소량 다품종 생산으로 작업조건의 변화가 심해 충분한 안전조치가 뒤따르지 못하고 있다.

2 대책

(1) 프레스 금형(金型)은 원칙적으로 금형 사이에 손을 넣을 필요가 없도록 no-hand-in-die type으로 하여야 한다.

(2) 금형 사이에 손이나 신체일부가 들어갈 위험한 작업을 하게 되는 「hand-in-die type」 것은 작업방법에 상응하는 충분한 안전조치를 해야 한다.

(3) 전환스위치에 의해서 행정(行程), 조작방식 등을 전환할 때 안전성의 확보를 우선적으로 고려해야 한다.

(4) 작업방법 기계의 성능에 적합한 안전조치 특히 방호장치를 선정하여야 한다.

(5) 금형의 운반, 부착, 해체, 조정 등의 비정상 작업 시에 안전조치를 확고하게 한다.

(6) 고장, 조정 불량 등에 대한 안전조치를 강화한다.

(7) 프레스 작업자에 안전교육, 훈련을 강화한다.

3-4 프레스 재해예방

프레스 전단기의 안전대책은 no-hand-in-die type의 작업과 hand-in-die type의 작업으로 구분하여 수립·시행한다. <표 3-1>

표 3-1 프레스기계에 대한 안전조치

Type 법	금형 안에 손이 들어가지 않는 구조 (no-hand-in-die type)	Type 법	금형 안에 손이 들어가는 구조 (hand-in-die type)
산업안전 보건기준에 관한 규칙 제103조 제1항	1. 안전울이 부착된 프레스 2. 안전 금형을 부착한 프레스 3. 전용 프레스 4. 자동송급, 배출기구가 있는 프레스 5. 자동송급, 배출장치를 부착한 프레스	제2항	1. 프레스기의 종류, 압력능력, spm 행정 길이·작업방법에 상응하는 방호장치 가. 가드식 나. 수인식 다. 손쳐내기식 2. 정지 성능에 상응하는 성능 가. 양수 조작식 나. 감응식 광전자식(비접촉) interlock(접촉)
제3항	전환스위치(switch)에 의한 행정, 조작, 방호장치 등의 전환조치		

• No-hand-in-die type (작업 시 금형 사이에 손이 들어갈 필요가 없는 구조)
작업 시 금형 사이에 손이 들어가지 않음으로서 근본적으로 협착 전단 해제를 예방한다.

㈎ 금형 사이에 손을 넣을 수 없는 구조
안전울 설치 : 금형 부위에 울을 설치하여 작업점을 제외한 개구부의 틈새를 8 mm 이하로 유지
안전 금형 : 슬라이드가 상사점에 위치해 있을 때, 금형의 상형과 하형 틈새 및 가이드 포스트와 부시(bush) 틈새가 8 mm 이하

㈏ 금형 사이에 손을 넣을 필요가 없는 구조
재료의 송급·배출을 자동화하여 작업자가 위험점에 접근할 필요성을 배제한 경우로 최근에는 로봇을 이용하는 경우도 늘고 있다.

• Hand-in-die type (작업 시 금형 사이에 손이 들어감)
작업상 불가피한 경우에 채택하여 반드시 충분한 방호조치가 선행되어져야 한다.
hand-in-die type에서는 방호장치의 설치와 정상기능 유지가 중요한 사항이다.
방호장치에 설치된 전환스위치 조작 시에는 다음의 경우에도 방호장치가 무효화되지 않도록 해야 한다.

㈎ 행정전환(연속행정, 1행정 1정지, 미동행정 등)
㈏ 조작방법 전환(양수 조작, 발스위치 등)
㈐ 조작 스테이션 변환(단수, 복수 등)
㈑ 방호장치 작동 ON-OFF 전환

결국 ㈏~㈑의 전환스위치가 어느 위치에 있더라도 안전이 확보되어야 한다. 이 전환스위치는 중심으로 프레스 재해 방지의 원칙으로 규정된 안전조치(산업안전보건기준에 관한 규칙 제103조 제1항~제2항)의 관계를 <그림 3-14>에 표시하였다.

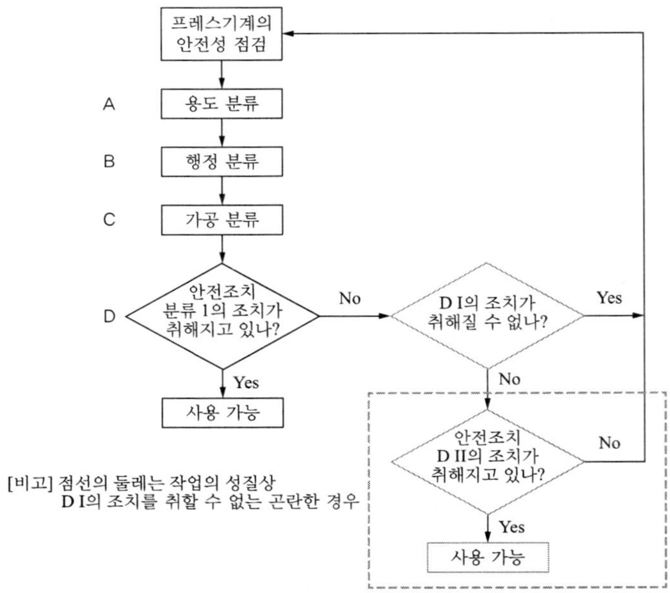

그림 3-14 ● 프레스 재해방지의 조치

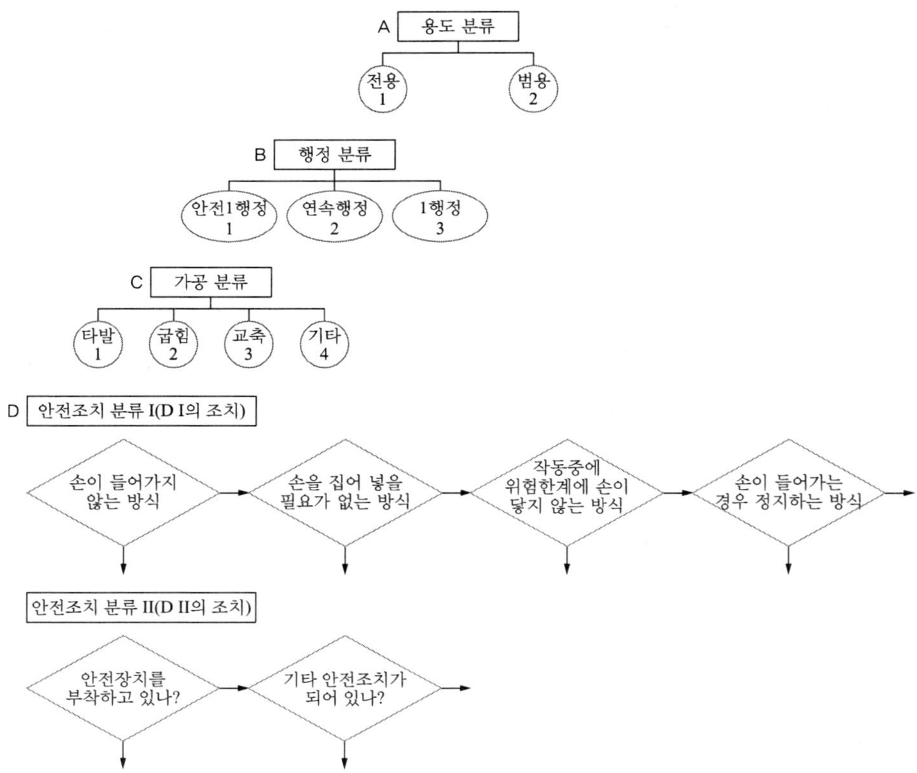

실제작업에서 A(용도), B(행정), C(가공)의 개개의 종류마다 혼합하여 D_1로 조치를 취할 수 있나 점검한다. 우선순위에 따라서 1～4로 화살표 방향에 따라서 선택한다. 다음은 이러한 조치가 작업 성질상 곤란한 때는 개선대책으로서 D_1의 조치를 취할 수 있는가를 점검한다.

다음은 <그림 3-14>에 의한 예를 들어본다.

A_2 범용	B_1 안전1행정	→	C_3 드로잉(drawing)	→	DI_3	위험 한계 내에 손이 닿지 않는 방식 : 양수 조작식 안전1행정
	B_3 1행정	→	C_3 드로잉(drawing)	→	DI_4	손이 들어가는 경우의 정지하는 방식 : 광전자식
	B_2 연속행정	→	C_1 드로잉(drawing)	→	DI_1	손이 들어가지 않는 방식 : 안전울

이와 같이 1대의 프레스 기계에 몇 가지 안전조치가 필요한 것은 주로 B, D에서 전환스위치를 설치하여 범용성을 부여하고 있기 때문이다.

1 방호장치의 이용

프레스의 방호장치는 양수 조작식, 광전자식, 수인식, 손쳐내기식 등이 있으며 프레스 및 작업 특성에 맞게 설치되어야 한다.

양수 조작식과 광전자식은 각각 안전거리가 확보될 수 있도록 설치 조정되어야 한다. 안전거리는 스위치 조작 후(감응식의 경우 감지 후) 손이 도달 가능 거리로 스위치나 감지부가 위험점과 격리되어야 하는 최소한의 거리를 말하며 다음 식에 의해 계산된다.

$$\text{안전거리 } D = 1.6(T_l + T_s) \quad [\text{mm}]$$

여기서, $T_l + T_s$: 스위치 조작 후(감지 후) 슬라이드가 급정지할 때까지의 지동시간 (ms)

(1) 양수 조작식 방호장치

기계를 가동할 때 위험한 작업점에 손이 놓이지 않도록 누름버튼이나 조작 레버를 2개 설치하고 양손으로 동시에 작동시키도록 한 것이 조작식 방호장치이다. 이때 누름버튼이나 레버간의 거리는 300 mm 이상 격리시켜야 한다. <그림 3-15>

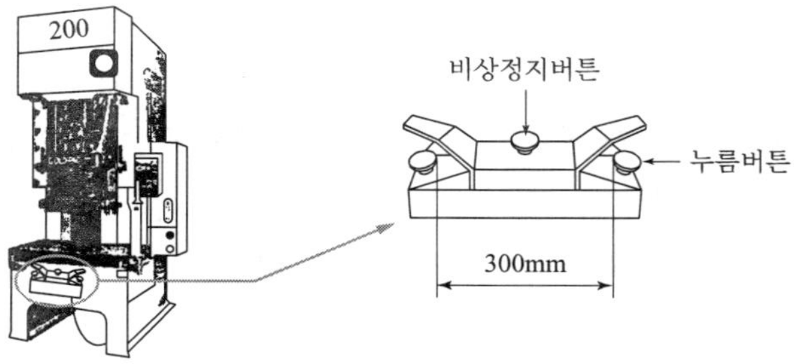

그림 3-15 ● 양수 조작식 방호장치

또한 조작이 용이하고 접촉, 진동 등으로 불의에 기계가 작동하는 프레스에는 양수 조작식과 양수 기동식으로 구분하여 설치하고 다음과 같은 특징을 갖고 있다.

- 급정지 성능이 약화되거나 이상이 발생되지 않는 한 작업자를 슬라이드에 의한 위험으로부터 완전히 방호할 수 있다.
- 굽힘가동 등 2차 가공에 사용되며 급정지 성능이 좋은 프레스인 경우 안전거리를 짧게 하여 작업능률에 지장이 없다.
- 클러치, 브레이크 등의 고장에 의한 이상 행정 시에는 방호가 불가능하다.

① 양수 조작식 방호장치 설치 조건

(ㄱ) spm(stroke per minute)이 120 이하인 프레스에 사용할 것
(ㄴ) 1행정 1정지 기구에 한하여 사용할 것
(ㄷ) 1행정마다 양손을 떼지 않으면 다음 동작을 할 수 없을 것
(ㄹ) 양쪽 버튼과 작동시간차가 최대 0.5초 이내일 것
(ㅁ) 램 하강 시 버튼에서 손을 뗄 시 정지구조일 것
(ㅂ) 버튼 상호 내측거리는 300 mm 이상일 것
(ㅅ) 버튼은 매립형 또는 오목형일 것
(ㅇ) 발스위치(foot switch)는 사용할 수 없는 구조일 것

② 양수 조작식 방호장치의 설치(안전거리확보)

(ㄱ) C형 프레스 〈그림 3-16〉

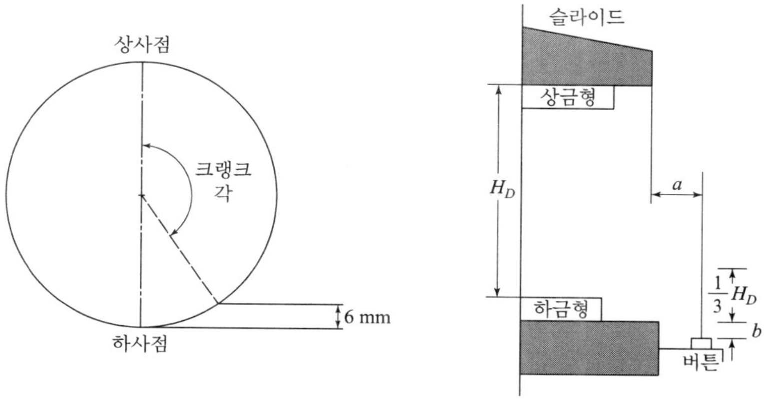

그림 3-16 ● C형 프레스의 "예"

㉮ 조작버튼의 위치가 정반 상면보다 낮은 경우 <그림 3-17>

$$D < a + b + \frac{H_D}{3}$$

위의 조건을 만족할 수 있도록 누름버튼의 위치를 선정해야 한다.

D : 안전거리

a : 누름버튼에서 슬라이드(slide) 전면까지 수평거리

b : 누름버튼에서 볼스터(bolster) 상면까지 수직거리

H_D : 다이높이(die hight)

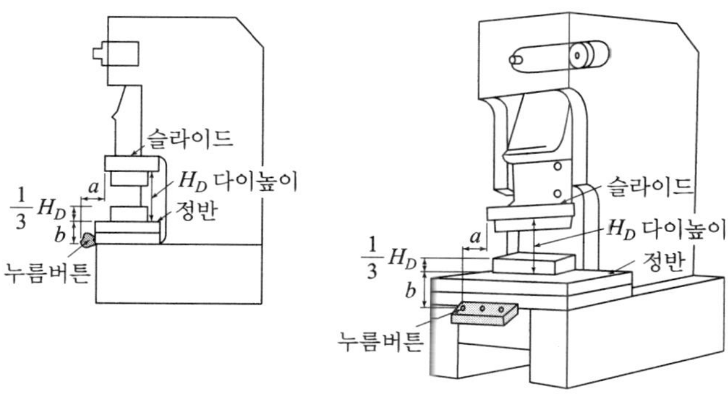

그림 3-17 ●

㉯ 조작버튼의 위치가 정반 상면보다 높은 경우 <그림 3-18>

$$D < a + \left(b + \frac{H_D}{3}\right)$$

위의 조건을 만족시키도록 누름버튼의 위치를 설정한다.

a : 슬라이드 전면에서 누름버튼까지의 수평거리

b : 정반 상면에서 누름버튼까지의 수직거리

H_D : 다이높이(die hight)

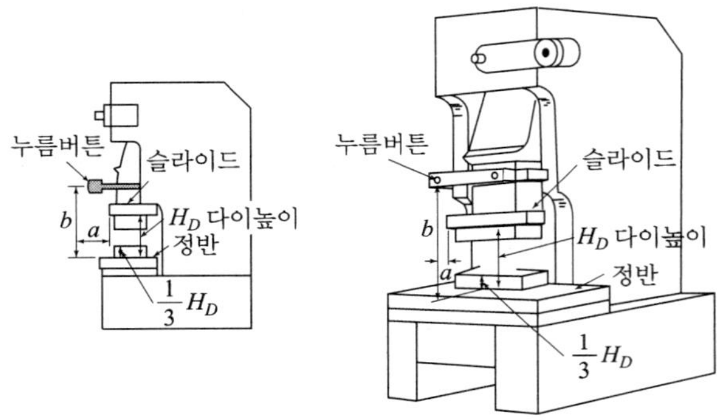

그림 3-18

(ㄴ) 스트레이트 사이드(straight side)형 프레스 〈그림 3-19〉

$$D < a + b + \frac{H_D}{3} + \frac{1}{6} l_B$$

위의 조건을 만족할 수 있도록 누름버튼의 위치를 설정해야 한다.

D : 안전거리

a : 누름버튼에서 볼스터 전면까지 수평거리

b : 누름버튼에서 볼스터 상면까지 수직거리

H_D : 다이높이(die hight)

l_B : 볼스터 안쪽 길이

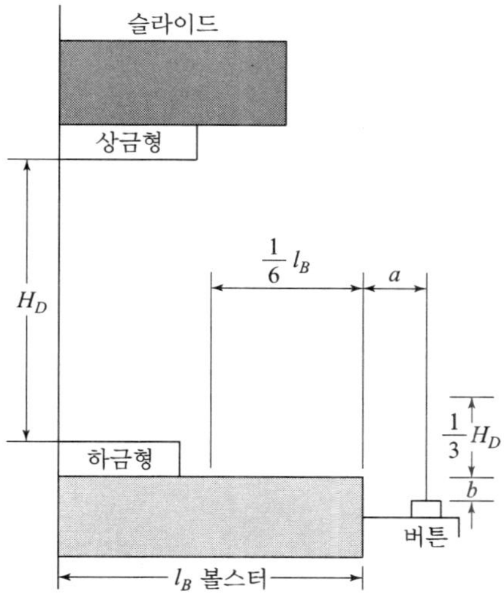

그림 3-19 ● 스트레이트 사이드형 프레스에 설치

㉮ 스트레이트 사이드형을 프레스기에 부착할 위치는 볼스터 바로 앞쪽에 볼스터 상면보다 조금 낮은 위치에 부착하고 금형에 부착할 때는 작업의 장해 요소가 없도록(부품의 송급, 배출 등)

㉯ 안전거리가 부족할 경우에는 볼스터에서 거리를 유지하여 부착한다.

㉰ 볼스터의 상면보다 낮게 적당 위치에 부착하지 못할 경우는 기계 본체의 상부에 부착할 수 있다.

㉱ 광전자식 안전장치를 병용할 경우 광축 부착 위치가 누름버튼과 작업자와 가까이 있으면 일반적으로 작업성이 나쁘게 되므로, 부착 시에 해당 광축 위치를 고려해야 한다.

③ 기능 및 작동

(ㄱ) 기능

양수 조작식 방호장치는 다음과 같은 기능을 갖는 구조여야 한다.

㉮ 한 손으로는 조작, 불가능(양수 조작 중 한 손을 떼면 정지)한 구조 <그림 3-20>

㉯ 두 손으로 스위치를 동시에 조작(0.5초 이내)하는 구조 <그림 3-21>

㉰ 조작 후 위험점까지 손이 도달하지 못하는 구조

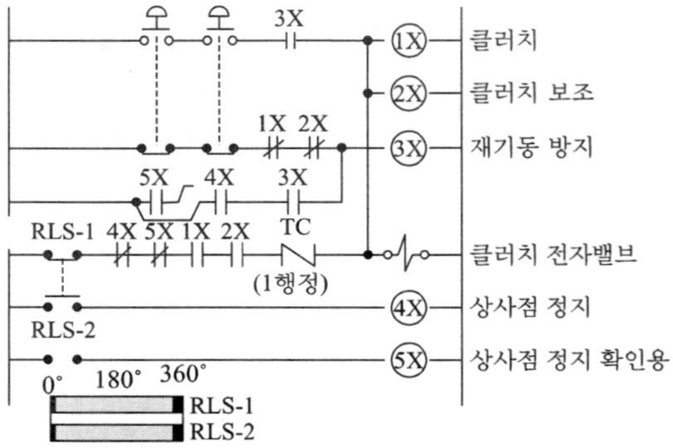

그림 3-20 ● 행정 1정지용 회로

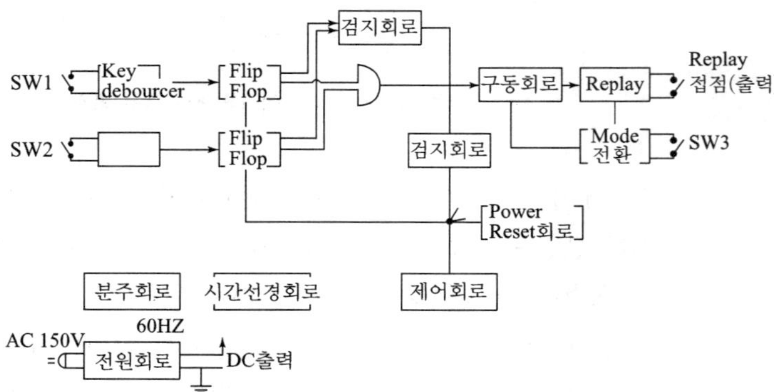

그림 3-21 ● 누름버튼 0.5초 이내에 동시 조작하는 회로

(ㄴ) 급정지 무효 안전거리 〈그림 3-22〉

작업의 능률을 위하여 슬라이드가 하사점에 근접해 있을 때 조작버튼(감지부 감지)에서 손을 떼어도 행정이 정지(급정지)되지 않도록 하는 급정지 무효범위를 설정한다. 즉 슬라이드가 하사점 전 $\theta°$에서 급정지 무효가 개시되어 하사점으로 하강할 때, 이후에 손이 기준속도(1.6 m/sec)로 위험범위로 이동해 가더라도 슬라이드가 먼저 하사점을 지나거나 위험이 해소될 수 있도록 하는 것이다. 따라서 급정지 무효 안전거리 D는 다음 조건을 만족시켜야 한다.

$$D_\theta > D$$

θ : 급정지 무효 개시점과 하사점과의 크랭크 각도
D_θ : θ에 의해 계산되는 급정지 무효 안전거리
D : 안전거리
N : 매분당 스트로크 수(spm)

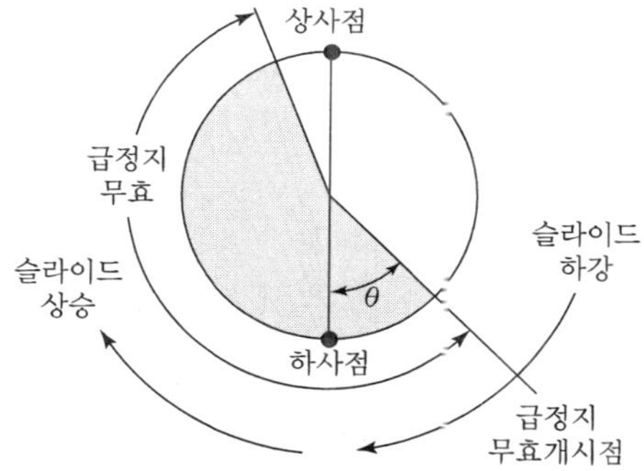

그림 3-22 ◦ 급정지 무효범위

급정지 무효 안전거리의 계산식은 다음과 같다.

$$1\text{행정 시간} = \frac{60,000}{N} \ [\text{단위: ms}]$$

$$\text{급정지 무효 시간} = \frac{\theta}{360} \times \frac{60,000}{N} \ [\text{단위: ms}]$$

$$= \frac{500\theta}{3N} \ [\text{단위: ms}]\text{이므로}$$

$$\text{급정지 무효 안전거리 } D_\theta = 1.6 \text{ ms} \times \frac{500\theta}{3N}$$

$$= \frac{800\theta}{3N}$$

실제 안전거리 $D = 240$ mm일 경우라도 급정지 무효 안전거리 D_θ(단 $\theta = 45°$, $N = 30$일 때)는

$$D_\theta = \frac{800\theta}{3N} = \frac{800 \times 45}{3 \times 30} = 400 \text{ mm}$$

$D = 240$ mm 무시하고 $D_\theta = 400$ mm를 기준으로 하여 누름버튼을 설치한다.
또 <그림 3-23>을 이용하여 급정지 무효 안전거리를 계산할 수 있다.
세로축의 값을 45°, 가로축 N을 30으로 하여 만나는 점의 안전거리 값을 읽으면 $D_\theta = 400$ mm가 됨을 알 수 있다.

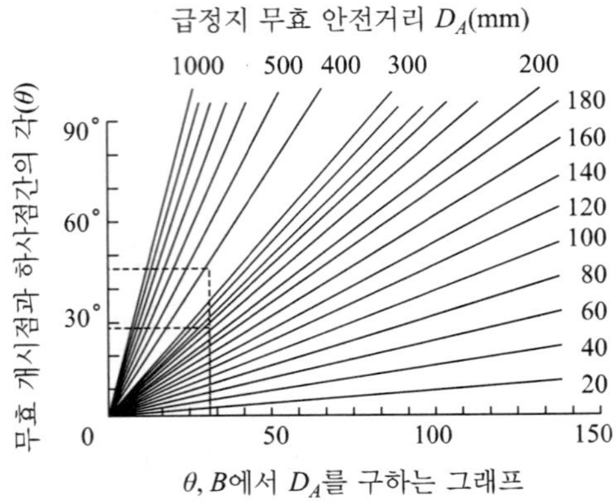

그림 3-23 ■ 급정지 무효 안전거리 산출선도

(2) 감응식 방호장치(感應式 防護裝置)

감응센서를 이용하여 위험점에의 접근을 감지 기계를 급정지 시키는 등의 기능을 가진 장치를 감응식 방호장치라 하며 감응원리상 다음과 같은 분류할 수 있다.

- 초음파식 : 초음파를 위험구역으로 투사시켜 신체일부의 존재 유무를 검출하는 방법이다.
  장점 : 빛이나 먼지 등에 의한 영향이 없다.
  단점 : 방호폭에 한계가 있다.
- 용량식 : 위험구역에 안테나를 처서 만든 전장이며 작업자의 접근에 따르는 용량변화를 검지하여 기계의 운전을 정지하는 방법이다. 이 방법은 불규칙한 입체표면 방호에 우수하며 향후 일반기계에 적용이 기대된다.
- 광전자식 : 프레스 및 위험기계의 위험구역 전면에 라이트 빔의 막을 만들고 이 막을 손등으로 차단하면 기계가 정지하는 방식이다. 빔은 약 200 mm 직경이므로 넓은 방호물인 경우에는 여러 개의 빔을 병렬로 사용한다. 또 10 m 이상의 긴 유효스팬(span)인 것도 있으므로 자동화라인 등의 측면방호에도 사용할 수 있다.

단, 이 장치는 센서가 백열전구형일 때는 다른 조명 광선 등으로부터 오동작(誤動作)할 위험성이 있다. 프레스(press)에 이 장치가 많이 사용되지만, 같은 레일(rail)상에 주행되는 크레인(crane)의 충돌방지용으로도 이용되고 있다.

① 광전자식 방호장치(光電磁式 防護裝置)의 종류

- 광원에 의한 분류
  - 백열전구형
  - 발광다이오드형
- 수광방법에 의한 분류
  - 투과형(투광식, 수광식)
  - 반사형
- 백열전구형 단점
  - 수명이 짧다.
  - 진동에 필라멘트가 끊어지기 쉽다.
  - 외란광의 영향을 받기 쉽다.
- 다이오드형 장점
  - 펄스(pulse) 점등 방식
  - 외란광의 영향은 거의 받지 않는다.
  - 반도체소자가 많이 사용되며 릴레이 이외에 반영구적이다.

(ㄱ) 투과형에서 백열전구를 광원으로 하는 것.

광원으로 백열전구를 사용하면 전구의 수명이 짧고, 진동에 의해 필라멘트가 끊어지기 쉽다.

또 외부광선의 간섭에 감응되기 쉬우므로 <그림 3-24>, <그림 3-25>와 같이 엄격한 시험을 하여 이상동작현상이 없도록 하여야 한다.

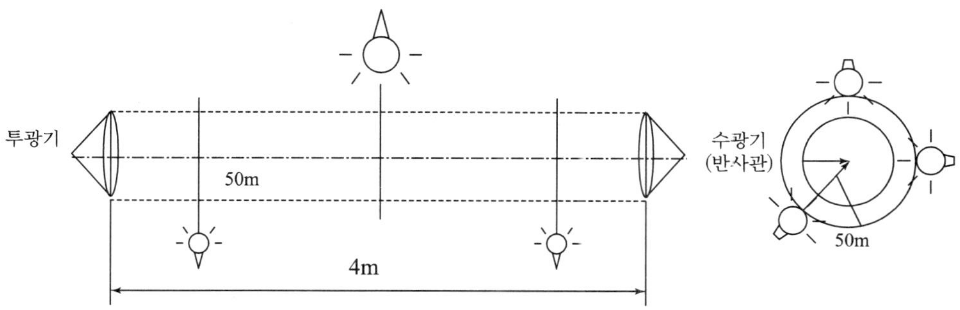

그림 3-24 ● 수평기의 외부광선에 의한 감응시험 (100 V, 100 W 전구)

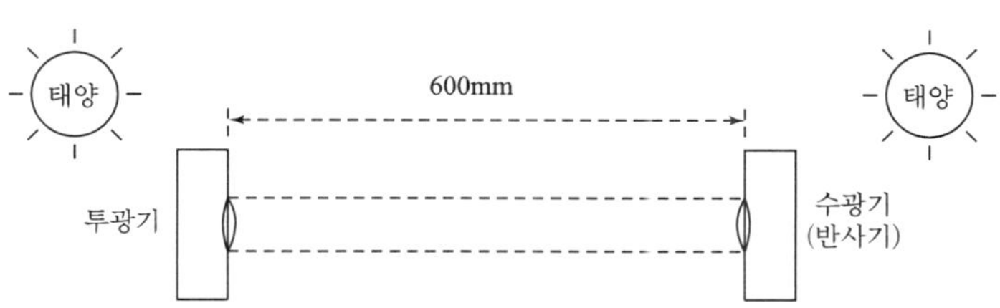

그림 3-25 ● 태양광선 감응시험

(ㄴ) 투과형에서 광원으로 다이오드를 사용하는 것.

발광다이오드(diode)를 광원으로 사용하는 것은 펄스(pulse) 점등 방식이며 외광에 의한 간섭은 거의 받지 않는다. 전기부품은 반도체소자가 많이 사용되며 릴레이 이외의 수명은 반영구적이다.

(ㄷ) 반사형에서 광원으로 백열전구를 사용하는 것.

<그림 3-26>과 같이 투광기와 반사판과의 사이에 빛을 조사하여 광막을 만든다.

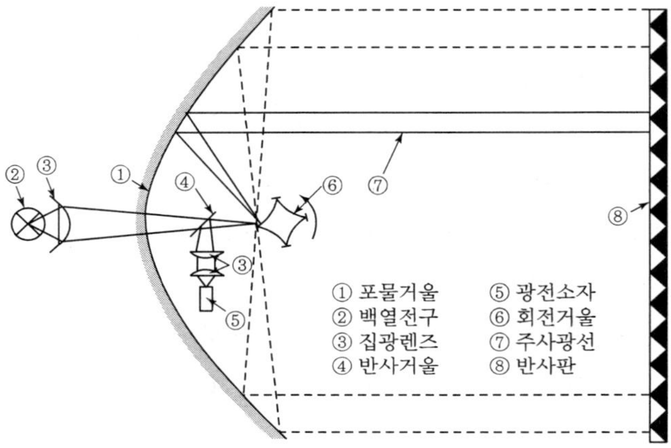

그림 3-26 • 반사형 광전자식(광막식)의 원리

(ㄹ) 반사형에서 광원으로 발광다이오드를 사용하는 것.

투광기와 수광기가 일체로 되어있다. 다각 프리즘(prism)반사판은 광축에 대해 다소 직각에서 벗어나는 발광다이오드로부터 입사광선은 거의 같은 방향으로 반사하여 수광소자에 빛을 보낸다. 반사형은 투과형에 비해서 투·수광기와 반사판의 간격은 빛이 왕복하는 사이에 빛의 강도가 약해지므로 투과형의 투광기와 수광기의 간격보다 일반적으로 짧다. 그러나 광축의 조정이 용이하고 취급이 용이하여 중·소형 프레스에 많이 사용되고 있다. <그림 3-27>은 투·수광기의 배치에 의한 광축 구성의 예이다.

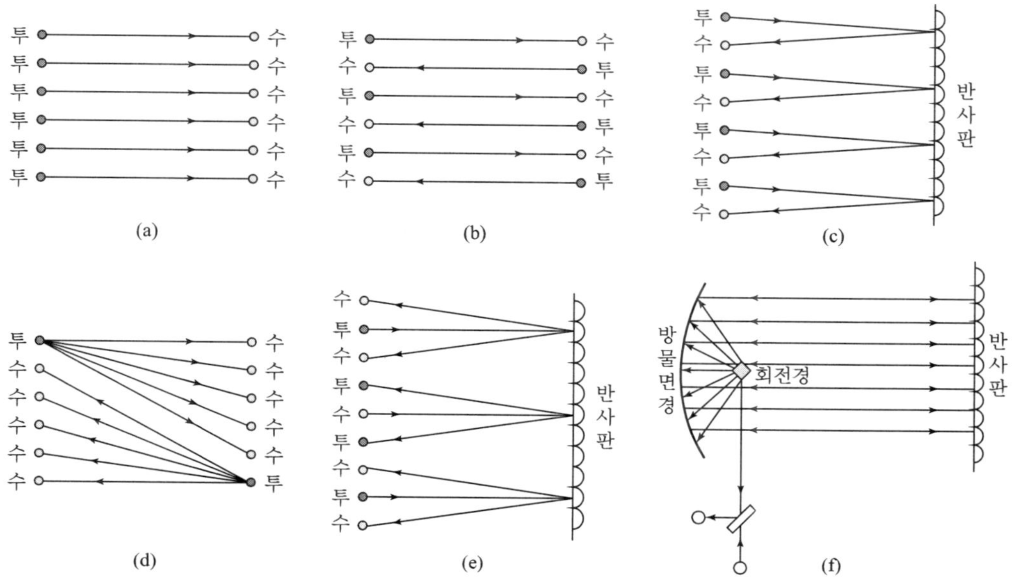

그림 3-27 ◦ 광축의 구성 예

② 광축의 수

프레스·전단기의 안전기준에 만족시키려면 광전자식 검출 기구의 투광기 및 수광기에는 프레스 스트로크 길이와 슬라이드 조절량과의 합계한 길이의 전장에 걸쳐서 유효하게 작동되어야 한다. 이 합계한 길이가 400 mm를 초과하는 경우에는 유효하게 작동하는 길이가 400 mm로 되게 한다. 드 투광기 및 수광기의 광축수는 그 이상으로 하고 연속차광폭이 30 mm 이하가 되도록 한다. 광축의 수는 <표 3-2>와 같다.

표 3-2

슬라이드 조절량 + 스트로크 길이 (단위: mm)	50~ 이하	50~ 99	100~ 149	150~ 199	200~ 249	250~ 299	300~ 349	350~ 400 이하
광축수	2	3	4	5	6	7	8	9

※ 필요 광축수 $= \dfrac{\text{스트로크(stroke) 길이}+\text{조절량}}{50}+1$

③ 광전자식 방호장치의 안전거리(설치거리)

안전거리는 양수 조작식 방호장치와 동일하다.

(ㄱ) 안전거리와 광축 부착 위치

㉮ C형 프레스인 경우 <그림 3-28>

$$D < a$$

D : 안전거리

a : 광축에서 슬라이드 전면까지의 수평거리

㉯ 스트레이트 사이드(straight side)형 프레스인 경우 <그림 3-29>

$$D < a + \frac{1}{6} l_B$$

D : 안전거리

a : 광축에서 슬라이드 전면까지의 수평거리

l_B : 볼스터의 안쪽길이

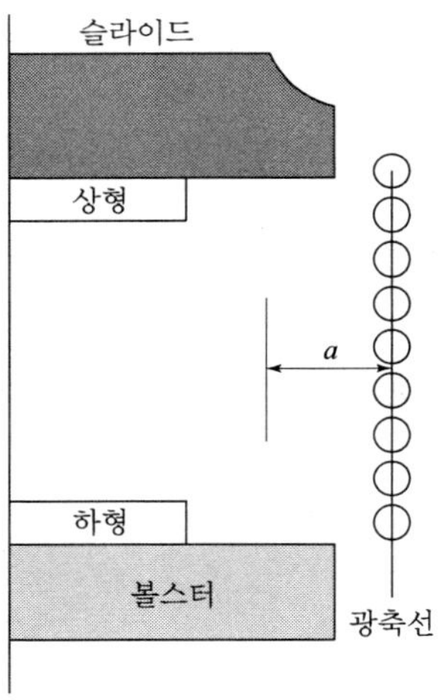

그림 3-28 • C형 프레스

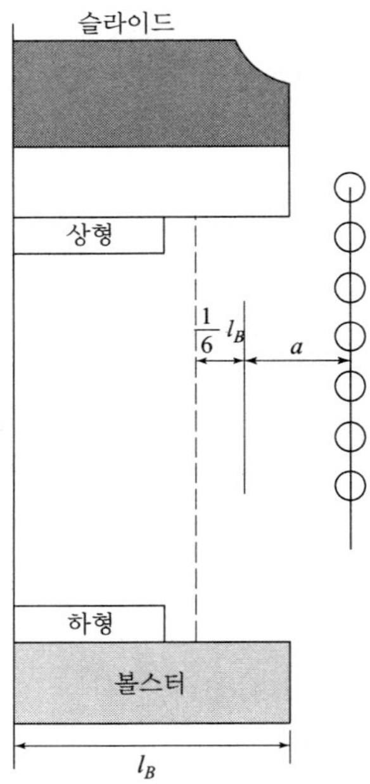

그림 3-29 • 스트레이트 사이드형 프레스

④ 상승무효기구

슬라이드의 상승행정은 상승무효기구를 작동시켜 급정지 신호를 무효로 하여 손이 빔(beam)을 차단하여도 슬라이드는 정지하지 아니하고 상사점 정지 위치에 복귀하게 되므로 재료의 송급, 가공부품의 송출을 가능하게 하여 작업능률을 높일 수 있다.

⑤ 광전자식의 안전장치 특징

(ㄱ) 연속운전작업 및 발스위치조작에 사용되며 급정지 성능이 필요한 작업자를 슬라이드에 의한 위험에 방호한다.

(ㄴ) 굽힘(bending) 가공 등 2차 가공 및 순차이송(progressive) 가공 등에 사용되며 급정지 성능이 양호하면 안전거리가 짧아 작업능률이 향상된다.

(ㄷ) 클러치(clutch), 브레이크의 기계적인 고장에 의한 이상행정 발생 시에는 효과가 없다.

⑥ 광전자식

(ㄱ) 차광폭은 30 mm 이하일 것

(ㄴ) 방호높이 변화량은 15% 이내일 것

(ㄷ) 지동시간(T_l)=30 ms 이하일 것

※ 지동시간 : 검출하여 슬라이드 정지 신호를 발할 때까지 전기적 신호

(ㄹ) 안전거리 $D=1.6(T_l+T_s)$로 만족할 것

(ㅁ) 광축수는 2개 이상일 것

(ㅂ) 조작용 전기회로는 150V 이하로 할 것

(ㅅ) 외부광선(외란광)에 간섭 감지현상이 없을 것

(ㅇ) 내한 −40℃, 내열 +70℃ 견디는 구조일 것

(ㅈ) 안전기 성능 확보될 수 있도록 커버가 되어야 한다.

(ㅊ) 견고하게 부착할 것

⑦ 광전자식 안전장치 설치시 안전거리 계산<예>

자료 : 기계기구 등에 관한 공통기술기준; S2-M-3-2009(다)

(ㄱ) $S = K\times T + C$

여기서, S : 안전거리

K : 2,000 mm/s

C : 8($d-14$)로 0 이상

d : 물체 검지 능력(mm)

T : 총 응답시간($=t_1+t_2$)

t_1 : 광센서 응답시간, t_2 : 장비의 정지시간

(ㄴ) 안전거리 계산식

$S = 2{,}000\times T + 8(d-14)$

(ㄷ) 안전거리 계산결과

AF광센서의 $t_1 = 0.015$ ms, $d = 30$ mm

장치의 정지시간 $t_2 = 0.04$ ms 설정한 경우

$S =$ 2,000 mm $\times (0.015 + 0.04) + 8(30 - 14) =$ 238 mm

∴ 광전자식 안전장치의 안전거리는 238 mm 이상으로 설치하여야 한다.

(3) 수인식 방호장치(手引式 防護裝置)

작업장의 손과 기계의 운동부분을 케이블이나 로프로 연결하고 위험점 형성이 손을 위험구역 밖으로 끌어내는 장치를 말한다. 이 장치를 효과적으로 사용하려면 케이블

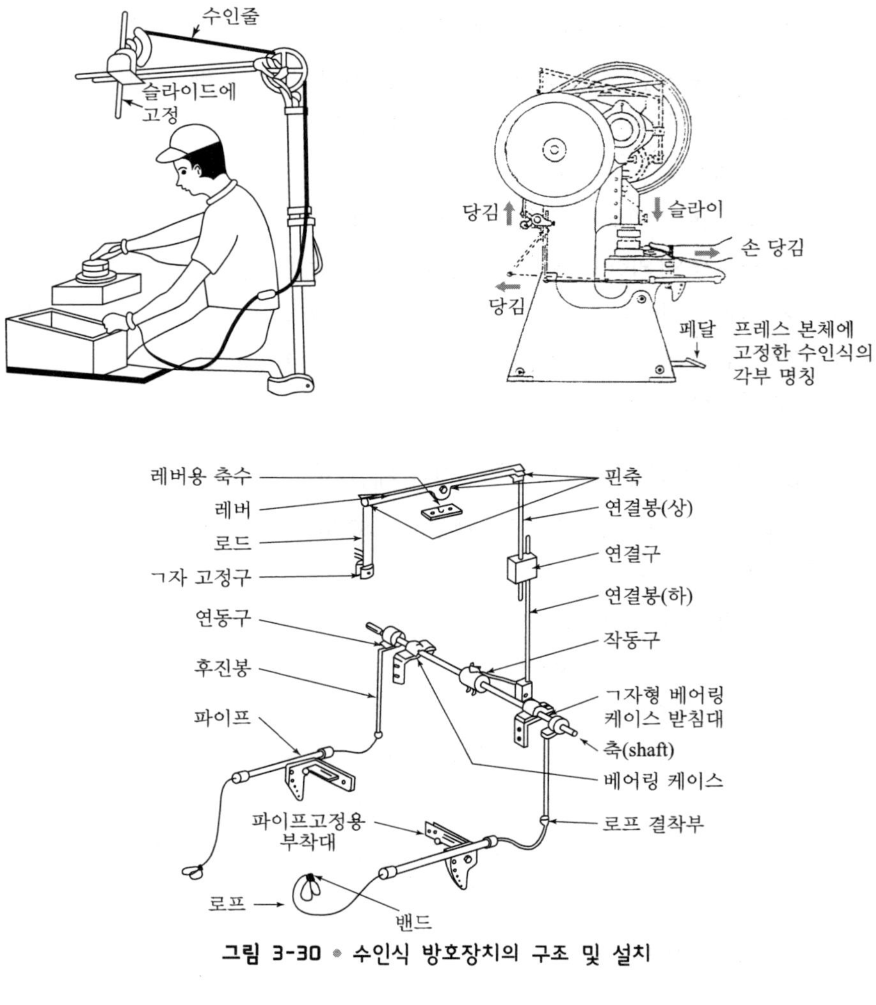

그림 3-30 ● 수인식 방호장치의 구조 및 설치

이나 로프 길이를 적정하게 조정하여야 하며 감독자에 의한 사용 상황 관리가 중요하다. 특히 수인식 안전장치는 작업자의 손을 구속하게 되므로 작업간 손의 활동범위를 고려해서 선택, 적용하여야 한다. <그림 3-30>

① 밴드는 유연한 내유성 피혁(皮革)일 것
② 수인끈은 지름 4 mm 이상 합성섬유일 것
③ 공정에 따라 길이가 조정 가능한 구조일 것
④ 수인끈은 150 kg_f 이상 강도를 가질 것
⑤ 밴드는 50 kg_f 이상 강도를 가질 것
⑥ 수인끈 안내봉에 끈의 마모·손상을 주지 않는 구조일 것
⑦ 착용감이 좋고 쉽게 착용할 수 있는 구조일 것
⑧ spm(stroke per minute)이 120 이하인 프레스에 사용할 것
⑨ 스트로크(stroke) 길이가 40 mm 이상의 프레스 구조일 것
⑩ 수인줄 당김량은 정반 안길이의 1/2 이상일 것

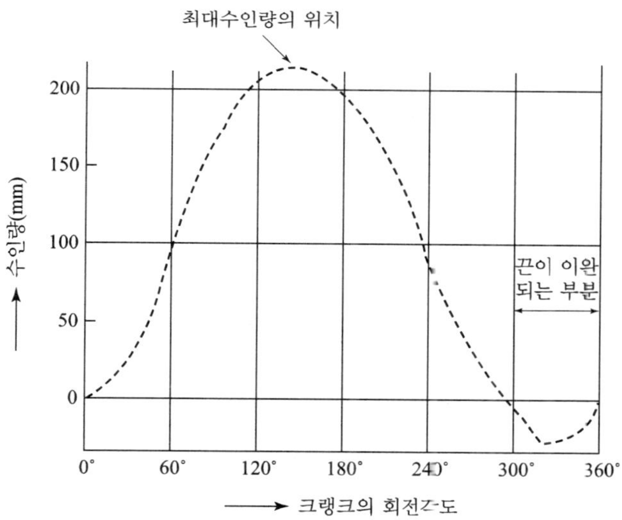

그림 3-31 ● 크랭크 각도에 따른 수인량

(4) 손쳐내기식 방호장치

기계가 작동할 때 레버(lever)나 링크(link) 혹은 캠(cam)으로 연결된 손쳐내기봉(除手棒)이 위험구역의 전면에 있는 작업자의 손을 우(右)에서 좌(左) 또는 좌(左)에서 우(右)로 쳐내는 방호장치를 말한다. 일반적으로 손을 위험점에서 제거하는 방식에는

손쳐내기식과 밀어내기식 등 여러 가지 방식이 있으며 수인식과 같이 손을 쳐내는 기구가 슬라이드와 직결되어 있기 때문에 연속 낙하 시에도 유효하다.

① 손쳐내기식 설치조건 <그림 3-32>

㈀ 슬라이드 하 행정 거리 3/4 위치에서 손을 밀어낼 것
㈁ 손쳐내기봉의 스트로크(stroke) 길이는 금형 높이에 따라 조절할 수 있는 구조일 것
㈂ 진동폭은 금형폭 이상일 것
㈃ 손쳐내기봉과 방호판은 경량이면서 강도를 가진 구조일 것
㈄ 방호판폭은 금형폭의 1/2 이상일 것
㈅ 스트로크가 300 mm 이상일 때는 폭은 300 mm로 할 것
㈆ 손쳐내기봉에 완충재를 붙일 것
㈇ 진동 각도는 60～90° 이내일 것
㈈ 고정 볼트 등 예리한 돌출 현상이 없을 것

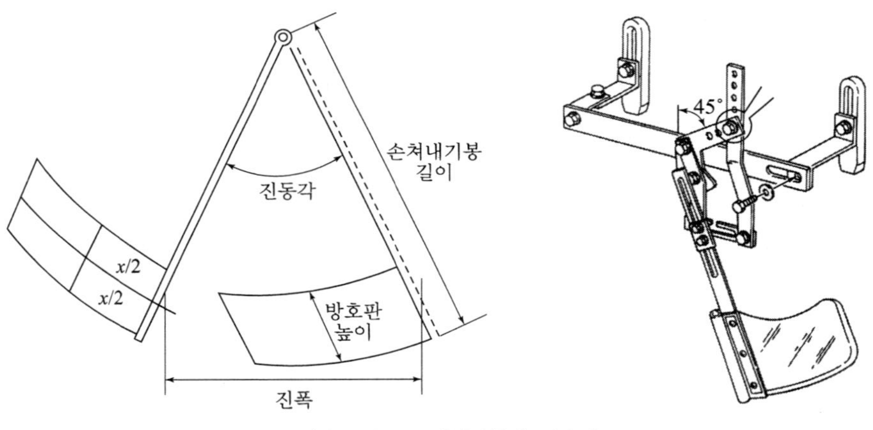

그림 3-32 ● 손쳐내기봉과 방호판

② 손쳐내기식의 단점과 특징

㈀ 양쪽 측면의 무방호 상태이다.
㈁ 비교적 큰 기계에는 손의 구속이 되지 않는다.
㈂ 작은 기계는 기계고장에 의한 이상행정 시에도 효과가 있다.

(5) Gate Guard식 방호장치

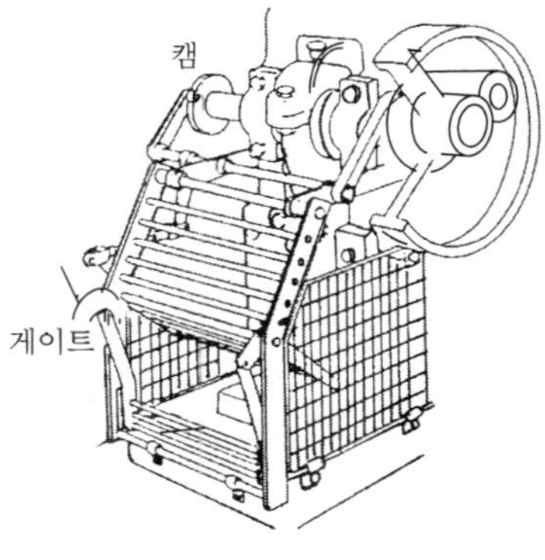

① Gate가 위험부위를 차단하지 않으면 작동되지 않도록 할 것
② 슬라이드가 작동하고 있을 때 Guard가 열리지 않을 것
③ 전환키스위치(key switch)의 key 보관이 확실할 것
④ 착탈 용이할 것
⑤ Guard에 완충조치를 할 것

2 금형(金型)의 안전화

프레스 금형을 부착하여 작업을 하게 되므로 금형자체의 안정성과 작업상 안전성을 확보하기 위해서는 금형의 개발 연구 및 설계단계에서부터 안전을 고려하여야 한다.

(1) 프레스 작업의 안전화의 금형구조

① 금형에 의한 위험방지

㈀ 금형 사이에 신체일부가 들어가지 않도록 한다.
→ 울 및 금형틈새를 8 mm 이하가 되도록 할 것
㈁ 금형 사이에 손을 집어넣을 필요가 없게 한다.
→ 재료나 부품의 자동 송·배출장치 등
㈂ 금형 사이에 손을 집어넣는 것을 예상한 경우 방호조치를 한다.
→ 방호장치 설치 등

② 금형 파손에 의한 위험방지

㈀ 맞춤핀 등은 낙하방지 대책을 세우고 인서트 부품은 이탈방지 대책을 세운다.
㈁ 볼트 및 너트는 작업 중 진동, 충격 등에 의해 풀리지 않도록 스프링와셔(spring washer), 로크너트(lock nut), 키(key), 핀(pin) 용접 등의 방법으로 조치한다.

③ 금형의 탈락 및 운반(運搬)에 의한 위험방지

(ㄱ) 금형은 중량물이므로 금형 자체운반 대책이 세워져야 한다.

(ㄴ) 금형의 부착용 홈은 부착하는 프레스기계의 홈에 적합한 형상이어야 하며 부착용 홈의 깊이는 부착볼트 직경의 2배 이상으로 하여야 한다.

(ㄷ) 금형의 보기 쉬운 개소에 다음 내용을 표시하여야 한다.

㉮ 사용되는 프레스의 압력능력(단위: ton) 예 200

㉯ 길이(가로×세로×높이, 단위: mm) 예 300×500×640

㉰ 총중량(단위: kg) 예 192

㉱ 상형중량(punch 등, 단위: kg) 예 88

(2) 금형의 안전설계

① 금형에 의한 위험방지

(ㄱ) 금형 사이에 신체 일부가 들어가지 않도록 상형과 하형의 간격을 8 mm 이하로 한다. (stroke가 짧은 경우)

㉮ <그림 3-33>과 같이 상사점 위치에서 펀치(punch)와 다이(die)의 간격이 8 mm 이하로 설치하면 손가락이 들어갈 위험이 없어 안전하다.

㉯ <그림 3-34>는 상사점 위치에 있어서 가동 스트리퍼(stripper)와 다이(die)의 간격이 8 mm 이하로 설치하면 안전하다.

㉰ <그림 3-35>는 상사점 위치에 있어서 펀치(punch)와 스트리퍼(stripper) 사이 및 고정 스트리퍼와 다이 사이의 간격이 8 mm 이하로 제작하면 안전하다.

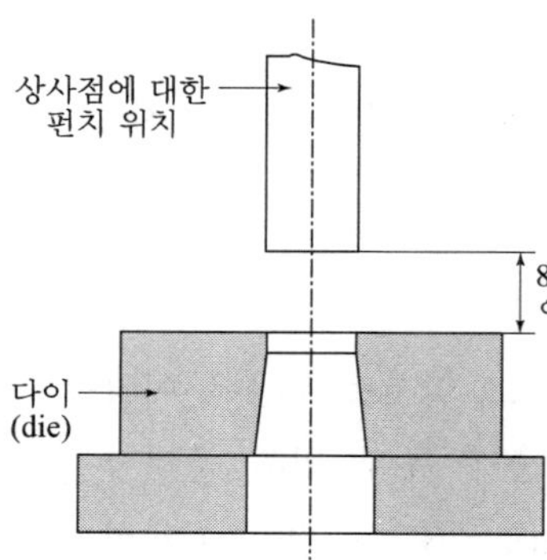

그림 3-33 ● 상사점에 대한 펀치 하(下)면과 다이(die)면이 8 mm 이하

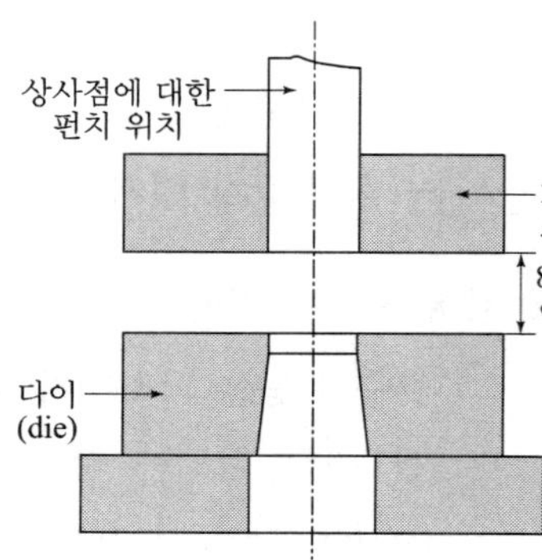

그림 3-34 ● 상사점에 대한 스트리퍼 하(下)면과 다이(die)면이 8 mm 이하

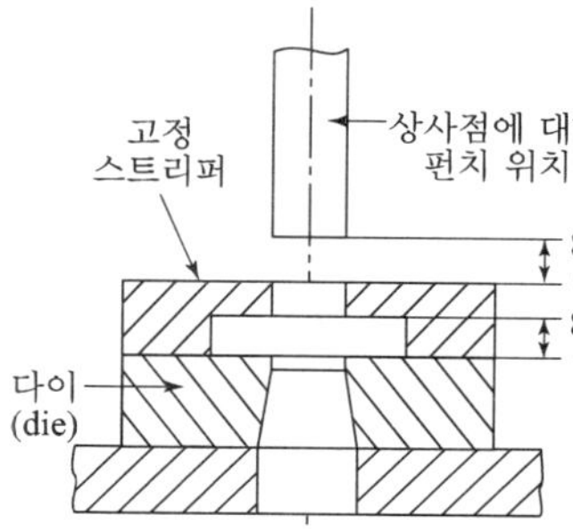

그림 3-35 ● 상사점에 대한 펀치 하면과 고정 스트리퍼면이 8 mm 이하

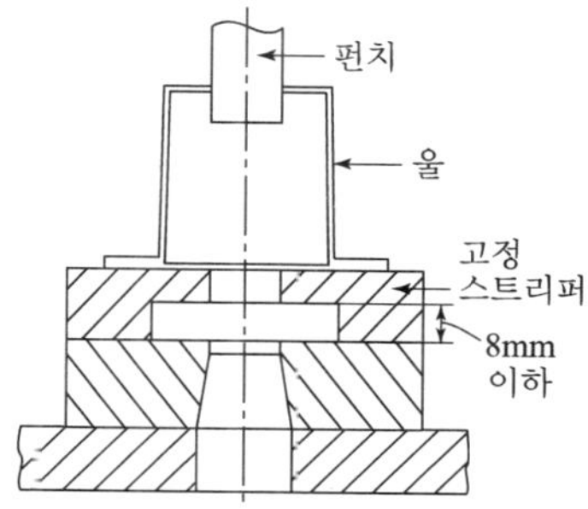

그림 3-36 ● 상사점에 대한 펀치 하면과 스트리퍼가 8 mm 이상일 때의 대책

㉣ <그림 3-36>은 상사점 위치에 있어서 고정 스트리퍼와 다이와 간격이 8 mm 이하이더라도 펀치와 고정 스트리퍼 사이가 8 mm 이상이면 울을 설치한다.

㉤ 가이드 포스트(guide post)와 가이드 부시(guide bush)의 간격이 8 mm 이하가 되도록 한다.

(ㄴ) 금형의 사이에 손을 넣을 필요 없도록 한다.

재료 또는 제품을 자동 또는 위험한계를 벗어난 장소에서 송급한다.

㉮ 1차 가공용 송급장치 : 롤 피더(roll feeder), 그리퍼 피더(gripper feeder)

㉯ 2차 가공용 송급장치 : 슈트(chute), 푸셔 피더(pusher feeder), 다이 얼 피더(dial feeder), 트랜스퍼 피더(transfer feeder), 프레스용 로봇 등

㉰ 슬라이딩 다이(sliding die) : 하형 자신을 안내로 송급하는 장치

㉱ 제품 및 부품과 스크랩(scrap)이 금형에 부착방지 : air 분사장치, 키커(kicker), 리프터(lifter), 이젝터(ejector), 래치 암 이젝터(latch arm ejector), 오토 핸드(auto hand) 등. <그림 3-37～3-40>

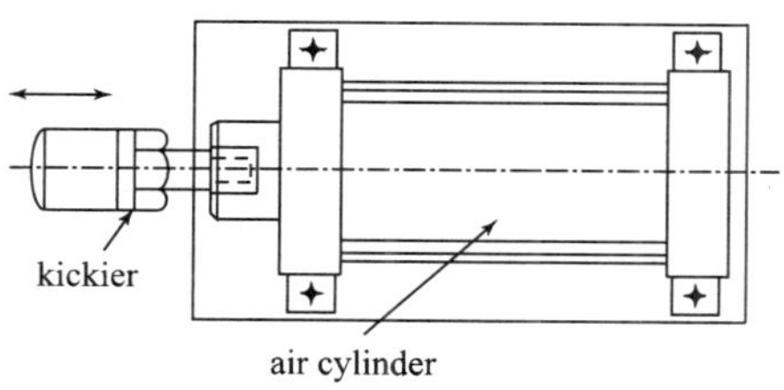

그림 3-37 ● 키커 [kicker; air cylinder의 전후운동을 이용하여 제품을 형외(型外)로 배출시킨다.]

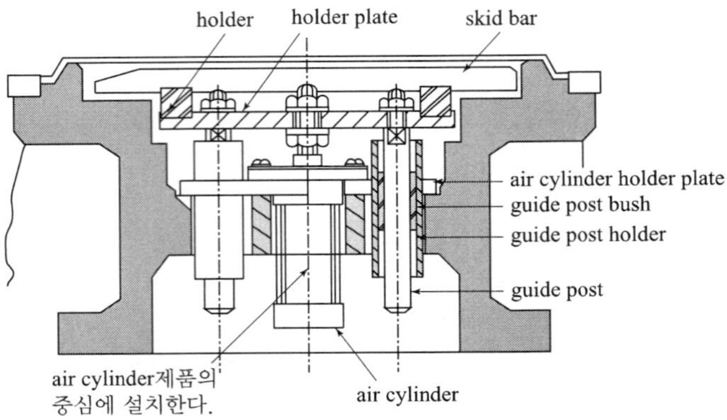

그림 3-38 ◦ 리프터 [lifter; 하형에 내장한 skid bar를 상하로 움직이게 하여 제품을 들어 올리는 방식이고 들어 올린 제품은 여러 가지 방법으로 형외(型外)로 반출시킨다.]

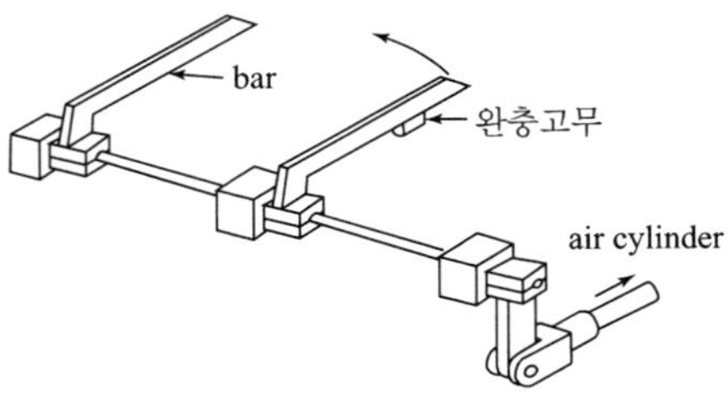

그림 3-39 ◦ 이젝터 [ejector; 하형에 bar를 내장하여 air cylinder의 전후 움직임을 bar의 회전 운동으로 바꾸어서 제품을 운반한다.]

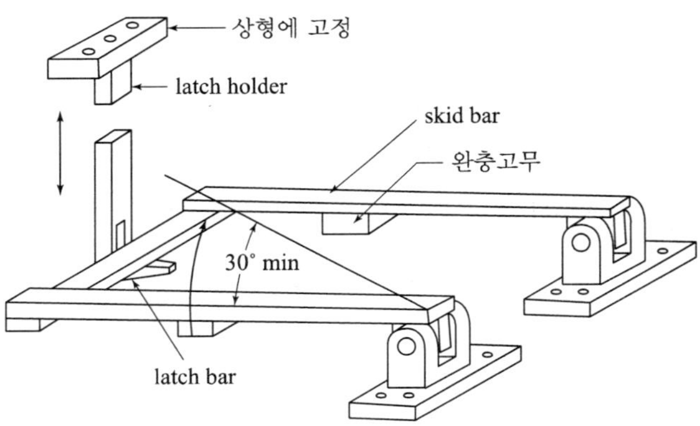

그림 3-40 ◦ 래치 암 이젝터 [latch arm ejector; 하형에 skid bar를 내장시키고, 상형에 고정하고 latch의 상하운동을 이용하여, 제품을 운반하는 방법]

② 금형 사이에 손을 넣게 될 경우의 위험방지

㈀ 재료는 형 외에서 투입하게 하고 위치 결정을 확실하게 한다.

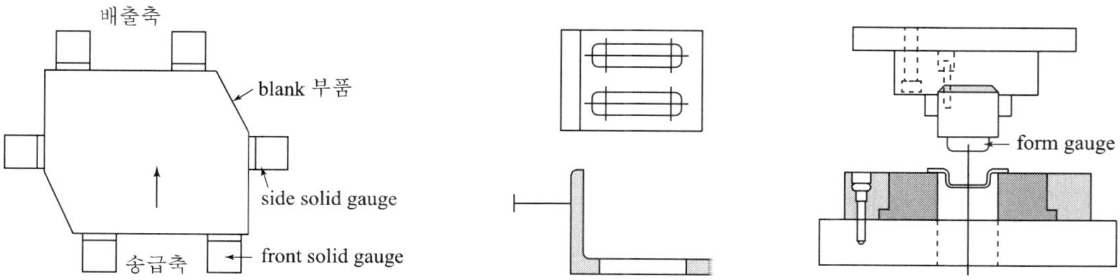

(a) 고정게이지(solid gauge) (b) 각도게이지(angle gauge) (c) 형상게이지(form gauge)

그림 3-41 ◦ 각종 게이지

(ㄴ) 안내(가이드)는 작업자가 직접 하거나 두드려서 강제로 위치를 결정하거나 제품을 지지하고 있어야만 하는 방법을 피한다.

(ㄷ) 안내는 pin gauge와 같이 점을 기준으로 위치를 결정하는 것보다 선(solid gauge, angle gauge 등) 또는 면 등을 기준으로 위치를 결정하는 쪽이 정확하고 내마모성이 좋다. <그림 3-41>

(ㄹ) 한 종류의 안내로는 만족할 수 없을 때는, 먼저 rough-guide(粗 안내)로 하고 나서, 정밀 안내를 하는 등, 단계적으로 위치를 결정해나가도록 한다.

(ㅁ) pin gauge 또는 파일럿 핀(pilot pin)은 충분히 고정하고 이탈 방지조치를 해야 한다.

③ 금형 파손에 의한 위험방지

(ㄱ) 금형부품(金型部品) 정확한 조립

㉮ 맞춤핀(dowel pin)은 억지 끼워 맞춤할 것.

㉯ 인서트 핀(insert pin) 등에 이탈 방지 플랜지(flange) 설치 또는 테이퍼 형상화

㉰ 중·소형용 쿠션 핀(cushion pin)은 누름, 스트리퍼, 하형용에 녹아웃 설치와 운동 제한

㉱ 상승위치를 제한하기 위해 단붙임한 나사 또는 단붙임한 머리를 코킹 할 것.

㉲ 생크(shank) 및 가이드 포스트(guide post)는 확실하게 고정할 것.

(ㄴ) 헐거움 방지의 설계

작업 중 진동 및 충격에 의해 볼트 및 너트의 풀림이 없을 것

분해조립을 고려하여 스프링와셔(spring-washer), 로크너트(lock-nut), 키(key),

핀(pin) 용접, 접착제 등을 이용하여 풀림을 방지

(ㄷ) 편 하중 대책

금형 하중 중심은 원칙적으로 프레스기계의 하중 중심과 일치하도록 할 것.

(ㄹ) 탄력방지

캠(cam) 기타 충격이 반복해서 가해지는 부분에는 완충장치를 설치할 것.

(ㅁ) 운동제한 〈그림 3-42〉

금형 내의 가동부분은 모두 운동하는 범위를 제한하여야 한다. 또 누름대, 녹아웃(knock-out), 스트리퍼(stripper), 패드(pad), 캠 슬라이더(cam slider) 등과 같은 다음 그림은 운동제한 설계 예이다.

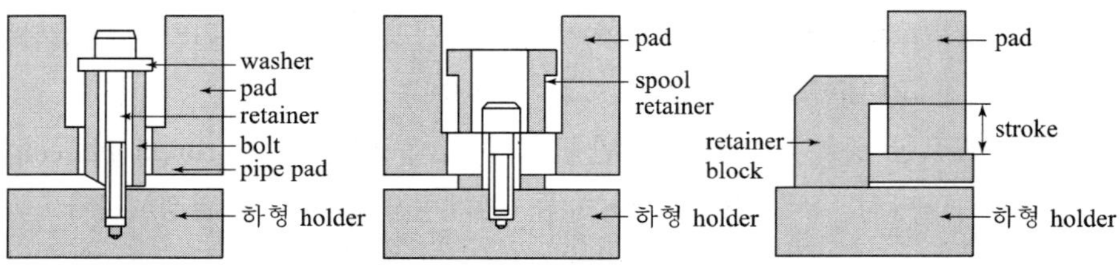

retain bolt 사용예　　spool retainer 사용예　　retainer block 사용

(a) 하형용 패드(pad)의 상승제한 예

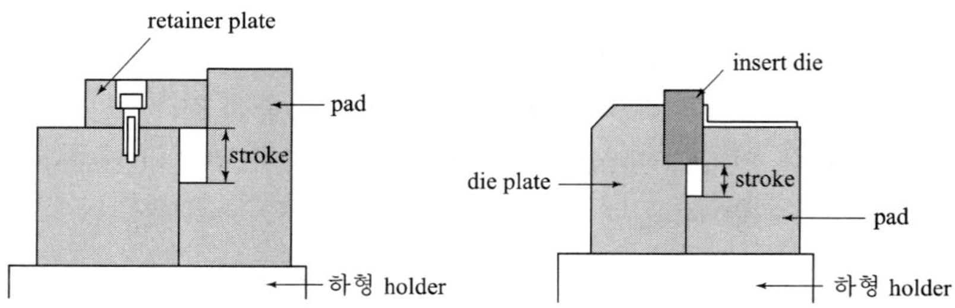

retainer plate를 사용하여 상승위치 제한　　Insert die를 이용하여 상승위치 제한

(b) 상형에 내장한 패드(pad)의 운동제한 예

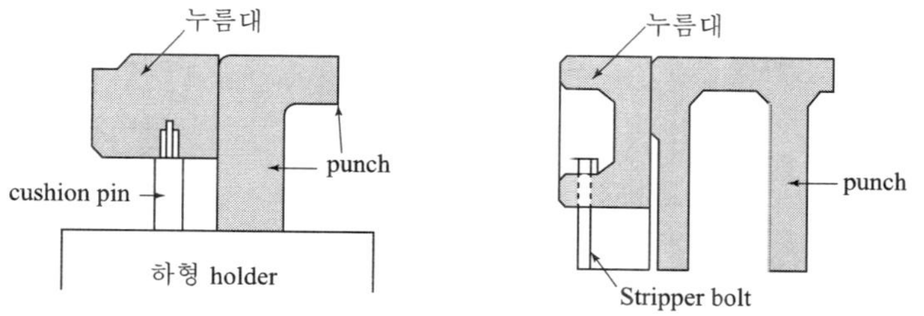

Jogging cushion의 머리에 나사를 붙이고 상승위치를 제한

중 대물형의 경우 단족의 상승제한 볼트를 사용

(c) 누름대, 스트리퍼(stripper)으 상승제한 예

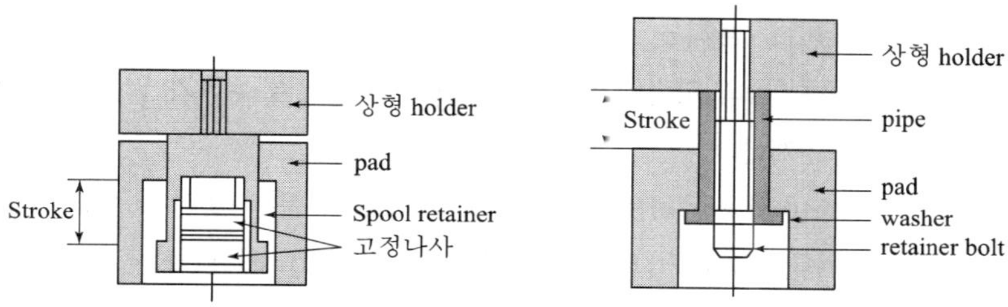

(d) Spool retainer에 의한 운동제한

(e) Retainer bolt에 의한 운동제한

그림 3-42 ◦ 상형에 내장한 패드(pad)의 운동제한 예

(ㅂ) 낙하방지

상형(上型) 또는 펀치(punch)에서 습동하는 패드(pad) 및 녹아웃(knockout)이 무거운 경우는 모두 운동제한과는 별도로 독립한 낙하방지설치 구조로 설계되어야 한다.

<그림 3-43>은 옆에서 사이드 핀(side pin)으로 운동을 제한하고 있지만 안전대책을 2중으로 하기 위해 금형 하형에서 안전볼트를 사용하도록 되어 있고, <그림 3-44>는 금형의 측면 안전 핀(side safety pin)을 독립해서 사용한 좋은 예이다.

다음 그림은 운동제한 설계 예이다.

<그림 3-43～3-44>는 하형(下型)에 내장한 패드(pad)를 상승제한함과 동시에 낙하를 방지한 예와 옆에서 운동을 제한한 예이다.

<그림 3-45>은 상형에 내장한 패드(pad)가 운동을 제한함과 동시에 낙하를 방지한 예이다.

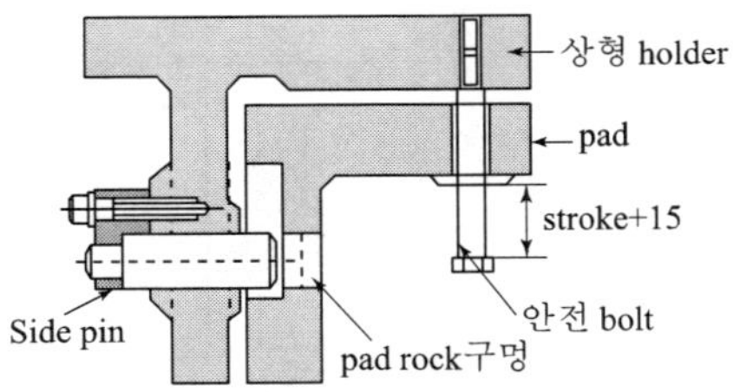

橫에서 pad의 운동제한 예

그림 3-43 ◦ 운동제한 설계의 예

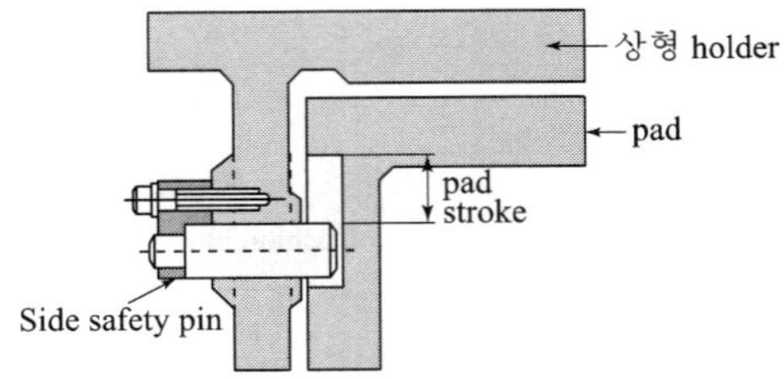

그림 3-44 ◦ 옆에서 낙하방지전용의 side safety pin을 사용한 예

(ㅅ) 금형에 사용하는 스프링(spring)은 압축형으로 한다.

(ㅇ) 스프링 등의 파손에 의해 부품(部品)이 비산될 우려가 있는 부분에는 덮개를 설치하도록 설계한다.

(ㅈ) 압축하여 사용하는 스프링, 고무(rubber) 등은 비산될 우려가 없도록 코어 바(core bar)를 사용하거나 스폿 페이싱(spot facing) 안에 놓는 등의 조치를 강구한다.

④ 금형의 탈락 및 운반에 의한 위험방지

(ㄱ) 금형의 설치

㉮ 용구는 설치하는 프레스 기계의 구조에 적합한 형태로 한다.

㉯ 볼스터의 "T"홈은 금형을 설치하기 위한 볼트직경의 2배 이상으로 할 것.

(ㄴ) 금형의 운반

금형의 운반시 상·하(上·下)형이 닿을 위험이 있을 때는 소형인 경우 <그림 3-45>와 같이 스트랩(strap)을 사용하고 대형 금형(大形金型)은 상·하형의 평행(平行)을 유지하기 위하여 안전 핀(safety pin) 등을 사용한다. <그림 3-46>

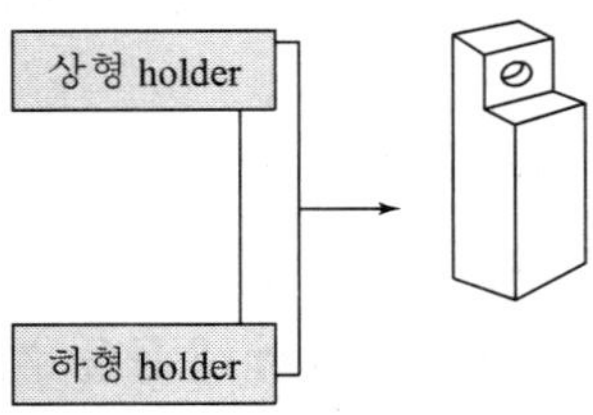

상형과 하형을 고정하는 패드

그림 3-45 ◦ 소형용 스트랩(strap)

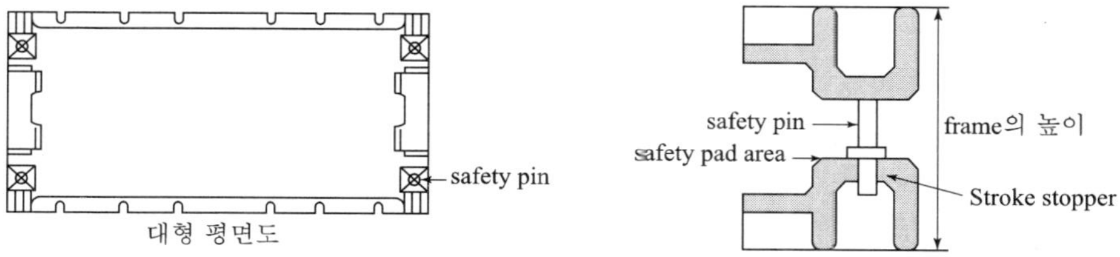

그림 3-46 ● 대형 평면도와 대형용 safety pin

(3) 프레스 작업에 있어서 금형의 이상과 대책

프레스 작업에 있어서 재료(材料)의 송급(loading)과 가공품(加工品)의 배출(unloading)이 작업공정의 흐름에 따라 원활하게 이루어지고 있을 때의 재해발생 비율은 낮지만 항상 이러한 단순 작업이 연속적으로 아무런 이상 없이 원활하게 진행된다고는 할 수 없다. 잘 정비된 금형이라도 많은 가공을 하고 있는 중에는 기계장치(機械裝置)의 결함과 근로자의 부주의로 인해 겹타발(double blank), 반타발(half blank), 금형의 윤활유 공급의 중지, 위치가 엇갈린 상태로의 가공, 공타(空打) 등을 할 때에는 금형이 늘어나거나, 금형과 가공품이 달라붙거나, 기타 여러 가지 작업에 방해되는 요소가 발생(發生)한다. 금형 내에 이러한 이상(異常)을 제거하는 과정에서 방법이 틀리면 재해를 당할 가능성이 매우 높게 된다.

이러한 이상(異常)은 구조가 불완전하고 재질(材質)이나 가공 정도가 좋지 않은 조잡한 금형을 사용한 프레스 작업에서 특히 발생하기 쉽고, 금형을 설치하여 타발시험을 행할 때 예측할 수 있으므로, 그런 경우에는 작업(作業)을 시작하기 전에 충분히 교육을 시킬 필요가 있을 뿐만 아니라, 가능하면 작업 전에 금형을 개조 또는 보수 및 점검(點檢)을 하는 것이 바람직하다.

프레스 작업중(作業中)에 발생하는 금형의 이상을 구체적인 사례를 보면 다음과 같다.

① 달라붙음(seizure)

금형의 중심선이 정확하게 일치되지 않는 조정불량(misalignment)이나 윤활유 공급의 중단이 주요 원인이지만, 근본적(根本的)으로 금형의 재질이 부적당하거나 담금질 경도가 낮은 경우에도 발생한다.

일반적으로 물품에 흠이 나거나 금형에 달라붙어서 꺼낼 수 없게 되므로 비교적 빨리 발견할 수 있다. 프레스를 멈추고 달라붙음(seizure)이 생기는 부분을 기름과 연마석 또는 사포(砂布, sandpaper)로 원활하게 보수한 다음, 윤활유를 충분히 바르고 나서 프레스를 작동시키고 여러 번 시험 타발을 하여 금형의 조립 상태를 조사하고 중심의 일치상태를 잘 확인한다. 만약 중심선이 정확하게 일치하지 않으면 (misalignment) 금형의 설치를 다시 하여야 한다.

② 구멍의 막힘(slug)

다이의 구멍(die hall)에 타발 슬러그(slug)가 밖으로 떨어지지 않고 다이 안에 남는 것으로 금형의 구조와 가공정도의 불량이 주요 원인이지만, 금형의 설치 불량과 중심선이 정확하게 일치하지 않으므로 인해 조정불량(misalignment)이 일어난다.
타발 슬러그가 막히면 펀치의 타발 소리가 매우 시끄럽게 들리는데 이러한 상태에서도 계속 작업에 임하는 경우에 다이가 파괴되는 수도 있다.
슬러그의 막힘이 발생하면 프레스를 정지하고 슬러그를 깨끗이 청소한 후, 시험 타발을 하면서 매 행정마다 슬라이드에서 슬러그가 확실하게 금형 밖으로 떨어지는가를 눈으로 확인하고 나서 프레스 작업을 하여야 한다. 금형의 간격과 평행부 길이의 관계로 슬러그가 떨어지기 어려운 경우에는 펀치를 조금 더 다이 안으로 들어가게 한다.
다이 안에서 슬러그가 떨어질 때 구멍의 단면이 좁은 부분<그림 3-47>의 예, 구멍이 급하게 구부러져 있는 구조<그림 3-48>인 금형은 위험(危險)하므로 수리하여야 하지만 <그림 3-49>와 같이 설치할 때에는 볼스터(bolster)면이나 평행대 등이 잘못하여 구멍의 출구를 막는 경우가 있으므로 주의할 필요가 있다.

Note: 슬러그(slug)는 금형의 설치 조립불량 및 타발된 부품 또는 스크랩(scrap), 상하금형 마모찌꺼기, 눌어붙음 등으로 막힘, 끼임, 휨 등으로 배출이 원활하지 못하므로 일어나는 금형의 파손은 물론 부품불량으로 이어지는 프레스 작업에서 치명적 현상을 총칭한다.

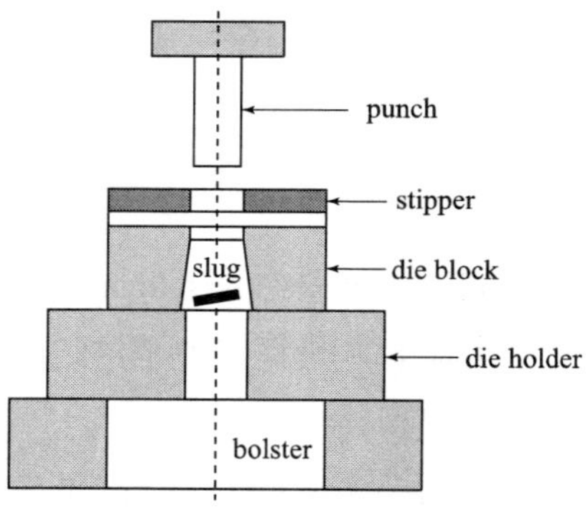

그림 3-47 • 타발 슬러그가 떨어져 구멍이 불완전함

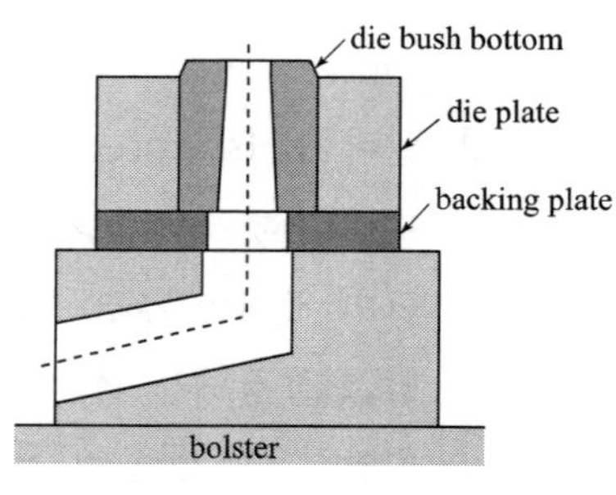

그림 3-48 • 구조에 결함이 있는 구멍의 모양

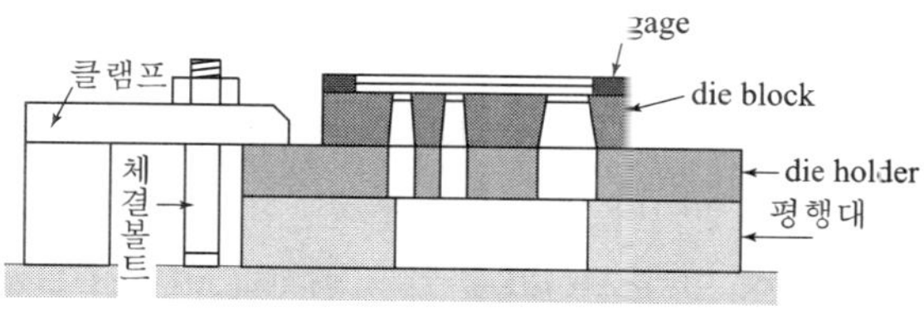

그림 3-49 ◦ 금형을 설치한 방법이 잘못됐기 때문에 타발 찌꺼기가 떨어지지 않는다.

③ 파일럿 핀(pilot pin)의 삽입, 이탈, 낙하, 변형

파일럿 핀에는 구멍에 때려 넣는 것과 스프링(spring)에 의하여 상하로 쿠션(cushion)이 가능한 것이 있지만 <그림 3-50>처럼 재료의 위치가 어긋난 상태로 가공하거나, 겹타발(double blank)을 하거나, 파일럿용 스프링에 이상이 있거나, 절단되거나 하면 파일럿 핀이 삽입된 상태로 있거나 이탈하여 떨어지거나 변형되기도 한다. 기타 프레스의 압력능력 이상으로 가공을 하면 가압 시 프레임(frame)의 진동에 의하여 조정불량(misalignment)이나 이탈 현상이 발생할 염려가 있다.

파일럿 핀을 당겨서 나오지 않는 경우는 프레스를 멈추고 드라이버 등의 수공구(手工具)를 가볍게 눌러보고 용수철이 잘못되어 있으면 파일럿 부분을 분해하여 교환한다. 이 경우 프레스에 금형을 설치한 상태에서는 교환이 곤란하므로 일단 떼어내어 분해해서 교환하여 금형을 다시 조립해야 하는 경우가 있다. 파일럿 핀의 이탈이나 변형은 물론 금형의 파손이라는 큰 사고로 연결될 수 있으므로 즉시 프레스 작업을 중지하고 수리하여야 한다. 또한 파일럿 핀의 이탈에 신경을 쓰지 않고 작업을 계속하고 있을 때 펀치가 파손되어 튀어 나오는 예도 있으므로 약간 이상하더라도 간과하지 않도록 주의해야 한다.

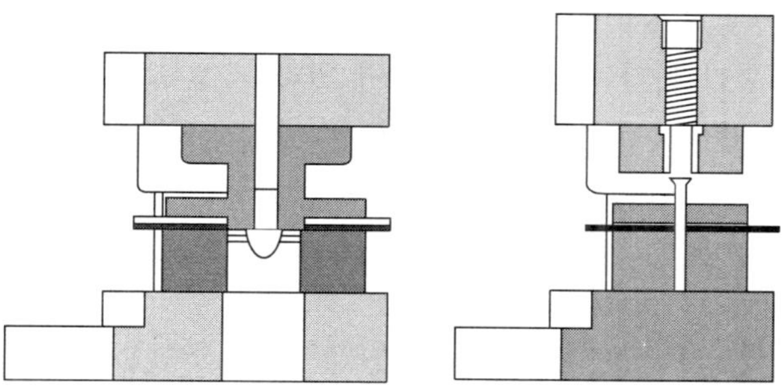

그림 3-50 ◦ 파일럿의 형식 (2종류)

④ 펀치의 이탈, 좌굴, 파손, 절단

금형의 구조와 가공정도가 그다지 좋지 않거나, 특히 펀치의 조정불량(misalignment)이 있거나 그 재질이나 열처리가 부적당한 경우에 자주 일어나는 사고이지만, 비록 이러한 문제점이 없다 하더라도 가는 펀치로 비교적 두꺼운 판에 구멍을 뚫거나 겹타발이나 반타발을 하면 1회 타발로 펀치가 구부러지거나 절단된다.

이 밖에 정상적인 작업을 하고 있어도 구멍을 이탈할 펀치는 절단되거나 마모가 심하여 사용할 수 없게 되는 경우가 많으므로 가능하면 프레스에 금형을 설치한 상태에서 펀치의 교환이 가능한 구조로 하고, 시판되고 있는 표준 펀치를 그대로 사용하도록 한다. 또한 교환을 용이하게 할 수 있더라도 펀치가 작업 중에 이탈하는 구조는 물론이고 펀치가 이탈하여 다이의 구멍에 남는 금형은 신속하게 개조하지 않으면 매우 위험하다.

⑤ 외형 게이지(外形 gage)의 파손, 헐거움, 이완, 변형

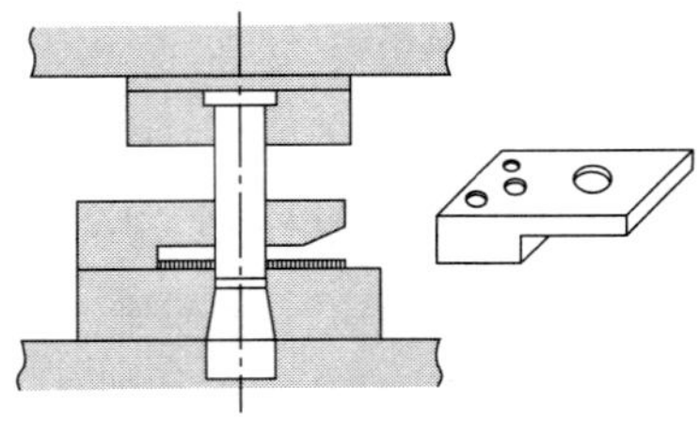

그림 3-51 ◦ 외형 게이지

가공물이 외형정규게이지 <그림 3-51> 안에 꼭 들어맞지 않고 위치가 엇갈린 상태에서 가공하면 가공물의 두께와 엇갈린 정도에 따라서 외형 게이지가 파손되거나 덜거덕거리거나 이완되거나 한다. 이렇게 되면 금형에서 이상한 소리가 나고 제품이 못쓰게 되기 때문에 근로자는 항상 신경을 써야 한다. 외형 게이지에 이상이 생겼을 때는 프레스를 즉시 정지시키고 외형 게이지를 떼어내어 수리를 해야 하지만, 만약 외형 게이지의 위치를 결정하는데 맞춤핀(dowel pin)을 사용하고 있었을 때 그것이 구부러지는 등의 손상이 있으면 금형 전체를 해체하여야만 수리가 가능한 경우가 많이 있다.

맞춤핀(dowel pin)을 사용하지 않는 게이지(定規)를 수리하여 조립한 경우에는 조립 위치가 올바른지 어떤지를 시험 타발 후 시제품을 잘 점검하여 확인한 후에 프레스 작업을 시작해야 한다.

⑥ 스트리퍼(stripper)용 스프링이 약해지거나 부러짐

정확한 설계와 정비가 잘된 금형에서도 stripper나 pressure pad용의 스프링은 매일 10,000회 정도 반복 압축되고 특히 장기간 사용한 금형에서 재연마로 인한 punch와 die의 높이가 낮게 되면 스프링은 그 만큼의 여분을 더 압축하도록 설치

하여야 하므로 프레스 작업 중에 스프링(spring)이 약해지거나 부러진다. 그 때문에 분리판(stripper plate)이나 압축 패드(pressure pad)가 경사지거나 원래의 복귀되지 않게 되면 누구나 발견할 수 있지만, 그러한 것은 숙련된 근로자라면 가공음(加工音)의 민감한 청음(聽音)으로써도 이상을 발견할 수 있다.

실제로 분리판(stripper plate)이 기울어졌을 때 공타(空打)를 여러 번하여 수평을 되돌려서 그대로 작업을 계속하는 경우가 있지만 이런 것을 반복하는 것은 매우 위험하다. 스프링의 약해짐과 부러짐을 발견하면 즉시 작업을 중지하고 새로운 스프링을 교환하도록 한다.

표준품인 스프링은 주로 창고에 보관하는데, 외형이 같더라도 스프링의 기준치는 조금씩 다르므로 근로자의 임의대로 교환하여서는 안 되고 반드시 작업 책임자의 지시에 의하여 교환하여야 한다.

⑦ **분리판용 볼트(stripper bolt)의 이완, 경사, 구부러짐**

분리판용 볼트도 스프링과 같이 반복해서 하중을 받게 되므로 회전방지를 확실하게 해주지 않으면 조금씩 나사가 헐거워서 분리판(stripper plate)이 기울어지는 원인이 된다.

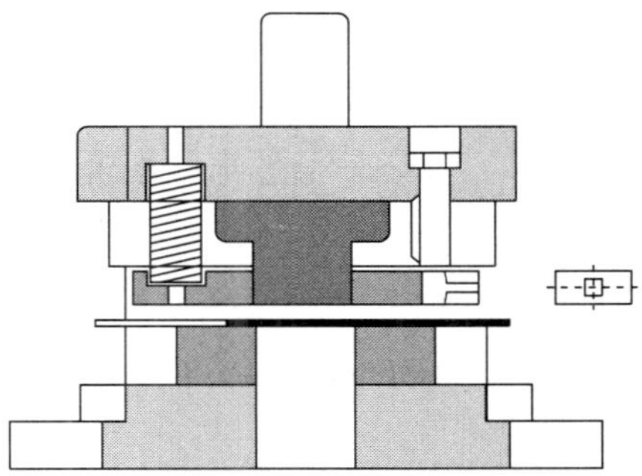

그림 3-52 ◉ 스트리퍼 플레이트의 회전방지

회전방지에는 나사산부분을 옆에서 정지나사로 누르는 방법<그림 3-52>이 가장 좋으며, 로크너트(lock nut)를 사용하고 있어도 헐거운 경우가 있다. 스트리퍼 볼트가 구부러져 기울어지면 구멍에서 분리판의 움직임이 원활하지 않게 되며, 그 보다는 볼트의 머리가 파단되거나 나사산이 파손되는 경우가 많다.

일반적으로 분리판이 크게 기울어지면 곧 프레스작업을 중지하고 수리를 해야 하지만 이러한 상태를 작업의욕으로 지나치다보면 대형 사고로까지 연결될 수 있으므로 금형의 가공음의 변화에는 특히 주의하여야 한다.

⑧ **다이(die)의 균열, 눌리어 깨짐**

다이가 일그러지거나 균열이 생기거나 눌러 깨지는 것은 새로 만들어 조립한 금형이 열처리가 나쁘거나 강도가 부족한 경우에도 일어나지만 계속 사용한 금형에서는 규정치 이상의 두꺼운 판을 가공하거나 겹타발 등의 프레스 작업 시의 실수에 의하거나, 또 <그림 3-53>과 같이 다이를 설치할 때에 저부(底部)의 큰 부분을 지탱하지 않고 조이는 방법의 설치불량에 의한 것이다.

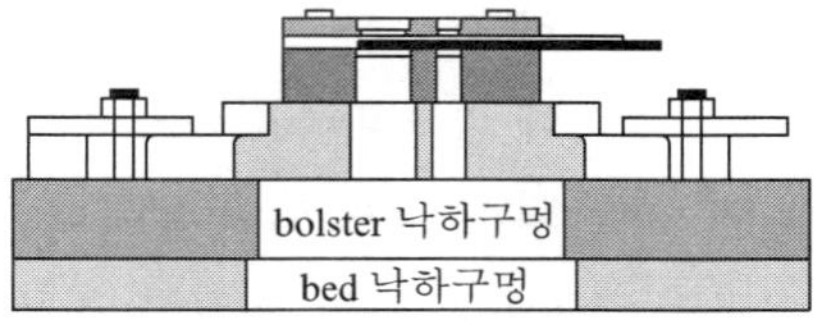

그림 3-53 • 잘못 설치한 금형이 쪼개지거나 변형한다.

이러한 것은 커다란 고장이 즉시에 발생하는 것이 아니라 극히 미세한 결함이나 균열이 계속 성장하여 커다란 고장(故障)으로 되는 경우가 많고, 고장이 크게 발생한 후에는 다이 전체를 완전히 교체하는 방법밖에는 없으므로 항상 관심있게 관찰하여 작은 고장이라도 발견된 경우는 즉시 금형을 해체하여 수리해야 한다.

⑨ 생크(shank)의 헐거움(소형 프레스 등)

소형의 금형을 제외하고 생크(shank)만으로 상형을 슬라이드에 설치하는 것은 피하여야 하고 반드시 볼트를 사용하여 체결토록 한다. 생크가 헐거우면 상형 전체가 생크를 중심으로 회전하게 되므로 가이드 포스트(guide post)가 항상 가이드 부시(guide bush)가 맞추어 안내하게 하는 다이 세트(die set)를 사용하고 있는 경우 이외에 상형과 하형의 중심이 맞지 않으면 극히 위험한 상태가 된다.
따라서 구체적으로 생크가 헐거운 결함이 있는 금형의 예를 들면 생크를 상형에 조여 넣는 것은 물론 사용해서는 안 되지만 슬라이드에 생크를 고정하는 생크 볼트(shank bolt)의 양측의 너트와 중앙의 누름 볼트는 헐겁게 하여서는 안 된다.

⑩ 맞춤핀(dowel pin)이나 체결 볼트의 파손, 이탈

펀치(punch)와 다이(die)는 1개의 부품보다 2개의 맞춤핀(dowel pin)과 여러 개의 체결 볼트로 고정되고 있다. 맞춤핀(dowel pin)은 세게 박아 넣어도 진동 등에 의하여 이탈되는 것이 있고 체결 볼트는 반복 하중을 받아 흔들리거나 부러질 가능성이 있다. 한 쌍의 금형에서는 공간상의 제한도 있기 때문에 이것을 전부문에 이탈 방지와 흔들림 방지를 할 수 없는 것이 많다. 따라서 프레스 작업 시작 전에 물론 작업 중에도 자주 맞춤핀(dowel pin)과 체결 볼트의 헐거움이나 파손, 이탈이 없는가를 체크할 필요가 있다.
예를 들면 맞춤핀(dowel pin) 2개, 볼트 4개로 조이고 있던 다이가 1개의 볼트밖에 남아 있지 않고 또는 전부 부러지거나 구부러지나 하여 다이가 떨어져도 개의치 않고 계속하여 다음 제품을 가공할 때에 펀치와 다이가 정면으로 맞부딪히거나 다이가 깨져서 비산한 예가 있다. 그렇지만 핀(pin)이 남아 있을 때 조치를 취하면

이 같은 큰 사고는 방지할 수 있다.

⑪ 금형의 파손, 슬라이딩(sliding) 부품의 불량(不良)

금형의 파손은 보통 펀치(punch)와 다이(die)의 불일치가 원인이지만 겹타발이나 반타발, 위치가 엇갈린 상태에서 가공하여 펀치가 약간 구부러지거나 다이가 변형했을 때에도 일어난다. 이 경우 펀치와 다이에 스프링 분리판(spring stripper)이나 압축 패드(pressure pad)가 조립되어 있으면 슬라이딩(sliding) 부분에서 금형 부품이 움직일 수 없는 경우가 발생된다. 그 밖에 작은 타발 찌꺼기나 먼지 슬라이딩 부분에 끼어서 금형 부품이 움직이기 어렵게 되는 경우도 있다. 이러한 경우에는 곧 프레스를 정지하여 고장의 원인을 확인하고 수리할 필요가 있다.

3 재료 송급·배출장치의 자동화

프레스 작업의 일련의 공정 속에 재료나 부품을 손으로 송급하고 가공 후 제품이나 부품을 꺼낼 때 작업점에 접근하여 재해를 입는 경우가 많다. 따라서 손이 금형 내에 들어가지 않는 구조(no-hand-in-die)를 원칙으로 한 안전대책으로서 금형 내의 물품의 송급 및 배출을 기계적으로 처리하는 송출급의 자동화도 근원적 안전대책으로 볼 수 있다.

(1) 자동 송급장치

① 롤 피더(roll feeder) - 1차 가공용

상하 2개의 회전하는 롤 사이에 재료를 물려 롤의 마찰력에 의해 재료를 작업점으로 송급하는 방식이다. 이 방식은 작업자가 롤러(roller) 물림점에 끼여 말려들어갈 위험이 있으므로 자동 송급에 방호가 필요하다.

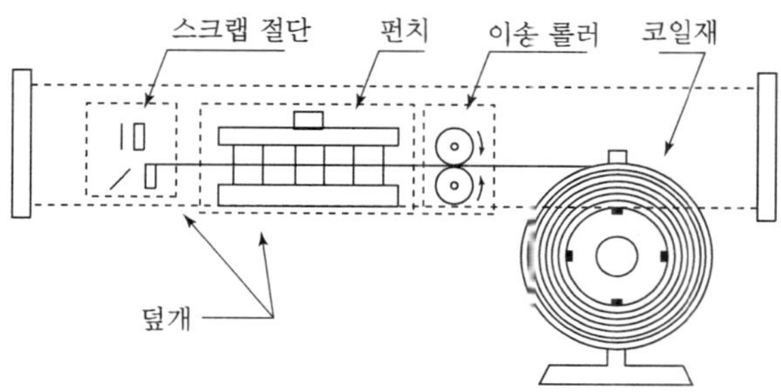

그림 3-54 • 롤 피더

<그림 3-54>는 프레스용 롤 피더이며 가공점(nip point), 스크랩 절단부 및 이송 롤러 등에 덮개로 방호한다. 덮개는 전원과 인터록(interlock)구조로 해두면 더욱 안전하다.

② 그리퍼 피더(gripper feeder) - 1차 가공용

판재를 아래 위 돌출날(jaw)로 집어서 이동하고 가공 시에는 판재를 다른 돌출날(jaw)로 고정한다. 이동 돌출날의 송급과 이동 돌출날과 고정 돌출날의 연계 작동은 링크(link)기구 또는 유·공압 실린더(cylinder)를 사용한다. <그림 3-55>

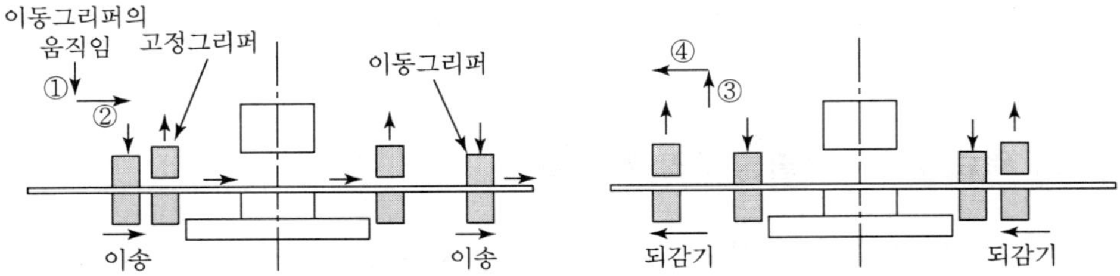

그림 3-55 ● 그리퍼 피더

③ 호퍼 피더(hopper feeder) - 2차 가공용

호퍼에 투입된 재로나 반제품을 회전 바구니나 진동을 이용하여 슈트(chute)를 통해 송급하는 방식을 말한다.

<그림 3-56>은 전자력에 의해서 바웰(bowel)에 진동을 주어 반제품을 경사로를 따라 위로 송급하는 방식이다.

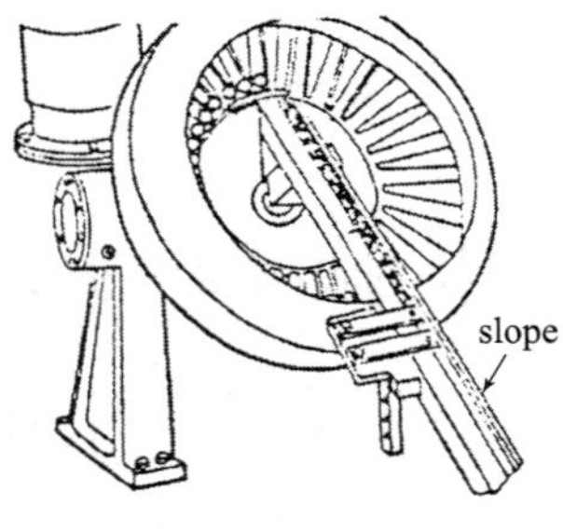

그림 3-56 ● 전동기에 직결한 호퍼 피더

④ 푸셔 피더(pusher feeder) - 2차 가공용

정위치에 놓여진 부품을 왕복운동하는 실린더의 플런저(plunger)에 의해서 필요한 위치까지 송급하는 장치이다. 기계적 방식과 유·공압 실린더나, 캠 기구를 이용한 방식 등이 있다.

(ㄱ) 수동 푸셔 피더(hand pusher feeder)

구조가 비교적 간단하여 처음부터 금형에 넣어 조립하는 것이 용이하기 때문에 현재는 반자동화(半自動化)로서 가장 좋은 방법으로 사용되고 있다.

단, 손을 사용해서 물품을 금형 내에 송급할 때부터 송급이 끝날 때까지 손의

위치가 위험한계 밖에 있어야 하고 또한 실수에 의해서도 손이 금형 내에 들어가지 않도록 안전울을 설치하는 것이 바람직하다. <그림 3-57> 수동 푸셔 피더(pusher feeder)에서도 주의하여야 할 그 중 하나는 푸셔 슬라이드(pusher slide)를 보내는 작업이 끝나지 않았을 때 오조작으로 인해 프레스가 작동되면 제품이 불량이 될 뿐만 아니라 금형까지 파괴된다.

<그림 3-57>은 푸셔 슬라이드(pusher slide)를 정확한 위치에 오도록 하는 pin B가 구멍 A에 끼지 않으면 foot 페달을 밟아도 클러치가 걸리지 않도록 기계적 연동(interlock)장치를 갖춘 예이지만 최근에는 마이크로 스위치 센서(micro switch sensor)를 사용해서 전기적(電氣的)으로 클러치와 연동시켜 놓은 것이 많다.

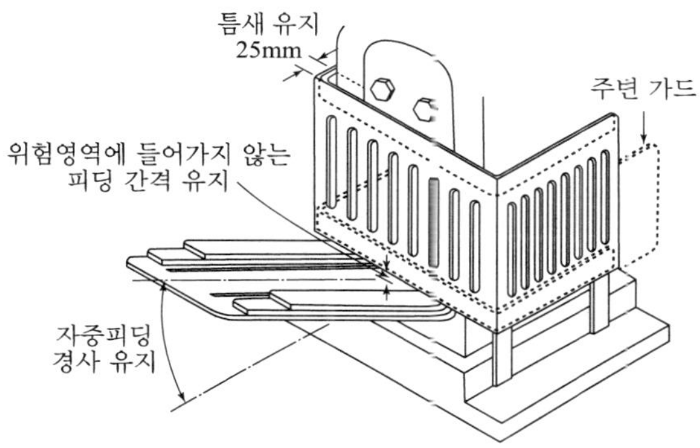

그림 3-57 ◦ 수동 푸셔 피더 (자료: Accident prevention Manual for Industrial operation 9권 p.271)

(ㄴ) 매거진 피더(magazine feeder)

매거진 피더에서 푸셔 슬라이드가 매거진 밑의 출구에서부터 블랭크(blank)된 부품 1매를 정확히 보내도록 만든 것이 중요하다. 부품은 물론 휘거나 구부러지지 않은 평탄한 것이어야 하지만 되돌아오거나 기름 때문에 부착하기도 하고 출구에 쌓이기가 쉬우므로 바른 설계와 정밀한 가공을 할 필요가 있다.

출구의 상하 송급 치수는 부품을 밀어내어 한 번 만에 부품이 쉽게 나오도록 부품(blank)의 두께 1.4～1.5배로 여유를 두고 출구의 좌우 폭에도 충분하게 틈을 만든다.

푸셔 슬라이드의 선단은 부품을 상면보다도 조금 낮게 하여서 2매의 부품을 밀지 않도록 해 놓는다. 두께가 0.5 mm 이하가 되면 선단에 발톱(claw)을 설치하는 등 특별한 연구를 하는 것이 필요하다. 매거진은 될 수 있는 한 금형에

접근시켜서 푸셔 슬라이드의 이송실은 매거진 피더가 될 수 있는 한 짧게 해놓는다. <그림 3-58>

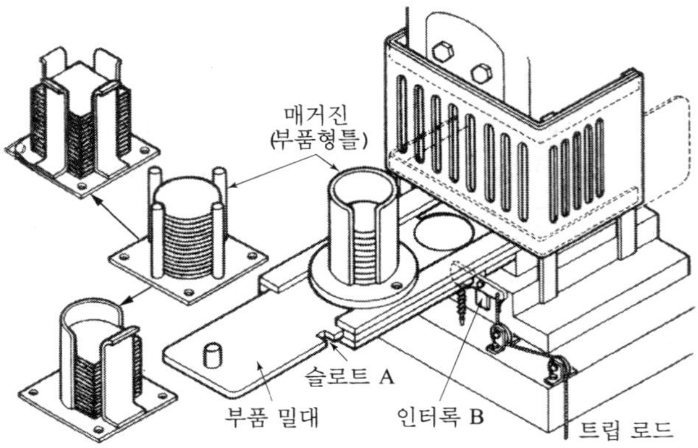

그림 3-58 ● **매거진 피더** (자료: Accident prevention Manual for Industrial operation 9권 p.271)

⑤ 다이얼 피더(dial feeder) - 2차 가공용

다이얼 피더는 크지 않은 소재나 반제품 등을 회전원판에 얹어서 작업점으로 송급하는 장치이며 피어싱(piecing), 재교축(redrawing) 아이어닝(ironing) 등에 사용되고 있다. 재료나 부품을 회전원판 위로 송급하는 것은 사람의 손을 사용하는 반자동 송급이지만 부품 피더와 혼합시키면 완전 자동화로 진전시킬 수 있다. <그림 3-59>

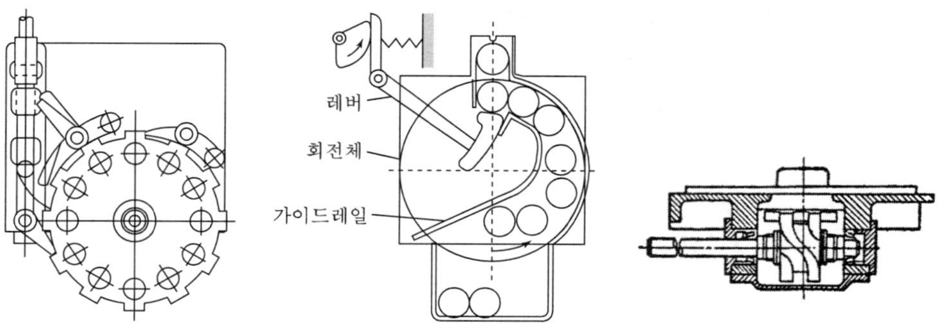

(a) 다이얼 피더 (b) 마찰다이얼 피더 (c) Barrel cam에 의한 다이얼 구동구조

그림 3-59 ● **다이얼 피더**

⑥ 슬라이딩 다이(sliding die) - 2차 가공용

푸셔 슬라이드(pusher slide)를 사용하는 대신 매 행정마다 하형(下型) 전체가 수동 또는 자동으로 위험한계 밖으로 인출되어 재료의 송급배출작업이 작업점(위험점) 밖에서 이루어지도록 한 장치이다. <그림 3-60>

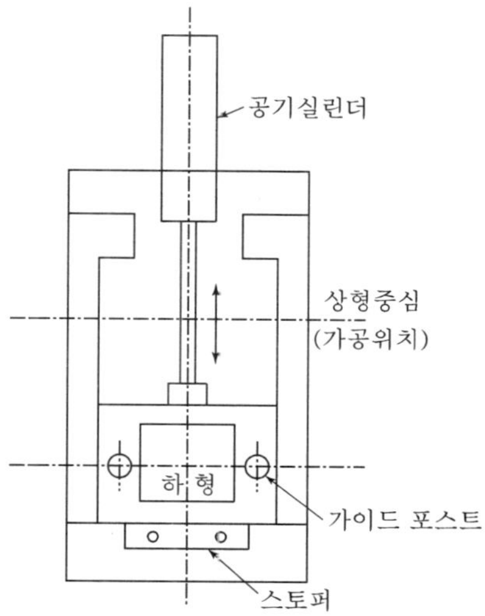

그림 3-60 ● 슬라이딩 다이

(2) 자동 배출장치

재료를 가공한 후, 가공물을 중력이나 압축공기를 이용하여 밀어내거나, 링크(link) 운동을 이용하여 움직이는 암(arm)의 이동에 의해 작업점에서 제품을 배출해내는 장치이다.

① 셔블 이젝터(shovel ejector)

슈트(chute)를 공기 실린더(air cylinder)에 연결해서 떨어지는 제품을 슈트로 유도하여 배출하는 장치이다. <그림 3-61>

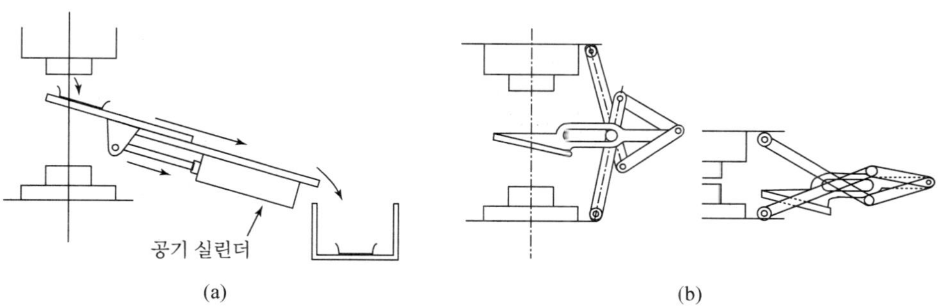

그림 3-61 ● 셔블 이젝터

② 공기 및 스프링의 탄성 이용하여 기계 하형에 남아 있거나 상형에서 녹아웃 시킨 제품을 공기의 분사나 스프링의 탄력을 사용해서 튀어 나오게 하여 배출하는 방법이다. 이용이 간편하여 많이 이용되고 있지만 제품의 배출방향이 일정하지 않은 단점도 있다. <그림 3-62>

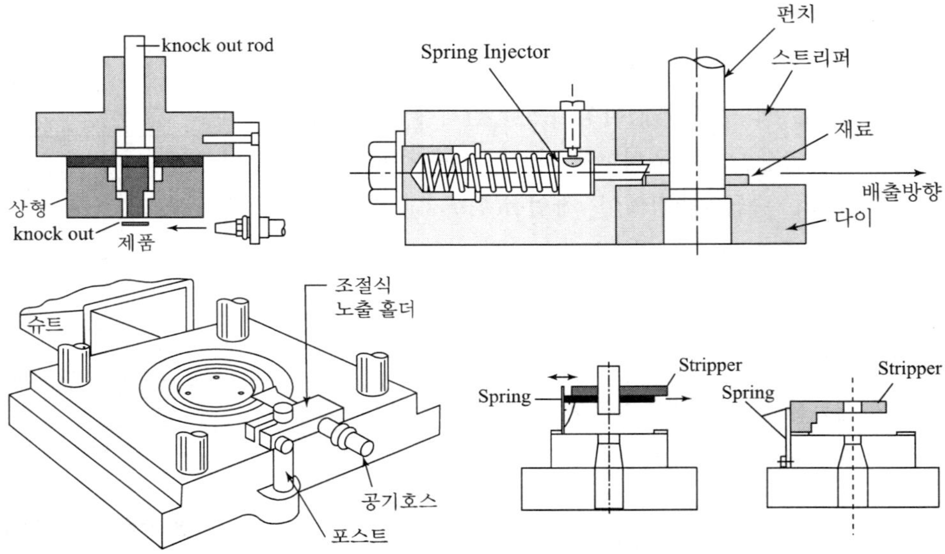

그림 3-62 ● 공기 및 스프링(spring)을 이용한 배출장치

③ 슬라이드에 연동시켜 각종의 기계장치를 이용하는 방법

일예로, 수평식 녹아웃(knock out)<그림 3-63>은 하형 위에 놓이거나 들어 올려진 제품을 옆으로 밀어내는 구조로 되어 있다.

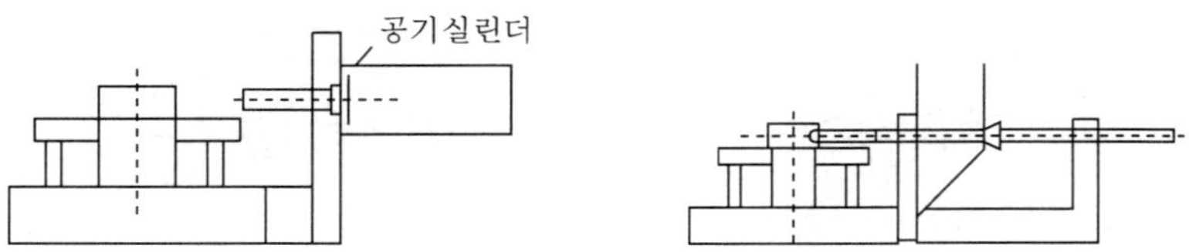

그림 3-63 ● 수평식 녹아웃(knock out)

4 수공구(手工具)의 활용

(1) 수공구의 효과

금형 사이에 손을 넣지 않거나 또는 금형 사이에 손을 넣을 필요가 없도록(no-hand-in-die) 하여 프레스 재해를 방지하기 위한 기본적인 방법이지만 손작업에 의존하는 프레스 작업에 있어서는 금형 사이에 손을 넣고 작업하는 경우가 많다.

이와 같이 손작업을 사용하는 금형에 대해서 자동화를 도모하는 것은 어려운 일이기 때문에 이 같은 금형을 사용할 경우에는 재료를 손으로 잡고 송급하는 대신에 수송구로 잡고 작업을 할 수 있도록 개선하는 것도 간단하기 때문에 즉각 실행해야 할 안전대책이라 할 수 있다.

그러나 이것은 손이 금형 내에 들어가지 않는(no-hand-in-die) 가장 안전한 방법이기 때문에 그것으로서 안전대책을 실시하였다고 생각하는 경우가 많으므로, 수공구(手工具)가 안전조치로서 충분히 사용되기 위해서 해당 수공구에 대한 교육, 훈련 및 관리가 뒤따라야 한다.

(2) 수공구의 종류

프레스용 수공구에 있어서도, 대부분은 자체 제작하여 사용하고 있다. 따라서 종류도 천차만별이지만 원칙적으로는 다음의 5개로 분류한다.

- 누름봉, 갈고리봉류(類)
- 핀셋(pincette)류
- 플라이어(pliers)류
- 자석(magnet) 공구류
- 진공컵(vacuum cup)류

이것들은 가공품을 손으로 다루는 대신에 끌거나, 흡착시키는 것으로 어느 형식이 어느 작업에 적합한가는 재료의 형상, 재질, 금형의 구조 등에 따라 다르다. 가장 사용이 쉬운 것으로 하기 위해서는 많이 사용하는 일반적인 것을 선택하여 그 가공품 전용으로 사용하는 것이 좋다. 아울러 수공구는 가벼워야 하고 견고하며 내마모성과 후속 A/S(after-service)가 뒤따라야 한다.

① 누름봉, 갈고리봉류

재료를 누르거나, 받치거나, 끌어당기거나, 끌어 들어올리거나, 떼어내거나, 위치를 바로잡거나, 밀거나 기타 많은 용도에 사용한다.

재질은 나무, 대나무, 플라스틱, 강봉, 강판, 놋쇠, 알루미늄 등 용도나 형상에 따라서 임의 선택한다.

<그림 3-64>는 각종 갈고리봉으로, 재료를 걸어 끌어당기거나, 떼어내거나 운반하는 등에 이용된다. 금형의 모퉁이 등에 쌓인 찌꺼기 제거에도 이것을 사용하면 편리하다. 취급할 재료에 따라서 <그림 3-64>와 같이 선단(先端)을 가공해 놓은 것이 바람직하다.

<그림 3-65> 강판제(鋼板製) 주걱으로, 폭이 넓은 것을 미는데 적합하다.

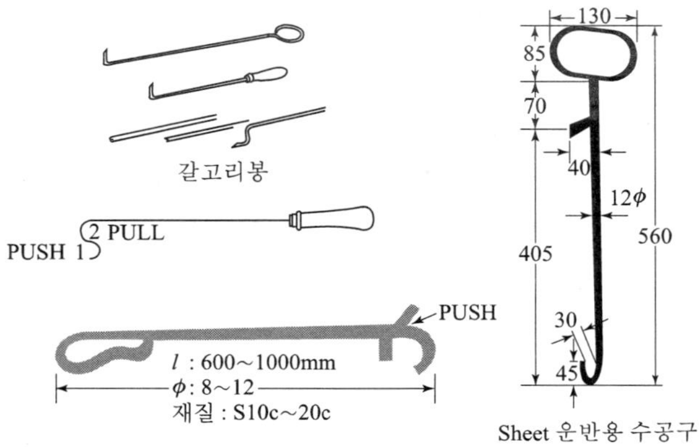

그림 3-64 • 각종 갈고리봉

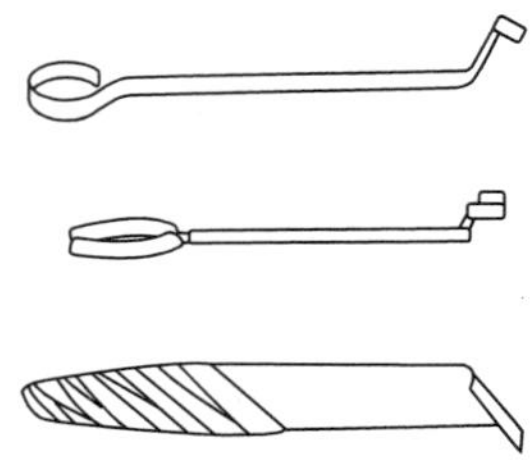

그림 3-65 • 강판제 주걱

② 핀셋(pincette)류

<그림 3-66>과 같은 핀셋류는, 작은 재료를 취급할 경우에는 손가락으로 쥐는 것보다 효과적이다.

대나무, 철제, 용수철을 끼운 알루미늄 등 여러 가지 종류가 있다. 길이는 20～25 cm 정도로 사용하기 편리하게 길게 하는 것이 좋다.

그리고 선단(先端)의 형상은 작업에 편리하도록 여러 가지 모양으로 할 필요가 있다.

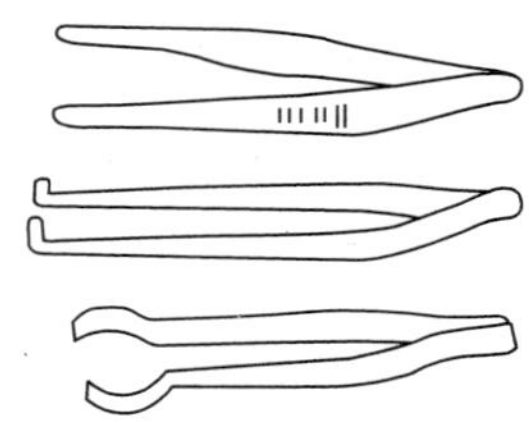

그림 3-66 • 핀셋류

③ 플라이어(pliers)류

가장 일반적으로 사용하는 수공구이다. 그 크기와 모양은 여러 가지가 있지만, 재료를 잡는 것에는 가장 응용 범위가 넓다. 재료의 형상, 재질에 관계없이 가위 부분을 연구하면 사용할 수 있다.

<그림 3-67>은 소형의 플라이어로 선단(先端)을 뾰족하게 해서 금형위의 가공품을 잡기에 편리하다. (a)는 선단을 뾰족하게 해서 금형 위의 가공품을 잡기에 편리하다. (b)는 뾰족하게 한 선단의 길이를 다르게 하여 겹친 blank의 위에 한 장을 끼우도록 만든 것이다. (c), (d) 및 (e)는 선단의 집게부분을 여러 가지 모양으로 만든 예이다. 이외에도 가공품에 따라서 각종의 형상을 연구하여야 한다.

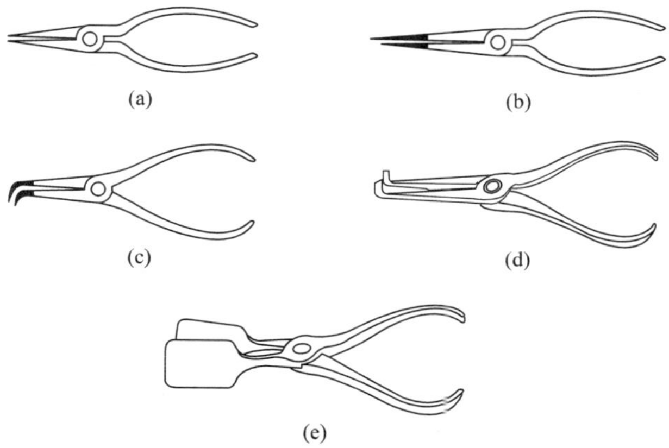

그림 3-67 ● 소형의 플라이어

소형의 플라이어라 하더라도 크기는 <그림 3-68>에 나타난 것 같이 지나치게 적으면 위험하므로 적어도 20 cm 정도의 길이로 하는 것이 바람직하다. (b) 같은 경우에는 앞에 강판을 이어 길게 해서 사용한다.

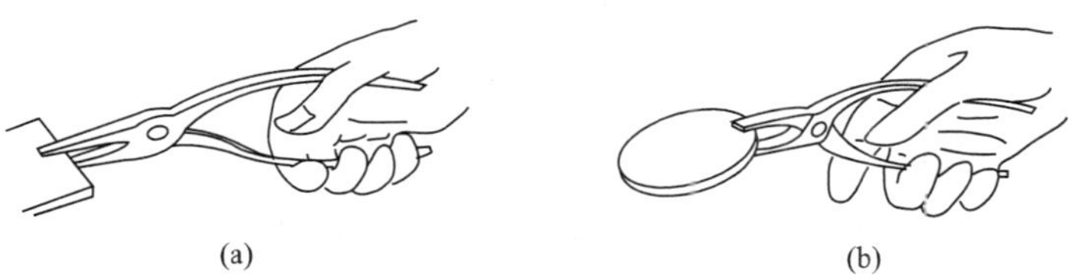

그림 3-68 ● 플라이어의 크기

<그림 3-69>는 대형(大型)의 플라이어이다. 핀셋이나 소형의 플라이어는 작은 재료만 취급하므로, 큰 물건의 가공에는 대형 플라이어를 사용한다. 대형 플라이어는 그림과 같이 자루에 손가락을 끼울 수 있도록 고리를 만드는 것이 취급하기에 편리하다. 공구가 철제일 경우는 선단에 강판을 용접해서 각종의 형상으로 만들 수 있지만 경합금제(輕合金製)일 경우는 강판을 리벳(rivet)으로 부착하여 재료에 따라 적합한 형상으로 만든다.

이상의 플라이어류를 금형에 삽입하거나 또는 금형 위의 재료를 플라이어로 잡거나 한 경우에 원하는 대로 재료를 잘 접기 위해서는 선단의 형상을 작업에 맞도록 고안하는 것은 기본이지만, 더욱더 금형에 대해서 수공구를 넣기 쉽게 가공할 필요가 있다.

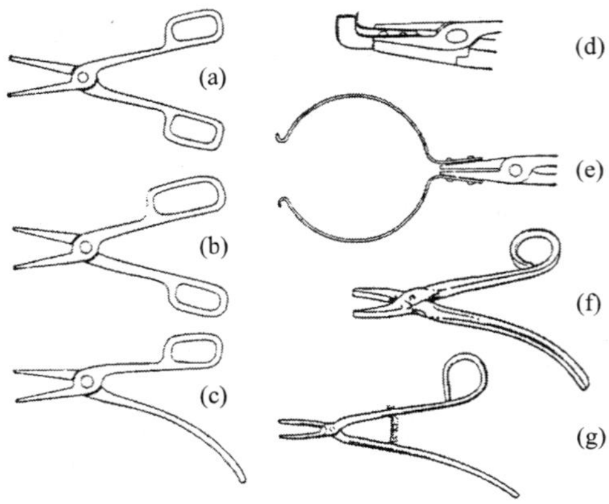

그림 3-69 ● 대형의 플라이어

④ 자석(magnet) 공구류

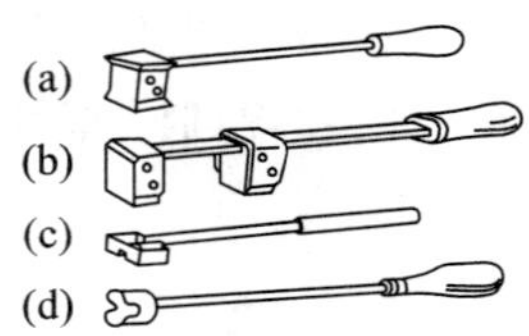

그림 3-70 ● 자석 공구

취급할 재료가 철판인 경우에는 자석 공구가 사용된다. 이것은 봉의 앞부분에 간단하게 영구자석을 부착하여도 충분히 사용할 수 있다. 자력(磁力)은 필요 이상으로 강력하게 할 필요는 없고, 재료를 지지할 만한 힘만 있으면 충분한다.

<그림 3-70> 각종의 자석 공구로 (a)는 대형(大型)의 자석을 1개, (b)는 2개를 부착한 것으로 수 kg의 무게를 가진 재료와 부품도 들 수 있다.

<그림 3-70>과 같은 자석 공구를 사용할 경우는, 재료를 떼어낼 때, 손으로 재료를 집던가 또는 문질러서 떨어뜨려야 하므로, 이것들을 사용하여 타발(blank) 등을 금형 안에 넣을 때는 정지대(stopper)나 위치판(location plate)에 대해 연구를 할 필요성이 있다. 떼어낼 때에 위치가 정확하지 않고, 수정을 요하게 되면 작업에 방해가 된다. 꺼내어 사용할 경우에는 문제가 없고, 오히려 집게로 하기 어려운 가공 후의 제품 등은 간단히 집어낸다.

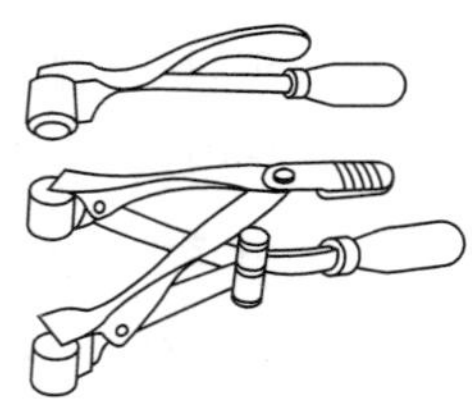

그림 3-71 ● 이탈용 레버를 사용하는 자석 공구

<그림 3-71> 이탈용 레버를 사용하는 자석 공구이다. 이것을 사용하면, 한 손으로 착탈(着脫)이 용이하고 편리하다. 자석 공구를 양손으로 잡고서 한 손으로는 재료를 넣고, 한 손으로는 가공재(加工材)를 꺼낼 수도 있다.

<그림 3-72>은 전자석을 이용한 공구로, 누름버튼스위치를 사용해서 재료를 착탈 시킬 수 있다. 그림과

같이 선단을 임의로 움직이게 하는 방법도 고안(考案)되고 있다. 또한 철재(鐵材)의 봉, 플라이어들의 공구의 선단을 자화(磁化)하여 이용할 경우도 있다.

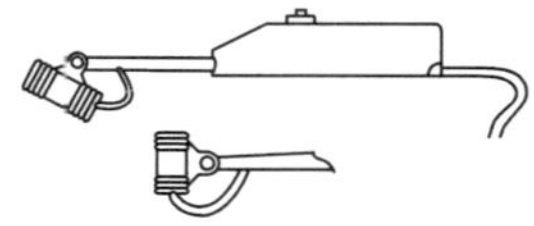
그림 3-72 ● 전자석을 이용한 공구

일반적으로 자석 공구를 사용하는 경우는 금형을 자화(磁化)시키지 않도록 하여야 한다.

금형이 자성(磁性)을 띠며 가공 시에 생기는 철분(鐵粉)이나 절삭 칩(chip)이 금형에 부착되어 제거하기가 어렵기 때문이다.

⑤ 진공컵(vacuum cup)류

재료의 표면이 평평하여 매끄러운 경우는 진공흡착컵이 사용된다.

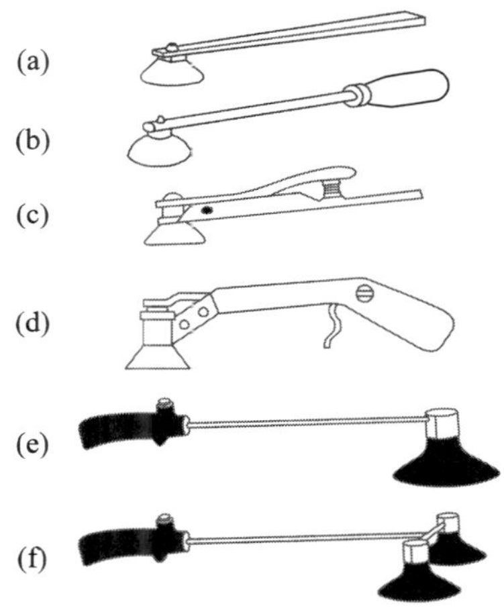

그림 3-73 ● 진공컵류

<그림 3-73> (a), (b)와 같은 간단한 것으로 봉 앞에 흡판을 만든 것이다. 만들기가 용이하지만 떼어낼 경우에는 손으로 떼어내든가 문질러서 떨어뜨려야 한다. 자석 공구의 경우는 흡착한 물건이라도 용이하게 횡으로 옮길 수 있지만, 진공컵은 흡착한 물건을 옆으로 미끄러트리면서 옮겨 놓을 수 없다. 그 때문에 (a), (b)형은 재료(材料)를 꺼내는 것 밖에 사용할 수가 없다. (c), (d)는 흡판에 판막을 붙이고 재료를 떼어낸 경우에는 컵 내의 진공상태를 제거하는 것으로 작업성은 매우 높다. 보통 이 형식은 판막부분의 밀착상태가 좋지 않으면 컵을 눌러 부착해도 진공상태가 이루어지지 않는다. 고무는 비교적 손상이 심하므로, 컵의 예비품(豫備品)을 준비해 놓을 필요가 있다.

(3) 수공구의 활용

수공구를 유효하게 사용하기 위해서는 가장 중요한 것은 작업에 적절한 수송구를 만드는 것이다.

가공할 재료의 형상에 따라서 사용이 쉬운 공구를 만들 수 있다면 손으로 직접 재료를 잡고 작업을 하는 것 보다는 훨씬 쉽게 작업을 할 수 있다.

최근에는 이와 같은 수공구가 많이 시판되고 있어 필요한 제품을 가공품에 맞도록 회사자체내(會社自體內)에서 개량해야 한다. 왜냐하면 자사(自社)에서 제작한 것이 이외에는 작업에 가장 알맞은 수공구를 얻기가 매우 힘들다.

플라이어의 선단을 강판 등으로 길이를 늘려, 연마해서 뾰족하게 하거나 구부려서 사용하기도 하지만 이 기술을 터득하면 모든 재료에 적합한 내마모성이 있는 수공구를 만들 수가 있다. 이것이 수공구를 활용하기 위한 제1의 조건이다.

지금까지 손으로 취급하던 수공구를 사용하면서 작업을 하는데도 많은 불편이 예상된다. 손으로 작업했을 때의 작업속도를 올리기 위해서는 수공구의 지속적인 사용과 연습을 반복하여야 한다.

이 훈련을 3, 4일 내로 완료한다라고 하는 것은 간단한 것만은 아니고, 손작업과 같은 능률을 올리기 위해서는 때로는 1개월의 기간을 필요로 하는 경우도 있다. 그러나 수공구만 취급하여 버리면 그것에서는 수공구 없이는 재료를 취급할 수 없게 된다.

언제 어떠한 때에도 수공구로 재료를 취급하는 습관이 근로자 개개인의 몸에 익숙해지기까지 철저하게 수공구를 사용하도록 훈련하는 것이 수공구의 적절한 활용을 위해 가능한 가볍게 시작하는 것이 제2의 조건이다. 수공구를 사용하기 위한 제3의 조건은 필요한 때에 즉시 사용할 수 있도록 준비해 놓는 것이다. 어떠한 프레스 작업에 있어서도 칩(chip) 제거용 솔(brush)이나, 잔편(scrap) 제거용 갈고리봉 등은 필요한 것이다. 이러한 수공구는 각각의 프레스의 작업대 옆에 반드시 충분하게 준비해 놓아야 한다.

그것들은 받침이 없기 때문에 손을 집어넣어 칩을 제거하려다 재해를 일으키는 예가 많다. 재료를 취급하는 수공구도 필요한 만큼 수량을 확보하여 필요한 때에 즉시 사용할 수 있도록 하여야만 한다. 또 동시에 보관을 잘하고, 공구걸이에 정연하게 매달아 놓든가 공구 선반에 분류하여 따로 보관하여 놓는 것이 중요하다. 공구를 관리하는 측은 항상 예비용품을 준비하고, 새로운 공구를 필요로 할 때에 즉시 알맞은 수공구를 만들어야 한다.

수공구의 효과는 안전면과 능률면에서도 효과가 매우 크다.

그러나 수공구에 의존하기 위해서는 적절한 수공구의 제작능력, 훈련방법, 수공구를 사용하는 근로자의 숙련, 관리 등 수공구를 사용하는 측에 많은 문제가 있으므로 이러한 조건을 모두 만족시켜야 하는 것이다.

3-5 프레스작업 현장의 인식(認識)

1 프레스 현장의 위험 인식과 인성

安全은 주어지는 것이 아니라 만들어 가는 것이다.

프레스 가공이 이뤄지지 않으면 중화학공업에 진입이 어렵다는 기계설비가 바로 프레스 기계이다. 따라서 금속가공 그 우수성은,

- 일 많이 하는 기계, 즉 생산성이 가장 높은 기계이다.
- 균일성이 있는 제품 가공을 얻을 수 있다. 즉 프레스 가공은 동일 금형(金型)에 대량 제품을 가공하는 것이 가능하다.
- 제품 중량이 가벼운 것에 비해 강도가 높다. 일반적으로 압연재료의 판재로 성형 가공되기 때문에 박판구조의 제품으로서 제품의 중량은 일반 금속 가공제품과 비교해 경량이면서 강도가 우수한 제품 생산이 가능하다.
- 재료가 경제적으로 사용이 가능하다. 이것은 묵인할 수 없는 커다란 특징이다. 즉, 프레스 가공에서 발생되는 잔편(殘片, Scrap)이 판재 원형 그대로 남기 때문에 재활용이 가능하다.

따라서 이러한 특징과 관련해 프레스 기계가 사용되는 현장이다.

(1) 프레스 가공 현장의 3특성

프레스 기계가 있는 현장은 위험하다고 하는 특성을 크게 4가지로 정리하겠다.

① 금형이 반드시 필요하다. 즉 손 또는 신체 일부가 들어가는 금형이 제작되기 때문이다.

② 공정이 빠르다. 즉 위험 빈도가 타(他) 기계설비보다 많다.

③ 압력이 강하다. 즉, 프레스가 갖고 있는 능력 최소 60% 이상의 강한 힘으로 작업점(위험점)에 도달된다.

④ 다품종 소량생산에 대응하는 설비다. 즉, 공정 변화 및 안전작업 변화가 심하다.

이상과 같이 인간 존중, 즉 숭고한 명(命) 관리 면에서 위험관리를 하려하는 큰 의미가 있다.

2 Press 기계의 가공과 호칭

(1) Press 가공을 숙지하면 Press 기계라는 뜻도 이해한다.

① Press 기계를 구동하는 것은 Power가 동력이며, 사용하는 금형은 쌍(雙)을 이루는 상형(Tool)과 하형(Die or Mould base tool)이다.

※ Note: 여기서 Press작업과 기계에 사용되는 Tool은 '금형(金型)'을 총칭한다.

② 가공재료 : 구분이 없다.

③ 가공상태 : 소성가공

④ 변형 : 영구변형

⑤ Tool의 한 쌍이란 Punch와 Die or Mould Base 또는 Compound Tool을 총칭한다.

(2) Press 기계의 호칭

① 압력 ② Frame 형식 ③ Crank 수 ④ Slide 구동기구

200TON 압력	STRAIGHT-SIDE Frame 형식	SINGLE Crank 수	CRANK PRESS Slide 구동

3 Press 작업은 위험하다고 할까 – 10 point

(1) Press 현장이 있는 작업상 위험 10 point 관리. 안전 확보상 두고두고 마음속에 새겨두어야 할 명언들이다.

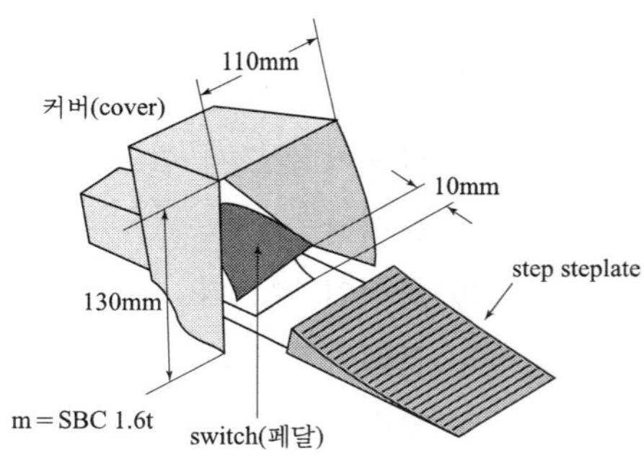

Press or Shearing M/C Foot-Switch (pedal)

1 point : 매 공정마다 위험과 직결된다.
→ 힘이 없는 slide는 없다.

2 point : 고장 발생 빈도가 많다. → Clutch 및 brake, 금형 사용 빈도가 많다.

3 point : 공정변화가 크다. → 작업표준, 방호방법 및 안전작업 방법의 변화가 많다.

4 point : 공정마다 금형이 다르다. → 무게, 크기, 제품의 크기에 대응이 다르다.

5 point : 소음과 진동이 있다. → 고장 예지 및 감각적 감지가 곤란해 원인 발굴 및 발견이 어렵다.

6 point : 고정작업으로 지루감이 온다. → 작업의 연속성 및 고정성 등에 감각 차단이 일어난다.

7 point : 수공구(hand-tool) 및 안전장치를 기피한다. → 자만심, 기피성, 사용 회피, 귀찮은 마음가짐 등으로 불확실성 발생

8 point : 2인 1조 및 3인 1조 등 협조, 협동 작업이 많다. → 대형화 및 강도가 큰 재해 발생

9 point : 1 pedal과 1 switch → 한 발, 한 손으로 touch 고집 작업을 한다.

10 point : 수칙 준수 불이행 → 기준, 규정, 수칙 등을 맹신한다. 즉, 불이행이 위험을 부른다는 뜻이다.

(2) Press 기계가 작업에서 일어나는 위험도 예상은

첫째, Error 빈도가 많다. → 실수확률이 높다. 즉, 위험빈도에 노출되기 쉽다.

둘째, 이행률이 높다. → 사고로 갈 수 있는 실천율이 높다.

셋째, 강도율이 높다. → 치료기간이 길고 장해가 남는 경우가 많다.

넷째, 심적 및 신체적 고통이 심하다. → 생활의 곤란성 발생.

4 금형은 생각부터 제작까지 안전기술 3

현장 라인을 지원하는 관리자들이 고민해야 하는 기술 3가지

기술 (1) Press Tool(金型) 설계 시 반드시 안전작업을 위한 설계가 되어야 한다.

※ Press 금형의 설계기준 5원칙

1. 사고(思考)와 창조(創造)의 결정체(決定體)
2. 지식(知識)의 집약성(集約性)
3. 사회적(社會的) 조건 충족성(充足性)
4. 안전(安全)의 신뢰성(信賴性)
5. 제품(製品) 종말(終末)의 책임성(責任性)

金型設計제작의 Flow Chart

(Press tool design & mf flow chart)

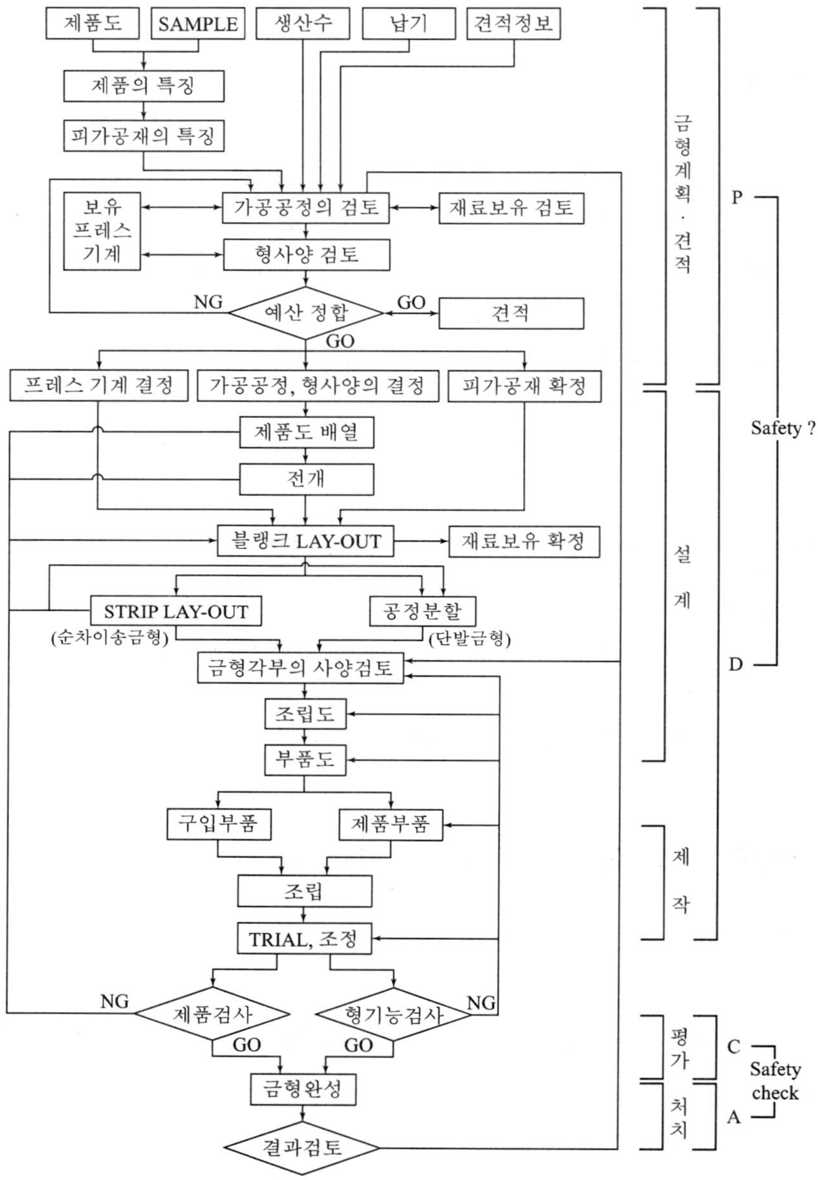

* Note 4. : Press 작업을 위한 Tool(金型) 설계자는 명심해야 할 명언이다.

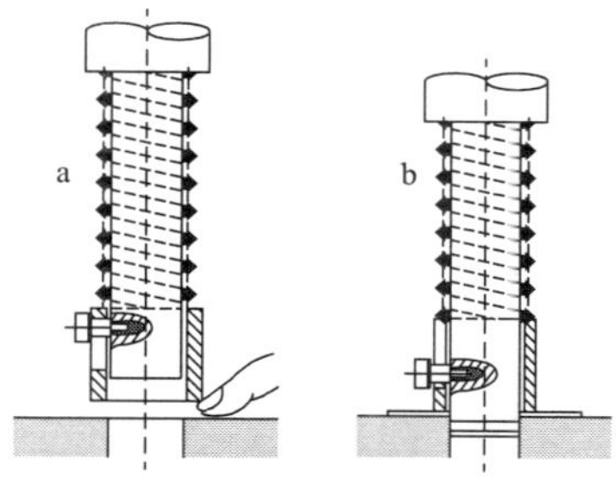

기술 (2) 금형(Tool)을 제작(생산)할 때 가공상 safety engineering을 빠트리지 말 것. 즉, 금형 가공상 손이 들어가지 않는 no-hand in die type의 설계가 안전기술이다.

금형에 의한 가공법의 Flow Chart
(Press tool work flow chart)

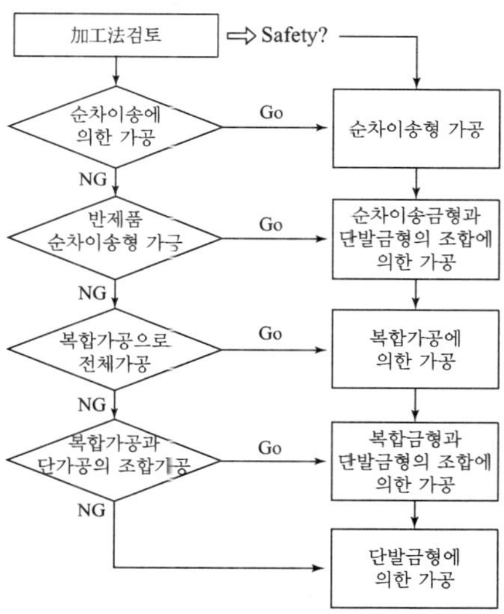

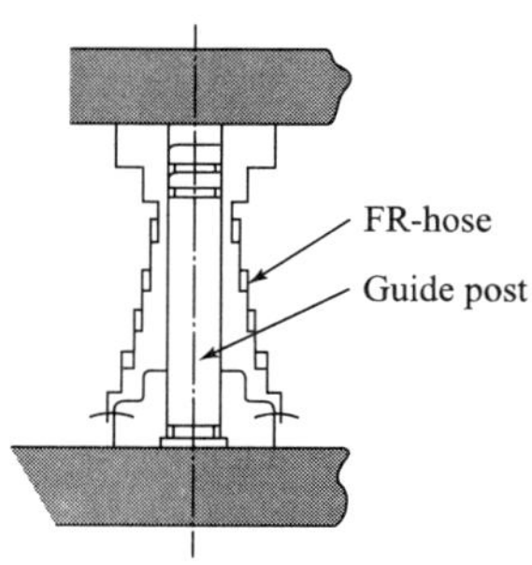

Guide post 안전화 가공

기술 (3) Press 가공의 생산방법 검토에서 safety engineering은 반드시 flow chart 에 의해 가공할 것.

프레스 가공의 생산방법 Flow Chart

(Press work production flow chart)

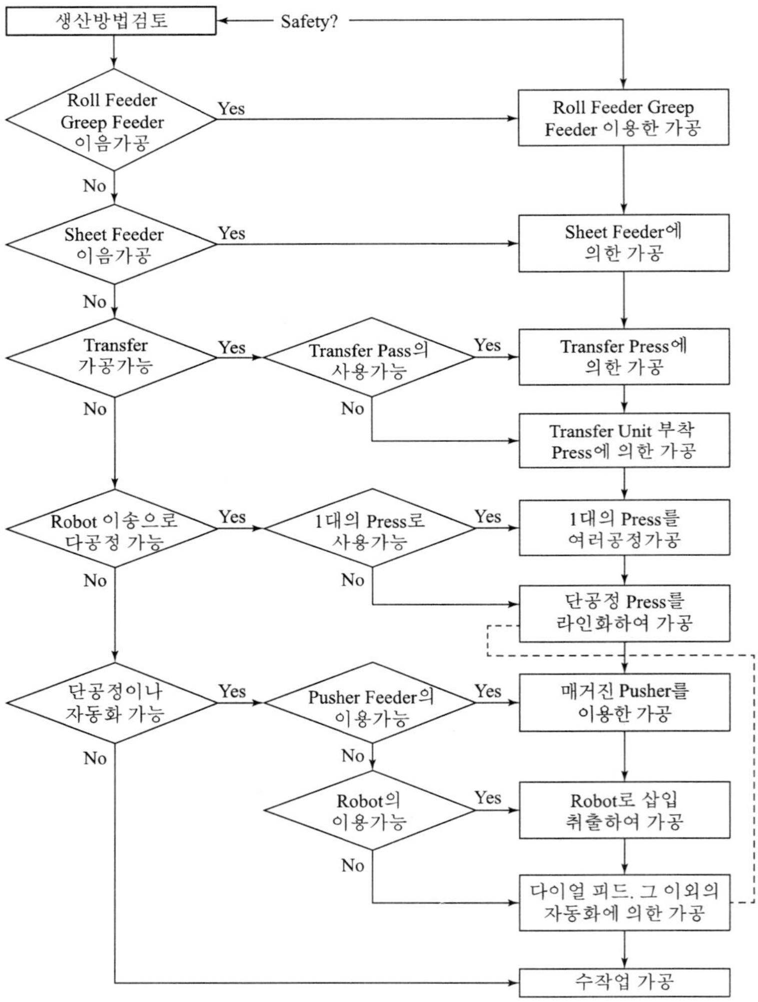

Press 가공의 생산방법 검토

5 Press 현장을 보는 눈(眼) 8 point

(1) Press 정밀도

① 슬라이드면과 볼스트면의 평행도

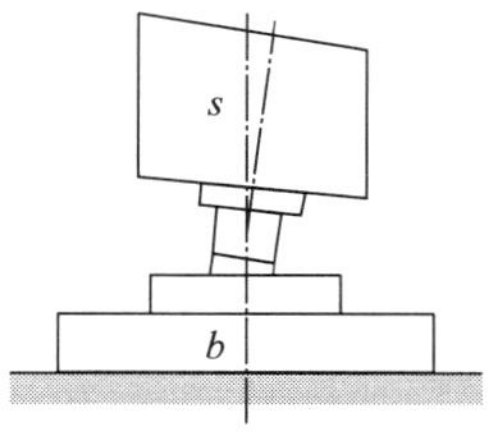

② 볼스트면의 평행도

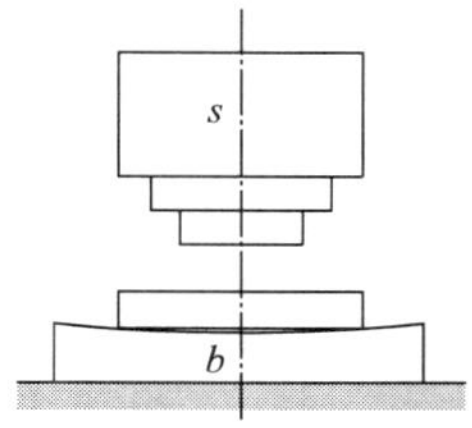

③ 슬라이드 운동방향이 볼스트면과 진직도

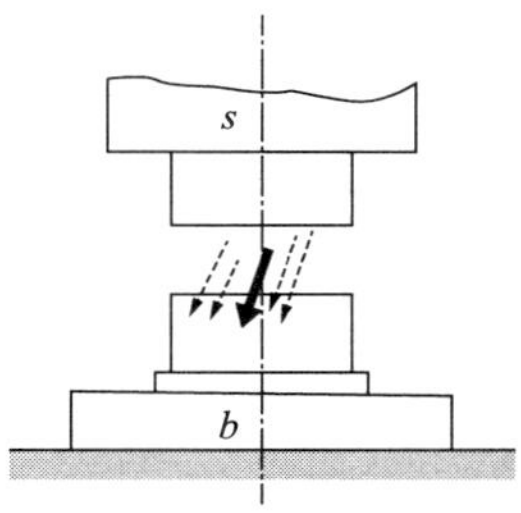

④ 생크구멍 직각도

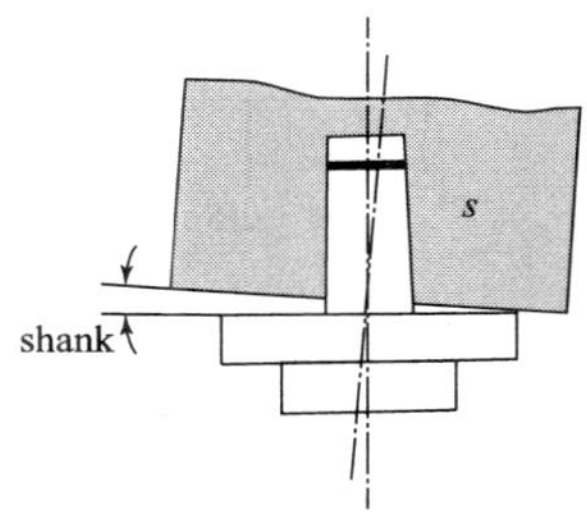

(2) Press clearance

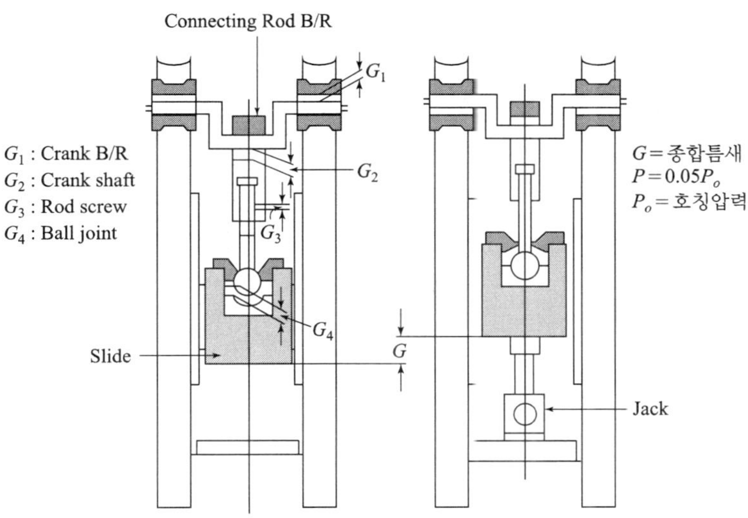

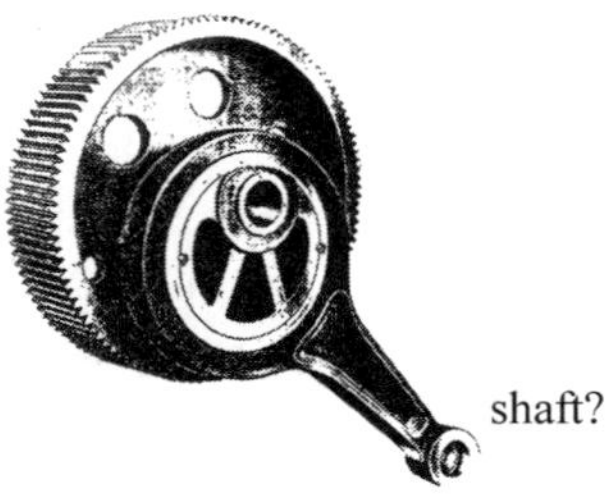

Press. co. dept?
- 공정 지원부(Process support dept.)
- Process 기술부
- Panel 기술부
- Tool 가공부

(3) Press gib

① Slide gib

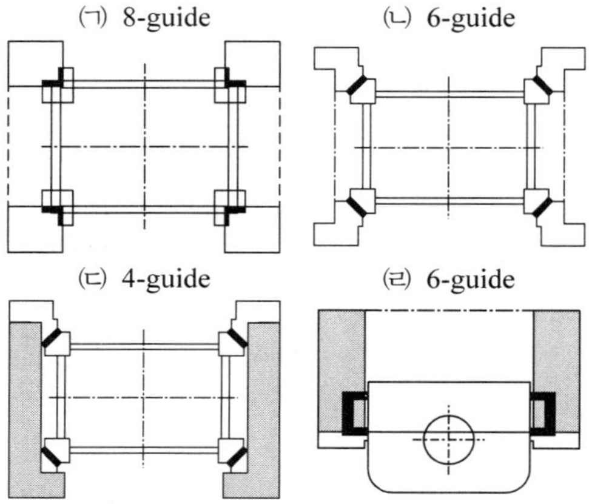

L = stroke 5 ~ 6
Gap 0.03 ~ 0.05-S
0.05 ~ 0.08-L

② Slide guide type

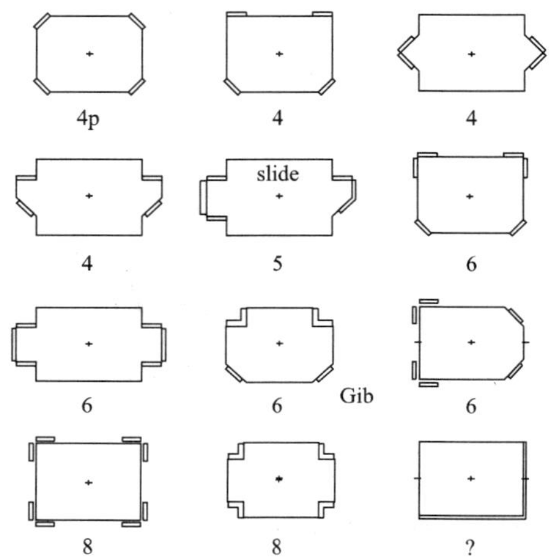

(4) Positive type clutch brake

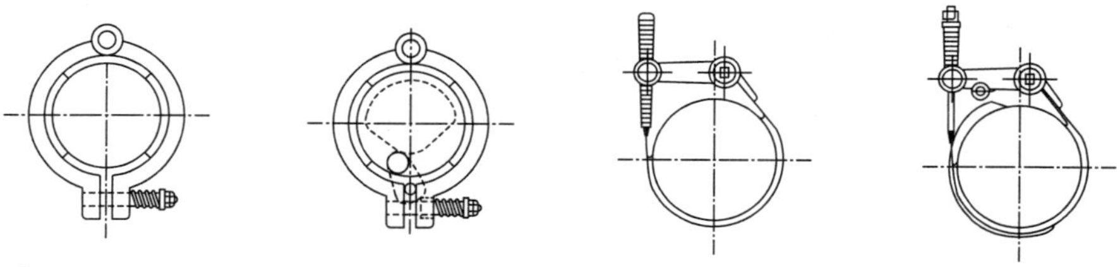

① Shoe brake ② Cam shoe brake ③ Band brake ④ Cam band brake

(5) 집중하중능력

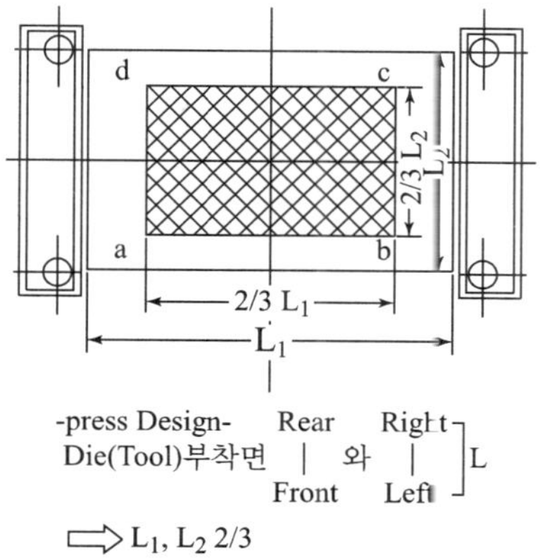

(6) Over load protect (Oil)

Hydraulic overload safety device for mechanical presses

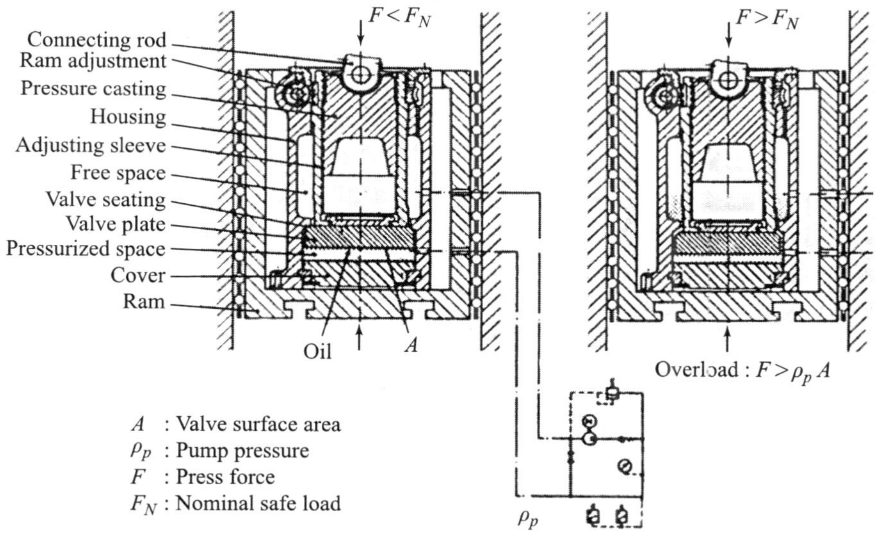

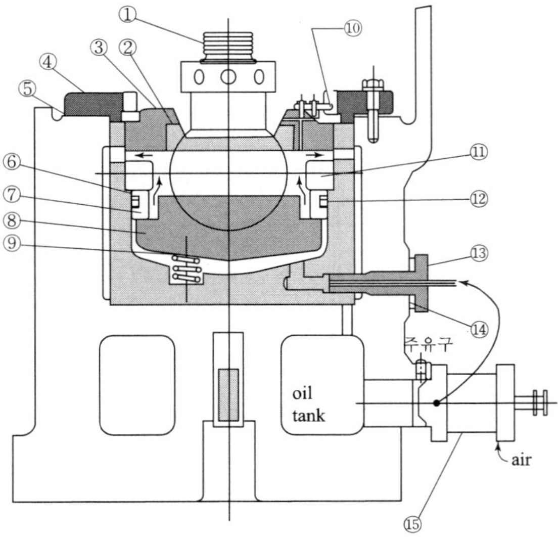

No.	Part-name	No.	Part-name	No.	Part-name
①	Rod screw	⑥	Oil-case	⑪	Seal-nut
②	Retainer	⑦	Seal	⑫	O-ring
③	Ball p_plate	⑧	Ball seal	⑬	Nipple
④	Cover	⑨	Spring	⑭	Gasket
⑤	A Seam	⑩	Stopper	⑮	Over Load Protect

(7) Press의 공정의 위험

① Embossing 공정은?

② 벌징(Bulging)

원통용기나 관재의 일부를 넓혀서 직경을 크게 하기 위한 가공

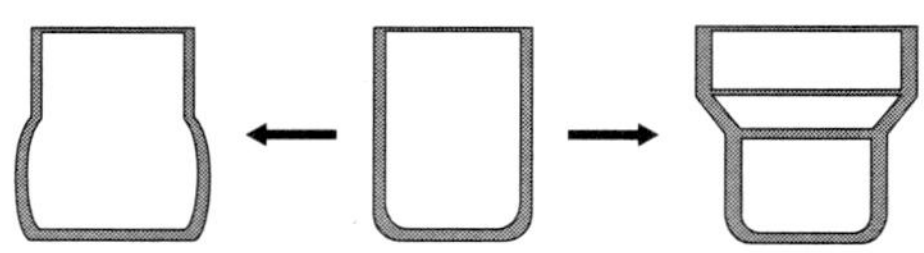

③ 네킹(Necking)

통 또는 원통용기의 끝부분의 직경을 감소시키는 가공

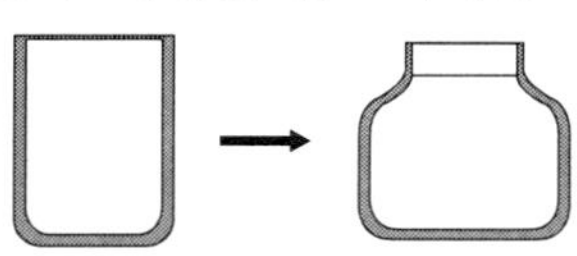

④ 엠보싱(Embossing)

재료의 판 두께를 변화시키지 않고 여러 가지 형태의 얕은 凸을 만드는 가공

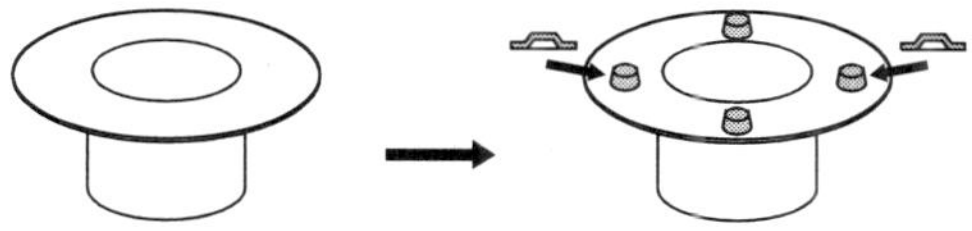

(8) 수공구 우습게 보지 마라!

수공구는 설계되지 않고, 만들어주지 않으므로 공정에서 수공구가 만들어지고 있다.

수공구가 꼭 시중에 있는 펜치, 플라이어가 아닌 공정에서 만들어지는 작업도구를 수공구라는 점에서 연구되어야 한다.

① 연구과제는 • 가벼워야 한다.
- 기능이 확실하여야 한다.
- 내구성(내마모성)이 좋아야 한다.
- 수량에 충족하여야 한다.
- 계속 개선해야 한다.

② 다음 그림은 우리가 생각하는 수공구이다.

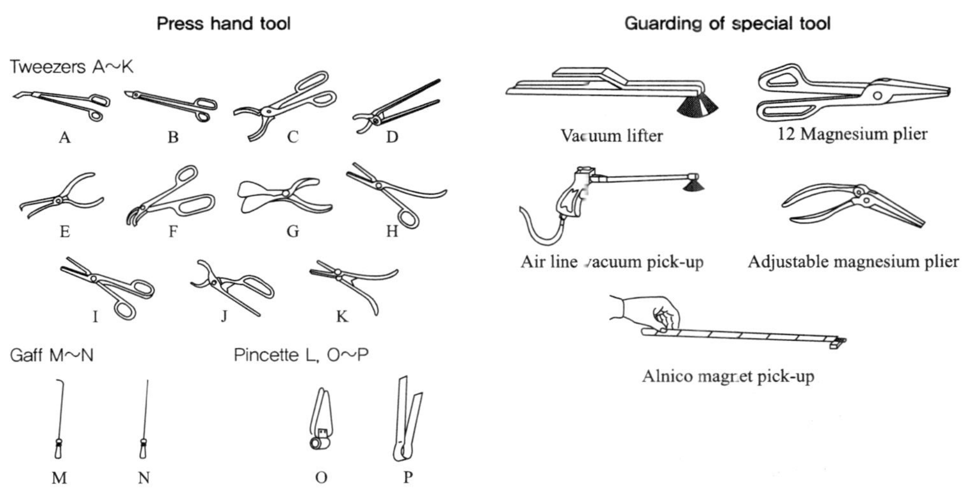

③ Press 공장에서 사용하는 선진국의 수공구 <연구 자체제작 70%>

Point: 1. Skill 2. Light 3. Tough 4. Abundant production 5. Change 6. 300 L(12 in)

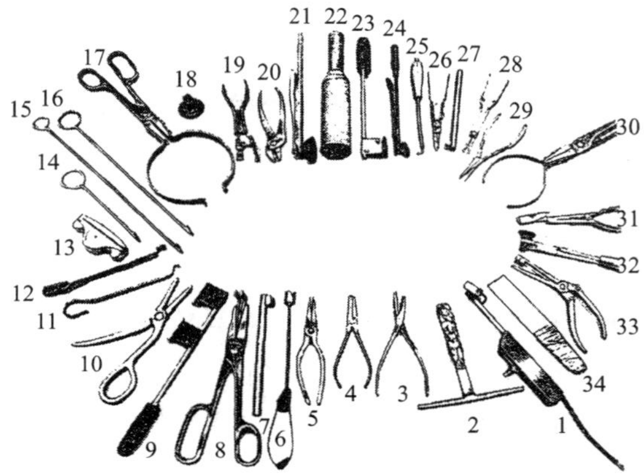

Key to numbers on the accompanying photograph:

1. 110V electric magnet for picking up sheet metal.
2. Steel or brass pusher.
3. Pliers with extra-long handles.
4. Pliers with adapters for grasping vertical edges.
5. Pliers with long handles and long grip.
6. Alnico magnet on a stick.
7. Fiber stick with Alnico magnet.
8. Pliers with adapters for grasping vertical edges.
9. Fiber stick with Alnico magnet.
10. Pistol-grip pliers.
11. Push stick.
12. Push stick.
13. Sheet-edge gripper.

14-16. Hooks with 90-degree bend.

17. Pliers with adapter for grasping vertical edges.
18. Vacuum cup.

19-20. Pliers with high-pressure grip.

21. Releasable vacuum gripper.
22. Cylindrical holding tool.
23. Fiber stick with magnet.
24. Releasable vacuum gripper.
25. Hook with 90-degree bend.
26. Normally closed pliers.
27. Fiber stick with Alnico magnet.
28. Pliers with adapter for grasping vertical edges.
29. Long-nosed pliers.
30. Pliers with adapter for grasping vertical edges.
31. High-pressure pliers.
32. Vacuum cup with handle.
33. Adjustable-handled pliers with Alnico magnet.
34. Push stick.

(자료제공: Accident Prevention Manual for Industrial Operation 9권 258p.)

6 Press 주변기기(周邊器機)도 Press인가?

Cone type uncoiler

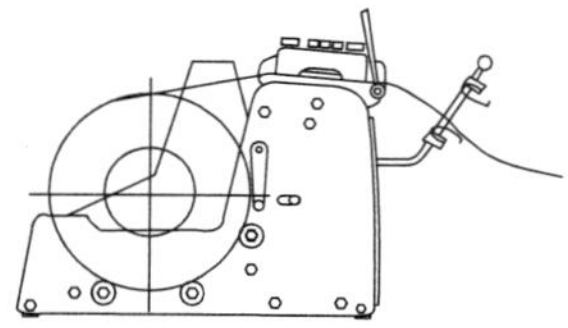

Leveller cradle

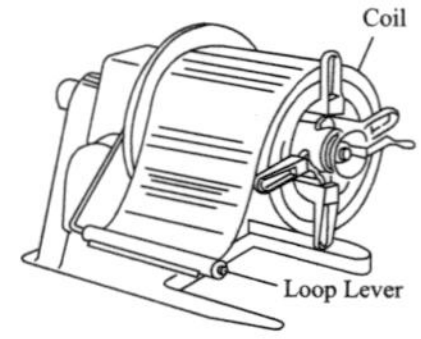

Uncoiler

Q1. Press기의 주변기기도 press 기계에 포함됩니까?

A. Press 기계에 정의에 "주변기기"라는 용어가 없어 질문하는 애독자인 것 같습니다. 필자는 press 기계 단독으로는 제 기능을 할 수 없고 생산활등도 할 수 없다. 즉 금형(tool) 및 주변기기가 있어야 하기 때문에 press 기계에 속한다고 봅니다. 따라서 정기 자체검사 등을 실시하여야 한다고 볼 수 있습니다.

Q2. 필자는 press 기계 및 작업 경륜을 함께 해온 지도자(공단 교수 재직) 생활에서 터득하신 press기의 주변기계기구에는 어떤 것들이 있습니까?

A. 지면이 허락하는 대로 답변해 드리겠습니다만, 질문자 칭찬은 과분한 말씀입니다. 조금 먼저 press 작업안전을 확보하기 위한 것뿐입니다. 그럼 질문에 답해 드리겠습니다. 주변 기기에는 크게 2가지 재료(소재) 이동용과 부품(part) 이동(운반)용이 있습니다. 전자는 1차 가공용 loading 장치라고 하고 후자를 2차 가공용 loading 장치라고 합니다.

7 1차 가공용 loading 장치

(1) Roll-feeder

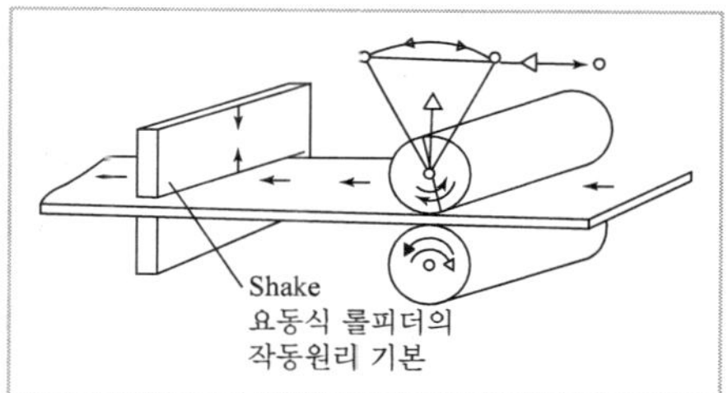

Shake type roll feeder

① Coil재(材) 이송

② Single roll feeder → 형(型)의 입구쪽 설치(이송정도가 좋다)

Double roll feeder → 형(型)의 출구쪽 설치

③ 이송 성능 : 이송속도이다.

④ 이송 속도 : 1회 이송길이 즉 Lf × s.p.m = 매분 몇 m

⑤ 이송 정도(移送精度) 영향 요소

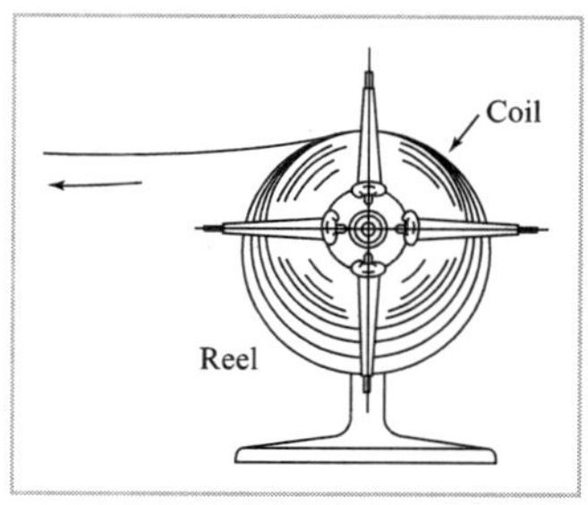

- Single 또는 Double인가 = Single이 좋다.
- 재료 폭 roll 길이 → 길이가 짧은 것이 정도가 좋다.
- 재료의 성질 → 재질·두께·캠버(Camber) 및 굽힘

(2) Gripper feeder

① Roll feeder 용도와 동일

② 얇고 폭이 좁은 재료 고정도 이송시 사용

③ 광폭 및 두께(t)가 두꺼운 재료 사용

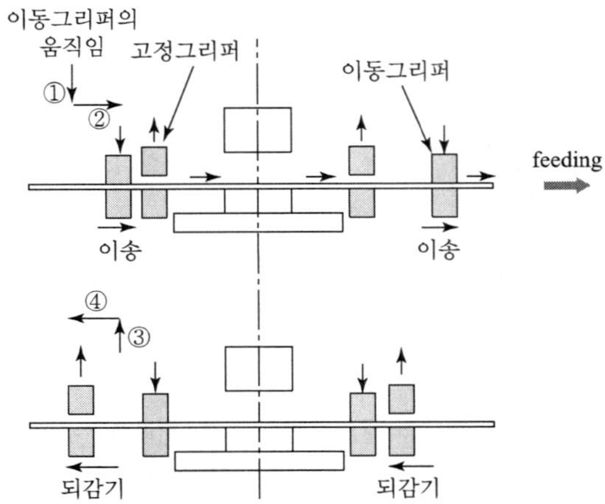

(3) Roll-lifter(Gage device)

재료를 빠르게 자리에 안착시킨다.

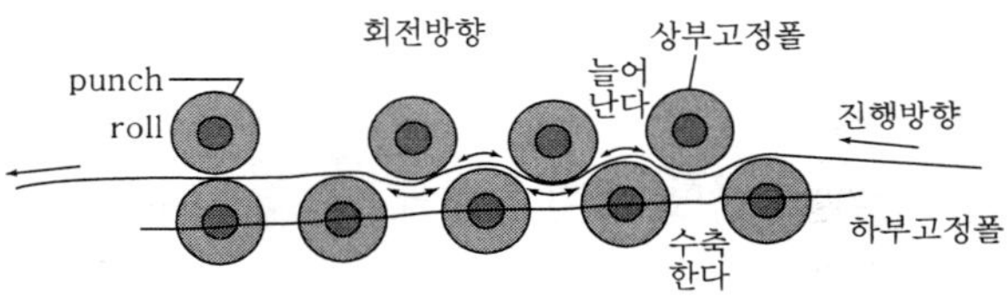

롤러레벨러

(4) Roller-leveller

재료의 올바른 진입용

(5) Transfer feeder

하형상면(下型上面)에 평행하게 설치한 두 개의 이송막대의 대칭적인 지형(地形)운동에 의하여 거기에 붙인 폴(pole)로 가공품을 차례로 다음 공정으로 이송하는 장치이다. 단, 범용 press - 단독 transfer press - line 구성에 달려 있다.

(6) Coil cradle(코일 크레이들)

① Roll leveller 달린 coil cradle로 roll feeder가 붙은 press에 coil 재공급용
② Coil 재를 풀 때 사용
③ Coil이 잘못 감긴 것을 바로 감을 때 사용

④ Coil cradle은 uncoiler보다 coil 장치가 간단하다.

⑤ 사용 1 ton 미만 시 무동력인 것도 있다.

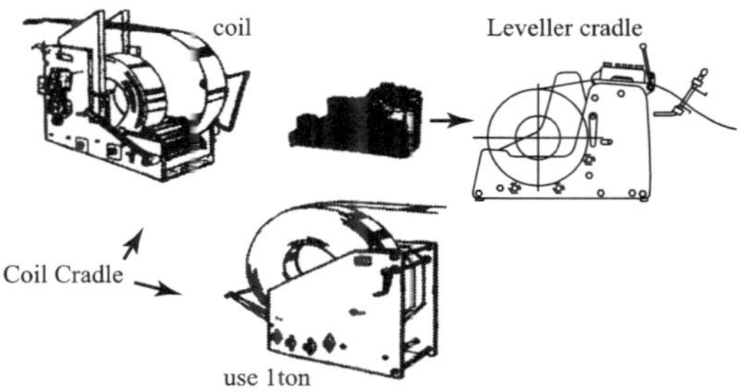

(7) Cradle leveller

Cradler leveller 조합한 장치

(8) Uncoiler & Cone type uncoiler

중량이고 폭이 넓은 coiler 사용

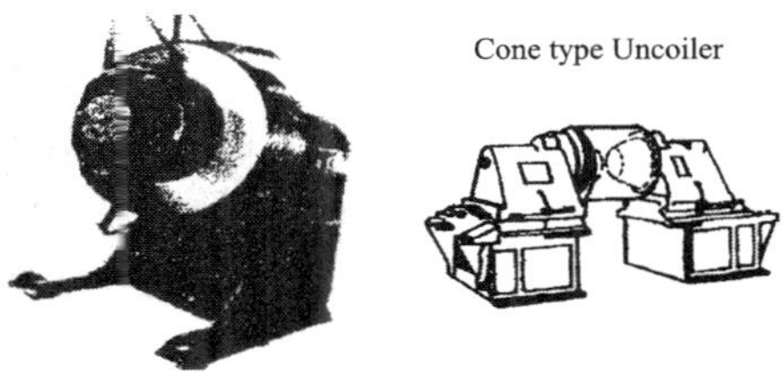

(9) Automatic centering roll

사용한 coil 재료를 감거나 광폭의 coil을 풀어주는 주변기기이다.

(10) S자 type loop leveller

소재 반경 R이 변형방지 목적에 사용, 가이드 구성, loop의 모양이 S자와 닮았다고 해서 호칭됨. R은 t의 400배

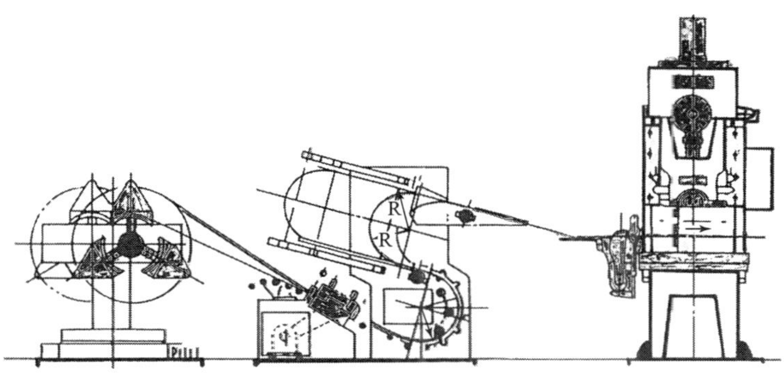

(11) Loop

제조되어 강판(판재)의 반경 "R"이 변형되는 것을 방지해주는 주변기기이다.

따라서 분량 - down loop - up loop 되며 "L"은 t의 약 1600배 정도이며 "R"은 t의

400배가 일반적이다.

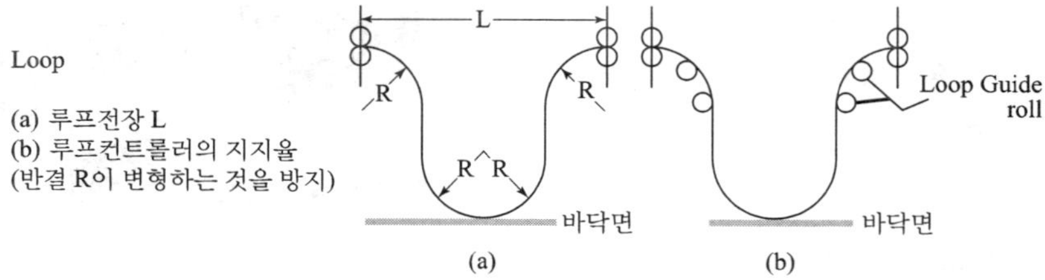

(12) 프레스 기계의 슬라이드 하강방지장치

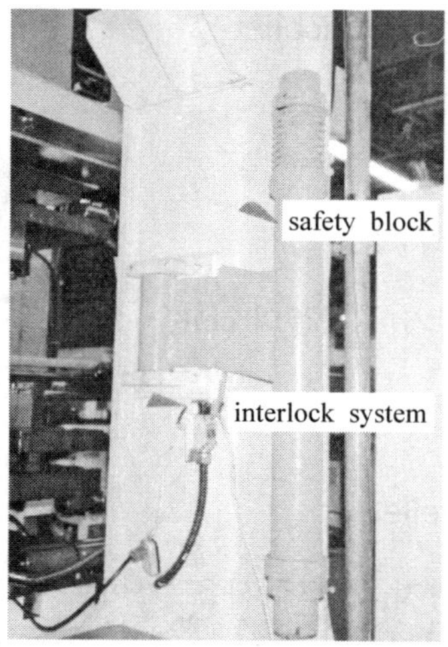

Press safety block system

(13) 6d Hooking bar design

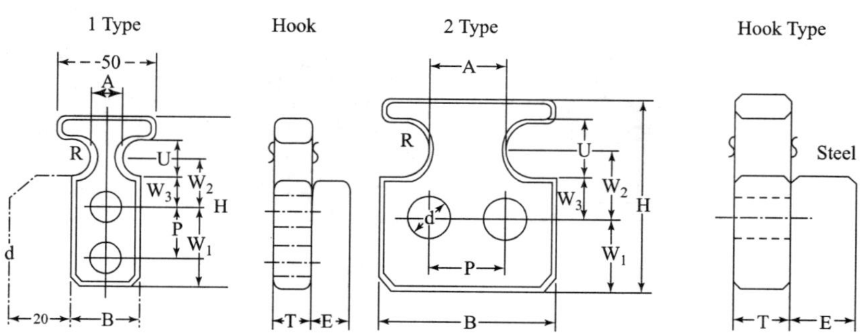

(a) 고정볼트형 Hook plate

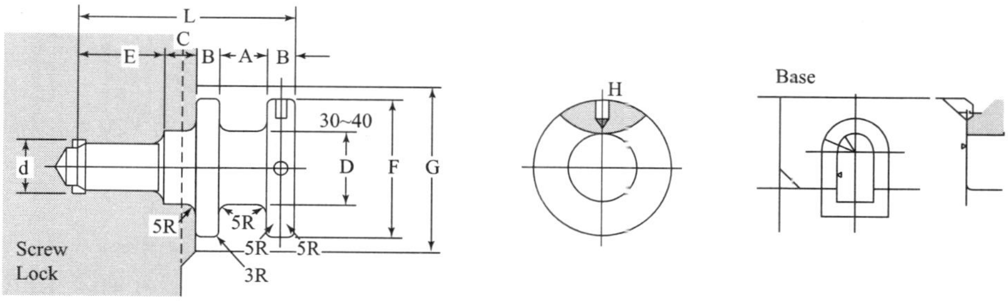

(단위: mm)

달하중	dφ×피치	A	B	C	D	E	F	G	L	H
1톤/1개	42×2	30	15	10	30	45	60	80	115	6φ×12깊이
2톤/1개	48×2	30	20	10	40	55	70	100	135	6φ×12깊이

재질: S35C 단조가공, 뜨임(소둔) 처리

(b) 2단 Hook bar

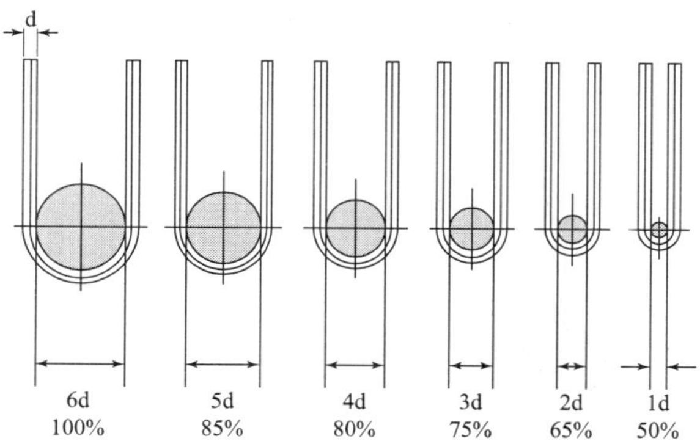

d : 와이어로프의 공칭지름
% : 효율

IronMold Barblock Type

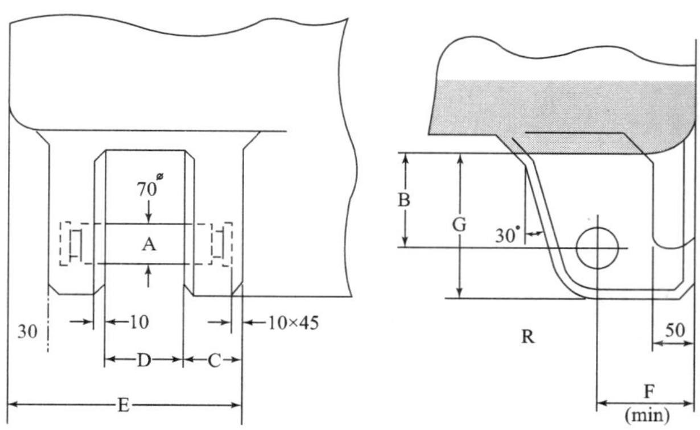

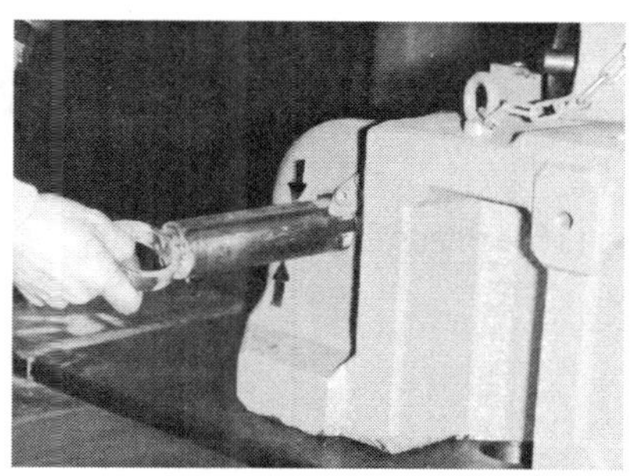

Hooking-bar의 safety 4 확보

달하중	A	B	C	D	E	F	R	G
20톤 이하	70φ	115	75	100	280	125	100	200

(c) 6d 효과의 Safety hook bar

(14) Hooking bolt design safety 6d guidance?

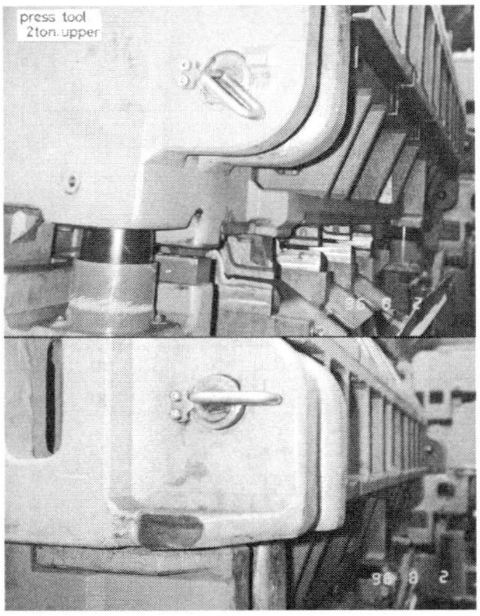

6d로 설계된
hooking bar
(하금형)

(15) Press Slide 왜 미끄러지는가?

clutch 분해
체험학습

(16) Press 작업안전을 위한 교육은 지속되어야 한다.

토론 및 체험
학습교육

(17) 22억 초 동안 사용해도 고장이 없는 interlock (독일제품)

8 Press 가동률 향상 8 point

(1) 분석

$$\frac{\text{Day 생산량}}{\text{Spm} \times \text{하루작업분(min)}} = \%$$

(2) 대책 8 point

1 point : Press tool의 die-set화

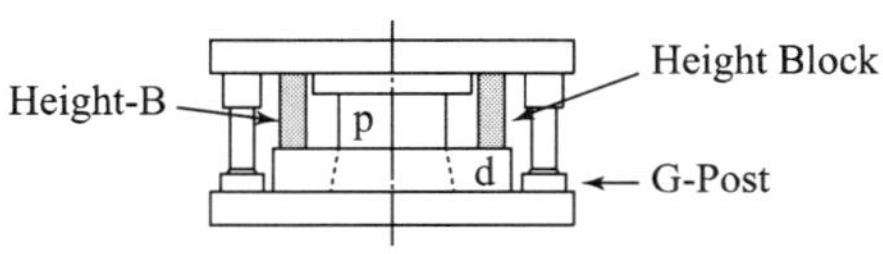

2 pcint : Press tool의 height block화

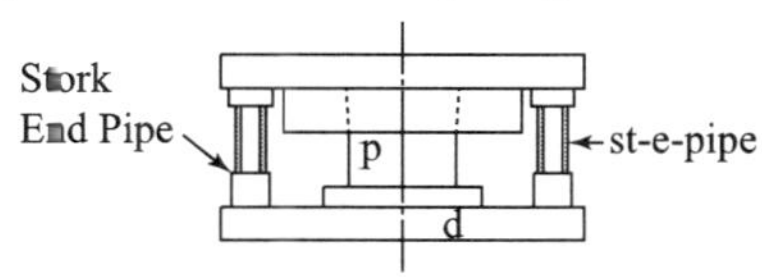

3 point : Press tool의 표준화

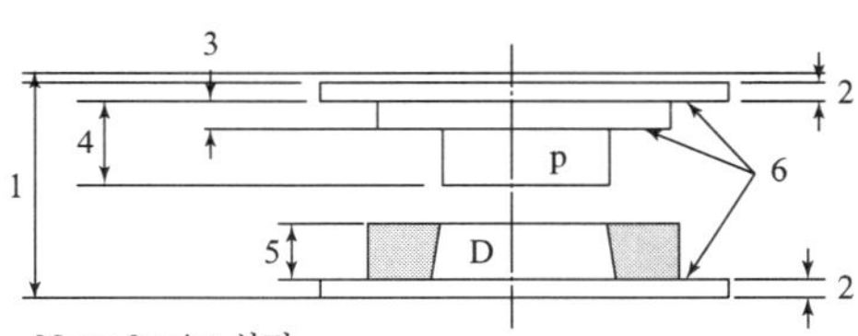

Note: 3point 설명
1 - 하금형 높이 표준(Die height standard)
2 - 조립위치 표준(Attachment standard)
3 - 상금형 상판두께 표준(Thickness standard)
4 - 상금형 높이 표준(Punch tool height standard)
5 - 하금형 두께 표준(Die t standard)
6 - 받침판(Plate)의 면적 표준(standard)

4 pcint : Quick-change type의 press tool system화

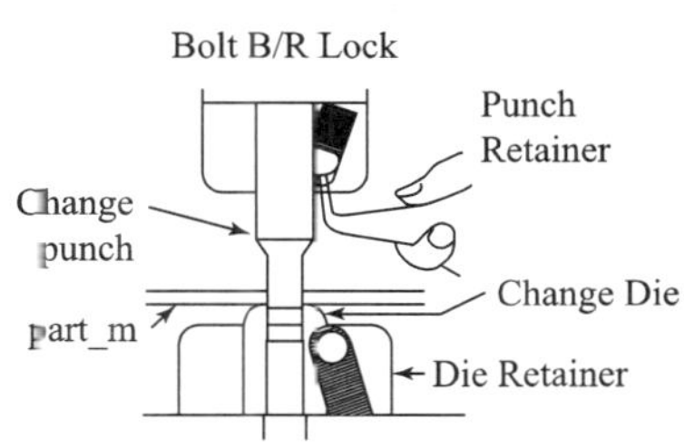

5 point : Moving-bolster type의 press system화 ⟶ 6 point : Air-clamping화

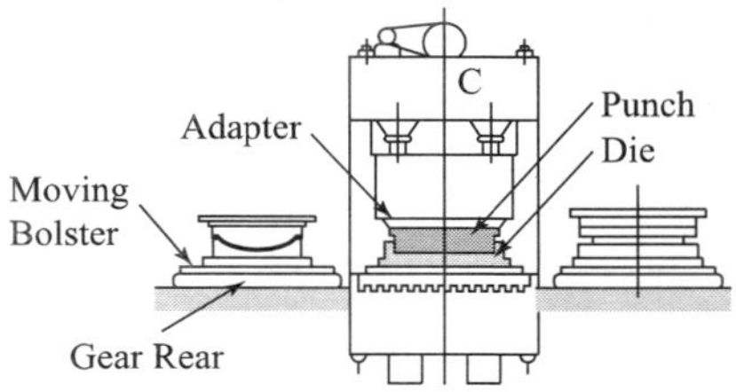

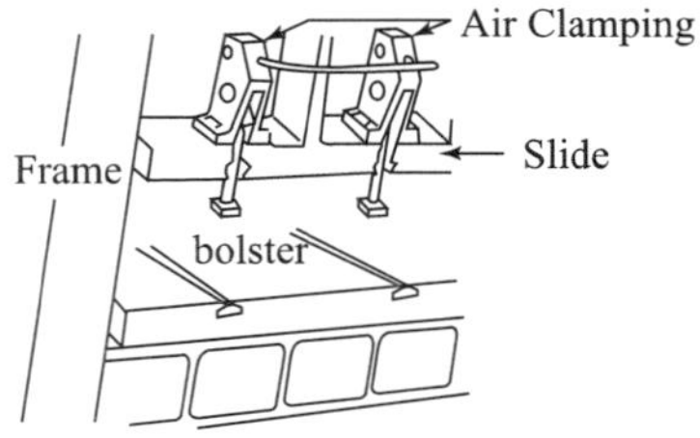

7 point : Press-box type화 ⟶ 8 point : Press tool 전용대차 및 위치결정화

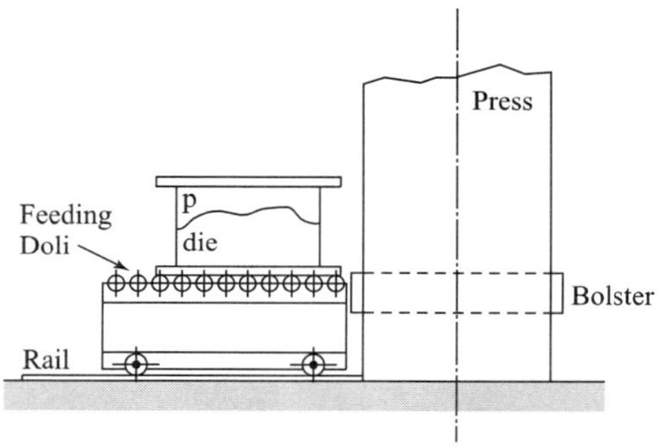

(3) 중량물 운반용 - hooking용 eye(ring) bolt 보관

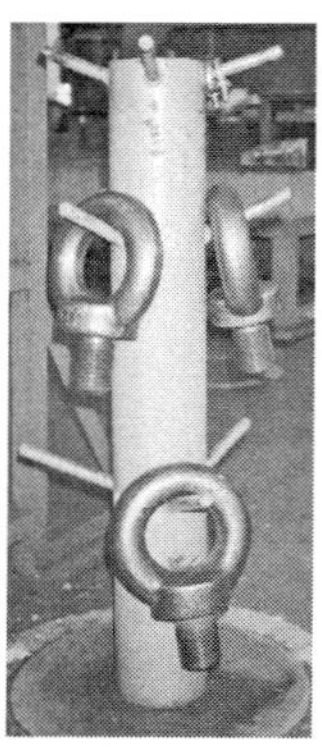

① 필요장소
② 크기(길이)
③ 고철이용

(4) Brake-press 위험

① 3~5 tool
② Speed
③ 3~20공정
④ 1인 다공정 작업수행
⑤ 짧은 stroke
⑥ 위험 범위 침입
⇨ 광전자 방호장치가 방호

(5) Shearing M/C guard? hanger?

※ 수리·보수 시까지 생각

(6) Shearing 작업 위험성

① 치수 조정 ② 기계 뒤쪽 ③ 동력ON

① 안전장치무 ② 한손굽힘작업 ③ 수공구불용

(7) 사고 방지 사례

Before Hand in die type

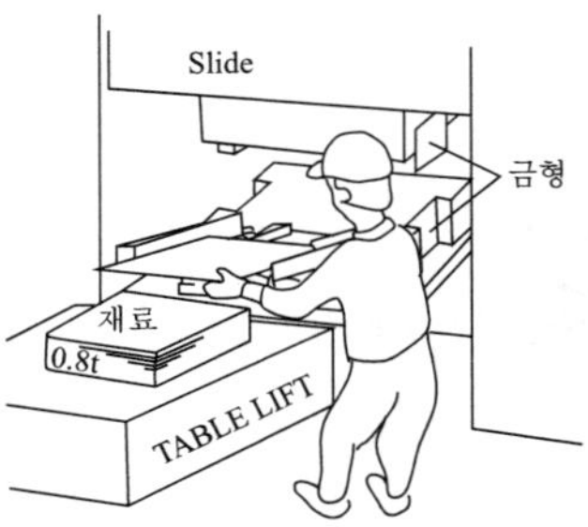

After No hand in die type

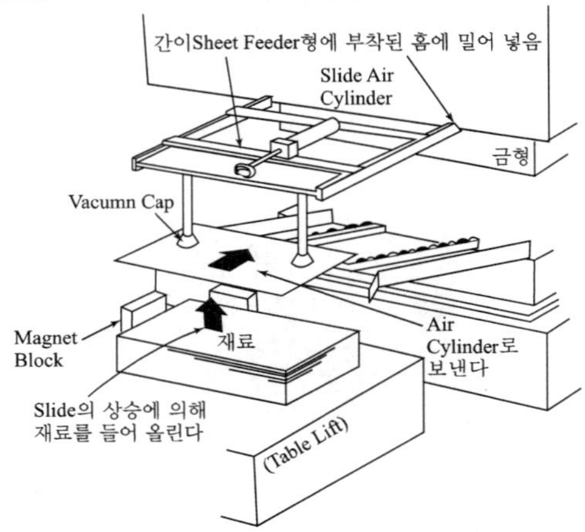

9 Press 현장의 위험검출 교육용 sheet

1. Press work line

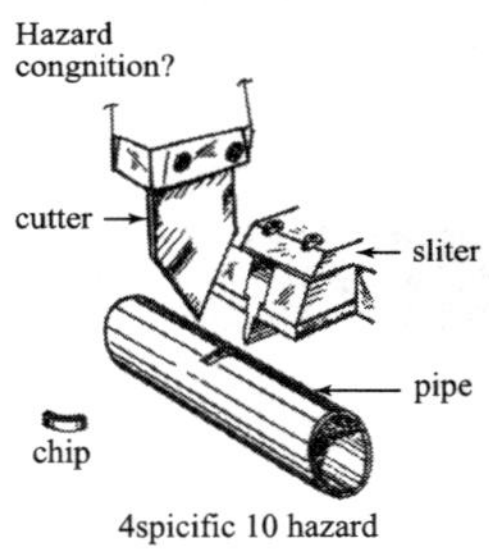

Note:

2. 3capability & Stop4

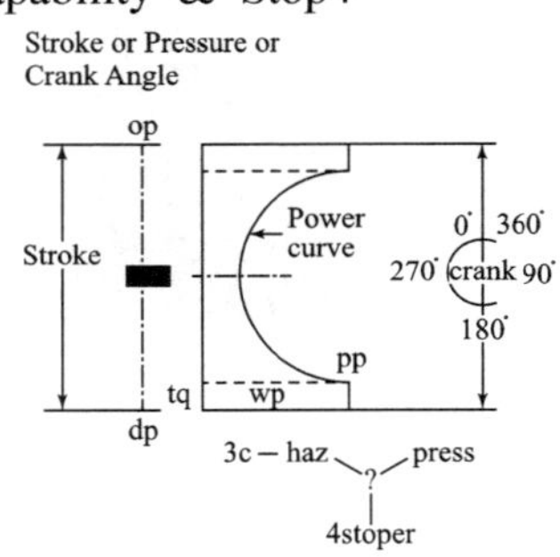

Note:

3. Friction clutch2 현상

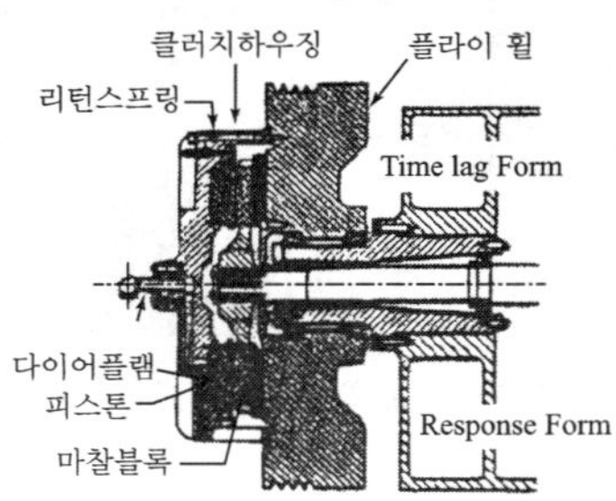

Note:

4. Press process (tool)

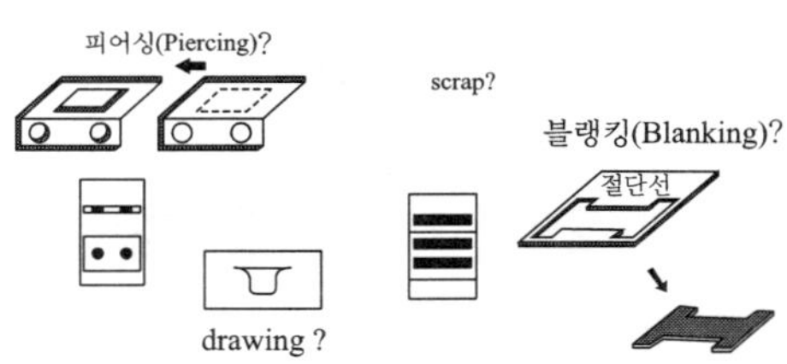

Note:

5. Flywheel power?

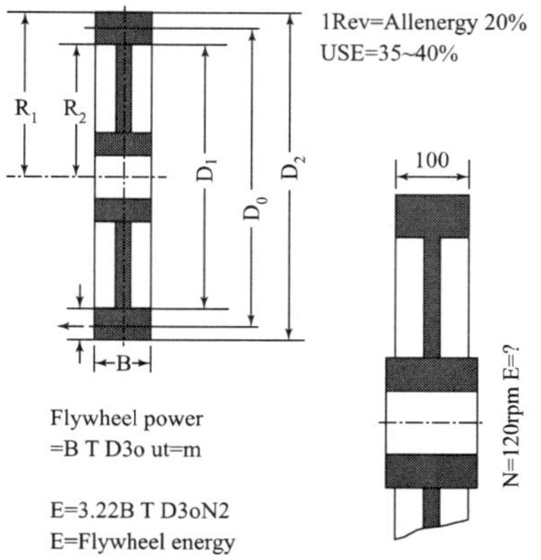

Note:

Press line patrol 30point

6. Shut height & Gear wear

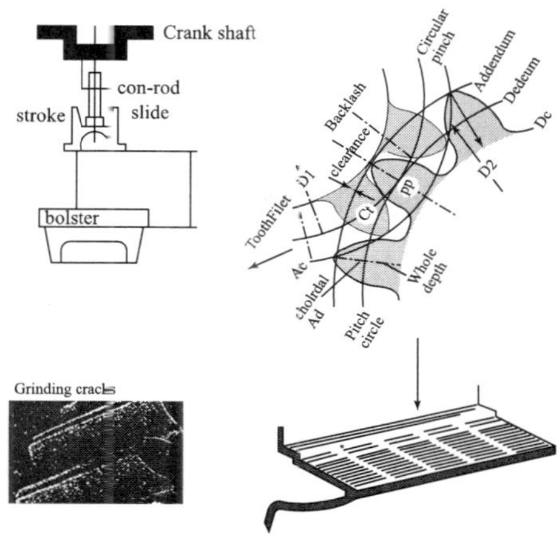

Note:

Sling work safety?

7. Bolt & Nut109?

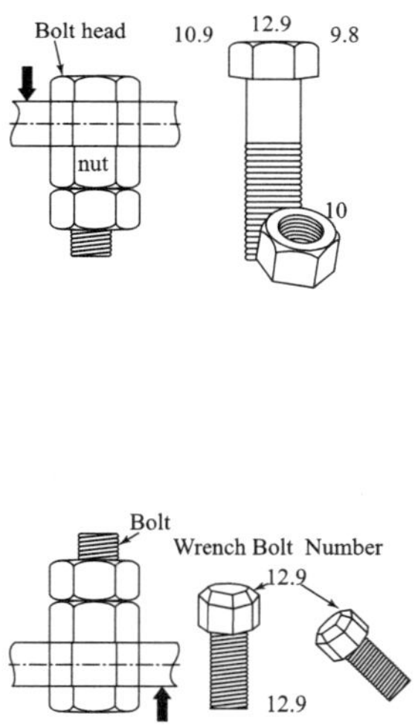

Note:

8. Wire rope?

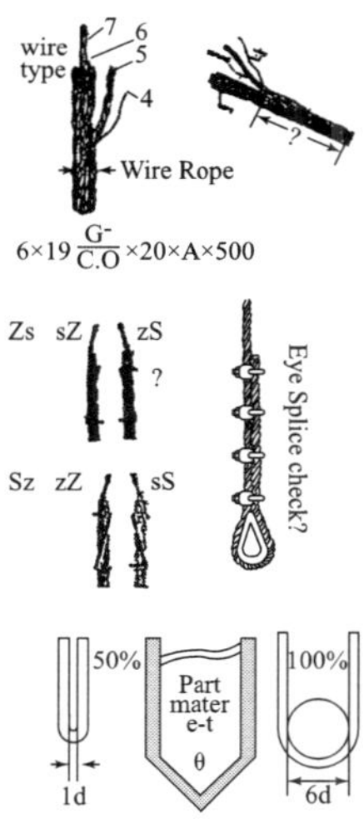

Note:

9. Eye-bolt 용도

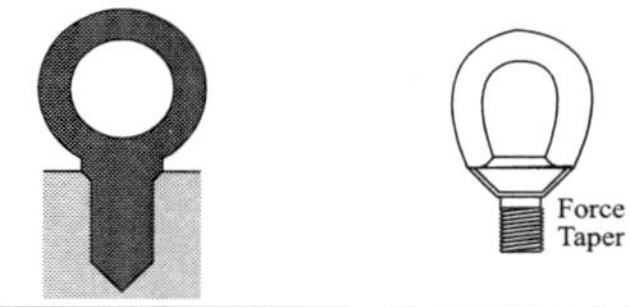

10. Shackle의 Marking?

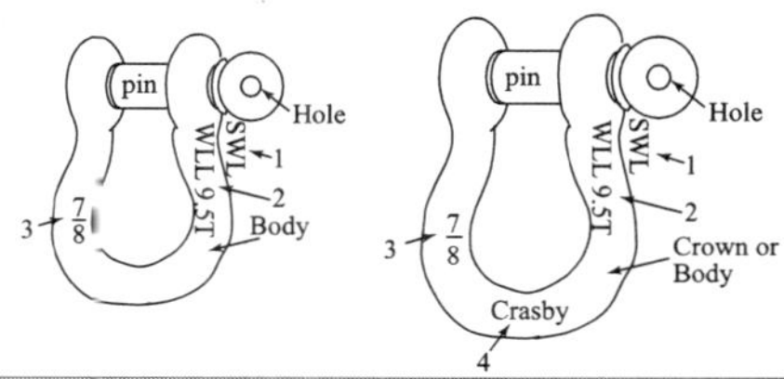

11. Clamp의 Marking?

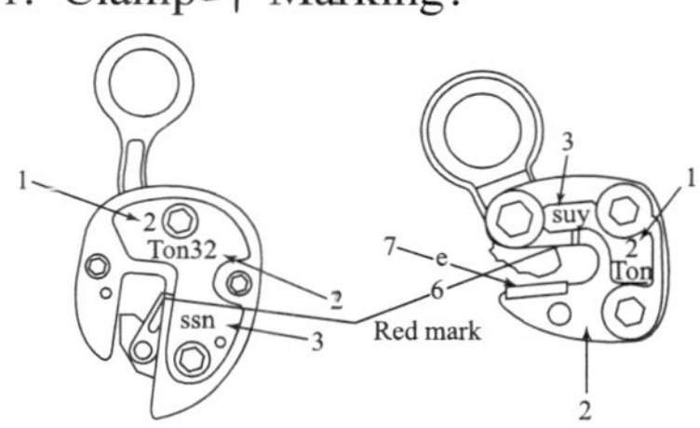

Note:

3-6 전단기 작업안전

1 전단기의 종류

분류
- 전단기
- 슬리터
- 특수전단기

(1) 시어(Shear)

시어는 상하 2매의 긴 날을 구비하여 직선 전단용으로 사용되며, 그 중요한 것으로는 곧은날 전단기 등이 있다.

① 곧은날 전단기

㈀ 하측날 : 고정

㈁ 상측날 : 작동하는 형식

② 갭 시어(gap shear)

㈀ 하측날 : 고정

㈁ 상측날 : 작동하는 형식

공구보다 긴 재료를 전단할 수 있다.

③ 업컷 시어(upcut shear)

㈀ 상측날 : 고정

㈁ 하측날 : 작동

연습공급이 가능

④ 스윙 시어(swing shear)

㈀ 하측날 : 고정

㈁ 상측날 : 원호운동

(2) 전단기의 구동방식과 능력

유압 구동방식 전단기

① 구동방식

㈀ 기계적 작동방법

㈁ 유압을 이용한 작동방법

② 전단기의 능력

㈀ 전단할 수 있는 재료의 판 두께 : 강판기준 1.6～55 mm

㈁ 전단되는 재료의 길이 : 600～6,000 mm

㈂ 표기 : 예 2.3 mm × 3,100 mm

(3) 기타 전단기

① 슬리터(slitter) : 판재를 소정의 폭으로 연속 전단
② 로터리 시어(rotary shear) : 판재를 원형으로 전단하는 형태
③ 진동 시어(vibration shear) : 원형 또는 임의 곡선으로 전단하는 형식
④ 앵글 시어(angle shear)
⑤ 환봉커터 : 봉강을 소정의 치수로 절단하는 형타
⑥ 코너 시어(corner shear) : 모서리따기

2 기계식 전단기

곧은날 전단기에 대해 그 개요를 설명하고자 한다.

(1) 전체구성

좌우 프레임(frame), 베드(테이블), 에이프런(apron)

(2) 블랭크 홀더

전단 재료 판재 등을 누름장치

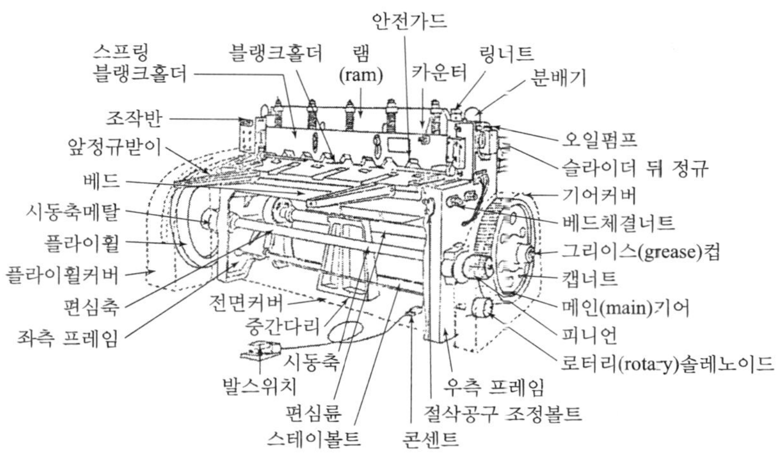

그림 3-74 ■ 곧은날 전단기의 명칭

(3) 구동방식

편심축과 시동축, 플라이휠(flywheel), 피니언기어(pinion gear) 장착

(4) 램(ram)의 상하작동

상측날이 부착 <그림 3-75>　　　　하측날과 램의 관계 <그림 3-76>

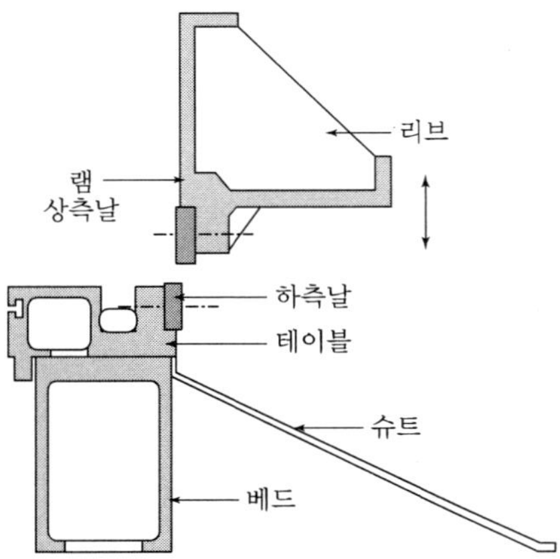

그림 3-75 ◦ 상하날의 관계

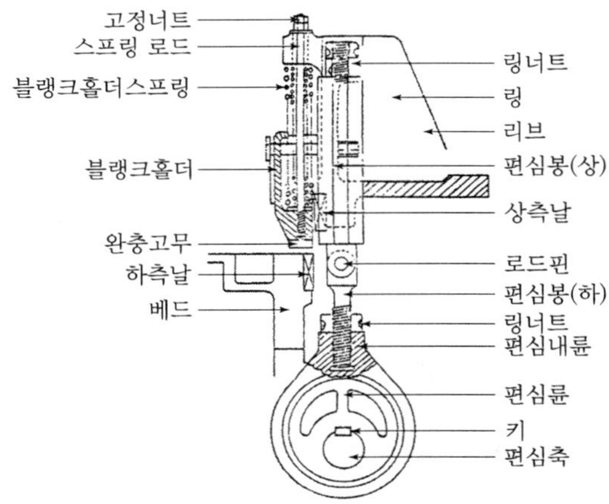

그림 3-76 ◦ 램과 편심륜부위

① 브레이크 제동력이 약한 경우 <그림 3-77>

(ㄱ) 라이닝 마모

(ㄴ) 조정이 느슨한 경우

(ㄷ) 라이닝(lining) 유지류가 묻은 경우

이와 같은 경우 브레이크 라이닝을 교체 조정하여야 한다.

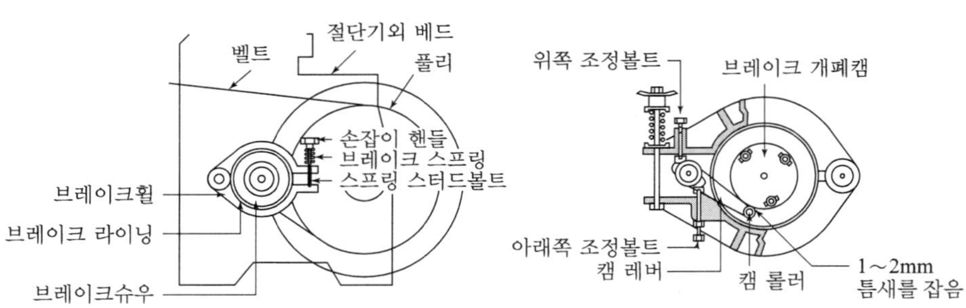

그림 3-77 ◦ 브레이크와 라이닝

② 클러치 마모 <그림 3-78>

플런저 핀 클러치 및 바(bar)가 마모될 경우

이상 행정 발생 → 위험

대책 : 클러치의 핀 및 조(jaw) 마모는 즉각 교환되어야 한다.

(5) 클러치(clutch)

① 클러치

㈀ 핀 클러치(plunger)

㈁ 조 클러치(jaw clutch)

㈂ 공기 클러치(air clutch)

② 핀(pin)의 형상

㈀ 둥근형

㈁ 각형

③ 핀의 재료 : Cr-Mo강

④ 전단기에 사용되는 클러치는 <그림 3-78～3-80>

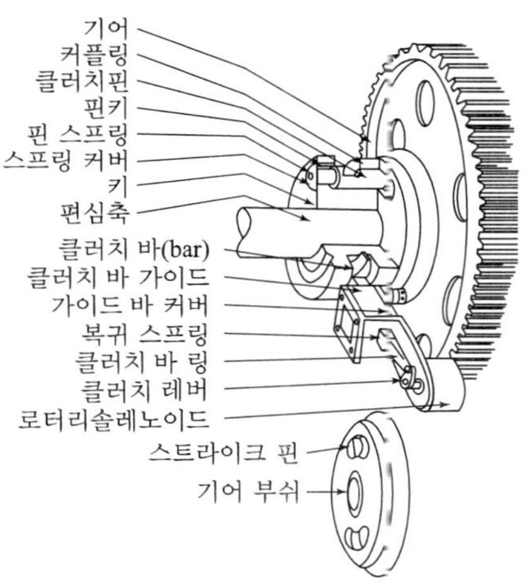

그림 3-78 ● 플런저 핀 클러치(plunger pin clutch)

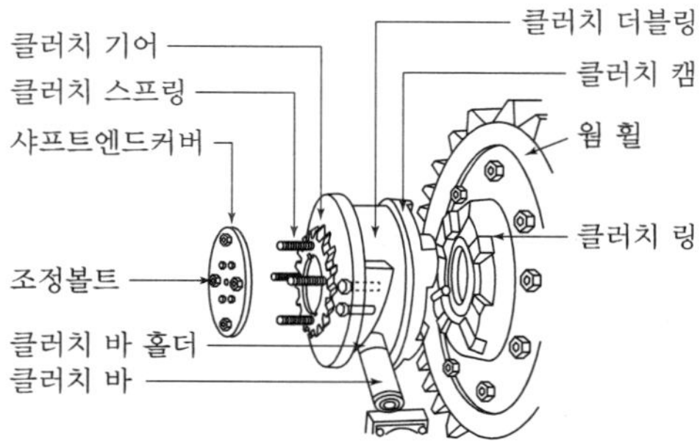

그림 3-79 ◉ 조 클러치(jaw clutch)

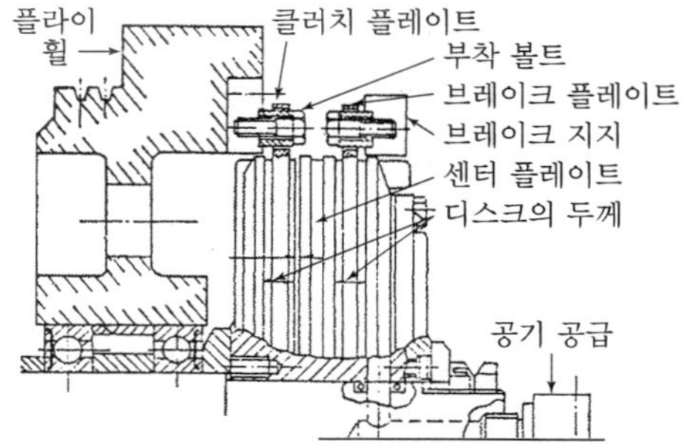

그림 3-80 ◉ 공기 클러치(air clutch)

(6) 브레이크(Brake)

① 편심축 부착(핀 클러치, 조 클러치)
구동축 부착

② 브레이크 방식

㈀ 슈 브레이크(Shoe brake)

㈁ 밴드 브레이크(Band brake)

③ 작동방식

㈀ 상시제동식

㈁ 캠에 의한 개폐식

④ 브레이크 슈 외주온도는 70～80℃ 사용가능

(7) 급유개소

시동축 베어링, 편심축 베어링부, 편심이음부, 클러치의 슬라이드부

(8) 정규(scale)

① 정규 전·후 있고, 스퀘어 게이지, 베벨 게이지 및 광선 게이지도 사용된다. <그림 3-81～3-83>

② 대부분 수동식이며, 전동식도 있다. <그림 3-84, 3-85>

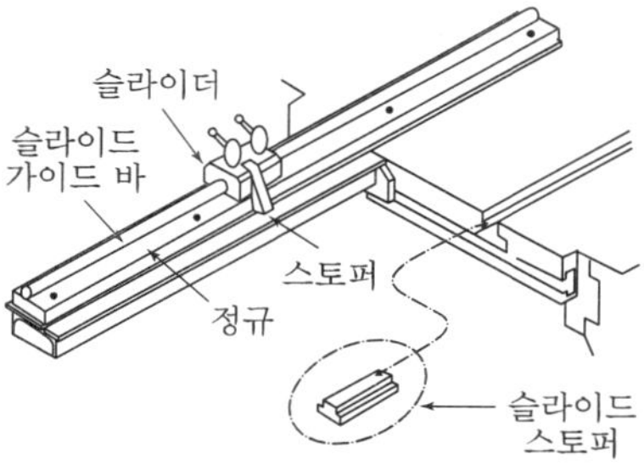

그림 3-81 ● 광선 게이지

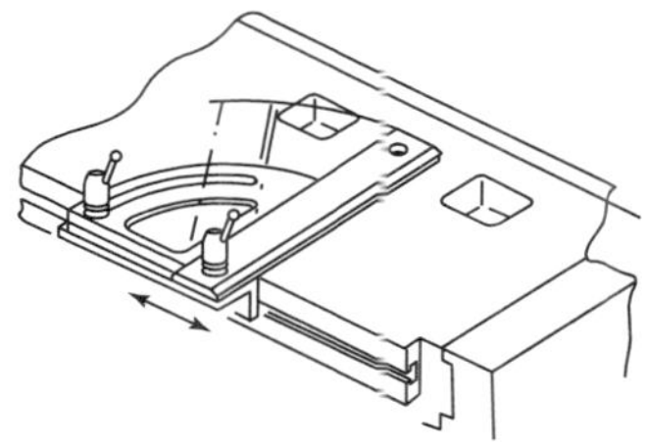

그림 3-82 ● 베벨 게이지(각도)

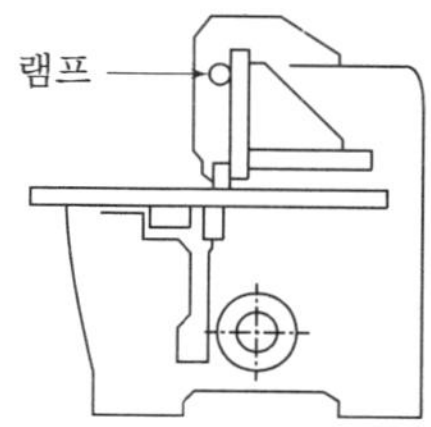

그림 3-83 ● 광선 게이지

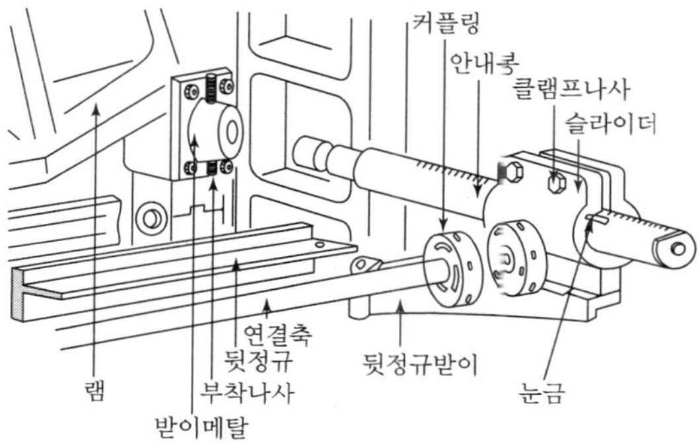

그림 3-84 ● 수동식 정규(후방)

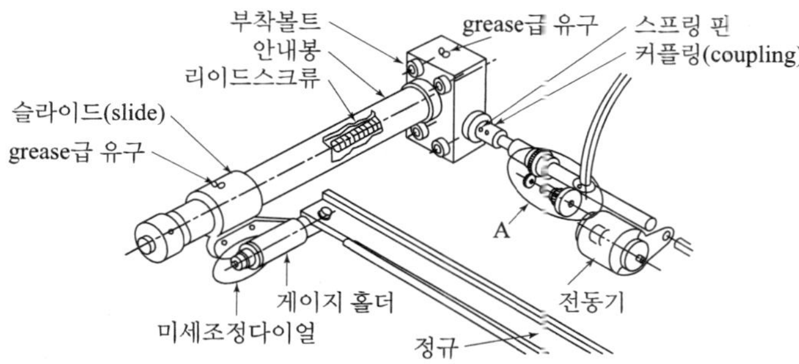

그림 3-85 ● 전동식 정규(후방)

3 유압식 전단기(Hydraulic shearing machire)

유압 펌프를 전동기로 구동하여 유압력을 발생시켜 二 압력으로 유압 실린더(cylinder)를 왕복운동 시키는데 따라 램(Ram) 즉, 상부날을 상하로 작동시켜 전단 작업을 하는 것이다.

지지방법에 따라
- 길로틴식(guillotine shear type)
- 스윙식(swing type)

(1) 길로틴식(guillotine shear type)

① Stroke 길이 조정

② 윗면 경사각 조정(rake)
윗날은 우상 또는 좌상으로 검사 가능

③ 박판용이다.

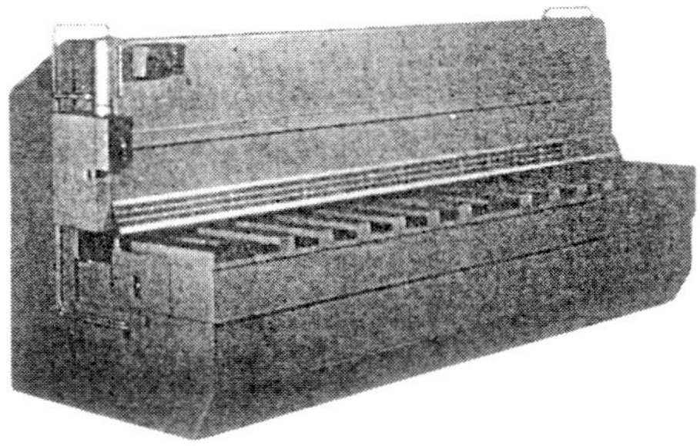

Max capacities : Material thickness, 13mm
Material width, 4100mm
Power of motor 22kW

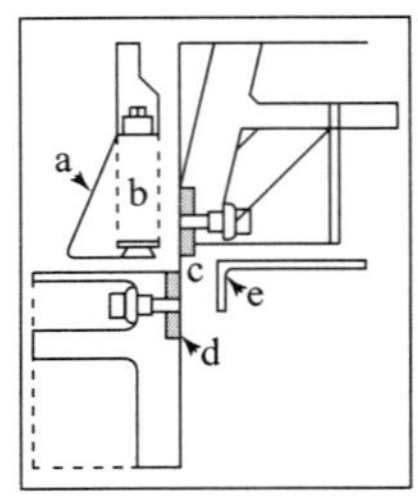

a : Guard
b : Pressure unit
c : Upper blade
d : Lower blade
e : Sheet－metal support

(2) 스윙식(swing type)

① 윗날이 왕복 원호 운동시키는 방식이다.

② 윗날이 한쪽날 또는 양쪽날이 있다.

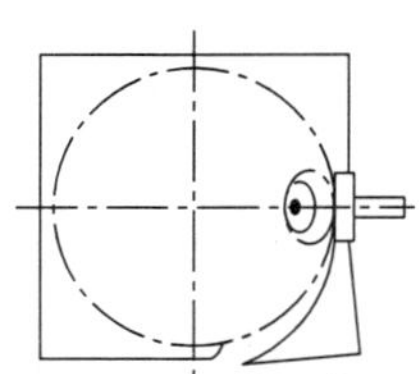

Shearing a disc

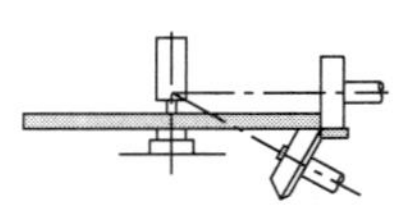

4 전단기의 방호장치

(1) 가드식 안전장치

후판 절단용이 필요한 장치이다.

(2) 광전자식 안전장치

① 광원에 의한 분류

(ㄱ) 백열전구형
(ㄴ) 발광다이오드형

② 수광방법에 의한 분류

(ㄱ) 투과형
(ㄴ) 반사형

(3) 안전장치 기술지침

투광기 및 수광기의 광축은 절단기의 테이블면에서 높이가 해당 광축을 포함하는 연직면과 위험한계와의 수평거리의 0.67배(이것이 180 mm를 넘을 때는 180 mm) 이하가 되는 것이어야 한다. 또 270 mm 넘는 것에 해당 광축과 공구 사이에 1 이상의 광축을 보유하는 것으로 규정되어 있다.

5 전단기의 안전울 종류 및 구조

(1) 기계전면 안전울 <그림 3-86>

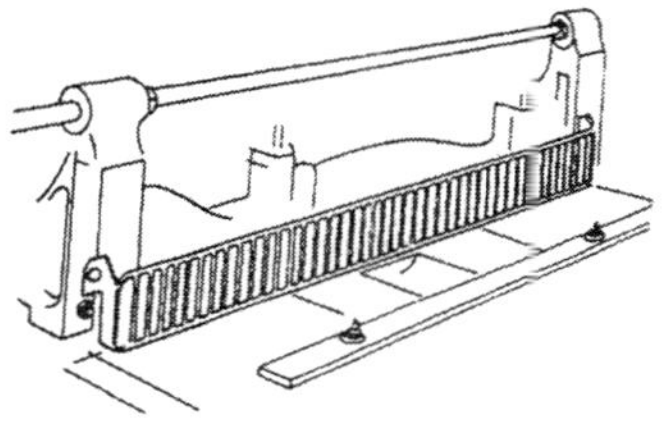

그림 3-86 ◦ 전단기 안전울의 예

(2) 기계측면 안전울

(3) 기계뒷면 안전울 <그림 3-87>

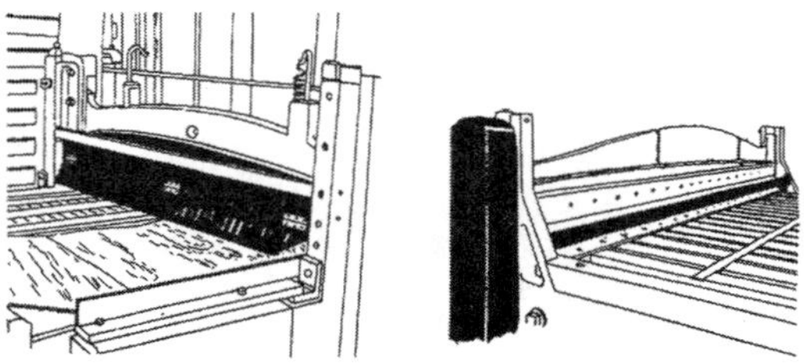

그림 3-87 ◦ 전단기 뒷면 방호 예

그림 3-88 ◦ 엘리게이트 전단기 안전울

(4) 요철형 전단기 방호울

① 방호울 하단과 금형 윗면 사이의 간격 : W

② 가공재 최대두께 : $^{+}4$ mm 또는 $0.15\,W+6$ mm

여기서, W : 방호울과 위험점 간의 거리(mm)

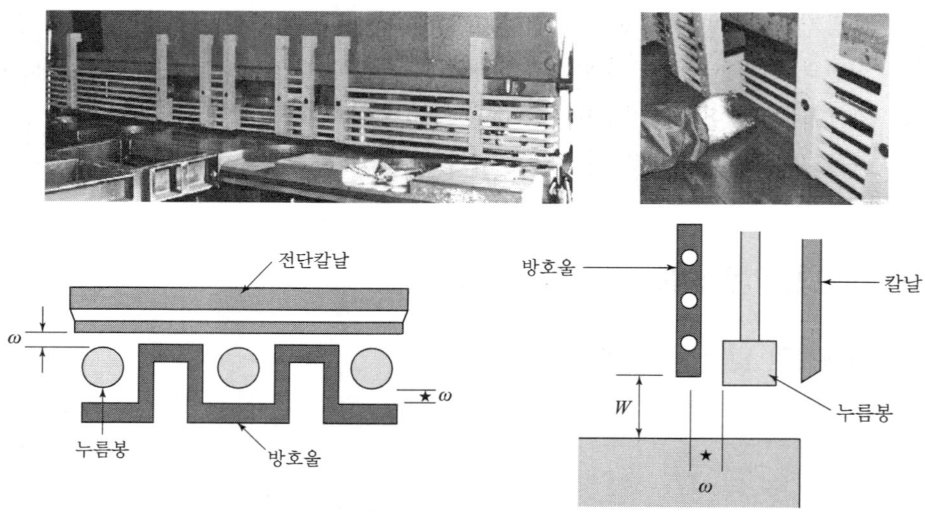

※ 방호울과 전단칼날과의 거리가 인접해 작은 철판 가공도 가능함

그림 3-89 ◦ 요철형 전단기 방호울

(5) 기타 방호

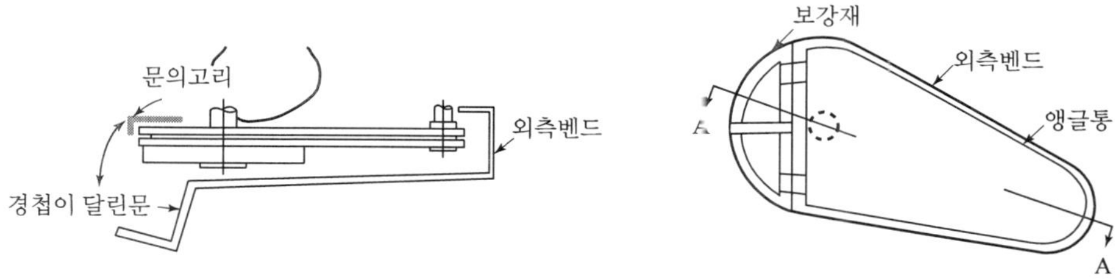

그림 3-90 ● 플라이휠 방호커버

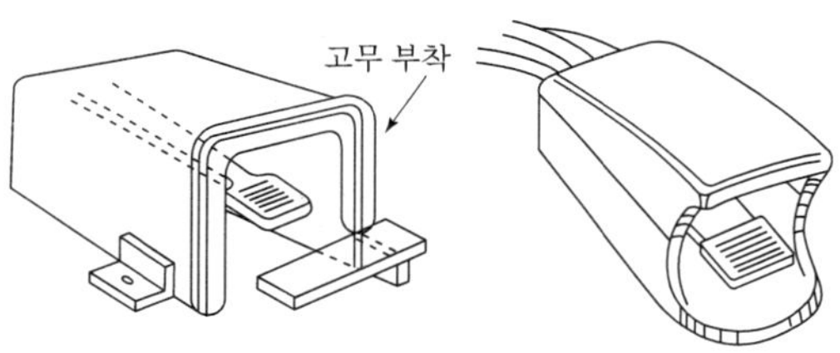

그림 3-91 ● 페달 방호커버

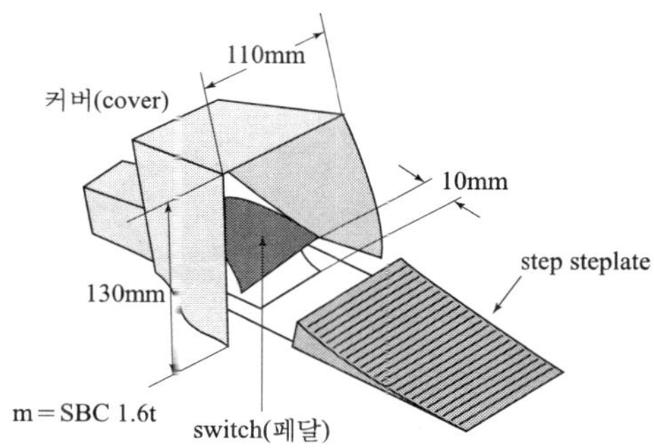

그림 3-92 ● 프레스 및 전단기의 개선된 페달 방호커버

(6) 안전울 개구부

재료송급 및 가공품 꺼내기용(배출), 안전울 개구부의 허용최대 간격 y(mm)는 위험점에서 개구부까지의 거리 x(mm)에 의해 다음 식으로 구해진다. 이 식을 그래프로 하여 <그림 3-93>에 표시한다.

Guard 개구부() 간격(극) 3type

① 롤러 가드

$y=6+0.15x$ (단, $x \geq 160$mm일 때 $y=30$)

x : 가드와 위험점 간의 거리[mm], y : 가드 거구부의 간격(안전간극)[mm]

② 절단기 가드

$$y=6+\frac{1}{8}x=6+0.25x$$

③ 방적기 및 제면기(전동체, 회전체)

$y=6+\dfrac{1}{10}x=6+0.1x$ (단, $x \geq 760$mm 위치)

$x < 160$mm일 때 $y = 6 + 0.15x$
$x \geq 160$mm일 때 $y = 30$

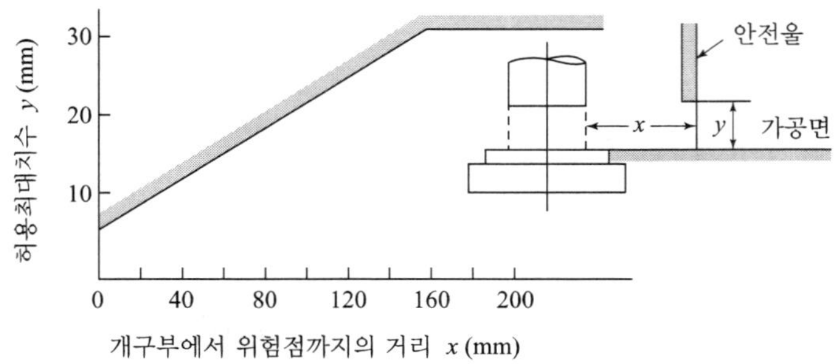

그림 3-93

사례 1.

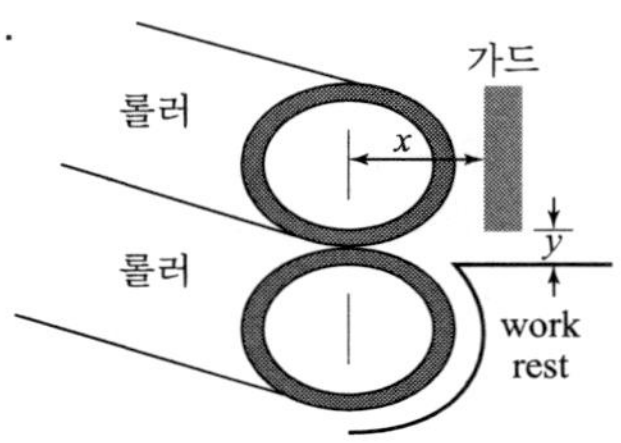

$x = 80$ mm $y = ?$
$y = 6 + 0.15x = 6 + 0.15 \times 80 = 6 + 12$
$= 18$ mm

사례 2.

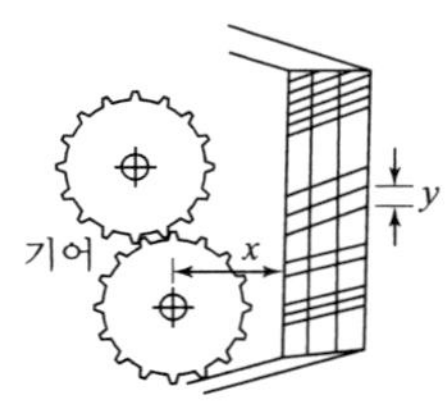

$y = 25$ mm $x = ?$
$25 = 6 + 0.15x$
$x = \frac{25-6}{0.15} = \frac{19}{0.15} = 126.6 \text{ mm} \fallingdotseq 127 \text{ mm}$

사례 3. Fence type $x \geq 760$ mm
$y = 6 + 0.1x$

그림 3-94 기타 위험기계 롤러기 및 기어가 회전하는 곳의 방호커버 및 울을 적용한 사례

6 전단기의 수공구

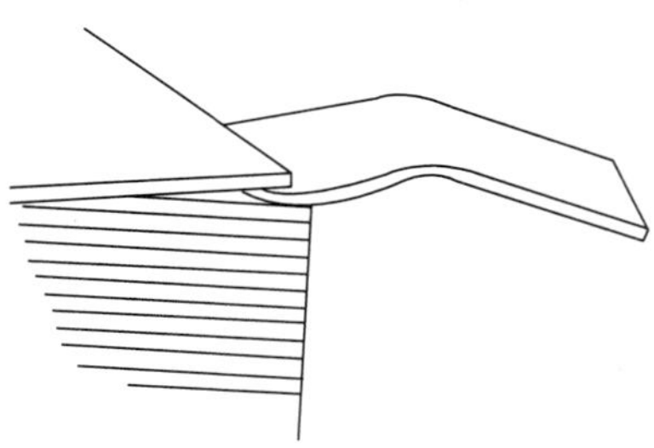

그림 3-95 겹쳐져 있는 판을 1매씩 떼어내는 수공구(자작)

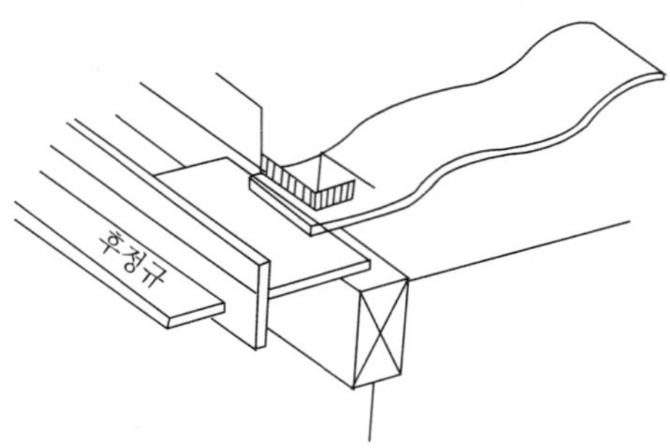

그림 3-96 폭이 좁은 재료를 누르는 수공구(자작) - 블랭크 홀드 고무가 있는 곳

7 전단기 작업 안전수칙

① 전단작업을 지명된 자 이외는 조작하지 말 것
② 작업 전, 점검은 반드시 설치할 것
③ 주유는 정지된 상태에서 할 것
④ 작업자는 지정된 장갑을 착용할 것
⑤ 규정 두께 이상 절대 전단 금지
⑥ 절단 시 뒤말림 작업에 유의할 것
⑦ 기계 뒤쪽에서 굴림대를 취급할 때는 그 위에 절대로 오르지 말 것
⑧ 날 옆에는 반드시 안전장치를 바르게 사용할 것
⑨ 전단기 발 페달을 필요 이외에 절대로 밟지 말 것
⑩ 공동작업(2인 1조) 시는 신호를 일치시킬 것

보충

절곡기 안전작업

Metallic plate folding machine

1. **절곡기란?**
   절곡기는 유압이나 기계적 힘 등을 사용하여 금형 사이에 철판을 투입 후 실린더로 압력을 가하여 철판을 소성 변형시켜 원하는 모양으로 철판을 구부리는 기계이다.

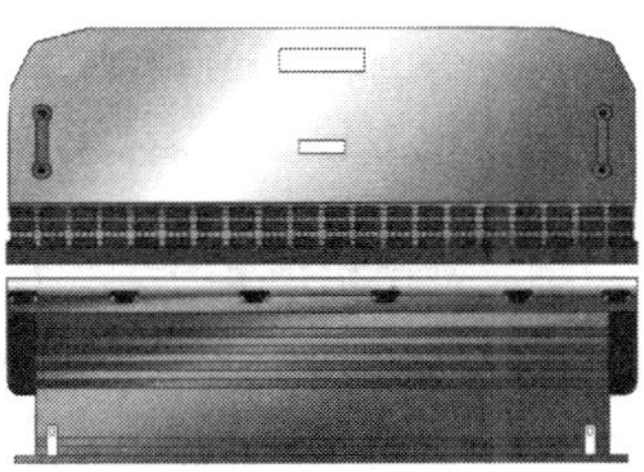

정면

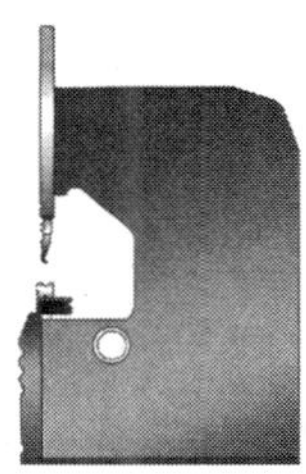

측면

절곡기 전경

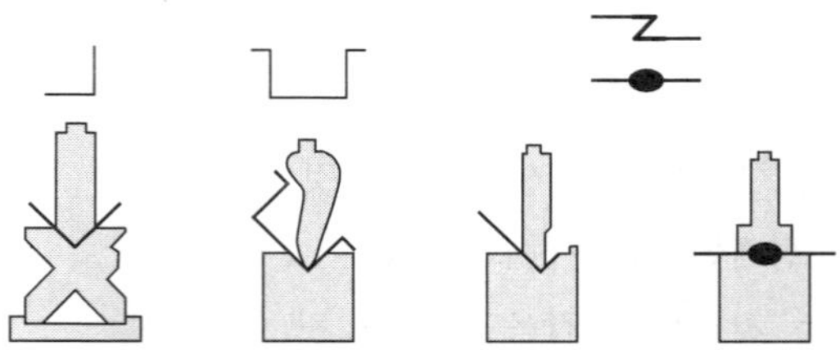

작업 예

2. 주요 위험요인

① 작업 중 펀치(punch)와 다이(die) 사이에 손 협착 위험
② 철판 등 중량물의 소재 취급 시 요통 등의 근골격계 질환 발생 위험
③ 가공재 투입 시 보조 작업자 동시작업 시 신호 불일치에 의한 협착위험
④ 손과 발의 불일치에 의한 오조작 방지
⑤ 짧은 소재 절곡작업 시 협착위험
⑥ 안전덮개가 없는 풋스위치 오작동에 의한 협착 위험

3. 안전대책

① Foot switch 방호덮개 설치
2인 이상 금형교체 또는 정상작업 시 동료작업자의 스위치 오동작에 의한 재해 예방

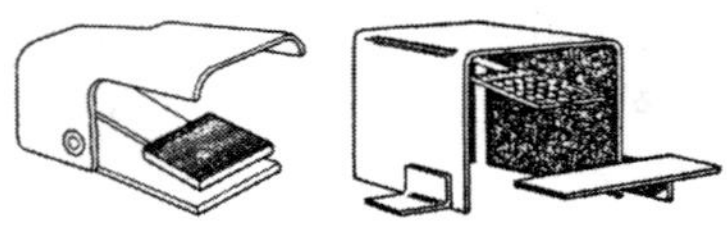

상부방호덮개

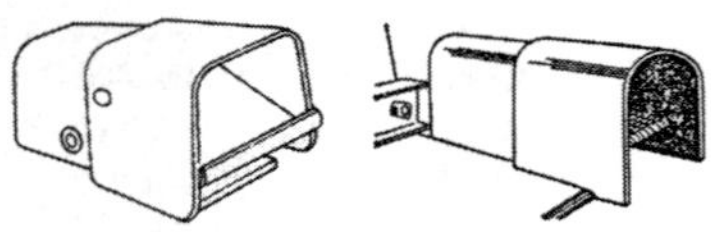

상부 경첩 전면플립

② 비상 정지장치 설치
위험상황발생 시 작업자 위치에 비상정지스위치를 설치하여 램 하강을 방지
③ 절곡기 후면 방호울 설치 및 출입금지 조치
④ 2인 작업 시 발판스위치 오작동 예방을 위한 신호방법을 정하고 정확히 준수토록 교육 실시

Chapter 4

연삭기 및 지게차의 안전

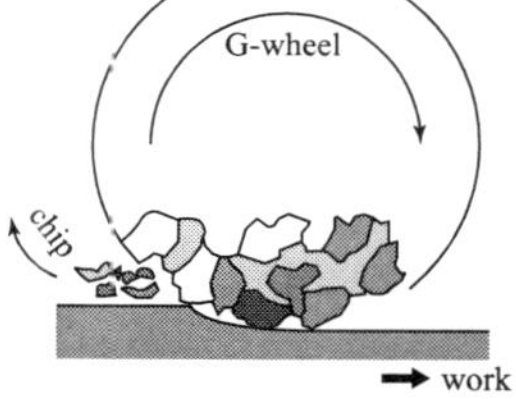

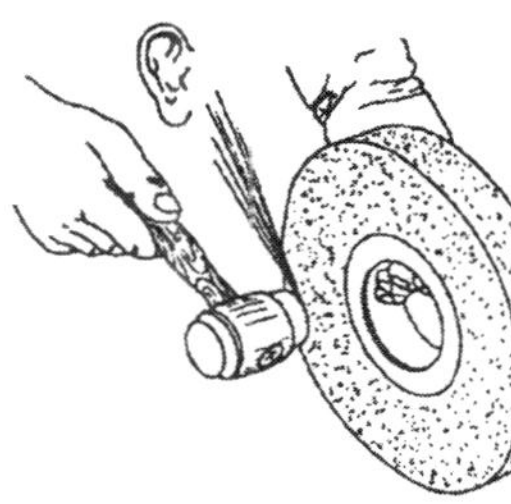

4-1 연삭기의 안전

1 연삭기(Grinding machine)

(1) 연삭기의 정의

연삭기는 연삭숫돌을 고속 회전시켜 이것을 공구로 사용하고 숫돌표면에 있는 수많은 입자들이 연삭과정 중에 마모 → 파쇄 → 탈락 → 생성의 과정을 되풀이하는 자생작용으로 작업을 하는 것이다. 다시 말해서 자생작용(自生作用)을 이용한 것으로 숫돌 입자의 예리한 모서리로 공작물의 표면으로부터 미소한 칩(chip)을 깎아내는 고속절삭 작업을 말하며 이에 사용되는 기계는 연삭기라고 한다.

연삭가공은 밀링가공과 비교하면 절삭속도나 절입량(연삭깊이)에는 큰 차이가 있으나 연삭숫돌을 구성하고 있는 입자가 밀링커터의 날끝과 같이 공작물을 절삭하는 연삭가공에는 다음과 같은 특징이 있다.

① 선반 또는 밀링머신에 의해서 가공된 공작물보다 정밀도가 훨씬 높으며 깨끗한 다듬질 면을 얻을 수 있다.

② 연삭입자는 단단한 광물질로서 주철, 구리, 담금질강이나 초경합금 등의 금속류와 고무, 유리, 플라스틱, 석재에 이르기까지 다양하게 연삭할 수 있으며 특히 공구나 게이지(gauge)류 등, 열처리된 부품 가공에는 연삭가공이 가장 효과적이다.

③ 연삭숫돌의 입자가 마모되어 절삭저항이 커지면 입자가 부서지거나 탈락되고 새로운 입자가 나타나는 이른바 자생작용(自生作用)이 숫돌의 근원적 구조라 할 수가 있다.

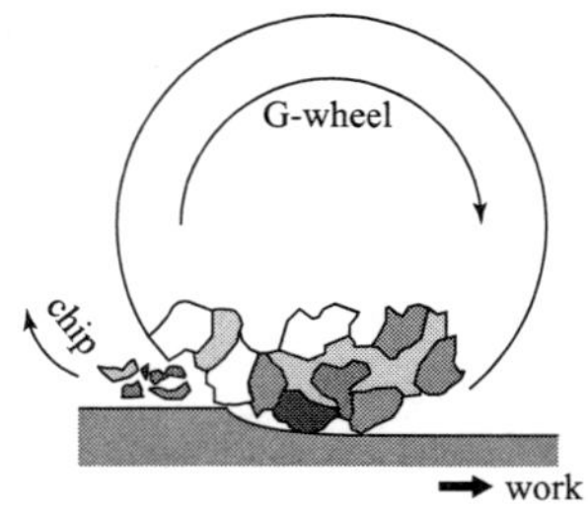

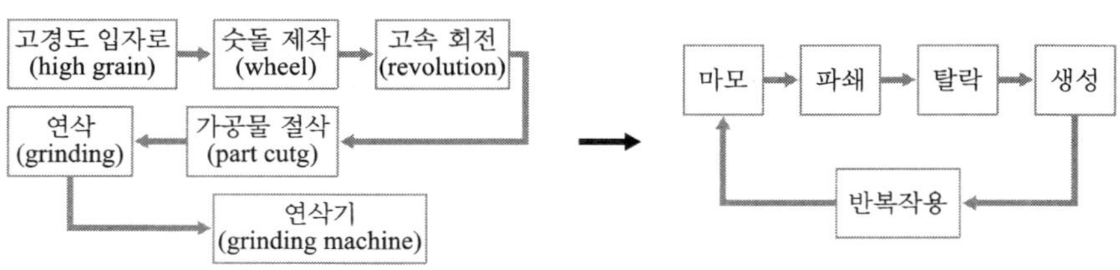

연삭기의 자생작용(自生作用) 사이클

(2) 연삭기의 종류 및 분류

- 연삭기
  - 자유 연삭기
    - 휴대용 그라인더
      - 포터블 그라인더(portable grinder)
      - 디스크 그라인더(disk grinder)
      - 앵글 그라인더(angel grinder)
      - 버티컬 그라인더(vertical grinder)
      - 핸드 그라인더(hand grinder)
    - 탁상용 그라인더(양두형 그라인더)
    - 스윙 그라인더(swing grinder)
    - 왜건 그라인더(wagon grinder)
    - 절단기
    - 구동별
      - 전기 그라인더
      - 공기 그라인더
  - 기계 연삭기
    - 원통 연삭기
      - 원통 연삭기
      - 만능 연삭기
      - 롤러 연삭기
    - 내면 연삭기
    - 평면 연삭기
      - 입축각 테이블형
      - 횡축각 테이블형
      - 입축원 테이블형
      - 횡축원 테이블형
      - 문형
      - 대향 2축 평면 연삭기
    - 센터리스 연삭기
      - 내면용
      - 외면용
    - 성형 연삭기
      - 만능공구 연삭기, 바이트 연삭기, 밀링커터
      - 기어커터, 브로치 연삭기, 탭 연삭기
      - 리머 연삭기
    - 나사 연삭기
      - 숫나사 연삭용
      - 암나사 연삭용
    - 기어 연삭기
      - 평기어 연삭기
      - 베벨기어 연삭기
    - 기타 연삭기
      - 지그 연삭기
      - 크랭크축 연삭기
      - 캠 연삭기
      - 스플라인 연삭기
      - 센터구멍 연삭기

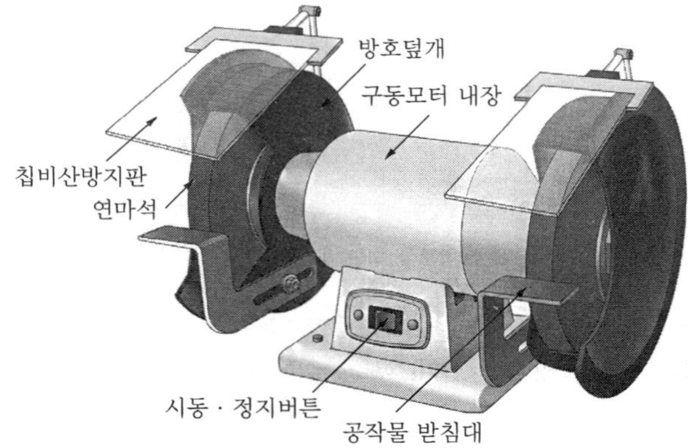

탁상용 연삭기 구조

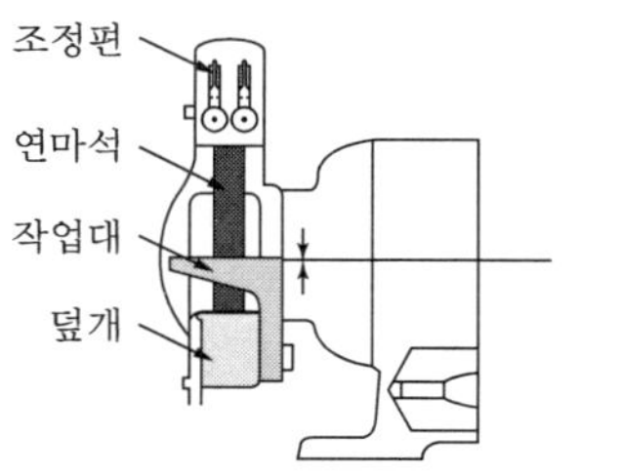

워크레스트(작업대)의 높이

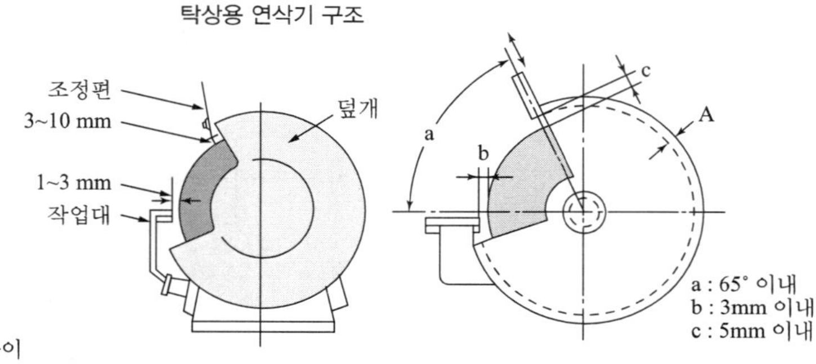

숫돌 조정편, 작업대의 틈새

탁상용 그라인더 외형 (제공: 안전보건공단)

구동 동력원별로 구분되는 전기 그라인더에 사용되는 인덕션모터의 주속도(N)는 전원의 주파수(f)와 전동기의 극수(p)로 일정한 값이며 일반적으로

$$N(\text{r.p.m}) = \frac{120 \times f\,(\text{Hz})}{p}$$

으로 나타낸다. 또한 공기 그라인더는 공기(air)로 구동되기 때문에 비트리파이드(vitrified) 숫돌은 2,000 m/min의 주속이며 3,000 m/min 주속의 고속에는 레지노이드(resinoid) 숫돌을 사용하는 것을 KS에 정하여 놓고 있다.

공기 그라인더의 공기공급방식(급기방식)에 레버식(lever type), 버튼식(button type), 슬리브형 회전식(sleeve rotary type)으로 조작하여 공기를 공급하여 그라인더를 구동하고 있다.

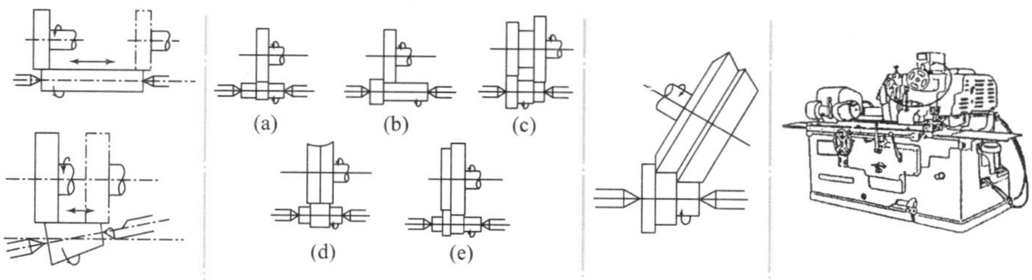

길이방향 연삭　　플랜저 연삭　　각도 연삭　　원통 연삭기

① 원통 연삭기(cylindrical grinder machine)

주로 원통형 가공물의 외경을 연삭하는 것으로서, 내면도 연삭을 할 수 있는 만능 연삭기나 철강업에서 사용하는 롤러를 연삭하는 롤러 연삭기를 포함한다.

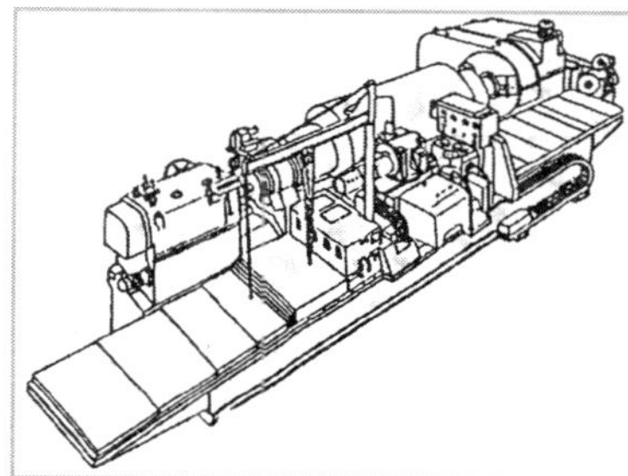

그림 4-1 ◦ 원통 연삭기

연삭방법에는 <그림 4-1>에 나타낸 바와 같이 방향 연삭, 플랜지 연삭 및 각도 연삭 방식 등이 있다. 원통 연삭기는 숫돌대, 공작주축대, 심압대, 테이블 및 베드 등으로 구성되어 있으며 가공물은 공작주축과 심압축에 고정시키고 회전운동을 하도록 한다. 테이블은 이것을 따라 왕복운동을 하면서, 회전하는 연삭숫돌을 가공물에 접촉시켜 원통상의 가공물의 원주면을 다듬는 것이다.

② 내면 연삭기(internal grinder machine)

가공물의 구멍 내면을 연삭하는 것으로서 단면을 동시에 연삭하는 것도 있다. 공작 주축에 부착되어 있는 척으로 가공물을 잡고, 가는 숫돌축에 부착된 지름이 작은 숫돌을 사용하여 구멍내면을 다듬는 것이다. <그림 4-2>

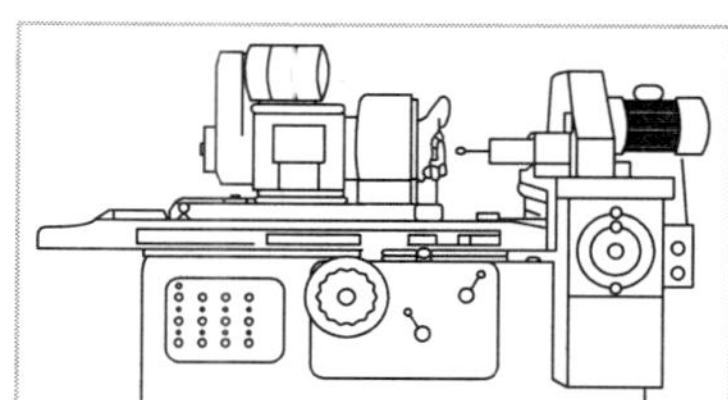

그림 4-2 ◦ 내면 연삭기

③ 평면 연삭기(surface grinder machine)

가공물의 평면을 연삭하는 것으로서, 가공물을 설치하는 테이블의 형상이나 숫돌축의 방향에 따라 다음과 같은 종류가 있다.

(ㄱ) 횡축 각테이블형

테이블이 왕복운동을 하고, 수평방향으로 설치된 연삭숫돌의 원주면으로 가공물의 길이방향을 연삭하는 것이다. <그림 4-3>

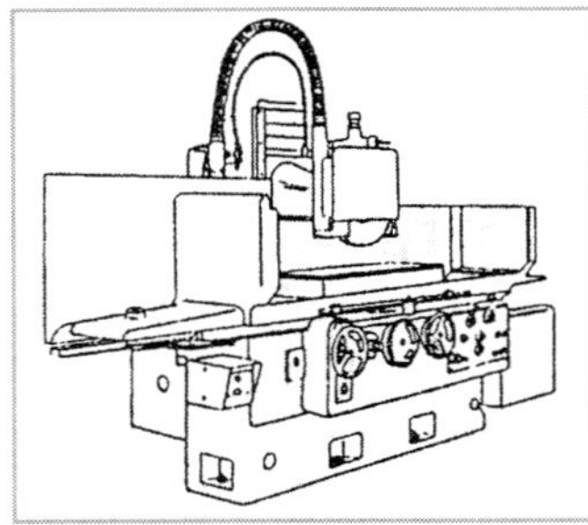

그림 4-3 ● 수평축 4각테이블형 평면 연삭기

(ㄴ) 입축 각테이블형

앞항에서의 연삭숫돌축이 수직방향으로 설치된 것으로서 연삭숫돌의 측면으로 가공물의 표면을 연삭하는 것이다.

(ㄷ) 횡축 원테이블형

원테이블(통칭 Rotary Surface라고 함)에 가공물을 설치하고, 이것을 회전시켜 수평방향의 숫돌축에 부착된 연삭숫돌의 원주면으로 가공물이 표면을 연삭하는 것이다. <그림 4-4>

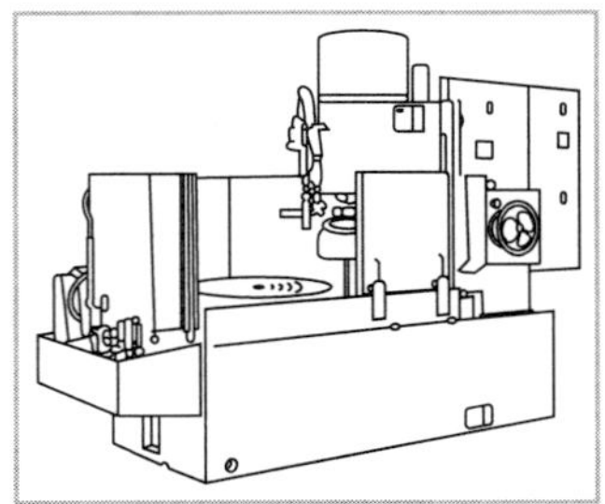

그림 4-4 ● 직립축 회전테이블형 평면 연삭기

(ㄹ) 입축·원테이블형

전항에서의 숫돌축이 수직방향의 것이 있다. 평면 연삭기는 이밖에 공작기계 등의 베드활동면을 다듬질하는 문형 평면 연삭기, 상대하는 연삭숫돌사이에 가공물을 통과시켜 평행한 2면을 동시에 연삭하는 대항측 연삭기 등이 있다.

④ 센터리스 연삭기(Centerless grinder machine)

원통 연삭기와 같은 모양으로 원통상의 공작물 외경(또는 내경)을 연삭하는 기계이며, 가공물의 양단을 물리기가 대단히 곤란한 경우나 가공물이 변형될 가능성이 있는 경우는 이 센터리스 연삭기가 사용된다. 센터리스 연삭기에는 외경용과 내면용이 있고, 외경용은 가공물을 연삭숫돌, 작업대(workrest) 및 조정편의 3가지로 지지하고 가공물의 외경을 연삭한다.

조정편은 결합체에 고무를 사용한 연삭숫돌이 일반적으로 사용되며, 가늘고 긴 부품의 경우 등 센터를 지지하기가 나쁜 경우의 가공에 좋다. <그림 4-5>

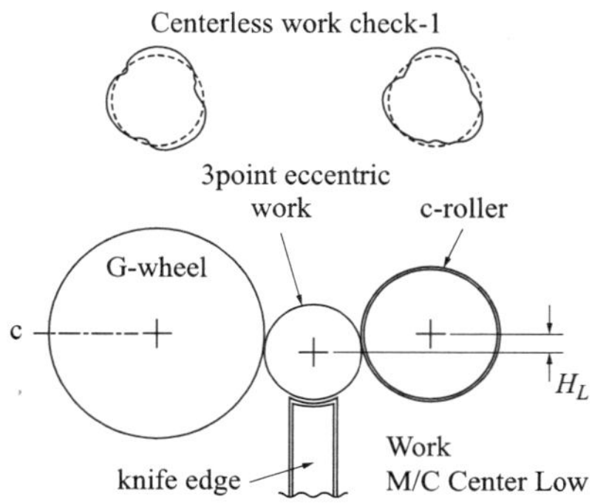

(a) 공작물이 기계중심보다 낮은 경우

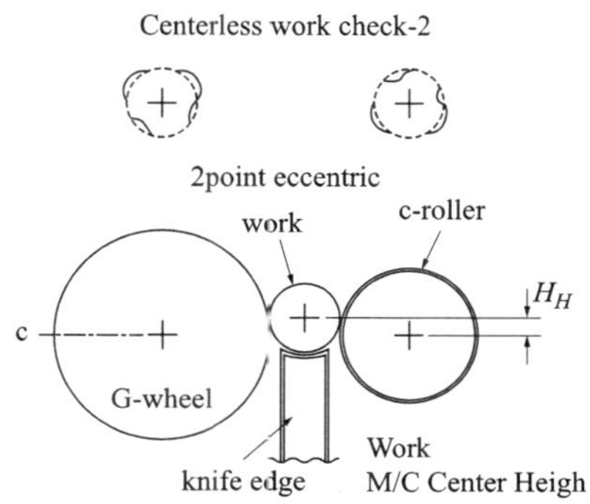

(b) 공작물이 기계중심보다 높은 경우

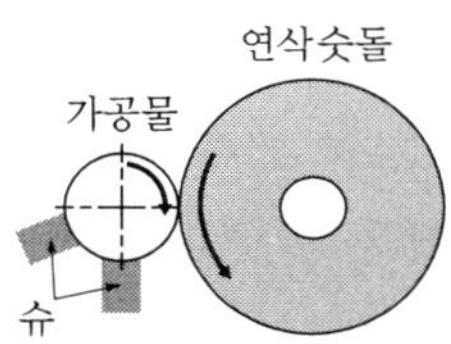

(c) 슈 지지방식

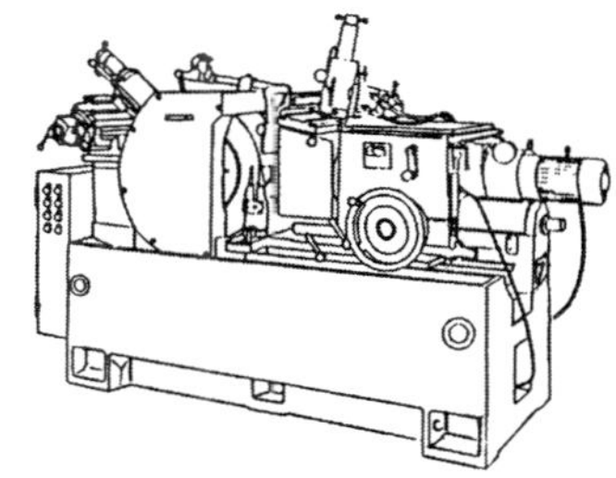

그림 4-5 ◦ 외면용 센터리스 연삭기와 작업 예

⑤ 성형 연삭기(Molding grinder machine)

형판이나 모형에 따라 제품의 모양을 연삭하는 것으로서 광학식 투영기로 확대시켜 작업 상태를 보면서 연삭작업을 하는 것도 있다.

⑥ 공구 연삭기(Tool grinder machine)

주로 각종 공작기계에 사용되는 공구를 제연삭하는 연삭기이다. 여러 가지의 공구 전용 연삭기와 부속품을 사용하여 각종 공구를 연삭할 수 있는 만능 공구 연삭기 등이 있다. <그림 4-6>

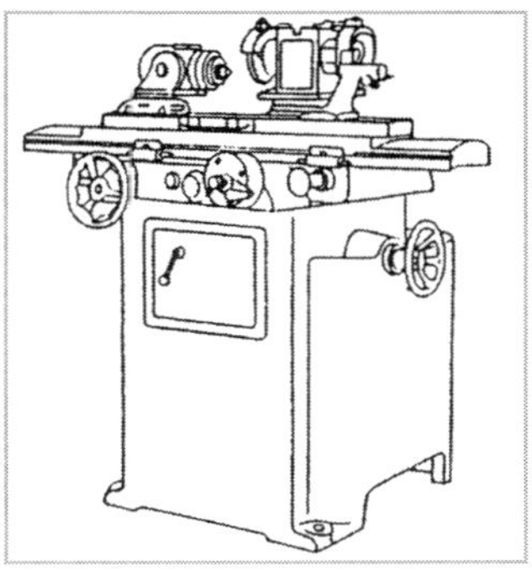

그림 4-6 ◦ 만능 공구 연삭기

⑦ 나사 연삭기(Thread grinder)

정밀도가 높은 나사의 정밀연삭을 하기 위해 사용되는 것으로서 암나사용의 것과 외경나사용의 것이 있다.

연삭방법으로서는 나사산이 1개인 숫돌로 가공하는 방법과 여러 개의 나사산으로 된 숫돌을 사용하는 방법이 있다. <그림 4-7>

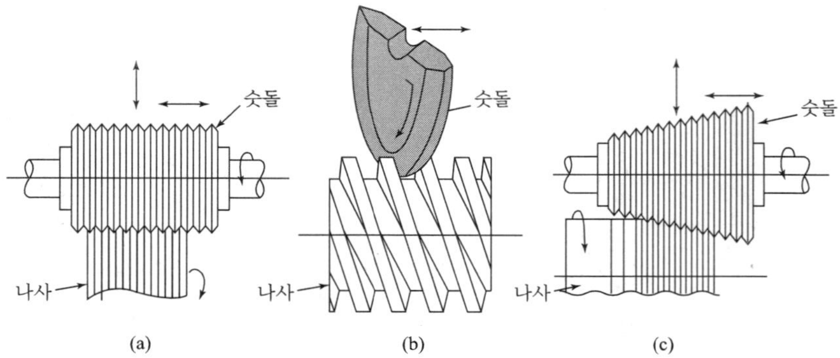

그림 4-7 • 나사 연삭기

⑧ 기어 연삭기(gear grinder)

담금 경화시킨 기어의 치면을 연삭하는 것으로서 기어의 골 사이 홈의 모양과 같이 성형한 연삭숫돌을 사용하여 기어의 이빨을 1개씩 연삭하는 성형법과 나사형의 연삭숫돌이나 2매의 접시형 숫돌 등을 사용하여 연삭숫돌과 공작물에 상대운동을 시켜 연삭하는 창성법등이 있다.

⑨ 기타 연삭기

그 밖에 연삭기에는 많은 종류가 있으며 이들을 열거하면 다음과 같다. <그림 4-8>

㈀ 지그 연삭기
㈁ 크랭크축 연삭기, 크랭크핀 연삭기
㈂ 캠 연삭기
㈃ 스플라인 축 연삭기

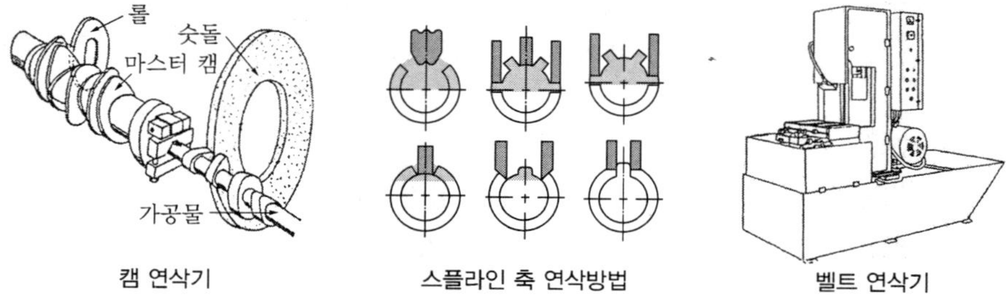

그림 4-8 • 기타 연삭기

2 연삭숫돌(Grinding wheel)의 구성

(1) 3요소 5인자

연삭숫돌은 수많은 입자들로 형성되어 있으므로 다인(多刃)커터라고도 한다. 이 입자들이 연삭과정 중에 마모 → 파쇄 → 탈락 → 생성의 순으로 되풀이되어 새로운 날끝을 생성하게 된다. 이와 같은 반복작용을 자생작용(自生作用)이라 하며, 연삭숫돌의 중요한 3요소(要素)와 5인자(因子)는 다음과 같다.

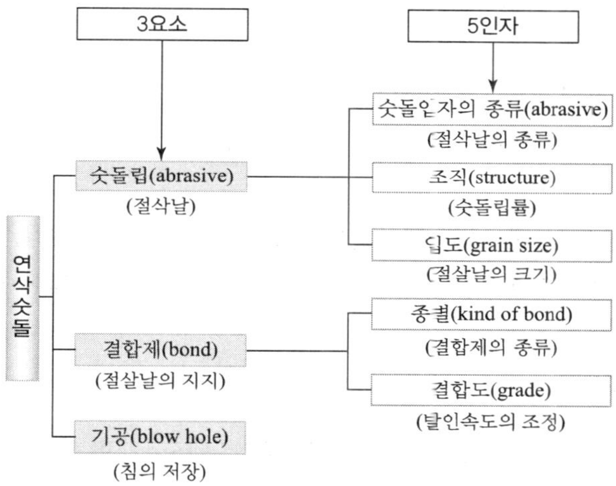

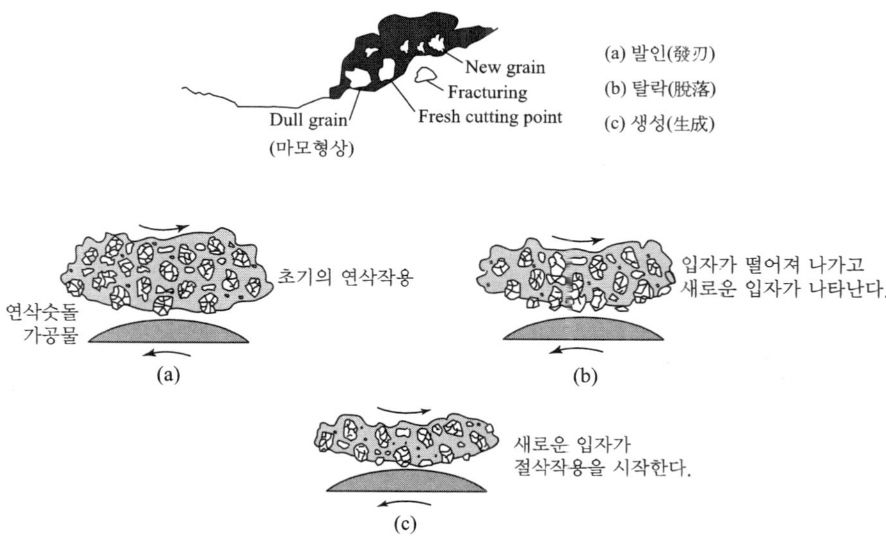

그림 4-9 ◦ 연삭숫돌의 절삭작용

<그림 4-9>는 연삭숫돌과 가공들이 작업할 때의 절삭 작용상태를 표시한다. <그림 4-9> (a)는 연삭숫돌과 가공물이 처음 접촉을 시작한 상태이고, (b)는 새로운 연삭 첨단이 생기도록 파쇄(破碎)되는 입자를 표시한다. 이때 결합제도 마모되어 떨어져 나간다. (c)는 연삭작용으로 인하여 새로운 연삭 입자가 노출된 상태이다. 연삭에서 예리한 첨단은 파쇄되면서 작업이 진행된다.

연삭숫돌로 사용할 때 연삭입자들은 기지와 고착제 역할을 하는 적당한 결합제로 결합시킨다. 소결 후 담금질 경화된 특수커터를 장치한 선반으로 실제 형상을 가공한다.

아버공(arbor hole)에는 납(Pb) 또는 배빗메탈(babbit metal)로 규격 치수에 맞게 부시를 만들어 넣는다. 숫돌의 부시의 구멍과 축과의 클리어런스는 0.05～0.15 mm 이내가 적합하다.

부시를 기계가공하고 연삭숫돌의 밸런스 시험, 속도시험 및 검사를 한다.

일반적으로 연삭숫돌 시험은 추천된 작업속도보다 50～100% 더 많은 범위에서 시험한다.

연삭숫돌은 현재 인조 연삭숫돌 재료만이 사용되고 있다. 그 재질 결합제의 종류, 제작 방법 및 조건 등에 따라 적당한 연삭숫돌을 선택해야 한다.

(2) 구성 5인자

숫돌의 구성인자는 숫돌입자의 종류, 조직, 입도, 결합제의 종별, 결합도 등으로 구성인자로 되어 있다.

구성 5인자(因子)	구성인자	
	숫돌입자(abrasive)	→ 절삭날의 종류
	조직	→ 숫돌률
	입도	→ 절삭날의 크기
	결합제의 종별	→ 결합제의 종류
	결합도	→ 발인속도의 조정

① 숫돌입자(Abrasive grain)

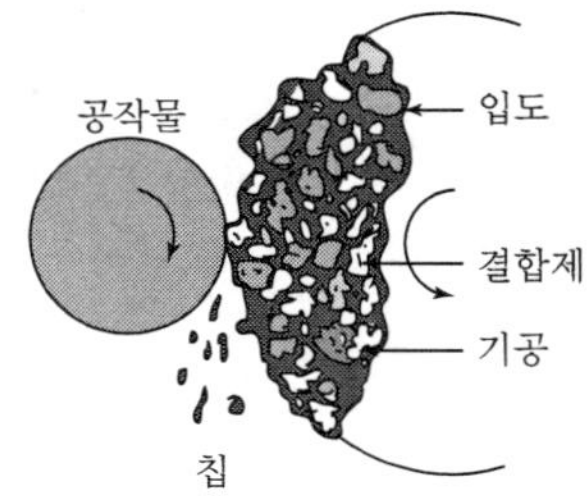

㈀ 천연입자

㉮ 사암(沙岩), 석영

㉯ 에머리(emery), 50～60%, Al_2O_3 결정체＋산화철

㉰ 커런덤(corundum), 75～90%

㉱ 다이아몬드

과거에는 연삭숫돌을 제조함에 있어서 천연산 숫돌입자에 의존하였다. 사암은 수동식 숫돌에 사용되고 있다.

커런덤과 에머리는 연삭에 오랜 기간 사용되어 왔다. 이것은 사암과 같이 결합이 불균일해서, 고속도 연삭에는 부적당하다. 인조입자가 발명되기 전까지 이 천연산 숫돌 재료를 부수어 점토로 집합소결하여 사용한 것이 천연산 등에서 가장 좋은 결과를 나타냈으나 입자의 불순물 때문에 후에는 사용되지 않게 되었다.

다이아몬드 숫돌은 결합제로 베이클라이트(bakelite)를 사용하며, 특히 초경합금 공구를 연삭하는데 적합하다. 가격은 고가(高價)이나 연삭능률이 높고 마멸이 적으므로 경제적이다.

(ㄴ) 인조입자(人造粒子)

㉮ 탄화규소(SiC)

㉯ 산화알루미늄(Al_2O_3)

㉰ 탄화붕소(boron carbide)

현재 널리 사용되는 것은 알루미나(Alumina, Al_2O_3)계와 탄화규소계의 2종이다. 산화알루미늄 재질의 숫돌 입자는 산화알루미늄 원료를 원통형의 강제(鋼製)전기로에 넣어, 전호(電弧)의 열로서 용융하여 만든다. 로에서부터 큰 덩어리를 끌어내어 분쇄한다.

이것은 모스경도(Mohs hardness)가 약 9이며, 질은 강인하고, 강과 같이 인장강도가 큰 금속의 연삭에 좋다. 이것으로 만든 것을 "A"숫돌(A wheel)이라고 하며, 연한 갈색을 띄고 있다.

순수한 알루미나(함유량 99.5% 이상)의 것을 백색 산화알루미늄 숫돌, 혹은 "WA"숫돌이라고 한다. 노튼 회사(Norton Co.)에서는 No.38이라고 한다.

탄화규소(silicon carbide)계의 숫돌의 상품명에는 카보런덤(carborundum), 크리스트론(crystlon)이 있으며 탄소 15, 규사(SiO_2) 25의 비로 배합하여 저항식 전기로에서 1,820～2,250°C의 사이에서 화합시킨 제품이다. 탄화규소질 숫돌 혹은 "C"숫돌(C wheel)이라고 하며 청자색이나 흑색의 광택이 많이 난다.

순수한 탄화규소질은 "GC"숫돌이라 하며 알런덤(alundum)보다 경도가 커서 모스경도(Mohs hardness)수가 약 9.5이며 다이아몬드 다음으로 경도가 크다.

■ 표 4-1 인조 숫돌입자의 종류, 기호, 적용범위

종류	기호	적용범위
갈색 용융 알루미나질	A	보통 탄소강, 합금강, 스테인리스강
백색 용융 알루미나질	WA	강계통의 연삭에 적합
탄화규소질	C	알루미나질보다 굳으나 취성이 크므로 인장강도가 낮은 재료
녹색 탄화규소질	GC	주철, 황동, 경합금, 초경합금 등을 연삭하는데 적합

② 입도(粒度, Grain size)

숫돌입자는 일반적으로 메시(mesh)로서 선별하며, 입자의 크기를 입도라고 한다. 이것을 메시번호로 표시한다.

■ 표 4-2 숫돌입자의 입도

거친 눈 (粗, coarse)	보통 눈 (中, medium)	보통 가는 눈 (細, fine)	가는 눈 (微, very fine)	아주 가는 눈 (極微, super fine)
8	30	70	150	280
10	36	80	180	320
12	46	90	220	400
14	60	100	240	500
16		120		600
20				
24				

예를 들면 No.30은 체의 길이 1인치에 30개의 눈, 즉 1평방인치당 900의 눈금을 가진 체에는 통과하고 No.36의 체에 남는 입자이다. 숫돌에는 반드시 입도를 표시하고 있으나 등립(等粒)만이 아니라 상이한 입도를 혼합한 것도 많이 있다.

예를 들면 No.24 조합(combination)이라고 하는 것이 즉 No.24를 주로 하고 No. 36, 46, 60 등을 각 제작소 독특한 비율로 배합되어 있다.

이와 같이 다른 입도들을 배합하는 것은 조립(組立) 사이에 세립(細粒)이 끼워짐을 가공성이 감소되어서 절삭률이 감소되는 결점이 있지만 숫돌이 강견(强堅)하게 되고, 우각(偶角)의 형상이 보유하게 되며, 또한 용이하게 감모(減毛)되지 않으며, 긴 공작물을 연마하더라도, 양단의 직경에는 차이가 없게 되는 이점이 있다.

연삭작업의 목적에 따라 적당한 입도의 연삭숫돌을 선택하게 되는데 다음은 그 실용례이다.

(ㄱ) 거친 연삭작업에서 연삭 깊이 및 피드가 큰 경우에는 입도가 큰 것을 택하며, 예를 들면 10#~30#를 사용한다.

(ㄴ) 완성가공 및 공구의 연삭에는 입자가 작은 36#~80#를 사용한다.

(ㄷ) 경도가 크고 취성 있는 계절에는 작은 미세입자의 연삭숫돌을 사용하고, 연하고 연성 있는 재질에는 거친 입자를 사용한다.

(ㄹ) 한 개의 연삭숫돌을 사용하여 황삭 및 다듬질 연삭을 할 때는 혼합입자의 연삭숫돌을 사용하는 것이 능률적이다.

(ㅁ) 연삭숫돌과 가공물의 접촉면이 적을 때에는 미세한 입자를, 접촉면이 클 때에는 거친 입자를 각각 사용한다.

(ㅂ) 초정밀 연삭, 호닝(honing), 래핑(lapping) 등의 작업에는 200# 이상에서 400#~800#까지 미세입자를 사용한다.

③ 결합도(경도; 結合度, Grade)

경도란 접착제의 세기, 즉 연삭입자를 고착시키는 접착력을 말한다. 따라서 경도가 크다고 하는 것은 접착력이 크다는 것을 말하게 된다. 경도를 측정한다는 것은 그 접착력을 측정하는 것과 같으며, 드라이버와 같은 도구를 연삭숫돌면에 수직으로 가압하여 돌리면서 손에 감촉되는 저항으로 정하게 된다. 이 저항을 기계로서 읽을 수 있는 방법도 있으나, 아직 많이 사용되고 있지 않다.
일반적으로 연삭숫돌의 결합도는 <표 4-3>과 같이 분류해서 사용한다.

표 4-3 연삭숫돌의 결합도 분류

극연 (very soft)	연 (soft)	중 (hard)	경 (hard)	극경 (very hard)
E, F, G	H, I, J, K	L, M, N, O	P, Q, R, S	T, U, V, W, X, Y, Z

무른 숫돌차는 입자의 끝이 많이 마멸되기 전에 결합제와 함께 숫돌입자가 탈락하는 것은 경제적이다. 너무 굳으면 쉽게 탈락하지 않으므로 눈메움(loading)을 일으키고, 가공 정밀도가 저하된다.
따라서 공작물의 재질과 가공 정밀도에 따라 적당한 결합의 숫돌을 선택할 필요가 있다. <표 4-4>는 결합도의 높고 낮은데 따른 숫돌차의 선택기준이다.

• 표 4-4 결합도에 따른 숫돌의 선택기준

결합도가 높은 숫돌 (굳은 숫돌)	결합도가 낮은 숫돌
연질 재료의 연삭 숫돌차의 원주속도가 느릴 때 연삭깊이가 얕을 때 접촉면이 작을 때 재료 표면이 거칠 때	경질재료의 연삭 숫돌차의 원주속도가 빠를 때 연삭깊이가 깊을 때 접촉면이 클 때 재료 표면이 치밀할 때

④ 조직(組織, Structure)

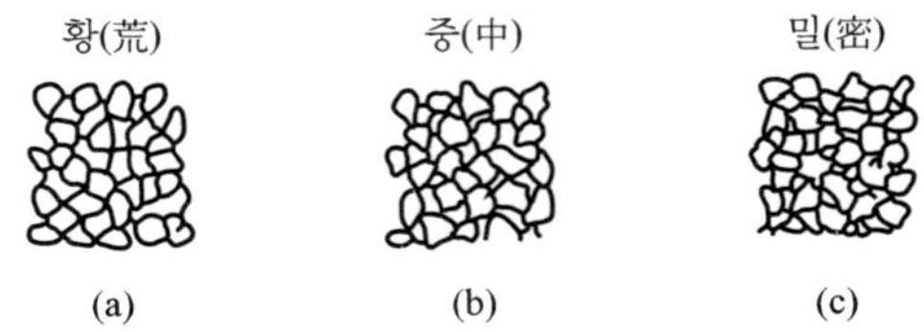

그림 4-10 • 연삭숫돌의 조직

연삭숫돌의 단위체적당의 입자수를 밀도라고 하고 이것으로 조직을 표시한다.

<그림 4-10>과 같이 동일한 결합도를 가진 연삭숫돌이라도 조직이 황(荒), 중(中), 밀(密) 등의 구별이 있다. 억센 조직의 숫돌을 제작하려면 점결제 중에 유기질의 미세입자를 혼합하여 소결하면 유기질이 연소되어 공간이 생기게 하는 방법과 처음부터 기포를 생기게 하는 방법이 있다. 보통 연삭숫돌의 조직 표시법은 <표 4-5>와 같이 번호로 표시한다.

그러나 번호만으로 충분한 조직을 설명하기는 곤란하므로 연삭 재료의 입자, 결합제 및 기공의 3종의 관계를 조사하여야 한다. 자세한 표시에는 연삭숫돌 전체에 대한 연삭입자의 체적 비례인 입자율로 표현하는 일도 있다. 조직이 적당하면 칩의 배제가 쉽게 되고 가공물의 발열도 적게 남긴다.

일반적으로 가공물의 재질이 연한 것은 거친 입자의 억센 조직을 선택하고 경한 조직에는 치밀한 것을 사용한다. 가공물의 재질이 연한 것은 거친 입자의 억센 조직을 선택하고 경한 조직에는 치밀한 것을 사용한다. 가공물의 바깥지름이 큰 것에는 비교적 억센 조직을 사용하고, 완성가공과 지름이 작은 것은 치밀한 조직을 선택한다.

• 표 4-5 연삭숫돌의 조직

연삭숫돌 조직	밀(密)	중(中)	황(荒)
조직번호	0, 1, 2, 3	4, 5, 6	7, 8, 9, 10, 11, 12

⑤ 결합제(結合制, Bond)

- 결합제
  - 무기질 결합제
    - 비트리파이드법(vitrified)
    - 실리케이트법(silicate)
  - 유기질 결합제
    - 일래스틱(elastic)법; 셀락 연삭, 고무 연삭
    - 레지노이드(resinoid) 연삭숫돌

(ㄱ) 비트리파이드 결합제(vitrified bond)

결합제의 주성분은 점토이고, 이 방법으로 제조된 연삭숫돌이 가장 많이 사용되고 있다.

점토에 용제를 첨가하여 연삭입자들과 충분히 혼합하고, 성형 건조하여 1,300～1,350°C에서 연속 2～3일간 가열하여 결합제를 자기질화 한다. 점토 및 용제의 성분을 변화시켜 소결 후의 결합도를 광범하게 변하게 할 수 있다.

이 방법으로 각종 용도의 제품이 생산되어 현존하는 약 90%가 이에 의존하고 있다. 그러나 탄성이 적고, 또한 얇은 절단 숫돌의 생산에 적용할 수 없는 결점이 있다. 기호는 “V”로 표시한다.

(ㄴ) 실리케이트 결합제(silicate bond)

규산소다를 입자와 혼합하여 금속형에 다져넣고 수시간 건조한다. 다음에 숫돌을 260°C에서 1～3일간 가열한다.

실리케이트 숫돌은 다른 방법에 의하여 결합한 것보다 무르게 작용하며 곧 마멸된다. 연삭열이 될수록 적어야 하는 공구의 절삭날 연삭에 적합하다. 경도는 규산소다의 사용량과 금속형의 다짐량에 의하여 조절되며 기호는 “S”로 표시된다.

(ㄷ) 일래스틱 결합제(elastic bond)

유기질의 결합제를 사용하는 방법으로 셸락(shellac), 고무 및 인조 수지 등이 사용된다.

㉮ 셸락 연삭숫돌(shellac wheel)

결합제의 주성분이 셸락이다. 이 방법으로 제조된 것은 절단용 숫돌에 사용되고, 리머의 인선가공 및 롤러의 완성연삭 등에 사용되며 기호는 E 또는 Shel로 사용된다.

㉯ 고무 연삭숫돌(rubber wheel)

일래스틱 방법으로 제조된 연삭숫돌로서 결합체의 주성분은 고무이다. 이것은 고무에 유황 및 기타 재료를 첨가하여 연삭입자와 충분히 혼합하여 눌러서 많은 판상으로 만들고 원형 연삭숫돌로 성형하고, 가열하여 만든 것으로 절단용 숫돌 및 센터리스 연삭기의 조정 숫돌로 사용한다. 기호로는 R 혹은 Rub로 표시한다.

㉰ 레지노이드 연삭숫돌(resinoid wheel)

결합제의 주성분은 인조 수지이며, 셸락 및 고무 연삭숫돌과 같이 연삭에 의한 발열로 연화 경향이 적고, 각종 용제, 기름, 증기 등에 대하여 안정하며, 또한 탄성이 우수하여 건식 절단용에 가장 적합하다.

보통 레지노이드 연삭숫돌의 기호는 B 또는 Res로 표시한다.

㉱ 연삭숫돌의 절삭깊이의 선정조건 및 표준치

− 선정조건

No.	요소		선정조건
1	숫돌의 성질, 형상	입도	입도가 클수록 연삭깊이를 깊게 할 수 있으나, 너무 깊으면 숫돌의 마멸이 심하고 눈메움이 나타난다.
		결합도	연삭깊이를 깊게 하면 능률향상에는 좋으나, 숫돌의 결합도는 연하게 작용한다.
		직경	숫돌의 직경이 작을수록 연삭깊이를 깊게 할 수 있다.
		원주속도	숫돌의 원주속도가 늦을수록 연삭깊이를 깊게 할 수 있다.
2	공작물의 성질, 형상	직경	공작물 직경이 작을수록 연삭깊이를 깊게 할 수 있다(다만 공작물의 강성을 고려해야 한다). 큰 재료에 대하여는 연삭깊이를 과대하게 하여서는 안 된다. 그것은 직경이 클수록 공작물과 숫돌의 접촉면이 커지고 회전모멘트가 커지기 때문이다.
		원주속도	공작물의 원주속도가 클수록 연삭깊이를 깊게 할 수 있다.

− 표준치

구분 / 재료	연삭깊이 (mm)	
	거친 연삭	다듬질 연삭
강	0.02～0.05	0.005～0.01
주철	0.08～0.15	0.02～0.05

㉳ 공작물의 원주속도 선정조건 및 표준치

– 선정조건

No.	요소		선정조건
1	속도화	숫돌속도	숫돌의 원주속도가 클수록 공작물의 원주속도를 빨리 하고 전자(前者)가 작을수록 후자(後者)를 늦게 한다.
		공작물속도	
2	숫돌의 성질	직경	숫돌직경이 작을수록 공작물의 원주속도를 느리게 한다.
		결합도	(1) 결합도가 경한 연삭숫돌에 대하여는 공작물의 원주속도를 빨리한다. 이렇게 하지 않으면 특히 연삭깊이가 깊을 때 숫돌의 눈메움(loading)이 나타나고, 얕을 때는 숫돌의 마멸이 심하다. (2) 결합도가 연한 숫돌은 공작물의 원주속도를 느리게 하고 연삭깊이를 깊이하면 경제적이다. (3) 결합도가 연한 숫돌에 대하여 공작물의 원주속도를 빨리 하는 것은 숫돌에 심한 마멸을 초래하는 원인이 된다.
3	공작물의 성질, 형상	경도	(1) 공작물이 굳을 때는 결합도가 연한 숫돌을 사용하며, 늦은 공작물의 원주속도를 택한다. (2) 공작물이 무를 때는 결합도가 경한 숫돌로 공작물의 원주속도를 느리게 한다.
		직경	(1) 직경이 클 때는 결합도가 연한 숫돌을 사용하며 빠른 공작물의 원주속도를 택한다. (2) 직경이 작을 때는 결합도가 경한 숫돌을 사용하며, 늦은 공작물의 원주속도를 택한다. (내면 연삭, 평면 연삭 때는 외경 연삭 때보다 공작물의 속도를 빨리 한다.)
4	연삭면의 정밀도		연삭면의 정밀도를 높이기 위하여는 공작물의 원주속도를 빨리 한다. 따라서 큰 숫돌로 연삭면의 정밀도를 높일 수 있다.

– 표준치

구분 / 재질	공작물의 원주속도 (m/min)	
	거친 연삭	다듬질 연삭
주철	12～15	10～12
연강	10～12	8～10
담금질강	12～15	10～12
경강	15～18	12～15
경합금	30～40	20～30

㉥ 숫돌의 표시

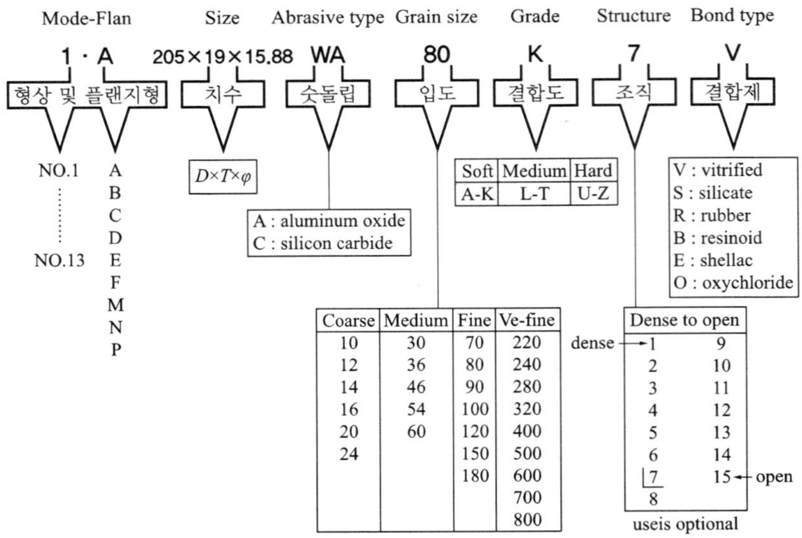

3 숫돌의 표준형상

비트리파이드의 연삭숫돌의 모양은 표준형으로 <그림 4-11>과 같은 것이 있다.

모두 13종으로서 번호로 표시한다. 제작회사마다 같은 치수로 만들도록 규격화하고 있다. 1호 평형은 그림과 같은 숫돌면의 표준이 정해져 있다. 특수한 윤곽의 연삭톱날 연삭, 그 밖의 적합한 가공에 사용되며, 알파벳으로 표시한다.

1, 5, 7호는 내면 연삭, 원통 연삭, 손 연삭 등에 쓰이며 2, 6호는 평면 연삭에 5, 7, 9호는 숫돌을 부착하는 플랜지가 맞는 오목한 부분이 있어 숫돌의 파손을 방지하고 있다. 1호는 절단용으로도 사용되며 홈을 깎는데 쓰인다. 11호는 공구 연삭, 12호는 호브(hob), 밀링커터 등의 윗면 경사를 연삭하는데 적합하다. 13호는 톱날을 연삭하는 전용 숫돌이다.

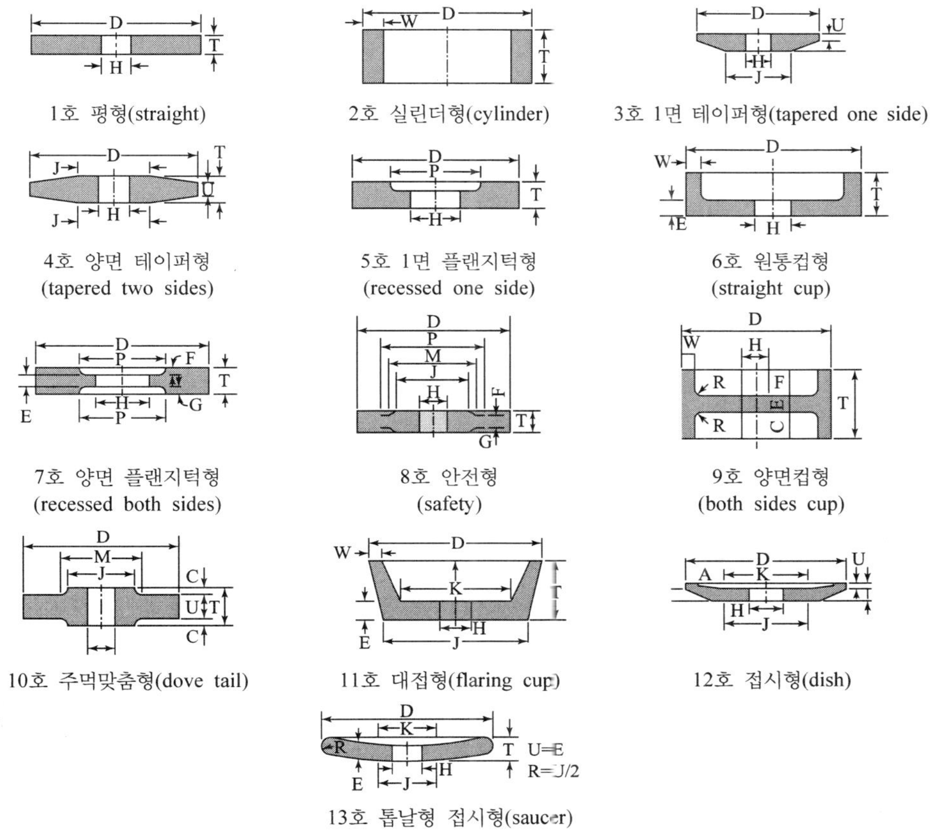

그림 4-11 ◦ 숫돌의 표준형상

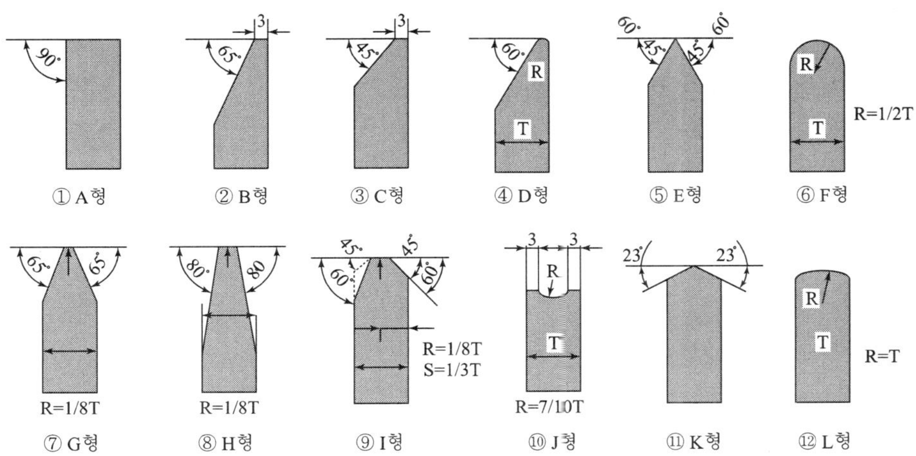

그림 4-12 ◦ 연삭숫돌의 가장자리형상

또한 <그림 4-13>은 자유연삭기에 사용하는 원주타입 숫돌의 예이다.

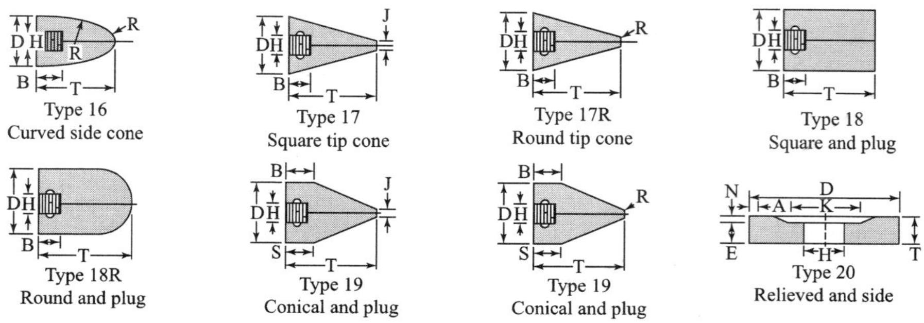

그림 4-13 ◦ 자유연삭기용 숫돌

4 숫돌의 이상현상

(1) Loading(눈메움)

Chip과 숫돌 부스러기가 기공을 막아 버린 상태

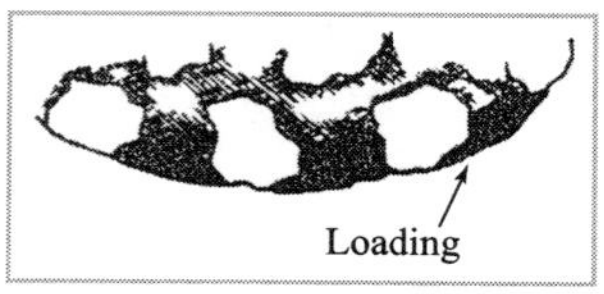

① 현상

(ㄱ) 연삭면 거칠어짐

(ㄴ) 열 발생

② 원인

(ㄱ) 숫돌의 결합도가 단단하다.

(ㄴ) 숫돌의 입자가 너무 작다.

(ㄷ) 조직 치밀

(ㄹ) 드레싱 불충분

(ㅁ) 숫돌의 완주속도가 느리다.

③ 대책

(ㄱ) 무른 결합도가 숫돌 사용

(ㄴ) 입자가 큰 것 사용

(ㄷ) 거친 조직을 사용

(ㄹ) 날카로운 드레싱 (이송을 빨리 할 것)

(ㅁ) 원주속도 조정
(ㅂ) 윤활성이 큰 연삭액 사용

(2) Glazing(입자 마모)

숫돌 표면에 입자가 자생작용을 일으키지 않아 입자의 날끝이 닳아서 매끈해진 상태

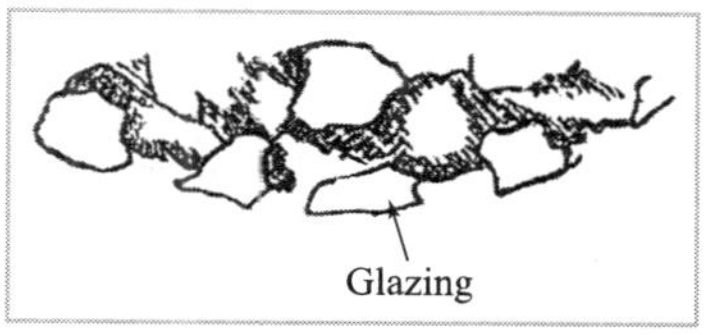

① 현상

(ㄱ) 연삭이 되지 않음
(ㄴ) Grinding-burn (눌음)
(ㄷ) Wheel 균열 발생 (사고 발생 원인)

② 원인

(ㄱ) 결합도 과대 현상
(ㄴ) 원주속도 과잉
(ㄷ) 파쇄성이 나쁘다.
(ㄹ) 드레서 날이 없었다.

③ 대책

(ㄱ) 결합도 연한 숫돌 사용
(ㄴ) 날카로운 드레싱
㉮ 절입을 깊게
㉯ 이송을 빠르게
㉰ 숫돌의 원주속도 조정

(3) Spilling(입자 탈락)

결합제의 힘이 약해서 작은 절삭력이나 충격에 쉽게 숫돌입자가 탈락되는 현상

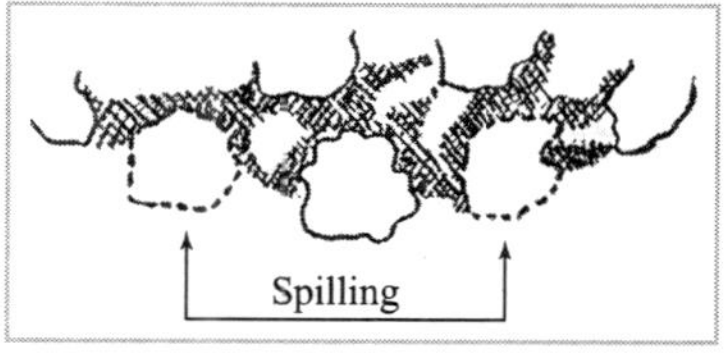

① 현상

(ㄱ) 숫돌 마모가 빠르다.
(ㄴ) 연삭 가공면이 나쁘다.

② 원인

결합도가 무르다.

③ 대책

결합도가 높은 숫돌 사용

5 숫돌의 파괴원인

연삭숫돌의 파괴는 숫돌의 강도 이상의 큰 힘이 작용하였기 때문이지만, 그 원인은 상당히 복잡하다. 숫돌의 일반적인 파괴원인으로 생각되는 것은 다음과 같은 경우가 있다.

(1) 숫돌의 속도가 지나치게 빠르다.

① **최고사용주속도**

최고사용주속도란 연삭숫돌이 안전하게 사용되는 최고의 주속도를 말하며 매분 몇 m(m/min)의 단위로 표시한다. 최소사용주속도는 연삭숫돌의 종류에 따라서 다르지만 통상 연삭기의 안전기준에 관한 기술상의 지침에 규정되어 있다.

최고사용주속도는 안전상 반드시 준수하여야 하며 어떠한 경우라도 이것을 초과해서 사용하면 안 된다.

자유연삭인 경우에 최고사용주속도 2,000 m/min에 해당하는 비트리파이드 연삭숫돌을 3,000 m/min에 해당하는 레지노이드 연삭숫돌용의 연삭기에 오용해서 사고를 일으킨 예가 있다.

연삭기에는 숫돌축의 회전수가 표시되어 있으므로 주속도와의 다음 환산식을 사용해서 계산한다.

$$n(\text{r.p.m}) = \frac{V}{\pi D} \times 1{,}000 = \frac{\text{surface feet(S.F)}}{\text{Dai} \times 0.262}$$

$$\text{S.F} = 0.262 \times \text{r.p.m}$$

$$\text{SFPM} = \frac{3.1416 \times \text{Dai (in)} \times \text{r.p.m}}{12}$$

$$= 0.262 \times \text{Dai (in)} \times \text{r.p.m}$$

$$V = \frac{\pi D n}{1,000}$$

여기서, V : 연삭숫돌의 주속도(m/min)

π : 원주율(≒3.14)

D : 숫돌의 직경(mm)

n : 연삭기의 회전수(r.p.m)

예제 1

24" 숫돌직경에서 1000 r.p.m일 때 SFPM?

SFPM = 0.262 × 24 × 1,000
= 6,288

표 4-6 연삭숫돌의 속도 비교

연삭숫돌	최고사용주속도 (m/min)	시속환상 (km/hr)	교통기관과의 비교
공구연삭컵형 비트리파이숫돌	1,400	84	자동차
자유연삭평형 비트리파이숫돌	2,000	120	고속도로 주행자동차
자유연삭 레지노이드숫돌	3,000	180	초특급열차
자유연삭보강 옵셋레지노이드숫돌	4,300	258	
절단용 레지노이드보강숫돌	4,800	288	헬리콥터

<표 4-6>은 연삭숫돌의 속도를 교통기관의 속드와 비교한 것이다. 이 표를 보면 숫돌의 속도가 상식적으로 판단된다. 연삭숫돌의 중대사고는 이와 같은 상태에서 발생한다는 것을 잊지 말아야 한다.

② 파괴회전주속도

연삭숫돌이 안전에 영향을 주는 모든 요인 중 가장 중요한 것은 회전에 의한 원심력에 의해서 유발되는 내부응력이 주속도가 점차 상승하여 이 내부응력이 숫돌의 고유강도를 초과하면 숫돌은 파괴된다. 이때의 숫돌 주속도를 「파괴회전속도」라 하며 이 값을 아는 일이 숫돌의 안전도를 확보하는 기초가 된다.

숫돌의 최고사용주속도는 이 파괴회전주속도를 일정한 안전계수로 나눈 것이며 연삭기의 안전기준에 관한 기술상의 지침도 모두 이점을 중심으로 하여 설정하고 있다.

즉 기계연삭에 사용되는 최고사용주속도의 값은 파괴회전주속도의 연삭에 사용되는 최고사용주속도는 파괴회전주속도의 값을 2로 나눈 값 이하로 되어 있다.

숫돌의 원심력에 의한 파괴속도 V_b는 최대응력설 또는 평균응력설에 의해서 다음 식에 의해서 추정된다.

(ㄱ) 최대응력설

$$V_b = \frac{2}{\sqrt{3+\nu}}\sqrt{\frac{g}{\gamma}\sigma_{\max}}\left(1+\frac{1-\nu H^2}{3+\nu D^2}\right)^{-1/2}$$

(ㄴ) 평균응력설

$$V_b = \sqrt{\frac{3g\sigma_{\max}}{\gamma}}\left(1+\frac{H}{D}+\frac{H^2}{D^2}\right)^{-1/2}$$

여기서, H : 숫돌의 구멍지름
ν : 숫돌 포아송비(Poisson's ratio)
D : 숫돌의 외경
γ : 숫돌의 비중
$\sigma_{\max}$: 숫돌의 최대인장강도

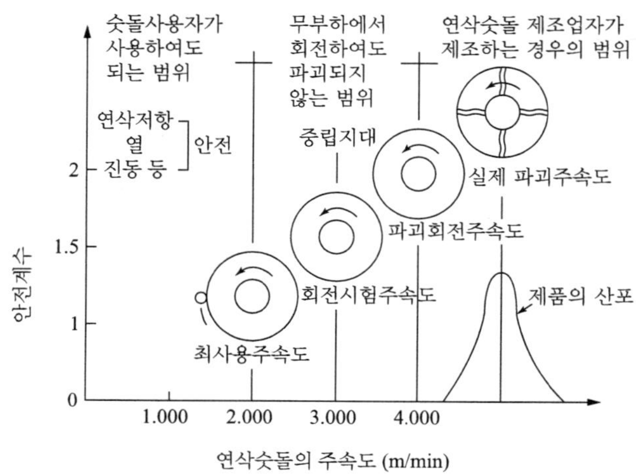

그림 4-14 ◉ 최고사용주속도와 파괴회전주속도의 관계

(2) 숫돌에 균열(crack)이 있었다.

이것은 운반·취급상의 결함에서도 일어난다.

① 숫돌의 취급법

(ㄱ) 숫돌은 취급시 충돌 및 떨어뜨림을 방지한다.

(ㄴ) 연삭숫돌은 굴리지 말아야 한다.

(ㄷ) 연삭숫돌의 운반이나 이동시 안전을 기할 수 있는 운반용구나 트럭을 사용해야 한다.

② 보관 <그림 4-15>

(ㄱ) 연삭숫돌은 과도한 온도차, 온도 및 자기 등의 영향을 받지 않는 건조한 장소에 보관해야 한다.

(ㄴ) 통행로, 크레인, 이동로, 진동 등으로 손상의 위험이 있는 곳은 피해서 저장해야 한다.

(ㄷ) 보관은 선반, 서랍장 또는 큰 상자 등에 종류와 모양에 따라 질서정연하게 정리되어야 한다.

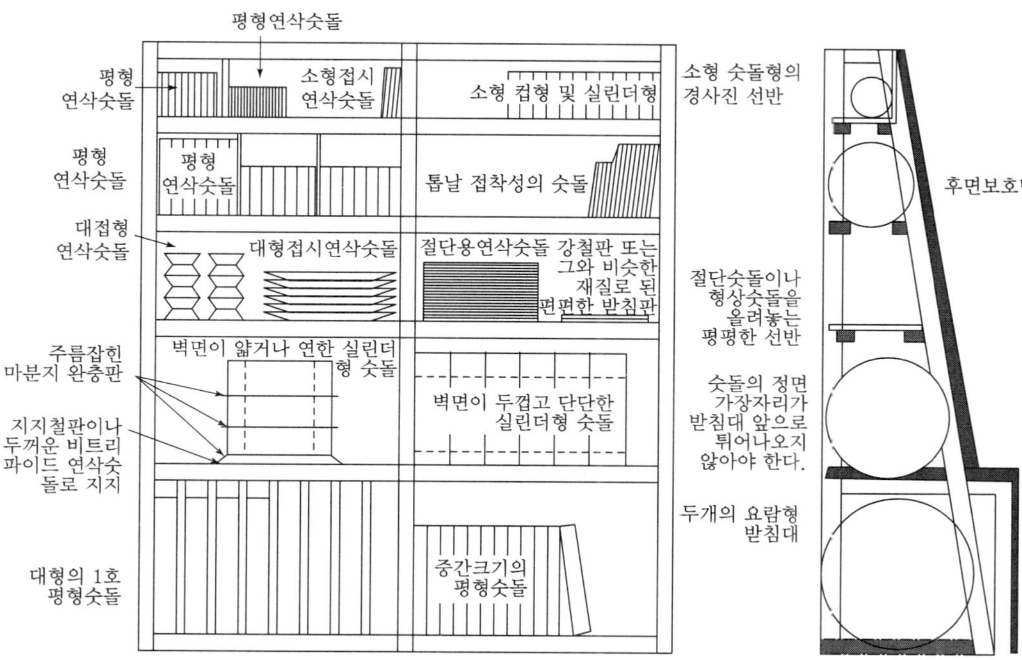

그림 4-15 ◉ 숫돌 보관

③ 연삭숫돌의 외관검사와 타음검사

(ㄱ) 외관검사

㉮ 균열의 유무(측면, 외주부, 구멍의 순서로)

㉯ 라벨의 유무, 이상의 유무

㉰ 플랜지의 접촉부에 이물 유무 확인

㉱ 결함, 흠집의 유무

㉲ 습기의 유무(레지노이드숫돌, 마그네시아숫돌, 물에 약한 탄성숫돌)

㉳ 접착부의 이상 유무(대판이 달린 숫돌, 축이 달린 숫돌, 포탄형 숫돌 및 너트를 박는 디스크형 숫돌)

㉴ 보강부분의 이상 유무(고속연삭용 숫돌등 특수숫돌)

㉵ 변형의 유무(절단숫돌의 프로펠러상의 변형)

(ㄴ) 타음검사(Ring of sound check)

㉮ 타음검사용 공구는 목재 망치를 사용할 것.

㉯ 타음점은 <그림 4-16>과 같이 45° 위치에서 할 것.

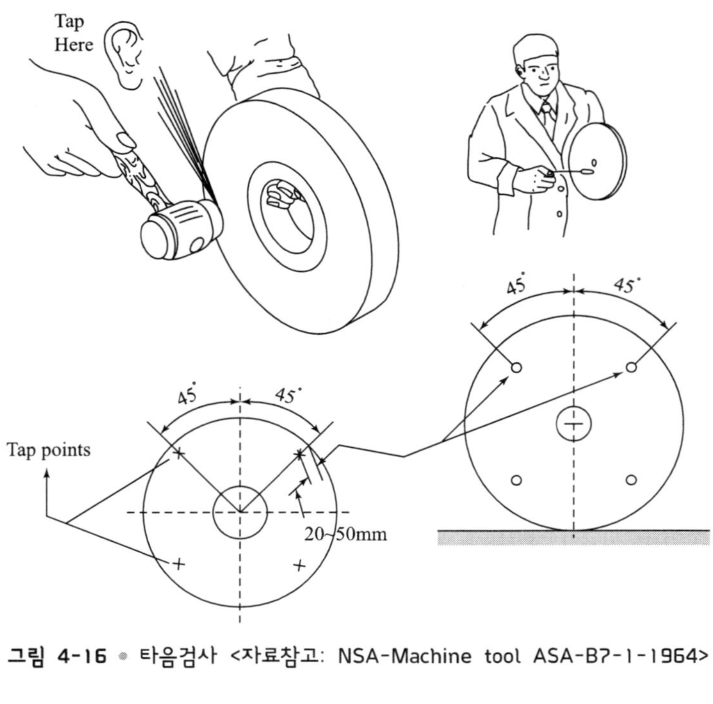

그림 4-16 ● 타음검사 <자료참고: NSA-Machine tool ASA-B7-1-1964>

㉰ 세부적인 균열을 검사할 때는 전주(全周)에 대해서 할 것.

㉱ 비트리파이 연삭숫돌은 맑은 금속음을 내며, 레지노이드 연삭숫돌은 약간 둔한 소리를 내는 것이 정상이므로 기억해 둘 것.

㉲ 균열이 있는 연삭숫돌은 소리가 갑자기 변한다. 또 수분, 부식도 이상음이 되므로 주의할 것.

㉳ 타음조작은 최소한도의 힘으로 할 것. 단, 다음 연삭숫돌은 타음검사가 유효하지 않다.

㉴ 타음검사를 할 수 없는 숫돌은 다음과 같다

- 절단숫돌과 같이 얇은 것.
- 일반적으로 100 mm 미만의 소형 숫돌(축붙임, 포탄형 포함)
- 센터리스 연삭숫돌과 같이 외경에 비해서 두께가 두꺼운 숫돌
- 링 숫돌과 같이 외경에 비해서 가장자리의 두께가 얇은 숫돌이며 더욱이 입도가 거친 것과 결합도가 부드러운 것.

이들의 연삭숫돌은 외관검사를 다른 방법으로 정성껏 하여 타음검사를 대신하여야 한다.

(3) 플랜지가 현저하게 작은 경우와 좌우의 플랜지 지름이 같지 않을 때는 숫돌에 과대한 힘이 작용하여 파괴의 원인이 된다.

① 스트레이트 플랜지(straight flange)의 치수

연삭숫돌은 통상 플랜지에 의해서 연삭기에 부착되지만 숫돌축에 고정되는 쪽을 「고정측 플랜지」 그 반대쪽을 「이동측 플랜지」라 한다.

플랜지의 외경을 「플랜지 지름 D_f」라 하며, 부착하는 연삭숫돌의 외경 D의 1/3 (인장강도가 71 kg/cm^2 이상의 보강형 절단숫돌로서 기술상의 지침의 조건을 만족시킨 것에 한하여 1/4) 이상이며, 고정측과 이동측의 직경이 같아야 한다.

플랜지의 접촉 폭은 일정한 힘으로 조이게 되며, 평행하게 연삭숫돌에 접촉되도록 치수나 재질이 규정되어 있다.

스트레이트 플랜지는 자유연삭기의 대부분에 적용되며, 절단기, 공구 연삭기 등 비교적 소형 연삭기에 사용되고 규격은 <그림 4-17>에 의한다.

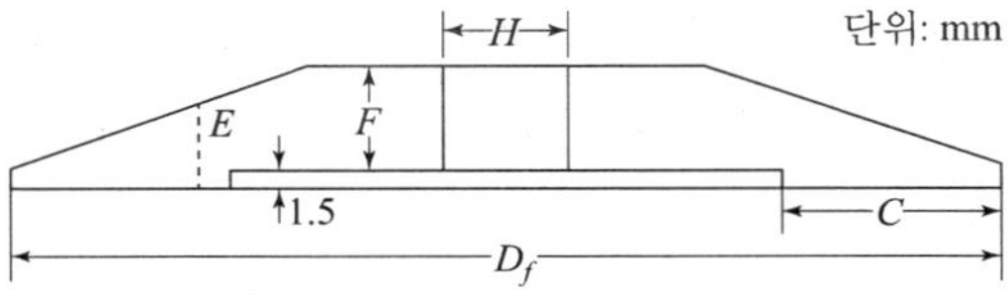

예) 숫돌 ϕ206 mm(8″) flange 주요치수
D_f = 67.5(2″/16″) mm
C = 6.4 ~ 12.7(1/4 ~ 1/2″) mm
t = 3.0(0.123″) mm

그림 4-17 ● 스트레이트 플랜지(straight flange)

② 슬리브 플랜지(sleeve flange)의 치수

슬리브 플랜지(그림 4-18)는 기계 연삭기의 대부분에 사용되고 있다. 또 어댑터 플랜지는 스윙 연삭기, 탁상용 연삭기에 사용된다.

슬리브 플랜지 또는 어댑터 플랜지의 직경은 다음 식으로 계산한 값이어야 한다.

$$D_f > K(D - H) + H$$

여기서, D_f : 플랜지의 직경(mm)

D : 숫돌의 직경(mm)

H : 플랜지의 파일럿의 직경(mm)

K : 정수<표 4-7>

● 표 4-7 슬리브 플랜지의 정수(K)

연삭숫돌직경(mm)		610 미만	610 이상 760 미만	760 이상 1,065 미만	1,065 미만
K	보통속도로 사용되는 연삭속도	0.13	0.11	1.10	0.08
	보통속도 이외의 속도로 사용되는 연삭속도	0.15	0.13	0.12	0.10

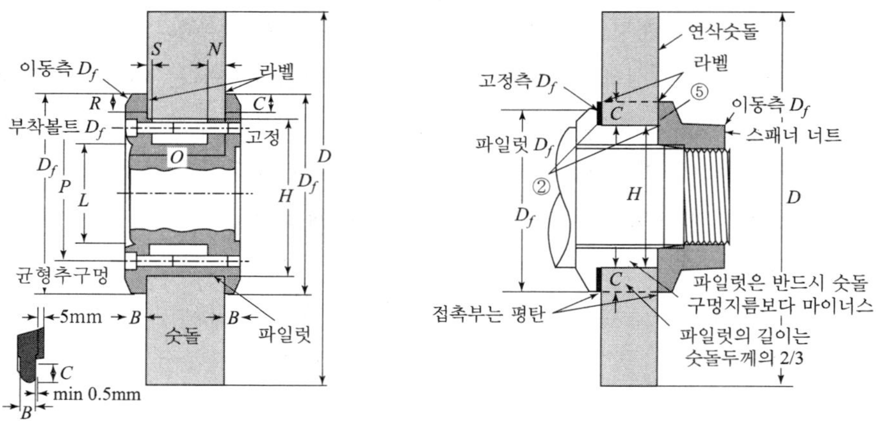

(a) 슬리브 플랜지(sleeve flange, ISO)　　(b) 어댑터 플랜지(adapter flange)의 예

그림 4-18 ● 슬리브 플랜지(sleeve flange)

■ **표 4-8 숫돌 외경과 플랜지**

숫돌 외경 D	플랜지 최소지름 D_f	접촉폭 C 최대	접촉폭 C 최소	평면부 최소두께 F	오목부 최소드께 E	숫돌구멍 최소지름 일반	숫돌구멍 최소지름 절단	체결토오크 (kg-cm)
25	10	1.6	3.2	1.6	1.5	3.18		
50	19	3.2	4.8	3.2	2.5	6.00		10
75	25	3.2	4.8	4.8	2.5	6.00		15
100	32	3.2	4.8	4.8	3.2	9.53	9.53	30
125	42	4.8	6.4	6.4	3.2	9.53	9.53	40
150	50	6.4	13	10	4.8	12.70	9.53	110
180	65	6.4	13	10	4.8	12.70	9.53	170
205	75	6.4	13	10	4.8	12.70	9.53	200
255	90	8	16	10	6.4	15.88	12.70	300
305	100	8	16	13	8.0	19.05	19.05	350
355	115	10	19	13	8.0	22.23	22.23	600
405	140	13	25	13	8.0	25.40	25.40	1,100
455	150	13	25	16	10	25.40	25.40	1,200
510	180	16	32	16	10	38.10	25.40	2,600
560	190	16	32	16	11	38.10	25.40	2,800
610	205	16	32	16	11	38.10	25.40	3,200
660	220	19	32	16	13	50.80	25.40	
710	225	22	38	19	13	50.80	44.45	
760	255	22	38	19	16	50.80	44.45	
915	305	25	50	22	19	50.80	44.45	
1,065	355	30	50	22	19		60.32	
1,250	405	32	50	30	25		60.32	
1,500	510	32	50	32	30			

③ 옵셋형 플랜지(offset flange)의 치수

옵셋형 숫돌용 플랜지는 보통속도가 대부분이며 <그림 4-19>와 같이 옵셋부의 구멍지름 부근만을 체결한다.

취급이 간단하며, <표 4-9>에서 정하는 값이어야 한다.

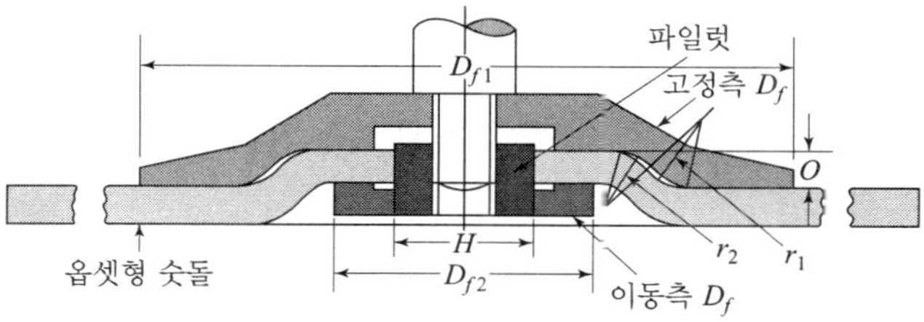

그림 4-19 ■ 옵셋형 플랜지(offset flange)

● **표 4-9 옵셋형 숫돌용 플랜지 치수**

옵셋형 숫돌의 직경 (단위: mm)	값 (단위: mm)					
	고정측 플랜지의 직경	이동측 플랜지의 직경	고정측 플랜지의 깊이	파일럿의 직경	그림에 표시 r_1	그림에 표시 r_2
100 이하	50	18	4.0	9.53	3.2	4.9
100 이상	100	40	4.8	22.28	10.0	10.0

④ 세이프티 플랜지(safety flange)의 치수

세이프티 플랜지는 보호덮개를 부착할 수 없는 내면 연삭(파이프의 내면 연삭, 안쪽 코너 또는 R부의 연삭 등)에 사용되는 특수한 플랜지이며, 연삭숫돌이 파괴되었을 때도 파편의 비산을 최소한으로 방지하기 위한 것이다. 사용하는 연삭숫돌의 형상에 따라서 다음 2종류(그림 4-20)가 있지만, 표준치수는 다음과 같다.

(ㄱ) 양면테이퍼 숫돌용 플랜지는 연삭숫돌의 접촉면에 1/16 이상의 구배가 있어야 한다.

(ㄴ) 평형숫돌에는 설치하는 연삭숫돌 직경의 2/3 이상, 양면테이퍼 숫돌용에는 설치하는 연삭숫돌 직경의 1/2 이상, 여유값은 1.5 mm 이상, 접촉폭은 해당 플랜지 직경의 1/6 이상이어야 한다.

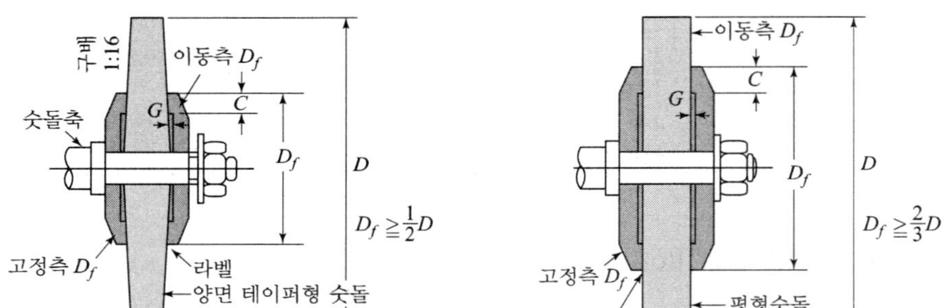

(a) 양면테이퍼 숫돌용 세이프티 플랜지 (b) 평형 숫돌용 세이프티 플랜지

그림 4-20 ● 세이프티 플랜지(safety flange)

⑤ 플랜지 이외의 부착구

연삭숫돌에는 여러 가지 종류가 있으며 반드시 플랜지를 사용해서 연삭기에 부착되지 못한다.

(ㄱ) 대판

평형 숫돌 및 디스크형 숫돌은 대판을 끼워서 연삭기에 부착한다. 이런 종류의 연삭기는 수직평면연삭기, 대량 2축평면연삭기, 측면연삭을 목적으로한 탁상 그라인더 및 공구연삭기 또는 특수한 전용연삭기가 있다.

(ㄴ) 세그먼트 숫돌(segment wheel) 부착구

대형링형 숫돌은 취급상, 제조상, 파괴의 위험이 있으므로 여러 개의 세그먼트형으로 분할해서 제조하며, 수직평면연삭기 등에 부착한다.

일명 원호상(圓弧狀) 숫돌을 여러 개 원주 위에 배열할 수 있는 부착구 또는 숫돌이라 한다.

(4) 연삭숫돌의 불균형이나 베어링의 마모에 의한 진동에 기인한다.

이러한 요인에 견디게 하려면 축의 굵기가 문제이며 <표 4-10>이 기준이 된다. 단, 이 표는 2,000 m/min을 기준으로 하고 있으므로, 보다 고속인 경우나 돌출턱(over hang) 등의 제조건을 고려해서 정할 필요가 있다. 특히 돌출턱(over hang) 축붙이 숫돌에 대해서 주의가 필요하다.

표 4-10 그라인더의 최소축 지름

숫돌 직경 (mm)	숫돌의 두께 (mm)																		
	6.4	9.5	12.7	15.8	19.0	25.4	31.7	38.1	44.5	50.8	57.2	63.5	70.0	76.2	82.6	88.9	102	114	127
	직경 (mm)																		
50	3.2	4.8	4.8	6.4	6.4	9.5	…	…	…	…	…	…	…	…	…	…	…	…	…
75	6.4	6.4	9.5	9.5	9.5	12.7	…	…	…	…	…	…	…	…	…	…	…	…	…
100	7.9	9.5	9.5	9.5	9.5	12.7	…	…	…	…	…	…	…	…	…	…	…	…	…
125	9.5	12.7	12.7	12.7	12.7	12.7	…	…	…	…	…	…	…	…	…	…	…	…	…
150	12.7	12.7	12.7	12.7	12.7	12.7	15.8	15.8	19.0	19.0	19.0	19.0	19.0	19.0	19.0	19.0	25.4	25.4	25.4
175	12.7	15.8	12.7	12.7	12.7	15.8	15.8	19.0	19.0	19.0	19.0	19.0	19.0	25.4	25.4	25.4	25.4	25.4	25.4
200	15.8	15.8	15.8	15.8	15.8	15.8	19.0	19.0	19.0	25.4	25.4	25.4	25.4	25.4	25.4	25.4	31.7	31.7	31.7
230	15.8	19.0	15.8	15.8	15.8	19.0	19.0	19.0	25.4	25.4	25.4	25.4	25.4	31.7	31.7	31.7	31.7	31.7	31.7
255	19.0	19.0	19.0	19.0	19.0	19.0	19.0	19.0	25.4	25.4	25.4	31.7	31.7	31.7	31.7	31.7	31.7	31.7	31.7
305	22.2	22.2	19.0	19.0	19.0	25.4	25.4	25.4	25.4	25.4	25.4	31.7	31.7	31.7	31.7	31.7	38.1	38.1	38.1
355	…	…	22.2	22.2	25.4	25.4	31.7	31.7	31.7	31.7	31.7	31.7	31.7	38.1	38.1	38.1	38.1	38.1	38.1
405	…	…	…	…	31.7	31.7	31.7	31.7	31.7	31.7	38.1	38.1	38.1	38.1	38.1	44.5	44.5	44.5	44.5
460	…	…	…	…	31.7	31.7	31.7	38.1	38.1	38.1	38.1	38.1	38.1	38.1	44.5	44.5	44.5	44.6	47.6
510	…	…	…	…	…	38.1	38.1	38.1	38.1	38.1	38.1	38.1	44.5	44.5	44.5	47.6	47.6	47.6	47.6
610	…	…	…	…	…	38.1	38.1	38.1	44.5	44.5	44.5	44.5	44.5	44.5	50.8	50.8	50.8	50.8	50.8
660	…	…	…	…	…	…	38.1	38.1	44.5	44.5	44.5	44.5	50.8	50.8	50.8	50.8	57.2	57.2	57.2
760	…	…	…	…	…	…	…	44.5	50.8	50.8	50.8	50.8	50.8	50.8	57.2	75.2	63.5	63.5	63.5
915	…		…	…	…	…	…	…	57.2	57.2	57.2	57.2	63.5	63.5	63.5	70.0	70.0	70.2	76.2

(5) 숫돌의 측면을 사용한다.

보강된 옵셋숫돌은 주로 측면을 사용하므로 회전시험 외에 측면에 대한 충격치로 규제되고 있다. 그러나 절단숫돌이나 기타 연삭숫돌 중에도 똑같이 보강을 한 것이 있지만 이러한 보강은 측면사용을 목적으로 한 것이 아니고, 연삭작업 중 불규칙하게 가해지는 측압에 대한 보강수단이므로 옵셋의 경우와 혼동하여서는 안 된다.

<그림 4-21>은 각종 보강숫돌을 나타낸 것이다. 이들 보강숫돌의 대부분은 연삭숫돌의 원심력에 대응하는 파괴회전주속도의 향상을 목적으로 한 것이며, 측면연삭을 하기 위한 것이 아니므로 화살표로 표시한 사용면만을 사용하도록 하여야 한다.

또 보강숫돌과 보강되지 않은 숫돌의 강도는 <그림 4-22>에 표시하였다.

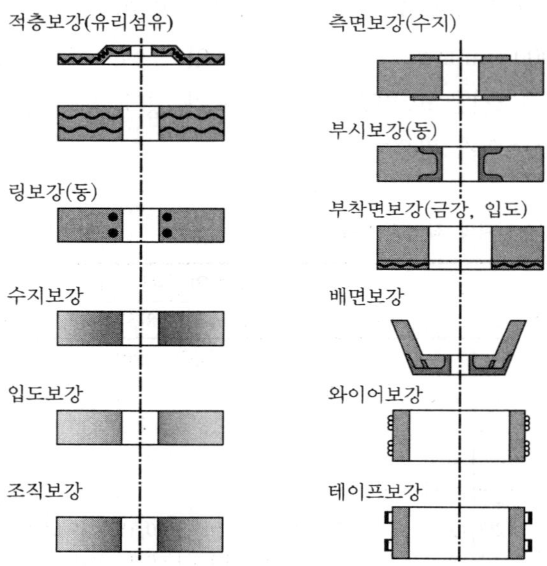

그림 4-21 • 각종 보강숫돌

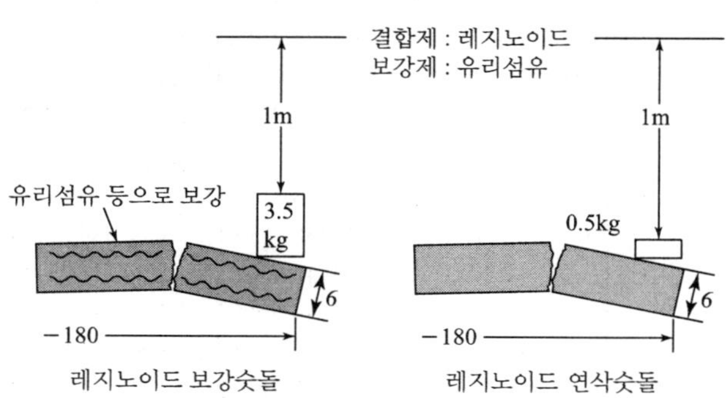

그림 4-22 • 보강숫돌의 효과

(6) 숫돌에 과대한 충격을 준다.

잘못된 드레싱이 피연삭재를 작업대와 숫돌의 외주면에 접촉될 때 일어난다.

① 연삭저항

연삭숫돌은 어느 정도의 압력 또는 힘을 가하지 않으면 가공물을 연삭할 수 없다. 따라서 연삭숫돌에는 반드시 약간의 저항력을 받는다. 이것을 연삭저항이라 한다. 이것을 측정하면 안전상이나 작업상으로 대단히 유효하지만 간단히 측정되지 않는다.

② 정적강도와 동적강도

정지한 상태에서 여러 가지 힘을 가해서 어느 정도의 힘에서 파괴되는가를 알아두지 않으면 안 된다. <그림 4-23>

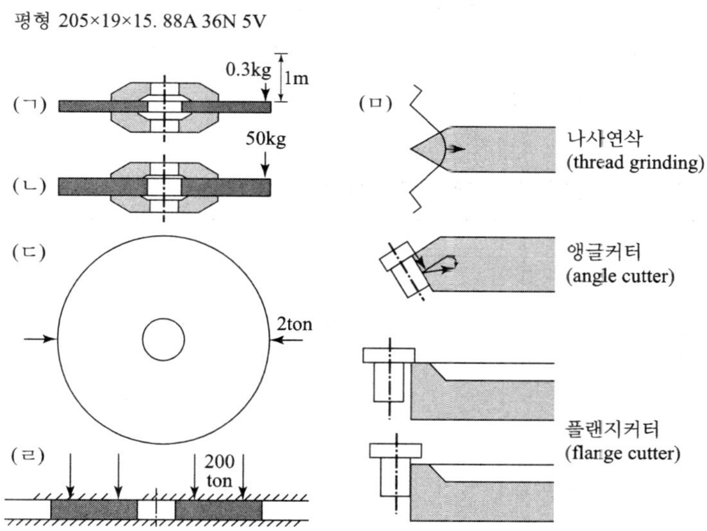

그림 4-23 ● 연삭숫돌의 강도 비교

다음은 <그림 4-23>에 의해서 설명한다.

(ㄱ) 이 부착상태에서 측면에 충격을 가하였을 경우 대단히 약하여 0.3 kg-m의 충격력(망치로 가볍게 두들기는 정도의 힘)에서 간단히 파괴한다.

(ㄴ) 측면에 가해진 50 kg의 정압력에서 파괴한다. 따라서 측면연삭은 정지상태에서도 상당히 위험하다는 것을 알 수 있다.

(ㄷ) 정지상태의 연삭숫돌은 2 ton까지는 파괴되지 않는다.

(ㄹ) 연삭숫돌을 평평한 2평면에서 의지하였을 경우는 200톤의 압력까지는 파괴되지 않는다.

(ㅁ) 측면을 사용하여야 할 연삭에 대해서는 나사연삭과 같이 연삭숫돌의 연형의 양쪽에서 측압을 가하면 측압자체가 없어진다. 같은 이유로 측면연삭은 각 커터가 바람직하다. 일반플랜지 커터의 경우 측면 저항을 낮추기 위해 오목붙이형을 사용하지만 부득이 평형을 사용하는 경우는 측면에 잔류오목을 설치하여야 한다.

6 연삭기의 방호덮개

연삭숫돌의 덮개의 재료나 강도는 연삭기의 안전기준에 관한 기술상의 지침에 따라야 한다.

또 연삭숫돌이 파괴되었을 때 파편이 튀어나오는 힘은 <표 4-11>과 같으며, 비산방향은 <그림 4-24>와 같이 나타나므로 따라서 종류별로 덮개의 개구각(開口角)을 <그림 4-25>와 같이 제한한다.

표 4-11 연삭숫돌의 파편과 물체의 에너지 비교

물체	상태		에너지
포타블용 숫돌 1/4 파편 65×13×9.53 2층에서 우유병	20 g 250 g	3,000 m/min 5 m	1.3 kg-m 1.25 kg-m
옵셋 숫돌 1/4 파편 180×6×22 5층에서 콜라병	80 g 400 g	4,300 m/min 20 m	10 kg-m 8 kg-m
스윙 그라인더용 숫돌 1/4 파편 501×50×50.50 지붕에서 떨어진 사람	5.5 kg 60 kg	3,000 m/min 6 m	354 kg-m 360 kg-m
크랭크용 숫돌 1/4 파편 1,065×50×50.80 자동차에서 뛰어 내린 사람	22 kg 60 kg	2,000 m/min 50 km/h	674 kg-m 600 kg-m
와이드 센터리스 1/4 파편 610×510×304.80 오토바이에 부딪침	60 kg 200 kg	2,000 m/min 50 km/h	2 ton-m 2 ton-m
고속 센터리스 1/4 파편 1,065×205×355.60 경자동차	90 kg 900 kg	3,600 m/min 50 km/h	9 ton-m 9 ton-m

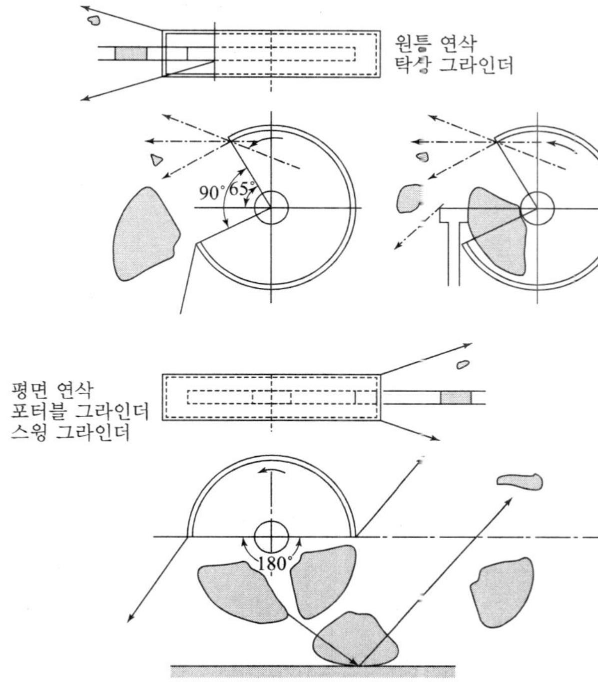

그림 4-24 ◦ 안전덮개의 개구각과 비산방향

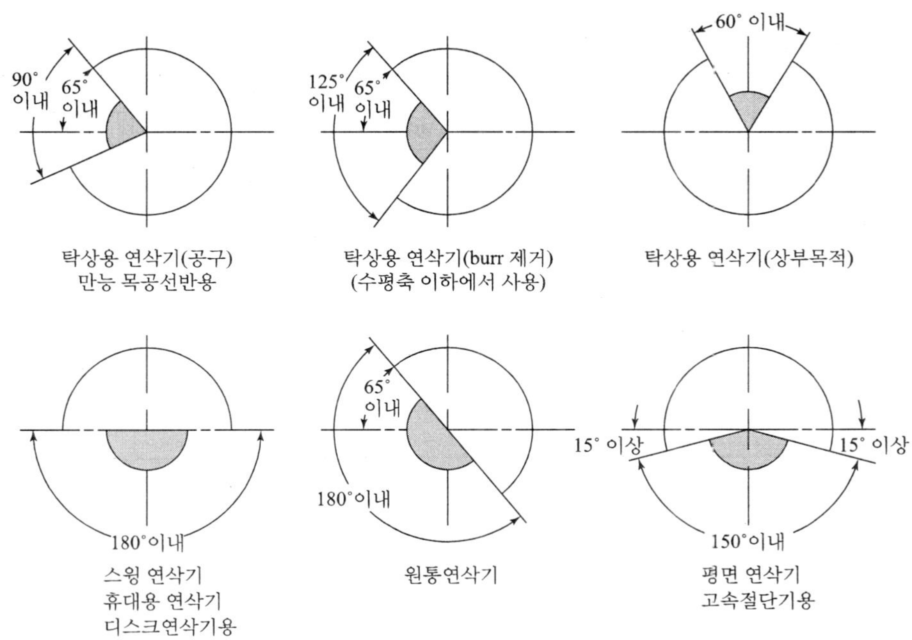

그림 4-25 ◦ 연삭기 덮개의 표준형상(exposure angle)

보호덮개를 완전하게 부착하였다 하여도 연삭숫돌이 파괴되면 100% 안전하다고 말할 수 없다. 즉, 위험상태를 극소화시킨다는 뜻이다.

연삭숫돌의 덮개는 숫돌의 양측면과 원주방향 모두를 덮어 주어야 한다. 작업 중 숫돌이 깨어졌을 경우 파편들이 튀어나가지 못하게 하는 것이다. 그리고 연삭기에 고정된 원주의 덮개를 <숫돌 교체 경우> 제거할 필요가 없게 하는 것이 중요하다. <그림 4-26, 4-27>

(1) Bench Type의 경우

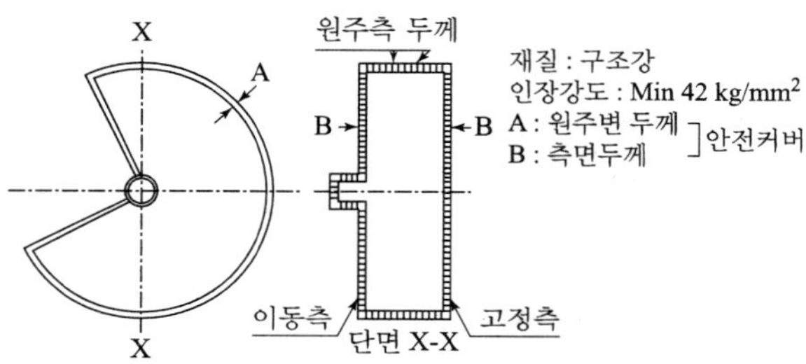

그림 4-26

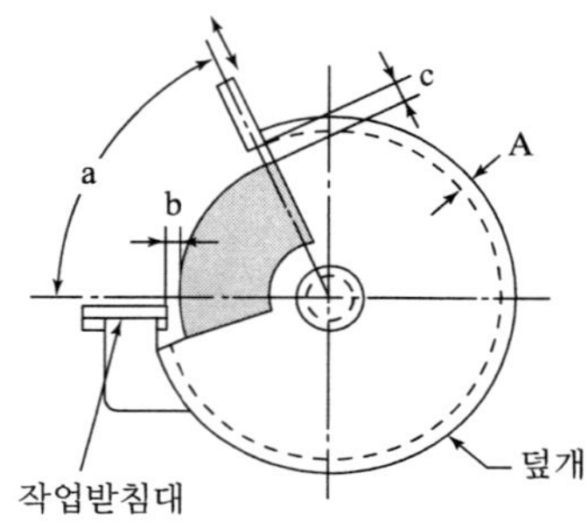

그림 4-27

표 4-12 Bench-type 구조의 경우

원주속도 (m/s)	최대숫돌 두께 (mm)	숫돌의 직경 (mm)					
		≧200	≦400	＞400	≦500	＞500	≦600
		A	B	A	B	A	B
≦35	200	8	6	8	6	12	10
	250	10	8	10	8	12	10
	300	-	-	-	-	12	10
	400	-	-	-	-	12	10
	500	-	-	-	-	12	10
＞35 ≦50	200	10	8	12	10	12	-
	250	-	-	12	10	12	12
	300	-	-	-	-	12	12

(2) 밴드형 안전덮개(band type safety guard) <그림 4-28>

연삭이 숫돌의 노출된 면에서만 이루어지고 숫돌의 직경이 일정한 경우에 특별히 사용된다.

이 밴드는 연속적으로 숫돌을 둘러싸고 있으며 무게가 가볍다. 이를 이루는 것은 주로 선철이나 강철판 또는 비슷한 강도를 갖는 재질을 사용하며 덮개는 가능한 숫돌의 원주면과 가까운 것이 좋다. 밴드는 내면에 요철을 두지 않기 위해 외면에 나사나 리벳(rivet) 또는 용접을 하여 결합한다. 밴드의 폭은 충분히 넓어야 하며 숫돌은 밴드의 끝부분으로부터 최대허용거리(c) 이상 튀어나와서는 안 되게 설계되어야 한다.

<표 4-13>은 밴드형 안전덮개의 설계기준을 제시한다. 따라서 주철 40, 가단주철 2.0, 주강은 1.6의 안전율을 적용하는 예라 할 수 있다.

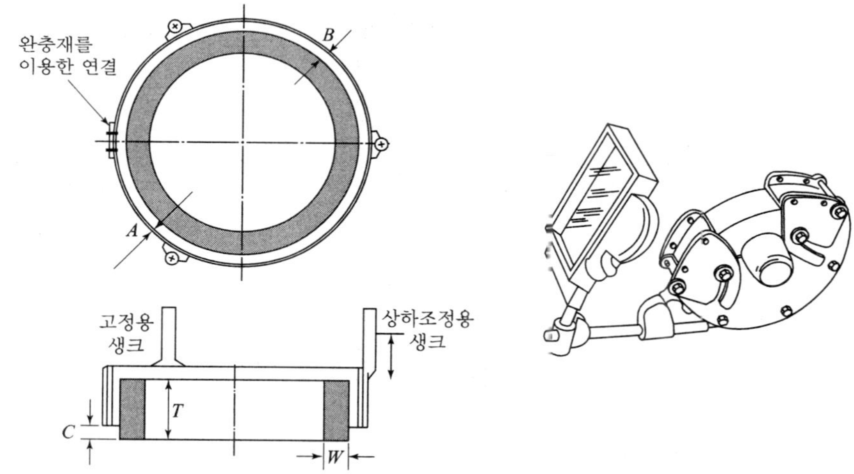

그림 4-28 • 밴드형 안전덮개 등

• 표 4-13 밴드형 안전덮개(ANSI B11.9-1975)

재료	숫돌의 직경 (mm)	밴드의 최소두께 A (mm)	리벳의 최소 직경 (mm)	리벳 중심 사이의 최대거리 (mm)	숫돌의 두께 T (mm)	숫돌의 최대노출거리 c (mm)	GAP B (mm)	노출량 C	
회주철 (cast iron, gray)	$D \leqq 205$	1.6	4.8	19.0	12 25 50	6.0 13 19.0	5	$T \leqq 25$	→ $0.5T$ mm
최소인장강도 140 kg 또는	$205 < D \leqq 610$	3.2	6.4	25.4	76 102	25 38	7	$25 < T \leqq 50$	→ $0.4T$ mm
열간압연강 SAE 1800	$D > 610$	6.4	9.4	31.2	127 이상	51	10	$50 < T \leqq 150$ $T > 150$	$0.33T$ mm → 50 mm

(3) 주물 안전덮개(cast safety guard)

한쪽 측면부와 원주방향 덮개를 주물로 일체가 되도록 만든 것으로 때로는 연삭기의 베이스 또는 휠 헤드와 일체가 되게 만들 수도 있다.

(4) 인발 강 안전덮개(drawn steel safety guard)

원주방향의 덮개와 측면부를 한 장의 sheet나 판으로 만든다. 그리고 이는 원주부 덮개의 위나 바깥쪽에서 결합되며 상세한 조립은 <그림 4-29>에 나타나 있다. 덮개는 숫돌로부터 최소한 13 mm 떨어진 위치에 설치되어야 한다.

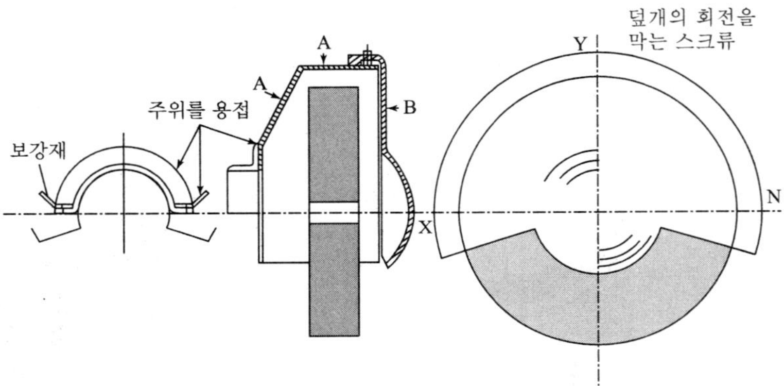

그림 4-29 • 인발 강 안전덮개

• 표 4-14 인발 강 안전덮개

재료 열간압연강 SAE	숫돌의 최대두께 (mm)	50.8~127.0		127.0~203.0	
		A (mm)	B (mm)	A (mm)	B (mm)
2900	50.8	1.6	1.6	2.4	1.6
3800	50.8	2.4	1.6	2.4	2.4
5180	25.4	2.4	1.6	3.2	2.4

(5) 덮개의 강도 보강

① Bench type의 덮개 <그림 4-30>

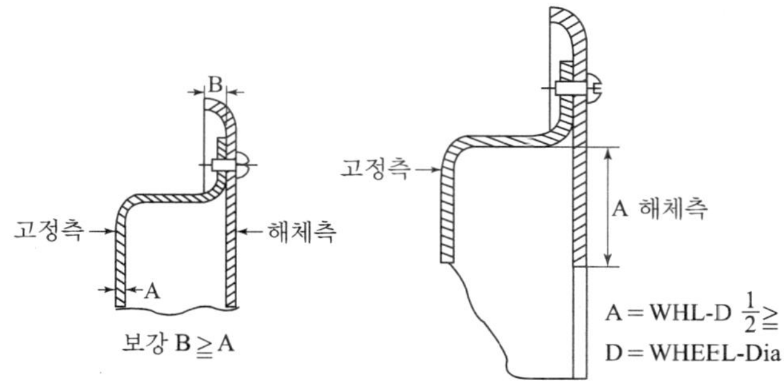

그림 4-30 • Bench-type의 덮개

② 자유연삭기 type의 덮개 강도 보강 <그림 4-31>

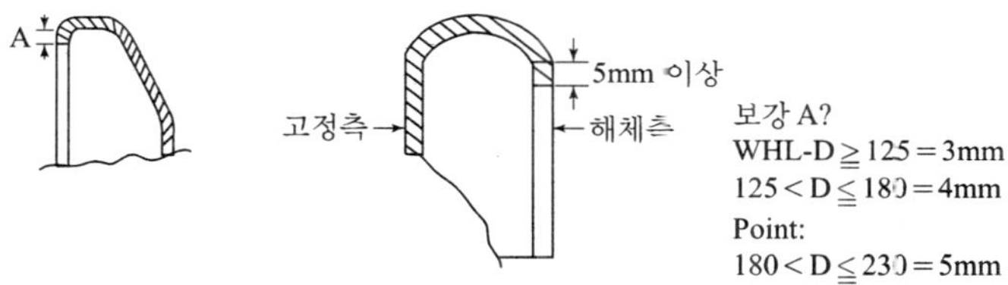

그림 4-31 • 자유연삭기 type의 덮개 강도 보강

③ 숫돌의 조립 <그림 4-32>

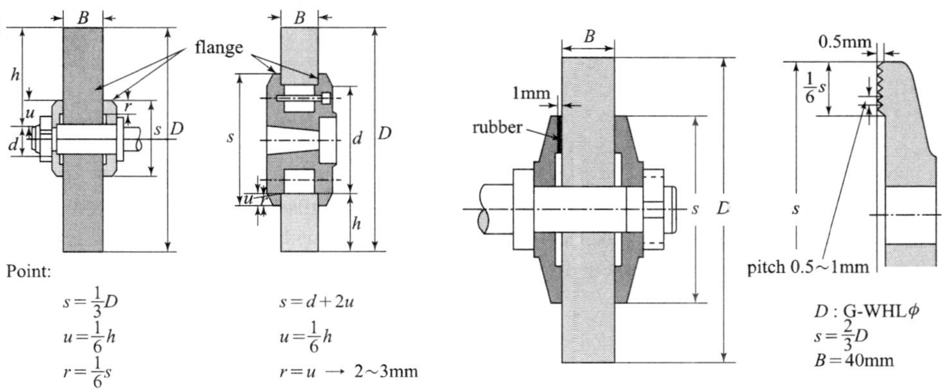

(a) Straight flange (b) Sleeve flange (c) Bench type flange

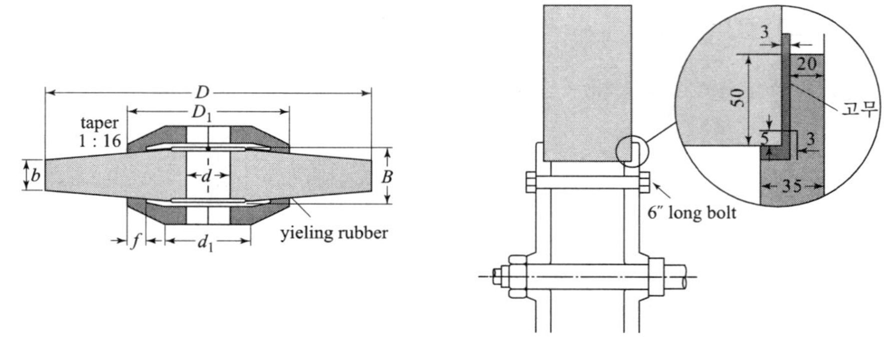

(d) Taper wheel (e) Cup back wheel

그림 4-32 • 숫돌의 조립

④ 독일 BG규격: 연삭기 숫돌 조립기준 예

$S \geqq \frac{1}{3}D, \quad r = \frac{1}{6}S$

$\ddot{u} \geqq \frac{1}{6}h$

$S = d + 2\ddot{u}$

$r = \ddot{u} - 2$ 또는 3 mm

$\ddot{u} \geqq \frac{1}{6}h$

$S \geqq \frac{2}{3}D$

$r = \frac{1}{6}S$

$B \leqq 40\,\text{mm}$

$S \geqq \frac{1}{2}D$

$r = \frac{1}{6}S$

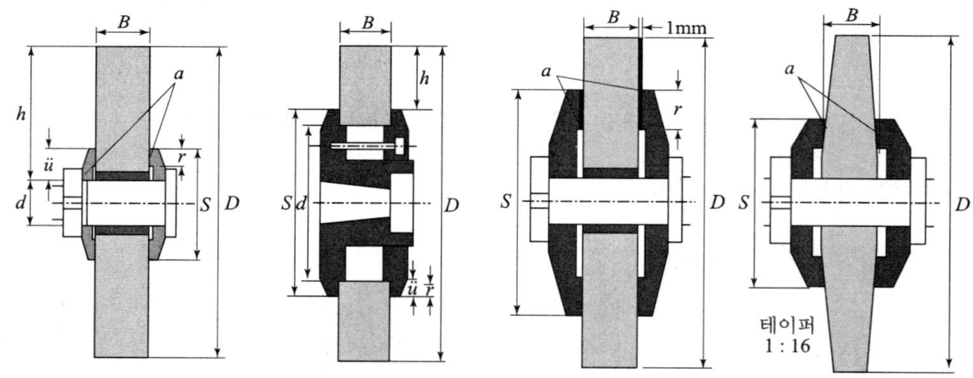

a : elastische Zwischenlage flange 눌림부

B : Breite des Schleifkörpers 숫돌 두께

D : Durchmesser des Schleifkörpers 숫돌 외경

d : Bohrung des Schleifkörpers 숫돌 구멍경

h : Höhe der Seitenflächen 숫돌 노출부

r : Ringflächenbreite flange 접촉면적부

S : Spannflanschdurchmesser flange 외경

$\ddot{u}$: Überdeckung 숫돌 덮개 변길이

⑤ Disc grinding & sanding (휴대용 연삭기의 작업안전기법은?)

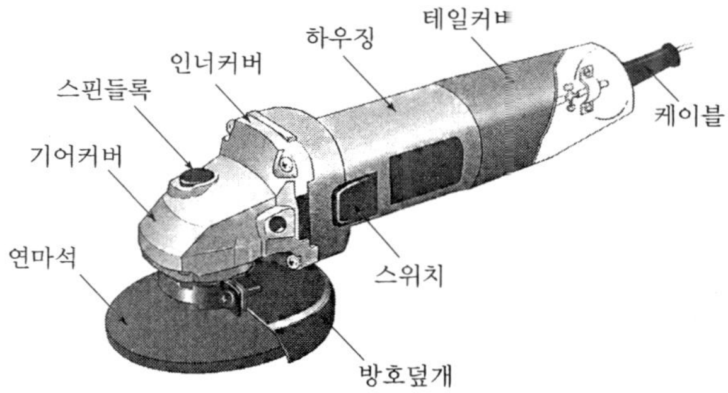

휴대용 연삭기 구조

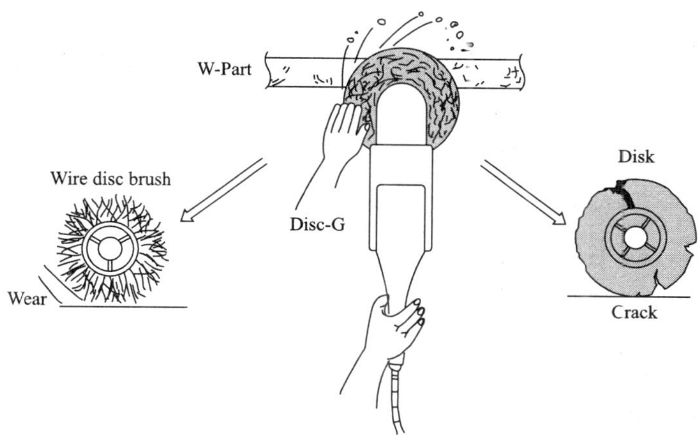

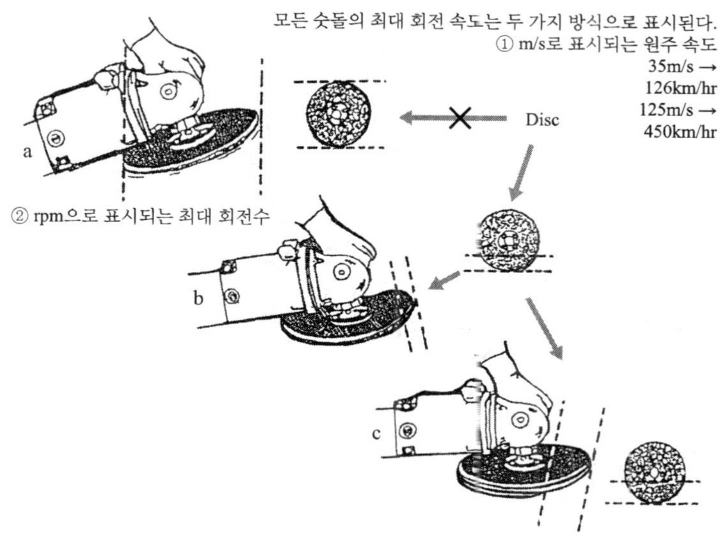

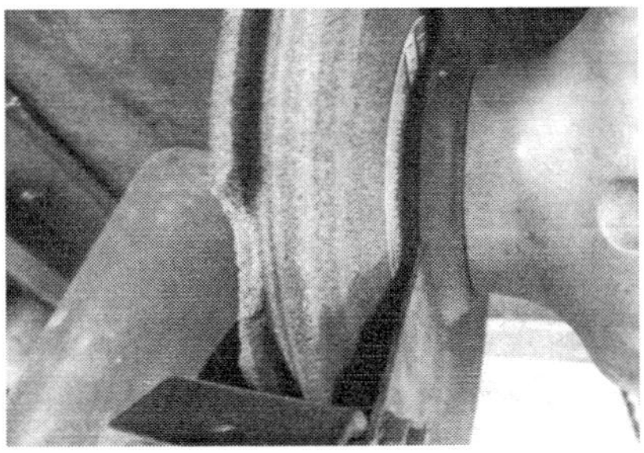

2010.10 인천 P사 숫돌파단으로 왼쪽 귀를 잃어버린 사고

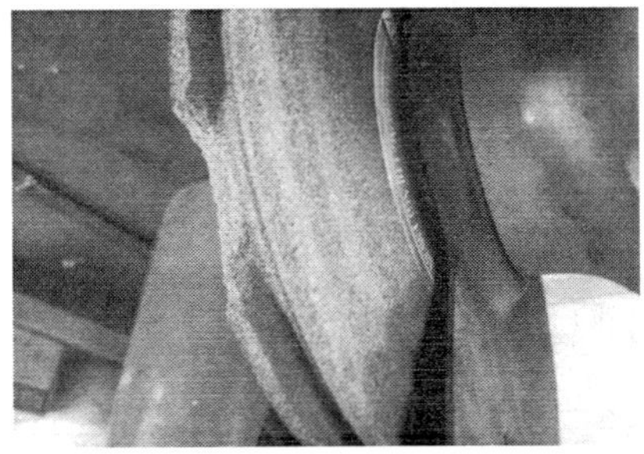

파단시 숫돌비산 속도 126 km/hr 왼쪽 귀 날려보낸 사고(숫돌)

⑥ GRINDER CHECKLIST

TYPE ____________________ RPM __________
SIZE ____________________ PERIPHERAL SPEED __________

ITEM	OK
HOOD: securely fastened	☐
properly aligned	☐
GLASS SHIELD: clean	☐
unscored	☐
in place	☐
WORK REST: within 1/8 inch of wheel	☐
securely clamped	☐
FRAME: securely mounted	☐
no vibration	☐
WHEEL FACE: well lighted	☐
dressed evenly	☐
FLANGES: equal size	☐
correct diameter(1/2 wheel diam.)	☐
SPEED: correct for wheel mounted	☐
GUARD FOR POWER BELT OR DRIVE	
in place	☐

DATE ____________________ DEPARTMENT ____________________
INSPECTED BY ____

보충 I

현장 작업안전교육 사례

금속절단기 안전작업 Metal cutting machine

1. 금속절단기란?
   원형의 절단석을 고속으로 회전시켜 금속을 절단하는 기계로 강관 등의 형강이나 봉강 등을 원하는 길이로 절단하는 데 사용하는 설비이다. 또한 원형톱날을 부착하여 목재 절단에도 사용된다.

금속절단기 각부 명칭

금속절단기 (절단석 16인치)

2. 주요 위험요인

① 소재의 반발로 인한 비래, 충돌 위험
② 파손된 절단석 비래 위험
③ 비산되는 불티에 의한 눈 손상 위험
④ 발생하는 금속 분진에 의한 호흡기 질환 위험
⑤ 누전에 의한 감전 위험

3. 안전대책

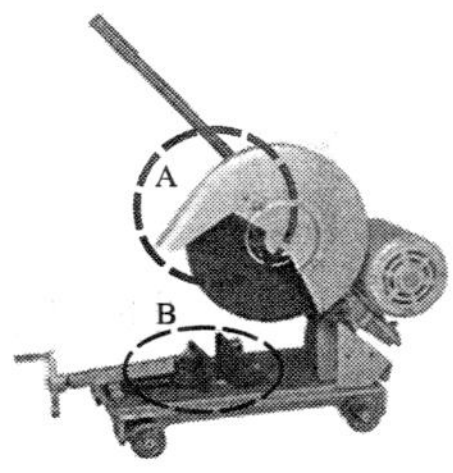

방호덮개(A) 및 고정장치(B) 부착

① 방호덮개 부착 (A)
절단석 전면에 가동식 방호덮개를 부착
② 가공물 고정장치 사용 (B)
가공물을 손으로 잡지 말고 간이 바이스와 같은 가공물 고정장치 사용
③ 절단석 규격품 사용
고속절단기의 회전속도에 상응하는 최고사용속도를 가진 절단석 사용
④ 절단석 점검
- 절단석 교체 시에는 균열 등 외관 이상 여부를 확인하고 견고하게 고정
- 경쾌한 타격음을 확인한 후에 교체
- 교체 후에는 1분 정도 공회전하여 이상 유무 확인

⑤ 무리한 절단 작업 금지
- 과도하게 큰 크기의 가공물을 무리하게 가공 시 숫돌 파손이나 가공물 요동 등이 발생하므로 제작사에서 제시한 규격 이하의 가공물만 절단
- 절단석의 측면 사용 금지

⑥ 외함 접지 및 누전차단기 접속
- 고속절단기의 금속제 외함에 접지를 하고 누전차단기에서 전원을 인출하여 사용
- 고속절단기 손잡이에 고무 등 절연 재질을 씌워 누전 시 감전 재해 예방

⑦ 보호구 착용
- 보안경, 마스크, 귀마개 등 개인보호구 착용 후 작업 실시
- 목장갑 등 쉽게 말릴 수 있는 장갑의 착용을 피하고 손에 밀착되는 장갑 착용

4. 절단재료 고정방법

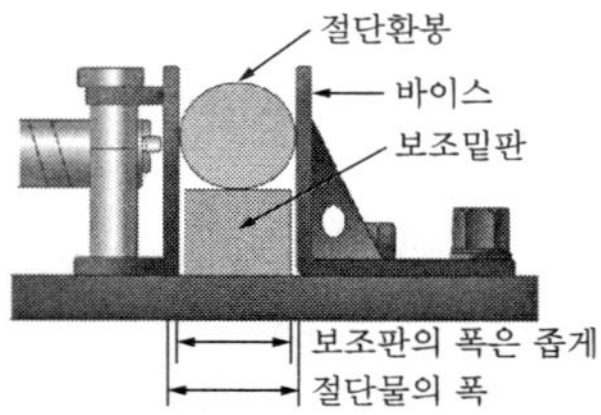

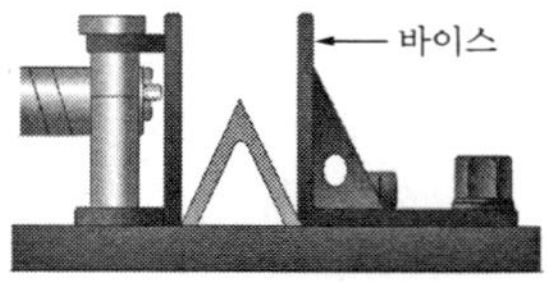

앵글의 고정방법

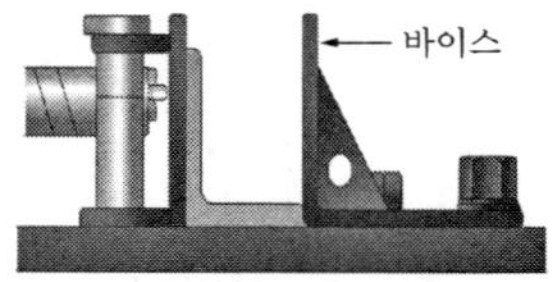

잘못된 고정방법

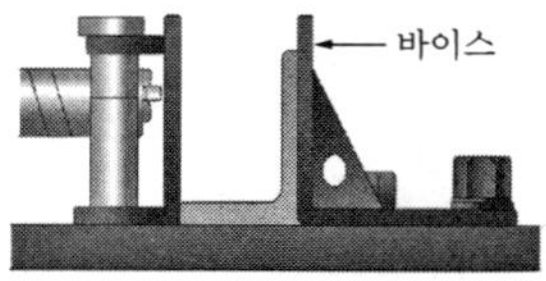

앵글의 고정방법

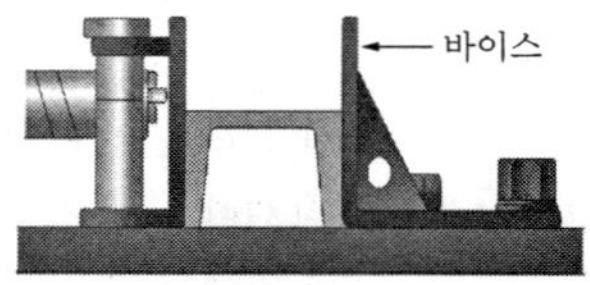

잔넬의 고정방법

보충 2

현장 작업안전교육 사례

실명(失明) 방지는 작은 것부터!

1. 탁상 그라인더(grinder)의 작업안전은?

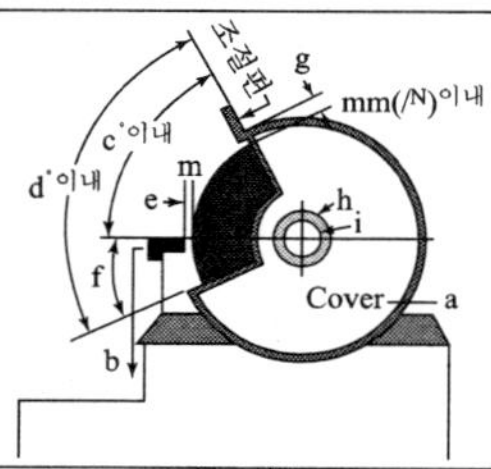

use	point	
a	tensile( ) kgf mm.a'-elog %	→ 덮개 재질 인장강도와 연산율은?
b	work rest	→ 작업대의 고정유무는?
c	use? up angle( )°. down angle( )°	→ 숫돌덮개의 개구각도에서 상부각도는?
d	open angle( )°	→ 숫돌덮개의 개구각도는?
e	clearance( ) mm	→ 작업대와 숫돌과의 작업안전거리는?
f	down angle( )°	→ 숫돌덮개의 하부각도는?
g	adjust plate use gap(mm.in) 3~5.5~8.3~10. OSHA( )in	→ 조정편과 숫돌과의 틈새 : 우리규격( ), OSHA규격( )
h	bush material?	→ bush의 재질에서 babbit?
i	G-wheel hole ±	→ 축과 숫돌구멍의 여유틈새는?
Note		

2. Grind wheel sound-or-ring check (숫돌의 타음검사방법)

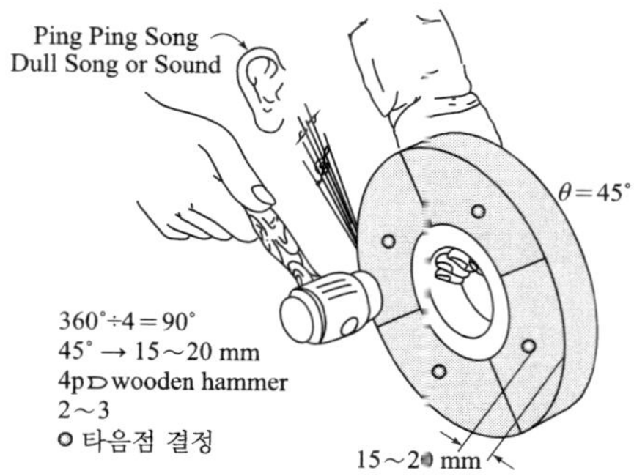

3. Grinding wheel의 자생작용

① 자생작용(自生作用)

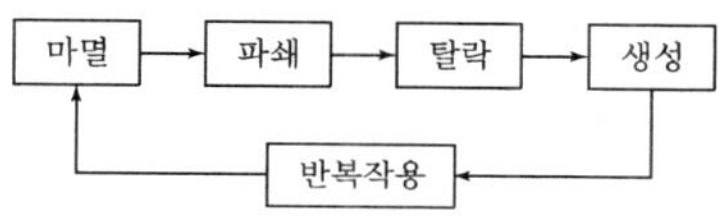

② 드레싱(Dressing)

연삭숫돌의 입자가 무디어져 글레이징(glazing)을 일으키거나 눈 메움(loading)이 생기면 연삭능력이 저하되므로 숫돌면을 깎아내어 새로운 연삭입자를 노출시키게 하는 작업

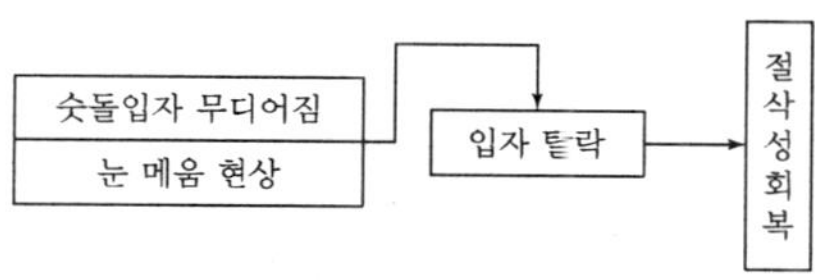

③ 드레서(Dresser)의 종류

(a) Steel con 또는 Huntington형 (b) Diamond con

4. 트루잉(Truing)은?

① 연삭숫돌의 외형을 수정하여 규격에 맞는 형상으로 만드는 과정을 말한다.

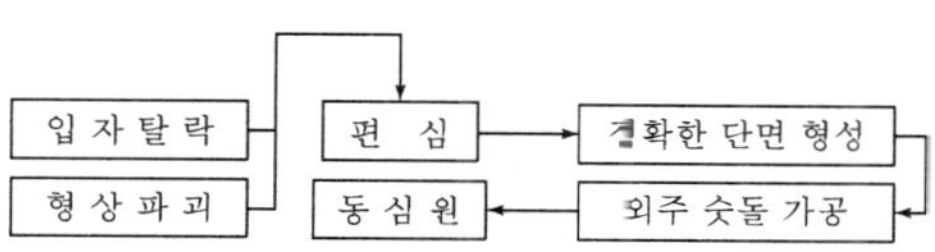

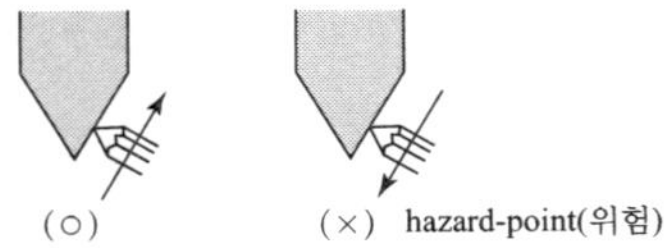

truing work

② 트루잉 작업시 깊이는 0.002 mm를 작업표준으로 삼는다.

Griding Wheel Truing Diamond

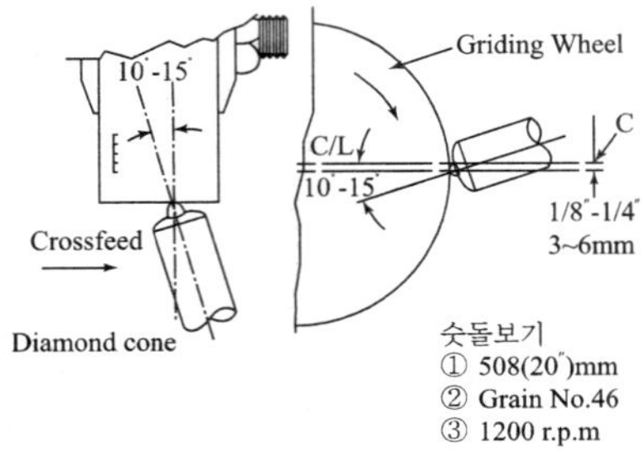

※ Crossfeed (ipm)
Roughing cut truing 17ipm
→ 432 r.p.m
Finishing cut truing 10ipm
→ 254 r.p.m
* ipm : Inch-per-minute

5. Crusher roll (숫돌의 크러셔 연삭이란?)

Grind wheel 필요 type tool

① 나사 chaser

② Press 브렌킹 금형(die)

③ Broach tool 연삭

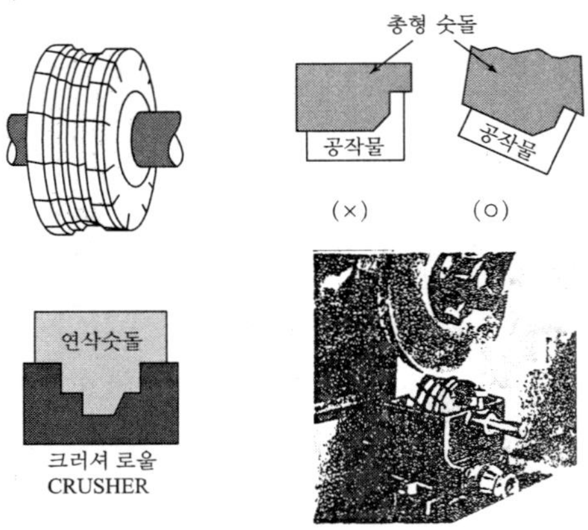

CRUSHER TRUING

6. 연삭숫돌의 균형(Balancing)

연삭숫돌이 불균형이면 고속회전으로 인하여 진동(振動, vibration or oscillation)이 발생되어 연삭가공면에 떨림자국(chatter mark)이 나타나 가공정밀도 불량이 일어나는 숨어있는 현상이 된다. 숫돌의 균형을 잡는 방법은 아래 그림과 같이 숫돌을 균형축(balancing arbor)에 끼우고 균형대(balancing stand)에 올려놓은 후 각각 1/4, 1/2, 3/4,

1회전시키며 평형(平衡)을 점검한다. 이때 평형이 맞지 않으면 평형무게(balancing weight)를 옮겨 가면서 평형을 맞춘다. 이것이 자율적 작업안전 점검 기법이다.

[평형점검에 따른 위험방지 point]

① 가공정밀도 불량 ② 가공품 파손

③ 공작물 비산·비래(飛來) ④ 숫돌파단 비래위험

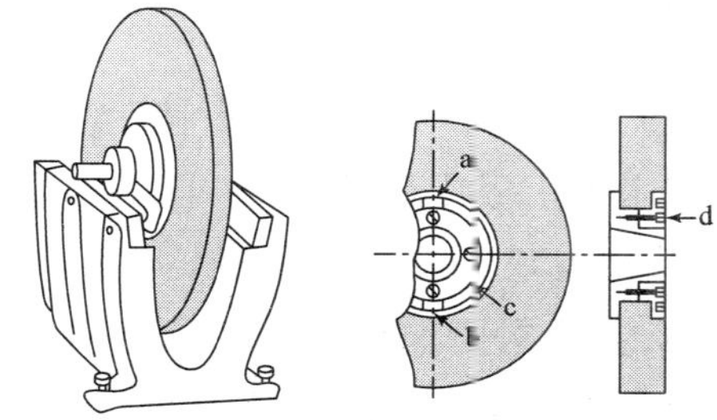

숫돌의 평형(balancing) 점검

7. 연삭숫돌의 고정

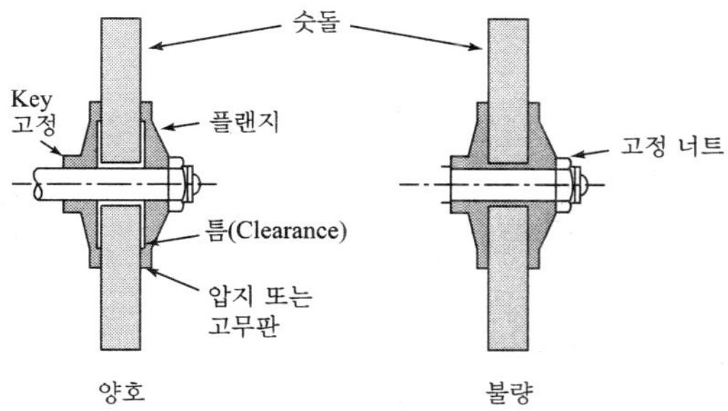

고정시 준수

① 숫돌 양쪽 t 1~2 mm 압지 또는 고무판

② 플랜지(flange) 크기 숫돌 외경의 1/3

③ 고정 너트(nut) 잠김방향 ⇒ 회전방향 반대

④ 방호덮개 개구각도 등

8. Band type safety guard

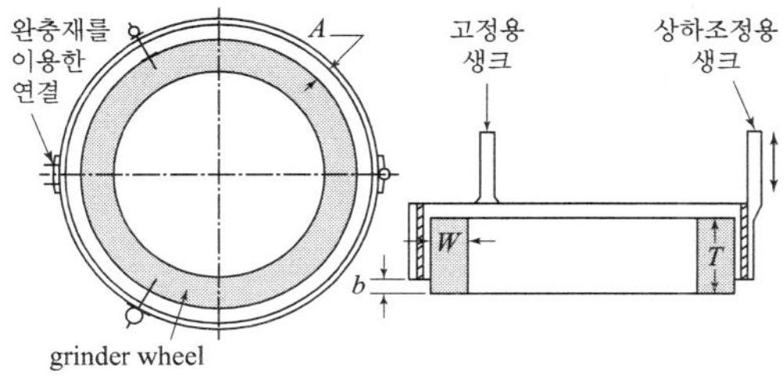

A gap	b expose
$D \leqq 205 = 5$ mm	$T \leqq 25 = 0.5T$ mm
$205 < D \leqq 610 = 7$ mm	$25 < T \leqq 50 = 0.4T$
	$50 < T \leqq 150 = 0.33T$
$D > 610 = 10$mm	$T > 150 = 50$ mm

4-2 지게차의 안전(Safety work of fork lift)

1 지게차의 정의

「건설기계관리법」 제2조에 명시된 지게차의 범위는 “타이어식으로 들어올림장치를 가진 것”으로 규정되어 있다. 사전적 의미로는 “차의 앞부분에 두 개의 길쭉한 철판이 나와 있어 짐을 싣고 위아래로 움직여 짐을 나르는 차”로 명시되어 있다.

지게차는 차체 앞에 화물적재용 포크와 승강용 마스트를 갖추고 포크 위에 화물을 적재하여 운반하며 동시에 포크를 승강시켜서 적재 또는 하역작업을 한다. 이렇게 상하로 이동시키는 승강작업 등의 운반작업이 포크에 의해 이루어지므로 지게차를 포크리프트(fork lift) 또는 포크리프트 트럭(fork lift truck)이라고도 한다.

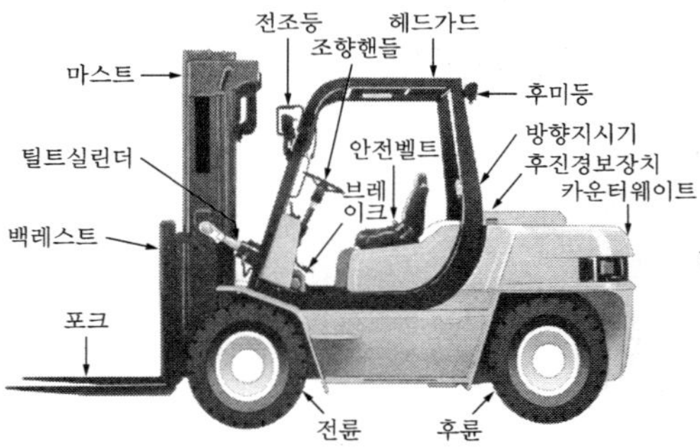

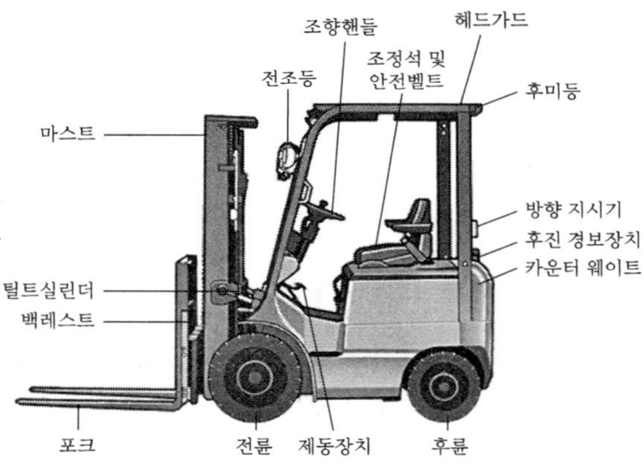

특히 지게차는 운반물을 포크에 적재하고 주행하므로 차량 앞뒤의 안정도가 매우 중요한 성능의 지표가 된다. 안정도는 보통 마스트를 수직으로 한 상태에서 앞 차축에 생기는 차체의 무게에 의한 모멘트와 적재물에 의한 역방향의 모멘트를 비로써 표시하며, 일반적으로 1.3～1.5 정도이다.

2 지게차의 제원

(1) 규격

지게차는 타이어식으로 용량은 1톤 이상이고, 그 규격은 들어 올릴 수 있는 무게로 표시하며, 일반적으로 1톤 이상이다.

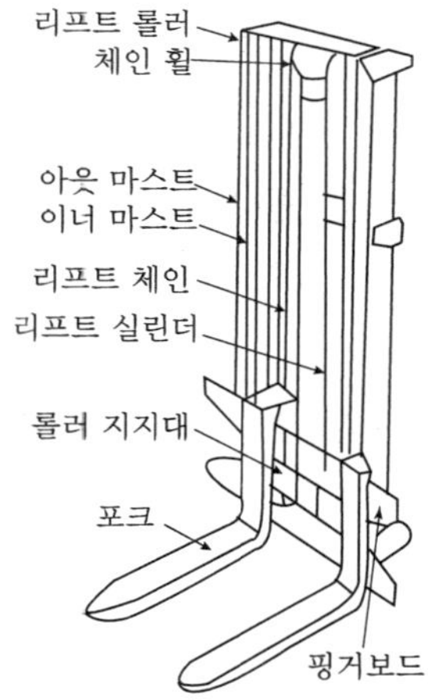

지게차 마스트의 구성

(2) 마스트 경사각(傾斜角)

기준 무부하상태에서 마스트를 앞뒤로 기울인 경우 수직면에 대하여 이루는 경사각을 말한다.

① 전경각(前傾角)

마스트의 수직위치에서 앞으로 기울인 경우의 최대경사각 A를 말하며 5~6° 범위이다.

② 후경각(後傾角)

마스트의 수직위치에서 뒤로 기울인 경우의 최대경사각 B를 말하며 10~12° 범위이다.

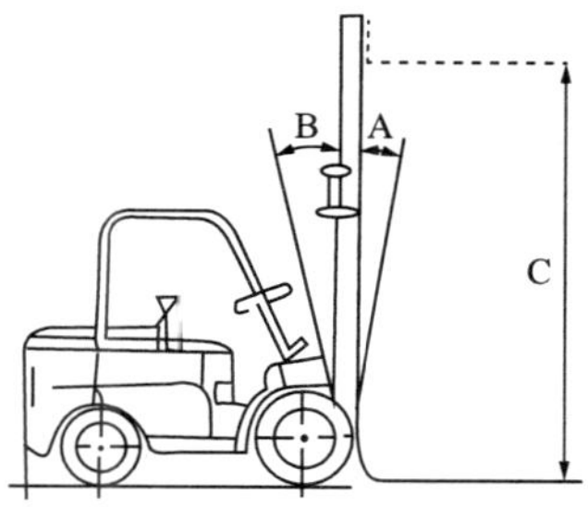

지게차의 제원

(3) 최대올림높이

마스트를 수직으로 하고 기준하중의 중심에 최대하중을 적재한 상태에서 포크를 최고위치로 올렸을 때 지면에서 포크의 윗면까지의 높이 C를 말한다.

최대올림높이는 원칙적으로 300 cm로 하되 필요한 경우에는 안정도 범위 안에서 최대올림높이를 조정할 수 있다.

(4) 기준부하(負荷)상태

마스트를 수직으로 하여 포크를 지상 30 cm까지 올리고 포크 중심에 기준하중을 적재한 상태를 말하며, 주행 시에 있어서는 마스트를 가장 뒤쪽으로 기울인 상태를 말한다.

(5) 기준무부하(無負荷)상태

마스트를 수직으로 하여 포크를 지상 30 cm까지 올리고 하중을 적재하지 않은 상태를 말하며 주행 시에 있어서는 마스트를 가장 뒤쪽으로 기울인 상태를 말한다.

(6) 최소 회전 반경(最小 回轉 半徑)

무부하상태에서 최대조향각으로 서행한 경우 무한궤도식에서는 접지 자국의 가장 바깥부분, 차륜식에서는 가장 바깥 바퀴의 접지자국의 중심선이 그리는 궤적의 반지름 r_o로 한다.

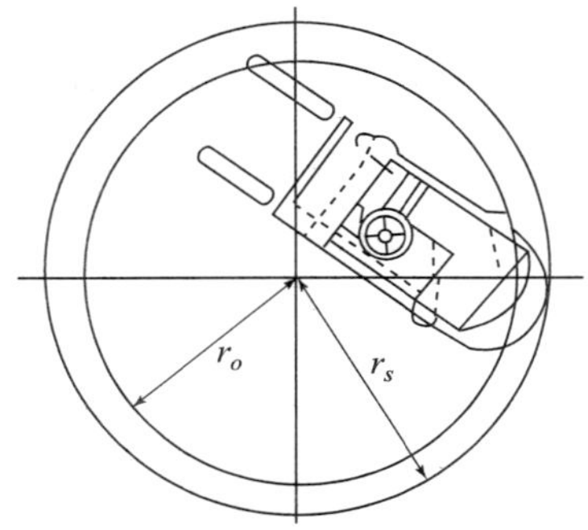

최소 회전 및 선회 반경

(7) 최소 선회 반경(最小 旋回 半徑 : whirling)

무부하상태에서 최대조향각으로 서행한 경우 차체의 가장 바깥부분이 그리는 궤적의 반지름 r_s로 한다.

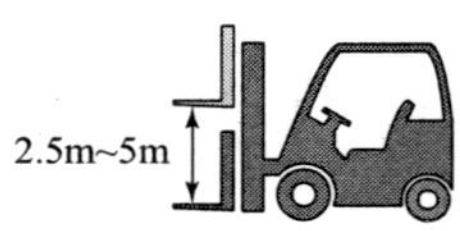

포크가 2.5m~5m 정도 상승 또는 하강할 수 있다.

일반적으로 전륜 구동, 후륜 조향 방식이다.

최고속도 : 15~20km/h 정도의 저속 주행용이다.

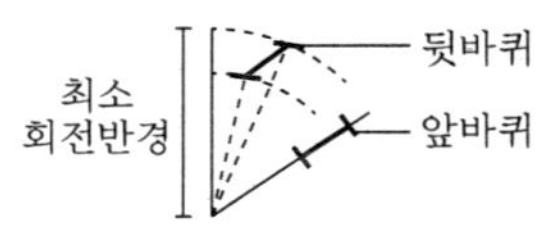

최소 회전반경 : 1800~2750mm 정도로 선회 반경이 작다.

휠베이스가 짧아 좁은 장소에서 작업이 가능하다.

하물이 차체의 앞부분에 적재되므로 차체의 뒷부분에 밸런스웨이트가 있어 차체 중량이 무겁다.

3 지게차의 형태별 분류

(1) 엔진 형태별

① 디젤 엔진
② 가솔린 엔진
③ LPG 엔진
④ 전동 엔진(축전지식)

(2) 구동륜 형태별

① 단륜식 : 적재능력 약 4 ton 이하
② 복륜식 : 적재능력 최대 20 ton 이상

(3) 타이어 형태별

① 공기주입식 : 튜브가 있어서 공기를 주입하는 것으로 접지압이 좋은 특징이 있다.
② 솔리드식 : 튜브가 없는 형태로 통타이어라고도 하며 가격이 비싸고 마모가 적다.

지게차 형식

1. 차체 형식에 따른 분류

카운터 밸런스형
Counter balance type

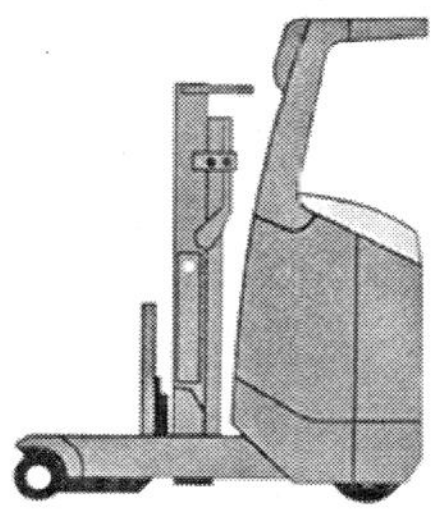

리치형
Reach type

구분	성능
카운터 밸런스형(Counter balance type)	차체 전면에는 포크와 마스트가 부착되어 있으며 차체 후면에는 카운터웨이트(무게중심추)가 설치된 지게차
리치형(Reach type)	마스트 또는 포크가 전후로 이동할 수 있는 지게차

2. 동력원에 따른 분류

디젤 엔진

LPG 엔진

전동 엔진

종류	구분	성능
엔진형	디젤형	무거운 화물 운반, 빠른 가속성, 빠른 주행 및 인상 속도 등의 장점이 있으며 경사가 급한 경사로나 고르지 못한 바닥에서 작업하기에 적합
	LPG형	주행 속도 및 가속성은 디젤식과 거의 동일하며 디젤식보다 매연, 소음이 적고 실내외 작업 겸용으로도 적합
전동형 (배터리 전동식)	-	실내작업 특히 밀폐된 장소에서의 작업이 가능하고 운전 시 소음이 적음. 운용경비가 저렴하며, 콤팩트한 사이즈로서 회전반경이 작고 등록과 검사가 면제되며 운전면허가 필요 없음

4 작업 용도에 따른 분류

(1) 하이 마스트(high mast)

하이 마스트형은 높은 위치의 작업에 적당하며 작업 공간을 최대한 활용할 수 있다. 또 포크의 승강(乘降)이 빠르며 고 능률을 발휘할 수 있는 표준형의 마스트이다.

(2) 프리 리프트 마스트(free lift mast)

프리 리프트형은 창고의 출입문이나 천장이 낮은 공장 내에서 적재·적하 작업이 용이하다.

(3) 3단 마스트(tripe stage mast)

3단 마스트형은 마스트가 3단으로 되어있어 높은 장소에서의 적재·적하 작업에 유리하다. 즉 천장이 높은 장소와 출입구가 제한되어 있는 장소의 작업에 적합하다.

(4) 사이드 시프트 마스트(side shift mast)

사이드 시프트 마스트형은 지게차의 방향을 바꾸지 않고도 백레스트와 포크를 좌우로 움직여 차량 중심에서 벗어난 팔레트의 화물을 용이하게 적재·적하를 할 수 있다.

하이 마스트형

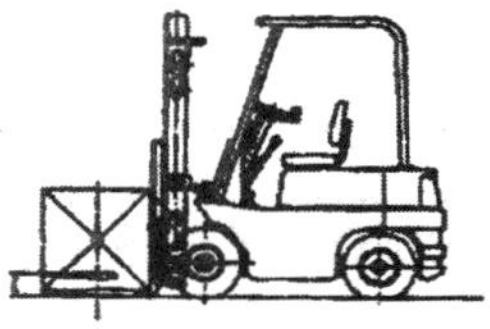
프리 리프트 마스트형

3단 마스트형

사이드 시프트 마스트형

(5) 로드 스태빌라이저(road stabilizer)

로드 스태빌라이저형은 고르지 못한 노면이나 경사지 등에서 깨지기 쉬운 화물이나 불안전한 화물의 낙하를 방지하기 위해 포크 상단에 상하 작동할 수 있는 압력판을 부착한 것이다.

(6) 클램프형 마스트(clamp type mast)

클램프형은 집게 작용을 할 수 있는 마스트를 지니고 있는 것이다.

로드 스태빌라이저

회전형 클램프

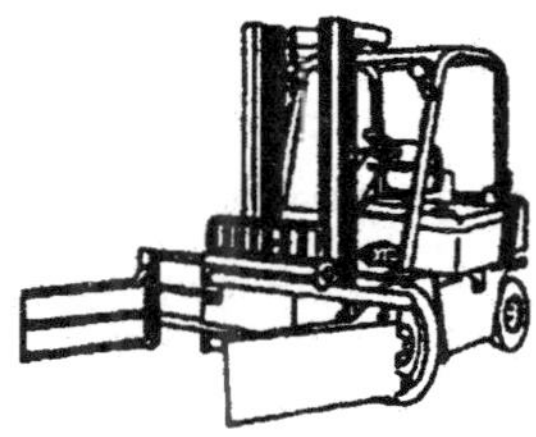
블록 클램프

(7) 힌지드 포크와 버킷(hinged fork and bucket)

힌지드 포크는 원목, 파이프 등의 화물을 운반 및 적재용이며, 힌지드 버킷은 석탄, 소금, 비료, 모래 등 흘러내리기 쉬운 화물의 운반용이다.

힌지드 포크(A)

힌지드 버킷

힌지드 포크(B)

5 재해분석

(1) 재해분석 일반

재해형태	발생원인
지게차의 전복	• 연약한 지반 위에서 받침판을 사용하지 않고 운전 • 연약한 굴착장소에서 하중에 편중이 발생 • 기계의 능력(용량)을 무시하고 무리하게 운전 • 급선회, 급제동, 오조작 등의 운전 결함
지게차와의 충돌 및 접촉	• 출입금지 위반(위험구역 내 접근) • 감시자(안전담당자)의 미배치 • 신호수의 신호불량 • 급선회, 급제동, 오조작 등의 운전 결함
지게차에 협착(끼임)	• 감시자(안전담당자) 미배치 • 급선회, 급제동, 오조작 등의 운전 결함 • 출입금지 위반(위험구역 내 접근) • 지게차에 뛰어오르거나 뛰어내림
지게차의 붕괴 및 도괴	• 설치방법의 불량 • 규정 이상의 과부하 운전 • 급선회, 급제동, 오조작 등의 운전 결함 • 연약지반에서 지반보강재 미사용
지게차로부터의 추락	• 운전미숙(난폭운전) 및 신호불량 • 안전벨트 미착용 • 승차자세의 불량 • 운전자 외 탑승 • 포크 상부에서 고소작업 수행
지게차로부터의 낙하 및 비래	• 감시자(신호수 등)의 미배치 • 인양중인 화물이 다른 화물과 충돌 • 로프의 결속(걸이)방법 불량으로 화물 이탈
지게차로부터의 감전	• 감시자(안전담당자)의 미배치 • 통전(활선)되고 있는 전선에 철선, 로프 등 접촉 • 전선에 방호조치(안전커버) 미설치

Note: 전복(顚覆), 충돌(衝突), 접촉(接觸), 협착(狹窄), 붕괴(崩壞), 도괴(倒壞), 추락(墜落), 낙하(落下), 비래(飛來), 감전(感電)

주요 위험요인

㈀ 지게차 전복으로 인한 협착 위험

급선회, 급제동, 오조작 등의 운전 결함으로 지게차가 전복되며 마스트, 카운터 웨이트 등 차체에 협착

(ㄴ) 지게차 충돌 및 협착 위험

㉮ 지게차 작업구역에 무단으로 출입하여 지게차에 충돌

㉯ 급선회, 급제동, 오조작 등의 운전 결함으로 지게차에 협착

(ㄷ) 무자격자에 의한 운행 중 협착·전도 위험

(2) 외국기관(CFOI 및 OSHA)의 통계

① 미국 노동통계청(BLS; The Bureau of Labor Statistics)

1991～1992 ⇒ 지게차 + 산업차량 인명손상 170건

조사보고처(CFOI; Census of Fatal Occupational Injuries)

순위	사고유형	사고건수	구성비 (%)
1	지게차 전복	41	24
2	지게차가 물체와의 충돌 혹은 도크에서 이탈 낙하	13	8
3	작업자가 두 물체 사이에 끼임	19	11
4	작업자와 적재물과의 충돌	29	17
5	작업자와 지게차와의 충돌	24	14
6	지게차로부터 떨어짐	24	14
7	정비작업 중 사고	10	6
8	기타	10	6
계		170	100

※ 반올림한 관계로 합은 100%와 차이가 남.

② 1990년 6월 OSHA가 (ODA; Office of Data Analysis) 인용보고자료

(ㄱ) 1980～1986년 사이 인명손상 53건 분석

순위	사고유형	사고건수	구성비 (%)
1	지게차 전복	22	42
2	지게차와 두 물체 사이에 끼임	13	25
3	두 지게차간 충돌	6	11
4	지게차에 치이거나 깔림	5	10
5	적재물 낙하	4	8
6	포크면 상단에서 떨어짐	2	4
7	오조작에 의한 사고	1	2
계		53	100

㈁ 여기서, 위 ㈀항 지게차 전복사고 원인을 보면

순위	사고유형	사고건수	구성비 (%)
1	주행상태에서 주행속도, 적재물상태, 차량의 기계적 결함 등에 의하여 제어불능상태에 의한 경우	7	13
2	도크(Dock)작업 등의 작업공간 가장자리면에서 이탈하여 전복	4	8
3	운전자의 과속 또는 과도한 적재상태 하에서 급속한 선회로 인한 전복	4	8
4	다른 차량에 의하여 견인되던 중 전복	2	4
5	미끄러운 지면상태에서 차가 미끄러지면서 전복	2	4
6	주행 중 한쪽 바퀴가 돌출 지면 또는 장애물에 의하여 전복	2	4
7	다른 차와의 충돌로 인한 전복	1	2
계		22	42

(3) 사고형별 Best 5 [KOSHA data(1988 ~ 1998, 262건)]

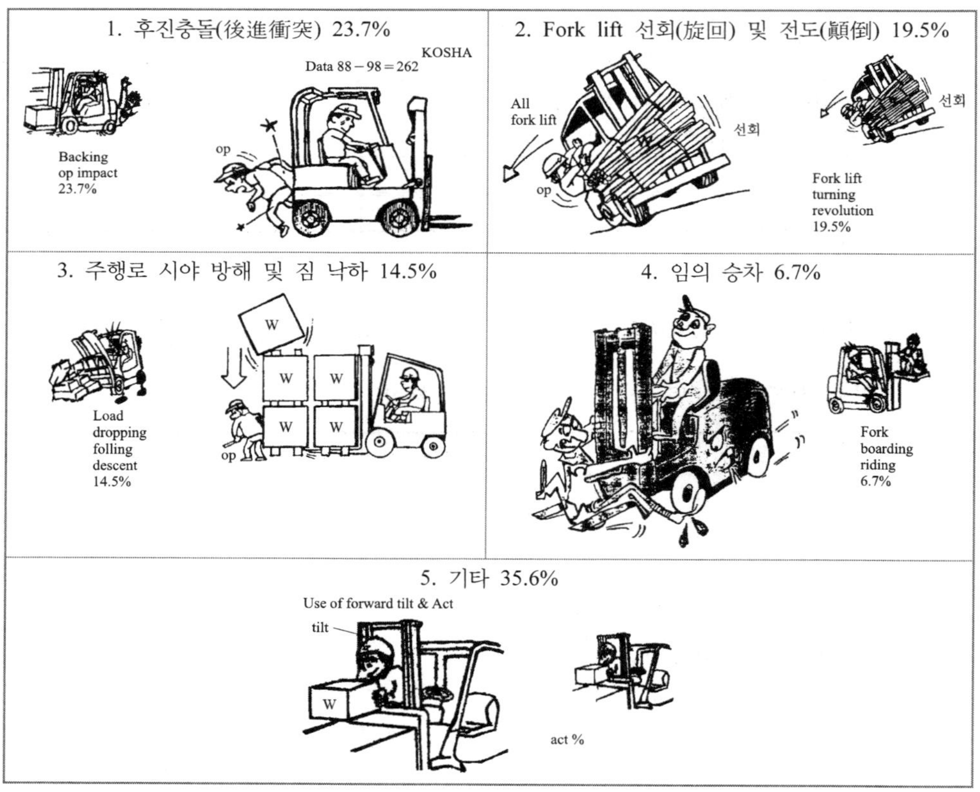

6 지게차의 안전운전 조작

포크리프트의 안정성은 평형 및 지렛대의 원리에 기인한다. 포크리프트의 앞의 구동바퀴가 받침대의 역할을 한다. 포크리프트에 적하물을 실으면 뒤쪽의 균형추(counter weight)의 무게에 의해서 평형이 이루어진다. <그림 4-33>

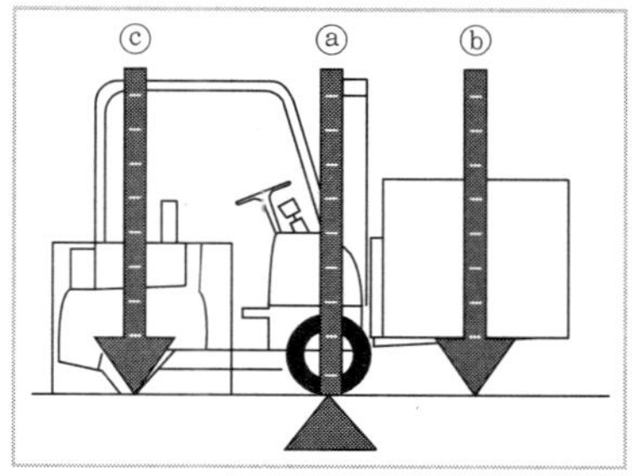

그림 4-33 • 지게차의 평형원리

또한 포크리프트의 안정성은 적하물의 중심(대개의 경우 63.5%)에 대해서 적재함으로써 유지된다. 모든 포크리프트가 정해진 용량 이상의 적하물을 실으면 안 되며 만일 이 상황을 어기면 ⓐ 다른 사람들에게 위험을 주고 ⓑ 다른 물건에 피해를 주며 ⓒ 장비를 못 쓰게 된다.

(1) 깔판 있는 적하물 경우의 취급사항

① 포크리프트를 적하물에 수직토록 위치한다.

② 포크를 적당한 높이(깔판의 윗면과 아랫면의 중간정도)까지 올리고 이때 아래에 파이프나 배선 따위가 늘어져 있는가를 주의한다.

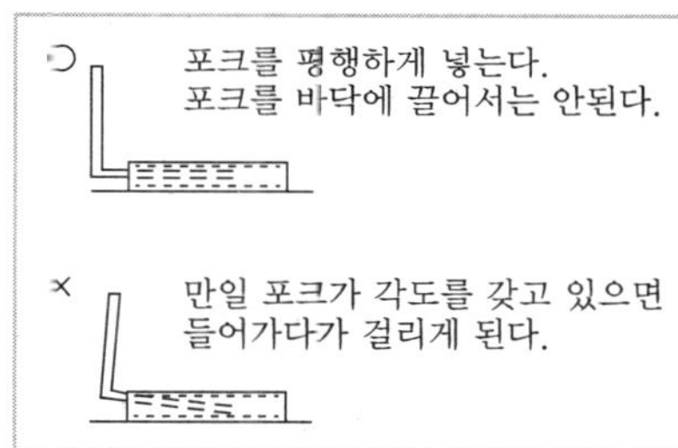

그림 4-34 • 지게차 작업 시 깔판 위의 적하물의 취급

③ 마스트를 수직으로 하고 포크를 바닥에 평행하도록 한 후에 적하물이 포크의 앞면에 닿을 때까지 천천히 포크를 깔판에 넣는다. 만일 마스트가 수직이 안 되면 포크를 넣을 때 코크가 걸리게 된다. <그림 4-34 참조>

④ 적하물은 바닥에서 충분히 떨어지도록 올린 후에 운송할 때 안전하도록 마스트를 뒤로 기울인다.

⑤ 차량을 천천히 후진시켜서 포크의 밑에 장애물이 없으면 적하물을 밑으로 내리고 안전 및 시계(視界)를 확보하기 위해서 적하물은 될 수 있는 한 아래로 내린 후에 운송하여야 한다. 뒤로 충분히 기울여야 적하물이 안전하며 정지 시에 미끄러져 떨어지지 않는다. 만일 적하물의 부피가 커서 시계가 가리면 뒤로 운전한다.

(2) 운송

① 무거운 적하물을 운송할 때에는 전에는 조향바퀴에 걸려 있던 무게가 앞바퀴로 옮겨져 있으므로 조향이 아주 쉽다.

② 모든 속도제한 지시에 따르고 만일 속도제한이 표시되어 있지 않으면 그 때 조건에 알맞은 안전한 속도로 운행한다. (속도저지턱 설치 등)

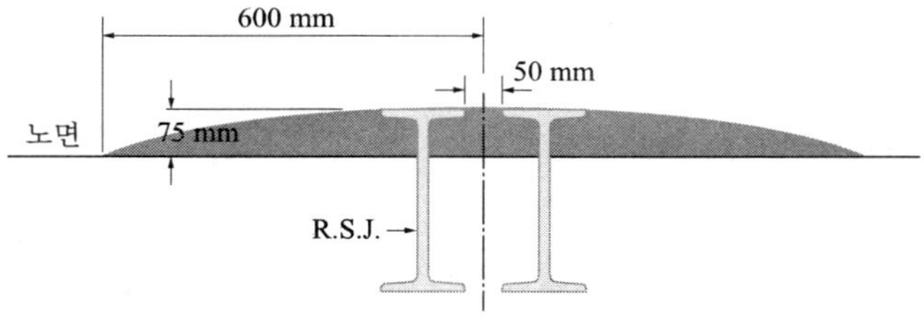

속도저지턱(Speed retardant) [지게차 필수]

③ 진행하려는 방향을 항상 주시한다.

④ 경사지를 올라가거나 내려갈 때는 항상 적하물을 위로 하여서 올라가거나 내려간다. <그림 4-35>

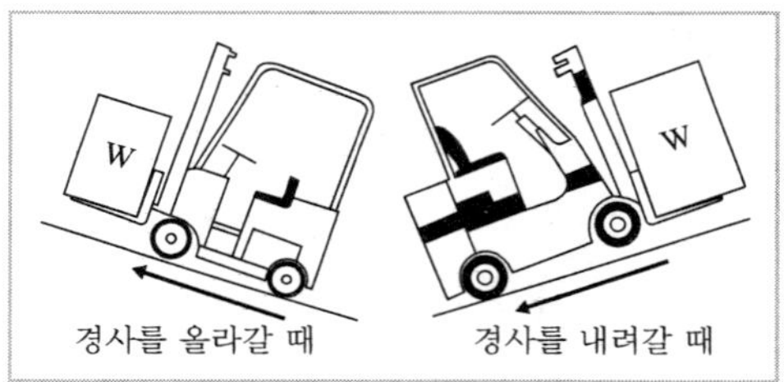

그림 4-35 ◦ 경사지 운행시 적하물 위치

⑤ 짐을 싣지 않고 경사를 오르거나 내려갈 때는 카운터 웨이트(Counter weight)를 위로 한다. <그림 4-36>

⑥ 언덕을 오르거나 내려갈 때는 포크를 올려서 언덕에 부딪치지 않도록 한다.

그림 4-36 ◦ 적하물 없이 언덕을 오르내릴 때

⑦ 철도 길을 건널 때는 천천히 약간의 각도를 가지고 운행한다.

⑧ 적하물이 떨어지지 않도록 브레이크(brake)는 서서히 그리고 확실히 밟는다.

⑨ 모서리를 돌 때에는 앞바퀴가 진행하려는 방향의 지점에 왔을 때 회전하기 시작하여 뒷부분이 회전할 충분한 여유를 주어야 한다.

⑩ 모든 바닥과 도크의 판자, 트레일러의 바닥 등의 조건과 용량을 점검한다.

⑪ 높이가 높은 적하물을 옮길 때에는 짐을 올릴 때나 내릴 때를 제외하고는 항상 마스트를 뒤로 완전히 기울인다.

⑫ 좁은 통로에서 회전할 때에는 짐 더미에서부터 되도록 멀리서 회전하기 시작하여 작업여유를 충분히 이용하여야 한다. 그러나 차량의 뒷부분이 회전할 수 있는 여유는 반드시 두어야 한다. <그림 4-37>, <그림 4-38>

⑬ 화차 등에 들어갈 때에는 <그림 4-39>과 같이 화차에 약간의 각도를 갖고 들어가서 곧 회전을 시작하여야 한다.

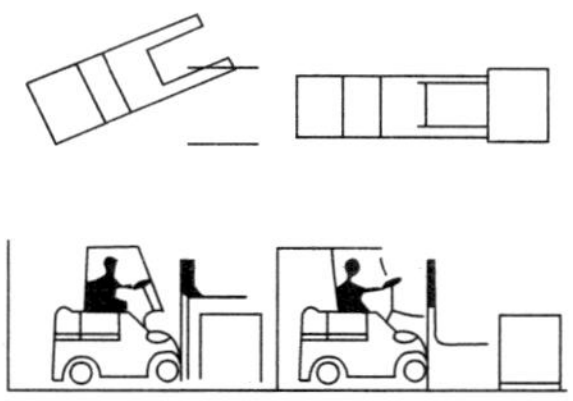

회전시 포크를 짐 더디 위로 올린다.
포크를 짐 위로 올리던 회전할 수 있는 공간을 얻는다.

이 그림은 같은 통로라 할지라도 포크를 짐 위로 올리지 않았을 때 얼마나 공간이 좁아지는가를 보여주고 있다.

그림 4-37 ● 좁은 통로에서의 회전

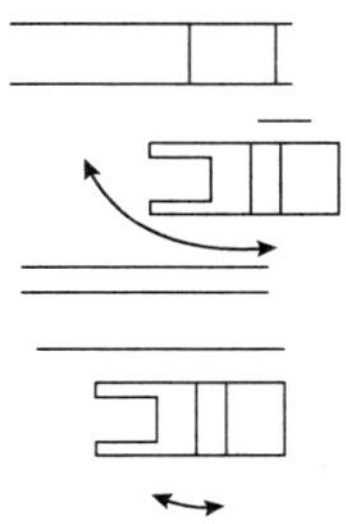

○ 짐 더미로부터 되도록 멀리 떨어져서 통로의 폭을 충분히 이용한다.

× 통로의 중간에서 회전하지 않는다.

그림 4-38 ● 통로에서의 회전절차

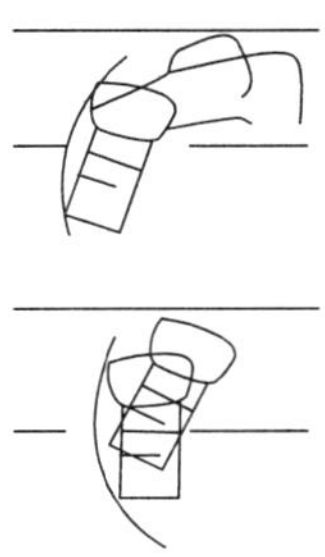

○ 약간의 각도를 갖고 가서 곧 회전을 한다.

× 직진하면 회전할 여유가 없게 된다.

그림 4-39 ● 화차 등에 들어갈 때

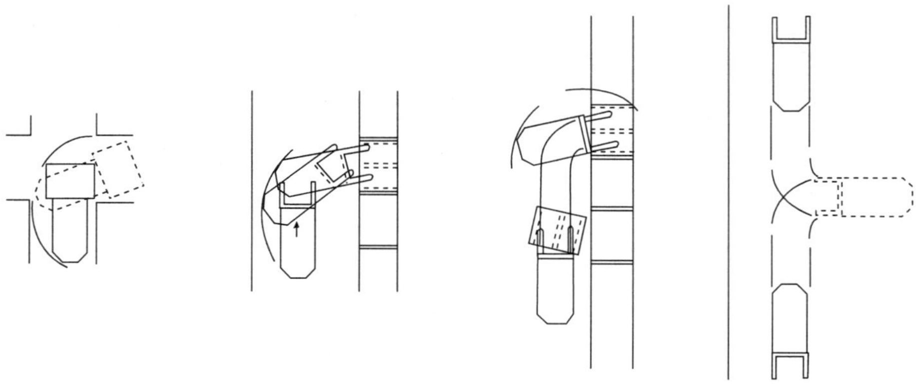

(a) 좁은 코너 돌기 (b) 가로 측면 돌기 (c) 몹시 좁은 측면 돌기 (d) 좁은 곳 지나기

(3) 적재 <그림 4-40>

① 적재 장소까지 트럭을 몰고 간 후 되도록 짐 더미에 직각으로 차량을 댄다.

② 밑에 걸리는 물건이 있는가를 확인한 후 마스트를 약간 뒤로 기울여서 적하물을 위로 올린다.

③ 짐을 위로 올리고 트럭을 천천히 몰아 적하물이 짐 더미 위에 똑바로 얹히도록 한다. 똑바로 얹히지 않으면 적재할 수 있는 공간이 줄어들며 또 쌓여 있을 때 떨어질 위험이 있다.

④ 마스트를 앞으로 기울여서 수직이 되도록 한 후에 짐을 천천히 내려놓는다.

⑤ 차량을 추진시켜서 포크를 빼낸다.

⑥ 짐에서 포크가 완전히 나오면 포크를 지면에서 100～150 mm 정도 떨어지도록 내린 후에 이동한다.

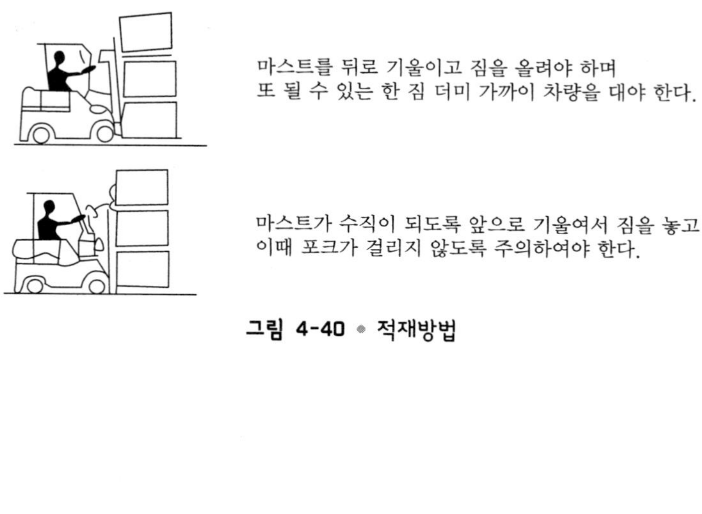

그림 4-40 ◦ 적재방법

(4) 깔판이 없는 적하물의 경우

깔판이 없는 적하물을 운반할 때는 특수한 기구들이 사용된다. 만일 이 기구들이 없는 경우에는 다음 방법에 따라서 운반하도록 한다. <그림 4-41(a)>

① 포크를 앞으로 기울여서 그 끝이 땅에 닿도록 한다.

② 적하물이 포크의 평 수직면에 닿을 때까지 아주 조심을 하여서 포크를 적하물의 밑으로 밀어 넣는다.

③ 마스트를 뒤로 약간 기울인다. <그림 4-41(b)>

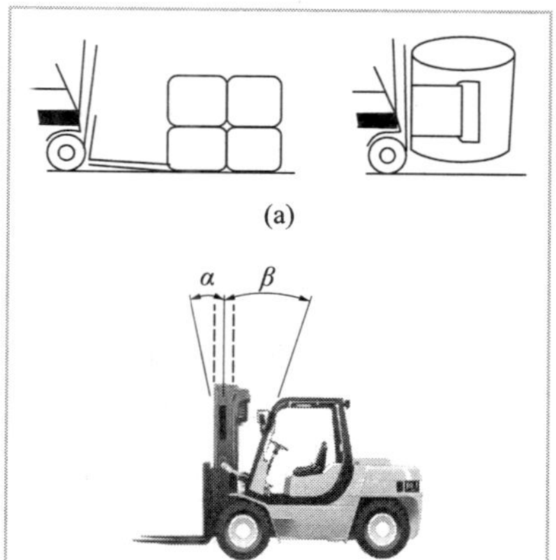

(a)

(b) 마스트 경사각

그림 4-41

	타이어(tire) 종류	전방경사각 α	후방경사각 β
마스트 경사각	뉴매틱(Pneumatic)	6°	12°
	쿠션(cushion), 솔리드(solid)	5°	10°

④ 적하물을 쌓기 위해서는 트럭을 짐 더미에 직각으로 대고 마스트를 뒤로 기울인 상태로 적당한 높이까지 올린다.

⑤ 적하물이 짐 더미 위에 똑바로 위치했을 때 포크를 짐 더미 위에 닿을 때까지 내린다.

⑥ 짐을 앞으로 기울이고 차를 뒤로 후진시키고 이대 적하물이 상하지 않도록 주의하여야 한다.

⑦ 짐에서 포크를 빼낸 다음 포크를 지면에서 약 100～150 mm 정도 떨어지도록 내린 후 이동한다.

7 지게차의 안정도(安定度)

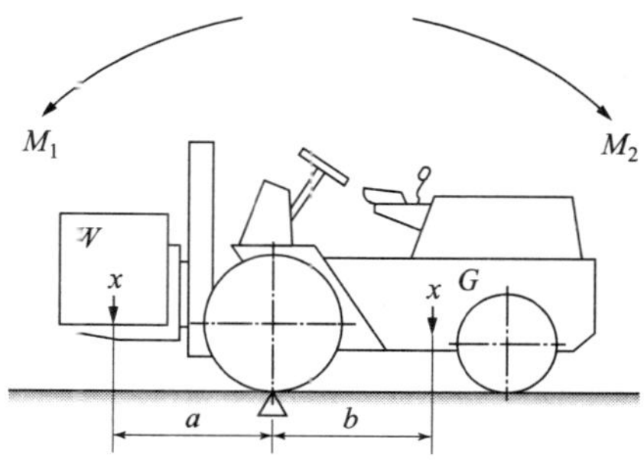

$M_1 : W\times a$ 화물의 모멘트
$M_2 : G\times b$ 차의 모멘트

지게차의 안정을 유지하기 위한 조건은

$$W\times a < G\times b$$

여기서, W : 화물중량
G : 지게차 자체중량
a : 앞바퀴부터 화물의 중심까지의 최단거리
b : 앞바퀴중심에서 지게차의 중심까지의 최단거리

포크리프트의 안정에는 하물의 중량과 더불어 그 중심위치가 관계된다는 것은 중대한 점이며 장중량(長重量) 등의 취급 시는 각별히 주의하여야 한다. 이러한 안정조건은 대체적으로 정지상태의 것을 주제로 하고 있기 때문에 운전 중에 급브레이크를 사용하거나 특히 화물을 들어 올릴 때 급브레이크(moment)를 부가시키는 결과이므로 가능한 피하여야 한다. 또한 사업장내에 있는 경사진 통로는 크게 위험하다는 것은 더 말할 것도 없다. 또 마스트(mast) 등에서 물품이 낙하하는 사례가 많으므로 마스트의 배면에 낙하방지 가드(guard)를 후면으로 정차시켰을 때 팔레트(pallet) 등에서 물품이 낙하는 사례가 많으므로 마스트의 배면에 낙하방지 가드를 마련하는 것도 안전대책의 한 방법이다.

안정도	포크리프트의 상태	
(a) 하역작업 시의 전후 안정도 4% (5톤 이상은 3.5%)		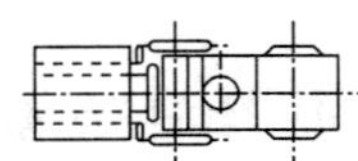
(b) 주행 시의 전후 안정도 18%		
(c) 하역작업 시의 좌우 안정도 6%	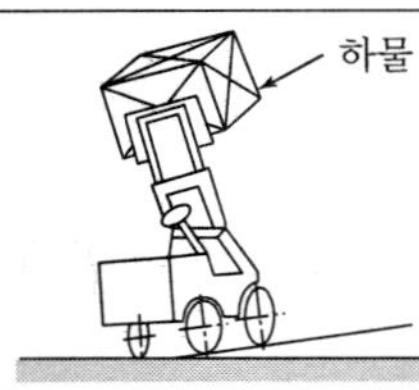	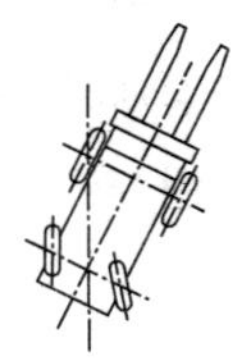
(d) 주행 시의 좌우 안정도 $(15+1.1V)\%$ 여기서, V : 최고속도(km/hr)		
안정도 $= \dfrac{h}{l} \times 100\%$	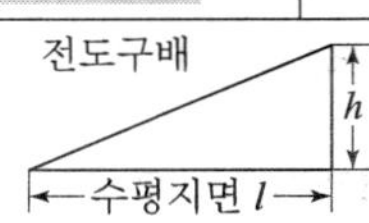	

[ex] $V = 20$ km/hr일 때 안정도는?

[풀이] $15 + 1.1V = 15 + 1.1 \times 20 = 37\%$

그림 4-42 ● 포크리프트의 안정조건

8 안전장치 및 안전작업 방법

(1) 안전장치의 종류 및 기능

① 주행연동 안전벨트

지게차 전·후진 레버의 접점과 안전벨트를 연결하여 안전벨트 착용 시에만 전·후진할 수 있도록 인터록 시스템을 구축하여 전복·충돌 시 운전자가 운전석에서 튕겨져 나가는 것을 방지한다.

② 후방접근 경보

지게차 후진 시 후면에 통행 중인 근로자 또는 물체와의 충돌을 방지하기 위해 후방접근상태를 감지할 수 있는 접근 경보장치를 설치한다.

지게차 후면에 근로자 등이 있을 때 접근 감지장치의 센서가 감지하여 경보음(또는 경광등)이 발생하도록 경음장치를 설치하고, 지게차와 근로자와의 거리를 숫자로 표시하여 운전자가 위험상태를 인지할 수 있도록 운전석 정면에 표시장치(display)를 설치한다.

③ 대형 후사경(大型 後斜傾, back mirror)

기존의 소형 후사경으로는 지게차 후면을 확인하기 곤란하므로 지게차 후진 시 지게차 후면에 위치한 근로자 또는 물체를 인지하기 위해 자동차용 대형 후사경으로 교체 설치한다.

※ 적용 크기(예시) : 320W × 235L [mm]

④ 룸 미러(Room mirror)

대형 후사경 외에도 지게차 뒷면의 사각지역 해소를 위하여 룸 미러를 설치한다.

⑤ 포크 위치 표시

포크를 높이 올린 상태에서 주행함으로써 발생되는 지게차의 전복이나, 화물이 떨어져 발생하는 사고를 방지하기 위하여 바닥으로부터의 포크 위치를 운전자가 쉽게 알 수 있도록 미스트와 포크 후면에 경고표지를 부착한다.

표지는 바닥으로부터 포크의 이격거리가 20～30 cm 위치의 마스트와 백레스트가 상호 일치되도록 페인트 또는 색상테이프를 부착한다.

⑥ 기타 안전장치

㈀ 지게차의 식별을 위한 형광테이프 부착

조명이 어두운 작업장에서 약한 불빛으로 운행하더라도 지게차의 위치와 움직임 등을 식별할 수 있도록 지게차의 테두리 좌우 및 후면에 형광테이프를 부착한다.

㈁ 경광등 설치

조명이 불량한 작업장소에서 지게차의 운행상태를 알릴 수 있도록 지게차 후면에 경광등을 설치한다.

※ 경광등이 작동하면서 스피커에서 경보(alarm)가 발생

㈂ 지게차의 안전문 설치

지게차 전복시 운전자가 밖으로 튀어 나가는 것을 방지하고 소음, 기상의 악조건 등 작업환경의 변화에도 작업이 가능하도록 안전문을 설치한다.

㈃ 포크 받침대

지게차의 수리·점검 시 포크의 불시 하강을 방지하기 위하여 받침대를 설치한다.

(2) 안전작업방법

① 작업계획서 작성

㈀ 작업계획에 포함되어야 하는 내용

㉮ 당해 작업장소의 넓이 및 지형

㉯ 당해 차량계 하역운반기계 등의 종류 및 능력

㉰ 화물의 종류 및 형상

㉱ 당해 차량계 하역운반기계의 운행경로 및 작업방법

㈁ 작업계획의 작성 시기

㉮ 일상작업은 최초 작업개시 전

㉯ 작업장 내 구조, 설비 및 작업방법이 변경되었을 때
㉰ 작업장소 또는 화물의 상태가 변경되었을 때
㉱ 차량계 하역운반기계의 운전자가 변경되었을 때
㉲ 수시작업은 매 작업개시 전

(ㄷ) 작업계획의 근로자 주지

작업계획을 작성했을 때에는 반드시 근로자에게 교육 등을 통하여 주지시켜야 하며 작업개시 전 "작업계획 확인표" 등을 이용하여 작업계획의 준수여부를 확인한다.

② 운행경로

지게차 1대가 다니는 통로는 운행 지게차의 최대 폭에 60 cm 이상, 2대가 다니는 통로는 운행 지게차 2대의 폭에 90 cm 이상의 여유를 확보한다.

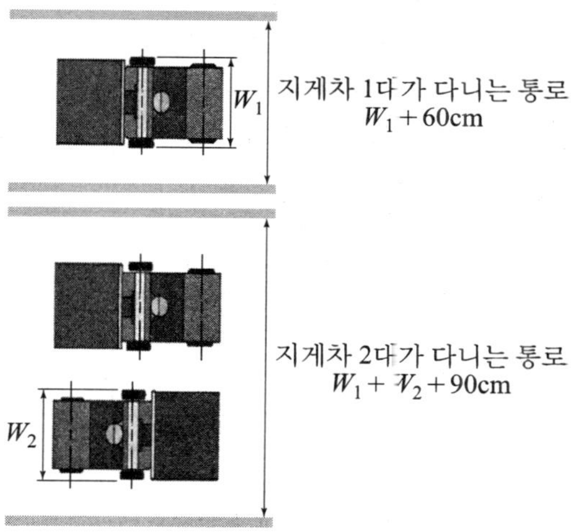

(ㄱ) 운행경로의 구조

㉮ 화물의 하역작업 장소는 평탄해야 하며 지게차의 하중을 충분히 견딜 수 있는 견고한 구조로 한다.
㉯ 운행통로는 지반이 고르고 평탄해야 하며 갓길의 통과에 의한 전복(顚覆, overthrow)·전락(轉落, downfall)의 위험이 없어야 한다.
㉰ 운행통로에는 운행을 방해하는 장애물을 완전히 제거해야 한다.
㉱ 언덕 등의 경사로에는 운행 중 전복(顚覆)·전락(轉落)의 위험이 없도록 가

이드레일을 적절하게 설치한다. 가이드레일의 설치가 곤란한 장소에는 지게차 유도자를 배치한다.

③ 정기점검기준

지게차에 의한 재해예방과 정상적인 운전상태를 유지하기 위하여 정기점검기준에 의거하여 월 1회 이상 정기적으로 작동상태를 점검하여야 한다.

(ㄱ) 작업시작 전 점검사항

작업시작 전에는 지게차의 외관 등 아래의 사항에 대하여 점검을 실시한 후 이상이 없는 경우에만 운행하여야 한다.

항목	엔진 시동 전	엔진 시동 후, 차 위에서	서행으로
이상 유무	이상 및 정비 유무		
외관	각 부의 물·기름의 누설, 헐거움, 균열, 급유 등		
타이어	타이어의 공기압, 타이어의 손상, 림의 변형, 휠너트의 헐거움		
방향지시기 및 각 램프	렌즈의 오염, 손상	각 램프의 작동	
미러(후사경)	오염, 손상	뒤쪽의 사영*	
차량등록 번호판	오염, 손상		
경보장치 (경적 등)		울리는지의 여부	
각 계기류		각 계기의 작동	
연료		유량	
유압 작동유	유량		
라디에이터	수량, 부동액(동절기)		
엔진	오일링, 오염	이상한 소리, 배기가스 색깔	
클러치	페달의 여유, 클러치의 꺾임		
브레이크	오일량	브레이크 페달의 여유	브레이크의 작동
주차 브레이크		레버의 당김, 작동	
스티어링 (핸들링)		핸들의 여유, 덜컥거림	진동, 통제 불능
배터리	액량	배터리 용량계의 용량(배터리 차)	

Note: 사영(斜影, slanting shadow) : 양쪽 후사경에 나타난 물체영상

헤드가드	변형, 균열		
하역장치	마스트체인의 장력, 포크·백레스트의 변형 및 균열, 실린더로크의 헐거움	마스트 작동, 상승, 하강상태	
LPG 공급장치	봄베 장착부의 헐거움 및 손상, 도관 이음새의 헐거움, 가스의 누설		

(ㄴ) Fork Lift Check List

표기	양호	불량			
		조정	교환	제작	폐기
	○	△	□	ϕ	×

Check	List	Marking				
		○	△	□	ϕ	×
오버헤드가드	- 용접부위가 떨어졌거나 볼트가 빠진 곳 혹은 손상된 부위는 없는가?					
유압실린더류	- 리프팅실린더, 틸팅실린더, 어태치먼트 실린더의 누유나 손상된 부위는 없는가?					
마스트	- 용접부위가 떨어졌거나 균열 혹은 휘어진 부위는 없으며 스토퍼가 마모되거나 빠져 있지는 않은가?					
리프트체인 및 롤러	- 마모나 손상 혹은 뒤틀려있거나 녹이 슨 부위는 없는가? - 윤활이 필요하지 않은가?					
포크	- 균열 혹은 휘어진 부위는 없으며 많이 노후 되었거나 좌우 짝은 맞는가? - 포크면에 기름이나 물기가 많이 묻어 있지 않은가?					
타이어	- 외관상태가 양호한가? - 타이어 원주둘레에 큰 홈이 나있는 곳이 없나? - 잘려나간 고무조각이나 림에서 이탈한 부위는 없나? - 타이어 마모상태가 심한가? - 타이어가 체결상태나 결합부위의 손상은 없나?					
배터리	- 셀(Cell) 마개와 터미널 단자 덮개는 제자리에 있는가?					
유압작동유	- 레벨은 확인하였나?					
게이지	- 모든 게이지가 정상적으로 작동하는가?					
조향	- 핸들의 자유 놀림량이 너무 많지 않은가? - 파워스티어링의 경우 펌프는 이상이 없나?					
브레이크	- 제동브레이크를 밟았을 때 바닥면까지 계속해서 내려간다면 문제가 있다. 발을 놓았을 때 회복이 잘 되어야 한다. - 주차브레이크는 작동하는가? 주차브레이크를 넣었을 때 차가 움직이지 않아야 한다.					
전조등	- 전조등이 부착되어 있으며 전구는 이상이 없나?					
경음기	- 경음기가 작동하는가?					

좌석	- 안전벨트가 설치되어 있는 경우 벨트는 이상이 없나?					
어태치먼트	- 포크상하강, 전후 틸팅, 사이드쉬프트의 좌우이동이 부드러운가? - 단속적으로 움직이지 않으며 실린더의 유압이 과도하지 않은가?					
LPG탱크	- 탱크가 고정위치가 올바르며 고정장치로 확실하게 체결이 되어있나?					
LPG호스	- 훼손되거나 닳은 곳은 없는가? 찍히거나 보이거나 튀어나온 부위는 없는가? - 커넥터는 직각으로 단단히 죄어져 있는가?					
LPG 가스냄새	- 만약 가스냄새가 나는 경우, 탱크를 잠그고 모든 작동을 중지시켜야 하며 보고토록 하여야 할 것.					
엔진오일	- 레벨 확인					
엔진냉각수	- 레벨육안검사, 엔진이 작동중이거나 뜨거운 경우에는 라디에이터 뚜껑은 열지 마십시오. - 얼굴은 가급적 가까이 대지 마시고, 항상 장갑이나 헝겊을 이용하십시오.					
트랜스미션오일	- 레벨 확인					
와이퍼	- 정상작동여부 확인					
리어도어	- 전동식 장착모델의 경우임 제자리에 부착되어 있나?					
안전스위치	- 전동견인차량의 경우 정상적으로 작동하는가?					
조정손잡이	- 보행식 전동운반장치의 경우임. 제자리에 장착상태는 양호한가?					
견인고리	- 체결과 해제가 잘 되는가? - 안전덮개가 정상적으로 작동하는가?					
컨트롤레버	- 조작이 정상적인가?					
안전인터록	- 오더피커에 해당. 탑승대의 출입문(혹은 가이드)이 열렸을 때 차량이 움직이는가?					
그립고리	- 오더피커에 해당. 고리의 개폐가 신속하게 이루어지고 작동이 부드러운가?					
작업대	- 오더피커에 해당. 승하강시 이동이 부드러운가?					

(3) 작업안전수칙

① 지게차 운전자 준수사항

- 가스밸브를 확인한다(LPG 타입의 경우).
- 안전벨트를 착용한다.
- 사내 규정속도를 준수한다.
- 안전작업을 위하여 시간을 재촉하지 않는다.

- 무리한 작업을 하지 않는다.
- 작업 중에는 사람의 접근을 금한다.
- 규정된 정비점검을 실시한다.
- 운전 중 급선회를 피한다.
- 물체를 높이 올린 상태로 주행하거나 선회하지 않는다.
- 이동 중 고장 발견 즉시 운전을 중단하고 관계자에게 보고한다.
- 운전자 이외의 근로자를 탑승시키지 않는다.
- 자격이 있고 지명된 자만 운전한다.
- 반드시 정해진 점검항목에 따라서 점검한다.
- 연료 보급은 반드시 엔진을 중지한 후에 실시한다.
- 연료나 유압유가 새어나오는 경우 운전을 중지하고 관계자에게 보고한다.
- 작업계획에 따라 작업지시 순서를 준수하여 작업한다.

② 운전자 주요 점검사항

- 브레이크가 제대로 작동하는지 여부
- 임의로 운행하지 못하게 되어 있는지 여부(Key 관리)
- 포크는 화물의 운반에 적당한지 여부
- 포크 부분에 손상된 곳은 없는지(휨, 균열, 마모 정도)의 여부
- 체인이 균형있게 당겨져 충분히 걸려 있는지 여부
- 경보장치의 작동 여부
- 전조등, 후미등 및 브레이크등이 정상인지 여부
- 타이어가 손상된 곳은 없는지, 공기압이 적당한지의 여부
- 페달이 잘 밟아지는지의 여부
- 핸들 유격이 너무 크지 않은지의 여부
- 헤드가드는 손상이 없는지의 여부
- 연결 장비가 풀리지 않게 잘 고정되어 있는지의 여부
- 조종기구의 작동이 정상인지(들어 올림, 내림, 기울임, 연결기구)의 여부
- 높이 들어 올려진 포크 하부에서 유지 보수작업을 할 때에는 포크가 낙하되지 않도록 안전블록 등으로 안전조치를 하였는지의 여부

③ 주행 시 안전수칙

- 안전벨트를 착용한 후 주행한다.
- 중량물을 운반중인 경우에는 반드시 제한속도를 유지한다.
- 평탄하지 않은 땅, 경사로, 좁은 통로 등에서는 급주행, 급브레이크, 급선회를 절대 하지 않는다.
- 화물은 마스트를 뒤로 젖힌 상태에서 가능한 낮추고 운행한다.
- 화물이 시야를 가릴 때는 후진하여 주행하거나 유도자를 배치한다.
- 경사로를 올라가거나 내려갈 때는 적재물이 경사로의 위쪽을 향하도록 하여 주행하고, 경사로를 내려오는 경우 엔진브레이크, 발브레이크를 걸고 천천히 운전한다.
- 지게차 자체의 무게와 화물의 무게를 감안하여 바닥상태나 승강기 정격 하중을 확인한다.
- 화물을 불안정한 상태 혹은 편하중 상태로 옮겨서는 안 된다.
- 후륜이 뜬 상태로 주행해서는 안 된다.
- 포크 간격은 화물에 맞추어 조정한다.
- 낮은 천장이나 머리 위 장애물을 확인한다.
- 옥내 주행 시는 전조등을 켜고 주행한다.
- 운전석에서 전방 눈높이 이하로 적재한다.
- 모서리에서 회전할 때는 일단 정지 후 서행한다.
- 선회하는 경우에는 후륜이 크게 회전하므로 천천히 선회한다.
- 포크, 팔레트, 스키드, 밸런스 웨이트 등에 사람을 탑승시켜 주행해서는 안 된다.
- 도로상을 주행하는 경우에는 팔레트, 스키드를 꽂거나 포크의 선단에 표식을 부착하여 주행한다.
- 지게차 운전은 면허를 가진 지정된 근로자가 한다.
- 포크나 운반중인 화물 하부에 작업자의 출입을 금지한다.

④ 하역작업 안전수칙

- 공동작업은 작업지휘자의 신호에 따른다.
- 허용 적재하중을 초과하는 화물의 적재는 금한다.
- 화물 위에 사람이 탑승하지 않도록 한다.

- 무너질 위험이 있는 물체는 반드시 묶는다.
- 굴러갈 위험이 있는 물체는 고임목으로 고인다.
- 가벼운 것은 위로, 무거운 것은 밑으로 적재한다.

화물의 하역순서

- 내리고자 하는 화물의 바로 앞에 오면 속도를 감속한다.
- 화물 앞에 가까이 접근하였을 때에는 일단 정지한다.
- 적재되어 있는 화물의 붕괴나 그 밖의 위험이 없는지 확인한다.
- 마스트를 수직으로 하고 포크를 수평으로 하여 팔레트, 스키드의 위치까지 상승시킨다.
- 포크 꽂는 위치를 확인한 후 정면으로 향하여 천천히 꽂는다.
- 꽂아 넣은 후 5～10 cm 들어올리고, 팔레트와 스키드를 10～20 cm 정도 앞으로 당겨서 일단 내린다.
- 다시 한 번 포크를 끝까지 깊숙이 꽂아 넣고, 화물이 포크의 수직전면 또는 백레스트에 가볍게 접촉하면 상승시킨다.
- 화물을 상승시킨 후 안전하게 내릴 수 있는 위치까지 천천히 내린다.
- 지상으로부터 5～10 cm의 높이까지 내리고, 마스트를 충분히 뒤로 기울인 후 포크를 바닥에서 약 15～20 cm의 위치에 놓고 목적하는 장소로 운반한다.

⑤ 주차 시 안전수칙

- 경사면에 주차하지 않는다.
- 포크를 바닥까지 완전히 내리고 마스트는 포크가 바닥에 닿을 때까지 앞으로 기울인다.
- 방향전환 레버는 중립 위치에 놓는다.
- 시동을 끄고 열쇠는 운전자가 지참하여 주차브레이크를 확실히 작동시켜 준다.
- 주차 시 운전자 신체의 일부를 차체 밖으로 나오지 않게 한다.

⑥ 작업종료 후 점검사항

- 청소를 하고 더러움이 심한 경우에는 물로 씻는다.
- 점검은 정해진 항목에 의해서 실시하며 주행일지를 기록한다.
- 각 회전부를 손질한 다음 주유하며 연료, 윤활유, 냉각수를 충전시켜 둔다. (겨울에는 냉각수 전부를 빼둔다. 다만 부동액이 첨가될 경우에는 빼지 않아도 좋다.)

⑦ 시동 전·후 확인사항

- 기어변속, 각 작용 레버가 정 위치(중립)에 있는지 확인한다.
- 핸드브레이크가 확실히 당겨져 있는지 확인한다.
- 시동 후에는 저속 회전인지 확인한다.
- 엔진의 회전음, 폭발음, 배기가스의 상태, 엔진의 이상유무를 확인한다.
- 기계의 작동상황을 확인한다.

9 지게차 사용상 사고발생 사례

(1) 작업장 내에서 지게차 2대가 이동하던 중 충돌

① **재해개요**

○○금속 사업장 옥외작업장에서 버킷을 설치한 지게차로 폐알루미늄을 싣고 용해로 방향으로 이동하던 중 다른 지게차 헤드가드 부분과 충돌하여 전복되면서 피재자가 운전석에서 뛰어내리는 순간 지게차에 협착되어 사망.

② **발생원인**

㈀ 화물적재 시 안전조치 미흡

지게차 버킷에 화물적재 시 운전자의 시야를 가리지 않도록 화물을 적재하여야 하나 폐알루미늄 뭉치 3개를 적재하여 전방시야가 확보되지 않은 상태로 운행.

㈁ 지게차 안전운행 유도자 미배치

적재된 화물에 의해 운전자의 시야 확보가 불가능할 경우에는 지게차 유도자를 배치하여 운행하여야 하나 미배치.

㈂ 안전벨트 미설치

③ **예방대책**

㈀ 화물적재 시 운전자 시야 확보

지게차 버킷에 화물적재 시 운전자 시야를 확보할 수 있는 높이만큼 화물 적재.

(ㄴ) 지게차 안전운행 유도자 배치

적재된 화물에 의해 운전자 시야 확보가 불가능할 경우에는 지게차 유도자를 배치하여 운행.

(ㄷ) 안전벨트 설치

지게차 전복(顚覆) 시 운전자 안전을 위해 안전벨트 설치 및 착용.

(2) 지게차 위에서 유리창 청소작업 중 추락(墜落)

① 재해개요

○○물류센터 하역장 내에서 건물 외부에 설치된 유리창을 청소하기 위해 작업자 2명이 지게차 포크에 팔레트를 끼워 올라가 유리창 청소작업 실시. 이대 지게차 운전자가 물통을 올려주기 위해 지게차 포크를 30 cm 정도 내리던 중 작업자 2명이 몸의 중심을 잃고 추락(墜落)하여 1명이 사망.

② 발생원인

(ㄱ) 지게차 목적 및 사용

지게차는 화물의 적재, 하역 등 주용도 외에 사용하는 것이 금지되어 있으나 지게차를 이용하여 유리창 청소작업을 실시.

(ㄴ) 승차석 외 탑승

지게차를 사용하여 작업을 할 때에는 승차석 외의 위치에 근로자가 탑승하는 것이 금지되어 있으나 지게차 포크에 팔레트를 끼운 후 탑승하여 작업수행.

③ 예방대책

(ㄱ) 지게차 목적 외 사용 및 승차석 외 탑승 금지

지게차는 화물의 적재, 하역 등 주용도 외에 사용하는 것을 금지하고 승차석이 아닌 위치에 근로자 탑승 금지.

(ㄴ) 작업방법 변경

외벽 유리창 청소작업 등 고소작업 시에는 고

소작업대 및 이동식 틀비계를 사용하여 작업하고 부득이 지게차를 사용하여 작업을 할 때에는 안전난간이 부착된 전용운반구 사용 시에만 고소작업 실시.

(3) 지게차 급선회로 인한 중량물 낙하

① **재해개요**

○○자동차제조 단조공장 내에서 전동지게차로 철재 팔레트(130 kg)를 지게차에 4단으로 적재하고 방향 전환을 하던 중 금형 적재대에서 재고현황을 파악하던 피재자 쪽으로 팔레트가 전도되면서 피재자 머리에 충돌하여 사망.

② **발생원인**

(ㄱ) 지게차 작업통로 미구획

작업장 내 지게차 운행통로 미구획으로 다른 근로자가 작업하던 작업장소에서 지게차 운행.

(ㄴ) 중량물 과다적재 및 급선회 금지

지게차 포크에 팔레트를 4단으로 적재하여 무게중심이 상승한 상태에서 급선회하여 중량물이 낙하함.

(ㄷ) 안전모 미착용

중량물 취급 작업장에서 작업자의 머리를 보호할 수 있는 안전모를 미착용한 상태로 작업수행.

③ **예방대책**

(ㄱ) 지게차 작업통로 구획

지게차 접촉에 의한 사고를 예방하기 위하여 지게차 운행경로와 근로자 이동통로를 구분하여 작업장 내 지게차 운행통로 구획.

(ㄴ) 중량물 적재 시 안전조치 철저

지게차에 중량물 적재 시 편하중이 발생하지 않도록 적재하며 과다적재 금지, 또한 중량물이 붕괴되거나 낙하하지 않도록 로프 등으로 고정.

(ㄷ) 안전모 착용

중량물 취급 작업장에서는 작업자의 머리 손상을 예방할 수 있는 안전모를 착용하고 작업 실시.

(4) 지게차 운행 중 중량물 충돌로 인한 협착

① 재해개요

○○주물공장에서 지게차로 운반되어 온 케이싱 하역작업을 하던 중 지게차 포크가 사상작업 대기 중이던 케이싱에 충돌하여 그 밑에서 사상작업을 피재자가 넘어지는 케이싱에 협착 사망.

② 발생원인

㈀ 지게차 전용통로 및 화물적재 장소 미구획

지게차 전용통로와 화물적재 장소가 구획되지 않아 중량물을 좁은 장소에 세로로 세워 놓아서 근로자와 충돌할 위험이 있었음.

㈁ 지게차 운전자 시야 미확보

지게차 운행 시 중량물(케이싱)에 의해 운전자 시야가 확보되지 않은 상태일 때는 후진 운행을 하거나 유도자를 배치하여 신호에 따라 운행하여야 하나 이를 지키지 않음.

㈂ 작업계획서 미작성

지게차 작업에 대한 작업계획서를 작성하지 않았으며 해당 근로자에게 이를 주지시키지 않음.

③ 예방대책

㈀ 지게차 전용통로 및 화물적재 장소 구획

지게차 전용통로 및 화물적재 장소를 구획하여 근로자의 충돌위험을 방지하고 중량물 전도방지를 위해 지반이 고르고 평탄한 곳에 화물을 적재.

㈁ 지게차 유도자 배치

지게차 운행 시 중량물(케이싱)에 운전자 시야가 확보되지 않을 경우에는 지게차를 후진으로 운행하거나 유도자를 배치하여 신호에 따라 운행.

㈂ 작업계획서 작성

차량계 하역 운반기계를 사용하여 작업을 할 때에는 당해 작업장소의 넓이 및 지형, 당해 차량계 하역 운반기계 등의 종류 및 능력, 화물의 종류 및 형상에 상응하는 작업계획을 작성하고 근로자에게 교육 및 주지.

(5) 지게차 전도(顚倒) → 운전자 협착(狹窄) 사망

지게차를 무면허상태에서 조작하던 중 비료 출고를 위해 경사로(20～30°)를 후진으로 내려가다 급격한 조작 및 회전으로 지게차가 전도되면서 헤드가이드에 머리가 협착, 두개골이 함몰되어 사망

① 원인

㈀ 지게차 무면허 운전
㈁ 전도방지를 위한 유도자 미배치
㈂ 경사면을 회전방향으로 후진, 급선회를 하여 지게차 주행시의 좌우 안정도를 벗어남

② 대책

㈀ 면허소지자가 조작하고, 시동키는 별도 보관 조치
㈁ 유도자 배치등 전도방지대책 마련
㈂ 경사로 주행시 안전주행방법 준수
㈃ 횡방향 주행, 급격한 방향선회 금지
㈄ 경사면을 내려갈 경우 후진운전을 하고 엔진 브레이크를 사용

(6) 철판코일의 결속강철띠 파단 → 경비원 충돌(衝突) 사망

양하한 열간압연철판 1개를 지게차로 적치하기 위하여 경비원인 재해자의 신호하에 받침목상에 적치중, 코일 결속 강철띠가 파단되면서 재해자와 충돌하여 사망

(7) 지게차 포크에서 A형 프레임 전도

2005년 6월 ○일 15:25분경
충남 천안시 소재 ○○유리제조공장 옥외작업장에서

① 재해개요

지게차로 유리적재용 A형 플레이임(800 kg)을 화물 차량에서 하차작업을 하던 중 지게차 포크가 완전히 삽입되지 않은 상태에서 A형 프레임을 들어 올려 내리는 순간 프레임이 지게차 포크에서 이탈되면서 재해자와 충돌하여 사망한 재해임.

② 재해원인

(ㄱ) 화물취급방법 불량

(ㄴ) 무면허자가 지게차 운전

③ 예방대책

(ㄱ) 화물취급시 주의

(ㄴ) 무면허자가 지게차 운전금지

(8) 지게차 과속 운행으로 인한 전도사고

2002년 7월 ○일 16:15분경

광주광역시 남구소재

(주)○○○정비사업소에서 경사면을 지게차로 과속으르 내려와 좌회전하는 순간 지게차가 전도되면서 운전자가 헤드가드에 협착 되어 사망한 재해임

① 재해발생 원인

(ㄱ) 지게차 과속운전

경사면을 과속으로 내려와 방향전환을 하여 전도의 위험이 있었음.

(ㄴ) 지게차 운전자 안전벨트 미설치

지게차 전도 시 운전자가 밖으로 튀어 나가는 것을 방지하기 위한 안전벨트를 설치하지 않았음.

(ㄷ) 작업계획서 미작성

지게차등 차량계 하역운반기계를 사용하여 작업을 할 경우에는 작업장소의 넓이 및 지형, 당해 차량계 하역운반기계 등의 종류 및 능력, 화물의 종류 및 형상에 상응하는 작업계획서를 미작성 하였고 당해 근로자에게 그 내용을 주지 시키지 않았음.

(9) 지게차 포크에 탑승하여 이동하던 중 추락

2005년 8월 ○일 20:20분경
대구시 달성군소재 ○○금속 주물공장

① 재해개요

주물공장 후처리 작업장에서 작업장 청소 등 정리 정돈 후 지게차를 이용하여 폐사가 담긴 철재통을 비운 후 지게차 포크에 재해자를 태우고 운행 하던 중 재해자가 포크에서 떨어져 지게차 바퀴에 협착 사망한 재해임.

② 재해원인

(ㄱ) 승차석 외에 근로자 탑승 (ㄴ) 무면허자가 지게차 운전

③ 예방대책

(ㄱ) 승차석 외에 근로자 탑승금지 (ㄴ) 무면허자 지게차 운전금지

(10) 포대고리를 지게차 포크에 걸던 중 추락

2005년 7월 30일 11:30분경
경기도 안산시 소재 ○○사업장 CP야적장에서

① 재해개요

사내 하도급 업체인 ○○소속 피재자 ○○○은 2단 적재되어 있는 단백피(동물사료원료) 포대위에서 동료근로자 ○○○가 운전하는 3톤 지게차 포크에 포대의 고리를 걸어주는 작업중 작업장 바닥(높이 약 2.3 m)으로 추락하여 사망한 재해임

보충 3

현장 작업안전교육 사례

지게차 안전작업계획서

1. 작업장소의 넓이 및 지형

2. 지게차의 종류 및 능력

3. 화물의 종류 및 형상

차량 No.	차명	연식	등록일자	용도	배기량	차량총중량 (kg)

4. 운행경로 및 작업방법

(1) 지게차별 운행경로 및 평균운행시간

지게차별 운행경로 및 평균운행시간은 아래와 같다.

차량 No.	차명	운행영역	평균운행시간(1일)	제품형상

(2) 작업방법

① 평탄노면에서의 작업

(ㄱ) 팔레트(pallet)는 적재하는 화물의 중량에 따른 충분한 강도를 가지고 심한 손상이나 변형이 없는 것으로 선정하여 사용한다.

(ㄴ) 팔레트에 실려 있는 화물은 안전하고 확실하게 적재되어 있는지를 확인하며 불안정한 적재 또는 화물이 무너질 우려가 있는 경우에는 밧줄로 묶거나 그 밖의 안전조치를 한 후에 하역한다.

(ㄷ) 포크의 간격은 <그림 1>과 같이 적재상태 팔레트 폭(b)의 1/2 이상, 3/4 이하 정도 간격을 유지한다.

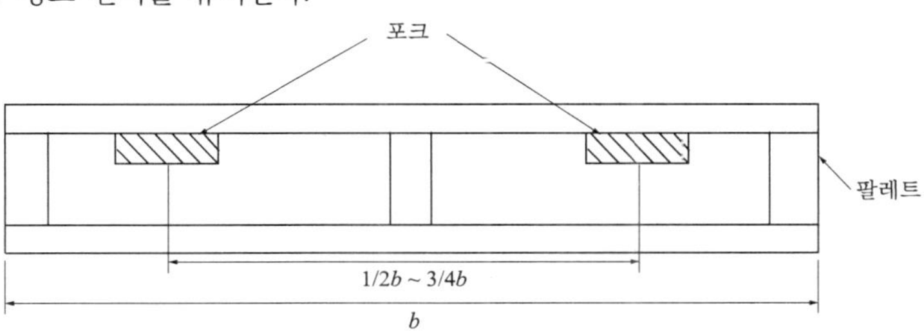

그림 1 포크 간격

(ㄹ) 운반하는 화물을 하역하는 경우에는 다음과 같은 순서에 따라야 한다.

㉮ 운반하고자 하는 화물의 바로 앞에 오면 안전한 속도로 감속한다.

㉯ 화물 앞에 가까이 갔을 때에는 일단 정지하여 마스트를 수직으로 한다.

㉰ 팔레트 또는 스키드에 포크를 꽂아 넣을 때에는 지게차를 화물에 대해 똑바로 향하고, 포크의 꽂아 넣는 위치를 확인한 후에 천천히 포크를 넣는다.

(ㅁ) 팔레트 또는 스키드로부터 포크를 빼낼 때에도 넣을 때와 마찬가지로 접촉 또는 비틀리지 않도록 조작한다.

(ㅂ) 지면으로부터 화물을 들어 올릴 때에는 다음과 같은 순서에 따라 작업을 실시한다.

㉮ 일단 포크를 지면으로부터 5~10 cm 들어 올린 후에 화물의 안정상태와 포크에 대한 편하중이 없는지 등을 확인한다.

㉯ 이상이 없음을 확인한 후에 마스트를 충분히 뒤로 기울이고, 포크를 바닥면으로부터 약 10~30 cm의 높이를 유지한 상태에서 주행한다.

(ㅅ) 지게차에 화물을 실을 때에는 허용하중을 초과한 화물을 적재하여서는 아니 되며, 지게차 뒷부분에 중량물이나 사람을 태우고 무게중심을 유지하는 등의 작업을 하여서는 안 된다.

② 주행 시의 안전

(ㄱ) 지게차 운전자는 회사에서 정한 구내속도를 준수한다.

(ㄴ) 비포장도로, 좁은 통로, 언덕길 등에서는 급출발이나, 급브레이크 조작, 급선회 등을 하지 않는다.

(ㄷ) 지게차는 전방 시야(視野)가 나빠지게 되므로, 전후좌우를 충분히 관찰하여야 하며 적재화물에 가려 시야를 현저하게 방해할 때에는 다음과 같은 조치를 한다.

㉮ 유도차를 배치하여 유도시킨다.

㉯ 후진으로 진행한다.

(ㄹ) 화물적재 상태에서 30 cm 이상으로 들어 올리거나 마스트를 수직이나 앞으로 기울인 상태에서 주행하지 않는다.

(ㅁ) 포크나 포크 등에 의해 지지되고 있는 화물 아래에 사람이 출입하지 않도록 한다.

(ㅂ) 선회하는 경우에는 후륜이 바깥쪽으로 크게 회전하므로 사람이나 건물에 접촉 또는 충돌하지 않도록 천천히 선회한다.

(ㅅ) 도로상을 주행할 때에는 포크의 선단에 표식을 부착하는 등 보행자 작업자가 식별할 수 있도록 한다.

(ㅇ) 포크 또는 팔레트, 스키드, 균형추(counter balance) 등에 사람을 태우고 주행하지 않는다.

③ 언덕길에서의 안전

(ㄱ) 급경사의 언덕길을 오를 때에는 포크의 선단 또는 팔레트의 바닥부분이 노면에 접촉되지 않도록 하고, 되도록 지면에 가까이 접근시켜 주행한다.

(ㄴ) 언덕길의 경사면을 따라 옆으로 향하여 주행하거나 방향을 전화하지 않는다.

(ㄷ) 급경사의 언덕길을 올라가거나 내려갈 때에는 화물이 언덕길의 위쪽이 되도록 하고, 내려갈 때에는 엔진브레이크를 사용한다.

(ㄹ) 지게차가 앞쪽으로 기울어진 상태에서 화물을 올려서는 안 된다.

④ 야간작업시의 안전

(ㄱ) 야간에 지게차를 운전하는 경우에는 전조등(前照燈) 또는 후조등(後照燈), 그 밖의 조명을 이용하여 현장 전체를 최대한 밝게 한 후에 안전한 상태에서 작업한다.

(ㄴ) 야간에는 원근감이나 지면의 고저가 불명확해져서 운전자가 심하게 착각을 일으키기 쉬우므로 주위에 있는 작업자와 장애물에 주의하고, 안전한 속도로 운전한다.

⑤ 주차시의 안전

지게차의 운전석을 떠나는 경우에는 브레이크를 완전하게 걸고 변속 레버를 중립으로 한 후 포크 등을 바닥면에 내리고 엔진을 정지시킨다.

⑥ 적치작업

(ㄱ) 화물을 적치하는 경우에는 다음과 같은 순서로 한다.

㉮ 적치하는 장소의 바로 앞에 오면 안전한 속도로 감속한다.

㉯ 적치하는 장소의 앞에 접근하였을 때에는 일단 정지한다.

㉰ 적치하는 장소의 화물의 붕괴, 파손 등의 위험이 없는지 확인한다.

㉱ 마스트를 수직으로 하고 포크를 수평으로 한 후, 내려놓을 위치보다 약간 높은 위치까지 올린다.

㉲ 내려놓을 위치를 잘 확인한 후, 천천히 전진하여 예정된 위치에 내린다.

㉳ 천천히 후진하여 포크를 10～20 cm 정도 빼내고, 다시 약간 들어 올려 안전하고 올바른 적재위치까지 밀어 넣고 내려야 한다.

(ㄴ) 적치하는 경우에 포크를 완전히 올린 상태에서는 틸트(뒤로 기울임)장치를 거칠게 조작하지 않는다.

(ㄷ) 적치를 하는 상태에서는 절대로 차에서 내리거나 이탈하여서는 안 된다.

⑦ 적치된 화물 내리기 조작

(ㄱ) 내리고자 하는 화물의 바로 앞에 오면 안전한 속도로 감속한다.

(ㄴ) 화물 앞에 가까이 접근하였을 때에는 일단 정지한다.

(ㄷ) 적재되어 있는 화물이 붕괴나 그 밖의 위험이 없는지를 확인한다.

(ㄹ) 마스트를 수직으로 하고, 포크를 수평으로 하여 팔레트 또는 스키드의 위치까지 올린다.

(ㅁ) 포크를 화물 밑 끝까지 깊숙이 꽂아 넣고, 화물이 포크의 수직 전면 또는 백레스트에 가볍게 접촉한 후에 올린다.

(ㅂ) 안전하게 내릴 수 있는 위치까지 천천히 후진하여 밑으로 내린다.

(ㅅ) 바닥면으로부터 5～10 cm의 높이까지 내리고, 마스트를 충분히 뒤로 기울인 후, 포크를 바닥면으로부터 약 15～30 cm의 높이로 한 상태에서 목적하는 장소로 이송한다.

(3) 지게차 팔레트(pallet)용 및 받침용

① 양날개 돌림 팔레트

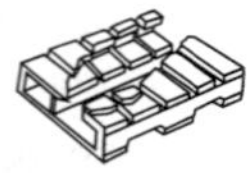
② 4방향 V자형 팔레트

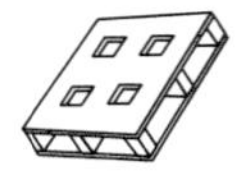
③ 4방향 블록용 팔레트

④ 소비형 팔레트

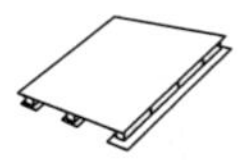
⑤ 소비형 지물(紙物) 팔레트

⑥ 알루미늄 받침대

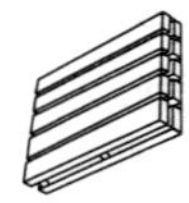
⑦ 강재 팔레트

⑧ 목(木) 받침대 (외곽금속테두리)

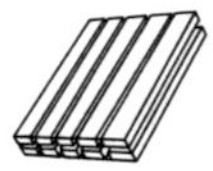
⑨ 알루미늄 팔레트

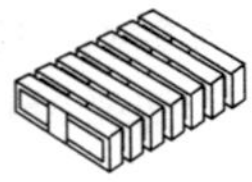
⑩ 강재 팔레트

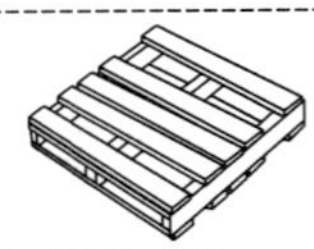
⑪ 양측용 팔레트

⑫ 철망 팔레트

(4) 지게차 안전작업계획서

<table>
<tr><td rowspan="2">결재</td><td></td><td></td><td></td></tr>
<tr><td></td><td></td><td></td></tr>
</table>

<table>
<tr><td colspan="2">관리번호</td><td></td><td>관리부서</td><td colspan="3"></td></tr>
<tr><td rowspan="2">운전자</td><td>성명</td><td></td><td rowspan="2">작업지휘자</td><td colspan="3"></td></tr>
<tr><td>자격번호</td><td></td><td colspan="3"></td></tr>
<tr><td colspan="2">지게차 최대 적재하중</td><td>톤</td><td>화물의 중량</td><td colspan="3">kgf</td></tr>
<tr><td colspan="2">구내제한속도</td><td>km/h</td><td>작업시간</td><td colspan="3"></td></tr>
<tr><td colspan="2">작업장소</td><td colspan="5"></td></tr>
<tr><td colspan="2">작업내용</td><td colspan="5"></td></tr>
<tr><td colspan="2">구분</td><td colspan="3">점검내용</td><td>양호</td><td>불량</td></tr>
<tr><td colspan="2" rowspan="4">화물의 상태</td><td colspan="3">화물의 중량은 지게차 정격하중 이내인가?</td><td></td><td></td></tr>
<tr><td colspan="3">화물이 운전자의 시야를 방해하지는 않는가?</td><td></td><td></td></tr>
<tr><td colspan="3">인체에 유해·위험한 화물 적재작업 시 작업자에게 유해·위험성에 대한 교육을 실시하였는가?</td><td></td><td></td></tr>
<tr><td colspan="3">붕괴, 낙하 위험이 있는 화물을 견고하게 묶었는가?</td><td></td><td></td></tr>
<tr><td colspan="2" rowspan="4">운행경로상태</td><td colspan="3">통행로는 안전하게 확보되었는가? (주요통행로 폭 : m)</td><td></td><td></td></tr>
<tr><td colspan="3">통행로에 장해물은 완전히 제거되었는가?</td><td></td><td></td></tr>
<tr><td colspan="3">지반이 편편하고 견고한 구조로 되어 있는가? (부등침하 여부)</td><td></td><td></td></tr>
<tr><td colspan="3">노견의 붕괴위험은 없는가?</td><td></td><td></td></tr>
<tr><td colspan="2" rowspan="2">지게차 작동상태 점검</td><td colspan="3">작업개시 전 안전점검 실시결과</td><td></td><td></td></tr>
<tr><td colspan="3">월 1회 정기점검 실시결과</td><td></td><td></td></tr>
<tr><td colspan="2" rowspan="2">작업자 안전교육</td><td>교육일시</td><td colspan="2">교육장소</td><td colspan="2">교육자</td></tr>
<tr><td></td><td colspan="2"></td><td colspan="2"></td></tr>
<tr><td colspan="2">안전교육내용
(작업자 준수사항)</td><td colspan="5"></td></tr>
</table>

작성일자 20 년 월 일; 작성자 (인); 운전자 (인)

Chapter 5

양중기등 및 산업용 로봇의 안전

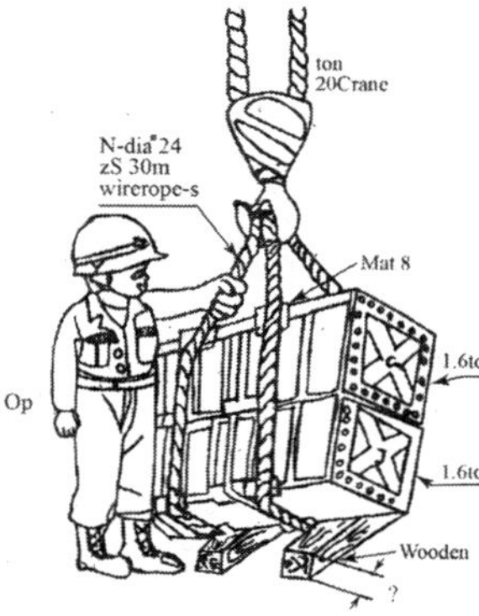

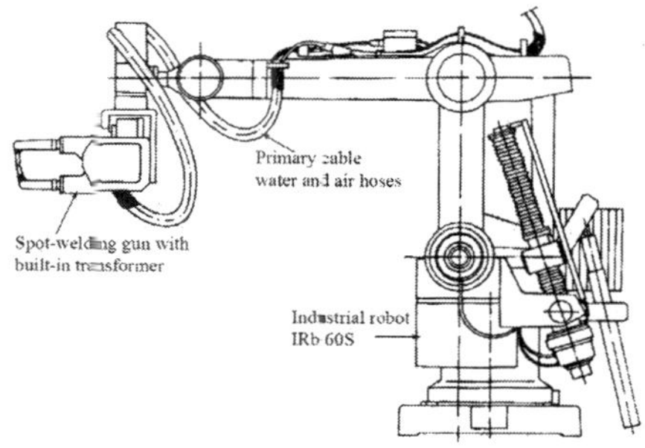

5-1 양중기등의 안전

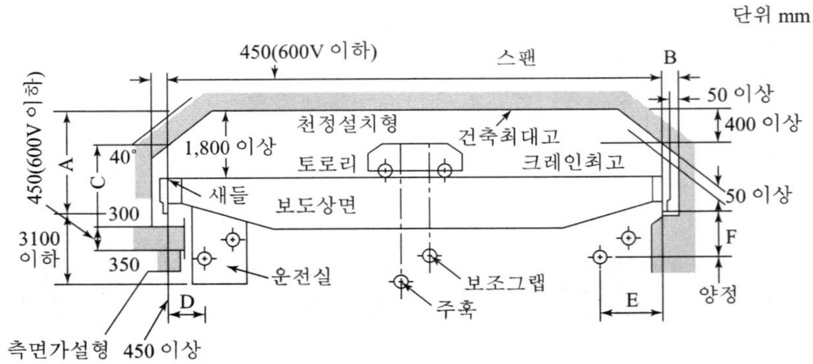

(a) 설치시의 구조

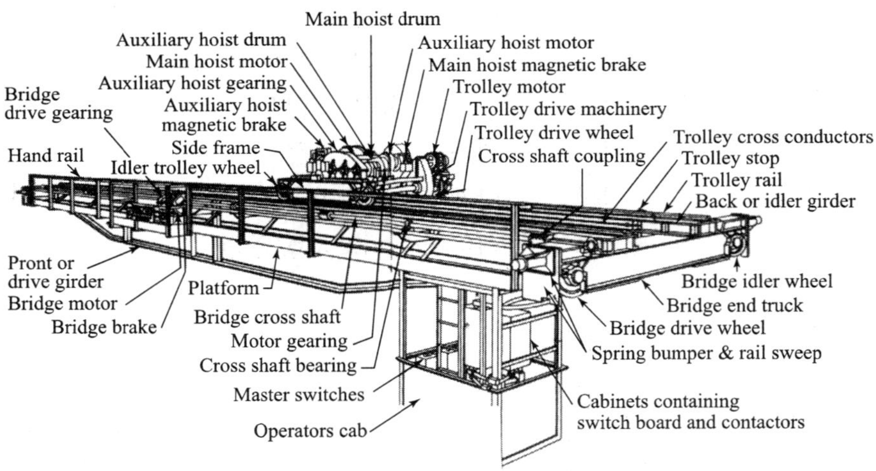

(b) 천장 crane의 외형구조

자료제공 : Manning Maxwell & Moor Inc

1 양중기 안전

(1) 양중기의 법적분류

① 크레인(Crane)
- 천장 크레인(Overhead Crane)
- 호이스트 크레인(Hoist Crane)
- 타워 크레인(Tower Crane)
  - 이동식
    - 크롤러형(Crawler Type)
    - 트럭형(Truck Type)
    - 레일형(Rail Type)
  - 고정식
    - 타이드 인 빌딩형(Tied in Building)
    - 크라이밍형(Climbing Type)

② 이동식크레인(Crane)
- 휠 크레인(Wheel Crane)
- 크롤러 크레인(Crawler Crane)
- 트럭 크레인(Truck Crane)

③ 리프트(Lift)
- 건설용 리프트
- 간이 리프트 → 바닥면적 1 m^2 이하와 천장높이가 1.2 m 이하인 것

④ 곤돌라(Gondola)

⑤ 승강기(Elevator)
- 승용 승강기
- 화물용 승강기 → 0.25톤 이상인 것
- 에스컬레이터

(2) 용어의 정리

① 크레인(Crane)의 호칭

크레인의 용량을 나타내는 호칭으로써 작업이 가능한 선회 범위 내(內)에서 가장 안전성이 낮은 붐방향에서 호이스팅 하중과 이에 대응해서 최대작업 반지름 및 정해진 작업 반지름에서의 정격 총하중의 두 값으로 표시함.

㈀ 그래브 버킷(Grab bucket) 용량

취급물의 안식각을 30°로 하여 계산한 경우의 그래브 버킷의 움켜잡기 용량.

㈁ 훅(Hook) 용량

훅(hook)이 달아 올릴 수 있는 최대허용 하중

㈂ 안정한계 상태 및 총하중

수평인 굳은 땅위에서 하중을 지면위로 올릴 수 있는 한계 상태(tipping condition). 이때 안전한계의 총하중은 훅, 그래브 버킷 등 호이스팅 기구의 무게를 포함한다.

㈃ 정격 총하중

각 붐(boom)길이와 각 작업 반지름에서 허용할 수 있는 최대의 하중(훅, 그래브 버킷 등 호이스팅 기구의 무게 포함)을 말한다. 산정한계 총하중에 대하여 훅의 경우는 78% 이하 그래브 버킷 및 리프팅 마그넷(lifting magnet)의 경우 70% 이하의 값이다.

㈄ 안정도

전도(顚倒)에 대한 안정성을 표시하는 것으로 다음 식에 따른다.

$$\text{안정도}(\%) = \frac{\text{정격 총하중}}{\text{안전한계 총하중}} \times 100$$

∴ 값이 적을수록 안정성이 좋다.

㈅ 등반능력

올라갈 수 있는 노면경사의 최대값

㉮ 크롤러식(Crawler type) : 경사각

㉯ 터럭 및 차륜식 : $\tan\theta$

(ㅅ) 크롤러 접지길이

구동륜과 유동륜의 중심거리에 크롤러 높이의 35%를 더한 길이

(ㅇ) 크롤러 접지면적

크롤러 접지 길이에 좌우의 크롤러 벨트 너비의 합을 곱한 넓이

(ㅈ) 붐길이(Boom length)

붐 푸트 핀(Boom foot pin)과 붐 포인트(boom point)와의 중심 간 거리

(ㅊ) 붐(Boom)

하중을 붐 포인트시브 호이스팅로프로 지지하고 기복, 신축, 접침 등으로 작업 반지름을 변화시키는 기둥꼴의 구조물. 영국 등에서는 지브(Jib)라고도 한다.

(ㅋ) 붐각도(Boom angle)

붐 가상 중심선과 붐 푸트 핀(Foot-pin)에서 수평선과 이루는 사이 각을 말하며 운전원은 작업조건에 따라 최대한 안전 각도를 선정해야 한다. 제한 붐각도는 최대 78°이고 안전 각도는 66°이다.

(ㅌ) 지주장치(支柱裝置, Outrigger)

돌출지주(protrude, 突起)로 뻗어 나온 너비를 크게 하여 기체(機體)의 안전성을 크게 할 목적으로 하부주행 프레임, 서브 프레임 또는 선회지지 프레임에 설치되는 돌출지주, 지지방법에는 고정식, 인출식, 정첩식이 있고 조작방법은 수동식과 유압식이 있다. 주로 이동식 크레인 중에 트럭 크레인(truck crane)과 휠 크레인(wheel crane) 등에서 사용되고 있다.

(ㅍ) 임계하중(Tipping load)

인양할 수 있는 하중과 인양할 수 없는 하중과의 임계점을 말한다. 즉, 임계하중이란 크레인(crane)의 규격을 결정한 다음 최대 중량의 하물을 들어 올렸을 때 뒷부분이 들리려고 할 때의 임계점을 말한다.

이러한 임계하중으로는 작업이 불가하며 좌우로 스윙(swing)을 할 경우 크레인이 전복할 우려가 있다.

(ㅎ) 작업하중(Operating load)

물건을 들어 올려 안전하게 작업할 수 있는 하중을 말하며 안전하중이라고도 말한다. 예를 들면 트럭 크레인(truck crane)은 임계하중의 85%이고 크롤러 크레인은 임계하중의 75%이다.

(3) 크레인의 구조기능과 특성

① 크레인(Crane)

크레인은 현장에서 쉽게 취급하는 호이스트 크레인을 비롯하여 용도에 따라서 <그림 5-1>과 같이 여러 가지 형식이 있다. 이 기계의 위험성의 특징은 작업점이 넓어 적절한 대책을 수립할 수 있는데 많은 노력과 연구가 따라야 한다.

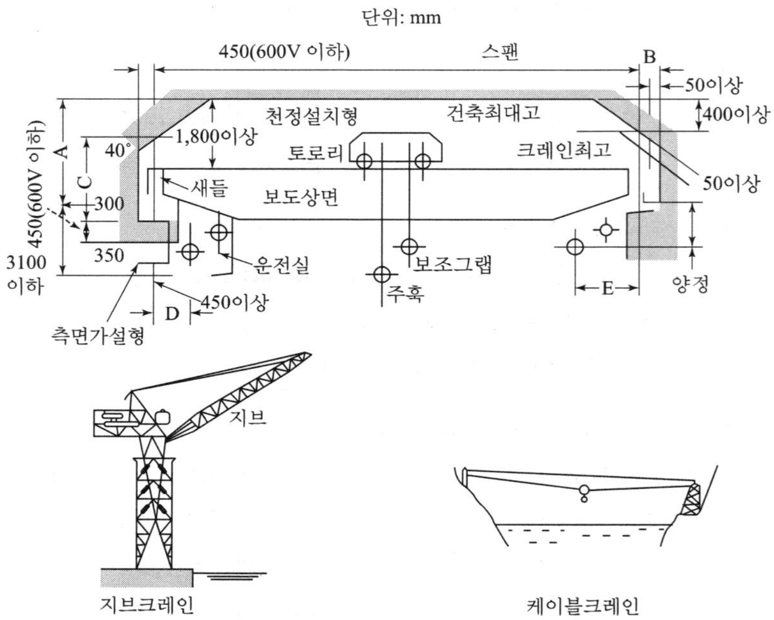

그림 5-1 • 대표적인 크레인의 종류

(ㄱ) 구조 및 기능

일반적으로 크레인이란 고정식 크레인 및 이동식 크레인과 데릭 이외의 크레인을 말하는데 그 용도에 따라 여러 가지 구조의 것이 있다. <그림 5-1>은 크레인의 대표적인 종류를 나타낸 것으로 그림에서 보는바와 같이 천장 크레인·지브 크레인·교량 크레인·케이블 크레인 등이 있다.

크레인은 물건을 매달거나 수직·수평운동을 할 수 있으므로 한정된 작업장 내에서의 중량물 운반은 크레인에 의지하는 수가 많다. 크레인은 본체로 된 구조부분과 물건을 들어 올려 운반하기 위한 작동부분으로 대별된다. 구조부분은 일반적으로 여러 가지 형상으로 만든다.

작동부분은 권상장치(물건을 매달아 올리는 장치), 주행장치(크레인 전체를 이동시키기 위한 장치), 횡행장치(물건을 매달아 크레인의 주행방향과 직각방향으로 움직이는 트롤리(trolley)대차를 이동시키는 장치), 선회장치(slewing), 기복장치(지브의 선회 및 기복을 행하는 장치) 등으로 되어 있고 주로 전동기에 의해 치차·와이어로프 등과 같이 작동한다.

(ㄴ) 크레인(Crane) 용도와 분류

크레인은 수직·수평운동을 할 수 있으므로 한정된 작업장 내에서의 중량물의 운반을 크레인에 의지하는 경우가 많다.

따라서 설치된 크레인의 종류와 그 특성을 알고 난 후 작업조건 및 환경에 따라 안전작업을 위한 조치가 따라야 한다.

표 5-1 크레인의 종류와 용도 및 특성

<table>
<tr><th colspan="3">종류</th><th colspan="2">대응영어</th><th>용도 및 특성</th><th>그림</th></tr>
<tr><td rowspan="6">1. 천장 크레인</td><td colspan="2">천장 크레인</td><td colspan="2">Over head travelling crane</td><td>고가 주행로를 주행하는 거더에 트롤리를 가진 크레인</td><td>5-2</td></tr>
<tr><td colspan="2">호이스트식</td><td colspan="2">Over head travelling crane with hoist</td><td>호이스트를 가진 천장 크레인</td><td>5-3</td></tr>
<tr><td colspan="2">크래브식</td><td colspan="2">Over head travelling crane With crab</td><td>크래브를 가진 천장 크레인</td><td>5-4</td></tr>
<tr><td colspan="2">로프 트롤리식</td><td colspan="2">Over head travelling crane with rope-trolley</td><td>로프 트롤리를 가진 천장 크레인</td><td></td></tr>
<tr><td colspan="2">선회 맨 트롤리식</td><td colspan="2">Over head travelling crane with slewing man trolley</td><td>현수형 선회지브를 설비한 맨 트롤리를 가진 천장 크레인</td><td>5-5</td></tr>
<tr><td colspan="2">셔틀 거더식 천장 크레인</td><td colspan="2">Over head travelling crane with shuttle girder</td><td>셔틀 거더를 가진 천장 크레인</td><td>5-6</td></tr>
<tr><td rowspan="6">2. 지브 크레인</td><td colspan="2">지브붙이 크레인</td><td colspan="2">Jib crane</td><td>지브에서 화물을 달아 올리는 크레인 총칭</td><td>5-7</td></tr>
<tr><td rowspan="2">낮은 지브</td><td>고정형</td><td colspan="2" rowspan="2">Jib crane</td><td rowspan="2">다리가 없는 지브 크레인이며 고정형과 주행형이 있다.</td><td>5-8</td></tr>
<tr><td>주행형</td><td>5-9</td></tr>
<tr><td colspan="2">탑 모양 지브 크레인</td><td colspan="2">Tower crane</td><td>다리가 탑 모양인 지크 크레인
경미한 인입운동이 가능빈도가 많은 하역작업에 적합</td><td>5-10</td></tr>
<tr><td colspan="2">문 모양 지브 크레인</td><td colspan="2">Portorl crane</td><td>다리가 문 모양인 지크 크레인</td><td>5-11</td></tr>
<tr><td colspan="2">반문 모양 지브 크레인</td><td colspan="2">Semi portorl crane</td><td>다리가 반문 모양인 지브 크레인</td><td>5-12</td></tr>
<tr><td colspan="3" rowspan="2">3. 해머 헤드 크레인</td><td rowspan="2">Hammer head crane</td><td>로프 트롤리</td><td rowspan="2">탑으로부터 돌출한 캔틸레버 위를 트롤리가 가로방향으로 이동하는 지브붙이 크레인 로프 트롤리식과 크래브 트롤리식이 있다.</td><td>5-14</td></tr>
<tr><td>크래브 트롤리</td><td>5-15</td></tr>
</table>

<table>
<tr><td colspan="2">4. 클라이밍 크레인</td><td colspan="2">Climbing crane</td><td>클라이밍 장치는 가진 지브붙이 크레인</td><td>5-16</td></tr>
<tr><td colspan="2">5. 플로우팅 크레인</td><td colspan="2">Floating crane</td><td>플로우트 위에 지브붙이 크레인을 갖는 지브 크레인</td><td>5-17</td></tr>
<tr><td colspan="2">6. 벽 크레인</td><td colspan="2">Wall crane</td><td>건물의 기둥 또는 벽에 부착한 지브 크레인 소형물 하역용 360° 회전가능</td><td>5-18</td></tr>
<tr><td colspan="2" rowspan="2">7. 로코 모티브 크레인</td><td rowspan="2">Loco motive crane</td><td>하역용</td><td rowspan="2">철도 레일 위를 주행하는 지브붙이 크레인이며 하역과 구원용이 있다.</td><td rowspan="2">5-19</td></tr>
<tr><td>구원용</td></tr>
<tr><td rowspan="7">8. 특수 천장 크레인</td><td>장입(裝入) 크레인</td><td colspan="2">Charging crane</td><td>특수용도에 적합한 장치를 가진 크레인의 총칭을 특수 크레인이라 하며 원료를 노에 장입하는 장치를 가진 특수 천장 크레인</td><td>5-21</td></tr>
<tr><td>레이들 크레인</td><td colspan="2">Ladle crane</td><td>주물 레이들 운반용의 특수 훅(hook)을 가진 천장 크레인</td><td>5-22</td></tr>
<tr><td>강괴(鋼塊) 가열로 크레인</td><td colspan="2">Soaking pit crane
Stripper crane
Mould handling crane</td><td>강괴 취급용의 장치를 가진 특수 천장 크레인, 소오킹 피트 크레인, 스트리퍼 크레인, 모울드 크레인 등이 있다.</td><td>5-23</td></tr>
<tr><td>포크 천장 크레인</td><td colspan="2">Over head travelling crane with fork</td><td>트롤리로부터 달아매어진 가이드 프레임에 따라 상하로 이동하는 포크를 가진 크레인</td><td>5-24</td></tr>
<tr><td>단조 크레인</td><td colspan="2">Forge crane</td><td>단조 재료를 돌리는 장치를 가진 특수 천장 크레인</td><td>5-25</td></tr>
<tr><td>퀜칭 크레인</td><td colspan="2">Quenching crane</td><td>퀜칭을 위한 급속 감아 내리기 장치를 가진 특수 천장 크레인</td><td>5-26</td></tr>
<tr><td>스태킹 천장 크레인</td><td colspan="2">Over head travelling stacking crane</td><td>트롤리로부터 달아매어진 가이드 프레임에 따라 상하로 이동하는 포크 등을 가진 특수 천장 크레인</td><td>5-27</td></tr>
<tr><td rowspan="6">9. 갠트리 크레인</td><td>갠트리 크레인</td><td colspan="2">Gantry crane with hoist
Bridge crane</td><td>레일 위를 주행하는 다리를 가진 거더에 트롤리 또는 지브붙이 크레인을 가진 크레인</td><td>5-28</td></tr>
<tr><td>호이스트식 갠트리 크레인</td><td colspan="2">Gantry crane with hoist
Bridge crane with hoist</td><td>호이스트를 가진 갠트리 크레인</td><td>5-29</td></tr>
<tr><td>크래브식 갠트리 크레인</td><td colspan="2">Gantry crane with crab
Bridge crane with crab</td><td>크래브를 가진 갠트리 크레인</td><td>5-30</td></tr>
<tr><td>로프 트롤리식 갠트리 크레인</td><td colspan="2">Gantry crane with rope trolley</td><td>로프 트롤리를 가진 갠트리 크레인 또한 호이스팅 장치 또는 가로 주행 장치를 트롤리 위에 설비한 것을 세미로우트 트롤리식 갠트리 크레인</td><td>5-31</td></tr>
<tr><td>맨 트롤리식 갠트리 크레인</td><td colspan="2">Gantry crane with man trolley</td><td>맨 트롤리를 가진 갠트리 크레인</td><td>5-32</td></tr>
<tr><td>선회 맨 트롤리식 갠트리 크레인</td><td colspan="2">Gantry crane with slewing man trolley</td><td>현수형 선회 지브를 설비한 맨 트롤리를 가진 갠트리 크레인</td><td>5-33</td></tr>
</table>

	셔틀 거더식 갠트리 크레인	Gantry crane with shuttle girder	셔틀 거더를 가진 갠트리 크레인	5-35
	지브식 갠트리 크레인	Gantry crane with jib crane	지브 크레인이 가로방향으로 옆 주행하는 갠트리 크레인	5-36
	끌어당김식 갠트리 크레인	Gantry crane with jib crane	끌어당김 크레인이 가로 방향으로 주행하는 갠트리 크레인	5-37
10. 언로더	언로더	Unloader	양륙 전용의 크레인으로서, 호퍼, 피더, 컨베이어 등을 가진 것. 선박에서 석탄, 광석 등을 운반 이용	
	갠트리식 언로더	Bridge type unloader	갠트리 크레인식의 언로더 갠트리 크레인의 분류 명칭을 붙여서 로프 트롤리식 언로더 등으로 부른다.	5-43
	인입(引入)식 언로더	Level luffing type unloader	끌어 당김식 언로더 또는 더브링크식 언로더라고 부르기도 한다.	5-44
11. 케이블 크레인	케이블 크레인	Cable crane	서로 마주보는 탑 사이에 건로프를 궤도로 하여 트롤리가 가로 주행하는 케이블 크레인	
	고정 케이블 크레인	Fined cable crane	양쪽의 탑이 주행하지 않는 케이블	5-39
	주행 케이블 크레인	Travelling crane	한쪽 또는 양쪽의 탑이 주행하는 케이블 크레인	5-38
12. 자주 크레인	자주 크레인	Mobile crane	지브 크레인에 차륜 또는 크롤러를 구비하여 레일(rail)에 의하지 않고 원동기가 있어 스스로 주행할 수 있고 작업 현장을 바꿀 수 있는 크레인. 크레인 동작의 전부 또는 대부분을 움직이는 구동별로 유압식과 기계식으로 분류하기도 한다.	
	유압식 자주 크레인	Hydraulic mobile crane		
	기계식 자주 크레인	Mechanical mobile crane		
	트럭 크레인	Truck crane	주행체가 트럭식 자주 크레인	5-41
	휠 크레인	Wheel crane	주행체가 휠식 자주 크레인	5-42
	크롤러 크레인	Crawler crane	주행체가 크롤러식(복대식) 자주 크레인	
13. 데릭	데릭	Derrick	상단이 지지된 아스트를 가지며 마스트 또는 붐 위 끝에서 화물을 달아 올리는 지브붙이 크레인. 재료가 적게 들며 각 부재의 각주는 해체 조립이 용이.	
	가이 데릭	Gay derrick	마스트 상부가 가이 로프에 의하여 지지된 데릭	5-45
	스티프레그 데릭	Stiff-leg derrick	마스트 상부가 강성이 있는 스테이너에 의하여 지지된 데릭	5-46
	진 폴 데릭	Gin pole derrick	1개의 마스트 끝에서 화물을 달아 올리는 데릭	5-47
	브레스트 데릭	Breast derrick	2개의 마스트 끝에 이은 보에서 달아 올리는 데릭	5-48

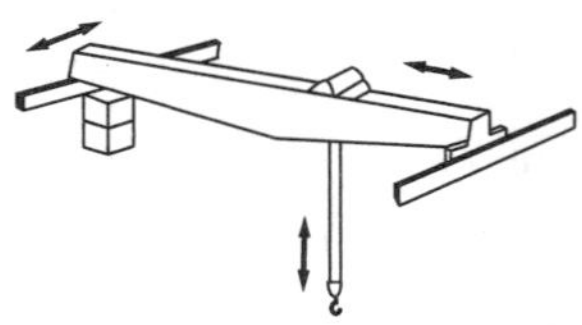

그림 5-2 ◦ 천장 크레인

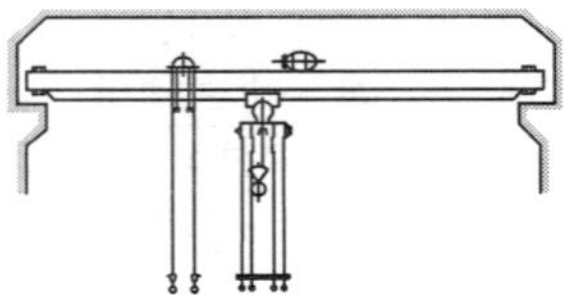

그림 5-3 ◦ 호이스트식 천장 크레인

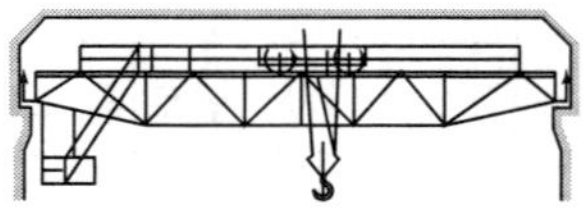

그림 5-4 ◦ 크래브식 천장 크레인

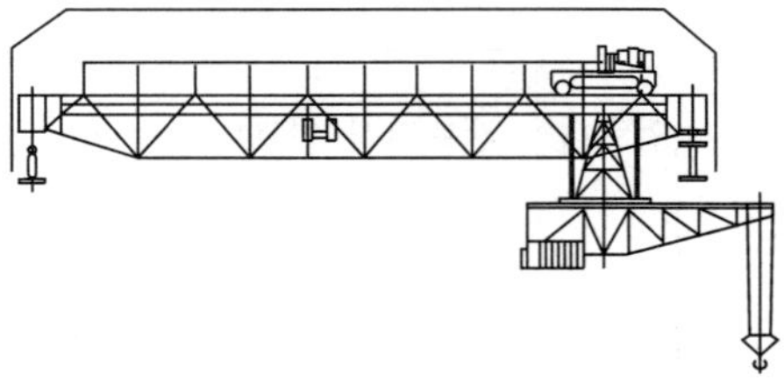

그림 5-5 ◦ 선회 맨 트롤리식 천장 크레인

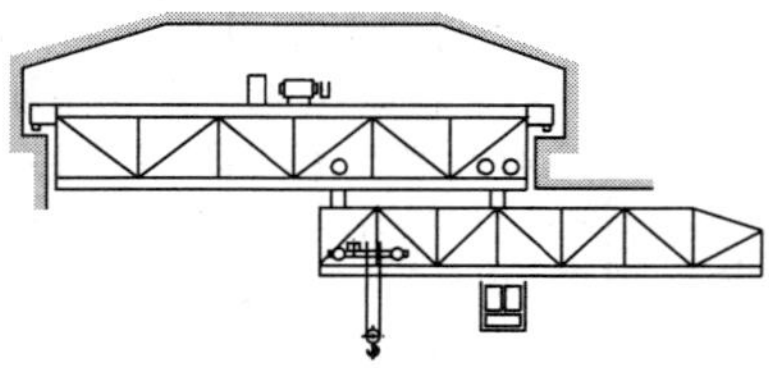

그림 5-6 ◦ 셔틀 거더식 천장 크레인

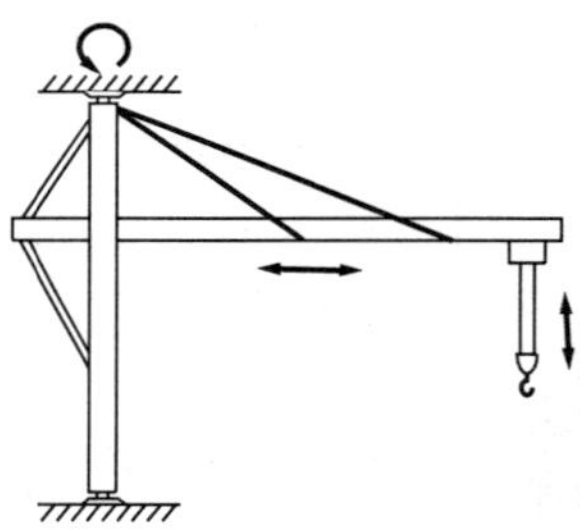

그림 5-7 ◦ 지브 크레인

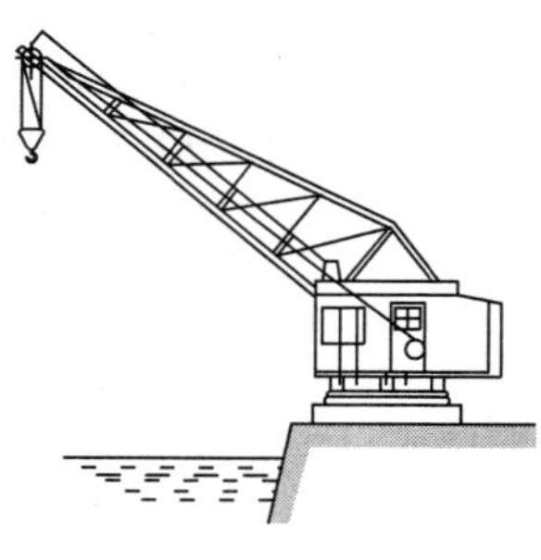

그림 5-8 ◦ 낮은 지브 크레인(고정형)

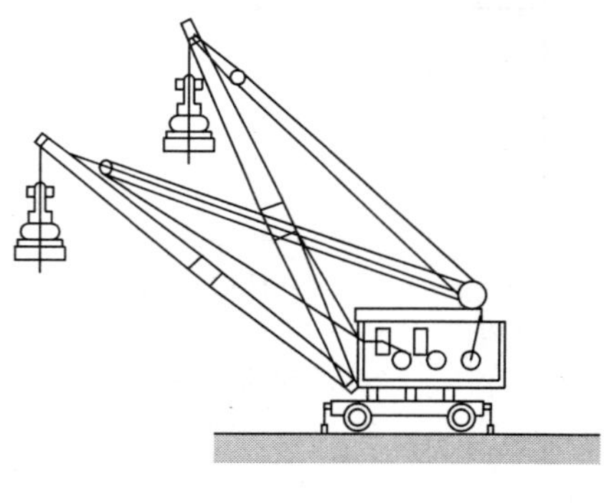

그림 5-9 ◦ 낮은 지브 크레인(주행형)

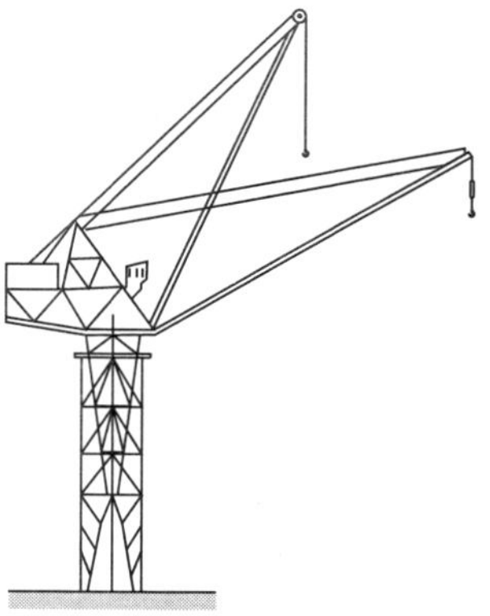

그림 5-10 ◦ 탑 모양 지브 크레인

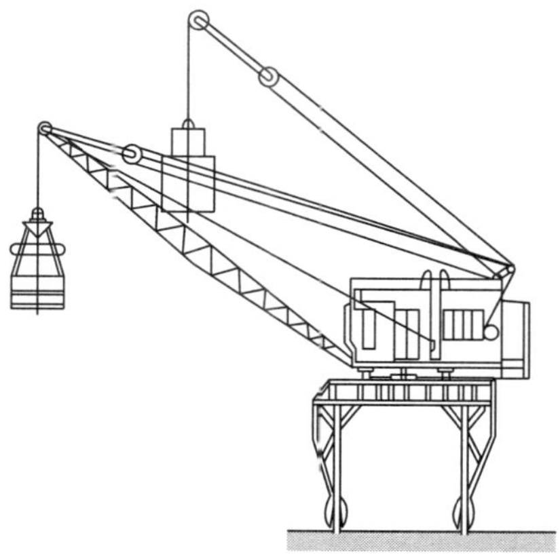

그림 5-11 ◦ 문 모양 지브 크레인

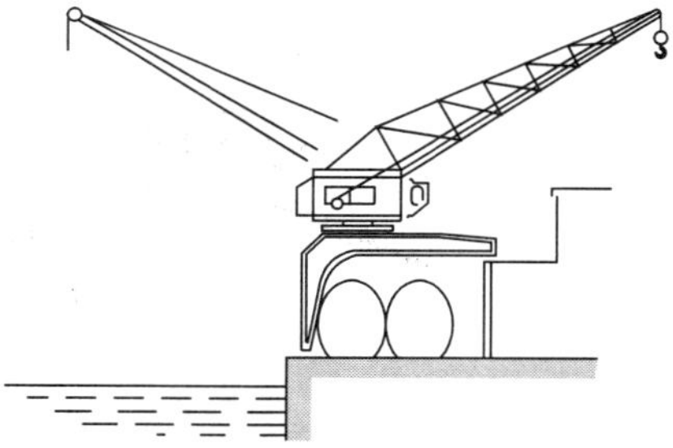

그림 5-12 ◦ 반문 모양 지브 크레인

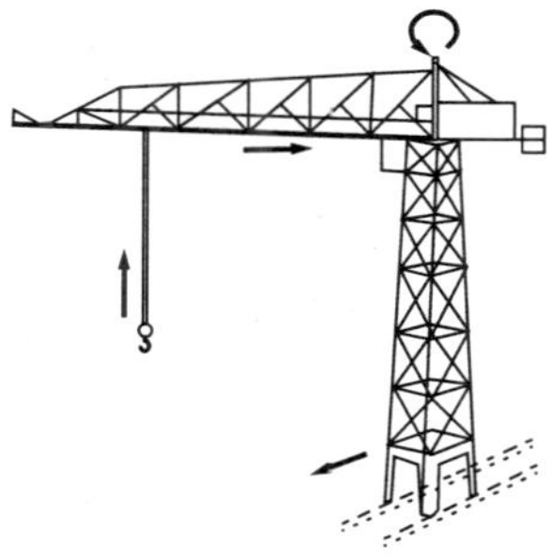

그림 5-13 ◦ 해머 헤드 크레인

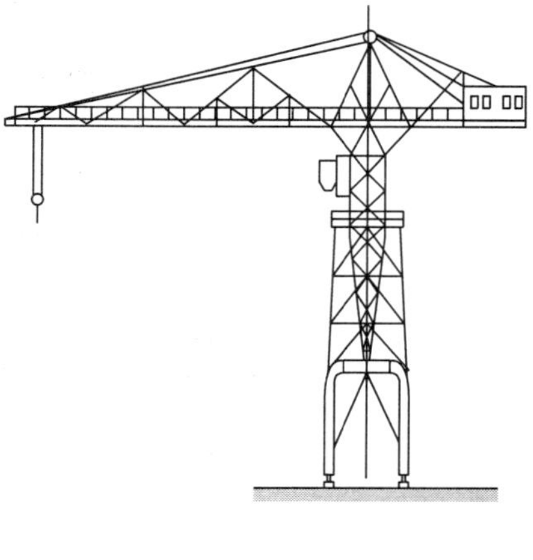

그림 5-14 ◦ 해머 헤드 크레인(로프 트롤리식)

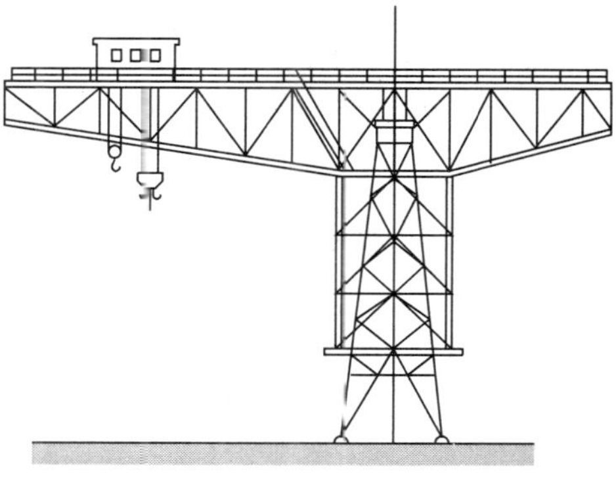

그림 5-15 ◦ 해머 헤드 크레인(크래브 트롤리식)

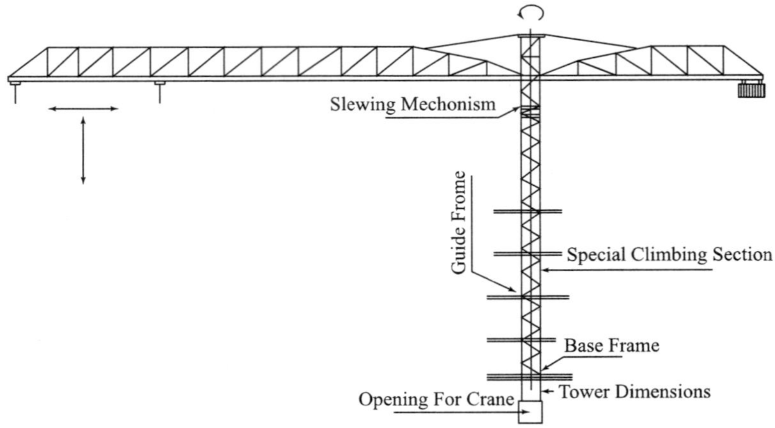

그림 5-16 ◦ 클라이밍 크레인

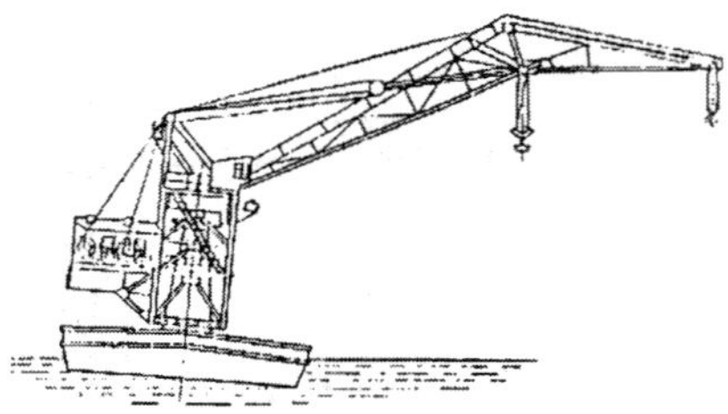

그림 5-17 ◦ 플로우팅 크레인

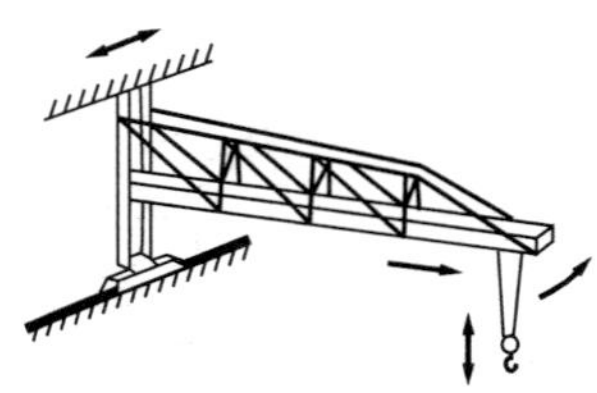

그림 5-18 ◦ 벽 크레인

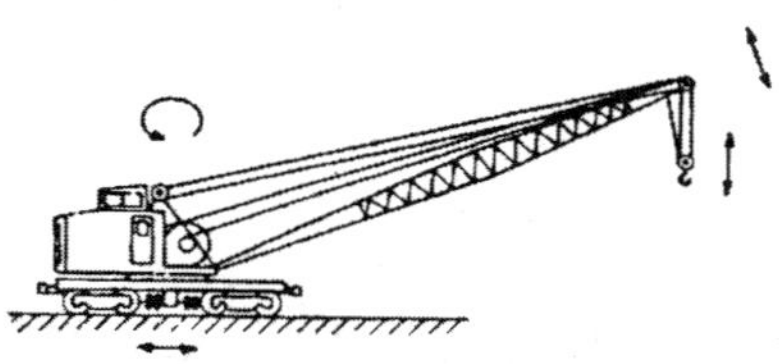

그림 5-19 ◦ 로코 모티브 크레인

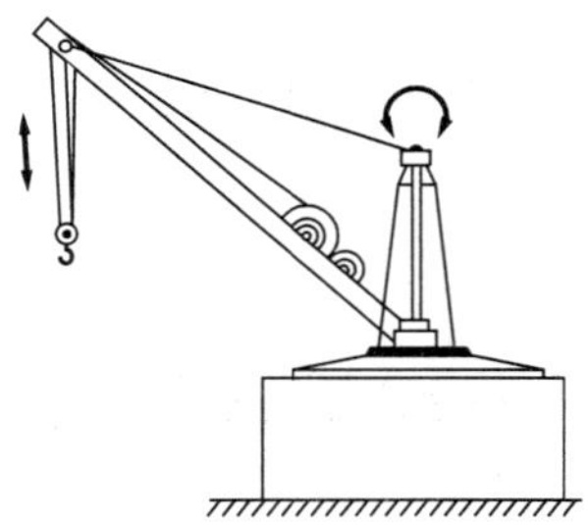

그림 5-20 ◦ 기둥 크레인

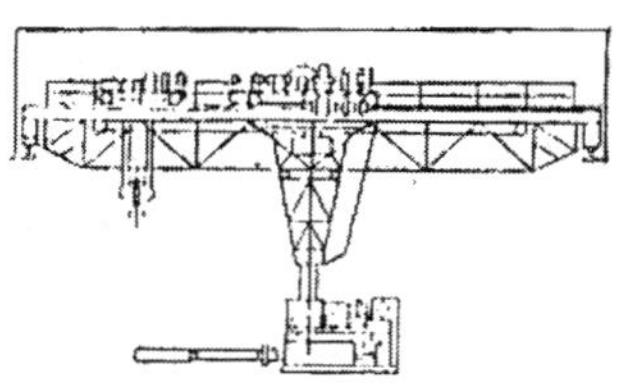

그림 5-21 ◦ 장입 크레인

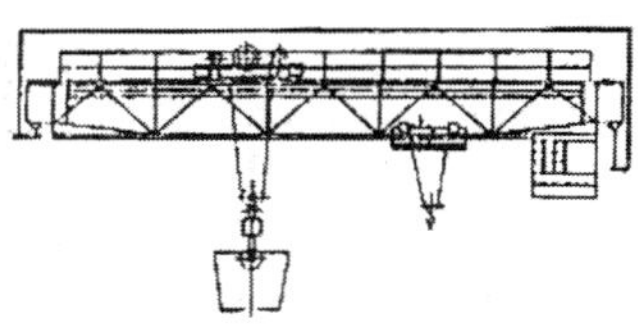

그림 5-22 ◦ 레이들 크레인

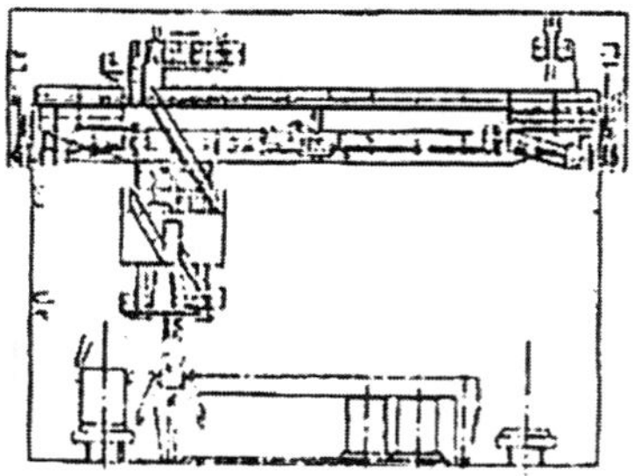

그림 5-23 ◦ 강괴 가열로 크레인

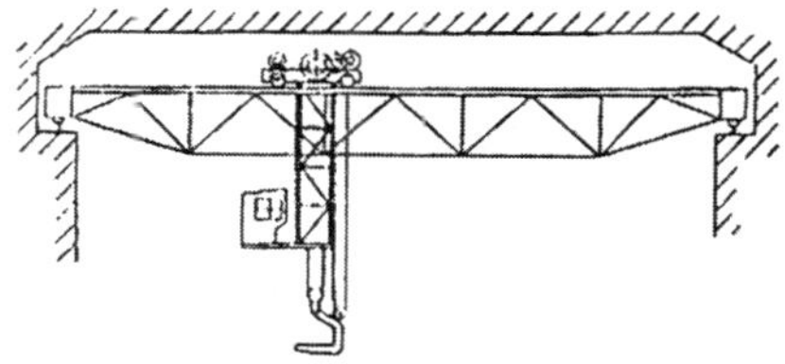

그림 5-24 ◦ 포크 천장 크레인

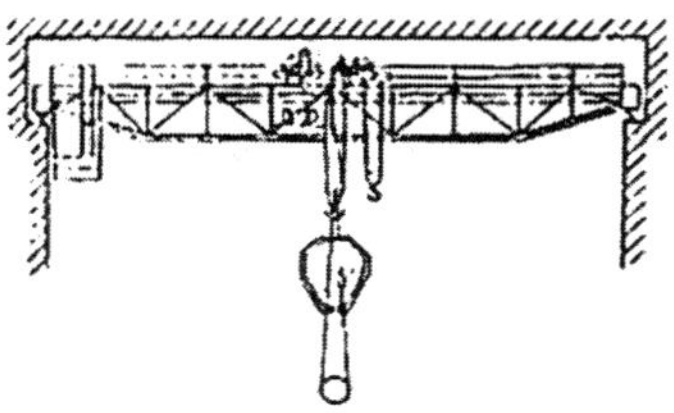

그림 5-25 ◦ 단조 크레인

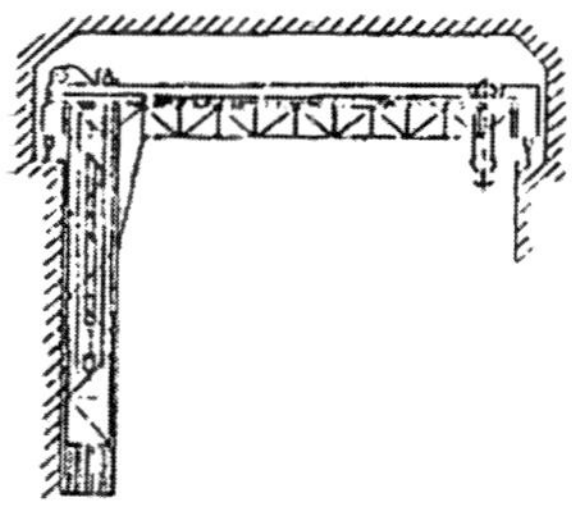

그림 5-26 ◦ 퀜칭 크레인

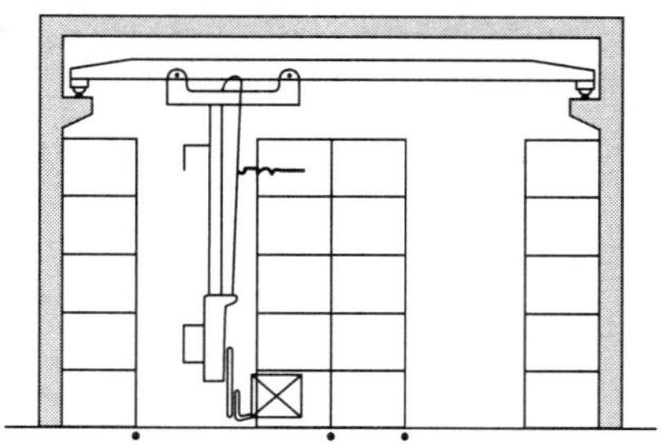

그림 5-27 ◦ 스태킹 천장 크레인

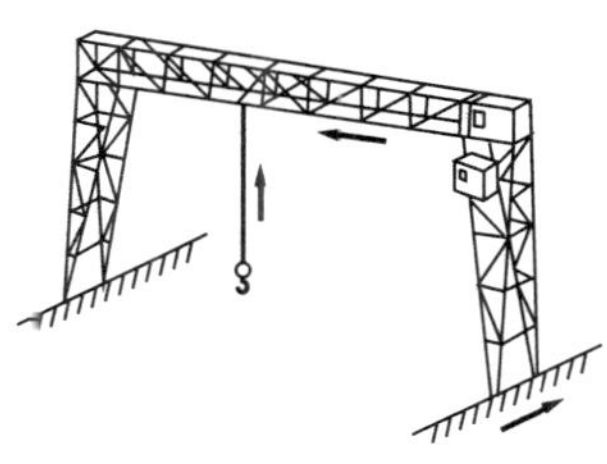

그림 5-28 ◦ 갠트리 크레인

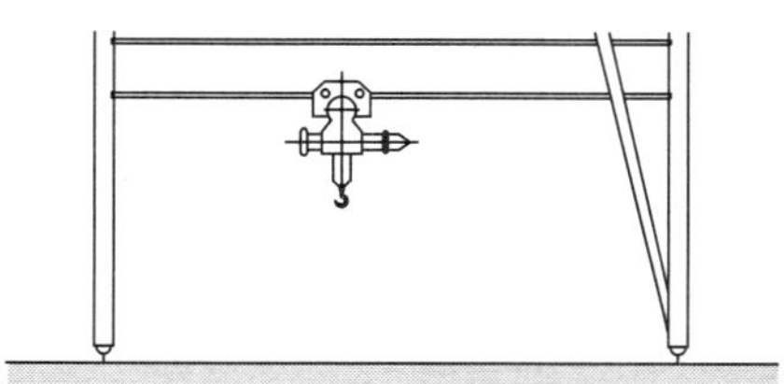

그림 5-29 ◦ 호이스트식 갠트리 크레인

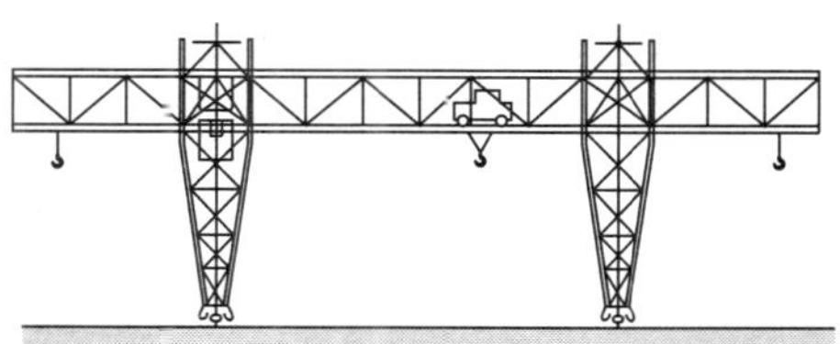

그른 5-30 ◦ 크래브식 갠트리 크레인

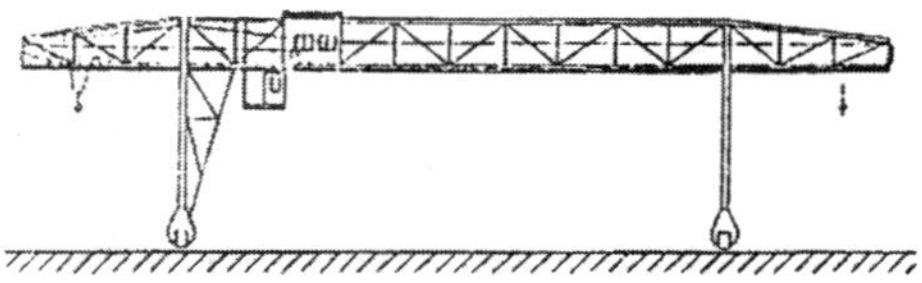

그림 5-31 ◦ 로프 트롤리식 갠트리 크레인

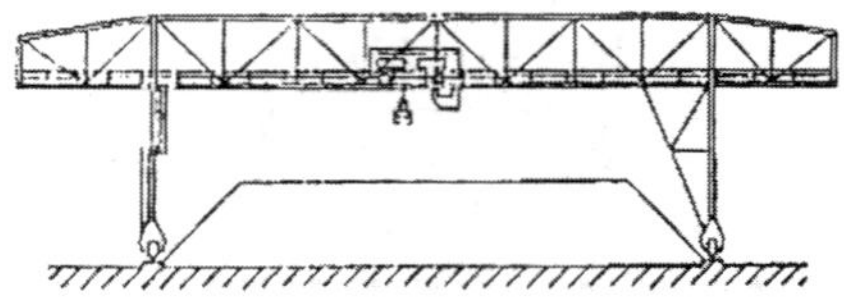

그림 5-32 ◦ 맨 트롤리식 갠트리 크레인

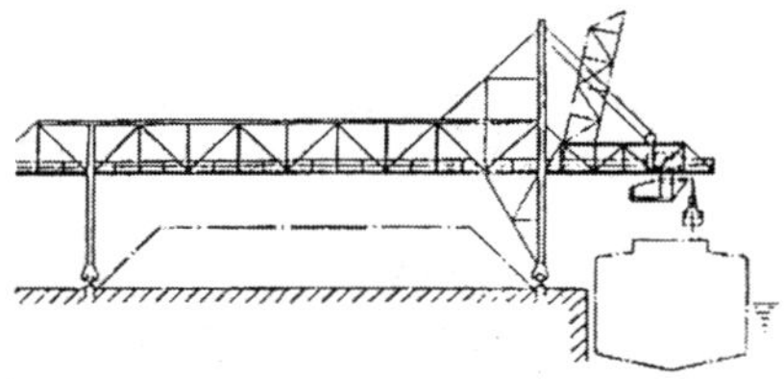

그림 5-33 ◦ 선회 맨 트롤리식 갠트리 크레인

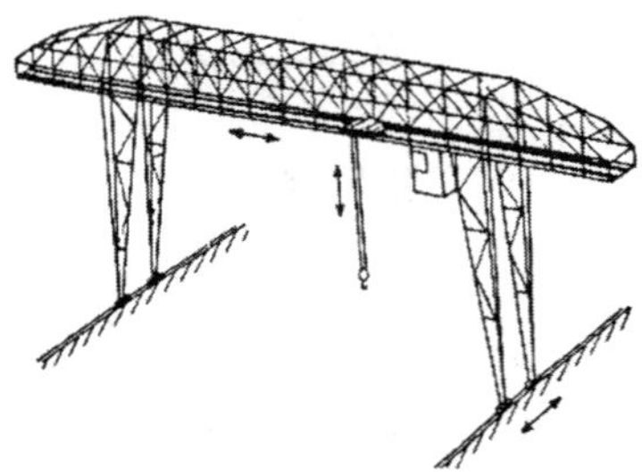

그림 5-34 ◦ 캔틸레버 갠트리 크레인

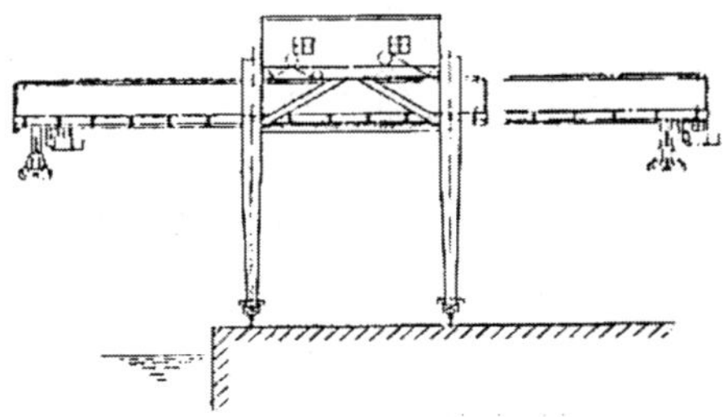

그림 5-35 ◦ 셔틀 거더식 갠트리 크레인

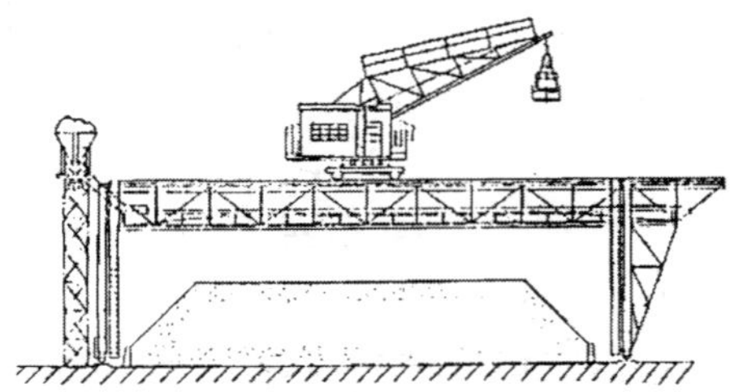

그림 5-36 ◦ 지브(크레인)식 갠트리 크레인

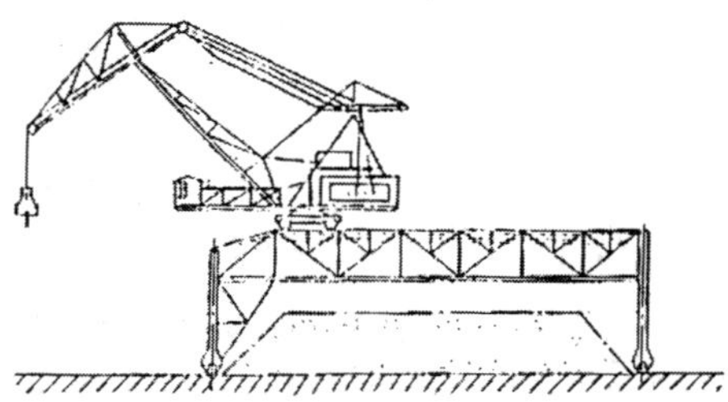

그림 5-37 ◦ 끌어당김(크레인)식 갠트리 크레인

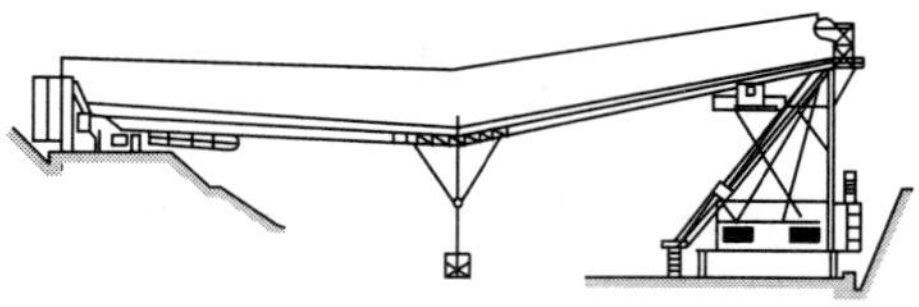

그림 5-38 ◦ 주행 케이블 크레인

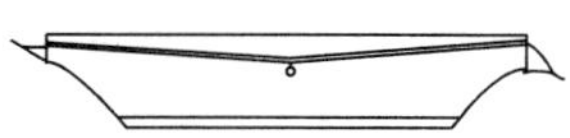

(a) 고정형

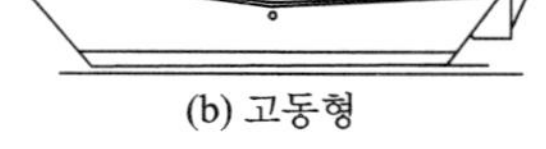

(b) 고동형

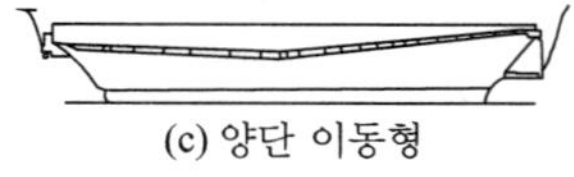

(c) 양단 이동형

그림 5-39 ◦ 고정 케이블 크레인

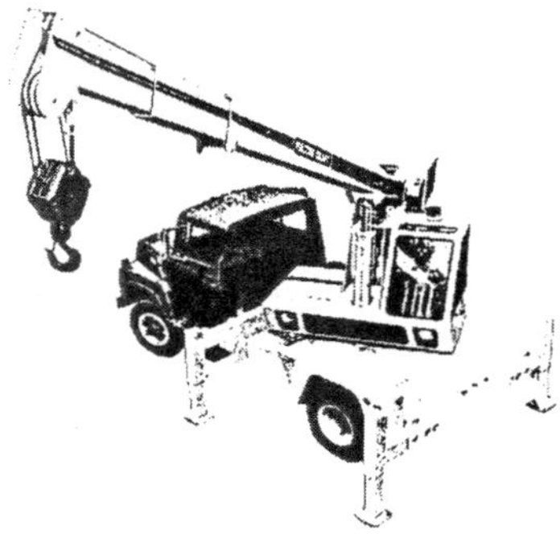

그림 5-40 • 컨테이너 크레인

그림 5-41 • 트럭 크레인

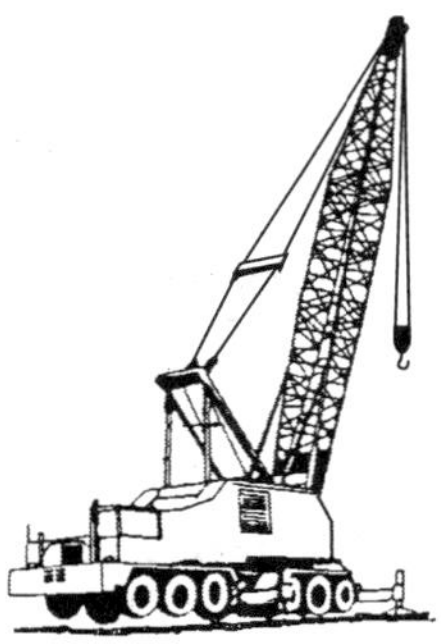

그림 5-42 • 휠 크레인

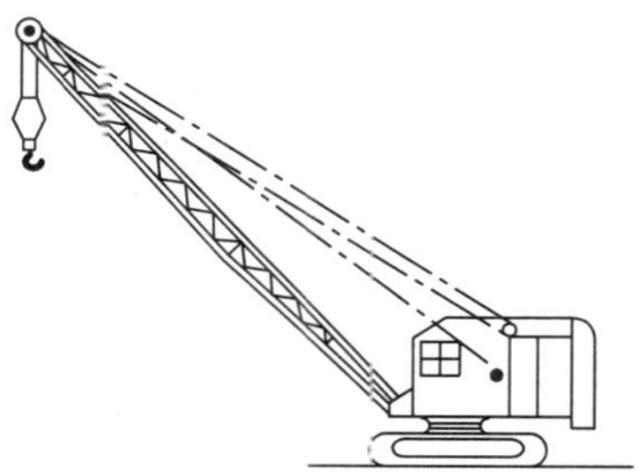

그림 5-43 • 갠트리(크레인)식 언로더

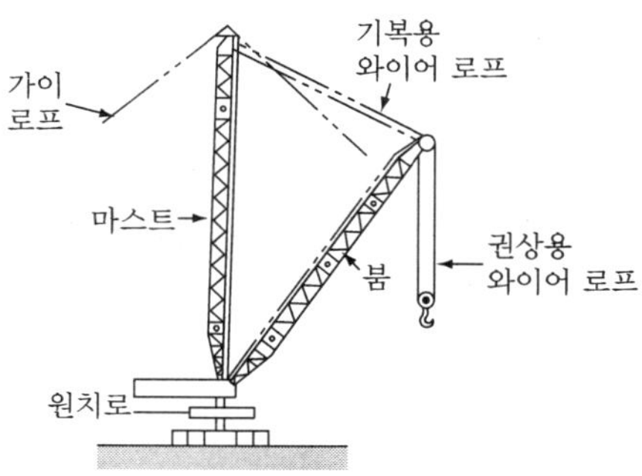

그림 5-44 • 인입식 언로더

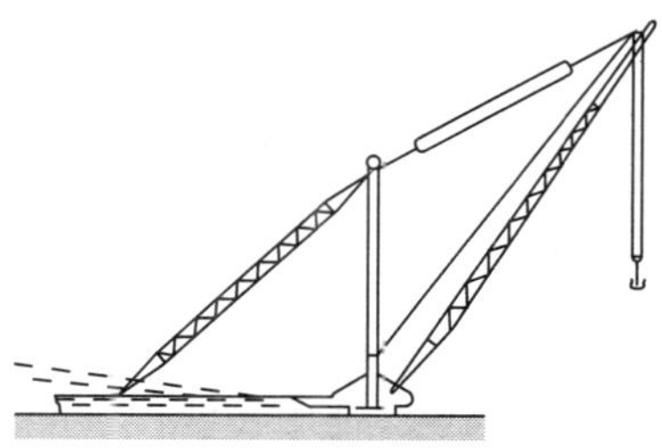

그림 5-45 • 가이 데릭

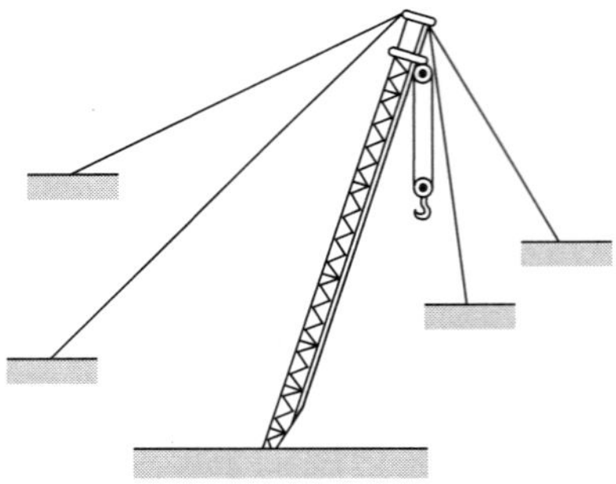

그림 5-46 ● 스티프레그 데릭

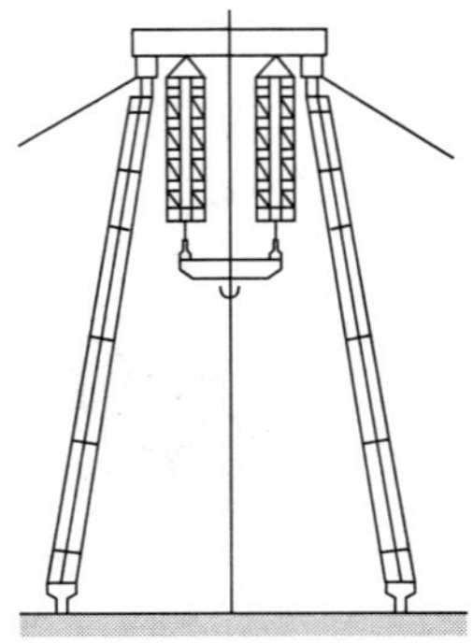

그림 5-47 ● 진 폴 데릭

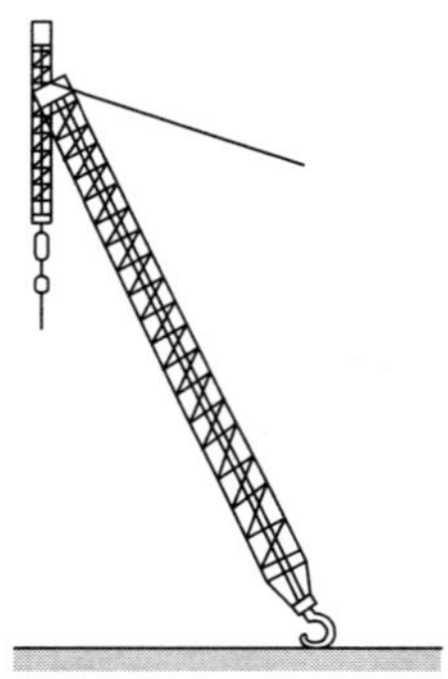

그림 5-48 ● 브레스트 데릭

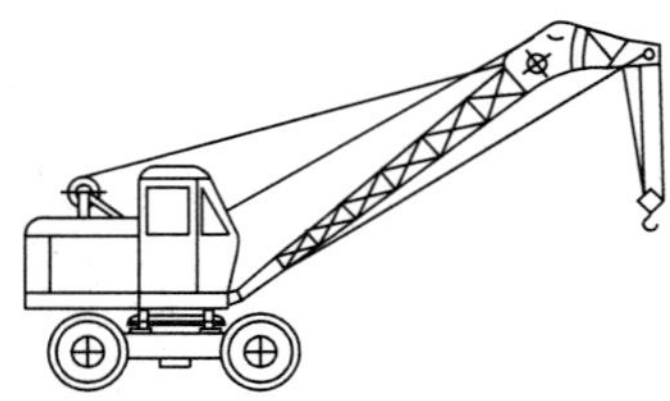

그림 5-49 ● Goose-neck boom

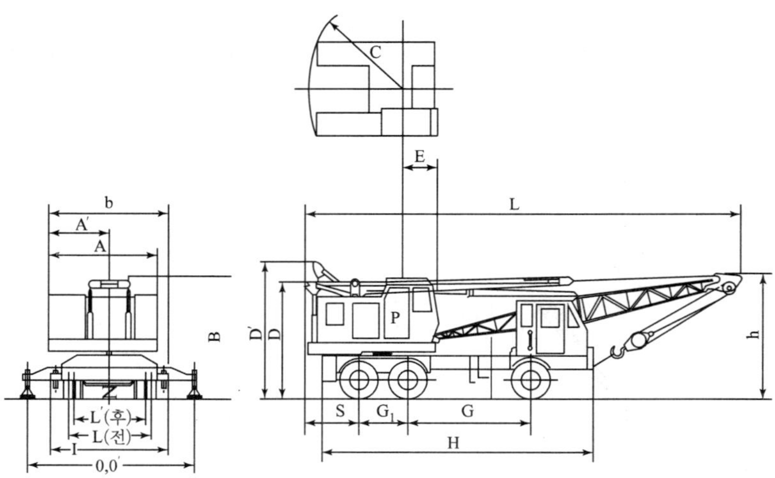

그림 5-50 ● 트럭 크레인 전체도

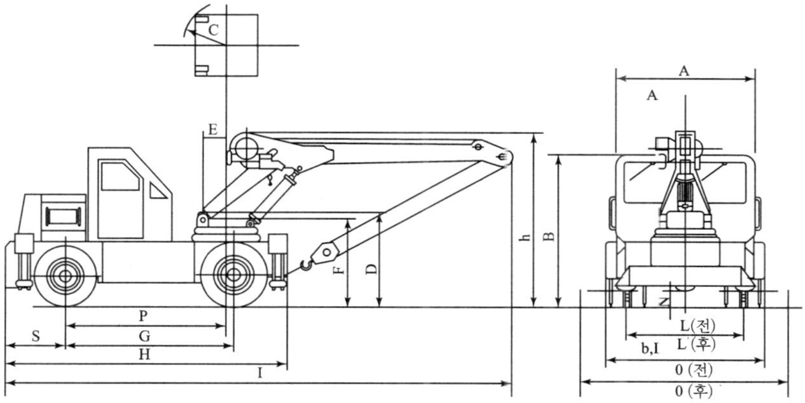

그림 5-51 ◉ 휠 크레인 전체도

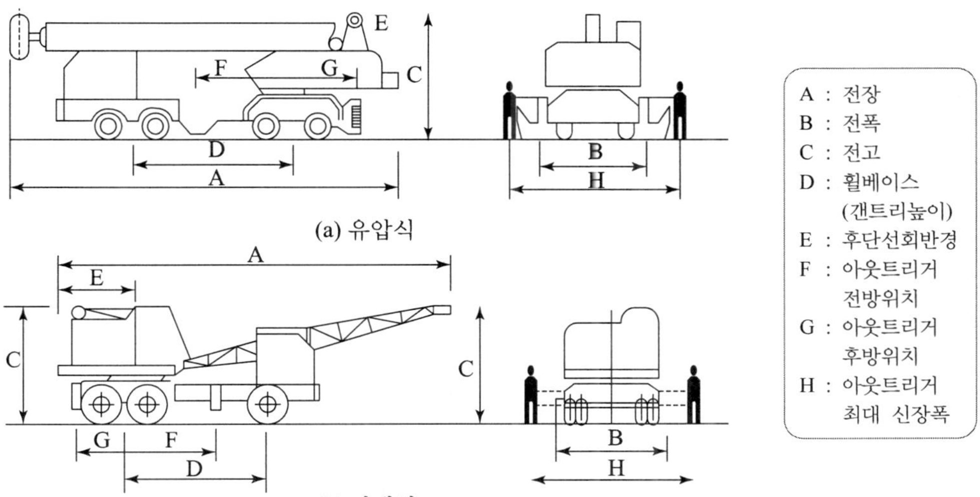

(a) 유압식

(b) 기계식

그림 5-52 ◉ 유압식 · 기계식 크레인

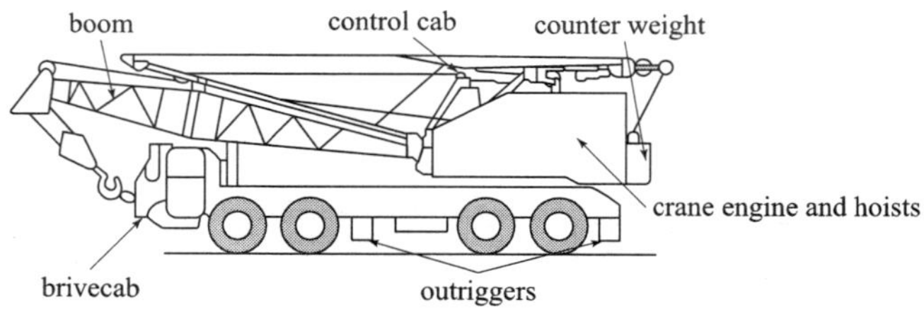

(a) 기계식

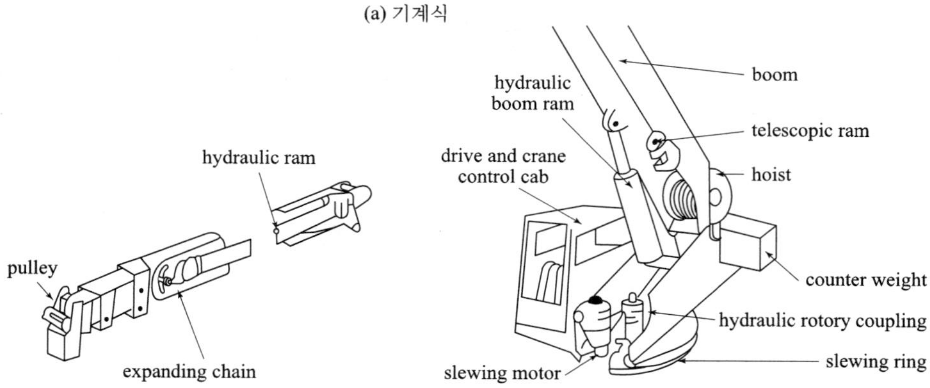

(b) 유압식

그림 5-53 ● 트럭 크레인의 구조

● 표 5-2 크레인 표준신호방법
(호각 부는 방법 : ——— 아주 길게, —— 길게, — — - 짧게, ········ 강하고 짧게)

운전 구분	1. 운전자 호출	2. 운전방향 지시	3. 주권사용	4. 보권사용
몸짓		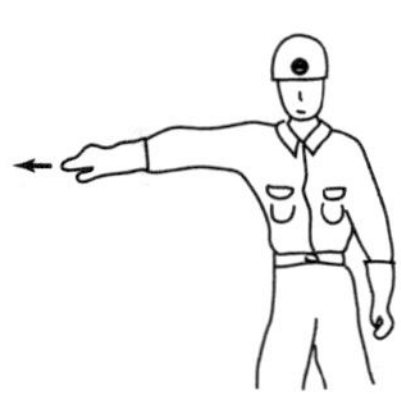		
방법	호각 등을 사용하여 운전자와 신호자의 주의를 집중시킨다.	집게손가락으로 운전방향을 가리킨다.	주먹을 머리에 대고 떼었다 붙였다 한다.	팔꿈치에 손바닥을 떼었다 붙였다 한다.
호각			짧게 길게	짧게 길게

운전구분	5. 위로 올리기	6. 천천히 조금씩 위로 올리기	7. 아래로 내리기	8. 천천히 조금씩 아래로 내리기
몸짓				
방법	집게손가락을 위로 해서 수평원을 크게 그린다.	한손을 들어 올려 손목을 중심으로 적은 원을 그린다.	팔을 아래로 뻗고 집게손가락을 아래로 향해서 수평원을 그린다.	한손을 지면과 수평하게 들고 손바닥을 지면 쪽으로 하여 2·3회 적게 흔든다.
호각	길게 길게	짧게 짧게	길게 길게	짧게 짧게

운전구분	9. 수평이동	10. 물건걸기	11. 정지	12. 비상정지
몸짓				
방법	손바닥을 움직이고자 하는 방향의 정면으로 하여 움직인다.	양쪽 손을 몸 앞에다 대고 두 손을 깍지 낀다.	한 손을 들어 올려 주먹을 쥔다.	양손을 들어 올려 크게 2·3회 좌우로 흔든다.
호각	강하고 짧게	길게 짧게	아주 길게	아주 길게 아주 길게

운전구분	13. 작업완료	14. 뒤집기	15. 천천히 이동	16. 기다려라
몸짓		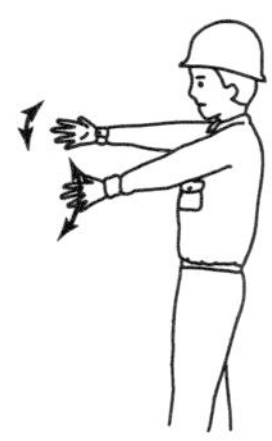		
방법	거수경례 또는 양손을 머리 위에 교차시킨다.	양손을 마주보게 들어서 뒤집으려는 방향으로 2·3회 절도 있게 역전시킨다.	방향을 가리키는 손바닥 밑에 집게손가락을 위로해서 원을 그린다.	오른손으로 왼손을 감싸 2·3회 적게 흔든다.
호각	아주 길게	길게 짧게	짧게 길게	길게

운전 구분	17. 신호 불명	18. 기중기의 이상발생
몸짓		
방법	운전자는 손바닥을 안으로 하여 얼굴 앞에서 2·3회 흔든다.	운전자는 사이렌을 울리거나 한쪽 손의 주먹을 다른 손의 손바닥으로 2·3회 두드린다.
호각	짧게 짧게	강하고 짧게

표 5-3 데릭을 이용한 작업 시의 신호방법

운전 구분	1. 붐 위로 올리기	2. 붐 아래로 내리기	3. 붐을 올려서 짐을 아래로 내리기
몸짓			
방법	팔을 펴 엄지손가락을 위로 향하게 한다.	팔을 펴 엄지손가락을 아래로 향하게 한다.	엄지손가락을 위로해서 손바닥을 폈다 오므렸다 한다.
호각	짧게 짧게 길게	짧게 짧게	짧게 길게
운전 구분	4. 붐은 내리고 짐은 올리기	5. 붐을 늘리기	6. 붐을 줄이기
몸짓			
방법	팔을 수평으로 뻗고 엄지손가락을 밑으로 해서 손바닥을 폈다 오므렸다 한다.	두 주먹을 몸허리에 놓고 두 엄지손가락을 밖으로 향한다.	두 주먹을 몸허리에 놓고 두 엄지손가락을 서로 안으로 마주 보게 한다.
호각	짧게 길게	강하게 짧게	길게 길게

● 표 5-4 Magnetic 크레인 사용 작업 시의 신호방법

운전구분	1. 마그네트 붙이기	2. 마그네트 떼기
몸짓		
방법	양쪽 손을 몸 앞에다 대고 꽉 낀다.	양손을 몸 앞에서 측면으로 벌린다. (손바닥은 지면으로 향하도록 한다.)
호각	길게 짧게	길게

● 표 5-5 한손으로 표준신호 <ANSIB3017～1970>

1. Hoist load		With forearm vertical and forefinger pointing upward, move hand in a horizontal circle.
2. Lower load	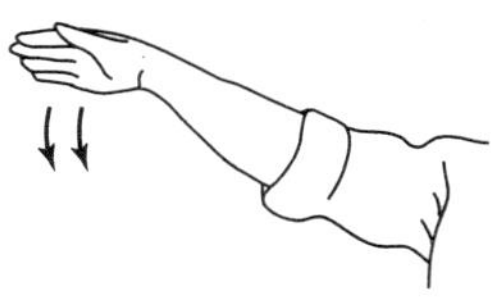	With arm extended and palm downward, wave hand down and up.
3. Rack trolley		With arm extended and fingers clenched, jerk hand horizontally, pointing the direction with thumb.
4. Travel crane bridge or caterpillar	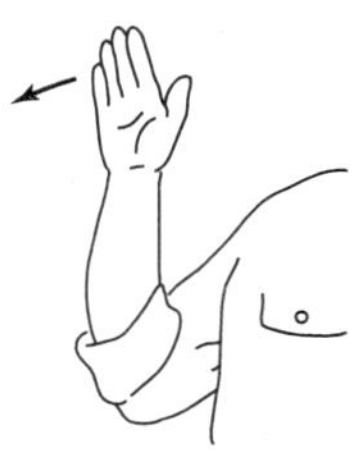	With arm extended, forearm nearly vertical, and hand open with fingers pointing upward, wave hand in direction of travel while facing in that direction.

5. Boom up	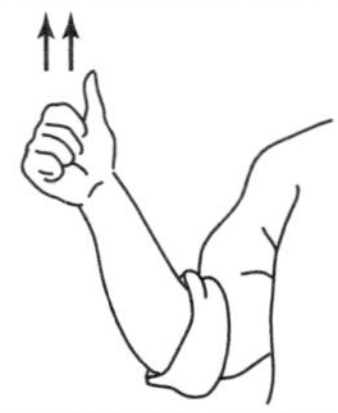	With arm extended, fingers clenched, and thumb pointing upward, move hand up and down.
6. Boom down	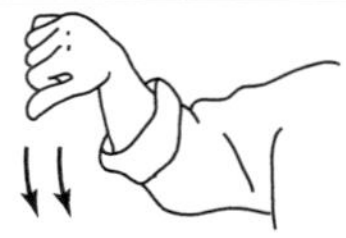	With arm extended, fingers clenched, and thumb pointing downward, move hand down and up.
7. Stop	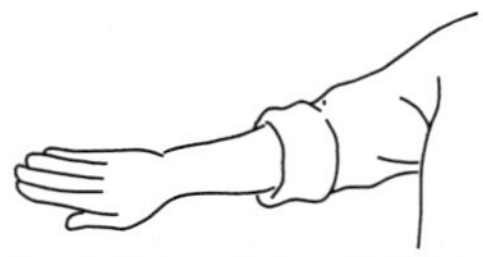	With arm extended and palm downward, hold position rigidly.
8. Emergency stop	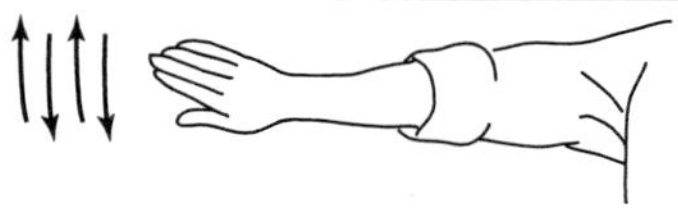	With arm extended and palm downward, move hand rapidly to right and left.
9. Slew boom	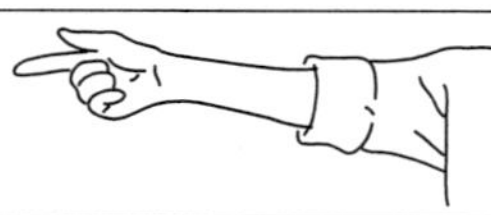	With arm extended, point forefinger in direction of travel.

(ㄷ) 재해유형

크레인은 용도도 넓고 종류도 다양하지만 작업으로 인한 재해도 상당히 많은 실정이다.

크레인에서 발생되고 있는 재해의 유형은 다음과 같다.

㉮ 매단물건의 추락에 의한 재해

- 매단물건의 중량에 비해 상대적으로 가는 직경이나 마모된 고리걸이용 와이어로프의 사용으로 인한 와이어로프의 절단
- 적재물의 적재시 하중의 중심이 맞지 않아 물건이 로프에서 떨어짐
- 크레인 운전조작의 난폭에 따른 매단 물건의 낙하
- 크레인의 권과방지장치 등 안전장치의 점검소홀로 인한 오동작으로 감아올리는 권상용 와이어로프가 과권되어 절단되면서 매단 물건이 낙하

㉯ 협착에 의한 재해

- 크레인의 정비·점검중에 운전자가 무의식적으로 크레인을 작동시켰기 때문에 점검자가 크레인과 건물사이에 협착된 사례
- 운전자의 위치에서 사각인 장소에 고리걸이 작업자나 그 밖의 작업보조

자가 있는 것을 모르고 운전하여 매단물건과 기타 다른 물건 사이에 협착된 사례

- 크레인의 운전이나 고리걸이 방법의 잘못으로 인하여 매단 물건이 전도하여 그 사이에 협착된 사례

㉰ 구조부분의 절손, 기체파괴에 의한 재해

- 정격하중을 초과하는 하중을 크레인에 매달음
- 구조상 설계불량이 있었던 곳의 결손·파괴
- 점검이 불충분하여 부재(部材)의 균열 등의 결함을 발견하지 못해 기계가 파괴
- 용접·시공 기타 공작물이 사용 부재에 충실하지 못해 파괴

② 이동식 크레인

(ㄱ) 개요

이동식 크레인에는 육상, 수상 및 레일상을 이동하는 것이 있으나, 여기서는 대강의 이동식 크레인에 대해서 기술하기로 한다.

이동식 크레인은 그 주행장치에 의해서 일반적으로 다음과 같이 분류된다.

이동식 크레인
- 크롤러 크레인(crawler crane) <그림 5-54>
- 트럭 크레인(truck crane) <그림 5-55>
- 휠 크레인(wheel crane) <그림 5-56>

또 구조상으로는 크레인의 작동을 유압기구 및 기계기구에 의한 것으로 나눌 수가 있다. 그러나 통상 붐(boom)의 신축을 유압에 의한 것을 유압식, 그렇지 않은 것을 기계식이라 부르고 있다.

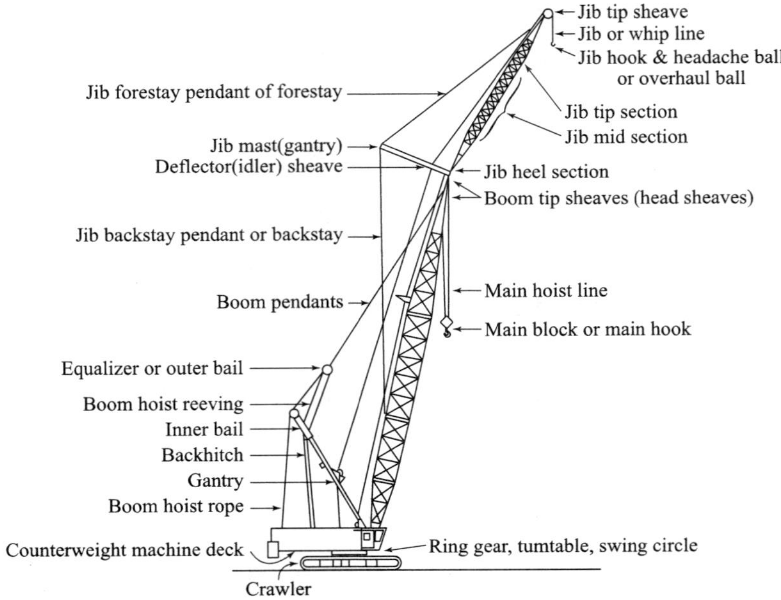

그림 5-54 ● 크롤러 크레인(crawler crane)의 구조

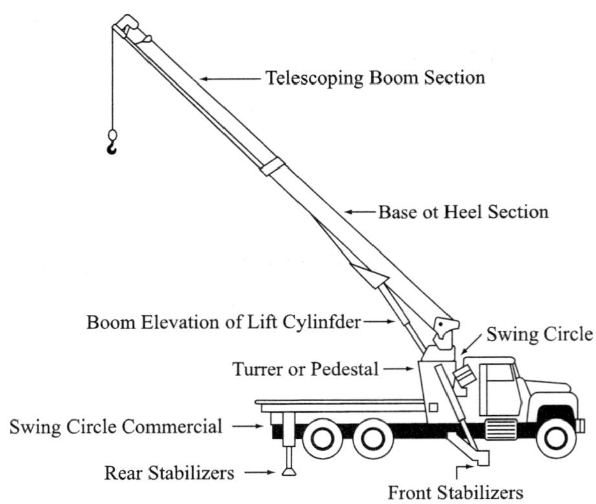

그림 5-55 ● 트럭 크레인(truck crane)의 구조

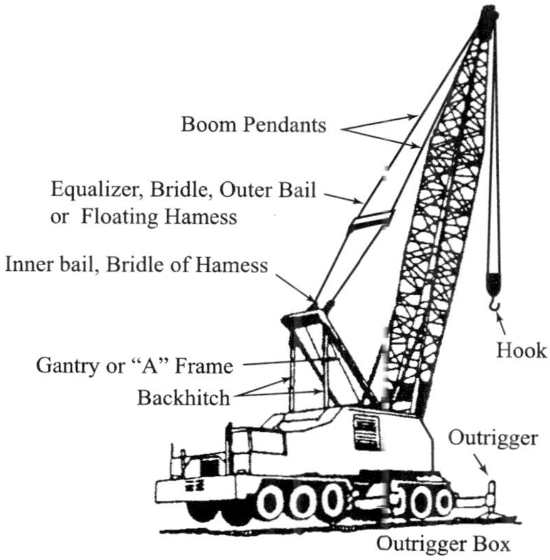

그림 5-56 ● 휠 크레인(wheel crane)의 구조

㉮ 크롤러 크레인(crawler crane)

크롤러 크레인은 셔블계 굴착기(掘鑿機)의 한 형식으로 전부장치(front attachment)는 크레인붐(crane boom)으로 훅(hook)·와이어로프(wire rope) 등을 장치한 기계이다.

크레인에는 표준영역 셔블계 굴착기의 안정성의 형상을 도모하기 위하여 롱 롤러(long roller)형이나 유압기구에 의해 트랙중심거리를 넓게 한 와이드 크롤러(wide crawler)형이 있다. 크롤러 크레인 사용상의 이점은 다음과 같다.

- 작업시 안정도가 높다.
- 부정지 보행이 가능하다.
- 트럭슈(Truck shoe) 면적을 넓게 하여 접지압을 낮춤으로서 연약지에서의 주행 및 작업이 어느 정도 가능하다.
- 범용성이 있다. 따라서 크롤러 크레인(crawler crane)의 능력의 크기를 표시하는데 권상하중(ton), 작업반경(m)으로 나타내며 즉 최대권상하중으로 부르는 것이 일반적이다.

㉯ 트럭 크레인(truck crane)

트럭 크레인은 트럭섀시(truck chassis)에 전 선회형의 크레인장치를 탑재한 것과 크레인 사용으로 제작된 크레인 캐리어(crane carrier)에 크레인장치를 탑재한 것이 있다. 크레인 부착트럭을 트럭적재함의 일부 소형의 유압식 크레인장치를 장비한 것이다. 유압식 트럭 크레인은 붐의 형상이 기계식과는 달리 상자형이므로 붐의 중량이 커지며 안전성이 약한 것이 결점이다. 기계식은 붐의 격자형(lattice type)이고 붐 각도설정 및 권상을 윈치의 와이어로프로 하고 유압식은 붐 각도조정을 유압실린더에 의해 수행된다.
따라서 기계식과 같은 호칭 능력일 경우에도 성능적으로 다소 떨어지는 것은 다소 부정할 수 없다.
기계식 트럭 크레인은 붐 조립상의 난점을 제외하면 다른 크레인에 비하여 양중성능이 좋고 작업반경도 크게 할 수 있으므로 특히 대형 크레인 분야에서 많이 사용된다. 또한 트럭 크레인(truck crane)의 능력을 최대권상하중으로 나타내고 있으나 하중과 작업반경의 곱(moment)으로 용량을 나타내기도 한다.

㉰ 휠 크레인(wheel crane)

휠 크레인은 이동식 크레인의 일종이며 1개의 원동기(engine)로 크레인 권상과 주행을 겸하고 있어서 일반적으로 콤팩트(compact)한 기구형상을 하고 있다. 그러므로 시가지 주변의 공사나 항만에서의 하역작업에 사용되고 있다. 또한 종류에는 기계식과 유압식이 있다. 구조부문에는 하부주행체, 상부선회체, 전부장치(front attachment) 3분류와 하부주행체 전단과 후단에 지주장치(支柱裝置, outrigger)를 설치하고 있다. 현가장치(弦架裝置)로서는 고정식인 것과 겹판스프링(leaf spring)을 부착한 것이 있으나 후자의 것이 많다. 권상, 붐의 각도조정, 붐신축, 선회장치는 유압식의 트럭 크레인과 마찬가지이나 지주장치(支柱裝置, outrigger)의 조작은 운전실에서 할 수 있는 구조로 되어 있다.

(ㄴ) 이동식 크레인의 주요 제원

크롤러 크레인, 기계식 트럭 크레인, 유압식 트럭 크레인의 주요 제원을 각각 <표 5-6>, <표 5-7>, <표 5-8>에 표시하였다.

표 5-6 크롤러 크레인 주요 제원표

제작사	형식	들어올림 하중	전장 하중	붐의 길이	선회 속도	주행 속도	본체		트랙 전장	트랙 전폭	트랙 폭	엔진 정격 출력
							전고	전폭				
		kg	kg	mm	rpm	kW/h	mm	mm	mm	mm	mm	PS
신강	5,300	270,000	227,000	21,340~97,540	3.1	9.1	8,360	4,370	9,900	7,930	1,220	420
석천도	1,600	125,000	133,000	18,290~57,910	1.0	1.0	7,030	5,640	7,325	5,640	1,070	324
일립	KH900	80,000	170,000	18,300	0.8	0.8	4,055	4,030	8,000	6,440	1,270	315
일립	KH180	50,000	44,400	13,000	1.1	1.1	3,150	2,900	5,470	4,300	760	153
신강	320H	22,500	26,500	9,140~30,480	1.7	1.7	4,185	3,030	4,150	3,030	590	96

표 5-7 기계적 트럭 크레인 주요 제원표

제작사	형식	크레인 호칭 능력	주행시 중량	주행시 치수				주행 구동 형식	작업 성능
				전장	전폭	전고	축거		최대 들어올림 하중 (기본 붐)
		ton	kg	mm	mm	mm	mm		kg
신강	6250TC	227	28,400	17,885	3,400	2,950	8,700	8×4	227,000
석천도	MC8150	150	36,860	12,185	3,400	2,370	5,800	8×4	150,000
신강	8100ATC	90.7	30,985	10,080	3,400	2,845	5,840	8×4	90,700
주우중기공업	HC-108BS	45	35,815	14,245	3,230	3,795	5,530	8×4	45,000
주우중기공업	HC-78BS	35	29,570	14,340	2,750	3,795	5,215	8×4	35,000
신강	220TC	18.1	19,800	11,245	2,490	3,700	4,600	8×4	18,100

제작사	작업 성능						엔진 정격출력
	작업 반경	기본 붐의 길이	최대 붐의 길이	지상최다 양정	지상최대 양정(지브)	선회속도	
	mm	mm	mm	m	m	rpm	PS
신강	18,000	18,200	97,540	94	116	3.1/1.2	250+420
석천도	3,600	10,010	85,340 (100,590)	82	96	4.0	300+193
신강	12,200	12,200	60,960	58	73	2.8	260+160
주우중기공업	3,600	9,300	52,000 (64,200)	51	63.5	4.2/1.4	280+120
주우중기공업	3,650	9,500	51,500 (57,700)	51	57	4.5/1.5	280+100
신강	8,000	7,620	24,380	23.8	29.5	5.0	190+47

● 표 5-8 유압식 트럭 크레인 주요 제원표

제작사	형식	크레인 호칭 능력	주행시 중량	주행시 치수				주행 구동 형식	작업 성능
				전장	전폭	전고	축거		최대 들어올림 하중 (기본 붐)
		ton	kg	mm	mm	mm	mm		kg
다전야	TG-451	45.0	37,200	12,370	2,750	3,550	6,650	8×4	45,000
다전야	TL-250	25.0	25,640	11,855	2,490	3,550	6,245	8×4	25,000
가등	NK200A	20	19,945	11,820	2,490	3,650	4,600	8×4	20,000
신강	T150	15	19,950	11,650	2,490	3,300	5,150	8×4	15,000

제작사	작업 성능						엔진 정격출력
	작업 반경	기본 붐의 길이	최대 붐의 길이	지상최대 양성	지상최대 양정(지브)	선회속도	
	mm	mm	mm	m	m	rpm	PS
다전야	3,000	10,400	39,000 (47,500)	39.5	47.5	1.95	280
다전야	3,000	9,800	30,400 (38,400)	30.5	38.5	1.8	190
가등	3,000	10,200	26,200	26	38	3.1	190
신강	3,500	9,500	22,200	22	39.5	2.3	200

㈂ 이동식 크레인의 선정

이동식 크레인의 선정은 전술한 크레인의 특징을 최대한 발휘할 수 있는 기종을 선정하는 것이 당연하며 경제적인 조건을 만족시킬 수 있는 안전한 기종, 용량이 충분한 기종을 선정하여야 한다. 크레인 능력을 파악하는 방법으로는 통상 크레인제작사에서 기종별로 작성한 정격 총하중표 및 작업반경 양정도를 이용하면 편리하다.

<그림 5-57>은 28 ton 유압식 트럭 크레인의 정격 총하중표 및 작업반경 양정도의 예를 표시한 것이다.

㉮ <표 5-9>는 아웃거리 설치시의 정격 총하중임.

㉯ <표 5-9>는 정격 총들어올림량은 진도하중의 78% 이내로서 훅(hook)의 자중을 포함한 수치임.

㉰ <표 5-9> 중의 정격 총하중에서 굵은 선의 상측은 크레인의 강도를 기준으로 하고 하측은 크레인(측방, 후방)의 안전성을 기준으로 한 것임.

㉱ <표 5-9>의 정격 총하중은 붐(boom)의 휨을 포함한 실제의 작업반경에 기초를 둔 것임.

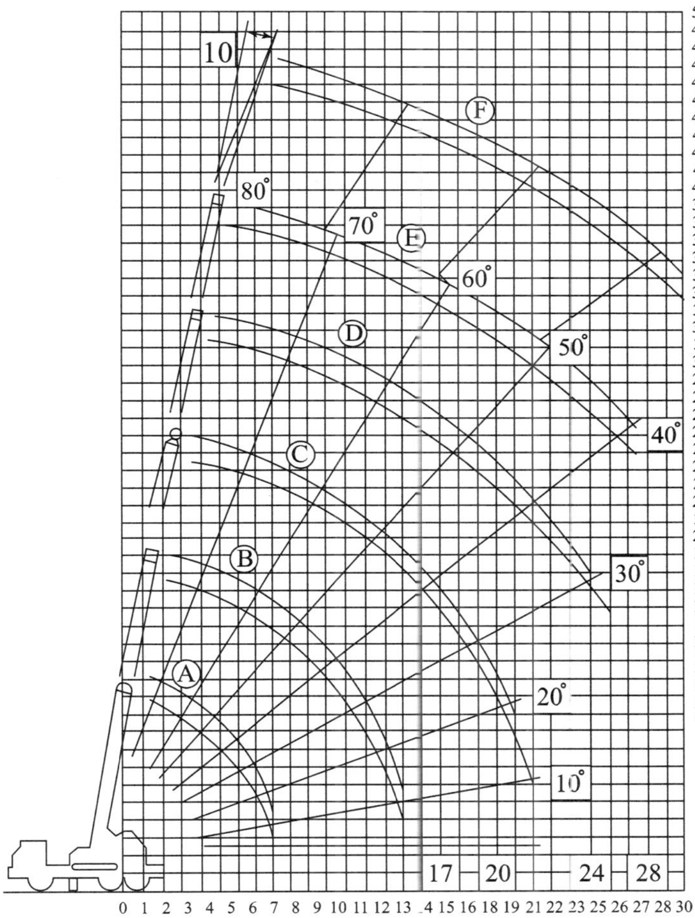

그림 5-57 ● 28 ton 유압식 트럭 크레인의 정격 총하중표 및 양정도

표 5-9 유압식 크레인 정격 총하중표

작업반경(m) \ 붐(m)	9.7	16.7	23.7	30.7	37.25	37.25+8 (지브)
3.0	28,000					
3.5	25,000					
4.0	23,000	20,000				
4.5	20,500	18,000	15,000			
5.0	18,100	16,500	13,700			
6.0	14,500	13,200	11,700			
7.0	11,700	10,300	10,300	8,000		
8.0	9,200	8,200	8,200	7,100		
9.0		6,600	6,500	6,400	4,000	
10.0		5,400	5,400	5,750	3,800	
12.0		3,600	3,600	4,200	3,200	2,000
14.0		2,500	2,500	3,000	2,300	1,750
16.0			1,500	2,100	1,950	1,500
18.0			600	1,500	1,500	1,350
20.0			300	1,100	1,100	1,200
22.0				600	750	1,050
24.0				300	500	900
26.0					300	750
28.0						550
30.0						400

표 5-10 크레인 계획상의 유의점

항목	요점
(1) 도표의 수치	도표 중의 수치는 크레인을 수평의 단단한 지면상에 설치한 능력치이다. 따라서 작업 시에는 차이가 있으므로 일반적으로 표시수치의 10~20% 가산하여 크레인을 선정할 필요가 있다.
(2) 정격하중	도표 중의 들어올림하중은 훅(hook), 훅플러그(hook plug) 등을 포함한 중량이다.
(3) 양정	도표 중의 작업높이는 붐포인트(boom point)까지의 높이로서, 그보다 1.5~3 m 아래에 훅이 있게 된다.
(4) 작업반경	도표 중의 수치는 전회중심에서의 거리이므로 실제 사용 시에는 2~3 m의 여유가 필요하다.
(5) 붐의 길이	작업반경에 주의하여 작업에 지장이 없는 범위로 짧게 한다.
(6) 와이어의 수	작업조건에 적합한 수를 결정한다.
(7) 카운터 웨이트 (counter weight)	될 수 있는 한 적은 것으로 계획한다.

③ 케이블 크레인

㈀ 개요

케이블 크레인(cable crane)은 <그림 5-58>과 같이, 양단의 지점간에 주로프(main rope)를 엔드리스(endless)로 매달아 로프의 횡행에 의해 트롤리(trolley)를 왕복시키며, 그 트롤리에서 훅(hook) 또는 버킷을 승강시켜 화물을 운반하는 크레인이다.

다른 크레인에 비하여 고속으로 운전되며, 긴 스팬(span)간의 하역에 유효한 기종으로 댐의 콘크리트타설이나 자재운반, 교량가설 공사 등에 사용된다.

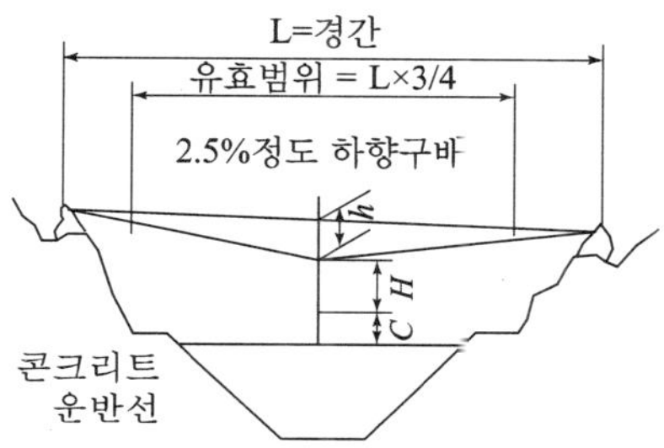

그림 5-58 • 케이블 크레인

㈁ 분류

케이블 크레인은 크레인의 들어올림장치, 횡행장치의 작동 컨트롤(control) 관련성과 주로프 장지지단의 이동가능 등에 의해 다음과 같이 분류된다.

㉮ 들어올림 횡행의 기구에 의한 분류

- 플라이벨트(Ply belt)형
  들어올림과 횡행장치가 독립되어 별개의 모터로 구동되며, 들어올림 횡행의 두 가지 작동을 동시에 단독으로 자유롭게 행할 수 있다. <그림 5-59>

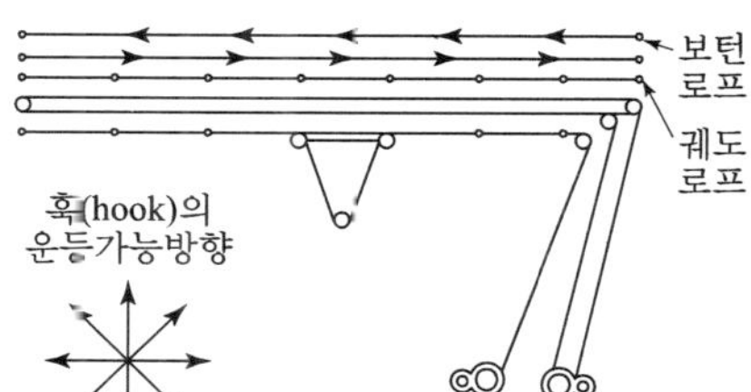

그림 5-59 • 플라이벨트형 케이블 크레인

- 레저우드(Ledger wood)형
  동일한 모터에 의해 들어올림과 횡행을 하는 형식으로 두 작동을 동시에 하는 데는 제한이 따른다. 예를 들면, 기계장치로부터 멀리 횡행하면서 훅(hook)을 들어올리는 작동, 또는 반대로 가까이 오면서 훅(hook)을 내리는 조작은 가능하지만 이것과 대조적인 역운동은 할 수가 없다.

따라서 이 형은 사용실적이 적다. <그림 5-60>

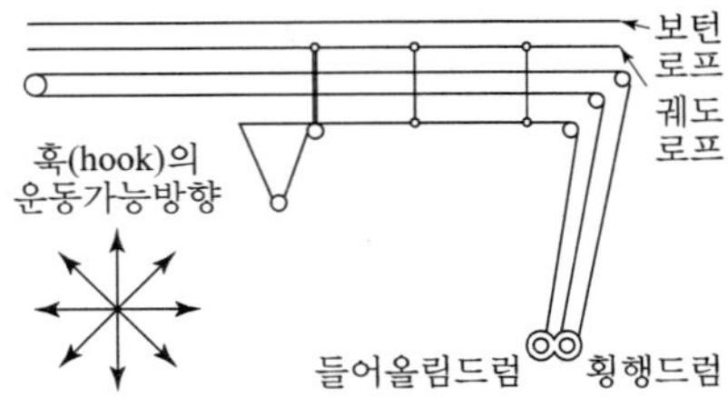

그림 5-60 ◦ 레저우드형 케이블 크레인

㉯ 주로프(main rope)의 이동형식에 의한 분류

- 분류
  - 이동식
    - 레일식
      - 호동형
      - 양단주행형
    - 궤삭식
      - 편이동형
      - 양이동형
  - 고정식
    - 단선식
    - 복선식

이동식에는 주행궤도를 레일(rail)로 한 레일식과 와이어로프(wire rope)로 한 궤삭식의 2종류가 있으며 후자는 정격하중 9톤(ton) 이하의 소형에 사용된다.

또한 호동형(그림 5-61)과 편이동형(그림 5-62)은 1단은 고정하고 반대측은 원호상으로 이동시킬 수 있는 형식이다. 양단주행형(그림 5-63)과 양이동형은 양단이 이동하는 형식이다.

고정식에는 주로프가 1개인 단선식과 2개의 트롤리(trolley)에 1개의 버킷(또는 자재)을 운반하는 복선식(그림 5-64)의 2종류가 있다.

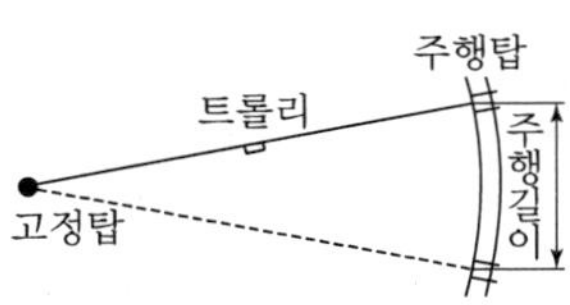

그림 5-61 ◦ 호동형

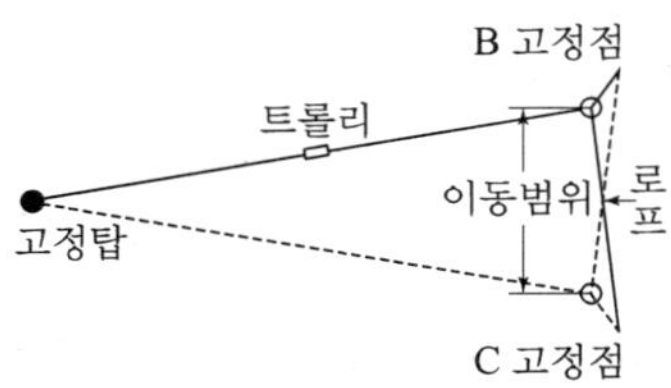

그림 5-62 ◦ 편이동형

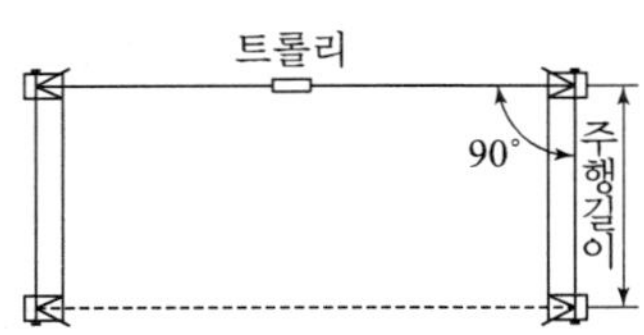

그림 5-63 ◦ 양단주행형

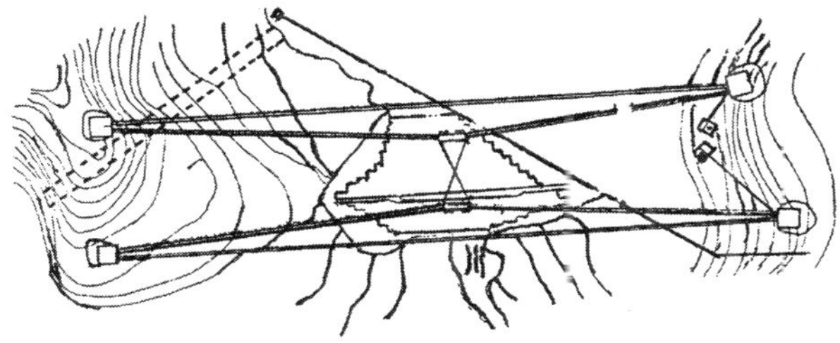

그림 5-64 ◉ 복선식 케이블 크레인

㉰ 형식별 특성

케이블 크레인을 댐공사에 사용할 경우의 형식 선정에 있어서의 특성비교는 <표 5-11>과 같다.

◉ 표 5-11 형식별 특성비교

형식	댐의 규모	특성과 선정조건
호동형	중·대규모	설치장소의 고유조건, 지형, 지질에 따라서 주행로의 공사비가 비싸다. 호동식은 큰 스팬일 경우에는 보조 크레인이 필요하다.
양단주행형	대규모	
편이동형	소·중규모	설치장소의 지형에 좌우된다. 기초공사가 작고 가설비가 싸다. 주로 정격하중 4.5～9 ton 정도에 사용된다.
양이동형	소·중규모	
양단고정형	소 규 모	호동식의 보조, 가설용

(ㄷ) 케이블 크레인의 주요제원

<표 5-12>는 케이블 크레인(양단주행형)의 표준성능을 표시한 것이다. 그러나 치수 규격은 설치위치에 따라 큰 차이가 있으므로 그때마다 제작사와 합의하여 규격을 결정할 필요가 있다.

참고로 케이블 크레인의 대표적인 기종에 대한 제작사별 주요제원을 <표 5-13>에 표시하였다.

◉ 표 5-12 케이블 크레인의 표준성능과 치수(양단주행형)

정격하중	인양속도	횡행속도	주행속도	엔진타워				트롤리 및 버킷				테르타워			
(ton)	(m/min)	(m/min)	(m/min)	A	B	C	D	E	F	G	H	K	L	M	N
4.5 (버킷: 1.5 m^3)	50～90	130 ～240	6～10	12.5	9	2	11	6	5	5	10	3	3	2	8
				15	11	2	12								
				20	14	2	13								
6.0 (버킷: 2.0 m^3)	60～120	230 ～270	6～10	12.5	9	2.5	11	7	6.5	5.5	12	3	4	2.5	8
				15	11	2.5	12								
				20	14	2.5	13								

9.0	실상 90	240 ~300	6~10	15	11	2.5	12	7	8	6	14	4	5	2.5	9
(버킷:	하 150			20	14	2.5	12								
3 m³)	공 160			30	17	2.5	14								
13.5	실상 100	300 ~360	6~10	15	11	3	13	8	8.5	6.5	15	4.5	6	3	10
(버킷:	하 150			20	14	3	14								
4.5 m³)	공 180			30	17	3	15								
20.0	실상 125	400 ~500	10~20	15	11	3.5	14	9	9	7	16	4.5	6	3.5	11
(버킷:	하 150			20	14	3.5	15								
4.5 m³)	공 200			30	17	3.5	16								

표 5-13 케이블 크레인 주요제원

제작회사	형식	정격하중 (ton)	버킷용량 (m²)	스팬 (m)	양정 (m)	들어올림		횡행		주행	
						속도 (m/min)	전동기 (kW)	속도 (m/min)	전동기 (kW)	속도 (m/min)	전동기 (kW)
T사	궤삭식 편이동	4.5	1.5	344	90	65	75	230	75	85	45
		6.0	2.0	300	70	70	100	260	100	8	30
		9.0	3.0	450	120	90	200	270	100	20	11×2
	호동식	9.0	3.0	550	70	상 90 하130	210	400	200	16	4×11
L사	약측 주행형 및 편측 주행형	9	3	309	120	90/160	200	300	100	20	TT11×4 TT10×4 ET20×4 TT15×4 ET50×4 TT40×4
		13.5	4.5	558	130	100/180	300	300	200	10	
		18	6	360	105	90/180	200×2	360	300	10	
		25	9	598	233	125/200	300×2	500	200×2	30	
S사	양측 주행형	9	3	271	150	90~160 130하	200	300	100	15	ET36×2
		13.5	4.5	286	100	100~180 150하	150×2	365	150	52	TT15×2 30×2
		18	6	360	100	100~180 150하	170×2	420	170	7	30×2
P사	편측 주행형 동심원호 양측 주행형	4.5	1.5	528	75	90 실상125하 160 공200	100	280	75	10 20 12 6.45 20 30 15	20 25×4 40×4 ET10×2 TT20×2 ET55×4 TT22×4
		20	6	592	170	125~180 150하	250×2	500	170×2		
		25	9	404	150	90~160 130하	250×2	420	170×2		
		9	3	525	65	90~160 130하	200	300	100		
		20	6	460	160	125~200 160하	250×2	400	150×2		
N사	복선식 (H)형	6.5	2.0	300	60	90×2	180	55×2	60		
		4.5	1.5	176	50	55×2	180	45×2	60		

㈃ 설치계획상의 유의사항

케이블 크레인의 설치계획에 있어서는 다음 사항에 유의하여야 한다.

㉮ 크레인의 형식

공사의 규모, 설치장소의 지항, 지질에 의해 각 형식의 특성을 고려하여 기종을 선정하여야 한다. <표 5-11 참조>

㉯ 정격하중

콘크리트 중량과 버킷의 자중을 가산한 것이 정격하중 이내가 되도록 한다. 들어올림 하중에서 훅의 중량을 뺀 하중이 정격하중이다. 일반적인 댐공사용 설비기계와 관련을 갖도록 전체의 공기로부터 1일당, 1시간당의 작업량이 정해지면 일련의 시공계획에서 1회당의 콘크리트 운반량을 산출하여 버킷용량, 즉 크레인의 정격하중을 결정한다.

또한 믹서 2~3묶음(batch)을 버킷 1개분의 용적으로 하기 때문에 이들의 조합에 따라 버킷의 종류가 한정되어 있다.

<표 5-14>는 크레인의 정격하중, 버킷의 용량 및 믹서능력의 조합을 표기한 것임.

표 5-14 크레인 정격하중과 버킷의 용량

정격하중(ton)	4.5	6	9	13.5	18	20	25
버킷용량(m^2)	1.2	2	3	4.5	6	6	6
믹서 (m^3×대수)	0.8×2	0.8×3	1.5×2 0.8×4	1.5×3	3.0×2 1.5×4	3.0×2 1.5×4	3.0×2 1.5×4

㉰ 들어올림 치 횡행속도

케이블 크레인의 횡행속도는 들어올림 속도의 9~3.5배로 한다.

㉱ 정격하중 유효범위

주 로프의 보호동력의 절감을 위하여 정격하중에 대한 들어올리는 위치의 유효범위를 전경간의 중앙을 3/4으로 한다.

㉲ 주 로프 및 안내로프의 처짐

주 로프 처짐은 전경간의 1/20. 안내 로프의 처짐은 전경간의 1/15~1/20로 한다.

㉳ 주 로프의 설치구배

콘크리트를 싣는 쪽(콘크리트 운반선쪽)을 2.5% 높게 구배를 주어 동력의 경감을 도모한다.

㉴ 주행로 또는 주 로프의 높이 최대하중을 들어 올릴 때 버킷의 하단이 댐에

서 3 m 정도 높게 한다.

㉵ 콘크리트 운반선의 위치와 높이

운반선의 위치는 케이블 크레인의 형식이 호동형, 편이동형일 경우에는 고정탑 옆에 설치하는 것이 유리하다. 또한 높이는 댐보다 약간 낮게 한다.

㉶ 사이클 타임

케이블 크레인에 의한 콘크리트타설의 사이클 타임은 관련설비[콘크리트운반차, 콘크리트플랜트(concrete plant)]와의 관계에서 평균 3～4분의 보통이다. 사이클 타임을 단축하는 방법으로는 콘크리트의 적재 및 방출시간의 단축과 크레인의 들어올림 및 횡행속도를 높이는 방법이 있다.

(4) 크레인(Crane) 운전에 관한 작업수칙

① 규정 이상의 작업

크레인에서는 규격으로 정해진 능력이상의 작업을 절대로 하여서는 안 된다. 가령 시운전시에 25%(초과하중시험)를 행하고 있는데 이것을 성능검사 혹은 안정도시험을 위해서이며 일정한 자격자 입회하에 신중히 행하여지는 시험이므로 항시 가해지는 하중을 걸어도 안전하다는 것은 결코 아니다.

사용하는 현장에서는 20% 정도의 초과하중은 대수롭지 않게 사용하고 있는 예가 많은데 크레인은 정해진 하중으로 유효한 작업을 행할 수 있게 가장 경제적으로 설계되어 있으므로 그 이상의 초과하중으로 쉽게 작업을 하였다고 하여 조금씩 하중을 늘려도 될 것이라고 생각하는 경우가 있다면 이것은 크레인 경우에는 매우 위험하다.

지브 크레인(Jib crane) 등에서 지브(jib)의 각도에 의해서 훅(hook)의 선회(旋回, slewing)반경을 바꾸는 것에서는 반드시 소정의 반경에 있어서의 제한 하중을 지켜야 한다. 초과하중이나 과대반경에 의한 크레인의 전도, 파손 등은 소형 크레인에서 많으므로 특히 주의할 필요가 있다. 또 규정의 양정올림 이상으로 들어 올리는 작업은 화물을 거더(girder)나 권양장치에 충돌시켜서 기체의 파손, 로프의 절단 등으로 인명을 손상하는 결과를 초래하게 된다.

천장 크레인(Over head crane)의 훅의 접근이 곤란하다고 하여 비스듬히 하중을 끌어올리거나 버킷 또는 훅으로 직접 화차 또는 대차를 이동시키거나 하는 것도 각부에 부당한 힘을 가하므로 기계의 수명을 단축시킬 뿐만 아니라 큰 사고를 일으키는 위험이 있다.

한편 옥외 크레인에서는 정해진 풍속(16 m/sec) 이상이 되면 작업을 멈추고 레일 클램프(rail clamp) 고정장치를 걸어야 한다. 폭풍우시에 붐(boom)이 부러지거나 크레인 자체가 전도(顚倒)되는 사례가 많다. 또한 작업에 지장이 없을 것이라고 작업을 계속하다가 돌풍에 의해서 전복한 예도 있다.

② 안전장치의 정비

양정(揚程)이 부족하다고 하여 권양리미트스위치를 벗기거나 작업범위를 넓히기 위하여 횡행의 리미트스위치를 벗기거나 주행크레이크의 라이닝조정이 번거롭다고 하여 조정하지 않는 경우가 간간이 있는데 이런 것이 사고의 원인이 된다. 경우에 따라서는 자신만이 아니라 동료의 목숨마저 빼앗는 결과가 된다.

이와 같은 것은 모두 규정대로 조정하여 충분히 잘 작동되도록 정비해 놓아야 한다. 만일 안전장치의 장착방법이 부적당할 때에는 전문가와 상의해서 다른 좋은 방법을 강구해야 한다. 결코 자신만의 판단으로 안이한 방법을 위해서는 안 된다.

옥외크레인의 크레인스토퍼(crane stopper), 레일클램프(rail clamp) 및 전도(顚倒) 방지장치 등은 폭풍시의 크레인의 전도 방지에 유효한 역할을 하는 것이다. 때로는 일상작업에는 예방조치를 하지 않아도 작업할 수 있다고 하여 파손되어도 수리하지 않고 방치하는 경우가 많은데 폭풍, 돌풍으로 대형크레인이 전복파괴된 사례는 지금까지 허다하며 바람이 불기 시작하고, 나서는 손쓸 여유가 없다는 것을 충분히 인식하여 가능한 조속 점검정비를 할 필요가 있다.

맨 트롤리(man trolley)의 운전실도어와 횡행과의 인터록, 지브식 캔틸레버를 지닌 크레인의 횡행트롤리와의 인터록(interlock) 등 각종 인터록은 항상 점검하여 작동의 확실을 기해야 한다.

선회지브 크레인의 과부하경보장치, 붐(boom)경지장치, 선회(slewing)인터록장치, 하중반경인디케이터(荷重半經 indicator) 등은 확실히 정비해 놓아야 한다.

③ 작업시작 전 점검사항

이동식 크레인을 사용하여 작업을 할 때<제2편제1장제9절3관>

㈀ 권과방지장치나 그 밖의 경보장치기능

㈁ 브레이크 클러치 및 조정장치의 기능

㈂ 와이어로프가 통하고 있는 곳 및 작업장소의 지반상태

㈃ 일반공통사항

㉮ 볼트, 너트 및 엔드플레이트(end plate) 등이 풀려있지 않는가.

㉯ 현수구(Hook & Shackles) 등을 사용하는 작업 시에는 절차 기타 보조자와 필요한 상의를 한다.

㉰ 무부하의 「균형운전」을 행한다. 이때 재한개폐기, 브레이크 등 안전장치를 확인한다.

㉱ 특히 장시간 휴업하였거나 폭풍, 혹은 지진후의 운전에 있어서는 면밀히 각 부의 동작을 관찰하여 이상의 유무를 확인한다.

④ 운전시의 점검사항

(ㄱ) 안전 운전

주행, 횡행, 선회의 스위치를 넣기 전에 운전에 장해가 되는 사람이 없는가를 확인한다. 확인을 행하지 않았기 때문에 지브 크레인에서 각부로부터 선회부로 옮길 때에 사상사고를 일으킨 예가 있다.

크레인으로 취급하는 물품은 중량물이므로 운전에 있어서의 부주의로 만일 낙하하거나 다른 기계, 제품 혹은 인체에 닿으면 큰 사상사고가 발생하기 쉽다. 항상 물품이 중량이나 크기를 염두에 두고 사람이나 장애물에 대하여 정확히 대처해야 하는가를 생각하여 충분한 여유를 두고 운전해야 한다. 신호자의 지시에는 아무리 경미한 것이라도 충분히 고려해서 운전해야 한다. 권양시(捲揚時) 양정(揚程)의 상한부근, 횡행시 한쪽으로 기울어지는 종단부근에서는 리미트스위치가 있어서도 충분히 주의해서 조용히 운전해야 한다.

(ㄴ) 원활한 운전

운전 중에는 시동정지의 충격을 되도록 피하여 원활한 운전을 행하도록 마음가짐이 중요하다.

이것은 각종 부품의 소모를 방지하고 수명을 연장하기 위해 중요하다. 또 필요이상으로 앞의 U 및 V형 간격까지 적절한 간격을 두고 진행한다.

운전 중 운전기사는 항상 기계각부의 이상음, 이상진동, 발열에 주의하여 이상이 발견되면 바로 운전을 정지하고 그 원인을 조사한 후 대책을 세워야 한다.

⑤ 작업종료 후 확인사항

(ㄱ) 기계를 소정의 정지위치에 두고 각 제어기를 기준위치에 되돌려서 분전반을 비롯하여 각 나이프스위치를 내린다.

(ㄴ) 레일클램프(rail clamp) 및 앵커(anchor)와 같은 고정장치를 확실히 건다.

(ㄷ) 작업 중 이상하게 생각하였던 곳을 점검한다.

(ㄹ) 기타 제어기, 접촉기, 집전장치, 브레이크, 와이어로프 등 각부에 이상이 없는가 돌아보면서 점검한다.
(ㅁ) 각 베어링부, 기어박스 등 점검하여 필요한 브분에 급유한다.
(ㅂ) 더러운 기름, 먼지, 등을 청소하는 습관화하면 균열, 마모, 부식, 이완(풀림) 등의 발견이 용이하여 사고방지에 큰 도움이 된다.
(ㅅ) 전원스위치 절단의 확인, 운전실, 기계실을 잠근다.
(ㅇ) 작업일지, 전달사항의 기록 구두전달을 한다.

⑥ 기타 주의사항

(ㄱ) 현수구(하중에 맞춤 현수구, 훅붙이 비임 등)에 대한 주의

일반적으로 현수구(懸垂具, suspension)는 크레인과는 별도로 보관되는데 사용한 채로 내버려 두는 일이 없도록 취급을 신중히 하여야 한다. 크레인에 의한 사고의 대부분은 이 현수구의 사고에 의한 것이므로 취급에 있어서는 운전기사, 정비담당자, 감독자 모두 항상 관심을 갖고 취급해야 한다.

(ㄴ) 기록 및 전달

1개의 기계에 운전기사가 몇 사람이 달려서 고대로 운전할 경우 혹은 고장으로 수리 담당자가 와서 수리를 지금까지의 작업내용의 전달이 중요하다. 또 이상이 없을 때라도 지금까지 어떤 작업을 몇 시간 했는가. 이상이 있을 때는 어디가 언제부터 어떤 작업을 하여 발열하게 되어있는가, 혹은 파손했는가를 기록해 두는 것이 중요하다.
수리가 끝났을 때는 그 내용을 기록해야 한다. 그것에 의해서 기계의 성질이나 노후화하는 상태도 잘 추적할 수가 있다. 일반적으로 이와 같은 기록은 개개의 기계에 대하여 이력카드를 만들어 정리해 둔다.

(ㄷ) 크레인의 정격 총 하중표 및 성능곡선도를 보는 법

이동식 크레인을 효율적으로 안전하게 사용하려면 그 크레인의 정격 총 하중표와 성능곡선도 <그림 5-65>에 의하여 작업(하중, 작업변경, 지상안정)에 필요한 로프의 줄걸이수, 지브의 길이, 경사각도를 실정할 필요가 있다.
성능곡선도에는 횡축에 작업반경(m), 종축에 정격 총 하중(ton), 종축 우측에 상부 포인트의 지상 높이(m)가 표시되어 있다.

예 1

15 ton의 하중을 걸 경우 (지브의 길이 11 m)

㉮ 하중 15 ton에 훅의 중량 0.24 ton을 더한다.

15 + 0.24 = 15.24 ton

㉯ 정격 총 하중 15.24의 위치 Ⓐ에서 수평으로 보면서 하중 곡선과의 Ⓑ를 구한다.

㉰ 교점 Ⓑ의 수직선과 상부 포인트의 궤적과의 교점 Ⓒ는 경사각을 나타낸다. 이 경구 경사각은 약 62°이다.

㉱ 교점 Ⓒ에서 우측을 보면서 Ⓓ를 읽으면 상부 포인트의 지상높이이다. 이 경우 약 11.6 m이다.

㉲ 교점 Ⓑ에서 하단 눈금 Ⓔ를 읽으면 작업반경이다. 이 경우 5.9 m이다.

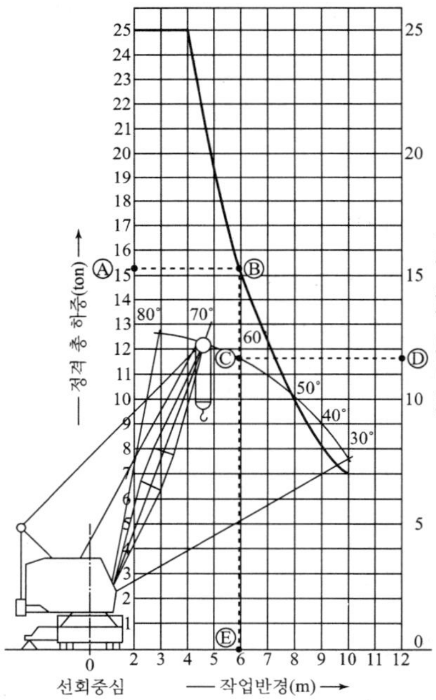

그림 5-65 ∘ 정격 총 하중표 및 성능곡선도

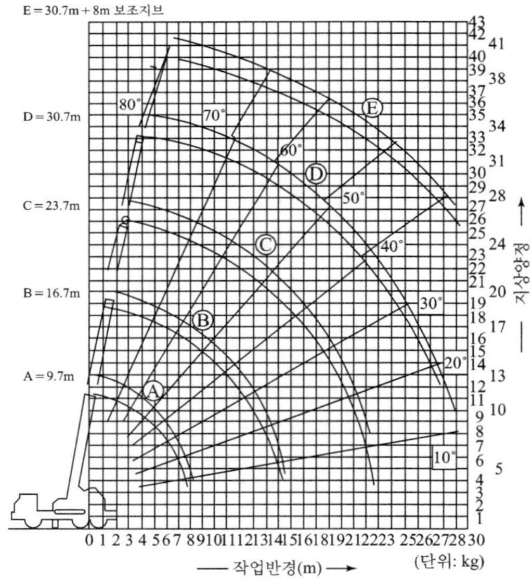

그림 5-66 ∘ 정격 총 하중표의 일례 유압식

예 2

㉮ 작업반경을 9 m로 할 경우

㉯ 작업반경을 9 m에 수직선을 내려 상부 포인트의 궤적과의 교점에 따라 경사각도는 39°임을 나타낸다.

㉰ 상부 포인트의 지상 높이는 약 9 m

㉣ 작업반경 9 m 수직선을 하중 곡선과의 교점에 의하여 정격 총 하중은 약 8.24 ton

표 5-15 정격 총 하중표 유압식

작업반경 \ 지브	9.7	16.7	23.7	30.7	30.7 m +8 보조지브
3 m	28,000				
3.5 m	25,500				
3 m	23,000	20,000			
4.5 m	20,500	18,000	15,000		
5 m	18,100	16,500	13,700		
6 m	14,500	13,500	10,700		
7 m	11,700	10,600	10,300	8,000	
8 m	9,200	8,600	8,700	7,100	3,000
9 m		7,000	7,100	6,400	2,800
10 m		5,700	5,800	5,750	2,650
12 m		3,900	4,000	4,500	2,400
14 m		2,700	2,800	3,400	2,200
16 m			2,050	2,500	2,000
18 m			950	1,850	1,800
20 m			600	1,400	1,700
22 m				1,000	1,450
24 m				700	1,000
26 m				450	700
28 m				250	500
29 m				150	400

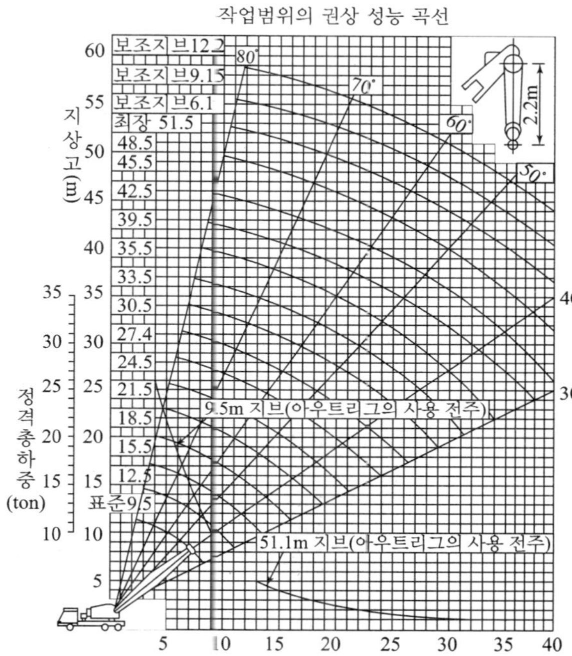

그림 5-67 ● 정격 총 하중표의 일례 기례식

- 지주장치(支柱裝置)를 길게 빼내었을 때의 정격 총 하중이다.
- 이 표의 정격 총 하중은 전도하중의 78% 이내로 훅의 자중을 포함한 값이다.
- 이 표에서 굵은 선 윗부분은 크레인의 강도에 의한 것이며 아래측은 크레인의 (전방, 후방)안정성에 기인한 것이다.
- 이 표의 정격 총 하중은 지브의 틈새를 포함한 실제의 작업반경에 의한 것이다.

㉤ 실제하중은 이 값에서 0.24 ton(훅의 중량)을 뺀 것이므로 8.24－0.24＝8.0 ton. 따라서 실제는 8 ton까지 양중이 가능하다.

그리고 실제의 훅(hook) 위치는 지금 구해진 상부 포인트의 지상 높이보다 약 1.5～2 m 아래의 위치에 있으므로 상부 포인트의 지상 높이에 대해서는 걸어 올리려는 물건의 형상 및 훅의 위치 등을 충분히 고려하여 결정해야 한다. 양중 능력은 곡선도에 의해 밝혀진 것처럼 작업반경에 따라 크게 달라진다. 작업 반경은 선회 중심으로부터의 거리인데 지브하부의 풋핀(foot pin)으로부터의 거리로 잘못 알고 있으면 위험한 결과를 초래하므로 작업 시는 충분한 주의를 해야 한다.

그러나 성능곡선도에는 정격 총 하중이 나타나지 않으므로 성능표가 별도로 표시되어 있다. 각 지브 길이에 있어서의 작업반경(경사각) 및 정격 총 하중이 다음과 같이 표시되어 있다.

지브의 길이 51.2 m, 훅 사용, 아우트리거 빼냄 작업반경 20 m로서 각도 67°일 때 몇 톤의 물건을 올릴 수가 있을까?

표 5-16 권상 성능표 보는 법

지브			정격 총 하중(ton)			지브			정격 총 하중(ton)		
			아우트리거						아우트리거		
길이 (m)	반경 (m)	각도 (°)	사용	사용 없음		길이 (m)	반경 (m)	각도 (°)	사용	사용 없음	
				후방	측방					후방	측방
9.5	3.65	74	※35.0		15.5	12.5	4.0	76	※32.4	19.7	13.7
	4.0	71	※32.5	19.8	14.0		5.0	71	※25.9	14.7	10.4
	5.0	65	※26.5	14.9	10.7		6.0	66	※21.5	11.6	8.3
	6.0	58	※21.6	11.7	8.4		7.0	61	※18.2	9.5	6.8
	7.0	50	※18.3	9.6	6.9		8.0	56	15.4	8.1	5.7
	8.0	42	15.6	8.2	5.8		9.0	50	13.2	6.9	4.9
	9.0	31	13.5	7.0	5.0		10.0	43	11.4	6.1	4.3
							12.0	27	9.0	4.9	3.4
15.5	5.0	75	※25.8	14.5	10.3	18.5	6.0	74	※21.3	11.4	8.0
	6.0	71	※21.4	11.5	8.2		7.0	71	※18.0	9.3	6.6
	7.0	67	※18.1	9.4	6.7		8.0	68	15.2	7.9	5.5
	8.0	63	15.3	8.0	5.6		9.0	64	12.8	6.7	4.7
	9.0	58	13.0	6.8	4.8		10.0	61	11.1	5.9	4.1
	10.0	54	11.2	6.0	4.2		12.0	53	8.8	4.7	3.2
	12.0	44	8.9	4.8	3.3		14.0	45	7.1	3.8	2.6
	14.0	32	7.2	3.9	2.6		16.0	35	5.9	3.2	2.1
							18.0	22	5.0	2.7	1.8
21.5	6.0	77	※21.2	11.3	7.9	24.5	7.0	76	※15.8	9.1	6.4
	7.0	74	※17.9	9.2	6.5		8.0	73	14.9	7.7	5.3
	8.0	71	15.1	7.8	5.4		9.0	71	12.6	6.5	4.5
	9.0	68	12.7	6.6	4.6		10.0	68	10.9	5.7	3.9
	10.0	65	11.0	5.8	4.0		12.0	58	8.6	4.5	3.0
	12.0	59	8.7	4.6	3.1		14.0	52	6.9	3.6	2.4
	14.0	53	7.0	3.7	2.5		16.0	46	5.7	3.0	2.0
	16.0	46	5.8	3.1	2.1		18.0	39	4.8	2.5	1.6
	18.0	37	4.9	2.6	1.7		20.0	31	4.1	2.1	1.3
	20.0	27	4.2	2.2	1.4		22.0		3.6	1.8	1.1
27.5	8.0	75	14.7	7.6	5.2	30.5	8.0	77	14.4	75	5.2
	9.0	73	12.5	6.4	4.4		9.0	75	12.4	6.3	4.4
	10.0	71	10.8	5.6	3.8		10.0	73	10.7	4.3	3.8
	12.0	66	8.5	4.4	2.9		12.0	69	8.4	3.4	2.9
	14.0	62	638	3.5	2.3		14.0	65	6.7	2.8	2.2

지브			정격 총 하중(ton)		
			아우트리거		
길이 (m)	반경 (m)	각도 (°)	사용	사용 없음	
				후방	측방
27.5	16.0	57	5.6	2.9	1.9
	18.0	52	4.7	2.4	1.5
	20.0	46	4.0	2.0	1.2
	22.0	40	3.5	1.7	1.0
	24.0	33	3.0	1.5	0.8
	26.0	25	2.6	1.3	0.6
33.5	9.0	76	12.3		
	10.0	74	10.6		
	12.0	71	8.3		
	14.0	67	6.6		
	16.0	63	5.4		
	18.0	59	3.8		
	20.0	55	3.3		
	22.0	51	2.9		
	24.0	47	2.5		
	26.0	42	2.2		
	28.0	36	1.9		
	30.0	30			
39.5	10.0	77	10.4	75	
	12.0	74	8.1	72	
	14.0	71	6.4	69	
	16.0	68	5.2	67	
	18.0	61	4.3	64	
	20.0	58	3.6	61	
	22.0	54	3.1	57	
	24.0	51	2.3	54	
	26.0	47	2.3	51	
	28.0	43	2.0	47	
	30.0	38	1.7	43	
	32.0	33	1.5	39	
	34.0		1.3		
45.5	12.0	76	※7.5		
	14.0	71	6.2		
	16.0	68	5.0		
	18.0	65	4.1		
	20.0	63	3.4		
	22.0	60	2.9		
	24.0	57	2.5		
	26.0	54	2.1		
	28.0	50	1.8		
	30.0	47	1.6		
	32.0	44	1.4		
	34.0		1.2		
51.5	14.0	76	※5.0		
	16.0	73	※4.4		
	18.0	71	3.8		
	20.0	68	3.2		
	22.0	66	2.7		
	24.0	63	2.3		
	26.0	61	1.9		
	28.0	58	1.6		
	30.0	56	1.4		
	32.0	53	1.2		
	34.0	50	1.0		

지브			정격 총 하중(ton)		
			아우트리거		
길이 (m)	반경 (m)	각도 (°)	사용	사용 없음	
				후방	측방
30.5	16.0	61	5.5	2.3	1.8
	18.0	56	4.6	1.9	1.4
	20.0	51	3.9	1.6	1.1
	22.0	46	3.4		
	24.0	41	2.9		
	26.0	35	2.6		
	28.0	28	2.3		
36.5	9.0	77	12.2		
	10.0	76	10.2		
	12.0	72	8.2		
	14.0	69	6.5		
	16.0	62	5.3		
	18.0	59	4.4		
	20.0	55	3.7		
	22.0	51	3.2		
	24.0	47	2.8		
	26.0	42	2.4		
	28.0	37	2.1		
	30.0	32	1.8		
	32.0		1.6		
42.5	12.0	75	8.0		
	14.0	72	6.3		
	16.0	69	5.1		
	18.0	67	4.2		
	20.0	64	3.5		
	22.0	61	3.0		
	24.0	57	2.6		
	26.0	54	2.2		
	28.0	51	1.9		
	30.0	47	1.7		
	32.0	43	1.4		
	34.0	39	1.2		
48.5	14.0	62	2.4		
	16.0	59	2.0		
	18.0	56	1.7		
	20.0	53	1.5		
	22.0	50	1.3		
	24.0	47	1.1		
	26.0				
	28.0				
	30.0				
	32.0				
	34.0				

주의 1

- 이 성능표에 표시된 하중은 수평이며 단단한 지상에서 전도 하중의 78% 이내이다.
  실제로 달아 올릴 수 있는 하중은 훅(hook) 등의 달아 올림 치구(治具)의 중량 <표 5-17>을 뺀 수치가 된다.
  ※ 표시된 수치는 기계의 각도상 제한된 정격 총 하중이므로 이 수치 이상으로 달아 올리면 기계가 파손될 수 있으므로 대단히 위험하다.
- 크레인의 작업인 경우 반드시 마스트를 하이 마스트로 해야 한다.
- 지브의 길이가 42.5 m일 경우에는 반드시 지브(jib) 중간 지지로프를 메어야 한다.

주의 2

- 실제로 달아 올릴 수 있는 하중은 정격 총 하중으로부터 보조 훅의 중량을 뺀 수치이다.
- 보조지브의 달아 올림 그 때의 성능은 주지브의 성능과 같지만 <표 5-20>에 나타난 지브의 허용 최대하중을 넘으면 안 된다.
- <표 5-21>은 45.5 m 지브에 보조지브를 취부한 경우의 성능이다.
- 보조지브의 취부 각도는 하중을 단 상태에서 최대 30°를 넘으면 안 된다.
- 보조지브를 사용한 작업 시는 반드시 지주장치(outrigger)를 사용할 것.

표 5-17

훅 종류	중 량	비 고
35 ton 주훅	300 kg	최대 8줄 걸림
15 ton 보조훅	160 kg	최대 3줄 걸림
2.8 ton 보조훅	115 kg	1줄 걸림

표 5-18

보조지브의 길이	6.1 m	9.15 m	12.2 m
차인(뺀) 하중	0.75 ton	0.85 ton	1.0 ton

표 5-19 로프 걸림수와 최대 정격 총 하중

로프 걸림수		최대 정격 총 하중 (ton)
주훅 (Main Hook)	8줄 걸림	35.0
	7줄 걸림	32.2
	6줄 걸림	27.6
	5줄 걸림	23.0
	4줄 걸림	18.6
	3줄 걸림	13.8
	2줄 걸림	9.2
	1줄 걸림	4.6
보조훅	2줄 걸림	5.5
	1줄 걸림	2.8

표 5-20 지브 허용 최대하중

보조지브길이 \ 보조지브 취부각도	0°	15°	30°
6.1 m	5.5 ton	4.5 ton	3.6 ton
9.15 m	4.5 ton	3.6 ton	2.8 ton
12.2 m	3.6 ton	2.8 ton	1.8 ton

표 5-21 보조지브의 달아올림 성능(단위: ton)

지브 + 보조지브 (m)	작업반경 보조지브 취부각 (°)	8 m	10 m	12 m	14 m	16 m	18 m	20 m	25 m	30 m	34 m
45.5 + 6.1	0°	5.5	5.5	5.5	5.5	5 5	4,1	3.4	2.3	1.6	1.2
	15°	-	4.5	4.5	4.5	4 5	4.1	3.4	2.3	1.6	1.2
	30°	-	-	3.6	3.6	3 6	3.6	3.4	2.3	1.6	1.2
45.5 + 9.15	0°	-	4.5	4.5	4.5	4 5	4.1	3.4	2.3	1.6	1.2
	15°	-	-	3.6	3.6	3 6	3.6	3.4	2.3	1.6	1.2
	30°	-	-	-	2.8	2 8	2.8	2.8	2.3	1.6	1.2
45.5 + 12.2	0°	-	-	3.6	3.6	3 6	3.6	3.4	2.3	1.6	1.2
	15°	-	-	-	2.8	2 8	2.8	2.8	2.3	1.6	1.2
	30°	-	-	-	-	1 8	1.8	1.8	1.8	1.6	1.2

(5) 데릭(Derrick)의 안전

① 구조 및 기능

데릭(Derrick)은 동력을 이용하여 물건을 달아 올리는 기계장치로 주주(主柱) 또는 붐(boom), 달아 올리는 기구와 이것들의 부속물로 구성되어 있다.

데릭의 종류는 가이데릭, 진폴데릭, 스티프레그디릭, 브레스트데릭 등이 있다. <그림 5-68 참조>

데릭은 일반적으로 보조된 주주(主柱) 또는 붐(boom)·윈치·와이어로프·달기기구 및 이들의 부속물로 되어 건설물 벽의 철골, 건설용 리프트의 타워에 직접 붐을 설치한 구조의 것이다. 동력으로는 전기 및 내연기관이 주로 이용되고 있다.

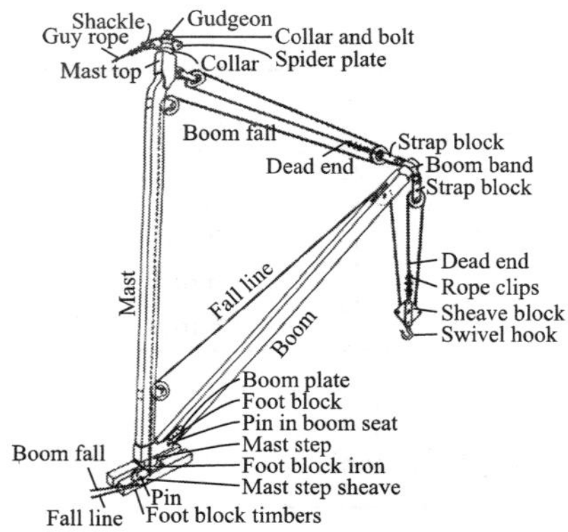

가이데릭(guy derrick)

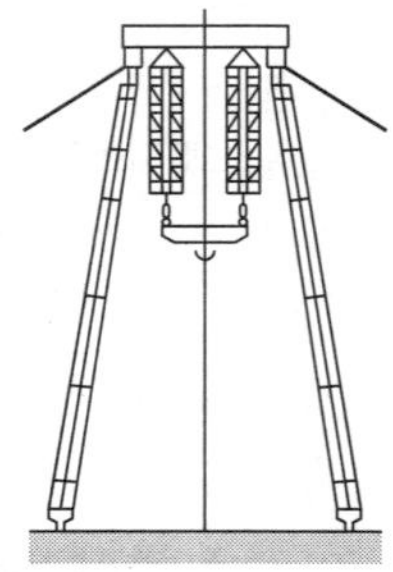

진폴데릭(gin-pole derrick)

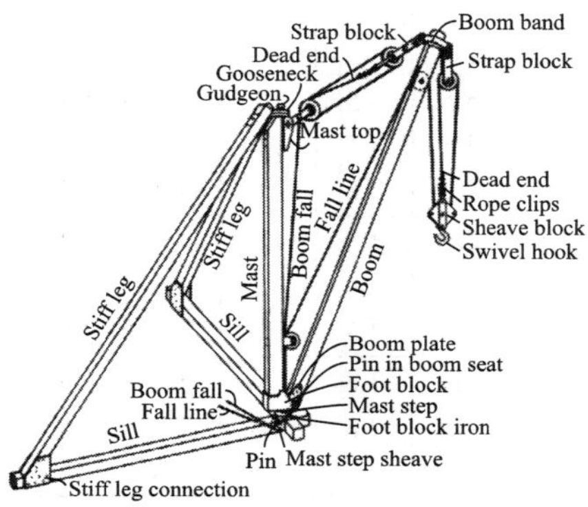

스티프레그데릭(stiff-leg derrick)

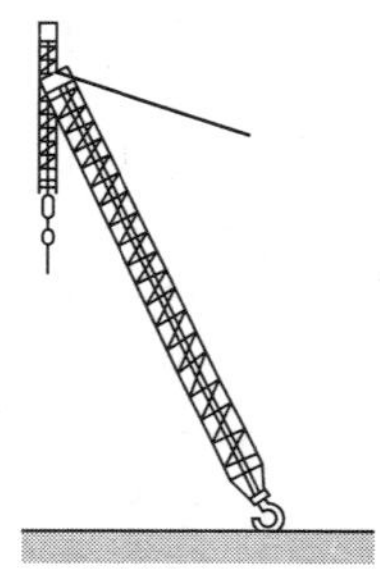

브레스트데릭(breast derrick)

그림 5-68 ● **데릭의 종류** (자료; 위험방지매뉴얼 9판 p.107~108)

② 재해유형 및 대책

데릭에 의한 재해는 크레인에 비해 설치수가 적고 사용도 많지 않기 때문에 사업장에서 크게 문제되지는 않는다.

재해형태는 대개 짐의 재해와 낙하에 의한 본체의 도괴에 의한 재해 등이 있다. 이들 재해는 크레인 및 이동식 크레인과 같은 대책으로 방지할 수 있다.

(6) 곤돌라(Gondola)

곤돌라란 매다는 발판 및 승강장치, 여기에 부속하는 기계부품으로 구성되는 설비를 말한다. 곤돌라는 그 용도에 따라서 많은 종류가 있지만 빌딩·옥상 등에 상설되어 있는 것과 작업을 하는 기간 중에만 설치하고 작업종료 후에는 다음 장소로 이동하는 것으로 대별한다.

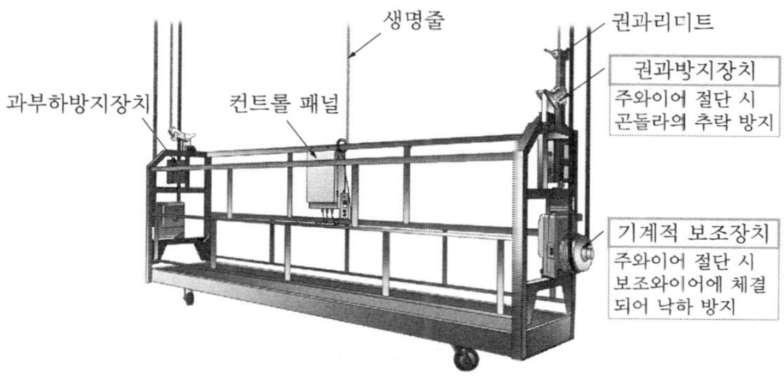

그림 5-69 • 곤돌라 구조 및 각부 명칭

① 곤돌라의 분류

종 류	동력	주행
암붐형(Arm-boom type) 암고정형(Arm-fixed type) 모노레일형(Mono-rail type) 테크형(Deck type) 체어형(Chair type)	수동식 동력 및 전동식 공기식	→ 궤도식 → 무궤도식 → 무궤도식

② 곤돌라의 구조

(ㄱ) 승강장치

곤돌라 작업은 그 목적에 따라 승강 또는 하강시키는 승강장치에는 권상기의 드럼에 와이어로프를 거는 방식과 회전하는 ㅅ 브(sheave)와 와이어로프 사이에 마찰력을 이용한 방식 등이 잇다.

(ㄴ) 권동식 승강장치

일반적으로 사용하고 있는 윈치(winch)차와 똑같지만 감속장치를 드럼내부에 수용시킨 밀집(compact) 구조로 되어 있다.

또 드럼 주위면에는 로프의 지름에는 맞춤 홈을 설치하여 로프는 드럼의 좌우를 양단으로 향해서 규칙적으로 감겨진다.

③ 안전장치

와이어로프의 권과방지를 하기 위한 권과방지장치와, 과부하 경보장치 등이 있고 제어장치의 조작부분이 둘 이상의 개소에 설치되거 있는 경우에는 동시조작을 방지하기 위한 인터록 방식의 제동장치 등이 있다.

(ㄱ) 권과방지장치(捲過防止裝置, over winding-proof device)

승강프레임 상단에 부착되어 있으며 권상로프가 최상단에 부착된 바(bar)에 접촉하면 자동적으로 전원이 차단되어 정지시킴으로써 과권을 방지한다. <그림 5-70 참조>

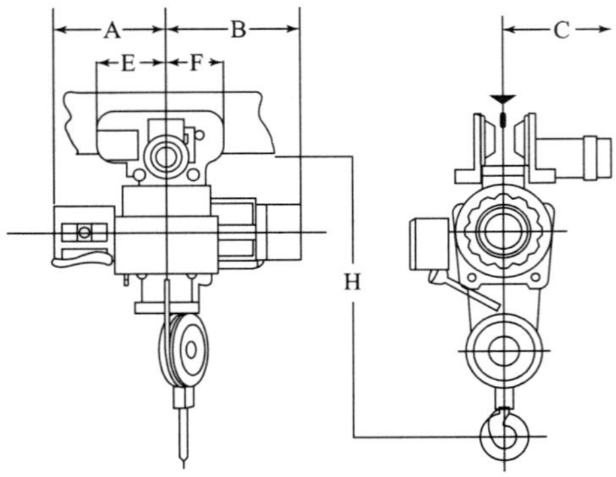

그림 5-70 ● 권과방지장치

(ㄴ) 비상정지장치(非常停止裝置, emergency stop equipment)

곤돌라 작업상자(cage)의 속도가 기계부분의 고장 등에 의해 허용속도를 초과하는 경우에 조속기는 스위치를 개방하여 전동기로 전류를 차단하고 전자브레이크를 작동시켜 정지시킨다.

(ㄷ) 브레이크(brake)장치

곤돌라의 승강장치·기복장치·신축장치 및 주행장치에는 각각 작동을 제동하기 위한 브레이크(brake) 재동방식은 용수철에 의해서 재동력을 발생시켜 인력·전자력 등에 의해서 작동을 늦추는 방식이거나 인력·전자력, 유압 등에 의해 직접 제동력을 발생시키며 또한 이들의 힘을 해제하는 방식 등이 있으며 기계적인 브레이크·전자브레이크·수동핸들브레이크가 있다.

(ㄹ) 구명줄(safety rope)

근로자가 탑승하여 작업하는 것을 목적으로 하는 곤돌라에는 구명줄을 설치하여야 한다.

(7) 승강기(Elevator)

일반적으로 전용 승강로에서 수직으로 설치된 레일에 연해서 승강하는 본체에 사람 또는 물건을 상하로 운반하는 것을 승강기라 한다.

여기에서는 승용 승강기는 생략하고 화물용 승강기에 한해서 다루기로 한다. 통상 화물용 승강기는 매분 15 m 이하의 속도로 주행되며, 정상부에 기계실을 설치하고 권상기로 승강하는 방식과 리프트(lift)나 유압장치(hydraulic) 등을 피트(pit)부에 설치하여 승강하는 방식이 있다. <그림 5-72 참조>

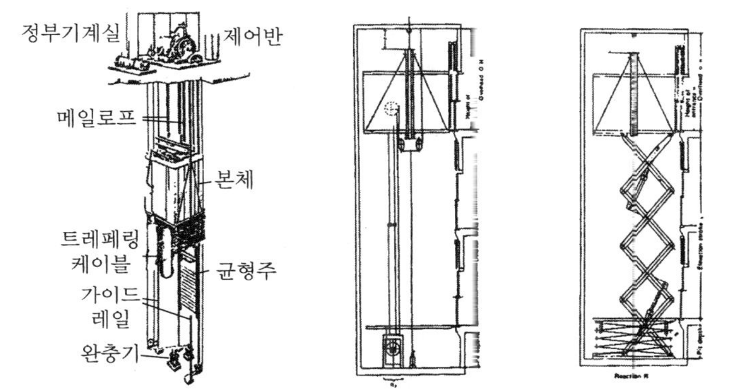

그림 5-71 ◦ 화물용 승강기의 종류

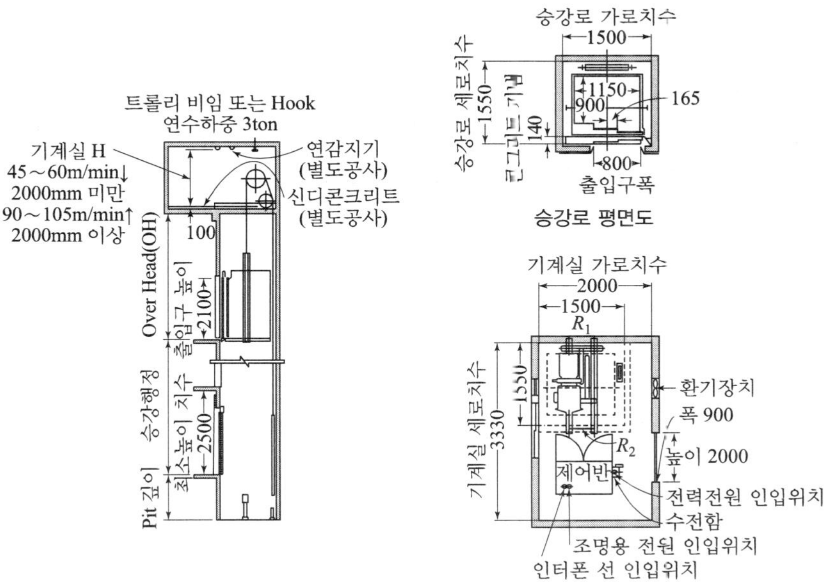

승강로 세로 단면도　　　기계실 평면도

그림 5-72 ◦ 일반규격형 승강기(elevator)의 구조 (자료: JIS A<4301-1970> p.138)

① 승강기의 구조

승강기는 대체로 본체, 권상장치, 가이드 레일, 탑승구, 균형추, 와이어로프, 완충기 등의 부분으로 구성되어 있다. 출입문을 강판으로 하며, 가로 여닫이(한짝문, 두짝문, 양쪽 여닫이)이지만 화물용에는 <그림 5-73>과 같이 강도가 큰 중력문을 상하로 개폐하는 것도 있다.

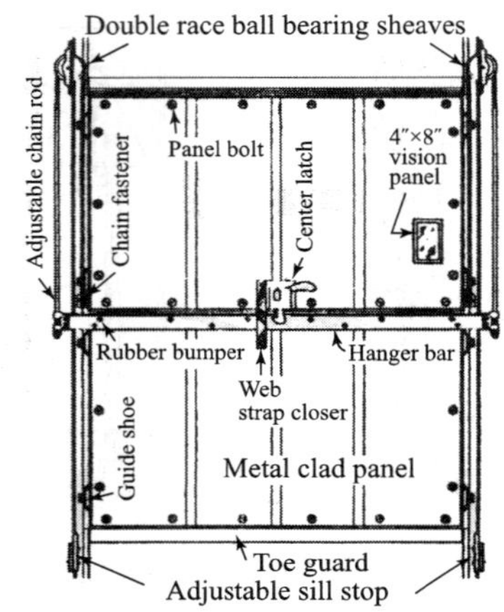

그림 5-73 • 상하개폐 출입문 (자료; NSC출판 위험방지매뉴얼 9판 p.184)

(ㄱ) 본체

반기라고도 하는 본체는 안정성을 유지하기 위해 형강제의 골조에 강재 t 1.6 mm로 출입문을 제외한 전부를 둘러싼다. 이들 중에는 1.0 m 이상인 부분에는 철강으로 된 것도 있다.

㉮ 본체의 구조

- 동력을 운전하는 승강기의 본체는 출입에 필요한 개구부를 제외하고 전면이 방호되어야 한다.
- 전면을 방호한 승강기는 천장에 비상구를 설치하고 비상구는 안에서 밖으로 개방할 수 있어야 한다.
- 본체의 천장은 10 cm^2의 면적에 대해서 100 kg의 하중을 안전하게 지탱할 수 있는 강도를 유지하여야 한다.

㉯ 탑승문

- 전기적으로 조작하는 본체의 문 또는 탑승구 문이 닫히지 않으면 본체가 작동되지 않도록 인터록 되어야 한다.

- 문의 전기접점은 모두 확동식(positive action type)이라야 한다.
- 본체가 탑승장을 통과할 때 자동적으로 개방되면 안 된다.
- 본체 탑승문 또는 탑승구가 닫혀 있을 때는 개구부를 완전히 방호하여야 한다.

㉰ 제어장치

- 액압식을 제외하고 승강기는 안전장치 또는 캐치를 구비하여야 한다. 이들은 규정 이상의 과속도, 본체의 낙하 또는 로프가 이완된 경우 본체를 정지시킬 수 있어야 한다.
- 본체의 안전장치는 속도조절기(Governer)에 의해서 조정되어야 한다. 기어(gear) 고정 또는 래칫(ratchet)은 충분한 안전장치로 간주할 수 없다.
- 수동식 승강기 본체에는 상승 또는 하강시 수동 브레이크를 설치하고 조작한다.
- 3층 이상 또는 10 m가 넘는 승강기는 본체가 강하할 때 속도를 조절하는 속도조절기(조속기)를 설치한다.
- 전기 승강기 본체에는 동력을 차단하는 비상정지장치를 설치한다.
- 본체 하강 도중 고장발생시 자동적으로 전력을 차단하고 제동하는 슬래그 케이블장치를 설치한다.

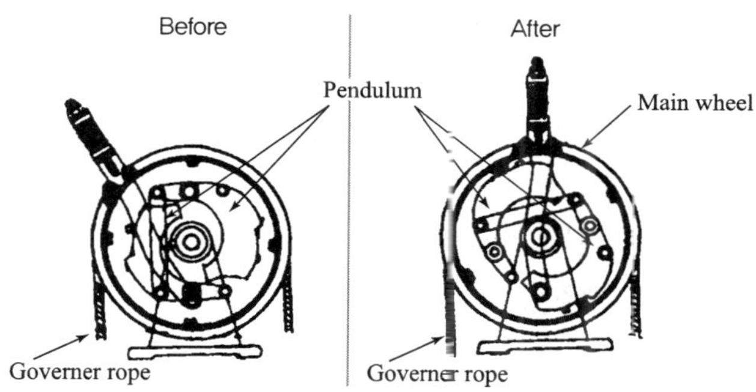

그림 5-74 • Governer-moving

㉱ 속도제한을 정한다.

- 운전자가 탑승하는 화물용 승강기의 정격속도는 매분 37.5 m를 초과하지 못한다.
- 계속 누름 단추식 승강기의 정격속도는 매분 45 m를 초과해서는 안 된다.

- 벨트(belt) 또는 체인(chain)으로 운전되는 화물용 승강기의 정격속도는 매분 18 m를 초과해서는 안 된다.
- 수동으로 운전하는 승강기는 4층 또는 18 m를 넘는 승강구간에 사용해서는 안 된다.

(ㄴ) 권상장치

승강기 본체를 상하 승강시키는 데는 정상부에 권상기를 설치하여 와이어로프로 하는 방식과 승강로 하부에 피스톤을 설치하여 상승 및 하강시키는 유압식으로 구분한다.

㉮ 와이어로프 권상방식

와이어로프식 권상기는 승강로 정상부에 설치되는 것이 일반적이다. 때로는 승강로 하측부에 설치되는 경우도 있다.

로프식 권상기의 승강기 속도는 전동기의 웜기어(worm gear)로 감속하는 기어 모터와 동일 축상의 로프차가 직접 회전하는 기어가 없는 것의 두 종류가 있다.

기어 모터는 매분 10.5 m 이하에 사용되고, 기어리스 직류 전동기는 매분 10.5 m 이상의 승강기에 사용된다.

㉯ 유압식

유압식인 승강기의 권상장치는 반드시 승강로 직하부에 피스톤부가 설치되며 근래에는 로프 또는 체인과 병용해서 액압잭을 승강내부 일부쪽에 설치하는 간접식인 것도 있다.

㉰ 기계설비

- 권동(drum)의 직경은 로프 직경의 40배 이상이어야 한다.
- 액압식 승강기는 본체가 천장의 공작물에 닿기 전에 피스톤이 정지되도록 한다.
- 액압식 승강기는 장해 시브(trouble sheave)에는 금속의 가이드 레일 및 가이드 슈(guide shoe)를 설치하여야 한다.
- 공기 또는 가스를 탱크에 유입시킴으로서 액압을 얻을 수 있도록 압력탱크를 사용하는 승강기는 액압식 승강기에 관한 규정을 적용한다.

(ㄷ) 가이드 레일(guide rail)

본체가 주행하는데 가장 중요한 역할을 하는 것이 가이드 레일이다. 통상 본체와 승장(car)과의 틈새가 일정한 값으로 유지되고 있는 것은 가이드 레일과 본체에 장치되어 있는 가이드 슈 부품과의 맞물림에 확실하게 되어있기 때문이다. 로프식 엘리베이터에는 만일 로프가 절단되면 본체를 지탱하는 것이 없으므로 조속기와 비상정지장치와의 조합동작에 의해서 본체를 레일에 물리게 하여 본체의 낙하를 방지한다.

(ㄹ) 승강로

승강로는 2층 이상의 건축물에는 모두 방화구조로 하여야 하며 승강기는 방화벽으로 축조된 곳에 설치한다. <그림 5-75>는 승강로의 철강방호이며 건물외부의 승강로는 3 m 높이까지 방호하여야 한다.

본체의 측면과 승강로의 간격은 20 mm 이상, 본체와 균형추와의 간격은 25 mm 이상 유지하여야 한다. 승강로 상부는 본체가 최상층에 있을 때 본체의 정부에서 1초간의 주행거리와 같은 높이만큼의 공간이 유지되어야 한다. 승강로를 방호하는 방호물은 30 cm^2에 대해 150 kg의 집중하중을 지탱할 수 있는 일정한 강도를 유지한다.

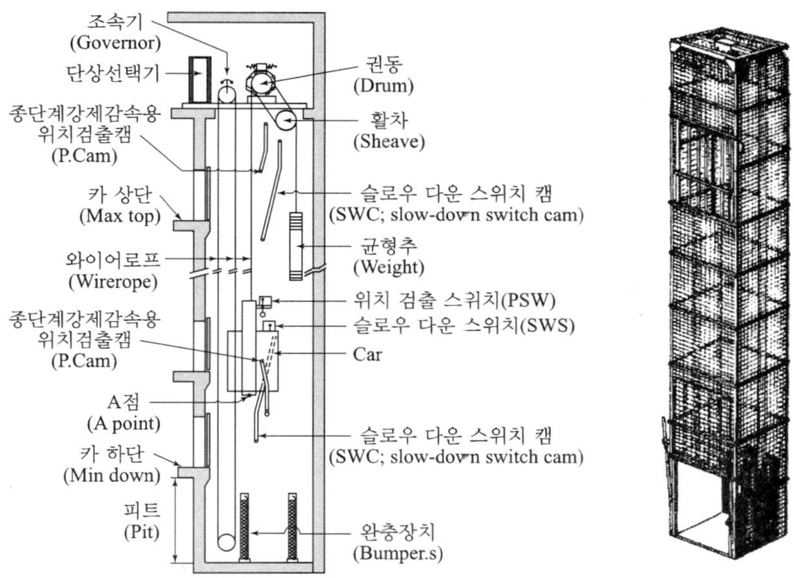

그림 5-75 ◦ 승강기 장치 및 승강로 방호 예

(ㅁ) 승강로의 출입구

승강로의 출입구에는 견고한 문이 설치된다. 출입구의 문은 본체의 문과 같지만 전동식의 개폐장치를 설치하여야 한다. 희소하지만 본체의 문과 승장의 문

이 별도로 여닫게 되어 있는 것도 있으나 대개의 경우 본체문과 동일기구로서 여닫게 하여야 한다.

하물용 수동승강기의 탑승문은 본체에 의해서 조작되는 기계적 시건장치를 설치하여야 한다.

(ㅂ) 완충기(Buffer)

승강로 피트(pit)에 설치되는 완충기는 본체가 완충기를 압축하였을 때 60 cm 이상 남는 깊이로 만든다.

안전기준의 완충기는 매분 60 m 이하인 승용 승강기는 오일 스프링, 또는 공기식 완충기(air buffer), 매분 60 m 이상인 승강기는 유압식 완충기(oil buffer)를 사용하며, 매분 15 m 화물용 승강기는 고형의 완충기를 사용한다.

균형추의 완충기도 본체 완충기와 같다.

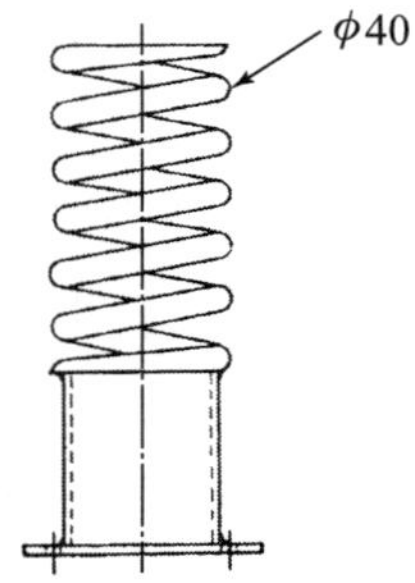

Spring type의 buffer

(ㅅ) 주 와이어로프(Main wire rope)

주 와이어로프는 권상시 2개 이상 적용하며 균형추도 같다. 단일와이어로프의 안전율은 12 이상이며, 지름은 12 mm 이상이다.

② 승강기의 관리

(ㄱ) 올바른 사용방법

승강기의 정기점검은 1개월에 1회 이상으로 규정되어 있으므로 항상 100%의 양호한 상태로 유지시킨다 하여도 사용방법이 올바르지 않으면 사고를 예방하기 곤란하다. 특히 승강로나 탑승구가 올바르게 방호되지 않은 시설에서 협착, 추락의 재해가 발생하는 경우는 우선 물적 방호가 추진되고 기능이 인터록장치로 개선되어야 한다.

(ㄴ) 규칙의 엄수

승강기에는 용도별의 규칙이 있다. 화물용 승강기는 일반 작업자가 타서는 안되며, 지명 운전가가 운전하여야 한다. 기강이 문란한 운전이 되면 승강기의 고장은 물론 재해의 위험성을 증가시킨다. 그러므로 승강기 탑승구에는 정격하중과 운전규정을 게시해 두어야 한다.

(ㄷ) 기능의 유지

승강기는 본래의 목적인 양중력, 속도 등과 법에서 규정한 과부하방지장치가 항상 완벽하게 작동되도록 하는 것이 근본적인 문제지만, 승강기는 기계장치이므로 영구적인 안전성을 확보하기는 매우 힘든 일이지만 승강기는 구조가 상당히 복잡하여 보수유지에 상당한 숙련과 사전 위험방지 조치가 필요로 하고 있다.

㉮ 보수계약

승강기의 보수는 직접 메이커에 의뢰 하던가 또는 메이커 직속의 전문 업자 또는 전문검사기관에 대행시키는 것이 좋다. 보수계약 형태는 여러 가지 있지만 이것은 사업장 사정에 따라서 체결하여야 한다.

㉯ 정기적 검사

승강기의 업자에 의한 보수는 월 1회 이상 정기검사를 실시한다. 반드시 업자에 의뢰하는 것이 아니고 사업장의 숙련자로 하여금 실시할 수도 있다. 그러나 산업안전보건기준에 관한 규칙 제161조~170조에 의한 준수사항은 반드시 지켜져야 한다. 또한 검사결과의 기록 등은 자율적 관리 유지를 위해 활용하는 것이 바람직하다.

(ㄹ) 승강기 일상 점검

㉮ 승강기의 문 시설

승강장 사고의 대부분이 탑승구의 문에서 발생하고 있으므로 매월 아침 본체에 타고 점검하여야 한다. 이때 약간의 미비사항이 있으면 전문 업자에 문의해서 완전히 보완 후 사용하도록 한다.

㉯ 조작장치 기계

본체내의 조작반 각 스위치류의 작동과 스위치를 조작했을 때 정확한 형태를 점검 확인한다. 특히 중요한 것은 행선층계 버튼의 적정함과 정지버튼이 확실하게 작동하는가 점검한다.

㉰ 피트(pit)의 청결

본체를 최하층에서 1 m 정도 위에 정지키시고 피트 내를 점검한다. 피트 내에 물이 고이는 것은 승강로 내와 본체의 전장부품의 손상을 촉진하고, 휴지나 먼지는 레일의 주유에 흡수되어서 화재발생의 위험이 있으므로 피트는 항상 청결하고 건조한 상태로 유지하여야 한다.

(8) 리프트(Lift)

리프트란 동력을 사용하여 중량물을 달아 올리거나 수평으로 운반하는 목적으로 사용되며, 화물운반 만을 전용으로 하는 건설공사용 리프트와 운반구내에 조작스위치 비상정지장치 등 탑승 조작설비가 설치되어 있는 인화공용 리프트가 있다.

① 리프트의 분류

(ㄱ) 리프트의 분류

㉮ 전용화물 운반용

㉯ 인화공용

㉰ 간이리프트 : 화물운반전용구조와 운반구 바닥면적이 1 m^2 이하이거나 천장높이가 1.2 m 이하임.

㉱ 케이블(cable)리프트 : 동력을 사용, 공중에 설치된 케이블에 따라 움직이는 운반구 또는 카(car)를 메달아 공용으로 사용하는 것.

㉲ 유압리프트 : 유압실린더를 이용하여 테이블(table)에 상하로 승강하면서 화물을 운반하는 것.

㉳ 경사리프트 : 동력을 사용하여 경사진 가이드레일을 따라 움직이는 운반구로 인화공용인 것 리프트는 화물을 올리거나 내리기 위해 <그림 5-76>과 같이 유압을 사용하고 있지만 스위치 조작에 의한 전자밸브의 전환에 의해서 작동된다.

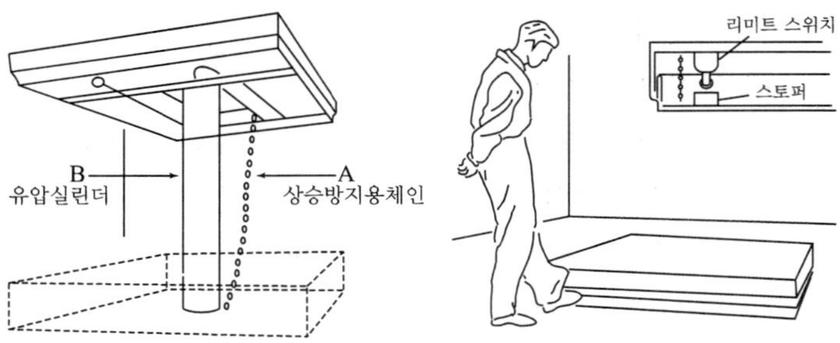

그림 5-76 ◦ 리프트의 안전장치

(ㄴ) 리프트의 형식

㉮ 와이어로프 형식(wire rope type)

㉯ 랙 피니언 형식(rack & pinion type)

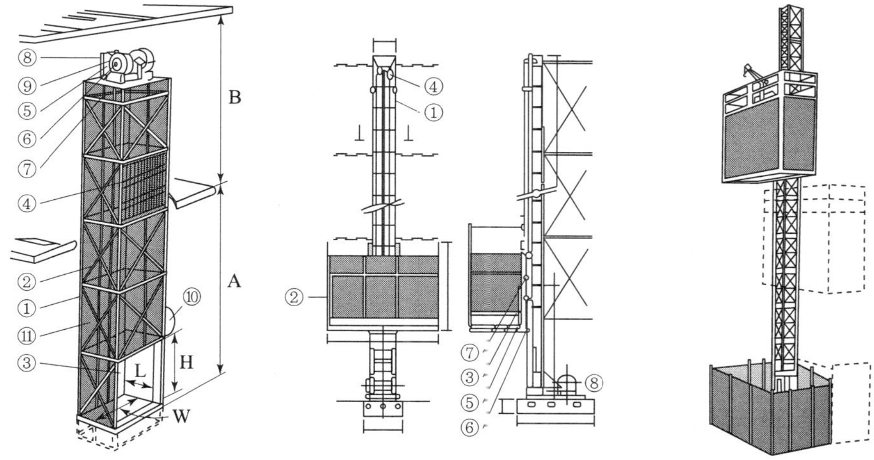

① 프레임 ② 가이드레일
③ 적재함 ④ 도어 ⑤ 감속기
⑥ 드럼 ⑦ 와이어로프
⑧ 마그네틱 브레이크
⑨ 전동기 ⑩ 리미트스위치
⑪ 방호울

① 가이드레일 ② 적재함
③ 승강프레임 ④ 과부하방지장치
⑤ 낙하방지장치 ⑥ 이동롤러
⑦ 리미트스위치 ⑧ 전동윈치

(a) 와이어 로프 형식 (b) 랙(rack) & 피니언(pinion) 형식 (c) 간이리프트(화물운반)

그림 5-77 ◦ 리프트의 형식

<그림 5-77>은 리프트(lift)가 내려왔을 때 고정바닥과 리프트의 제어반 사이에 발이 협착되는 것을 방지하기 위해 120 mm 이상의 공간을 두며 리프트의 상하 가동부분에 간격변화 감지용 마이크로 스위치를 부착하여 위험발생시 급정지 시키도록 하고 있다.

② 사용제한

법 제34조 1항 및 산업안전보건기준에 관한 규칙 제151조~159조 규정에 의하여 노동부장관이 정하는 제작기준과 안전기준에 적합하지 않는 리프트(lift)를 사용하여서는 아니 된다.

③ 안전장치 < (건설용 리프트 및 간이리프트)

㈀ 권과방지장치와 달기기구와 운반구상면과의 간격 250 mm

㈁ 과부하방지장치 정격하중의 1.1배 초과 하중 시 작동

㈂ 비상정지장치 정격속도의 1.4배 이상일 때 작동

㈃ 완충장치 낙하충돌방지 스프링(spring) 등 설치

④ 작업시작 전 점검사항

㈀ 방호장치·브레이크의 기능

㈁ 와이어로프·슬링와이어(sling wire) 등의 상태

5-2 크레인등 와이어로프 및 고리걸이용 로프

1 와이어로프의 개요

와이어로프는 하역작업에서 가장 중요한 위치를 차지하는 필수품이다. 하역분야에서는 와이어로프로 인하여 일어나는 재해가 많을 뿐 아니라 하역작업에 미치는 영향이 지대하나 일반적으로 하역 작업원들의 로프에 대한 관심이나 지식이 부족하므로 여기에서 기본적인 것을 기술하기로 한다.

① 구성

와이어로프는 3개의 기본적인 요소로 이뤄지며 ㈀ 가닥(strand) 내의 소선(wire), ㈁ 심(core)의 주위에 나선형으로 꼬여있는 소선의 집합체인 가닥(strand), ㈂ 와이어로프의 스트랜드 형태를 유지하는 심(core) 또는 심강(core wire) 흑색 및 적색 그리스(grease) 등이 있다. <그림 5-78> 와이어로프의 구성, 즉 대부분의 로프는 소선 스트랜드(strand) 및 심(core)으로 구성되며 로프의 사용을 원활하게 하기 위하여 도유(塗油)를 하고 있다.

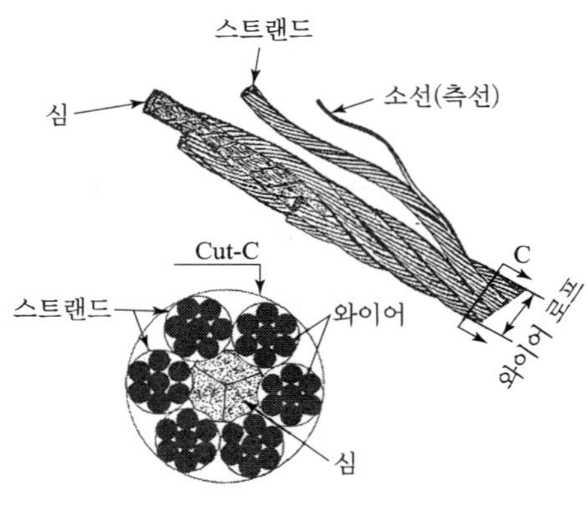

그림 5-78 • 와이어로프의 구성

• 심의 종류 : ㈀ 섬유심 ㈁ 철심 ㈂ 스트랜드심 등

② 와이어로프의 꼬임과 특성

와이어로프의 꼬임은 특수 로프를 제외하고는 보통 꼬임(regulars lay, 그림 5-79a,

b)과 랭 꼬임(lang lay, 그림 5-79c, d), 교번 꼬임(alternate lay, 그림 5-79e, f)으로 나누어지고 그 특성은 다음과 같다.

(ㄱ) 보통 꼬임(Regulars lay)

스트랜드의 꼬임방향과 로프의 꼬임방향이 반대로 되어 있다. 그 특성은 다음과 같다.

㉮ 외부의 접촉 길이가 짧아 소선의 마모가 쉽다. <그림 5-80 참고>

㉯ 킹크가 잘 생기지 않는다.

㉰ 로프 자체의 변형이 적다.

㉱ 하중을 걸었을 때 저항성이 크다.

㉲ 취급이 용이하여 선박, 육상 등이 많이 사용한다.

(ㄴ) 랭 꼬임(Lang lay)

스트랜드의 꼬임방향과 로프의 꼬임방향이 동일하며 그 특성은 다음과 같다.

㉮ 소선의 외부와의 접촉길이가 길다.

㉯ 내마모성, 유연성 내피로성이 우수하다.

㉰ 꼬임이 풀리기 쉽다.

㉱ 킹크가 생기기 쉽다.

<그림 5-79>에서 보는 바와 같이 꼬임방향은 Z꼬임과 S꼬임이 있다.

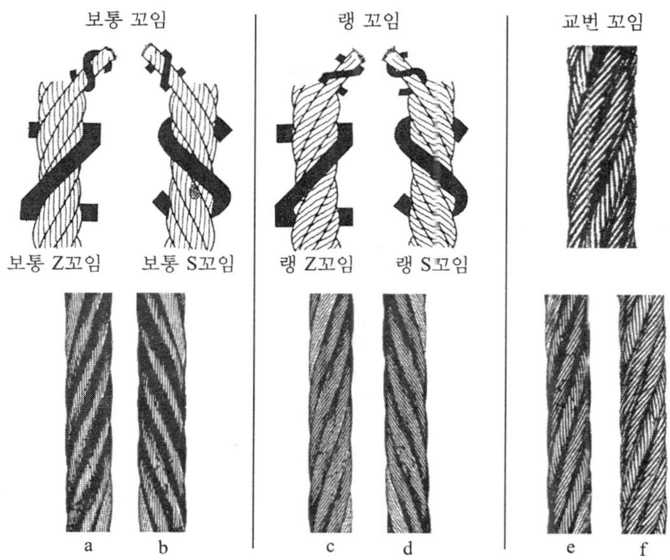

그림 5-79 ● 와이어로프의 꼬임방향

③ 와이어로프의 구성

와이어로프의 꼬임구성은 다음과 같이 되어 있다. 즉 소선은 스트랜드의 형태로 꼬여있고 스트랜드는 심주위에 꼬여 있다.

<그림 5-79>에서 "a" 및 "c"는 스트랜드가 오른나사처럼 왼쪽(Z방향)으로 꼬여 있으며 보통 꼬임로프라고 하며 이에 대하여 오른쪽(S방향)으로 꼬여 있는 "c", "d"는 랭 꼬임로프라고 한다.

보통 꼬임로프에서는 소선이 로프측과 평행하게 보이며, 랭 꼬임로프에서는 로프측과 수직으로 이룬다. 이 외관상의 차이는 제조기술의 변화에서 온다. 즉 보통 꼬임로프는 스트랜드의 소선 꼬임방향과 로프에서의 스트랜드 꼬임방향이 반대이며 랭 꼬임로프는 꼬임방향이 동일하다. 그림에서 "e, f"는 교번(alternate) 로프로서 보통 꼬임과 랭(lang) 꼬임 스트랜드를 조합하여 만든 것이다.

따라서 <그림 5-80>과 같이 보통 꼬임로프의 마모가 쉬운 편이다.

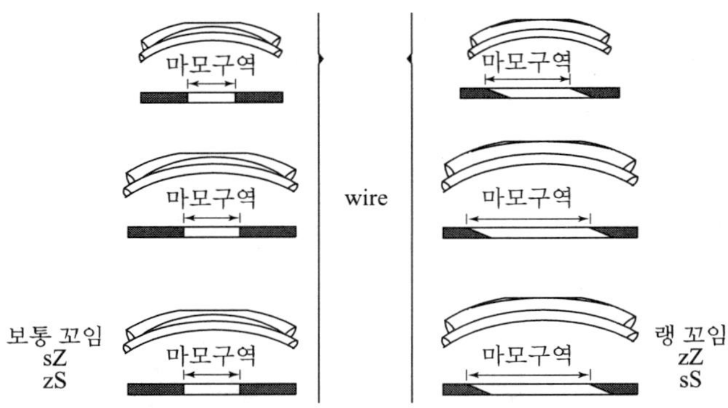

그림 5-80 • 보통 꼬임 및 랭 꼬임 로프의 마모 특성

2 와이어로프의 사용과 취급요령

① 와이어로프의 취급방법

(ㄱ) 와이어로프의 운반과 하역시 취급요령

㉮ 로프는 기계의 한 요소이므로 기계와 동일하게 취급하여야 한다.

㉯ 로프는 높은 곳에서 내릴 때는 떨어뜨려서는 안 되며 크레인 및 지게차를 이용하거나 널판자를 이용하여 굴러 내리도록 한다.

㉰ 로프를 울퉁불퉁한 땅위에 굴리거나 끌게 되면 홈 또는 마모가 생기므로

주의하도록 한다.

㉣ 로프 취급 시 외력에 의해 손상을 입게 되면 수명이 단축되므로 항상 주의한다.

② 로프의 보관상의 주의

- 습기가 없고 지붕이 있는 곳을 택할 것.
- 로프가 직접 지면에 닿지 않도록 침목 등으로 받쳐서 300 mm 이상의 간격을 두어 보관할 것.
- 직사광선 또는 열 및 해풍을 피할 것.
- 산이나 황산가스에 주의하여 보관 시에는 부식 방지를 위하여 그리스(grease) 등을 도포하여 변질을 막을 것.
- 한번 사용한 로프를 보관 시에는 표면에 묻은 모래, 먼지, 오물 등을 제거한 다음 로프에 그리스를 바르고 잘 감아서 보관하여야 한다.

(ㄱ) 와이어로프 선택시 고려할 사항

㉮ 내파단강도
㉯ 내굽힘 피로성
㉰ 내진동 피로성
㉱ 내마모성
㉲ 내형 파괴성
㉳ 잔류강도

상기의 특성을 전부 만족시키는 와이어로프는 없으며 한가지의 특성이 가장 양호하면 나머지는 그 성능이 떨어진다. 로프를 선택할 때 설비에서 가장 필요한 특성을 파악하여 선택하는 것이 중요하다. 이것은 최고의 효율을 얻기 위해서 조금 부족한 특성은 다소 포기하더라도 가장 중요한 특성에 알맞은 로프를 선택해야 한다.

(ㄴ) 와이어로프 손상의 형태 [자료: wire rope corp of American,Inc.]

손상의 종류	형태	발생원인	형상
피로	단선형태가 수직이나 Z형으로 절단된다.	너무 작은 지름이 물체에서 굽힘을 받았거나 진동 또는 끌림, 시브의 진동, 너무 작은 지름의 르라, 반복굴곡, 축에 잠겼는지, 너무 작은 홈 지름으로 로프가 조이는지, 드럼 및 로프 구성의 부적당, 설치방법의 부적당 등을 점검할 것.	

인장	단선의 형태가 cup 및 cone 형태이다.	과하중 서투른 조작이나 급속정지 및 시동, 물체의 걸림, 느슨한 권취(또는 감김이라고도 함), 파손된 시브 플랜지, 잘못된 로프 치수 및 로프 강도불량 등을 점검할 것.	
마모	외측소선이 칼날처럼 닳아 파탄되며 다른 요인과 복합적으로 마모된 단선을 복합파단을 일으킨다.	로프나 시브의 치수를 확인하고, 하중의 변화, 과하중, 회전하지 않는 시브, 연약한 시브, 로라 및 드럼, 시브 위치의 부정확, 킹크, 오물 및 모래, 물체에 끼인 로프 등을 점검하여야 한다.	
회전이나 비틀림	선의 끝이 비틀린 현상이 보이거나, 나사처럼 꼬여 있다.	상기의 모든 기계적인 결합을 점검하고, 비정상적이거나 사용도중 충경하중을 피하고, 보관시 주의하여야 한다.	
눌림(Mashing)	선이 납작하게 되고, 파단 부위가 넓다.	상기의 모든 기계적인 결합을 점검하고, 비정상적이거나 사용도중 충격하중을 피하고, 보관시 주의하여야 한다. 이 현상은 통상 드럼(drum)에서 일어난다.	
부식	선 표면이 인장피로나 마모보다도 심한 파단 현상이 나타난다.	도유(塗油) 및 저장의 부적당을 나타내며, 주의 환경이 부식되기 쉬운가 점검할 것.	

3 와이어로프의 검사

단선이 있거나 스트랜드의 변형, 지름의 변화 또는 정상적인 외관과의 차이가 있을 때 로프의 상태가 의심스럽거나 요구하는 성능보다 떨어진다고 생각이 들면 로프는 교체하는 것이 좋다. 와이어로프의 점검 및 검사를 실시하는 기본적인 항목 등이 있다.

① 공칭지름 감소(nominal diameter reduction)
② 꼬임상태(lay from breaking)
③ 외부마모(external abrasion)
④ 내부마모(internal abrasion)
⑤ 부식(corrosion)
⑥ 소선단선(broken wire)
⑦ 꺾임 및 타격(kinks & peening)
⑧ 가닥압착(milking of strand)
⑨ 열 변색 및 변형
⑩ 훅(hook) 및 부속장치 등

간혹 와이어로프는 판별이 불가능하여 예고 없이 절단된다. 이런 현상은 단말가공

부분이나 붐, 호이스트 또는 시브를 가장 많이 거치는 부분에서 자주 일어난다. 이것은 사용상 일어나는 결함으로 외부 마모 뿐 아니라 파단지점이 보이지 않는다. 이런 조건하에서 인접 스트랜드(strand) 간의 찍힘으로 심(芯, core)이 약해지며 이때 골 부분의 단선이 일어난다. 단말가공 부위에서 골 부분의 단선이 한 개라도 보이거나 어느 지점이든지 2개 이상의 골 부분 단선이 보이면 이 로프는 즉시 교체하여야 한다.

만약 예방점검을 적절하게만 한다면 로프의 수명은 연장시킬 수 있으면 심(core)의 약화 골 부분의 단선 외 여러 요인에 의한 결함이 일어나기 전에 로프의 단말 가공 부위를 잘라냄으로서도 수명을 연장할 수 있다.

4 활차(sheave)에서의 와이어로프 효율

활차 위에서 사용되는 와이어로프의 강도비율은 활차 수에 따라 달라진다. 이 강도저하는 하중을 들어 올릴 때 꼭 필요한 것이며 다수 활차장치(pulley block, 그림 5-81 참조)에서는 이 강도 저하율이 아주 크게 나타난다. 정하중 하에서의 견인력은 다음 공식과 같이 하중을 로프의 가닥수로 나누어서 간단히 구할 수 있다.

$$\text{견인력} = \frac{\text{총 하중(슬링, 블록의 두게 포함)}}{\text{활차에 걸리는 로프의 가닥수}}$$

예를 들면 활차가 4개일 때(그림 5-81d) 6,000 kg을 들어올리기 위해서 필요한 견인력은

$$\text{견인력} = \frac{6,000}{4} = 1,500\ \text{kg 이상}$$

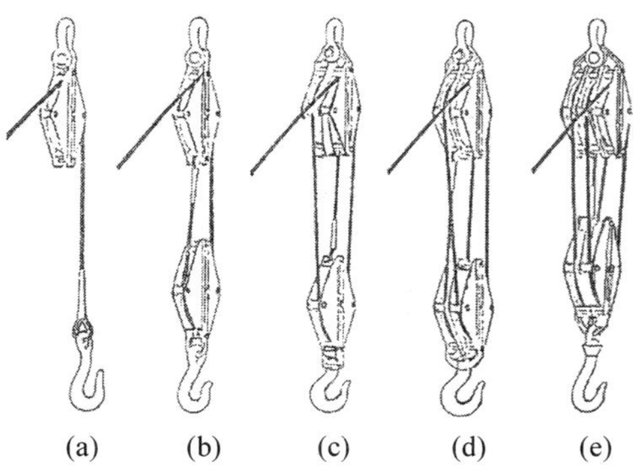

(a) 견인력은 들어 올리는 하중과 동일
(b) 견인력은 하중의 1/2
(c) 견인력은 하중의 1/3
(d) 견인력은 하중의 1/4
(e) 견인력은 하중의 1/5

그림 5-81 • 활차와 와이어로프

만약 이 설비에서 시브의 베어링이 볼 베어링 또는 롤러 베어링 타입이면 그 견인력은 다음과 같다.

견인력 = 견인상수 × 하중

견인상수는 <표 5-22>에서 와이어 가닥수와 베어링 종류에 따라 활차의 수에 맞는 견인상수를 찾아 하중과 곱하면 된다. 베어링을 사용 시 최초 작동시의 견인력을 구하여 본다.

표 5-22 견인상수

로프 가닥수	미끄럼 베어링을 가진 시브	롤러 베어링을 가진 시브
1	1.09	1.04
2	0.568	0.530
3	0.395	0.360
4	0.309	0.275
5	0.257	0.225
6	0.223	0.191
7	0.119	0.167
8	0.181	0.148
9	0.167	0.135
10	0.156	0.123
11	0.147	0.114

① "그림"과 같이 시브가 없을 때의 견인력을 구하여 보면 <그림 5-81>에서 와이어로프 4가닥과 미끄럼 베어링이 만나는 것의 견인상수는 0.309.
- 견인력 = 6,000×0.0309 = 1.854 kg
  (예를 들면 하중 6,000 kg, 로프 4가닥 설비 미끄럼)

② <그림 5-83>에서와 같이 보조활차가 있을 때의 견인력은
- <그림 5-83>은 보조활차가 있는 4가닥의 경우이다. 이런 경우 보조활차는 미끄럼 베어링의 1.09(롤러 베어링의 경우 1.04)를 곱하여 산출한다.
- 견인력 = 6,000×0.309×1.09 = 2,020 kg이 최초 작동 시 견인력이 발생된다.

③ 2개의 보조활차가 있으며 5가닥의 로프가 걸린 미끄럼 베어링 활차에서의 견인력은 견인상수는 <표 5-22>의 수치에서 보면 0.257이고 2개의 보조활차가 있으므로 0.257×1.09×1.09 = 0.305. 이때 6,000 kg 하중이 걸릴 때 견인력은 6,000×0.305 = 1,830 kg이 최초 작동 시 견인력이 된다.

이상과 같이 견인력을 구하면 그 수치에 알맞은 와이어로프 외의 하역 도구, 장비 등을 적절히 사용함으로써 사고를 예방할 수 있다.

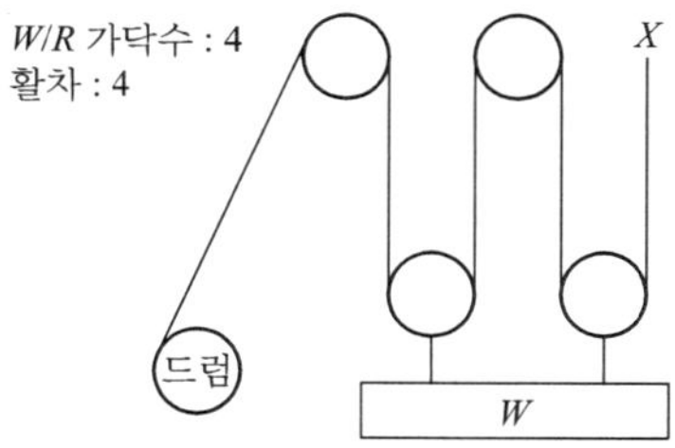

그림 5-82 ◦ 활차의 설비

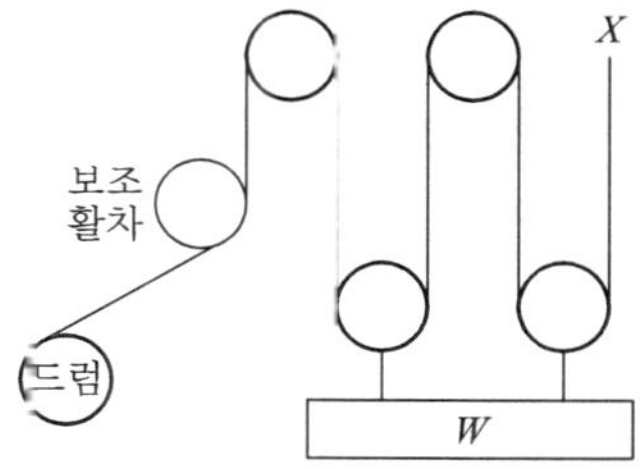

그림 5-83 ◦ 보조활차가 있는 설비

5 와이어로프의 단말(Ending)처리 및 절단

① 단말처리

와이어로프를 짐 걸이 용구로 사용하려면 단말처리 방법이 문제가 된다. <그림 5-84>와 같은 여러 가지 단말처리 방법이 있으며, 이음효율이 표시되어 있다.

처 리	그 림	효 과
1. 소켓(socket)	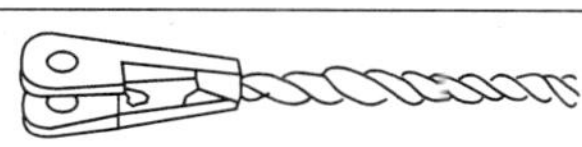	100%
2. 심플(simple)적용압축멈춤	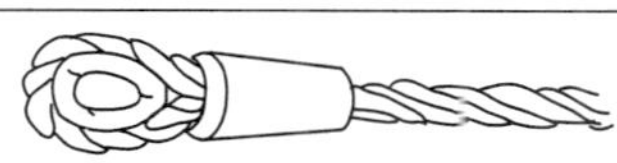	24 mm less 上 95% 26 mm less 下 92.5%
3. 쐐기형(wedge)	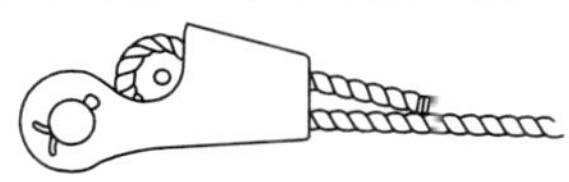	75~90%
4. 아이 스플라이스 (eye splice)	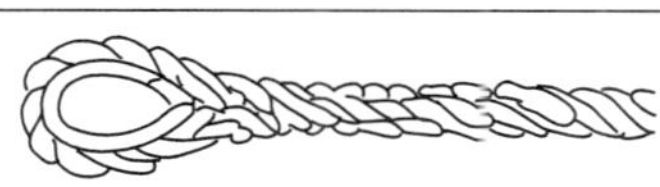	6 mm~90% 12 mm~86% 9 mm~88% 18 mm~82%
5. 클립(clip)형	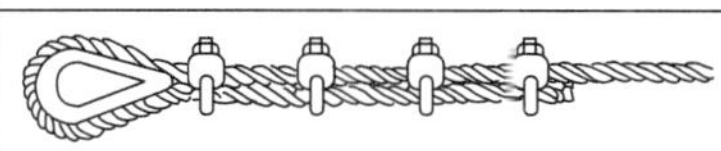	75~80%
6. 핸드 스플라이스 또는 턱 꼬임 (hand splice or tuck lay)	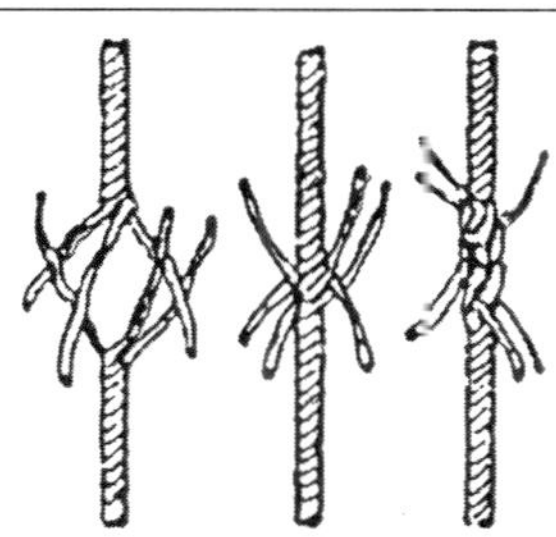	권장 불허

그림 5-84 ◦ 와이어로프 단말처리의 종류 및 소켓

그러나 최근 흔히 사용되는 압축 멈춤은 고열작업으로 인하여 마심(麻芯)이 소손하여 빠질 위험이 있기 때문에 약심의 와이어로프를 사용하고, 또 압축 멈춤 끝부분은 피로에 의한 강도저하가 큰 것 등의 결함요인이 있으므로 주의가 필요하다. U볼트 조임은 간단하여 현장에서 흔히 사용되지만 U볼트의 사용법과 U볼트수, U볼트 간격 등은 <표 5-23>의 기준에 따라야 하며, 사용 중에는 자주 조여야 한다. 아이 스플라이스(eye splice)는 상호 연결하는데 기능의 차이가 있어서 이음효율에 크게 영향을 주기 때문에 숙련자가 하여야 한다.

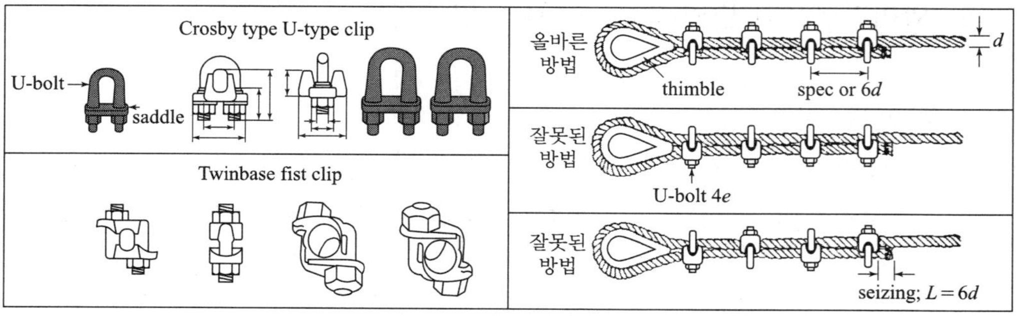

그림 5-85 ◦ 와이어로프 단말처리용 U볼트와 사용 예

◦ 표 5-23 U볼트 사용수량과 클립 간격

로프 공칭경(*d*)	클립의 수	클립 간격(*L*)	로프 공칭경(*d*)	클립의 수	클립 간격(*L*)
9~16	4	80 mm	28	5	180 mm
18	5	110	32	6	200
22	5	130	36	7	230
24	5	150	38	8	250

② 와이어로프의 절단

와이어로프(Wire rope)를 재단하여 고리걸 이용구를 제작할 때에는 반드시 기계적인 방법(그림 5-86)과 유압식 절단과 저석 절단(disc cutter wheel)에 의하여 절단하여야 하며 가스용단 등의 방법에 의하여 절단하여서는 안 된다. 또한 절단 시는 와이어로프를 단말매듭(seizing)을 한 후 절단하여야 한다.

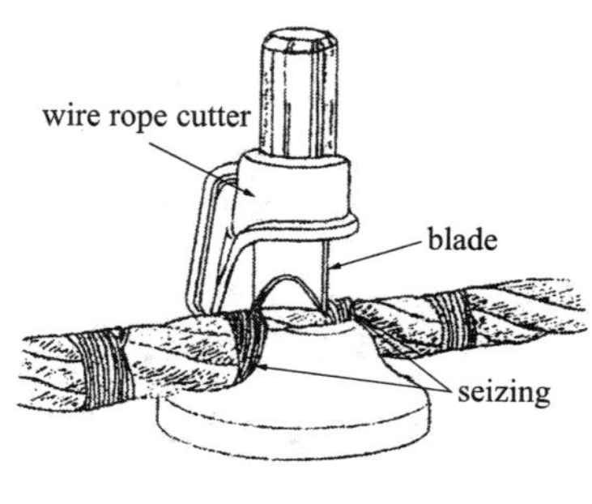

그림 5-86 ◦ 와이어로프 절단기의 예

6 슬링로프에 걸리는 장력의 변화

하역 작업중 와이어로프를 이용하여 화물을 들어 올릴 때 슬링로프에 걸리는 하중과 와이어로프에 걸리는 장력의 변화는 하역사고 중 가장 큰 요인의 하나이다.

① 슬링로프에 걸리는 하중(1) <그림 5-87>

(ㄱ) 슬링로프 간의 각도 : A

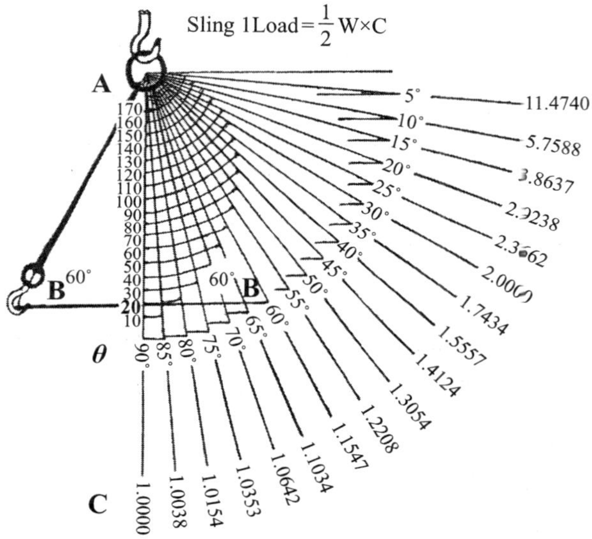

그림 5-87 ◦ 슬링로프의 각도

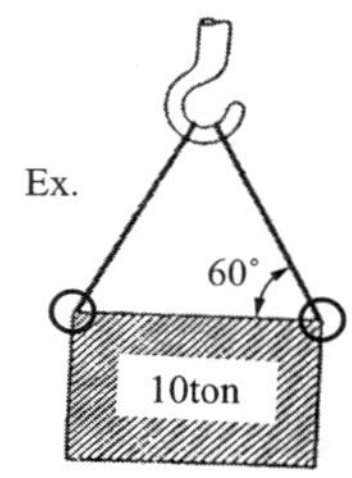

그림 5-88 ◦ 짐 걸이에 걸리는 힘

(ㄴ) 수평각 : B

(ㄷ) 슬링로프에 걸리는 하중계수 : C (로프 지름의 결정에 사용한다.)

예 1

2본의 슬링로프를 사용하여 10 ton의 하중을 수평각 60°로써 권양할 경우 한쪽 슬링로프에 걸리는 인장하중을 구하면,

경사진 로프 1본에 걸리는 하중 = 1/2 × 수직전하중 × 하중의 계수(C)
= 1/2 × 10 ton × 1.1547 = 5.774 ton

위의 공식을 이용하여 구한 답은 <표 5-24>에서 절단하중을 찾아 알맞은 와이어로프의 공칭경을 알 수 있다.

■ **표 5-24** 와이어로프의 안전하중(안전율 : 6기준) (단위: ton)

와이어로프 공칭경 (mm)	절단 하중	2본 슬링				4본 슬링			
		0°	30°	60°	90°	0°	30°	60°	90°
10	5.02	1.68	1.62	1.45	1.19	3.35	3.23	2.90	2.37
12.5	7.84	2.62	2.53	2.27	1.85	5.23	5.05	4.53	3.70
14	9.83	3.28	3.17	2.84	2.32	6.55	6.33	5.68	4.63
16	12.8	4.26	4.14	3.70	3.02	8.53	8.24	7.39	6.03
18	16.2	5.40	5.22	4.68	3.82	10.80	10.43	9.35	7.64
20	20.1	6.70	6.47	5.80	4.73	13.40	12.94	11.60	9.48
25	31.3	10.44	10.08	9.04	7.38	20.87	20.16	18.07	14.76
28	39.3	13.10	12.65	11.35	9.27	26.20	25.30	22.69	18.53
30	45.1	15.35	14.52	13.02	10.63	30.17	29.04	25.04	21.26

* 1본 슬링 시는 본래의 무게 2본 슬링의 1/2 무게로 계산한다.

㈃ 와이어로프의 안전하중 계산법

예 2

와이어로프 공칭경 20 mm 2본 혹은 4본 슬링 시 각도에 따라 슬링로프에 걸리는 안전하중은 (안전율 6과 절단하중 <표 5-24>)

㉮ 각도 60°, 슬링로프 2본일 때

안전하중 = 20.1 × 2본 ÷ 1,1547 × 6 = 40.2 ÷ 6.9282 = 5.80 ton

㉯ 각도 60°, 슬링로프 4본일 때

안전하중 = 20.1 × 4 ÷ 1.1547 × 6 = 80.4 ÷ 6.9282 = 11.60 ton

㈄ 위 계산에서 나온 답을 <표 5-24>의 안전하중을 찾아보면 이와 반대로 계산하지 않고 <표 5-24>를 이용하여 안전하중을 알 수 있다.

② 슬링로프에 걸리는 하중(2)

<그림 5-89>에서와 같이 콩크릴 파일 등과 같이 장척화물을 경사시켜서 권양할 경우 링로프에 걸리는 인장하중은 <표 5-25> 삼각함수표 참조

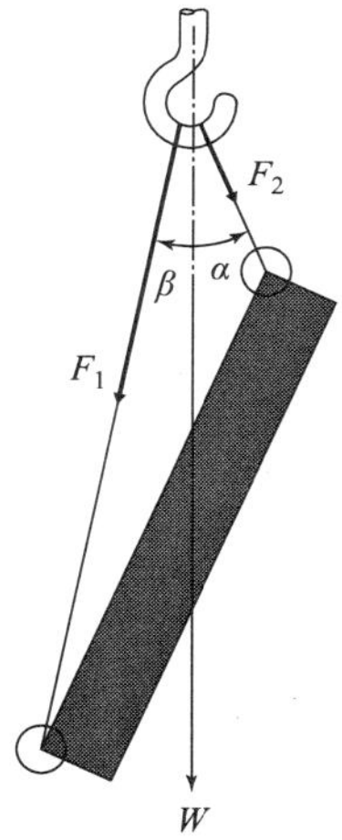

$$F_1 = \frac{W \cdot \sin\alpha}{\sin(\alpha+\beta)} \qquad F_2 = \frac{W \cdot \sin\beta}{\sin(\alpha+\beta)}$$

그림 5-89 ◉ 경사진 화물에 걸리는 슬링로프

◉ 표 5-25 삼각함수표

각도 (α, β)	sin
0	0.0000
5	0.0872
10	0.1737
15	0.2588
20	0.3420
25	0.4226
30	0.5000
35	0.5736
40	0.6428
45	0.7071
50	0.7660
55	0.8192
60	0.8660
65	0.9063
70	0.9397
75	0.9559
80	0.9848
85	0.9967
90	1.0000

예 3

하중 $W = 10$ ton, $\sin\alpha = 20°$, $\sin\beta = 15°$일 때 F_1, F_2에 걸리는 인장하중은?

F_1, F_2 식을 이용하여 구하면 <표 5-25>에서 각도 α, β의 sin값을 찾아서 대입하면 다음과 같다.

$$F_1 = \frac{10 \times 0.3420}{(0.3420 + 0.2588)} = \frac{3.42}{0.6008} = 5.69 \text{ ton}$$

$$F_2 = \frac{10 \times 0.2588}{(0.3420 + 0.2588)} = \frac{2.588}{0.6008} = 4.31 \text{ ton}$$

즉 F_1에 걸리는 인장하중이 5.69 ton, F_2에 걸리는 인장하중은 4.31 ton이므로 안전율을 각각 곱하여 인장하중이 많이 걸리는 쪽을 택하여 로프를 선택한다.

③ 슬링로프에 걸리는 하중

<그림 5-90>과 같이 2가닥 걸이의 경우, 인양어서 매다는 각도가 증가하면 로프에 인가되는 인장력이 증가한다. 로프의 수명은 활차부에 의한 피로, 단선 등에 결정된다.

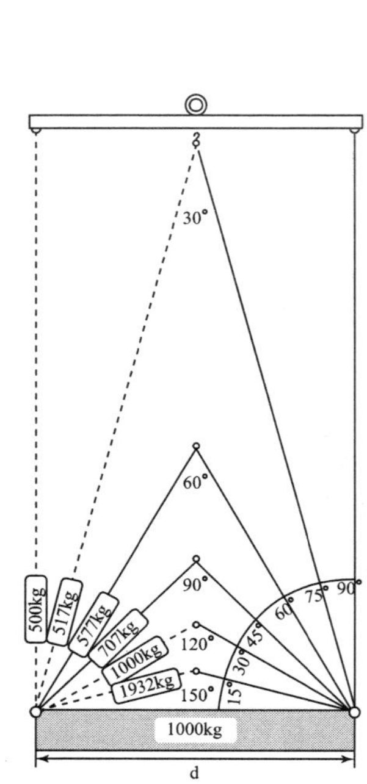

그림 5-90 ● 고리 걸이 용구에 걸리는 하중

<그림 5-91(a)>는 활차나 드럼(drum)의 직경(D)과 와이어로프 소선지름(d) 비(比)로 와이어로프의 수명 관계를 나타낸다.

그림에서 알 수 있듯이 (D/d)값과 수명과는 밀접한 관계가 있다.

예를 들면 D/d의 비가, 크레인에서 공칭경 24 × 6가닥 꼬임의 와이어로프일 경우는 20 이상, 엘리베이터에서는 40 이상으로 정해져 있다. <그림 5-91(b)>는 단선에 의한 강도 저하 및 절단 에너지의 저하모양을 나타낸 것이다.

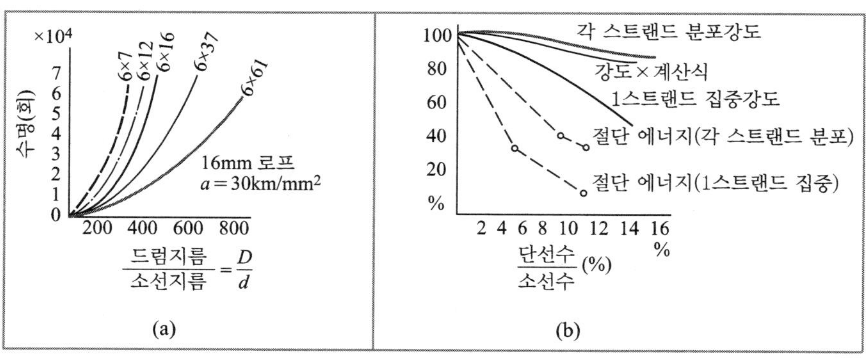

그림 5-91 ● 와이어로프의 강도

④ 슬링로프 사용상의 주의사항

크레인이나 호이스트 등에서 무거운 물체 권양, 강하 승강할 때, 슬링로프(그림 5-92) 거는 방법에서 주의하여야 할 사항은

(ㄱ) 예리한 모서리나 손상되기 쉬운 부분에는 지지물을 설치하여 로프의 손상을 예방하도록 한다. (지지물은 목재, 금속이 좋으며 목재는 연한 것으로 하고 로프의 접촉부는 둥글고 면은 매끄럽게 한다.)

(ㄴ) 수평각도는 60°가 이상적이나 최저 45° 이하로는 하지 않는다.

(ㄷ) 권양 강하시 일단 안전한가 목측한다.

(ㄹ) 로프가 얽힐 때는 즉시 풀어준다.

(ㅁ) 권양 강하시는 절대로 충격을 피하도록 할 것.

Material lifting ⟶ Rope, wire, chain, web, round sling

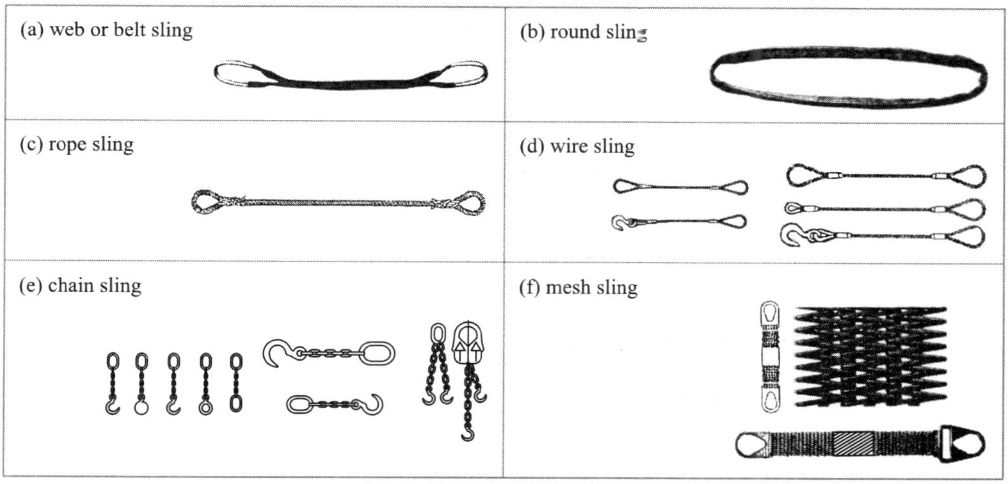

그림 5-92 ◦ 슬링의 형상

7 안전율(Factor of safety)

① 와이어로프의 안전율

안전율이란 와이어로프의 공칭강도와 그 로프에 걸리는 총 하중의 비를 말한다. 그러므로 안전율을 로프의 사용수명을 결정하는 중요한 사항으로 취급되고 있다. 과하중, 연속하중, 간헐적인 하중 등에 따라 로프의 수명은 달라진다. 일반적으로 어떤 로프 지름 및 인장강도를 결정할 때 정하중 및 정적인 상태 하에서 결정하는

것은 위험한 일이다. 왜냐하면 기계는 정하중 위에 동하중이 가해지기 때문이며 이것은 재료의 탄성한계를 초과할 경우도 있기 때문이다. 통상 안전율은 5로 잡고 있으며 <그림 5-93>의 와이어로프 상대 수명곡선은 사용수명이 하중의 증가에 따라 어떻게 변하는가 하는 것을 표시한다. 안전율이 5에서 3으로 변하면 수명은 100에서 60으로 떨어져 40%의 수명감소가 일어난다는 뜻이다.

$$\text{안전율} = \frac{\text{절단하중} \times \text{와이어로프 가닥수}}{\text{정격하중(ton)} + \text{Hook block(ton)}}$$

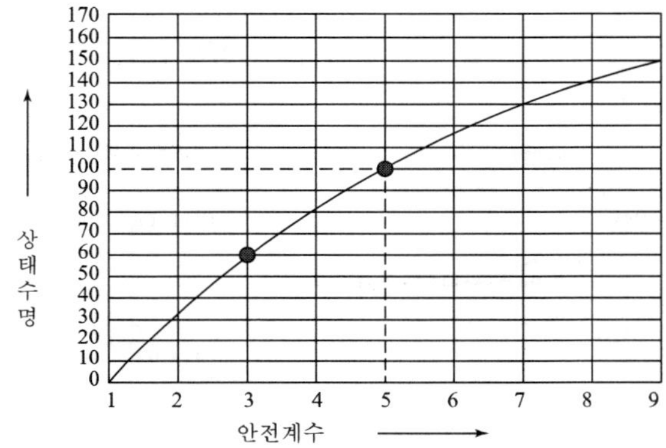

그림 5-93 ● 와이어로프의 수명곡선

② 섬유로프의 안전율과 파단강도

<표 5-26>, <표 5-27>은 섬유 및 화학제품 로프의 안전율과 파단강도를 표시한 것이다.

● 표 5-26 안전율

구분	로프 제품	안전율
섬유제품 로프	마닐라	5※
	사이잘	5※
화학제품 로프	나일론	9※
	폴리에스텔	9※
	폴리프로필렌	6※

※ R·King 자료

■ 표 5-27 섬유 및 화학제품 로프의 파단강도와 안전율 (R·King)

직경 (mm)	마닐라 (kg)	사이잘 (kg)	나일론 (kg)	폴리데스텔 (kg)	폴리프로필렌 (kg)
7	370	330	1,020	770	740
8	540	480	1,350	1,020	960
10	710	635	2,080	1,590	1,425
12	1,070	950	3,000	2,270	2,030
16	2,030	1,780	5,300	4,100	3,500
18	2,440	2,130	6,700	5,100	4,450
20	3,250	2,840	8,300	6,300	5,370
24	4,570	4,060	12,000	9,100	7,600
추천하는 안전율	5	5	9	9	6

8 와이어로프의 수명(壽命) 판정

사용중인 로프의 손상부위를 절단시험을 거치지 않그 절단하중을 추정예지 하는 방법을 주지하여 두면 좋다. 로프의 수명은 사용시간 노다 작동량과 밀접한 관계가 있으므로 권양회수, 일의 양 등을 매일 기록하고 매주 1~2회 정기적으로 점검을 실시하고 그 결과표를 작성보관하면 로프의 잔류 수명 예측 및 사용상 안전성 확보에 크게 도움이 된다.

- 마모 : 마모에 의한 절단하중 감소율을 추정하는 경우, 손상부위의 지름을 측정하여 이 측정치로서 감소율을 구한다. - 동시마모, 편심마모
- 부식 : 부식에 의한 절단하중의 감소는 표준과 비교하여 감소율을 구한다. - 소선의 표면상태, 로프의 외관상태
- 파단선 : 단선이 많이 발생된 지점에서 가닥 3Lay(Lay; 가닥이 풀림 시작점에서 다음 풀림 시작점까지의 직선거리)의 단선수를 조사한다. 단선분포 거리 1스트랜드(strand)에 집중된 상태
- 형상붕괴 : 로프의 찌그러짐, 굴곡·킹크(kink), 피치(pitch)변화 등을 신제품과 비교한다.
- 편심 : 편심에 의한 전단하중의 감소율은 마모 및 단선부위를 조사 측정한다.
- 수명 판정시의 자세
  - 공칭지름을 정확히 측정할 것.
  - 와이어로프를 먼저 만져 볼 것.
  - 꼬임방향(Z, S) 반대방향으로 서서히 3~5회 가볍게 회전하면서 만져 볼 것

- 와이어로프를 휘어(looping) 볼 것.
- 수명 및 사용 판정을 위한 측정(checking)을 할 것.
- 수명 판정기준(안전보건기준에 관한 규칙 제63조)에 준할 것.

① 수명 판정기준의 예

(ㄱ) 공칭지름 감소 7%, 단면 감소 15% 초과할 때 (단 7% 이상 마모된 것을 사용 시 시브마모가 급증)

(ㄴ) 1로프레이(rope lay) 내의 소선단선수가 10%를 초과할 때

(ㄷ) 평균 사용시간이 500∼600시간을 초과할 때

(ㄹ) 길이의 변화가 20%를 초과할 때 (정격 안전율 사용 시)

(ㅁ) 이음매가 있는 것

(ㅂ) 심하게 변형·부식된 것

이상의 변화가 있을 때 와이어로프를 교환하도록 하여야 한다.

② 수명에 영향을 미치는 요인

(ㄱ) 원형 굽힘에 의한 인장력의 저하는 <그림 5-94(b)>와 같이 원형 시브(sheave)에 로프를 걸고, 절단하중 시험을 하면 <표 5-28>과 같이 절단하중이 저하된다.

표 5-28 Rope의 원형 굽힘에 의한 절단하중

D/d	10	12	14	16	18	24	26	30
저하율(%)	21	19	14	12	10	9	7	5

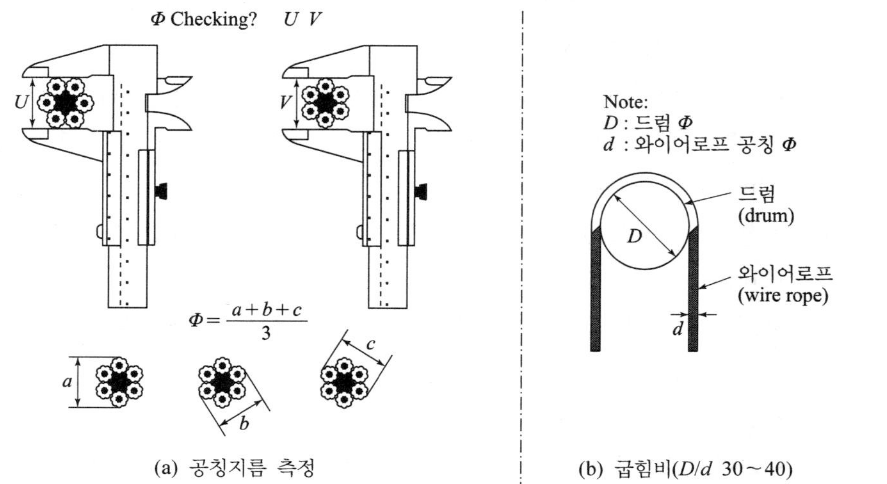

그림 5-94 • 와이어로프의 공칭지름 측정 및 굽힘

㈏ 각(角)에 의한 사용상의 와이어로프의 인장력 저하는 <그림 5-95>와 같은 경우로, 예리하고 각(θ)의 변화에 따라 <표 5-29>와 같은 절단하중 저하가 초래된다.

표 5-29 각도 변화와 절단하중

각도(θ)	120	90	60	45
저하율(%)	30	35	47	47

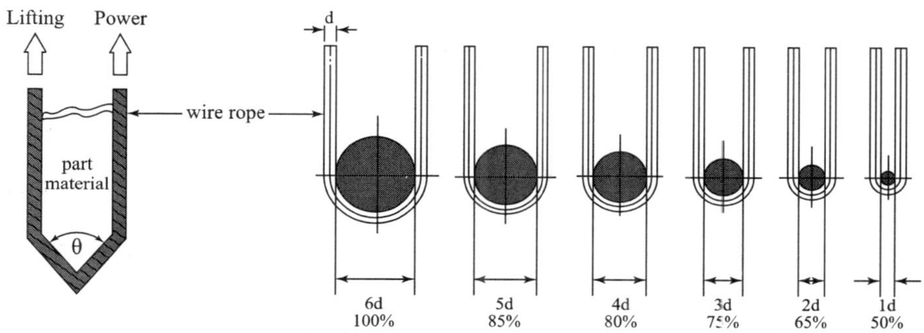

그림 5-95 와이어로프의 굽힘각도 및 R굽힘과 효율

㈐ 로프 사용 시 드럼(drum)이나 시브(sheave)에서 굴곡이 생기게 되며 이때의 S 굴곡이 불가피 할 때는 시브 거리를 최소로 하고 와이어로프 가닥꼬임(strand lay) 10배 이상 거리를 두어야 하며 시브의 지름도 30% 정도 크게 한다.

㈑ Kink에 의한 강도저하

상태	잔존강도	와이어로프 형상(Kink)
원상태의 로프	100%	
Kink를 일으켜 수정한 로프	83～80%	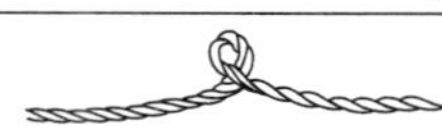
꼬임이 걸리는 쪽의 kink를 일으킨 상태의 로프	60～55%	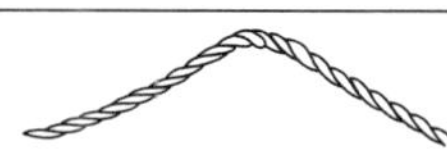
꼬임이 복귀되는 쪽의 kink를 일으킨 상태의 로프	45～40%	

9 체인의 강도와 수명

① 수명

㈀ 신장이 제조시 길이의 5%를 초과하지 않을 것. <그림 5-96(a)>
단, 5개 링(ring)을 3회 측정하거나 5Link 측정이라고도 함

㈁ 링의 단면호칭경의 감소가 링 제조 당시의 직경 10%를 초과한 것.
<그림 5-96(b)> (또는 링의 단면직경이 0.9d 이하)

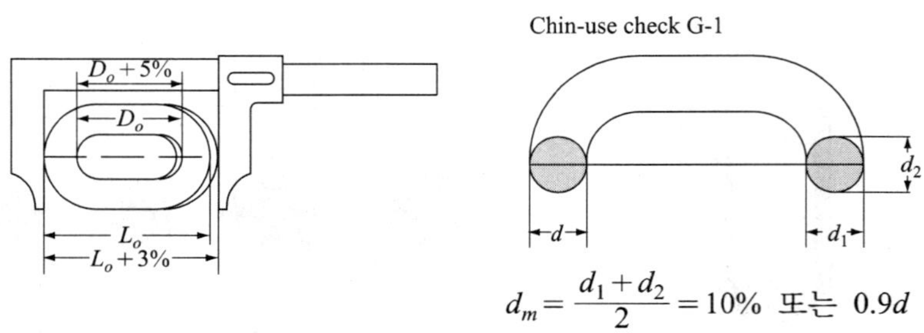

그림 5-96

㈂ 균열이 있는 것.

㈃ 체인의 슬링용도 안전율은 5이다.

㈄ 체인의 강도
체인 안전율 5에 의한 보증하중(ISO)은 <표 5-30>과 같다.

표 5-30 체인의 강도(ISO)

호칭경(mm)	보증하중(ton)	최대사용하중(ton)	호칭경(mm)	보증하중(ton)	최대사용하중(ton)
6.3	1.25	0.63	18	10.2	5.0
7.1	1.58	0.8	20	12.6	6.3
8	2.01	1.0	22.4	15.8	8.0
9	2.54	1.25	25	19.7	10.0
10	3.14	1.6	28	24.6	12.5
11.2	3.94	2.0	32	32.2	16.0
12.5	4.92	2.5	36	40.7	20.0
14	6.18	3.2	40	50.3	25.0
16	8.04	4.0	45	63.7	32.0

Note: Chain의 Ring 단독 check ⇒ 5Ring×3회 : 검사정밀형
Chain 연결완성품 check ⇒ 5Link×3회 : 현장권장형
ISO(International Standards Organization) : 국제표준화기구

② 체인 및 훅(hook)의 점검

다음 <그림 5-97>은 체인 및 훅의 변형 등을 점검하는 측정 검사용구이다. 훅에 인가되는 하중을 W, 목 단면적 A, 단면계수 Z, 하중의 작업선에서 단면의 그림 중심까지 거리를 R로 하면 다음 식으로 응력을 계산할 수 있다.

$$\sigma_t = \frac{WR}{Z} + \frac{W}{A} \quad \text{또는} \quad W = c_t\sqrt{R + \frac{Z+1}{A}}$$

여기서, $\sigma_t < \frac{1}{3}$(인장강도)이어야 한다. 그러나 훅의 위험은 변형에 의한 신장 외에 특히 나사 생크(shank)부의 반복하중에 의한 피로파괴 및 균열(crack)에 있으므로 특히 주의하여야 하고 점검을 게을리 해서는 안 된다.

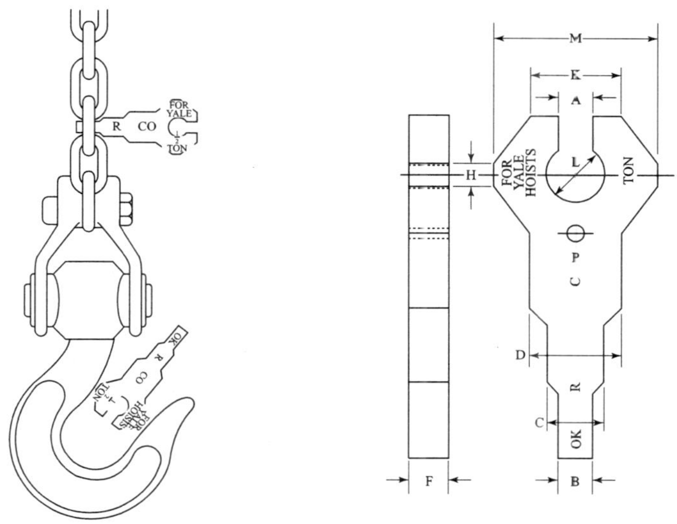

그림 5-97 ● 훅 및 체인의 점검용 측정구

보충 1

Clamp의 안전한 취급방법

1. 일반개론
   ① 1937년 : 미국의 R社
   ② 1906년 : 일본의 M社
   ③ 1962년 : 한국
   ④ 용도 : 건축, 토목, 철공, 운순, 조선, 중기,

기계·금속, 수송용 등

⑤ Clamp 규격 : 1991년 일본(평성 3년) 노동성 제작

⑥ 크레인 협회
- Clamp Hanger의 줄걸이 작업안전기준 Manual 제작
- 평성 14년 Clamp 안전기준 공개

2. Clamp 구조 및 기능

① 외관 단순

② 구조역학, 재료역학, 기계역학 ⇒ 3역학 적용 제작

③ 고기술적 집약

④ 배력장치이다.

⑤ Lift-Ring, Ring, CAM

⑥ V-Clamp 1.6배, H-Clamp 1.0배

⑦ 수동 및 자동 Lock type

⑧ 안전지도 Point
- 교육 미실시
- 사용방법 미숙지
- Type별 용도 무시
- 점검 무시

3. Clamp type

① Manual lock type clamp
- Vertical use

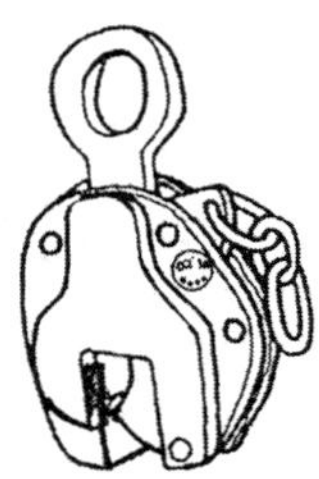

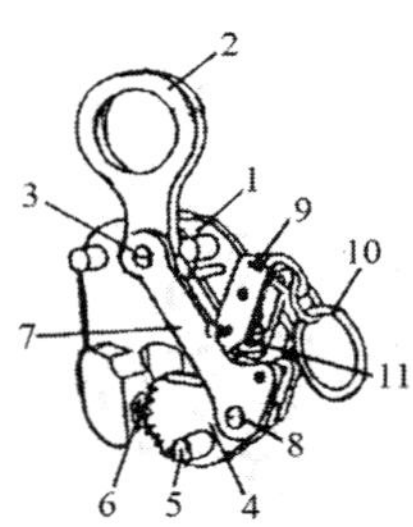

- Horizontal use

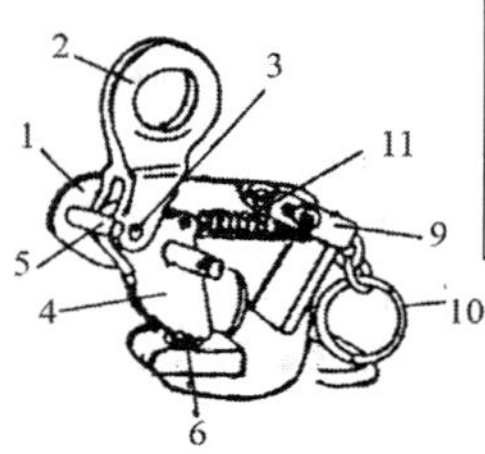

P / No	부품명
1	본체(body)
2	인양 링(ring)
3	링 고정핀(ring pin)
4	캠(cam)
5	캠 핀(pin)
6	물림 턱(jaw)
7	연결 링(ring)
8	링 핀(ring pin)
9	잠금장치(lock)
10	당김고리 및 레버(ring-lever)
11	스프링(spring)

② Auto lock type clamp

• Vertical use

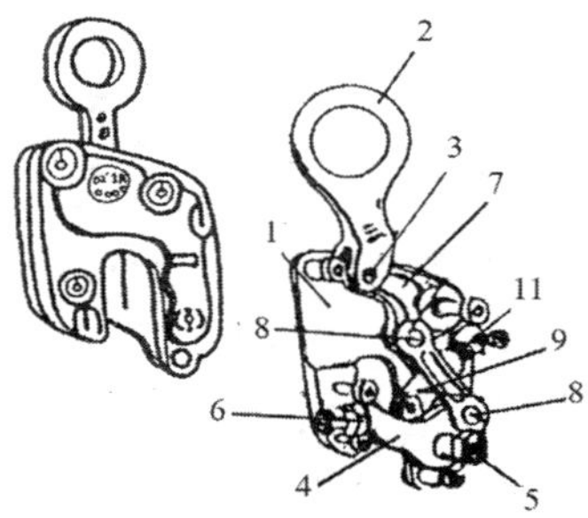

P／No	부품명
1	본체(body)
2	인양 링(lift ring)
3	링 고정핀(lift ring pin)
4	캠(cam)
5	캠 핀(cam pin)
6	물림 턱(jaw)
7	연결 링(ring)
8	링 핀(ring pin)
9	잠금장치(lock)
10	당김고리 및 레버(ring-lever)
11	스프링(spring)

4. Clamp Check 13Point

Point	Check 요소	Day check 항목	정기 check 항목	주기
1	외관	• 치형 마모, 찌그러짐, 무딤(loading) 유무 • 기본 사용하중 표시	Clamp 녹이 없을 것	3월
2	기능	Lift-ring, ring, cam 작동기능 원활	각 부위 작동 원활	〃
3	본체(body)	변형, 균열, 개구부가 벌어짐이 없을 것	Pin-hall, 접촉부 마모가 없을 것	〃
4	Lift-ring	변형, 마모, 휨이 없을 것	Pin-hall의 마모가 없을 것	〃
5	Lift-pin	변형, 마모, 휨	변형, 휨, 마모, 균열이 없을 것	〃
6	Cam	마모, 균열, loading이 없을 것	녹, 부식, pin-hall 마모가 없을 것	〃
7	Cam-pin	마모, 균열이 없을 것	변형, 휨, 마모 균열이 없을 것	〃
8	Jaw	마모, 균열, loading이 없을 것	녹, 부식이 없을 것	〃
9	Ring	변형이 없을 것	변형, 휨, 마모, 균열이 없을 것	〃
10	Ring-pin	변형, 마모가 없을 것	변형, 휨, 마모, 균열이 없을 것	〃
11	Lock 장치	변형, 휨, lock이 원활할 것	Lock시 cam 작동 원활	〃
12	Spring	변형, 녹이 없을 것	변형, 늘어짐, 이탈이 없을 것	〃
13	Bolt 및 Nut	변형, 이완, 탈락이 없을 것	변형, 휨, 마모, 균열, 파단이 없을 것	〃

※ 자료제공 : 日本 J1SHA 및 crane 협회 제공

5. Clamp test & Jaw check

① Pull float test

- Test load
  - Max load × 2.5
  - Lifting

$E_n = (L_n' - L_n)L_n \times 100(\%)$

여기서, E_n : 본체개구영구변형량(%)

L_n : 본체초표점간거리(mm)

L_n' : pull float load 부하 후 인장력을 제거한 후 표점 간 거리(mm)

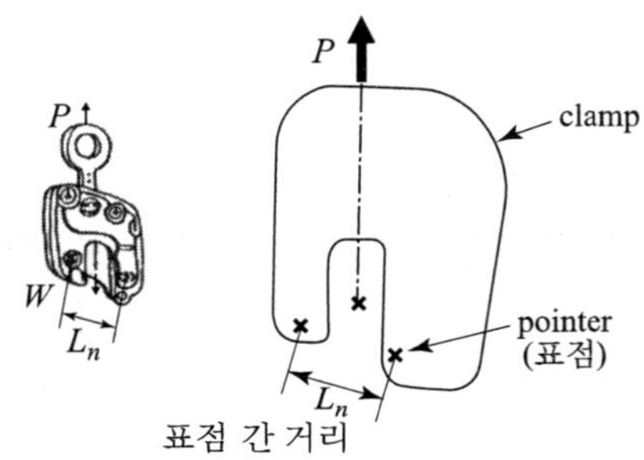

Pull float testing

- Checking
  - $E_n = 0.5\%$
  - Lift ring, pin, cam, -pin, jaw
  - Work-good
  - Max work load × 2.5

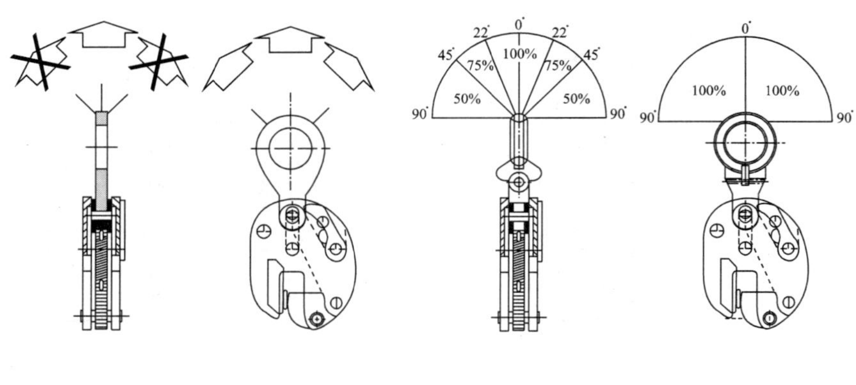

② Slippage check

• Tooth cam

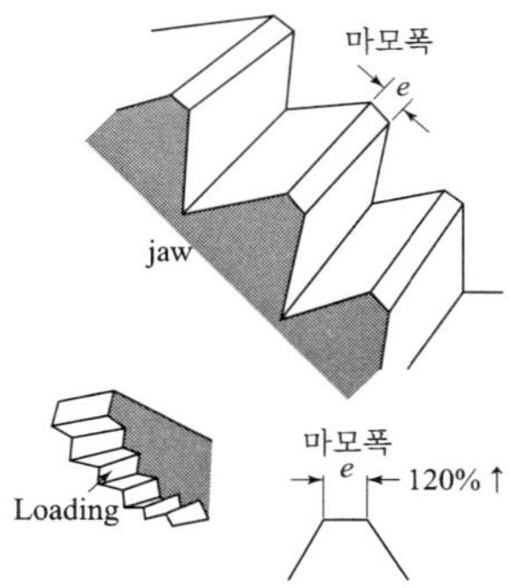

• Knurling

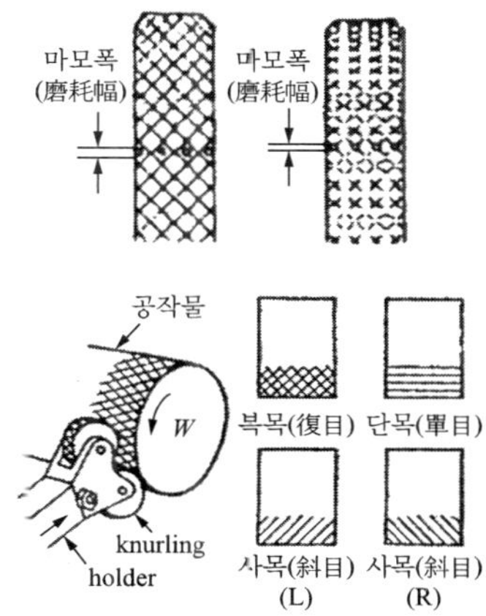

※ Note: 널링 툴(knurling tool)이란 조정나사, 공구류, 계기류 등의 손잡이 부분을 미끄럽지 않도록 가로 또는 경사로 오톨도톨한 자국을 내는 공구

• Jaw type

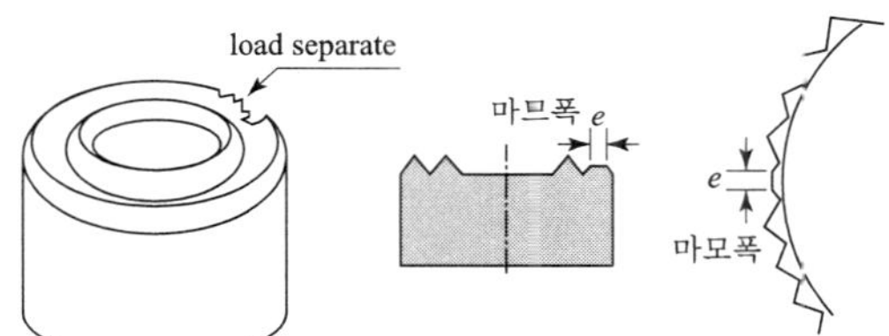

---

6. Test piece (횡 clamp test)

① Metral: SS40 or 41

② Maker use Min t" 표시

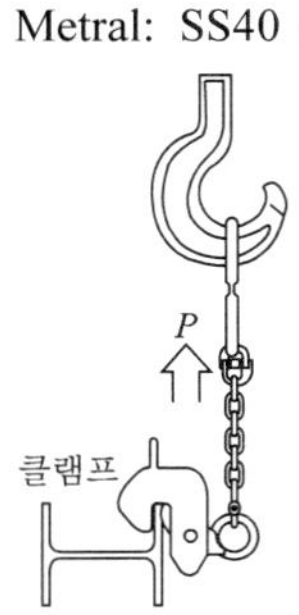

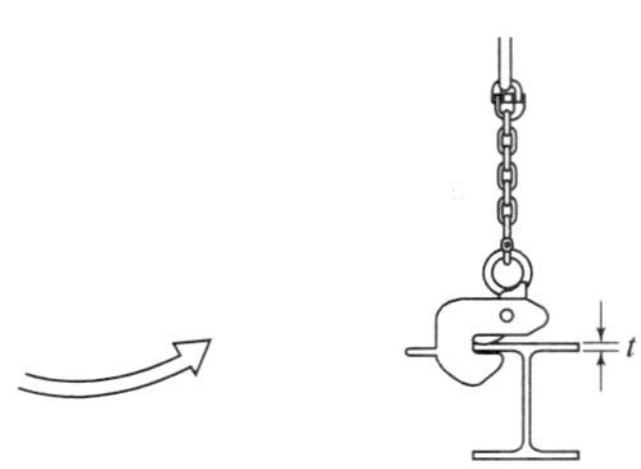

③ Lifting (Maker use Max t")

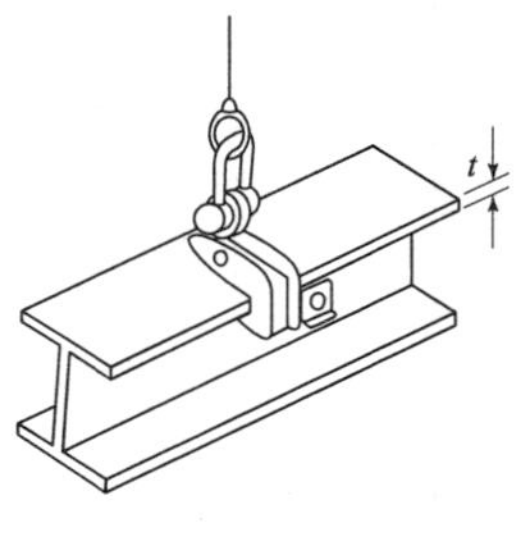

④ Surface → scale or roll > nothing

7. Red mark

① Vertical clamp

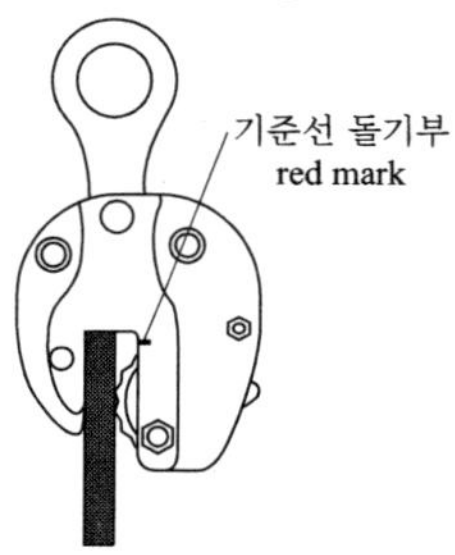

② Horizontal clamp

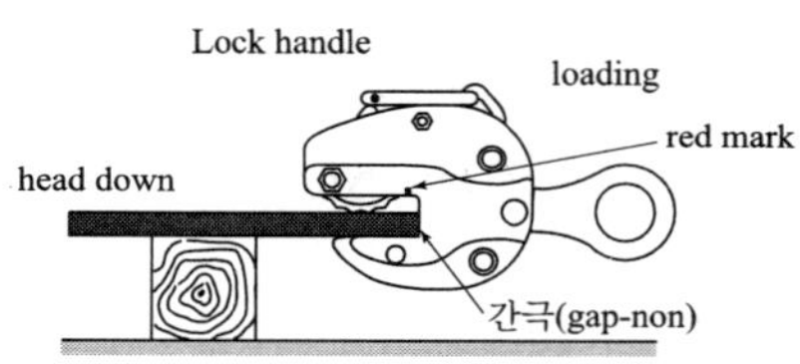

8. Vertical lift clamping

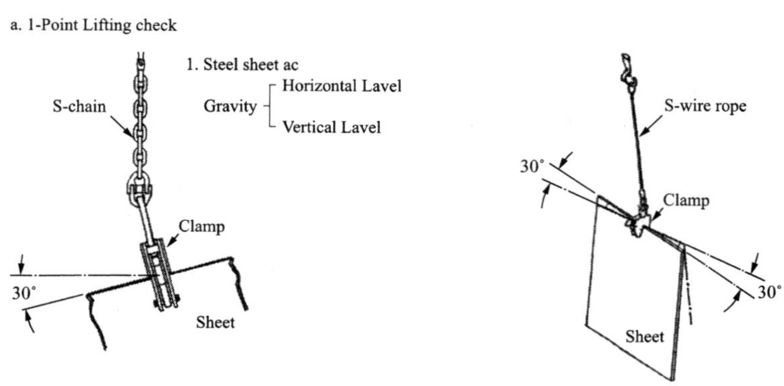

9. Horizontal lift clamping

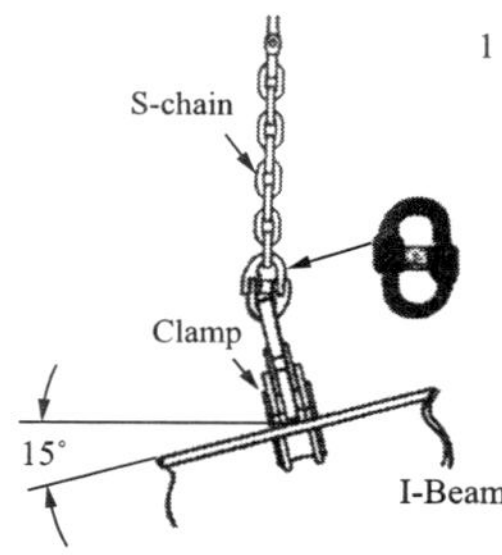

1 H-Beam

Gravity ┤ Clamp sling ─ Vertical; Beam ─ Horizontal

b. MWL × 2.5 = Pull float

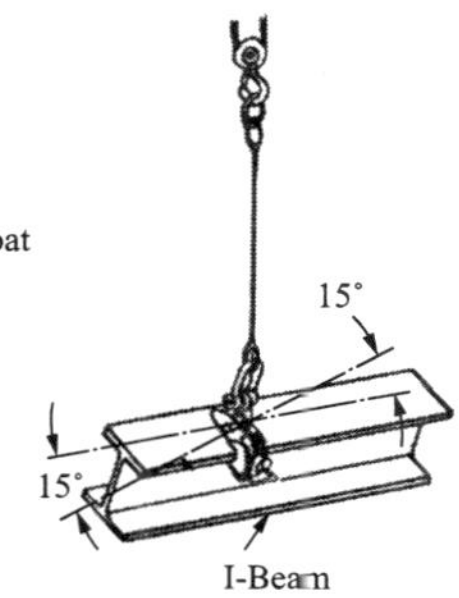

wire rope
+
sheave
+
hook
+
endless ring
+
thimble
+
S-wire rope
+
splice(clip)
+
thimble
+
shackle
+
clamp
+
piece
+
float
+
work

---

10. Working safety

Clamp Lifting

1. 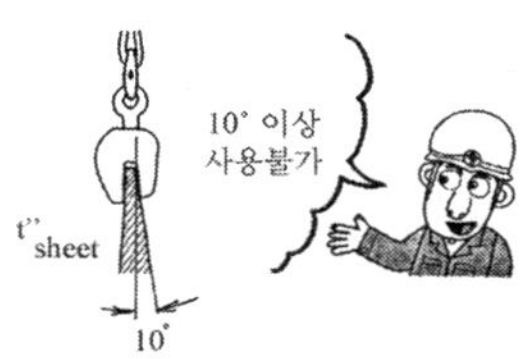	2. 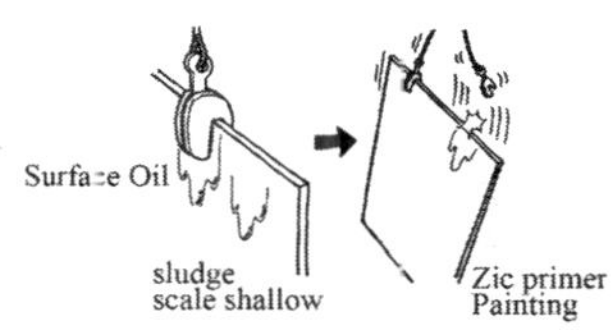
3. Lifting 하중(SWL) clamp에 표시 MWL 1/5 사용  MWL : 최대작업하중	4. 사용판기 허용범위 내 사용 (0~32 mm)

5. 인양물 표면온도 150℃ 이상 또는 −20℃ 저온일 때 인양금지

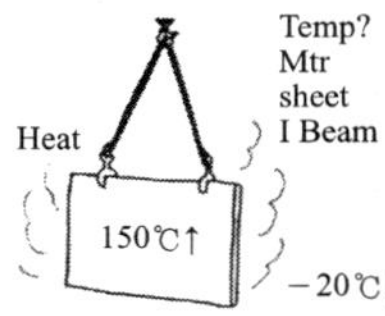

6. 소재 및 강판 표면처리 즉 산·알칼리 염수 화공약품 처리 후 인양금지

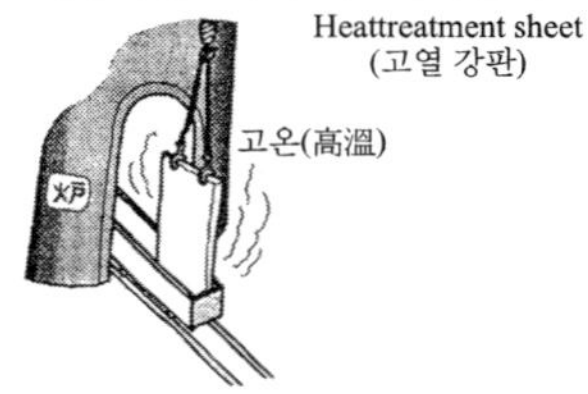

7.

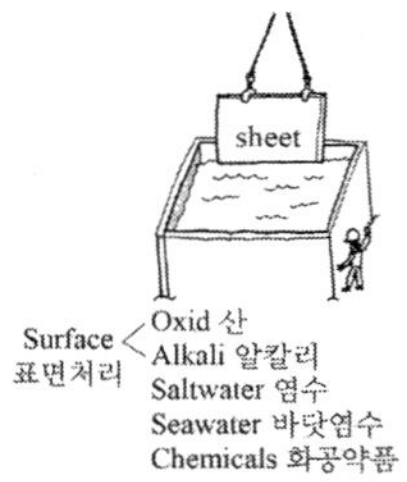

8. Steel sheet 및 pile 뽑기 작업 시 특수규격 전용 clamp 사용

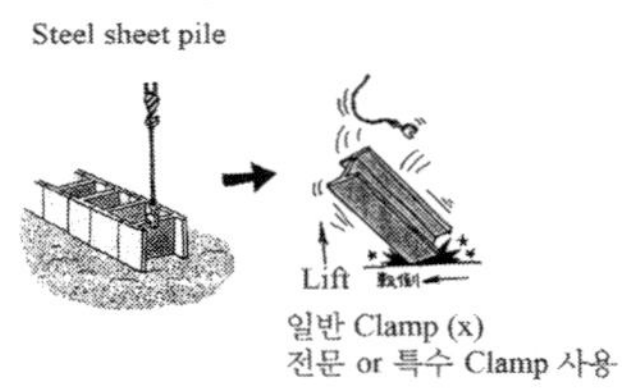

---

11. Vertical clamping work - 16check

1. 수직 작업일 것

2. 낙하범위 내 들어가지 말 것

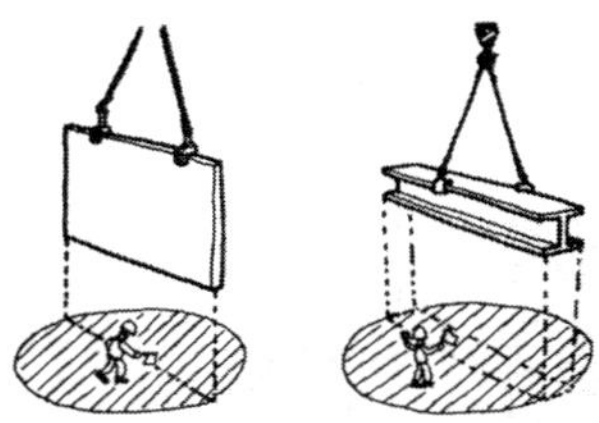

3. 작업자 및 보조자는 전도(顚倒)범위 들어가지 말 것

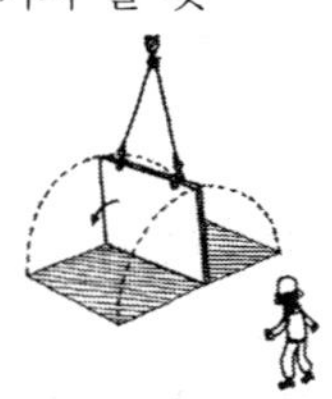

4. 무게 이종(異種) 소재(강판) 인양금지

5. Sheet 2매 인양금지

6. 무게가 동일하더라도 단(step)을 이루어 인양 금지

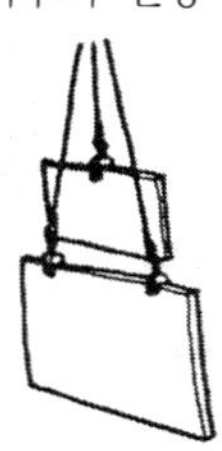

7. 동일 무게 서로 각(T字)을 이루어 인양 금지

8. 적정용도의 clamp인가?

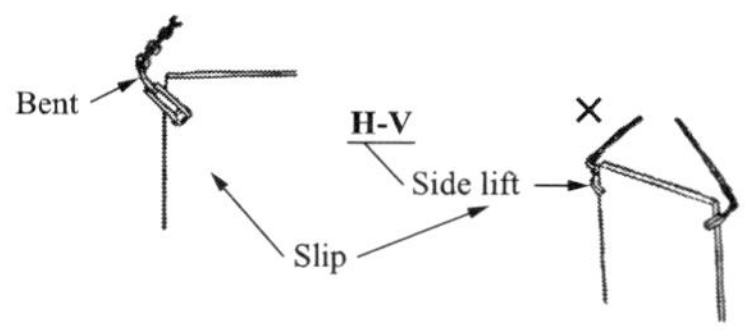

V-H Lift : Ring bent
H-V Side lift : Slip

9. 굴착기계(excavating equipment) 등 백호(backhoe)로 이등 금지; 진동 낙하 위헌

Power Lift Vibr-

10. Angle, Sling angle, Sling type

① Vertical lifting(수직 인양)
  (a) 단일줄걸이=2외줄각도 0°
  (b) 2줄걸이=각도 60°
  (c) 빔(beam) 등 clamp-point Z字 걸기

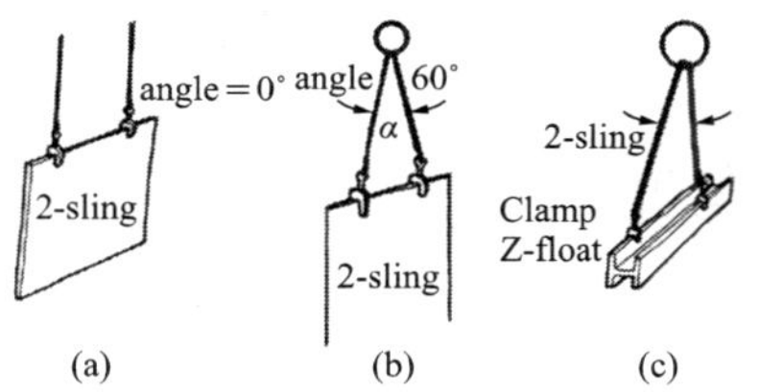

② Horizontal lifting(횡형 인양)
  (d) 2줄걸이 Z字 clamp
  (e) 4줄걸이 경우 α=60°, γ=30° 이내

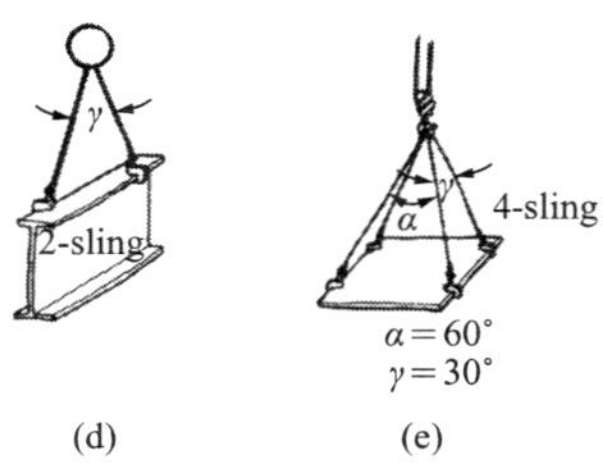

11. Cap or Clearance?
Clamp+Sheet+Beam+Pile

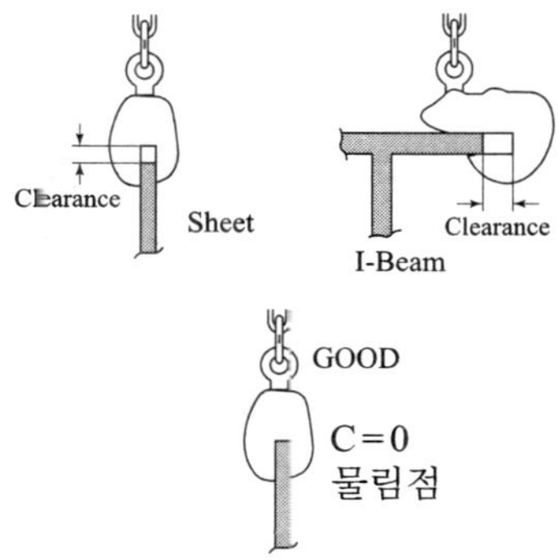

12. Red mark 및 물림 확인

① Vertical clamp(수직 클램프), C = 0

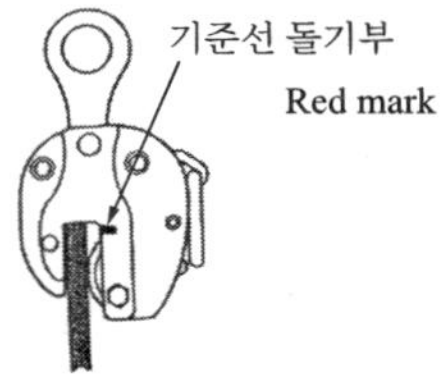

② Horizontal clamp(횡축 클램프), C = 0

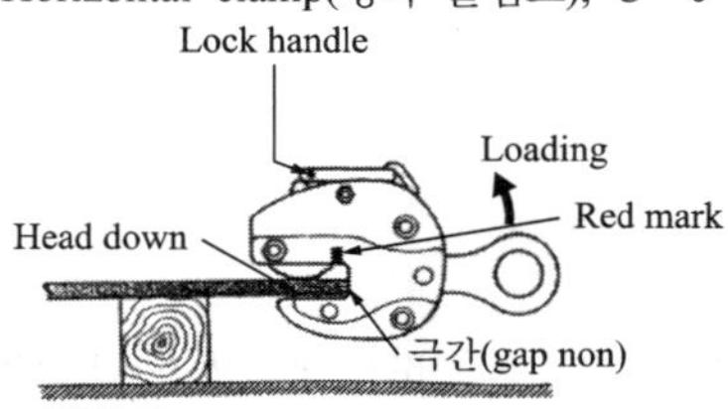

13. Lock system clamp ⇨ Locking on

① Hand type lock-c

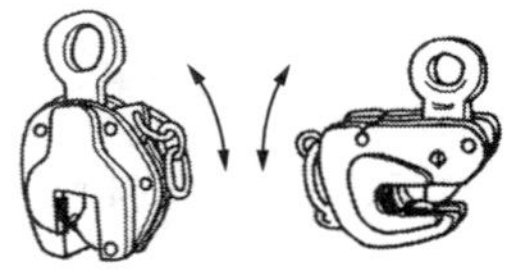

Close ⇒ 올림
Open ⇒ 당김

② Aot auto type lock-c

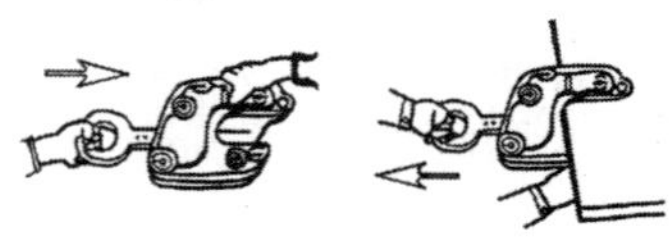

Close ⇒ 당김
Open ⇒ push

14. Crane으로 화물 끌기 이동(×)
Dragging work(×)

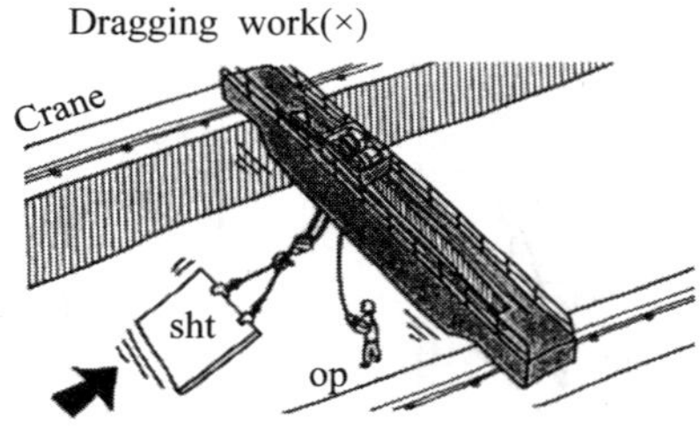

15. 정기(定期) Self checking

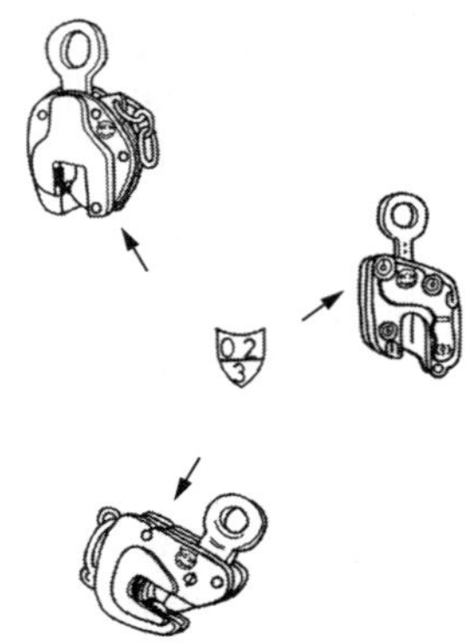

- 기계설비의 요소와 동일
- 주기적 점검 년/4회
- 년 월 표시

5-3 항타기등 굴착기(掘鑿機) 안전

1 해머(Hammer)

① 드롭해머(Drop hammer)

무거운 철주를 와이어로프로 권상하여 적당한 높이에서 낙하하게 하여 이 낙하 시 에너지 말뚝을 타입하는 원시적인 항타 방법을 사용하는 기계이다. 이것은 둥근 진시분동을 와이어로프에 달고 당겼다. 내리는 방법에 의하여 항타하는 가이드 부착 드롭해머가 있으며 그 추의 모양은 각각 다르다. 이 드롭해머는 설비가 간편하고 작업이 쉬우며 낙하고를 높여서 타격에너지를 크게 할 수 있다는 장점이 있으며, 단점으로는 작업속도가 느리고 낙하고를 높이면 말뚝의 두부손상이 커지며 진동이 커 수중(水中)타인 때에는 뒤따라가는 즉 follow를 반드시 사용하여야 한다는 점이다.

② 기동해머(Steam air hammer)

이 기동해머에는 증기식과 공기식이 있다. 이 방식은 항의 두부에 해머를 고정하고 실린더 내에 증기 또는 공기를 보내 그 힘으로 피스톤을 상하 운동하게 하여 피스톤로드(piston rod)에 장착된 로드와 램의 운동으로 타입하는 기계이다. 이 해머는 드롭해머에 비하여 1회의 타격력은 적으나 타격회수가 많아서 타입능력이 좋은 것이 특징이다. 램(ram)의 낙하고(落下高)는 피스톤의 행정(行程)에 따라 다르며 낙하에 의한 위험이나 손상은 매우 적다. 특히 공기식은 수중항타 작업에서 유익하며, 공기압축기가 보일러(boiler)를 설치하여 대규모 공사에도 사용하고 있다.

이 기동해머는 단동식과 복동식이 있으며 동력원을 디젤(diesel)기관 등으로 대체 개발하여 많이 이용하고 있다.

③ 디젤해머(Diesel hammer)

디젤(Diesel)해머는 2행정 디젤기관으로 피스톤의 낙하에 의한 실린더(cylinder)의 혼합가스가 압축되고 이어서 연료의 연소폭발에 의해 발생되는 힘을 이용하는 기관을 이용한 항타법이다. 디젤해머는 충격추의 낙하 에너지와 디젤 오일의 폭발 에너지를 합한 강력한 타격력을 발휘할 수 있으며, 그 항타용 받침대가 개발되어

15～18° 상당의 경사진 경사항타도 가능하게 되어 현장에서 이를 많이 채택하고 있다. 이 해머의 단점으로는 연약한 지대에서는 항타, 관입량이 너무 커서 반력을 얻기 어렵게 되어 기관이 정지하는 경우가 있으므로 조작에 주의를 요한다.

④ 진동항타기(Vibro pile hammer)

이 해머는 말뚝의 두부에 진동기를 결합하여 상하 고주파 진동을 가해 말뚝과 지반의 사이에 마찰저항을 아주 작게 만들고 말뚝의 자중과 진동기의 중량으로 말뚝이 타입된다. 특히 강관이나 시트파일, H파일 등 선단저항이 적은 말뚝이나 사질계의 지반에서는 매우 유익한 기계이다.

또 반대로 항발에 있어서는 진동을 가하면서 역으로 윈치(winch) 등으로 들어올리면 항발이 되는 것이다. 이 기계는 지반이 단단하거나 하면 전기설비의 용량이 커야 하므로 그 설비비용이 커지는 결점이 있다. 그러나 이 기계는 말뚝지주가 잘 되어 있으면 그 능력을 충분히 발휘할 수 있고 또 잡음이 적어서 많이 활용되고 있다. 항발능력이 항타능력보다 2배 이상 되어 이에 의한 활용이 많다는 것은 알아야 할 것이다. 최근에는 가솔린 엔진부 진동항타기가 개발되어 각광을 받고 있다.

보충 2

항타기
Pile Driver

1. 항타기(Pile driver)란?
   ① 붐에 파일을 때리는 부속장치를 붙여서 해머로 강관파일이나 콘크리트파일을 때려 넣는데 사용된다.
   ② 말뚝을 직접 두드려 박는 해머에는 그것을 움직이는 원동력에 따라 해머를 윈치로 감아올렸다가 내려치는 낙하해머식과 증기력을 이용한 증기해머식, 압축 공기력에 의한 공기해머식, 경유의 폭발력을 이용한 디젤해머식 등이 있다.

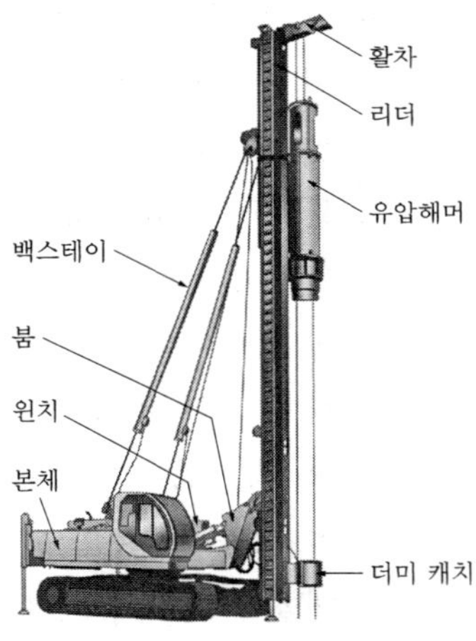

2. 항타기 종류
   ① 낙하해머식 : 윈치로 감아 올렸다가 내려침
   ② 증기해머식 : 증기력을 이용하여 해머를 작동
   ③ 공기해머식 : 압축공기력을 이용하여 해머를 작동
   ④ 디젤해머식 : 경유의 폭발력을 이용하여 해머를 작동

3. 항타기 점검항목

① 호이스트 와이어로프(Hoist wire rope)
② 트랙(Track)
③ 리더(Leader) 조립
④ 지반보강
⑤ 해머(Hammer)
⑥ 권과방지장치

4. 주요 위험요인

① 전도·충돌
- 연약지반 작업 중 지반침하
- 항타기의 기체가 경사지게 설치

② 추락·낙하
- 권사용 와이어로프 파단
- 권상장치에 하중을 건 상태로 운전자가 운전위치를 이탈

③ 협착
- 항타작업 중 운전자가 운전위치를 이탈
- 파일 양중작업 중 로프에서 파일이 빠짐

5. 안전대책

① 사용 전 점검
- 사용하는 기계의 종류 및 능력, 운행경로, 작업방법 등의 작업계획을 수립
- 작업시작 전 브레이크, 클러치 등의 기능을 점검
- 작업구역 내 고압선, 수도배관, 가스배관, 케이블 등의 위치 확인
- 운전석 내부를 청결히 하고 발판과 손잡이는 미끄러지지 않도록 조치

② 전도·충돌 예방
- 연약지반에서 작업 시 침하방지를 위해 깔판 사용
- 항타 작업을 위해 정차 시 수평유지 철저
- 작업 장소 이동 시 항타기를 최하부까지 내리고 천천히 이동
- 작업에 지장이 없도록 충분한 조명설비 확보

③ 추락·낙하 예방
- 작업 전 권상용 와이어로프 손상, 변형여부 점검
- 권상기에 하중을 건 상태에는 운전자 운전위치 이탈 금지
- 파일 권상 시 빠지지 않도록 휘말아달기 드는 2줄 걸이 실시
- 항타 리더에는 수직구명줄 및 추락 방지대 설치

④ 협착 예방
- 권상기에 하중을 건 상태에는 운전자 운전위치 이탈 금지
- 파일 권상 시 빠지지 않도록 휘말아달기 드는 2줄 걸이 실시
- 항타 리더에는 수직구명줄 및 추락 방지대 설치
- 권상기에 하중을 건 상태로 정차 시에는 쐐기장치 또는 브레이크 고정

2 굴착기(Excavator)

① 베노트 굴착기(Benote excavator)

이 굴착기의 원리는 철제, 케이싱 튜브(casing-tube)를 수압 등으로 요동하면서 압입하고 케이싱 튜브 내에 윈치 또는 글래브 버킷을 넣어 굴착하게 하는바 일명 "해머 글래브"라고도 한다. 이 기계는 연약한 지반이나 사질 등 굴착 시 공벽이 무너지는 지반용으로 적합하며, 직격 1 m 전후의 구명으로 깊이 35 m 상당까지 굴착할 수 있고, 베노트 굴착기는 타이어부 트럭이나 트랙터식 등이 있다.

② 어스 드릴기(Earth drill machine)

어스 드릴기는 소굴공법의 대표적인 공법으로 보링기를 개량한 드릴기로서 작동원리는 회전식 버킷을 사용하여 버킷 하단부에 장착된 칼날로서 흙을 삭토하고 다시 버킷을 내려 삭토하는 기계이다. 이와 같이 굴착할 때 공벽이 무너질 우려도 없지 않으나 표층부에는 케이싱은 박아 공벽을 보호하고 심층에서는 충전재(充填材, bentonite) 용액을 사용하여 보호한 다음 콘크리트 항을 시공하게 된다.

③ 리버스 서큘레이션 드릴(역순환유 굴착기, Reverse circulation drill)

회전굴착 파이프의 선단부에 장착한 절삭칼날의 회전으로 대구경(大口經) 천공용 굴착기이다.

리버스 서큘레이션 드릴(Reverse circulation drill) 섹션식에는 윤보형 비트와 이를 지지하는 드릴로드, 로터리 테이블, 회전축은 케리바, 진공호스 섹션호수 작동인치 드럼, 진공펌프와 진공드럼, 냉각수 탱크, 배수호스 등으로 구성되어, 이 방식은 처음 독일(서독)에서 개발하였다. 공기식은 독일 WIRTH사에서 개발한 것으로서 끝에 고압공기를 흡입하여 드릴파이프 내의 요구(needs) 비중을 0.1~0.5로 하여 드릴 파이프 외측의 비중이 1 이상일 때 그 비중차로서 상향하게 하고 유속을 발생하게 하여 배수화된 굴착토를 배출하게 하며 물은 다시 순환하게 하고 있다. 처음부터 비중의 차를 이용할 수가 없으므로 최초의 수심이 7 m 이상이어야 하며 처음에는 버킷 또는 해머 글래브로 굴착하지 아니하면 안 되는 결점이 있다. 또한 장점은 깊이가 더해지더라도 능력이 저하되지 아니한다는 점이다.

이와 같은 공기식에는 섹션식의 진공펌프(섹션펌프)와 호수 등에 대신하여 컴프레서와 원심펌프, 고압에어펌프, 에어호스 등이 있어야 하는 점이 다르다.

보충 3

현장 작업안전교육 사례

굴착기 Excavator

1. 굴착기(Excavator)란?

① 굴착기란 땅이나 암석 따위를 파거나, 파낸 것을 처리하는 기계를 통틀어 이르는 말이다.

② 일반적으로 굴착기계로 사용하는 외에 전부장치(front attachment)를 교환하여 수많은 작업을 할 수 있는 다목적 기계이다. 크롤러식과 휠식이 있으며 배수로 묻기, 파이프 묻기, 건물기초 바닥파기, 토사적재 등 거의 모든 건설작업에 효과적으로 사용한다.

2. 굴착기의 전부작업장치(front attachment)

① 버킷(Bucket) ② 유압브레이커 ③ 파쇄기
④ 콤팩터 ⑤ 양족식(羊足式) 다짐기 ⑥ 에어해머
⑦ 신축식 암 ⑧ 마그네틱(Magnetic) 헤드브착 ⑨ 수로작업용 버킷
⑩ 골재용 버킷

3. 주요위험요인

① 충돌
굴착기 근처에서 작업하던 근로자가 굴착기에 부딪힘

② 전락(아래로 굴러 떨어짐)
굴착 경사면에서 작업 중 부동침하에 의해 굴착기가 아래로 굴러 떨어짐

③ 낙하·비래
굴착기로 자재를 매달아 운반 중 날아온 버킷 또는 자재에 맞음

4. 안전대책

① 사용 전 점검
- 사용하는 기계의 종류 및 능력, 운행경로, 작업방법 등의 작업계획을 수립
- 작업시작 전 브레이크, 클러치 등의 기능을 점검
- 작업구역 내 고압선, 수도배관, 가스배관, 케이블 등의 위치 확인
- 운전석 내부를 청결히 하고 발판과 손잡이는 미끄러지지 않도록 조치

② 충돌예방
- 전담 유도자를 배치하고 유도자의 신호를 준수
- 굴착기 작업반경 내에는 근로자 출입을 통제하고 운전자 시야에서 벗어난 장소에서 작업 제한
- 굴착기 안전장치 및 작동상태와 작업장소 지반상태 등을 사전에 점검하고 위험

요인을 제거

③ 전락(轉落, 아래로 굴러 떨어짐) 예방
- 유도자의 신호를 준수하고, 정해진 운행경로 및 작업장소에서 이동 또는 작업
- 지반의 침하방지조치 및 평탄성을 확보
- 굴착면 기울기 기준 준수 등 지반붕괴를 방지
- 굴착 및 성토 기울기면 끝단에서의 작업을 금지하고 안전거리를 유지

④ 낙하(落下)·비래(飛來) 예방
- 자재, 버킷 하부에는 근로자 출입을 금지
- 버킷 연결용 유압 커플러에는 안전핀을 체결
- 사용하중 준수 및 주용도 외에 사용을 금지
- 수리·점검 시에는 작업장치(버킷 등)를 지면에 내려놓거나, 안전지주, 안전블록 등을 설치

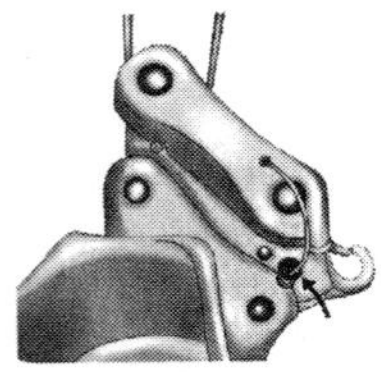

커플러 안전핀 체결

④ 보링 기계(Boring machine)

보링 기계는 지중에서 탐광, 지질조사, 그라우트공, 장공발파를 위한 천공, 정호의 쇄굴들 등을 위하여 지중에 회전식 중공로드의 끝에 코어튜브와 크라운을 달고 로드는 기계의 스핀들 안을 통하여 가압 전달하여 지층내의 굴착하게 하는 기계이다. 이때 드릴로드를 밀어내는 방법으로 소형의 것은 랙 "피니온"과 "스크루"를 손으로 조작하는 것이 보통이며 중형이상은 피스톤 실린더를 유압으로 조작하는 방법이 채택되고 있다.

이 보링기계의 형식에는 충격식과 회전식으로 나눈다. 이를 세분하면 다음과 같다.

- 보링
  - 충격식
    - 로드보링
    - 강보링
  - 회전식
    - 스핀들형
    - 로터리형
    - 터보드릴형
    - 전기드릴형

⑤ 그라우트 펌프(Grout pump)

그라우팅(Grouting)은 아무리 견고함, 암(콘크리트 등)이라고 하여도 그 암상을 기초로 하여 축도한 댐, 건물, 터널 등 암의 활목(fissure, 분할), 공극(cavity, 구멍, 틈새), 골강(slip, 철근 빠짐), 단층(fault, 지질단층), 계목(seam, 얇은 층) 등으로 인하여 구조체에 결함을 낳게 하는 때가 있으므로 이 부적당한 지층기초의 보강을

위하고 또 개량을 위하여 회삼물(灰三物, grout)을 하게 되는 것이다. 즉 하중에 견딜 지지력을 크게 하고 암이 일체가 되게 하는 것이며 또 하나는 댐 또는 터널의 암층에서 새어나오는 누수를 멎게 하고 댐 밑에서 정수학상의 부력을 감소시키는 목적 등이 있다.

보충 4

현장 작업안전교육 사례

지반다짐용 롤러 Roller

1. 지반다짐용 롤러(Roller)란?
   ① 다짐기계는 공극이 있는 토사나 쇄석 등에 진동이나 충격 등으로 힘을 가하여 지지력을 높이기 위한 기계로 도로의 기초나 구조물의 기초 다짐에 사용한다.
   ② 전압 기계라고도 하며 주로 도로, 비행장, 활주로 등의 공사에 마지막 작업으로 지반이나 지층을 다지는 장비로서 전압장치를 가진 자주식과 피견인 진동룰러 등이 있다.

2. 롤러의 종류
   ① 로드 롤러(Road roller) : 주철 또는 강철재으 평평한 차륜을 가진 자주식이다.
   ② 타이어 롤러(Tire roller) : 고무타이어에 의해 흙을 다지는 롤러로, 자주식과 피견인식이 있다.
   ③ 진동 롤러(Vibration roller) : 전륜 또는 후륜게 기동장치를 부착하고, 철 바퀴를 진동시키는데 따라 자중(自重) 및 진동을 주어서 다지는 기계를 말한다.
   ④ 탬핑 롤러(Tamping roller) : 롤러의 표면에 돋기를 부착하여 돌기가 전압층에 매입, 풍화암을 파쇄 흙속의 간격 수압을 소산시키는 롤러를 갈한다.
   ⑤ 그리드 롤러(Grid roller) : 강봉을 격자상으로 엮은 롤러로, 함수비가 큰 점토를 다지는데 적합하다.
   ⑥ 래머(Rammer) : 충격에 의해 지반을 다지거나 말뚝을 박는 데에 쓴다.

3. 주요 위험요인
   ① 충돌(衝突)
   후진 이동하는 롤러에 충돌
   ② 전복(顚覆)
   다짐작업 중 성토 다짐면 단부에서 성토 법던부 아래로 롤러가 전복
   ③ 협착(狹窄)
   기계 오조작으로 인한 협착

4. 안전대책

① 사용 전 점검
- 사용하는 기계의 종류 및 능력, 운행경로, 작업방법 등의 작업계획을 수립
- 작업시작 전 브레이크, 클러치 등의 기능을 점검
- 작업구역 내 고압선, 수도배관, 가스배관, 케이블 등의 위치 확인
- 운전석 내부를 청결히 하고 발판과 손잡이는 미끄러지지 않도록 조치

② 충돌 예방
작업반경 내 근로자 출입통제, 차량계 건설기계 운행경로(작업구간) 제한, 유도자 배치 등의 조치 철저

③ 전도(顚倒) 예방
유도자를 배치하고 다짐면이 단부일 경우에는 전진 방향으로 다짐을 실시

④ 협착 예방
- 운전 중인 건설기계와의 접촉으로 인한 협착재해를 방지하기 위해 유도자를 배치
- 기계 작동 시 작업구역 내 근로자 접근을 통제
- 승차석 이외의 위치에 탑승 금지

보충 5

현장 작업안전교육 사례

천공기 (穿孔機, Pierer)

1. 천공기(穿孔機)란?

① 바위나 지면에 구멍을 뚫는 기계로서 공기압축이나 유압에 의해 작동한다. 굴진, 파쇄작업을 하는 기계이며 동력방식에 따라 엔진식, 전동식, 압전식이 있다.

② 천공기의 구경(口徑)은 타격식은 30～40 mm, 회전식 및 타격회전식의 경우는 60～100 mm의 기계가 사용된다.

2. 구조 및 규격표지

무한 궤도식, 타이어식 또는 굴진식 등 스스로 이동이 가능한 것으로서 수평 또는 수직으로 천공할 수 있는 장치를 가진 기계가 이에 속한다.

① 크롤러식 : 착암기의 중량(kg)과 매분당 공기량(m^3/min)

② 실드굴진기 : 사용설비의 동력(kW)

③ 터널보링머신 : 최대굴착치수(mm)

3. 주요 위험요인

① 충돌
천공기가 경사지게 설치

② 낙석(落石)

상부법면에서 낙하하는 부석에 머리 등을 맞음

③ 협착

천공기의 비트에 연결된 로드를 분리하기 위해 회전목마(carousel) 장치가 피재자 가격

4. 안전대책

① 사용 전 점검
- 사용하는 기계의 종류 및 능력, 운행경로, 작업방법 등의 작업계획을 수립
- 작업시작 전 브레이크, 클러치 등의 기능을 점검
- 작업구역 내 고압선, 수도배관, 가스배관, 케이블 등의 위치 확인
- 운전석 내부를 청결히 하고 발판과 손잡이는 미끄러지지 않도록 조치
- 건설기계 등록여부 확인 및 유자격 운전자 배치

② 충돌 예방
- 천공기 등 차량계 건설기계 수리작업 시 작업 반경 내에 장애물이 없도록 조치
- 작업반경 내 기타 근로자 등의 출입을 통제
- 작동레버에는 각각의 기능을 알 수 있는 알림판을 부착하여 오작동 등을 방지
- 천공기 작업구역의 지반평탄작업 및 침하(沈下)방지조치 실시

③ 낙석 예방
- 작업구간 경사법면의 부석제거작업을 사전에 철저히 조사
- 부석제거가 어렵거나 지질이 불안정하여 계속 낙석이 발생될 우려가 있을 경우에는 낙석 방지망을 설치
- 기계 작업범위 내 관계자 외 출입을 금지

④ 협착 예방
- 운전 중인 건설기계와의 접촉으로 인한 재해를 방지하기 위해 유도자를 배치
- 기계 작동 시에는 접근통제를 철저히 하여야 함
- 케이싱 적재 시 구름 방지를 위한 쐐기목 등을 설치
- 천공부분으로 작업자가 추락하지 않도록 견고한 덮개 설치

보충 6

현장 작업안전교육 사례

로더 Loader

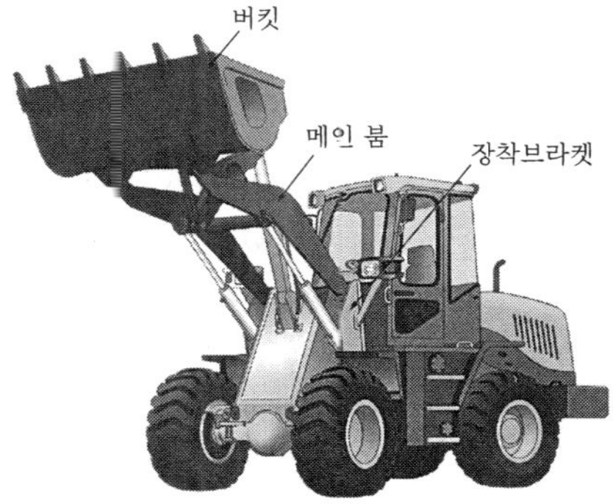

1. 로더(Loader)란?

① 트랙터 앞에 셔블 전부장치(front attachment)를 가진 것으로 각종 토사, 자갈, 골재 등을 퍼서 다른 곳으로 운반하거나 덤프차에 적재하는 장비이다.

② 취급재료를 버킷에 담는 동작, 담긴 재료를 운반하는 동작, 담긴 재료

를 목적 장소에 내리는 동작, 재료를 담기 위한 동작을 반복한다. 주행장치에 의한 분류로 차륜식 로더와 무한궤도식 로더가 있다.

2. 부수장치(Attachment)

① 블레이드(Blade) ② 리퍼(Ripper) ③ 스키드(Skid)
④ 락 버킷(Rock bucket) ⑤ 크레인 훅(Crane hook) ⑥ 제설용 블레이드
⑦ 기중기 ⑧ 측면 덤프용 버킷 ⑨ 파이프 작업용 장치
⑩ 밑면 덤프용 버킷 ⑪ 목재 처리용 버킷

3. 주요 위험요인

① 충돌
로더 운전 중 신호가 올바르지 않아 근로자와 충돌
② 전락(아래로 굴러 떨어짐)
경사면에서 작업 중 지반 침하 등으로 로더가 아래로 굴러 떨어짐
③ 협착
로더로 하역하기 위해 로더 앞부분을 기울이는 순간 피재자를 덮침

4. 안전대책

① 사용 전 점검
- 사용하는 기계의 종류 및 능력, 운행경로, 작업방법 등의 작업계획을 수립
- 작업시작 전 브레이크, 클러치 등의 기능을 점검
- 작업구역 내 고압선, 수도배관, 가스배관, 케이블 등의 위치 확인
- 운전석 내부를 청결히 하고 발판과 손잡이는 미끄러지지 않도록 조치

② 충돌 예방
- 유자격 운전자 및 유도자를 배치
- 로더 작업반경 및 운행경로에는 근로자의 출입을 통제하고 유도자는 운전자의 시야 내에서 신호함
- 후진경보장치 및 후방감시카메라를 설치하고 작업 전에 점검

유도자 배치 및 출입금지구역 설정

③ 전락 예방
- 로더 안전장치 및 작업상태와 작업장소 지반상태 등을 사전에 점검하고 위험요인을 제거
- 유도자의 신호를 준수하고, 정해진 운행경로 및 작업장소에서 이동 또는 작업
- 사전에 노견의 붕괴방지 및 지반의 침하방지 등의 조치를 확인
- 굴착 및 성토 기울기면 끝단을 따라 작업하거나 이동하지 않음

후방감시카메라, 후진경보장치 등 설치

④ 협착 예방
- 유도자를 배치하여 다른 근로자의 출입을 통제

- 로더의 지게(포크)를 설치하여 철근다발 등의 하역작업을 하는 때에는 철근다발이 수평이 되게 지게(포크)를 지면까지 내려놓은 후 하역

보충 7 현장 작업안전교육 사례

콘크리트 펌프카 Concrete pump car

1. 콘크리트 펌프카란?

① 트럭에 콘크리트 펌프와 압송 파이프를 장착하고 이동을 자유롭게 하여 콘크리트 믹서 트럭에서 생콘크리트를 호퍼를 받아 펌프에 의해 파이프를 통하여 압송하는 기계이다.

② 장착 형식에는 트럭 장착의 펌프차, 수송파이프를 장치하고 붐(boom)을 갖춘 펌프차, 정치식 콘크리트 펌프 등이 있다.

2. 구조

① 트럭(Truck) : 콘크리트 펌프, 압송 파이프 등 콘크리트 타설을 위한 장치들을 적재하고 이동을 쉽게 함

② 호퍼(Hopper)

③ 펌프(Pump)

④ 붐(Boom)

⑤ 호스 가이드(Hose guide)

⑥ 아우트리거(Outrigger)

3. 주요 위험요인

① 충돌(衝突)
펌프카 아우트리거 하부의 지반이 침하되어 펌프카가 기울어지면서 펌프카의 붐에 충돌

② 낙하(落下)
콘크리트 펌프가 붐대의 유압실린더 지지판이 파단되면서 붐대가 낙하

③ 협착(狹窄)
지반 침하로 펌프카가 전도되어 붐대에 협착

④ 감전(感電)
콘크리트 펌프가 설치 시 고압선에 접촉

4. 안전대책

① 사용 전 점검
- 사용하는 기계의 종류 및 능력, 운행경로, 작업방법 등의 작업계획을 수립

- 작업시작 전 브레이크 클러치 등의 기능을 점검
- 작업구역 내 고압선, 수도배관, 가스배관, 케이블 등의 위치 확인
- 운전석 내부를 청결히 하고 발판과 손잡이는 미끄러지지 않도록 조치
- 유도자 배치 및 장비별 특성에 따른 일정한 표준방법을 정하여 신호

② 충돌 예방
- 지반의 부동침하방지를 위해 연약지반의 경우 양질의 토사로 치환 후 다짐을 실시하는 등 견고한 지반에 장비를 설치
- 충분한 강도와 접지면적을 확보한 철판을 지면에 깔고 그 위에 장비를 설치
- 콘크리트 펌프카의 설치 후 우천 등 지반에 영향을 미칠 수 있는 사항이 발생 시 지반에 대한 점검 및 보강 후 작업을 재개

③ 낙하 예방
펌프카의 붐을 올리고 붐 하부에서 수리·점검작업 등 수행 시 굴절되는 부분에 안전블록 또는 안전지주를 설치하는 등 방호조치 실시

④ 협착 예방
- 작업 전에 펌프카 및 아우트리거 받침 부분에 지반다짐을 실시
- 기계의 주용도 외에 사용을 제한

⑤ 감전 예방
- 설치 시 유도자를 배치하고 충분한 이격거리를 확보
- 필요 시 전선을 이설 또는 절연용 방호구를 설치
- 전선접촉방지시설(방호벽 등)을 설치

보충 8

현장 작업안전교육 사례

사다리차(Aerial ladder truck) 안전작업

1. 사다리차(이삿짐 운반용 리프트)란?

산업발전의 가속화와 경제 광역화, 건물의 고층화 등에 따라 개발된 사다리차(ladder truck)는 360° 선회 가능한 회전판을 장착하여 좁은 공간이나 차량회전이 불가능한 장소에서도 고층건물이나 아파트에 이삿짐을 운반할 수 있다. 그리고 고층까지 이삿짐이 도달할 수 있도록 텔레스코픽(telescopic) 사다리를 장착하여 필요한 높이까지 신장시킬 수 있으며, 이삿짐을 적재하는 운반구는 3방향으로 펼칠 수 있어 중량짐은 물론 부피가 큰 짐도 간단히 올려놓을 수 있다. 유압식 케이블 윈치(winch)가 장착되어 자유자재로 상하 이동할 수 있다.

 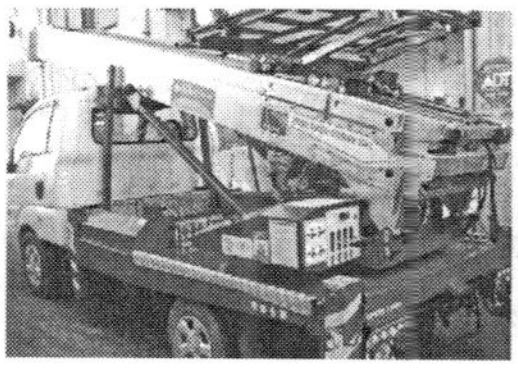 

2. 주요 위험요인

① 이삿짐 운반 시 화물 낙하
- 사다리의 피로균열에 의한 파손으로 이삿짐이 떨어지는 사고 발생 위험
- 사다리의 경사도에 따른 적재하중을 초과하여 이삿짐 운반 시 사다리의 파손으로 화물이 떨어지는 사고 발생 위험
- 운반구를 펼친 상태에서 이삿짐 적재불량으로 운반구 상승 중 이삿짐이 떨어지는 사고 발생 위험
- 윈치의 와이어로프 손상에 의한 파단으로 지함 상승 중 이삿짐이 떨어지는 사고 발생 위험

② 운반구에서의 근로자 추락
흔들리는 이삿짐 또는 기타의 사유로 운반 시 근로자가 운반구에 탑승하여 상승 중 추락재해가 발생할 위험

③ 이삿짐 운반작업 시 사다리차 전복
- 사다리의 아웃트리거를 설치하지 않은 상태로 사다리의 경사도에 따른 적재하중을 초과하여 이삿짐 운반 시 사다리차의 전복으로 인한 사고 발생 위험
- 강풍이 부는 상황에서 고층의 이삿짐 운반작업 시 사다리차의 전복으로 인한 사고 발생 위험

④ 윈치 와이어로프 드럼에서의 협착
윈치의 와이어로프 감김통에 근로자가 접촉하여 말림, 끼임으로 인한 사고 발생 위험

⑤ 사다리의 고압선 접촉에 의한 감전
사다리차의 작업반경내 고압선이 통과할 경우 고압선 접촉에 의한 감전사고 발생 위험

3. 안전대책

① 작업시작 전 점검실시
- 윈치의 기능과 와이어로프의 손상 이상 유두 확인
- 사다리의 변형, 볼트너트 체결상태와 운반구의 고정 등 이상 유무 확인
- 아웃트리거 기능의 이상 유무와 설치상태 확인
- 비상정지장치 기능의 이상 유무 확인

② 사다리차 전복사고 예방
- 지주장치(支柱裝置, outrigger) 설치
- 경사도에 따른 적재하중 준수
- 강풍, 강우 등 기상조건이 좋지 않을 경우 이삿짐 운반작업 금지

③ 작업방법의 준수
- 적재하중을 준수하여 작업 실시
- 근로자의 운반구 탑승 금지
- 고압선과의 접촉여부 확인
- 사다리차 작업반경내 외부인 출입제한

5-4 산업용 로봇의 안전

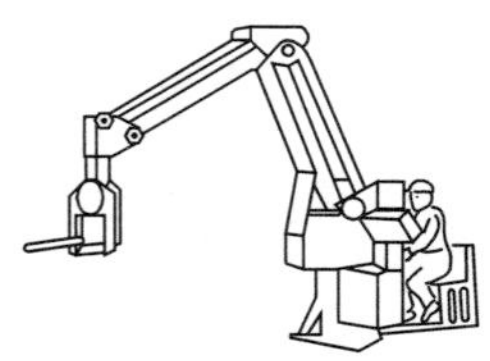

산업용 로봇이란 국제 표준화기구(ISO)에 따르면 자동적(自動的)으로 제어되고 반복적인 프로그램(program)이 가능하며, 다목적이고, 여러 개의 자유도를 지니고 있는 조작기계(automatically controlled, reprogrammable, multi-purpose, manipulative machine with several degree of freedom)라고 명하고 있다. 따라서 산업용 로봇은 운반(transfer), 조작(manipulation), 감지(sensing) 등의 다양한 역량 및 동작 특성을 지니고 있기 때문에 종래의 자동기로는 곤란하게 되었던 다품종 소량 생산의 자동화를 가능하게 하였다.

즉, 전용자동기기가 대량 생산에 유효한 반면에 산업용 로봇은 대상물의 종류, 변화, 모델변경, 설계변경 등에 대해서도 기존 공정을 개조하지 않고도 시간적, 공간적으로 유연한 탄력성, 혹은 자유도가 높은 동작 특성을 지니고 있으므로 중간 정도 생산량이나 다품종 소량생산의 자동화를 위한 유용한 수단이 되는 것이다.

1 산업용 로봇 분류

(1) 일반적 로봇 분류(입력정보 교시에 의한 분류)

① 용어의 정의

(ㄱ) 로봇(Robot)

머니퓰레이터 및 기억장치(가변시퀀스 제어장치 및 고정시퀀스 제어장치를 포함)를 가지고 기억장치 정보에 의해 머니퓰레이터의 굴신(屈伸), 신축(伸縮), 상하이동, 좌우이동 또는 선회 동작과 이러한 동작의 복합동작을 자동적으로 행할 수 있는 기계

(ㄴ) 교시(Teaching)

일반적으로 필요한 작업을 로봇에 기억시키는 일로써 머니퓰레이터의 동작순서와 위치, 속도의 설정과 변경을 하는 작업

(ㄷ) 머니퓰레이터(Manipulator)

인간에 있어서 팔, 다리와 유사한 기능을 가지고서, 대상물을 공간적으로 이동시키는 것으로 그 선단부에 말단장치를 부착하여 여러 가지 형태의 작업의 처리를 할 수 있는 것을 말한다.

(ㄹ) 말단장치(End effector)

로봇의 기계적 팔에 부착되는 공구 또는 장치로 EOAT(end-of-arm-tooling)라고 부르며, 작동의 형태에 따라 다음과 같은 다양한 장치와 공구가 부착된다.

㉮ 재료 가공용 그리퍼, 훅, 스쿠프, 전자석, 진공 컵, 점착성 손가락
㉯ 페인팅용 스프레이건(spray gun)
㉰ 점 용접, 아크 용접 및 아크 절단용 부착물
㉱ 드릴, 너트 드라이버와 버(burr)와 같은 전동공구(power tool)
㉲ 기계가공과 조립용 특별한 장치와 고정구(fixture)
㉳ 다이얼 지시기와 깊이 게이지 등과 같은 측정계기(measuring instrument)

명칭	수행능력	적용작업
조종 로봇	로봇으로 행해지는 작업의 일부 또는 전부를 인간이 직접 조작하는 것으로서 작업이 수행되는 로봇	매뉴얼 머니퓰레이터 <그림 5-98(a)>
시퀀스 로봇	미리 설정된 정보(순서, 조건 및 위치 등)에 따라서 동작의 각 단계를 순차적으로 수행하는 로봇	컨베이어 간 화물이동 <그림 5-98(b)>
플레이백 로봇	인간이 로봇을 움직임으로써 순서, 조건, 위치 및 기타 정보를 교시하고 그 정보에 따라서 작업을 하는 로봇	spot 용접, 자동차 body 도장 <그림 5-98(d)>
수치제어 로봇	로봇을 움직이지 않고 순서, 조건, 위치 및 기타, 정보를 수치, 언어 등으로 교시하여 그 정보에 따라 작업하는 로봇 <그림 5-98(e)>	공작 기계의 공작물 송급 및 배출작업

지능 로봇	인공지능에 의해 행동결정 할 수 있는 로봇 여기서 인공지능이란 : 인식능력, 학습능력, 추상적 사고능력, 환경적응 능력 등을 인공적으로 실현 한 것을 말한다.	Arc 용접 로봇에 부품 용접 <그림 5-98(f)>
감각제어 로봇	감각정보를 사용하여 동작제어를 하는 로봇	Sensory controlled robot
적응제어 로봇	적응제어 기능을 가진 로봇 여기서 적응제어기능이란, 환경변화 등에 적응하여 제어특성 등을 소요조건에 만족시키게끔 변화시키는 제어기능을 말한다.	Adaptive controlled robot
학습제어 로봇	학습제어 기능을 가진 로봇 여기서 학습제어기능 이라 함은 작업경험 등을 반영시켜 적절한 작업을 수행하는 제어기능을 말한다.	Learning controlled robot
고정시퀀스 로봇	설정 정보의 변경이 용이하지 않는 시퀀스 로봇 <그림 5-98(b)>	Fixed sequence robot
가변시퀀스 로봇	설정정보의 변경이 용이한 시퀀스 로봇 <그림 5-98(c)>	Variable sequence robot

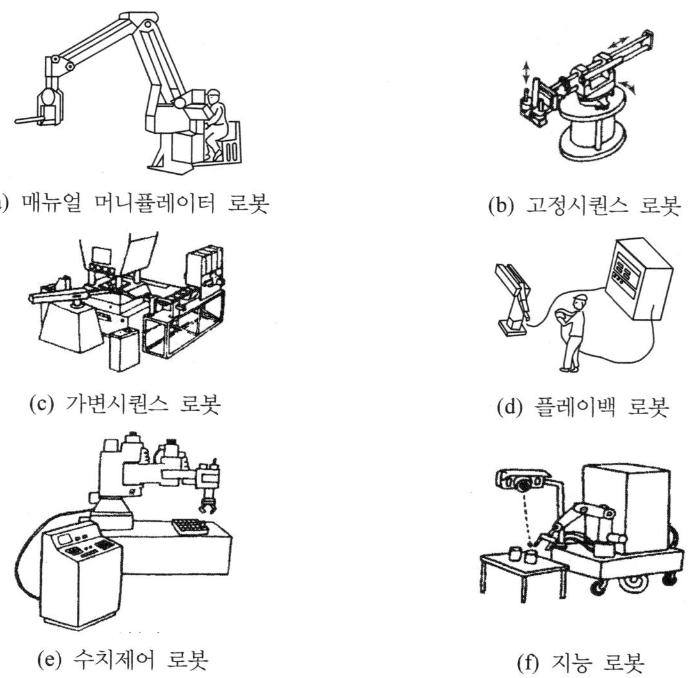

(a) 매뉴얼 머니퓰레이터 로봇

(b) 고정시퀀스 로봇

(c) 가변시퀀스 로봇

(d) 플레이백 로봇

(e) 수치제어 로봇

(f) 지능 로봇

그림 5-98 ● 동작기구에 의한 로봇 분류

(2) 동작 형태별 로봇 분류

산업용 로봇은 구조의 몇 개의 단위동작 조합에서 형태는 결정된다. 여기서 단위동작이란 신축, 회전, 선회(旋回, slewing)의 세 가지가 대부분의 동작이다.

회전은 축의 방향을 변화시키지 않고 축(shaft)방향을 중심(中心)으로 하는 회전운동이며 선회는 축(軸)방향을 변화시키려고 하는 움직임이다. 인간의 손의 경우 손목을 비트는 것이 회전이며 구부리는 것이 선회가 된다. 로봇의 동작 형태별로 분류하면 다음과 같은 기능 같이 할 수 있다.

분류 명	동작	그림
원통좌표 로봇 (Cylindrical coordinates robot)	팔의 자유도가 주로 원통좌표 형식	그림 5-99(a)
주좌표 로봇 (Polar coordinates robot)	팔의 자유도가 주로 극좌표 형식인 머니퓰레이터(manipulator)	그림 5-99(b)
다관절 로봇 (Articulated robot)	동작기구가 주로 관절에 의해 구성되어 있는 로봇	그림 5-99(c)
직각좌표 로봇 (Cartesian coordinates robot)	팔의 동작기구가 주로 직각좌표 형식인 로봇	그림 5-99(d)

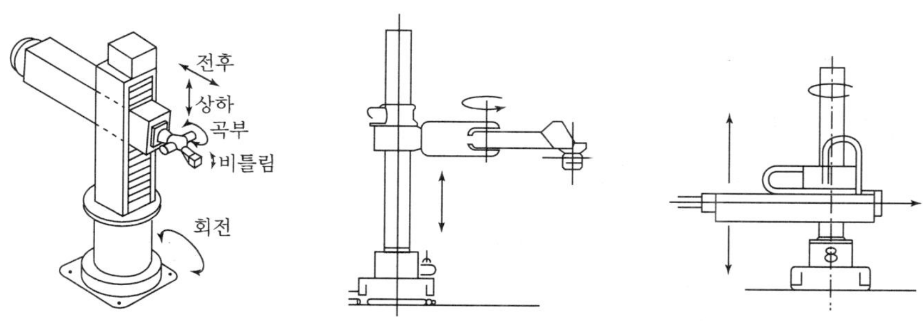

(a) 원통좌표 로봇

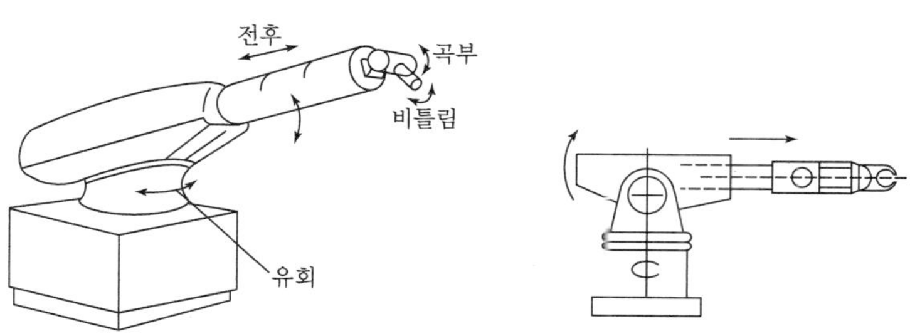

(b) 주좌표 로봇

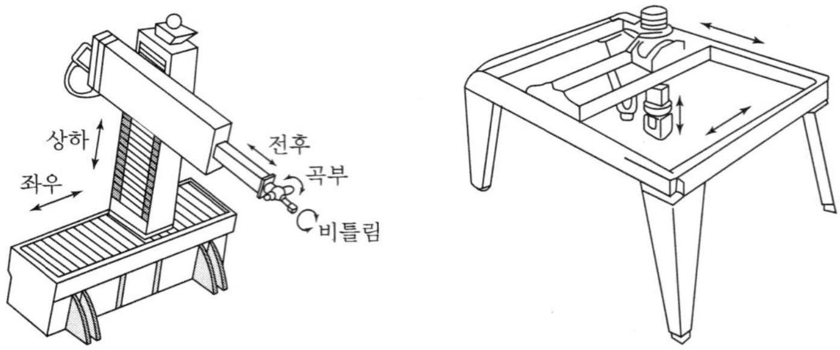

(c) 다관절 로봇

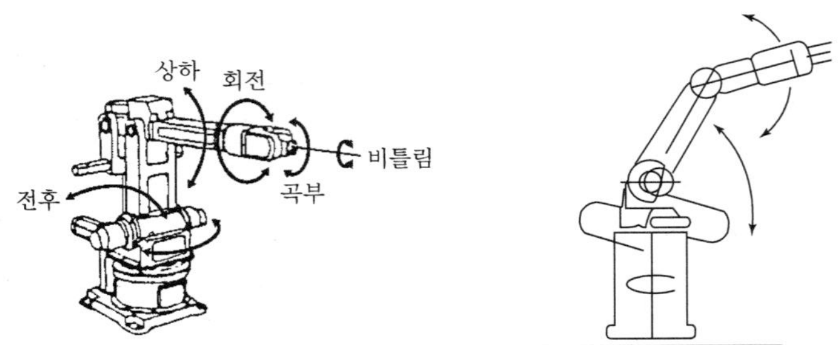

(d) 직각좌표 로봇

그림 5-99 ◦ 동작 형태별 로봇

(3) 로봇 용도별 분류

산업현장에 공정에 따른 필요성 적소에 알맞은 로봇을 말한다. 대체로 위험, 환경적 측면에서도 많이 적용하고 있다.

적용공정	적용 로봇
아크(Arc) 용접	수직 다관절(5～6축)
Spot 용접	수직 다관절 6축, 직교좌표형 4축
조립(Assembly)	수직 다관절, 원통좌표, 직각좌표
도장(Painting)	수직 다관절(전기식 및 유압식)
Handling	수직 다관절, gantry
사출기 배출	배출용 로봇
Transfer	전용 로봇
Palletizing	Robot type palletizer

실제 적용공정에 적절하게 배치된 로봇이야말로 위험작업을 무사고로 수행하는 든든한 설비이기도 하지만 운용면에서 작업안전을 확보되지 않으면 안 된다.

(4) 로봇 운동의 양식, 방향, 향, 속도 등에 관한 기호

산업규격(KSB) 7084에 정하여진 일종의 작업안전에서 기계의 신호, 움직임, 작업효율성을 위하여 로봇을 설치한 작업장에는 필수 교육항목이며 실천적 약속이기 때문에 원문 그대로 기고합니다.

① 로봇 운동의 양식, 방향, 향, 속도 등에 관한 기호 <그림번호 101～120>

번호	기호	뜻	비고	참고(대응 영어)
101	●	점		Point
102	→	직선운동의 향	운동의 향이 반대될 때에는 ←로 하여도 좋다.	Direction of linear motion
103	↔	같은 방향의 2개의 향을 가진 직선운동		Bidirectional linear motion
104	→|	단속 직선운동의 향	(1) 직선 미동 (2) 2방향일 때에는 ↔ ↔	Direction of interrupted linear motion
105	⟶→	정위치에의 직선운동	직선운동의 종점에서 정지 2방향일 때에는 |↔|	Linear motion to a fixed position
106		정위치사이 왕복 직선운동	1왕복하고 정지	Continuous bidirectional motion between fixed position
107	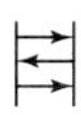	연속 왕복 직선운동	최종 정지위치가 반환점을 넘어서 있는 경우에는 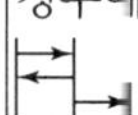	Oscillation linear motion(continuous)
108		회전운동의 향		Rotational direction
109		2방향의 회전운동		Bidirectional rotation
110		단속 회전운동의 향	(1) 회전 미동 (2) 2방향일 때에는 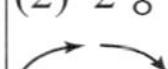	Direction of interrupted rotation

111		정위치에의 회전운동	회전운동의 종점에서 정지 2방향일 때에는 	Rotation to a fixed position
112	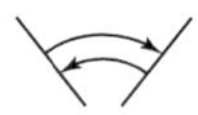	정위치 사이 왕복 회전운동	1왕복하고 정지	Bidirectional rotation between fixed point
113		연속 왕복 회전운동	최종 정지위치가 반환점을 넘어서 있는 경우에는 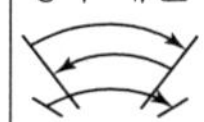	Continuous bidirectional rotation(oscillation)
114	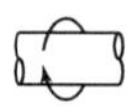	축의 회전방향	미동일 때는 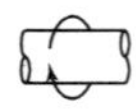 주축일 때에는 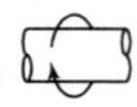 대상이 되는 주축의 표시기호로 대신하여도 좋다.	Direction of shaft rotation
115		회전(시계방향)	(1) 연속 회전에서의 회전 (2) 반시계방향 회전일 때에는  (3) 회전수 n을 기입할 때에는 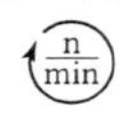	Revolution (clockwise)
116		1회전		One revolution
117		회전의 정위치 정지		Oriented stop
118	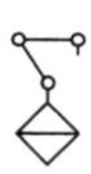	관절 동작		Articulated movement
119	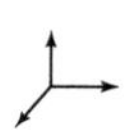	직각 좌표 동작		Cartesian coordinate movement
120		원통 좌표 동작		Cylindrical coordinate movement

② 조작의 대상 요소에 관한 기호 <그림번호 201~209>

교시자, 작업자, 관리자 모두가 로봇의 조작 대상 기호이다.

번호	기호	뜻	비고	참고(대응 영어)
201		회전	방향을 표시하는 화살표와 병용한다.	Revolute
202	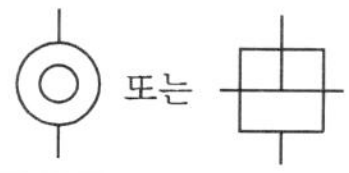	선회	위와 같음	Sweep
203	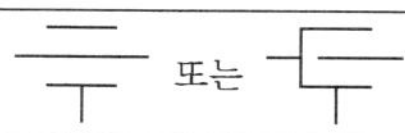	직동	위와 같음	Slide
204		파악		Grip "on"(applied)
205		파악의 개방		Grip "off"(applied)
206	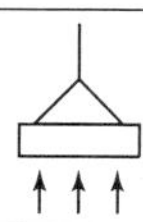	유지(1)	진공 흡착	Hold(1) "on" (vacuum cup applied)
207	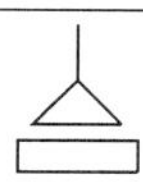	유지(1)의 개방	위와 같음	Hold(1) "off" (vacuum cup released)
208		유지(2)	전자 흡착	Hold(2) "on" (magnetic chuck applied)
209		유지(2)의 개방	위와 같음	Hold(2) "off" (magnetic chuck released)

③ 조작에 관한 기호 <그림번호 301~322>

작업자가 로봇의 작동을 위한 조작 기호이다. 특히 오조작의 위험방지를 위한 기본 습득이다.

번호	기호	뜻	비고	참고(대응 영어)
301		스위치 넣기		Switch on
302	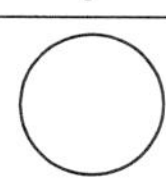	스위치 끄기		Switch off
303	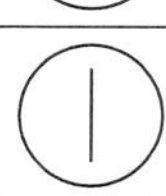	동일한 버튼으로 넣기, 끄기	on and off with same button	

304		누르고 있는 동안의 넣기, 끄기		Switch on or off as long as button is pressed
305		시동		Start
306	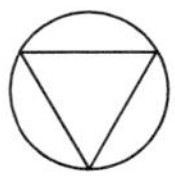	정지		Stop
307	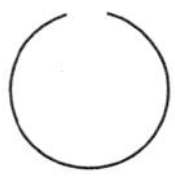	준비 완료		Ready
308		비상 정지	은면을 빨간색으로 하고, 버섯 모양의 누름버튼 등을 사용한다.	Emergency stop
309		수동		Manual
310		자동		Automatic control
311	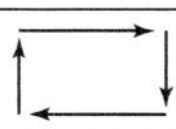	스테핑		Stepping
312	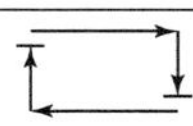	잡		Job control
313	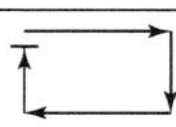	1사이클	one cycle	
314	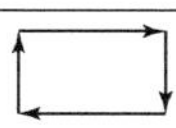	자동 사이클	automatic cycle	
315	 또는 	무단조절	(1) 폭이 넓은 쪽이 수치가 커진다. 실제의 변화에 맞도록 표시한다. (2) 어림으로서 (%) 등으로 수치를 기입하여도 좋다. 	Stepless regulation
316		가변	이 기호는 조정대상(요소)을 표시하는 기호에 겹쳐서 사용한다.	Adjustable, variable

317	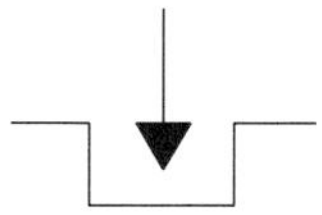	결합	주로 주변기기의 조작	Engaging(lock)
318	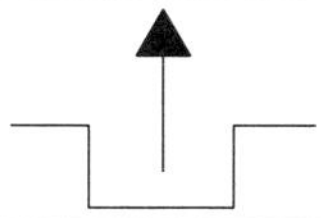	결합의 개방	위와 같다.	Disengaging
319	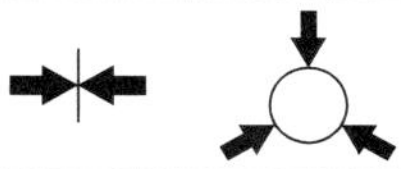	죄다.	위와 같다.	Clamp
320	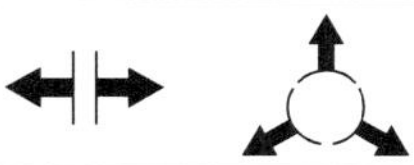	풀다.	위와 같다.	Unclamp
321		로딩		Loading
322		언로딩		Unloading

④ 제어에 관한 기호 <그림번호 401～418>

번호	기호	뜻	비고	참고(대응 영어)
401	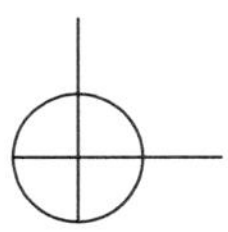	원점/기준점	기계원점, 공작물 원점 등이 있다. 보기 번호 402, 403, 404, 405, 407	Origin/base point
402	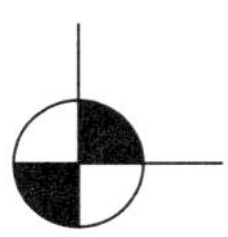	레퍼런스 위치	일반적으로 인크리던탈 시스템에 사용된다. 미리 정해진 위치에서 그 위치에 슬라이드를 움직임으로써 원점에 대하여 전혀 계측하지 않고 일정한 관계위치를 취하게 된다.	Reference position
403	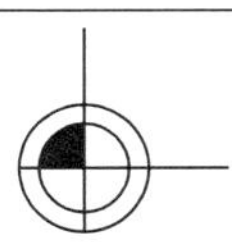	기계 원점	로봇이 갖는 좌표제의 원점	Robot base point

404	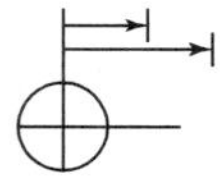	앱설루트 프로그램		Absolute program (co-ordinate dimension words)
405	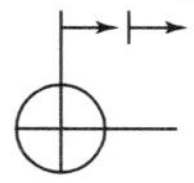	인크리먼탈 프로그램		Incremental program (incremental dimension words)
406		보정/옵셋	보기 : 번호 407	Correction/offset
407	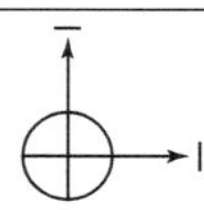	원점 옵셋	축의 명칭을 부기하여도 좋다.	Origin offset
408	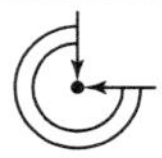	위치결정 정밀도 - 정밀도		Positioning accuracy -line
409	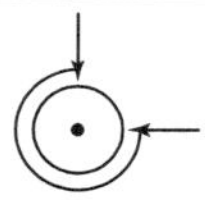	위치결정 정밀도 - 보통급		Positioning accuracy -normal
410	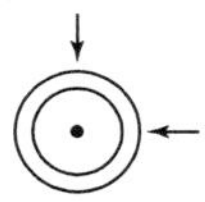	위치결정 정밀도 - 거친급		Positioning accuracy -coarse
411	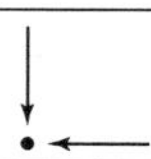	위치결정 완료	축의 명칭을 부기하여도 좋다.	In position
412	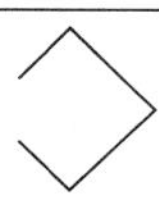	기억장치	보기: 번호 413, 414, 417, 418	Memory device
413	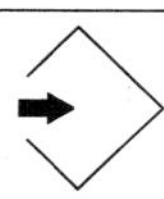	기억장치에 써 넣기		Write data into memory device
414	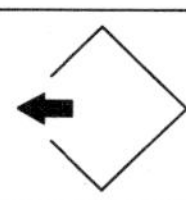	기억장치로부터의 읽어내기		Read data from memory device
415		리셋		Reset
416	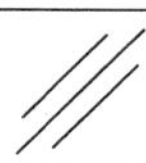	말소		Delete
417	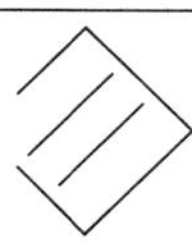	기억장치의 리셋		Reset memory device contents
418	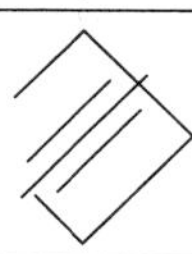	기억장치의 말소		Delete contents of memory device

⑤ 로봇 기계에 부착 또는 표시하여야 함 <그림번호 501~504>

안전에 관한 기호

번호	기호	뜻	비고	참고(대응 영어)
501		주의		Caution
502		고전압	빨간색	Dangerous voltage
503		손대지 말라		Do not touch
504		에러	잘못 조작 및 잘못 동작	Error

⑥ 그 밖의 기계관계에 관한 기호 <그림번호 601~€10>

번호	기호	뜻	비고	참고(대응 영어)
601	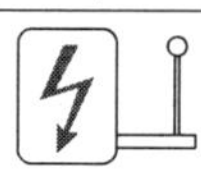	주개폐기	ϟ은 빨간색으로 한다.	Main switch
602	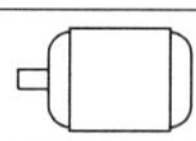	전동기		Electric motor
603	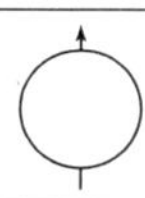	펌프		Pump
604		유압 펌프		Hydraulic pump
605	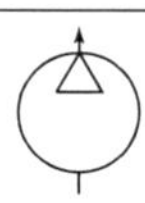	에어·컴프레서		Air compressor
606	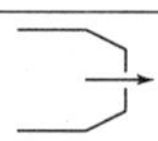	블로어		Blower
607	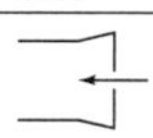	석션		Suction unit
608	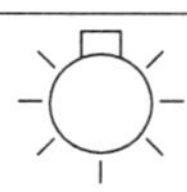	조명		Illumination
609		온도계		Thermometer
610	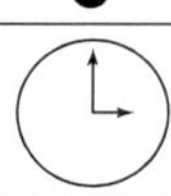	타이머		Timer

(5) 기호 및 문자의 색

① 색의 사용방법

이 규격에서 규정하는 색은 각각 넓은 뜻을 가지므로 기호, 문자 등 다른 방법과 병용한다.

② 누름버튼(Push button) 스위치의 색

로봇에 사용하는 누름버튼 스위치의 색은 다음 표에 따른다.

색	기능	적용대상	사용보기 및 비교	참고
적색	정지 비상(이상)정지	1개 또는 여러 개의 전동기의 정지 유닛의 정지 사이클 정지(사이클 중에 정지버튼을 눌렀을 경우, 그 사이클의 완료 후 정리한다.) 구동부의 정비 장치 전체 등의 정지	보기: 전원절단, 운전정지, 중지, 일시정지 등 적색을 정지기능 이외에 사용해서는 안 된다. 비상정지를 위한 누름버튼은 적색이어야 한다.	사용하는 색은 KS A 3501의 3(색의 지정)에 따른다. 다만, 엷은 청색에 대하여는 기준의 색 2.5 PB7/8 허용차 H±2.5 V±0.5 C-2°로 한다.
황색	정상 시퀀스 이외의 되돌림 동작의 시동 또는 위험상태 제거를 위한 비상 조작의 시동	사이클 미완료의 경우에는 유닛의 사이클 시동위치에 되돌림.	일시정지 위치 복귀 비상정지 및 이상정지 복귀	
녹색	시동(준비)	제어회로의 넣기 보조장치의 14개 또는 여러 개의 전동기의 시동파지부등의 여자	운전준비 넣기, 로딩, 전원투입	
녹색 또는 흑색	시동(운전)	사이클 또는 부분적 시퀀스의 시동	시동, 미동, 스페핑, 급속이송, 사이클운전, 모드선택(교시, 재생, 자동, 수동), 팔의 선회, 이동, 식축, 회전, 손의 흔들림, 손의 회전	
백색 또는 엷은 청색	위의 색으로 규정되지 않는 그 밖의 기능	동작 사이클에 직접관계하지 않는 보조장치의 제어, 보호 릴레이의 세트	프로그램의 교시	

③ 표시등의 색

로봇에 사용하는 표시등의 색은 다음 표에 따른다.

색	기능	적용대상	사용보기 및 비교
적색	작업자의 신속한 처리를 필요로 하는 이상상태	(1) 기계를 즉시 정지시키기 위한 표시(예컨대 과부하) (2) 보호장치에 의한 기계정지의 표시(예컨대 과부하, 과이동 또는 그 밖의 사고)	비상정지, 비상, 이상 필요에 따라 음향을 수반하는 점멸신호를 사용하여도 좋다.
황적색(umber) 암갈색 또는 황색	주의 또는 경고	(1) 로봇 및 주변기기의 동작이 허용한계에 가까운 경우의 표시 (2) 사이클 운전 중 표시	에러, 일시정지 필요에 따라 음향을 수반하는 점멸신호를 사용하여도 좋다.
녹색	기계 준비 또는 대기	(1) 즉시 운전의 상태에 들어갈 수 있는 상태의 표시 (2) 사이클이 완료하고 재시동 준비 완료의 표시	대기, 확인, 운전준비, 교시, 준비완료, 모드선택(교시, 재생, 자동, 수동)
백색(투명)	정상 상태	(1) 주개폐기 투입표시 (2) 동작사이클에 직접 관계하지 않는 보조장치의 운전 표시 (3) 속도 또는 회전방향의 선택 표시	전원(넣기 - 끄기), 타이머, 운전, 동기, 연동, 아크
청색	위의 색으로 규정되지 않는 그 밖의 표시	(1) 선택 스위치의 선택위치 표시 (2) 유닛 전지위치 표시	원점, 리셋, 사이클 엔드

④ 표시등불의 누름버튼 스위치의 색

표시등불의 누름버튼 스위치 색은 그 사용 목적에 의하여 다음과 같이 구별하여 사용한다.

㈀ 확인을 위하여 사용하는 표시등불의 누름버튼 스위치의 색 및 점등방법은 다음에 따른다.

㉮ 누름버튼 스위치의 색은 백색을 사용한다.

㉯ 소등하고 있는 버튼을 누름으로써 지시된 작업이 개시되었다 하는 확인을 위하여 점등시켜 그 작업이 끝날 때까지 점등하고 있어야 한다. 다만 이 표시등을 작업 또는 사이펜스 개시와 정상 상태를 표시하는 이중 확인에 사용할 때에는 점멸신호를 사용하여도 좋다.

㉰ 누름버튼 스위치를 누르면 작업 또는 정상운전상태로 되었다 하는 확인을 위하여 표시등을 자동적으로 통상 점등으로 변한다.

㈁ 지시를 위한 표시등불의 누름버튼 스위치의 색 및 점등방법은 다음에 따른다.

㉮ 누름버튼 스위치의 색은 적색, 황색, 녹색 및 청색을 사용

㉯ 표시등은 다음의 경우 점등하고 지시된 작업이 개시되면 소등 되는 것으로 한다.

- 점등버튼을 눌러도 좋거나 또는 누르지 않으면 안 될 때
- 다음의 작업 개시를 지시할 때

(ㄷ) 적색 또는 황색은 경고의 경우, 점멸신호로서 사용하여도 좋다. 또한 버튼을 누름으로써 이 점멸신호가 보통 점등으로 변해도 좋다. 다만 이 보통 점등은 경고의 원인이 해결될 때까지 점등을 계속하여야 한다.

표 5-31 점멸신호 색상과 사용조건

색	점등의 뜻	버튼의 기능	사용보기 및 비교
적색	주의 또는 경고	정지	표시등불의 누름버튼 스위치는 비상정지용으로서 사용해서는 안 된다.
황색	주의 또는 경고	위험상태를 피하기 위한 조치의 개시	(1) 어느 값(전류, 온도)이 그 허용 한계에 가까워지고 있다는 것을 표시한다. (2) 미리 선택한 다른 기능을 무효로 해도 좋다.
녹색	본체 또는 유닛의 조작 준비 완료	점등버튼 확인 후 개시	(1) 보조장치의 1개 또는 여러 개의 전동기의 시동 (2) 유닛의 시동 (3) 사이클 또는 부분적 시퀀스의 시동
백색	회로가 통전되어 있다는 것의 확인. 기능이나 운동이 개시 또는 프리실렉트 되어 있다는 것의 확인.	회로의 닫힘 개시 프리실렉트(preselect)	(1) 작업사이클과 관계없는 보조회로의 통전 (2) 개시 또는 프리실렉트 (3) 운동방향의 프리실렉트 (4) 속도 그 밖의 프리실렉트
청색	위의 색으로 표시할 수 없는 그 밖의 뜻	위의 색으로 표시할 수 없는 그 밖의 기능	다음의 작업지시(예, 조정 후 작업자는 확인하는 뜻에서 이 버튼을 누른다.)

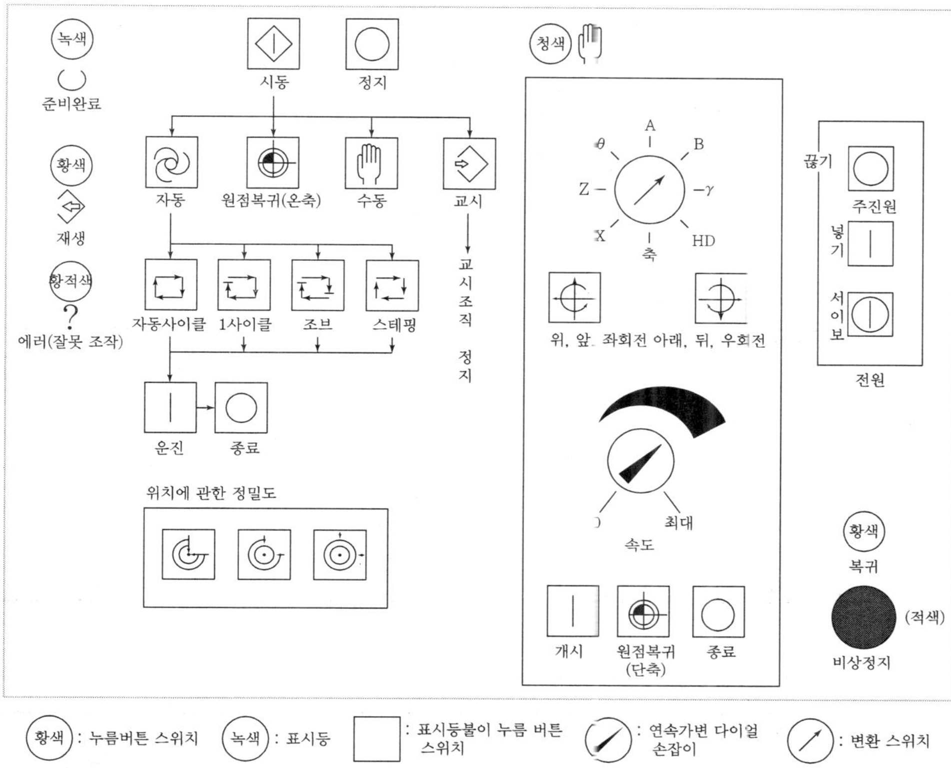

주기: 1. 미등에는 표시등이 붙어있지 않은 녹색 또는 흑색의 누름버튼을 사용한다.
2. 그림에 조작판면 등의 표시(다만, 일부의 기능에 대한)의 보기를 표시한다.

그림 5-100 ◦ 조작판 표시의 예

(6) 로봇의 조작장치 등의 표시 약어

① 적용범위는 로봇의 조작장치 등의 누름버튼, 표시등 등을 식별하기 위하여 사용하는 일반 약어(略語)에 대하여 규정한다. (비고: KS B 0067에 규정되어 있지 않은 용어도 규정되어 있으나, KS B 0067에 규정이 있는 경우에는 그것과 일치하고 있다.)

② 표시약어 로봇의 조작장치 등에 표시하기 위하여 사용하는 일반약어는 다음에 따른다.

(ㄱ) 상태에 관한 약어는 부속서 <표 5-32>에 따른다.

(ㄴ) 조작·동작에 관한 약어는 부속서 <표 5-33>에 따른다.

(ㄷ) 제어에 관한 약어는 부속서 <표 5-34>에 따른다.

(ㄹ) 구성요소에 관한 약어는 부속서 <표 5-35>에 따른다.

(ㅁ) 로봇의 동작상태에 관한 약어는 부속서 <표 5-36>에 따른다.

(ㅂ) 프로그램에 관한 약어는 부속서 <표 5-37>에 따른다.

(ㅅ) 그 밖의 약어는 부속서 <표 5-38>에 따른다.

비고: 1. 원칙으로서 한글을 사용한다.

2. 참고도서 영어에 의한 약어를 표시한다.

표 5-32 상태에 관한 약어

번호	약어	(참고) 영어	비고
101	폐회로, 넣기	ON	전원이 들어가 있다.
102	개회로, 끊기	OFF	전원이 들어가 있지 않다.
103	열림	OP	기계적인 열림. open
104	닫힘	CL	기계적인 닫힘. close
105	정상	NORM	
106	이상	ABNL	
107	비상	EMER	
108	경보	ALM	alarm

표 5-33 조작·동작에 관한 약어

번호	약어	(참고) 영어	비고
201	결합	LKG	locking
202	개방	UNLKG	unlocking
203	자동	AUTO	
204	사이클	CY	1사이클＝1CY
205	잡	JOB	
206	스테핑	STEP	
207	수동	MAN	
208	미동	INCH	
209	가속, 증속	ACCEL	
210	감속	DCLR	
211	고속	HSP	
212	중속	MSP	
213	저속	LSP	
214	미속	CRL	
215	조깅	JOG	
216	주행	TRAV	
217	이동	X, Y, Z (전후, 좌우, 상하)	X＝FRNT/BCK, Y＝LFT/RT, Z＝UP/DWN
218	선회	Θ, θ 좌우 Φ, ϕ 상하	
219	회전	A, α 팔 B, β 손	
220	신축	X, Y	

221	흔들림	Γ, γ	손의 흔들림
222	파지	CLP/HLDG	clamp or holding
223	파악	CLP	clamp
224	유지	HLDG	holding

표 5-34 제어에 관한 약어

번호	약어	(참고) 영어	비고
301	교시	TEACH	
302	재생	PLYBK	play back
303	서브	SVO	
304	PTP	PTP	PTP 제어
305	CP	CP	CP 제어

표 5-35 구성요소에 관한 약어

번호	약어	(참고) 영어	비고
401	주행부	TRVSR	traverser
402	지지 본체	COL	column
403	팔	ARM	
404	앞팔	FRARM	fore arm
405	위팔	UPARM	upper arm
406	손목	WST	wrist
407	손	HD	
408	손가락	FGR	
409	제어장치	CONT	
410	유압원	HYDR	
411	공기압원	PNEU	
412	전원	PWR	

표 5-36 로봇의 동작상태에 관한 약어

번호	약어	(참고) 영어	비고
501	변환	CHNG	change over
502	휴지	REST	
503	시동	START	
504	운전	RUN	
505	준비 완료	WTG	waiting
506	정지	STOP	
507	일시정지	HALT	
508	복귀, 리셋	RESET	
509	조정	RGLT	regulating

■ 표 5-37 프로그램에 관한 약어

번호	약어	(참고) 영어	비고
601	기억	MEN	
602	보간	INTRPL	interpolation
603	보정	OFS	offset
604	위치 지정	POSN	
605	경로 지정	PATH	
606	프로그램	PRGM	
607	추가	ADD	
608	변경	CHG	change
609	수정	CORR	correct
610	말소	DELE	
611	삭제	CUT	

■ 표 5-38 그 밖의 약어

번호	약어	(참고) 영어	비고
701	자유도	DOF	degree of freedom
702	기계원점	ROBOT-BP	
703	작업원점	TASK-BP	
704	원점복귀	HOME	
705	개시	BGN	
706	종료	END	
707	힘	F	
708	가속도	ACC	
709	속도	VEL	
710	위치	POSN	
711	동기	SYNC	
712	인터록	INTLK	
713	세트	SET	

2 로봇 능력과 위험성

산업용 로봇은 매우 편리한 기계이지만 지금까지의 기계와는 다른 것을 가지고 있다.

산업용 로봇은

① 힘이 강할수록 취급하는 물품의 중량이 크다. 즉 가반중량(可般重量)이 크다.

② 움직이는 속도가 빠를수록 작업을 빨리 처리할 수 있다. 작업성(作業性)이 높다.

③ 자유도가 높을수록 많은 종류의 작업을 소화한다. 즉 범용성이 높다 라고 하여 그 만큼 능력이 뛰어난 것으로 평가되고 있다. 그 반면 그대로는 위험성도 함께 높아 진다는 뼈저린 특성도 가지고 있다. 즉 능력이 높은 로봇일수록 강력(powerful)하

기 때문에 위험범위도 넓으며 더욱이 인간(작업자)에게 불의의 습격을 가할 가능성도 있다는 위험이다. 이것이 산업안전 즉 작업안전에 위험요소인 격돌의 위험성이다. 아래 분석을 보면 로봇이 가지는 문제점들이라 그냥 간과할 수 없는 "산업기계"라는 것을 인식하여야 한다.

로봇 기계	구성비율(%)	문제점 내역(%)	불의 작동 구성비(%)
제어장치 고장	52.2	제어회로 30.3 내외계 센서 11.1 접촉불량 34.0 케이블 단선 15.7 노이즈 4.6 기타 4.6	23.9
기계 결함	8.5	조정 불량	5.3
구동계 고장	7.16	서브밸브, 전자밸브, 패킹 등 42.9 기타 9.5	6.19
주변기기 및 변동 에러	3.75		8.0
공유압 및 전압의 에러	1.71		0.9
재료의 배출, 낙하, 방출	7.51	Handling error 90.9 정전에 의해서 9.1	16.8
인간(작업자) 착오 등	18.4	조작 miss 29.6 부주의 접근 22.0 위험기동조작 14.8 Program miss 18.5 Call adless 7.4 기타 7.7	38.1
기타	0.88		0.81

3 그림으로 보는 로봇 불의의 습격 패턴 7가지

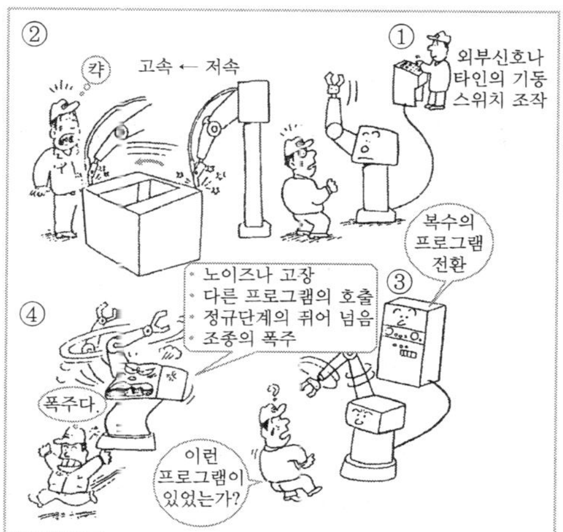

1패턴 : 정지중인 로봇이 외부의 신호나 타인의 기동버튼 조작 등에 기동이 걸리는 경우

2패턴 : 저속에서 고속으로 전환(변경)의 경우

3패턴 : 복수 프로그램으로 자동적으로 변경하여 운전하는 경우(특히 잘 사용하지 않는 프로그램으로 변경하였을 때)

4패턴 : 노이즈나 고장에 의해 제어장치가 혼란하거나 다른 프로그램을 호출하여 실행하거나 정규단계를 뛰어 넘어 실패하는 경우

5패턴 : 수동용 조작버튼 실수로 조작하였을 경우

6패턴 : 고속도가 설정되어 있는데 불구하고 저속이라고 생각하여 수동조작 버튼을 눌렀기 때문에 머니퓰레이터(manipulator)가 고속에서 작동했을 경우이다.

7패턴 : 로봇 파지기구(hand)가 가지고 있는 가공물을 작업자에게 향해서 떨어뜨리거나 던졌을 경우이다.

(1) 대책 : 작업안전기법

따라서 불의의 습격 패턴 문제점에 대한 작업안전 system 설계는 다음과 같다. 먼저 인간인 자기는 실수(error)로 생각한다.

① Door에 광센서 또는 광전자식 임의 침입 불의에 들어가려고 할 때 door가 열리면 기계가 정지되는 구조

② Mat(전기적 발판 스위치)를 침입반경 내에 깔아두어 기계구동부와 연동 system을 해둘 것(안전 mat)

③ 초음파 센서 등을 설치할 것

4 교시(Teaching) 등의 작업위험성

현장에서 산업용 로봇을 설치하고 조정을 하는 것만으로 일(작업)을 해주지 않는다고 한다. 그것을 로봇에게 구체적으로 가르쳐 주지 않았기 때문이다. 즉 로봇이 다양한 작업을 시킬 수 있도록 가르쳐야 하는 것이 교시(teaching)이다.

이에 대해 고정시퀀스(sequence)나 가변시퀀스의 로봇에서 시퀀스 프로그램을 만드는 것과 축의 정지 위치를 정하는 것 등이 교시하고 할 수 있다. 또한 수동동작, 동작확인 playback 로봇과 교시 작업의 안전을 확보하기 위해 충분한 지식과 훈련이 필요하다.

(1) 교시작업에서 일어날 위험성

작업자가 로봇 가동범위에 들어갈 가능성이 있다.

① 교시작업 및 교시결과 확인 시
② 작업시작 전의 점검, 정지 검사 시
③ 조정, 수정 및 이들 결과의 확인 시
④ 자동운전 중에 있어서 문제(trouble) 발생 시의 응급조치 등을 할 때
⑤ 작업자가 판단을 잘못하였을 때

이와 같은 로봇의 가동범위 내에 작업자(인간)가 들어갈 가능성이 많이 있으므로 충분한 조치를 하지 않으면 재해를 발생할 위험성이 있다.

(2) 교시 등의 작업위험 요인과 대책

① 머니퓰레이터(Manipulator)의 오작동

정지하고 있는 로봇이 근로자의 의사와는 관계없이 움직이는 경우

(ㄱ) 동작이 갖추어지지 않고 정지하고 있을 때
(ex. 관련기계 등으로부터의 신호에 의해서 조건이 갖추어진 동작을 개시하였을 때)
(ㄴ) 제어장치 내부에 있는 타이머(timer)를 사용해서 정지시키고 있을 때
(ex. 이것이 끊어져 동작을 개시하였을 때)
(ㄷ) 조작자가 잘못 조작해서 동작했을 경우
(ㄹ) 머니퓰레이터를 걸어 두었다가 해제할 때 급속하게 동작이 개시할 때
(ㅁ) 제어회로가 고장이 발생하여 처리중인 로봇이 동작을 개시하였을 때

② 대책

(ㄱ) 접근방지용 방책이나 울
(ㄴ) 출입문(door)에는 안전 플러그(plug)
(빼지 않으면 open이 안되고, 빼면 자동적 구동원 off가 되는 구조) <그림 5-101>

<그림 5-101>의 (a) 휴대용 플러그
(b) 안전방책 고정용 플러그 (체인 등으로 안전문에 고정부착)

<그림 5-101>의 작업안전에 설명 안전방책 내 로봇이 작업 중 갑자기 "정지"되었다. (a)의 휴대용 플러그를 처음에 빼지 않으면 (b)의 안전문이 열리지 않도록 되어 있다.

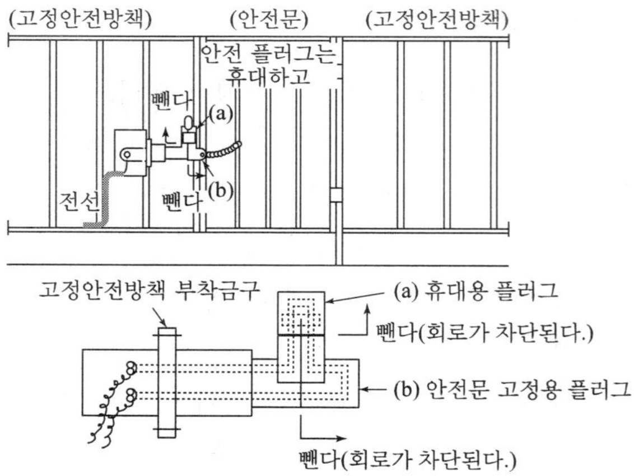

그림 5-101 ◦ 안전 플러그

③ 머니퓰레이터의 속도

충분한 저속이라고 설정하였다고 생각하고 교시작업에 들어갔을 때 속도가 고속으로 변경되는 trouble. 여기서 속도의 상한(교시속도)을 이용하지 않았을 때이다.

④ 오조작

일반적으로 기계 운전 및 작동에서 오조작(誤造作)은 인간(人間)이며 오동작(誤動作)의 실체는 기계(機械) 설비(設備)가 기인이 되어 위험을 수반하게 된다.
로봇 작업에서 오조작은 교시작업에서 trouble이 가장 심하다.
예를 들면, teaching box의 버튼 누름 착각

[대책] - Door interlock
- 교시속도 준수
- 「교시작업중」 표말 부착(걸어두기)

5 검사 등의 작업위험성

(1) 검사 등과 위험성

로봇에서 검사 실시 등으로 일어나는 위험 다음과 같이 들 수 있다.

① 돌발적인 이상발생으로 인하여 당황 또는 익숙 등에 의한 생략행위 등에서 발생하는 위험성

② 가동범위 내에의 부주의로 침입해서 발생하는 위험성

③ 교시나 그 확인 등 때문에 가동 범위 내에서 작업을 할 때에 오조작, 고장 등에 의해서 발생되는 위험성

④ 검사, 수리, 개로 등에 따른 결과 확인 시에 있어서 가동범위 내에의 출입작업이 필요한 경우 오배선, 접촉불량, 구성부품의 불량, 열화 등의 원인에서 발생하는 이상동작에 의한 위험성

위의 ①~③항에 앞에서 그 대책을 기술한 바 있어 여기서는 ④항에서의 원인을 매우 다양하지만 정리해 보면 다음과 같은 것이라 하겠다. (검사자가 들어가는 이유가 발생)

㈀ 나사 등의 체결이 불충분
㈁ 접속단자(connector) 접촉불량
㈂ 접속판(connect plate)의 근본에서 불안전한 단선
㈃ 금속성 먼지, 파편 등에 의한 전기회로의 단락
㈄ 문서기억장치(program memory)의 일부 지워짐
㈅ 문서기억장치(program memory)의 복사 miss
㈆ 배관내의 scale 탈락에 의한 막힘이나 걸림
㈇ 배관이음부의 누설
㈈ 접지선의 연결을 잊거나 불안전한 접지

6 검사 등 위험수준과 검사자

로봇을 취급하는 사람의 업무를 구분해서 다음과 같은 3단계의 수준으로 나누는 것이 안전을 위해 바람직한 일이다.

1단계 : 로봇의 가동범위 밖으로 나와서 하거나 혹은 전원을 완전히 차단한 상태에 하는 수준, 즉 조작자가 검사를 하여도 위험이 없는 수준

2단계 : 가동범위 내에서 teaching box를 조작해서 로봇의 작동속도를 저속으로 해서 하는 수준, 즉 teach(교시) 작업자가 검사할 수 있는 수준

3단계 : 로봇이 정상속도에서 운전 중 움직일 수 있는 상태에서 제어장치 등에 직접 접촉(approach)해서 하는 수준, 즉 검사 등의 작업자가 검사를 하는 수준

이상 3단계의 작업수준에 대응하여 각각 작업자는 그 단계에서의 로봇이 일으키기 쉬운 위험성을 충분히 인식하고 또한 그 위험을 회피하거나 방지할 수 있도록 수칙

및 규정을 준수하여야 한다.

7 로봇 검사 시에 있어서 위험과 그 원인

검사 시의 위험성	검사의 종류	이상의 주원인	
		인간쪽	기계쪽
① 제어 불능에 의한 폭주 sequence jump	(1) 작업시작 전 점검 (정상운전 시)	부외자에 의한 조정개소 등에의 짓궂은 장난. 습관에 의한 가동범위 내에 침입. 오조작에 의한 memory 지워짐.	배관이나 탱크내의 먼지 등의 배출. 결함 등에 의해 밸브 등의 막힘. 누설의 발생. back up전원 등의 불량에 의한 memory의 소멸 관련 기계 등의 이상에 의한 interlock 회로의 고장.
② 작동범위 일탈	(2) 준비를 바꾼 뒤 (정상운전 시)	교환부품의 부착 불량. 작업 확인의 생략. 다른 작업자와의 연락 불안전 부주의행동에 의한 interlock의 해제.	전기회로의 접촉면 부식에 의한 새로운 접촉불량의 발생. 터미널, 연결기류의 접촉불량. 릴레이 접점의 접촉불량.
③ 불의의 기동 충돌	(3) 이상 발생 시 (정상운전 시)	「당황」에 의한 엉터리 작업의 실시. 익숙에 의한 이상전조의 지나쳐 버림.	Work의 치수형상의 불량. 제어부의 고장. 기구부의 마모, 파손, 리미트스위치 고장.
④ Work의 방출 ⑤ 부품의 탈락	(4) 수리 완료 후 (휴지 재기동 시)	오배선. 불완전 결선. 불완전 청소에 의한 회로의 단락. 각부 접촉불량. 부착나사 불안전 체결. Ring retainer, 분할. 핀 등의 끼우는 것을 잊음. 윤활유의 주유 잊음. 배관의 누설, 막힘 filter를 끼움 잊음. 청소불량.	교환부품과 original과의 성능 불균형에 의한 새로운 이상의 발생.
⑥ 불의의 말려들음	(5) 정기검사 시 (휴지 재기동 시)	공동작업자와의 연락 불철저 검사. step의 생략에 의한 이상의 누락. 습관에 의한 가동 범위 내에서의 침입.	발견되지 않았던 약하게 된 부분의 파손, 고장의 새로운 발생
⑦ 혈압이상, 작동 등 기타	(6) 개조후의 검사 (휴지 재기동 시)	기능의 변화에 대한 불인식. 짐작에 의한 검사.	초기고장의 발생. System의 구성 불비 때문에 예를 들면 신호의 불비 등에 의한 이상 발생.

(1) 작업시작 전 점검에 위험성

어떤 기계화도 그날 처음 운전(사용)을 하려고 할 때에 반드시 하지 않으면 안 되는 검사이다.

로봇에서는 특히 작업시작 전 위험성이 크기 때문이다.

그 위험성은

① 유압이나 공기압 개관 중 혹은 탱크 내에 부착해 있었던 먼지가 정지나 기동시의 충격에 의해서 유출하여 밸브(valve) 등에 막혀서 제어를 불가능 하게 하는 경우
② 휴지 중에 기억하고 있었던 기억장치등(program memory)의 일부가 지워지고만 경우
③ 휴지 중에 멋대로 기억장치등(program memory)이 변경되고 만 경우

이다. 따라서 작업시작 전 점검을 하지 않고 가동하면 로봇에 격돌될 위험성뿐만 아니고 작업자가 불의의 작동에 놀라서 반사적으로 피하려고 하다가 다른 기계화 구조물에 충돌하거나 전도하거나 하는 등의 위험성도 있기 때문에 작업시작 전 확실하고 진솔한 점검이 중요하다는 것이다. 산업안전보건기준에 관한 규칙(법 제5장 제35조2항) 작업 시작 전 점검사항 가. 외부전선의 피복 또는 외장 손상유무 나. 머니퓰레이터(manipulator) 작동 이상유무 다. 제동장치 및 비상정지장치의 기능 등이다.

(2) 준비 교체 시의 위험성

① 준비시간 목적으로 순서를 밟지 않는 생략행위의 위험성
② 관련기계의 협조성 동력차단이 되지 않았을 위험성

(3) 이상 발생 시의 위험성

이상 시 작업자가 습관과 당황이 원인이 되어서 일어난다. 예를 들면 공작물(work part)을 잡는데 실패한 로봇 대신에 작업자 자신이 공작물(work part) 꺼내려는 버릇

(4) 수리 완료 후의 기동 시 위험성

배선의 납땜불량, 오결선, 교환부품의 탈락, 단자(connector)류의 접촉불량, 제어신호계 전선의 불안전 단선 단자판(terminal board) 나사조임 불량 등으로 인하여 수리를 급하게 하는 경우이다.

(5) 정기검사 시의 위험성

다른 기계와 연동한 경우

8 검사 시 안전확보

(1) 가능한 한 로봇의 가동범위, 즉 울이나 방책 밖에서 검사 등을 한다.

(2) 가동범위 내에서 검사 등을 할 때 운전을 정지한 뒤에 한다.

① 주위를 확인

② 검사자 배치

③ 표시등(pilot lamp) 및 과오기록지(error cord) 이용

④ 검출장치 작동 시 수공구 이용할 것

9 이상 발생 시 작업안전 조치

(1) 이상 처치의 기본순서

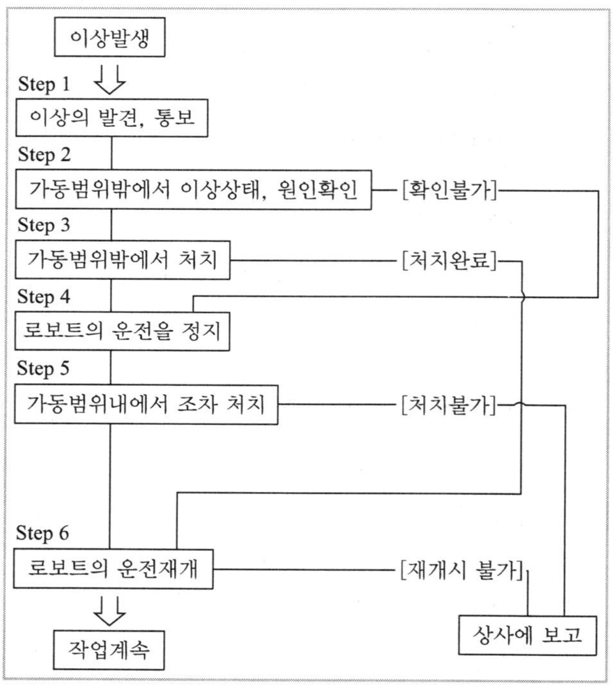

Step 1 : 조사, 수리자를 정해 둘 것.

Step 2 : 표시등(pilot lamp) 표시장치 확인 후 가급적 운전정지 시킨 후 원인조사 실시.

Step 3 : 가능한 방책 및 울 밖에서 처치하고 만약 조종자(manipulator)의 작동 필요시 자동운전을 하지 말고 각 축을 개별로 작동시킬 것.

Step 4 : 정지 시의 조치 및 불의의 작동 및 오동작 방지조치를 참고할 것.

Step 5 : 운전정지 하여야 하는 것을 원칙 작업으로 하지만 부득이 운전을 정지하지 않고 작업을 할 때는 충분한 지식을 구비한 자에게 시킨다.

Step 6 : 재개 시 조치를 할 것.

10 정지 시에 작업안전 조치

(1) 작업정지와 운전정지(안전관점에서만)

① 로봇이 운전상태에 있는데도 불구하고 어떤 원인으로 인하여 작동정지 하고 있는 상태 로봇이 작동정지 되는 원인의 "예"

예1. 검출장치의 trouble 등에 의해 제어조건이 성립되지 않고 작동정지 한다.
⇒ 전지적 원인

예2. 작업의 관련 등에 의해 작동정지 한다. ⇒ 기계적 원인

예3. 관련기계 등으로부터의 신호 담당 등에 의해 작동정지 즉 대기한다.

② 제어회로 및 동력원을 차단해서 정지하고 있는 상태
⇒ 운전정지 상태라 한다. 즉각 로봇 운전을 정지시킨 상태에서 하여야 한다.
특히 플레이백(playback). 로봇이 오동작 할 우려가 크다. 즉 Hold 상태에서는 가동범위 안으로 들어가는 것은 위험하다.
로봇 작업안전의 명언; 죽어있는 로봇에 속지마라! 우스개 아닌 진실이다.

(2) 잔압(殘壓) 등의 위험성 잔압 빼기

① 잔압 등의 위험성

공기압용 작동장치(actuator)에 대해서는 비상정지장치 등을 작동시켜도 또 공기(air) 공급을 차단하여도 실린더(cylinder) 내(內) 등에 압력이 남아(이하 「잔압 등」이라 한다) 있다. 따라서 작업자 액추에이터가 동작도중에 정지하고 있을 때 잔압 빼기를 기세로 액추에이터가 움직여서 협착재해 등을 일으키거나 로봇의 파손을 초래하게 된다. <그림 5-102, 5-103, 5-104>

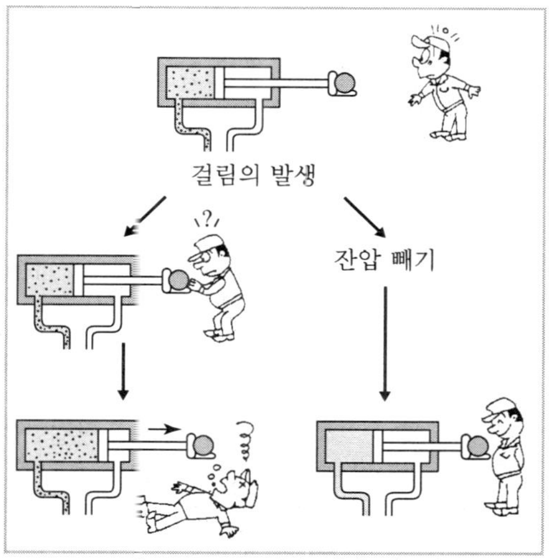

그림 5-102 • 잔압 빼기 필요성

② 잔압 빼기 방법

공기압장치는 잔압 등에 위험을 방지하기(그림 5-103)에 잔압의 위험성 설명이다. 비상정지장치를 작동시켜도 스풀(spool) 위치는 변화하지 않기 때문에 공기압축기

(compressor)로부터의 압축공기가 실린더(cylinder) 안에 작용하고 있으며 이 상태에 담당물을 제거함과 동시에 피스톤(piston)이 맹렬한 기세로 작동하여 매우 위험 상황이 된다.

이를 위해 공기의 공급을 차단하고 또한 차단된 잔압을 대기 중으로 개방할 수 있도록 대책을 강구할 필요가 있다. 이들 대책에는 여러 가지 방법이 있지만 다음과 같이 대별할 수 있다.

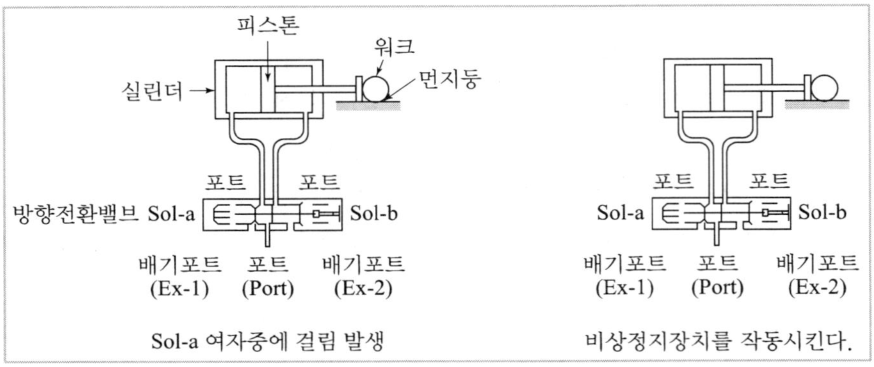

그림 5-103 • 잔압 등의 위험성 예

(ㄱ) 공기(air)원에서 빼기 기법

각 방향 전환밸브의 일차측에 잔압 빼기용 밸브를 설치해서 전부 또는 일부 작동장치(actuator)의 잔압 빼기를 하여 공기의 공급 차단과 동시에 하는 방법이다. <그림 5-104>의 예에서 3port manual 밸브를 사용해서 공기의 공급, 차단 및 잔압 빼기를 동시에 하는 것이 매우 경제적이다.

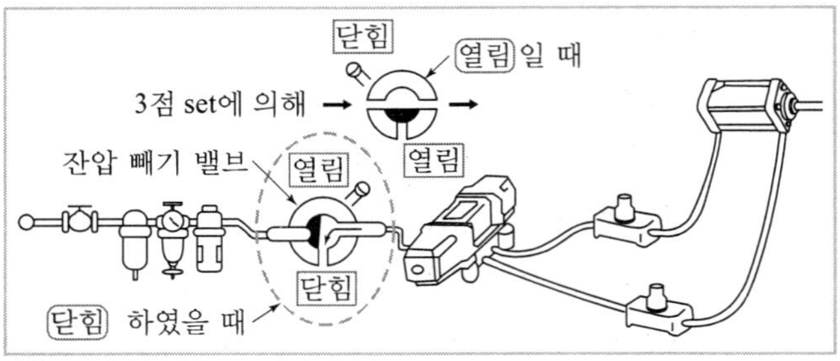

그림 5-104 • 공기원 빼기 기법

(ㄴ) 액추에이터(Actuator)별로 개개로 빼기를 하는 기법

클램프(Clamp)용 안전장치 등 (ㄱ)인 방법으로 잔압 빼기를 하면 도리어 위험을 발생할 우려가 있는 액추에이터별로 잔압 빼기 밸브(valve)를 설치해서 개개별로 잔압 빼기를 하는 기법이다. 다음 <그림 5-105>와 <그림 5-106>은 좋은 예이다. <그림 5-106>의 방식은 로봇의 많은 실린더는 주(主)밸브(master valve)에 의해 비상정지와 동시에 잔압을 빼면 반대로 위험한 실린더에 대해 적용된다.

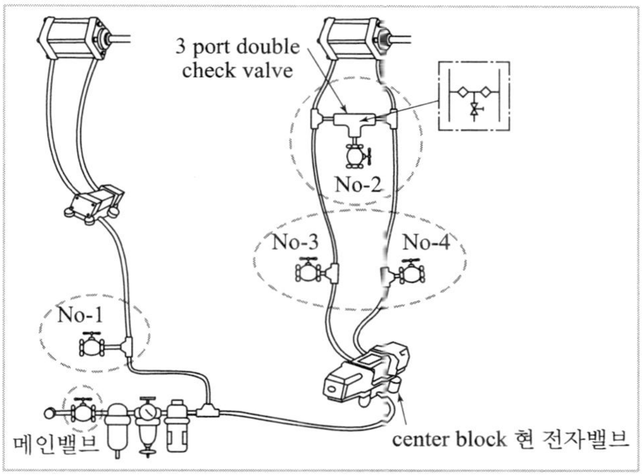

그림 5-105 ◦

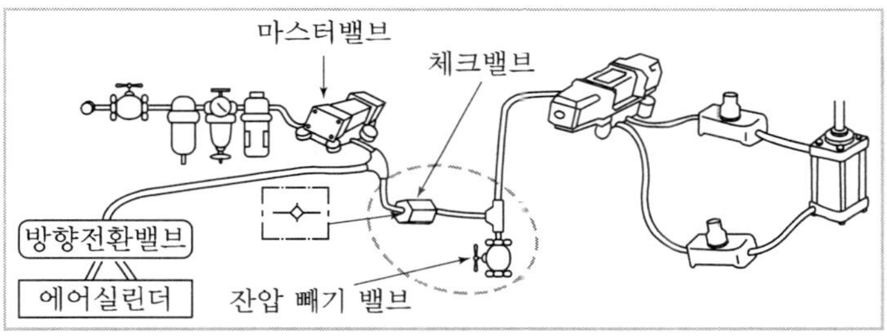

그림 5-106 ◦ 세로형 실린더 등에 의한 잔압 빼기 기법

이상이 잔압 빼기 기법의 개요에 불과하지만 잔압 빼기에 관해 다음 사항에 유의하여야 한다.

㉮ 잔압 빼기용 밸브는 그 소재를 명확히 하기 위해 그 취지 표시를 해둔다. (색상, 표시걸이, 밸브 painting)

㉯ 복수의 잔압 빼기 밸브를 조작할 필요가 있는 것은 조작순서를 충분히 파악 해 둘 것.

㉰ 자중(自重)으로 강하하는 작동장치에는 사전에 안전블록(block)과 핀(pin) 등으로 강하방지를 한 뒤에 잔압 빼기를 하여야 한다.

(ㄷ) 유압장치의 잔압 빼기 기법

일반 유압장치에서는 유압펌프를 정지하면 작동장치 내의 압력도 내려가 0(zero)가 된다. 그러나 <그림 5-107>과 같은 축압기(accumulator)를 사용하는 유압장치를 유압펌프를 정지시켜도 작동장치에는 압력이 작용하기 때문에 공기압(공압)장치의 잔압 등과 똑같은 위험성이 있다. 따라서 축압기를 구비한 유압장치에서는 축압기의 앞에 정지(stop)밸브를 설치하여 유압펌프(pump)를 정지시키고 또한 해당 정지밸브를 닫은 뒤 가동범위 안의 이상처치를 하여야 한다.

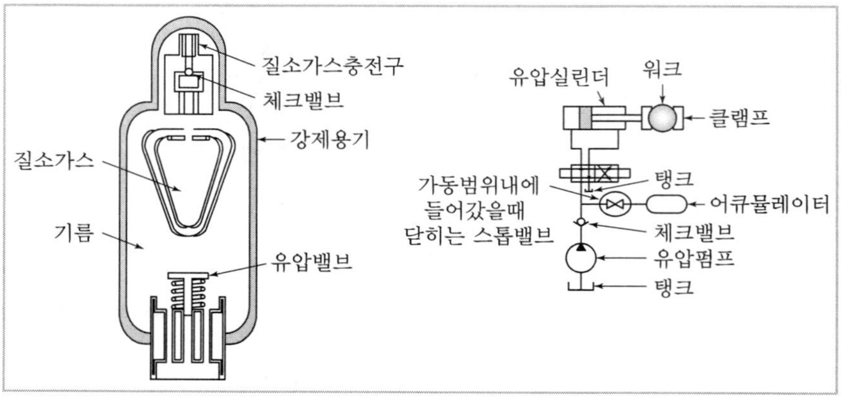

그림 5-107 ∙ 축압기(accumulator)의 잔압 빼기

(3) 정지

이상 정지 시에 있어서 조치에 대해 기술하였으면 이들의 요점은 <그림 5-108>과 같이 정지할 수 있다.

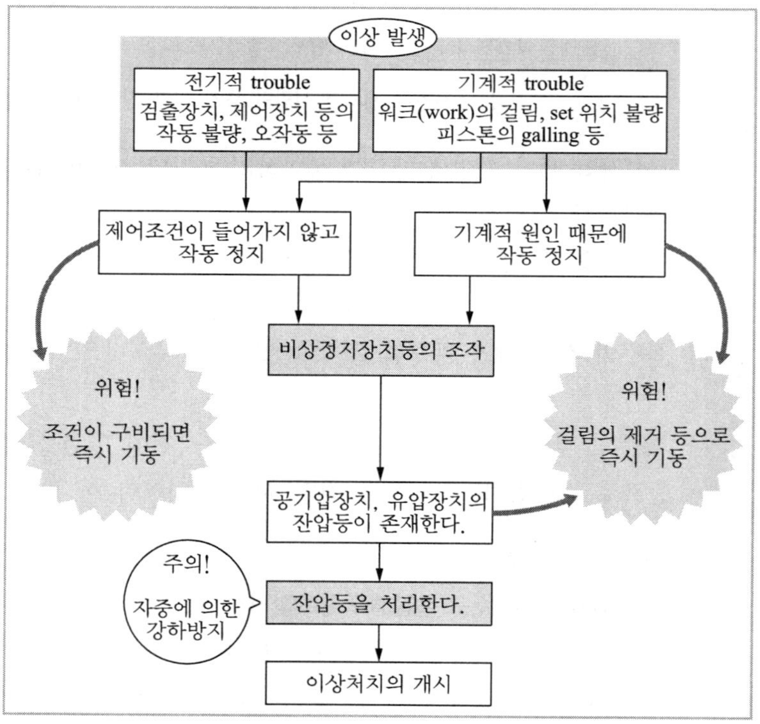

그림 5-108 ∙ 로봇의 이상 발생에 의해 작동이 정지하였을 때 조치

11 불의의 동작 및 오조작의 방호조치

작업장에서 작동을 정지한 로봇이 돌연히 움직이거나 혹은 다른 사람의 확인 부족에 의한 기동 등에 의해 불의에 로봇이 기동하지 않도록 다음과 같은 방호조치를 강구하여야 한다.

(1) 운전정지 확인

반드시 자기 자신의 손으로 정지시키는 조치를 취할 것.

(2) 제어반의 오인에 의한 재해방지

주변기계설비가 혼재하고 제어반이 몇 개의 블록으르 분할되어 있는 경우 오인을 하지 말 것. 확실하게 정지해 있는가를 확인하고 가동범위 안으로 들어가야 한다. 따라서 표시, 색상별 등의 방법을 사용해서 오조작 방지 노력을 하여야 한다.

(3) 근접하는 기계설비에 의한 재해방지 조치

① 근접하는 기계설비도 정지시키고 작업한다.
② 침입할 수 없도록 방책등을 설치한다.

(4) 제3자의 기동(起動)방지

① 열쇠(key) switch 또는 안전 plug의 휴대
② 「전원(switch) 넣지 말 것」 등의 표시(걸이)를 한다.
③ 감시자를 배치한다.

(5) 공동작업 연락 불량에 의한 기동방지

① 작업시작 전

㈀ 2명 이상 공동작업은 반드시 작업 지휘자를 정한다.
㈁ 지휘자는 지휘할 것을 선언하고 「작업 지휘」의 완장 등을 착용한다.
㈂ 작업분담을 정하고 완료 후 보고할 것.

② 작업 중

(ㄱ) 작업 공정에서 위험성 배제한다.

(ㄴ) 지휘자가 자리를 떠날 때 반드시 대행자를 정하고 대원(팀)에게 알린다.

(ㄷ) 팀 작업자 동료(member)는 지휘자 이외의 작업을 하여서는 안 된다.

(ㄹ) 도중에 도움자는 지휘자 허가(지시)를 받고 행동한다.

③ 재(再)기동 준비

(ㄱ) 지휘자는 재기동 전에 인원 확인을 한다. (특히 가동범위 내 작업자 유무확인)

(ㄴ) 「전원 on」, 「주밸브 열림」 등의 지시는 지휘자가 직접 한다.

(ㄷ) 지시·신호는 확실하게 알기 쉽게 한다.

12 운전(運轉) 개시에 있어 조치

운전을 재개할 때는 알림신호(buzzer) 등에 의해 기동신호를 하고 주위의 안전을 확인한 뒤 기동조작을 한다. 더욱이 유압장치, 공기압장치를 사용한 로봇에 있어서는 유압펌프를 기동시키는 정지밸브(stop valve)를 여는 등 동력을 공급하는 조작도 기동조작도 같다고 인식하여야 한다. 또 공기압(공압)장치를 사용한 로봇은 작동장치(actuator) 공기 빼기 등의 위험성을 제거하여야 한다.

13 산업용 로봇 안전관리요점

「Robot에 대한 이야기」; 1950년 SF작가 "아이작 아시모프(Isaac Asimov, 1920~1992)"는 나는 로봇 저술 그 중에서 로봇 3원칙 중 제1원칙을 로봇은 인간에게 위해를 주어서는 안 된다는 "안전원칙"을 제시한 것이다.

그림 5-109

(1) 기본적 안전원칙

① 명확한 자동·수동의 전환 명확하게 할 것 <그림 5-109> 자동운전에서의 로봇 가동범위는 출입금지가 원칙이다.

② 수동운전의 조건 <그림 5-110> 로봇의 수동운전은 안전하게 조작할 수 있는 능력을 초과시켜서는

안 된다. 그렇게 하려면 다음과 같은 로봇의 기능이 중요하다.

(ㄱ) 조작버튼이나 레버에 의해서 머니퓰레이터를 저속으로 운전할 수 있을 것.

(ㄴ) 더욱이 수동에서 최고 속도로 안전한 속도를 초과하지 말 것.

(ㄷ) 각각의 관절에 대해 1 : 1에 대응하는 조작버튼을 설치할 것.
예를 들면, 하나의 버튼을 사용해서 둘 이상의 전동기가 움직이지 않도록 한다.

(ㄹ) 가능하면 출력을 억제하는 구조로 할 것.

그림 5-110

③ 교시작업(教示作業)이나 조정작업의 운전은 감시자를 배치 <그림 5-111>
교시작업이나 조정작업 등은 로봇을 운전해서 하는 경우가 있다. 가급적 가동범위 밖에서 하도록 한다. 항상 위험한 상태는 없는가 점검하고 어떤 이상이 있으면 즉시 로봇을 정지할 수 있는 자세로 대처한다.

그림 5-111

④ 로봇의 정지된 모습에 속지 말라. <그림 5-112>
로봇이 움직이고 있을 때는 로봇에 근접하는 것이 위험하다는 것은 쉽게 알 수가 있다. 그러나 로봇의 불안전한 정지는 안전하다고는 할 수 없다. 그러나 작업자(인간)는 여기에 속아서 안심하고 로봇에 근접하는 경우가 있다. 로봇에 근접할 때 안전 확보는 오히려 로봇이 정지하고 있을 때 「안전 확인」을 하는 것이다. 이것을 확보하려면 방책(guard)에 문(door)을 설치하고 문에는 안전 플러그(plug)를 부착한다. 안전 플러그를 뽑지 않는 한 문을 열 수 없으며 그리고 그것을 뽑으면 로봇이 완전히 정지하게 된다.

그림 5-112

⑤ 협착부에 서서 로봇에 등을 돌리지 말자.
<그림 5-113>
암(Arm)과 주변기기의 사이에서 협착을 받을 위치를 로봇의 폭주시도 상정하여

미리 파악해 둘 필요가 있다. 그리고 그런 위치에서 있지 않도록 노력하여야 한다. 부득이 서 있어야 할 경우에는 로봇 암으로 등을 돌리는 자세를 취하지 말고 언제나 그 움직임에 주의를 쏟을 필요가 있다.

그림 5-113

⑥ 작업규정이나 안전 check list 활용을 생활하자. <그림 5-114>

로봇 이용방법은 천차만별이므로 개개의 로봇 현장의 사정에 따라 안전작업을 위한 작업규정을 정하고 여기에 따른 check list(일상, 월간)를 만들어 생활하는 것도 로봇작업에서 안전을 확보하는 길이다. 작업규정과 check list가 "작업안전 확인형"에 기본이다.

그림 5-114

⑦ Group(Team)별 안전교육 실시. <그림 5-115>

로봇 작업안전을 확보하기 위하여 필수적 교육이 있다. 그것이 각 기능에 따라서 3group별 나누어 필히 정규시간 안전교육을 이수하여야 한다.

㈀ Group 1 : 가동범위의 바깥으로 구동원을 제거하고 하여야 할 작업종사자

㈁ Group 2 : 교시(teaching) 박스(box)를 조작하여야만 할 수 있는 작업종사자

㈂ Group 3 : 제어장치 내부에 개입하여 운전을 하는 작업종사자

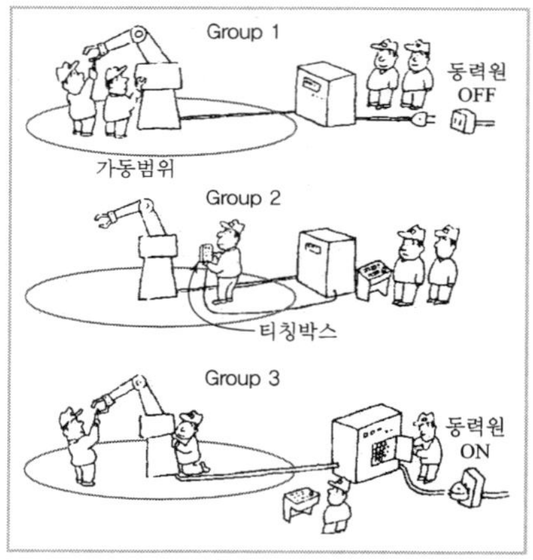

그림 5-115

14 로봇 실천적 Check Point

안전관리는 안전을 확인한 뒤 설치, 사용, 운전을 한다고 하는 소위 「안전 확인형」에 따라야 한다. 위험한 사항을 안 뒤에 안전대책을 취하고 있다면 안전은 언제까지나 수세에 몰려서 재해는 없어지지 않는다고 한다. 그래서 여기서는 안전 확인형의 모회사 로봇 도입 시 안전 확인 Check Point를 보라.

(1) 안전관리 전반

Check 1 : 산업용 로봇의 위험성을 이해하고 있는가?

산업용 로봇의 기구 제어는 복잡하면서 고도화 되고 있다. 취급에는 상당한 지식이 필요하며 취급자의 지식 부족은 오조작등 불안전 행동의 원인이 된다. 산업용 로봇은 넓은 가동범위를 고속으로 복잡하게 움직이면서 돈다. 머니퓰레이터(manipulator) 이동방향은 사람이 보고 판단할 수 있는 것은 아니다.

신뢰성이 높게 되어 있다고 하여도 기계인 이상 로봇도 언젠가는 고장이 발생한다. 고장에 의해서 안전하게 정지하는 것이라면 문제는 없겠지만 노이즈(noise) 등에 의해서 착각하여 움직이는 경우도 있다. <그림 5-116>

그림 5-116

Check 2 : 특별교육을 받았는가?

산업용 로봇의 운전 중에는 사람과 로봇을 격리하는 것이 안전대책의 원칙이다. 교시, 검사 등도 구동원을 제거하고 하도록 한 것이다.

그러나 이것이 무리인 경우에는 반드시 특별교육을 받은 사람이 2인 작업(1인은 감시에 임한다)으로 하여야 한다. <그림 5-117>

그림 5-117

Check 3 : 사내(社內)의 안전관리 체제는 갖추어져 있는가?

로봇의 안전대책은 특별교육을 받은 사람만의 문제는 아니다. 로봇을 취급하는 사람 모두가 그 위험성을 이해하고 올바르게 사용해 가는 것이 중요하다. 작업규정 체크리스트(check list)를 작성하여 평소부터 교육훈련을 실시하자.

Check 4 : 체크리스트(Check List)는 있는가?

로봇 작업안전을 확보하기 위해서는 주변기기도 포함하여 그 현장에 맞는 체크리스트를 작성해 두어야 한다. 그리고 로봇을 다루는 사람 누구와도 체크리스트와 비교해보면서 운용할 수 있도록 되어 있어야 한다. <그림 5-118>

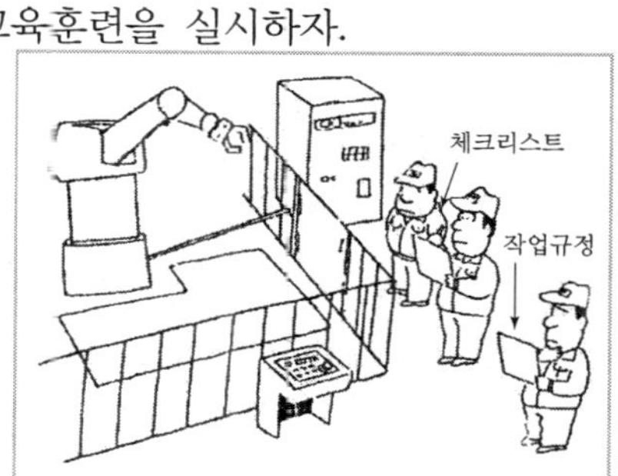

그림 5-118

Check 5 : 작업규정(Manual)은 있는가?

작업규정은 안전한 작업을 하기 위해 없어서는 안 되는 것이다. 물론 안전관리자의 책상 속에 잠자고 있는 것은 아무 소용이 없다. 그 규정에 따라서 작업할 수 있도록 해두어야 한다. 말할 필요 없이 어떤 이상이 발생하였을 때 작업자에게 무리하게 위험한 작업을 밀어붙이는 작업규정이 되어서는 안 된다.

(2) 로봇 도입, 설비, 준비, 조정 시의 안전 확보

Check 1 : 도입 예정인 로봇을 검토하자.

(ㄱ) 비상정지스위치는 설치되어 있는가?

비상정지스위치는 유사시에 사람을 위험에서 지켜주는 것이다. 되도록 크고 누르기 쉬운 볼록형의 적색 버튼형을 선정하자. 물론 티칭박스(teaching box)에도 누르기 쉬운 것이 붙어 있어야 한다. 또 비상정지스위치는 조작뿐만 아니고 작업위치를 이탈하지 않아도 쉽게 누르도록 적절하게 배치하여야 한다. 그리고 그를 위한 단자가 준비되어 있는가? 로봇의 제어장치를 확인하자. <그림 5-119>

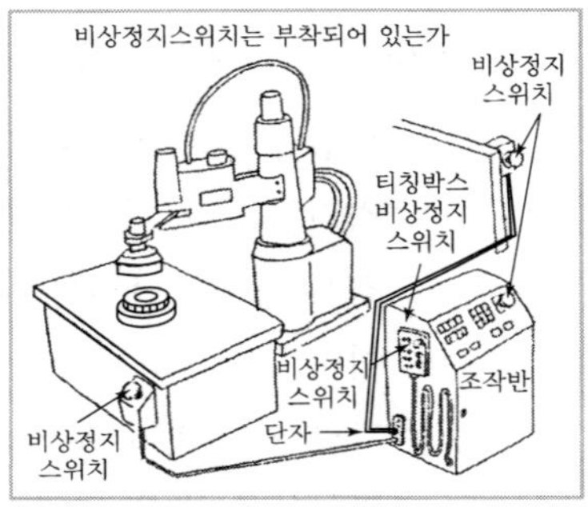

그림 5-119

(ㄴ) 날카로움이 없는가?

로봇 기계 전반적 외관에 날카로운 것이나 돌기물이 붙어 있으면 만약에 사람에게 접촉하였을 때 생각하지 못한 사고로 이어진다. <그림 5-120>

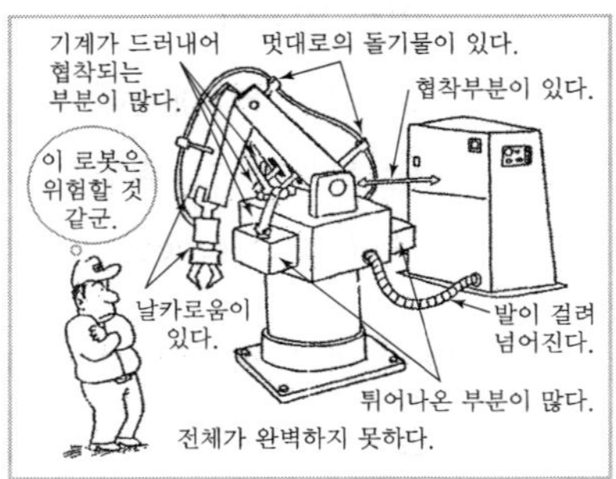

그림 5-120

(ㄷ) 협착부는 없는가?

로봇을 정지상태에서 보지 않고 로봇을 작동시키면 암(arm) 사이에 협착되는 부분을 발생하는 것이 있다. 특히 크랭크(crank)기구인 곳은 가장 간격이 좁아졌을 때도 손이나 신체일부가 협착하지 않는 충분한 간격이 유지되어야 한다. <그림 5-120>

(ㄹ) 기계 정지기구(Stopper)는 붙어 있는가?

로봇은 어떤 정해진 작업을 반복해서 하기 때문에 그 가동범위를 제한할 수 있는 경우가 많은 것이다. 그 경우 기계 정지기구(stopper)를 사용해서 가동범위를 제한해 두면 만약 로봇이 폭주하였다고 하여도 그 범위를 좁힐 수 있다. 따라서 기계 스토퍼는 충분한 강도가 유지되어야 한다.

Check 2 : **로봇을 도입할 때 운반 및 고정 부분을 확인하자.**

사고는 제조업체에서 발생하는 것이 아니고 사용하는 공장에서 일어나는 것이다.

(ㄱ) 운반용 훅(Hook)은 붙어 있는가?

로봇은 대부분 외팔보 구조이기 때문에 운반이 어렵다. 그 때문에 고정운반용 링 볼트(ring bolt)가 필요하다. 또 각 축(shaft)은 고정해 두지 않으면 운반 중 암(arm)을 휘두르게 된다. <그림 5-121>

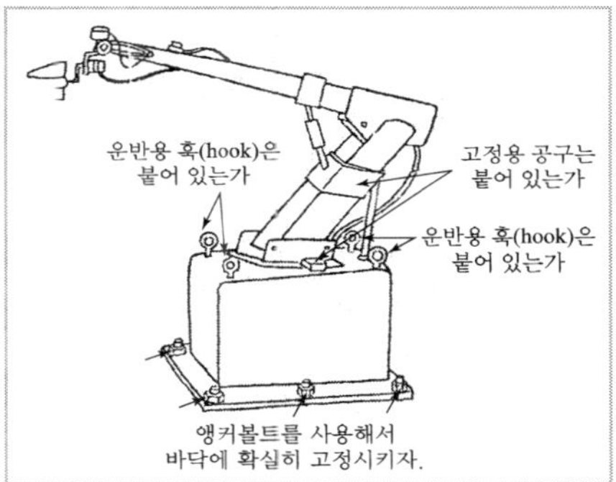

그림 5-121

(ㄴ) 앵커볼트(Anchor bolt)를 사용해서 바닥에 확실히 고정시키자.

로봇은 중심(中心, center)과 중심(重心, gravity) 위치가 확실하지 않다. 진동 및 동작으로 전도하지 않도록 확실하게 고정시키자. 특히 프레스(press)의 취급기구(handling)로 사용하는 경우 등은 프레스기계의 진동 때문에 로봇이 움직이지 않도록 특히 고정은 중요하다. <그림 5-121>

Check 3 : **설치환경을 구비하라.**

로봇은 지금까지의 다른 자동기계와 달라서 위험부분(암, arm)이 밖으로 튀어나와 있으며, 또 로봇은 단위기계가 아니고 주변기기와 복합 구성되어 사용하게 되므로 설치환경을 확보하여야 한다.

(ㄱ) 방책을 설치하자.

운전 중인 로봇은 겉보기 보다는 훨씬 위험하다. 작업자가 출입하지 않도록 방책을 설치하자. 높이는 1800 mm 이상, 가동범위와 방책 간격은 400 mm 이상이 기본이다. <그림 5-122>

(ㄴ) 위험구역의 바닥에 채색하여 구분을 해두자.
로봇은 가동범위가 넓어서 안전하다고 생각하고 있어도 갑자기 근접하게 된다. 교시나 보수 등 방책 내 작업 시에 채색해두면 위험구역을 한눈에 알게 된다. <그림 5-122>

(ㄷ) 출입문(Door)에는 안전 플러그(Safety plug)가 구비되어 있는가?
보수나 검사 등 때문에 가동범위에 출입하여야 하는 경우가 있다. 이러한 경우라도 멋대로 출입하는 것은 위험하다. 출입문에는 안전 플러그(plug)를 부착하고 안전 플러그(plug)는 휴대하게 된다. <그림 5-122>

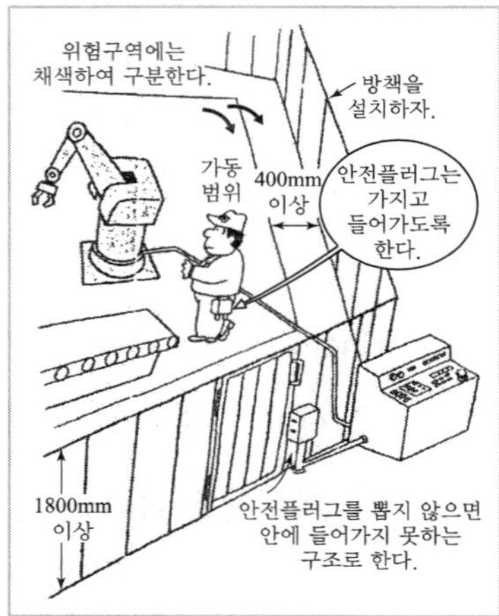

그림 5-122

(ㄹ) 주변기기와 사이에 새로운 위험부분을 만들고 있지 않는가?
소용없는 위험부분을 만들지 않도록 하고 필요한 곳인 경우에는 확실하게 위험부분임을 알 수 있도록 해둔다. <그림 5-123>

(ㅁ) 방책 안에서 기동운전조작을 하는 일이 없는가?
방책 안(內)은 위험하다. 기동 및 운동 재개 시 등의 지령(指令)은 반드시 방책 밖에서 하여야 한다. <그림 5-123>

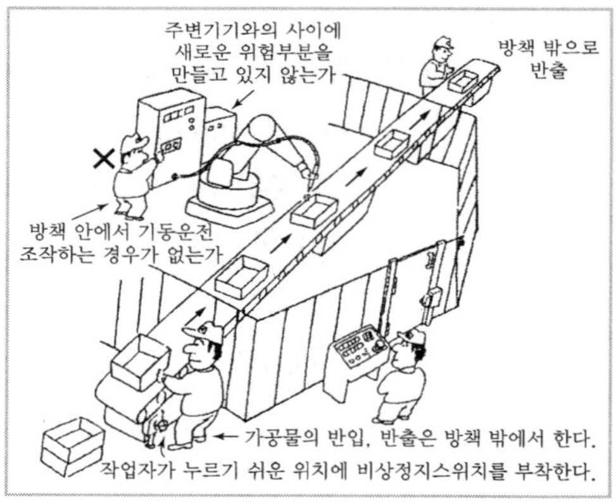

그림 5-123

(ㅂ) 가공물(加工物)의 반입·반출은 방책 밖에서 하고 있는가?
자동운전 중에는 작업자는 방책 안에 출입하여서는 안 된다. 가공물의 부착이나 제거도 물론 방책 밖에서 하도록 한다. <그림 5-123>

(ㅅ) 작업자가 누르기 쉬운 위치에 비상정지스위치가 붙어 있는가?
조작반 뿐만 아니라 별도로 작업자가 누르기 쉬운 곳에 비상정지스위치를 부착해 두지 않으면 유사시 조작반까지 달려가게 되어 대응이 늦어질 가능성이 있어 사고를 당하게 된다.

(3) 교시(Teaching) 작업 중의 안전

Check 1 : 교시작업을 시작하자. 로봇은 당신이 가르친 사항을 반복해서 하게 되므로 실수 없도록 가르쳐야 한다.

(ㄱ) 가동범위 내에 출입하는가?

로봇은 교시 중에도 폭주하는 경우가 있다. 방책 내의 작업 시는 2인 작업으로 하고 1인은 감시에 전념하고 만약 무슨 일이 있을 때 즉시 비상정지스위치를 누르도록 하는 것이 중요하다. 또 작업자가 잘 볼 수 있도록 감시대를 설치하는 것도 중요하다. <그림 5-124>

그림 5-124

(ㄴ) 교시 중에는 다른 사람에게 비상정지 이외의 스위치는 조작할 수 없도록 한다.

교시 중에는 그 취지를 표시하는 것은 물론이며 키(key) 등을 사용해서 자동모드(mode)로 전환하지 못하도록 해둘 필요가 있다. <그림 5-124>

(ㄷ) 교시모드(Mode)로 하면 자동적으로 속도(speed)가 내려가는가?

교시작업은 암(arm)에 근접하여 하는 경우가 대부분이다. 암의 속도나 힘을 충분히 떨어뜨려 두지 않으면 불의의 작동에 대처할 수 없다. <그림 5-124>

(ㄹ) 티칭스위치(Teaching Switch, 교시, 教示)는 데드만(dead man's)형으로 되어 있는가?

교시 중 로봇은 사람의 의사에 따라서 움직이드록 되어야 한다. 그렇게 하려면 티칭스위치는 누르고 있을 때에만 움직이고 떼면 정지하는 데드맨(dead man's)형으로 되어야 한다. 여기서, 「데드맨 스위치」 : 손으로 버튼 등을 누르고 있을 때만 전원이 연결이 되고 떼면 끊어지는 스위치형이다. <그림 5-125>

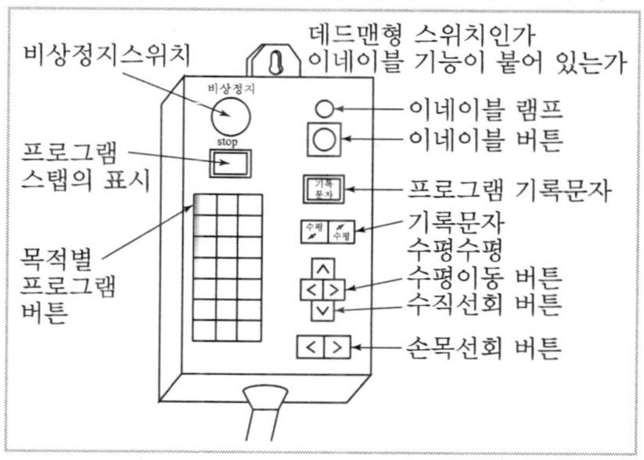

그림 5-125 • 티칭박스(teaching box)

(ㅁ) 지정지시 이네이블(enable) 기능이 붙어 있는가?

티칭(Teaching)이란 사람의 의사를 로봇에 전달하는 작업을 하려면 데드맨스위치만이 아니고 이네이블(enable) 기능을 붙여서 사람이 이네이블을 지정하고 있는 사이만 로봇이 움직이도록 한다. 예를 들면 15초간 사람이 아무것도 조작하지 않는 상태가 된다. 이렇게 하여두면 인간이 잘못해서 팔꿈치 등으로 버튼(button)을 눌러도 로봇은 움직이지 않는다. <그림 5-125>

여기서, 「이네이블(enable) 기능」 : 지정지시만 하는 기능

(ㅂ) 교시(Teaching)방식은 무엇인가?

티칭박스(Teaching box)에 의한 교시방식이 구동원이 들어간 상태에서 교시를 하기 때문에 로봇이 폭주할 가능성이 있다. 거기에 비해서 구동원을 내리고 하는 방식 다이렉트 티치(direct teach)는 그 가능성이 없으며 작업자의 움직임을 그래도 가르칠 수 있다는 장점도 있다. 티칭박스에 의한 교시방식의 경우 어떤 버튼이 어떤 움직임에 대응하는가를 잘 기억하고 틀리지 않도록 하여야 한다. 그렇지 않으면 자기 자신이 재해를 입게 될지도 모른다. <그림 5-126>

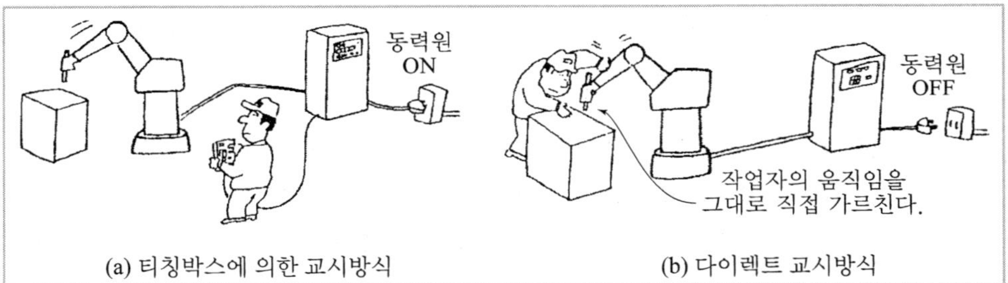

(a) 티칭박스에 의한 교시방식　　(b) 다이렉트 교시방식

그림 5-126

Check 2 : 올바르게 교시(Teaching) 되었는가를 로봇을 실제로 움직여서 점검한다.

(ㄱ) Teaching 데이터 잘못되지 않았나?

위치, 속도, 프로그램 번호 등이 잘못되어 있지 않나 움직이기 전에 표시패널에서 확인하자. <그림 5-127>

(ㄴ) 방책(Guard) 내(內)의 안전을 확인하자.

올바르게 교시하였다고 생각하고 있어도 어떻게 움직일지 모른다. 로봇을 움직일 때는 반드시 안전을 확인하도록 하자. 그리고 기동조작할 때에 언제라도 비상정지스위치를 누르도록 한쪽 손을 스위치에 얹혀 두는 등의 자세를 취해 두

는 것도 필요하다. 기동조작의 시점에서 위험이 발생하는 경우가 가장 많기 때문이다. <그림 5-127>

(ㄷ) 편집금지기능이 붙어 있는가?

올바르게 프로그램 되어 있는 것을 알았다면 함부로 그 프로그램(program)에 변경되는 일이 없도록 편집금지기능을 작용시켜 두어야 한다. <그림 5-127>

그림 5-127

(4) 로봇 자동운전(自動運轉) 시의 안전

Check 1 : 로봇을 움직이기 전에는 반드시 시작 전 점검을 한다.

(ㄱ) 방책 안에 들어가기 전 구동원에 들어있지 않은 것을 확인한 후 들어간다.

(ㄴ) 코드(Cord)나 호스(Hose)에 균열이 없는가?

피드백(Feed back) 신호의 코드가 단선하면 그것은 갑자기 폭주로 이어진다. 충분하고 세심한 점검이 필요하다. 코드가 노출되어 있으면 폭주뿐만 아니고 감전의 위험도 있다. 특히 커넥터(connector) 부위를 점검하자.

(ㄷ) 방책 내(內)에 가공물이나 공구 및 칩(Chip) 등이 떨어져 있지 않은가?

정리정돈은 안전의 첫걸음이지만 로봇을 작동시킨 뒤 방치된 것을 치우려고 들어간다면 사고가 일어날 수가 있다. <그림 5-128>

(ㄹ) 비상정지기능은 정상인가?

실제 로봇을 움직여보고 비상정지스위치를 눌러보자. 브레이크 슈(shoe)의 마모상태나 간격상태가 나쁘면 올바른 정지특성을 얻을 수 없다.

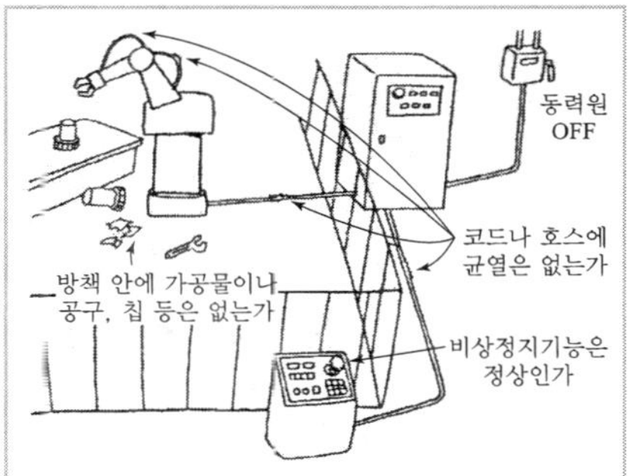

그림 5-128

비상정지는 중요한 안전수단이기 때문에 차분하고 신중하게 점검하자. <그림 5-128>

Check 2 : 이제 자동운전(自動運轉)을 개시하자. 그렇다고 해도 불쑥 가동버튼을 눌러서는 안 된다.

(ㄱ) 방책(Guard) 내에 사람은 없는가?

보수 등으로 사람이 출입하고 있는 경우가 있다. 방책 내의 안전은 사람뿐만 아니고 가공물이 흩어져 있는 경우도 있다. <그림 5-129>

(ㄴ) 프로그램(Program)은 맞는가?

프로그램명은 물론이며 속도나 지시 명령(Instruction)도 달리되어 있을지도 모르므로 확인할 필요가 있다. 특히 잘 일어나지는 않지만 사용하지 않는 프로그램의 확인은 중요하다. <그림 5-129>

그림 5-129

(ㄷ) 운전 중임을 나타내는 램프(Lamp)는 붙어 있는가?

이것이 없으면 로봇의 구동원이 차단(down)하며 완전히 정지하고 있는가 혹은 일시정지하고 있는가를 알지 못한다. 언제 움직일지 모르는 상태일 때는 운전 중의 램프를 부착하도록 하자. <그림 5-130>

그림 5-130

(ㄹ) 자동운전 중에는 방책 내에 출입하면 안 된다.

이상이 없다고 철석같이 확실하다고 생각하여도 불의에 습격해 오는 경우를 대비하여 무조건 운전 중에는 출입을 해서는 안 된다. 그러므로 자동운전 중에는 사람이 출입하지 않도록 안전 플러그(plug)를 설치하거나 광전자식 안전장치를 설치하여 사람의 침입을 감지해서 로봇을 비상정지시키기 위한 인터록(interlock)장치를 부착하여 작업안전을 확보하여야 한다.

Check 3 : 로봇은 가공물의 거스러미(burr)나 유막의 영향 혹은 주변기기의 고장이나 노이즈(noise) 등 때문에 문제점이 발생하는 경우가 있다.

(ㄱ) 동력원은 껐는가?

로봇에 이상이 있었을 때는 우선 구동원(동력)을 차단시켜라(off). 노이즈(noise) 때문에 컨트롤(controller, 제어기)을 벗어난 움직임을 할 가능성이 있으며 이런 경우에는 제어기에 안전한 제어를 요구하여도 무리이다. 즉시 구동원을 차단하라. 일시정지에서 이상에 대처하려고 하는 것을 흔히 볼 수 있지만 이것은 정지(stop)하는 것 같아 보여도 잠시 머문 상태에 속아 넘어간 사례가 많이 있다.

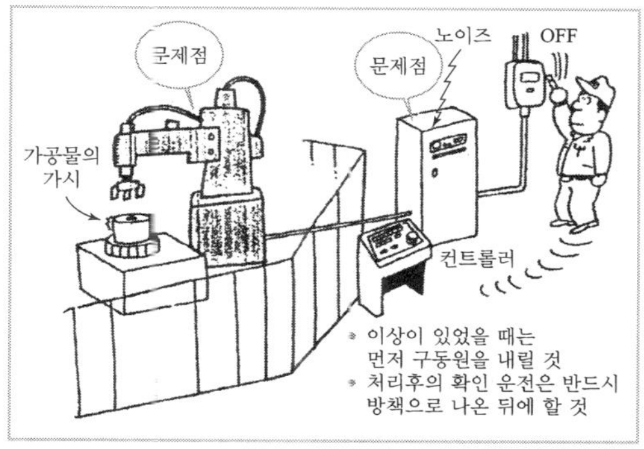

그림 5-131 ◦

만약 부득이 구동원을 다시 넣고 방책 내에 출입할 필요가 발생하였을 경우에는 특별교육을 받은 사람이 2인 작업(1인은 감시인)을 하지만 이때 감시자는 신중하게 위험감시에 전념하여야 한다. <그림 5-131>

(ㄴ) 확인 운전은 반드시 방책(Guard) 밖으로 나온 뒤에 하자.

기동 시에는 작업시작 할 때의 요점과 같지만 이 경우에는 또 벗어난 움직임을 할 가능성이 있으므로 특히 주의가 필요하다.

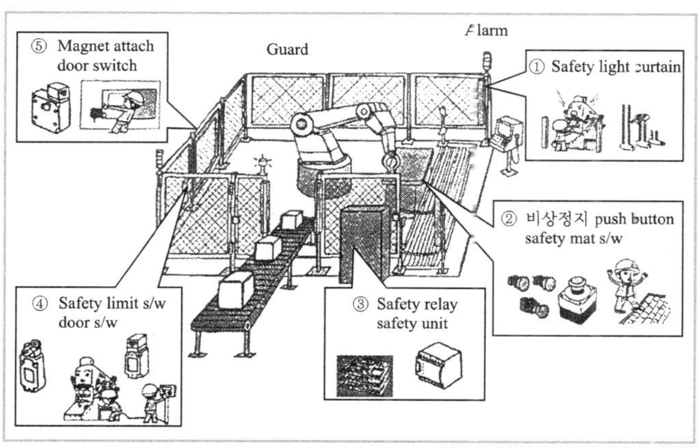

그림 5-132 ◦ 현장에서 실제 설치한 로봇의 방호장치 사례

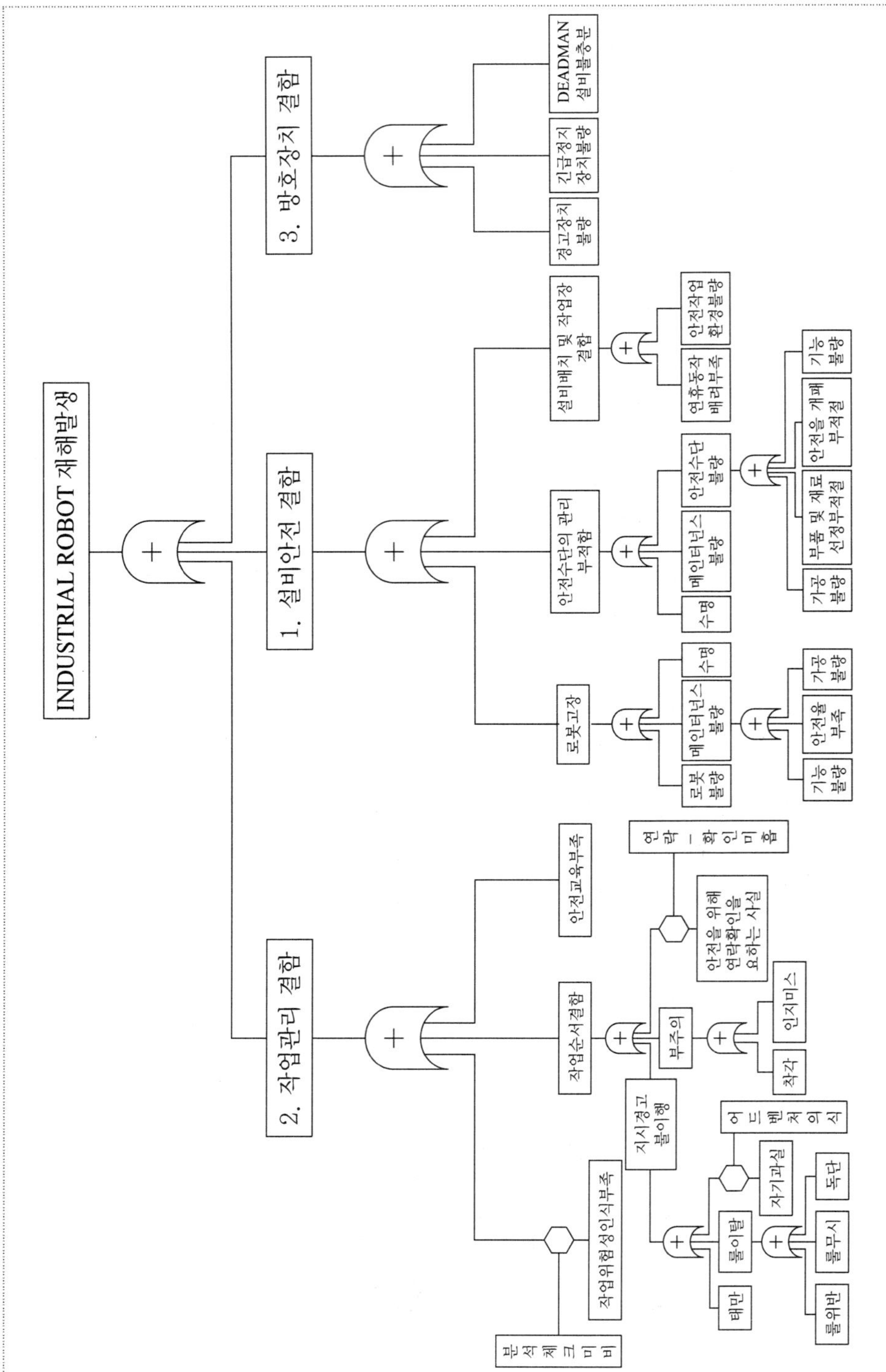

그림 5-133 ● 로봇 재해 FTA도

보충 9

정지된 로봇(Robot)에 속지 말자!

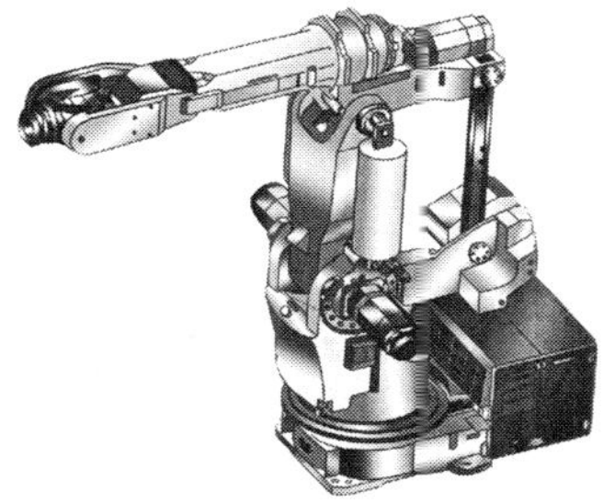

1. 산업용 로봇의 불의작동을 일으키는 요소는?

문제점의 분류	구성비율(%)	문제점의 주요내역 (각 분류에서 %)	불의작동의 구성비율(%)
전기계(제어장치 등)의 고장	52.2	제어회로 30.[illegible], 내외계 센서 11.1, 접촉불량 34.0, 케이블단선 15.7, 노이즈 4.6, 기타 4.6	23.9
기계계의 결함	8.5	조정불량	5.3
구동계(액추에이터를 포함)의 고장 결함	7.16	서브밸브, 전자밸브, 패킹 등 42.9, 기타 9.5	6.19
주변기기와의 연동 miss	3.75		8.0
공·유압, 전압의 이상	1.71		0.9
재료의 방출·낙하	7.51	핸들링 미스 90.9, 정전에 의하서 9.1	16.8
인간의 착오 등	18.4	조작미스 29.6, 부주의 접근 22.0, 위험한 기동조작 14.8, 프로그램 미스 18.5, 콜 애들리스(call adless) 7.4, 기타 7.7	38.1
기타	0.88		0.81

2. 로봇 작업안전교육은 3분류로 시켜라.

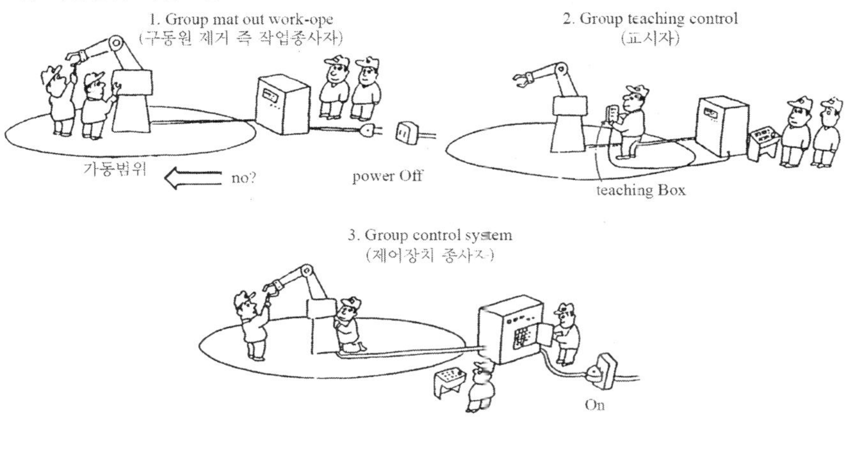

3. 로봇에도, 손가락과 팔에도 신경을 쓰자!

Robot grip & grasp type

1. Jaw type	2. Jaw type	3. Jaw type	4. Jaw type	5. Vaccum type
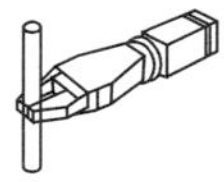 Steel bar	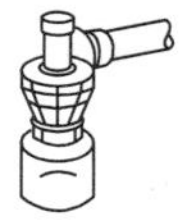 Widehole bootle	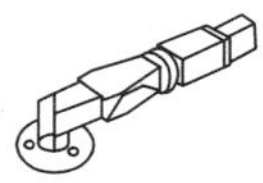 Gear	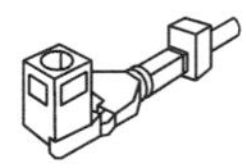 Large size steel box et	 Braun tube
6. Vaccum type	7. Vaccum type	8. Vaccum type	9. Jaw type	10. Jaw type
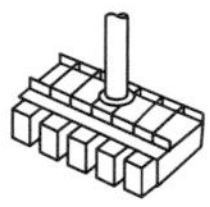 Brick space-pad on	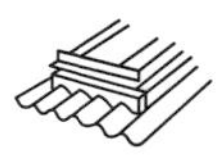 Slate steel plate	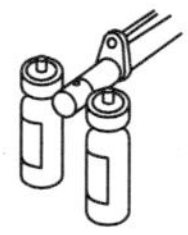 Rubber air tube swelling	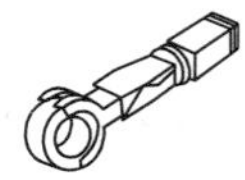 Ring	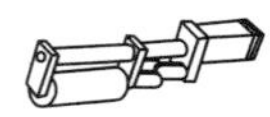 Steel bar

11. Jaw type	12. Vaccum type	13. Vaccum type	14. Vaccum type	15. Magnet type	16. Magnet type
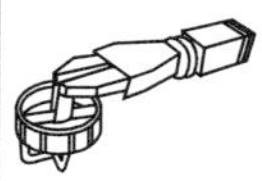 Diecasting	 Disc plate	 Small part 10v/c	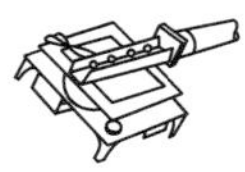 Record	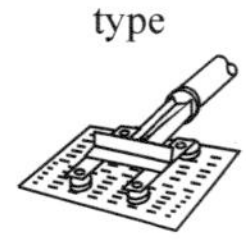 Lath plate	 Gear

4. 로봇 작업장의 신호를 동일하게! (Industrial robot teaching hand signal)

1. Robot Auto Mode	2. Robot Hand Mode	3. Ok	4. No
	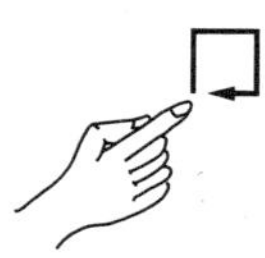		

5. 로봇 정지된 모습에 속지 말 것.

왜? 움직이는 로봇에는 안 속는다.

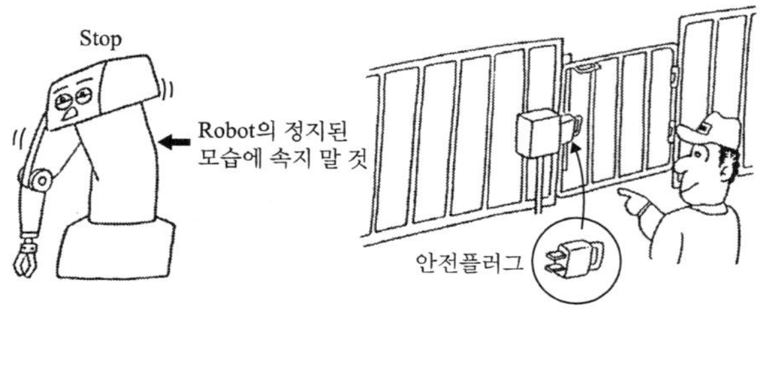

6. 사고사례

정지된 로봇인줄 알고 작업장 내(內)에 들어감!

왜? 교시 "정지" 작업 중이다.

5-5 차량계 하역 운반기계

1 셔블로더(shovel loader)

셔블로더 또는 포크로더에 대해서는 전조등 및 후조등을 갖추어야 하고 작업을 안전하게 실시하기 위한 조도가 확보된 장소에 있어서는 제외한다. 또한 견고한 헤드 가드를 갖추어야 하며 하물의 낙하에 의한 셔블로더 등의 운전자에게 위험을 끼칠 우려가 없을 때는 그렇지 않다. 하물의 적재 시는 운전자의 시야를 방해하지 않도록 짐을 적재한다.

① 자율검사

셔블로더 등에 대해서는 1년을 넘지 않는 기간마다 1회 정기적으로 다음 사항에 대해서 자율검사를 하여야 한다.

(ㄱ) 원동기의 이상 유무
(ㄴ) 동력전달장치 및 주행장치의 이상 유무
(ㄷ) 제동장치 및 조정장치의 이상 유무
(ㄹ) 하역장치 및 유압장치의 이상 유무
(ㅁ) 전기 계통, 안전장치 및 계기의 이상 유무

또한 1개월을 넘지 않는 기간마다 1회 정기적으르 다음 사항에 대해서 자체검사를 실시하여야 한다.

㈀ 제동장치, 클러치 및 조정장치의 이상 유무
㈁ 하역장치 및 유압장치의 이상 유무
㈂ 헤드 가드의 이상 유무

② 점검

사업주는 셔블로더 등을 사용하여 작업을 실시하였을 때는 당일 작업 개시 전에 다음 사항에 대하여 점검을 하여야 한다.

㈀ 제동장치 및 조정장치의 기능
㈁ 하역장치 및 유압장치의 기능
㈂ 차바퀴 이상 유무

2 구내운반차

① 제동장치

구내운반차의 안전조건

㈀ 주행을 제동하고 또한 정지 상태를 유지하기 위해 유효한 제동장치를 갖추고 있을 것.
㈁ 경보기를 갖추고 있을 것.
㈂ 레버핸들의 중심에서 차체의 바깥 측까지의 거리가 65 cm 이상인 것은 운전좌석이 차내에 있는 것은 좌우에 한 개씩 방향지시기를 갖추고 있을 것.
㈃ 전조등 및 미등을 갖추고 있을 것. 단, 작업을 안전하게 하기 위한 필요한 조명이 확보되어 있는 장소에서 사용하는 구내 운반차에 대해서는 적용하지 않는다. 구내 운반차에 끄는 차를 연결할 때는 확실한 연결장치를 사용하여야 하고 최대적재량 기타의 능력을 초과하여 사용해서는 안 된다.

② 상하차작업

짐 무게가 100 kg 이상이 되는 것을 구내 운반차에 적재작업(로프길이 작업 및 커버 덮는 작업 포함) 또는 구내 운반차에서 내리는 작업(로프 풀기 및 커버 벗기는 작업 포함)을 할 때는 작업을 지휘하는 자를 정하고 그에게 다음 사항을 실시하도록 한다.

㈀ 작업순서 및 작업순서마다 작업방법을 정하고 작업을 직접 지휘하는 일
㈁ 기구 및 공구를 점검하고 불량품을 제거하는 일

㈐ 작업을 행하는 장소에 관계근로자 이외의 근로자의 출입을 금지하는 일
㈑ 로프 또는 사이트를 벗기는 작업을 행할 때는 하대상의 짐의 낙하 위험이 없다는 것을 확인 후에 작업 착수를 지시하는 일.

③ 작업 전 점검사항

구내 운반차를 사용하여 작업을 할 때는 작업 개시 전에 다음 사항을 점검하여야 한다.

㈎ 제동장치 및 조정장치의 기능
㈏ 하역장치 및 유압장치의 기능
㈐ 차바퀴의 이상 유무
㈑ 전조등, 방향 표시등, 방향 지시기 및 경보기의 기능

3 화물자동차

① 제동장치

화물자동차(운행용으로 사용하는 것을 제외)에 대해서는 다음 사항에 적합한 것이어야 한다.

㈎ 주행을 제동하고 또한 정지상태를 유지하기 위해 유효한 제동장치를 갖추고 있을 것.
㈏ 운전자석은 운전자가 안전한 운전을 할 수 있는 시계를 확보하고 또한 투명하고 운전자의 시야를 방해하지 않는 안전유리를 전면에 사용하고 있을 것.
㈐ 공기가 든 고무타이어는 금이 가거나 코드층의 노출, 기타 손상이 없는 것일 것.
㈑ 레버핸들의 중심에서 차체의 외측까지의 거리가 65 cm 이상일 것. 운전자석이 차안에 있는 것은 해당 화물자동차의 차량 중심선상의 전방 및 후방 30 m의 거리에서 지시부가 보이는 위치의 좌우에 한 개씩 방향 지시기를 갖출 것.
㈒ 경보기를 갖출 것.
㈓ 운전자가 안전운전을 할 수 있는 후미 반사경(back mirror) 및 화물자동차의 직전에 있는 장애물을 확인할 수가 있는 거울을 갖추고 있을 것.
㈔ 속도계를 갖출 것(최고속도가 20 km/hr의 화물자동차는 제외)

② 사용의 제한

화물자동차에 대해서는 최대적재량 등 기타의 능력을 넘지 않을 것.

③ 승강설비

최대적재량이 5톤 이상의 화물자동차에 점을 싣는 작업(로프걸이 작업 및 시트걸이 작업 포함) 또는 최대적량이 5톤 이상의 화물자동차에 대해서는 짐을 내리는 작업(로프 해체 작업 또는 시트 풀기 작업 포함)을 할 때 추락에 의한 근로자의 위험을 방지하기 위하여 작업에 종사하는 근로자가 바닥과 하대상의 짐의 상면과의 사이를 안전하게 승강하기 위한 설비를 설치할 것.

④ 섬유로프 사용금지 및 점검

가닥(Strand)이 절단되어 있는 것. 또는 현저히 손상되거나 부식된 것은 화물자동차의 짐 걸이에 사용해서는 안 되며, 섬유로프를 화물자동차의 짐 걸이에 사용할 때는 사용 개시 전에 섬유로프를 점검하고 이상 유무 발견 시 즉시 교체한다.

⑤ 하역작업

한 개의 짐무게가 100 kg 이상의 것을 화물자동차에 싣는 작업 또는 내리는 작업을 할 때는 작업을 지휘하는 자를 정하고, 그 내용은 (2) 구내운반차의 ② 상하차 작업 내용 ㈀~㈃항과 같으며, 승강하기 위한 설비 및 안전보모의 사용상황을 검시하여야 한다.

⑥ 하물중간에서 빼기금지 및 하대에의 승차제한

화물자동차에서 짐을 내리는 작업을 할 때는 작업에 종사하는 근로자에게 중간에서 짐을 빼어내게 해서는 안 되며 하대에 적재함이 없는 화물자동차를 주행시킬 때는 하대에 근로자를 승차시켜서는 안 된다.

⑦ 울이 있는 화물자동차 주행 시 유의사항

㈀ 짐의 이동에 의한 근로자의 위험을 방지하기 위하여 이동으로 인하여 근로자에게 위험을 끼칠 우려가 있는 짐에 대해서는 미끄럼을 방지할 수 있는 조치를 강구할 것.

㈁ 하대에 승차시키는 근로자에게 다음 사항을 준수할 것.

㉮ 울을 확실히 고정시킬 것.

㉯ 울 기타 화물자동차의 요동에 의한 근로자가 추락할 위험이 있는 장소에 승차시키지 말 것.

㉰ 근로자 신체의 최고부가 운전자석의 높이를 넘게 올라타서는 안 된다.

⑧ 안전모의 착용

최대적재량이 5톤 이상의 화물자동차에 짐을 싣는 작업 또는 짐을 내리는 작업을 할 때는 추락에 의한 근로자의 위험을 방지하기 위하여 작업에 종사하는 근로자에게 안전모를 착용하도록 하여야 한다.

⑨ 작업시작 전 점검

화물자동차를 사용하는 작업을 행할 때는 작업시작 전 다음 사항을 점검한다.

㈀ 제동장치 및 조정장치의 기능

㈁ 하역장치 및 유압장치의 기능

㈂ 차바퀴의 이상 유무

㈃ 전조등, 방향 표시등, 방향 지시기 및 경보기의 기능

5-6 컨베이어(Conveyor) 안전

1 개요

하물을 연속적으로 운반하는 기계를 총칭하여 컨베이어(conveyor)라 부르고 있지만 구조, 규격 및 용도 등에 따라 많은 종류가 있다. 한국공업규격(KS)에 의한 컨베이어의 분류는 <표 5-39>와 같다.

표 5-39 컨베이어의 종류

종류	구조	각종 공사의 응용분야	기타
벨트 컨베이어 (Belt conveyor) 	프레임의 양 끝에 설치한 풀리에 벨트를 엔드리스(endless)로 갈아 걸고 그 위에 하물을 싣고 운반하는 컨베이어	댐이나 대형토공에서 시멘트, 골재, 토사의 운반 및 소규모 공사의 정력운반	포터블 컨베이어
체인 컨베이어 (Chain conveyor) 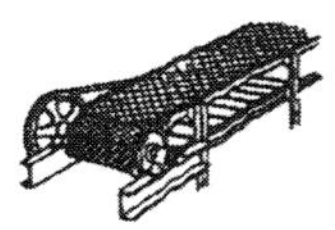	엔드리스로 감아 걸은 체인에 의하여, 또는 체인에 슬랫(slat), 버킷(bucket) 등을 부착하여 하물을 운반하는 컨베이어	시멘트, 골재, 토사의 운반	
롤러 컨베이어 (Roller conveyor) 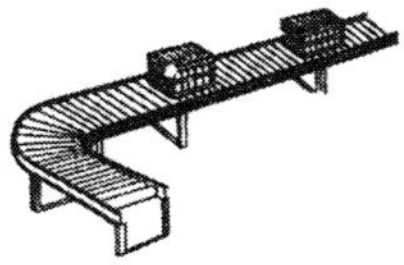	롤러 또는 휠(wheel)을 많이 배열하여 그것으로 하물을 운반하는 컨베이어	시멘트의 소이동	
스크루 컨베이어 (Screw conveyor) 	관속의 하물을 스크루에 의하여 운반하는 컨베이어	시멘트의 운반	
유체 컨베이어 (Fluid conveyor) 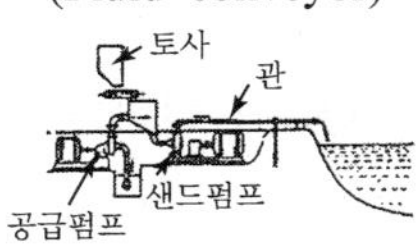	관속의 유체를 매체로 하여 하물을 운반하는 컨베이어	시멘트의 운반	
공기 필름 컨베이어 (Air film conveyor) 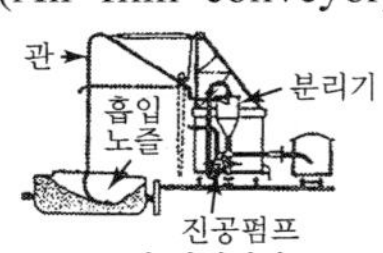 공기 컨베이어	공기 막에 의하여 마찰을 경감시켜 하물을 운반하는 컨베이어	시멘트의 운반	
엘리베이팅 컨베이어 (Elevating conveyor) 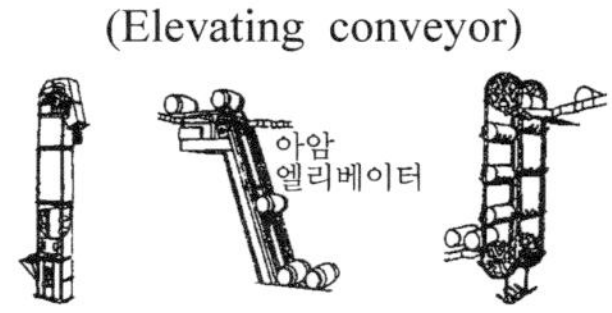	급경사 또는 수직으로 하물을 운반하는 컨베이어	시멘트, 골조의 운반	

컨베이어는 자동화 및 대용량 운반수단으로 산업 현장에서 널리 이용되고 있으며 특히 댐 공사나 대형토목과 및 각종 가설 플랜트(plant) 설비 등에서는 벨트 컨베이어(belt conveyor)가 널리 사용되고 있다.

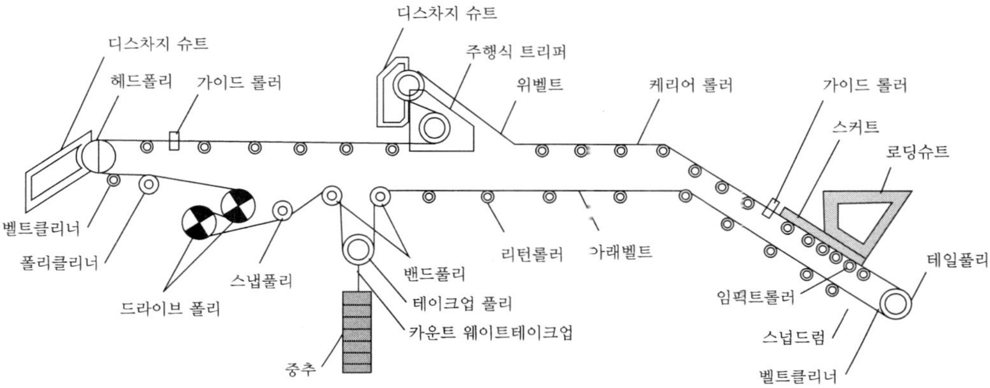

2 벨트 컨베이어(Belt Conveyor)

① 벨트 컨베이어의 분류 및 특성

(ㄱ) 일반적인 특성

벨트 컨베이어의 일반적인 특성은 다음과 같다.

㉮ 파쇄물, 부스러기에 대하여 큰 수송능력을 가지며 동력소비량도 적다.

㉯ 운반물의 종류에 따라 다소 차이는 있으나 운반 경사각은 보통 최대 20° 정도이다.

㉰ 하물을 싣고 내리는 설비가 간단하다.

㉱ 설치 시 소요단면적이 적다.

㉲ 설비·구조가 간단하고 부수 및 점검이 용이하다.

(ㄴ) 분류

㉮ 벨트의 종류에 의한 분류

벨트 컨베이어 종류는 사용하는 벨트에 의해 <표 5-40>과 같이 분류된다. 벨트 컨베이어는 일반적으로 고무벨트 컨베이어를 말하는 경우가 많으며 건설공사에 사용되는 컨베이어도 이 종류의 것이 대부분이다.

표 5-40 벨트 컨베이어의 종류

종류	구조	용도
고무벨트 컨베이어 <그림 5-134(a)>	고무벨트를 사용한 벨트 컨베이어	건설공사용으로 가장 많이 사용되는 컨베이어
강벨트 컨베이어	강제의 벨트를 사용할 벨트 컨베이어	상온 이외의 고·저온의 물품, 습도가 높은 물품의 운반에 적합
직물벨트 컨베이어	직물벨트를 사용한 벨트 컨베이어	포장물, 경량물의 운반에 사용됨
철강벨트 컨베이어	철강벨트를 사용한 벨트 컨베이어	주로 제조공정에서의 부품이나 제품의 운반에 사용됨
케이블벨트 컨베이어 (Cable belt conveyor)	양쪽 가장자리에 홈이 있는 벨트를 케이블을 얹고, 케이블을 구동하는 벨트 컨베이어	장거리 수송에 효과적임

고무벨트 컨베이어 (rubber belt conveyor)

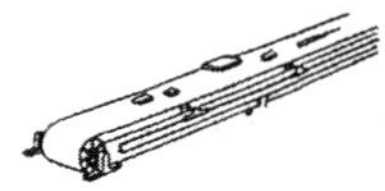

강철벨트 컨베이어 (steel belt conveyor)

철망벨트 컨베이어 (steel mesh belt conveyor)

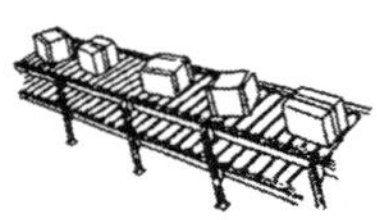

슬랫벨트 컨베이어 (slat belt conveyor)

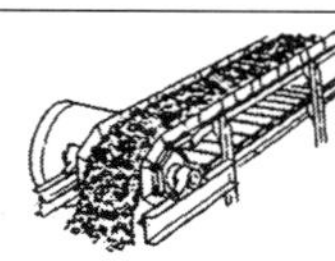

에이프런 컨베이어 (apron-conveyor)

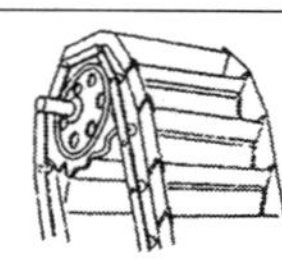

팬 컨베이어 (pan-conveyor)

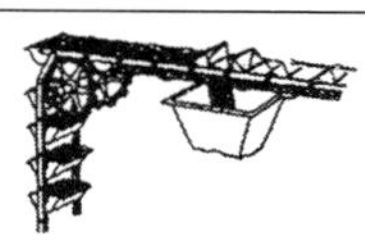

피벗 버킷 컨베이어 (pivoted bucket-conveyor)

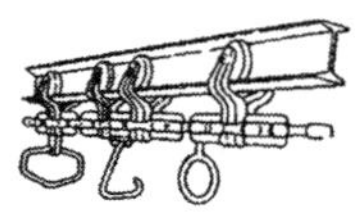

트롤리 컨베이어 (trolly-conveyor)

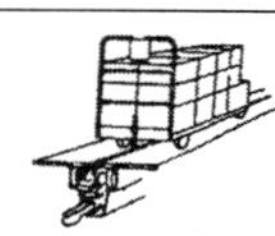

토우 컨베이어 (tow-conveyor)

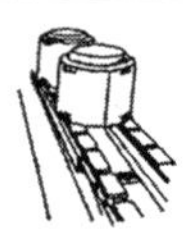

플랫 톱 컨베이어 (flat top-conveyor)

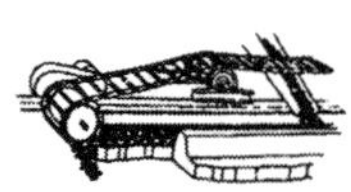

드래그 체인 컨베이어 (drag chain-conveyor)

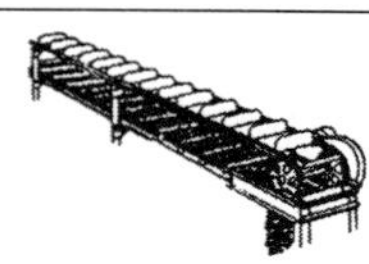

스크레이퍼 컨베이어 (scraper-conveyor)

그림 5-134 • 컨베이어 분류

㉯ 정치식과 가반식(portable)

- 정치식 벨트 컨베이어

  컨베이어 프레임(conveyor frame)을 고정한 벨트 컨베이어로 운반물의 종류, 운반량, 설비장소의 제조건에 따라 설계, 제작된다.

  건설공사용을 정치식이라고 하지만 공사기간 중의 가설로서 사용되기 때문에 프레임, 구동기계, 부속품 등이 유닛(unit)화 되어 있다. 전용성에 대한 노력은 하고 있으나, 한번 설치한 다음에는 운반계획의 변경이 곤란하므로 신중한 사전검토가 필요하다.

  건설공사의 대형화에 따라 벨트 컨베이어도 대형화, 고속화 경향으로 발전되어 최근 토지조성공사 등에는 벨트폭 1800～2000 mm, 벨트속도 200～300 m/min, 운반량 7500～8100 ton/hr 정도의 것도 사용되고 있다.

- 가반식 벨트 컨베이어(Portable belt conveyor)

  가반식(portable) 벨트 컨베이어는 토목공사용 및 화차, 트럭, 토운선 등에 하물을 싣고 내리는데 사용되고 있으나 공사용의 컨베이어는 2～3인의 힘으로 이동할 수 있고 강도와 수명을 고려할 소형 경량화에 주안하여 설계되고 있다.

  일반적으로 대용량의 것은 없으며 보통 벨트폭 300～500 mm, 길이가 12 m 정도까지, 소요동력 1～2.2 kW, 중량 150～300 kg 정도가 많다. 또한 벨트 받침의 캐리어 롤러(carrier roller)가 없는 주저식이나 평저식으로 저판상을 미끄러지도록 하는 형식으로, 동력에는 모터 풀러(motor puller)를 채용하는 등 중량경감을 위한 노력을 계속하고 있다.

  급경사용의 특수한 벨트 컨베이어에서는 지느러미나 칸막이가 붙은 벨트를 사용하기도 한다.

  <표 5-41>은 건설공사용 가반식 벨트 컨베이어의 주요제원의 일례를 표시한 것이다.

● **표 5-41** 가반식 벨트 컨베이어의 주요제원

제작회사	형식	전장 (m)	전폭 (mm)	벨트폭 (mm)	벨트속도 (m/min)	수송능력 (ton/hr)	구동방식	동력 (kW)	최대경사각 (°)	총중량 (kg)	비고
A	M-4	4.3	445	350	35/42	50	모터 풀러 3P200V	1	20	170	엔진구동도 있음
	M-7	7.0	"	"	"	"	"	"	"	230	
	M-10	10.0	"	"	"	40	"	"	"	300	
B	SB 25-35	7.0	598	450	34/40.2	48	모터 풀러	1.5	20	310	기타 벨트폭 350, 400, 500, 600도 있음
	"	10.0	"	"	"	"	"	"	"	410	
	"	15.0	"	"	"	"	"	"	"	590	
	"	20.0	"	"	70.5	70.5	"	2.2	"	800	
	"	25.0	"	"	"	"	"	"	"	970	
C	MSC-5S	5.0	460	350	38/46	40	모터 풀러	1	20	170	엔진구동도 있음
	MSC-7C	7.0	"	"	"	"	"	"	"	210	
	MSC-10S	10.0	"	"	"	"	"	"	"	250	

(ㄷ) 설치계획상의 조건

벨트 컨베이어 설비를 설치 계획하는데 있어서 설비사양의 결정 및 사용상 조건 등을 검토해야 할 기본적인 유의사항은 다음과 같다.

㉮ 운반노선의 설정

하적장에서부터 하치장까지의 노선설정은 장거리 컨베이어의 경우 특히 중요하며, 컨베이어의 최대경사각도, 컨베이어, 프레임지주의 높이, 하적점, 하차점 주변의 입지조건 등을 고려하여 가장 경제적인 노선을 선정하여야 한다.

벨트 컨베이어의 경사각은 운반물이 벨트 위에서 미끄러지거나 구르지 않는 각도로 할 필요가 있다. <표 5-42>는 운반물에 따른 벨트 컨베이어의 최대 경사각도로서 일반적으로 사용되고 있는 수치를 표시한 것이다.

● 표 5-42 운반물의 최대운반경사각

운반물		최대경사각
흙	건조한 상태	20°
모래	건조한 상태	15°
	자연 상태	20°
	습한 상태	24°
자갈(gravel)	환석	10°
	균일 상태	15°
	절입자갈	20°
쇄석(rubble)	균일 상태	18°
	불균일 상태	20°
시멘트(cement)		12°
콘크리트(concrete)	스럼프 150 mm	15°
	스럼프 100 mm	25°
점토(clay)	건조한 흙	15°
	습한 흙	18°
	건조한 가루	22°
석탄(coal)	괴탄	16"
	소괴탄	18"
	절입탄	18"
	분탄	20"
	습한 분탄	22"
코크스(coke)	균일 상태(괴)	18"
	불균일 상태(괴)	20"
	가루(분)	22"
철광석(iron ore)	균일 상태(괴)	16"
	불균일 상태(괴)	18"
	가루(분)	20"
석회석(lime stone)	괴	20"
	분	23"
회(plaster)	건조한 상태	20"

㈏ 운반물의 종류 및 상태의 조사

운반물의 물리적, 화학적 성질 및 상태를 명확하게 조사하여 컨베이어의 기본규격을 결정하여야 한다. 주요 조사항목은 <표 5-43>과 같다. 또한 <표 5-44>는 운반물에 따른 비중의 일반적 값을 표시한 것이다.

• **표 5-43 운반물의 조사항목**

외관 및 비중	소요동력의 산정에 필요
최대덩어리 치수	벨트폭, 벨트속도의 결정에 필요
온도(temperature)	고·저온의 경우 벨트의 종류에 영향
점착성(viscosity)	슈트, 클리너의 사양에 영향
마모성(abrasion)	벨트의 사양에 영향
부식성(corrosiveness)	벨트, 기계부분의 재질 선정에 필요
유동성(liquidity)	경사, 속도 및 기타 사양에 영향

• **표 5-44 운반물의 비중**

운반물		비중
흙	건조한 상태	1.6
	습한 상태	2.1
모래	건조한 상태	1.4
	자연 상태	1.6
	습한 상태	2.0
자갈	환석	1.7～2.0
쇄석	괴균일	1.2～1.9
시멘트	건조한 상태	1.4～1.6
콘크리트		2.3
점토	건조한 괴	1.6～1.9
석탄	괴탄	0.8
	소괴탄	0.8
	절입탄	0.85
	분탄	0.7～0.75
코크스	괴균일	0.4～0.5
철광석	괴균일	2.0～2.6
석회석	괴분	1.6
회	건조한 상태	0.6
	습한 상태	0.8

㉰ 운반조건의 설정

수송물의 계획 운반량(ton/년, ton/월)으로부터 벨트 컨베이어의 소요운반능력(ton/hr)을 산정할 때에는 컨베이어의 운전일수 및 시간, 실 운반일수 및 시간, 평균운반량, 최대운반량 등의 운반 제조건을 검토하여 명확하게 설정하여야 한다. 이 설정을 잘못하면 계획운반량에 대하여 컨베이어의 운반능력이 부정되는 사태가 일어날 수 있으므로 주의를 요한다.

㉣ 벨트 컨베이어의 수송효율

벨트 컨베이어의 수송효율과 경제적인 효과를 높이기 위해서는 가능한 폭이 좁은 벨트를 사용하고 벨트의 속도를 높일 필요가 있지만 수송물의 최대괴에 의하여 벨트의 최소폭에는 한도가 있으며 또한 수송물의 종류에 따라 벨트의 최고속도에도 한도가 있다.

<표 5-45>는 운반물의 최대괴와 최소벨트폭의 관계를 <표 5-46>에서 표준벨트속도, 운반물의 종류별에 의해 일반적으로 사용되는 벨트의 폭과 벨트의 최대속도와의 관계를 나타낸 것이며, 최근의 벨트속도는 장거리의 흙이나 광석운반의 경우에 표의 수치 이상이 고속화로 진전되고 있다.

표 5-45 운반물의 최대괴와 최소벨트폭

괴의 최대대각선 길이	100	150	200	250	300	400	500
최소벨트폭	400	500	600	750	900	1,050	1,200

Note; 괴(塊, lump) : 덩어리, 뭉치

표 5-46 최대 및 표준 벨트속도

벨트폭 (mm)	최대벨트속도(m/min)							표준벨트 속도 (m/min)
	자갈광석 (괴)	토사	괴탄	쇄석원탄 (파쇄)	원탄	모래	목재곡류	
400	75	90	75	105	105	105	120	60
450	90	105	90	120	120	120	150	75
500	90	105	90	120	120	120	150	90
600	105	120	105	135	135	135	180	90
750	120	135	120	150	150	150	210	105
900	135	150	135	165	165	165	240	120
1,050	150	165	150	165	180	180	240	120
1,200	165	180	165	165	195	180	240	120
1,400	165	180	180	165	210	180	240	135
1,600	165	180	195	165	210	180	240	135

㉮ 벨트 컨베이어의 적재효율

벨트 컨베이어의 공칭 운반능력을 최대로 발휘하기 위해서는 컨베이어의 적재효율을 높일 필요가 있다. 적재효율을 높이기 위해 유의할 사항은 다음과 같다.

- 운반물을 벨트에 싣기 전에 적당한 크기로 파쇄한다.
- 균일하게 적압할 수 있는 피더(feeder)를 설치한다.
- 적재물이 한쪽으로 치우치지 않도록 한다.

벨트 컨베이어 운반능력은 정상적인 관리를 할 경우에는 공식과 같은 효력을 기대할 수 있으나 일반적으로 80% 정도 운반하는 것이 예이다.

(ㄹ) 운반능력의 산정

㉮ 벨트 폭 및 속도

벨트 컨베이어 운반능력은 벨트의 폭과 속도 및 운반물의 물리적 성질에 따라 결정되며 정상적인 적재 상태에서의 운반능력은 운반물의 단면적에 벨트의 속도를 곱한 것으로 표시된다.

설비면에서는 벨트폭은 가능한 좁게 속도를 빠르게 하면 경제적이나 벨트폭은 운반물의 크기에 따라 한도가 있으므로 이것을 감안하여 적정한 벨트폭과 속도의 조건을 선정할 필요가 있다.

㉯ 조사 적재 단면적

벨트 컨베이어의 공칭 운반능력을 최대로 발휘하기 위해서는 컨베이어의 적재효율을 높일 필요가 있다. 적재효율을 높이기 위해 유의할 사항은 다음과 같다.

운행 중 벨트에 적재할 수 있는 하물의 단면적은 하물이 벨트에서 떨어지는 것을 방지하기 위한 여유폭을 뺀 벨트의 유효폭과 운행 중 하물의 측각에 의해 결정된다.

벨트의 효율폭은 일반적으로 다음 식에 의해 산출된다.

$$b = 0.9B \sim 0.05$$

여기서, b : 벨트 위 유효폭(m)

B : 벨트폭(m)

측각은 벨트상의 하물의 인각으로서 보통의 정지안각보다 작다.

보통 하물의 예를 들어 보면 자갈광석류를 보통의 설비와 관리 상태로 수송할 경우는 측각을 20°로 계산한 결과와 거의 일치하며, 또한 시멘트, 모래와 같은 건조한 세 분류는 10°로 계산한다. 운반물의 근사 적재단면적은 <그림 5-135> 3본조 20° 트로프(V자형 각도표시)에서 트로프상을 자른 하부단면적에 측각에 의한 상부단면적을 더한 것이다.

<표 5-47> 적재물의 단면적은 각 벨트폭에 대하여 측각 10°, 20°, 30°인 경우의 근사 단면적을 나타낸 것이다.

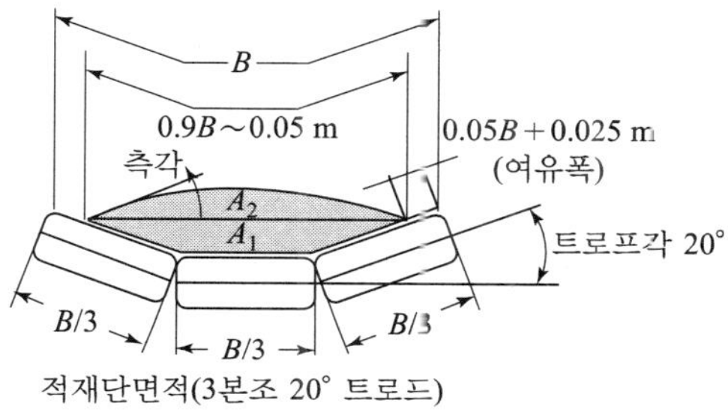

그림 5-135 ◈ 적재단면적(3본조 20° 트로프)

◈ **표 5-47**

벨트 폭 (mm)	PP선 하의 면적 (cm²)	PP선 하의 운반물의 벨트상의 측각			총단면적(m²) 운반물의 벨트상의 측각		
		10°	20°	30°	10°	20°	30°
400	65.3	20.1	53.0	81.2	0.0091	0.0118	0.0147
450	86.3	34.2	69.4	106.3	0.0121	0.0156	0.0193
500	111.2	43.5	88.1	134.9	0.0155	0.0199	0.0246
600	166.7	65.1	132.0	202.2	0.0232	0.0299	0.0369
750	273.2	105.9	214.5	328.6	0.0379	0.0488	0.0602
900	406.5	156.4	317.0	435.6	0.0563	0.0724	0.0892
1,050	564.7	216.8	439.4	673.1	0.0782	0.1004	0.1238
1,200	749.6	287.1	581.8	891.2	0.1037	0.1331	0.1641

측각 / 구분	10°	20°	30°
K (Trough 각 20°)	0.0963	0.1245	0.1538
K (Trough 각 30°)	0.01248	0.1488	0.1757
K (Trough 각 45°)	0.14865	0.1698	0.1915
K (평형)	0.0292	0.0591	0.0906

㉰ 운반능력의 계산식

벨트 컨베이어의 운반능력은 다음 식에 산정된다.

$$Q_m = 60 \times A \times V$$
$$= 60 \times K \times (0.9B - 0.05)^2 \times V$$

여기서, Q_m : 운반능력(m^2/hr)
A : 운반물의 적재단면적(m^2)
V : 벨트속도(m/min)
K : 정수(<표 5-55> 정수 K의 값 3본조)
B : 벨트폭(m)

[비고] 벨트를 받쳐주는 캐리어 롤러(carrier roller)는 부스러기 상태의 하물 운반용으로는 3롤러식이 많이 사용된다. 트로프각(trough angle)은 20°, 30°, 45°의 3종류가 있으며 트로프각이 클수록 적재량은 증가한다. 한편 트로프각이 클수록 벨트의 수명이 감소하는 경향이 있으나 건설공사용과 같은 사용기간이 비교적 짧은 경우에는 설비비 경감을 위해 30° 트로프가 일반적으로 사용된다.

$$Q_t = Q_m \times \gamma$$

여기서, Q_t : 운반량(ton/hr)
γ : 운반물의 비중(ton/m^2)

여기에 컨베이어의 경사에 의한 적재단면적의 변화를 고려하여 실운반량을 산출하여야 하며 경사에 의한 운반능력의 저하율은 <표 5-48>과 같다.

표 5-48 경사에 의한 운반능력의 저하율

경사각 α°	2	4	6	8	10	12	14	16	18	20
Q_t/Q_m	1.0	0.99	0.98	0.97	0.95	0.93	0.91	0.89	0.85	0.81
경사각 α°	21	22	23	24	25	26	27	28	29	30
Q_t/Q_m	0.78	0.76	0.73	0.71	0.68	0.66	0.64	0.61	0.59	0.56

또한 벨트속도 100 m/min의 경우 운반능력(3본조 20° 트로프형 롤러)을 앞서 운반능력의 계산식에 의해 산출된 것이 <표 5-49>이다.

표 5-49 벨트 컨베이어의 운반능력

기준 : 20° - trough각, 100 m/min - 벨트속도

측각 / 벨트폭 b	10°	20°	30°
400 mm	56	72	89
450 mm	73	94	116
500 mm	92	120	148
600 mm	139	179	222
750 mm	226	292	360
900 mm	334	431	533
1,050 mm	463	598	739
1,200 mm	613	792	979
1,400 mm	846	1,094	1,351
1,600 mm	1,116	1,443	1,783
1,800 mm	1,424	1,841	2,275
2,000 mm	1,770	2,286	2,826

(ㅁ) 운반능력의 산정

벨트 컨베이어의 운전동력은 무부하동력, 수평부하동력 및 수직부하동력의 3요소로 구성되며 이 3동력을 합하여 산출한다.

㉮ 소요동력

소요동력은 다음 식에 의해 산출된다.

$$P = P_1 + P_2 \pm P_3 \text{ (하강 컨베이어의 경우로 한다)}$$
$$= 0.06 \times f \times W \times V \frac{L + L_o}{367} + f \times Q_t \frac{L + L_o}{367} \pm \frac{hQ_t}{367}$$

여기서, P : 소요동력(kW)

P_1 : 무부하동력(kW)

P_2 : 수평부하동력(kW)

P_3 : 수직부하동력(하강 컨베이어의 경우에는 －로 한다) (kW)

f : 롤러의 회전마찰계수와 중심거리 수정치(<표 5-50>은 운반부분의 중량 참조) (kg/m)

W : 운반물 이외의 운반부분의 중량(<표 5-51>은 운반부분의 중량 참조) (kg/m)

V : 벨트속도(m/min)

L : 컨베이어 길이(전후 벨트차 사이의 수평중심거리) (m)

L_o : 중심거리 수정치(<표 5-50> 참조)

Q_t : 운반량(ton/hr)

h : 양정(상승 또는 하강의 수직높이 : 트리퍼(tripper)가 있는 경우에는 트리퍼를 세운 높이 포함) (m)

그리고 자주 내림장치(tripper)가 있는 컨베이어의 소요동력은 자주 트리퍼의 소용동력 P_t를 가산한다. <표 5-52>는 자주식 트리퍼의 소요동력을 표시한 것이다.

표 5-50 회전마찰계수(f)와 중심거리 수정치(L_o)

장치구조상의 특성	f	L_o(m)
회전저항이 보통인 롤러를 사용한 장치로서 설치상태가 별로 양호하지 않은 것	0.03	49
회전저항이 적은 롤러를 사용한 장치로서 설치상태가 양호한 것	0.022	66
하강 컨베이어의 제동력을 계산할 경우	0.012	156

표 5-51 운반물 이외의 운반부분의 중량 W

벨트폭 b(mm)	400	450	500	600	750	900
중량 W	22.4	28	30	35.5	53	63
벨트폭 b(mm)	1,050	1,200	1,400	1,600	1,800	2,000
중량 W	80	90	112	125	150	160

표 5-52 자주식 트리퍼의 소요동력 P_t

벨트폭 b(mm)	400	450	500	600	750	900
소요동력 P_t	1.5	1.5	1.5	1.5	2.65	2.65
벨트폭 b(mm)	1.050	1,200	1,400	1,600	1,800	2,000
소요동력 P_t	3.55	3.55	5.0	5.0	6.0	

㉯ 전동기 출력

전동기의 출력은 다음 식에 의해 산출한다.

$$P_m = P/\eta$$

여기서, P_m : 전동기 출력(kW)

P : 소요동력(kW)

η : 기계효율

기계효율은 제작사에 따라 다소 다른 값을 취하고 있지만 전동장치의 마찰 손실에 대한 일반 값은 <표 5-53>과 같다.

기계효율 이외에 전압의 변동이나 마찰저항의 증가 등을 고려하여 최저 20% 정도의 여유를 두어 전동기를 선정할 필요가 있다.

표 5-53 전동장치의 마찰손실

전동장치의 종류	마찰손실
수조치차 또는 쇄치차 1단	10%
기계절삭의 치차 또는 쇄치차 1단	5%
벨트 전동장치	5%
평치차 감속기	5%
2중 웜(worm)의 감속기	25%
유압식 클러치	2∼4%

(ㅂ) 예제

㉮ 본 예제는 콘크리트 댐 공사에 사용된 크러싱 플랜트(crushing plant)의 프로젝트(project)는 <그림 5-136>(콘크리트 프로젝트)고 같다.

하천골재 원료로 대(80∼40 mm), 중(40∼25 mm), 소(25∼5 mm) 및 모래(5 mm 이하), 제4종류의 골재를 생산하는 설비이며, 그 생산량은 골재 대의 경우 60 ton/hr, 골재 중 이하의 경우 50 ton/hr로 계획되고 있다. 벨트 컨베이어는 설비내의 각 기기의 연락운반 및 생산된 골재를 콘크리트 설비에 공급 운반하는데 사용되는 것이다.

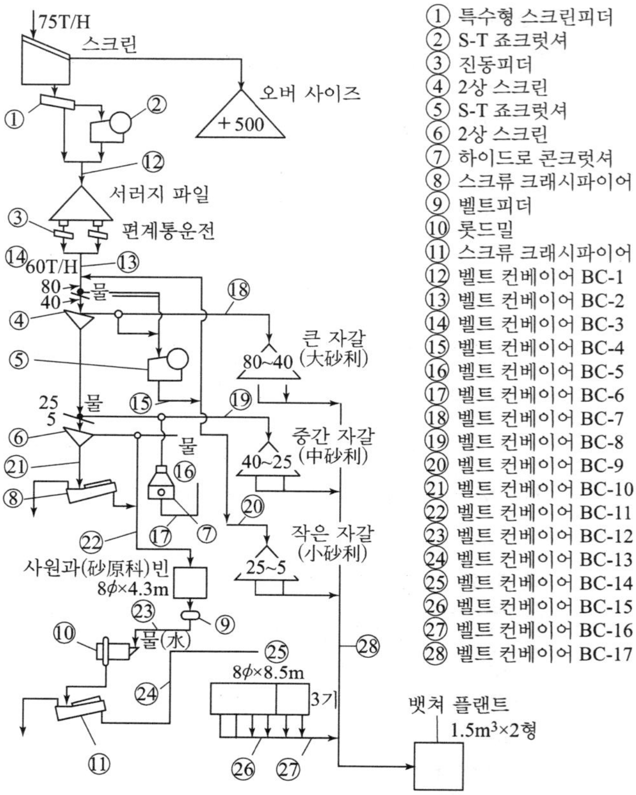

그림 5-136 ◦ 콘크리트 project

㉯ 컨베이어의 설계조건

주요 컨베이어의 설계 시 기본조건을 설정하여야 하며, 그 실제조건을 일람표에 정리한 것이 <표 5-54>이다. 그 설정 순서는 다음과 같다.

- 운반물의 종류와 상태 및 소요운반량

  크러셔(crusher), 스크린 등 각 기기에서 생산, 배출되는 골재의 성질과 상태 및 소요운반량을 설정한다. 예를 들어 BC-1의 경우는 스크린의 원석 배출량 75 ton/hr에서 소요운반량을 100 ton/hr로 설정하고 죠크러셔의 배출골재에 따라 최대괴(最大塊) 150 mm의 절입골재를 운반하는 것으로 설정한다.

- 수송물의 비중, 측각

  골재를 조사한 결과 비중 1.6, 측각은 자갈 20°, 모래 10°로 한다. (<표 5-54> 참조)

◈ **표 5-54 설계조건 일람표**

컨베이어 종류 / 항목	BC-1 컨베이어	BC-2 컨베이어	BC-3 컨베이어	BC-7 컨베이어	BC-8 컨베이어	BC-9 컨베이어	BC-13 컨베이어	BC-15 컨베이어	BC-16 컨베이어	BC-17 컨베이어
운반물	절입 최대 150	절입 최대 150	절입 최대 150	대자갈 80 ~40	중자갈 40 ~20	소자갈 20 ~5	모래 5 이하	모래 5 이하	모래 5 이하	자갈 80 ~5
소요운반량 Q_t(ton/hr)	상용100 최대150	상용60 최대100	상용90 최대120	최대30	최대30	최대30	상용20 최대30	상용200 최대230	상용200 최대230	상용200 최대230
비중 γ	1.6	1.6	1.6	1.6	1.6	1.6	1.6	1.6	1.6	1.6
벨트폭 b(mm)	600	500	600	450	450	450	450	600	600	600
벨트속도 V(m/min)	100	75	100	60	60	60	75	90	90	90
양정 h(m)	11.5	9.4	7.21	4.9	7.7	5.7	2.65	0.75	8.05	1.0
수평길이 L(m)	34.8	35	38.15	28.857	27.662	20.8	74	28.4	43.6	59.4
수정식 L_o(m)	49	49	49	49	49	49	49	49	49	49
운동부분중량 W	28	24	28	22	22	22	22	28	28	28
트로프각(°)	30	30	30	30	30	30	30	45	45	45
측각(°)	30	20	20	20	20	20	10	10	10	20
마찰계수 f	0.03	0.03	0.03	0.03	0.03	0.03	0.03	0.03	0.03	0.03
기계효율 η	0.81	0.81	0.81	0.81	0.81	0.81	0.81	0.81	0.81	0.81

– 벨트폭, 벨트속도

  골재의 크기 및 소요운반량에 의해 선정한다.

– 수평길이 양정

  연결된 각 기기와의 관계에 의해 길이 및 양정을 결정한다.

– 트로프(Trough)각

  본 예제의 경우 저장빈(bin)에서의 인출 컨베이어 BC-15, 16, 17은 사용목적상 유효한 45° 트로프를, 기타는 30° 트로프를 채택한다.

– 수정치, 운반부분의 중량, 마찰계수는 규정치에 따른다.

  운반부분의 중량은 제작사에 의해 다소 차이가 있으니 본 예제의 경우에는 표준치보다 낮은 수치로 한다.

㉰ 운반능력의 산정

전항의 설계조건을 기초로 주요한 컨베이어의 운반능력의 산정경과 및 결과를 <표 5-55> 운반능력 산정에 표시한다.

◈ **표 5-55 운반능력 산정표**

항목 \ 컨베이어 종류	BC-1 컨베이어	BC-2 컨베이어	BC-3 컨베이어	BC-7 컨베이어	BC-8 컨베이어	BC-9 컨베이어	BC-13 컨베이어	BC-15 컨베이어	BC-16 컨베이어	BC-17 컨베이어
계수 K	(측각 20°, 트로프 각 30°) 0.1488	(측각 20°, 트로프 각 30°) 0.1488	(측각 20°, 트로프 각 30°) 0.1488	(측각 20°, 트로프 각 30°) 0.1488	(측각 20°, 트로프 각 30°) 0.1488	(측각 20°, 트로프 각 30°) 0.1488	(측각 20°, 트로프 각 30°) 0.1488	(측각 10°, 트로프 각 45°) 0.1488	(측각 10°, 트로프 각 45°) 0.1488	(측각 10°, 트로프 각 45°) 0.1488
벨트폭 B(m)	0.6	0.5	0.6	0.45	0.45	0.45	0.45	0.6	0.6	0.6
벨트속도 V(m/min)	100	75	100	60	60	60	75	90	90	90
비중 γ	1.6	1.6	1.6	1.6	1.6	1.6	1.6	1.6	1.6	1.6
운반능력 Q_m(ton/hr) $Q_m = 60K(0.9B - 0.05)^2 - V \cdot \gamma$	342	171	342	108	108	108	113	308	308	308
경사에 의한 능력 저하율 k 계수	α = 18° 17' 0.81	α = 15° 26' 0.89	α = 15° 0.89	α = 11° 9' 0.93	α = 15° 33' 0.89	α = 15° 20' 0.89	α = 2° 2' 0.99	α = 9° 0.95	α = 15° 46' 0.95	α = 9° 0.96
실운반능력 Q_i(ton/hr) $Q_i = Q_m \cdot k$	227	152	304	100	96	96	111	292	274	292
소요운반량 Q_t(ton/hr)	150	100	120	30	30	30	30	230	230	230
소요운반량에 대한 안전율 $f_s = \frac{Q_i}{Q_t}$	1.84	1.52	2.53	3.33	3.20	3.20	3.70	1.26	1.19	1.26

㉣ 운전동력의 산정

주요 컨베이어의 운전동력을 산정한 경과 및 결과는 <표 5-56>(운전동력 산정)과 같다는 급유장치로 할 것.

- 적재, 또는 하적을 인력으로 하는 컨베이어에 있어서는 적재 또는 하적 장소에 있어서의 컨베이어 높이, 폭, 속도 등은 근로자가 이들 작업을 하는데 적합하도록 할 것.
- 수동조작에 의한 장치의 조작에 요하는 역량은 20 kg 이하로 할 것.

◈ **표 5-56 운전동력 산정표**

항목 \ 컨베이어 종류	BC-1 컨베이어	BC-2 컨베이어	BC-3 컨베이어	BC-7 컨베이어	BC-8 컨베이어	BC-9 컨베이어	BC-13 컨베이어	BC-15 컨베이어	BC-16 컨베이어	BC-17 컨베이어
무부하동력 P_1(kW) $P_1 = 0.06f \cdot W \cdot V \frac{L+L_o}{367}$	1.151	1.113	1.197	0.479	0.497	0.452	0.996	0.957	1.145	1.340
수평부하동력 P_2(kW) $P_2 = f \cdot Q_t \frac{L+L_o}{367}$	1.028	0.687	0.855	0.182	0.188	0.172	1.302	1.456	1.741	2.039
수직부하동력 P_3(kW) $P_3 = \frac{hQ_t}{367}$	4.701	2.562	2.358	0.401	0.630	0.466	0.217	0.470	5.045	0.627
소요축동력 P(kW) $P = P_1 + P_2 + P_3$	6.880	4.362	4.410	1.062	1.315	1.090	1.515	2.883	7.931	4.006
소요전동기 출력 P_b(kW) $P_b = P/\eta$	8.494	5.386	5.445	1.312	1.624	1.346	1.871	3.560	9.792	4.946
사용전동기 출력 P_m(kW)	11	7.5	7.5	2.2	3.7	2.2	5.5	3.7	11	11
동력 여유율 S_m $S_m = P_m/P_b$	1.29	1.39	1.37	1.67	2.27	1.63	2.93	1.03	1.12	2.22

② 설치 시 위험방지

(ㄱ) 컨베이어는 가동부분과 정지부분 또는 다른 물체 사이에 근로자에게 위험을 주는 틈새가 없도록 할 것. 다만 다음과 같은 경우에는 제외된다.

㉮ 컨베이어의 주위를 전부 플라스틱, 철판 등으로 덮개를 하였을 때

㉯ 컨베이어의 외측에 울을 만들고 통상적인 작업 중에는 그 안에 근로자가 들어가지 못하게 하였을 때

㉰ 벨트 컨베이어 등에 있어서 롤러부분에 울 또는 커버가 설치되어 있어 끌려 들어가거나 끼일 염려가 있는 부분이 작업자가 차단되었을 경우

(ㄴ) 컨베이어에 장착되는 플랫폼 및 운전실의 바닥면은 수평으로 할 것.

(ㄷ) (ㄴ)의 플랫폼에 있어서 통로는 그 폭을 60 cm 이상으로 높이 90 cm 이상의 난간을 설치할 것. 다만 통로 가운데 건물의 기둥에 접하는 부분에 대하여는 그 폭을 40 cm 이상으로 할 수 있을 것.

(ㄹ) 경사로 계단 등 대신에 사다리를 사용하는 것을 금할 것. 다만 작업상 부득이 할 때는 다음에 정하는 경우에 한하여 사다리를 사용할 수 있다.

㉮ 사다리의 폭(가로대) 간격이 30 cm 이상이고 등간격으로 만들어진 것.

㉯ 사다리 표면쪽에 장애물이 있을 때는 사다리의 폭과 당해 장애물의 틈새는 60 cm 이상으로 할 것. 다만 당해 장애물이 부분적인 것일 때는 살과의 틈새를 40 cm 이상으로 할 수 있을 것.

㉰ 사다리의 이면쪽에 장애물이 있을 때는 발과 당해 장애물의 틈새를 20 cm 이상으로 할 것.

㉱ 경사각이 사다리의 70° 이상이고 수직높이가 5 m 이상일 때는 당해 사다리와 수직높이가 2.5 m를 넘는 부분에 등밴드, 울 등을 설치할 것.

㉲ 사다리의 길이가 15 m를 넘는 경우에는 10 m 이내마다 계단참을 설치할 것.

(ㅁ) 제어장치 조작실이 지상 또는 외부의 바닥면에서의 높이가 1.5 m를 넘는 위치에 설치되는 것에는 계단 또는 고정 사다리를 설치할 것.

(ㅂ) (ㄴ)의 플랫폼 및 그 통로의 바닥면은 발에 걸리거나 미끄러질 염려가 없도록 할 것.

(ㅅ) 근로자가 작업 중 접촉할 염려가 있는 건축물 및 컨베이어의 예리한 각, 돌기물 등은 이를 제거하고 또는 방호하는 등 위험방지를 위한 조치를 강구할 것.

(ㅇ) 근로자가 컨베이어를 횡단하는 장소에는 높이가 90 cm 이상의 중간 가로대가 있는 난간을 갖는 건널다리를 설치할 것.

(ㅈ) 통로에는 통로인 것을 명시하고 위험장소는 따로 방호하는 등 안전하게 할 것.

(ㅊ) 컨베이어가 피트(pit), 바닥 등의 개구부를 통하고 있을 때는 피트, 바닥 등의 개구부에 울, 또는 난간을 설치할 것.

(ㅋ) 작업바닥 또는 통로 위를 통과하는 컨베이어에는 하물의 낙하를 방지하기 위한 설비를 할 것.

(ㅌ) 컨베이어에는 운전을 정지시키거나 면제하고 있는 다른 컨베이어의 하물 공급을 정지시키는 인터록(interlock)회로를 설치할 것.

(ㅍ) 폭발위험성이 있는 가연성의 분진 등을 운반하는 컨베이어 또는 폭발위험성이 있는 장소에서 운전되는 컨베이어에 사용되는 전기기기류는 방폭구조로 할 것.

(ㅎ) 컨베이어에는 로프식 비상정지장치와 같이 컨베이어에 따라 로프가 늘어지고

이 로프를 당기는 것에 의하여 컨베이어의 짧은 송출측과 컨베이어 말단에 비상정지장치를 설치할 것.

(ㄱ)′ 컨베이어에는 그 기동을 예고하는 경보장치를 설비할 것.

(ㄴ)′ 통로, 난간, 계단, 사다리 등은 컨베이어 가동 개시 전에 설치할 것.

(ㄷ)′ 컨베이어의 설치장소에는 그 취급설명서 등을 비치할 것.

③ 작업수칙

(ㄱ) 컨베이어는 설계 시의 사용목적 이외의 목적이 사용하지 말 것. 또 취급설명서에 기재된 조건 이외의 조건으로 사용하지 말 것.

(ㄴ) 작업장 및 통로는 정돈 및 청소를 게을리 하지 말 것.

(ㄷ) 정지스위치 주위에는 장애물을 놓지 말 것.

(ㄹ) 컨베이어의 운전은 사업주가 지명한 사람에 한하여 운전할 것.

(ㅁ) 하물을 공급하는데 있어서 컨베이어가 과부하로 되지 않도록 적재할 것.

(ㅂ) 인력에 의한 적재작업 및 하적작업은 하물의 치수, 중량 등을 고려하면서 하되 필요한 경우에는 기계장치를 사용할 것.

(ㅅ) 비상정지 중 또는 사고정지 중의 컨베이어를 재가동 시킬 때는 미리 그 정지의 원인 및 고장개소의 보수상황을 확인할 것.

(ㅇ) 컨베이어가 항상 정상적인 상태로 운전되도록 정기적으로 점검 및 정비를 할 것.

(ㅈ) 컨베이어의 청소, 급유, 검사, 수리 등의 보전작업을 하는데 있어 근로자에게 위험을 줄 염려가 있을 경우에는 컨베이어의 운전을 정지시키고 컨베이어가 작동하지 않도록 하는 조치를 강구해 둘 것.

(ㅊ) 방호커버, 점검커버 등은 부득이한 경우를 제외하고는 컨베이어의 운전 중에 개방하지 말 것.

(ㅋ) 근로자는 작업이 필요상 부득이한 경우를 제외하고는, 또 사업자가 안전상 필요한 조치를 강구한 경우를 제외하고는 컨베이어에 올라타지 말 것.

(ㅌ) 근로자는 컨베이어를 횡단하는 건널다리 또는 컨베이어 밑의 낙하방지 설비가 있는 통로를 제외하고는 컨베이어의 위 또는 그 밑을 횡단하지 말 것.

(ㅍ) 사업자는 근로자, 보전작업을 하는 자 및 감독자에 대하여 미리 컨베이어에 의한 재해를 방지하기 위하여 필요한 작업표준, 취급요령, 보전방법에 대한 교육을 실시할 것.

④ 벨트 컨베이어의 검사기준(일반)

벨트 컨베이어의 점검은 일반적으로 다음 항목에 대하여 중점적으로 실시한다.

- 벨트 사행(蛇行, snake along or zigzag형상이동)의 유무
- 벨트의 손상 마모 특히 조인트 부위 실태
- 벨트의 캐리어롤러(carrier roller)에의 순응도
- 구동풀리(driving pulley)에서의 가늘어짐현상(홀쭉함, slim) 유무
- 적재하물이 한쪽으로 쏠리지 않았는가
- 전동기에 규정 이하의 부하가 걸려 있지 않은가
- 회전하지 않는 롤러(roller), 파손롤러는 없는가
- 적재, 하적부에서의 하물흘림 유무
- 슈트(chute)붙이 불비 유무
- 이상소음의 발생 여부
- 테이크업(takeup)의 작동은 부드러운가(smooth)
- 클리너(cleaner)는 정상적으로 가동하는가
- 각 리밋(limit)장치의 작동은 정상적인가

⑤ 벨트 컨베이어의 운전과 관리

컨베이어의 설비 계획대로 기계설비, 전기전장품의 설치, 벨트의 가설과 집합이 끝나면 시운전을 하는데 시운전으로 들어가기 전에 점검, 특히 가동의 안전장치, 벨트 컨베이어 보호장치의 완전 작동, 슈트(chute), 스커트(skirt)나 스크레이퍼(scraper)의 장착상태에 대한 점검을 실시한다. 이것이 완료되면 무부하로 시동시키고 서서히 부하를 증가시키면서 운전상태를 관찰한다. 운전조정에 대해서는 다음과 같은 주의사항을 지켜야 한다.

㈀ 기계의 점검

㉮ 감속기의 적정유량

감속기는 (공장에서) 윤활유를 급유 않고 발송되는 경우가 많으므로 시동 전에 반드시 급유량이 정상적인 수준에 있는가를 확인 점검한다.

㉯ 전동용 체인의 이완

체인진동의 경우는 벨트와 같은 장력이 필요치 않으므로 적당한 이완을 줄 필요가 있다.

만약 체인이 지나치게 팽팽하면 작동부가 필요 이상의 하중을 받아 마모를

촉진시키며 반대로 너무 느슨하고 특히 중심거리가 길 때는 체인이 춤을 추므로 수명을 짧게 한다.

㉰ 베어링의 점검

각 벨트풀리의 베어링은 청정한가, 적정한 윤활유로 윤활되어 있는가 음향에 의한 점검을 실시한다.

㉱ 롤러의 점검

- 회전하지 않는 롤러대의 간극이 표준보다 좁은 것 또는 일부가 접촉되어 있는 것은 그 원인을 규명하고 제거한다.
- 롤러의 본체와 롤러대의 간극이 표준보다 좁은 것 또는 일부가 접촉되어 있는 것은 그 원인을 규명하고 제기한다.
- 롤러가 이탈되어 있으면 사행 이동형(蛇行 zigzag)의 원인이 되는 동시에 하물이 흘러 떨어지기 쉽다. 또, 대로는 아래 벨트에 올라타 테일폴링에서 물리는 원인이 되므로 그 원인을 조사하여 조정한다.
- 구름 : 롤러는 사행하던 벨트가 중심으로 되돌아오면 곧 복원되어야 하며 가이드 롤러는 특히 지반이 좋지 않은 컨베이어, 현수컨베이어 같은 것에는 유리하나 컨베이어가 안정되고 사행이 없으면 최소한도로 하는 일이 중요하다.

(ㄴ) 컨베이어 벨트의 점검

㉮ 벨트의 점검

컨베이어의 시운전 전에 위벨트, 아래벨트 위에 설치작업 중의 사용재료, 기구, 공구 등이 실려 있지 않는가를 전장에 걸쳐 점검할 필요가 있다. 만약 이것을 알지 못하고 작동하면 이물이 동중에 낙하하여 프레임에 끼여 벨트를 찢거나 헤드부에까지 와서 슈트와 헤드풀리 사이에 끼여 벨트를 손상시키거나 접합부는 절단시키는 등의 큰 사건까지 일으키는 경우도 있다.

㉯ 기름에 의한 주의

기계유나 그리스가 벨트면에 흡착하면 고무가 연화하여 마모되기 쉬우므로 이와 같이 고무에 영향을 주는 물질의 취급에 유의하여야 한다.

㉰ 벨트의 길들임

벨트의 종류, 구조가 수없이 많이 개발되고 있으나 특히 벨트의 트로프성과 로드서포트에 대하여는 동시에 관찰할 필요가 있다. 트로프성(trough)은 벨트의 캐리어롤러의 순응을 좌우하는 바 그 부족은 벨트가 사행(蛇行,

zigzag이동)하는 원인으로 된다. 또 로드서포트는 하물을 운반하는 것이므로 폭 방향의 강성이 문제된다. 한편 캐리어롤러의 지나친 친화성은 하물이 넘쳐흐르는 원인이 된다.

<그림 5-137>은 벨트의 트로프성과 같이 캐리어롤러의 트로프각도에 대하여 벨트가 너무 딱딱하여 트로프성이 부족하면 벨트가 롤러에 접촉하지 않고 떠오른 상태로 된다. 그러나 새로운 벨트로 무부하 운전을 할 때 이런 상태를 나타내더라도 하물을 서서히 증가시키면서 운전하며 길들이면 (c)와 같은 적정 트로프성을 얻을 수 있으나 짧은 기장일 때는 채용할 수 없다. (b)와 같이 트로프성이 너무 좋아도 벨트의 국부마찰에 의한 손상을 일으키므로 (c)와 같은 적정 트로프성이 있는 벨트를 선정해야 한다.

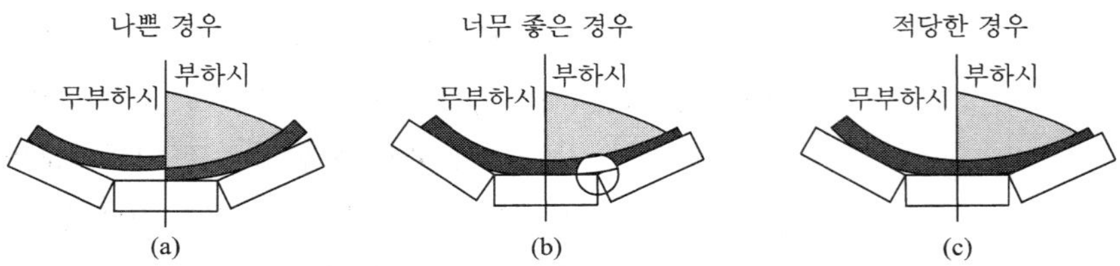

그림 5-137 ● 벨트의 트로프(trough)성

㉣ 벨트의 변곡(變曲)부의 길들임

20° 경사 컨베이어가 수평 컨베이어로 변곡할 때 길이 잘 안든 예로서 경사 컨베이어의 캐리어롤러 형식은 45° 3본조이고, 수평 컨베이어는 20° 2본조이다. 이와 같은 변곡부(말의 등)에서 롤러 1개당의 최대변곡각도가 커지면 벨트가 처지는 현상이 일어나므로 그 장력차(신연차)의 허용범위인 곡률반지름 내에 캐리어롤러를 배치할 필요가 있고 각 트로프(trough, V자형, 오목)각도에 따라 롤러 1개가 담당하는 최대변곡각도를 스틸코드벨트(steel code belt)에 대하여 예로 든다면 20° 트로프일 때는 1° 이내, 35° 트로프일 때는 0.75° 이내, 45° 트로프일 때는 0.5° 이내로 할 필요가 있다. (범포 벨트일 때 1/3～1/5에 유리하다.)

㉤ 벨트의 편기(偏起), 하물 흘림, 물림에 대한 점검

컨베이어의 정상적인 운전은 벨트의 손상을 방지한다는 점에서도 가장 중요한 사항으로서 벨트가 벨트풀리 사이의 중심성에 들어가 있으면서 운전되고 있는가. 벨트의 귀부분이 프레임 등에 접촉되고 있지 않은가, 테일풀

리 등이 물려있지 않은가 등에 대하여 전장에 걸쳐 점검한다. 벨트 귀부분의 손상, 세로균열, 표면박리 등의 사고는 벨트컨베이어가 운전되기 시작하는 초기에 발생하는 경우가 의외로 많으므로 특히 주의한다.

(ㄷ) 컨베이어 운전 시의 안전

㉮ 감속기의 점검

감속기가 있을 때는 다음과 같은 적정처리를 할 필요가 있다.

- 처음 1개월 정도, 운전한 시점에서 모든 기름을 빼고 새로운 기름으로 바꾸든가 여과하여 다시 감속기에 되돌려 준다. 이것은 초기 마모로 생긴 이물을 배제하기 위해서이다.
- 정기적으로 기름의 수준을 점검할 필요가 있다. 이것은 운전을 정지한 때 실시하지 않으면 안 된다.
- 감속기를 분해할 때는 케이싱, 오일탱크, 오일회로 등을 깨끗이 청소한 다음 조립하되 이물의 혼입, 오일누설의 원인이 되는 요인이 없는가를 확인한다.

㉯ 전동기의 과부하 원인과 그 대책

컨베이어의 전동기에 규정 이상의 부하가 걸리는 원인을 든다면 다음과 같은 것이 있다.

- 구동풀리(driving pulley)가 미끄러짐(slip)현상이 발생할 경우, 특히 탠덤(tandem, 1렬 구동형태)구동으로 1개의 풀리가 슬립하든가 2개의 구동풀리의 주속이 다른 때 생기기 쉽다.
- 계획운반량 이상의 하물을 적재하고 있을 때
- 캐리어롤러의 마찰계수가 설계 계산치보다 클 경우, 예를 들면 하물의 분진이 캐리어롤러의 회전부에 끼이거나 회전부가 녹슬어 있을 때 생긴다.
- 회전하지 않는 롤러가 많이 있는 경우 이들 원인에 대한 대책을 대상별로 강구한다면 다음과 같다.
  - 슬립은 구동풀리 지름이 너무 작을 대 또는 주속이 서로 다를 때 생기므로 적정한 풀리로 교체한다.
  - 청량계가 있으면 운반량을 잘 알 수 있을 것이나 청량계 설비가 없을 때는 적재나 하적되는 양으로 추정할 수밖에 없다. 적정 운반량으로 조정한다.
  - 캐리어롤러를 청소하고 주유한다.

- 회전하지 않는 롤러를 그대로 두면 벨트의 마모가 사용불능으로 될 때도 있으므로 즉시 교환한다.

(ㄹ) 벨트풀리와 롤러의 점검

㉮ 벨트풀리의 점검

- 벨트풀리의 청소 : 풀리에 이물질이 부착되는 경우가 많고 이것은 벨트의 사행, 커버고무의 이상 마모의 원인으로 된다. 고정식 클리너 등으로 항상 청소하든가 정기적으로 제거할 필요가 있다.
- 벨트풀리의 래킹(racking, 누적 늘어짐, 신축현상) : 벨트풀리의 래킹으로 파손 마모되어 있을 경우, 특히 고장력 컨베이어 벨트에서 벨트와 풀리간의 면압이 높아 풀리상의 크리프(creep, 조금씩 미끄러짐)현상에 의한 동적인 슬립으로 인하여 또는 하물 흘림의 낙하로 인한 물림 때문에 일어나는 일이 많다. 그 원인을 검토하여 조속히 래킹을 교체한다. 또 이물이 끼이지 않도록 장치를 한다든가 개선한다.

㉯ 롤러류의 점검

- 롤러의 청소 : 롤러에 이물질이 퇴적하여 회전하지 않는 경우에는 벨트의 국부적인 마모, 사행의 원인이 되므로 항상 롤러를 점검하여 이물질(cake)을 제거해 주지 않으면 안 된다.
- 롤러의 회전상태 : 롤러의 회전이 이상하든가 탈락 또는 롤러의 한 면만 마모되는 경우가 있다. 롤러의 회전과 이상소음을 점검하고 정상적인 운전을 유지하도록 한다.

(ㅁ) 벨트 컨베이어의 안전관리

벨트 컨베이어에 의한 무재해 달성을 위해서는 다음 사항에 유의할 필요가 있다.

㉮ 벨트에 타거나 건너거나 또는 이물(異物)을 싣지 말 것.

사람을 실어 나르기 위하여 특별히 설계된 맨벨트 및 움직이는 보도(moving-line)를 제외하고는 벨트의 운전 중은 물론 정지 시에 있어서도 함부로 올라타거나 건너거나 이물을 싣지 않도록 주의하지 않으면 안 된다. 재해는 이런 부주의로 인하여 일어나는 경우가 많기 때문이다. 작업할 때는 물론 벨트 컨베이어의 점검 등에 있어서 부득이 벨트를 횡단하지 않으면 안 될 때는 미리 확실한 건널다리를 가설하여 통행에 편리하도록 한다.

㉯ 컨베이어의 보수 정비는 반드시 벨트를 정지시킨 다음 실시할 것.

컨베이어 설비의 정비를 운전 중에 하는 것은 벨트나 벨트풀리나 롤러 등에 손을 다치거나 롤러의 정비 중에 롤러에 튕겨 부상하거나 때로는 인명피해까지 일으키는 경우도 있으므로 반드시 벨트를 정지시키고 가동이 안되는 것을 확인한 다음 정비하여야 한다.

㉰ 회전부분에 대한 안전 울과 덮개를 설치할 것.
벨트 컨베이어의 회전부분, 특히 구동장치의 전도부에는 반드시 안전 울이나 보호철망 또는 강판제의 케이싱을 장치하되 관계자 이외는 접근을 금지할 필요가 있다. 또 주(主)풀리(head pulley), 만곡풀리(band pulley), 완충풀리(snub pulley), 종(終)풀리(tail pulley) 및 긴축풀리(takeup pulley)는 접근하더라도 풀리에 접촉되지 않도록 반드시 구동장치의 회전부와 마찬가지 조치를 할 필요가 있다. 특히 경량용 벨트 컨베이어의 회전부는 완전히 덮게 하여 손가락 끝이 접촉되지 않도록 해야 한다.

갱내 벨트 컨베이어에 있어서 완충풀리, 리턴롤러(return roller)의 회전부에 대한 안전철망 및 주풀리를 집진커버에 의하여 완전히 피복하여 사용한다.
컨베이어의 안전관리를 위해서는 산업안전기준에 관한 규칙 제191～제195조에 컨베이어의 접촉, 하물의 낙하 등에 의한 재해방지에 대하여 유의사항이 규정되어 있다.

3 스크루 컨베이어(Screw Conveyor)

스크루 컨베이어는 대단히 위험한 기계다. 이것은 점검용 덮개를 동력과 인터록(interlock)시키는 외에 재료의 송급구 안전을 도모하기 위해 <그림 5-138>과 같은 여러 가지 방법을 조치한다.

(a)는 송급구 목부분의 깊이를 크게 하여 인간공학적으로 위험부분에 손이나 발이 닿지 않게 한 것이며, (b)는 재료 투입구에 격자(grid)를 설치한 것이며 (c)나 (d)는 스크루의 날을 일부분 잘라내서 지름을 작게 하여 맞물림 위험을 적게 한 방법들이다.

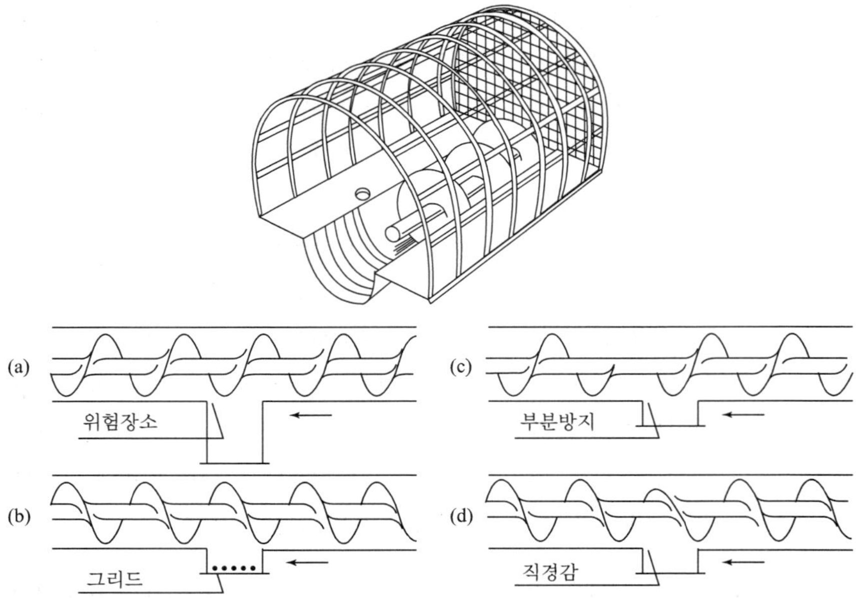

그림 5-138 ● 스크루 컨베이어

이 컨베이어는 오히려 구동롤의 부속동력 전달부분의 방호도 반드시 하여야 한다. 롤의 만곡부의 가이드 설치에 대해서도 주의하고, 중력식 롤러 컨베이어는 물건이 고속으로 가동되지 않도록 적당한 감속 브레이크를 설치해 둔다. <그림 5-139>

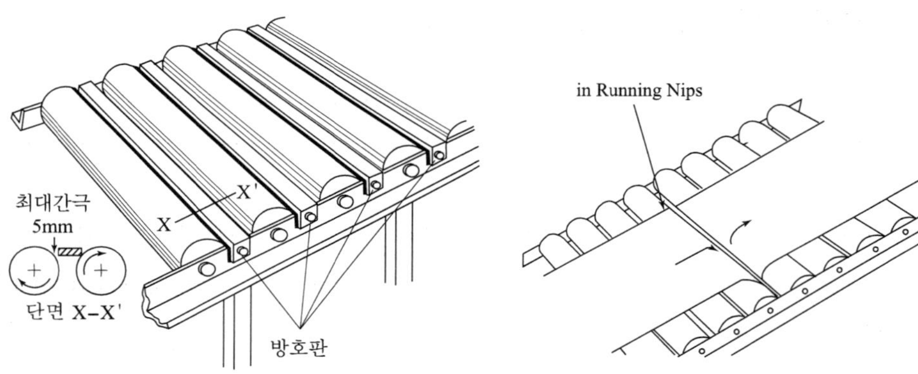

그림 5-139 ● 롤러 컨베이어의 방호판 설치의 예

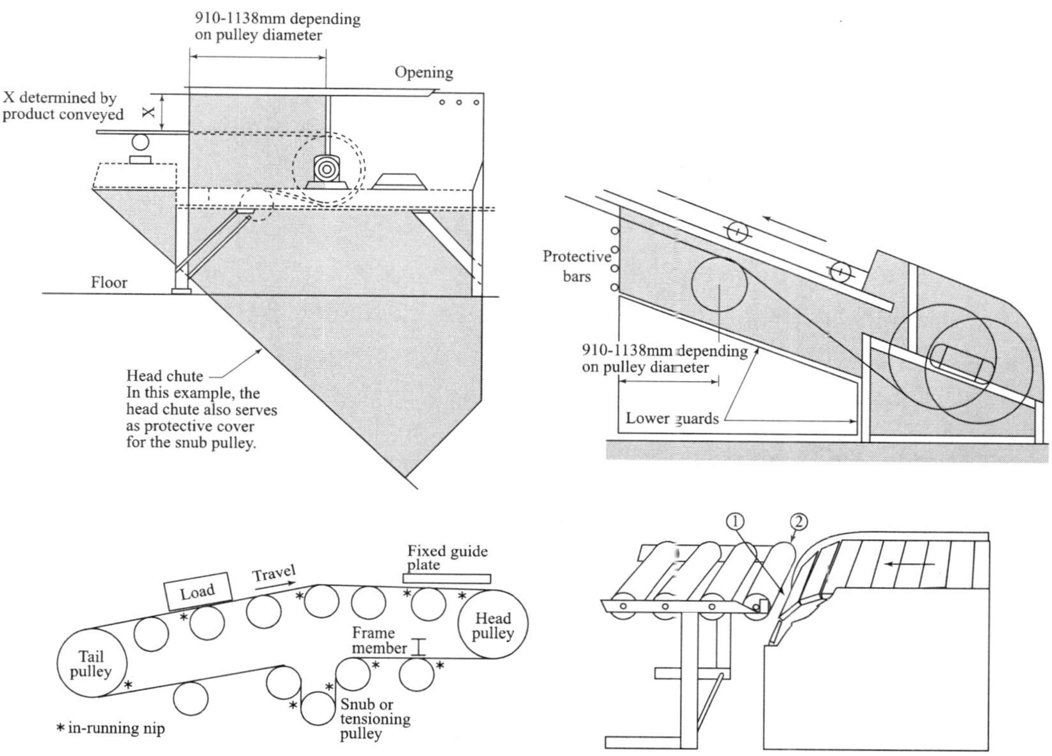

그림 5-140 • Head pulley guard

4 방호장치

① 이탈 등의 방지

정전, 전압강하 등에 의한 화물 또는 운반구의 이탈 및 역주행을 방지하는 장치를 갖추어야 한다. 다만 무동력상태 또는 수평상태로만 사용하여 근로자에게 위험을 미칠 우려가 없을 때는 예외로 한다.

5 낙하물에 의한 위험방지

컨베이어로부터 화물의 낙하로 인하여 근로자에게 위험을 미칠 우려가 있을 때에는 당해 컨베이어에 덮개 또는 울을 설치한다.

6 작업시작 전 점검 <산업안전기준에 관한 규칙 제35조2항 관련 별표 3~13>

컨베이어를 사용하여 작업을 할 때는 작업시작 전에 다음 사항을 점검한다.

① 원동기 및 풀리(pulley) 기능의 이상 유무

② 이탈 등의 방지장치 기능의 이상 유무

③ 비상정지장치 기능의 이상 유무

④ 원동기, 회전축, 치차, 풀리 등의 덮개 또는 울의 이상 유무

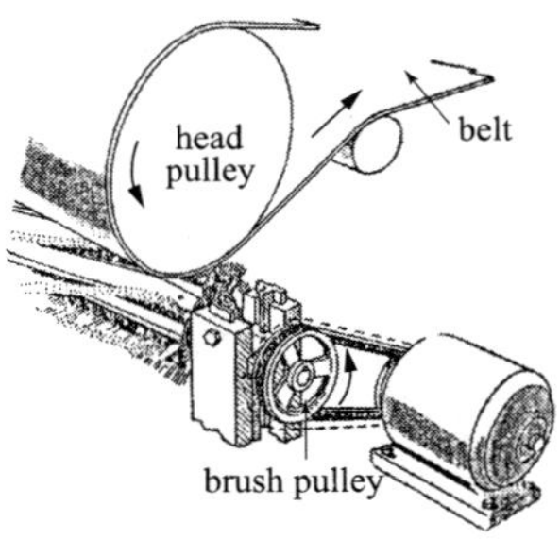

(a) 벨트 청소장치의 예

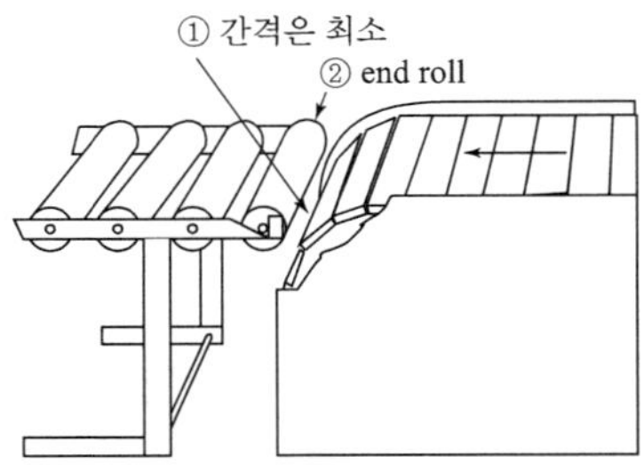

(b) belt convey와 육상 conveyor 연결

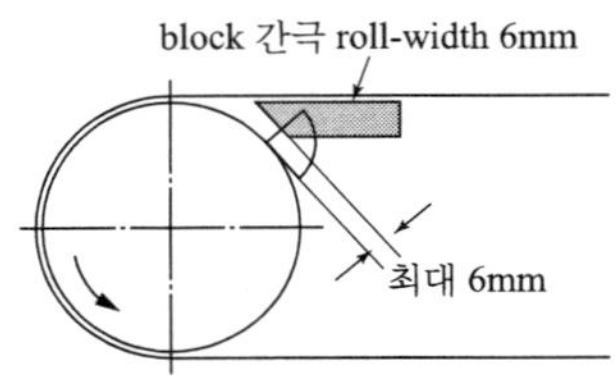

(c) conveyor belt-pulley cover

Chapter 6

보일러 · 압력용기 및 롤러기의 안전

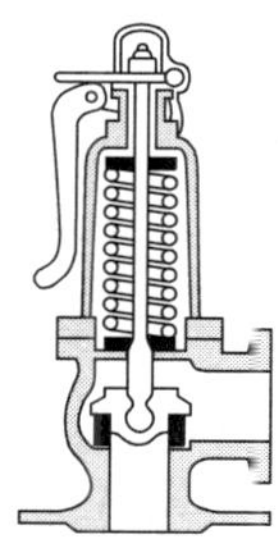

6-1 보일러·압력용기의 안전

보일러는 근대 산업화 생활에서 중요한 문명의 이기중의 하나로서 난방용은 물론 발전용으로 공장의 가열원으로 널리 이용되고 있습니다. 이에 따라 보일러의 증가는 놀라울 정도의 높은 추세를 나타내고 있으며 요즘에는 성능의 고도화 및 연료의 고급화로 구조가 복잡해지고 자동화 되고 있어 이에 따른 조정자의 안전 관리 기술향상이 더욱 필요한 실정입니다.

1 보일러의 종류와 구성

(1) 보일러 일반

보일러는 밀폐된 용기 내의 매체(물 등)에 연료의 연소열을 전하여 소요증기(또는 온수)를 발생시키는 다음과 같은 부분으로 구성되어 있다.

즉, 연료를 연소시켜 열을 발생시키기 위한 연소장치와 연소실(爐), 내부에 매체를 넣어두고 외부에서 연소열을 전하여 소정 압력의 증기(또는 소정 온도의 온수)를 발생시키는 보일러 본체, 보일러 본체에서 발생된 포화증기를 다시 가열 하여 과열 증기를 하기 위한 과열기(super heater), 연돌(stack)로 버려지는 연소 가스가 갖고 있는 여열로 가열하여 연도용 공기 온도를 올리기 위한 공기예열기(air preheater), 연소장치에 연소용 공기를 보내고 또한 연소가스를 보일러 본체, 과열기 절탄기, 공기예열기 등에 유통시켜 연돌로 방출될 때까지의 사이에 받는 흐름의 저항에 이겨낼 수 있는 압력을 공기나 연소가스에 주기 위한 통풍장치, 보일러의 급수하기 위한 급수펌프나 배관, 밸브 등을 포함한 급수장치, 보일러 내의 압력을 일정하게 유지하거나 또는 보일러 부하에 따라 연료의 양이나 통풍 등을 자동적으로 가감하기 위한 자동제어 장치 및 기타의 부속장치(연료 운반 장치, 연소재처리장치, 집진기 등)나 방호장치(안전밸브, 압력 방출장치), 부속품(압력계, 수면계, 저수위 경보장치, 그을음 및 고형물 취출기 등)으로 구성되어 있다.

(2) 보일러의 종류와 형

종류		형식
원통보일러	수직형 보일러	횡관식, 수직연관식, 횡수관식, 노튜브식
	노통 보일러	코닛쉬 보일러, 랭커셔 보일러
	연관 보일러	황연관 B, 기관차형 B, 기관차용 B
	노통연관 보일러	노동연관 B, 스코티 B
수관보일러	자연순환식 수관보일러	직관식, 곡관식, 조합식 등
	강제순환식 수관보일러	라몬트식, 배톡스식, 조정순환식 등
	관류 보일러	벤슨식, 스르저식, 기타 각종 소형
기타보일러	온방용 보일러	주철제 조합식, 수관식 등
	특수보일러	폐열 B, 특수연료 B, 특수유치 B, 간접가열 B

※ 여기서 "B"는 Boiler의 줄임 단어

① 원통보일러

<그림 6-1>과 같이 노통이나 연관 또는 노통과 연관이 함께 설치된 구조로 되어 있으며 구조가 간단하고 취급이 용이한 반면 보유 수(水)의 양이 많아 증기 발생 시간이 길며 과열시 피해가 크다.

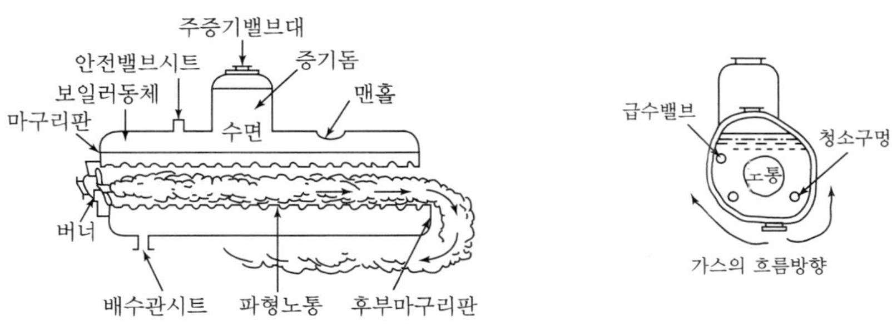

(a) 노통(코닛쉬) 보일러

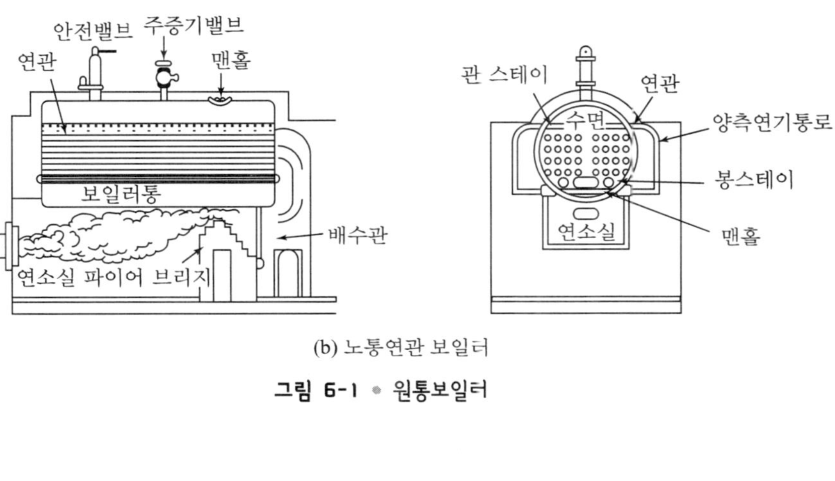

(b) 노통연관 보일러

그림 6-1 • 원통보일러

② 수관보일러

<그림 6-2>처럼 전열면이 다수의 수관(水管)으로 되어 있어 수관 내에서 증발 할 수 있도록 되어 있으며 고압대용량이 가능하여 오늘날 대부분 화력 발전용으로 사용되고 있다.

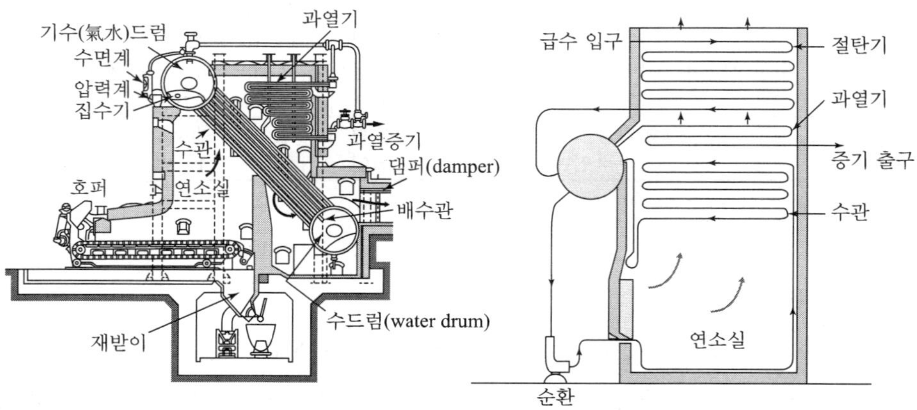

(a) 다꾸마보일러(Takuma boiler) (b) 라몬트보일러

그림 6-2 ◦ 수관보일러

③ 특수보일러

간접가열방식을 채용하는 슈미트-하르트만보일러(Schmidt-Hartmann boiler, 그림 6-3), 뢰플러보일러(Löffer boiler)와 가스터빈의 폐가스를 열원으로 사용하는 폐열보일러가 있고 연료로 나무껍질이나 사탕수수 찌꺼기 등을 사용하는 특수연료보일러 등이 있다. 또한 악취를 방지하기 위해서 750°C 이상을 유지하여 사용된다.

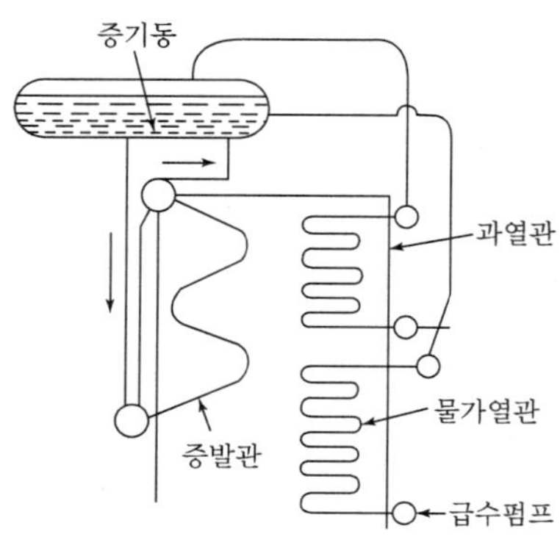

그림 6-3 ◦ 슈미트보일러 계통도

(3) 보일러의 부속장치

① 과열기(Superheater)

포화증기를 더욱 가열하여 온도를 상승시켜 과열증기를 만드는 장치로서 전열방식에 따라 복사과열기, 대류과열기, 복사대류 과열기로 나눈다. 과열증기의 사용목적은 이론열효율 증대와 증기 소비량을 감소시킬 수 있다. 또한 마찰 손실이 적어 내부 효율을 높이고 수분에 의한 부식을 방지하는 목적이 크다.

② 재열기(Reheater)

터빈에서 팽창된 증기에는 습분이 많은데 이것을 다시 재열하여 복수압에서의 건도를 증대시켜 터빈 등 부식방지를 위해 사용된다.

③ 절탄기(Economizer)

연소가스의 여열을 이용하여 급수를 예열하는 장치로써 강관식과 핀식(fin type)이 있다. 절탄기의 전열면은 주로 유황(S)에 의해 부식이 일어나기 쉬우므로 연소가스 온도는 170°C 이상으로 유지해야 한다.
보일러에 절탄기 부착에 따른 유익한 점은 다음과 같다.

(ㄱ) 급수로 인한 전열면의 부등 팽창을 방지할 수 있다.
(ㄴ) 보일러의 증발능력이 증대한다.
(ㄷ) 급수 중 일시경도 성분이 연화된다.
(ㄹ) 보일러 효율이 향상된다.

④ 공기예열기(Air preheater)

연소가스의 여열을 이용하여 연료 연소에 쓰이는 공기를 예열시키는 장치이다. 종류에는 관형 공기예열기, 판형 공기예열기, 회전식 공기예열기 등의 전열식과 융그스트림 공기예열기(Ljungstrom air preheater)와 같은 재생식이 있다.

(ㄱ) 전열식 공기예열기

금속 전열면을 통하여 연소 가스와 연소용 공기를 연속적으로 접속시켜 전열을 행하는 것으로 그 구조에 따라 강관형과 강판형으로 구분된다. <그림 6-4 (a), (b)>

(ㄴ) 재생식 공기예열기

금속 전열체를 일정시간 동안 연소가스에 의하여 가열시킨 후 그 축열을 일정

시간에 공기에 접촉 방출함으로서 전열을 행하는 회전식<그림 6-4 (c)>과 고정식, 이동식이 있다. 이 형식은 전열식에 비하여 공기와 가스와의 누설이 있으나 전열효율이 24배로 높으며 소형으로 할 수 있다.

(ㄷ) 공기예열기 부착에 따른 이점

㉮ 관내 온도가 높아져 양호한 연소

㉯ 연료의 분무 및 무화가 촉진되어 연소효율이 높아진다.

㉰ 수분이 많은 저질탄의 연소도 가능

㉱ 연소에 필요한 과잉 공기량을 줄일 수 있다.

㉲ 보일러 연소 효율이 향상된다.

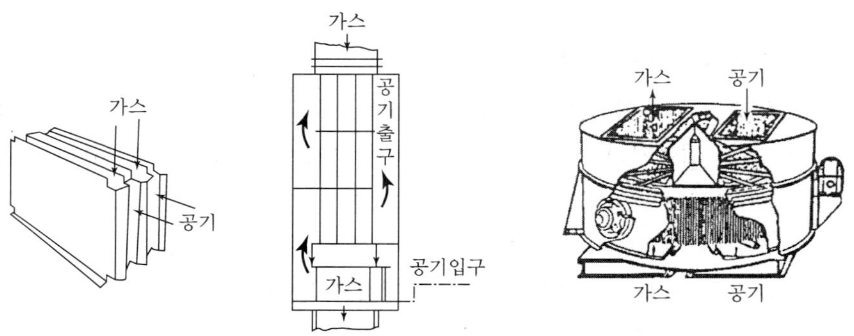

(a) 판형 공기예열기　(b) 관형 공기예열기　(c) 회전식 공기예열기

그림 6-4 ● 공기예열기

⑤ 어큐뮬레이터(Accumulator)

보일러의 연소량을 일정하게 하고 과부하시 과잉증기를 축척시켰다가 갑작스런 부하변동이나 저부하 변동에 대처하기 위해 사용하는 장치

⑥ 증기 트랩(Steam trap)

증기 사용설비 중에 고인 응축수(水)를 자동적으로 외부로 배출시키는 장치

(ㄱ) 증기 트랩을 사용하는 이유

㉮ 효과적인 증기사용

㉯ 열효율 증대

㉰ 수격 작용 방지

㉱ 관의 부식 방지 목적

(ㄴ) 증기 트랩의 조건

㉮ 유량, 압력이 소정 범위 내에서 변화 될 것

㉯ 내구력이 있을 것

㉰ 마찰저항이 적고 부식에 강할 것

㉱ 공기 빼기가 쉬울 것

㉲ 사용 중지 시 트랩 내의 물을 완전히 뺄 것

(ㄷ) 증기 트랩의 종류

㉮ 하향 버킷 트랩

㉯ 상향 버킷 트랩

㉰ 플로우트식 트랩

㉱ 바이메탈식 트랩

㉲ 디스크식 트랩

(ㄹ) 증기 트랩의 구조

㉮ 버킷식 증기 트랩(Bucket type steam trap)

<그림 6-5>와 같이 보통 버킷이 부상해서 배수 밸브에 밸브 자리를 폐쇄하고 있지만 입구에서 응축수가 흘러 들어와 버킷 내에 머물면 응축수가 무거워서 버킷은 잠기게 되고 버킷이 직결되어 있는 배수 밸브가 열려 증기 압력으로서 버킷 내의 응축수가 배출되는 구조이다.

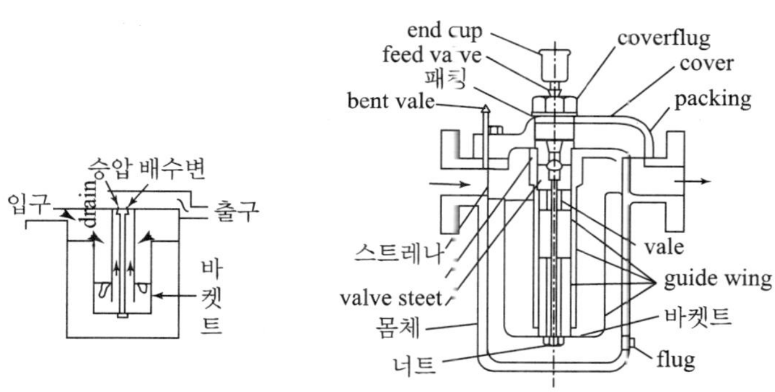

그림 6-5 ● 버킷식 증기 트랩

㉯ 바이메탈식 증기 트랩(Bimetal type steam trap)

<그림 6-6>은 응축수가 트랩 내에 머물면 트랩 내의 온도가 낮아져 바이메탈의 작용에 의해서 볼밸브(ball valve)가 열리고 응축수가 배출된다. 우선

바이메탈은 열팽창률이 다른 두 종류의 금속을 붙인 것으로서 온도변화에 의해서 휘어지는 작용을 하는 것이다.

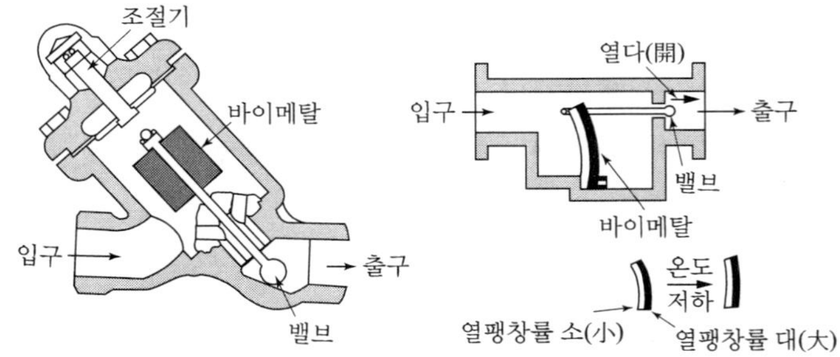

그림 6-6 ● 바이메탈식 증기 트랩

- 장점
  - 동결 우려가 없다.
  - 밸브폐색의 우려가 없다.
  - 배기 능력이 탁월하다.
  - 장착은 수평 이외 다른 형태로도 부착할 수 있다.
- 단점
  - 과열증기에 사용할 수 없다.
  - 개폐 온도의 차가 크다
  - 사용기간 동안 바이메탈의 특성이 변하다.

㉰ 디스크식 증기 트랩(Disc type steam trap)

<그림 6-7>에 있어서 응축수가 스팀 트랩 내에 머물면 트랩 내의 온도가 저하되어 변압실 내의 압력이 저하하기 위해 디스크(disc)는 들어 올려 응축 수가 배출된다.

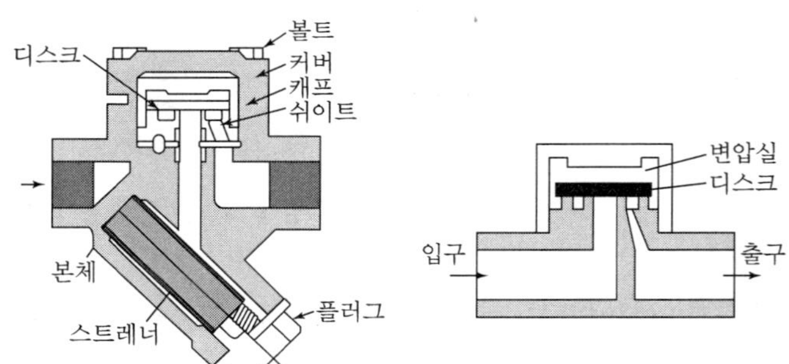

그림 6-7 ● 디스크식 증기 트랩

⑦ 수트 블로우(Soot blow)

보일러 전열면에 부착하는 재(ashes)를 불어 날리는 장치로서 증기나 압축공기를 사용하는데 사용하는 장소에 따라서 삽입형, 건형(gun type), 회전형(rotary type), 공기예열 클리너(air preheat cleaner) 등이 있다

(ㄱ) 삽입형

고온부에 사용하며 보일러 연소노벽 등에 부착하는 타고 남은 찌꺼기를 제거하는데 적당하며 특히 미분탄 연소 보일러 및 폐열 보일러 같은 타고 남은 연사가 많이 부착하는 보일러에 특히 적당하다.

(ㄴ) 건형(Gun type)

노벽에 설치되며 짧은 분출관의 선단에 노즐이 있다.

(ㄷ) 회전형(Rotary type)

저온가스부에 설치하여 회전함으로서 그을음(smoke fume)을 날리는 형이다.

(ㄹ) 공기예열 클리너(Air preheat cleaner)

관형 공기예열기에 사용되는 특수형으로 자동과 수동식이 있다.

(4) 급수계와 그 부속 기능

① 보일러 용수(用水)

공업용수로는 사용되는 것은 수돗물을 비롯하여 지하수, 지표수, 증류수 등이 있으나 급수로 인한 보일러 손상을 방지하기 위하여 가능한 불순물이 포함되지 않은 순수(水)를 사용하는 것이 바람직하다. 그러나 순수를 보일러에 공급하기란 어려운 일이므로 급수를 전처리하여 사용하는 방법을 써야 한다. 그 방법에는 물리적 처리 방법과 화학적 처리 방법을 사용하고 있다.

② 급수탱크(저수로)

일반적으로 강판으로 제작하며 그 용량은 1일 최대사용량 1.5시간 이상(소규모 경우 2~3분)으로 하는 것이 적당하다.

③ 급수장치

안전과 직결되는 물의 공급이다. 따라서 보일러 급수장치로 사용되는 것은 급수펌프(pump), 환수탱크(return trap), 인젝터(injector) 등이 있다.

(ㄱ) 급수펌프

㉮ 급수펌프의 종류

– 원심식 펌프(Centrifugal pump)

임펠러의 원심력에 의해 속도에너지를 발생시켜 이것을 압력에너지로 변환하여 송수하는 펌프이다.

▪ 볼류트 펌프(Volute pump)

날개차와 맴돌이형 케이싱으로 구성되어 있으며, 실양정(實揚程) 30 m 정도까지 사용이 된다.

▪ 터빈 펌프(Turbine pump)

와류(원심) 펌프의 일종. 효율을 높이기 위하여 안내 날개를 가진 와류 펌프.

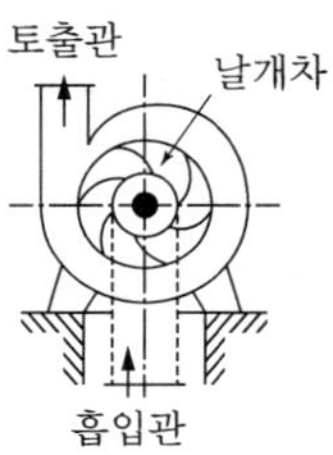

볼류트 펌프

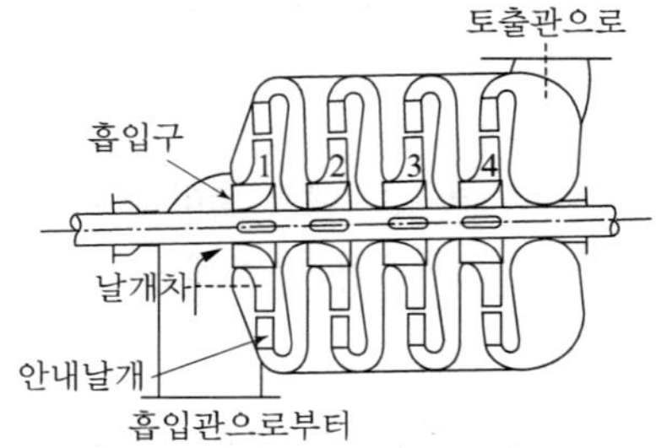

터빈 펌프

– 왕복동 펌프

피스톤 또는 플런저(plunger)의 왕복운동에 의한 용적변화를 이용한 펌프이다.

▪ 워싱턴 펌프(Worthington pump)

미국의 워싱턴 회사가 발명한 펌프로서 그림과 같이 증기압(蒸氣壓)을 피스톤 양쪽에 교대로 유도하고 그 증기압에 의해 왕복 펌프를 운전한다. 또한, 이 피스톤 로드의 왕복 운동은 링크에 의해 전달되어 증기 실린더 헤드의 슬라이드 밸브(slide valve)를 작동시키는 장치로 되어 있다.

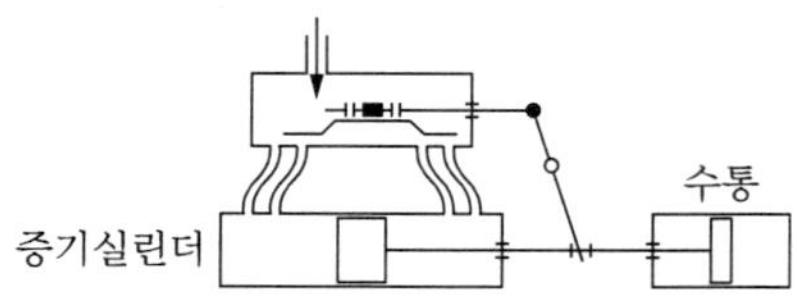

워싱턴 펌프

- 플런저 펌프(Plunger pump)

  왕복 펌프의 일종. 실린더 속을 플런저가 왕복 운동을 하면서 실린더 속의 액(液)을 배제한 양 만큼 송액(送液)하는 펌프.
- 웨어 펌프(Weir's pump, 증기 직동(蒸氣直動))

  워싱턴 펌프와 비슷하나, 증기 기관의 주(主)밸브 기구에 웨어형 밸브를 사용한 증기 직동의 단식 펌프이다. 증기를 행정(行程)의 중도에서 절단하여 이것을 팽창시켜 경제적으로 사용할 수가 있다.

  * 웨어(weir, 둑) : 측면에 있는 오리피스로부터의 유출에서, 윗수면이 오리피스의 상단(上端)보다 아래에 있을 때 이것을 둑이라 함.

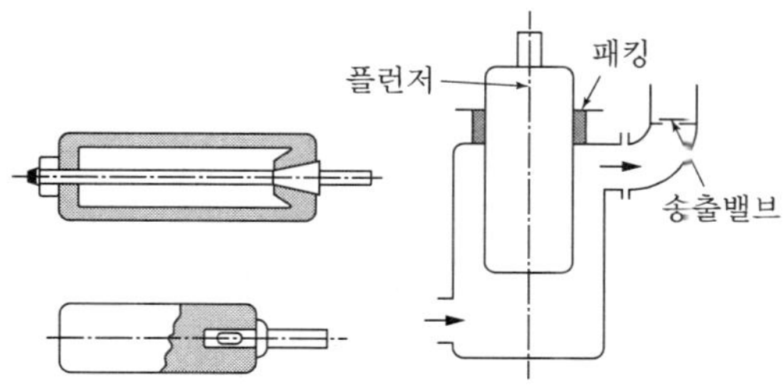

플런저 펌프

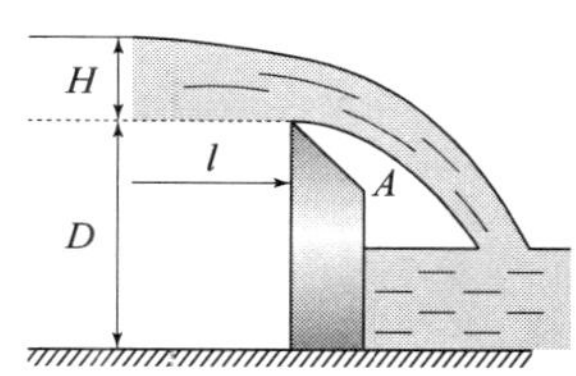

웨어 펌프

㉯ 급수펌프의 용량과 양정

보일러에 요하는 급수용량은 보일러 최대 증발량의 2배 이상으로 해야 한다.

- 급수펌프의 구경

  급수펌프의 구경(口徑)은 소요급수량에 의하여 결정되는 것으로 펌프의 내부를 흐르는 유체의 속도를 V라 하면 급수량 Q는

$$Q = V \times \frac{\pi d^2}{4} \ (\mathrm{m^3/s})$$

$$\therefore \text{ 구경 } d = \sqrt{\frac{4Q}{\pi V}} \ (\mathrm{m})$$

  유체의 속도는 일반적으로 1.2～3.0 m/s의 값을 취한다.

- 급수펌프의 전양정(全楊程)

  펌프의 전양정은 보일러의 쉘(shell) 내로 급수되는 수압이 쉘 내의 압력보다 높게 설정되어야 하므로 전양정(全楊程) H는

$$H = (H_b + H_8 + H_d + H_f) \times 1.2 \ (\mathrm{m})$$

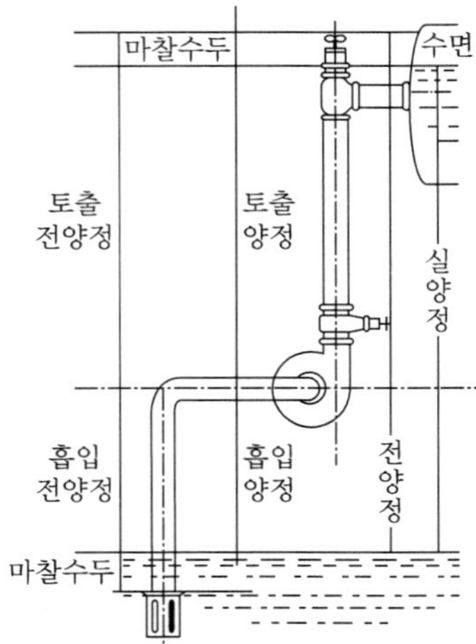

그림 6-8 • 급수펌프의 양정

여기서, H_b : 보일러 최고 사용압력에 상당하는 수두
H_8 : 흡입양정
H_d : 토출(吐出)양정
H_f : 마찰손실수두
1.2 : 전양정에 대한 20% 여유

– 펌프의 마력 및 동력
물을 공급하는 데만 필요한 힘 = 수(水)마력
마찰손실을 포함한 것 ⇒ 축마력

$$수(水)마력\ \ W = \frac{\rho \times H \times Q}{4500}\ \ (HP)$$

$$수(水)동력\ \ W = \frac{\rho \times H \times Q}{6120}\ \ (kW)$$

여기서, Q : 급수량(L/min)
H : 전양정(m)
ρ : 물의 비중량(상온에서 순수일 경우 1 kg/L)
(HP = 4,500 kg · m/min, 1 kW = 6120 kg · m/min)

$$펌프의\ 축마력\ \ B = \frac{W \times HP}{\eta} = \frac{\rho \times H \times Q}{4500 \times \eta}\ \ (HP)$$

$$펌프의\ 축동력\ \ B = \frac{W \times kW}{\eta} = \frac{\rho \times H \times Q}{6120 \times \eta}\ \ (kW)$$

$$따라서\ 펌프의\ 효율\ \ \eta = \frac{W \times HP}{B \times HP} \times 100 = \frac{W \times kW}{B \times kW} \times 100\ \ (\%)$$

– 펌프로 인한 이상현상
- 캐비테이션(cavitation)현상
관내를 흐르는 유체가 급히 꺾어져 흐를 때 압력이 낮아짐에 따라 수중(水中)의 기포가 분리되는 현상, 즉 이것을 공동현상 또는 와류현상이라고 한다.

- 서징(surging)

  맥동현상이라고 한다. 즉 캐비테이션에 의하여 발생된 기포의 흐림이 정상으로 되돌아옴으로써 기포가 깨져 맥동을 일으키는 현상

– 인젝터(injector)

보조급수장치로 사용되는 것으로 메트로폴리탄형(Metropolitan type)과 그레삼형(Gresham's type; 영국 경제학자 1519～1579)이 있으며 이것은 증기를 분사시켜 얻은 속도에너지를 압력에너지로 변환시켜 급수(給水)를 행하는 구조이다.

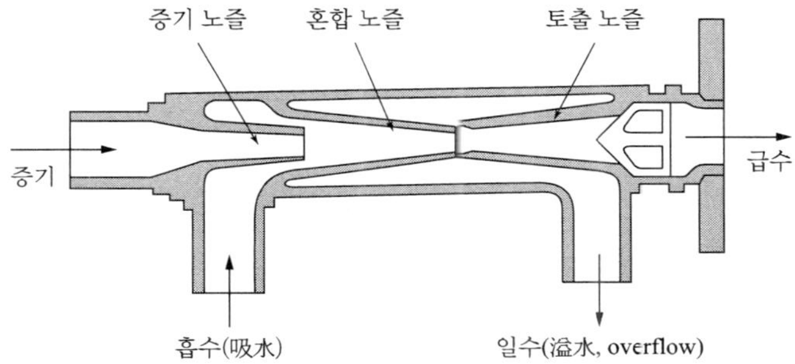

그림 6-9 ● Metropolitan type injector

- 인젝터의 특징

  ⓐ 구조가 간단하며 소형이다.

  ⓑ 설치장소를 크게 차지하지 않는다.

  ⓒ 가격이 저렴하며 취급이 용이하다.

  ⓓ 급수를 예열할 수 있어 열효율을 높일 수 있다.

  ⓔ 특별한 동력원을 필요로 하지 않는다.

- 인젝터(injector) 작동 불능원인

  ⓐ 급수의 온도가 너무 높을 때(메트로폴리탄 : 65℃, 그레삼 : 50℃)

  ⓑ 증기의 압력이 2 kg/cm^2 이하로 낮을 때

  ⓒ 증기의 압력이 10 kg/cm^2 이상으로 높을 때

  ⓓ 급수속에 기포 또는 불순물이 혼입되었을 때

  ⓔ 흡상고(吸上高)가 너무 높을 때

  ⓕ 흡상관(吸上管)에 공기가 유입 되었을 때

  ⓖ 노즐(nozzle)이 폐색 되었을 때

  ⓗ 인젝터(injector) 자체의 온도가 높을 때

펌프(pumps) 분류

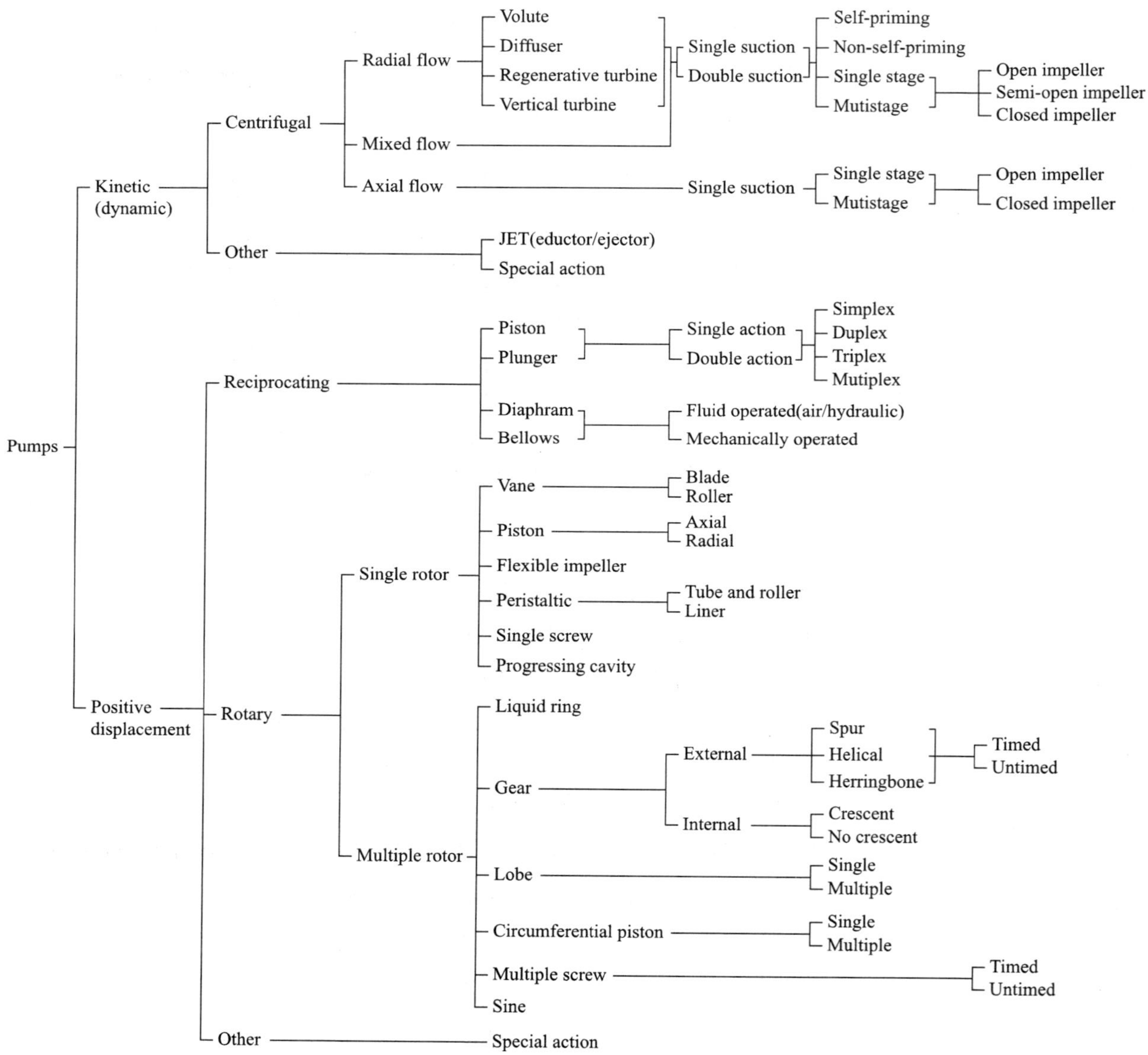
Pumps
Kinetic (dynamic)
Centrifugal
Radial flow
Volute
Diffuser
Regenerative turbine
Vertical turbine
Single suction
Double suction
Self-priming
Non-self-priming
Single stage
Mutistage
Open impeller
Semi-open impeller
Closed impeller
Mixed flow
Axial flow
Single suction
Single stage
Mutistage
Open impeller
Closed impeller
Other
JET(eductor/ejector)
Special action
Positive displacement
Reciprocating
Piston
Plunger
Single action
Double action
Simplex
Duplex
Triplex
Mutiplex
Diaphram
Bellows
Fluid operated(air/hydraulic)
Mechanically operated
Rotary
Single rotor
Vane
Blade
Roller
Piston
Axial
Radial
Flexible impeller
Peristaltic
Tube and roller
Liner
Single screw
Progressing cavity
Multiple rotor
Liquid ring
Gear
External
Spur
Helical
Herringbone
Timed
Untimed
Internal
Crescent
No crescent
Lobe
Single
Multiple
Circumferential piston
Single
Multiple
Multiple screw
Timed
Untimed
Sine
Other
Special action

(ㄴ) 급수량계(給水量計)

급수량을 측정하기 위한 부속 계기로써 상수도관으로부터 공급되는 수돗물은 일반적으로 유속식에 의한 날개차식 유량계를 사용하고 있으나 이것은 정도가 좋지 않으므로 보일러의 급수량을 측정하는 데는 적합하지 않다. 보일러로 공급되는 급수의 양을 어느 정도 정확하게 측정하고 측정된 값을 용이하게 판득하기에 적당한 것은 용적식 유량계로 오벌식(oval type)과 루트식(root type)이다. <그림 6-10>

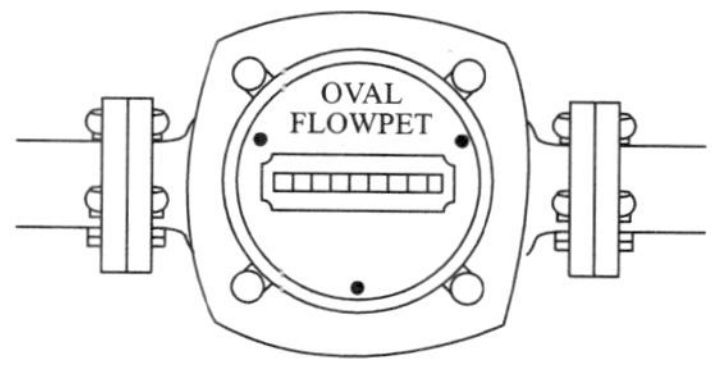

그림 6-10 ◦ 용적식 유량계

여기서 용적식 유량계 특징

㉮ 차압식이나 면적식에 비해 정도(精度)가 높다

㉯ 계측이 간편하며 적산유량을 얻을 수 있다.

㉰ 점성유체에 적합하다.

㉱ 80～100℃의 온도를 가진 유체를 측정할 수 있다.

(ㄷ) 급수정지 밸브

보일러로 공급되는 급수량을 조절하고 차단하는 밸브로써 앵글밸브형을 사용한다.

(ㄹ) 급수내관(給水來管)

급수내관은 보일러에 물을 공급할 때 관수의 온도가 불균일해짐으로서 발생되는 나쁜 현상을 방지하기 위한 관으로 직경 38～75 mm의 강관의 상측면에 다수의 작은 구멍이 뚫려 있는 구조로 물을 살수시키게끔 되어 있다. 급수내관의 설치 위치는 안전 저수면으로부터 하방 50 mm 선상에 부착해야 한다. <그림 6-11>

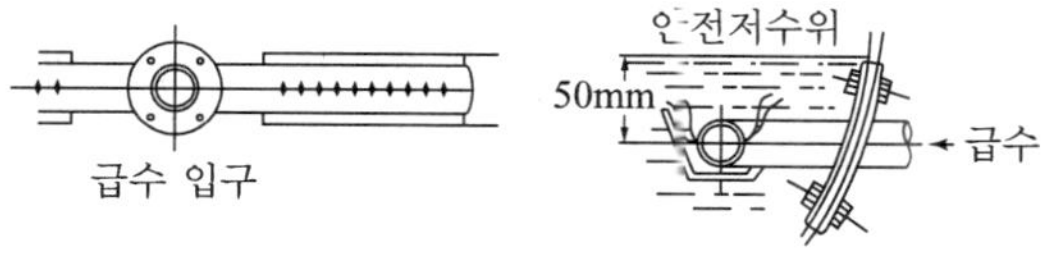

그림 6-11 ◦ 급수내관

(5) 분출계통

① 수면분출장치

이 장치는 관수중에 유지분이나 부유물을 제거하여 보일러 장해를 일으키는 포밍

(foaming)현상을 방지하기 위한 것으로 분출관과 분출밸브(또는 분출콕)로 연결되어 있다. 부착위치는 보일러의 안전저수위 선상에 부착한다. <그림 6-12>

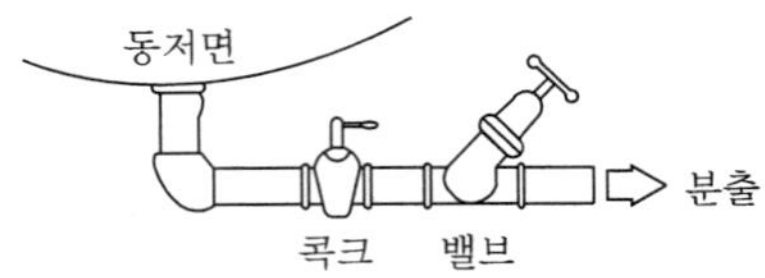

그림 6-12 ◦ 분출장치의 배관

② 수저(水底)분출장치

관수중 불순물의 농도를 낮추고 pH를 조절하기 위한 장치로서 분출관, 분출콕, 분출밸브를 직렬로 연결하여 누설을 방지하여야 한다. <그림 6-13>

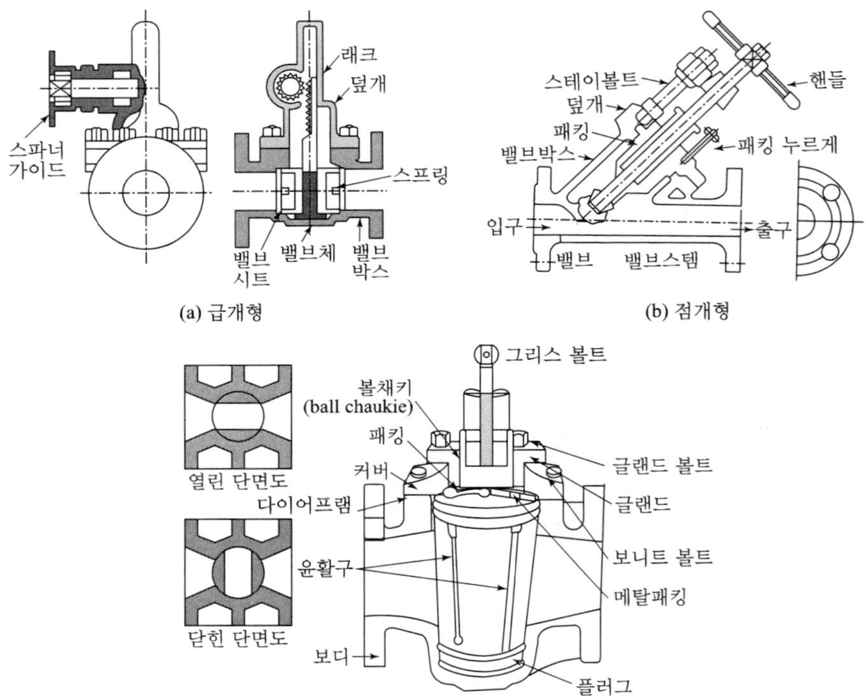

그림 6-13 ◦ 분출밸브 및 콕

(ㄱ) 분출장치의 설치목적

㉮ 관수의 pH(potential of hydrogen, 수소이온농도)를 조절하기 위하여

㉯ 쉘(shell) 저면에 퇴적된 슬러지(sludge)를 배출하기 위하여

㉰ 세관시 폐액을 처리하기 위하여

㉱ 관수의 농축을 방지하고 열, 대류를 높이기 위하여

㉲ 관수중의 불순물을 제거하고 특히 작업안전을 위함

㉶ 프라이밍(priming) 현상 및 포밍(foaming)현상을 방지하기 위한 더 큰 목적이 있다.

(ㄴ) 보일러 관수 및 대표적 장해

㉮ 프라이밍(priming)현상

보일러 부하의 급변 수위(水位)의 과승(過昇) 등에 의해 수분이 증기와 분리되지 않아 보일러 수면이 심하게 솟아올라 올바른 수위를 판단하지 못하는 현상

㉯ 포밍(foaming)현상

보일러 수중에 유지류, 용해고형물, 부유물 등에 의해 보일러 수면에 거품이 생겨 올바른 수위를 판단하지 못하는 현상

㉰ 기수공발(氣水空發, carry over)

보일러 수중에 용해 고형분이나 수분이 발생 증기 중에 다량 함유되어 증기의 순도를 저하시킴으로써 관내(管內) 응축수가 생겨 워터해머(water hammer)의 원인이 되고 증기 과열기나 터빈 등의 고장원이 된다. 따라서 캐리오버의 발생원인은 다음과 같다.

- 보일러 구조상 공기실이 적고 증기 수변이 적을 때
- 기수(氣水)분리장치가 불안전한 경우
- 보일러 수면이 너무 높을 때
- 주(主, main)증기를 멈추는 밸브를 급히 열었을 경우
- 보일러 부하가 과대(무리)한 경우이다.

㉱ 불안전연소

연료의 연소상태가 현저하게 불완전하거나 진동연소 할 경우에 일어나는 현상으로 불안전연소의 원인은 다음과 같다.

- 연소용 공기량이 부족한 경우
- 압입, 흡입 통풍에 과부족이 있어 불균형 할 경우
- 연료에 수분(水分)이 함유된 경우
- 버너(burner) 팁(tip)이 더러워져 있는 경우
- 연료공급이 불안전한 경우
- 연료의 온도가 너무 높거나 낮은 경으
- 연료밸브가 너무 조여져(closed) 있는 경우

㉮ 역화(backfire)

화구(火口)에서 화염이 갑자기 노(爐) 밖으로 나오는 현상이다. (원인을 알면 대책이 수립 되니까)

- 댐퍼(damper)를 너무 적게 열어 흡입통풍이 부족할 경우이다.
- 압입통풍이 너무 강할 경우
- 점화할 때 착화가 너무 늦어졌을 때
- 연료밸브를 급히 열었을 경우
- 공기보다 먼저 연료를 공급했을 경우
- 연소 중 화염이 갑자기 꺼져 노의 여열로 착화했을 경우 화염이 화구쪽으로 튀어 나오므로 제2, 제3 사고의 원인이 되기도 한다.

㉯ 2차 연소

불안전연소에 의해 발생한 미연소 가스가 연소실 내에서 다시 연소하는 것을 말한다. 즉 미연소 그을음이 연도 내에 다량으로 축적되어 있다가 연소하는 현상으로 원인은 다음과 같다.

- 연료가 노 내에서 불안전연소 할 경우
- 배관도에 가스포켓(gas pocket)부분이 있어 미연소분이 축적될 경우
- 배플 등의 손상으로 연소가스가 단락 될 경우
- 공기의 누설이 있을 경우

㉰ 연소가스의 누설

가압 연소방식 보일러에서 노벽의 기밀이 파열되어 연소가스가 새나오는 현상이다. 원인을 찾아보면 다음과 같다.

- 부식
- 과열변형

㉱ 노의 진동음

연소 중 화로나 연도 내에서 연속적으로 가스의 과류에 의해 공명음을 발하는 현상이다. 원인은 대체로 다음과 같다.

- 연도 내에 칸막이가 없거나 부적당한 경우
- 연도 내에 와류를 발생케 하는 포켓이 있을 경우
- 통풍역이 부적당한 경우
- 연소부하가 크고 연소상태가 불안전한 경우

㉲ 연료예열기(oil preheater)

버너입구 전에 최종적으로 연료를 가열하여 점도를 낮추어 분무효율을 높

임으로서 연소효율을 촉진시키기 위한 장치이다. 연료예열기에는 전기식과 증기식이 있으며, 연료의 예열온도는 인화점 보다 5℃ 낮게 예열하는 것이 원칙이지만 일반적으로 80～90℃로 예열하여 사용한다.

㉳ 분연펌프(metering pump)

부하에 따른 연료 사용량과 버너의 분무압을 조절해 주기 위한 부속장치로 자동제어(ACC제어)에 포함된다.

㉴ 전자밸브(solenoid valve)

화염검출기 또는 고저수위 경보장치에 의하여 작동되는 밸브로서 과부하나 이상 감수(減水)시 보일러의 폭발사고를 미연에 방지하기 위한 자동연료 차단밸브이다.

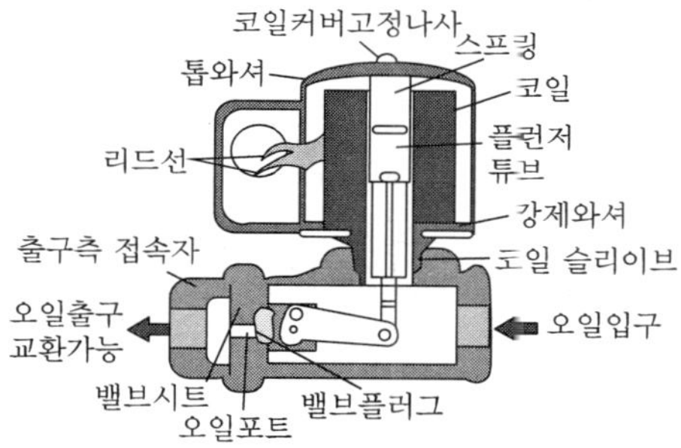

그림 6-14 ◦ 전자밸브

2 보일러의 자동제어장치(自動制御裝置)와 안전확보

(1) 연소안전제어장치

① 연소제어장치 기본

연소의 안전이란 연소로 인한 사고를 미연에 방지하는 것을 말하며 보일러 연소과정에서 사고를 미연에 방지 하는 것을 말하며 보일러 연소과정에서 사고는 가스폭발 및 역화로 인한 사고와 보일러 저수위로 인하여 파열되었을 때 보일러 자체가 폭발 되는 것이 있다. 전자는 순수하게 연소과정에서 이루어질 수 있는 것이고 후자는 보일러 본체와 연관하여 발생할 수 있는 것이다.

가스폭발은 미연가스가 일시에 점화되었을 때 한꺼번에 가스가 팽창하여 이상 압력으로 상승되어 연소실 등이 폭파되고 심하면 주위건물까지 폭파되거나 화재가 발생할 수가 있다. 역화는 폭발 보다는 약한 것으로 연소가스의 흐름이 반대방향으로 역류되는 것으로 때에 따라서는 폭발을 유발할 수도 있다.

② 안전제어장치 구성

연소안전제어장치의 구성은 <그림 6-15>와 같으며 보일러에 계장한 보기는 <그림 6-16>과 같다. 이 장치는 가스폭발사고를 미연에 방지하기 위해서 다음과 같은 동작을 하는 것이다.

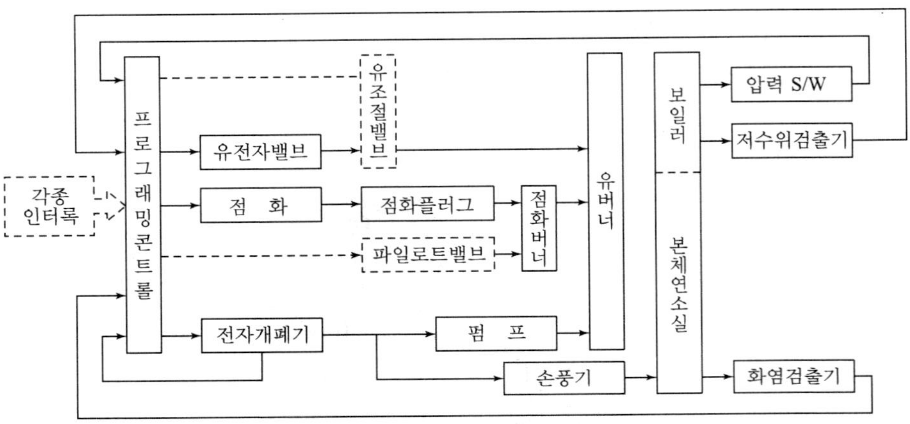

그림 6-15 ● 연소안전장치 구성도

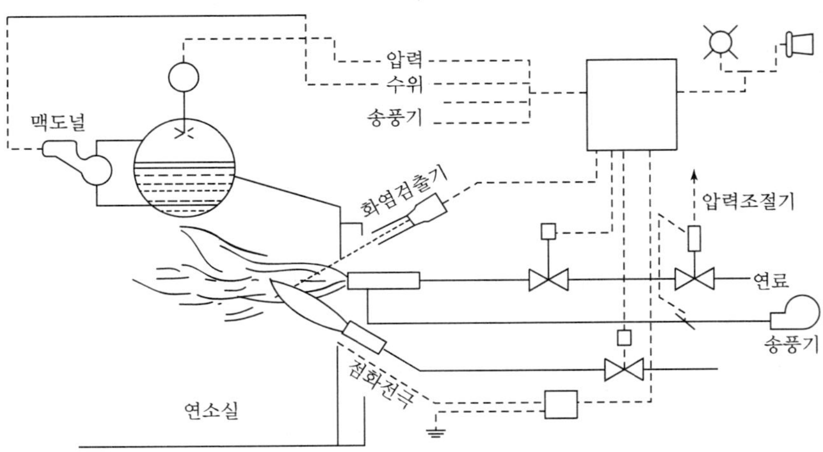

그림 6-16 ● 연소안전장치 계(係)의 보기

(ㄱ) 점화전에 미연소가스를 연소실, 연도부에서 배출하는 동작
(ㄴ) 일정시간 점화를 시도하다가 점화가 되지 않을 때 즉 점화에 실패할 때 연료를 차단하는 동작
(ㄷ) 연소상태를 감시하다 소화되었을 때 연료를 차단하는 동작
(ㄹ) 저수위가 되었을 때 즉시 연료를 차단하는 동작
(ㅁ) 압력이 초과되었을 때 연료를 차단하는 동작, 이와 같은 상태를 감시하는 감지부와 연료를 차단하는 차단밸브 감지부에서 신호를 받아 밸브 차단의 명령을 내리는 프로텍트릴레이(protect-relay)로 구성된다.

(ㄱ)의 동작을 프리퍼지(prepurge) 즉 예비통풍이라고 하며 동작순서가 프로그래밍되어 순차적으로 진행되도록 했으며, (ㄴ)의 동작은 파일럿(pilot)점화, 트랜스, 점화플러그, 파일럿버너, 화염검출기, 프로그래밍 컨트롤러, 연료차단밸브로 이루어지고 있다.

(ㄷ)의 동작은 주로 화염검출기와 연료차단밸브에서 이루어지고 있는 것이 보통이다. 연료차단밸브는 파일럿버너의 연료차단밸브(가스 또는 경우)와 주연료 차단밸브가 있다. 역화를 방지하기 위해서 보조감지부, 즉 정상연소가 이루어질 수 없는 요인이 발생했을 때 즉시 연료를 차단하는 방식을 보조적으로 사용하는 수도 있다. 송풍기의 풍압, 버너본체의 송풍기(1차 공기)의 풍압, 연료온도 등에 의해서 연료를 차단하는 것이다.

(ㄹ)의 동작은 저수위 감지(보통플로트 또는 플러그방식, <그림 6-17>)부에 의해서 연료를 차단한다. 또한 (ㅁ)의 동작은 압력제한기에 의하여 설정 압력을 초과할 때 이루어진다.

③ 연료차단밸브(valve)

연료차단밸브는 연소에 이상이 있거나 기타 인터록장치에서 이상이 감지되었을 때 주·안전제어기의 신회에 의하여 전기회로를 끊었을 때 자동적으로 연료를 차단하는 전기적인 조작밸브와 운전자가 연소를 중단하고자 할 때 연료를 급속히 차단하는 수동밸브가 있다.

(ㄱ) 전기식 연료차단밸브

앞에서 기고한 솔레노이드밸브(solenoid valve) 또는 마그네틱밸브(magnetic valve)라고도 한다.

㉮ 구비조건

- 전기회로 차단 시 즉시 밸브를 닫는 구조일 것
- 전기회로가 통전 시 즉시 밸브가 열리는 구조일 것
- 밸브가 닫혀 있을 때 수동으로 다시 동작상태로 들어갈 수 있도록 하기 전에는 열리지 않는 구조일 것
- 밸브의 전개(全開)에서 전폐(全閉), 전폐에서 전개동작은 6～14초 이내이어야 한다.

㉯ 선택 시 유의사항

- 접속구경 유량은 배관크기 및 유량에 맞는가
- 유체의 허용온도 범위는 맞는가
- 사용압력에 견딜 수 있는가
- 사용전원(電源)의 전압과 맞으며 허용 전압변동 범위가 적당한가
- 허용주위온도는 사용조건과 맞는가
- 소비전력
- 이음의 방식 및 규격

㉰ 사용수량 및 종류

보통 1개씩 사용하고 있으나 독일규격(DIN4787)에서는 경질유일 때는 2개 이상 사용하도록 규정되어 있다. 안전(safety)을 위해서 2개 이상 사용하는 것이 바람직하다. 즉 경질유일 때는 누설위험이 있으며 중질유일 때는 이물질 혼입에 의하여 누설위험이 있다.

(ㄴ) 수동차단밸브 〈그림 6-17〉

이상연소를 발견한다든가 또는 연소를 중단하고 싶을 때, 전기적 연료차단밸브의 기능 검사 시 필요한 것으로 수동으로 개폐할 수 있는 것이 돌릴 수 있는 한 손잡이가 밸브를 전개했을 때 연료유관과 수직상태를 전개했을 때 연료유관과 90° 이루는 것과 같이 밸브의 개패상태를 한눈으로 알아볼 수 있고 쉽게 차단할 수 있는 구조이어야 한다. 흔히 사용하는 것은 볼밸브(ball-valve)이다.

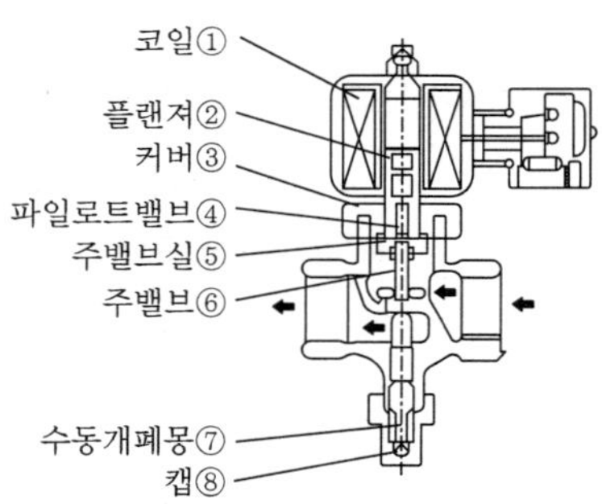

그림 6-17 ● 수동차단밸브

④ 화염검출기

(ㄱ) 화염검출기의 종류

화염검출기는 화염의 유무 또는 상태를 전기신호로 변환시켜 주안전제어기(프로텍트릴레이; protect-relay)에 화염검출 신호를 보내는 기능을 갖는다. 버너운전 중에는 화염검출 신호가 연속적으로 주안전제어기에 보내지고 그것에 의하여 주안전제어기는 연료차단밸브와 버너에 신호를 보낸다. 화염검출기는 화염검출방법에 의해서 다음과 같이 분류한다.

㉮ 열적 검출

㉯ 광학적 검출 <그림 6-18>, <그림 6-19>

㉰ 전기 전도적 검출 <그림 6-20>

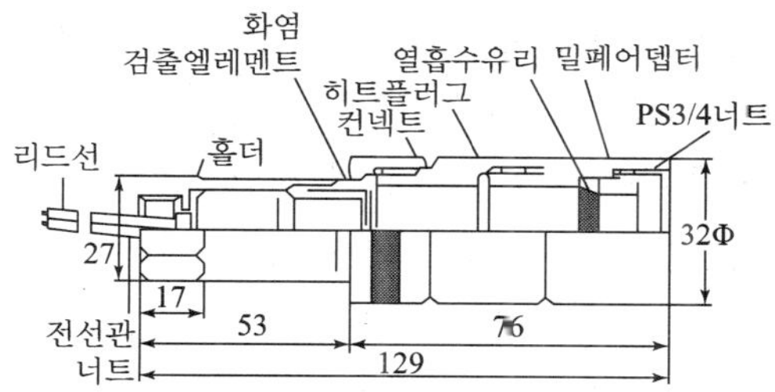

그림 6-18 ◦ 셀 화염검출기(가시광선)

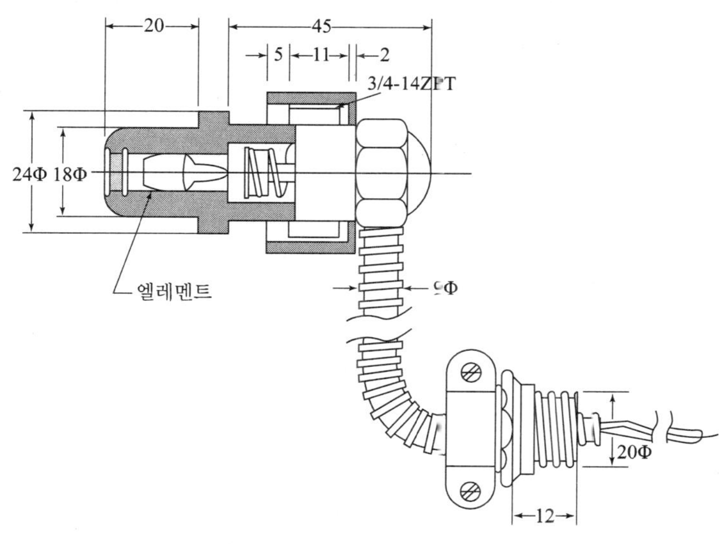

그림 6-19 ◦ 셀 화염검출기(자외선)

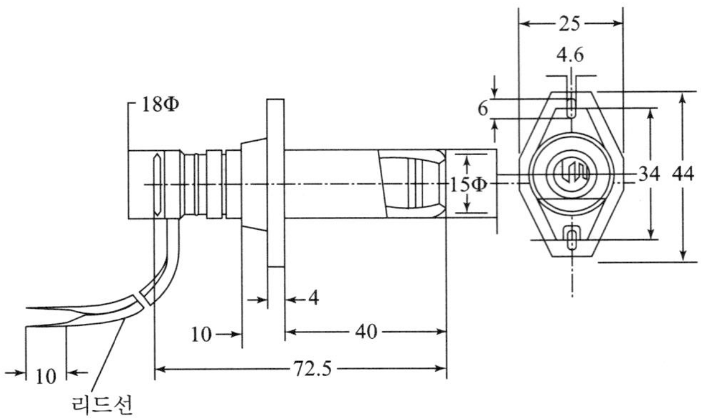

그림 6-20 ● 플레임로드

위에서 ㉮의 열적 검출방식은 화염의 발열현상을 이용한 것으로 가정용 소형 보일러에만 이용되고 있다. ㉯의 광학적 검출방식은 화염에서 발생하는 빛을 검출하는 광학적 검출방법에 의한 것으로 유화카드뮴광도전셀(Cd셀), 유화납 광도전셀(Pb셀), 광전관 등의 화염검출기가 있다. ㉰의 화염의 전기 전도성을 이용한 것으로는 플레임로드(flame-rod)가 있다. 플레임로드는 단순하게 화염이 갖는 도전성을 이용한 도전식과 로드와 버너와의 화염에 접하는 면적의 차이에 의한 정류효과를 이용한 정류식이 있다.

(ㄴ) 각종 화염검출기 비교

각종 화염검출기의 사용연료 등에 대한 적합성 여부는 다음과 같다 참고하시길 바랍니다.

검출기의 종류	연료의 종류			오동작의 원인		
	gas	등유－A중유	BC중유	노벽의 방사	점화용 변압기의 스파크	광흡수 매체가 있을 때
Cd셀	×	△	○	○	×	○
Pb셀	○	○	○	○	×	○
광전관	×	△	○	○	×	○
자외선광전관	○	○	○	×	○	△
플레임로드	○	※	※	×	×	○

○ : 검출한다, × : 검출하지 않는다, △ : 첨출이 불안정하다, ※ : 부적절

⑤ 압력제한기

보일러의 증기압력 또는 발생온수의 온도가 최고사용압력 또는 최고사용온도에 도달하기 전에 연료공급을 차단하는 신호를 보내는 발신기의 일종이다.

보일러의 안전밸브나 여유(relief) 설정치보다 낮게 세팅하여 연소를 차단한다. (그림 6-21, 그림 6-22 압력제한기 내부)

설치위치의 선정

㉮ 조절이 용이한 곳

㉯ 수은 스위치 방식일 때는 진동이 적은 곳

㉰ 최고사용압력 이하에서 사용

㉱ 증기보일러에 사용할 때는 보일러의 최고수면보다 높은 위치에 있어야 한다.

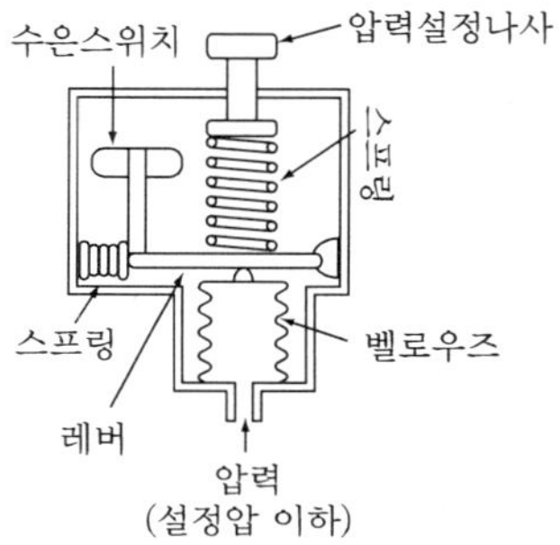

그림 6-21 ◉ 압력제한기 설정압 이하

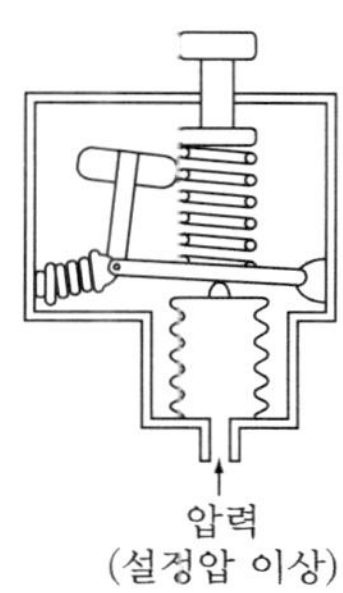

그림 6-22 ◉ 압력제한기 설정압 이상

⑥ 저수위(低水位) 차단장치

보일러의 수면(水面)이 위험수위보다 낮아져 전열면이 화염 또는 고온가스에 노출되었을 때 과열되어 일어나는 사고를 미연에 방지하기 위해서 보일러가 위험수위에 도달하기 전에 신호를 발신하는 안전장치이다. 전극식, 플로트식, 맥도날식, 자석식 등이 있으나 일반적으로 사용되는 맥도날식(MacDonald type)에 한하여 기술하고자 한다. 중소형 보일러는 수면의 시정수(示正水)는 높기 때문에 급수펌프를 ON-OFF 방식에 의하여 가동시켜 급수하는 방식을 많이 취하고 있다. 이때 맥도날 저수위(低水位) 차단장치는 수면에 따라서 급수도 하고 연소정지도 할 수 있다. 이에 대한 예는 <그림 6-23>에 나타나고 있다. 보일러의 용량이 크면 수위가 변하는 시간이 짧으므로 각 제어 수면이 큰 것이 좋다. 특히 수관식 보일러는 더하다. 그래서 맥도날식을 2개 이상 부착시키고 있는 것도 있다.

일본의 노동성 지침을 보면 보일러가 자동급수방식이 아닐 때는 저수위 차단장치를 2개 이상 설치하기를 권장하고 있다. 이런 의미에서도 2개 이상 갖는 것이 바람직하다. 차단장치의 고장 등에 의하여 사고를 유발할 수 있기 때문이다.

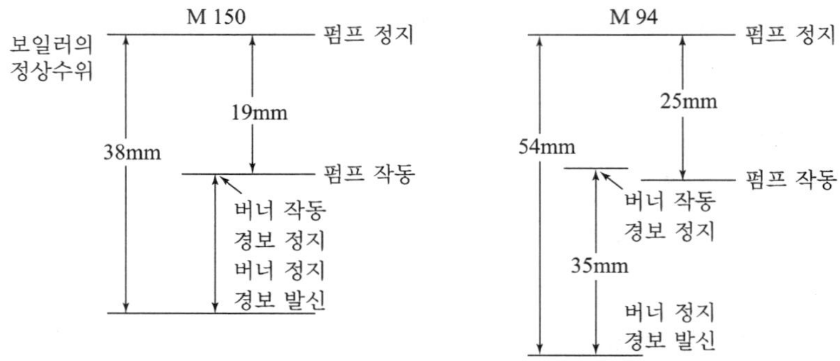

그림 6-23 ◉ 맥도날 차단장치

<그림 6-24>는 맥도날(MacDonald) 저수위 차단장치의 단면도이다.

설치방법

㉮ 보일러의 차단수위와 저수위 차단장치의 차단수위를 일치시킨다.

㉯ 차단수위 마크는 수평으로 연결파이프는 수직으로 한다.

㉰ 차단수위(水位) 마크가 보일러 정상수위(正常水位) 보다 약 33 mm 낮게 하는 것이 바람직하다.

㉱ 수면계는 차단수위 및 정상수위를 읽을 수 있도록 한다.

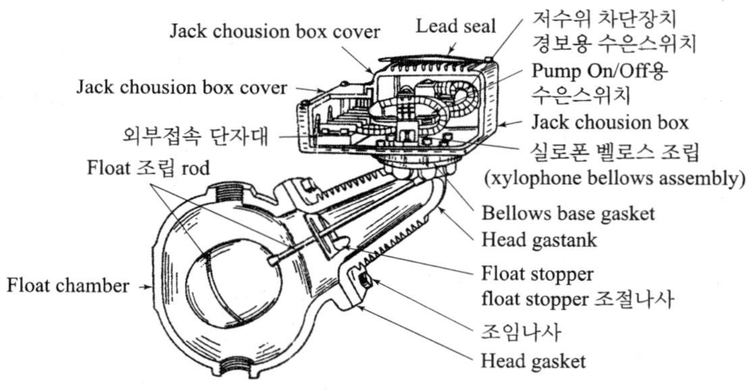

그림 6-24 ◉ 플로트(float)식 수위 검출기

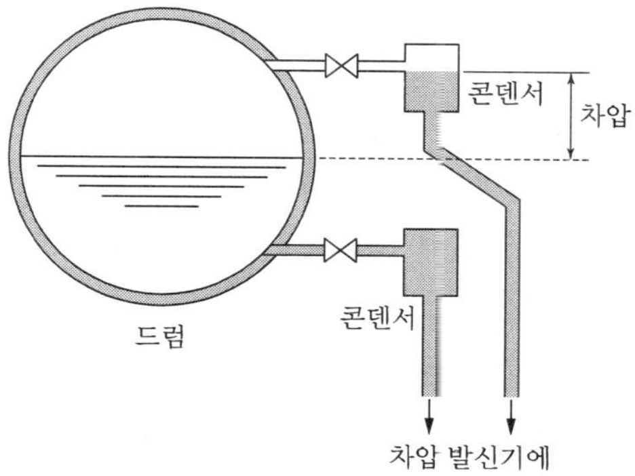

차압(差壓)식 수위 검출기

⑦ 공기흐름 스위치

분무용 공기인 1차 공기나 연소용 공기인 2차 공기의 압력이 낮을 때 연소가 계속되면 많은 매연이 발생하고 역화나 가스폭발의 원인이 될 수 있다. 따라서 공기흐름 스위치는 각각의 공기압을 감시하는 기능을 가지고 있다.

설치방법

㉮ 주위온도가 기기의 허용온도 이내일 것
㉯ 전원이 기기의 정격 내에 있을 것
㉰ 사용압력이 기기의 최고허용 압력을 초과하지 않을 것
㉱ 부착한곳은 진동의 없을 것

3 보일러 취급 시 안전기본

(1) 보일러 취급상 일반사항

보일러 취급의 양부(良否)는 보일러의 안전, 보전, 효율적인 사용, 공해 등에 깊은 관계가 있다. 아무리 좋은 재료로 만들어지고 구조나 강도가 충분한 보일러라고 할지라도 취급방법이 온전하지 않으면 과열이나 손상이 생겨 수명이 짧아지든가 조그마한 부주의에서 치명적인 사고를 초래하게 된다. 또 올바른 취급방법은 보일러의 효율을 높이고 열에너지의 유효이용에 기여하는 것이며 대기 오염, 대책면에서도 깊은 관심을 두지 않으면 안 된다. 현재 일반산업계에서 사용되는 보일러의 종류와 형식은 다양하지만 노(爐)의 연소에 의해 열을 발생시켜 그 열에 의해 원하는 증기를 만든다는 보일러의 본질에는 변함이 없고 일반적인 취급상의 기본적 사항은 공통적이다. 그러나

취급상 안전확보를 위해 염두에 두어야 한다.

① 사용하는 보일러의 구조 및 특징을 충분히 이해함과 동시에 제조업체의 취급설명서(manual 등)에 의해 설계자의 의도를 숙지하여 그 지시에 따를 것.
② 사업장에 따라 보일러에 의한 작업환경이 다르므로 그 보일러에 적합한 운전기준을 확립하여 둘 것.
③ 보일러의 정격용량 한계를 넘는 사용은 반드시 보일러에 무리가 생기게 된다. 증기 수요의 실태를 분석하고 용량을 초과하는 일이 없도록 계획적으로 운용 할 것.

(2) 보일러를 사용하기 시작 전 준비사항

① 신설보일러를 사용하기 시작할 때

(ㄱ) 보일러 본체 강부의 점검

㉮ 내부점검 : 기수분리기, 기타 부품의 부착상황을 확인하고 공구나 볼트, 너트, 부스러기(scrap) 및 헝겊 등이 놓여 있는가를 조사하고 수압시험 후 명판이 제거되어 있는가 등 구멍상황을 점검한다.
㉯ 노, 연도의 점검 : 노벽, 배플, 그을음 제거장치의 상황 등을 조사하여 댐퍼(damper)가 원활하게 개폐되는가 여부를 점검확인 한다. 노 내에 있는 버너 스토커의 상황에 대해서도 조사하여 둔다.
㉰ 부속품의 점검 : 압력계, 수면측정장치, 흡출장치, 급수밸브, 증기밸브 등의 장치 상황에 이상이 없는가를 조사한다.

(ㄴ) 부속장치의 시운전

㉮ 각 장치를 점검하고 베어링부 등에 주유한다.
㉯ 연소장치, 통풍장치, 급수장치, 등을 시운전하여 이상 유무를 확인한다. 자동제어장치는 자동·수동 작동이 원활한지 확인한다.

(ㄷ) 벽돌쌓기 등

② 휴관중인 보일러를 사용하기 시작할 때 장기간 휴지하고 있던 보일러는 신설보일러를 사용하기 시작할 때에 준하여 점검하고 특히 다음 사항에 중점 체크를 요한다.

(ㄱ) 보일러 본체점검

㉮ 내부점검 : 부식

㉯ 외부점검 : 연도, 노벽, 방해물(baffle)의 보수 등

㉰ 수압시험 : 최고사용압력 정도의 수압으로 수관, 연관의 부착부 및 접속부 이상 유무

(ㄴ) 부속품 및 부속장치의 정비

㉮ 부속품 : 압력계, 안전밸브, 수면계, 배출장치 등

㉯ 부속장치 : 연소, 통풍, 급수장치 등

㉰ 자동제어장치 : 전면 전부를 기능양호 점검하여야 한다.

(ㄷ) 점화준비

점검 후 신규보일러 점화와 동일하게 하여야 한다.

(3) 보일러 사용 중의 취급기법

① 연소의 조절

② 수위조절 수면의 감시, 안전저수면, 수면계 시험 : 1회/day 이상 실시

③ 증기압력 및 증기온도 감시 : 압력계 정도 및 안전밸브 작동 이상 유무

④ 보일러블로우 : 간헐적 블로우 1회/day 실시

⑤ 그을음 불어내기(soot blow) : 일정주기를 정하여 실시한다.

⑥ 사용 중 점검기능 및 test 및 기록

(ㄱ) 점검항목

㉮ 증기압력증발량과 열기가 있는 경우 증기온도

㉯ 보일러수위, 급수량, 급수온도, 급수압력, 저수탱크의 수량

㉰ 연료소비량, 연료압력, 가열온도(중유경우)

㉱ 노내 및 연도의 통풍력, 연도 가스온도저, 매연농도

㉲ 자동제어기기관계 전부

㉳ 보일러본체 부속 배관 밸브 등

(ㄴ) 기능항목

㉮ 수면계 및 수주시험

㉯ 수위검출기

㉰ 화염검출기

(ㄷ) 분석 및 측정

㉮ 급수처리장치

㉯ 보일러물 샘플채취 분석 및 약액주입

㉰ 연도가스 분석 연농도 측정

(4) 보일러의 사용을 멈출 때 안전확보

① 운전을 정지할 때 조작순서

(ㄱ) 연료공급정지·차단

(ㄴ) 연소용 공기정지

(ㄷ) 주철 제외, 물 공급

(ㄹ) 주증기밸브 Closed

(ㅁ) 압력자연강하

② 보일러 냉각방법

(ㄱ) 댐퍼를 반개 서서히 자연냉각

(ㄴ) 내부압력 0이 되고 물을 취출

(ㄷ) 수위저하 Valve open 후 공기를 보낸다.

(5) 부속품 및 부속장치 보수

① 압력계 : 성능검사

② 수면측정장치 : 항상 고조

③ 안전밸브

④ 증기스톱밸브, 급수밸브, 흡출밸브

⑤ 자동제어장치

⑥ 급수장치와 수처리장치

⑦ 연소장치 및 통풍장치

⑧ 과열기(super heater)

⑨ 절탄기(economizer)

⑩ 공기예열기(air preheater)

⑪ 수트 블로우(soot blow)

4 보일러의 방호장치

보일러의 취급부주의 또는 조작기능 및 점검 및 검사 누락 등으로 인하여 보일러 사고를 유발하거나 기관자체의 나쁜 현상을 초래하므로 이러한 사고를 미연에 방지하기 위하여 보일러에 설치되는 안전확보를 위한 방호장치이다.

(1) 압력방출장치(안전밸브; safety valve)

보일러 내부(內部)의 압력이 최고사용압력을 초과할 때 과잉의 압력을 외부로 자동적으로 작동하여 배출시킴으로써 과도한 압력상승을 저지하여 파열사고 등을 방지하는 장치이다. 압력방출장치(안전밸브)는 어떤 형식이든지 최고사용압력 이상 6% 넘지 않는 것이어야 하며 보일러 설치기준에 있어서 안전밸브의 형식을 스프링식(spring type), 압력중추식, 지렛대식의 구조가 있다. 보일러 설치하는 압력방출장치는 1개 또는 2개 이상 설치하고 2개 이상 설치할 경우에는 한 개는 최고사용압력 이하에서 작동하게 하고 다른 압력방출장치를 최고사용압력의 1.03배 이하에서 작동하게 한다. 따라서 안전밸브 면적은 보일러 전열면적에 비례하고 증기압에 반비례한다.

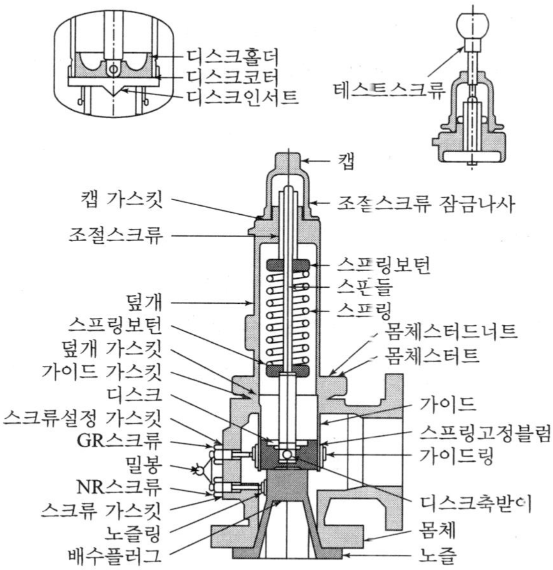

그림 6-25 ● 스프링식

① 스프링식(spring type) <그림 6-25>

양정(揚程)에 따라 4가지로 나누어지는데 분출용량은 다음과 같다. 즉 최고사용압력이 1 kg/cm^2 넘는 증기보일러 안전밸브 분출용량의 계산식은 다음과 같다.

(ㄱ) 저양정식(低揚程式)

$\frac{D}{40} \leqq l < \frac{D}{15}$의 것을 말한다. D : 밸브시트 지름

$$\text{분출용량} \ W = \frac{1.03P+1}{22}AC$$

(ㄴ) 고양정식(高揚程式)

$\frac{D}{15} \leqq l < \frac{D}{7}$의 것을 말한다. D : 밸브시트 지름

$$\text{분출용량} \ W = \frac{1.03P+1}{10}AC$$

(ㄷ) 전양정식(全揚程式)

$\frac{D}{7} \leqq l$이며 또한 밸브가 밸브시트(valve seat)구 지름의 1/7 열었을 때 발생하는 증기통로의 면적보다도 밸브 입구에서 해당 증기통로에 이르는 사이의 최소증기통로의 면적이 10% 이상 큰 것을 말한다.

$$\text{분출용량} \ W = \frac{1.03P+1}{5}AC$$

(ㄹ) 전양식(全量式)

밸브시트구 지름의 목부위 지름이 1.15배 이상 밸브가 열렸을 때 밸브시트구의 증기통로 면적이 목부위 면적의 1.05배 이상이며, 또한 밸브의 입구 및 관대의 최소증기통로의 면적이 목부위 면적의 1.7배 이상의 것을 말한다.

$$W = \frac{1.03P+1}{2.5}AC$$

여기서, W, D, l, P, A, C 및 A_o는 각각 다음 값을 표시하는 것으로 한다.

W : 안전밸브의 분출량(kg/hr)

D : 안전밸브의 밸브시트구의 지름(mm)

l : 안전밸브의 리프트(mm)

P : 안전밸브의 분출압력(kg/cm²)

A : 안전밸브의 밸브시트구의 면적(mm²)이며 밸브시트의 각도가 45°의 것에 대해서는 밸브시트구 면적의 0.707배 면적으로 한다.

C : 계수이며 증기압력 120 kg/cm²이며 또한 온도 280℃ 이하의 경우는 1로 한다.

A_o : 안전밸브의 최소증기통로 면적(mm²).

최고사용압력이 1 kg/cm²이며 또한 온도 280℃ 이하의 증기보일러 안전밸브의 분출량은 다음 계산식에 따라서 산출하는 것으로 한다.

$$W = \frac{(P + 1.2)A}{\alpha}$$

여기서, W, P 및 A는 각각 전항 제1호에 정하는 값과 같은 값을 표시하고 α는 다음 값을 표시하는 것으로 한다.

α : 안전밸브의 형식에 의해서 정하는 정수이며 저양정식에서는 22, 고양정식에서는 10으로 한다. 단, 밸브의 리프트가 밸브시트구 지름이 1/25에서 1/15 미만인 경우에는 15로 할 수 있다.

증기보일러의 안전밸브에서 공칭분출계수가 명확한 경우에는 위의 규정에도 불구하고 다음 계산식에 의해서 분출량을 산정할 수 있다.

「참고용」

(ㄱ) 밸브시트가 밸브축에 대해서 45도(원뿔자리)인 경우

$$W = 0.5145 \times \pi D l (1.03P + 1) \times 0.707 \times K \times 0.9 \times C$$

(ㄴ) 밸브시트가 밸브축에 대해서 90도(평면자리)인 경우

$$W = 0.5145 \times \pi D l (1.03P + 1) \times K \times 0.9 \times C$$

(ㄷ) 목부위 면적이 증기통로의 최소면적인 경우

$$W = 0.5145 \times A_o (1.03P + 1) \times K \times 0.9 \times C$$

여기서, W, D, l, P, C 및 A_o는 각각 위 설명에서 정하는 값과 같은 값을 표시하며, K는 공칭분출계수를 표시한다. <육용증기 보일러 안전밸브 값 응용 JIS-B8210>

② 압력중추식

밸브위에 추를 올려놓아서 증기압력과 평형을 이루도록 한 밸브는 추는 많은 추절재 원판으로 되어 있으며 저압용이다. <그림 6-26>

증기압력에 대한 추의 중량 W를 구하는 공식

$$W = \frac{\pi D^2}{4} P \text{ (kg)}$$

여기서, D : 밸브디스크의 지름(cm)

P : 분출압력(kg/cm^2)

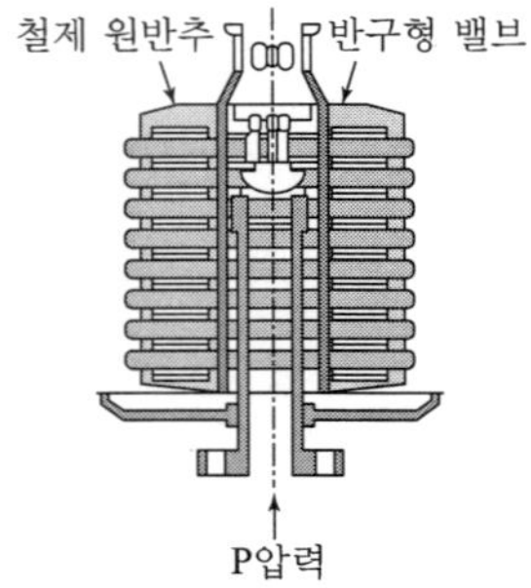

그림 6-26 • 압력중추식

③ 지렛대식(Lever type)

압력이 높아지면 밸브가 열리도록 지렛대(lever)로 연결된 끝에 추가 달려 있는데 구조나 취출압력의 조정이 간단하지만 안전밸브에 가해지는 전압력이 600 kg 이하일 때 사용한다. <그림 6-27>

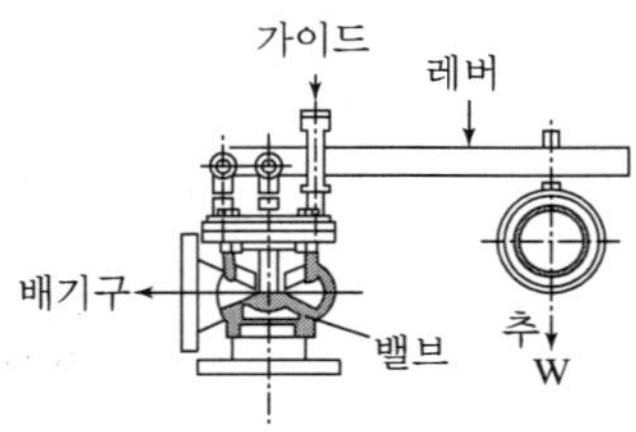

그림 6-27 • 지렛대식

④ 복합식 안전밸브

이것은 스프링식 안전밸브와 지렛대식 안전밸브를 조합한 형식이 있다.

(2) 토출밸브(Escape valve)

토출밸브는 밸브에 걸리는 압력에 따라서 밸브를 여는 기능을 가진 자동압력 토출장치로서 온수보일러의 안전장치로 사용된다. 구조적으로 스프링식 안전밸브와 동일한 개념이다.

여기서 토출관은 온수보일러의 팽창탱크에 온수의 팽창량을 토출시켜 관내의 압력이 과상승하는 것을 방지하는 관이다.

$$\text{토출압력} = \text{증기압력} \times \frac{\text{증기실린더 단면적}}{\text{水(물)실린더 면적}}$$

(3) 가용마개 <그림 6-28>

보일러 관수(管水)의 이상감수로 말미암아 보일러 수위가 안전저수위(水位) 이하로 내려갈 때에 과열로 인한 동체의 파열 또는 연소실의 압궤 등의 사고를 미연에 방지하기 위하여 설치되는 부속품으로서 그 재질은 주석(Sn)과 납(Pb)의 합금으로 되어있다. 따라서 혼합비율에 따른 용융온도는 다음과 같다.

주석 : 납	용융온도(℃)
3 : 10	250
3 : 3	200
10 : 3	150

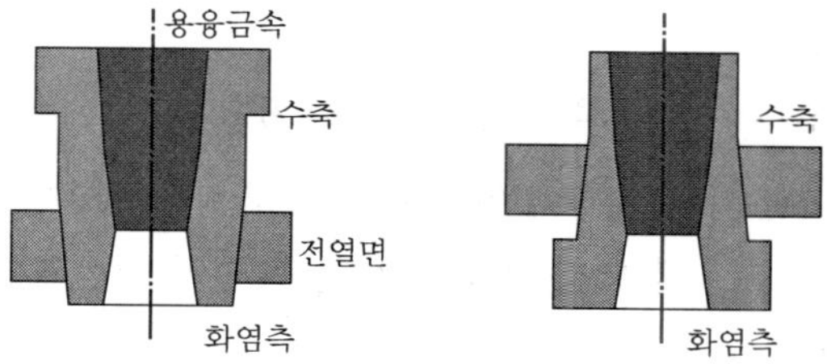

그림 6-28 ◦ 가용마개

(4) 방폭문

연소실내의 미연가스에 의한 폭발이나 역화의 발생 시 그 폭발압을 외부로 배출시켜 폭발, 역화에 의한 보일러 손상 및 보일러 사고를 방지하기 위한 부속장치로서 스프링식(spring type) 또는 밀폐식과 스윙식(swing type) 또는 개방식이라고도 한다. <그림 6-29>

따라서 일반적으로 노통연관 보일러에는 스프링식이 많이 사용되며, 스윙식은 주철제 보일러에 설치되며 충격과 진동에 의한 균열을 방지하기 때문이다.

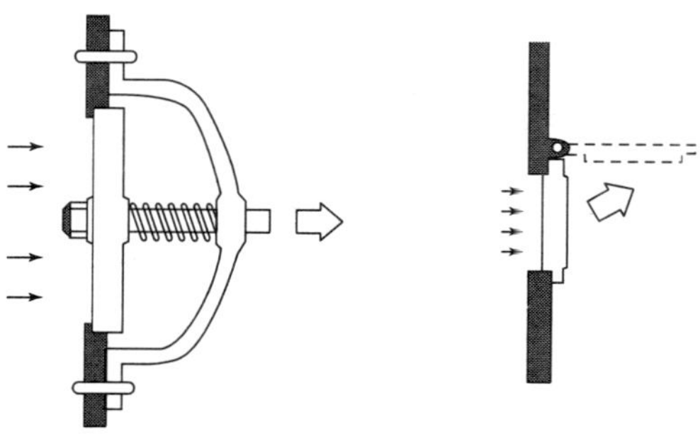

그림 6-29 ◦ 방폭문

(5) 고저수위(高低水位) 경보장치

보일러 쉘(shell)내의 관수의 수위가 최고한계 또는 최전한계에 달하였을 때 자동적으로 경보를 울리는 동시에 연료공급을 차단시켜 주는 장치로서 기계식과 전극식이 있다.

① 기계식

기내(器內)의 플로토의 변위에 의하여 수은스위치를 접점시킴으로서 경적 및 연료 차단 밸브를 작동케한 형식으로 맥도날식(MacDonald type, 그림 6-30a)과 자석식 (magnetic type, 그림 6-30b)이 있다.

② 전극식(Electrode pole type) <그림 6-31>

검출통 또는 수주관에 길이가 다른 전극봉을 몇 개 삽입하여 각각의 전극에 흐르는 전류의 유무에 의하여 수위를 검출 경적발생 및 연료를 차단시키도록 한 방호 장치이다.

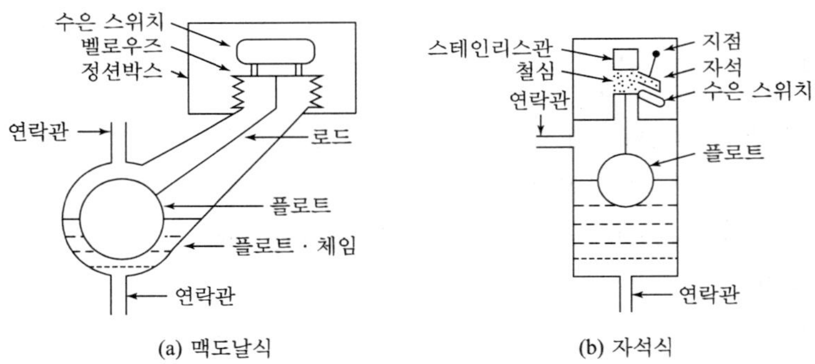

그림 6-30 • 기계식

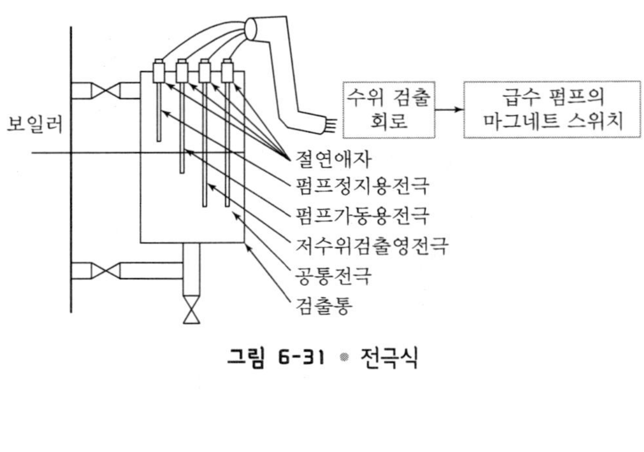

그림 6-31 • 전극식

(6) 수면계(gauge glass)

보일러 내의 관수의 수위를 측정하는 장치로서 수면이 너무 낮으면 전열면의 과열로 파열사고를 초래하고 너무 높은 경우에는 기수 공발을 일으켜 캐리오버(carry over)를 발생시킨다.

이런 현상을 방지하기 위하여서 고저수위 경보장치나, 자동급수장치를 설치하면 되지만 좀 더 확실한 안전운전을 하기 위하여 수면계를 부착하여야 한다.

① 수면계의 종류

(ㄱ) 둥근 유리 수면계 〈그림 6-32〉

일반적으로 저압인 10 kg/cm^2 이하에서 사용되는 수면계로서 유리관의 상단을 최고수위 이상의 부분에 하단을 최저수위 이하부분에 접속하여 수위를 지시하도록 한 구조로 유리관의 내경은 모세관 현상을 방지하기 위하여 10 mm 이상이어야 한다.

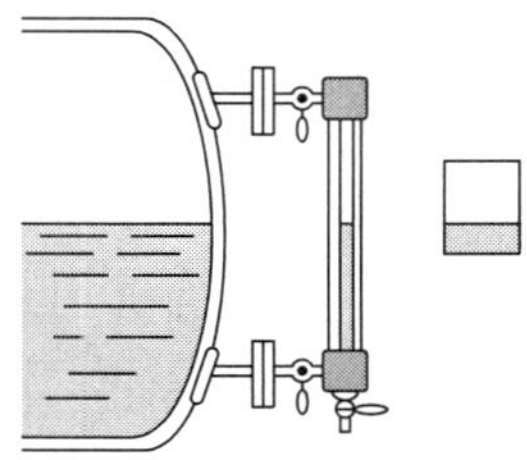

그림 6-32 ◦ 둥근 유리 수면계

(ㄴ) 평형반사식 수면계

경질의 평형유리를 금속테 속에 끼운 것이며 평형유리의 내면에는 삼각세로홈이 있어 이에 의하여 투과된 빛을 난 반사시켜 관수가 있는 부분은 검게 보이게 하고 증기부분은 하얗게 보이도록 한 형식으로 사용압력은 16 kg/cm^{2}와 25 kg/cm^{2}까지 사용할 수 있는 2종류가 있다.

(ㄷ) 평형투시식 수면계 〈그림 6-33〉

평형반사식에 비하여 측정이 용이하도록 또 전수 또 2색유리를 사용하여 증기부는 적색(赤色), 수부는 청색(青色)으로 보이도록 한 것으로 발전용 보일러 등과 같이 고압, 대용량으로 사용된다. 사용압력은 각각 45 kg/cm^{2}와 75 kg/cm^{2}까지 사용할 수 있는 2종류가 있다.

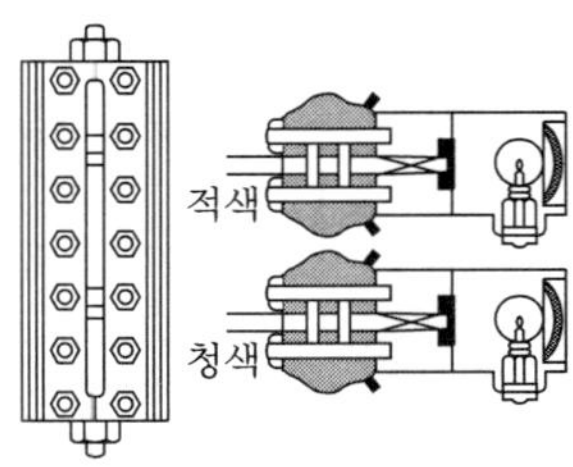

그림 6-33 ◦ 평형투시식 수면계

(ㄹ) 멀티포트식(Multiport type) 수면계 〈그림 6-34〉

사용압력이 210 kg/cm^{2}로 고압용이며 그 구조는 고압에 견딜 수 있도록 유리판의 외면을 강판으로 케이싱하여 세로로 2열의 둥근 구멍을 내어

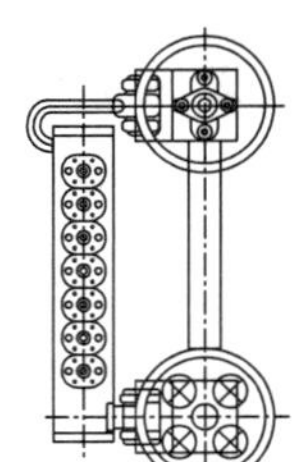

그림 6-34 ◦ 멀티포트식 수면계

수위를 지시토록 한 것이다.

(ㅁ) 차압식 수면계 〈그림 6-35〉

증기부와 부수의 연락관을 U자관으로 하여 그 내부에 수은을 봉인하여 수은의 차압 h'를 측정하여 헤드 h, 즉 수면위치를 알 수 있다.

$$h = h'(d-1)$$

여기서, d : 수은의 비중량

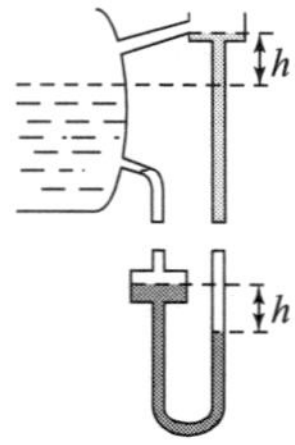

그림 6-35 ● 차압식 수면계

또한 차압식 수면계는 원격지시를 할 수 있다.

② 수면계의 부착위치

수면계의 부착은 수면계의 유리면 최하부가 보일러의 안전저수위와 일치하도록 하여야 한다. 또한 수면계의 중심부분은 상용수위(常用水位)를 나타낼 수 있도록 하여야 한다. 다음은 보일러 형식에 따른 안전 저수위(低水位)를 나타내는 위치이다.

● 표 6-1 보일러의 형식에 따른 안전저수위

보일러의 형식	안전저수위
입형보일러	화실천장판 최고부위(플렌지부를 제외) 75 mm
입형관보일러	화실천장판 최고부 연관길이 1/3 상방
연관보일러	연관 최고부위 75 mm
노통보일러	노통 최고부위(플렌지를 제외) 100 mm
노통연관보일러	연관 최고부위 75 mm. 단, 연관 최고부보다 노통 상면이 높은 경우에는 노통 최고부위 100 mm

※ 노통연관보일러 및 노통보일러의 상용수위는 동체 중심선에서부터 동체 반지름의 65% 범위 내에 있어야 한다. 이때 상용수위는 수면계 중심선으로 한다.

③ 검수콕(cock)

수면계 중 하나의 대용으로 사용되는 것으로 동경 750 mm 이하의 증기보일러 또는 주철제 보일러 등 소용량 보일러에 적용된다. 일반적으로 최고수위와 최저수위 사이에 3개를 설치한다.

(7) 화염검출기

연소실의 화염을 감시하여 불안전연소로 인하여 화염의 휘도가 낮아질 때 마그네틱 스위치를 작동하여 연료의 공급을 차단시켜 역화나 폭발을 방지하기 위한 장치로 플레임아이(flame eye), 플레임로드(flame rod), 플레임스택(flame stack) 등이 있다.

① 플레임아이(flame eye) : 광전관을 이용 화염의 휘도를 전기적 신호로 변환하여 화염 상태를 파악하는 형식

② 플레임로드(flame rod) : 연소실내의 고온가스의 이온화를 이용한 것으로써 고온 분위기에 있어서 가스는 양이온과 자유전자로 전리되어 있으므로 여기에 전극을 접촉시키면 전류가 흐르게 된다. 이에 의하여 전류의 유무를 검출하여 화염의 상태를 파악하는 형식이다.

③ 플레임스택(flame stack) : 이것은 연돌입구에 부착하여 연소가스가 갖고 있는 열에 따라 감열소자인 바이메탈의 신축작용에 의하여 화염의 상태를 파악하는 형식이다. 구조가 간단하고 가격이 저렴하지만, 화염검출의 응답이 느려 버너의 용량이 10 kg/cm^2 이상의 것에는 사용할 수 없다.

(8) 계기류의 유지관리

보일러는 대개 증기압력, 연소시의 연료 및 공기량 등을 자동으로 조절하는 자동연소제어(ACC, Automatic Combustion Control)장치와 급수량 등을 조절하는 피드백(feed back)제어장치 그밖에 정해진 순서에 따라 진행되는 시퀀스(sequence)제어장치 등에 의해 상당부분이 자동으로 운전된다. 이에 따라 자동제어에 필요한 온도, 압력, 유량 등 입력신호의 정확한 검출과 출력신호에 의한 제어기기들의 적절한 동작이 필수적이며 이들 계기 제어기기들의 유지관리가 안전운전의 열쇠가 된다.

사례

보일러 폭발사고

1. **재해발생 개요**

1990년 6월 13일 06:50경 ○○제지 보일러실에서 가동 중이던 3대의 보일러 중 1대가 폭발하여 20여평의 보일러실이 완전히 부서져 보일러공 3명이 즉사하고 폭발한 보일러 동체가 약 350 m 떨어진 인근 들판의 진입 도로변으로 날아가 마침 그곳을 지나던 인근 주민 1명을 압사시킨 재해임.

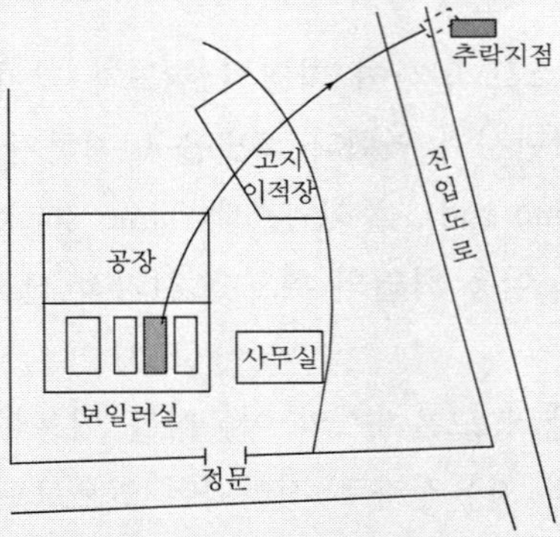

그림 1 사고발생 현장 개요

사진 1 논 바닥에 떨어진 보일러 동체(胴體)

2. 재해발생 기계

① 기계사양
- 형식 : 노통연관보일러
- 제작년도 : 1983년
- 증기발생량 : 5 ton/hr
- 버너사양 : 수평 로터리식
- 최고사용압력 : 7 kg/cm^2
- 사용연료 : 벙커 C유

② 운전기록
- 본 사고 보일러를 1983년에 도입 설치하여 사용해 오다가 10 ton 보일러가 도입되면서 1989년 10월 이후 사용을 중지하고 있었다.
- 사고발생 3일 전 '90.6.10일부터 재가동을 위한 시운전을 실시하다가 사고발생 2일 전인 '90.6.11일부터 정상가동을 시작하여 30여시간 정도 경과한 후 사고가 발생하였음.

③ 보일러 구조(형식승인 서류에 의한 확인)
- 보일러 동체 : 높이 2,900 × 길이 3,800 × 지름 2,200(mm)
  재질 SS41, 두께 12 mm
  경판 : 재질 SS41, 두께 16 mm
- 노통화실 : 내경 306 mm
  재질 SS41, 두께 9 mm
- 안전밸브 : 스프링식 φ50 mm 1개
  φ32 mm 1개
- 압력제한 스위치 : 1개
- 고저수위 조절장치 : 1개
- 압력계 : 2개

※ 제작·설치한지 약 7～8년 경과하여 공장에서 도면을 보관하고 있지 않아서 도면 확인이 불가능한 상태임.

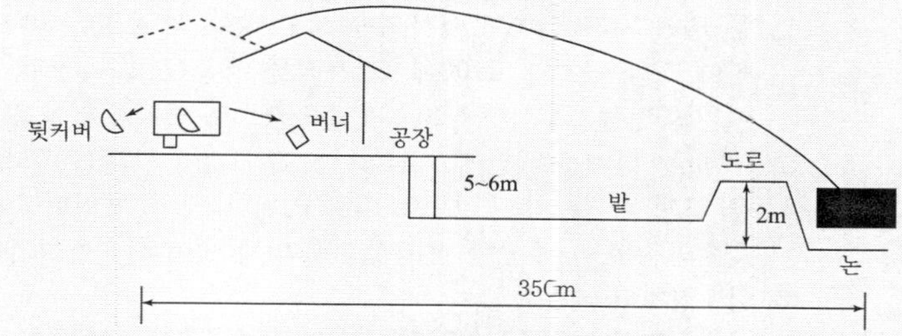

그림 2 노통의 비행경로 추정

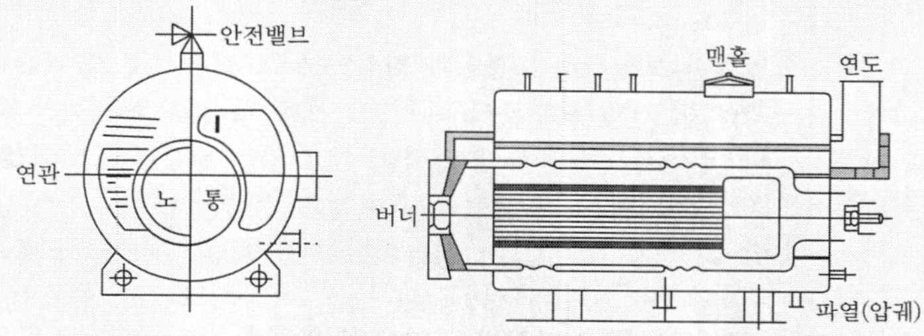

그림 3 사고 보일러의 구조

사진 2 완전 파괴된 보일러실

3. 보일러 사고의 위험요인

① 파열위험성

보일러의 몸체(드럼) 내에 있는 보일러수는 더느 압력 하에 있어서 포화상태를 가지고 있으므로, 설비 등에 불량장소가 있으던 그곳이 크게 벌어져 대량의 증기가 분출하면서 내부의 압력은 대기압까지 강하하여 포화의 균형이 잡히지 않고 급격한 기화현상을 동반한다.

기체 1 g 분자는 표준상태(0°C, 대기압)에 있어서 22.4 L의 용적을 점한다. 이것은 100°C 대기압에 있어서 수증기 1 g 분자의 용적은 30.5 L로 되며 기화에 수반하여 포화수는 약 1,700배 그 용적을 팽창시킨다.

이 기화현상은 1/10～1/20초의 순간적으로 일어나며 더욱이 그것이 몸체(드럼)라고 하는 밀폐용기 안에서 일어나므로 거기에 기계적 파괴력이 생겨 몸체나 드럼을 크게 파괴시키는 것으로 이르게 된다. 이를 파열현상이라고 하며, 파열은 포화수의 기화에 수반한 용적팽창에 의해 일어나는 물리적 파괴현상이다.

② 급수장치의 기능불량

급수능력의 저하, 급수온도의 과도상승, 급수밸브의 고장 등 급수장치 기능의 불량에 의해 사고가 발생되는 일이 많다.

③ 압궤(collapse)

압궤란 보일러의 노통이나 화실 또는 재킷을 가진 압력용기의 내통 등 외면에 압력을 받고 있는 부분이 내측으로 향하여, 눌려 부서지는 현상이며 일종의 좌굴이다. 일반적으로 외면에 압력을 받고 있는 원통부분은 일부에 변형이 생기면 급격히 진행되어 이와 같은 압궤현상을 수반한다.

압궤는 재료의 강도가 저하되어 외부압력이 견디기 힘들어 생기는 것이며 보일러수가 저하되어 과열이 생기는 경우 등에도 일어난다. 압궤를 일으키기 쉬운 보일러는 노통 연관식에서 많이 발생한다.

4. 재해발생 원인

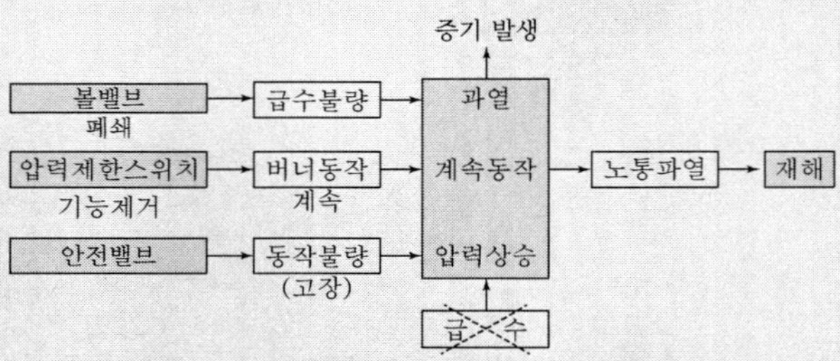

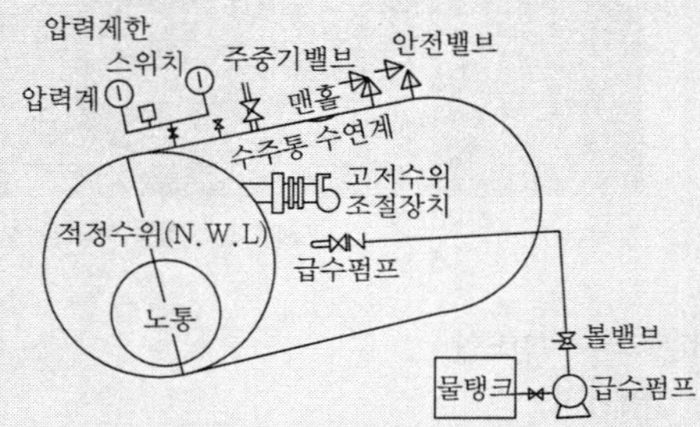

그림 4 급수배관도

5. 사고원인 조사결과

① 급수상태의 불량

• 급수라인상의 볼밸브가 4/5 이상 닫혀있는 상태로서 증기생산에 필요한 충분한

급수가 이루어지지 않았다.

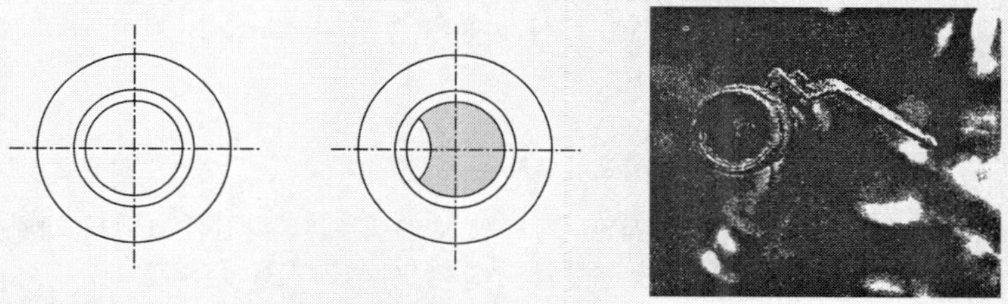

(a) 정상적으로 열린 상태　(b) 사고 발생 시 상태　(c) 볼밸브 4/5 정도가 잠김 상태

그림 5 밸브 개폐상태

- 응축수 회수펌프는 설치되어 있으나 정상가동이 시작된지 약 30시간정도 경과하였으므로 발생증기는 대부분 공장에서 소모되고, 보일러로 회수할 수 있는 충분한 수량(水量)이 확보되지 않았다.
- 사고 보일러용 급수펌프(0.12 m^3/min × K_w 전양정 120 m)는 사고 당시 보일러 내부의 압력이 전양정(120 m = 12 kg/cm^2) 보다 높은 관계로 급수가 전혀 이루어지지 않았다.

② 고·저수위 조절장치의 작동불량

상기 장치는 보일러 수증기의 수면계 옆에 부착되어 저수위시 급수펌프와 연동작동하여 적정수위까지 급수가 되도록 하는 장치인데 작동이 불량하여 보일러 내부의 수위조절을 원활히 못한 관계로 보일러 내부에 물이 거의 없는 상태로 연소가 계속되어 사고가 일어났다.

③ 압력제한스위치 기능 제거

- 주 압력계(2개)가 부착된 스위치 근처에 압력제한스위치를 설치하여 압력이 상한선을 넘었을 경우 자동으로 버너의 동작을 차단함으로서 온도상승을 방지하도록 하는 안전장치이나 현장조사 결과 배선을 절단하여 연동이 될 수 없도록 기능을 제거시켰다.
- 따라서 압력제한기능을 상실하고 보일러 내부는 급격히 온도와 압력이 상승되어 파열상태에 도달하게 되었다.

④ 안전밸브의 미작동

- 최고사용압력 이상으로 압력이 상승되면 자동으로 압력을 방출시키도록 된 안전장치가 동작을 하지 않으므로 인하여 보일러 내부는 물이 없는 상태에서 증기압력이 계속 상승하였다.
- 주 압력계는 17.5 kg/cm^2를 지시한 상태로 브르돈관이 파손되었으며 다른 1개는 10 kg/cm^2를 지시하고 파손되었다.

6. 재해예방대책

① 작업개시 전 점검철저

② 안전밸브의 정지적인 동작시험

③ 기능의 임의변경 금지

④ 정기점검의 철저
⑤ 이상 발견 시의 즉시 보수
⑥ 계속 사용 검사 시 노통의 두께 측정 실시

7. 결론

본 재해의 발생요인으로는

① 정상가동 개시 후 배관 전체에 대한 확인점검(밸브 개폐상태) 불충분
② 안전장치의 기능을 무효화 시키고 사용 (감각운전)
③ 고장난 안전장치의 수리정비 지연 등으로 요약할 수 있다.

또한 사고발생 당일 새벽은 월드컵축구 중계가 있었으며 시간마다 확인, 기록하도록 되어 있는 운전일지도 아침에 다른 사람에 의해 기록된 점 등을 생각하여 보면 축구 중계와 본 사고와는 무관하다고 말할 수 없으며 보일러를 사용하는 업체에서는 다시 한 번 재점검을 통해 이러한 재해를 미연에 방지할 수 있는 계기가 되었으면 한다.

보충 1

보일러의 안전 취급기술

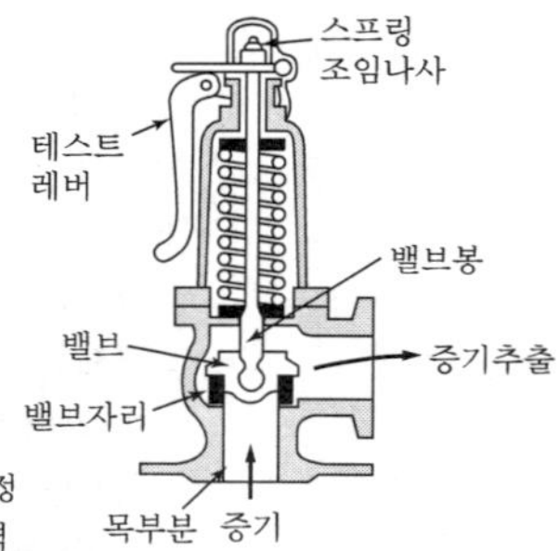

1. 압력용기의 설계조건

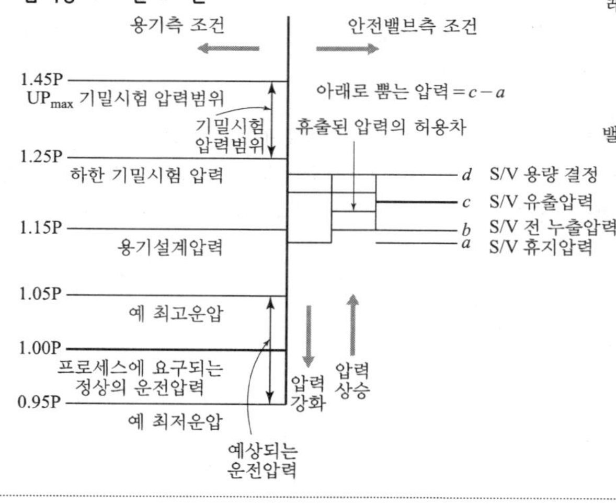

2. Tank 설치 시 기호와 거리

※ 자료제공: 19985.2.8 한국산업안전공단 발행 보일러작업안전 특별교육교재 74-28 자료인용<이하>

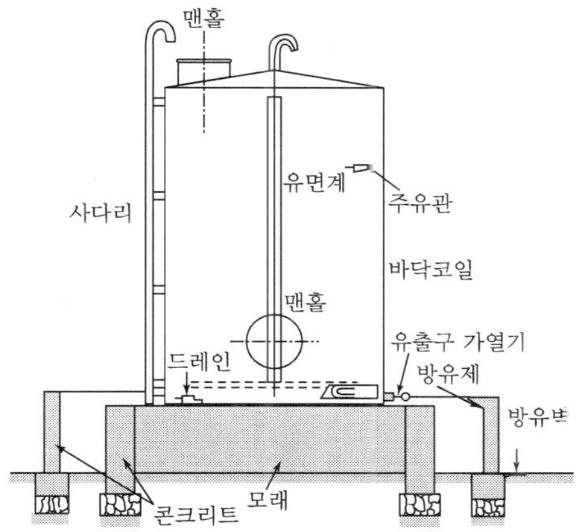

지상탱크

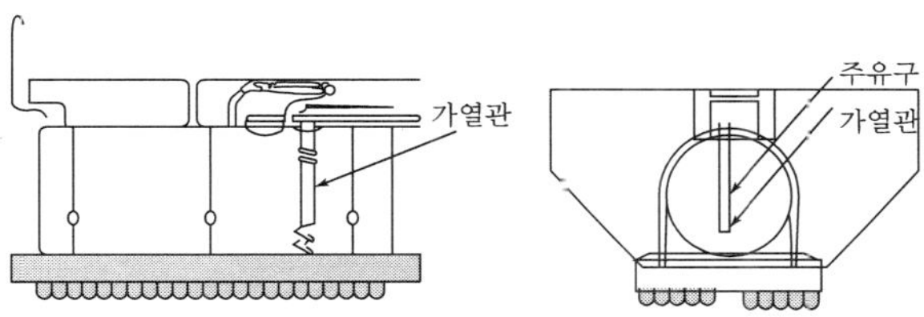

지하탱크

- 탱크 설치시 간격

A, B, C, 중유, 윤활유		
탱크용량(kL)	L_1 (m)	L_2 (m)
20～1,000	3	-
1,000～2,000	5	3
2,000～4,000	9	3
4,000～6,000	12	4
6,000～8,000	15	5
8,000 이상	탱크의 지름 (단, 최소 15m)	탱크 지름의 1/3 (단, 최소 5m)

L_1 : 탱크외벽과 정지경계선과의 공지 및 탱크 사이의 거리
L_2 : 동일한 부지 내에 2개 이상의 탱크가 있을 때 탱크 간의 거리

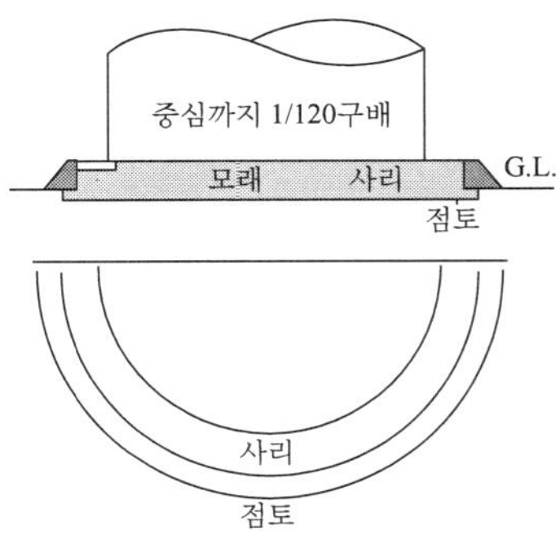

탱크의 기초도(tank of foundation drawing)

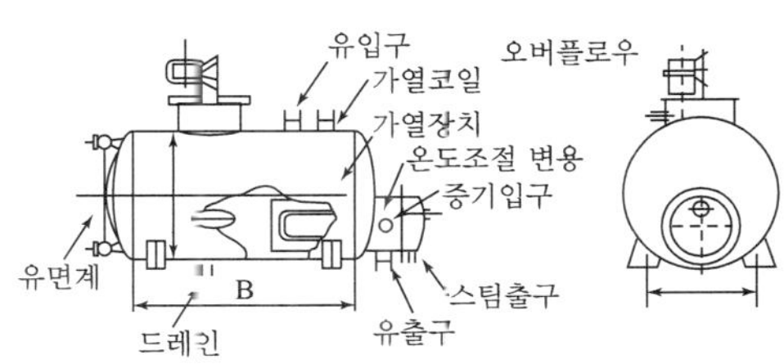

급유탱크(oil tank attachment)

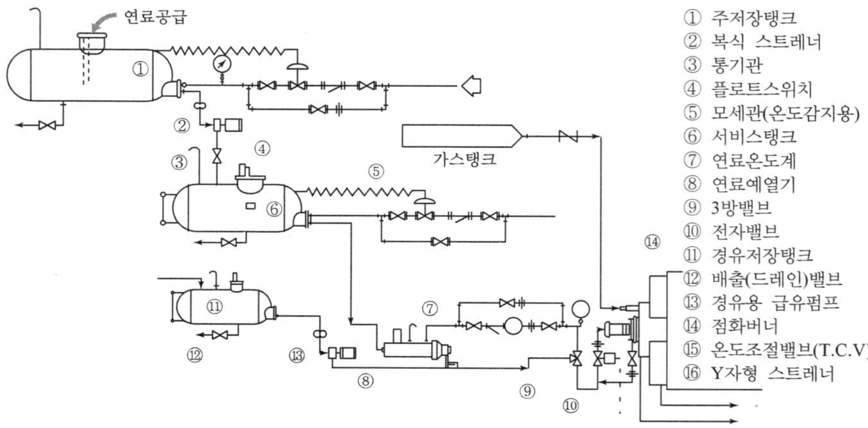

급유계통배관도(oil pipe system diagram)

3. Oil-서비스탱크 부속과 용량계산(oil service tank attachment or capacity)

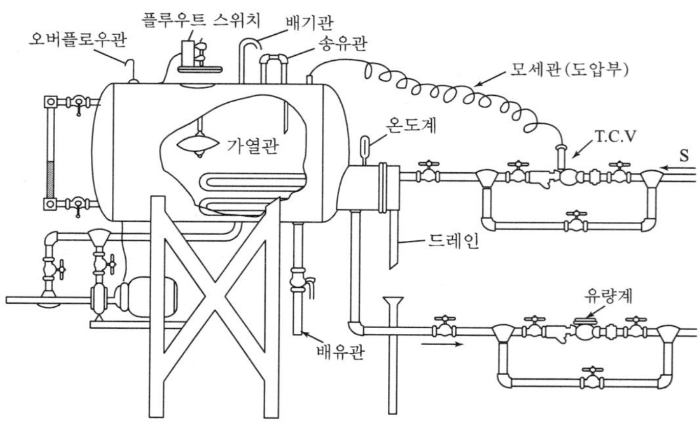

서비스탱크

서비스탱크의 내용량 계산

(a) 횡치원통형의 내용적 V는 ①+②+③이다.

$$V(\mathrm{m}^3) = \frac{\pi r^2}{3} l_1 + \pi r^2 l + \frac{\pi r^2}{3} l_2 = \pi r^2 \left(l + \frac{l_1 + l_2}{3} \right)$$

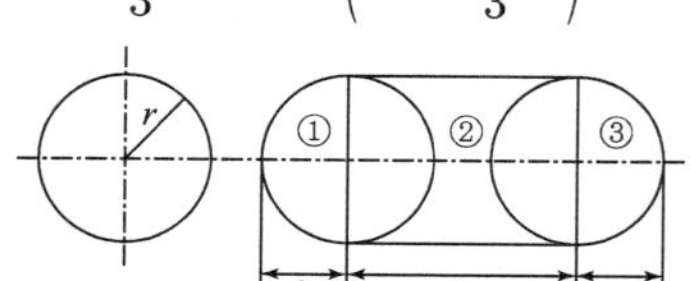

횡치원통형 탱크

(b) 직립원통형의 내용적 V는

$$V(\mathrm{m}^3) = \pi r^2 l$$

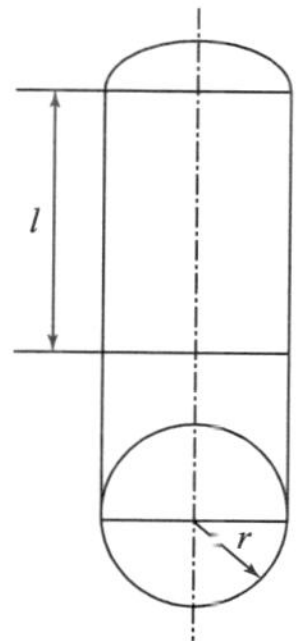

직립원통형 탱크

(c) 횡치타원형의 내용적 V는 ①+②+③이다.

$$V(\mathrm{m}^3)=\frac{1}{4}\cdot\frac{\pi ab}{3}l_1+\frac{4}{1}\pi ab+\frac{1}{4}\frac{\pi ab}{3}l_2=\frac{\pi ab}{4}\left(l+\frac{l_1+l_2}{3}\right)$$

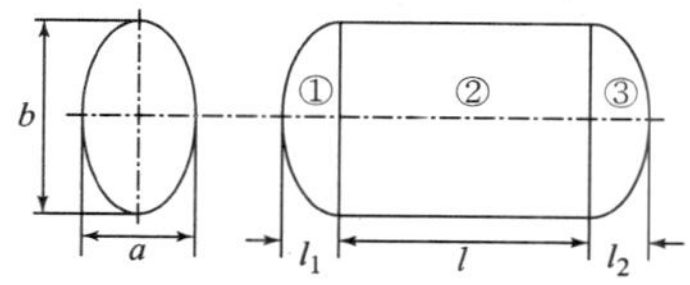

횡치타원형 탱크

(d) 각형의 내용적 V는

$$V(\mathrm{m}^3)=a\times b\times c$$

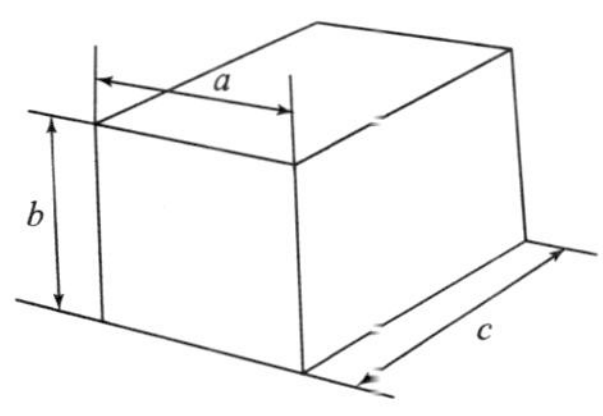

각형 탱크

4. Oil 저장탱크(storage tank)의 구조

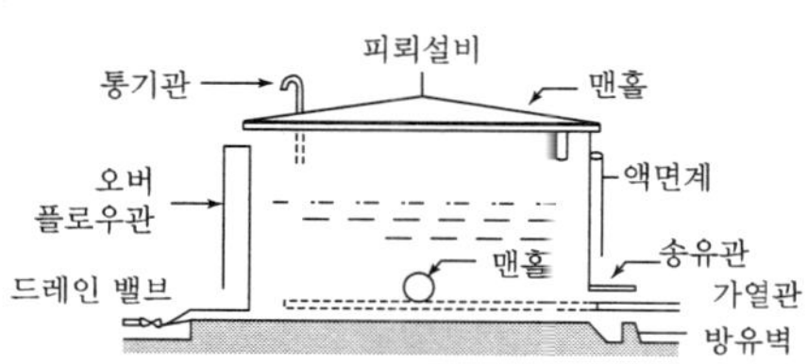

(a) 옥외저유조(field soil storage tank)

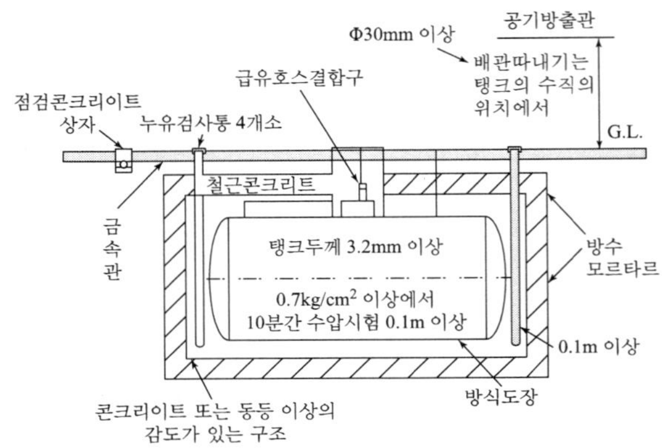

(b) 지하저유조(under ground oil storage tank)

5. 인젝터(injector)의 외형

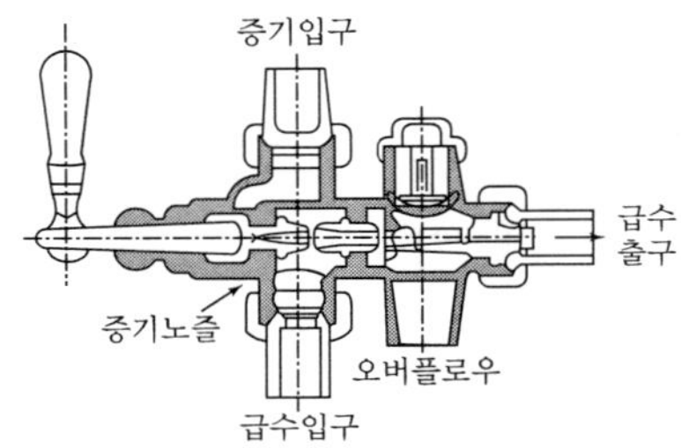

6. 전자밸브(solenoid valve)의 단면도

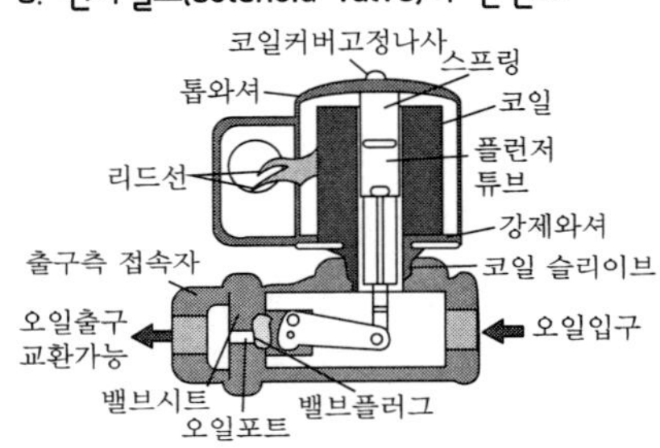

7. 보일러 급수(給水) system에 이상이 없는가?

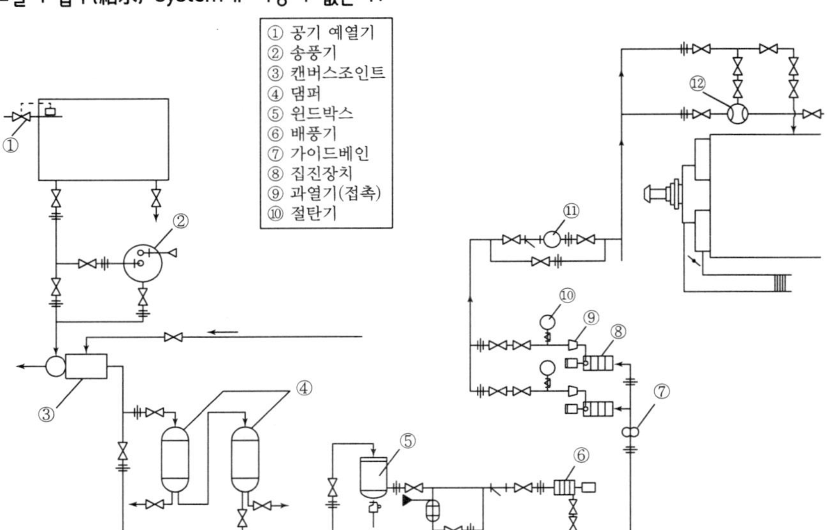

급수계통배관도(water pipe system diagram)

8. 저수위(低水位) 차단을 알리는 장치

저수위 차단장치 단면도(combustion interrupt equipment for low water level section)

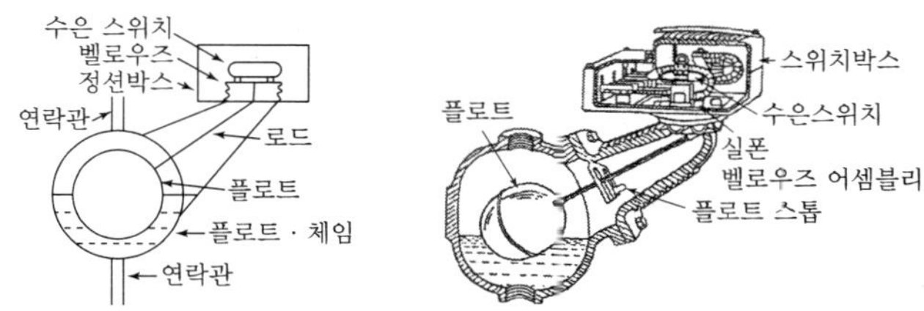

맥도날드식(MacDonald type)

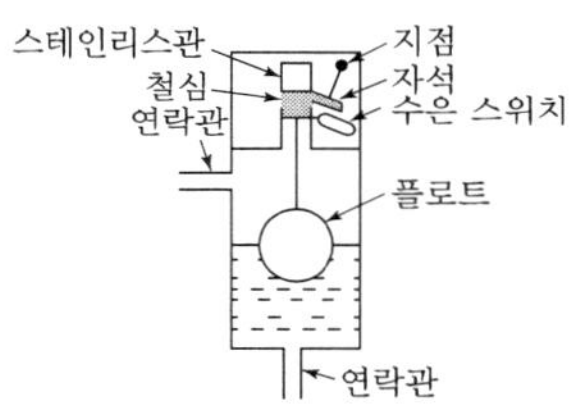

자석식(magnetic type)

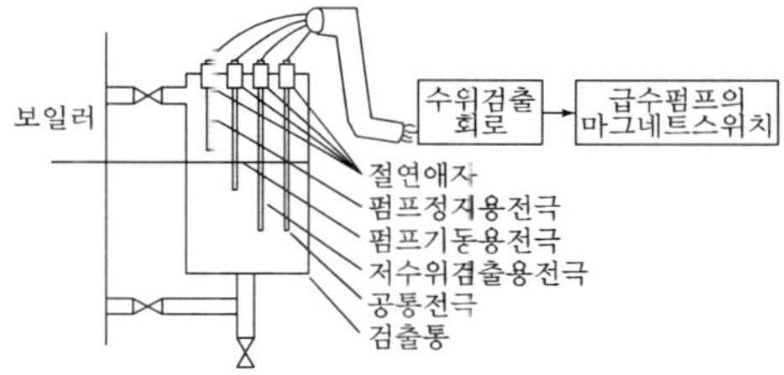

전극식(electrode pole type)

9. 버너(burner)의 구조

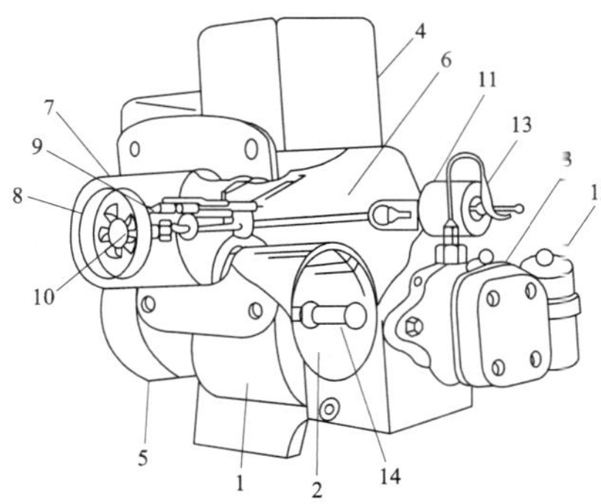

① 송풍기케이스
② 송풍기
③ 기름펌프
④ 점화변압기
⑤ 모터
⑥ 노즐어댑터
⑦ 블로어 튜브
⑧ 프레임홀더
⑨ 전극
⑩ 노즐
⑪ 전자밸브
⑫ 기름필터
⑬ 송유관
⑭ 커플링

건타입 버너(gun type burner)

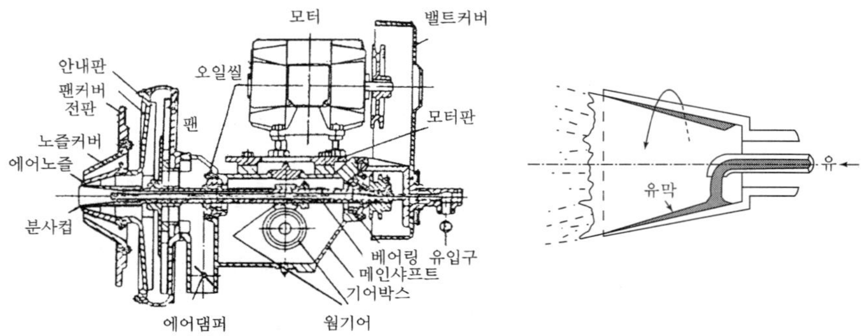

로터리 버너(rotary burner)

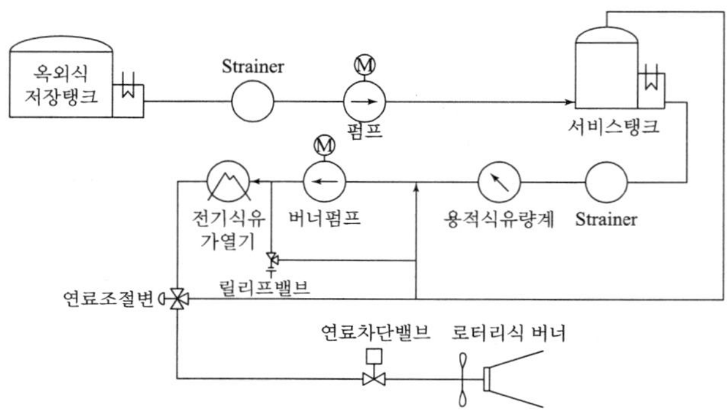

로터리 버너의 연료공급장치도

10. Boiler steam trap type

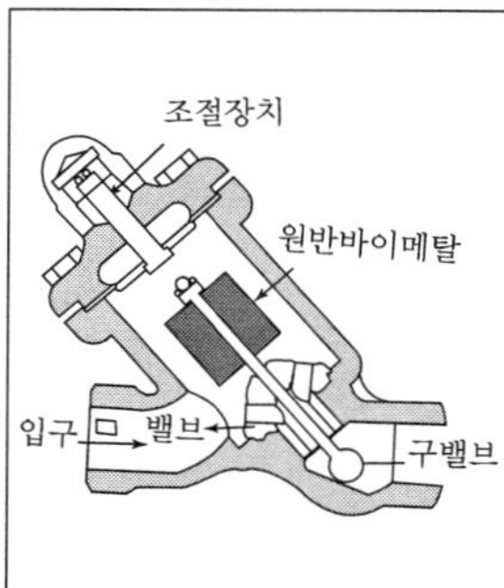

바이메탈식 트랩(bimetal trap)

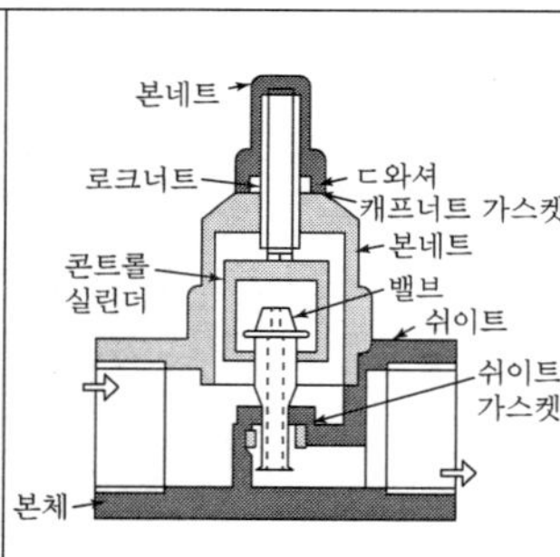

충격형 트랩(impact trap)

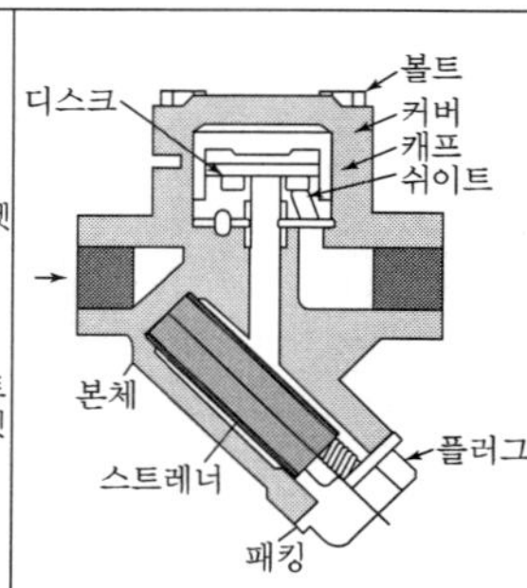

디스크형 트랩(disc type trap)

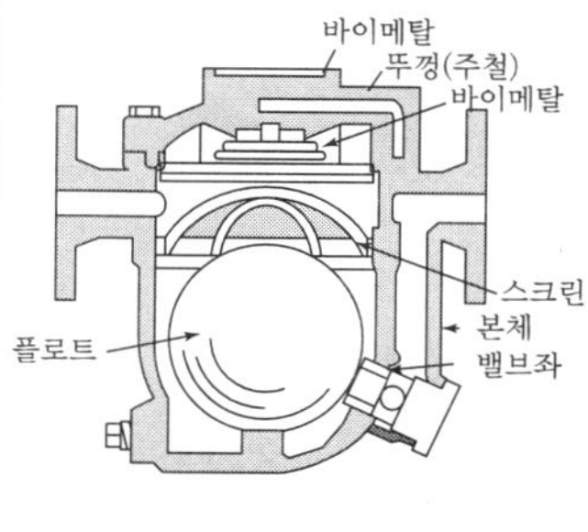

상향버킷식 트랩
(upper bucket trap)

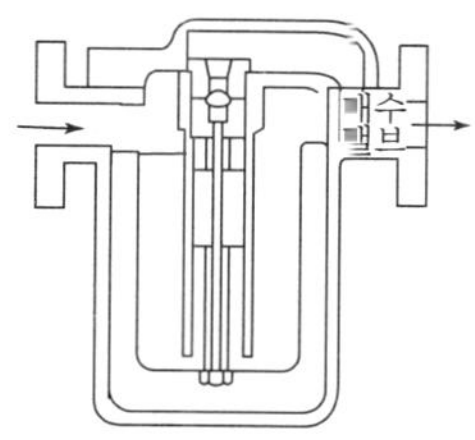

프리 플로트식 트랩
(free float type trap)

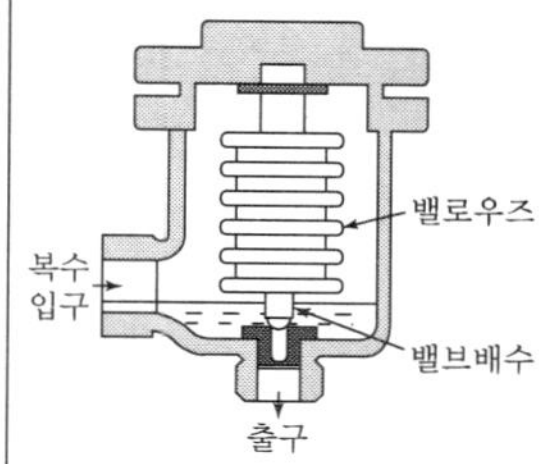

벨로우즈식 트랩
(bellows type trap)

11. 보일러에 사용하는 압력게이지 3type

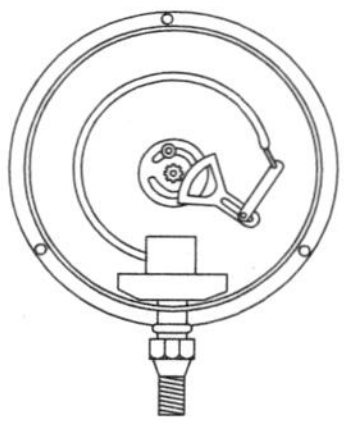

Bourdon tube type

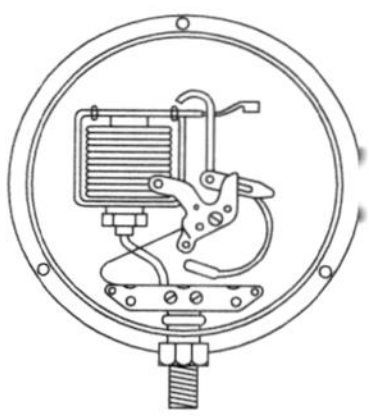

Bellow type

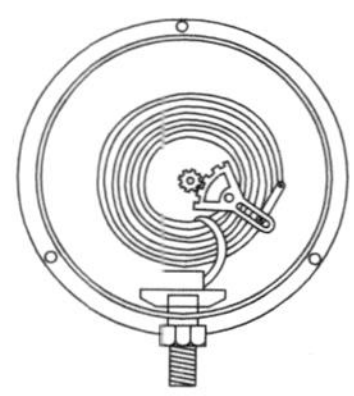

Spiral type

12. 연도(굴뚝)에 나오는 연기도 점검

링겔만 농도표(Ringelmann chart, 연기농도표)

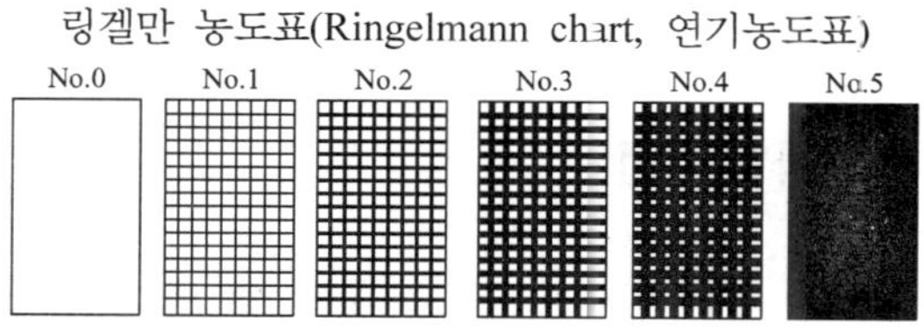

도표번호	0	1	2	3	4	5
흰색 면적(mm) 검은색 면적(mm)	전체 흰색	9 1	7.7 2.3	6.3 3.7	4.5 5.5	전체 검은색
농도(%)*	0	20	40	60	80	100

* 검은 부분이 차지하는 면적은 전 면적에 대한 백분율이다.
자료제공; (사)일본보일러협회 보일러기사 교본 p.251

13. 보일러에 사용되는 안전밸브

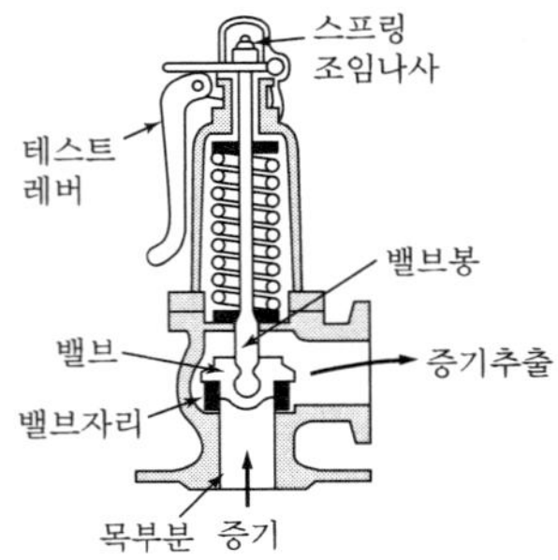

스프링 타입 안전밸브(spring type safety valve)

14. 관속에 흐르는 물질에 따른 배관 색상

물질(material)	도색(color)
1. 물(Water)	청색(blue)
2. 증기(Steam)	암적색(dark red, 짙은 적색)
3. 공기(Air)	백색(white)
4. 가스(Gas)	황색(yellow, 용기 도색과 동일)
5. 산·알칼리(Acid or Alkali)	회색, 자색(gray or violet)
6. 오일(Oil)	암적색(dark red, 짙은 적색)
7. 전기전력(Electricity)	엷은 황적색(shallow yellow or red)

ANSI(American National Standards Institute, 미국 표준협회) 권장규격

5 압력용기의 작업안전

사업주는 내압을 받는 압력용기에 대하여 법 제34조 제1항 및 제2항의 규정과 고용노동부장관이 정하는 안전인증기준에 적합하여야 하고 시행령 제28조 1~2 안전인증대상기구와 방호장치가 정하여져 있다.

(1) 적용대상

적용대상을 보면 화학공장의 탑류, 반응기, 열교환기, 저장용기, 및 공기압축기의 공장 저장탱크(공기저장탱크는 사용압력이 0.2 kg/cm^2 이상) 및 사용압력(kg/cm^2) 용기

내용적(m^2) = 1 이상인 압력용기인 탑류(증류탑, 흡수탑, 추출탑, 및 감압탑 등)와 반응기 혼합조, 열교환기류(가열기, 냉각기, 증발기 및 응축기 등)와 저장용기 등이다. 단, 화염을 받는 관형가열기 및 원자력관계의 용기는 제외.

① 용어해석

㈀ 최고사용온도

장치(용기)의 운전을 정상 상태로 할 때 그 기능을 정상적으로 발휘하는 범위 내에서 사용될 수 있는 최상한의 온도를 말한다.

㈁ 최저사용온도

정상운전 중 또는 운전개시 및 운전정지 때와 같은 경우에도 장치(용기)내의 온도가 이보다 절대로 내려가지 않는 최하한의 온도를 말한다.

㈂ 최고사용압력

장치(용기)의 운전을 정상상태로 할 때 그 기능을 용기최상부에서 최고의 압력을 말한다.

㈃ 최대허용압력

압력용기의 제작에 사용된 재질의 두께(이 경우 부식여유 두께는 제외)를 기준으로 하여 계산된 허용 가능한 최고압력

② 용기벽의 두께

㈀ 필요두께

부식여부를 합하기 전의 두께 제작기준의 계산공식으로 산정

㈁ 설계두께

필요두께에다 부식여유 두께를 합한 것이다. 상업적으로 구입할 수 있고 제작자에게 공급할 수 있는 선정된 두께로서 설계두께를 초과할 수 있다.

(2) 안전기준에 영향을 주는 항목 등

① 재료의 사용제한

압력용기 및 그 부속품이 압력을 받는 부분에 사용되는 주요재료는 용도에 따라 KS에 적합한 것 또는 이와 동등 이상의 기계적 성질을 갖는 것이어야 한다.

(ㄱ) KDS 3521

압력용기의 강판으로 최고사용온도 350°C를 초과하는 동체, 경판에 사용해서는 안 된다.

(ㄴ) KDS 3521

용접구조용 압연강재는 최고사용압력 30 kg/cm^{2}를 초과하거나 사용온도 350°C를 초과하는 동체, 경판, 기타 부품에 사용해서는 안 된다.

(ㄷ) 주철

유독성 인화성의 증기를 발생시키는 압력용기에 사용해서는 안 된다. 철은 부가적으로 내부 기체 또는 액체온도가 250°C 초과하는 경우나 18 kg/cm^{2}를 초과압력을 받는 부분(부품은 24 kg/cm^2)에 사용해서는 안 된다.

(ㄹ) 동 및 동합금

㉮ 내부의 기체 또는 액체온도가 206°C를 초과하는 것에 사용해서는 안 된다. 단, 압력계 혹은 액면계에 연락관 내장 또는 패킹 제외.

㉯ KDS6002(청동주물)의 청동주물 제3종의 규격에 적합한 것은 내부의 기체 또는 액체온도가 230°C를 초과하는 것에 사용해서는 안 된다.

㉰ 청동주물 제3종 규격에 적합한 것 이외의 동합금을 내부의 기체 또는 액체온도 206°C를 초과하는 것에 사용해서는 안 된다.

(ㅁ) 알루미늄 및 알루미늄 합금

내부의 기체 또는 액체 온도가 206°C 초과하는 것에 사용해서는 안 된다. 단, 압력계 혹은 액면계의 연락한 내장 또는 패킹 제외.

(ㅂ) 납

㉮ 내부의 기체 또는 액체온도가 120°C를 초과하는 것에 사용해서는 안 된다.

㉯ 경납관은 내부 기체 또는 액체온도가 160°C를 초과하는 것에 사용해서는 안 된다. 단, 실온에서의 최소항복점(규격치)의 5/8을 넘지 않는 것.

㉰ 재료의 허용전단응력은 80%를 계산에 적용하여야 한다.

㉱ 기타 재전이 강도와 허용응력은 KSB6231(압력용기의 구조) 기준에 준한다.

② 재료의 허용 두께치

보일러용 압연 강판 이외의 강판에서는 실제 두께와 계산상 필요한 두께의 차가 0.25 mm 이하가 되어야 한다.

③ 재료의 허용인장응력

(ㄱ) 철강재료의 최대사용 온도가 350℃ 이하인 경우에 있어서 펄라이트(pearlite)계 강재의 최대허용응력은 다음의 값 중에서 최소의 것으로 해야 한다.

㉮ 실온도에서 최소인장강도(규격치)의 1/4

㉯ 설계온도에서 인장강도의 1/4

㉰ 실온도에서 최소항복점(규격치)의 5/8

㉱ 설계온도에서 항복점 5/8

(ㄴ) 오스테나이트(Austenite)계 강재의 최대허용응력은 다음 값 중에서 최소의 것으로 해야 한다.

㉮ 실온도에서 최소인장강도가 규격치의 1/4

㉯ 설계온도에서 인장강도의 1/4

㉰ 실온도에서 최소항복점(규격치)의 5/8

㉱ 설계온도에서 항복점(규격치)의 90%

④ 구조

구조설계는 예상되는 조건을 고려하되 가장 가혹한 조건에 대하여 적용되어져야 하며 이에 따라 강도계산을 하여야 한다.

(ㄱ) 구조조건

㉮ 풍하중

㉯ 지진하중

㉰ 사용압력 및 설계압력

㉱ 사용온도 및 설계온도

㉲ 압력용기에 적용하는 내압 또는 외압

㉳ 용기내 정수압에 의한 부가압력

㉴ 압력용기무게(자체무게, 내용물무게, 수압시험시무게, 부착부속물무게, 단열재무게, 배관무게 등)

(ㄴ) 사용철판의 최소 두께

동체 및 압력을 받는

㉮ 탄소강 및 저합금 강판 : 3 mm

㉯ 고합금강판

- 부식이 예상되지 않는 경우 : 1.5 mm
- 부식이 예상되는 경우 : 2.5 mm

㉰ 비철금속

- 부식 예상이 되는 경우 : 1.5 mm
- 부식 예상이 되지 않는 경우 : 2.5 mm

(ㄷ) 부식여유

부식이 예산되는 압력용기부분에 대해서는 계산식에 의해서 정해지는 두께에 부식 여유를 더해주어야 한다.

탄소강 및 저합금강의 부식여유는 1 mm 이상으로 한다. 단, 스테인리스강 및 내식성 재료는 0으로 할 수 있다.

(ㄹ) 외압을 받는 동체의 강화체의 부착

용접의 한 비드(bead; 용접살)의 길이는 75 mm 이하일 것.

외압을 받는 동체의 보강테에 관해서는 비드(용접살)의 간격이, 동판두께의 8배 이하이고 한 용접선에 관해서 각 비드를 전체 더한 길이가 해당 동체 외부 둘레의 1/2(보강테를 동체의 안쪽에 설치할 때는 1/3) 이상일 것.

(ㅁ) 맨홀·청소구멍 또는 검사구멍

㉮ 개소의 수

동체의 지름	맨홀·청소구멍 또는 검사구멍
300 mm 초과 500 mm 이하	청소구멍 2개 이상, 또는 청소구멍과 검사구멍 각 1개 이상
500 mm 초과 1000 mm 이하	맨홀 1개 이상, 청소구멍 2개 이상 또는 청소구멍과 검시구멍 각 1개 이상
1000 mm 초과	맨홀 1개 이상

㉯ 맨홀(man hole)의 크기

- ϕ375 mm 이상의 원형
- 長徑 400～短徑 250 mm 이상의 타원형
- 長徑 375～短徑 275 mm 이상의 타원형

㉰ 청소구멍의 크기

- 긴 지름 75 mm 이상, 짧은 지름 50 mm의 타원형 또는 지름 75 mm 이상의 원형으로 하여야 한다.

- 안지름이 500 mm를 초과하고 1000 mm 이하인 동체의 경우에 청소구멍의 크기는 긴 지름 90 mm 이상, 짧은 지름 70 mm 이상의 타원형 또는 90 mm 이상의 원형으로 하여야 한다.
- 긴 지름 150 mm 이상, 짧은 지름 100 mm 이상의 타원형, 지름 150 mm 이상 원형으로 하여야 한다.

(ㅂ) 검사구멍의 크기

㉮ 나사박음을 하는 플러그(plug)로 뚜껑을 하는 것에는 KSB 0222(관용테이퍼나사) PT 2 이상 또는 PS 2 이상의 관용나사를 사용하여야 한다.

㉯ 안지름이 500 mm 이하인 동체에 마련하는 PT 1 이상 PS 1 이상의 크기를 관용나사사용 가능하다.

※ 플러그(plug) : 관 단 또는 구멍의 폐쇄에 사용하는 나사봉의 뚜껑

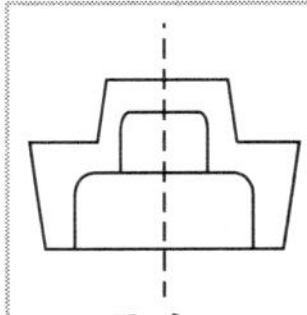
플러그

(ㅅ) 들여다보는 들창용 유리의 두께

㉮ 사용하는 유리는 KSL 2002(강화유리)로 할 것.

㉯ 허용압력의 유리 두께 $t = \sqrt[0.5]{\frac{P_a A}{\sigma_b}}$, $P_a = \frac{4 t_a^2 \sigma_b}{4}$

여기서, t : 유리판 계산두께(mm)

t_a : 유리판 실제두께(mm)

P_a : 설계 압력(kg/cm²)

A : 유리판의 압력을 받은 면적(cm²)

σ_b : 허용굽힘 응력(강화유리는 1.5 kg_f/mm^2 기타 굽힘강도의 1/10)

(ㅇ) 작업상 자주 분해하는 뚜껑판용의 볼트

㉮ 계산에 의해서 구해지는 나사의 호칭에 3 이상을 더한 호칭 볼트를 사용한다.

[예] 설계상 M20 + 4 = M24 볼트 이상 채용

㉯ 나사 산면의 마모 또는 부식의 극심한 죔볼트의 나사 KSB 0227(30°사다리꼴) 나사로 한다.

㉰ 죔볼트 중심원의 지름이 450 mm 초과하는 뚜껑판 또는 이에 상당하는 면적을 갖는 뚜껑판에서 사용되는 죔볼트 나사의 호칭은 M24 이상으로 할 것. 구멍에서의 바깥가지를 잘라낸 플랜지의 죔볼트에 사용되는 와셔(washer)의 두께를 12 mm 이상으로 하여야 한다.

⑤ 압력용기의 제작일반 조건

(ㄱ) 사용재료는 지정된 것이라는 것을 증명, 확인되어야 한다.

(ㄴ) 절단 및 판끝 가공은 가스절단, 절삭, 연마 등의 방법을 쓸 것

(ㄷ) 슬래그, 부착물 등을 매끈하게 처리할 것

(ㄹ) 노즐, 맨홀, 부착부 등으로 용기의 내부에 노출된 끝부분의 응력 집중이 큰 곳에서는 부착부 실제두께의 1/4 또는 3 mm 중에서 작은 값 이상의 반지름으로 둥글게 하든가, 또는 45° 각도에서 최소 2 mm의 모따기를 할 것.

(ㅁ) 동체, 경판에 기계적 성질의 손상이 없어야 한다.

(ㅂ) 구멍 가공식, 두께 8 mm 이상의 판에 뚫는 구멍은 펀칭가공을 해서는 안 되며 8 mm 미만의 판이라도 지름은 3 mm 이상으로 하여 펀칭가공을 한다. 구멍을 가스로 뚫는 경우, 그 가장자리를 3 mm 이상 깎아내야 한다.

⑥ 제작공차(진원도)

(ㄱ) 동체의 진원도

안쪽면에 압력을 받는 동체의 축에 수직인 같은 면에서의 최대안지름과 최소안지름과의 차(이하 진원도라 한다)는 어떠한 단면에 있어서도, 그 단면에 있어서의 기준 안지름의 1%를 초과해서는 안 된다. 단면이 동체에 만들어진 구멍을 통과한 경우는, 그 단면에 있어서 기준 안지름의 1%에 그 구멍지름 2%를 더한 값을 초과해서는 안 된다. <그림 6-36 참조>

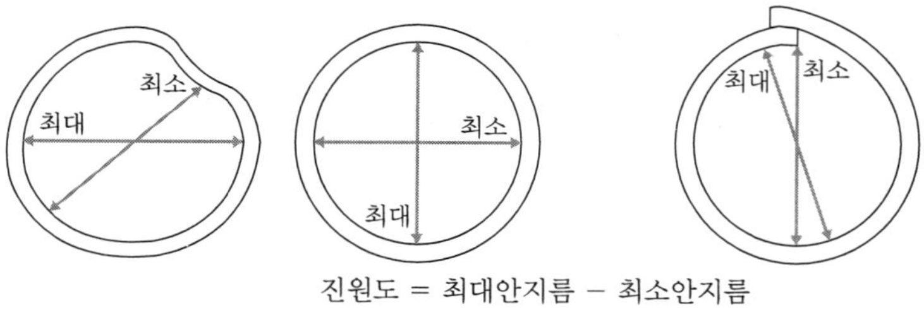

진원도 = 최대안지름 − 최소안지름

(a) 겹치기 이음이 없는 경우 (b) 겹치기 이음이 있는 경우

그림 6-36 • 동체의 진원도 측정법

⑦ 용접

압력용기의 압력을 받는 부분의 용접에 대해서는 다음의 규정을 따라야 한다. 단, 압축력만 발생하는 부분의 용접에 대해서는 제오 된다.

㈀ 용접이음의 분류 <그림 6-37>

A : 압력을 받는 길이이음

B : 압력을 받는 둘레이음

C : 프렌지, 스테브엔드, 관판 또는 편경판에 부착하는 용접이음

D : 돔(dom), 섬프(sump 기름통 등), 맨홀, 노즐 용접이음

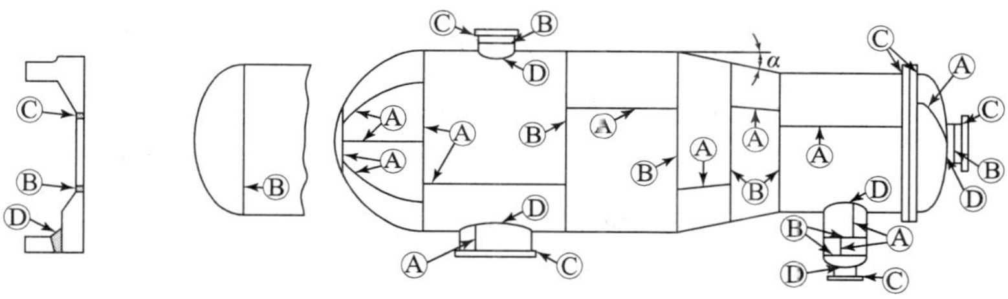

그림 6-37 ● 용접이음의 위치분류

㈁ 동체 및 기타 압력을 받는 부분의 길이방향 이음, 원주방향 이음(경판설치 이음을 포함) 등은 별도의 규정이 있는 경우를 제외하고 맞대기 양면 용접을 하고 용접 덧살은 철판면으로부터 매끄럽게 높여서 최대두께가 되도록 하여야 한다. 이때 용접 덧살의 중앙에서의 높이는 <표 6-2>와 같다.

● 표 6-2 용접에서 모재와 덧살의 높이

모재의 두께(mm)	덧살의 높이(mm)
12 이하	12 초과 ~ 25 이하
25 초과	15 이하
2.5 이하	3 이하

㈂ 한 면 맞대기 용접은 두께 16 mm를 초과하는 경우는 적용할 수 없다.

㈃ 동체의 지름이 500 mm 이하인 제1종 압력용기의 동체 원주이음 및 기타 구조상 양면 맞대기 용접이 불가능한 이음에 한 면 맞대기 용접을 행한다.

㈄ 맞대기 용접이음면의 어긋남은 다음 값을 초과해서는 안 된다.

㉮ 길이이음

- 판의 실제두께 t가 50 mm 이하인 경우 $\frac{1}{4}t$ (최대 3.2 mm)
- 판의 실제두께 t가 50 mm 이하인 경우 $\frac{1}{16}t$ (최대 9 mm)

㉯ 둘레이음

- 판의 실제두께 t가 40 mm 이하인 경우 $\frac{1}{4}t$ (최대 5 mm)
- 판의 실제두께 t가 40 mm 이하인 경우 $\frac{1}{3}t$ (최대 19 mm)

(ㅂ) 용접봉

탄소강 용접봉은 다음에 열거하는 KS에 적합한 것 또는 이와 동등 이상의 심선, 피복 및 용착금속의 기계적 성질을 가진 것이어야 한다.

㉮ 아크 용접 KSD 7004(연강용 피복 아크 용접봉)

㉯ 가스 용접 KSD 7005(연강용 가스 용접봉)

(ㅅ) 용접시공

용접작업은 적정한 자격을 갖춘 자로 수행해야 하며 모재의 종류 판 두께 등을 고려하여 미리 시공법 시험을 행해야 한다. 또 용접 후 잔류응력을 제거하기 위해 적합한 열처리를 하여야 한다.

(3) 기타 작업 시작 전 점검사항

① 공기 저장 압력용기의 외관상태
② 드레인 밸브의 조작 및 배수
③ 압력방출장치의 기능
④ 언로드 밸브의 기능
⑤ 윤활유 상태
⑥ 회전부의 덮개 또는 울
⑦ 기타 연결부위의 이상 유무

사업주는 근로자가 공기 압출기를 가동하는 때에는 해당 작업 시작 전에 위와 같은 사항을 점검 하에 하여야 한다.

(4) 압력용기의 명판(nameplate)에 표시하여야 할 사항

① 최고허용압력(kg/cm^2, G)

② 설계온도(°C)

③ 동체, 경판의 재질, 규격, 명칭, 기기번호

④ 비파괴검사의 종류(RT, UT, MT, PT) 및 온-길이, 부분검사의 구별

⑤ 용접후 처리

⑥ 제조자의 이름

⑦ 제조년월일

(5) 압력용기의 방호장치

① 안전밸브

② 파열판

③ 긴급방출밸브

④ 자동적으로 압력상승 작용을 정지시키는 장치

⑤ 압력용기 주위의 온도, 압력 경보장치

(6) 액면계

① 액체를 넣은 압력용기에는 액면계를 부착시켜야 한다.

② 가연성, 치사적 물질의 액체용의 액면계 둥근 유리관 이외의 액면계로써 반사적, 또는 투사적 유리 액면계, 플로트식 액면계, 또는 차압식 액면계 등을 사용하여야 한다.

③ 자동식 또는 수동식의 기능을 갖는 스톱밸브를 붙인다.

(7) 압력계 및 온도계

① KSB 5305(Bourdon관 압력계)에 적합한 것, 또는 이와 동등 이상의 성능을 가진 것을 부착하여야 한다.

② 압력계의 눈금판과 최대지시도는 최고사용압력의 1.5～3배의 압력을 지시할 수 있는 것이어야 한다.

③ 압력용기 안에서 급격한 온도변화가 예상될 때 온도계를 부착하여야 한다.

6 공기압축기의 안전

공기압축기는 임펠러나 회전자의 회전운동 및 피스톤(piston)의 왕복운동으로 기체 압송의 압력비가 입구 측의 압력 이상이거나 토출 공기 압력이 1 kg/cm^2 이상인 기계를 말한다. 다시 말해서 공기발생장치는 공기압축기나 송풍기로 대기를 흡입하여 외부에서 기계적 에너지(energy)를 가해 압축한 후 반대쪽 토출구로 공기를 공급하는 기계이다.

그림 6-38 ◉ 공기압축기 구조

왕복동식 공기압축기(가장 많이 사용)

스크류식 공기압축

압축기(compressors) 분류

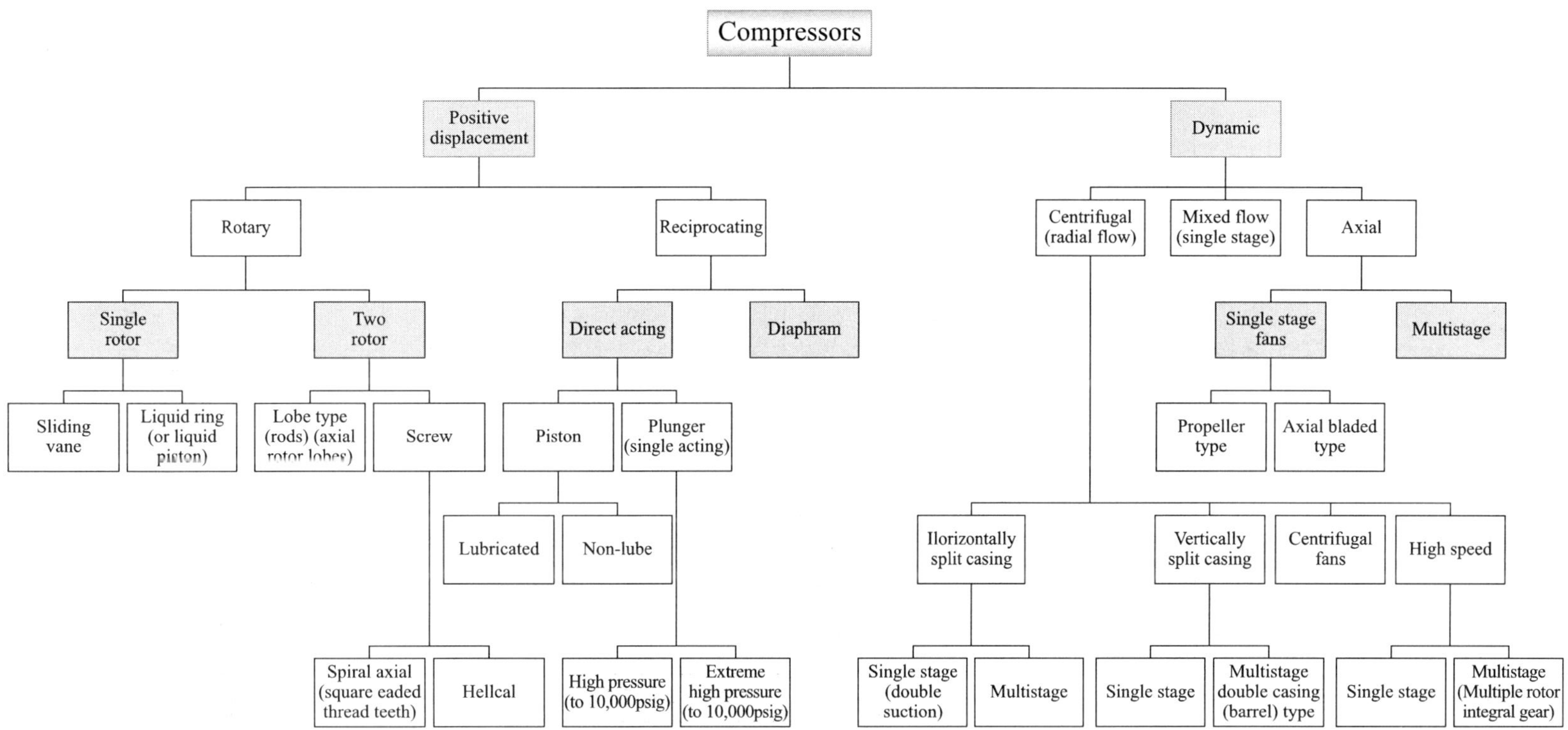

(1) 공기압축기의 분류

① 압력에 의한 분류

구분 압력	압력 mAg(수주)	압력 kg/cm^2	표준기압 (atm)
통풍기(Fan)	1 이하	0.1 이하	0.1
송풍기(Blower)	1～10	0.1～1.0	0.1～1.0
압축기(Compressor)	10 이상	10 이상	1.0 이상

공기압축기	종별		명칭 / 압력	송풍기 (1,000 mmAq 미만)	송풍기 (1 이상 10 mmAq 미만)	압축기 (1 kg/cm^2 이상)
	터보형	축류식	축류	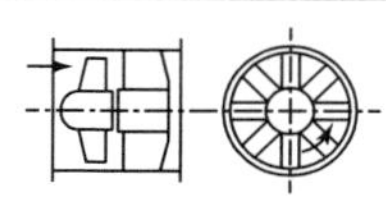	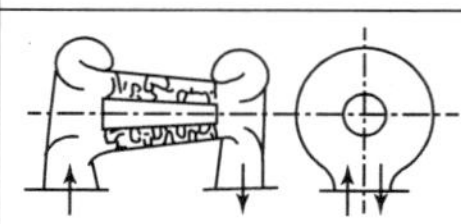	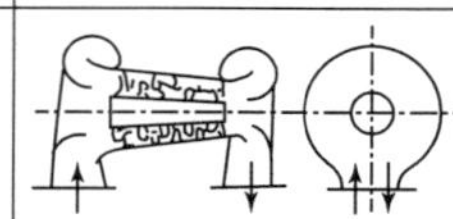
	터보형	원심식	다익	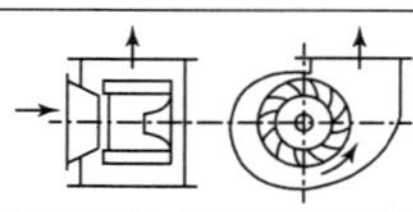		
	터보형	원심식	레이디얼			
	터보형	원심식	터보	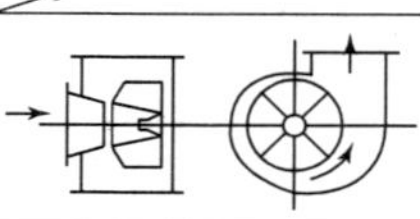	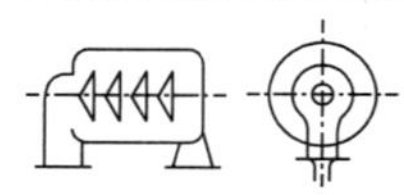	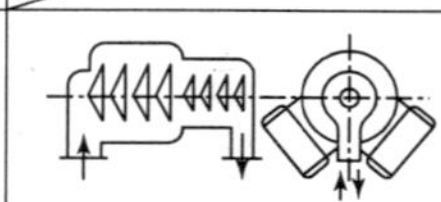
	용적형	회전식	루트		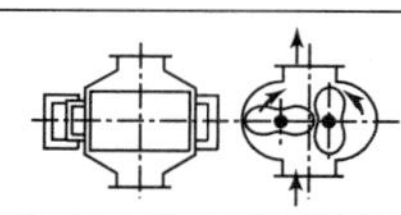	
	용적형	회전식	가동익			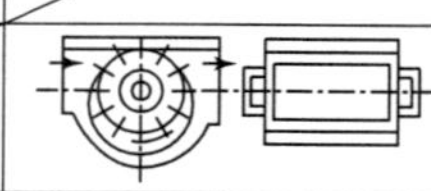
	용적형	회전식	나사			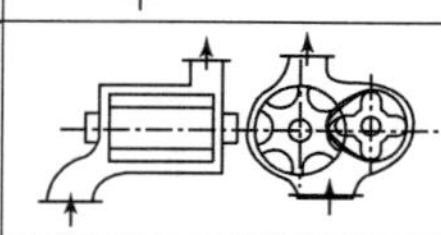
	용적형	왕복식	왕복			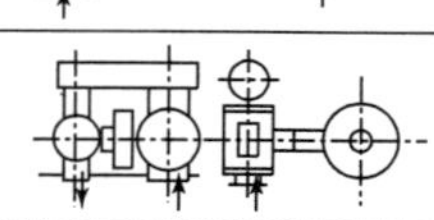

② 출력에 의한 분류

공기압축기 ㈀ 소형 : 0.2～11 kW　　㈁ 중형 : 1575 kW

㈂ 대형 : 100～1000 kW 미만　　㈃ 특수형 : 100 kW 이상

③ 토출 공기 압력에 의한 분류

공기압축기 ㈀ 저압 : 7～8 kg/cm² ㈁ 중압 : 10～20 kg/cm²

㈂ 고압 : 20 kg/cm² 이상

④ 송풍기 및 압축기의 적용범위

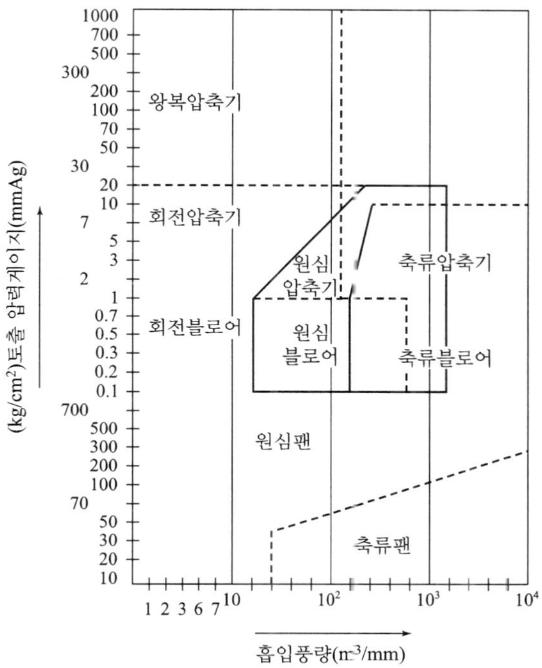

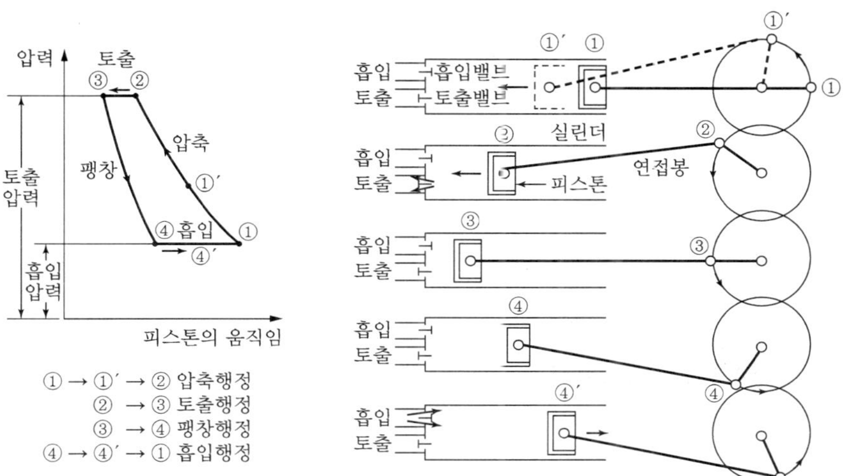

왕복식 압축기의 행정 및 작동원리

그림 6-39

(2) 공기압축기의 원리 및 구조

① 왕복 공기압축기(Reciprocating type air compressor)

왕복 공기압축기는 <그림 6-40>처럼 왕복운동을 하는 피스톤 또는 다이어프램으로 실린더의 내용적을 늘리는 행정으로 흡입밸브에서 대기를 흡입하고 줄이는 행정으로 압축, 압력이 토출 공기압력에 도달한 시점에서 토출밸브에서 토출을 한다.

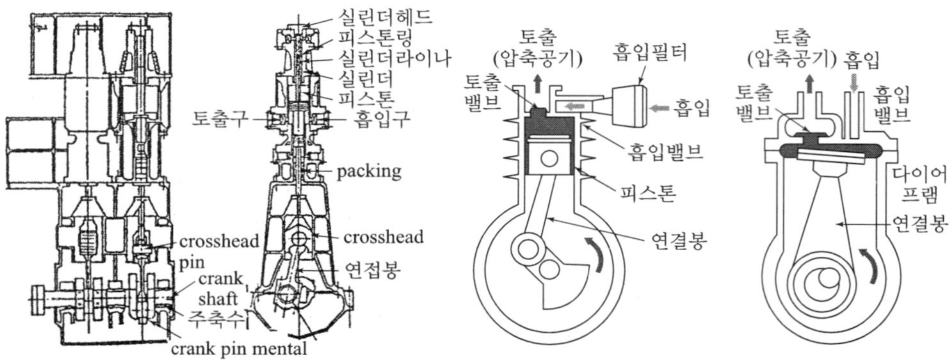

(a) 왕복식 압축기 구조 (b) 피스톤식 (c) 다이어프램식

그림 6-40 ◦ 왕복 공기압축기

② 스크루(축류) 공기압축기(Screw type air compressor)

스크루 공기압축기는 암·수 두 개의 스크루형 회전자의 회전운동으로 공기를 압송하는 공기압축기이며 트윈(twin)형과 싱글(single)형이 있다. <그림 6-41>, <그림 6-42>

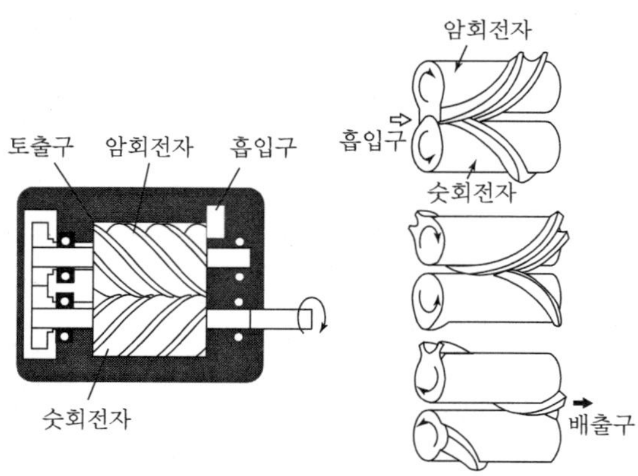

(a) 구조 (b) 원리

그림 6-41 ◦ 트윈형 스크루 공기압축기

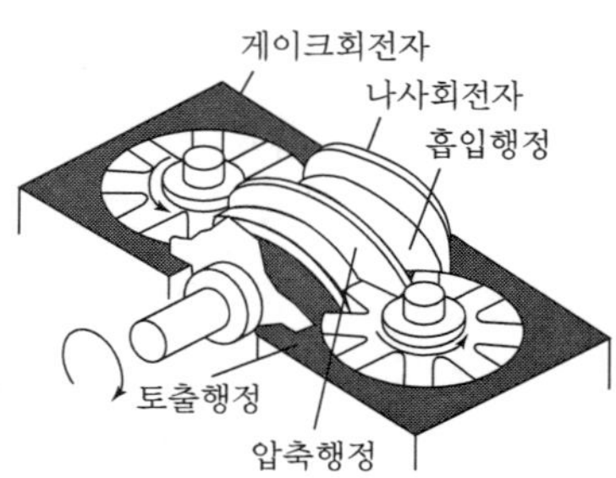

그림 6-42 ◦ 싱글형 스크루 공기압축기

③ 베인 공기압축기(vane air compressor)

베인 공기압축기는 가동날개 공기압축기라고도 불리며 구조면에서는 베인(vane)형 공기압 모터와 거의 같다. 실린더 안에 축과 평심한 회전자를 장착하여 그 회전자에 생긴 홈에 가동 날개의 베인을 삽입, 실린더와 회전자 및 인접 베인 사이의 회전에 따라 용적 변화됨으로써 대기를 투입구에 흡입, 압축해서 압력으로 변환하여 토출구에서 토출한다. <그림 6-43>

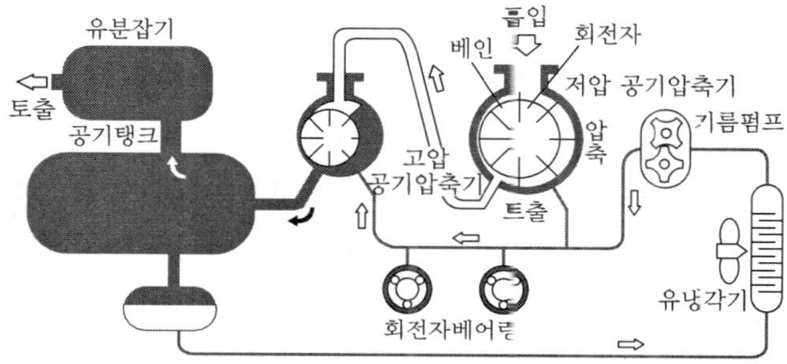

그림 6-43 ◦ 베인 공기압축기의 오일냉각과 윤활의 구성

(3) 공기압축기의 방호장치

압축기, 송풍기 등 회전 왕복운동기계에 널리 사용되고 있는 방호장치는 다음과 같은 것이 작용하고 있다.

① 안전밸브(safety valve)

안전밸브는 기기나 배관의 압력이 일정 압력을 넘는 경우에 자동적으로 작동하는 것으로서 안전밸브의 종류는 대별하면 스프링식(spring type)과 지렛대식(lever type)이 있고 화학설비에서는 스프링식(spring type)이 많이 쓰이고 있다. <그림 6-44>

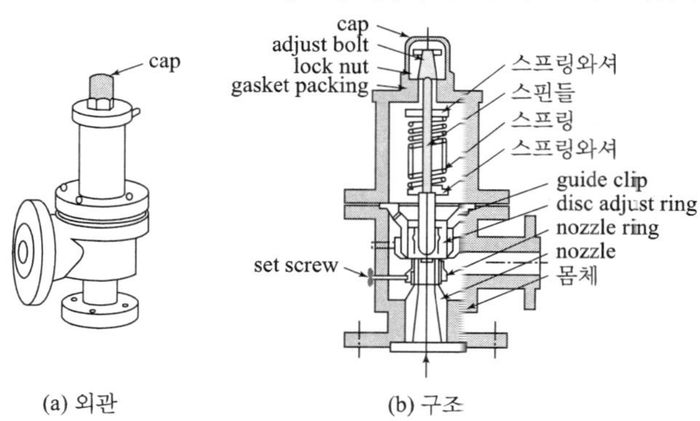

그림 6-44 ◦ 스프링식 안전밸브

② 파열판(rupture disk)

파열판은 취급물질의 고화나 현저한 부식성에 의해서 안전밸브의 작동이 곤란하게 된 경우에 사용되고 또 방출량의 많은 경우나 순간 방출을 필요로 하는 경우에도 사용된다. 파열판의 형식에는 평판이나 돔형의 것이 있고 돔형 구조는 <그림 6-45>에 나타낸다.

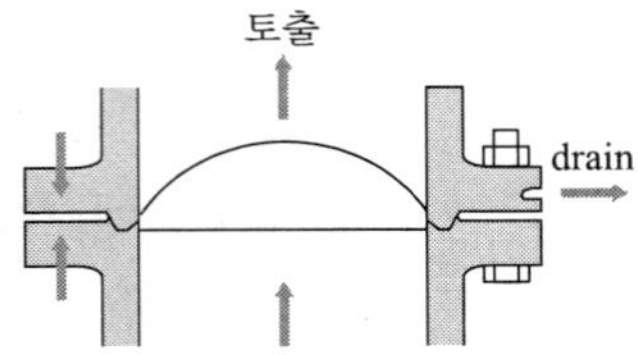

그림 6-45 ● 돔형 파열판의 예

파열판이 적정하게 작동되지 않는 경우로는 평판 파열판에 내압이 걸려서 돔상으로 변형해서 파열 압력이 상승하는 경우이고 또는 재료가 부식해서 규정압력 이하에서 파열하는 경우 등이 있으며 형식과 재질을 충분히 검토함과 더불어 일정기간을 정해서 교환할 필요가 있다. 파열판은 안전밸브와 비교해서 설정압력과 파열압력(작동압력)과 오차가 많고 한번 파열하면 내용물의 전량이 방출하는 결점이 있다. [기준 제262조]

③ 역지밸브

역지밸브는 공기탱크 내의 압축공기의 역류를 방지하는 안전장치이다. <그림 6-46>

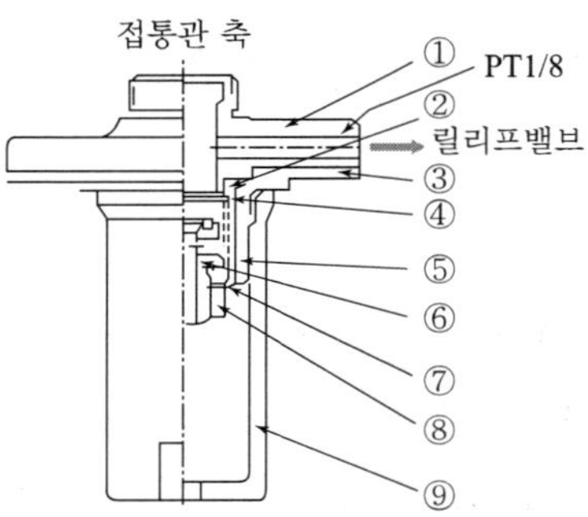

번호	부품명칭	개수
①	본체	1
②	시트고무	1
③	캡	1
④	변판	1
⑤	스프링	1
⑥	시트받침세트	1
⑦	특수와셔	1
⑧	6각 너트	1
⑨	소음커버	1

그림 6-46 ● 역지밸브 접통관 축

(4) 공기압축기의 안전운전

① 관리, 점검, 청소전에는 반드시 공기압축이의 전원 스위치를 차단(off)한다. 흡입필터 등의 점검은 시동 전에 끝내고 공기압축기 운전 중에는 어떤 작은 부속이라도 건드려서는 안 된다.

② 분해 시에는 공기압축기, 공기탱크, 관로안의 압축공기를 완전히 배출한 뒤에 해야 한다.

③ 공기압축기의 정해진 규정에 의한 최대 공기압력으로 절대로 운전해서 안 된다.

④ 회전부분의 감길 울(꼬임 규, 糾) 부근에 안전밸브를 설치 시에는 스톱밸브 상류쪽에 안전밸브를 조정하여 최대공기압력 이상이 되지 않도록 한다.

⑤ 정지할 때는 언로더(unloader)밸브를 조작 후 정지시킨다.

보충 2

현장 작업안전교육 사례

건조설비

1. 건조설비란?

건조설비는 어떤 물체를 가열하여 건조하는 설비를 말하며, 산업안전보건법에서 말하는 건조설비는 다음과 같다.

① 위험물 또는 위험물이 발생하는 물질을 가열·건조하는 경우 내용적이 1 m^3 이상인 건조설비

② 위험물이 아닌 물질을 가열·건조하는 경우로서 다음에 해당하는 설비
- 고체 또는 액체연료의 최대사용량이 10 kg/hr 이상
- 기체연료의 최대사용량이 1 m^3/hr 이상
- 전기사용 정격용량이 10 kW 이상

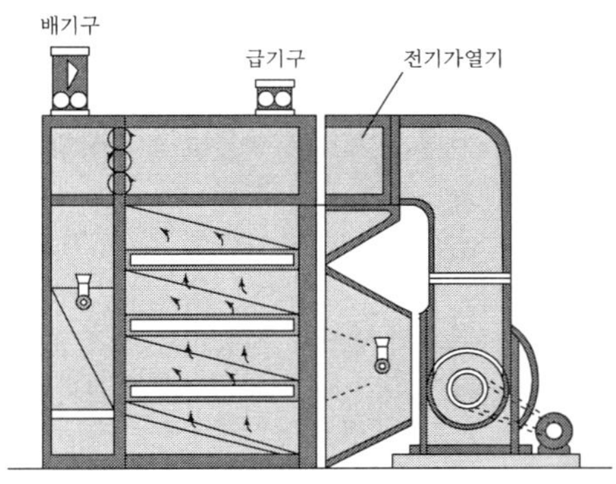

통기류식 상자형 건조기

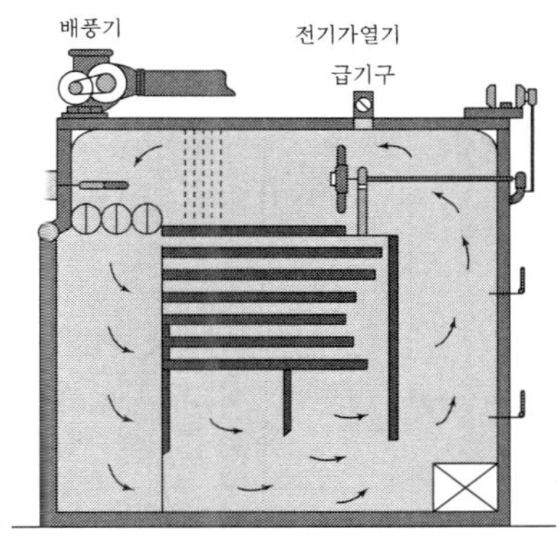

병행류식 상자형 건조기

2. 건조설비의 용도

① 기계부속품 제조업체에서 도장된 물건의 빠른 건조를 위해 사용되며, 통상적으로 도장라인과 연계 설치함

② 건조열에너지를 얻는 방식에 따라 도시가스와 같은 가스를 사용하는 가스버너 방식과 전기히터를 사용하는 전기식이 있음

③ 가스버너 또는 전기히터에 의해 발생된 열은 Fan에 의해 건조대상물에 열풍으로 가해짐

3. 작업순서

① 건조설비에 설치된 국소배기장치를 가동한다. (건조 시 발생하는 가연성 증기 배출용)
② 가스버너 또는 전기히터를 가동한다.
③ 열풍 송기용 Fan을 가동한다.
④ 건조설비 내부의 온도가 규정온도에 도달하는지 확인한다.
⑤ 건조대상물을 건조설비내부로 투입한다. (일반적으로 트롤리 컨베이어 또는 메시 컨베이어 방식이 많음)
⑥ 건조가 완료된 제품을 회수한다.

4. 주요 위험요인

① 건조 시 발생하는 가연성 증기에 의한 화재·폭발위험(정전기, 전기히터 등의 점화원)
② 가스버너에 공급되는 가스의 누출에 따른 화재·폭발위험
③ 건조대상물의 낙하에 따른 발손상 위험
④ 건조대상물의 단순반복취급에 의한 근골격계질환 위험

5. 안전대책

① 건조설비의 바깥면은 불연성재료로 제작
② 건조설비(유기과산화물을 가열 건조하는 것은 제외한다)의 내면과 내부의 선반이나 틀은 불연성재료로 제작
③ 위험물 건조설비의 측벽이나 바닥은 견고한 구조로 설치
④ 위험물 건조설비는 그 상부를 가벼운 재료로 만들고 주위상황을 고려하여 폭발구를 설치
⑤ 위험물 건조설비는 건조하는 경우에 발생하는 가스·증기 또는 분진을 안전한 장소로 배출시킬 수 있는 구조로 설치
⑥ 액체연료 또는 인화성 가스를 열원의 연료로 사용하는 건조설비는 점화하는 경우 폭발이나 화재를 예방하기 위하여 연소실이나 그 밖에 점화하는 부분을 환기시킬 수 있는 구조로 설치
⑦ 청소하기 쉬운 구조로 건조설비 내부를 구성
⑧ 건조설비의 감시창·출입구 및 배기구 등과 같은 개구부는 발화 시에 불이 다른 곳으로 번지지 않는 위치에 설치하고 필요한 경우에는 즉시 밀폐할 수 있도록 조치
⑨ 건조설비는 내부의 온도가 국부적으로 상승하지 않는 구조로 설치
⑩ 위험물 건조설비의 열원으로서 직화를 사용하지 않음
⑪ 위험물 건조설비가 아닌 건조설비의 열원으로서 직화를 사용하는 경우 불꽃 등에 의한 화재를 예방하기 위하여 덮개를 설치하거나 격벽을 설치
⑫ 근로자 안전화 등 개인보호구 지급, 착용관리
⑬ 주기적인 스트레칭 실시 등 근골격계질환 예방활동 시행

보충 3 현장 작업안전교육 사례

공기저장탱크 안전작업 Air Storage Tank

1. 공기저장탱크란?

압축공기 발생장치의 중간 부분에 설치되어 압축공기를 저장하는 설비로서, 맥동(脈動)을 완화시키고 유사시 공정에 압축공기를 일정시간 공급하기 위한 역할을 한다.

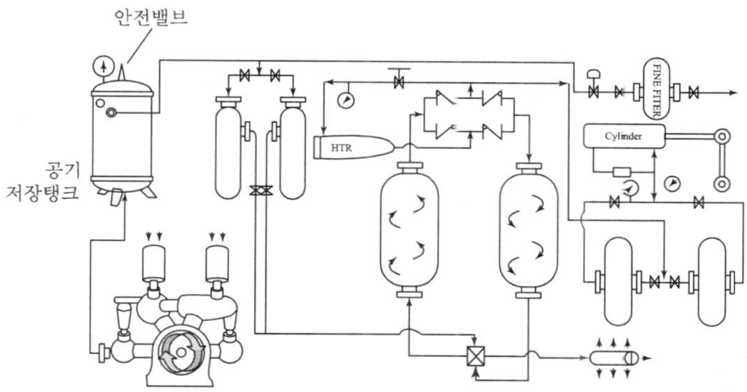

공기압축기의 구성도

공기압축기 및 저장탱크

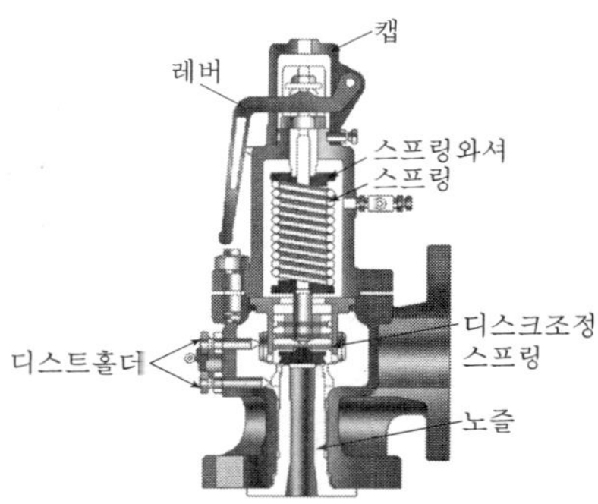

스프링식 안전밸브

2. 주요 위험요인

① 용접부 균열에 의한 파열 위험
② 안전장치 미비(안전밸브)에 의한 파열 위험
③ 설치불량에 따른 파열 위험

3. 안전대책

① 공기압축기 등 부속하는 원동기, 축이음, 벨트, 풀리의 회전부의에 덮개나 울 설치
② 압력용기 등에 과압으로 인한 폭발을 방지하기 위한 압력방출장치 설치
③ 압력계의 기능을 수시 점검
④ 안전밸브를 설정압력의 90% 이상에서 수동 분출시켜 점검

⑤ 압력제한 스위치의 동작여부를 수시 확인 점검
⑥ 공기저장탱크의 부식 및 파손 상태 점검 확인
⑦ 정기적으로 드레인밸브를 조작하여 공기저장탱크 내 물 배출

4. 관리요령

① 공기저장탱크는 압축공기가 일시 저장되어 있는 곳이기 때문에 응축수가 많이 발생
- 여름철에는 응축수를 자주 배출하지 않으면 응축수가 많이 고여 공기저장탱크의 용량이 작아지게 되어 에어컴프레셔의 작동, 정지가 빈번하게 되는 경우가 있음
- 겨울철에는 응축수가 고여 얼게 되어 에어의 흐름을 막을 수 있으며, 공기저장탱크 하부의 자동응축수 배출기가 얼게 되어 응축수를 잘 배출하지 못하는 경우가 있음. 이때는 보온·열선으로 얼지 않게 하여야 함.
  ※ 공기저장탱크는 응축수를 잘 배출하는 것이 가장 중요

② 외부에 노출되는 곳에 설치할 경우에는 안전밸브 토출부에 물막이 설치

보충 4 **현장 작업안전교육 사례**

쓰레기 압축기

1. 쓰레기 압축기란?

① 쓰레기 압축기는 일반 가정이나 산업현장에서 발생하는 각종 폐기물 중에서 재활용이 가능한 종이, 플라스틱, 비닐, 캔류 등을 압축하여 운반이나 보관이 편리하도록 부피를 줄이는 목적으로 사용하는 기계를 말한다.

② 쓰레기 압축기는 점진적이고 강력한 힘을 필요로 하기 때문에 보통 유압을 사용하여 구동하며 수직형과 수평형으로 구분할 수 있다. 수직형은 주로 소형이며, 연속적이고 대용량에는 수평형이 적합하다.

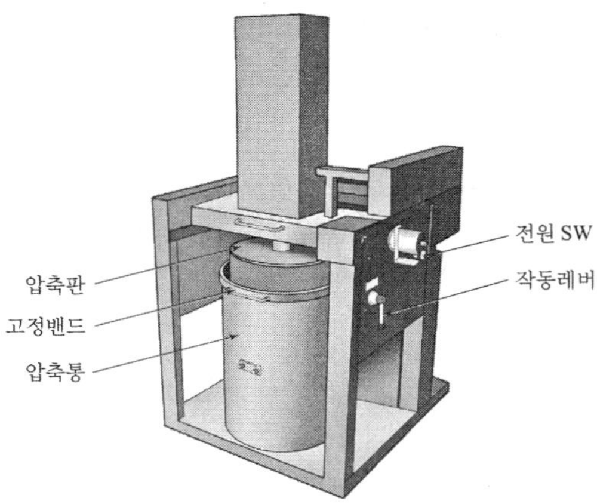

쓰레기 압축기(수직형)

쓰레기 압축기(수평형)

2. 주요 위험요인

① 램에 의한 협착

② 압축기 주변 쓰레기에 걸려 넘어짐

3. 안전대책

① 방호장치 설치

- 수직으로 작동하는 소형 폐지압축기의 투입구 전면에는 재료 투입에 필요한 부분 이외에는 안전덮개 설치
- 상부에 투입구를 가지고 있는 수평형 폐지압축기는 램의 운동범위 전 구간에 걸쳐 안전덮개 설치

② 비상정지장치 설치

폐지압축기의 조작반에는 왕복운동을 하는 램에 접촉하거나 긴급한 상황이 발생할 경우 압축기를 즉시 정지할 수 있도록 비상정지장치 설치

③ 작업공간 확보

압축기의 전면에는 충분한 작업공간 확보

④ 모서리 라운딩 및 주변 정리정돈

작업자 주변에 돌출된 물체나 기계의 모서리는 라운딩을 주어 손이 부딪혀도 상해를 입지 않도록 안전조치를 하여야 하며, 전단기 전면의 작업자 활동공간에는 작업에 간섭되는 물건을 쌓아 두지 않도록 수시로 정리정돈

6-2 롤러기(Roller機)의 안전

1 롤러기 안전

(1) 롤러(Roller)기

일반적으로 롤(roll)을 이용하여 금속 및 비금속을 가공(加工)하는 기계를 총칭 롤

러機라 하며 금속재료를 상온(常溫) 또는 고온(高溫)에서 roll 사이에 연속적으로 통과시켜 금속의 소성(塑性)을 이용하여 판재(板材), 대판(帶板, 띠모양의 판재), 형재(形材) 등을 성형(成形)하는 기계를 압연롤러기(壓延roller機)라 하며 고무, 고무화합물(化合物) 또는 플라스틱(plastics) 등과 같은 점성(粘性)이 있는 비금속재료를 가공하는 롤러기(roller機)를 고무롤러機라 부르고 있다. 이외에도 장관, 원단 등과 같이 일정한 폭을 가지면서 길이가 긴 제품을 만드는 섬유공업, 제지(製紙)공업에서도 여러 형태의 롤러기가 사용되고 있는 등 여러 업종(業種)에서 널이 사용되고 있다.

여기서는 금속을 가공하는 압연롤러기를 제외한 비금속을 가공하는 고무롤러기에 대하여 주로 다루고자 한다. 고무롤러기는 크게 고무재료(材料)의 기계적(機械的)인 작업을 행(行)하는 밀(mill)機와 고무재료를 판가공(板加工) 또는 코팅가공(coating 加工)하는데 사용되는 캘린더(calender)機와 크게 2종류로 나누기도 한다.

① 밀(Mill)機

2개의 롤(roll)로 구성된 밀(mill)機가 사용되며 2개의 roll은 수평으로 설치되었으며 롤(roll) 사이의 간격은 조정나사 대신 전면 roll의 베어링블록(bearing block)으로 조정 가능하도록 설계가 되어 있다. 따라서 최근의 밀(mill)機는 구조나 정밀성이 뛰어나면서 제조현장에서 많이 사용되고 있다.

(ㄱ) 밀機의 종류

㉮ 더블기어 밀(Double geared mills)機

일반적으로 더블기어 밀기는 백샤프트(back shaft)에 의해서 전후 roll이 구동되는 것을 말한다. 백샤프트에 연결된 맞물림 클러치(dog clutch)에 의해 동력 전달의 조정이 이루어진다.

㉯ 싱글기어 밀(Single geared mills)機

- 선도적이면서 향상된 밀機이다. ⇒ Sub frame + motor + 싱글기어
- 구동은 → 후면 roll ⇒ Back shaft에 의해 구동 → 전면 roll에 구동된다.
- 롤(roll) 간격 즉 닙(nip) 점이 크다.
- 기어의 마모, 파손 위험성이 크다.
- 간격 폭은 12 mm 적당

(ㄴ) 마찰비(摩擦比, Friction ratio)

㉮ 밀機에 있어 두 개의 롤(roll) 속도는 보통 다르다.

㉯ 마찰비는 밀機의 사용목적에 따라 조금씩 다르다.

㉰ 천연고무의 반죽작업의 속도비(速度比)

	前 roll : 後 roll
천연고무	1 : 1.25 ⇒ 일반적이다.
인조고무	1 : 1

㉱ 혼합이 어려운 인조고무 : 인터널 믹서(internal mixer) 사용

(ㄷ) 냉각(cooling)기법

㉮ 코어드 롤 ⇒ 축방향 구멍(central core)으로 물을 분사시키는 법

㉯ 퍼리퍼럴리 드릴 롤(peripherally drilled roll) 사용기법

⇒ Roll 표면으로부터 50 mm 아래로 뚫어진 구멍을 통해 물을 순환시키는 방법

(ㄹ) 작업안전과 관련있는 보조장치(Ancillary attachments)

㉮ Metal tray : 밀(mill) 아래로 떨어지는 부스러기 모음접시

㉯ Mill apron : 닙(nip)으로부터 떨어지는 부스러기 되돌려주는 belt

㉰ 재료혼합기(Stock blender) : 작업 조정자(작동자)에게 의존하지 않고 고무 등을 기계적으로 혼합하는 장치

㉱ 절단칼(Cutting knives) : 고무재료를 다른 기계로 송급하거나 반죽물 및 부착고무재료 등을 벗겨 낼 수 있도록 부착된 칼

㉲ 스크레이퍼 블레이드(Scraper blades) : 부드러운 재료(材料)를 인출(引出)하기 위해 긁는 칼

② 캘린더(Calender)機

캘린더機란?

반대방향으로 맞물려 회전(回轉)하는 두 개 이상의 금속roll로 구성된 기계이다.

(ㄱ) 고무, 고무화합물 및 플라스틱을 판가공(板加工)하거나 코팅하는데 사용되는 주 기계이다.

(ㄴ) Roll이 맞물려 있는 형태가 다양함

(ㄷ) 섬유 및 제지 공업 등 일정한 폭을 가지면서 비교적 길이가 긴 제품을 생산하는 업종에 많이 사용되는 기계이다.

③ 구성(Construction)

(ㄱ) 뼈대구조(frame work) + 몇 개의 roll + 사발형반(盤) = 정하여진 치수의 깔판

(sheeting) 생산

㈁ Roll의 구성

3～4roll : 일반적으로 다량의 roll을 사용

2roll : 거친 깔판(sheeting)에 사용

㉮ 3roll 캘린더機

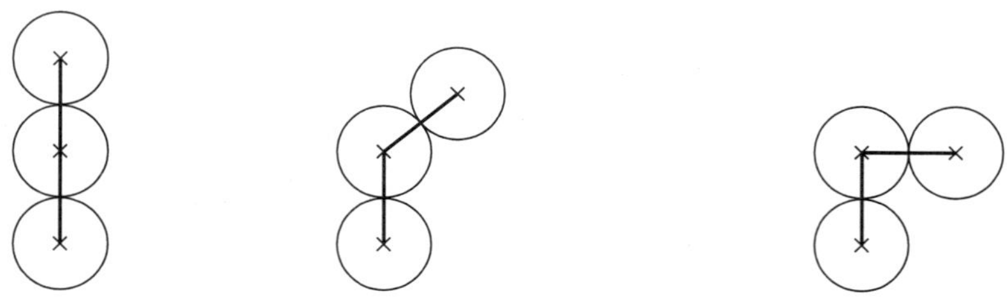

수직형(vertical type)　　오프셋 톱형(offset top type)　　역L자형

㉯ 4roll 캘린더機

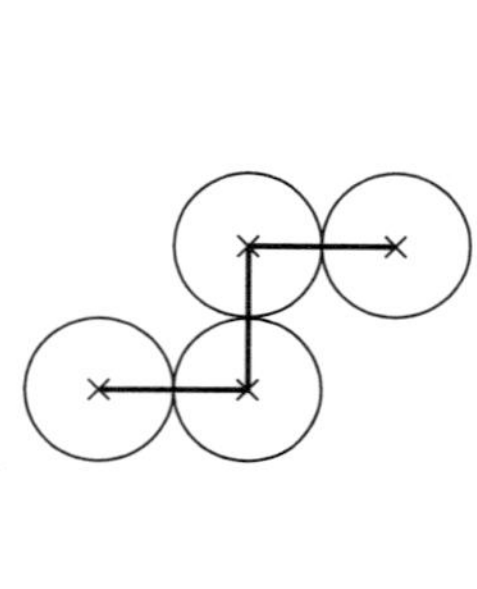

수직형(vertical type)　　역L자형　　Z자형

㉰ 3roll의 배치는 현재 많이 적용되고 있으며 수직형보다는 오프셋 톱형(offset top type) 배열 구성이 선호되고 있다.

- 수직 배열은 송급 스트립(feed strip)으로 송급이 쉽고 주로 선철(pig)의 주괴 및 형철(型鐵 dollies) 작업에 사용되고 있다.
  여기서, 선철(先鐵, pig) : 용광로로 만든 용융선철을 주형에 부어 굳힌 것이며 제강원료 주물용 원료로 사용되고 있는 것을 말한다.

㉱ 4roll 배치는 L자를 거꾸로 된 배치(열)형으로 하고 있으나 현 산업계에는 Z자(字)형 배치로 구성 발전되고 있다.

- 여기서, 수직형의 단점은 두 번째의 닙(nip)이 아래로 변동이 되면 첫

번째도 변동이 일어난다는 점이고 역L자형보다 Z자형 배열 구성의 장점을 첫 번째와 세 번째 닙(nip)에 시킹(sheeting) 할 수 있어 직물의 양쪽을 코팅할 수 있다.

(2) Roller機의 안전화(安全化)의 5원칙

Roller기의 재해발생을 roll의 맞물림점에 근로자의 손 및 신체 일부가 말려 들어가 발생되는 것이며, 안전보건공단 통계에도 2014년도 12개 사업장의 재해건수가 61건에 달하고 있어 롤러기에 대한 재해예방대책이 매우 중요하며 이에 따라 산업안전보건법과 산업안전기준에 관한 규칙에 정하여져 있고 여기에 대한 방호장치로써 급정지장치를 설치하도록 하였고, 또한 재료의 반죽 및 송급에 대한 위험성과 부재의 인출방법 및 작업장의 조명과 환기에 대한 조건 등이 작업안전화의 필요성이라 하겠다.

① 작업자가 정상작업 또는 수리 등의 작업 시 회전부등 기계접촉방지를 할 것
[예] 덮개 설치

② 조작을 위하여 작업점(bite)에 접근되지 않도록 통제할 것
[예] 작동스위치 조작 및 재료 송급 및 배출 등
⇒ 양수 조작식 및 원격 조작 및 조정방법 채택

③ 신체 일부가 위험영역에 머물러 있는 한 작등되지 않는 구조일 것
⇒ 전자 감응식 방호장치

④ 손이나 발 등을 위험점 범위 내에 넣을 필요가 없는 구조일 것
⇒ 특수공구 사용 및 송급장치 설치 등

⑤ 모든 롤러기의 급정지 장치의 설치 및 사용의 법적 준수화이라 하여 위험에 노출되는 기회를 근본적으로 배제토록 자동(自動) 또는 반자동식으로 원자재 등을 송급 또는 배출할 수 있도록 장치화 해야 한다.
[예] 특수공구 사용 또는 송급장치 설치 등

(3) 롤러기의 고정덮개 기법 사례

① 고정덮개(fixed guard) 설치 원칙

(ㄱ) 고정덮개 허용 개구부(allowable opening)

송급대(feed table)와 위험부위에서 덮개 위치까지의 거리 : x

적절한 덮개 개구부(開口部)와 간격 : y

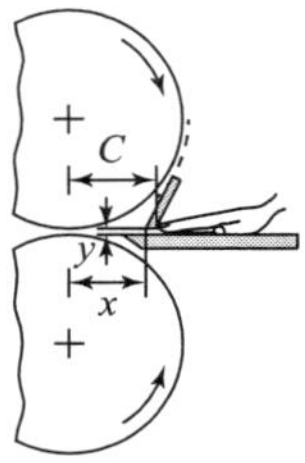

(a) 6.35 mm(1/4″) 개구부가 있지만 완전히 손끝이 들어갈 수 없도록 된 구조

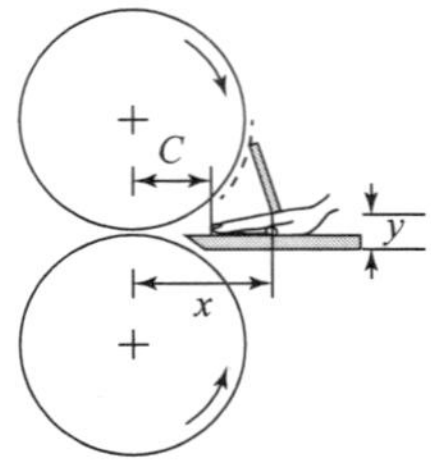

(b) 개구부가 좀 크지만 x는 더 멀리 떨어뜨림으로써 C는 거의 같게 한 구조

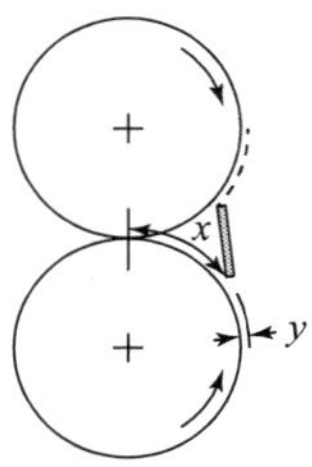

(c) 송급대가 없는 롤러기의 입구의 위험

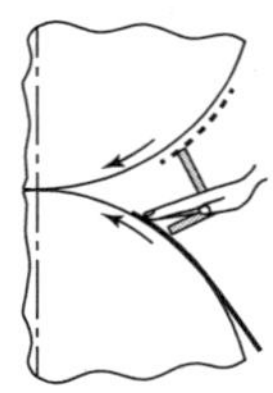

(d) 원자재를 정위치까지 손으로 밀어 넣어야 할 때에 필요한 덮개

② 작업점 덮개의 안전설계 원칙

㈀ 최대안전 간격 : 6.35 mm(1/4″)

위험부 ↔ 덮개까지 거리 : 3.2 mm(1/8″)

㈁ 위험부에 미치지 않는 최소거리 : 38 mm($1\frac{1}{2}$″ 거리 유지)

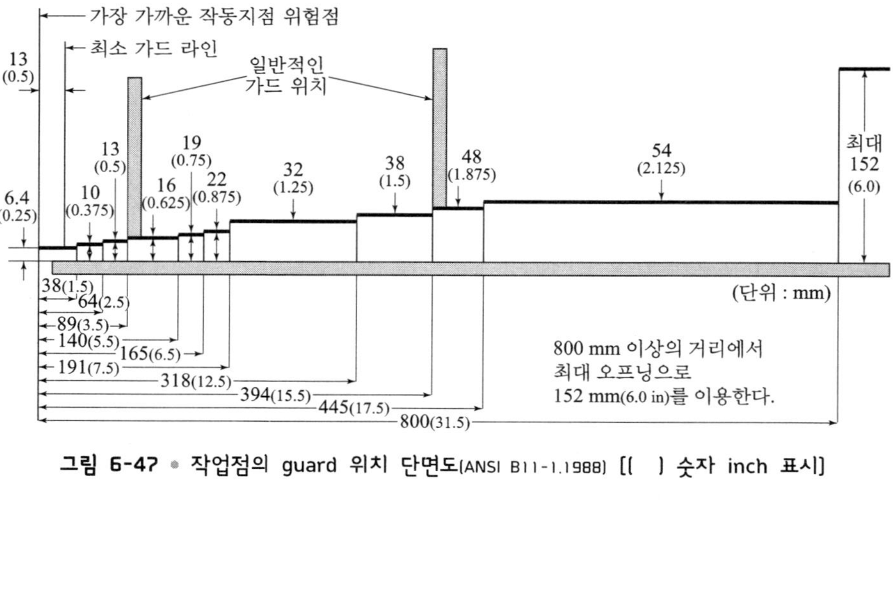

그림 6-47 ◦ 작업점의 guard 위치 단면도(ANSI B11-1.1988) [( ) 숫자 inch 표시]

③ 송급대가 있는 롤러기의 안전설계

닙(nip) 점의 특징을 고려하여야 한다. 즉 위험점이 일직선상에서만 있는 것이 아니기 때문이다. 그림 6-48에서 보는 바와 같이 9.5 mm(3/8″) 닙(nip) 폭은 D-E선상이 사실상 닙(nip)으로 간주하여야 한다.

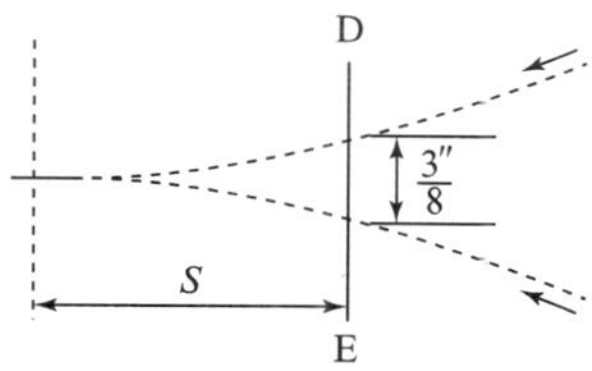

그림 6-48 ● 들어가는 롤기의 가드 설계에 시험결과를 적용한 예를 나타낸다.

롤러기 간의 접촉으로부터 9.5 mm(3/8″)의 닙대(nip帶 zone) 폭의 거리는 요구되는 거리 S로 나타내며 롤러기는 접촉 시 9.5 mm(3/8″) 이하로 밀착하는 것이 바람직하다.

(ㄱ) 원자재가 송급되어 이동하는 선과 닙대(zone)의 개략적 선을 먼저 실물치수로 그려 넣은 다음 양 롤기 위에 거리선을 그려 넣는다. 그 다음 롤러기와 덮개 사이 안전공간이 9.5 mm(3/8″) 이상이나 필요할 때에는 덮개의 끝을 롤러기 표면설계를 나타내는 다음 <그림 6-49>와 같이 안전개구부 간격 설계 요령에 따라 위치시켜야 한다.

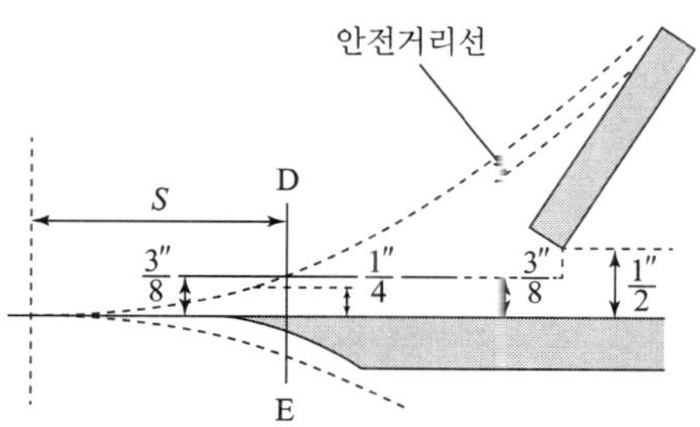

그림 6-49 ● 송급대가 달린 들어가는 롤기의 닙점을 나타내고 있다. D-E는 저지선, S는 롤기의 접촉점으로부터 3/8″의 폭의 닙대까지의 거리를 나타낸다.

(ㄴ) 그림 6-50에 나타나 있는 것과 같이 S를 결정하고 롤러의 중앙 수직선으로부터 원자재 이동선(移動線) [전체 9.5 mm(3/8″) 닙(nip)점에 걸려 있는] 양편, 즉 수직으로 4.8 mm(3/16″) 되는 공간에서 만나는 D-E 선까지 거리 S를 결정한다.

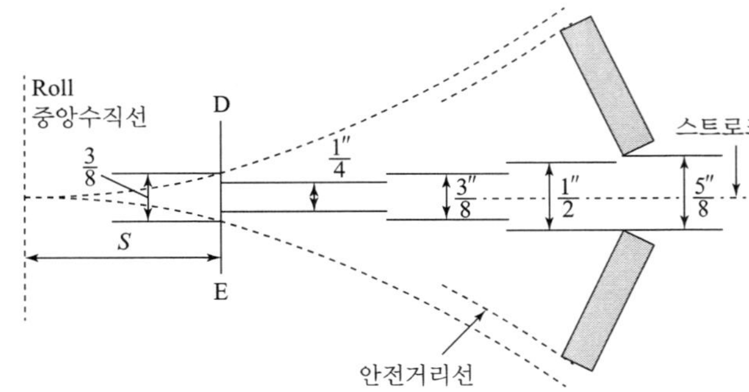

그림 6-50 ◦ 송급대 없이 중앙으로 송급되어 들어가는 롤기의 가드를 나타내고 있다.

㈐ 그림 6-50에 나타나 있는 원자재의 이동선에 중심을 맞추고 요구조건에 적합한 설계를 그린다. 그리고 덮개부를 정하고 덮개부위 간에 요구되는 간격을 정한 후 최종설계에 그려 넣을 덮개의 적절한 배치조건을 결정한다.

㈑ 덮개 밑으로 손이 들어가는지 점검하고 튼튼하게 장치를 부착한다.

④ 닙대(nip帶 zone) 근접하기 전 원재료가 한 롤러에 감겨서 이동하는 롤러기 안전설계

그림 6-51은 닙(nip)점에 돌입(突入)하기 전에 한 롤러에 감겨서 원자재가 이동하여 들어가는 롤러기의 닙점을 나타낸다. 원자재를 방벽의 아래 또는 위로 들어가도록 조정하여야 하는 그런 조건 하에서 방벽식 덮개 위치를 설계할 때 다음 절차가 따른다.

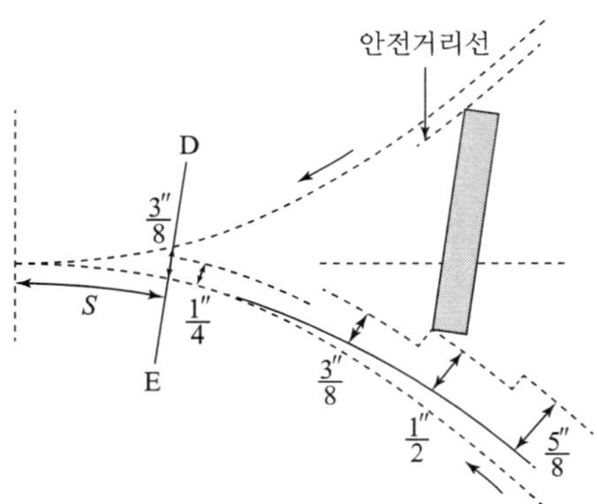

그림 6-51 ◦ 닙점에 돌입하기 전에 한 롤 위로 감겨서 원자재가 이동하여 들어가는 롤기를 나타내고 있다.

㈎ 롤러 위에 그려진 원자재의 이동선과 닙대(zone) 윤곽 실물의 치수를 그리고 위로 롤러의 안전거리선을 그려 넣는다.

(ㄴ) 그림 6-51과 같이 S를 그려 넣는다.

보충 5

현장 작업안전교육 사례

1. 정지거리 제한(stopping limits)

① Mill機 · Calender機

최대크기, 최대작동속도로 롤러가 공회전하는 것으로 정하여진다.

② 정지거리

급정지장치가 작동되는 순간으로부터 롤이 완전히 정지될 때까지 롤의 표면이 이동한 거리를 cm로 표시한다.

2. 법정 규정(산업안전보건법)

앞면 롤의 표면속도에 따라 규정된 정지거리 내에서 해당 롤을 정지시킬 수 있는 성능을 보유하여야 한다.

앞면 롤의 표면속도(m/min)	정지거리
30 미만	앞면 롤 원주의 1/3
30 이상	앞면 롤 원주의 1/2.5

3. Mill機의 정지거리 제한(stopping limits for mills)

롤의 크기나 배열에 관계없이 모든 밀기는 분당 m로 표시되는 무부하상태, 즉 롤러가 공회전하였을 때 롤의 원주속도의 $1\frac{1}{2}$% 이하가 되는 거리를 cm로 표시한 거리 이내에 정지되어야 한다(그림 6-52).

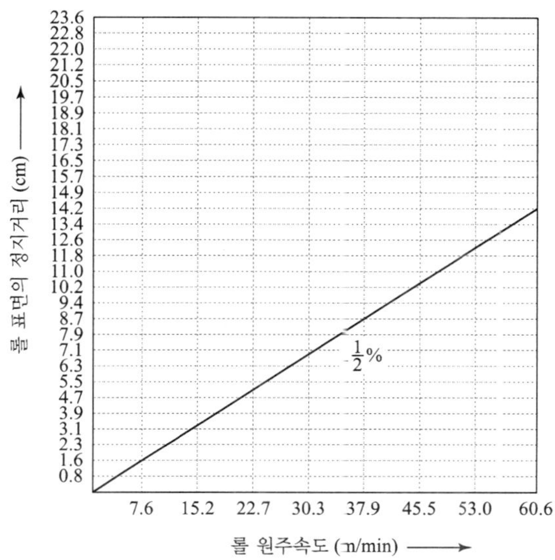

그림 6-52 ◎ 밀기 롤의 속도에 따른 최대허용 정지거리

4. 캘린더機에 있어서 정지거리 제한(stopping limits for calender)

모든 캘린더기의 롤 크기 및 배열에 관계없이 캘린더기를 무부하(無負荷)로 작동시켰을 때 분당 m로 표시되는 표면속도의 $1\frac{3}{4}$% 이하인 원주거리를 cm로 표시한 거리 이내에 정지되어야 한다(그림 6-53, ANSI 자료).

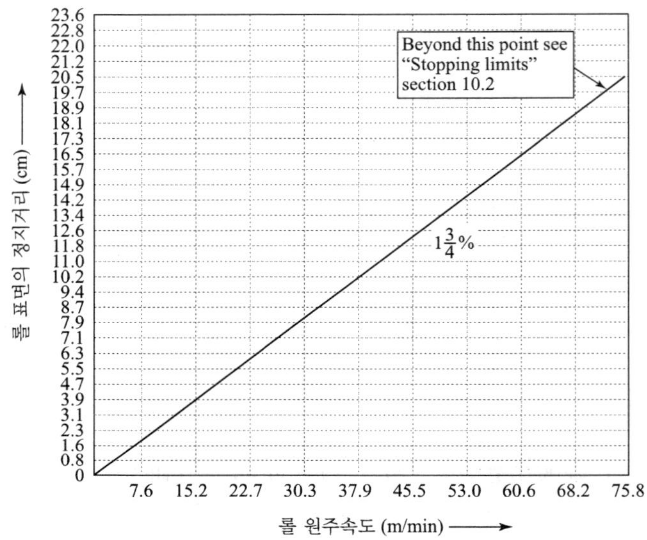

그림 6-53 ● 캘린더기 롤의 속도에 따른 최대허용 정지거리

5. 급정지 장치의 구성

① 브레이크 작동 : 비상안전스위치

② 동력을 제동 : 제동장치

6. 급정지 장치의 조작부(safety controls)

① 작업에 지장을 주지 않아야 한다.

② 재료의 송급 및 인출 및 배출방법

호퍼(hopper), 트로프(trough), 혼합 롤(blending roll), 스트리핑 롤(stripping roll) 등에 고려할 것

③ 수동과 자동작동장치 연구 설치

④ 기계 전후(양쪽) 설치 필수

7. 신체 압력 감응 막대 장치(pressure sensitive body bars)

① 손이 먼저 안전장치(bar) 작동할 수 있어야 한다.

② 바닥으로부터 롤 정상까지 높이가 117 cm 밀기(Mill機) 전후에 설치되어야 한다.

③ 근로자의 복부 압력으로 쉽게 작동될 수 있어야 한다.

④ 크랙커 밀(cracker mill)機와 믹서 밀(mixer mill)機 등에 주로 사용된다.

8. 비상안전제어장치(safety trip rod)

① 신체 압력 감응 막대장치와 달리 근로자가 능동적으로 작동시키는 장치이다.
② 밀機의 전후에 설치되어야 한다.
③ 바닥으로부터 180 cm 이하 높이에 전후 롤의 수직접선으로부터 5 cm 이내 설치되어야 근로자가 취급 시 쉽게 막대를 치거나 잡아당겨 롤을 멈추게 할 수 있다.

9. 비상안전제어로프(safety trip wine cable)

① 이 장치는 오버헤드재료혼합 롤(overhead stock blending rolls) 송급(送給) 및 인출(引出), 컨베이어, 슈트(chutes) 및 호퍼(hoppers) 등에 의하여 제한받는 밀機에 설치 활용한다.
② 바닥으로부터 180 cm 이하 롤러의 수직접선으로부터 5 cm 이내에 설치 로프를 밀거나 잡아당김으로써 쉽게 작동되어 제한치 이내에 멈추어야 한다.

10. 캘린더(calender)機의 급정장치 조작부

① 비상안전제어막대, 비상안전제어로프, 와이어센터코드가 롤의 전 길이에 쌍의 회전 롤에 가로로 설치
- 롤 표면으로부터 약 30 cm(12″) 이내 설치
- 프레임(frame)으로부터 5 cm(2″) 이상 설치
- 바닥으로부터 15 cm 이하 프레임에 결속 설치

② 비상안전스위치(trip & emergency switches)
- 두 개의 폴(pole)로 구성
  - snap action
  - manual reset(수동으로 재작동)

11. 브레이크장치(braking equipment)

① 급정지장치를 작동 시 : 제동거리 제한 이내 정지구조이어야 한다.
② 브레이크장치의 성능
- 역학적(力學的, dynamic type)
- 복열식(復熱式, regenerative type) → 회생제동(回生制動, brake type)
- 자석식(magnetic type)
- 플러깅식(plugging type) → 역전제동(逆転制動, rachet 제동등)

③ 제조현장의 선호 : 전기식 브레이크장치이다(고장이 적다).

12. Mill機 및 캘린더機에 사용되는 기타 방호장치(ABC)

A. 이동형 방호막대(movable guard bar) : Mill機 적용
이동형 방호막대는 막대의 양끝이 힌지(hinge)로 연결되어 있어서 방호막대가 자유로이 위아래로 이동할 수 있는 방호막대이다.

B. 이동형 방호 방책(movable type barriers) : Calender機 적용
Calender機가 정상적인 작업속도에 도달하기 전에 이동 가능한 방책이 아래위치(방호위치)로 내려오도록 캘린더기의 속도에 견동된 장치이다.

C. 동식(動式) 직조(織造) 물림점 방책(Interlocked fabric bite barriers)

힌지(hinge)로 되어 있으며 전기적으로 연동된 방책의 직물 송급 작업점(bite)에서 발생할 수 있는 사고를 방지하기 위하여 설치된 것이다.

보통 1개 이상의 막대로 구성된 방책은 근로자가 이 방책을 먼저 작동시켜 캘린더기를 멈추지 않고서는 작업점(bite)에 손 등이 접근할 수 없도록 정확하게 설치되어야 한다(그림 6-54, ANSI; American National Standards Institute 제공).

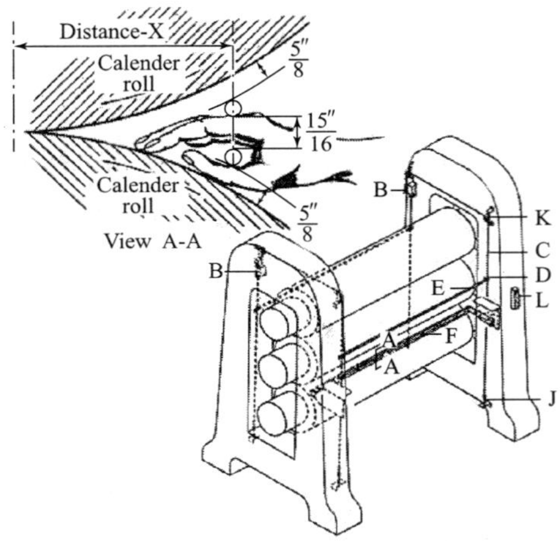

A-A는 캘린더기의 직조이송 물림점에 안전막대를 결합시킨 위치를 나타내는 그림

이 치수는 안전거리에 의한 최대 허용치를 나타낸 것이다. 거리 x는 롤의 직경에 따라서 변하지만 신체부위(손)의 어떤 부분도 제어막대를 통하지 않고 물림점에 닿을 수 없도록 되어 안전하다. 위 그림에서 각 부의 명칭은 다음과 같다.

B : 급정지장치의 로프 스위치　　C : 수직급정지장치의 로프

D : 수평급정지장치의 로프　　E : 수평안전장치막대

F : 이중동작으로 전기적으로 연동된 바이트막대

G : 안전장치 케이블 나사　　K : 안전장치 케이블 가이드 풀리

L : 캘린더기 조절스위치

그림 6-54 ● 캘린더기의 직조이송 물림점에서의 연동식 막대의 위치

13. 재료 송급 및 인출(送給 및 引出, stock feeding & removal)

① 재료 송급장치의 선택의 관계에 영향을 주는 조건

- 재료의 모양
- 처리되는 양
- 허용되는 제품의 형태
- 사용되는 기계의 형태

② 송급장치

- 중력 낙하 방식(gravity drop type)
- 중력 롤러 컨베이어 방식(gravity roller conveyor type)
- 벨트 컨베이어 방식(belt conveyor type)
- 풀 롤러 컨베이어 방식(pull roller conveyor type)

③ 재료의 인출(stock removal)은 벨트 컨베이어 방식이 선호되고 있다.

- Mill機나 Calender機에서 가공 후 나오게 되는 재료의 형태와 다음 공정(工程)에서 요구되는 사항에 결정되어진다.
- 인출(引出) 기법
  - 연속적인 스트립 인출(strip removal : 벗김작업)
  - 덩어리 인출(batching off)
  - 부서진 조각의 인출(removing cracked piece)
  - 시팅(sheeting, 板金)
- Mill機의 인출에 사용되는 기법
  - 앞과 위에 설치되는 컨베이어 설치 기법
  - 아래에 설치되는 크래커와 슬레버 밀(cracker and slabber(平板) mills)

14. 기타 롤러기 작업의 안전화

① 조명(照明, lighting)

- 조명장치는 그림자와 섬광(눈부심) 등이 생기지 않도록 할 것
- 조명기준<산업안전보건기준에 관한 규칙 제8조>
  - 초정밀작업 : 750럭스(lux) 이상
  - 정밀작업 : 300럭스 이상
  - 보통작업 : 150럭스 이상
  - 그 밖의 작업 : 75럭스 이상

② 환기(換氣, ventilation)

밀機 및 캘린더機 덮어씌우는 기법

③ 작업공간요구(working space requirements)

오버헤드 혼합장비에 사용되는 가이드 롤 우치 및 공간 확보 등

④ 경보장치

근로자의 시야(視野)나 가청(可聽)거리 이내에 있지 않을 대 설치 필요

15. 롤러기의 작업안전수칙

① 밀機 작업안전수칙

- 규정된 복장과 안전보호구를 착용하고 작업에 임할 것
- 주변청소 및 정리정돈이 된 후에 작업을 시작할 것
- 기계는 사용하기 전 반드시 안전장치를 점검하여 이상이 없을 시 가동할 것
- 급히 서두르지 말고 표준작업을 이행하고 고무는 적정중량을 투입할 것
- 기계는 가동 중에 수리를 금하며 안전변 앞에 서지 말 것
- 작업 중 잡물이 발견될 시 정지 후 제거할 것
- 작업 중 롤 위에 손을 두지 말고 물건 왕래도 금할 것

② 캘린더機 작업안전수칙

- 복장은 간편 단정히 할 것
- 작업장 주변은 항상 청결히 할 것
- 작업 중 잡담을 금할 것

- 운전 중 주유 및 수리를 금할 것
- 캘린더 안전 브레이크의 작동상태를 확인할 것
- 구동부의 주유상태 확인 및 롤 사이의 이상 물질을 확인할 것
- 작업 전 캘린더 롤의 온도를 70~80℃로 예열시킬 것
- 경질고무 작업 시는 캘린더 속도를 3 m/min 이하로 놓을 것
- 롤 사이에 마찰이 생기는지 확인할 것
- 캘린더 롤기 고무를 감는 작업 시 손가락을 롤 사이에서 될수록 멀리 떨어뜨리고 보조기구를 사용할 것
- 작업개시 또는 운전 중 상호간 연락을 긴밀히 할 것
- 롤에 이물 발견 시 기계정지 후 제거할 것
- 권취(卷取) 시 컨베어 및 라이너에 손조심 할 것
- 운전자와 권취자의 상호연락은 벨로 할 것
- 롤 간격 및 고무 투입을 적절히 할 것

16. 롤러기의 점검과 유지

① 유지(維持, maintenance)

- 브레이크 장치, 안전스위치 및 시동장치
- 제동장치 : 제동거리가 최대제동거리 제한치보다 커지기 전에 발견 조정정비 기록 유지
- 수시점검 : 재료안내장치(stock guides), 덮개(cover), 롤조정나사(roll adjustment), 급유, 조명 및 환기

② Mill機와 Calender機 제동장치 검사 sheet(예)

- Mill機 및 Calenders 검사 sheet

플랜트 ________ 위치 ________ 주 구분 ________ 19 ____

Mills–Calenders							
점검 일자	밀機 번호	캘린더機 번호	롤 명칭	롤 원주속도 (m/min)	요구되는 제동거리 (cm)	점검결과 제동거리 (cm)	시행 (점검결과 요구되는 제동거리 제한치를 초과하면 사용하기 전에 반드시 수리해야 함)

- Mill機의 정지거리 제한

밀機의 정지거리 제한																			
롤의 원주 속도 (m/min)	7	10.5	14	17.5	21	24.5	28	31.5	35	38.5	42	45.5	49	52.5	56	59.5	63	66.5	70
정지 거리 제한치 (cm)	9.1	13.7	18.3	22.9	27.4	32	36.6	41.1	45.7	50.3	55	59.4	64	68.6	73.2	77.7	82.3	87	91.4
주의 A : 정지거리는 롤속도의 $1\frac{1}{2}$%이다.																			

점검자 : ________

- Calenders 정지거리 제한

캘린더機의 정지거리 제한																			
롤의 원주 속도 (m/min)	24.5	28	31.5	35	38.5	42	45.5	49	52.5	56	59.5	63	66.5	70	73.5	77	80.5	84	87.5
정지 거리 제한치 (cm)	37.3	42.7	48	53.3	58.7	64	69.3	75	80	85.3	90.7	96	101.3	106.7	112	117.3	122.7	127	133.3
주의 A : 정지거리는 롤속도의 $1\frac{3}{4}$%이다.																			
주의 B : 작동되는 롤표면의 속도가 분당 76 m(250 ft) 이상인 기계에서는 권위있는 기관이 안전하다고 증명할 때에는 $1\frac{3}{4}$% 이상의 정지거리도 허용된다. 이때에는 기술적인 검토가 충분히 행해져야 한다.																			

점검자 : ________

(4) 롤러기는 「산업안전보건법」 제33조 유해 위험기계기구 등의 방호조치 등에 의거, 영 제28조 1-바항, 시행규칙 제58조 2-바항 인증대상 기계기구이므로 위험방지를 위한 방지조치를 하지 아니하고는 양도, 대여, 설치 사용하거나 양도, 대여 목적으로 진열하여서는 아니 되는 기계기구로써 롤을 이용하여 고무, 고무화합물 또는 합성수지를 연화하는 기계를 말한다. 「안전기준」 제123조에 합판, 종이, 천 및 금속박 등을 통과시키는 롤러(roller)기로서 근로자에게 위험을 미칠 우려가 있는 부위에는 울 또는 안내롤러(guide roller) 등을 설치하도록 규정하고 있다. 롤(roll)은 금속공업을 비롯하여 다방면에 이용되고 있다. 롤(roll)의 위험성은 2개(이상)의 롤이 근접하여 상호반대 방향으로 회전하므로 작업자의 신체일부가 사이로 말려들 위험이 상존한다.

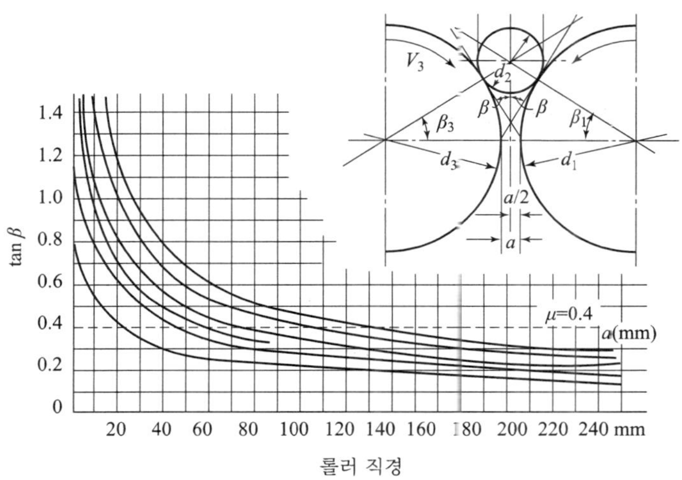

그림 6-55 ◦ 롤의 역학 관계

<그림 6-55>와 같이 단순화하여 역학관계를 정리하면 손가락이 롤로부터 받는 힘이 P이면 마찰력은 μP가 되며 μP에 의해 말려들게 하는 분력 $\mu P\cos\beta$가 발생된다. 또 눌림(pan)에 의해 말려드는데 저항하는 힘 $P\sin\beta$도 동시에 발생되나 결국 $\mu P\cos\beta$이면 손가락이 말려들지 않게 된다. 따라서 한계 값은 $\mu P\cos\beta$를 핑계로 하여 $\mu < \tan\beta$이면 말려들지 않는다.

$$\therefore\ \beta = \tan^{-1}\sqrt{\frac{d_1 + d_2}{d_1 - a} - 1}$$

그리고 $\tan\beta$값과 a와의 관계 등을 <그림 6-55>에서 관련지어 살펴볼 수 있다.

여기서, d_1 : 롤의 지름　　d_2 : 손가락 굵기

a : 롤간의 거리　　V_1 : 롤의 주속

안전을 위해서는 $\tan\beta > \mu$로 하면 된다. μ는 양자 간의 마찰계수 따라서 롤 지름이 클수록 양자가 거리가 클수록 손가락이 작을수록 β가 작아져서 위험하다. 그림 6-55에는 안전한계 값 $\mu = 0.4$에서의 관계를 나타낸 것이다.

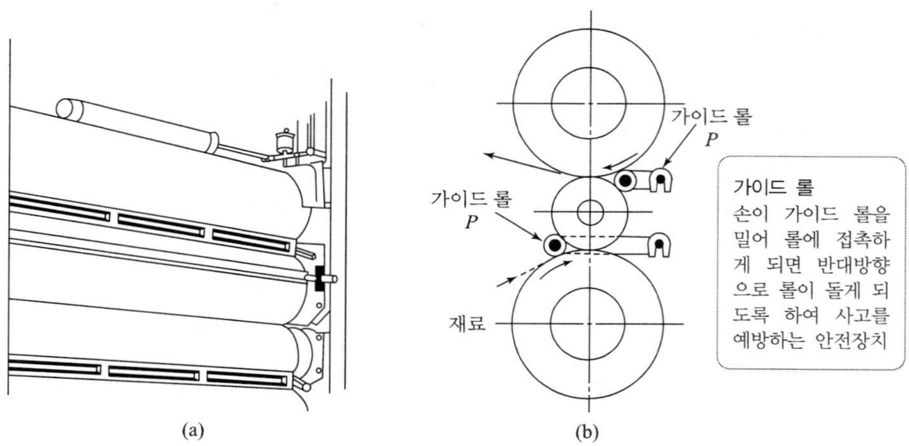

그림 6-56 ◦ 롤러기의 가이드 롤

롤의 작업점 방호는 맞물리는 점에 손이 들어가지 않지만 재료는 들어가도록 한 고정덮개 <그림 6-56(a)>는 super calender용이 사용되지만 이것이 불가능할 때는 롤 전체를 덮개로 덮고, 덮개를 개방하면 전원이 차단되는 interlock 하는 것이 바람직하다.

<그림 6-56(b)>는 한쪽 끝을 자유롭게 지지된 암의 앞에 부착한 매끄러운 표면의 작은 롤 P가 고정롤의 맞물리는 점에 놓여 재료의 송급 시 손이 고정롤면에 접근하

면 P가 위 또는 아래로 이동하여 고정롤과 접촉하고, 회전방향이 반대가 되기 때문에 손을 배출한다.

롤의 맞물리는 점에 재료를 집어놓을 때 이러한 가이드가 작업에 지장을 주는 경우가 많다. 그래서 롤 피더라 하여도 2본의 롤 사이에 재료를 물려서 재료의 일부를 먼저 맞물리게 하여 이송방법이나 공기노즐을 사용해서 집어넣는 방법이다. 이송용수공구를 사용하는 등 여러 가지 대책이 고려되어야 한다.

① 롤러기(roller機)의 방호장치

(ㄱ) 급정지장치의 설치

㉮ 급정지장치 중 로프식 급정지장치 조작부는 롤러기 자체가 수평으로 설치되어 있을 때 전면과 후면에 각각 1개씩 로프를 설치하고 그 길이는 롤러길이 이상이 되어야 한다. 그러나 두 개의 롤러 수평이 아닌 수직으로 설치되어 있을 때는 롤러가 회전되어 물러 들어가는 부분에만 조작부를 설치해도 된다.

㉯ 조작부에 사용하는 줄은 사용 중에 늘어나거나 끊어지지 않는 강성이 있는 재료일 것

㉰ 직경은 4 mm 이상이고 인장강도가 300 kg 이상의 합성섬유 로프이어야 한다.

(ㄴ) 조작부 위치에 의한 분류

㉮ 손 조작식 급정지장치

이 방호장치는 롤러의 각 쌍을 가로질러 설치하며 작동자와 물림점 사이에 위치하도록 설치한 것이다. 롤러의 앞뒤에 설치하며 롤러의 앞뒤 수직접선에서 5 cm 이내에, 밑면에서 1.8 m 이내에 설치하여야 한다.

- 비상안전 제어장치(safety trip rod)

  이것은 신체압력감응 막대장치와는 달리 근로자가 직접 작동시키는 장치이다.

- 비상안전 제어 로프장치(safety trip wire cable)

  재료를 오버헤드로 혼합 롤에 송급하거나 인출 컨베이어 슈트(chute) 및 호퍼(hoppers) 등에 의하여 제한 받는 밀기(mill 機)에 설치 활용하는 안전장치를 말한다.

㉯ 복부 조작식

롤러기에 있어서 근로자의 손이 먼저 방호장치를 작동하여 롤러기의 롤러를

멈추지 않고는 롤러기의 작업점에 도달하지 못하도록 하는 안전스위치 작동장치의 설치가 가능하다. 이러한 설비는 매우 바람직하며 그에 대한 응용이 보편 타당적이라고 생각되는 한 거의 제한되지 않고 사용될 수 있다.

복부 조작식은 그러한 응용의 한 형태로서 밑면에서 0.8～1.1 m 이내의 롤러기 전·후면에 설치한다.

이 장치는 근로자의 복부압력으로 쉽게 작동될 수 있어야 하며 크래커밀기(cracker mill), 믹서밀기(mixer mill) 등에 널리 사용되고 있다.

㉰ 무릎 조작식

이 방식은 밑면에서 0.4～0.6 m 이내에 설치되어 근로자의 상체가 롤러 사이에 말려들어 갈 때 자동적으로 무릎이 급정지장치의 조작부를 건드려 롤러기를 급정지시키는 장치이다.

롤러기의 급정지장치는 롤러를 무부하로 회전시킨 상태에서도 다음과 같이 앞면롤러의 표면속도에 따라 규정된 정지거리 내에서 당해 롤러를 정지시킬 수 있는 성능을 보유한 것이어야만 급정지하게 된다.

맞물리는 부위에 손이 끼이는 위험성은 현재 완전히 제거하기가 곤란하다. 이것은 다만 동력을 차단하거나 클러치를 벗기는 것만이 아니고, 기계가 타력 운전을 하여 피해를 증대하는 것을 방지하기 위해서다. 또 조작레버의 위치도 피해자가 단시간에 작동할 수 있게 하여야 한다.

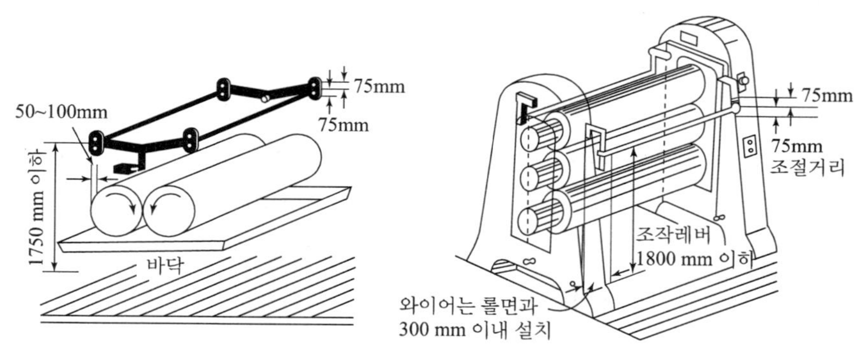

그림 6-57 • **롤러기의 급정지장치**

<그림 6-57>은 수직롤에 부착한 레버를 표시한 것이며, 어느 것이나 밀거나 당겨도 급정지장치가 작용하게 되어 있다.

위험성이 높은 고무반죽 롤과 같이 강한 접착성의 재료를 취급하는 롤기에는 <표 6-3>과 같이 급정지성능이 표준이 “위험기계·기구 방호조치기준”

으로 규정되어 있다.

• **표 6-3 고무반죽 롤의 급정지**

앞면 롤의 표면속도(m/min)	급정지거리	표면속도산출공식
30 미만	앞면 롤 원주의 1/3	$V=\frac{\pi Dn}{1,000}$
30 이상	앞면 롤 원주의 1/2.5	π : 3.14159 D : roller의 원통직경(mm) n : roller회전수(r.p.m)

롤 속도에 따라 정지까지의 최대거리가 구정되어 있다. 또 <표 6-4>는 캘린더 롤의 정지거리이다.

• **표 6-4 캘린더의 급정지 거리**

구동롤속도 (m/min)	22.5	30	37.5	45	53.5	60	75
최대이동거리 (cm)	89.8	53	66.6	80.3	92.8	103	132

급정지 후의 이동거리는 부하시와 무부하시와는 상당한 차이가 있다. <그림 6-58> 송급롤 등의 방호덮개의 예이며, 맞물리는 점에 대해서는 롤간거리 10 mm의 곳을 기점으로 하여 거기에 손끝이 도달하지 않도록 개구부 치수를 <그림 6-58>의 개구부 표준치수를 기준해서 규정하여야 한다. <그림 6-59>는 생산저해 요인을 제거하고 손실을 방지하기 위하여 제지기, 방직기나 인쇄기용의 가이드 롤 A를 무게추로 균형시켜 두고, 기계의 이송에 고장이 있어서 재료가 파판 혹은 늘어짐이 있을 때는 무게추에서 레버가 하강하여 액추에이터(actuator)를 작동하여 기계를 정지시킨다.

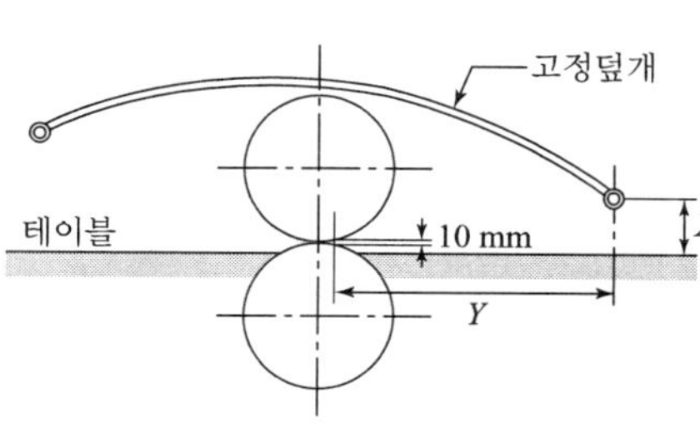

그림 6-58 • 캘린더의 롤러기의 방호덮개

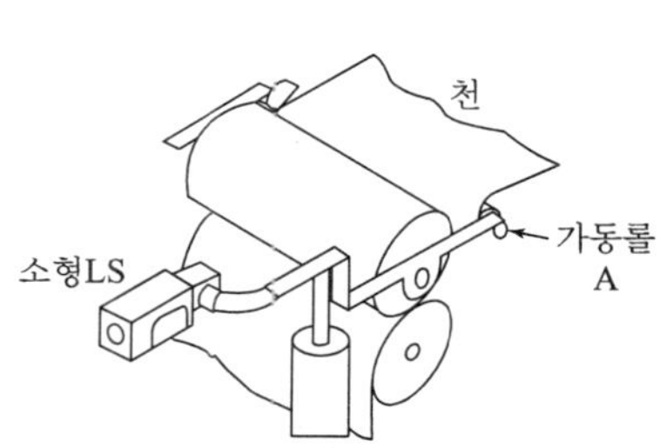

그림 6-59 • 직물기계의 안전장치

② 롤러기의 안전대책

㈀ 기계의 벨트, 커플링, 플라이휠, 치차, 피니온, 축, 스프라켓(sprocket), 시방기(始紡機; 털실 등을 꼬는 기계, slubbing machine) 등 기타 회전운동 또는 왕복운동을 하는 부분은 상면 또는 작업상으로부터 2.6 m 이내에 있는 것은 표준방호덮개로 덮어야 한다.

㈁ 롤러기기의 청소 시에는 다음의 조치를 취해야 한다.

㉮ 기계를 정지시키고 나서 청소작업을 해야 한다.

㉯ 손으로 회전시킬 수 없는 대형기계로 저속회전, 제어장치가 있는 것을 제외하고 동력을 차단시키고 나서 청소해야 한다.

㈂ 롤러기 주위의 상(床)면은 평탄하고 돌기물 또는 장애물 등이 있어서는 안 되며 기름이 묻어 있을 경우는 이를 제거해야 한다.

㈃ 재료의 가공중에 유독성 또는 자극성물질의 분진, 흄 또는 증기를 발산하는 분쇄롤러 및 롤러밀은 다음의 요건을 구비해야 한다.

㉮ 배출장치에 연결한 집진 후드를 설치해야 한다.

㉯ 가능하면 분진이 새지 않도록 덮개로 롤러기를 싸서 유독성 또는 자극성 분진, 휴 또는 증기가 새어나오지 못하게 해야 한다.

㈄ 고무 또는 점성질을 반죽하는 롤러기, 혼합물질의 균등배합 또는 직포 등에 균일하게 입히는 롤러기는 작업자가 롤러기의 말려드는 입구에 닿지 않도록 가이드를 설치해야 한다.

㉮ 작업자가 어떤 방법을 사용해서도 롤러의 물리는 입구에 닿지 않는 장치

㉯ 롤러기 작업위치에서 수평으로 설치한 급정지 로드 또는 급정지 로프는 밀거나 당기면 동력이 차단되고 브레이크가 걸리는 장치를 해야 한다.

③ 캘린더 롤러기의 가드(guard) 및 방호장치

㈀ 롤(Roll)의 곡면(round) 부위 따라 가드를 설치한 예

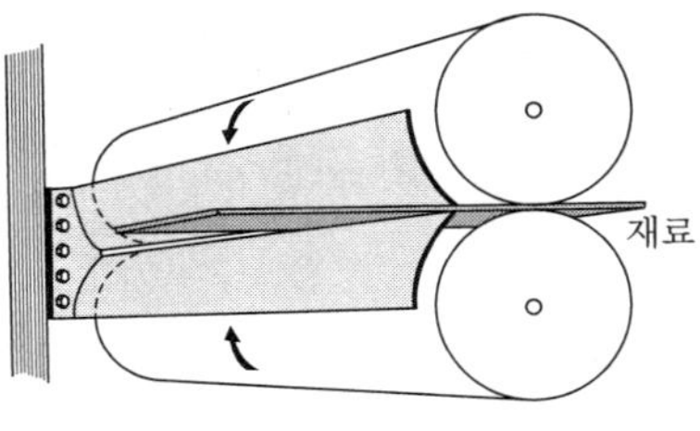

㈁ 앵글(Angle)의 가드를 설치한 예

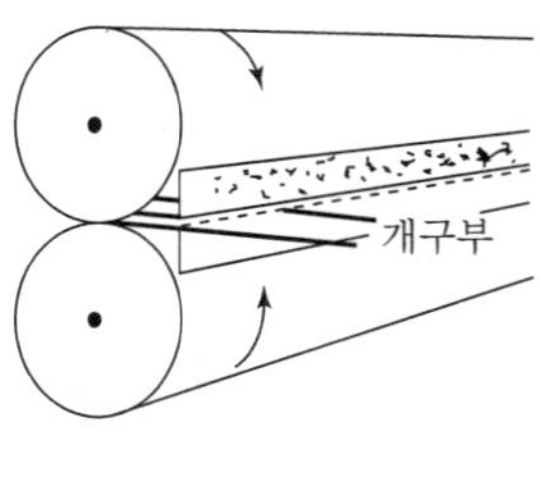

(ㄷ) 환붕(Bar) 및 작업대를 설치한 가드의 예

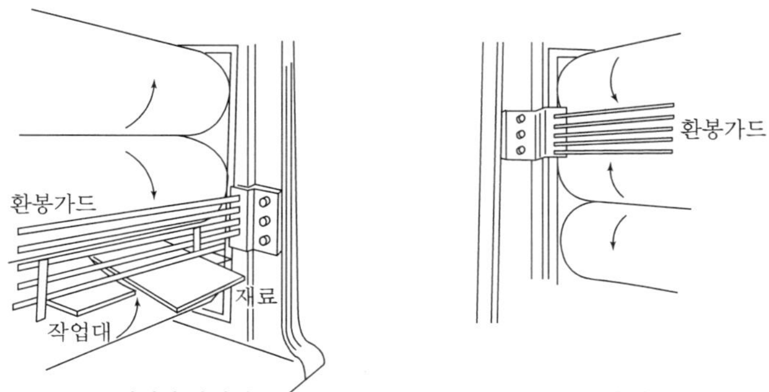

(a) 롤 전면과 작업대 (b) 롤 후면 가드

(ㄹ) 신체압력감응 막대장치

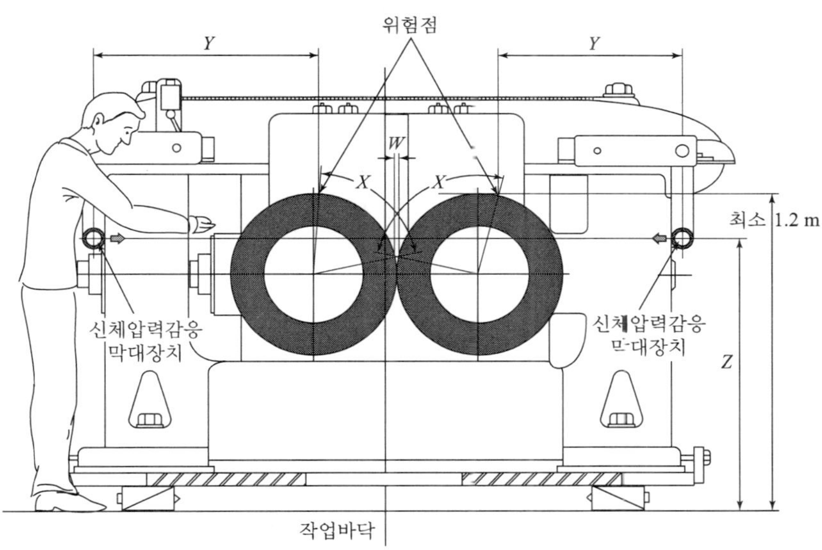

위 그림은 안전막대와 롤에 관계되어 있는 작업자의 위치를 나타낸다. 신체압력감응 막대장치는 안전스위치의 작동없이 롤의 표면, 즉 위험점에 도달될 수 없도록 장치되어 있다. 위험점은 다음 요소로써 결정된다.

W : 작업자의 손가락 굵기

X : 최대 허용 제동거리

Y 및 Z : 작업자가 위험점에 도달할 수 없는 거리

보충 6 현장 작업안전교육 사례

그라비아 인쇄기 안전작업 Gravure printing machine

1. 그라비아 인쇄기란?

① 그라비아 인쇄는 그라비아 제판으로 판을 만든 후 오프셋 인쇄처럼 고무 블랭킷에 잉크를 전이하여 간접적으로 피 인쇄체에 인쇄하는 방식이다. 실린더의 기본 형상은 옵셋과 유사하지만 인쇄 특성상 옵셋의 도트형태의 망점과 달리 육안 상 뭉개진 듯 보이지만 하프톤 방식으로 농도를 조절하는 망점을 가지며 음각을 이용한다.

② 옵셋의 PS판(아연판)과 달리 그라비아에서 사용되는 동판은 장기간 사용이 가능하지만 가격이 비싼 것이 단점이며, 주로 비닐 포장재 인쇄에 이용된다.

③ 옵셋보다 정교하지 않기 때문에 7도 내지 8도 인쇄를 한다.

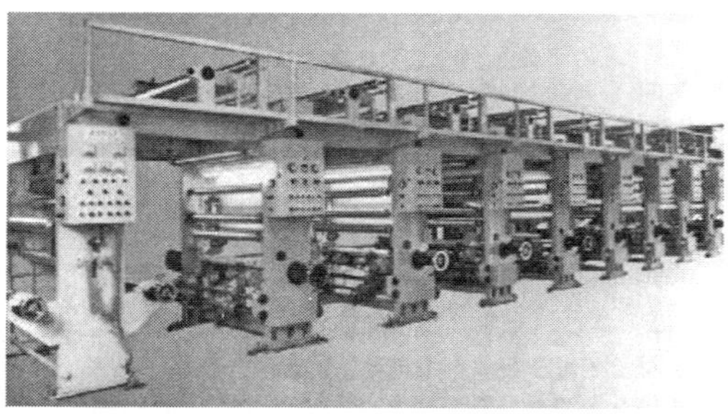

그라비아 인쇄기 전경

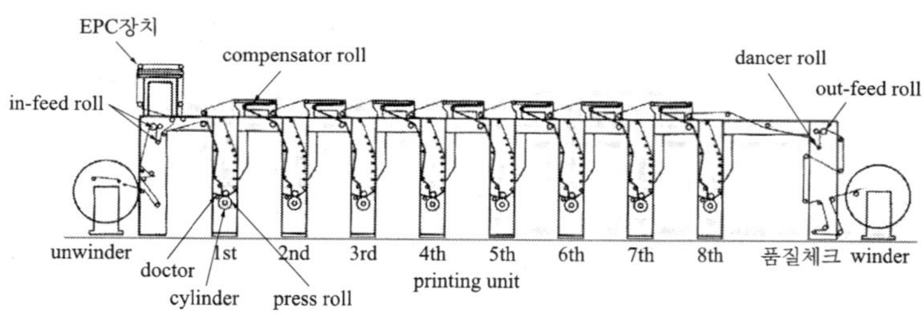

그라비아 인쇄기 배치도

2. 주요 위험요인

① 급정지 시 롤러 및 동력전달부에 끼임
- 원자재를 설비에 투입 시 방호덮개 미설치로 인해 손가락이 롤러 사이에 끼일 위험
- 헐거운 작업자의 의복이 노출된 동력전달부에 끼일 위험

② 점검·보수 작업 시 끼임
불량물이나 이물질 제거작업 시에 롤러에 손이 말려들어가는 사고 발생 위험

③ 유기용제 사용에 의한 화재 발생

유기용제에 의한 가연성 가스발생으로 화재 발생 위험

④ 유기용제, 소음 등 유해인자에 노출
인쇄 시 사용되는 유기용제로 인한 건강장해 위험 및 인쇄기계 소음으로 인한 청력손상 위험

⑤ 중량물 취급 작업 시 무리한 동작으로 인한 요통
원자재를 운반 시 무리한 동작 및 부적합한 작업자세로 인해 근골격계 질환 발생 위험

3. 안전대책

① 방호덮개 부착
- 롤러와 롤러 사이에 끼임점이 형성되지 않도록 방호덮개 부착
- 근로자가 접근 가능한 벨트, 체인 등 동력전달부에 방호덮개 부착

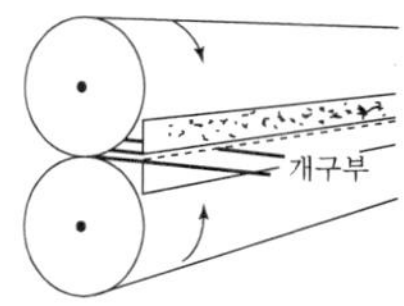

방호덮개(앵글가드식) 부착

② 점검·보수 작업 시 전원차단 등의 방호조치
- 정비, 청소, 급유, 검사, 수리 등의 작업 시 기계의 운전을 정지
- 기동장치에 잠금 표시를 하고 그 열쇠를 별도로 관리하거나 표지판을 설치

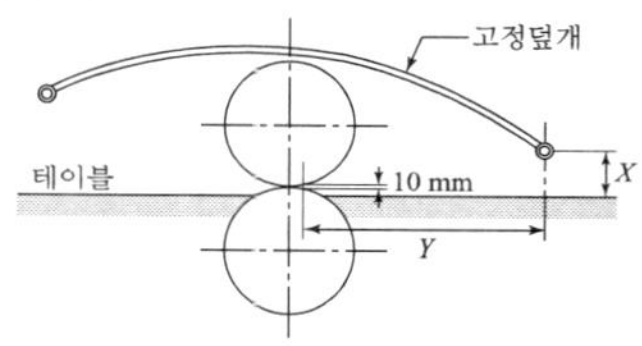

방호덮개(울가드식) 부착

③ 개인용 보호구 착용
작업 시에는 방독마스크, 귀마개 등 개인보호구 착용 후 작업 실시

점검중 표지판(예시)

④ 화재예방 조치 실시
- 유기용제에 의한 가연성 가스의 배출을 위하여 작업장 내 국소배기장치 또는 전체 환기장치 가동
- 근로자가 상주하는 위치에 소화기 배치

⑤ 중량물 취급 작업 시 안전·보건 조치
5 kg 이상의 중량물을 들어 올리는 경우 다음의 조치를 하여 근골격계 질환을 예방
- 주로 취급하는 물품에 대하여 근로자가 쉽게 알 수 있도록 물품의 중량과 무게중심에 대하여 작업장 주변에 안내 표시
- 취급하기 곤란한 물품에 대하여 손잡이를 붙이거나 갈고리, 진공빨판 등 적절한 보조도구를 활용

보충 7

현장 작업안전교육 사례

종이재단기 안전작업 Paper cutting machine

1. 종이재단기란?

종이재단기란 전단기의 일종으로서 정식명칭은 종이 전단기이며, 종이단재기(斷裁

機)라고도 한다. 동력 전달방식은 프레스와 유사한 구조이며 수동식과 자동식이 있는데, 요즘은 거의 자동식을 사용한다. 다음 재단용에는 인쇄물의 3면을 동시에 재단하는 3면 재단기도 있다.

종이재단기 전면

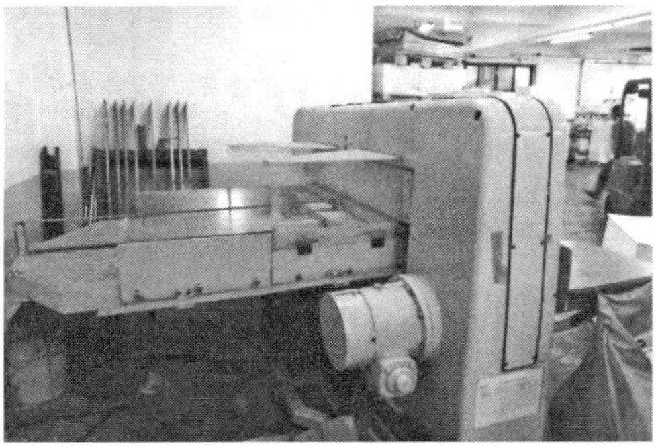

종이재단기 후면

2. 주요 위험요인

① 재단기 가드를 위로 올린 상태에서 작업을 실시하여 수지 절단 위험이 있음

② 재단기 칼날에 의한 협착 위험

- 가동 중인 상태에서 청소, 정비, 수리 시 협착위험
- 손으로 재단물 고정 시 하강하는 재단날에 손가락 절단 위험
- 광전자식 및 양수 조작식 방호장치 기능해지로 수지 절단 위험이 있음
- 가공품 낙하 또는 작업자 오작동에 의한 풋스위치 작동
- 회전 중인 동력전달부에 소매 장갑 등의 말림 위험

3. 안전대책

① 정비·청소·검사 기타 이와 유사한 작업 시 운전 정지

- 정비·청소·검사 등의 작업 시 운전 정지
- 기계의 운전을 정지한 때에는 기동장치에 잠금장치를 하고 "작업 중" 표지판을 설치

② 방호장치 기능유지
작업의 성질상 덮개 등 방호조치가 곤란한 때에는 양수 조작식, 광전자식 등의 안전장치를 설치하고, 방호장치 안전기능 성능 상시 유지

③ 수동식 재단기 동력전달부 등 협착 위험부위에 덮개 설치
회전축·기어·풀리 및 플라이휠 등에 부속하는 키·핀 등의 기계요소는 묻힘형으로 설치

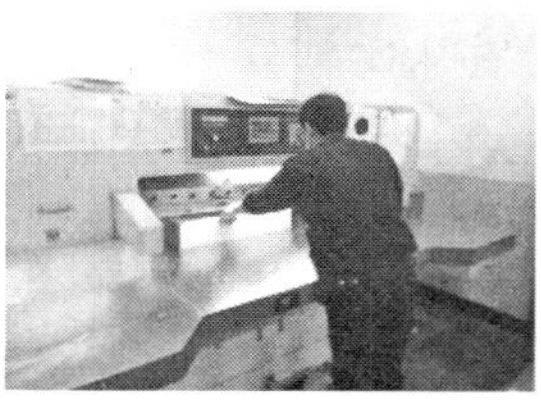
재단작업 전경

종이절단 순간

재단기 작동페달

2 섬유기계 안전

(1) 방적기(紡績機)

방직기계란 섬유가 유해된 슬라이버를 인장해서 꼬임을 걸어 합사, 원사, 코드, 라인, 로프, 또는 끈으로 만들기 위한 기계 또는 방사섬유(spin filament)를 볼(ball), 케이크(cake) 또는 실타래에 감고, 보빈(bobbin) 또는 관에 감기 위해서 사용하는 기계를 말하며 개면기, 타면기, 연조기, 코마기, 조방기, 정방기(spinning), 권사기(winding), 연사기 등의 포함된 연관공정을 이루는 기계들이다.

<그림 6-60>은 혼타면(blowing)기의 예이며 이것을 기준해서 안전대책을 전개하려고 한다.

그림 6-60 • 혼타면기

- 시방기(始紡機; slubbing machine), 조방기(roving frame), 기타 고속기계에는 작업자 작업위치에서 조작할 수 있는 "시동 및 정지장치"를 구비하여야 한다.
- 석면섬유 또는 유리실을 처리하는 정방기에는 분진 또는 섬유분진을 제거하는 배출장치를 구비하여야 한다.
- 정방기의 운동부분은 동력을 차단하고 기계를 정지한 후가 아니면 청소를 할 수 없게 조치하여야 한다.
- 정방기의 고정부분 및 이들 기계 밑이 상면청소는 다음 사항에 따라야 한다.
  ⓐ 사람 또는 손에 들고 있는 물건이 청소용 운동부분에 접촉할 위험이 있는 경우에는 기계를 정지하고 청소한다.
  ⓑ 기계의 운전 중에 청소를 할 때는 진공소제기나 솔(brush)을 사용한다.

① 연조기(Textile drawing frames; 직물, 옷 감기)

㈀ 연조기의 주축은 완전히 방호하여야 한다.

㈁ 연조기의 롤러 기어장치에는 기계가 정지할 때까지 개방할 수 없도록 <그림 6-61>과 같은 커버는 기계적인 인터록장치를 하여야 하며 또한 커버가 완전히 닫힌 후 작동되어야 한다.

그림 6-61 ● 롤러 커버의 인터록장치가 필요한 개소

② 고속기계(Speed frame)

㈀ 시방기 및 조방기의 주축은 완전히 방호하고, 모든 이용도어(access door)는 기계의 운전 중에는 개방할 수 없고 또 문이 완전히 닫혀져야 기계가 작동되도록 인터록 되어야 한다.

㈁ 시방기 및 조방기의 드래프트(draft, 흡출) 체열지, 휠, 백 롤러, 캐리어 휠

(carrier wheel), 트위스트 앤드 캐리어 휠, 보빈 샤프트(bobbin shaft), 드라이빙 휠(driving wheel) 및 스윙 휠(swing wheel), 리프터 휠(lifter wheel) 및 보텀 콘 드럼 휠(bottom cone drum wheel)은 완전히 커버하여야 한다.

③ 경사호부기(Slasher sizing machine)

(ㄱ) 경사호부기는 날실 풀 바르는 기계라고도 하며 다음 조건을 구비하여야 한다.

㉮ 최상부의 스키이징 롤러에 접촉할 우려가 있는 부분에는 방호덮개를 설치하여야 한다.

㉯ 어떤 위치에서도 기계를 급정지할 수 있도록 상면 또는 작업장에서 1.8 m 이내의 높이에 위치시키고 제어레버와 연결되어 있는 수평안전 정지레버가 설치되어야 한다.

㉰ 사이즈복스의 스퀴즈롤은 인양장치로 조작할 수 있도록 레버가 설치되어야 한다.

(ㄴ) 경사호부기의 풀통에는 온도조절장치를 설치하여야 한다.

(ㄷ) 기계의 증기 공급관은 감압밸브와 기계 사이에 압력계를 부착한다.

(ㄹ) 경사호부기의 제어막대는 임의의 위치에서 작업을 통제할 수가 있도록 상면 위 1.8 m 이내 위치에 설치된 페달 또는 수평막대에 연결해 두어야 한다.

④ 섬유 로프 꼬임기(Fiber-rope laying machines)

자동섬유 꼬임기의 스핀은 실패(spool)가 튀어나오지 않도록 다음 요건을 구비한 덮개로 덮어야 한다.

(ㄱ) 기계의 운전 중에는 덮개가 열리지 않을 것.

(ㄴ) 방호덮개를 정위치에 두지 않으면 기계의 시동이 되지 않을 것.

⑤ 와이어로프 꼬는 기계(Wire-rope standing machine)

(ㄱ) 와이어로프 꼬는 기계는 덮개 또는 방책으로 방호 하여야 한다. 덮개나 방책은 그 바깥쪽에 제어장치를 구비하여야 한다.

(ㄴ) 기계의 운전 중에는 감는 릴(reel) 또는 빈 릴(reel)을 부착하거나 제거하지 못하도록 방책에 인터록이 장치되어야 한다.

<그림 6-62>는 방직기의 외부에 노출된 가동부분 및 시건장치 개소가 요구되는 사항이다.

그림 6-62 ● 방호덮개 및 시건장치를 하여야 할 개소

⑥ 신선기(Wire-drawing machine)

㈀ 신선기의 블록에는 다음 장치를 비치하여야 한다.

㉮ 작업자가 블록에 감길 경우 자동적으로 블록의 운전을 정지하는 장치가 되어야 한다.

㉯ 바(bar)에 압력이 가해지면 기계가 정지되므로 신선기의 조작측의 전장에 걸쳐서 설치된 바 가이드일 것.

㈁ 신선기대 밑쪽의 운전기구에는 기계의 후부까지 또 상면에서 1.15 m 이상 방호덮개로 방호하여야 한다.

㈂ 습식 신선기에는 비말방지덮개(수(水) 또는 이물질)를 설치하여야 한다.

㈃ 신선기의 일에는 자동적으로 블록의 운전을 정지하는 장치를 설치하여야 한다.

㉮ 릴(reel)에서 끄집어낸 철사에 작업자가 감겨들 경우

㉯ 릴(reel)이 프레임에 끌어당겨진 경우

3 사출성형기(射出成形機) 작업안전

사출성형기(injection molding machine)는 동력을 사용하여 용융된 수지나 고무재료를 폐쇄된 금형내(金型內)에 불연속적으로 고속 사출(射出)시켜 원하는 성형품을 만드는 기계이다. 따라서 사출성형기는 형체력을 이용하여 금형을 여닫는 형체기구장치가 있고 재료를 용융하여 일정량을 금형에 유입하는 사출기구장치가 있으며 또한 고정금형

설치판과 이동금형 설치판으로 제품을 만드는 성형기구가 있다. 물론 이를 운전하거나 제어하는 제어기구와 부속기구로 구성되어 가장 양산적인 플라스틱 가공법이라 하겠다.

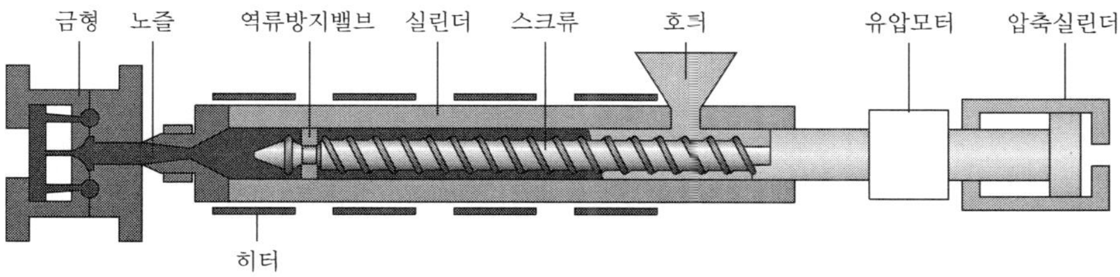

그림 6-63 • 사출성형기 구조

(1) 사출성형기의 종류 구분

사출기의 제작 type
- 수평형(horizontal type)
- 수직형(vertical type)
- 왕복/회전형(rotary type)
- 복합형(composition type) 또는 절충형

여기서 수평형은 사출장치와 금형클램핑(clamping) 장치를 수평으로 배치하고 두 설비의 중심선이 일직선이 되게 배치한 구조이며 현재 사출성형기의 90% 이상을 차지하고 있다. 또한 수직형은 입형(立型)이라고도 하며 사출장치와 형제장치의 중심축이 수직방향으로 배치된 구조이다. 또한 복합형(절충형)은 1조 이상의 하부금형이 테이블에 부착되어 왕복/회전하면서 사출성형하고 한쪽에서 투입 배출 하도록 배치한 구조이다.

때로는 사출성형기의 기계 다음으로 중요한 부븐이 금형이기 때문에 사출금형의 조임구조(장치)에 따라 직압식, 토글식(toggle type), 직압 토글식, 웨지식(wedge type)으로 구분하는 사업장도 있다.

(2) 사출성형 작업과정과 위험성

작업성	공정 및 설비	위험성	
금형계획	안전단계 누락	2중 handing	• 금형 계획·설계·가공 제작·조립·안전단계미계획
재료투입	호퍼(hopper)에 운반 투입	추락	• 20～30 kg의 무게(포대)를 3～5 m 높이에 인력으로 투입작업 중 발생
용융	배럴(barrel)	감전	• 실린더(cylinder) 가열용 배선열화 및 노출충전부접촉
		화상	• 재료(수지 등) 용융을 위하여 150～180℃로 가열된 실린더 접촉
사출	노즐(nozzle)	감전	• 충전부분 접촉
		화상	• 고온의 노즐 접촉 • 노즐에서 분사된 고온의 용융수지 비래
성형	금형	협착	• 300～400 kg/cm^2 정동의 형체력을 가진 이동금형과 고정금형 사이에 협착 • 대형안전문(safety-door)에 협착
제품 배출	배출 설비	협착	• 미취출 성형물 제거 • 금형내 이물질 제거 • 자동낙하 성형물 취출 작업 중 협착 • 수공구 사용 기피 등

(3) 사출성형기의 방호장치

사출성형기가 주는 고마움보다 명품을 만들어 주고 있는 기계라고 한다면 믿지 않으리라 믿지만 애독자 여러분뿐만 아니라 세계인이 가지고 싶어 하는 우리의 휴대폰의 디자인에 홀딱 반해 버리는 커버(휴대폰의 외곽집)는 모두가 사출기에 종사하는 우리 기술진들의 노력의 결실, 땀의 값이라고 이해할 때 속으로나, 겉으로나 우리의 엔지니어들에 감사하는 마음으로 빌어주길 빌면서도 아쉬움이 있다면 매년 500여건의 재해 즉 금형 등에 의한 협착, 감전, 전도, 추락, 화상 재해가 발생함으로써 이에 대한 방호조치가 중요함을 알 수 있다. 따라서 「산업안전보건법 안전기준에 관한 규칙」 제121조 사출성형기 등의 방호장치의 1개 조항에 ③항으로 명시되어 있는 위험기계 기구이다.

따라서 안전관리 항목에서 4가지 덕목이라고 하는 기술적 대책과 관리적 대책 또 자동화 대책과 교육적 대책이라고 한다. 여기서 필자는 기술부문 제121조항을 방호조치 차원에서 다루어 보기로 하겠다. <그림 6-64>

제121조(사출성형기 등의 방호장치)
① 사업주는 사출성형기(射出成形機)·주형조형기(鑄型造形機) 및 형단조기(프레스등은 제외한다) 등에 근로자의 신체 일부가 말려들어갈 우려가 있는 경우 게이트가드(gate guard) 또는 양수조작식 등에 의한 방호장치, 그 밖에 필요한 방호 조치를 하여야 한다.
② 제1항의 게이트가드는 닫지 아니하면 기계가 작동되지 아니하는 연동구조(連動構造)여야 한다.
③ 사업주는 제1항에 따른 기계의 히터 등의 가열 부위 또는 감전 우려가 있는 부위에는 방호덮개를 설치하는 등 필요한 안전 조치를 하여야 한다.

그림 6-64 ● 안전기준에 관한 규칙 사출기 등]

① 금형 협착 방호장치

(ㄱ) 전기식 방호장치 〈그림 6-65〉

㉮ 기능

- 사출성형에 이동금형과 고정금형 사이에 손 협착 등의 재해를 예방하기 위하여 조작측과 반조작측에 안전문 설치
- 안전문이 개방 또는 이탈할 경우 금형 전진회로를 전기적으로 끊어지도록 연동구조(interlock system)화 시킨 방호장치이다.

㉯ 구조 및 특성

- 근접스위치(limit switch)
  2개를 normal open(A)형, normal close(B)형으로 설치하여 직렬로 전원과 연동시킴으로서 방호장치 기능 무효가 근본적으로 불가하도록 되어 있는 구조이다.
- 감시회로에 의한 연동(interlock system)으로 사출작업자의 불안전 행동에 의한 사고 예방은 물론 전기설비 고장 시 안전확보가 가능한 구조이다.

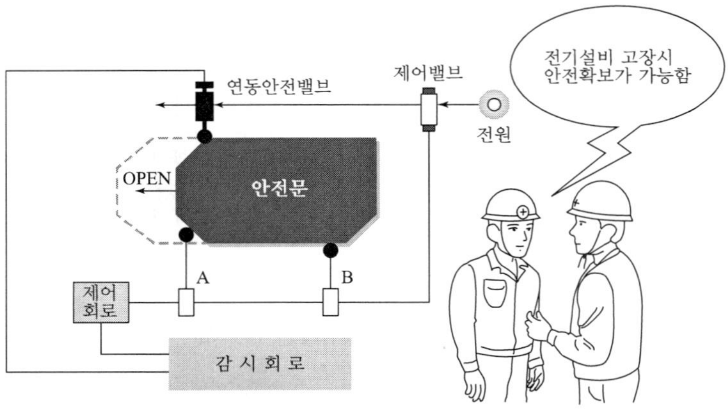

그림 6-65 ◦ 전기식 방호장치

(ㄴ) 유압식 방호장치 〈그림 6-66〉

㉮ 기능

- 사출성형기의 이동금형과 고정금형 사이에 손 협착 및 신체일부 협착 등의 사고를 예방하기 위하여 조작측과 반조작측에 안전문(safety-door)을 설치한 기능
- 안전문이 개방 또는 이탈할 경우 금형 전진회로를 유압적으로 끊어지도록 연동구조(interlock system)화로 안전확보가 가능한 기능이다.

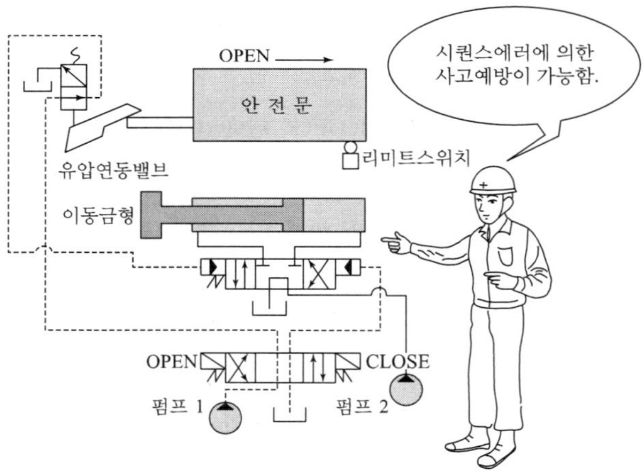

그림 6-66 ◦ 유압식 방호장치

㉯ 구조 및 특성

- 안전문이 개방되면 유압연동(캠벨트)이 동작하여 이동금형 개·폐 변환

밸브의 파일럿 라인이 달라지도록 설치하고 금형작동 유압회로를 이중으로 차단시켜 안전성을 확보한 구조이다.

– 시퀀스에러(sequence error)에 의한 사고를 방지하는 구조이다.

여기서 시퀀스밸브(sequence valve)란 주회로의 압력을 일정하게 유지시키고 조작의 순서를 제어할 때 사용하는 밸브이다.

또 내부 파일럿형 : 1차압 회로로부터 직접 취하는 형 <그림 6-67(a)>

외부 파일럿형 : 압력을 외부로부터 취하는 형

⇒ 원격제어도 가능 <그림 6-67(b)>

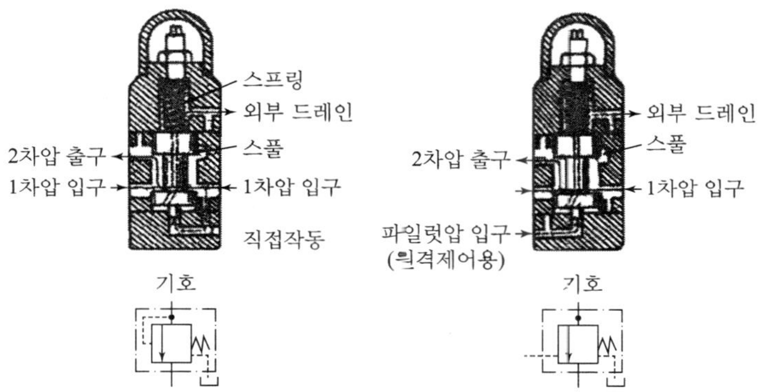

(a) 내부 파일럿형 (b) 외부 파일럿형

그림 6-67 ● 시퀀스밸브 구조와 기호

<그림 6-68> 시퀀스 밸브의 사용 "예"이다. 실린더 a가 위로 밀려 올라가면 회로압력은 P 올리는 힘만큼 실린더 b는 a가 작동하는 동안은 움직이지만 a가 행정이 끝나면 b가 작동하지 않는다.

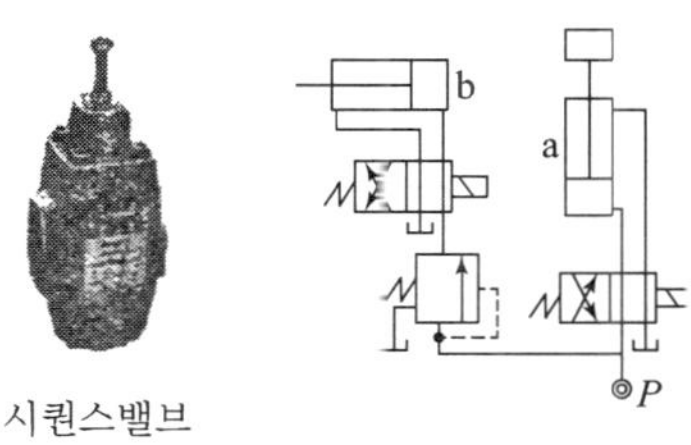

그림 6-68 ●

(ㄷ) 기계식 방호장치

㉮ 기능

– 사출성형기의 이동금형과 고정금형 사이에 손 및 신체일부의 협착 등의

재해를 예방하기 위하여 조작측과 반조작측에 안전문을 설치하여 작업 안전을 확보하는 기능이다.

- 안전문과 이동금형을 기계적으로 연동시켜 안전문을 개방시킬 때 이동 금형을 전진하는 것을 막는 기능이다.

㉯ 구조 및 특징

- 이동금형판에 정지기구를 설치하고 안전문에 에어실린더(air-cylinder)를 연동시켜(A type) 안전문 개방 시 이동금형의 전진을 억제시키는 구조이다.

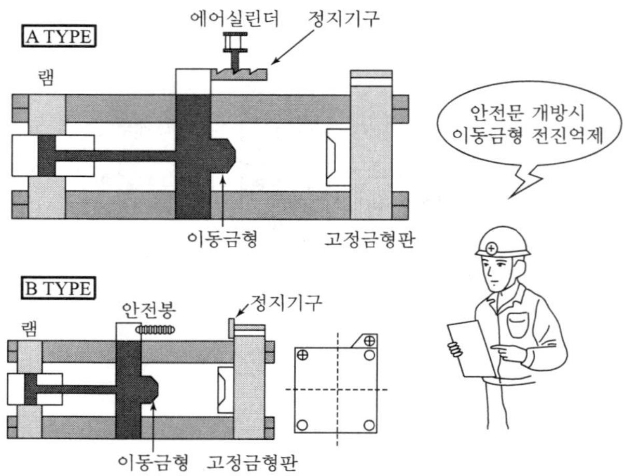

그림 6-69 ◈ 기계식 방호장치

- 이동금형판에 안전봉을 설치하고 안전봉 전진 정지기구를 안전문과 연동시켜(B type) 안전문 개방 시 이동금형의 전진을 억제시키는 구조 특징이 있다.

㈃ 안전매트(safety mat) 〈그림 6-70〉

㉮ 기능

- 대형 사출성형기의 이동금형과 고정금형 사이에서 금형교환 및 점검 시 금형전진에 의한 협착 재해를 예방하기 위하여 금형구역(zone)의 바닥에 안전매트를 설치 전원을 차단하는 기능이다.

- 안전매트(safety mat)에 밟거나 압력이 가해지면 금형 전진회로를 전기적으로 제어하고 유압펌프의 동력을 자동으로 차단되도록 연동시킨 작업안전 확보기능이다.

㉯ 구조 및 특성

금형구역(zone) 내에서 작업 시는 안전매트를 밟기 때문에 방호되는 장치

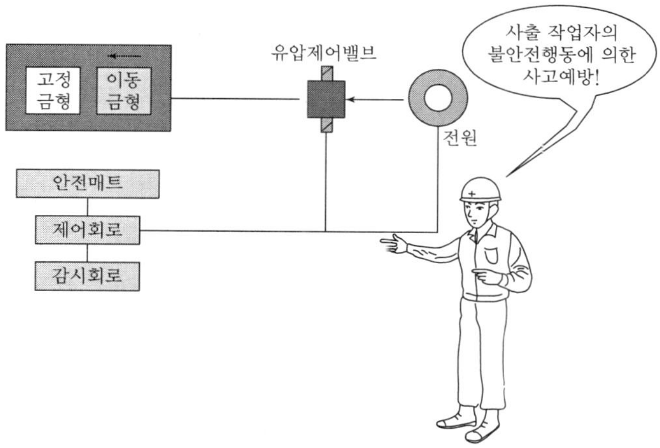

그림 6-70 • 안전매트

② 자동문(auto-door) 협착 방지장치 <그림 6-71>

(ㄱ) 동력작동 자동문 방호장치

㉮ 기능

- 사출성형기의 자동문과 고정금형 부착판 사이에 손 협착 등의 재해를 예방하기 위하여 자동문 선단에 근접스위치(limit switch) 2개를 설치.
- 자동안전문 전진 시 근접스위치가 작동되면 자동안전문이 후퇴하도록 전기적으로 연동시키는 구조이다.

㉯ 구조 및 특징

- 근접스위치를 2개를 normal open(A), normal close(B)의 직렬로 설치하여 방호장치 기능 무효화가 근본적으로 불가한 구조이다.
- 감시회로에 의한 연동으로 사출작업자의 불안전한 행동에 의한 사고예방과 함께 전기설비 고장 시 안전확보가 가능한 특징이다.

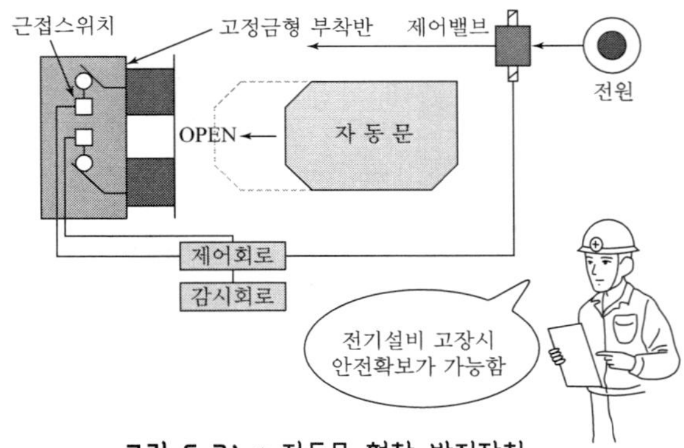

그림 6-71 ● 자동문 협착 방지장치

(ㄴ) 자동문 급낙하 방지장치 〈그림 6-72〉

㉮ 기능

- 수직(입형) 사출성형기 자동문과 고정금형 부착반 사이에 손 협착 등의 재해를 예방하기 위하여 자동문 선단에 근접스위치(limit) 2개와 기계식 걸쇠(hanger)설치 기능이다.
- 자동문 하강 시 근접스위치가 작동되면 자동문이 후퇴하도록 전기적으로 연동시키는 기능이다.

㉯ 구조 및 특징

- 근접스위치 2개를 normal open(A), normal close(B)의 직렬로 설치하여 방호장치 기능 무효화가 근본적으로 불가한 구조이다.
- 감시회로에 의한 연동으로 사출작업자의 불안전행동에 의한 사고예방 또는 전기설비 고장 시 안전확보가 가능한 구조이다.
- 기계식 걸쇠 설치로 돌발적인 안전문 하강을 방지하는 특징이다.

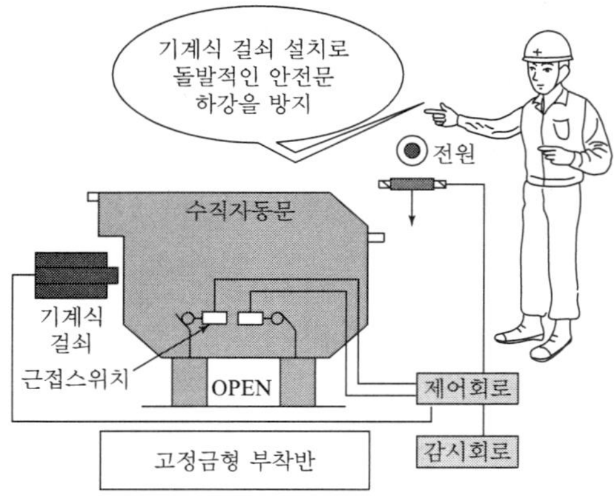

그림 6-72 ● 자동문 급낙하 방지장치

③ 감전 및 화상 예방장치 <그림 6-73>

(ㄱ) 기능

㉮ 고온의 용융수지 비래재해를 예방하기 위하여 사출성형기노즐(nozzle)에 방지커버(cover) 설치.

㉯ 히터(실린더 배럴)의 감전, 화상재해를 예방하기 위하여 접촉방지용 안전커버(cover) 설치.

(ㄴ) 구조 및 특징

㉮ 노즐 안전커버는 근접스위치를 normal close형으로 설치하여 전원과 연동함으로서 안전커버 개방 또는 제거 시는 전원이 차단되는 구조이다.

㉯ 배럴안전커버(cover)는 히터(실린더) 형태와 크기, 보온 조건 등을 고려하여 변형 설계하여 탈착식으로 설치하는 것이 바람직하다.

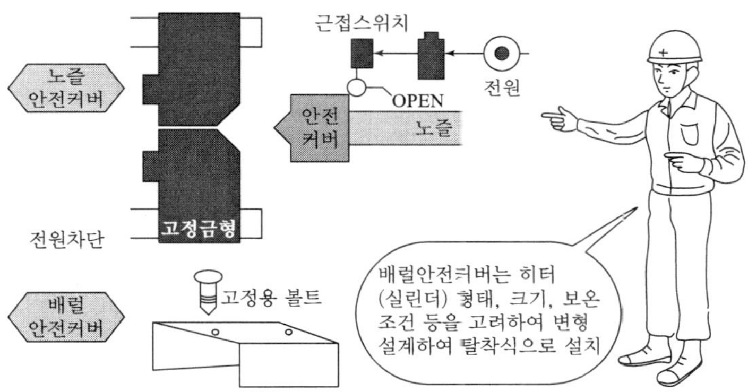

그림 6-73 ● 감전 및 화상 예방장치

④ 사출성형기 작업 안전을 위한 자동화

사출성형기의 안전성과 생산성을 동시에 향상시킬 수 있는 방법은 사출성형 작업에서 자동화이다. 특히 사출성형 업체가 대부분은 소규모인 점을 감안할 때 원료투입, 제품의 배출, 금형 교환작업 및 운반 등의 자동화 실현은 매우 중요하다고 볼 수 있다.

<u>작업안전 확보를 위한 자동화</u>

(ㄱ) 원료 투입 자동화

호퍼에 공압을 이용하여 수지 등 원료를 자동으로 공급하는 호퍼로더(hopper

loader)를 설치하면 추락 및 요통재해를 근원적으로 예방할 수 있을 뿐 아니라 계량, 조색 혼합 등이 원활하고 드라이어(dryer)를 이용한 제습이 용이하다.

(ㄴ) 제품 배출 자동화

금형에서 성형이 완료된 제품을 배출하는 과정에서 발생하는 협착재해를 예방하기 위하여 자동 배출기구 및 로봇 등을 설치한다.

(ㄷ) 금형 교환 자동화

사출성형기의 금형 교환주기가 짧은 점을 고려하여 자동금형 교환장치는 Q.D.C(quick die changing system)을 설치하거나 전용 crane 등을 이용한 반자동화(sling 포함)를 한다.

또 금형교환시간 단축 및 금형낙하 재해 예방에 크게 기여할 수 있다. <그림 6-74>

그림 6-74 • 반자동화

⑤ 안전표지 부착

눈으로 보는 안전확보는 표지의 효과라 하겠다. 그것은 무언의 지시이며 수칙이고 표준이기 때문이다. 사출성형 작업자의 불안전 행동에 의한 재해를 예방하기 위하여 사출성형기의 주요 위험개소에 적합한 내용의 안전표지를 부착하여야 한다. <그림 6-75>

또한 사출성형 작업에 관한 작업표준을 제정하고 도면 등을 정비하여 작업자 교육훈련 및 정비작업에 활용하는 것도 작업안전을 확보하는 길이라 하겠다.

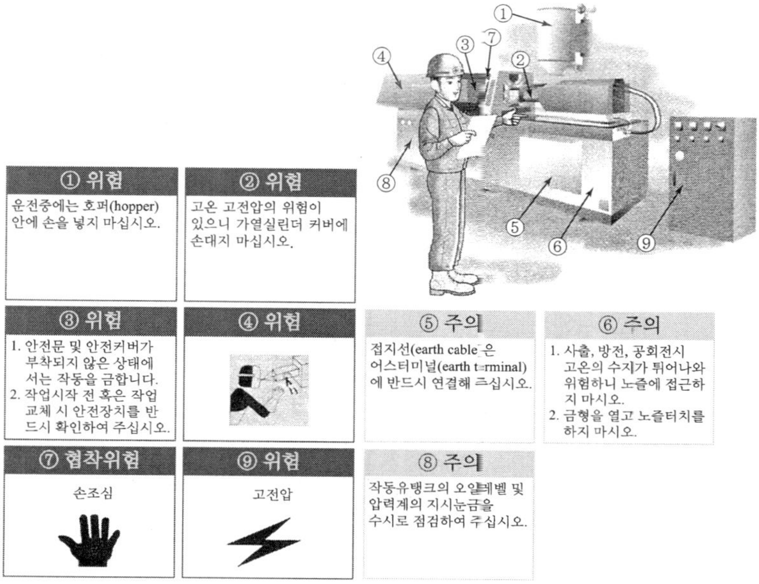

위험 : 황색글씨, 적색바탕
주의 : 흑색글씨, 황색바탕
외곽선 : 위험 적색, 주의 황색
그림·글씨 : 흑색
글씨 : 백색바탕, 흑색글씨
번호순서 : 필요부착 개소

그림 6-75 ◦ 안전표지의 예

⑥ 안전점검 생활화

(ㄱ) 일상점검

사출성형작업에서 무엇보다도 중요한 것은 일상점검이다.

일상점검은 작업시작 전 점검과 작업 후 점검이 생활화가 곧 작업안전 확보, 품질향상, 생산성증가, 금형라이프 사이클 극대화 등 4대 효과를 동시에 얻기 위하여 사출성형기에 대한 일상점검이 중요하다.

일반적으로 사출성형기의 일상점검 Check List를 규격, 종류별로는 조금씩 다르겠지만 공통사항은 다음과 같다.

항목	분류	Check 내용	비고
방호장치	안전문 비상정지버튼	연동장치는 작동에 이상이 없는가?	
		정상 작동 하는가?	
유압부품	펌프	압력이 과대하게 올라가지 않는가?	
		이상음이 없는가?	
		기름 누유는 없는가?	
	밸브	온도가 올라 뜨겁지 않은가?	
		공진(共振)하지 않은가?	
		기름 누유는 없는가?	
		압력 변동은 없는가?	
	작동유탱크	유면이 허용범위 내인가?	
		유온이 허용범위 내인가?	
		투과 창문에서 이상은 보이지 않는가?	
	엑추에이터	접동부에 이상은 없는가?	
		실(seal) 부위에서 기름 누유는 없는가?	
구조부품	접동부	윤활유 회전은 잘 되고 있는가?	
	노즐	노즐선단에 상처는 없는가?	
		안전덮개 설치 및 기능은 다하고 있는가?	
전기부품	모터	이상 진동·이상열은 없는가?	
	히터	단선 또는 열화 현상은 없는가?	
		이상 고온 현상은 없는가?	
		충전부의 노출부는 없는가?	
	열전대	벗겨지고 노출되어 있는 곳은 없는가?	
		온도제어에는 이상이 없는가?	
		접지는 이상이 없는가?	
		내부의 배선에는 변색이 없는가?	
		단자에 느슨함이 없는가?	
스크루	체크링	쿠션이 감소하지 않았는가?	

보충 8 **빠른 작업 자랑 말고 순서대로**

1. **주요 구조부**

① 형체기구(clamping mechanism) : 사출 시 금형이 열리지 않도록 형 체결력으로 금형을 닫고 사출된 재료가 고형화 되면 형체를 열어 성형품을 빼낼 수 있도록 고안된 장치

② 사출기구(injection unit) : 용융된 재료의 일정량을 높은 압력으로 금형 안으로 유입시키는 장치

③ 성형구역(mould area) : 고정 플레이트와 이동 플레이트 사이의 구역

2. 작동순서

수지 투입 (호퍼)	➡	수지 용융 (배럴)	➡	사출 (노즐)	➡	성형 (금형)	➡	제품 취출
추락		감전·화상		감전·화상		협착		협착

3. 위험요인

① 성형물 취출작업 중 성역구역 내에서 협착
② 이물질제거 및 금형설치·조정작업 중 성형그역 내에서 협착
③ 고장수리 작업 중 성형구역 내에서 협착
④ 히터(heater) 고열부에 접촉되어 화상
⑤ 호퍼(hopper)에서 원료투입 작업 시의 추락

4 벌목작업의 안전

(1) 벌목용 기계기구 및 장비와 명치

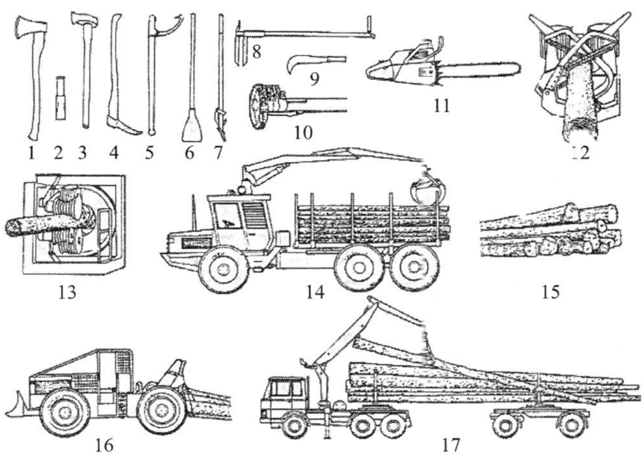

1. 도끼(ax)	2. 쐐기(felling wedge)	3. 해머(hammer)
4. 갈고리(lifting hook)	5. 갈고리(cant hook)	6. 삽(bark spud)
7. 지렛대(peavy)	8. 캘리퍼스(calipers)	9. 낫(bill hook)
10. 표식기(marker)	11. 전기톱	12. 가지치기(limbing machine)
13. 껍질 벗기기(bark stripping)	14. 운반차(skidder)	15. 통나무
16. 운반차(skidder)	17. 견인운반차	

그림 6-76 ◦ 벌목 기구 및 장비

벌목작업에 이용되는 주요 기계기구 및 장비의 명칭은 <그림 6-76>, <그림 6-77>과 같으며 목재의 적재, 하역, 허물 때, 인양 등에서 목재용 훅(hook)이 많이 사용된다. 목재용 훅과 굴림대 등에 의한 사고는 자로, 훅의 미끄러짐, 걸림대 파손, 호크 끝 마모, 훅 볼트 마모 등에 의해 발생되며 상해부위는 다리와 무릎사이, 발의 관절 50%, 대퇴부 10%, 손 12%, 팔과 손목, 어깨사이 23% 등으로 사고 시 발, 다리 부위에 상해를 입히는 위험한 작업인 경우가 많다. 피크봉(pike-poles)은 물위에 떠 있는 원목을 이동할 때와 원목 운재 시 고정용으로 이용된다.

1. 야적 통나무(yarded timber)	2. 통나무 묶음	3. 나뭇가지
4. 나무줄기	5. 벌목꾼(feller)	6. 전기톱(motor saw)
7. 안전모(safety helmet)	8. 유압벌목기(hydr)	9. V-홈(notch)
10. 후면 자르기(back cut)	11. 벌목통 칼지갑	12. 자동톱(free cutting saw)
13. 원판 톱날	14. 원동기	15. 윤활유
16. 연료(gasoline)	17. 잔가지치기	

그림 6-77 ● 벌목 장면과 기구들

(2) 체인톱(chain-saw)과 방호

① 체인톱의 분류

(ㄱ) 동력식

㉮ 전기식

㉯ Motor식

㉰ 가솔린 엔진식

(ㄴ) 전기식 가솔린 엔진식의 장단점 비교

비고 / 구분	장점	단점
전기식	지동용이, 소음진동이 작다. 실내사용 가능, 중량이 가볍다.	편리한 전원연결 필요 전격 위험
가솔린 엔진	야외 사용가능, 설계상 견고성	전동, 소음이 크다, 시동노력, 실내 사용 불가, 중량이 크다.

② 체인톱의 방호장치[U/L(Underwriters/Laboratories) 보험업자연구소 기준]

체인톱은 다음과 같은 방호장치를 갖추어야 한다.

- 하나 또는 그 이상의 반발방지장치
- 손 방호장치
- 스로틀 밸브(throttle valve)를 갖출 것
- 진동격리장치
- 자동주유장치
- 균형을 유지할 것

(ㄱ) 반발방지장치

㉮ 반발원인

체인톱은 작업 시 상하 및 좌우로의 이동이 많다. 반발현상을 이러한 체인톱의 이동을 방해하는 방향으로 일어나며 원목 속에 있는 옹이나 철편 등에 닿거나, 체인이 나무에 부딪친 경우 및 체인 유도 봉 위에 있는 다른 물건에 닿았을 때 발생된다.

체인의 운동을 방해하면 전체톱 부분의 운동으로 고루 미쳐야 할 에너지가 전위되어 톱날만 뒤로 움직이거나 위로 투어 올라 재해를 입게 된다. 대부분의 경우, 반발사고는 체인부위가 나무가 끼거나 매달렸을 때 일어난다.

㉯ 반발방지장치

반발방지장치에는 다음 3가지로 분류된다

- 돌출형(safety nose)

  체인인 나뭇결에 끼었을 때 일어나는 반발을 방지하는데 효과적인 장치이다.

- 체인형(safety chain)

  나무를 물거나 매달리는 경향을 최소화시킴으로서 반발의 발생을 감소

시킬 수 있는 반발방지 장치이다.

- 체인 제동형(chain brake)

  제동장치는 앞 손잡이에 달린 방호장치와 연동되게 되어 있는 스위치에 의하여 작동되기 되어 있고 반발이 일어나면 톱날이 뒤로 밀리면서 앞쪽 손 방호장치를 앞으로 밀어내게 되어 있다.

(ㄴ) 손 방호장치

손 방호장치는 체인(chain)과 앞 손잡이 사이에 마련된 기계적인 방호벽이라 할 수 있다. 그러므로 앞으로 뻗친 손이 체인으로 미끄러져 들어가지 않도록 방호하는 역할을 하게 되며 앞서 설명한 바와 같이 체인톱의 제동 스위치를 작동시키는 구실을 하게 된다.

(ㄷ) 홈형 인터록(throttle interlock)

스로틀 인터록(interlock)장치는 스로틀을 전진시키기 위하여 톱 위에 두 손을 올려놓도록 요구함으로써 인터록의 기능을 발휘하게 한다.

(ㄹ) 진동격리장치

진동이 작업조작자에게 미치지 않도록, 혹은 최소한으로 감소시키기 위한 장치이다.

이 장치를 이용함으로써 피로를 덜고 소음을 낮출 수 있다. 체인톱의 소음장치는 소음을 막을 뿐만 아니라 스파크를 방지시키는 기능도 하게 되며 체인톱은 원래 스파크 방지장치가 없는 것은 쓸 수 없도록 규제되는 것이 통상이므로 이 소음장치를 쓰게 두 효과를 동시에 얻을 수 있다.

(ㅁ) 자동주유장치

자동적으로 주유가 이루어지므로 주유에 별도를 손을 쓸 필요가 없어 절단작업이 전념할 수 없게 된다. 특히 균등한 주유가 이루어지게 되므로 체인의 수명을 연장시킬 수 있는 장점이 있다.

③ 안전작업

(ㄱ) 작업 전 점검사항

㉮ 안전보호구착용

체인톱을 조작하기에 앞서서 반드시 안전보호구를 착용해야 한다. 우리 법에는 안전모만 착용토록 되어 있으나 그것 만으로서는 불충분하므로 이에 추가하여 보안경, 가죽장갑, 귀마개와 안전화를 착용하여야 하며 필요시 보호의를 입어야 한다. 긴 머리는 짧게 이발하고 헐렁한 바지나 팔찌 등은 착용하지 말아야 한다.

㉯ 응급조치 및 대책

응급조치용 세트와 소화기도 현장에 비치해 두는 것이 좋다. 가솔린 엔진형의 체인톱의 경우에는 B형, 전기모터의 경우에는 C형의 전기용 소화기가 있어야 한다. 특히 소화 및 비상시의 계획을 수립하여 벌목조별 또는 적절한 원인으로 이를 연습해두는 것이 바람직하다.

㉰ 교육훈련

체인톱의 조작훈련을 받는 것이 무엇보다도 중요하다. 체인톱의 일반 안전사용에 관한 정보를 알려주는 것도 필요하지만 체인톱 자체에 대한 기능과 고장예방 등에 대한 세부 지시사항을 알려주는 것도 중요하다.

㉱ 주유

제조원에서 내놓은 체인용 주유명령서를 충실히 따르는 것이 정비보전상 중요하다. 지정된 연료를 쓰지 않거나 윤활유를 제멋대로 사용하면 가솔린 엔진식 체인톱에서는 사고의 주요인이 된다. 가솔린의 급유나 가솔린과 오일의 혼합작업을 반드시 옥외에서 하여야 하며 벌목장소에서 최소 20 m 떨어져야 한다. 특히 체인에 윤활유를 주고자 할 때 폐유 등을 사용해서는 안된다.

㉲ 작업환경의 정리

벌목장 주변은 되도록 정리를 잘하여 걸려 넘어지거나 빠질만한 웅덩이나 원목을 치워야 하며, 원목에 철조망이나 못 또는 포탄파편 등이 없는지 살펴서 반발사고가 일어나지 않도록 해야 한다.

(ㄴ) 체인톱 사용상의 안전

㉮ 체인톱의 시동은 나뭇가지에서 조금 떨어진 견고한 바닥에서 걸어야 한다. 다리나 무릎위에 체인톱을 놓고 시동을 걸거나 그대로 무릎위에 놓아도 불안전하다. 특히 소형의 체인톱의 경우 무릎위에 놓고 시동을 걸다 다리를 잘린 사례도 있다.

㉯ 조작자는 두 손으로 체인톱을 꽉 잡아야 하나, 엄지손가락과 다음 손가락으로 걸머쥐고 균형 잡힌 자세를 취하면 톱의 궤도를 따라 도는 상태나 원목의 절단되는 부의의 감도 잡을 수 있어 원목의 절단을 충분히 빠른 속도로

해낼 수 있다. 도리어 저속의 경우 반발이나 구속을 받는 일을 일으키기도 한다. 원목의 줄기나 큰 가지에 절단봉의 선단을 직접 접촉시켜야 하는데 대부분의 체인톱에는 그런 위치를 취할 수 있도록 돕는 망치가 붙어 있다. 절단이 끝나면 방아쇠는 원위치를 돌아가고 조작자는 다음 절단을 위한 위치를 잡기 전에 체인이 정지하였는지를 반드시 확인해야 한다.

㉰ 재급유가 필요하게 되면 톱의 동력을 차단하고 인화성 물질이 없는 곳에 내려놓고 급유 밸브를 충분히 냉각시켜야 한다. 많은 경험자등은 생산적으로 이 시간을 활용한다. 즉 톱에 대한 검사나 조정이 앞으로 생산적으로 이 시간을 활용한다. 즉 톱에 대한 검사나 조정에 쓰고 앞으로 있을 벌목 계획과 현장을 정리하는데 시간을 보내도록 하는 것이 바람직하다.

㉱ 전기식 체인톱은 건조한 장소에서만 사용해야 한다. 전기코드도 톱 및 일감에 맞추어서 준비해야 한다.

㉲ 체인톱을 사용해서 안 되는 작업
- 체인톱으로 풀을 깎거나 낮은 나무덩굴 등을 베기 위하여 사용하는 일
- 체인톱으로 작은 가지 또는 근접된 나뭇가지를 베는 일

㉳ 작업기타

한손으로 가지나 줄기를 잡고 한손으로 절단하는 일을 삼가 하여야 한다.

㉴ 작업 전 점검사항
- 안전보호구 착용 : 법에는 안전모만 착용케 하고 있으나 보안경, 가죽장갑, 귀마개 등 착용.
- 응급조치 및 비상대비 : 응급조치세트, 소화장비(B형: 가솔린 엔진형, C형: 전기 모터형) 구비
- 사전훈련 : 체인톱의 조작훈련 등
- 주유등 : 가솔린의 주유 작업은 벌목장에서 20 m 이상 떨어져야 한다.
- 작업환경정리 : 작업장 및 주위

(3) 안전작업 준수사항

① 사업주

㈀ 벌목할 때에는 대피장소를 사전에 정할 것.

㈁ 나무 굵기가 40 cm 넘을 때 자르려는 밑둥 직경의 1/4이 넘는 깊이의 구덩이(수입구)를 파서 나무 밑둥이 그쪽으로 슬려 넘어지게 하여야 한다.

(ㄷ) 벌목하려는 나무에 얽힌 죽은 나무, 가지, 줄기, 넝쿨, 부석 등 휘말릴 우려가 있는 부분은 사전 제거.

(ㄹ) 벌목 작업 시 일정한 신호를 근로자에게 주지시켜야 한다.

(ㅁ) 강풍, 폭풍, 폭설 등 악천후 때문에 벌목, 집자, 또는 수집, 운재 작업에 위험이 따를 경우 작업을 중지시켜야 한다. (악천후 시 작업금지)

(ㅂ) 벌목, 집재, 운재, 물체 비래 또는 낙하에 의한 안전 확보를 위한 안전모 착용

(ㅅ) 악천후시의 작업금지

② 근로자

(ㄱ) 음주한 후 작업금지

(ㄴ) 밤잠을 설치거나 피로한 경우 작업금지

(ㄷ) 불안한 심리적인 요인이 있을 때 작업을 삼가 할 것.

(ㄹ) 유압식 벌목기계는 두상 방호장치(head-guard)를 하여야 한다.

(ㅁ) 보호구의 착용(안전모 등)

보충 9

현장 작업안전교육 사례

체인톱 안전작업 Chain saw

1. **체인톱이란?**

① 체인톱기계는 내연기관을 동력(통상적으로 2행정 가솔린기관)으로 하는 기계로써, 체인형 톱날을 원동기로 회전·구동시켜 목재를 절단하는 가동식 기계를 말한다.

② 체인에 절삭용 톱날을 붙인 것으로서 톱날 모양에 따라 가로 자르기(cross cutter)형과 가로세로 자르기(chipper)의 양용형이 있고, 양용형을 주로 많이 사용한다.

③ 주요 구조부는 원동기부, 동력전달부, 톱 체인부[회전속도: 6,000～9,000 RPM(톱 체인 속도 15 m/sec)]로 구성되어 있다.

체인톱 구조

2. 체인톱 주요부 점검 요령

① 체인톱 외부, 기화기, 연료주입구, 안내판 등의 오물 제거
② 나사류의 느슨함, 외관상태 점검·수리
③ 앞손보호판, 체인브레이크 등 안전장치 이상 유무 확인
④ 톱체인 장력조절 및 날세우기
⑤ 톱체인의 이물질 제거 및 손상유무 확인
⑥ 안내판 및 스프라킷의 변형유무와 마모 정도 확인

3. 주요 위험요인

① 가동 중인 체인톱날에 접촉 위험
- 기계톱작업 중 미끄러져 넘어지면서 기계톱에 닿을 위험
- 톱체인이 끊어져 튀어 오를 위험
- 안내판 끝부분이 단단함 물체 접촉하여 톱체인 반발력에 의해 튀어 오를 위험

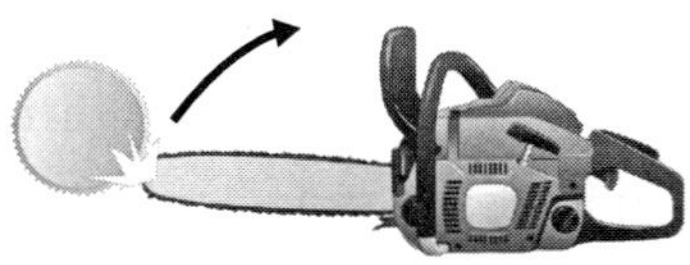

※ Kick Back현상 : 회전하는 톱체인(가이드바) 끝의 상단 부분이 어떤 물체에 닿아서, 체인톱이 작업자 쪽으로 튀는 현상을 말하며, 킥백현상은 접촉속도나 접촉물의 강도 등에 따라 치명적인 재해를 유발

② 절단된 원목에 의한 충돌, 끼임 위험
- 체인톱기계의 반동으로 원목이 움직여 작업자 발이 끼일 위험
- 절단된 원목이 튀거나 굴러 발목 부위 충돌 위험

③ 장기간 사용에 따른 건강장해 위험
- 소음으로 인한 작업자 청력손실 위험
- 체인톱 진동에 의한 백랍병과 같은 말초순환계와 신경계의 손상 위험

4. 안전대책

① 안전장치 작동상태 확인 후 작업

체인브레이크
기계톱이 튀거나 충격을 받았을 때 체인을 급정지시킴 (0.1~0.15초 이내 정지)

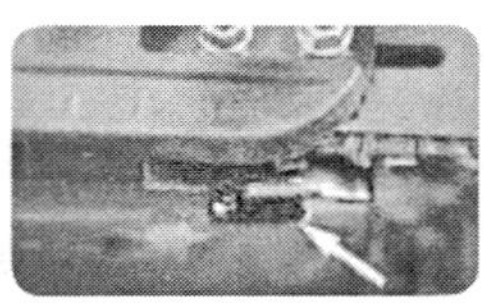

체인잡이
체인이 끊어지거나 벗겨질 경우 체인을 잡아줌

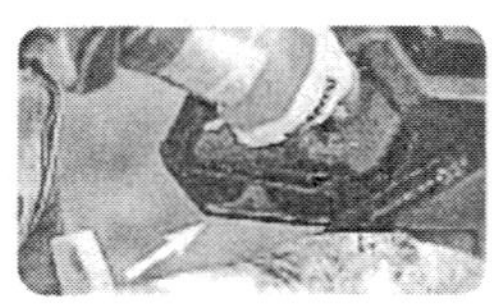

후방 보호가드
체인이 끊어지거나 벗겨질 경우 손이 다치는 것을 보호

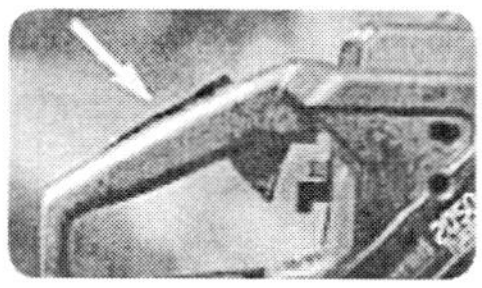

안전 스로틀레버
우발적인 톱체인의 작동위험을 방지

체인보호집
기계톱 운반 시 톱날에 의한 작업자 부상방지안전장치

② 작업 대상 원목에 작용하는 인장력, 압축력 등 절단후의 원목 거동을 예상하여 절단 작업 실시
③ 개인용 보호구 착용 작업
안전모, 방진장갑, 무릎보호대, 안전화, 귀마개 등 개인보호구 착용

보충 10 **현장 작업안전교육 사례**

조재(원목 절단)작업

1. 조재(원목 절단)작업이란?

산림 내에서 벌목된 장재의 원목을 목재품질에 따라 일정한 규격(1.8 m, 2.7 m, 3.6 m)으로 절단하여 소비 장소까지 운반을 용이하게 할 수 있도록 원목을 자르는 작업이다.

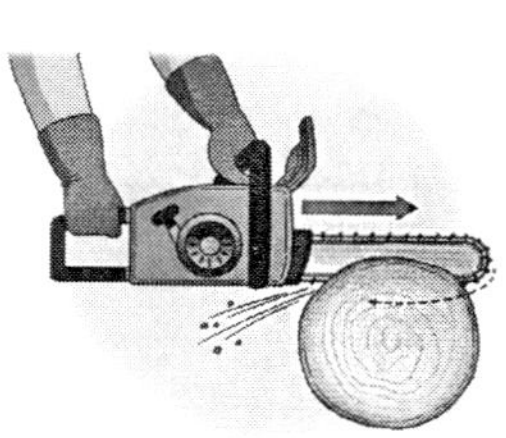

내려 베기

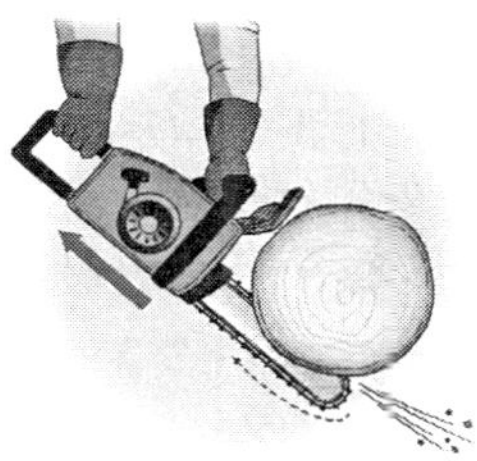

올려 베기

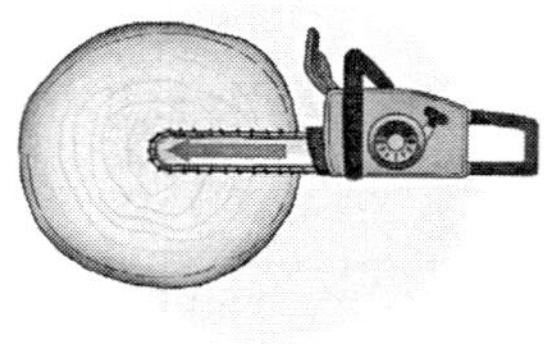

찔러 베기

2. 조재작업은 압력부위를 우성 일부 절단 후 장력부위를 절단

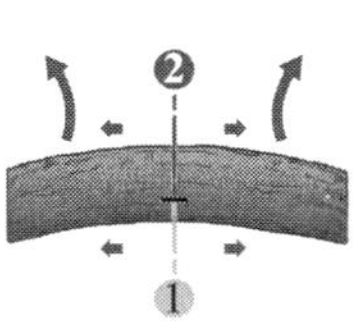

하단부위 장력

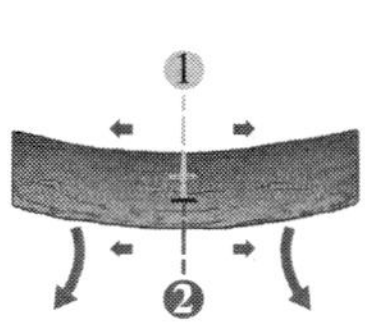

상단부위 압력

풍도곡 절단작업

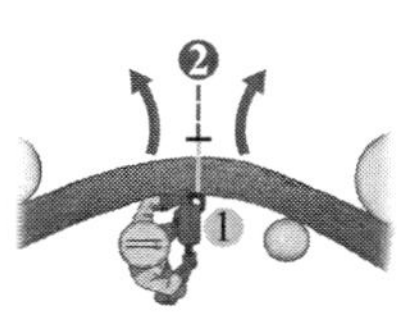

잘못된 절단작업

3. 찔러 베기 작업요령(순서 모형도)

찔러 베기 시 기계톱이 튕기지 않도록 안내판코 사용금지

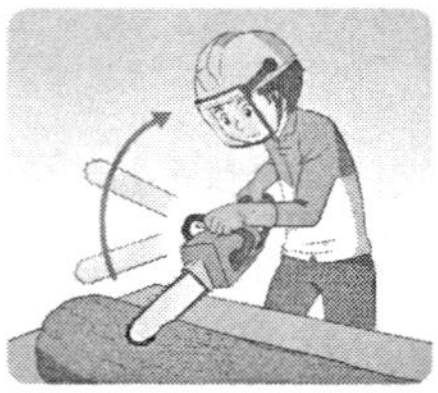

반동(kick back)현상 주의

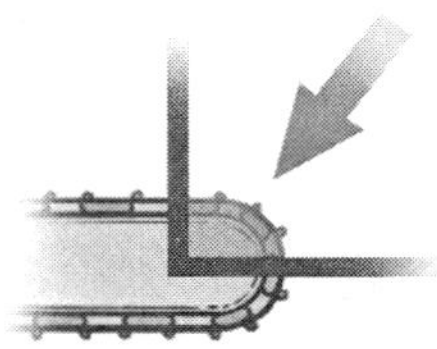

안내판코 사용금지

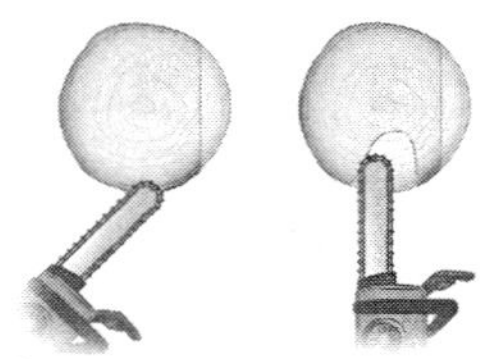

찔러 베기는 비스듬하게

4. 조재작업에 필요한 장비

① 주장비 : 체인톱(기계톱)

② 보조 : 벌목지렛대, 쐐기, 줄자, 사피 등

5. 주요 위험요인

① 경사지에서 조재된 원목이 굴러내려 작업자에게 치명적인 사고

② 기계톱이 압력부위에 끼인 것을 무리하게 빼 내려다 톱날에 안면부위 치명적인 사고

③ 어깨높이 이상 높은 원목을 조재하면서 톱이 원목에 눌리며 작업자 하체를 가해

④ 휘어진 원목을 조재하던 중 잘려진 원목이 튕겨지며 작업자에게 치명적인 사고

⑤ 잘려진 원목이 작업자 발등에 낙하하며 발목을 가해

⑥ 찔러베기 작업 중 안내판 코에 원목이 닿아 위로 심하게 튕겨지며 작업자 안면부위 상해

⑦ 걸쳐진 원목을 무리하게 조재작업 중 원목이 낙하하며 작업자 압착 상해

⑧ 외나무다리 형태의 원목에 올라가 조재작업 중 작업자가 추락하는 치명적인 사고

⑨ 대경재 원목조재 작업 중 원목이 찢어지며 작업자의 안면부위 강타 사고

⑩ 전일 과로·과도한 음주, 현장에서 음주로 조심성 없는 과격한 작업 중 사고

6. 안전대책

① 경사지는 원목보다 높은 위치에서 작업하고 경사 하단부위는 타 작업자 접근금지

② 기계톱이 압력부위를 끼이면 엔진 시동을 끄고 지렛대나 쐐기를 이용하여 제거

③ 어깨높이 이상 높은 원목은 도구를 이용 원목을 낮춘 후 조재

④ 휘어진 원목은 휘어진 안쪽(압력)에 위치하고 조심스럽게 살펴가며 조재

⑤ 잘려진 원목이 낙하하는 위치에 다리를 넣지 말고 작업

⑥ 찔러베기 작업 중 안내판 코에 원목이 닿지 않도록 주의하여 작업

⑦ 걸쳐진 원목은 반드시 도구를 이용 원목을 낮춘 후 조재

⑧ 외나무다리 형태의 원목은 도구를 이용하거나 끝에서부터 조재하며 원목을 낮춘 후 마무리 작업

⑨ 원목조재 작업 중 안면 및 신체부위를 멀리하고 작업

⑩ 전일 과로·과도한 음주자 작업 중지, 현장에서 음주 절대 근절

보충 11

현장 작업안전교육 사례

예초기(刈草機, Mowing machine) 안전작업

1. 예초기란?

예초기는 풀을 깎는 농업기계로 과수원의 제초작업, 논·밭두렁 제초작업, 묘지 벌초작업 등에 사용되고 있다. 엔진은 등에 짊어지게 되며, 엔진에서 발생된 동력은 플렉시블 샤프트에 연결된 웜기어를 통해 예초날에 전달되게 되고 예초날이 빠른 속도로 회전하면서 풀 등을 예초하게 된다.

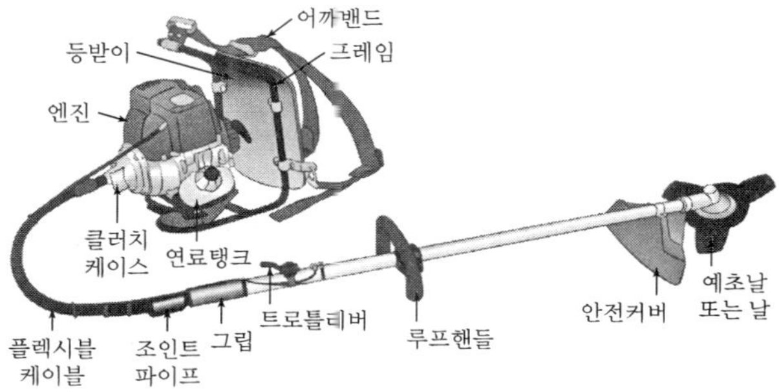

2. 주요 위험요인

① 예초날에 돌 등이 부딪쳐 튕겨나감
고속으로 회전하는 예초날에 돌이나 깡통 등 이물질이 접촉하게 되면 튀어나가 주변에 있는 사람에게 상처를 입힐 수 있음

② 급격한 반동
예초날은 반시계방향으로 회전하고 있으므로 예초작업은 왼쪽에서 오른쪽으로 작업하여야 하며, 만약 그 반대방향으로 작업을 할 경우 예초날이 급격하게 튀어 올라 위험

③ 예초날 등에 주변사람 접촉
예초기를 사용하고 있는 작업자에게 다른 사락이 다가갈 경우 예초날에 접촉할 우려가 있으며, 이 경우 치명적인 부상을 입을 수 있음.

3. 안전대책

① 비산물로부터의 방호
- 사전에 작업장에 있는 돌이나 병, 캔 등 이물질을 제거
- 돌 또는 다른 비산물에 의한 상해를 방지하기 위하여 보호안경이나 보호대 등 착용
- 예초날을 허벅지보다 높이 들면 비산물이 안면에 충돌할 가능성이 높아지므로 예초날을 허벅지보다 높이 들지 않음

병, 캔 등 이물질 제거

② 급격한 반동(kick back) 방지를 위한 올바른 작업방법 숙지
- 핸들은 양손으로 잡고 조작하고, 예초기는 어깨걸이 밴드에 접속하여 사용

- 작업자의 오른쪽에서 왼쪽방향으로 예초작업을 실시
- 예초날을 무리하게 휘두르거나 지면에 접촉하지 않도록 함
- 예초기로 굵은 나뭇가지를 자르지 않음
- 예초날을 수시로 점검하여 손상여부 확인

③ 예초작업 시에는 안전거리 확보
- 작업 중에는 사람과의 사이에 1.5 m 이상 거리를 둠
- 여러 명이 함께 작업할 때는 서로 위치를 파악하여 안전 확보
- 사람이 접근할 때에는 재빨리 엔진을 정지하여 안전한 상태에서 접근을 허락함
- 작업자와 연락을 취할 때에는 멀리서 외치는 등 안전한 방법으로 함

안전거리 1.5 m 이상 확보

5 운송차량 안전

(1) 운송차량 운전원의 감각과 판단능력

운송차량의 운전자가 운전 중 장해물을 발견하고 제동하기까지는 약간의 시간이 걸린다. 또한 인간의 시력으로 단 시간에 모든 장애물을 보고 느낀다는 것은 매우 어려운 일이며 주위의 조건이 나쁘면 더욱 어려워진다. 운전원도 인간이므로 감각판단능력 등의 일정한 한계를 알아두어야 한다.

① 반응시간

반응시간은 운송차량의 운전자가 장애물을 보고 위험을 느끼는 시간부터 브레이크를 조작하여 운송차량이 정지시작하기까지의 시간을 말한다. <표 6-5>

㈀ 반응시간 = 반사시간 + 밟는 시간 + 걸리는 시간
(제1단계) + (제2단계) + (제3단계) = 0.75초(약 1초)

㈁ 반사시간 : 위험을 느끼고 브레이크를 밟을 필요가 있다고 판단하여 발의 운동을 시작할 때까지의 시간

㈂ 밟는 시간 : 액셀러레이터 위의 발이 이동 시작해서 브레이크 페달에 올려놓기까지의 시간

㈃ 걸리는 시간 : 발이 브레이크를 밟아서 브레이크가 듣기 시작할 때까지의 시간

(ㅁ) 반응시간이 길어지는 원인

㉮ 심신의 상태　　　　㉯ 질병과 약물

㉰ 성별 및 연력　　　　㉱ 음주의 영향

위에서 본 바와 같이 반응시간을 1초라고 한다면 반응시간 중에 운송차량이 달리는 거리는 속도가 빠르면 빠를수록 장해물을 피할 수가 어렵게 된다.

표 6-5 반응시간동안 달리는 거리(공주거리)

속도(km/hr)	10	20	30	40	50	60	70	80	90	100
달리는 거리(m)	3	6	9	11	14	17	20	22	25	28

(ㅂ) 초속 산출방법

1 km → 1,000 m　　1시간 → 3,600초

$$\text{초속으로 달리는 거리} = \frac{\text{주행속도}}{3,600}$$

예 시속 50 km일 때 1초 동안에 달리는 거리

㉮ $\frac{50 \times 1,000}{3,600} = 13.8 = 14\text{ m}$

예 시속 80 km일 때 1초 동안에 달리는 거리

㉯ $\frac{80 \times 1,000}{3,600} = 22.22 \fallingdotseq 22\text{ m}$

예 시속 100 km일 때 1초 동안에 달리는 거리

㉰ $\frac{100 \times 1,000}{3,600} = 27.7 \fallingdotseq 28\text{ m}$

② 시력

사물이 분명하게 보이는 것은 주시점에서 얼마 되지 않는 범위에서 주시점으로부터 배정도의 거리가 멀어지면 1/2로 낮아지고 더욱 멀어지면 상당히 낮아지게 된다. 따라서 한 점에만 주의를 집중한다는 것을 다른 것에 대해서는 부주의의 상태가 됨으로 운송 중에서는 한 점에서만 오래 눈을 팔지 말고 전체에 대해서 넓게 한결같이 주의력을 기울여야 한다.

③ 시야와 속도

(ㄱ) 보통사람이 시야는 좌우 각각 160° 즉 시야를 오른쪽이나 왼쪽으로 두었을 때

시야를 둔 쪽으로 100° 반대쪽으로 60° 정도로 두 눈을 200°의 범위를 볼 수 있다. <그림 6-78> 참고

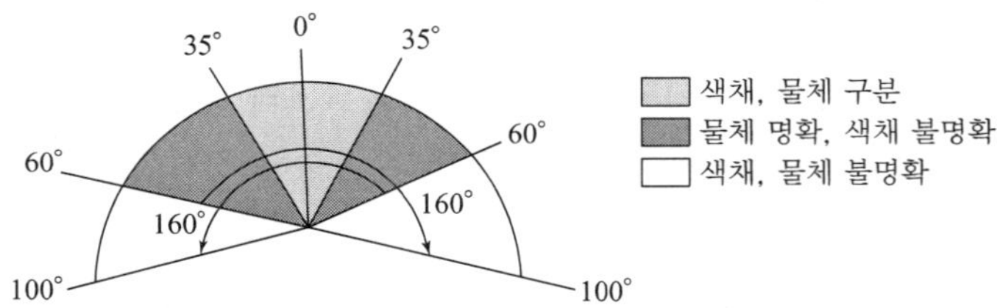

그림 6-78 ◈ 시야와 사물 판단

이 시야 속에 색채까지 확인할 수 있는 것이 좌우 각각 35° 그 바깥쪽은 모두 흑백으로만 보이게 된다.

(ㄴ) 따라서 속도가 빠를수록 확인할 수 있을 시야는 좁아진다. 그리고 먼 곳은 선명하게 보이나 가까운 곳은 희미하게 되어 보이지 않으므로 좁은 도로나 앞쪽이 잘 보이지 않은 나쁜 도로에서 고속도로 운행한다는 것이 얼마나 위험한가 알 수 있다. 운송차량을 운행할 때는 그 속도에 따라 전방주시거리가 달라진다. <표 6-6> 참조

◈ 표 6-6 속도와 전방주시거리

속도(km/hr)	30	40	5	60	70	100 이상
전방주시거리(m)	90	120	150	180	280	500 이상

④ 앞지르기(추월(追越))

(ㄱ) 운송차량이 다른 차를 앞지르기 한다는 것은 가장 위험한 행위이다. 특히 화물을 높게 적재하였거나 무거운 화물을 운송중일 때나 좁고 교통이 비교적 적은 곳에서는 대부분 앞지르기에서 사고가 많이 발생하고 있다. <표 6-7> 참조

◈ 표 6-7 앞지르기의 비교

구분	주행조건	거리	앞지르기 한 차의 수	앞지르기 당한 차의 수	소요시간
일반차량	시속 60 km로 많은 차를 앞지르기함	100 km	83대		2시간 10분
운송차량	시속 50 km로 절대로 앞지르기 하지 않음	100 km		77대	2시간 29분

(ㄴ) 화물을 적재하고 운반중인 운전원은 절대로 앞지르기를 하지 않는 습관이 들도록 하여야 한다. 꼭 앞지르기를 하여야 할 때는 안전한 조건하에서만이 하여

야 하며 앞지르기를 시작할 때 조금이라도 불안을 느꼈을 때는 즉시 단념하여야 한다.

앞지르기를 하고자 할 때는 다음과 같은 조건이 성립되어야 한다.

㉮ 앞지르기에 필요한 거리

$$= \frac{\text{자기차의 속도} \times [(\text{자기차의 길이} + \text{앞차의 길이}) + (\text{차간거리} \times 2)]}{\text{자기차의 속도} - \text{앞차의 속도}}$$

예 자기차의 속도 50 km/hr, 앞차의 속도 40 km/hr, 자기차의 길이 10 m, 앞차의 길이 5 m, 차간거리 20 m일 때 앞지르기를 할 수 있는 거리

$$= \frac{50\ \text{km/hr} \times [(10\ \text{m} + 5\ \text{m}) + (20\ \text{m} \times 2)]}{50\ \text{km/hr} - 40\ \text{km/hr}} = \frac{50 \times (15 + 40)}{10} = 275\ \text{m}$$

즉 275 m의 거리를 여유있게 주행할 수 있어야 앞지르기를 무사히 끝마치게 된다. (일반도로에서 앞차와의 속도 차이가 10 km/hr 이상 앞서지 못하는 경우에는 앞지르기를 단념하는 것이 좋다.)

표 6-8 속도의 앞지르기 할 수 있는 거리

속도차	앞차의 속도 (km/hr)	자기차의 속도 (km/hr)	차간거리 (m)	앞지르기에 필요한 거리 (m)	비고
10	30	40	15	160	
	40	50	20	250	
	50	60	25	360	상당히 곤란
20	40	60	20	150	
5	35	40	15	320	상당히 곤란
	55	60	25	720	불가능

(2) 운송차량 운전원의 성격 및 적성

같은 직장에서 같은 조건과 같은 환경에서 운송차량을 조작한다. 할지라도 사고를 빈번히 일으키는 자와 전연 사고를 일으키지 않는 자가 있다. 이것은 개인의 성격이 크게 영향을 미치는 것이다.

① 사고를 일으키기 쉬운 성격

(ㄱ) 무엇인가 행동하는 경우 동작의 빠르기와 정확성이 "밸런스"를 잡지 못하는 자

(ㄴ) 운전을 하는데 필요한 지식이 부족한 자

(ㄷ) 적은 일에 언제까지나 자주 생각하는 등 신경질이 많은 자

(ㄹ) 성격이 난폭한 자

(3) 자연법칙이 운송차량에 미치는 영향

운송차량은 화물을 적재하였을 경우 높이와 무게를 일반차량에 비하여 가중하고 있다. 운송차량의 사고 중에는 차량에 따른 자연의 법칙(물리적인 법칙)에 대한 운송요원의 인식부족에서 일어나는 일이 많다. 이에 따른 법칙에는 마찰, 관성, 원심력, 중력, 충격력 등이 있다. 운전자는 이 법칙을 거역할 수는 없다.

① 관성과 마찰이 미치는 영향

(ㄱ) 운동하고 있는 물체는 그대로 운동을 계속하고자 하는 성질인 관성의 작용이 있다. 이 타성의 힘을 완화시켜 운송차량을 정지시키기 위해서는 브레이크를 밟아서 바퀴와 노면을 마찰 시키는 것이다. 마찰력 및 관성력은 항상 일정한 것이 아니며 상황에 따라 크게 변화한다. 즉, 노면이나 바퀴의 상태는 마찰력에 큰 영향력을 주며 관성은 속도가 빠를수록 크게 된다. 마찰력은 차량의 경우라도 마찰계수에 의해 달라진다. 그리고 관성과 마찰은 차량의 주행에 여러 가지 영향을 주나 가장 중요한 것은 운송차량의 제동거리이다.

(ㄴ) 운송차량의 제동거리

운전자가 위험을 느끼고 곧 브레이크를 걸어서 브레이크가 걸리기까지 약간의 시간이 소요된다. 이것을 반응시간이라 하며 달리는 거리를 공주거리라 한다. 다음 브레이크가 걸리기 시작하여 차량이 정지하기까지의 시간을 제동시간이라고 하여 이 사이에 달리는 거리를 제동거리라 한다.

차량의 정지거리 = 공주거리 + 제동거리

운전자가 주의하여 건조한 아스팔트길에서 급제동시 차량의 정지거리를 <그림 6-79>에서 보면 알 수 있다. 정지거리는 조건에 따라 크게 달라질 수 있다.

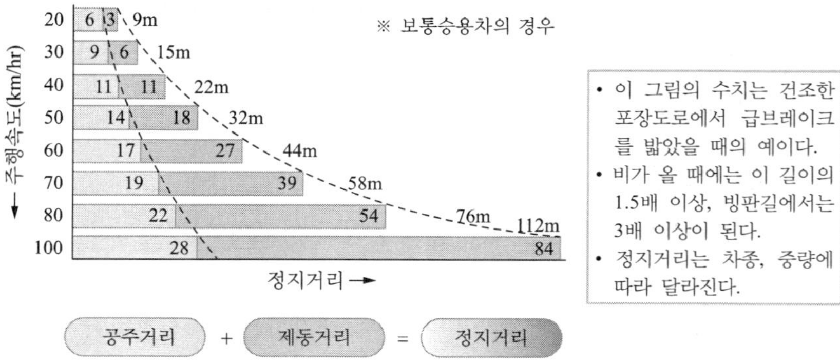

그림 6-79

강우 시는 보통의 1.5배 눈이 쌓이든가 언덕길은 3배 이상 속도를 2배로 하면 정지거리를 2배로 생각하기 쉬우나 4배가 되고 속도를 3배로 한다면 정지거리는 9배가 된다.

㉮ 제동거리의 계산법

제동거리를 결정하는 요소는 속도, 차량의 제동장치의 상태, 도로의 마찰계수, 도로의 경사도 풍향 등이 있다. 이중에도 도로의 마찰계수가 가장 중요하다.

표 6-9 도로의 마찰계수

노면의 종류	느면의 상태			
	건조	습윤	노토습윤	빙경
아스팔트	0.55	0.3	0.2	건조시 0.2 습윤시 0.1 이상
시멘트콘크리트	0.65	0.5	0.4	
자연도로	0.45	0.3	0.2	

도로 마찰계수를 고려하여 제동거리의 계산식은

$$S = \frac{V^2}{259 \times F}$$

여기서, S : 제동거리
V : 시속(km/hr)
F : 마찰계수
259 : 불변수

예 시속 40 km, 마찰계수 0.5의 도로상에서의 제동거리는?

$$S = \frac{V^2}{259 \times F} = \frac{40^2}{259 \times 0.5} = 12.35\text{ m} \fallingdotseq 12.4\text{ m}$$

(4) 스키드 마크(Skid Mark)

운송차량을 운행 중 장해물을 보고 브레이크를 사용하였을 때 노면에 나타나는 자동차 바퀴의 흔적을 말한다. 스키드 마크를 측정할 때에는 앞바퀴의 중심으로부터 뒷바퀴의 중심까지의 거리 즉 축간거리를 뺀 것이 뒷바퀴의 정지점이 되는 것이므로 이 시점으로부터 제동표적의 최 후단의의 길이가 실제적인 제동거리가 되는 것이다. <그림 6-80> 참조

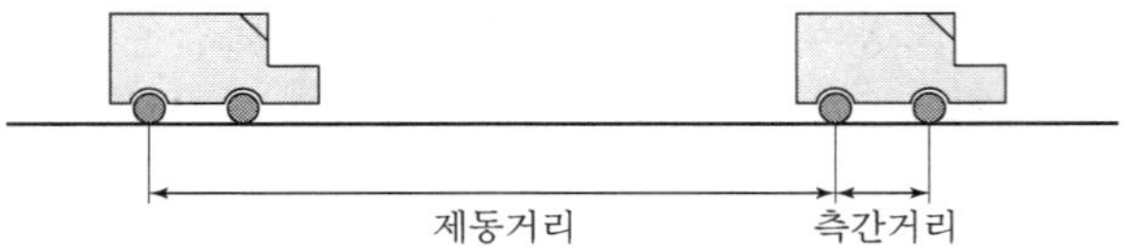

그림 6-80 ◦ 제동거리

① 스키드 마크로 주행속도 산출방법

제동거리 구하는 식 $S = \dfrac{V^2}{259 \times F}$ 에서 $V^2 = 259 \times F \times S$. 따라서

$$V = \sqrt{259 \times F \times S}$$

예 마찰계수 0.3인 노면상태에서 스키드 마크 12.3 m일 때

$$\text{주행속도}\ V = \sqrt{259 \times 0.3 \times 12.3} = 30.9 \fallingdotseq 31\ \text{km}$$

보충 12

현장 작업안전교육 사례

자동차 리프트(Car lift) 작업

1. **자동차 리프트란?**

자동차 정비용 리프트는 자동차를 정비할 때 차체를 들어 올린 상태로 유지하여 차체 하부 등에서 용이하게 작업을 할 수 있도록 고안된 장비로서 기둥의 수에 따라 2주식, 4주식, X타입 등으로 나뉘며 보다 간단한 구조의 리프트도 있다.

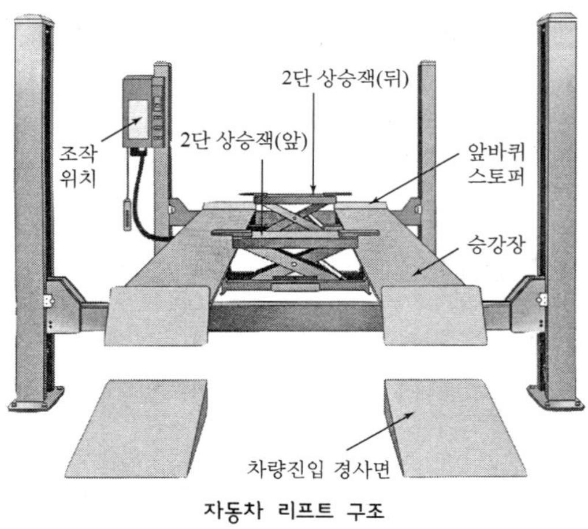

자동차 리프트 구조

2. 주요 안전장치 및 기능

① 와이어 안전장치(편심롤러)
와이어가 끊어졌을 때 롤러가 레일과 기계적으로 맞물려 낙하를 방지

② 안전로크레일, 안전로커, 암(arm) 로크기어
기둥에 안전로크레일과 로커가 장착되어 낙하를 방지하고, 리프트 상승 시 암(arm) 로크기어가 견고하게 서로 맞물려 암이 회전, 이탈 방지

③ 상승제한 리미트, 센서
상승제한 장치로 작업자가 인지하지 못한 상태에서 차량이 과도하게 상승하지 않도록 방지

3. 주요 위험요인

① 차량 승강 상태에서 하부 작업 시 불시 하강으로 인한 정비작업자 끼임 및 리프트의 승·하강 시 타작업자 출입으로 인한 끼임 재해 발생의 위험이 있음

② 자동차 승강 시 익스텐션(extension, 신장)의 이탈과, 차량 초과 상승으로 인한 흔들림으로 인하여 자동차가 떨어지는 사고 발생의 위험이 있음

③ 리프트 조작 시 바닥의 수공구 등을 밟아 걸려 넘어지는 전도 재해, 차량 승강장 위에 올라가 부주의에 의한 추락 위험 등이 였음

4. 안전대책

① 리프트 작동 및 작업 중 작업반경내 타작업자 출입제한조치
리프트 주위에 정비담당 외 사람 접근금지, 조작 중 차량 하부 출입금지, 리프트에 차량진입 후 반드시 차량의 사이드 브레이크 잠금조치

② 리프트 사용 중 안전장치, 기계장치, 유압장치 등에 대한 정기적인 점검실시
- 상승제한 리미트 장치, 안전로커 장치, 와이어 상태, 유압장치 등을 작업시작 전 점검 및 사용설명서에 따른 주기별 정기점검 철저
- 승강 중 차량이 미끄러져 떨어지는 사고 위험 방지를 위한 익스텐션에 미끄럼 방지장치를 부착

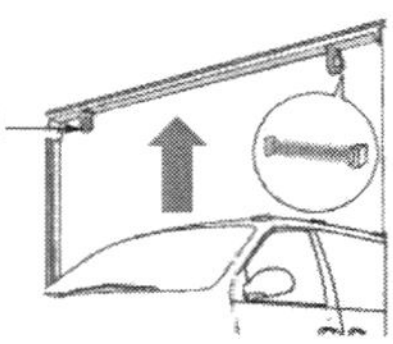

상승제한 리미트 장치

③ 리프트 주변 주변정리 정돈 철저 및 리프트 차량 상부 승강장 탑승금지
- 리프트 조작 시 바닥의 수공구 등 자재 정리정돈 및 기름 등의 이물질 청소 철저
- 리프트를 상승시켜 놓은 상태에서 리프트 차량 승강장 탑승금지

4주식 자동차 리프트

2주식 자동차 리프트

X타입 리프트

보충 13

현장 작업안전교육 사례

제면기

1. **제면기란?**

제면기란 면을 만들기 위하여 밀가루를 반죽하고 알맞은 두께로 펼쳐서 칼로 자르는 작업을 하는 기계로써, 시간과 힘을 절약하고, 빠르고 손쉽게 여러 종류의 면을 대량으로 만들 수 있다는 장점이 있다.

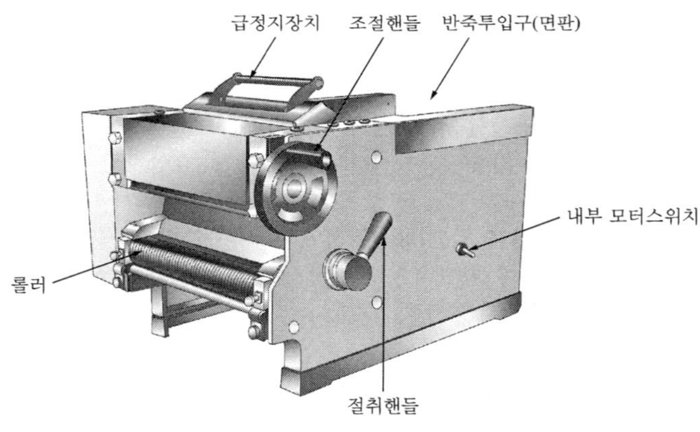

① 제면기의 구조

구조는 전원버튼, 절취핸들, 조절핸들, 면판, 롤러, 외부 COVER, 등으로 분류되며, 작동원리는 면을 홍두께로 여러 번 반죽을 미는 형식과 동일

② 제면기의 사용방법

- 반죽을 면판에 올려놓고, 스위치를 ON
- 절취핸들의 미작동 확인 후 조절핸들 조작하여 롤러 간격을 벌림
- 누름봉(수공구)를 이용하여 면판위의 반죽을 서서 밀어 넣음
- 조절핸들을 돌려 롤러 간격을 조절하면서 여러 번 반복하여 반죽을 밀어 넣음
- 절취핸들을 작동시키고 반죽을 밀어 넣어 면을 절취함

2. 주요 위험요인

① 손으로 밀어 넣을 때 손이 감겨 들어감

② 상부 롤러 덮개를 제거한 상태로 반죽을 미는 작업 중 협착

③ 누전 발생 시 작업자 신체 접촉에 의한 감전

3. 안전대책

① 반죽 밀어주는 누름봉(수공구) 사용
반죽을 면판위에 올려놓은 상태에서 손 등 신체의 일부가 롤러부에 협착되지 않도록 누름봉(수공구) 사용 철저

② 제면기 급정지장치 설치
협착위험 발생 등 위험한 상황 발생 시 가동을 즉시 중지시킬 수 있는 급정지장치 설치

③ 비상정지장치 설치
위험한 상황이 발생 시 즉시 전원을 차단할 수 있도록 작업자가 쉽게 조작할 수 있는 위치에 비상정지장치 설치

④ 접지 실시 및 절연보강
- 제면기 본체의 절연파괴 등으로 누전 발생 시 감전위험이 없도록 접지 실시
- 절연피복이 벗겨져 노출된 동선에 의한 감전위험이 없도록 절연 보강

⑤ 롤러 보호가드 설치
재료(반죽) 입구/출구를 제외한 나머지 맞물림 위험이 있는 부위에는 보호가드를 설치하여 롤러 노출부를 최소화 함

보충 14 현장 작업안전교육 사례

소음에 의한 건강장해 예방

1. 소리에 대한 사람의 감각

① 음압레벨 차이에 대한 감각

음압레벨 차(dB)	감각적 크기의 변화
3	겨우 느낄 수 있음
5	확실한 차이를 느낄 수 있음
10	2배(또는 1/2)의 크기로 느낌
15	큰 차이를 느낄 수 있음
20	4배(또는 1/4)의 크기로 느낌

- 음압레벨과 3 dB의 의미
  - 모든 조건이 동일하다고 가정할 때 기계나 설비 등의 동력을 2배로 늘리거나 절반으로 줄여 사용할 때 소리의 크기는 3 dB 커지거나 작아짐

- 모든 조건이 동일한 라인을 1개에서 2개로 늘리거나 2개에서 1개로 줄였을 때 소리의 크기는 3 dB 커지거나 작아짐

② 소음에 의한 건강장해
- 소음성 난청의 원인
- 작업능률의 저하 및 재해 발생의 원인
- 스트레스와 정신장애 유발
- 수면방해, 대화방해 등 일상생활에 영향
- 청각장애 및 심혈관계질환·고혈압 발생에 영향

2. 소음성 난청

① 소음성 난청의 종류
- 일시적 난청
  - 강한 소음에 노출되어 생기는 일시적인 난청
  - 소음폭로 2시간부터 발생, 4000～6000 Hz에서 많이 발생
  - 20～30 dB의 청력손실
  - 청신경 세포의 피로현상으로 12～24시간 후 회복 가능
  - 청신경이 회복 가능한 피로현상
  - 영구적 청력장애의 경고신호
- 영구적 난청
  - 일시적 청력손실이 충분하게 회복하지 않은 상태에서 계속적으로 소음에 노출되어 생김
  - 회복과 치료가 불가능
- 직업성 난청
  - 직업으로 인한 소음에 폭로되어 발생한 난청
  - 소음 폭로(노출)작업장에서 종사하거나 종사 경력 근로자로서 한 귀의 청력손실이 40 dB 이상이 되는 감각신경성 난청
  - 소음에 폭로되는 것을 중단하면 소음폭로의 결과로 인한 청력손실이 더 이상 진행되지 않음
  - 과거에 소음성 난청이 있었더라도 소음노출에 더 민감하게 반응하지 않고 청력역치가 증가할수록 청력손실률이 감소
  - 소음에 폭로되는 초기에는 저음역보다 고음역에서 청력손실이 훨씬 더 심하게 나타남
  - 단속 소음(interrupted noise)보다 연속 소음(continuous noise)에 폭로되는 것이 더 큰 장해를 초래
- 사회성 난청
  - 생활 소리 노출에 의한 청력장애
  - MP3, 휴대폰 등의 음악, 생활소리, 교통수단에 의한 소음 등
  - 사회성 난청＋직업성 난청 → 소음성 난청을 더 악화

소음성 청력손실의 특징	
▪ 통증이 없음	▪ 눈에 보이는 외상이 없음
▪ 눈에 보이는 흉터가 없음	▪ 초기단계에서 눈에 띄지 않음
▪ 과폭로에 누적되어 발생	▪ 진단하는데 수년간 걸림
▪ 영구적이고 100% 예방이 가능	

② 소음성 난청에 영향을 주는 요인

- 소리의 강도와 크기
  - 소리의 크기가 클수록 청력저하가 큼
- 주파수
  - 저주파보다 고주파가 더 큰 영향을 줌
  - 나이가 들수록 청력역치가 증가하며 고주파역의 역치손실이 저주파역보다 더 크게 나타남
- 매일 노출되는 시간
  - 노출(폭로)시간이 길수록 청력저하가 큼
  - 영구적인 청력손실의 위험은 개인의 감수성보다는 노출의 강도 및 기간과 큰 관련이 있음
- 개인적 감수성
  - 상당히 높은 소음에 장기간 노출되어도 견딜 수 있는 사람도 있지만 동일한 환경에서도 빨리 난청이 생기는 사람도 있음
  - 감수성 요인 : 심혈관계질환 위험요인, 흡연, 외이도의 형태, 혈액 백혈구수, 여성의 생리주기, 음주습관, 전해질 및 비타민의 부족, 정신적인 요인 등
- 소음성 난청 발생 위험률
  - 평균 80 dB(A)에 40년간 폭로되었을 때 평균청력이 25 dB 이상의 소음성 난청이 발생할 위험률을 추정

구분	80 dB(A)	85 dB(A)	90 dB(A)
ISO	-	10%	21%
EPA	5%	12%	22%
NIOSH	3%	15%	29%

ISO : 국제표준기구, EPA : 미국 환경청, NIOSH : 미국 산업안전보건연구원

- 소음 기인 소음성 난청 발생률

소음수준	80 dB(A)	85 dB(A)	90 dB(A)	95 dB(A)	100 dB(A)	105 dB(A)	110 dB(A)	115 dB(A)
발생률	-	8%	18%	28%	40%	54%	64%	70%

③ 소음성 난청의 예방

- 내가 소음에 노출될 수 있는 곳에서 소음이 발생하는 것을 최소로 만들기
  - 작업할 때 소음이 덜 나게 작업방법을 간들거나 개선하기
- 나에게 소음이 전파되는 것을 줄이기
  - 청력보호구의 착용보다 좋은 방법임

- 소음이 작업자에게 전달되는 것을 줄이기

• 내가 소음에 노출되는 양을 최소로 하기
- 청력보호구의 착용(최후의 수단임)

청력보호구에 대한 잘못된 생각	
"이미 청력손상이 왔는데 왜 써야 해."	"청력보호구는 불편해."
"귀마개를 깊게 넣으면 고막이 다칠 수도 있어."	"착용하는 게 귀찮아."
"착용하면 대화하기가 힘들어."	"보청기를 언제라도 낄 수 있어."
"난 소음에 익숙해서 쓸 필요가 없어."	"내 기계는 소리가 달라."

3. 청력보호구

① 청력보호구 선정기준

• 최선의 청력보호(귀마개, 귀덮개)
- 다른 보호구와의 호환성
- 쾌적성·편안함
- 소음감쇄량
- 크기
- 의사소통 필요도
- 청결 유지
- 특수작업의 요구도

② 청력보호구 착용시 주의사항

• 항상 귀마개, 귀덮개 등을 깨끗하게 유지
- 귀 속이나 얼굴의 감염을 예방
- 더러우면 귀마개나 귀덮개의 차음성능이 떨어짐
- 모든 귓구멍에 맞는 귀마개는 없으므로 각자에게 맞는 크기를 고를 것
- 오염된 손으로 귀마개를 만지지 말 것

• 착용방법에 맞게 정확하게 착용

• 소음장소에 들어가기 전 보호구를 착용

귀마개 착용법

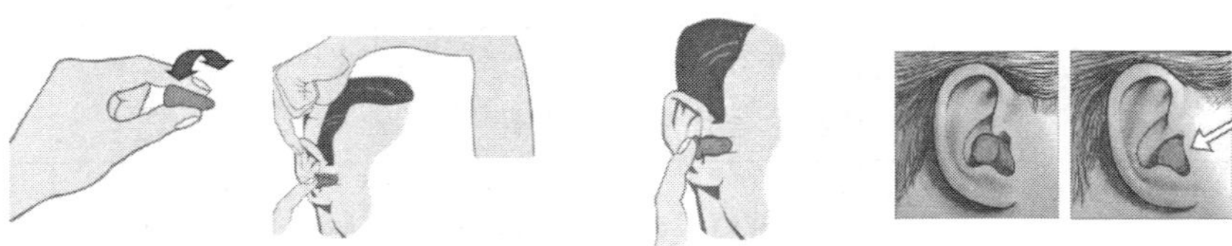

1. 말기
: 귀마개 전체를 접어줌

2. 귓바퀴를 당김
: 손으로 머리 위에서 귓바퀴를 부드럽게 위쪽과 뒤로 당김

3. 삽입
: 귀마개를 귓구멍에 집어넣은 후 귀마개가 다 펴질 때까지 누름 귀마개 끝부분이 귀주(귓구멍의 튀어 나온 부분) 밖으로 나와서는 안 됨

보충 15 현장 작업안전교육 사례

심폐소생술

1. 심폐소생술이란?

① 심장과 폐의 활동이 갑자기 멈추었을 때 실시하는 응급조치
② 심장박동이 멈추고 숨을 쉬지 않는 사람에게 인공적으로 호흡을 불어넣고 흉부를 압박하여 산소가 포함된 혈액을 뇌로 보내주는 것
③ 4분 이내 심폐소생술시 생존율 50% 이상임(1분 이내 제세동시 생존율 90%까지 보고됨)

2. 심폐소생술의 중요성

① 심정지 후 시간별 경과

0~4분	심폐소생술을 실시하면 뇌 손상의 가능성이 거의 없다.
4~6분	뇌 손상의 가능성이 높다
6~10분	뇌 손상의 가능성이 확실하다.
10분 이상	심한 뇌 손상 또는 뇌사가 된다.

② 119 구조대 도착 평균시간 : 8분
③ 국내 심정지 환자의 생존율 4.6% (미국 40%)
④ 응급의료에 관한 법률 개정 (2008년 6월, 선한 사마리아법 제정)
: 선한 의지를 가지고 일반인이 응급상황에 있는 자를 구제하다가 의도하지 않은 불의의 결과가 발생하더라도 정상참작이나 견책을 받을 수 있게 한 제도

3. 응급조치 방법

① 이물에 의한 기도폐쇄

- 기도폐쇄 확인
  - 환자가 기침소리, 청색증, 말하거나 숨쉬기 힘든 호흡곤란, 자신의 목을 움켜쥐는 징후
  - "목에 뭐가 걸렸나요?"물은 뒤 환자가 말을 못하고 고개를 끄덕인다면 심각한 상태의 기도폐쇄로 판단
  - 즉각적인 치료를 실시
  - 가벼운 기도폐쇄 증상보이고 환자가 강한 기침 할 경우 : 환자의 자발적인 기침과 숨을 쉬기 위한 노력을 방해하지 않도록 함.

- 복부 밀어 올리기
  - 의식 유무 관계없이 즉시 119에 연락
  - 복부 밀어내기 시행
    (a) 환자를 세우거나 앉힌 뒤, 환자 뒤에서 환자의 허리를 팔로 감고 한 손은 주먹을 쥠
    (b) 주먹 쥔 엄지손가락 부분을 배꼽과 흉골 아랫부분 중앙에 오도록 함
    (c) 다른 손으로 주먹을 감싸 쥐고 주먹을 누르면서 위로 빠르게 밀쳐 올림

② 심폐소생술 방법

1. 환자 확인 및 119 신고요청
   - 환자의 몸 움직임, 눈 깜빡임, 대답 등으로 반응 확인
   - 숨 쉬는지 또는 비정상 호흡 보이는지 관찰
   - 환자의 반응이 없으면 즉시 큰 소리로 주변 사람에게 도움 요청
   - 아무도 없는 경우 즉시 스스로 119에 신고
   - 주위에 자동제세동기가 비치되어 있다면 함께 요청

2. 가슴압박
   - 환자의 가슴 중앙에 깍지 낀 두 손의 손바닥 뒤꿈치를 댐
   - 손가락이 가슴에 닿지 않도록 주의하며 가슴 압박실시
   - 양팔을 쭉 편 상태에서 체중을 실어 환자의 몸과 수직이 되도록 가슴을 압박
   - 성인에서 분당 100~120회 속도, 5~6 cm 깊이로 눌릴 정도로 강하고 빠르게 압박
   - 가슴압박은 '하나', '둘', '셋' … '서른' 하고 세어가면서 시행

3. 기도개방
   - 환자의 머리 젖히고, 턱을 들어 올려서 환자의 기도를 개방

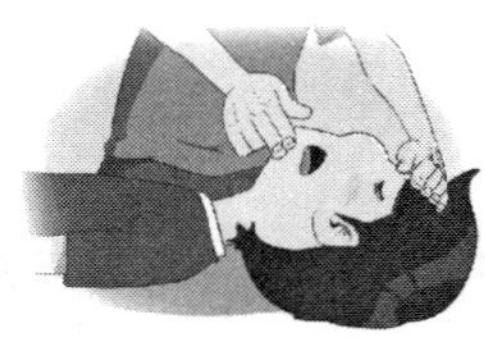

4. 인공호흡 2회 시행
   - 머리 젖혔던 손의 엄지와 검지로 환자의 코를 막아서 잡고, 입을 크게 벌려 환자의 입을 완전히 막은 뒤에 가슴이 올라올 정도로 1초 동안 숨을 불어 넣는다.
   - 숨을 불어넣은 후에는 입을 떼고 코도 놓아주어서 공기가 배출 되도록 함

5. 가슴압박과 인공호흡의 반복
   - 이후에는 30회의 가슴압박과 2회의 인공호흡을 119구급대원이 현장에 도착할 때까지 반복해서 시행
   - 다른 구조자가 있는 경우에는 한 구조자는 가슴압박을, 다른 구조자는 인공호흡을 맡아서 시행

6. 회복자세
   - 가슴압박과 인공호흡을 계속 반복하던 중에 환자가 소리를 내거나 움직이면, 호흡이 회복되었는지 확인
   - 회복되었으면, 환자를 옆으로 돌려 눕혀 기도가 막히는 것을 예방
   - 그 후 계속 움직이고 호흡을 하는지 관찰
   - 환자의 정상적인 호흡이 없어지면 심정지가 재발한 것이므로 가슴압박과 인공호흡을 즉시 다시 시작함

보충 16

현장 작업안전교육 사례

밀폐공간작업 안전

1. 밀폐공간작업이란?

밀폐공간작업이란 근로자가 작업을 수행할 수 있는 공간으로 환기가 불충분한 상태에서 산소결핍, 유해가스로 인한 건강장해와 인화성물질에 의한 화재·폭발 등의 위험이 있는 장소에서의 작업을 말한다.

① 밀폐공간작업의 위험성
- 유해위험가스에 의한 중독
- 산소결핍으로 인한 질식위험

- 재해자 구출시 구조장비를 구비하지 않아 연속 재해 발생

② 밀폐공간작업 발급 및 승인시 확인 사항
- 화기작업내용, 공사업체, 공사기간, 관련 부서, 관련 도면의 적정 여부 확인
- 현장의 공정조건과 작업내용을 근거로 해당 밀폐공간작업에서의 위험성 파악
  - 유입되거나 발생될 수 있는 가스의 종류 파악
  - 이상가스를 파악하기 위한 감지기의 종류와 분석 방법의 선택
  - 작업 도중 이상기체의 유입 가능성
  - 이상기체의 유입을 차단하기 위한 차단방법과 차단 밸브의 선택
  - 공정도면과 현장의 일치 여부 확인

③ 밀폐공간작업 안전을 위한 확인항목
- 용기의 세척과 치환
- 인화성물질, 독성물질, 산소농도 측정
- 측정빈도의 설정
- 밀폐공간 출입제한 기준의 설정
- 밀폐공간 내 작업자와 외부감시인 간의 연락방법 설정
- 호흡용보호구, 사다리, 섬유로프 등 비상구명기구의 확보
- 책임 외부 감시인의 지정 및 역할 부여
- 작업공간 내부 환기 방법, 적정 환기시간의 확보, 환기 후 적정 여부 확인방법
- 용기 내 조명을 위한 방폭조명등의 필요성 및 확보방안
- 방폭공구의 필요성 및 확보방안
- 만일의 사고시 근로자 구출방안 및 필요보호장구

2. 밀폐공간 종류별 발생가스, 위험의 종류 및 감지방법

밀폐공간의 종류별 위험, 감지기 선택, 한계농도를 정확히 알아야 한다!

① 인화성가스 취급 밀폐공간
- 대상 : 인화성물질 저장탱크, 반응기, 도색작업장 등
- 위험요인 : 가스폭발 및 화재
- 적용감지기 : 인화성가스 감지기
- 출입기준 : 취급물질 LEL의 25% 이하
- 유의사항
  - 산소농도계는 적응성이 없으므로 반드시 가연성 가스감지기가 사용되어야 함
  - 가스농도계는 대상가스를 지시하거나 보정 가능해야 함. 보정되지 않으면 큰 오차가 있음
  - 옥외탱크는 낮에 온도의 상승으로 증발량 및 가스농도가 증가할 수 있으므로 계속 측정 필요

② 독성가스 취급 밀폐공간
- 대상 : 독성가스 취급탱크, 반응기, 세척조 등
- 위험요인 : 독성가스 중독
- 적용감지기 : 해당 독성가스 감지기

- 출입기준 : 독성가스 TWA값 이하
- 유의사항
  - 해당 독성가스 전용 가스감지기 및 사용 가능
  - 인화성과 독성이 있는 가스의 경우 TWA값(ppm) 분해능이 있는 가스감지기가 사용되어야 함
  - 독성가스가 있더라도 산소는 거의 정상으로 표시됨

③ 질소 등 불활성가스 공급 밀폐공간
- 대상 : 운전 또는 보수 중 퍼지가 실시되었거나 불활성가스 배관이 연결된 반응기, 저장탱크 등
- 위험요인 : 불활성가스 유입에 의한 산소결핍 질식
- 적용감지기 : 산소감지기
- 출입기준 : 산소농도 18% 이상
- 유의사항
  - 인화성, 독성, 불활성가스 모두 취급할 경우 이를 모드 감지할 수 있는 복합형 가스감지기 사용 필수
  - 인화성·독성가스가 유입되더라도 산소농도 변화는 미미

④ 부패가스 취급 밀폐공간
- 대상 : 혐기성/호기성 세균이 번식할 수 있는 지하폐수장, 피트, 맨홀, 폭기조, 분뇨 집수조, 사일로
- 위험요인 : CO_2, H_2S, CO 등 가스중독, 산소결핍, 폭발
- 적용감지기 : CO_2, H_2S, CO, 메탄 복합감지기
- 출입기준 : CO_2 1.5% 미만, H_2S 10 ppm 미만, CO 25 ppm 미만, 산소농도 18% 이상
- 유의사항
  - CO_2, H_2S 가스농도가 치사치에 이르더라도 산소농도는 거의 정상으로 나타남
  - 산소농도만으로 이상유무 판단 금지
  - 대상가스 모두 감지 가능한 복합형 가스감지기 사용 필수

⑤ 밀폐공간작업 중 확인사항
- 주변 작업조건의 변동 및 위험가스의 유입 또는 증가 여부
- 복합가스측정기의 사용
- 작업 중 지속적인 가스의 측정
- 작업관계자 외 인원의 출입통제
- 사고발생시 대응을 위한 비상조직 운영

⑥ 밀폐공간작업 후 확인사항
- 작업내용의 적정 여부 확인
- 현장 정리정돈 및 작업도구의 철거
- 작업인원 확인
- 필요시 맹판 제거 및 공정 복구
- 공정 책임자의 이상 유무 확인

3. 관련 법규 및 안전보건기준

① 산업안전보건법

- 법 제44조(공정안전보고서의 제출 등)

② 산업안전보건기준에 관한 규칙

- 제10장 밀폐공간 작업으로 인한 건강장해의 예방(제618조~제644조)
  - 밀폐공간 보건작업 프로그램을 운영
  - 작업 전·작업 중 환기, 작업 전·작업 후 인원 점검
  - 관계자 외 출입을 금지하고, 그 내용을 게시
  - 작업장과 외부의 감시인 간에 연락설비 설치
  - 송기마스크, 사다리 및 섬유로프 등 피난·구출기구 확보
  - 근로자 구출작업 종사자는 송기마스크 지급, 착용
  - 탱크·보일러, 반응탑의 내부 등 통풍이 불충분 장소 용접시 적정 공기상태 유지 및 송기마스크 착용
  - 불활성기체 배관이 있는 보일러·탱크·반응탑 등에서 작업시 밸브잠금 및 차단판 설치, 잠금장치, 개방금지 게시, 불활성기체의 명칭과 개폐방향 표시
  - 설비의 출입뚜껑이나 출입문이 임의로 잠기지 않도록 조치
  - 오염 설비 분해·개조·수리, 청소 등을 하는 경우 작업방법 및 순서를 정함
  - 황화수소 중독 방지 지식을 가진 사람을 해당 작업의 지휘자로 지정
  - 상시 작업 상황을 감시할 감시인을 지정
  - 작업자에게 (a) 산소 및 유해가스농도 측정 (b) 사고시의 조치 요령 (c) 환기 설비 가동 (d) 착용보호구 (e) 구조용 장비 사용 등을 교육
  - 산소 및 가스농도 등의 측정자 지정 (a) 관리감독자 (b) 안전관리자와 보건관리자 (c) 안전대행기관 (d) 보건대행기관 (e) 측정기관

보충 17

현장 작업안전교육 사례

밀폐공간 질식재해 예방

1. 밀폐공간이란?

① 산소 농도가 18% 미만이거나 23.5% 이상인 공간

② 황화수소(H_2S)가 10 ppm 이상인 공간

③ 이산화탄소(CO_2)가 1.5%(15,000 ppm) 이상인 공간

④ 밀폐공간 장소의 예

- 우물, 수직 갱, 터널, 잠함, 피트, 암거, 맨홀, 탱크, 호퍼 등 저장시설, 지하실, 창고, 선창 내부
- 정화조, 집수조, 침전조, 농축조, 발효조 내부
- 열 교환기, 배관, 보일러, 반응탑, 사일로, 집진기 내부 등 내부
- 콘크리트 양생장소, 가설 숙소 내부

- 냉장고, 냉동고, 냉동 화물자동차, 냉동 컨테이너 등 내부

⑤ 산소결핍과 유해물질

- 산소결핍이란 하수구 및 오래 방치된 지하 피트 등에 미생물이 번식하여 산소가 부족하거나 탄산가스 및 황화수소 농도가 매우 높아 인체에 들어가는 공기 중에 산소가 부족하여 현기증, 구토, 혼절 또는 사망에 이르는 재해로 미생물 번식이 활발한 여름철에 많이 발생한다.
- 밀폐공간에서는 메탄, 탄산가스, 황화수소 등의 유해물질이 가스 상태로 공기 중에 발생하기도 한다.
  - 메탄, 에탄, 부탄
  - 헬륨, 아르곤, 질소, 프레온, 탄산가스 등의 불활성기체
  - 일산화탄소, 황화수소
  - 기타 반응기, 탱크 등의 내부 화학물질

⑥ 산소결핍증(酸素缺乏症)에 대한 인체(人體)의 반응(反應)

산소농도별 인체 반응

작행						
농도	18%	16%	12%	10%	8%	6%
반응	안전 한계이나 연속환기 필요	호흡, 맥박의 증가, 두통, 메스꺼움, 토할 것 같음	어지럼증, 토할 것 같음, 근력저하, 체중지지 불능으로 추락	안면 창백, 의식 불명, 구토	실신 혼절, 7~8분 이내에 사망	순간에 혼절, 호흡 정지, 경련, 5~6분 이상이면 사망

2. 밀폐공간 질식재해의 원인

① 미생물의 부패나 발효에 의해 유해가스가 발생하게 된다.

- 황화수소, 이산화탄소, 메탄가스, 암모니아 가스 등이 발생
- 바닥의 부식토, 찌꺼기나 슬러지 등을 뒤집거나 휘저으면 많은 양의 유해가스가 갑자기 배출될 수 있음

② 미생물, 곡물, 종자, 사료 등이 호흡하여 산소를 소모시키고 이산화탄소를 배출한다.

③ 연소, 산화 등 화학작용으로 산소결핍 및 유해가스가 발생하게 된다.

- 산소를 소모시키고 일산화탄소, 이산화탄소, 황산화물 등이 발생
- 밀폐공간에서는 급격하게 산소가 고갈될 수도 있고 일산화탄소의 농도가 매우 높은 위험수준까지 도달할 수도 있음

④ 산소 흡수물질(석탄, 아탄, 황화광, 강재, 원목, 건성유, 어유 등)이 산소를 소모시킨다.

⑤ 드라이아이스를 사용하는 곳에서는 이산화탄소의 고체인 드라이아이스가 기체로

바뀌면서 밀폐공간의 이산화탄소 농도를 급격하게 높인다.

⑥ 용존산소가 부족한 하수, 폐수 등이 고이거나 흐를 때 공기 중의 산소를 소모시킨다.

⑦ 페인트 등 도료, 휘발성 유기용제, 세척제, 방수제 등이 마르면서 밀폐공간 안에 중독을 일으키는 휘발성 유기용제 증기가 발생한다.

⑧ 배관이나 탱크 등의 퍼지작업으로 배관 등에서 압력이 걸린 퍼지용 가스인 질소 등이 갑자기 분출되면서 질식 분위기가 조성된다.

3. 질식재해 예방대책

① 공기호흡기 또는 송기마스크 등 보호구 착용
- 작업자에게 공기호흡기 또는 송기마스크 등 호흡용보호구를 지급·착용
- 재해자 구출시 구조장비를 구비 하지 않은 상태에서는 내부 출입 금지

② 출입 전 산소농도 및 유해가스농도 측정 실시
- 작업시작 전과 작업 중에 산소농도 및 유해가스 농도를 측정
- 적정공기농도(산소 18～23.5%, 탄산가스 1.5% 미만, H_2S 10 ppm 미만, 기타 물질별 노출기준)와 비교·판정하여 충분한 안전조치를 취한 후 작업 실시

③ 작업장 내부 환기 실시
- 집수조 내부 작업 시 적정한 공기 상태를 유지하기 위해 충분한 배기 및 신선한 공기 공급을 위한 환기장치를 설치하여 환기 실시

④ 작업 전 특별안전보건교육 실시
- 작업 전 작업안전수칙, 작업 시 주의사항, 대피요령, 사용하여야 할 보호구 및 장비, 사고 시 구조방법 및 응급처치 요령 등을 내용으로 하는 특별안전보건교육을 실시

⑤ 밀폐공간 안전보건작업 허가서 발급 등
- 작업 전 밀폐공간 출입을 제한하고 작업에 관계된 관리감독자, 감시인 등은 밀폐공간 안전보건 작업허가서를 작성하여 허가서를 발급 받은 후 작업을 수행
- 밀폐공간에 근로자를 종사하도록 하는 때에는 밀폐공간 보건작업프로그램을 수립·시행

구조 및 응급조치 방법

1. 구조요청
주변 동료작업자 또는 119로 연락

2. 안전조치 후 재해자 구조
재해자 구조 시 공기호흡기, 송기 마스크 등 호흡용보호구를 착용

3. 심폐소생술 실시
반응 확인→맥박 확인→심폐소생술(흉부압박 30번, 인공호흡 2번, 2분마다 반복)

Chapter 7

검사 & 측정
(Inspection & Measurement Engineering)

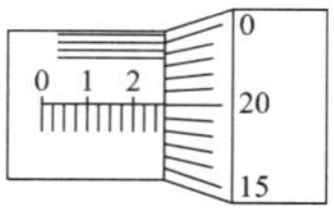

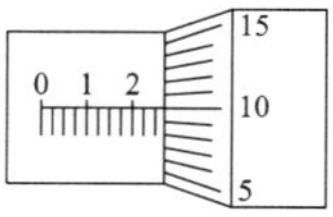

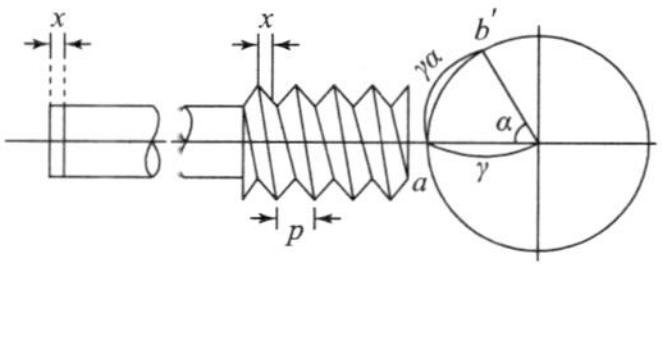

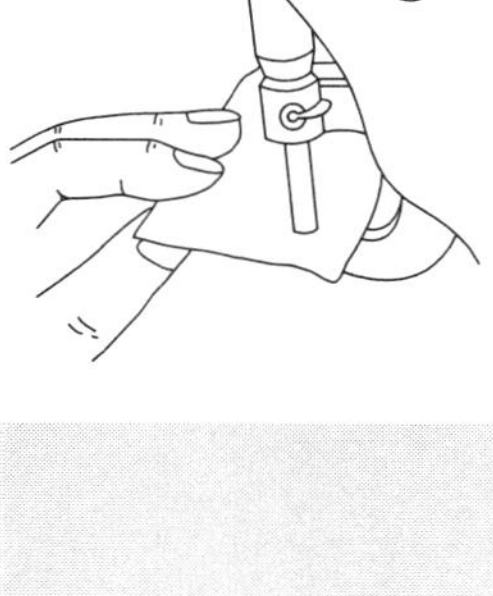

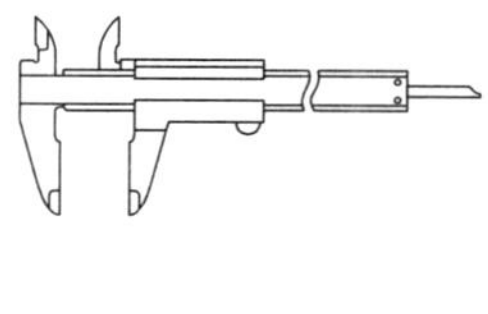

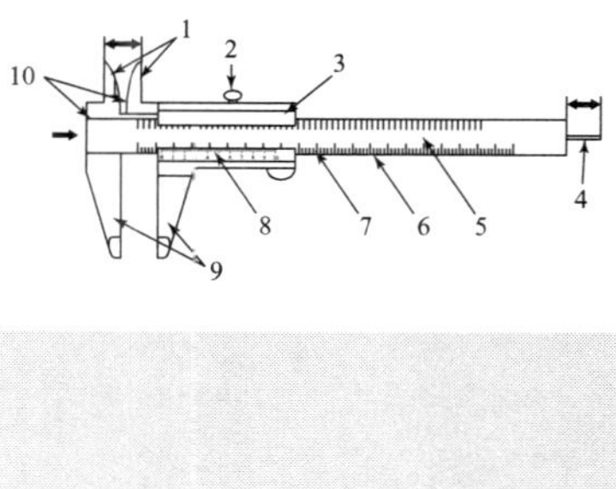

7-1 측정의 개요

1 측정의 개념

기계 가공된 기계 요소 부품은 그 사용 목적에 따라 치수, 형상, 가공 방법, 재료의 상태 등에 적합해야 한다. 이 중에서 재료에 대한 검사를 제외한 치수, 형상, 표면의 상태 등을 가공 중이나 제작 후에 측정 또는 검사하는 것을 정밀 측정이라 한다.

공작물의 치수 검사는 주로 길이 측정에 의하며 형상의 측정은 길이 및 각도의 측정에 의하여 이루어진다. 예로써 원통형 공작물에서는 지름과 길이, 원뿔형 공작물에서는 원뿔각과 높이 등이며 복잡한 형상을 가진 공작물이라도 원과 직선이 합쳐진 것이 많으므로 길이와 각도의 측정이 그 대상이 된다.

정밀 측정에는 측정기 안에 들어 있는 기준편에 의해 직접 치수를 측정하는 직접 측정 방법과, 별도로 준비된 게이지를 기준으로 하여 그 차를 측정하고 피측정물의 치수를 구하는 비교 측정 방법이 있다.

도면에 의해 제작된 기계 부품이 정밀 측정에 합격되었다면 이러한 기계 부품은 각각 다른 장소, 다른 시간에 제작되어 한 곳에서 조립할지라도 충분히 기능을 발휘할 수 있어야 한다. 이것을 호환성(interchangeability)이 있다고 한다. 호환성 생산 방식을 실시하기 위해서는 우수한 공작 기계, 지그(jig) 및 공구 이외에 필요한 정밀도와 경제적으로 측정, 검사할 수 있는 적당한 측정기와 측정 방법이 필요한 것은 물론, 통일된 길이 및 각도의 단위가 요구된다.

각 국에서는 공업 제품의 치수, 형상, 구조, 품질, 성능 등에 대하여 국가 규격을 정하고 있다.

예를 들면, ISO : International Organization for Standardization 국제 표준화 기구
KS : Korean Standards 한국 공업 규격
ANSI : American National Standards Institute 미국 공업 규격
BS : British Standards Institution 영국 공업 규격
DIN : Deutsches Institute für Normlung 독일 공업 규격
JIS : Japanese Industrial Standards 일본 공업 규격 등이다.

2 측정기의 종류

일반적으로 검사(inspection)란 주어진 규정에 만족하느냐 아니냐를 판정하는 것을 뜻하며 측정(measurement)이란 어떤 양(측정량)을 단위로서 사용되는 다른 양과 비교하는 것을 의미한다.

정밀 측정에 사용되는 검사용 기기는 아래와 같이 분류할 수 있다.

(1) 도기(度器) : 일정한 길이 또는 각도를 눈금 또는 면으로 구체화한 것이다. 선도기(線度器, line standard)는 눈금의 간격을 치수 단위로 구체화한 것이고, 블록게이지와 같이 양 단면의 간격으로 길이를 구체화한 것은 단도기(端度器, end standard)라고 한다.

(2) 지시 측정기 : 측정 중에 손 또는 자동적으로 표점이 눈금에 따라 이동하는 측정기이다. 이 경우 표점으로는 보통지침, 광지침, 버니어(vernier)의 눈금선, 물체의 선 등 여러 가지 형태의 것을 선택할 수가 있다. 지시 측정기에는 버니어 캘리퍼스나 마이크로미터와 같이 표준편을 내장하여 직접 측정이 가능한 것과 지침 측미기와 같이 표준편이 내장되어 있지 않아 비교 측정에 사용되는 것이 있다.

(3) 시준기(視準器) : 기계적인 접촉이 없이 간격을 측정하기 위하여 조준선 또는 시준선을 점 또는 물체의 모서리에 맞추도록(주로 광학적으로) 된 측정기이다. 예를 들면 초점경이 붙은 현미경 또는 망원경이나 스크린 위에 표시선이 있는 투영기 등이다. 표시선이나 초점경이 없는 광학적 장치는 단순히 확대하여 관찰하기 위한 것으로 측정기가 아니고 보조구에 지나지 않는다.

(4) 인디케이터(indicator) : 일정량의 조정 또는 지시에 사용되는 것으로 마이크로미터나 측장기 등의 측정력을 일정하게 하려는 목적으로 사용된다.

(5) 게이지(gauge) : 검사해야 할 물체의 치수 및 모양을 구체화한 것으로 측정 중에 움직이는 부분을 갖지 않는 것이다.

(6) 측정 보조구 : 측정기 또는 공작물을 지지하기 위한 스탠드, 프레임 또는 앤빌 등을 말한다. 공장에서 생산 관리에 사용할 측정기와 측정법의 선택에 있어서 고려해야 할 점은 다음 세 가지이다.

① 공작물의 치수가 규정의 한계 내에 있다는 것을 확인하면 충분한 것인가 또는 실제 치수를 결정해야 하느냐?

② 검사하여야 할 치수에 대하여 어느 정도의 공차가 허용되는가?

③ 어느 정도의 수량을 검사할 것인가?

3 측정기의 특성

측정기의 특성을 이해하는 데는 다음의 용어가 사용된다.

(1) 최소 눈금과 눈금선 간격

측정기의 최소 눈금은 눈금선 위에서 1눈금만큼 지침 또는 기선의 이동에 해당하는 측정량의 변화를 말한다.

눈금선 간격은 이웃한 두 눈금선 사이의 간격을 말한다. 눈금의 읽음 정도는 눈금선 간격의 크기에 영향을 받으며, 1/10 눈금을 어림하여 읽기 위해서는 약 0.7～2.5 m/m가 적합하다.

또한 측정기의 감도(E)는 측정량의 변화(ΔM)에 대한 지시량의 변화(ΔA)의 비로 나타내며 배율(V)은 최소 눈금(S)에 대한 눈금선 간격(l)의 비율로 나타낸다.

즉, 감도(E) = 지시 변화(ΔA) / 측정량 변화(ΔM)

배율(V) = 눈금선 간격(l) / 최소 눈금(S)이다.

(2) 지시 범위와 측정 범위

측정기에서 읽을 수 있는 측정값의 범위를 측정 범위라고 한다.

대부분의 마이크로미터는 25 mm 단위로, 다이얼게이지는 5 mm 또는 10 mm이다. 또한 대부분의 길이 측정기에서는 지시 범위와 측정 범위는 일치한다.

(3) 후퇴 오차

피측정물의 치수를 길이 측정기를 사용하여 구하는 경우, 주위의 상황이 변하지 않는 상태에서 동일한 측정량에 대하여 지침의 측정량이 증가하는 상태에서의 읽음값과 반대로 감소하는 상태에서의 읽음값의 차를 후퇴 오차라 한다. 이것은 주로 기계적인 접촉 부분의 마찰저항, 뒤틀림 및 흔들림 등으로 인하여 생긴다. 후퇴 오차를 제거하기 위해서는 반드시 일정한 방향으로 바늘이 측정값에 접근하도록 하여야 한다.

(4) 측정 압력

피측정물을 양 측정면 사이에 끼워 측정하는 경우, 그 사이에 작용하는 힘을 측정력이라 한다. 대부분의 측정기에는 30～200 g 정도의 측정력이 걸리나 큰 측정력은 1 kg이나 되는 것도 있다.

4 측정 오차

동일 측정기로 하나의 부품을 반복하여 측정하였을 때 반드시 측정값이 같지 않고 편차가 생길 때가 있다. 이것은 여러 가지 원인으로 측정시에 오차가 포함되어 있기 때문이다. 이 원인으로는 부주의로 인한 인위적인 것과, 측정기의 구조나 주위 환경의 부적당을 들 수 있다. 그러므로, 오차=측정값−참값으로 표시할 수 있다. 오차의 종류에는 다음과 같은 것이 있다.

(1) 측정기의 오차(계기 오차)

측정기의 정도 결정은 KS에서는 온도 20℃, 기압 760 mmHg, 습도 58%로 규정하고 있으며 계기 오차는 측정기의 구조, 측정 압력, 측정 온도, 측정기의 마모 등에 따른 오차를 말한다. 이때 온도 변화 t℃에 따라 생기는 변화량 λ는 길이 l과 열팽창계수 α로부터 다음 식을 구한다.

$$\lambda = l \cdot \alpha \cdot t$$

또한 측정 방법으로서 가장 이상적인 것은, 양 측정면 사이에 기준편을 넣어 0점을 맞추고, 그 상태에서 기준편과 피측정물을 바꾸어 측정하는 치환법이다. 이 방법을 채택할 수 없을 때는 "표준자와 피측정물은 동일 축선상에 있어야 한다."라는 아베의 원리(Abbe's principle)를 지켜야 한다. 예를 들면 <그림 7-1(a)>와 같이 표준자와 피측정물이 동일 축선상에 있는 마이크로미터는 <그림 7-1(b)>와 같이 어떤 거리만큼 떨어진 평행선상에 있는 버니어 캘리퍼스에 비하여 같은 기울어짐에 대하여 생기는 오차는 극히 작다.

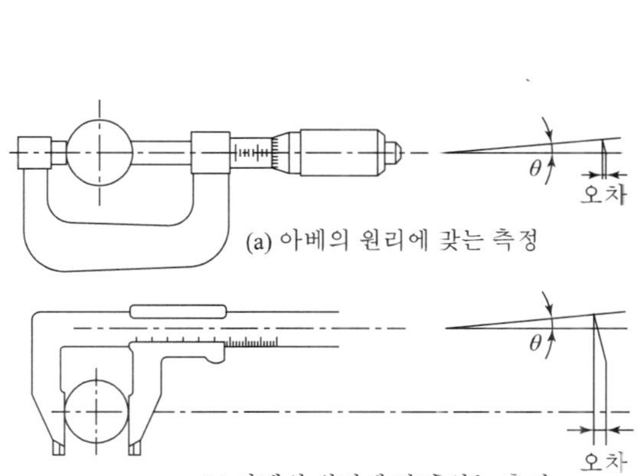

(a) 아베의 원리에 맞는 측정

(b) 아베의 원리에 맞지 않는 측정

그림 7-1 ● 측정오차

(2) 시차(視差)

측정기가 정확하게 치수를 지시하고 있을지라도 측정자의 부주의 때문에 생기는 오차로서, <그림 7-2>와 같이 측정자의 눈의 위치에 따라 눈금의 읽음값에 오차가 생기는 경우가 있다.

이의 방지를 위해서는 측정자의 눈의 위치는 항상 눈금판에 대하여 수직이 되도록 습관을 기르도록 한다. 최근에는 측정값이 직접 숫자(digital)로 표시되는 측정기도 있다.

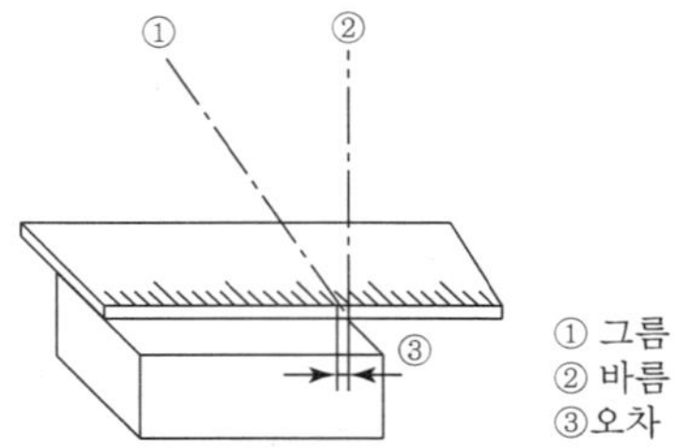

그림 7-2 • 시차

시차와 함께 측정자의 미숙(정확히 중심선을 못 맞추는 등)으로 발생하는 오차를 개인 오차라 한다.

(3) 우연 오차

기계에서 발생하는 소음이나 진동 등과 같은 주위 환경에서 오는 오차, 또는 자연현상의 급변 등으로 생기는 오차를 우연 오차라 한다.

(4) 긴 물체의 휨에 의한 영향

가늘고 긴 모양의 측정기 또는 피측정물을 정반 위에 놓으면 접촉하는 면의 형상 오차 때문에 불규칙한 변형이 생기므로, 보통 두 점에서 지지한다. 이 때, 긴 물체는 자중에 의해 휨이 생기고 정확한 치수 측정이 불가능하다. 따라서 각 지점의 지지 위치에 따라 모양이 각각 달라지므로 사용 목적에 따라 가장 적합한 것을 선택해야 한다.

예를 들면, ① 에어리점(airy point)은 긴 블록게이지와 같이 양 끝면이 항상 평행 위치를 유지해야 할 필요가 있을 때의 지지점으로 $S = 0.2113L$이며, ② 베셀점(bessel point)은 중립면상에 눈금을 만든 선도기에서와 같이 전체 길이의 측정 오차를 최소로 하기 위한 지지점으로 $S = 0.2203L$로 한다.

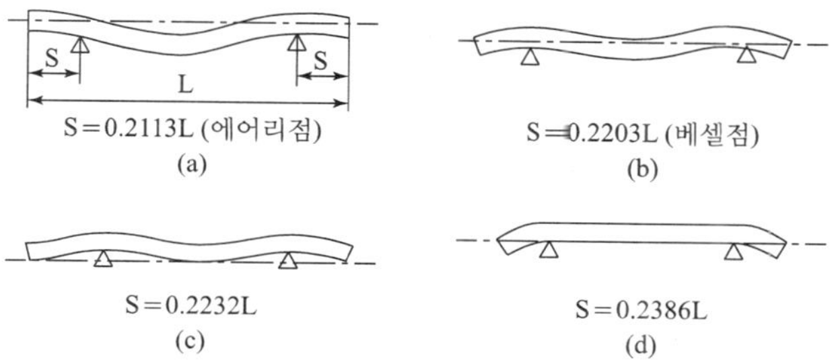

그림	(a)	(b)	(c)	(d)
특징	양 끝면의 축선과 수직 및 평행선을 그을 수 있다.	중립축에 미치는 영향을 가장 적게 지지할 수 있다.	전체의 휨이 가장 적고, 양끝과 중앙의 휨이 같게 된다.	양 지점 간의 휨이 가장 적다.
용도	단도기	눈금자	면의 측정	면의 측정

그림 7-3 ■ 긴 물체의 사용 목적에 따른 지지점의 위치

7-2 길이의 측정

길이의 단위는 미터법이며 1984년 2월에 개최된 국제 도량형 총회에서 "1미터는 빛이 진공 중에서 299,792,458분의 1초 동안 진행된 거리로 한다."고 결정하였다.

1 버니어 캘리퍼스

버니어 캘리퍼스(vernier calipers)는 직선자와 캘리퍼스를 조합한 것으로, 제품의 길이, 폭, 직경, 깊이, 단차 등을 측정하는 데 쓰이며, 스테인리스강으로 만든다.

최고 측정치는 0.05 mm 또는 0.02 mm로서 간단하게 제품의 치수를 직접 측정할 수 있고, 정밀도도 비교적 높으며, 측정 범위가 넓기 때문에 일반 공장에서 가장 많이 사용하는 측정기이다.

① 버니어 캘리퍼스의 구조와 각부 명칭

버니어 캘리퍼스는 크게 본척(어미자)과 부척(아들자)으로 되어 있고, 부척은 본척에 끼워져 좌우로 움직일 수 있으며, 임의의 위치에 고정할 수도 있다.

버니어 캘리퍼스의 크기는 측정할 수 있는 최대 길이로 표시하며 150 mm, 200 mm, 300 mm 등이 가장 많이 사용된다. <그림 7-4>는 버니어 캘리퍼스의 각부 명칭을 표시한 것이다.

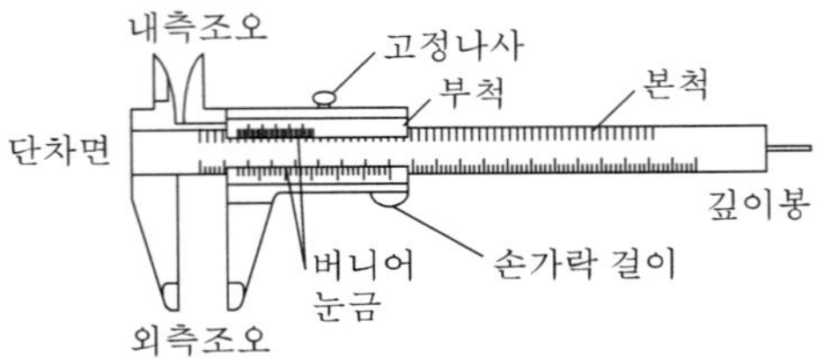

그림 7-4 ● M형 버니어 캘리퍼스 각부 명칭

② 만능 버니어 캘리퍼스

7개의 측정용 부속품을 붙일 수 있는 버니어 캘리퍼스로 본체는 파이프형으로 되어 있으며, 외측, 내측, 깊이, 각도, 높이, 정밀원의 금 긋기, 단차의 측정 등 7가지의 측정이 가능하다. 호칭치수는 150 mm, 최소 측정값은 0.05 mm이다.

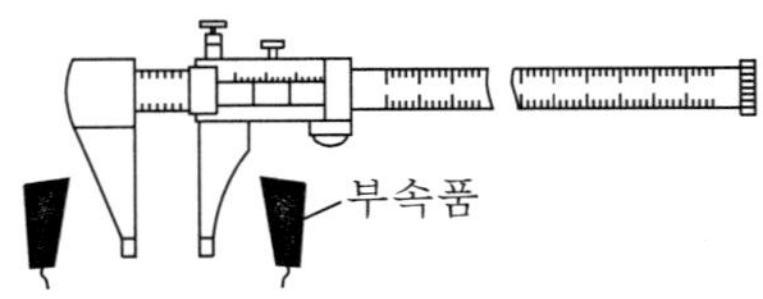

그림 7-5 ● 만능 버니어 캘리퍼스

③ 깊이 버니어 캘리퍼스

깊이, 단차를 측정할 수 있는 것으로서 DM형, DB형, DS형이 있으며 피측정물의 깊이를 1/50 mm까지 측정할 수 있다.

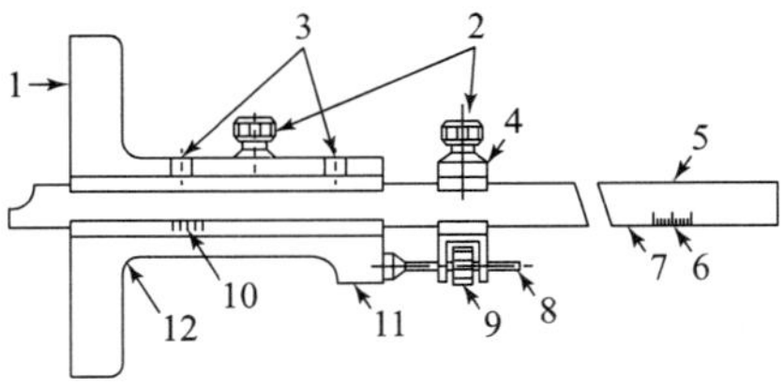

그림 7-6 ● 깊이 버니어 캘리퍼스

④ 이 두께 버니어 캘리퍼스

직각방향으로 두 개의 버니어 캘리퍼스에 의해 기어의 피치원상의 이 두께를 측정하는데 사용한다.

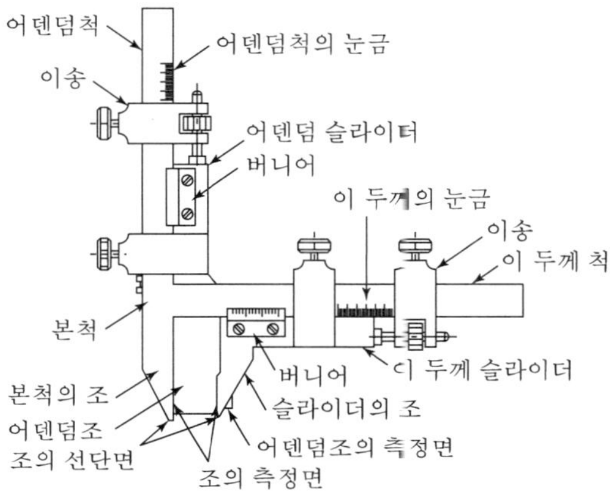

그림 7-7 ● 이 두께 버니어 캘리퍼스

이 외에도 각종의 전용 버니어 캘리퍼스가 있다. 예를 들면 자동차의 브레이크 드럼의 내경 측정 전용 버니어 캘리퍼스, 한계 눈금 버니어 캘리퍼스, 보링 핀의 두께를 안정한 상태에서 측정하기 위한 보링 핀 측정 버니어 캘리퍼스, 신율 환산 버니어 캘리퍼스 등이 있다.

2 버니어(Vernier)의 눈금 읽는 법

버니어(아들자)의 눈금에는 어미자의 한 눈금보다 약간 작은 눈금을 가진 순 버니어와 어미자의 한 눈금보다 약간 큰 눈금을 가진 역 버니어가 있다.

일반적으로 버니어 캘리퍼스, 하이트 게이지 등의 아들자에는 순 버니어가 사용되고 역 버니어는 사용되지 않는다. 순 버니어에는 보통 버니어와 롱 버니어가 있다.

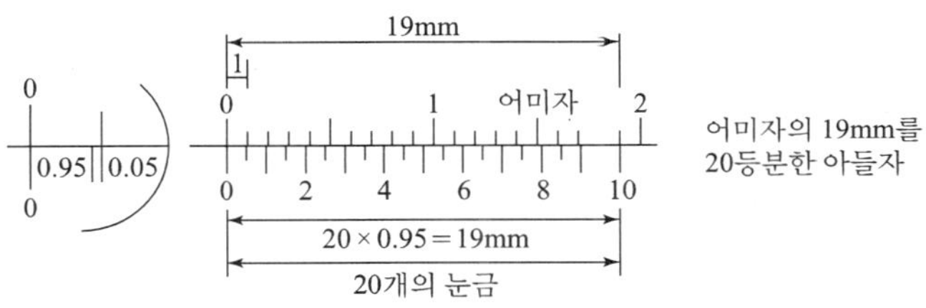

그림 7-8 ● 버니어 캘리퍼스의 눈금 원리

① 보통 버니어

가장 많이 사용되는 아들자 눈금으로서, 아미자의 $(n-1)$ 눈금을 n등분한 것이다.

$$(n-1)S = nV$$

$$V = \frac{n-1}{n}S \tag{7.1}$$

$$C = S - V \tag{7.2}$$

여기서, S : 어미자의 1눈금 간격

V : 아들자의 1눈금 간격

C : 아들자로 읽을 수 있는 최소 측정값

식 (7.1)을 식 (7.2)에 대입하면

$$C = S - \frac{n-1}{n}S = \frac{S}{n}$$

즉, 아들자의 1눈금은 어미자의 1눈금보다 S/n 길이만큼 작다.

따라서, 위 식으로써 <그림 7-9>와 같은 치수의 눈금을 읽을 때에는 처음에 버니어의 0에 접하는 본척의 눈금 길이를 읽고, 다음에 본척의 눈금과 버니어 눈금선과 서로 교선되는 부분의 버니어 눈금을 읽으면 된다. 그림에서 본척 한 눈금이 1 mm 버니어 눈금 수 20개이므로 읽을 수 있는 최소값 $C = S/n$ 즉, 1/20 = 0.05이므로 만나는 지점을 찾아보면 13번째이므로 이 길이의 치수는 14 + (1/20×13번째) = 14 + 0.65 = 14.65 mm가 된다.

이와 같은 원리를 이용하여 49 mm를 50등분하여 0.02 mm까지 읽게 한 것도 있다.

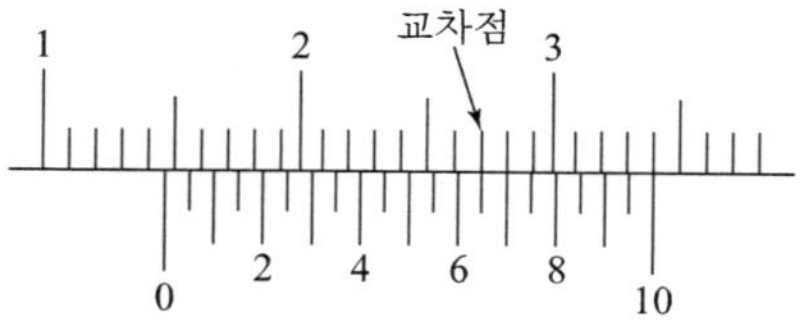

그림 7-9 ◦ 19 mm를 20등분한 버니어

② 롱 버니어(long vernier)

보통 버니어는 눈금 간격이 좁기 때문에 본척의 눈금과 버니어 눈금이 만나는 교선을 찾기가 곤란하다. 따라서, 버니어 눈금의 간격을 크게 해 줌으로써 교선을 찾기가 쉽고, 시차로서 발생되는 오차를 방지하여 주기 위하여 만들어진 버니어이다.
<그림 7-10>은 롱 버니어로서 본척 한 눈금이 1 mm, 버니어 눈금 수 20개이므로 읽을 수 있는 최소값 $C = S/n$ 즉, 1/20이다.
다만, 버니어 눈금 길이만 39 mm를 20등분하였기 때문에 한 눈금의 간격은 $39/20 = 1.95$ mm가 된다. 눈금의 읽음 치수는 $15 + (1/20 \times 13$번째$) = 15 + 0.65 = 15.65$ mm이다.

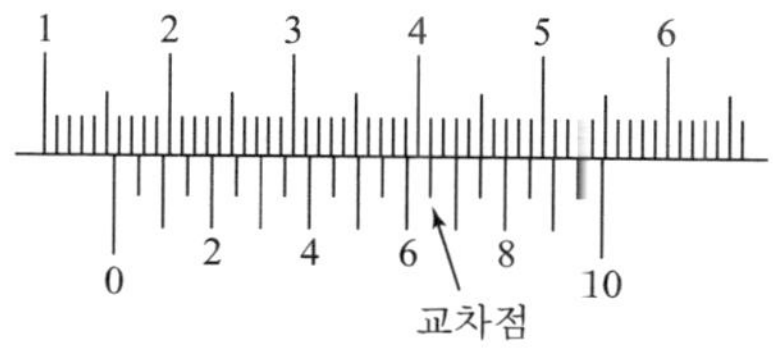

그림 7-10 ◦ 39 mm를 20등분한 버니어

<그림 7-11>에서 최소 측정량 1/20 mm인 롱 버니어도 보통 버니어와 마찬가지 요령으로, 아들자의 0점은 어미자의 12 mm를 조금 지난 곳에 있고 아들자와 어미자의 눈금은 아들자의 9번째 눈금에서 일치되었으므로 다음과 같이 계산되었다.

$$12 + (0.05 \times 9) = 12 + 0.45 = 12.45 \text{ mm}$$

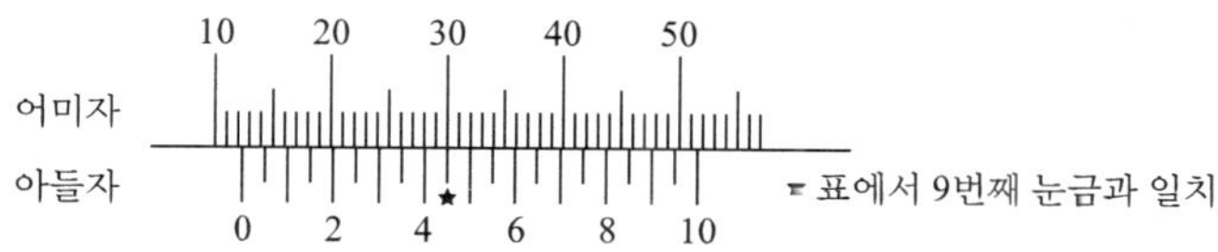

그림 7-11 ◦ 버니어 읽는 법

3 버니어 캘리퍼스의 종류

한국 규격(KS)에서는 버니어 캘리퍼스의 종류를 M_1형, M_2형, CB형, CM형의 4종류로 규정하고 있으나, 이 외에도 측정을 편리하게 하고 전용 작업에 사용할 수 있도록 만든 버니어 캘리퍼스는 30여종을 넘고 있는 실정이다.

현재 일반 기계 공장에서 많이 사용되고 있는 버니어 캘리퍼스의 종류와 그 특징에 대해서 다음 표에서 설명한다.

● **표 7-1 버니어 캘리퍼스의 종류**

형상	명칭	최소 눈금	특징 및 용도
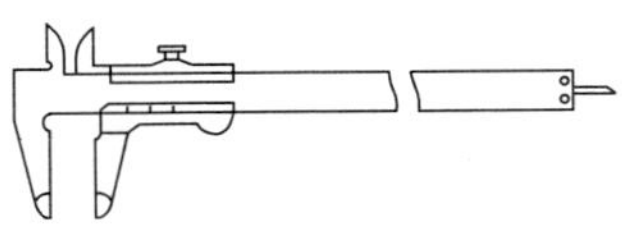	M_1형 버니어 캘리퍼스	0.02 0.05	슬라이더가 홈형이며 외측, 내측, 깊이, 단차 측정을 할 수 있으나 미동 장치가 없다. 현재 가장 많이 사용되고 있다.
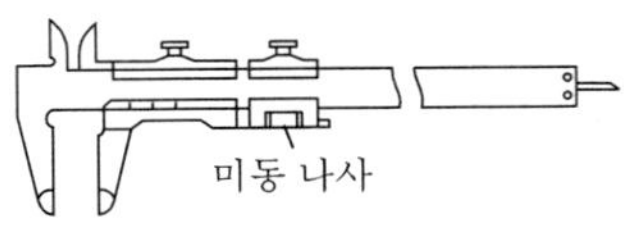	M_2형 버니어 캘리퍼스	0.02	미동 장치가 붙어 있는 점이 M_1형과 다르며, 용도는 거의 같다. 눈금은 24.5 mm를 25등분한 것이다.
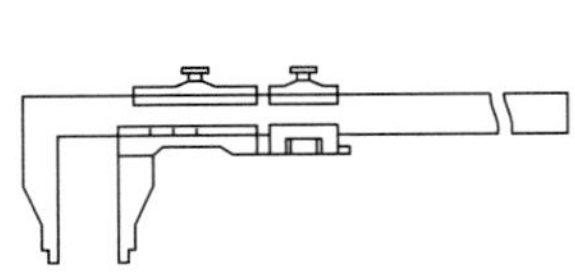	CM형 버니어 캘리퍼스	0.02 0.05	조오의 길이를 길게 하여 큰 직경이나 깊은 곳의 측정이 가능하나 길이와 단차, 5 mm 이하의 내측, 측정은 할 수 없다. 위쪽 눈금에서는 내측을, 아래쪽에서는 외측 치수를 읽는다.
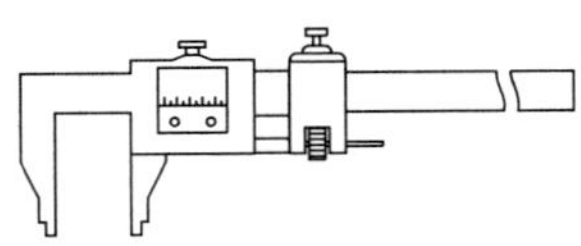	CB형 버니어 캘리퍼스	0.05	슬라이더가 상자형이며 깊이와 단차, 5 mm 이하의 내측, 측정은 할 수 없다. 앞쪽 눈금에서는 외측, 뒤쪽 눈금에서는 내측 치수를 읽게 되어 있다.
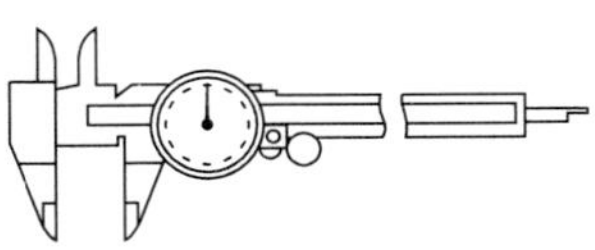	다이얼식 버니어 캘리퍼스	0.02 0.05	버니어 대신 다이얼을 붙여서 시차에 의한 측정 오차를 없애고, 눈금선이 일치하는 점을 찾는 시간적 낭비를 줄일 수 있다.
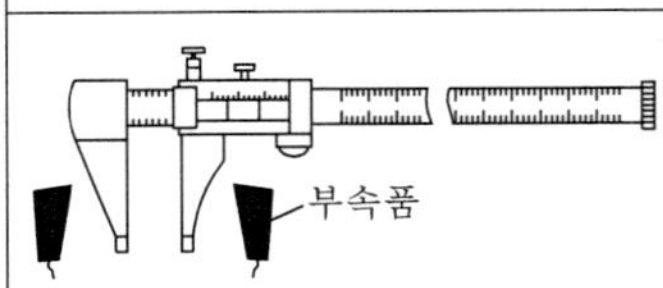	만능식 버니어 캘리퍼스	0.05	여러 가지 부속품을 사용하여 외측, 내측, 깊이, 단차 측정 이외에도 높이, 각도 측정, 원의 금 긋기 등 7가지의 측정을 할 수 있다.
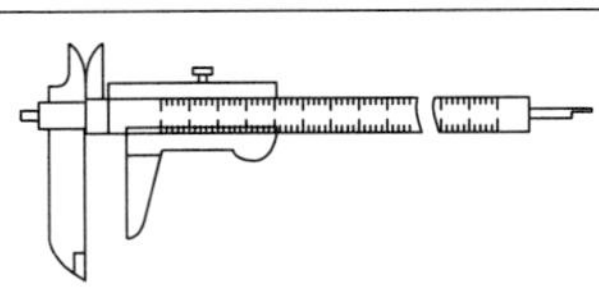	옵셋 버니어 캘리퍼스	0.05	어미자의 머리 부분에 상하로 움직일 수 있는 긴 조오가 있어 이것을 임의의 위치에 고정하여 차가 큰 단차 측정을 할 수 있다.
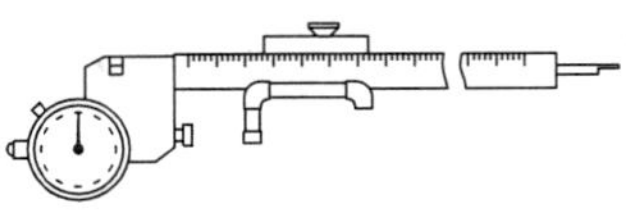	정압 버니어 캘리퍼스	0.01 0.02	측정압력에 따른 측정 오차를 없애기 위해 정압장치를 붙인 것으로, 내경 측정은 할 수 없으나 정밀한 외측 측정에 사용되며 한계 게이지로도 쓸 수 있다.
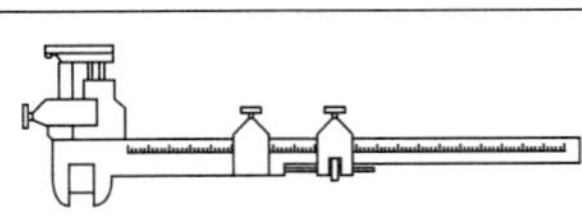	치형 버니어 캘리퍼스	0.05	커터, 호브 등의 치형 측정에 사용된다.

Vernier check training shee			
1. 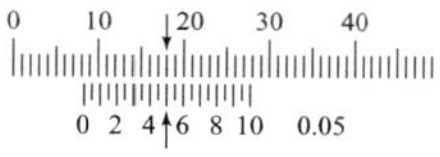	$M/S=8$ mm $V/S=0.05\times10$ $=0.5$ mm $G=8.5$ mm	2. 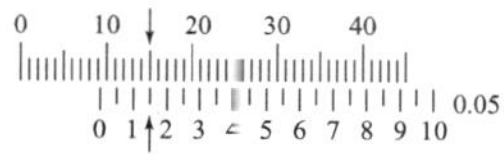	$M/S=9$ mm $V/S=0.05\times3$ $=0.15$ mm $G=9.15$ mm
3. 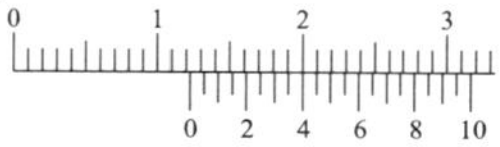	$M/S=12$ mm $V/S=0.05\times8$ $=0.4$ mm $G=12.4$ mm	4. 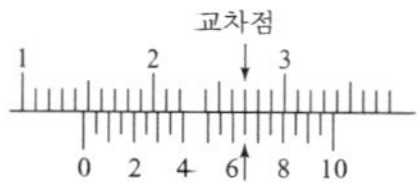	$M/S=14$ mm $V/S=0.05\times13$ $=0.65$ mm $G=14.65$ mm
5. 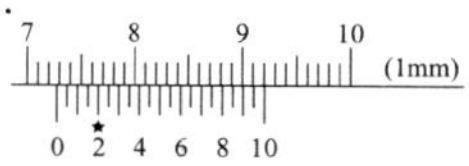 ① 19mm를 20등분한 아들자 읽은 값 mm	$M/S=73$ mm $V/S=0.05\times4$ $=0.2$ mm $G=73.2$ mm	6. 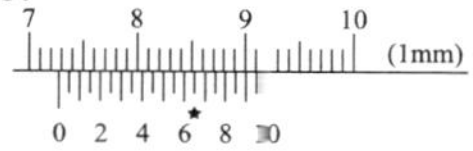 ② 19mm를 20등분한 아들자 읽은 값 73.65mm	$M/S=73$ mm $V/S=0.05\times13$ $=0.65$ mm $G=73.65$ mm
7. 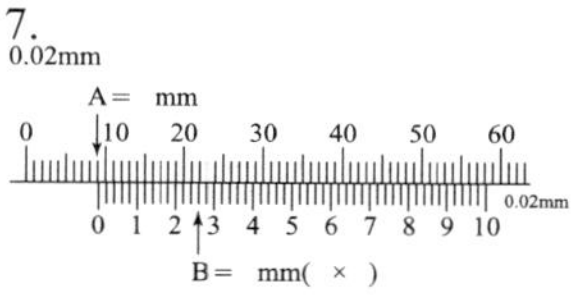	A=9 B=0.02×13=0.26 A+B=9.26	8. 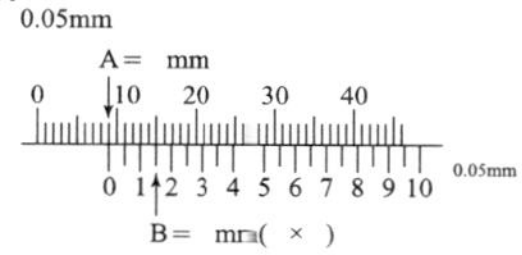	A=2.10 B=0.01×15=0.15 A+B=2.25
9. 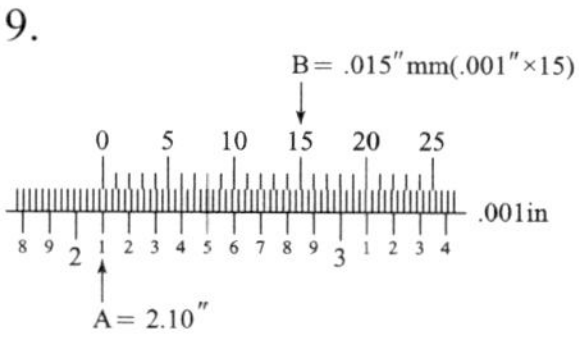	A=2.10 B=0.01×15=0.15 A+B=2.25	10. 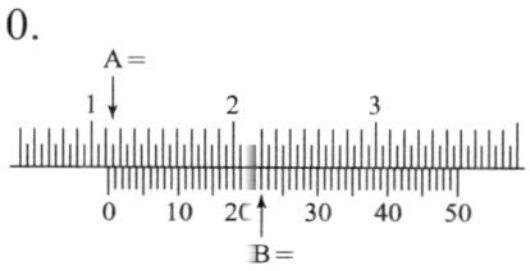	$A=1\frac{1}{16}$ $B=\frac{4}{128}$ $A+B=1\frac{3}{32}$
11. 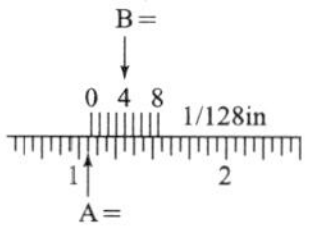	$A=1\frac{1}{16}$ $B=\frac{4}{128}$ $A+B=1\frac{3}{32}$	➡ 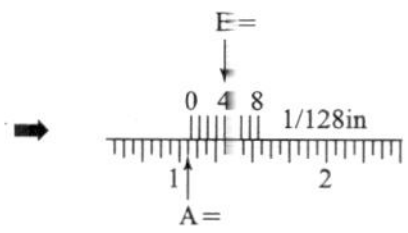	$A=1\frac{1}{16}$ $B=\frac{4}{128}$ $A+B=1\frac{3}{32}$
12. 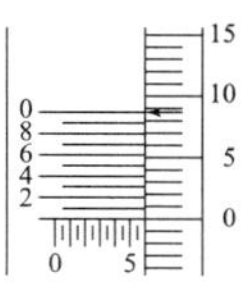	SL = TH = VE = G =		

4 버니어 캘리퍼스의 용도

버니어 캘리퍼스는 <그림 7-12>에서 보는 바와 같이 외측 측정, 내측 측정, 깊이 측정, 단자 측정을 할 수 있으며 필요에 따라서 금 긋기에 응용되기도 한다.

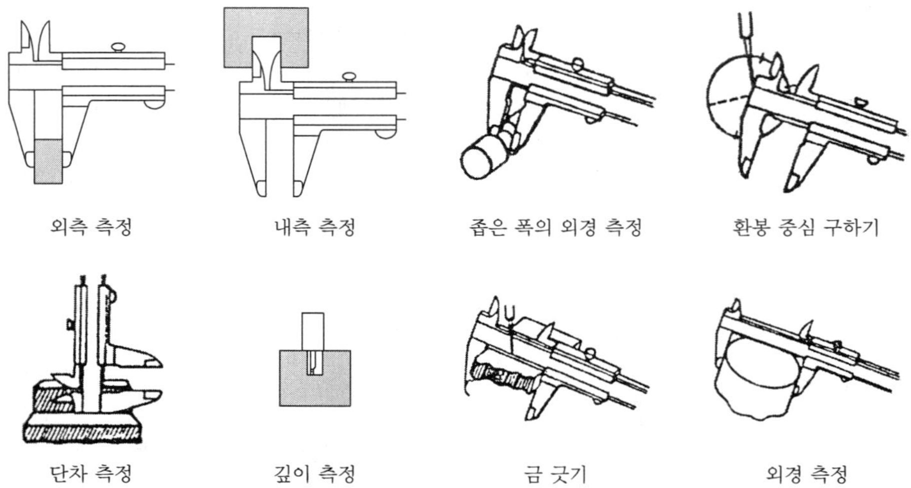

그림 7-12 ● 버니어 캘리퍼스의 사용 예

5 사용상의 주의

(1) 사용 전의 주의

① 측정면, 슬라이더면, 눈금면 등에 묻은 먼지, 기름 등을 깨끗이 닦고, 각 부분에 손상이 없는가를 확인한다.

② 본척과 슬라이더를 가볍게 접촉시켜 본척과 버니어 눈금이 0점이 맞는가를 확인한다. 또한 광선에 비추어 틈새가 있는가를 확인한다. 이때, 광선이 겨우 보일 정도면 3～5 μ의 틈이 생긴 것이므로 그 값을 보정(補正)하여야 한다.

(2) 사용 중의 주의

① 외측 측정일 때에는 본척 조오의 측정면을 공작물에 먼저 대고 서서히 슬라이더, 조오를 이동시키되 절대 무리한 힘을 가하지 말 것(일반적으로 정압 장치가 없기 때문에 측정 압력에 따라 오차가 발생한다.)

② 버니어 캘리퍼스는 아베의 원리(Abbe's principle)에 어긋나는 측정기이기 때문에 가능한 한 조오의 안쪽 깊숙한 곳을 대고 측정해야 한다.

- 안전Note

아베의 원리(Abbe's principle) : 독일인 아베(E. Abbe; 1893)가 제창한 이론으로서, 길이를 측정할 때, 측정자로 사용할 눈금자를 측정할 길이와 일직선상으로 배치함으로써 오차를 미소한 값으로 줄이는 것을 말한다.

③ 내측 측정은 최대값을, 홈, 간격, 측정에는 최소값으로 하여야만 치수가 정확하다.

④ 공작물이 회전 중이거나 동작 중에는 사용하지 말아야 한다(정확한 측정도 안 되며 측정면이 마모되거나 파손되기 쉽다).

⑤ M형 버니어 캘리퍼스로 작은 내경을 측정할 때에는 실제 치수보다 작게 측정해야 한다.

(3) 사용상의 주의점

① 사용하기 전에 각 부분을 깨끗이 닦아서 먼지, 기름 등을 제거한다.

② 어미자와 아들자의 측정면을 가볍게 밀어 닿게 하고, 광선에 비춰 보아 틈새가 있는지를 확인해야 한다. 이때 광선이 겨우 보일 정도면 3～5 μ의 틈이 생긴 것이다.

③ 버니어 캘리퍼스는 아베의 원리에 맞는 구조가 아니므로 가능한 한 어미자의 기준 끝 면 가까운 쪽에서 측정하는 것이 좋다. 또한, M형 버니어 캘리퍼스는 조의 끝쪽이 얇게 되어 있어 나비가 좁은 홈 등을 측정하는 이외에는 마멸을 방지하기 위해 두꺼운 쪽을 사용하는 것이 좋다(그림 7-13).

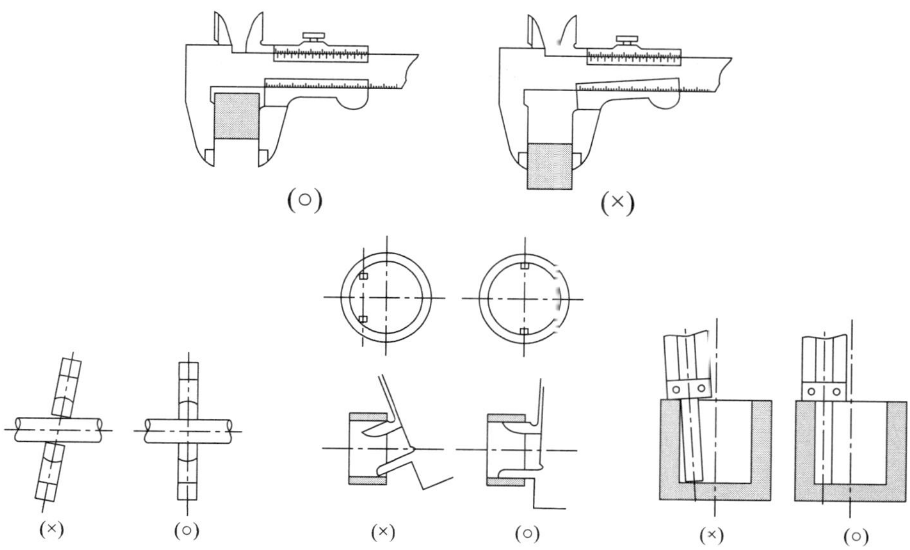

(a) 바깥지름의 측정 (b) 안지름의 측정 (c) 깊이의 측정

그림 7-13 ◦ 각부의 측정 방법

(4) 사용 후의 주의

① 전체를 잘 닦고, 먼지나 절삭분(chip)이 슬라이더에 끼지 않도록 할 것

② 손상된 곳이 없나 점검하고, 있으면 곧 보수를 한다.

③ 보관 시에는 기름을 엷게 바르고 습기, 먼지가 적고, 온도 변화가 적은 곳에 보관시킨다.

④ 측정시 조 또는 깊이 바의 측정면은 피측정물에 정확히 접촉하도록 주의한다.

⑤ 내측의 측정에 있어서 안지름을 측정할 경우에는 측정값의 최대를 구하며, 홈 나비의 측정에 있어서는 최소값을 구하는데 유의해야 한다.

⑥ 대부분의 버니어 캘리퍼스에는 측정력을 일정하게 하는 정압 장치가 없으므로 무리한 측정력을 주지 않도록 한다.

⑦ M형 버니어 캘리퍼스로 특히 작은 구멍의 안지름을 측정할 때에는 실제 치수보다 작게 측정되므로 유의해야 한다.

⑧ 눈금을 읽을 때에는 시차(視差)가 생기지 않도록 눈금면의 직각 방향에서 읽도록 한다.

⑨ 사용 후에는 각 부분을 깨끗이 닦아 녹이 슬지 않도록 한다.

⑩ 조의 측정면에 돌기가 생겼을 때에는 고운 기름 숫돌로 수정한 다음 정도 검사를 하여야 한다.

⑪ 보관할 때에는 습기, 먼지가 없고 온도 변화가 적은 곳에 보관해야 한다.

측정의 옳고 그름 참고 예
1. 외경(Outside) 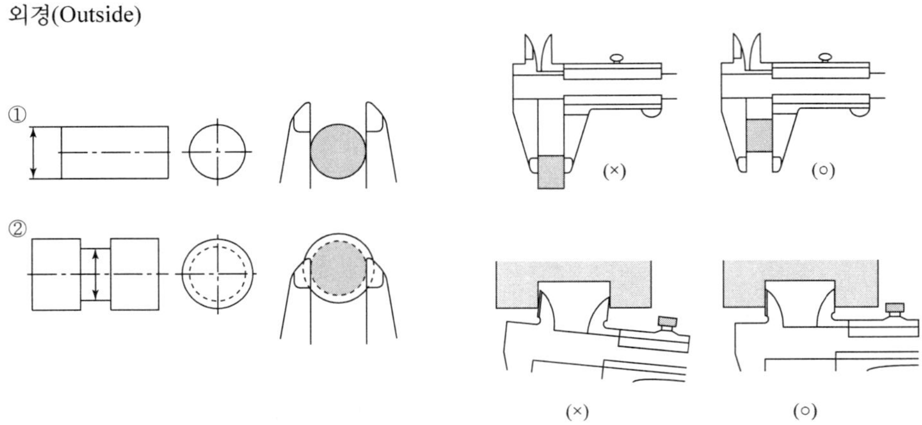

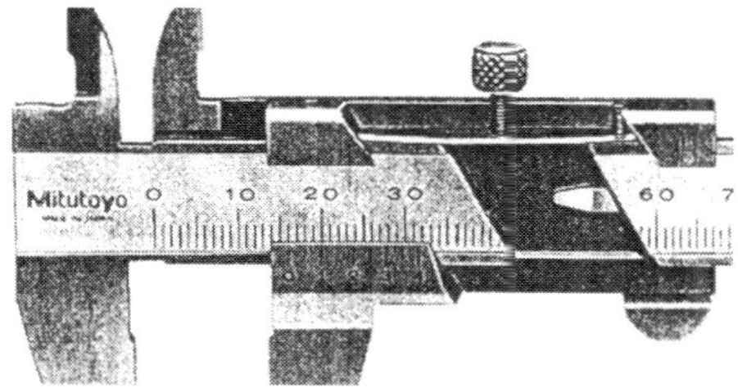

2. 내경(Inside)

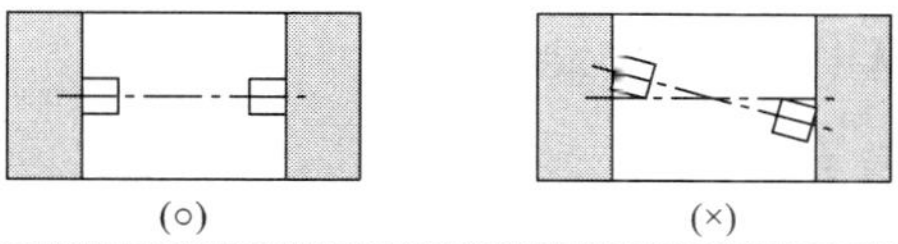

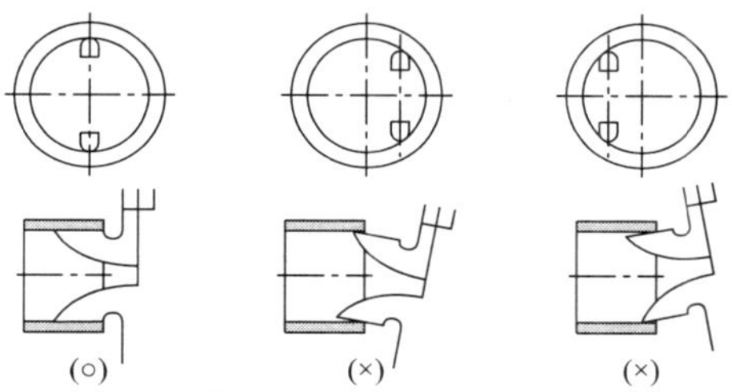

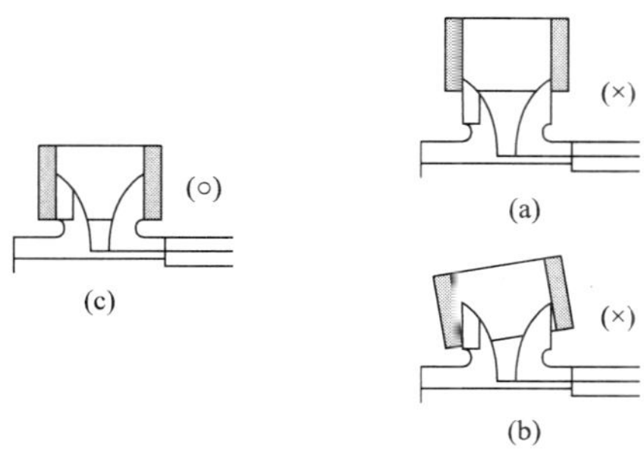

3. 깊이(Depth)

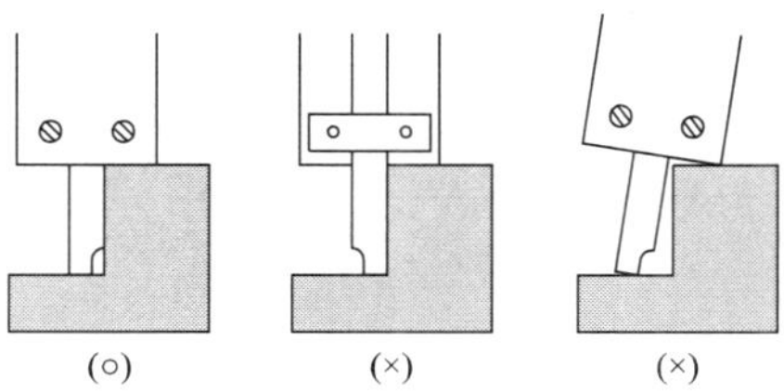

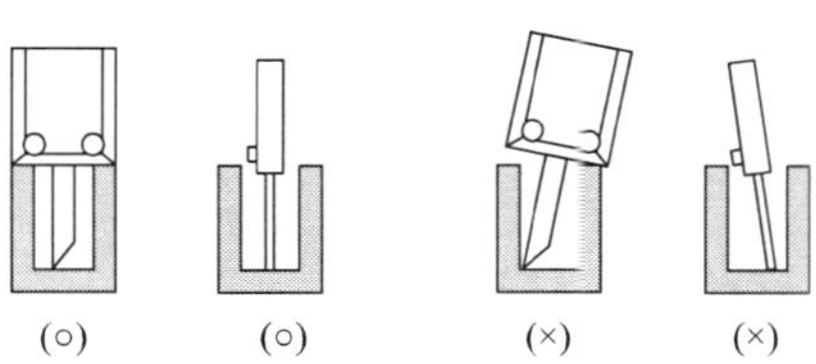

(5) 버니어 캘리퍼스의 검사

① 눈금면이 외관상 바른가, 턱(jaw)의 선단 등에 파손이 없는가를 확인한다.
② 슬라이더의 작동이 원활한가를 검사한다.
③ 종합 정밀도는 블록게이지를 사용하여 외측 및 내측에 대하여 검사하고, 버니어 캘리퍼스로 측정된 치수로부터 블록게이지의 치수를 뺀 값으로 한다.

6 하이트 게이지(Height gauge)

하이트 게이지는 대형 부품, 복잡한 모양의 부품 등을 정반 위에 올려놓고 정반면을 기준으로 하여 높이를 측정하거나 스크라이버(scriber) 끝으로 금 긋기 작업을 하는데 사용한다. 하이트 게이지의 기본 구조는 스케일과 베이스 및 서피스게이지를 한데 묶은 것이다.

(1) 눈금 기입 방법

눈금 기입 방법은 일반적으로 어미자 49 mm를 50등분한 아들자로서, 최소 측정값이 1/50 mm로 되어 있고 어미자 양쪽에 눈금을 새긴 것에는 1/20 mm의 최소 측정값을 함께 사용하고 있다(표 7-2). 눈금 읽는 방법은 버니어 캘리퍼스와 동일하다.

크기는 본척의 최대 눈금 길이로 표시하며 150 mm, 200 mm, 300 mm, 500 mm, 1000 mm 등이 많이 사용된다.

■ **표 7-2 하이트 게이지의 눈금 방법**

눈 금		최소 측정치
본 척	버니어	
0.5 mm	12 mm를 25등분	0.02 mm
0.5 mm	24.5 mm를 25등분	0.02 mm
1 mm	49 mm를 50등분	0.02 mm
1 mm	19 mm를 20등분	0.05 mm
1 mm	39 mm를 20등분	0.05 mm

(2) 하이트 게이지의 구조와 명칭

하이트 게이지는 직육면체인 스케일과 베이스 및 스크라이버(scriber)를 조합시킨 것으로서 정밀한 버니어의 눈금을 이용하여 정확한 치수를 금 긋기 하거나 별도의 부속품을 사용하여 정밀한 비교 측정을 할 수 있는 측정기이다.

버니어의 눈금 상태는 본척 49 mm를 50등분한 것(최소값 1/50 mm)과 39 mm를 20등분한 것(최소값 1/20 mm)의 두 가지가 있으나, 주로 전자(前者)의 것을 많이 쓰고 있다.

(3) 하이트 게이지의 종류

하이트 게이지에는 HT형, HM형, HB형의 표준형이 있으나 이외에도 디지털 하이트 게이지(digital height gauge), 다이얼 하이트 게이지(dial height gauge), 퀵세팅 하이트 게이지(quick setting height gauge) 등이 있다.

① HT형 하이트 게이지

가장 많이 사용되고 있는 것으로서 본척의 눈금을 이동하여 0점 조정을 할 수 있고, 슬라이더에는 확대 렌즈가 붙어 있어 정확한 눈금값을 읽을 수 있도록 되어 있다. <그림 7-14>는 HT형 하이트 게이지를 나타낸 것이다.

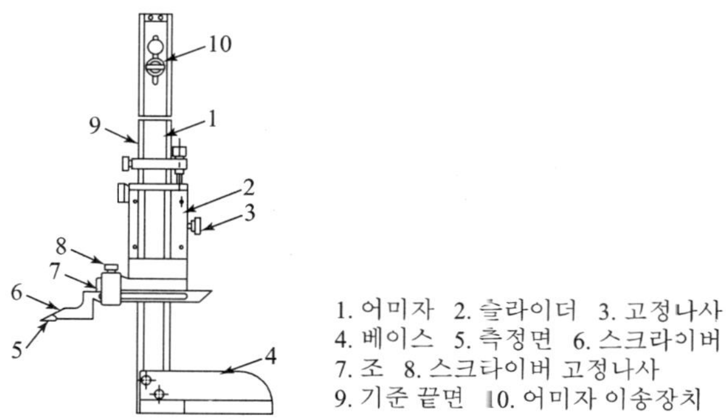

그림 7-14 ● HT형 하이트 게이지

② HM형 하이트 게이지

HM형 하이트 게이지는 크고 견고하여 금 긋기 작업에 적당하고, 슬라이더가 홈형이며, 정반 위에 놓았을 때 스크라이버의 밑면이 정반 위에 닿을 수 있다. 이때 어미자의 0점과 아들자의 0점이 일치하게 되어 있다. HM형은 0점을 조정할 수 없으며 이송 바퀴를 돌려 슬라이더의 미동이나 측정력을 조정할 수 있다(그림 7-15).

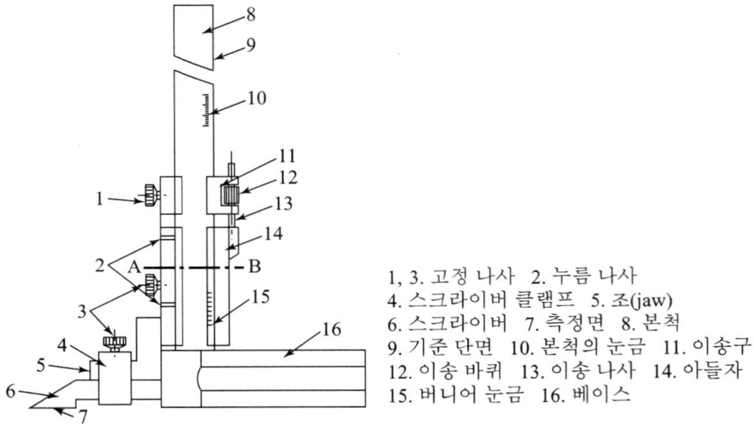

그림 7-15 ◦ HM형 하이트 게이지

③ HB형 하이트 게이지

슬라이더가 상자형이며, 구조가 약하여 주로 높이 측정용으로 사용된다.

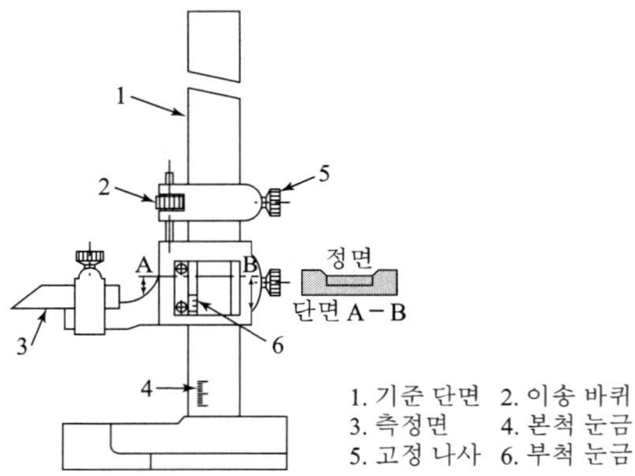

그림 7-16 ◦ HB형 하이트 게이지

④ 디지털 하이트 게이지

본척은 2개의 원기둥으로 되어 있고 눈금은 없으며 슬라이더에는 버니어 대신 다이얼 게이지와 디지털 장치가 있어 0.01 mm까지 정밀한 측정을 할 수 있다.

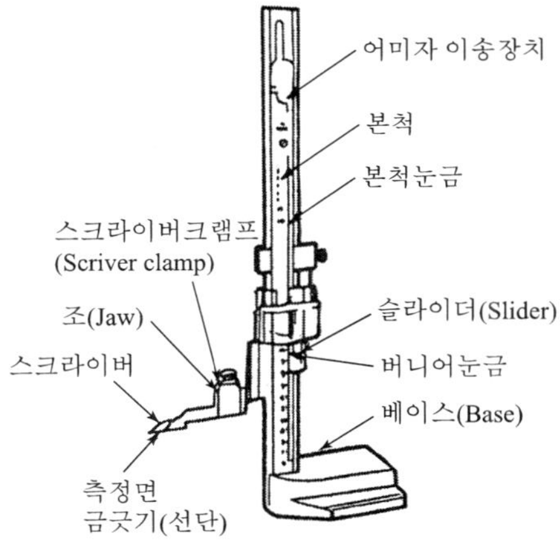

그림 7-17 ● HM형과 HT형 병용형

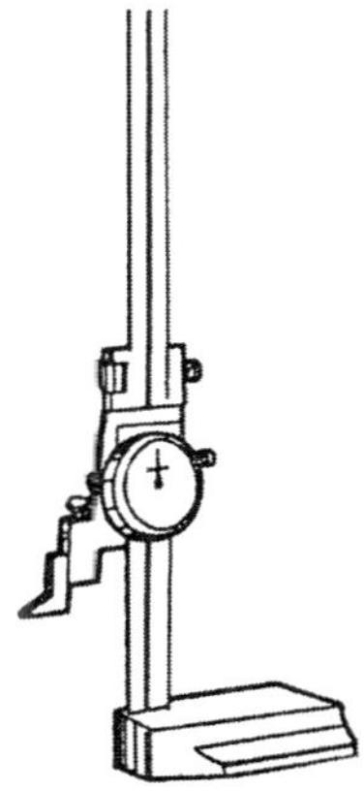

그림 7-18 ● 다이얼 하이트 게이지

(4) 사용상의 주의점

① 평면도가 좋은 정반을 사용하고 측정 전에 정반면과 하이트 게이지의 측정면 및 베이스 밑면을 깨끗이 닦아야 한다.

② 측정 전에 스크라이버 밑면을 정반 위에 닿게 하여 0점 조정을 한다. 0점 조정을 할 수 없는 하이트 게이지(HM형, HB형 등)는 0점의 차이를 읽어 두었다가 그 오차만큼 측정값을 보정해 주어야 한다.

③ 하이트 게이지도 아베의 원리에 맞지 않는 구조이므로 스크라이버(scriber)를 필요 이상으로 길게 사용하는 것은 좋지 않다.

④ 시차를 없애기 위해서는 어미자와 아들자의 눈금이 일치하는 곳의 수평 위치에서 읽도록 하여야 한다.

⑤ 금 긋기 할 면은 깨끗이 가공되어야 하며 스크라이버의 고정나사는 충분히 조여야 한다.

⑥ 스크라이버의 날끝은 초경합금이므로 상하지 않도록 조심하여 취급한다.

(5) 하이트 게이지의 정도(精度)

하이트 게이지의 종합 정밀도는 기점에서의 정도와 임의의 높이에 있어서의 정도를 검사하고 측정값으로부터 블록게이지의 치수를 뺀 값으로 계산한다.

7-3 마이크로미터(Micrometer)

마이크로미터는 18세기 제임스 와트(James Watt)에 의해 발명되었으며, 그 후 기계 공업의 발전으로 현재에는 공작물의 형상에 따라 수십 종의 마이크로미터가 제작되었고 정밀도도 1/1000 mm를 정확히 측정할 수 있도록 품질이 향상되었다. 마이크로미터는 정밀 측정기의 대표적인 측정기로서 각 산업 분야에 널리 사용되고 있다.

1 마이크로미터의 구조와 각부 명칭

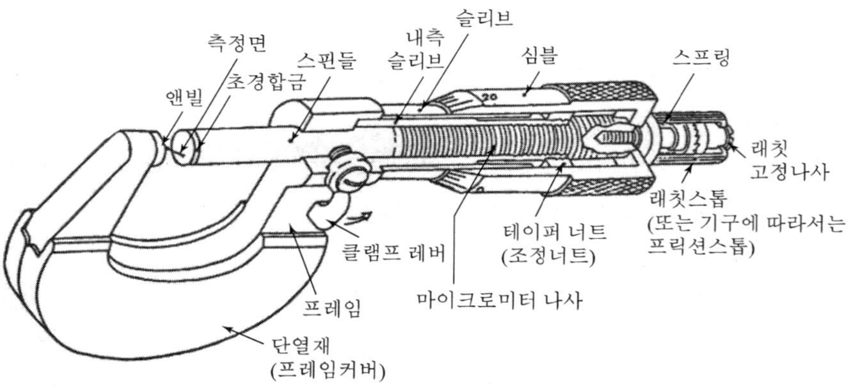

그림 7-19 ● 외측 마이크로미터의 구조와 각부 명칭

마이크로미터의 구조는 여러 가지가 있으나 <그림 7-19>는 대표적인 외측 마이크로미터(outside micrometer)의 구조와 주요 명칭을 나타낸 것이다.

심블(thimble)은 스핀들과 조립되어 있고, 스핀들은 테이퍼 너트(taper nut)에 끼워져 나사산에 따라 이동되도록 되어 있다. 따라서, 심블을 돌리면 스핀들은 회전운동과 직선운동을 하면서 앞뒤로 움직이고, 이 움직이는 양을 슬리브(sleeve)의 눈금과 심블 원주상에 새겨진 눈금에 의해 읽을 수 있는 구조이다.

스핀들의 한쪽에는 정확한 피치(pitch)로 가공된 수나사(male thread)가 있는데 이 나사를 정확한 피치로 길게 가공하는 것이 어렵기 때문에 보통 25 mm 단위로 마이크로미터를 제작하는 것이다.

앤빌(anvil)은 측정의 기준이 되는 중요한 부분으로서 측정면에는 초경 합금이 용접되어 있으며, 앤빌과 슬리브는 프레임(frame)으로 연결되어 있는데, 이 프레임은 손으로 잡고 측정할 때 체온이 전달되지 않도록 단열재로 씌워져 있다.

외측 마이크로미터(The Outside Micrometer)

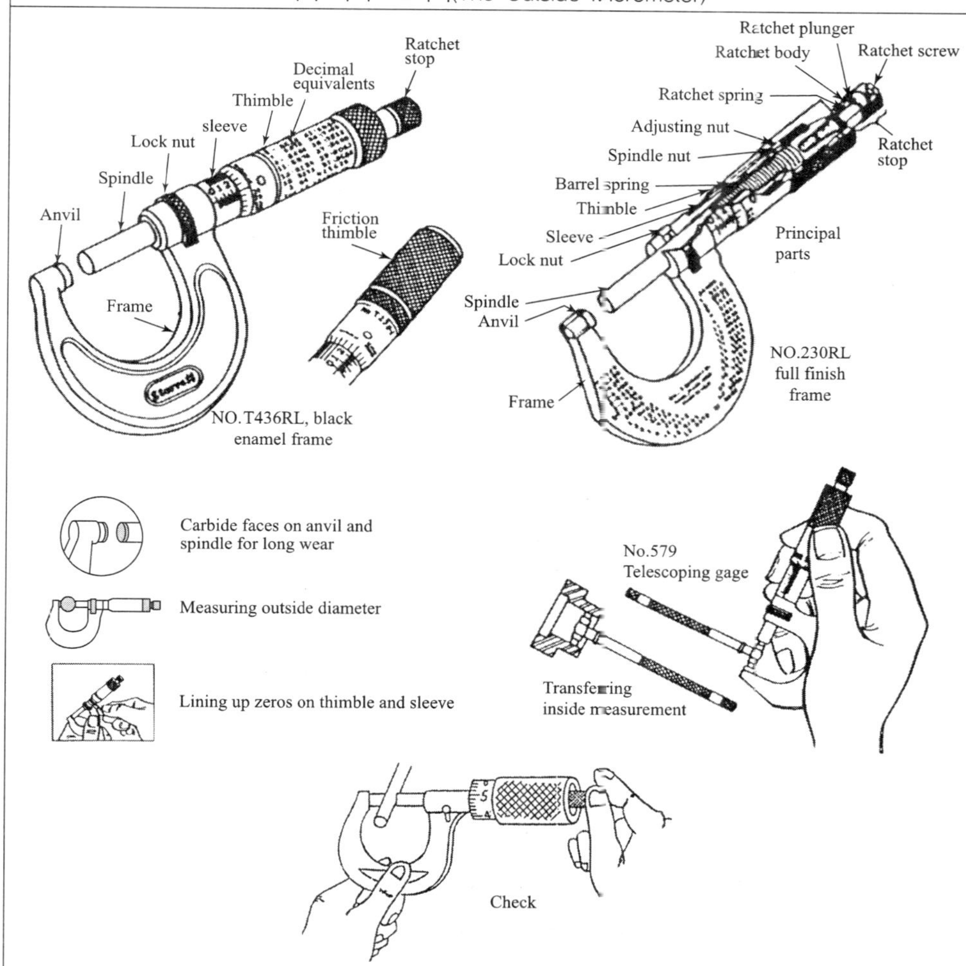

2 마이크로미터의 원리

마이크로미터는 수나사와 암나사의 끼워 맞춤을 이용한 것으로서 심블을 한 바퀴 돌리면 한 줄 나사의 경우에는 1피치만큼만 스핀들이 움직이게 된다. 또, 이것을 $1/n$ 회전시키면 $1/n$만큼만 움직인다. 이것이 바로 마이크로미터의 원리인 것이다. 일반적으로, 스핀들 나사의 피치는 0.5 mm이고, 심블의 외주에는 50등분한 눈금이 새겨져 있다. 그러므로, 스핀들 나사를 1회전하면 스핀들은 0.5 mm 이동하며, 결국 심블도 1회전하므로 눈금이 50개 움직인다. 따라서, 심블상의 눈금 하나를 돌리면 1/50 회전하게 되므로 0.5 × 1/50 = 0.01 mm만큼 스핀들이 움직이게 되는 것이다.

$$M = 0.5 \times \frac{1}{50} = 0.01\,\text{mm}$$

<그림 7-20>에서 스핀들의 나사각이 α만큼 회전할 때 스핀들의 측정면 a가 x만큼 이동한다면 x는 나사의 피치인 p의 $1/n$만큼 이동한 것이 되며, 이때 스핀들에 고정된 원주 눈금면(심블면)의 반지름을 r이라 한다면 눈금면의 이동거리는 $r\alpha$로 되어서, 1회전하면 나사 1피치가 이동한다.

즉, $$\frac{p}{2\pi r} = \frac{x}{r\alpha} \qquad x = \frac{\alpha p}{2\pi}$$

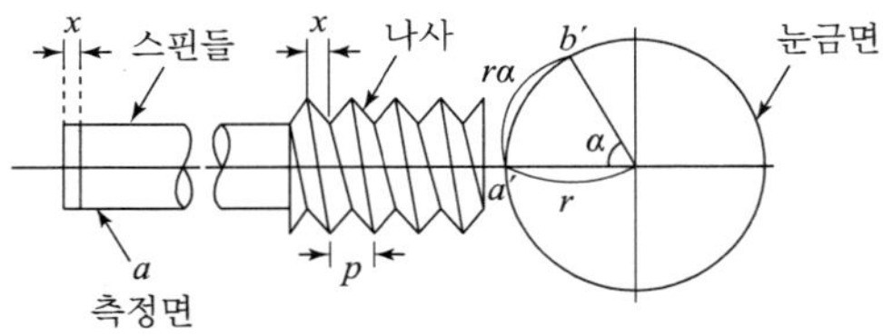

그림 7-20 ● 마이크로미터의 원리

(1) 눈금을 읽는 방법

눈금을 읽는 방법은 먼저 슬리브의 눈금을 읽고, 심블의 눈금과 기선과 만나는 심블의 눈금을 읽어 슬리브 읽음값에 더하면 된다.

<그림 7-21(a)>는 표준 마이크로미터의 눈금 읽는 방법이다.

그러나 심블의 눈금선과 눈금선의 간격은 0.01 mm이고 눈금선의 굵기는 0.002 mm이므로 심블 1눈금 사이에는 슬리브 기선의 나비가 5개까지 들어갈 수 있어 <그림 7-21(b)>와 같이 최소 눈금이 1/100 mm이지만 읽은 값은 7.373 mm로 1/1,000 mm 단위까지 읽을 수 있다.

이와 같이 눈금선 간격을 눈으로 나누어 읽는 방법은 슬리브 기선과 심블의 눈금선이 3/4 정도 겹쳐 있으면 +0.5 μ, 1/2 정도 겹쳐 있으면 +1 μ, 1/4 정도 겹쳐 있으면

1.5 μ을 슬리브 기선 하단과 심블의 눈금선 상단이 맞닿아 있으면 +2 μ으로 계산하여 읽음값에 더하면 된다.

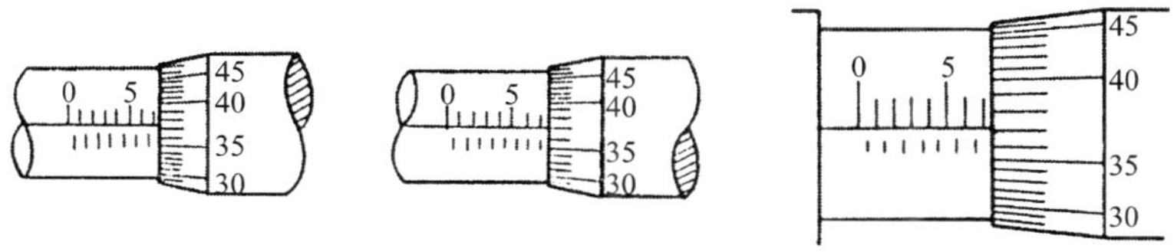

슬리브 읽음 7 mm
심블 읽음 .37 (+
읽음 7.37 mm

슬리브 읽음 7.5 mm
심블 읽음 .37 (+
읽음 7.87 mm

(a)

슬리브 읽음 7. mm
심블 읽음 .373 (+
읽음 7.373 mm

(b)

그림 7-21 • 마이크로미터의 눈금 읽는 방법

Ex1.

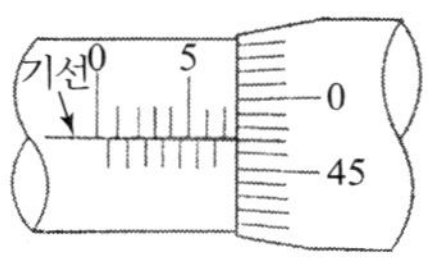

SL = 7 mm
TH = 0.47 mm
G = 7.47 mm

(a) 0.5 mm 이하의 눈금 읽기

Ex2.

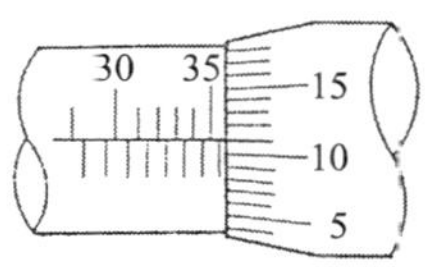

SL = 35.5 mm
TH = 0.11 mm
G = 35.61 mm

(b) 0.5 mm 이상의 눈금 읽기

<그림 7-22>와 같이 슬리브의 기선 위에 심블의 9눈금을 10등분한 버니어가 새겨져 있는 마이크로미터를 사용하면 정확하게 1/1,000 mm까지 측정할 수 있다.

읽는 방법은 표준 마이크로미터와 같이 1/100 mm 단위를 먼저 읽고 버니어로 1/1,000 mm 단위를 읽어 이를 합산하면 된다.

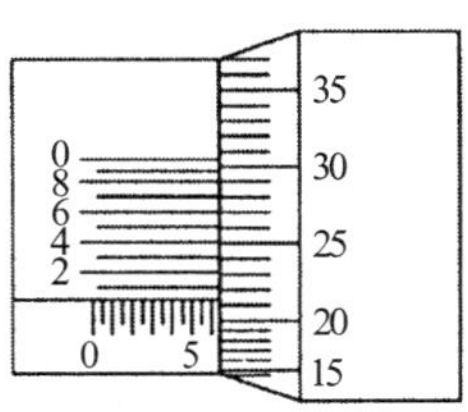

슬리브(0.5 mm) 읽음 6 mm
심블(0.1 mm) 읽음 0.21 mm
아들자와 심블 읽음 0.004 mm (+
마이크로미터의 읽음 6.214 mm

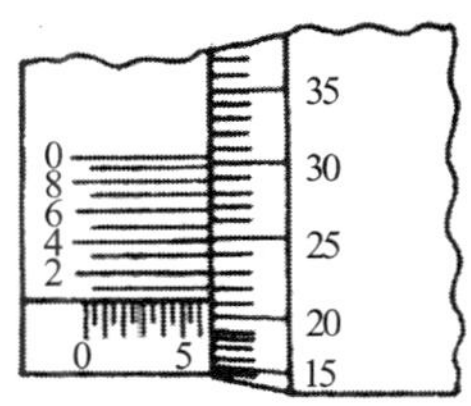

그림 7-22 • 눈금 읽기

3 마이크로미터의 종류

마이크로미터는 외측 마이크로미터(outside micrometer), 내측 마이크로미터(inside

micrometer), 깊이 마이크로미터(depth micrometer)의 3종류로 크게 분류할 수 있으며, 각각의 마이크로미터는 측정 부위의 형태나 성능에 따라 여러 가지 이름으로 제작 보급되고 있다.

또한, 마이크로미터는 정도를 높이기 위하여 25 mm 간격으로 만들어져 있는데, 마이크로미터의 크기는 0～25, 25～50, 50～75, … 등으로, 25 mm 간격으로 1,000 mm 이상의 것까지 있다.

따라서, 마이크로미터를 호칭할 때에는 종류, 크기, 최소 눈금의 세 가지를 포함시켜 부르고 있다. (ex; 외측 마이크로미터 25～50 mm 1/100)

1. 종류(Micrometer 3-kind)
Outside micrometer, Inside micrometer, Depth micrometer

2. 크기(Size)
0～25, 25～50, 50～75……25……1000 mm

3. 눈금(Unit)
1/100 ～ 1/1,000

(1) 외측 마이크로미터

마이크로미터 중 그 사용 범위가 가장 많은 것으로서 그 종류 또한 가장 많다. 마이크로미터의 명칭, 특징과 용도는 다음과 같다(표 7-3).

표 7-3 외측 마이크로미터

	형상	명칭	특징 및 용도
1	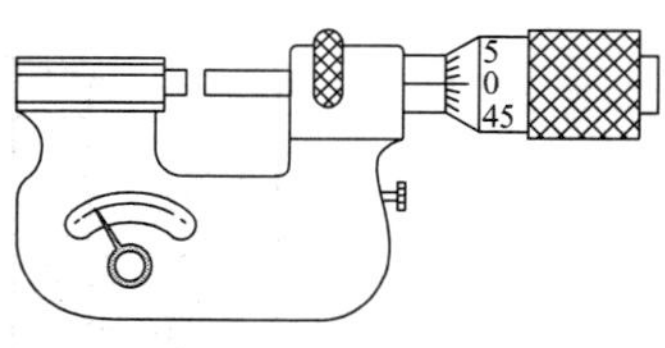	지시형 마이크로미터	프레임 안에 인디케이터가 설치되어 있어서 간단하고 빠르게 측정할 수 있다. 2개의 바늘로 제품의 최대 허용치와 최소 허용치의 한계를 정해놓고 제품의 합격, 불합격의 판정에 이용하면 대단히 편리하다.
2	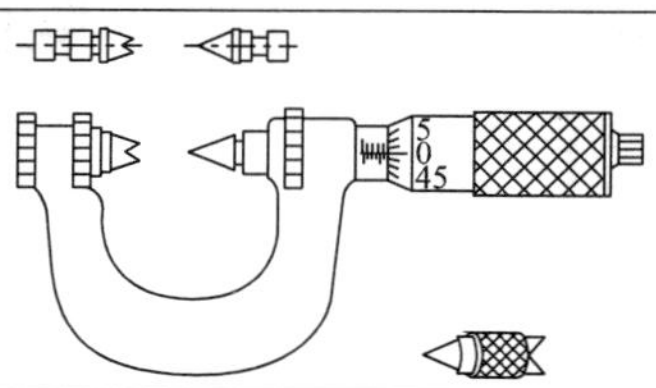	나사 마이크로미터	나사의 유효 지름을 직접 측정할 때 쓰이며 나사의 종류에 따라 알맞은 각도(55°와 60°)의 앤빌을 교환하여 쓸 수 있는 교환식과 한 가지만 측정할 수 있는 고정식이 있다.

3	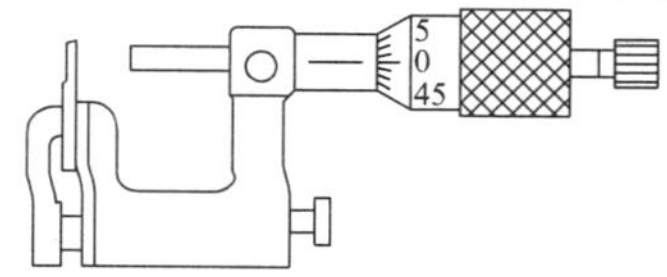	유니 마이크로미터	여러 개의 측정자를 교환하여 보통의 마이크로미터로는 측정할 수 없는 살두께, 중심거리 등의 측정에 이용된다.
4	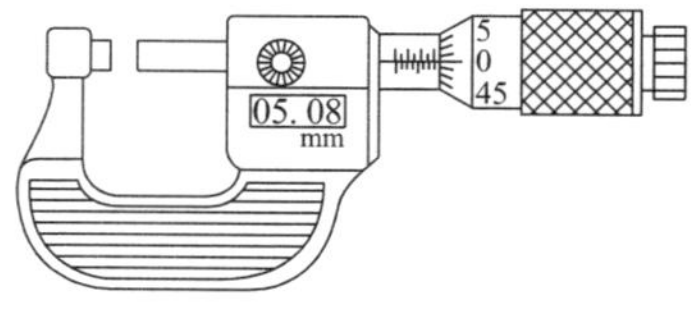	디지털 마이크로미터	프레임에 장치되어 있는 숫자 판에서는 mm 단위의 측정값을 읽고 슬리브에서는 인치 단위의 측정값을 읽게 되어 있어 수치를 환산할 필요가 없어 편리하다. 컴비마이크로미터라고도 한다.
5	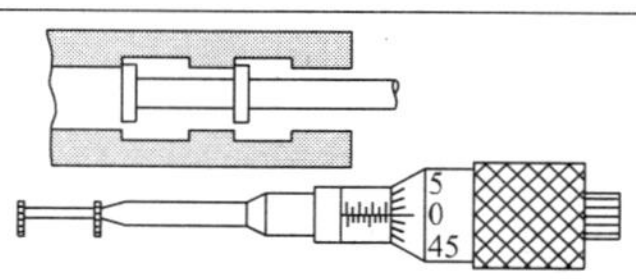	그루브 마이크로미터	내외의 홈, 폭의 길이 등 보이지 않고, 측정하기 힘든 구멍 속의 턱이나 홈의 측정에 편리한 구조로 되어 있다.
6	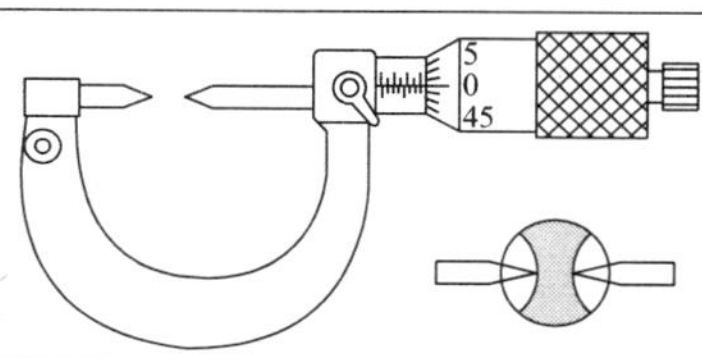	포인트 마이크로미터	측정면이 뾰족하게 되어 있어 드릴의 웨브 나사의 골지름, 곡면 형상의 두께를 측정하는데 사용하며 측정면의 각도는 15°, 30°, 45°, 60°의 4종류가 있다.
7	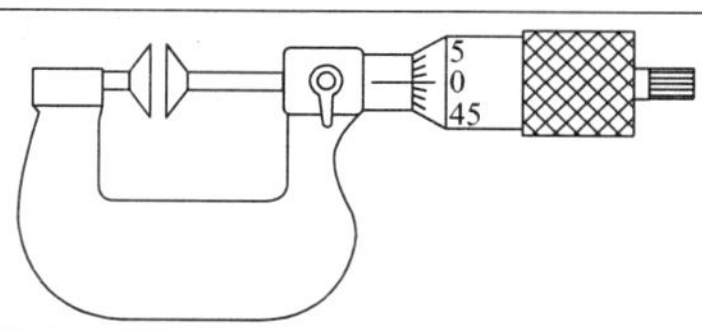	디스크 마이크로미터	앤빌 넓이가 보통 넓이보다 넓으며 얇은 두께 등을 안정되게 측정할 수 있다.

(2) 내측 마이크로미터

내측 마이크로미터는 공작물의 내면, 즉, 구멍의 지름이나 너비 등을 측정하는데 사용되는 것으로서 눈금 읽는 방법이나 사용법은 외측 마이크로미터와 비슷하다. 다만 슬리브와 심블상의 모든 눈금값이 반대방향으로 되어 있어서 잘못 읽는 수가 있다. 다시 말해서 슬리브는 오른쪽으로 갈수록 눈금값이 줄어들게 되어 있고 심블은 시계방향으로 돌리면 측정값이 커지게 되어 있다(외측용은 작아진다).

내측 마이크로미터는 캘리퍼형, 단체형, 삼점식이 있는데, 캘리퍼형은 5～50 mm의 작은 구멍에, 단체형은 50 mm 이상의 큰 구멍에 쓰인다. 삼점식은 측정자가 세 개로 세 점이 원의 내면에 접촉하므로 안정한 값이 얻어진다.

<그림 7-23>은 캘리퍼형과 단체형 내측 마이크로미터를 나타낸 것이다.

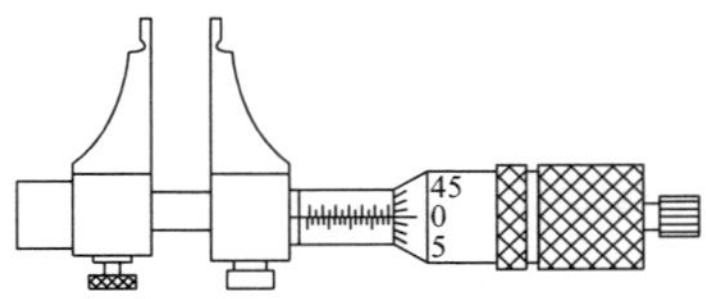

(a) 캘리퍼형

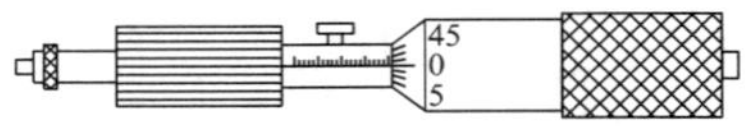

(b) 단체형

그림 7-23 ● 내측 마이크로미터

(3) 깊이 마이크로미터

깊이 마이크로미터는 깊이나 단차 측정을 할 때 사용되며 눈금의 새김 상태는 외측 마이크로미터와는 반대방향으로 되어 있고, 측정면인 베이스가 넓어서 안정된 측정을 할 수 있으며, 일정 범위의 치수만 측정할 수 있는 단체형과, 공작물의 깊이에 따라 측정자를 교환할 수 있는 교환형이 있다(그림 7-24 참조).

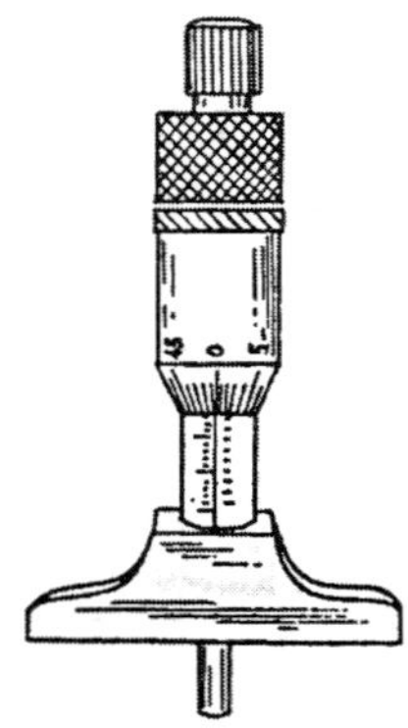

그림 7-24 ● 깊이 마이크로미터

4 사용상의 주의 사항

(1) 0점 조정

사용하기 전에는 반드시 앤빌과 스핀들의 양 측정면을 깨끗한 헝겊이나 가제 또는 종이 등을 사용하여 깨끗이 닦아내고, 래칫 스톱을 돌려 양 측정면이 접촉될 때에 슬리브의 기선과 심블의 0점이 일치되는가를 확인하여 맞지 않으면 다음과 같이 수정해야 한다.

① 그 차가 ±0.01 mm 미만일 경우

앤빌과 측정면을 완전히 일치시킨 후 클램프로 스핀들을 고정시킨다. 다음에 슬리브의 뒤쪽에 있는 구멍에 스패너를 끼워서 슬리브의 몸체를 차이 난 만큼 회전시켜 심블의 0선과 기준선이 일치되도록 한다(그림 7-25(a) 참조).

② 그 차가 ±0.01 mm 이상일 경우

클램프로 스핀들을 고정하고 래칫 스톱을 심블과 분리시켜 심블이 자유롭게 공회전하도록 한다. 다음에 심블의 0선을 슬리브의 기선에 일치시킨 후에 래칫 스톱을 다시 심블에 고정시킨다. 고정시킨 후에 약간 맞지 않을 때는 위 ①항과 같이 조정한다(그림 7-25(b) 참조).

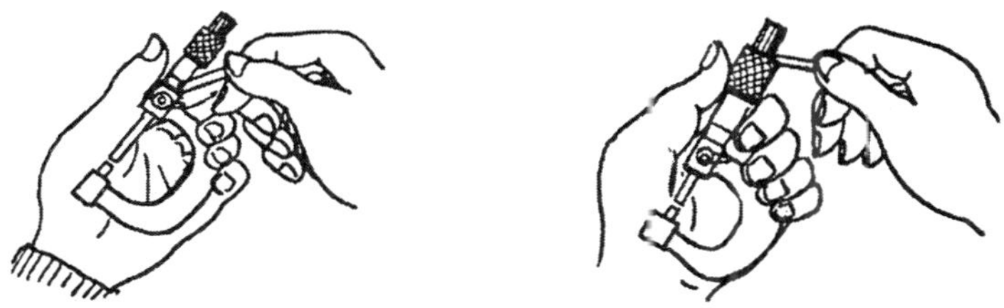

(a) ±0.01 mm 미만일 때　　(b) ±0.01 mm 이상일 때

그림 7-25 ◉ 마이크로미터의 0점 조정

(2) 측정력

측정 시에는 양 측정면을 접촉시킨 후 래칫 스톱을 1～2 회전만 돌려 측정력을 가하는 것이 적당하다. 이것은 손가락으로 3～4회 따르륵 소리가 나도록 돌리는 것과 같다(그림 7-26 참조).

그림 7-26 ◉ 측정력

(3) 시차(視差)

슬리브면과 심블의 눈금면과는 같은 평면 위에 있지 않으므로 2개선의 합치점은 눈이 보는 위치에 따라서 변한다. 따라서, 눈금을 읽을 때에는 슬리브 기선의 수직 위치에서 읽어야 한다. <그림 7-27>에서 보는 바와 같이 (a), (c)의 경우는 약 1/100 mm 가까이 시차가 생김을 알 수 있고 (b)의 위치에서 읽어야만 정확한 읽음이 되는 것이다.

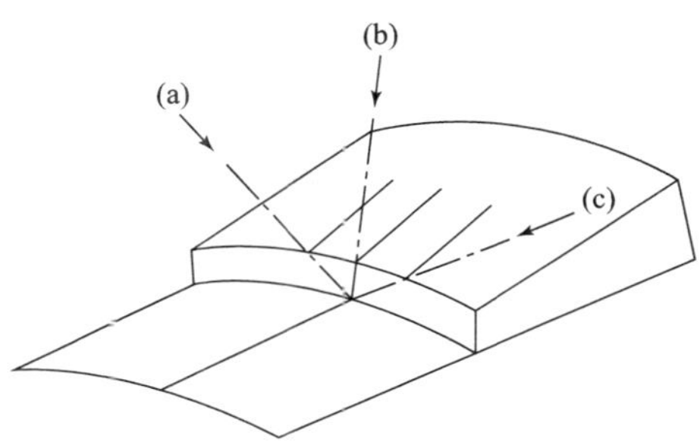

그림 7-27 ◉ 시차

(4) 정도 검사

마이크로미터의 측정면은 오래 사용하면 마모로 인하여 정도가 떨어지므로 측정면의 평면도, 평행도를 검사하고 종합 정밀도도 검사하여야 한다.

측정면의 평면도 검사는 광선 정반(optical flat)을 측정면에 밀착시켜 검사하고, 평행도 검사는 평형 광선 정반(optical parallel)을 양 측정면에 밀착시켜 검사한다. 또한, 종합 정밀도는 블록게이지를 측정면 사이에 끼우고 측정력을 가하여 마이크로미터의 눈금값과 블록게이지 치수와의 차에 의해서 구하는데 호칭치수 75 mm 이하의 마이크로미터는 ±2 μ 이내여야만 한다.

(5) 보관

① 마이크로미터는 사용 후 측정면, 기타를 잘 닦아 두어 방청유를 칠하고 나사부는 특히, 양질의 기름(고급 시계용)을 발라둔다.

② 보관은 보관 상자에 하는 것이 좋으며, 진동이나 직사일광, 온도의 급변을 피하여 두고 긴 기준봉은 안전한 장소에 둔다.

③ 0～25 mm 마이크로미터는 앤빌과 스핀들을 약간 벌려서 보관한다.

ex; 마이크로미터의 측정은?

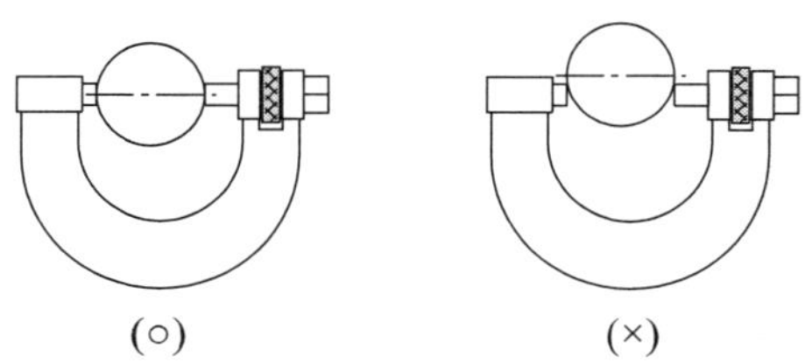

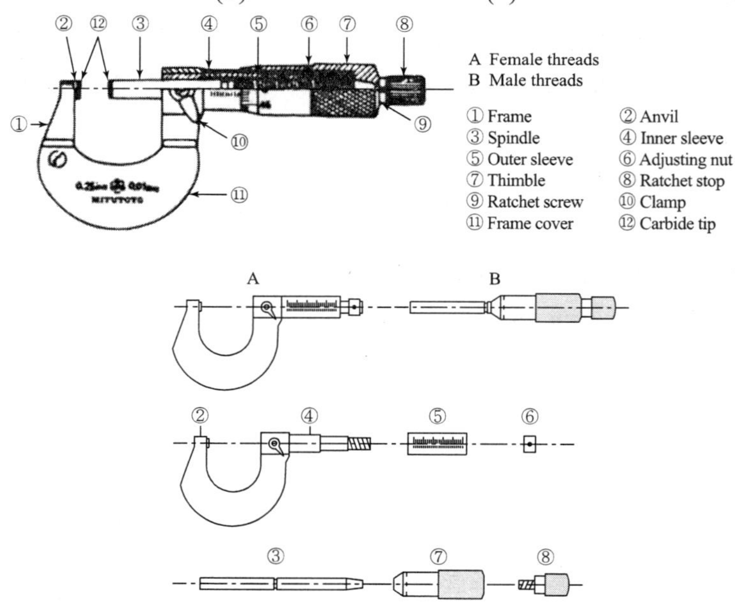

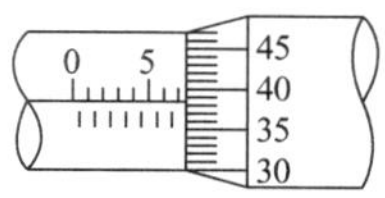

2. How to read
(1) Without vernier scale
The left example represents the reading to the specified minimum reading of 0.01mm. With the advanced experience or skill, you will be able to take reading to 0.001mm as shown.

Sleeve : 8.
Thimble : .37

Reading : 8.37 mm

a: Sleeve
b: Thimble

(1) about 1μm
(2) about 2μm

7-4 다이얼 게이지(Dial gauge)

다이얼 게이지는 측정자의 직선 또는 원호운동을 기계적으로 확대하여 그 움직임을 지침의 회전 변위로 바꾸어 눈금으로 읽게 한 측정기로서 블록게이지 또는 표준 게이지를 기준으로 하여 피측정물의 직경 또는 길이를 비교, 결정하는데 사용하는 비교 측정기이다.

1 다이얼 게이지의 종류 및 용도

(1) 표준형 다이얼 게이지

다이얼 게이지는 측정자의 움직임을 치차를 이용하여 확대시켜 그 것을 바늘의 움직임으로 나타낸 일종의 비교 측정기이다. 따라서, 다이얼 게이지는 수치를 알아내는 것보다도 오히려 평면이나 원통면의 평면도 검사, 진원도, 중심내기, 편심 측정 및 각종 정밀도 검사에 가장 널리 사용되는 편리한 측정기의 하나이다.

다이얼 게이지의 스핀들 이동량, 즉 지시 범위는 3, 5, 10, 20, 30, 50 mm 등의 것이 있고, 최소 눈금은 0.01 mm와 0.001 mm의 것이 있다.

흔히 사용되는 10 mm는 원형상의 눈금이 100등분 되어 있으며, 스핀들이 1 mm 움직이면 장침은 한 바퀴 돌고, 이때 단침은 1 mm 이동을 가리키게 되어 있다.

지침의 지시 범위, 20 mm 이상의 것은 다이얼 게이지 자체의 오차 때문에 정밀한 측정에는 부적합하다. 다이얼 게이지는 보통 마그네틱 스탠드에 붙여 사용한다(그림 7-28 참조).

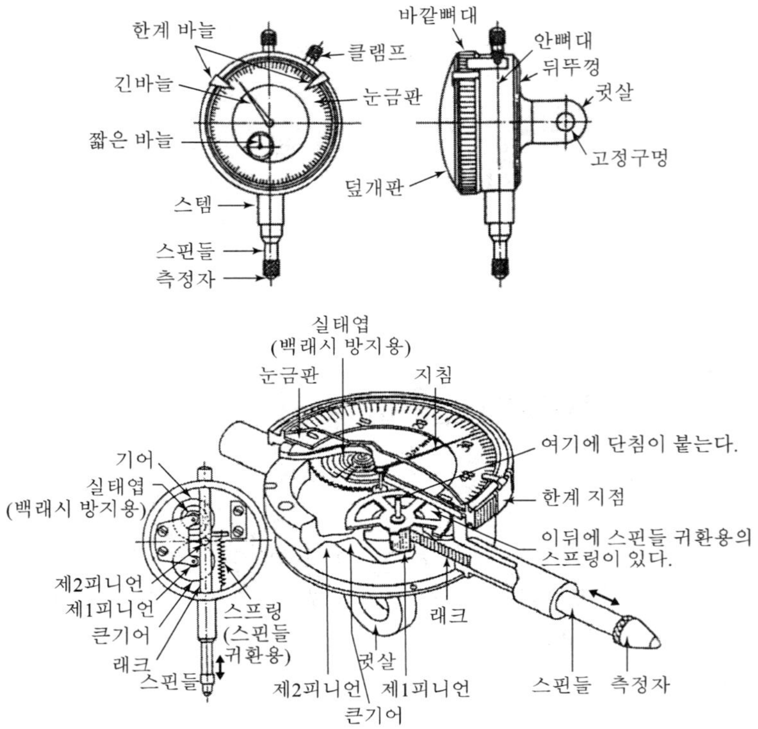

그림 7-28 ◦ 표준형 다이얼 게이지

(2) 레버식 다이얼 게이지

일명 테스트 인디케이터라고 불리우며, 표준형의 다이얼 게이지로는 측정할 수 없는 깊숙한 내측면, 내경 등을 측정하도록 측정자를 레버식으로 만든 것으로서 축과 선형 치차 축이 마찰 결합되어 있고, 희망하는 각도로 측정자를 조정할 수 있으며, 선단에는 보올 모양의 접촉자가 붙어 있다. 클러치에 의해 상향, 하향으로 측정 방향을 바꿀 수 있는 클러치형과 클러치 없이 바로 상향, 하향을 측정할 수 있는 노 클러치형이 있으며 지침의 운동방향에 따라 세로형, 가로형, 수직형이 있다(그림 7-29 참조).

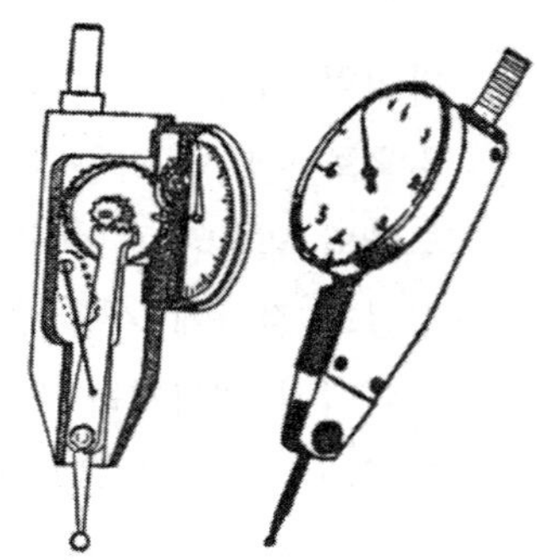

그림 7-29 ◦ 레버식 다이얼 게이지의 내·외부 구조

최소 눈금은 0.01 mm로서 측정 범위가 0.8 mm인 것과 최소 눈금 0.002 mm로서 측정 범위가 0.2 mm의 것이 있다.

(3) 백 플런저(Back plunger)형 다이얼 게이지

스핀들이 눈금판의 뒷면에 수직으로 부착되어 스핀들의 상하운동을 직각인 눈금판에 전달시켜 지침을 회전시키도록 되어 있어 보통 다이얼 게이지로는 눈금 읽기가 불편한 곳에 사용하면 편리하게 사용할 수가 있다.

최소 눈금은 0.01 mm이며 측정 범위는 5 mm이다(그림 7-30 참조).

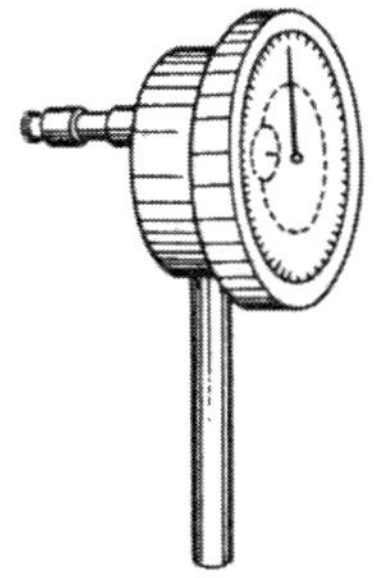

그림 7-30 ◦ 백 플런저형 다이얼 게이지

(4) 실린더 게이지(Cylinder gauge)

일명 보어 게이지라고도 불리우며, 다이얼 게이지를 응용한 측정기로서 깊은 위치의 내경이나 길이가 긴 내경 측정에 사용되고, 쐐기식과 캠식이 있으며, 쐐기식은 7～18 mm까지 주로 좁은 범위의 측정에, 캠식은 로드(rod)를 교환하여 18～400 mm까지 측정할 수 있게 되어 있다(그림 7-31 참조).

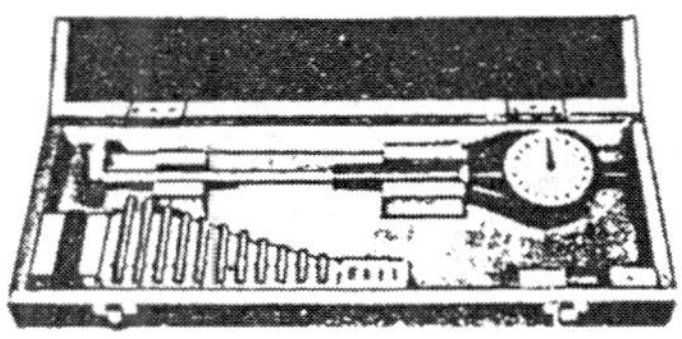

그림 7-31 ◦ 캠식 실린더 게이지

측정 방법은 원통 내면에 넣으면 측정선에 직각인 안내판 또는 측정자의 자동 구심 작용에 의해 지름 단면에 닿게 되어 축방향의 최소 치수를 구하면 되므로 여러 번 움직여서 최소의 지시값을 구하도록 해야 한다.

(5) 기타 다이얼 게이지(Others dial gauge)

다이얼 게이지를 응용한 것으로 외경, 두께, 높이 등을 측정할 수 있는 **다이얼 시준(視準) 게이지**(dial signature gauge), 깊이를 빠르고 정확하게 측정할 수 있는 **다이얼 깊이 게이지**(dial depth gauge), 내경이나 홈의 폭을 측정할 수 있는 **다이얼 양각(兩脚) 게이지**(dial caliper gauge) 등이 있다.

또한, 다이얼 게이지를 응용한 작업으로는 앞에서 설명한 작업내용 이외에도 직각도 측정, 공작 기계 주축의 흔들림 측정, 공구의 위치 설정, 가공 길이의 설정 등 응용 범위가 넓다.

2 다이얼 게이지의 사용상의 주의사항

(1) 스핀들을 작동시켜 원활히 움직이는가를 확인한 후 사용한다.

(2) 측정자를 피측정물에 조용히 접촉시키고, 수 회 작동시켜 지시의 안정도를 확인한다.

(3) 충격에는 약하기 때문에 서로 부딪히거나 떨어뜨리는 일이 없도록 한다.

(4) 다이얼 게이지의 지지 장치는 견고하게 죄어서 측정력에 의해 움직이는 일이 없도록 한다.

(5) 다이얼 게이지의 스핀들에는 먼지, 기타 오물이 들어가지 않도록 해야 하며, 기름을 주는 것은 나쁘다.

(6) 다이얼 게이지를 사용할 때에는 접촉자의 움직이는 방향과 측정하는 방향을 일치시켜야 오차를 없앨 수 있다. 특히, 레버식 다이얼 게이지의 측정시 측정자는 측정방향과 직각이 되도록 설치하여야 한다(그림 7-32 참조).

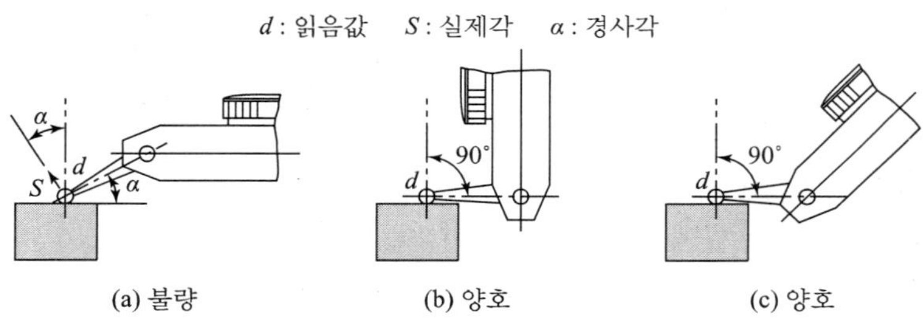

그림 7-32 • 측정자의 설치 예

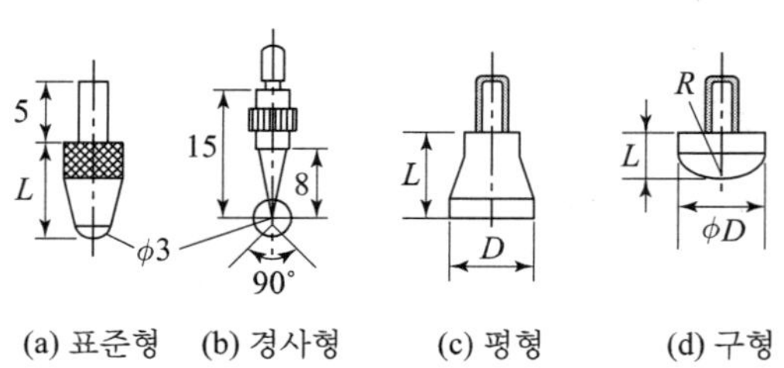

그림 7-33 • 일반적인 측정자의 종류

7-5 블록게이지(Block gauge)

블록게이지는 스웨덴(Sweden)의 요한슨(C.E. Johanson)에 의해 처음으로 제작된 것으로, 일정한 호칭치수로 정확하게 완성된 양단면을 측정면으로 하는 단면 측정기로서 기계 공장에서 길이의 기준으로 사용되며, 각종 측정의 지시값의 확인, 조정에 사용되거나 비교 측정에 기준 게이지로서 사용되고 있다. 블록게이지는 낱개로도 사용되지만 단면이 대단히 매끈하기 때문에 여러 가지 치수의 것을 조합시켜 임의의 치수를 만들 수 있는 특징이 있어서 이용률이 대단히 높은 측정기이다.

1 블록게이지의 구조

블록게이지 형상은 직사각형의 단면을 가진 요한슨(Johanson)형, 중앙에 구멍이 뚫린 정사각형의 단면을 가진 호크(Hoke)형과 원형으로 중앙에 구멍이 뚫린 캐리(Cary)형, 팔각형 단면으로서 2개의 구멍을 가진 것들이 있다.

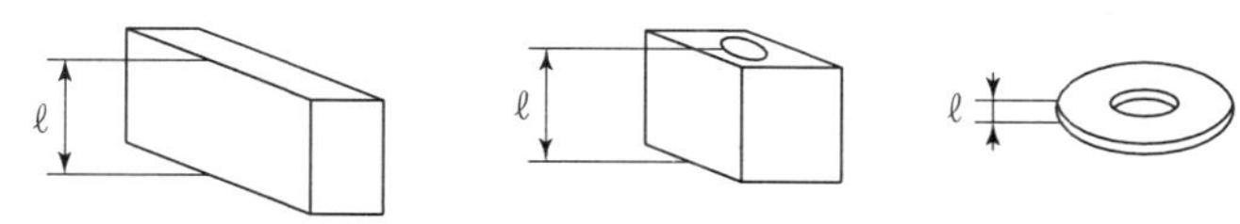

(a) Johanson type (b) Hoke type (c) Cary type

그림 7-34 ◦ 블록게이지 형상(block gauge type)

2 블록게이지의 형상

블록게이지는 <그림 7-35>에서 보는 바와 같이 견고한 나무 상자 속에 칸막이가 되어 호칭치수별로 배치되어 찾아 쓰기 쉽게 되어 있다.

상자 안에 들어 있는 블록게이지의 전체 숫자에 따라 품수(品數)로 호칭하며, 103품, 76품, 47품, 32품 등이 주로 널리 사용된다.

블록게이지는 형태에 따라, 직사각형의 단면을 가

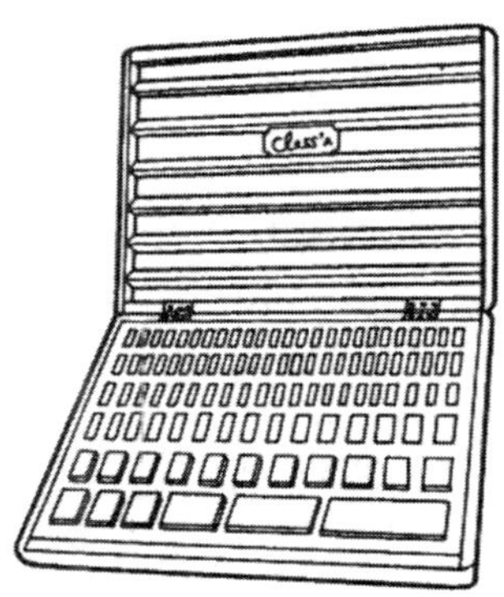

그림 7-35 ◦ 표준 블록게이지

진 **요한슨형**(Johanson type), 정사각형으로 중앙에 구멍이 뚫린 **호크형**(Hoke type), 원형으로 중앙에 구멍이 뚫린 **캐리형**(Carry type) 등으로 구분하는데, KS에 규정하고 있는 것은 요한슨형으로서 가장 많이 사용된다.

블록게이지는 열팽창계수가 일반 강재와 비슷하고, 마모나 부식에 견디는 재료라야만 하기 때문에 보통 탄소 함유량 0.9% 이상에 크롬이 함유된 공구강을 래핑 가공하여 완성한다. 따라서 블록게이지의 측정면을 서로 힘을 주어 문지르면 서로 밀착하게 되는데 이것을 링깅(wringing, 블록게이지로 측정하는 밀착기법)이라고 한다.

3 블록게이지 사용상의 주의사항

(1) 선택 방법

블록게이지를 선택할 때에는 사용 중 요구 정도보다 한 등급 높은 등급을 선택해야 하며 블록게이지의 용도의 등급은 <표 7-4>와 같다.

■ **표 7-4 블록게이지의 등급과 용도**

사용목적		등급
공작용	공구, 절삭 공구의 설치	C
	게이지 제작, 측정기류의 조정	B 또는 C
검사용	기계부품, 공구 등의 검사	B 또는 C
	게이지의 정도 점검, 측정기류의 정도 검사	A 또는 B
표준용	공작용 블록게이지의 정도 점검 검사용 블록게이지의 정도 점검	A 또는 B
참조용	표준용 블록게이지의 정도 점검 학술적 연구	AA 또는 A

또한, 표준 조합의 선정에 있어서는 필요로 하는 최소치수 단계, 측정 범위 필요 치수에 대해 밀착 개수(個數)가 적게, 적당한 것을 선택해야 한다. 밀착되는 개수가 많아지면 밀착에 의한 치수 오차, 마멸, 손상 등이 많아지므로 현장용으로는 품수가 많은 것이 유리하다.

(2) 취급 방법

취급상 가장 주의할 점은 측정면에 상처를 주지 않아야 한다. 상처가 생기면 돌기부가 생겨 블록게이지의 수명이 단축된다. 상처의 원인은 떨어뜨리거나 먼지를 사이에 두고 밀착시킬 때 생기기 쉬우며, 사용 시에는 다음과 같은 주의가 필요하다.

① 먼지가 적고, 건조한 곳에서 사용하되 반드시 헝겊이나 가죽 위에서 취급할 것.

② 닦을 때에는 벤젠, 알코올, 에테르, 휘발유 등으로 씻은 후에 깨끗한 헝겊이나 가죽으로 닦을 것.

③ 밀착시키거나 떼어낼 때 충격을 주지 말 것.

④ 보관 시에는 밀착한 상태로 두지 말아야 하며, 꼭 방청유를 발라 둘 것.

(3) 치수 조립

블록게이지로 치수 조립을 할 때에는 개수를 적게 하는 것이 좋으며, 숫자의 맨 끝자리 수부터 골라내야 한다.

또한, 소수점 아래 첫째 자리수가 5보다 큰 경우에는 우선 5를 뺀 나머지 숫자부터 골라 치수를 맞춘다.

[보기]

① 78.97을 조합시킬 때

$$\begin{array}{r} 78.97 \\ -\ 1.47 \\ \hline 77.50 \end{array} \nearrow \begin{array}{r} 77.5 \\ -\ 2.5 \\ \hline 75.0 \end{array} \nearrow \begin{array}{r} 75.0 \\ -\ 75.0 \\ \hline 0 \end{array}$$

이 되므로 $1.47 + 2.5 + 75 = 78.97$이 된다.

② 27.215를 조합시킬 때

$$\begin{array}{r} 27.215 \\ -\ 1.005 \\ \hline 26.210 \end{array} \nearrow \begin{array}{r} 26.21 \\ -\ 1.21 \\ \hline 25.00 \end{array} \nearrow \begin{array}{r} 25.0 \\ -\ 25.0 \\ \hline 0 \end{array}$$

이 되므로 $1.005 + 1.21 + 25 = 27.215$가 된다.

(4) 밀착 방법(Wringing method)

① 두꺼운 것끼리 밀착

두꺼운 것끼리 밀착시킬 때에는 <그림 7-36(a)>와 같이 서로 직각방향으로 포갠 다음 눌러 붙이는 기분으로 돌리고, 밀착되면 손가락의 힘을 접촉면 전체에 걸치도록 올바르게 겹친다. 또한, <그림 7-36(b)>에서 보는 바와 같이 일직선으로 밀어서 밀착시키는 방법도 있는데, 이때 밀착면에 기름을 얇게 바르면 마모를 예방하는데 도움이 된다.

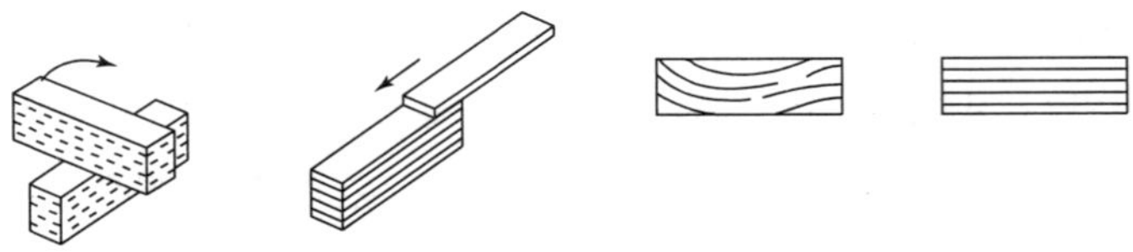

(a) (b) (c) (d)

그림 7-36 ◦ 블록게이지의 밀착과 밀착검사 방법

② 두꺼운 것과 얇은 것의 밀착

<그림 7-36(b)>와 같이 얇은 것을 두꺼운 블록게이지의 한쪽 끝에 놓고 앞쪽으로 손으로 누르면서 가볍게 밀어 넣어 밀착시킨다.

2 mm 이하의 얇은 것은 휨이 생겨 부분적으로 밀착되지 않은 곳은 뜨게 된다. 이때에 광선 정반을 사용하여 검사하면 <그림 7-36(c)>와 같이 간섭 무늬가 불규칙하게 되고, 밀착이 완전할 때에는 <그림 7-36(d)>처럼 평행한 무늬가 생긴다.

③ 얇은 것끼리의 밀착

위와 같은 요령으로 우선 임의의 두꺼운 것에 얇은 것 1매를 밀착시킨 다음 그 위에 다른 하나인 얇은 것을 밀착시키고, 두꺼운 것을 떼어낸다. 떼어낼 때에는 십자(十)형으로 회전시키면서 잡아당긴다. 이때에도 광선 정반으로 밀착 상태를 검사하여야 한다.

(5) 온도의 영향

블록게이지를 사용할 때에는 특히 온도에 주의하여야 한다.

측정 장소의 온도가 20℃가 아닐 때이거나 블록게이지와 측정하려는 공작물에 온도차가 있을 때에는 <표 7-5>와 같은 측정 오차가 생기게 되므로 표준 온도인 20℃의 항온실에서 측정하지 않은 경우에는 온도차에 따라 측정 오차를 고려하여야 한다. 온도에 의한 측정 오차는 다음 식에 의하여 보정해 주어야 한다.

$$\delta_l = l_n(\alpha_p \cdot \delta t_p - \alpha_n \cdot \delta t_n)$$

여기서, δ_l : 온도에 의한 측정 오차

l_n : 20℃에서의 블록게이지의 호칭치수

α_p : 피측정물의 열팽창계수

δt_p : 피측정물의 20℃에 대한 온도차

α_n : 블록게이지의 열팽창계수

δt_n : 블록게이지의 20℃에 대한 온도차

◈ **표 7-5 측정 온도에 의한 측정 오차(단위: μ)**

온도차 / 재질 / 길이(mm)	1℃			3℃			5℃			10℃		
	강	황동	Al 합금	강	황동	Al 합금	강	황동	Al 합금	강	황동	Al 합금
20	0.04	0.18	0.24	0.12	0.54	0.72	0.2	0.9	1.2	0.4	1.8	2.4
100	0.2	0.9	1.12	0.6	2.7	3.6	1.0	4.5	6.3	2.0	9.7	12.0

(6) 정기 검사

블록게이지의 정기 검사 방법과 주기는 <표 7-6>과 같다.

◈ **표 7-6 블록게이지의 정기 검사 주기**

용도 및 등급	주기	용도 및 등급	주기
공작용(B, C급)	6개월	표준용(A, B급)	2년
검사용(A, B급)	1년	참조용(AA, A급)	3년

(7) 보호 블록게이지(carbide wear block)

블록게이지를 검사 등으로 자주 사용할 때나 기계 가공에서 절삭 공구를 세팅할 때 연삭 작업에 사용하는 등 측정면이 쉽게 상처날 염려가 있을 때에는 초경 합금으로 만든 보호 블록게이지를 측정면에 밀착하여 사용하면 블록게이지의 수명을 크게 연장할 수 있다. 호칭치수 1 mm 또는 2 mm의 것이 각 2개가 1세트로 되어 있는데, 조합하여 사용하는 블록게이지는 같은 등급을 사용해야 한다.

7-6 한계 게이지(Limit gauge)

공작물을 주어진 치수로 오차 없이 정확하게 가공하는 일은 쉽지 않을 뿐 아니라 공작 비용이 많이 들게 되므로 비경제적인 결점이 있다.

따라서, 일정한 편차를 허용하여도 사용 목적에 어긋나지 않은 경우에는 크고 작은 2개의 한계를 정하여 공작하게 되는데, 이때 큰 쪽을 최대허용치수, 작은 쪽을 최소허용치수라 하며, 두 한계치수의 차를 공차라 한다.

기계 부분의 실제 가공된 치수, 즉 실제 치수가 두 한계허용치수 내에 있는지를 검사하기 위한 게이지가 한계 게이지로서 구멍용과 축용 한계 게이지가 있다.

어느 것이든 통과측(Go)과 정지측(No Go)이 있어, 제품을 검사하였을 때 통과측에서는 통과하고 정지측에서 정지하였다면 그 제품은 한계치수 내에 있다고 판정할 수 있다. 이와 같은, 검사 방법을 한계 게이지 방식이라 한다.

1 구멍용 한계 게이지

구멍용 한계 게이지에는 여러 가지가 있으나 플러그 게이지가 가장 많이 사용되며 주로 작은 구멍 측정에 쓰인다. <그림 7-37(a)>는 플러그 게이지(plug gauge)와 그 사용 예를 보인 것으로 통과측 B는 구멍 내부를 통과하고, 정지측 A는 구멍에 들어가지 않았으므로 합격품임을 알 수 있다. 이 밖에 50～200 mm의 구멍의 검사에 사용되는 평 게이지와 300 mm 이상의 구멍을 검사하는 봉 게이지가 있다.

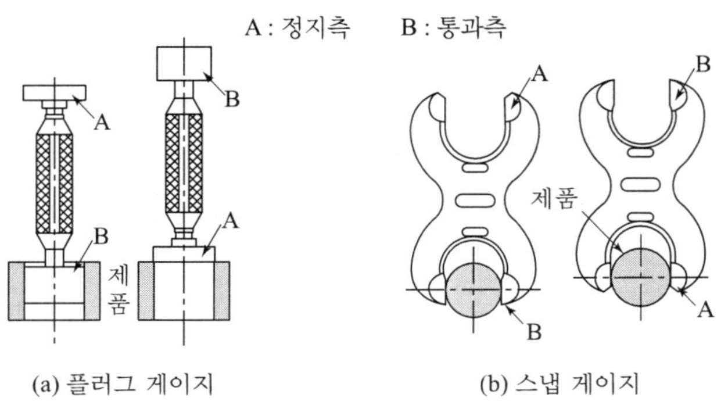

그림 7-37 • 플러그 게이지와 스냅 게이지

2 축용 한계 게이지

축용 한계 게이지에는 <그림 7-37(b)>와 같은 스냅 게이지(snap gauge)나 원판에 정확한 구멍을 가공한 링 게이지가 많이 사용된다.

축용 한계 게이지도 구멍용 한계 게이지와 같이 통과측과 정지측이 있어서 합격, 불합격을 판정하게 되는데 <그림 7-37(b)>에서 제품이 통과측 B를 통과하고, 정지측 A에는 통과하지 못하였으므로 합격품이 되는 것이다.

스냅 게이지는 비교적 직경이 크고 길이가 긴 제품의 검사에 적합하고, 링 게이지는 비교적 작은 직경 또는 얇은 제품에 적합하다.

7-7 각도 측정기

1 각도기

(1) 직각자(Square)

직각자는 직선과 직선, 직선과 평면, 평면과 평면의 직각 여부를 검사할 때 쓰인다. 직각자를 검사품에 밀착시켜 빛이 들어오는 틈새가 없으면 정확한 가공이 된 것이고, 만일 틈새가 있으면 정확한 직각이 아님을 알 수 있다.

직각자의 크기는 긴 변의 길이로 표시하며, 칼날형, I형, 평형, 대붙이형의 4종류가 KS에 규정되어 있다(그림 7-38(a) 참조).

(2) 원통 직각자(Cylindrical square)

원통 직각자는 열처리된 강 또는 주철제의 원통이며, 그 원통면은 정확하게 연삭하고, 양 끝은 원통의 축선에 대하여 직각으로 연삭한 것인데, 래핑 가공한 것도 있다. 직각자를 손쉽게 검사하거나 직각자 대용으로 사용하며, 정밀 기계의 조립 및 검사 시에 다이얼 게이지 안내면으로 사용하기도 한다(그림 7-38(b) 참조).

(3) 테이퍼 게이지(Taper gauge)

테이퍼 구멍을 검사하는 경우에는 플러그 게이지(plug gauge), 테이퍼 축을 검사하는 경우에는 링 게이지(ring gauge)를 사용하여 검사한다.

<그림 7-38(c)>와 같이 큰 쪽에 턱을 만들거나 한계 기준선을 만들어 피측정물의 단면이 이 범위 내에 오는가를 가지고 지름을 측정한다. 테이퍼 각도 및 진직도는 게이지에 광명단을 골고루 얇게 발라 테이퍼 가공물에 가볍게 끼워 맞춘 후 회전시켜 묻은 광명단의 흔적으로 양부(良否)를 판정한다.

일반적으로, 많이 사용하고 있는 표준 테이퍼 게이지의 테이퍼 값과 용도는 <표 7-7>과 같다.

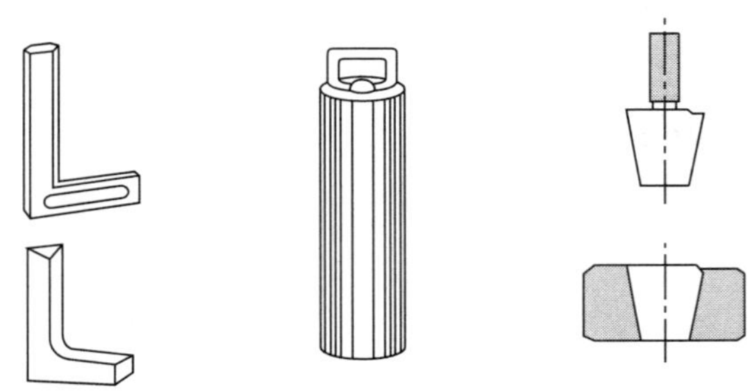

(a) 직각자 (b) 원통 직각자 (c) 테이퍼 게이지

그림 7-38 ● 여러 가지 각도 측정기

● 표 7-7 테이퍼의 종류와 사용 범위

테이퍼	테이퍼값	용도
모오스 테이퍼(Morse taper)	약 1/19.2～1/20	드릴, 센터 등 강력한 밀착
브라운 샤프 테이퍼 (Brown sharp taper)	약 1/24	아아버, 콜릿, 리머, 밀링머신
내셔널 테이퍼(National taper)	7/24	미국의 표준기계테이퍼, 밀링머신 스핀들
제이콥 테이퍼(Jacobs taper)	1/20	드릴 척
자르노 테이퍼(Jarno taper)	1/20	특수 선반의 센터, 연삭기

(4) 콤비네이션 스퀘어 세트(Combination square set)

곧은 자에 스퀘어 헤드, 센터 헤드, 각도기가 조립되어 있는 것으로 각도 측정, 높이 측정, 환봉의 중심내기가 가능할 뿐만 아니라 수준기가 붙어 있는 것은 수평 측정도 할 수 있다. 그러나, 정확한 각도 측정에는 적합하지 못하다(그림 7-39(a) 참조).

(5) 만능 각도기(Universal bevel protractor)

<그림 7-39(b)>와 같이 두 개의 직정규(A, B)와 눈금원판으로 이루어져 있다. 직정규 A는 눈금원판(본척)과 일체이며, 직정규 B는 버니어를 붙인 회전판과 일체로 눈금원판의 중심을 축으로 해서 회전한다.

최소 읽음값은, 23°를 12등분하여 5분(1/12°)까지 읽을 수 있는 것과 19°를 20등분하여 3분(1/20°)까지 읽을 수 있는 2가지가 있다.

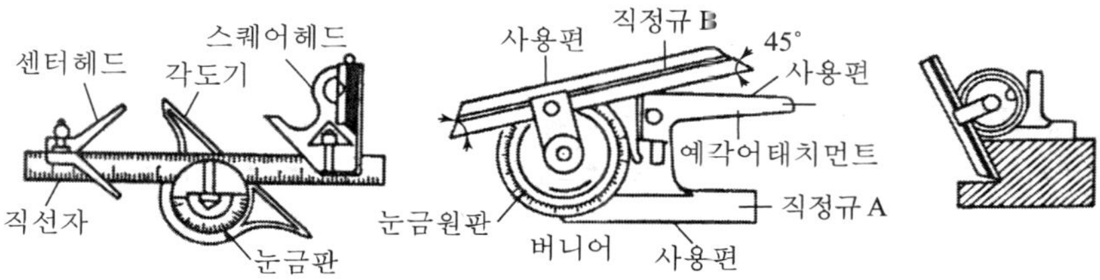

(a) 콤비네이션 스퀘어 세트 (b) 만능 각도기

그림 7-39 ● 각도기의 종류와 사용 예

2 각도 블록게이지

(1) 요한슨식 각도 블록게이지(C.E. Johanson block type)

요한슨에 의해 고안된 것이며, <그림 7-40>에서 보는 바와 같이, 길이 방향의 양 측면이 서로 평행하며, 이 평행한 측면에 대하여 게이지면은 네 귀퉁이에 경사된 짧은 다듬질 가공면으로 되어 있고, 여기에 각도가 기입되어 있으며, S자는 그 장소를 표시한 것이다.

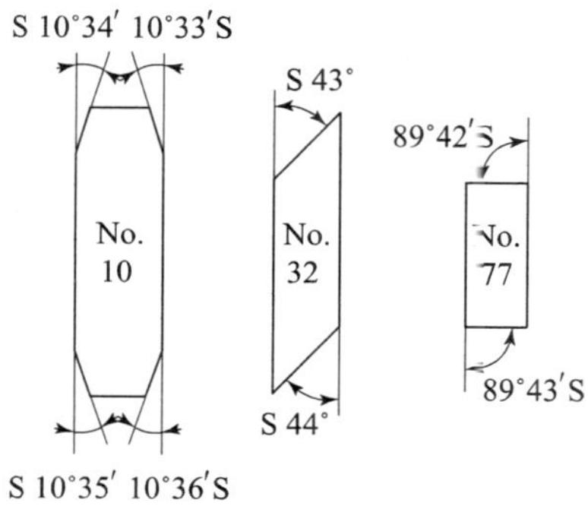

그림 7-40 ● 요한슨 각도게이지

이 게이지는 49품, 85품의 두 가지가 있으며, 블록게이지와 같이 밀착하여 사용하지 않고 홀더(holder)를 사용하여 조합하여 쓴다.

(2) NPL식 각도 블록게이지()

요한슨식 각도 게이지의 게이지면을 크게 하여 게이지의 개수를 적게 한 것으로, 여러 가지 각도를 만들어 낼 수 있으면서도 블록게이지와 같은 방법으로 밀착시켜 각도를 조합할 수 있으므로 홀더는 필요 없다.

각도의 조합은 가산과 감산에 의해서 한다. 즉, <그림 7-41>의 각도는

	도°	분′	초″
	+27		
	+ 9	+9	
	− 1		−3
계	35°	8′	57″

즉, 1°와 3″의 블록게이지는 반대방향으로 조합되어 있으므로 뺀 것이다.

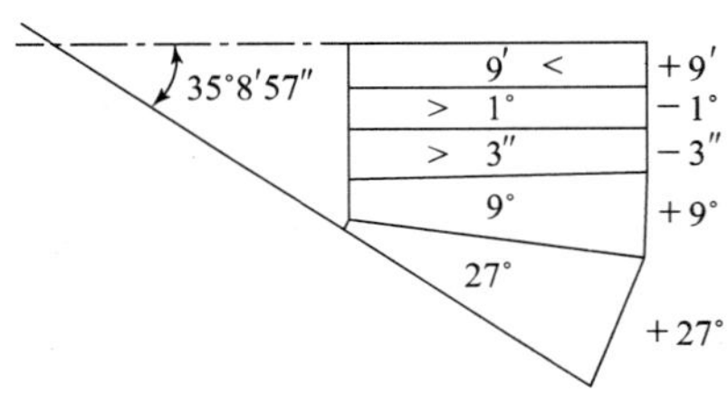

그림 7-41 ◦ NPL식 각도게이지

3 사인 바(Sine bar)

사인 바는 직각 삼각형의 삼각함수, 사인을 이용하여, 각도를 길이로 계산해 간접적으로 구할 수 있게 만든 것으로서 블록게이지를 사용하여 높은 정밀도로 측정할 수 있어서 지그 제작, 각도 측정, 각도 금 긋기 등에 이용된다.

<그림 7-42>와 같이 두께가 균일한 담금질한 강에 치수가 같은 롤러를 끼워 직선자로 한 것이며, 롤러의 중심을 연결한 선은 직선자의 윗면과 정확히 평행한 직선으로 조립되어 있다. 사인 바의 크기는 양 롤러 사이의 중심거리로 표시하는데 계산을 쉽게 하기 위해 100, 200, 300 mm로 만들어져 있다.

사인 바를 사용할 때에는 측정하려는 각도가 45°보다 커지면 오차가 커진다. 따라

서 45° 이내의 각도 측정에만 사용하여야 한다.

사인 바의 호칭치수 L을 빗변으로 하고, 블록게이지의 높이 H로부터 다음 식에 의하여 $\sin\theta$의 값을 구한다.

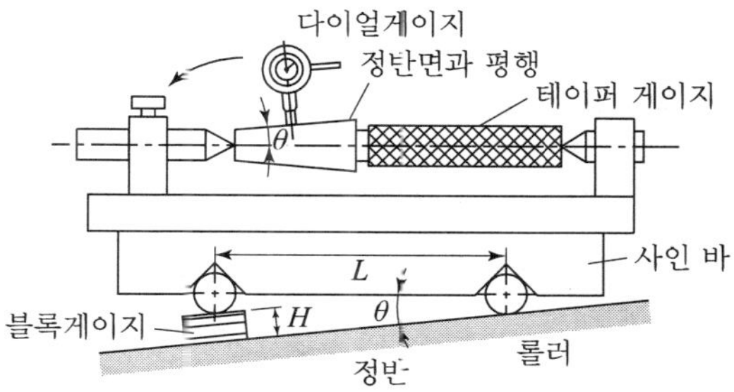

그림 7-42 ◈ 사인 바를 이용한 각도 측정

$$\sin\theta = \frac{H}{L}$$

여기서, θ : 경사각

H : 블록게이지의 높이

L : 사인 바의 크기(롤러 사이의 거리)

예를 들면, 200 mm의 사인 바로 5°의 테이퍼를 측정하려면 몇 mm의 블록게이지가 필요할까? (단, sin5°의 값은 0.0872임)

[풀이] $\sin\theta = \frac{H}{L}$에서 $H = L \times \sin\theta$
$= 200 \times 0.0872 = 17.44$

따라서 17.44 mm의 블록게이지를 조합하여 설치하면 된다.

4 기타 잡 게이지(Job gauge)

(1) 반지름 게이지(Radius gauge)

R 게이지라고도 하며 둥근 귀퉁이의 반지름(凸凹)을 측정하는데 쓰인다(그림 7-43(a) 참조).

(2) 틈새 게이지(Thickness gauge)

간극 게이지 또는 두께 게이지라고도 하며, 작은 틈새나 간극을 측정할 수 있어 기계 및 엔진의 조립에 쓰인다(그림 7-43(b) 참조).

(3) 센터 게이지(Center gauge)

선반의 센터 고정, 나사 바이트의 설치, 나사 바ㅇ 트의 공구각 검사에 쓰인다(그림 7-43(c) 참조).

(4) 나사 피치 게이지(Screw pitch gauge)

여러 가지 나사의 피치를 신속하게 측정하는데 쓰이며, 피치 게이지라고도 한다(그림 7-43(d) 참조).

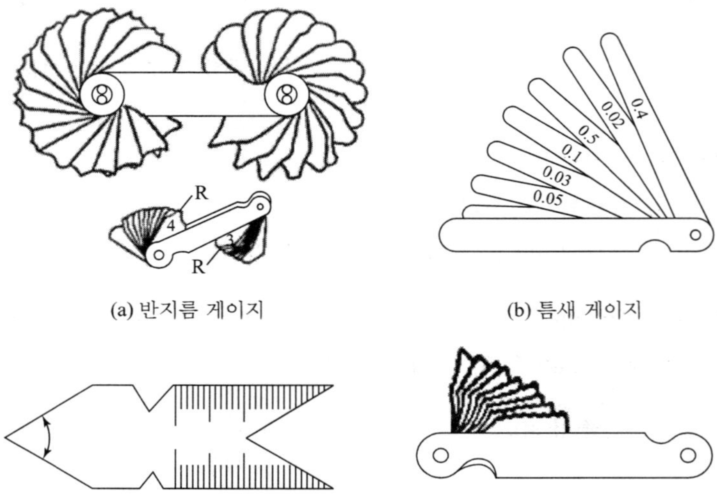

(a) 반지름 게이지 (b) 틈새 게이지

(c) 센터 게이지 (d) 나사 피치 게이지

그림 7-43 ● 잡 게이지류

철자와 캘리퍼 사용 예 (The Hook Rule)

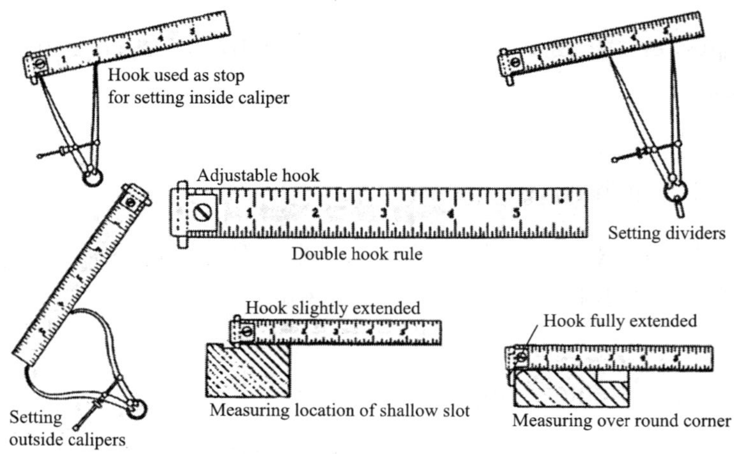

나사산 피치를 측정하는 사례 (a Screw Pitch Gage)

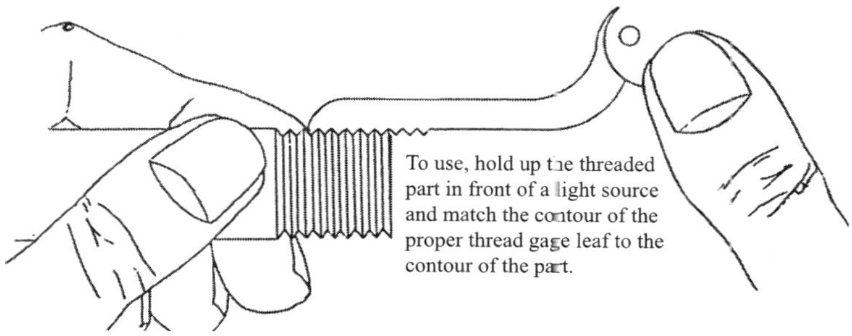

두께 게이지 (Thickness Gage)

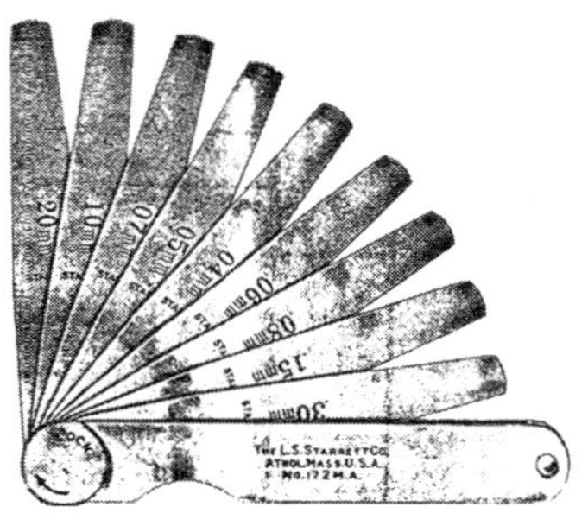

Weldor 육성 check용 게이지 (The Cambridge Gage)

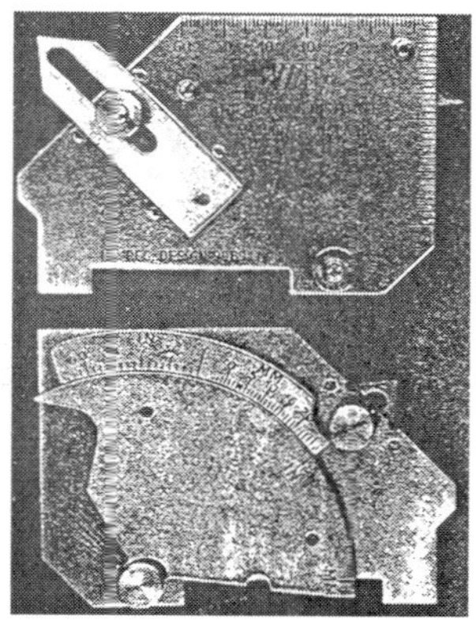

측정용 캘리퍼 (Spring Type Calipers and Dividers)

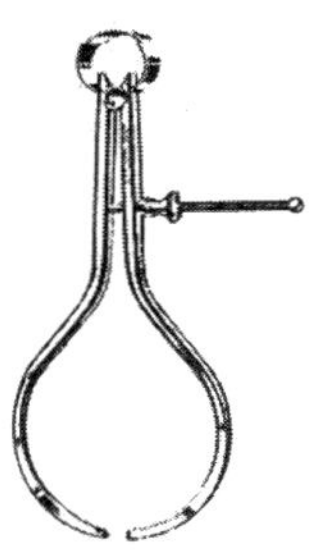

Outside 측정용

컴퍼스 및 Dividers용

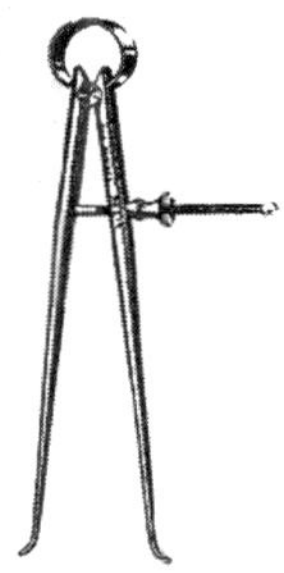

Inside 측정용

Weld gauge (Principal Functions of the Weld Gage)

Angle of preparation

This scale reads from 0° to 60° in steps of 5°. The angle is read against the chamfered edge of the segment.

Misalignment

The scale is used to measure misalignment of components by placing the edge of the gauge on the lower one and rotating the segment until the pointed finger contacts the higher piece.

Fillet weld leg length

The scale is used to read off this dimension up to a maximum of 25mm and 1in.

Fillet weld throat

The small sliding pointer reads up to 20mm and 3/4in. In measuring throat thickness it is assumed that the fillet weld has normal root penetration.

Undercut

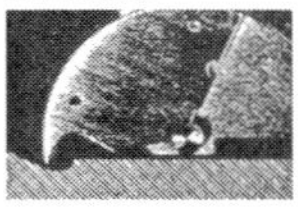

The presence of undercut may be indicated by depressing the pointed finger into the groove. Where this feature must be accurately measured, a special depth gauge will need to be used.

Excess weld metal

The height of the weld metal above the plate surface is measured by setting the pointer to the highest point of the weld.

깊이 게이지 측정 예

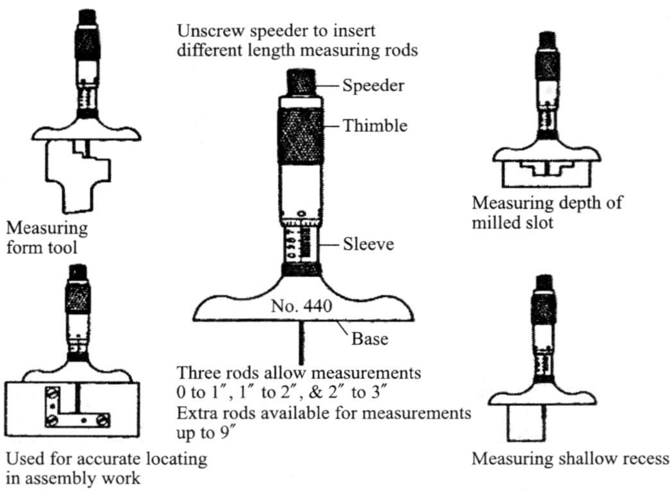

R-게이지 측정 예 (Acceptable and Unacceptable Radii Conditions)

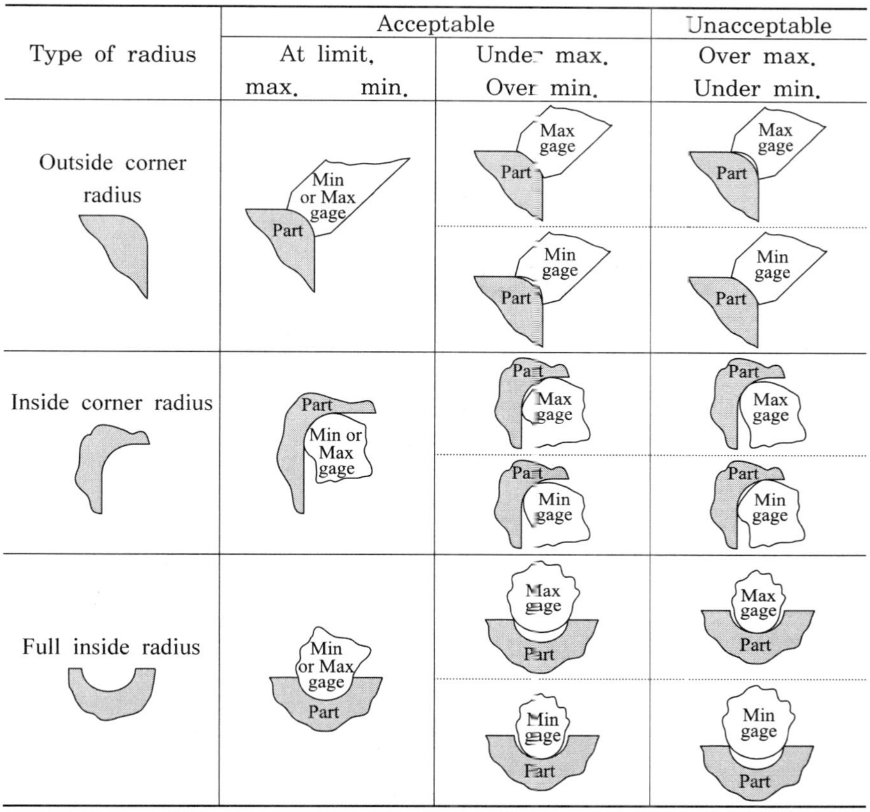

보충 1

작업안전교육 사례

기타 참고사항에서 측정력

피측정물의 양측정면을 접촉시킨 다음, 100 mm 이하의 측정길이에서는 래칫 스톱을 1회전 반 또는 2회전 돌려 측정력(약 500 g)을 가한다. 이것은 손가락으로 3～4회 따르륵 소리가 나도록 돌리는 것과 같다. 이때 측정력을 일정하게 하려면 래칫 스톱을 천천히 돌려야 한다.

마이크로미터의 측정력(KS B 5202)

최대측정길이(mm)	측정력(g)
100 이하	400～600
100～300	500～700
300～500	500～1000

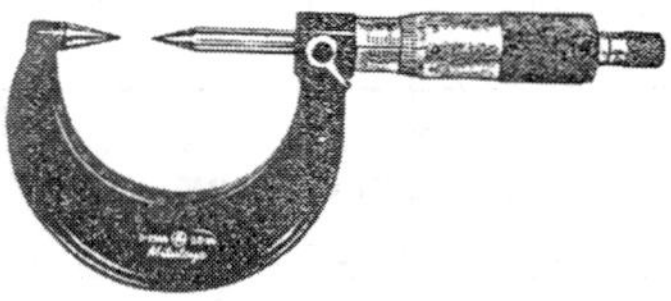

포인트 마이크로미터

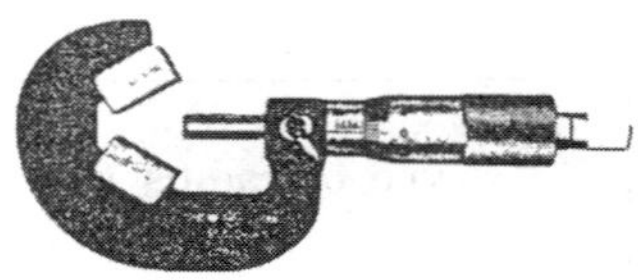

V앤빌 마이크로미터

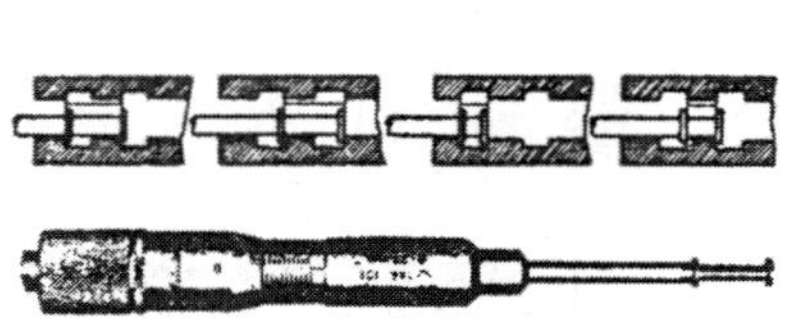

그루브 마이크로미터

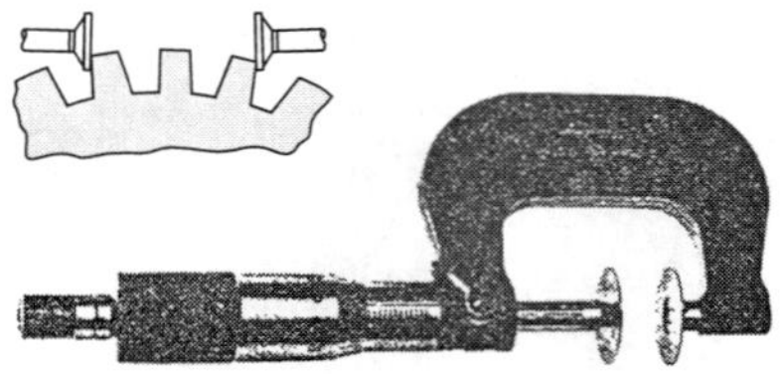

기어 마이크로미터

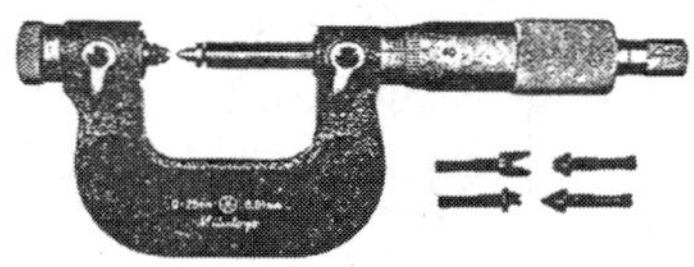

나사 마이크로미터

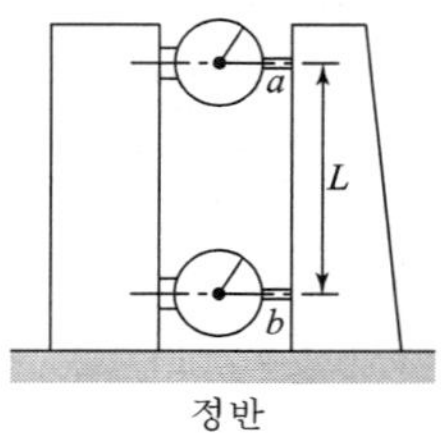

직각도의 측정 [직각도$=(a-b)/L$]

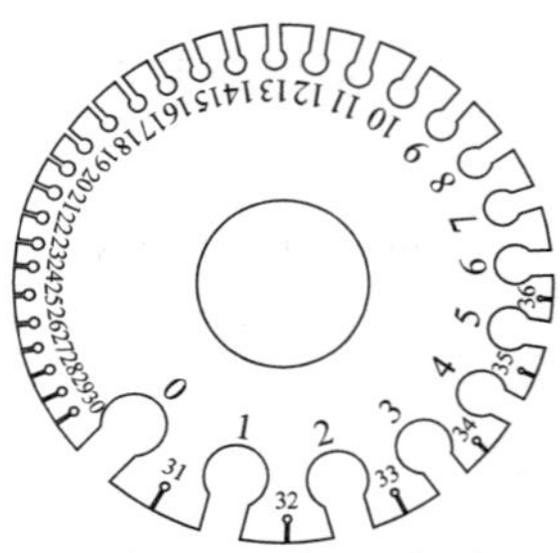

와이어 게이지

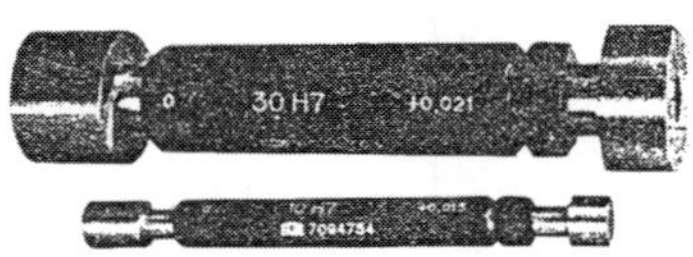

한계 게이지

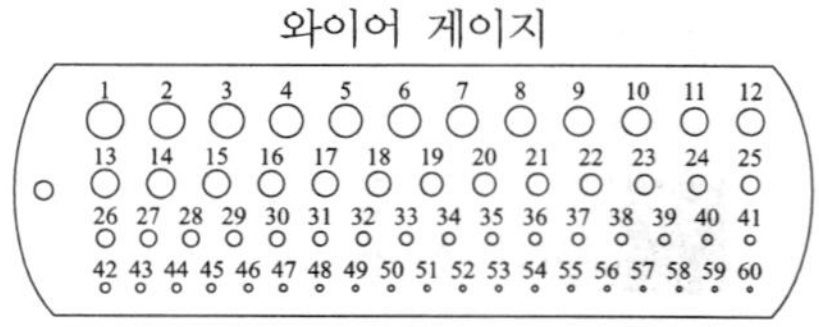

드릴 게이지

보충 2

작업안전교육 사례

블록게이지 치수 및 호칭 표준

1. **블록게이지의 호칭치수와 표준 조합**

블록게이지는 각종 용도에 알맞게 표준 치수의 것이 세트로 공급되며, 그 대표적인 것은 다음 표와 같다.

명칭	개수	치수단계(mm)	호칭치수(mm)
103개조	1	-	1.005
	49	0.01	1.01, 1.02, 1.03, ……………………, 1.49
	49	0.5	0.5, 1.0, 1.5, 2.0, ……………………, 24.5
	4	25	25, 50, 75, 100
76개조	1	-	1.005
	49	0.01	1.01, 1.02, 1.03, ……………………, 1.49
	19	0.5	0.5, 1.0, 1.5, ……………………, 9.5
	4	10	10, 20, 30, 40
	3	25	50, 75, 100
32개조	1	-	1.005
	9	0.01	1.01, 1.02, 1.03, ……………………, 1.09
	9	0.1	1.1, 1.2, 1.3, ……………………, 1.9
	3	10	10, 20, 30
	1	-	60
(+)9개조	9	0.001	1.001, 1.002, 1.003, ……………, 1.009
(−)9개조	9	0.001	0.991, 0.992, 0.993, ……………, 0.999
8개조	4	25	125, 150, 175, 200
	2	50	250, 300
	2	100	400, 500
8개조	8	-	1, 1.25, 1.5, 2, 3, 5(또는 6), 10, 20

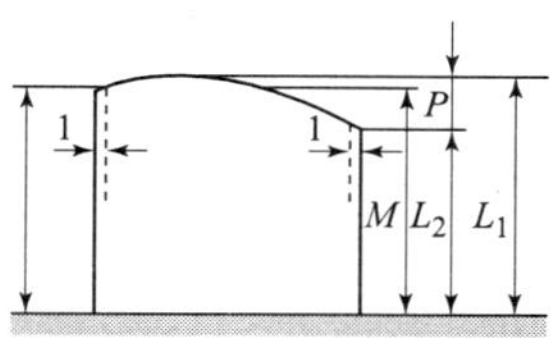

M : 중앙치수
P : 치수편차($L_1 - L_2$)

블록게이지의 치수

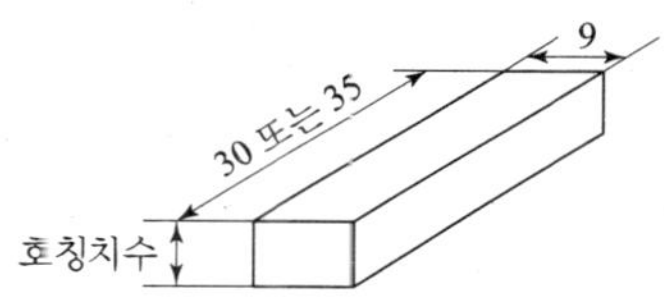

호칭치수	단면치수
10.5 이하	$30^{0}_{-0.2} \times 9^{0}_{-0.1}$
10.5 초과	$35^{0}_{-0.2} \times 9^{0}_{-0.1}$

블록게이지의 단면치수

2. 치수의 조립

① 조합의 개수를 최소로 할 것
② 정해진 치수를 고를 때에는 맨 끝자리부터 고를 것
③ 소수점 아래 첫째자리 숫자가 5보다 큰 경우에는 5를 뺀 나머지 숫자부터 선택
④ 숫자 조립의 예

```
2 6 2 3 5              2 6 8 3 5
        └→ 1.005               └→ 1.005
    └─┴→ 1.23              └─┴→ 1.33
└─┴→ 24                └─┴→ 24.5
─────────              ─────────
   26.235                 26.835
```

참고문헌 및 자료 인용

1. 안전관리자 직무교육 교재 전문과정, 대한산업안전협회, 1986(86-2-01).
2. 금형(金型)의 안전 국립노동과학연구소, 1986-3-29, p.50-80.
3. 공장자동화 실무, 일본중앙노동방지협회, 1989.8.
4. Taschenbuch Arbeitssicherheit, 독일, R-skiba, 1980.
5. Sicherheitsgerechtes Gestalten technnischer Erzeugnisse Beuth Kommentare, 독일, Otto W-seeger, 1983.
6. Accident prevention Manual for Industrial operations, 미국, Nith Edition, p.130-137.
7. Industrial Engineering Handbook 3판, 미국, H.B-Maynard, p.120-130.
8. Link-Belt product's and component[No1050, No2000].
9. 최신물류기기 설비데이터북 제3편 Conveyor, p.381-400.
10. Roller機 作業安全(고무·고무화합물 연화용), 국립노동과학연구소 기술자료 83-3号.
11. 독일 EUCHNER社 D-8032 규격.
12. Belt Conveyor의 운전관리, 일본광업회 컨베이어 기술연구회, p.547～550.
13. Belt Conveyor for Bulk Matrial, 미국 Conveyor equipment manufactures Association 4판, p.76-81.
14. 天井crane 설계(상) 1권, 산업도서, p.18-23.
15. 독일규격(DIN31000) 및 영국규격(BS5304).
16. Industrial Hazard and Safety Handbook, RALPH-W-KING 외 1명, 영국, p.709.
17. 산업용 Robot 安全管理, 산업안전보건공단(KOSHA) 및 일본중앙노동방지협회, 1985.7, 3판.
18. Berufsgenossenschaft, 1981.1, 독일, BG규정 외 10.
19. 목재가공용 기계 작업의 안전, 일본중앙노동방지협회 및 고용노동부, 1983.11.
20. 용접편람 용접마뉴엘 연구회편, 편집 1992.2, 기열사.
21. 증기원동기, 형설출판사, 최국광.
22. 산업안전관리 총론(I, II), 강수헌 외 5인, 한진출판사, 1992.
23. 기계안전 및 자체검사 양성과정, 산업안전보건공단, 1989～1991.
24. Mc-MASTER 96.
25. 機械安全工學, 신광문화사, 최정영, 1993.3.
26. 機械安全工學, 도서출판 동화기술, 최정영, 1996.2.
27. 미국 Pressure Vessel Design Manual Dennis R. Moss Gulf publishing.co.
28. Press 加工 편람, 일본소성가공협회편, 환선(주), 1980.2.
29. 연삭기의 작업안전지침 등 다수, 안전보건공단, 1990～2014.
30. 용접일반, 한국산업인력공단, 2004.12.10, p.61-62. p.381 부록편.
31. 최신 기계공작법, 김동현 외 5 공저, 오토테크.
32. 미국 Machine Tools Handbook vol 1～4, John Wiley&Sons, Manfred Weck저
33. 기계 현장의 보전실무 기기정비 3편, 박승국, pp.196-203.
34. Robots 安全, 일본, 중앙노동재해방지협회.
35. 기계안전, 일본, 중앙노동재해방지협회.
36. 기계공작법, 유원일 외 3인 공저, 직훈관리공단, p.278-290.
37. 용접일반, 오병덕, 한국산업인력공단, p.301-305.

찾아보기

ㅇ

ㅌ

ㅍ

ㅎ

영문

기타

저자 소개

최정영(崔正永)

영남대학교 공과대학 기계공학과 졸업

▧ 현장경력

- 1965.11 : 300명 중소기업 근로자가 작업중에 우측손이 Roller機에 말려듦을 보고~~
  왜 말려드는가?
- 1971~1973 : 안전관리자 선임과 자격 획득
- 1971~1988 : 평화클러치(주), (주)평화정공 생산기술 및 품질 안전관리실장
  (주)신아금속 공장장 및 안전관리이사 등 현장 18년 봉직
- 1989~2005 : 한국 산업안전보건공단 교육원 교수 및 교수실장(17년 봉직, 정년)
- 2006~현재 : (주)안전하는 사람들 기술고문 (사)한국 안전기술협회 회원관리본부 자문교수

▧ 남겨진 흔적

- 후학 및 대학 교재 : 기계안전공학 (신광문화사. 1993.3)
- 참고 지도교재 및 역서 : 압력용기 핸드북 (1994.5)
  링크벨트 컨베이어 전 2권 (1995.8)
  용접강도 핸드북 (1997.8)
  Machinerys Handbook 25 (1999.11)
  산업안전 대사전 (2004.6)
  기계안전 완전정복 (2010.4)
- 안전관리용 교재 : 제조현장의 위험검출기법 (1997) 외 4종

▧ 소중한 연구 부문

- 제조현장의 위험검출기법 training에 관한 연구
- 중량물 및 운반에 따른 wire-rope 취급 요령 및 줄걸이 작업안전에 관한 연구
- Press기계의 안전장치 선정과 사용에 관한 연구 외 논문 12편

▧ 체험 교육용 발명

- 자동안전대 외체험시설 제 0375256호 (2004.11)
- 자동경사로 체험시설 제 0400046호 (2005.8)

▧ 월간안전기술 공유

- 무재해 : Press 作業安全技術의 答은 金型이다 (2023. 1/376회)
- 안전세계 : 제조업 안전기술의 보감 (2023.1/204회)

▧ 더불어 : 열관리 기사 및 원동기 취급 기사

기계안전공학 정가 35,000원

발 행 2023년 3월 10일 3판 1쇄
저 자 최정영
발행인 정우용
발행처 도서출판 동화기술
경기도 파주시 광인사길 201(문발동, 파주출판도시)
Tel (031)955-4211~6 donghwapub@nate.com
Fax (031)955-4217 www.donghwapub.co.kr
(등록) 1977년 12월 19일/9-16호

Printed in Korea

ISBN 978-89-425-9461-0